Excel

数据透视表实战技巧精粹辞典

2013

超值双色版

王国胜 / 编著

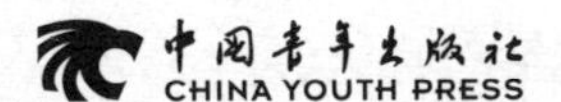

Excel数据透视表的魅力
——揭示数据背后隐藏的规律

众所周知，Microsoft Excel是Microsoft Office套装软件中的组件之一，是用于数字和预算运算的软件程序。目前，最新版本为Microsoft Excel 2013，该版本拥有全新的设计界面，强大的数据处理功能，能够最大限度地帮助用户快速获取具有专业外观的结果。

利用Excel电子表格可以对各种数据进行汇总统计、合并计算以及功能分析等操作，因此，被广泛应用于管理、统计、金融、财经、工程等领域。随着各领域数据信息的不断增多，大数据（big data）时代到来了。在这种情形下，数据透视分析就显得至关重要。数据透视分析即从数据库的特定字段中概括信息，从而便于从各个角度查看、分析数据，并对数据库中的数据进行汇总统计，这一切在Excel中可以通过数据透视表来实现。数据透视表是一种简单、形象、便捷、高效的数据分析工具。使用该分析工具可以更加生动、全面地对数据清单进行重新组织，并及时给出不同的统计结果，便于用户多角度分析数据。

正是由于数据透视表有着如此优点，因此我们组织一线教师和Office办公专家精心编写了本书，即《Excel 2013数据透视表实战技巧精粹辞典》。当然，我们更离不开广大读者的支持，在出版一系列办公辞典之后，很多读者强烈反应需要一本专门用于Excel数据透视分析的辞典，这样更加坚定了我们出版此书的信心。本书主要围绕数据透视表的创建、布局、商业应用展开介绍，旨在用最通俗的语言、最恰当的举例、最高效的方法传授从业经验与心得。

全书共19章、339个技巧，依次对数据透视表的创建、分析、商务应用、图形化表示、与PowerPivot的交互，以及数据透视表的输出与打印等内容作了介绍。每一部分知识的安排均由浅入深、循序渐进地讲解了Excel数据透视表在数据分析中的应用方法与技巧。

荀子有云："骐骥一跃，不能十步；驽马十驾，功在不舍。"在工作之余，让我们静下心来，为自己充电吧！每天只需花几分钟的时间即可掌握一个技巧的应用。通过您的不懈努力，用不了很多时日，定能成为办公高手，且能晋身办公达人行列！在后，祝您学有所成！

书中技能全面具体地对Excel数据透视表的应用作了详细介绍。虽然本书的写作版本为Excel 2013，但由于Microsoft Office办公软件具有向下兼容性，因此绝大多数技能仍适用于Excel 2010及2007版本。另外，本书全部实例均在Windows7/8操作系统上通过了验证，因此，无论您使用的是哪一款主流操作系统，都无需担心它的实用性。

热点问题追踪

下面列举了一些常见的操作疑难，不知你是否可以作出解答。而这些问题的解答均可以在本书中找到最佳的答案。

TOP 01 你会按需合理布局并刷新数据透视表吗?

TOP 02 你会创建多页字段的数据透视表吗?

TOP 03 你会制作动态数据透视表吗?

TOP 04 你会利用切片器对数据透视表进行联动筛选吗?

TOP 05 你会将数据透视表中的信息转换为图表形式吗?

TOP 06 你会通过PowerPivot创建数据透视表吗?

TOP 07 你会使用PowerPivot汇总并分析数据吗?

TOP 08 你会将数据透视表输出到OneDrive中吗?

TOP 09 你会使用移动终端查看并分享报表信息吗?

TOP 10 你会对数据透视表中每一分类项目分页打印吗?

本书适合企事业单位办公人员、学校教师、公务人员，以及电脑爱好者学习使用，也适合于对电脑知识感兴趣的中老年朋友，或是想利用电脑进行辅助学习的学生。

作　者

Knowledge Warm-up

知识预热

零基础学好数据透视表

数据透视表是一种可以快速汇总、分析大量数据表格的交互式工具，“交互性”是它最大的特点。之所这样讲，是因为用户可以轻易地改变它的版面布置，以便按照不同方式分析数据。当版面布置发生变化后，数据透视表会立即按照新的布置重新计算数据。

1 认识数据透视表

使用数据透视表不仅可以按照数据表格的不同字段从多个角度进行透视，并建立交叉表格，还可以查看数据表格不同层面的汇总信息、分析结果以及摘要数据，从而帮助用户发现关键数据，并做出相应的决策。在此，我们利用数据源①创建一个基本的数据透视表，如下图所示。

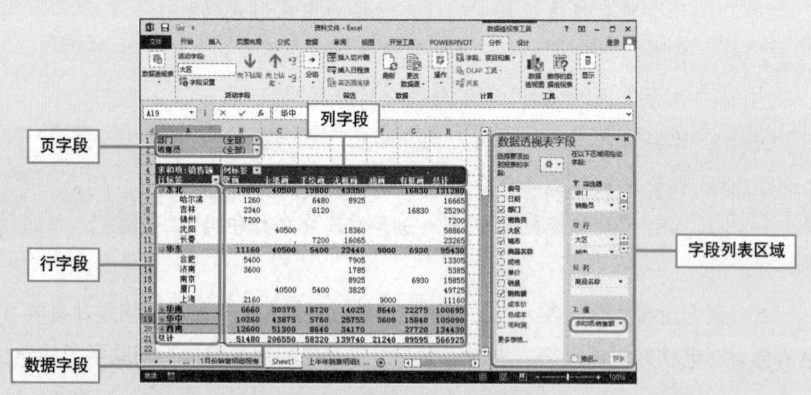

创建数据透视表后，即可看到其编辑界面的大致构成，其中主要包含了页字段、行字段、列字段和数据字段。

① **数据源**：用于创建数据透视表或数据透视图的数据清单或表。数据源可以来自Excel数据清单或区域、外部数据库或多维数据集，或者另一张数据透视表。

- **页字段**：位于数据透视表的顶部，对应字段列表中的“筛选器[①]”区域，有一个或多个行的下拉列表，用户可以通过对列表的选择进行以页为单位的数据筛选。
- **列字段**：也称列标签，位于数据字段区域上方，对应字段列表中的“列”区域，同样通过下拉列表进行筛选。
- **行字段**：也称行标签，位于数据透视表的左侧，对应字段列表中的“行”区域。同样通过下拉列表进行筛选，与列区域的联合筛选是数据透视表中最常见的数据筛选和查询方式。
- **数据字段**：位于数据透视表的中心位置，对应字段列表中的“值”区域，数据字段区域中显示的是通过各种筛选条件组合后得到的数据查询结果。
- **字段列表**：用于添加字段和修改数据透视表布局。

在利用数据透视表进行数据分析时，默认情况下，系统均是以求和的方式进行汇总。其实，在汇总方式中共有十几种函数，包括求和、计数、数值计数、平均值、最大值、最小值、乘积、标准偏差、总体标准偏差、方差、总体方差等，如右图所示。若希望计算某一字段的平均值等，则可以对汇总方式进行修改。

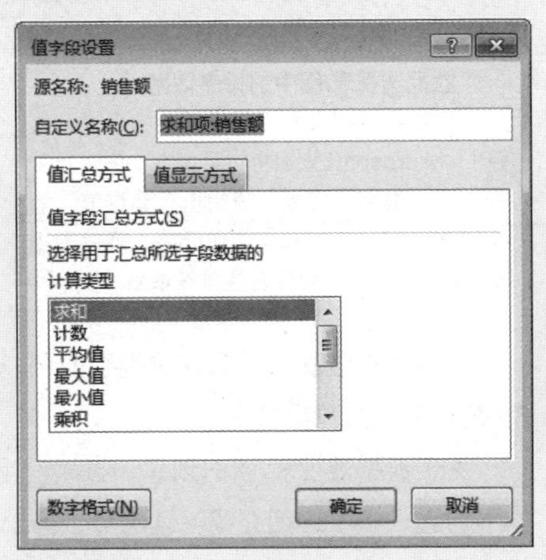

2 认识数据透视图

数据透视图报表为数据透视表中的数据提供了图形表示形式，具有这种图形表示形式的数据透视表称为相关联的数据透视表。若要更改数据透视图报表中显示的布局和数据，则可以通过更改相关联数据透视表的布局实现。如果直接利用数据源创建数据透视图[②]，那么Microsoft Excel将自动创建数据透视表。更改数据透视图时，与其相关联的数据透视表也会随之更改。

---

①**筛选器**：可以置入一个或多个字段，并可以根据这些字段进行数据的筛选。

②**利用数据源创建数据透视图**：可以基于多种类型的数据，包括Excel列表和数据库、要合并计算的多个数据区域以及外部源数据，如Microsoft Access数据库和OLAP数据库。

通过数据透视表创建数据透视图（如右图所示）时，要确保数据透视表中至少有一个行字段可作为数据透视图中的分类字段，有一个列字段可作为数据透视图中的系列字段。与数据透视表相对应，数据透视图报表具有系列字段、分类字段、页字段和数据字段。

数据透视图与标准图表一样，也具有数据系列、类别、数据标记和坐标轴。此外，用户还可以根据需要更改图表类型和其他选项，例如图表标题、图例放置、数据标签、图表位置等，如下图所示。

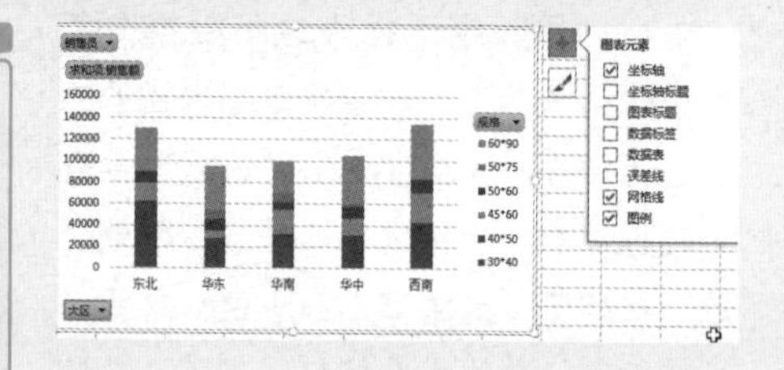

Hint

数据透视表/图中的排序依据

对数据透视表和数据透视图报表进行排序时，Microsoft Excel将按照如下次序进行升序排序：数字、文本、逻辑值、错误值（如#REF和#VALUE）和空白单元格。降序则正好相反，但空白单元格总是排在最后。

完成数据透视表或数据透视图的创建后，如果数据源发生变化，则可以通过刷新[①]获取最新的数据信息。

关于数据透视表/图的创建、布局设置、排序与筛选、输出与打印等知识内容，本书均逐一作了详细介绍，读者可以通过后期的不断学习，来全方位掌握数据透视表/图的应用技术。最后祝大家学有所成！

①**刷新**：更新数据透视表或数据透视图报表中的内容，以反映基本源数据的变化。如果报表基于外部数据，则刷新将运行基本查询以检索新的或更改过的数据。

Contents

目录

启　卷　Excel数据透视表的魅力……2
知识预热　零基础学好数据透视表……4
1. 认识数据透视表……4
2. 认识数据透视图……5

第1篇　创建数据透视表

第1章　数据透视表的创建

001　轻轻松松创建数据透视表……24
实例 在Excel 2013中创建数据透视表
002　巧妙避免数据透视表有空行……25
实例 为含有合并单元格的数据创建数据透视表
003　引用外部数据创建数据透视表……27
实例 引用其他工作簿中的数据创建数据透视表
004　重命名数据透视表很简单……28
实例 更改数据透视表名称
005　原来数据透视表位置也能移动……29
实例 移动数据透视表位置
006　快速复制数据透视表……30
实例 复制数据透视表
007　删除数据透视表有高招……31
实例 删除数据透视表
008　一步获取数据透视表数据源信息……32
实例 显示数据透视表数据源的所有信息
009　禁止显示数据源有方法……33
实例 禁止由数据透视表还原数据源
010　原来可以指定新建数据透视表的位置……34
实例 指定数据透视表的存放位置
011　显示数据透视表某个项目的明细数据……35
实例 只显示某一个项目的明细数据
012　智能的"推荐的数据透视表"功能……36
实例 使用推荐的数据透视表

第2章　数据透视表布局的调整

013　快速调整数据透视表的布局……37
实例 更改数据透视表布局
014　按默认布局快速添加字段……38
实例 向数据透视表中添加字段
015　使用拖动法自定义布局字段……39
实例 用拖动的方式调整数据透视表布局
016　使用命令法自定义布局字段……40
实例 使用命令向数据透视表添加字段

017 让字段布局一切从头开始……41

实例 删除数据透视表中所有字段

018 对字段进行重命名……42

实例 重新命名数据透视表中字段名称

019 在布局字段时推迟更新时间……43

实例 手动更新字段布局

020 快速设置字段列表的显示状态……44

实例 “数据透视表字段”窗格的显示和隐藏

021 按需设置活动字段的显示状态……45

实例 展开或折叠活动字段

022 自动填充字段中的项有妙招……46

实例 自动填充字段中的空白项

023 快速使用内置数据透视表样式……47

实例 为数据透视表套用样式

024 自定义数据透视表的样式……48

实例 为数据透视表创建自定义样式

025 为数据透视表指定默认样式……49

实例 设置数据透视表的默认样式

026 巧用主题美化数据透视表……50

实例 利用主题调整数据透视表样式

027 自动合并字段项有高招……51

实例 合并且居中排列带标签的单元格

028 总计行的显示你做主……52

实例 取消数据透视表中总计行的显示

029 轻松调整数据透视表页面布局……53

实例 改变数据透视表的整体布局

030 瞬间显示筛选字段的多个数据项……54

实例 显示数据透视表中筛选字段中的多个数据项

031 水平并排显示筛选字段很直观……55

实例 以水平并排的方式显示数据透视表筛选字段

032 数据透视表的分页显示功能……56

实例 分多页显示筛选字段中的各项明细

033 巧妙布局“复合字段”……57

实例 整理同一区域中的多个字段

034 删除数据透视表字段很容易……58

实例 删除数据透视表中的某个字段

035 让分类汇总项隐身……59

实例 隐藏数据透视表字段的分类汇总

036 显示分类汇总有讲究……60

实例 调整数据透视表中分类汇总数据的位置

037 巧妙设置空行分隔数据信息……61

实例 在数据透视表的每项后插入空白行

038 影子数据透视表……62

实例 将数据透视表以图片形式显示

039 灵活显示数据透视表中的字段……63

实例 将数据透视表中某字段隐藏或显示

040 一个字段也能实现多种汇总……64

实例 为一个字段添加多种汇总方式

041 随意设置行字段/列字段中的项……65
实例 在某个字段下显示或隐藏指定数据项
042 同时隐藏字段标题和筛选按钮……66
实例 隐藏数据透视表中的字段标题和筛选按钮
043 我的“字段标题”我做主……67
实例 隐藏数据透视表中的字段标题
044 给字段列表中的字段排序……68
实例 按升序排序数据透视表字段列表中的字段
045 隐藏字段中的“+/-”按钮……69
实例 隐藏数据透视表中的展开与折叠按钮
046 在顶部显示总计……70
实例 在数据透视表顶部显示总计数据
047 按需求显示字段的前几项或后几项……72
实例 筛选字段的前几项与后几项
048 在受保护的工作表中也能操作数据透视表……73
实例 允许在受保护的工作表中使用数据透视表

第3章 数据透视表格式的设置

049 巧为数据透视表设边框……74
实例 为数据透视表添加边框线
050 一步设置镶边行/列样式……75
实例 为数据透视表设置镶边行与镶边列
051 批量设置某类项目的格式……76
实例 为数据透视表中某类项目批量设置格式
052 快速处理数据透视表中的空白单元格……78
实例 将数据透视表中的空白单元格显示为“/”
053 巧妙去除“(空白)”数据项……80
实例 去除数据透视表中含有“(空白)”字样的数据
054 轻松设置错误值的显示方式……81
实例 隐藏数据透视表中的错误值
055 突出显示特定数据……82
实例 突出显示数据透视表中的特定数据
056 以文本形式显示不达标数值……83
实例 在数据透视表中以文字形式标识不达标数值
057 突出显示小于计划值的数据……84
实例 突出显示“实售金额”低于“目标金额”的商品
058 直观明了的数据条……86
实例 给数据透视表中的数据应用“数据条”
059 图标集的应用很简单……87
实例 给数据透视表中的数据应用“图标集”
060 色阶的应用也不难……88
实例 给数据透视表中的数据应用“色阶”
061 DIY数据条件格式……89
实例 修改数据透视表中应用的条件格式
062 为数据透视表添加永恒的边框……90
实例 设置不受数据透视表更新影响的边框
063 数据透视表样式也能自定义……91
实例 修改数据透视表套用的样式

064 数值格式轻松设……92
实例 保留数据透视表中数字为两位小数
065 避免更新时自动调整列宽……93
实例 刷新数据透视表后保持调整好的列宽
066 按需修改数值型数据的格式……94
实例 修改数据透视表中数据格式
067 以不同颜色突出显示整行数据……95
实例 以两种不同颜色突出显示学生最高分和最低分
068 数字变文字，实用又明了……97
实例 以文本格式显示多个区域中的数值

第4章 数据透视表的刷新
069 手动刷新数据透视表很方便……98
实例 手动刷新数据透视表
070 快速刷新数据透视表……99
实例 打开文件时自动刷新其中的数据透视表
071 巧妙同时刷新所有数据透视表……100
实例 同时刷新工作簿中的所有数据透视表
072 原来可以定时刷新数据透视表……101
实例 定时刷新数据透视表
073 使用VBA代码设置自动刷新……102
实例 利用VBA代码自动刷新数据透视表
074 一招清除“固化项目”……103
实例 清除下拉列表字段中已删除的项目
075 更改数据源很简单……104
实例 更改现有数据透视表的数据源

第2篇 分析数据透视表

第5章 数据透视表的项目组合
076 巧妙组合数据项，提高数据分析效率……106
实例 手动组合数据透视表内的文本型数据项
077 按指定的步长值组合数据信息……108
实例 按学生成绩分段查看各班学生的学习情况
078 按需组合日期型数据项……109
实例 按季度和月组合数据透视表中的日期项
079 轻松按旬统计销售数据……110
实例 统计每月上中下旬的商品销售情况
080 快速按周组合日期型数据……111
实例 将日期型数据按周进行组合
081 瞬间取消项目的组合……112
实例 取消数据透视表中的所有项目组合
082 还原手动组合项有妙招……113
实例 取消手动组合的项目
083 破解“不能分组”有绝招……114
实例 解决选定区域不能分组的难题

084 创建单个页字段的数据透视表……116
实例 将多张表格中的数据汇总到一张数据透视表中
085 创建自定义页字段的数据透视表……119
实例 自定义汇总数据透视表页字段名称
086 创建多页字段的数据透视表……121
实例 创建双页字段数据透视表
087 快速比较报表中相同科目的差异……124
实例 比较两表中同一商品类别间的价格差异
088 创建无页字段的数据透视表……127
实例 按客户名称合并不同年度采购数量
089 优秀的数据占比统计方法……128
实例 按百分比方式显示各季度订货量在全年中所占比例
090 轻松将二维表转换为数据列表……130
实例 显示数据表的明细列表
091 创建动态统计报表不求人……131
实例 创建“多重合并计算数据区域”数据透视表
092 多个行字段的数据表合并也不难……133
实例 创建包含多个行字段的“多重合并计算数据区域”数据透视表

第6章 动态数据透视表的创建
093 创建动态数据透视表很简单……135
实例 利用为数据源定义的名称创建动态数据透视表
094 巧用表功能创建动态报表……136
实例 利用Excel表功能创建动态数据透视表
095 导入外部数据制作动态数据透视表……138
实例 导入单张数据列表创建动态数据透视表
096 导入指定数据创建数据透视表……140
实例 导入数据表中的指定字段记录创建数据透视表
097 快速汇总同一工作簿中的多张工作表记录……141
实例 导入多张工作表中的数据创建动态数据透视表
098 轻松汇总不同工作簿中的多张数据表……143
实例 导入多张工作簿中数据列表记录
099 轻松汇总不规则的报表……145
实例 汇总各门店多种品牌手机的销量
100 按需更改报表中字段的汇总方式……148
实例 调整数据透视表中字段的汇总方法
101 对同一字段也能应用多种汇总方式……149
实例 对数据透视表应用多种汇总方式
102 巧用“总计的百分比”值显示方式……151
实例 以百分比形式显示数据透视表中所有值字段项
103 巧用“列汇总的百分比”值显示方式……152
实例 以百分比形式显示单列数值
104 巧用“行汇总的百分比”值显示方式……153
实例 以百分比形式显示每一行占总计的比率
105 百分比数据显示方式用处大……154
实例 用百分比形式显示数据和某一固定字段的对比
106 “差异”值显示方式真实用……155
实例 计算数据透视表中实际和预算费用之间的差异

107 直观的“差异百分比”值显示方式……156
实例 按照某列数据为标准计算其他列数据变化趋势
108 “按某一字段汇总”数据显示方式……157
实例 按日期字段汇总销售金额
109 “父行汇总的百分比”数据显示方式……158
实例 计算列中每类商品在不同卖场中销售额占比
110 “父列汇总的百分比”数据显示方式……159
实例 计算行中每类商品在不同卖场中销售额占比
111 “父级汇总的百分比”数据显示方式……160
实例 计算不同卖场每位营业员的商品销售构成
112 “指数”数据显示方式……161
实例 判断某列数据的相对重要性
113 “升序排列”数据显示方式……162
实例 按销售金额升序排列员工姓名
114 数据显示方式由你定……163
实例 删除/更改原数据透视表的值显示方式
115 你会插入计算字段吗？……164
实例 在数据透视表中插入销售单价计算字段
116 插入计算项也很容易……165
实例 在行标签字段中插入计算项
117 使用四则混合运算插入计算字段……166
实例 在数据透视表中插入商品销售利润字段
118 原来可以这样插入字段……167
实例 为数据透视表中的字段使用乘法运算
119 修改数据透视表中的计算字段……168
实例 对数据透视表中插入的计算字段进行修改
120 删除数据透视表中的计算字段……169
实例 将数据透视表中的自定义计算字段删除
121 巧妙修改插入字段中错误的“总计”值……170
实例 修正插入计算字段中错误的总计值

第7章 数据透视表中的排序操作
122 手动拖曳字段进行排序……171
实例 手动拖曳法排序数据透视表字段
123 “移动”命令大显身手……172
实例 右键菜单命令法排序数据透视表
124 自动排序原来这么简单……173
实例 在“数据透视表字段”窗格中进行自动排序
125 排序按钮作用大……174
实例 利用功能区中的排序按钮排序数据透视表
126 右键排序很容易……175
实例 利用右键菜单中的“排序”命令重排字段
127 你不知道的个性排序法……176
实例 利用“其他排序选项”命令排序
128 按多个行字段排序也很简单……177
实例 按多个行字段排序数据透视表
129 关闭自动排序……178
实例 关闭数据透视表中的自动排序

130 快速按笔画排序……179
实例 按照笔画排序“姓名”字段
131 对局部数据进行排序……180
实例 对“策划部”员工奖金进行排序
132 在数据透视表中按行排序……182
实例 按行升序排序每月销售数量
133 按学历高低排序很有意思……183
实例 在数据透视表中按学历进行排序
134 轻松让报表中行标签的顺序与数据源保持一致……185
实例 按数据源顺序排列行字段项目

第8章 数据透视表中的筛选操作

135 一招搞定列字段筛选……187
实例 仅在数据透视表列字段中显示一组数据
136 对行字段的筛选也不难……188
实例 在数据透视表行字段中显示多组数据
137 轻松查询及格学生名单……189
实例 筛选成绩大于等于60分的学生名单
138 成绩高于平均分学生的查询也很自如……190
实例 筛选出高于平均分的学生名单
139 快速统计销售额排在前3名的记录……191
实例 筛选出销售额前3名的城市名称
140 轻松查询含有指定字符的数据……192
实例 筛选出包含A组小组赛的全部记录
141 让空白数据项隐身……193
实例 隐藏数据透视表中的空白数据项
142 原来可以按日期进行筛选……194
实例 对数据透视表中的日期字段进行筛选
143 对同一字段实施多重筛选……195
实例 在同一字段上执行多次筛选操作
144 使用搜索功能快速匹配数据……197
实例 根据自定义关键字筛选数据
145 不能不会的“叠加”筛选……198
实例 查询含“管理”或“政治”，但不含“经济”的专业名称
146 多字段并列筛选有学问……199
实例 查询指定地区“方太”产品的销量
147 自定义并列筛选条件……200
实例 筛选出所有商品销量均不达标的员工
148 巧妙利用页字段进行筛选……201
实例 筛选品牌字段中的吸油烟机信息
149 巧按报表筛选页字段进行查询……202
实例 将筛选字段中的报表分页显示
150 让筛选报表实时更新……203
实例 在筛选结果中显示数据源上不断新增的记录
151 一招显示无数据项目……205
实例 在字段筛选状态下显示无数据的项目
152 隐藏字段下拉列表中多余项……206
实例 对页字段执行筛选后隐藏筛选器中多余的项目

153 按百分比的形式进行有效筛选 207
实例 筛选商品累计销售金额低于20%的记录
154 使用Power View进行筛选 208
实例 在数据透视表中使用Power View进行筛选
155 清除筛选要慎重 210
实例 删除数据透视表中的所有筛选

第9章 切片器功能的应用

156 便捷的切片器 211
实例 为数据透视表创建切片器
157 巧用切片器快速筛选数据 212
实例 利用切片器筛选数据透视表数据
158 切片器的大小由你定 213
实例 调整切片器面板的尺寸
159 切片器样式随意选 214
实例 为切片器应用样式
160 切片器样式的个性化设置 215
实例 修改切片器的文字格式、边框及填充色
161 新建切片器样式也不难 217
实例 为切片器创建一个新的样式
162 切片器也能够共享 218
实例 利用一个切片器控制多张数据透视表
163 快速隐藏切片器的标题 220
实例 隐藏切片器的页眉
164 为切片器起个名 221
实例 修改切片器的标题
165 自定义排序切片器项目 222
实例 将切片器中的项目按自定义顺序排序
166 清除切片器筛选 223
实例 取消切片器中执行的筛选操作
167 断开切片器连接 224
实例 断开切片器和数据透视表之间的连接
168 让切片器在受保护的工作表中能继续使用 225
实例 当工作表受保护时仍能使用切片器
169 及时更新切片器中的选项 226
实例 让切片器不再保留数据源中已经删除的数据
170 轻松隐藏切片器中的无效选项 227
实例 不在交叉筛选的切片器中显示无效的选项
171 神奇的切片器隐藏术 229
实例 隐藏或显示已创建的切片器
172 "卸磨杀驴"之切片器的删除 230
实例 删除切片器的多种方法

第3篇 数据透视表在商务领域中的应用

第10章 数据透视表在人力资源中的应用

173 快速统计各部门不同学历的人数……232
实例 统计各部门不同学历的员工人数
174 统计各部门员工性别比例很简单……233
实例 统计各部门男女员工的比例
175 员工年龄分布我知道……234
实例 统计不同年龄段的员工人数
176 统计员工工龄超简单……235
实例 统计员工的工龄
177 巧妙汇总多个分公司的数据……237
实例 汇总两个分公司的人事数据
178 巧妙进行条件筛选……239
实例 通过切片器筛选出安徽籍的男员工
179 巧用数据透视表进行筛选……240
实例 统计25岁以上男员工人数
180 巧用日程表进行筛选……241
实例 筛选出2009年进入公司的员工
181 奇妙的联动筛选……242
实例 建立筛选器连接进行联动筛选

第11章 数据透视表在销售管理中的应用

182 汇总各地区销售额很容易……244
实例 汇总各地区销售额
183 轻松统计各种商品的占有率……245
实例 统计各种商品的销售额占比
184 快速统计各种商品的销量……246
实例 按月份统计上半年各种商品的销售数量
185 巧妙标记不合格数据……247
实例 将销售收入低于3000的显示成红色“不合格”
186 巧用图标集将销售额划分等级……248
实例 用图标集将销售额划分成3个等级
187 巧妙进行条件筛选……249
实例 筛选出销售额大于15000的商品
188 巧用切片器进行筛选……250
实例 用切片器筛选出华中大区业绩
189 时间筛选器之日程表……251
实例 筛选2014年5月的销售数据
190 巧妙添加月增长率字段……252
实例 统计销售额的月增长率
191 制作日/月/季报表有高招……253
实例 制作销售日报表、月报表和季报表
192 快速添加毛利润率字段……255
实例 为数据透视表添加毛利润率字段
193 让销售员排名一目了然……256
实例 依据销售额高低给销售员排名

194 快速剔除退货表中的重复数据……257
实例 统计不重复的退货数量
195 快速统计在售电脑的种类……259
实例 制作各门店在售电脑型号清单

第12章 数据透视表在薪酬管理中的应用

196 快速统计各部门的月工资总额……261
实例 统计公司各部门当月的实发工资额
197 巧妙统计员工人数……262
实例 统计员工工资表中各部门的人数
198 筛选出基本工资大于等于7000的员工……263
实例 筛选出基本工资大于等于7000的员工
199 统计各部门平均工资……264
实例 统计员工工资表中各部门平均工资
200 快速统计各部门最大补贴值……265
实例 统计各部门最大补贴值
201 轻松统计各部门每个员工全年工资……266
实例 统计各部门每个员工全年工资
202 汇总每个员工第一季度工资很简单……267
实例 为数据透视表添加“第一季度工资”计算字段
203 工资表中数据随意挑……268
实例 在工资表中筛选出销售部的工资数据
204 多重合并计算数据区域之数据透视表……269
实例 汇总3月和4月的工资数据
205 巧用数据透视表进行对账……271
实例 数据透视表中分类汇总功能的应用
206 快速统计工人的计件工资……272
实例 计算工人的计件数量及计件工资

第13章 数据透视表在学校管理中的应用

207 快速统计师资情况……273
实例 统计各学科教师人数
208 轻轻松松统计各学科教师学历水平……274
实例 统计各学科教师学历水平
209 巧妙统计各学科男女教师比例……275
实例 统计各学科男女教师人数
210 统计学生总成绩很简单……276
实例 统计每个学生的总成绩
211 巧妙添加每个学生的平均成绩……277
实例 统计每个学生的平均成绩
212 统计各班级各科平均分有诀窍……278
实例 统计各班级各科平均分
213 排序只需一步……279
实例 按总分高低进行排序
214 巧妙进行多条件筛选……280
实例 筛选出三个学科成绩都大于等于80分的学生
215 快速统计不同分数段的学生人数……281
实例 统计语文各分数段的人数

216 学生名次我知道……282
实例 对学生的数学成绩进行排名
217 快速统计学生迟到情况……283
实例 统计迟到的学生姓名及其迟到次数
218 轻轻松松筛选学生缺勤情况……285
实例 筛选学生缺勤情况
219 巧妙添加等第成绩……286
实例 将平均分显示为等第成绩

第4篇 数据透视表与数据透视图

第14章 数据透视图的创建

220 轻轻松松创建数据透视图……290
实例 根据数据透视表创建数据透视图
221 直接创建数据透视图也不难……291
实例 在Excel工作表中直接创建数据透视图
222 巧用向导创建数据透视图……292
实例 用数据透视表向导创建数据透视图
223 利用F11键创建数据透视图……293
实例 快速创建数据透视图
224 数据透视图的类型随意“挑”……294
实例 更改数据透视图的类型
225 一键删除数据透视图……295
实例 删除数据透视图
226 让数据透视图搬个家……296
实例 通过快捷菜单移动数据透视图
227 为数据透视图起个名……297
实例 设置数据透视图标题
228 一秒钟加入数据标签……298
实例 设置数据透视图的数据标签
229 显示图例有高招……299
实例 为数据透视表添加图例
230 数据透视图的大小我做主……300
实例 调整数据透视图的大小及位置
231 数据透视图字段按钮的显示或隐藏……301
实例 显示或隐藏数据透视图字段按钮
232 趋势线不可少……302
实例 给数据透视图添加趋势线
233 巧妙改变数据透视图的布局……303
实例 运用“快速布局”改变数据透视图
234 一招更新数据透视图……304
实例 刷新数据透视图
235 轻松删除不必要的图表元素……305
实例 两种删除图表元素的方法
236 创建数据透视图模板很简单……306
实例 数据透视图模板的创建

237 巧用数据透视图模板……307
实例 套用数据透视图模板
238 数据透视图变变变……308
实例 设置数据透视图的外观
239 数据透视图系列巧变身……310
实例 设置数据透视图的系列
240 为数据透视图中的字段或项重命名……311
实例 重命名数据透视图中的字段
241 坐标轴的设置学问大……312
实例 设置数据透视图的坐标轴
242 "数据透视图+数据表"更完美……313
实例 数据透视图的模拟运算
243 为数据透视图添加网格线……314
实例 为数据透视图添加网格线
244 美化数据透视图的图表区……315
实例 设置数据透视图的图表区
245 巧设数据透视图的绘图区……316
实例 设置数据透视图的绘图区
246 数据透视图中文字样式由你定……317
实例 更改数据透视图中的文字样式
247 巧用主题美化数据透视图……318
实例 使用主题设置数据透视图的效果
248 数据透视表/图的鱼水情……319
实例 数据透视图和数据透视表之间相互影响
249 将数据透视图转化为静态图表……320
实例 切断数据透视表与数据透视图之间的关联性
250 轻松插入迷你图……321
实例 创建迷你图
251 原来迷你图也能实现复制……322
实例 批量制作迷你图
252 让单个迷你图变成一家子……323
实例 用组合法创建一组迷你图
253 给迷你图搬个家……324
实例 移动数据透视表中的迷你图
254 轻轻松松更改迷你图数据源……325
实例 更改迷你图数据源
255 迷你图变变变……326
实例 更改迷你图类型
256 迷你图样式巧设置……327
实例 设置迷你图的样式
257 特殊点的设计有玄机……328
实例 为迷你图中的点设置颜色
258 巧妙设置纵坐标……329
实例 为迷你图添加纵坐标
259 将横坐标轴变出来……330
实例 显示迷你图的横坐标轴
260 巧设日期坐标轴……331
实例 日期坐标轴的应用

261 巧妙处理空单元格……332
实例 用直线连接迷你图中断裂部分
262 处理隐藏单元格有妙招……333
实例 在迷你图上显示隐藏单元格中数据
263 轻轻松松删除迷你图……334
实例 删除迷你图的几种方法

第15章 数据透视图的应用

264 奇妙的行列转置……335
实例 快速切换数据透视图中的行列
265 数据系列的排位有讲究……336
实例 系列的重叠及其次序的调整
266 为数据透视图减负……337
实例 隐藏数据透视图中的某些项目
267 次坐标轴的添加很容易……338
实例 为“销量”系列添加次坐标轴
268 数据透视图也能组合显示……339
实例 显示不可见的系列数据
269 轻松同步数据透视图标题和页字段……341
实例 使数据透视图标题和数据透视表页字段同步
270 对数据透视图实施排序……342
实例 排序数据透视图
271 巧妙增加总计系列……343
实例 在数据透视图上显示总计系列
272 将数据透视图应用到其他文档中……344
实例 数据透视图在PPT中的应用
273 数据透视图在人力资源管理中的应用……345
实例 数据透视图统计各部门员工学历情况
274 数据透视图在财务分析中的应用……347
实例 排列图的应用
275 数据透视图在学校管理中的应用……348
实例 用数据透视图统计学生的各科平均分
276 数据透视图在销售分析中的应用……350
实例 通过切片器显示各月销售业绩
277 巧妙处理空单元格……353
实例 连接数据透视图中断点
278 巧用切片器查看数据透视图……354
实例 在数据透视图中插入切片器
279 利用切片器玩转数据透视图……355
实例 通过切片器实现数据透视图之间的连接
280 改变切片器的列数……356
实例 修改切片器列数
281 快速断开数据透视图的连接……357
实例 取消数据透视图之间的连接
282 清除筛选方法多……358
实例 清除数据透视图中的筛选器
283 巧妙隐藏数据透视图中的切片器……359
实例 数据透视图中切片器的隐藏/显示

284 切片器的字体格式也可以更改……360
实例 设置切片器的字体格式
285 切片器中的字段项也能排序……361
实例 升序排列切片器中的字段项
286 让切片器中的字段项排好队……362
实例 自定义排序切片器中的字段项
287 切片器显示顺序有讲究……363
实例 调换切片的显示顺序
288 高效率筛选之切片器……364
实例 利用切片器进行快速筛选

第5篇 数据透视表与PowerPivot

第16章 PowerPivot For Excel的应用

289 小工具（PowerPivot），大用处……366
实例 在Excel中添加并使用PowerPivot
290 轻轻松松向PowerPivot中添加数据……368
实例 将当前Excle工作簿中的数据导入PowerPivot
291 快速向PowerPivot中添加外部数据……369
实例 链接外部数据
292 轻松导入指定条件的数据……371
实例 导入并筛选外部数据到PowerPivot中
293 向PowerPivot添加数据超简单……373
实例 将数据复制粘贴到PowerPivot
294 巧妙为PowerPivot添加数据库中数据……374
实例 向PowerPivot中添加Access数据库中的数据
295 更新PowerPivot有妙招……376
实例 更新PowerPivot的几种方法
296 巧妙创建数据透视表……377
实例 用PowerPivot创建数据透视表
297 巧用PowerPivot设置数据透视表……378
实例 用PowerPivot对数据透视表进行设置
298 创建数据透视图超简单……379
实例 用PowerPivot创建数据透视图
299 数据透视图变变变……380
实例 设置数据透视图
300 让数据透视表手拉手……381
实例 创建两表关联的数据透视表
301 让切片器站好队……383
实例 让两个切片器对齐显示
302 巧用PowerPivot添加迷你图……384
实例 为数据透视表添加迷你图

第17章 在PowerPivot 中使用数据透视表

303 巧用PowerPivot汇总销售数据……385
实例 将明细表数据分类汇总

304 巧妙保持分类汇总值的一致性……386
实例 保持分类汇总后各商品所占比例不变
305 轻松统计不重复数据个数……388
实例 统计每个销售员服务的客户人数
306 轻松计算父级汇总百分比……389
实例 保持筛选过程中商品汇总百分比的正确性
307 巧妙比较销售员业绩……391
实例 汇总销售员第一周和第二周的业绩
308 计算加权毛利率不求人……393
实例 为数据透视表添加加权毛利率
309 巧用PowerPivot进行条件统计……395
实例 统计英语成绩为满分的学生姓名和人数
310 加权平均单价的巧妙计算……396
实例 计算各种水果的加权平均单价
311 让分类汇总项搬个家……397
实例 分类汇总家电销售表并使汇总值在左侧显示
312 在值区域显示文本也不难……399
实例 建立二维数据透视表
313 巧妙保持同比和环比的正确性……400
实例 为销售表添加同比和环比并使其不随筛选而改变
314 获取最小值有一招……404
实例 筛选服装购入时的最低价
315 妙用函数计算平均值……405
实例 计算服装购入价格的平均值
316 员工业绩我知道……406
实例 为数据透视表添加“完成率”字段
317 直观明了的KPI标记……407
实例 为“完成率”字段添加KPI标记
318 快速统计各部门男女比例……408
实例 计算各部门员工的男女比例
319 轻松统计销售员的业绩名次……409
实例 为销售员的业绩排名

第6篇 数据透视表/图的输出与打印

第18章 数据透视表与数据透视图输出技术

320 快速将数据透视表保存为网页格式……412
实例 将数据透视表发布到网上
321 将数据透视表导出为PDF文档……414
实例 将数据透视表保存为PDF格式
322 轻松将报表保存到“云端”……415
实例 将数据透视表保存到OneDrive中
323 轻松访问云端中的报表……417
实例 打开OneDrive中的文件
324 使用移动终端查看并分享报表信息……418
实例 在手机上查看并分享OneDrive中的报表

325 直接在OneDrive中添加文件……420
实例 通过上传的方法添加数据透视表文件
326 快速共享OneDrive中的文件……421
实例 共享OneDrive中的数据透视表
327 轻松查看共享文件……422
实例 查看OneDrive中共享的文件
328 安装OneDrive客户端很简单……423
实例 OneDrive客户端的安装操作
329 体验OneDrive带来的快乐……425
实例 使用OneDrive客户端管理文件

第19章 数据透视表与数据透视图打印技术
330 设置数据透视表的打印标题……426
实例 只在数据透视表列字段中显示一组数据
331 指定数据透视表打印标题行……427
实例 为需要打印的数据透视表指定打印标题行
332 为数据透视表每一分类项目分页打印……428
实例 只在数据透视表列字段中显示一组数据
333 打印单个页字段数据项数据……429
实例 根据单个页字段数据项打印数据透视表
334 在每一页上重复打印行标签……430
实例 将行字段的标签在每张页面上都打印出来
335 利用VBA实现单筛选字段分项打印……431
实例 根据单筛选字段数据项打印数据透视表
336 只单独打印数据透视图的方法……433
实例 设置只打印数据透视图不打印其他区域
337 避免打印数据透视图……434
实例 打印除数据透视图以外的所有数据
338 “按黑白方式”打印数据透视图……435
实例 将数据透视图打印成黑白效果
339 横向打印技巧……436
实例 为数据透视表和数据透视图设置横向打印

附录 需要掌握的Excel快捷键与其他知识
附录1 需要牢记的Excel快捷键……438
附录2 数据透视表图专用快捷键……442
附录3 学习PowerPivot必备知识……443
附录3 常见疑难问题解决办法……449

第1篇 023~104

创建数据透视表

1-1 数据透视表的创建（001~012）

1-2 数据透视表布局的调整（013~048）

1-3 数据透视表格式的设置（049~068）

1-4 数据透视表的刷新（069~075）

轻轻松松创建数据透视表

实例 在Excel 2013中创建数据透视表

数据透视表可以按不同的字段来多角度显示、计算和分析数据，有一种透视效果。另外数据透视表有机地综合了数据排序、筛选和分类这些分类汇总等数据分析方法的优点，可以方便地调整分类汇总的方式。数据透视表是最常用、功能最全的Excel数据分析工具之一。

1 打开数据源所在工作表，选中数据源中任意单元格，打开“插入”选项卡，单击“数据透视表”按钮。

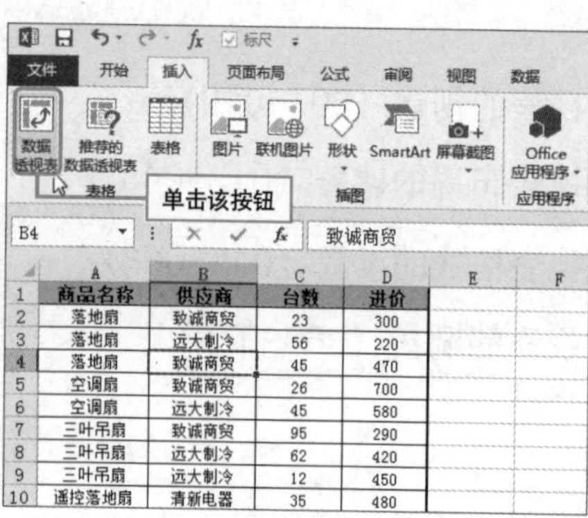

2 弹出“创建数据透视表”对话框，在“表/区域”文本框中自动选择了数据源区域，保持其他选项不变，单击“确定”按钮。

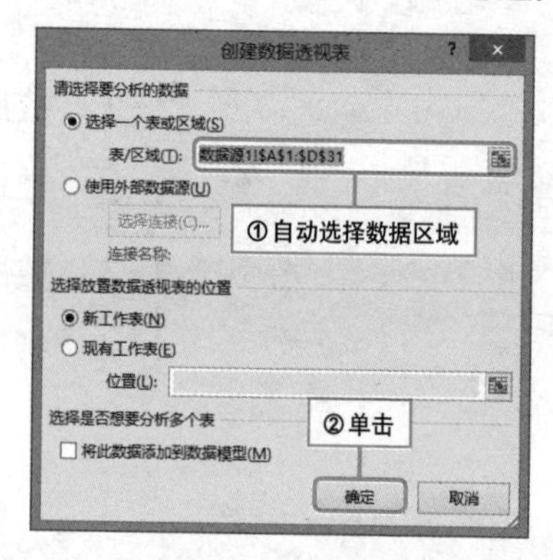

3 此时在新建工作表中便出现了一张空白数据透视表。选中该数据透视表中的任意单元格即可激活“数据透视表字段”窗格。

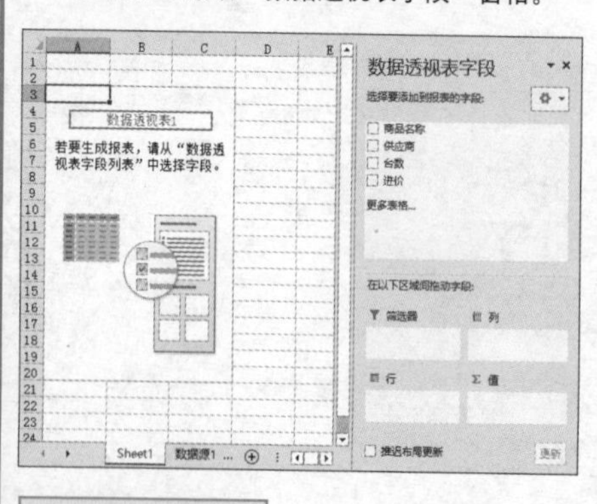

创建的空白数据透视表

4 在“选择要添加到报表的字段”列表框中勾选相应的复选框即可向数据透视表中添加显示字段。

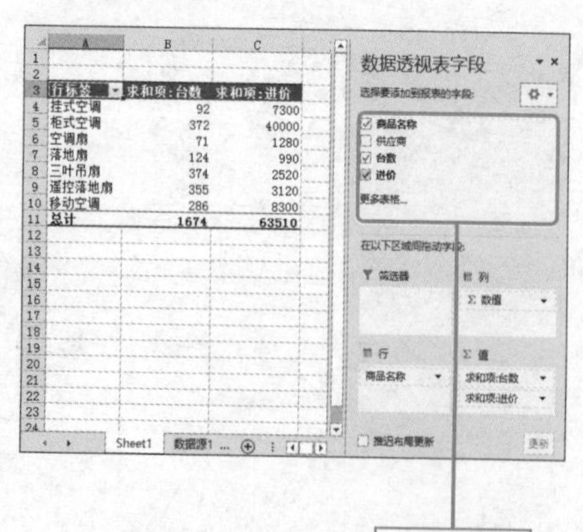

添加显示字段

巧妙避免数据透视表有空行

实例 为含有合并单元格的数据创建数据透视表

当数据源中包含合并单元格时，所创建的数据透视表行标签中就会含有空白字段，面对此类问题应该如何解决呢？本技巧将介绍具体操作方法。

初始效果

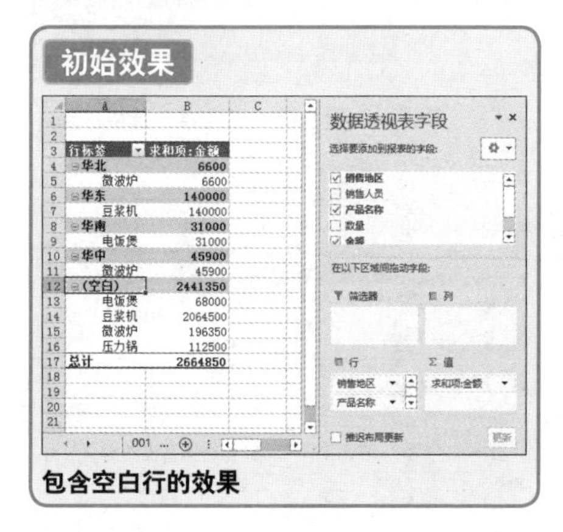

包含空白行的效果

最终效果

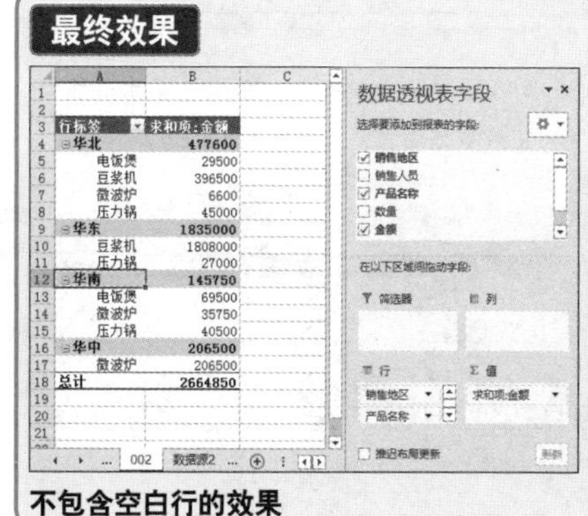

不包含空白行的效果

❶ 选中包含合并单元格的A2:A20区域，单击"开始"选项卡中的"格式刷"按钮。

②单击该按钮

①选中单元格区域

❷ 选取G2:G20单元格区域，对该区域执行格式刷命令。

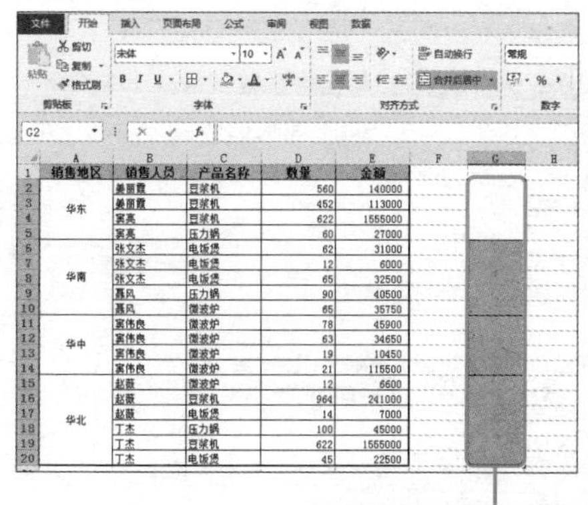

3 再次选中A2:A20单元格区域，单击“开始”选项卡中的“合并后居中”按钮。

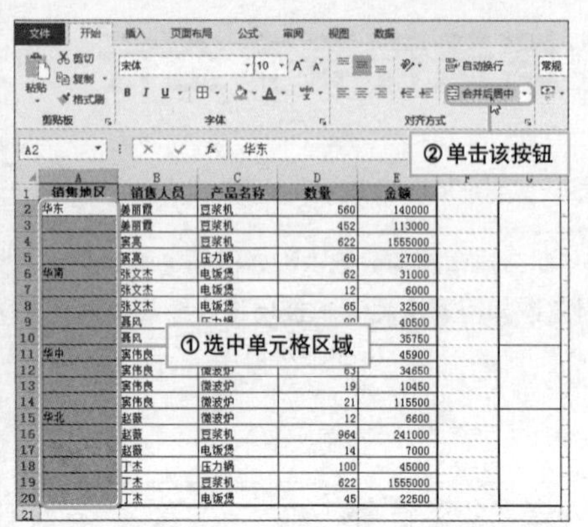

4 选择“开始”选项卡“查找和选择”下拉列表中的“定位条件”选项，打开“定位条件”对话框，选中“空值”单选按钮。

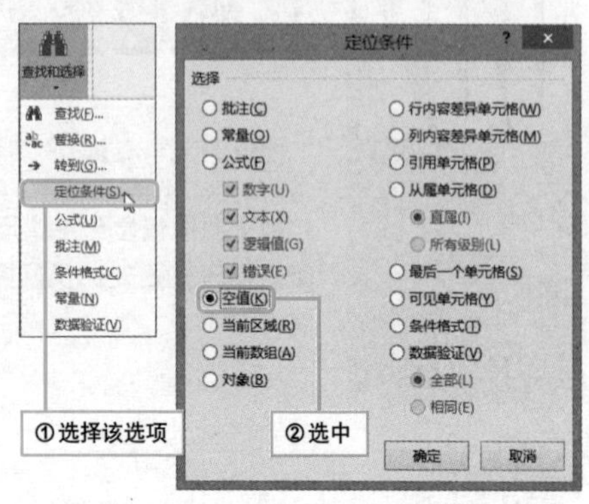

5 A2:A20单元格区域中的空白单元格被选中，在数值框中输入公式“=A2”。

A2 =A2 输入公式

	A	B	C	D	E
1	销售地区	销售人员	产品名称	数量	金额
2	华东	姜丽霞	豆浆机	560	140000
3	=A2	姜丽霞	豆浆机	452	113000
4		窦亮	豆浆机	622	1555000
5		窦亮	压力锅	60	27000
6	华南	张文杰	电饭煲	62	31000
7		张文杰	电饭煲	12	6000
8		张文杰	电饭煲	65	32500
9		聂风	压力锅	90	40500
10		聂风	微波炉	65	35750
11	华中	窦伟良	微波炉	78	45900
12		窦伟良	微波炉	63	34650
13		窦伟良	微波炉	19	10450
14		窦伟良	微波炉	21	115500
15	华北	赵薇	微波炉	12	6600
16		赵薇	豆浆机	964	241000
17		赵薇	电饭煲	14	7000
18		丁杰	压力锅	100	45000
19		丁杰	豆浆机	622	1555000
20		丁杰	电饭煲	45	22500

6 按Ctrl+Enter组合键返回结果。选中区域中的空白单元格中都被填充了相应的数据。

A3 =A2 按 Ctrl+Enter 组合键输出结果

	A	B	C	D	E
1	销售地区	销售人员	产品名称	数量	金额
2	华东	姜丽霞	豆浆机	560	140000
3	华东	姜丽霞	豆浆机	452	113000
4	华东	窦亮	豆浆机	622	1555000
5	华东	窦亮	压力锅	60	27000
6	华南	张文杰	电饭煲	62	31000
7	华南	张文杰	电饭煲	12	6000
8	华南	张文杰	电饭煲	65	32500
9	华南	聂风	压力锅	90	40500
10	华南	聂风			5750
11	华中	窦伟良			5900
12	华中	窦伟良	微波炉	63	34650
13	华中	窦伟良	微波炉	19	10450
14	华中	窦伟良	微波炉	21	115500
15	华北	赵薇	微波炉	12	6600
16	华北	赵薇	豆浆机	964	241000
17	华北	赵薇	电饭煲	14	7000
18	华北	丁杰	压力锅	100	45000
19	华北	丁杰	豆浆机	622	1555000
20	华北	丁杰	电饭煲	45	22500

7 选中G2:G20单元格区域，单击“格式刷”按钮。对A2:A20区域执行格式刷命令。

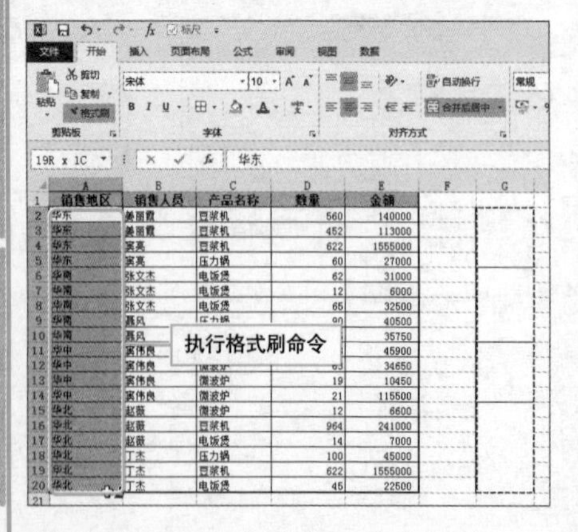

8 再次为包含合并单元格的数据创建数据透视表，数据透视表中将不存在空白列。

引用外部数据创建数据透视表

实例 引用其他工作簿中的数据创建数据透视表

数据透视表不仅可以引用自身工作簿中的数据来创建，也可以引用与其不相干的其他工作簿中的数据进行创建。具体操作步骤介绍如下。

1 打开工作表选中单元格A1，打开“创建数据透视表”对话框，选中“使用外部数据源”单选按钮，单击“选择连接”按钮。

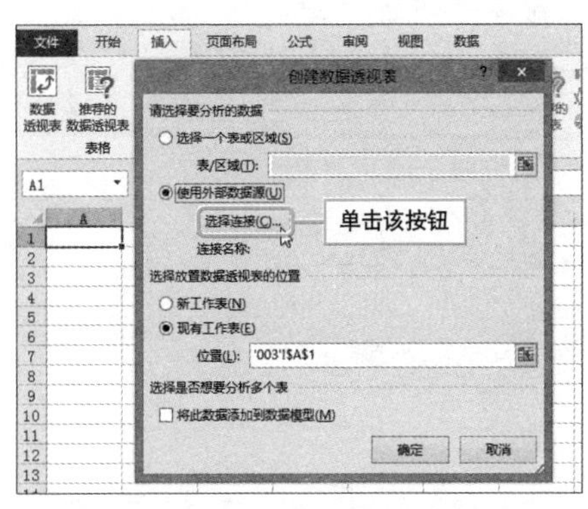

2 弹出“现有连接”对话框，单击“浏览更多”按钮。

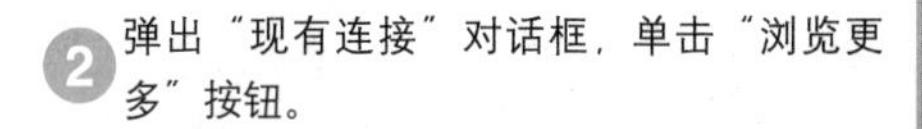

3 打开“选取数据源”对话框，从中选中需要引用数据的工作表，然后单击“打开”按钮。

4 打开“选择表格”对话框，从中选择数据表所在的工作表标签，然后单击“确定”按钮即可。

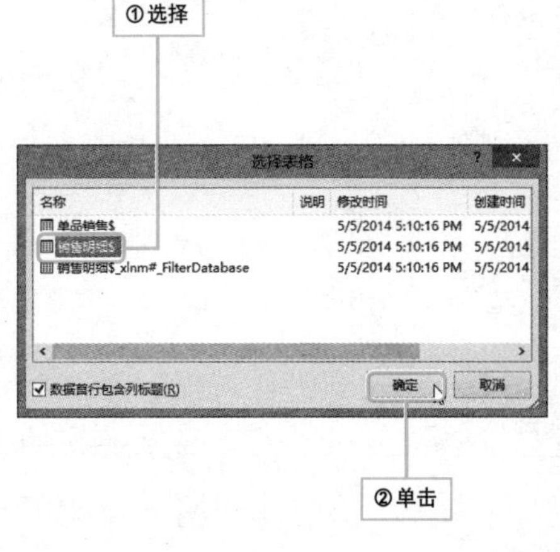

重命名数据透视表很简单

实例 更改数据透视表名称

在Excel中创建第一个数据透视表时，默认的名称为“数据透视表1”，再创建一个，数据透视表的名称则变为“数据透视表2”，以此类推，用户也可以根据需要自行更改数据透视表的名称。

1 选中数据透视表中任意单元格，激活“数据透视表工具”选项卡。

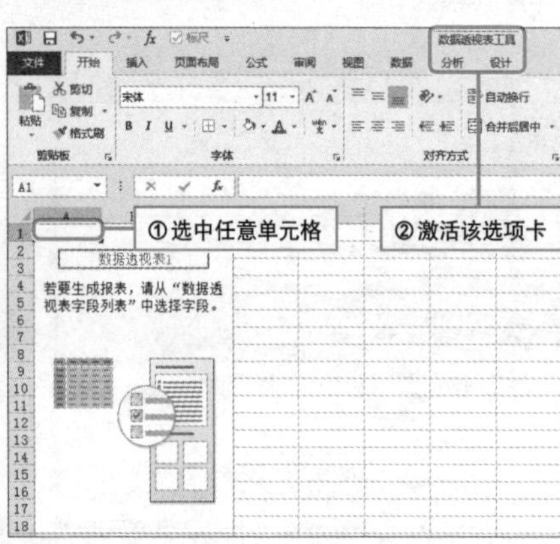

2 打开“分析”选项卡，在“数据透视表”组中选中数据透视表名称按Delete键删除。

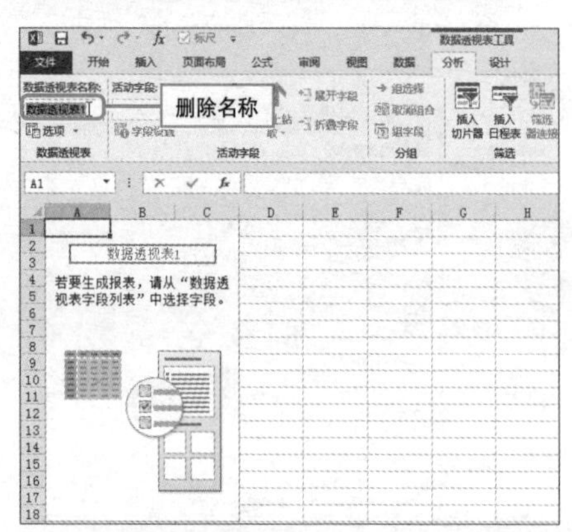

3 重新输入名称为“销售明细透视表”，则空白数据透视表中的名称也随之改变。

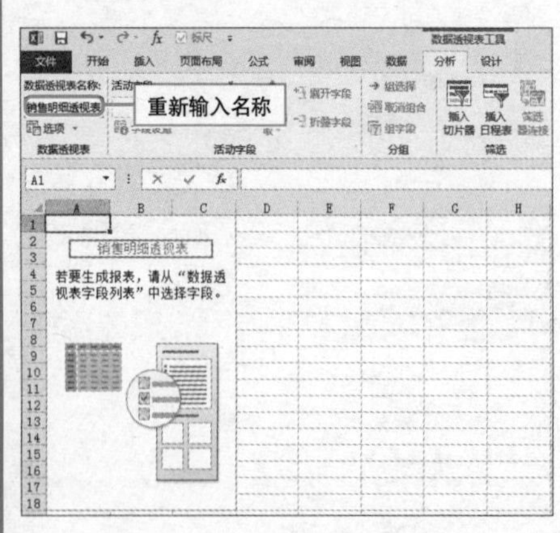

Hint

右键法更改数据透视表名称

右击数据透视表中的任意单元格，在展开的菜单中选择“数据透视表选项”命令，打开“数据透视表选项”对话框，在对话框中更改数据透视表名称。

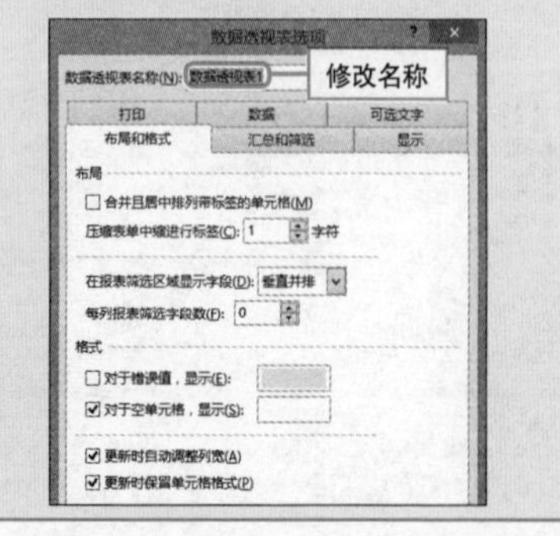

原来数据透视表位置也能移动

实例 移动数据透视表位置

为了满足数据分析的需要，用户可以将创建好的数据透视表移动到工作表中的任意位置。也可以将数据透视表移动到其他工作表或工作簿中。具体操作步骤介绍如下。

❶ 选中数据透视表中任意单元格打开“分析”选项卡，单击“移动数据透视表”按钮。

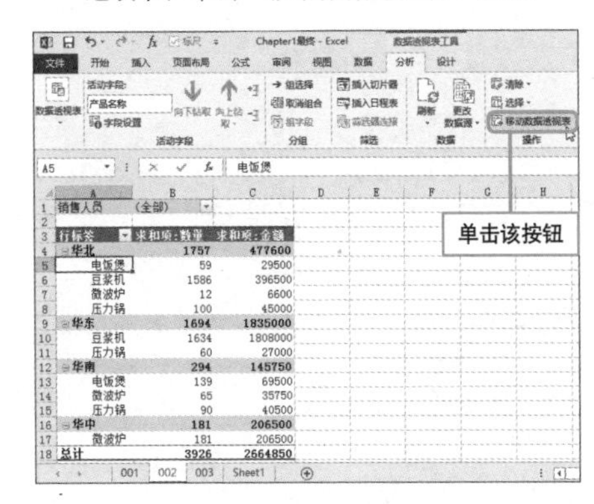

❷ 弹出“移动数据透视表”对话框，选中“现有工作表”单选按钮，在“位置”文本框中输入用于存放数据透视表的起始单元格，单击“确定”按钮。将数据透视表在原有工作表中进行移动。

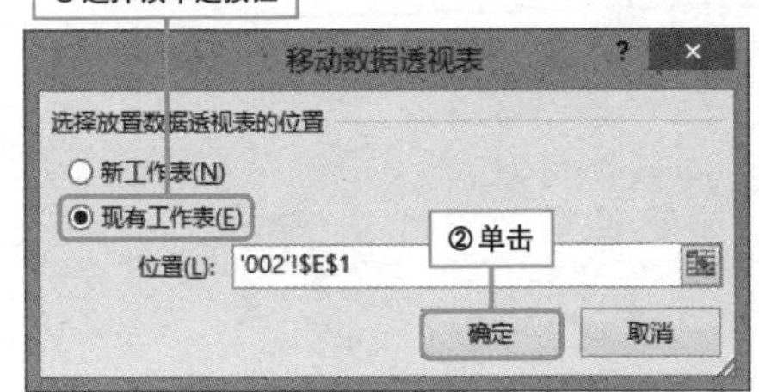

❸ 将插入点放置于“位置”文本框中，切换到其他工作表，选中用于存放数据透视表的起始单元格，单击“确定”按钮，即可将数据透视表移动至其他工作表。

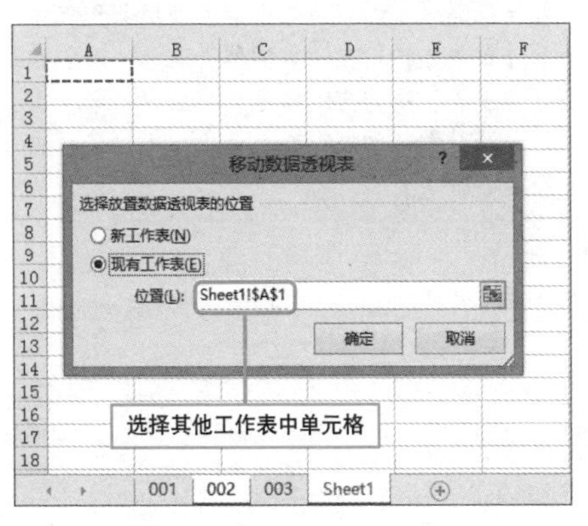

❹ 若在“移动数据透视表”对话框中选中“新工作表”单选按钮，然后单击“确定”按钮，则可以将数据透视表存放于新建工作表中。

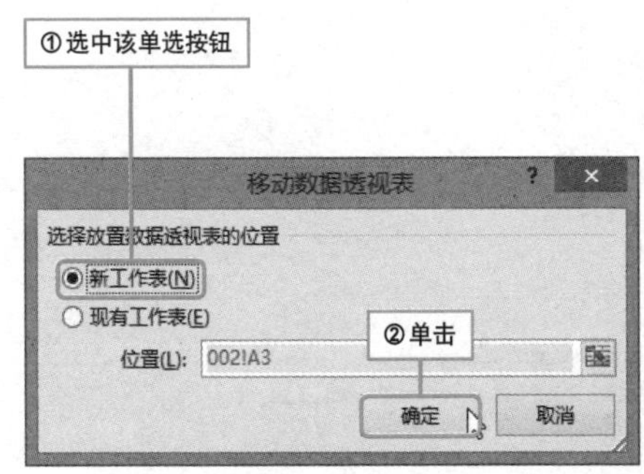

快速复制数据透视表

实例 **复制数据透视表**

创建完成一个数据透视表之后，为了省去再次利用同样的数据源再重新创建一个数据透视表的麻烦，可以选择直接将数据透视表进行复制。这样就可以节省大量的时间，提高工作效率。

1 选中整个数据透视表并右击，在弹出的菜单中选择“复制”命令。

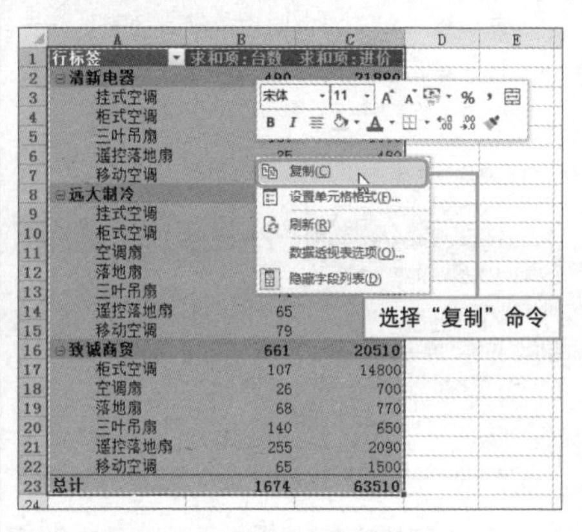

2 选中用于粘贴数据透视表的起始单元格E1，右击后选择“粘贴”选项。

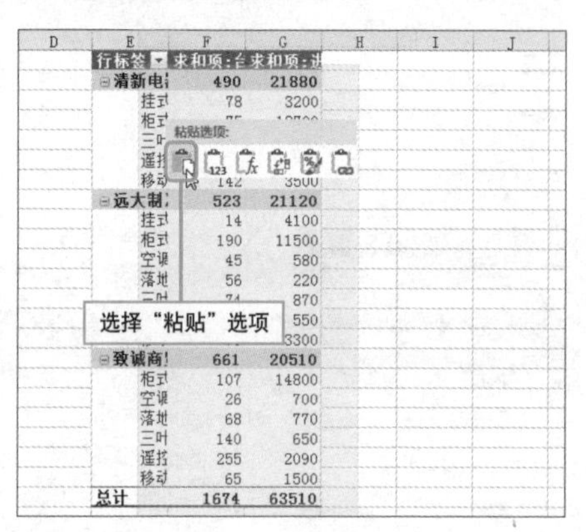

3 调整好复制出的数据透视表的列宽，此时的数据透视表同样是链接到数据源的。

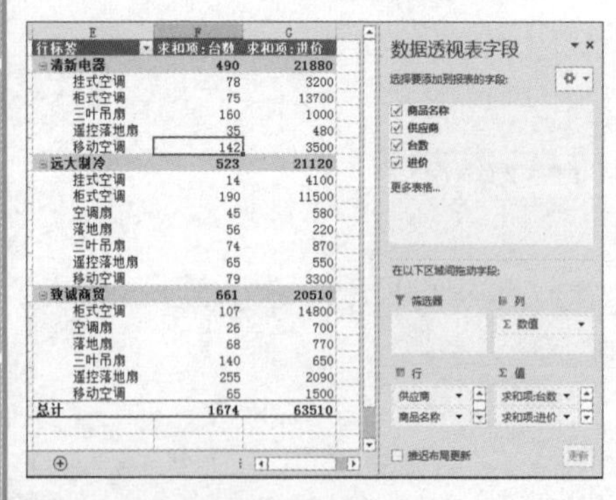

复制过来的工作表依然链接到数据源

Hint

将数据透视表复制到其他工作表

数据透视表可以在同一个工作表中进行复制粘贴，也可以将数据透视表复制到其他工作表或工作簿中。其操作方法为，选中数据透视表，执行复制命令，然后打开本工作簿中的其他工作表，或其他工作簿，最后执行粘贴命令。

删除数据透视表有高招

实例 删除数据透视表

如果用户不再需要使用某个数据透视表，为了增加内存提高Excel的运行速度，可以将这个数据透视表删除。

① 选中数据透视表中任意单元格，打开“分析”选项卡。单击“选择”按钮，在展开的列表中选择“整个数据透视表”选项。

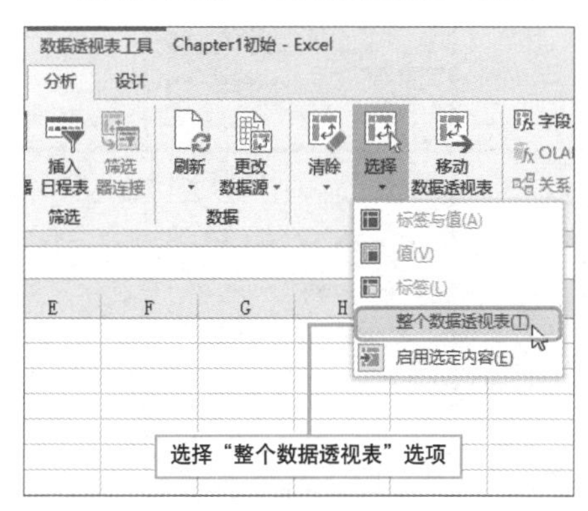

② 整个数据透视表被选中后，按Delete键即可将数据透视表删除。

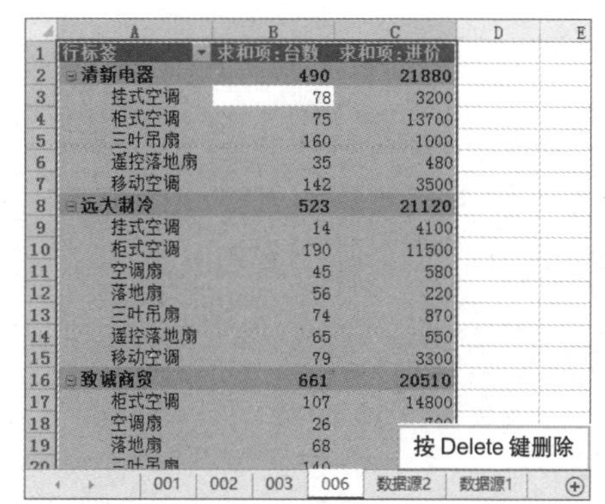

③ 若只是想删除数据透视表中的所有字段，则在选中整个数据透视表后单击“清除”按钮，选择“全部清除”选项。

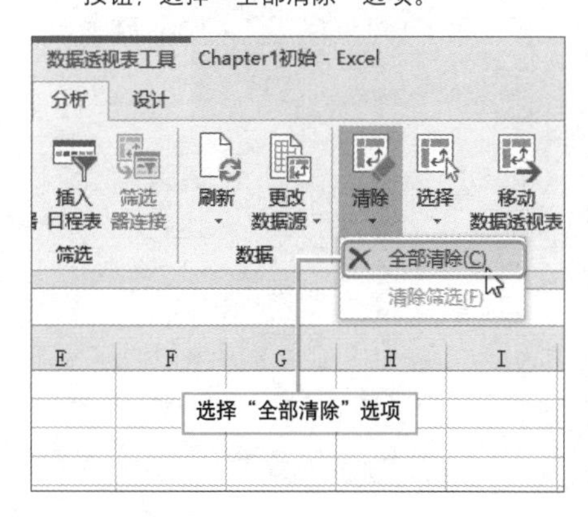

Hint

禁止删除数据透视表中部分内容

如果只选中数据透视表中部分内容，按Delete键之后，系统会弹出警告对话框。

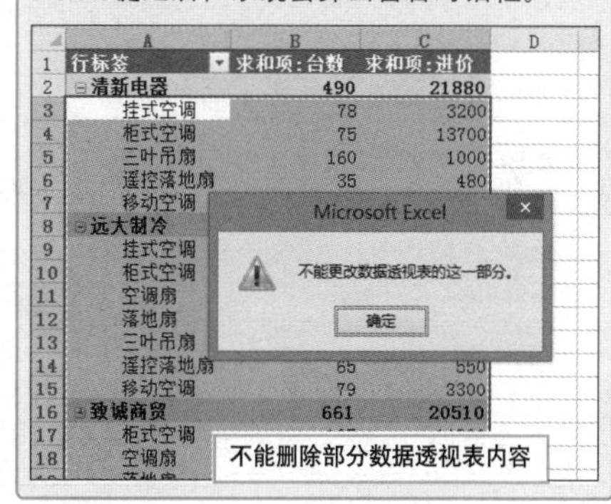

Question 008

一步获取数据透视表数据源信息

• Level ◆◆◇

2013 2010 2007

实例 显示数据透视表数据源的所有信息

在创建数据透视表后，如果将数据源信息删除，或者数据透视表的数据源来自其他工作簿时，该如何利用数据透视表将数据源的所有信息显示出来呢？本技巧就来介绍具体操作方法。

1 右击数据透视表中任意单元格，在弹出的菜单中选择“数据透视表选项”命令。

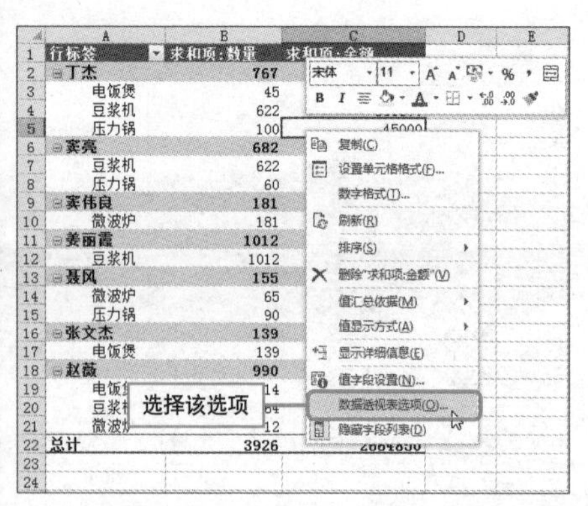

2 弹出“数据透视表选项”对话框，打开“数据”选项卡，勾选“启用显示明细数据”复选框，单击“确定”按钮。

数据透视表选项
数据透视表名称(N): 数据透视表1
布局和格式 汇总和筛选 显示 打印 数据 可选文字
数据透视表数据
保存文件及源数据(S)
启用显示明细数据(E)
打开文件时刷新数据(R)
①勾选该项
保留从数据源删除的项目
每个字段保留的项数(N): 自动
模拟分析
在值区域启用单元格编辑(E)
②单击
确定 取消

3 返回数据透视表，双击数据透视表最后一个单元格。

	A	B	C
1	行标签	求和项:数量	求和项:金额
2	⊟丁杰	767	223000
3	电饭煲	45	22500
4	豆浆机	622	155500
5	压力锅	100	45000
6	⊟窦亮	682	1582000
7	豆浆机	622	1555000
8	压力锅	60	27000
9	⊟窦伟良	181	206500
10	微波炉	181	206500
11	⊟姜丽霞	1012	253000
12	豆浆机	1012	253000
13	⊟聂风	155	76250
14	微波炉	65	35750
15	压力锅	90	40500
16	⊟张文杰	139	69500
17	电饭煲	139	69500
18	⊟赵薇	990	254600
19	电饭煲	14	7000
20	豆浆机	964	241000
21	微波炉	12	6600
22	总计	3926	2664850

双击该单元格

4 此时工作簿中会自动新建一个工作表，并显示出数据透视表数据源的所有详细信息。

	A	B	C	D	E
1	销售地区	销售人员	产品名称	数量	金额
2	华北	丁杰	电饭煲	45	22500
3	华南	张文杰	电饭煲	62	31000
4	华南	张文杰	电饭煲	12	6000
5	华南	张文杰	电饭煲	65	32500
6	华北	赵薇	电饭煲	14	7000
7	华北	丁杰	豆浆机	622	155500
8	华东	窦亮	豆浆机	622	1555000
9	华东	姜丽霞	豆浆机	560	140000
10	华东	姜丽霞	豆浆机	452	113000
11	华北	赵薇	豆浆机	964	241000
12	华中	窦伟良	微波炉	78	45900
13	华中	窦伟良	微波炉	63	34650
14	华中	窦伟良	微波炉	19	10450
15	华中	窦伟良	微波炉	21	115500
16	华南	聂风	微波炉	65	35750
17	华北	赵薇	微波炉	12	6600
18	华北	丁杰	压力锅	100	45000
19	华东	窦亮	压力锅	60	27000
20	华南	聂风	压力锅	90	40500

查看数据透视表数据源

禁止显示数据源有方法

实例 禁止由数据透视表还原数据源

利用数据源制作数据透视表之后，用户如果不希望再显示数据源的任何信息，可以通过设置，禁止数据源的显示。

❶ 选中数据透视表中任意单元格，单击“分析”选项卡中的“选项”按钮。

❷ 打开“数据透视表选项”对话框，在“数据”选项卡中取消勾选“启用显示明细数据”复选框，单击“确定”按钮。

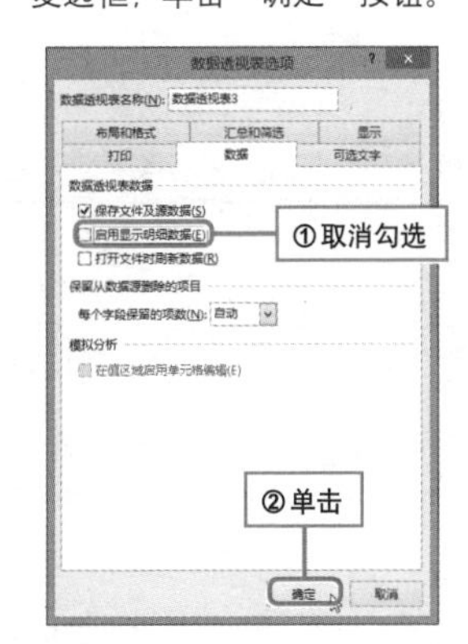

❸ 返回数据透视表后，选中最后一个单元格并双击。

	A	B	C
1	行标签	求和项:台数	求和项:进价
2	⊟清新电器	490	21880
3	挂式空调	78	3200
4	柜式空调	75	13700
5	三叶吊扇	160	1000
6	遥控落地扇	35	480
7	移动空调	142	3500
8	⊟远大制冷	523	21120
9	挂式空调	14	4100
10	柜式空调	190	11500
11	空调扇	45	580
12	落地扇	56	220
13	三叶吊扇	74	870
14	遥控落地扇	65	550
15	移动空调	79	3300
16	⊟致诚商贸	661	20510
17	柜式空调	107	14800
18	空调扇	26	700
19	落地扇	68	770
20	三叶吊扇	140	650
21	遥控落地扇	255	2090
22	移动空调	65	1500
23	总计	1674	63510

双击该单元格

❹ 此时系统会弹出警告对话框，表示无法再显示数据源信息。

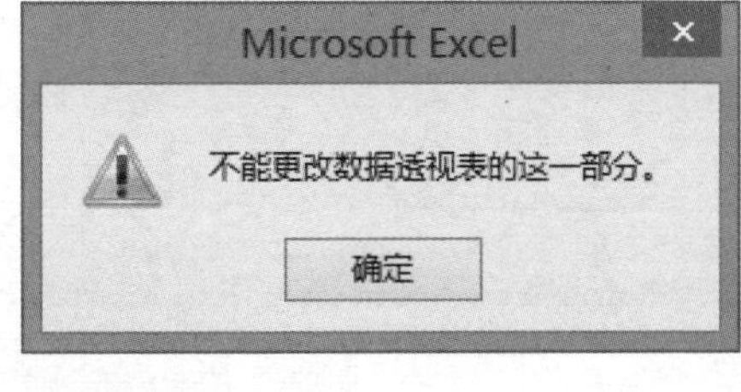

弹出警告对话框

Question 010

● Level ◆◆◇

2013 2010 2007

原来可以指定新建数据透视表的位置

实例 指定数据透视表的存放位置

创建数据透视表时，如果是根据数据源进行创建，则数据透视表被默认自新建工作表的A3单元格起存放，那么可不可以自行指定新建数据透视表的存放位置呢？本技巧就教大家操作方法。

1. 打开空白工作表，单击“插入”选项卡中的“数据透视表”按钮。

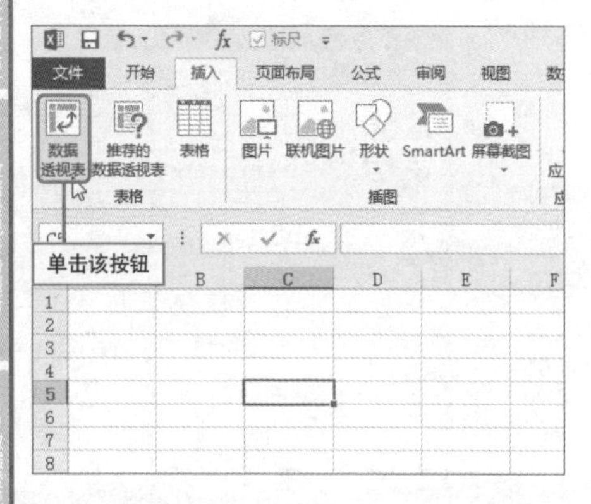

2. 弹出“创建数据透视表”对话框，在“位置”文本框中选择存放数据透视表的起始单元格。

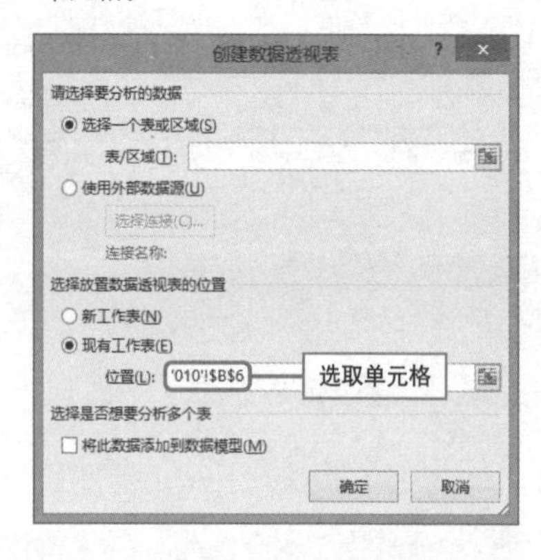

3. 在“表/区域”文本框中选择数据源区域，然后单击“确定”按钮。

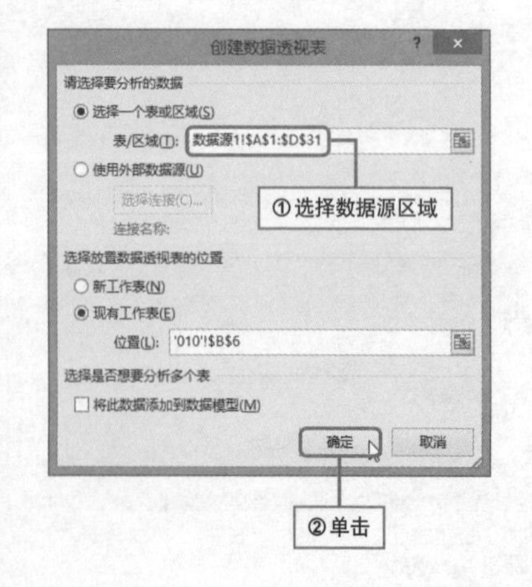

4. 经过上述操作后，新建数据透视表被指定自空白工作表的单元格B6起存放。

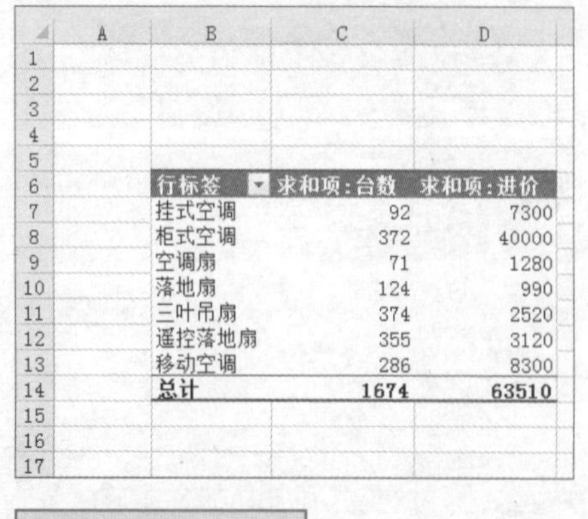

行标签	求和项:台数	求和项:进价
挂式空调	92	7300
柜式空调	372	40000
空调扇	71	1280
落地扇	124	990
三叶吊扇	374	2520
遥控落地扇	355	3120
移动空调	286	8300
总计	1674	63510

数据透视表存放于指定位置

Question 011

● Level ◆◆◇

2013 2010 2007

显示数据透视表某个项目的明细数据

实例 只显示某一个项目的明细数据

前面的技巧介绍了如何利用数据透视表显示数据源的详细信息。为了查询的需要，用户还可以选择只显示某个项目的明细数据。

❶ 打开“数据透视表选项”对话框，从中勾选“启用显示明细数据”复选框，然后单击“确定”按钮。

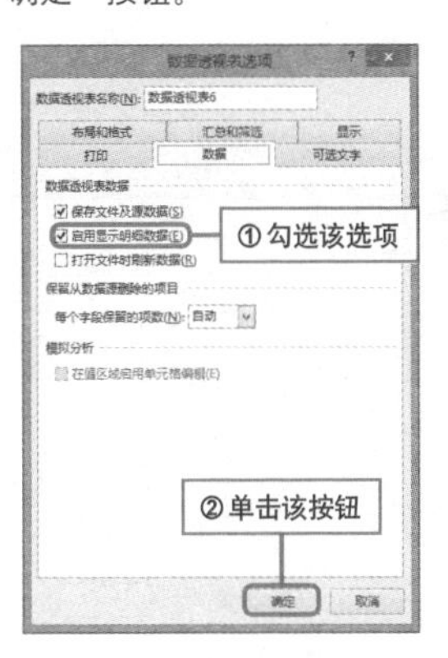

❷ 右击需要显示明细数据的“远大制冷”汇总行的最后一个单元格，在弹出的菜单中选择“显示详细信息”命令。

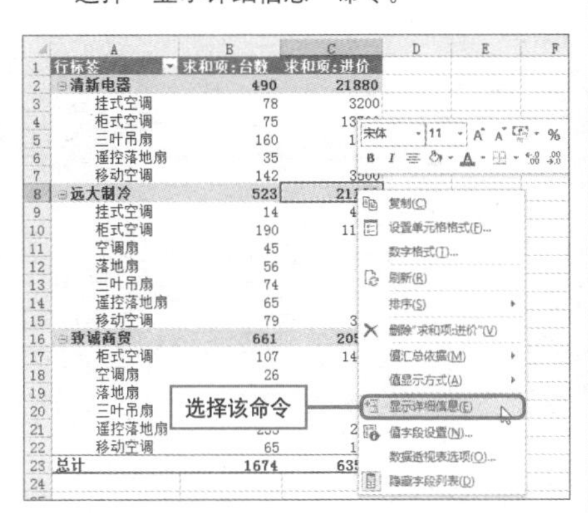

❸ 或者双击“远大制冷”汇总行的最后一个单元格。

	A	B	C
1	行标签	求和项：台数	求和项：进价
2	⊟清新电器	490	21880
3	挂式空调	78	3200
4	柜式空调	75	13700
5	三叶吊扇	160	1000
6	遥控落地扇	35	480
7	移动空调	142	3500
8	⊟远大制冷	523	21120
9	挂式空调	14	4100
10	柜式空调	190	11500
11	空调扇	4	
12	落地扇	5	
13	三叶吊扇	74	870
14	遥控落地扇	65	550
15	移动空调	79	3300
16	⊟致诚商贸	661	20510

❹ 此时，数据透视表中“远大制冷”项目的所有明细信息均被显示。

	A	B	C	D
1	商品名称	供应商	台数	进价
2	挂式空调	远大制冷	14	4100
3	柜式空调	远大制冷	95	6200
4	柜式空调	远大制冷	95	5300
5	空调扇	远大制冷	45	580
6	落地扇	远大制冷	56	220
7	三叶吊扇	远大制冷	62	420
8	三叶吊扇	远大制冷	12	450
9	遥控落地扇	远大制冷	65	550
10	移动空调	远大制冷	32	2100
11	移动空调	远大制冷	47	1200
12				
13				

查看单个项目的明细数据

Question 012

● Level ◆◆◇

2013 2010 2007

智能的“推荐的数据透视表”功能

实例 使用推荐的数据透视表

为了省去创建数据透视表之后向数据透视表中添加字段为其进行布局的麻烦，可以在创建数据透视表时直接使用系统提供的数据透视表样式。这样一来就在很大程度上提高了工作效率。

1 新建一张空白工作表，打开“插入”选项卡，单击“推荐的数据透视表”按钮。

2 弹出“选择数据源”对话框，将插入点置于“表/区域”文本框中，单击数据源所在工作表标签。

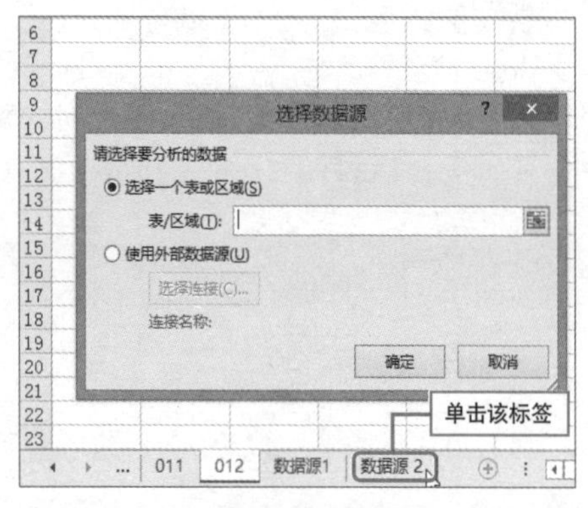

3 打开数据源所在工作表，在“表/区域”文本框中选择数据源区域，然后单击“确定”按钮。

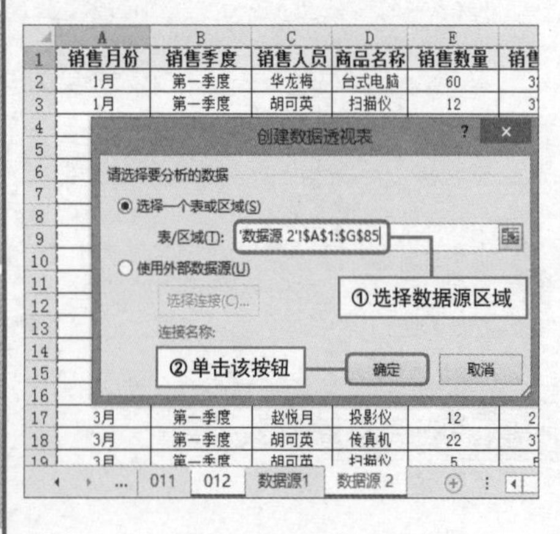

4 弹出“推荐的数据透视表”对话框，从中选择合适的数据透视表样式，单击“确定”按钮即可。

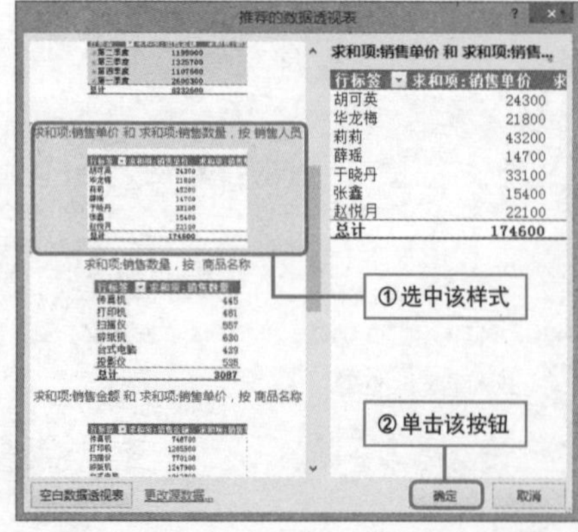

快速调整数据透视表的布局

实例 更改数据透视表布局

Excel 2013系统自带的报表布局共有三种：以压缩形式显示、以大纲形式显示、以表格形式显示。用户可以根据需要快速调整报表布局。

1 选中数据透视表中任意单元格，打开“设计”选项卡，单击“报表布局”下拉按钮，在展开的列表中选择合适的布局形式即可。

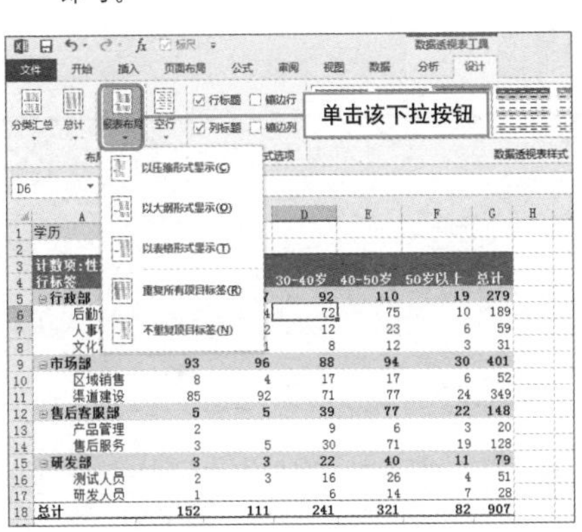

2 以压缩形式显示。该布局可以使有关数据在屏幕上水平折叠，并实现最小化滚动。这种布局下适合使用“展开”和“折叠”按钮。

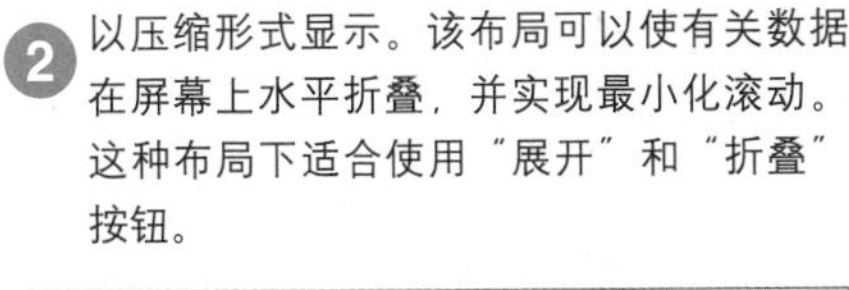

学历	(全部)					
计数项:性别	列标签					
行标签	25-30岁	25岁以下	30-40岁	40-50岁	50岁以上	总计
⊟行政部	51	7	92	110	19	279
后勤管理	28	4	72	75	10	189
人事管理	16	2	12	23	6	59
文化管理	7	1	8	12	3	31
⊟市场部	93	96	88	94	30	401
区域销售	8	4	17	17	6	52
渠道建设	85	92	71	77	24	349
⊟售后客服部	5	5	39	77	22	148
产品管理	2		9	6	3	20
售后服务	3	5	30	71	19	128
⊟研发部	3	3	22	40	11	79
测试人员	2	3	16	26	4	51
研发人员	1		6	14	7	28
总计	152	111	241	321	82	907

3 以大纲形式显示。该布局将分类汇总显示在每组的顶部，也可使用“设计”选项卡中的“分类汇总”按钮将其移至每组底部。

学历	(全部)						
计数项:性别		年龄分段					
部门	职位类别	25-30岁	25岁以下	30-40岁	40-50岁	50岁以上	总计
⊟行政部		51	7	92	110	19	279
	后勤管理	28	4	72	75	10	189
	人事管理	16	2	12	23	6	59
	文化管理	7	1	8	12	3	31
⊟市场部		93	96	88	94	30	401
	区域销售	8	4	17	17	6	52
	渠道建设	85	92	71	77	24	349
⊟售后客服部		5	5	39	77	22	148
	产品管理	2		9	6	3	20
	售后服务	3	5	30	71	19	128
⊟研发部		3	3	22	40	11	79
	测试人员	2	3	16	26	4	51
	研发人员	1		6	14	7	28
总计		152	111	241	321	82	907

4 以表格形式显示。该布局可以以传统的表格形式查看数据，并可以方便地将单元格复制到其他工作表中。

学历	(全部)						
计数项:性别		年龄分段					
部门	职位类别	25-30岁	25岁以下	30-40岁	40-50岁	50岁以上	总计
⊟行政部	后勤管理	28	4	72	75	10	189
	人事管理	16	2	12	23	6	59
	文化管理	7	1	8	12	3	31
行政部 汇总		51	7	92	110	19	279
⊟市场部	区域销售	8	4	17	17	6	52
	渠道建设	85	92	71	77	24	349
市场部 汇总		93	96	88	94	30	401
⊟售后客服部	产品管理	2		9	6	3	20
	售后服务	3	5	30	71	19	128
售后客服部 汇总		5	5	39	77	22	148
⊟研发部	测试人员	2	3	16	26	4	51
	研发人员	1		6	14	7	28
研发部 汇总		3	3	22	40	11	79
总计		152	111	241	321	82	907

Question **014**

• Level ◆◇◇

2013 2010 2007

按默认布局快速添加字段

实例 向数据透视表中添加字段

在利用数据源创建一张空白数据透视表之后，必须向该空白数据表中添加显示字段，该数据透视表才能称得上是完整的数据透视表，本技巧就来讲解最简单的一种添加字段的方法。

初始效果

向数据透视表中添加字段前的效果

最终效果

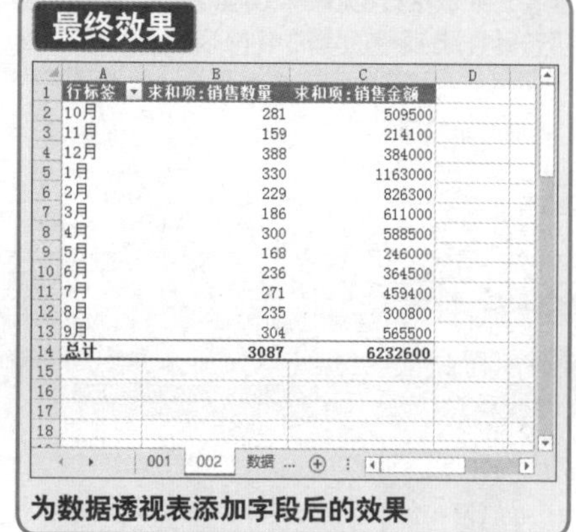

	A	B	C
1	行标签	求和项:销售数量	求和项:销售金额
2	10月	281	509500
3	11月	159	214100
4	12月	388	384000
5	1月	330	1163000
6	2月	229	826300
7	3月	186	611000
8	4月	300	588500
9	5月	168	246000
10	6月	236	364500
11	7月	271	459400
12	8月	235	300800
13	9月	304	565500
14	总计	3087	6232600

为数据透视表添加字段后的效果

❶ 选中空白数据透视表中的任意一个单元格，激活工作簿右侧的“数据透视表字段”窗格。

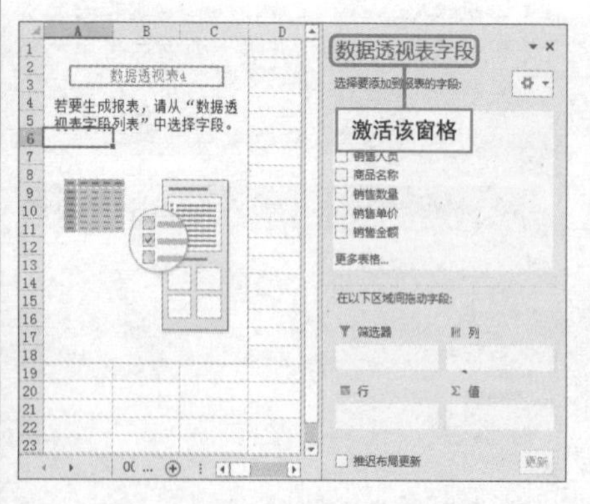

❷ 在“选择要添加到报表的字段”列表框中勾选字段左侧的复选框，即可将该字段添加到数据透视表中。

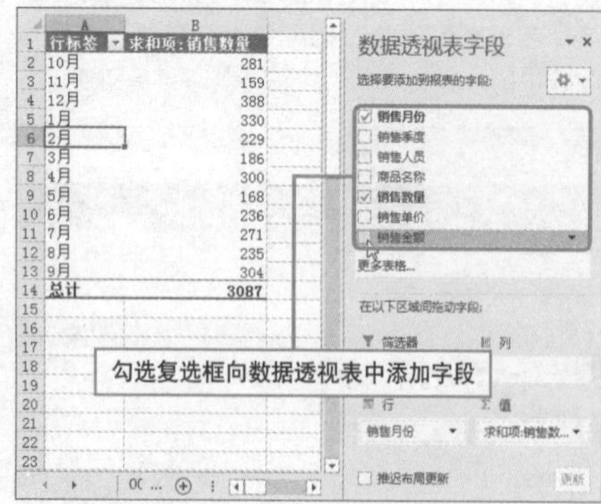

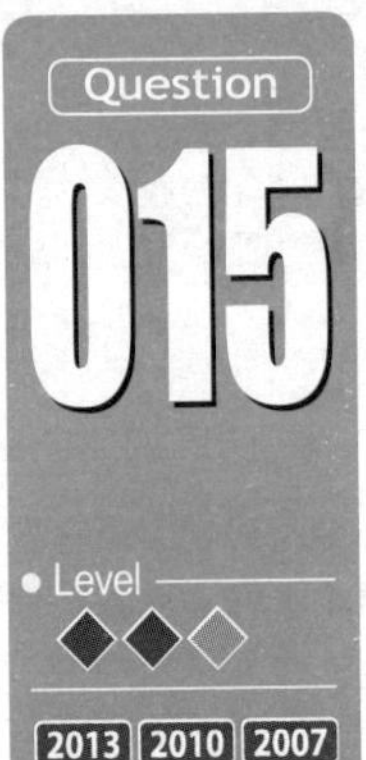

使用拖动法自定义布局字段

实例 用拖动的方式调整数据透视表布局

通过调整数据透视表的布局可以使用户更直观地查看数据，其中拖动字段是数据透视表中最基础也是最重要的功能之一，本技巧将介绍如何拖动字段。

初始效果

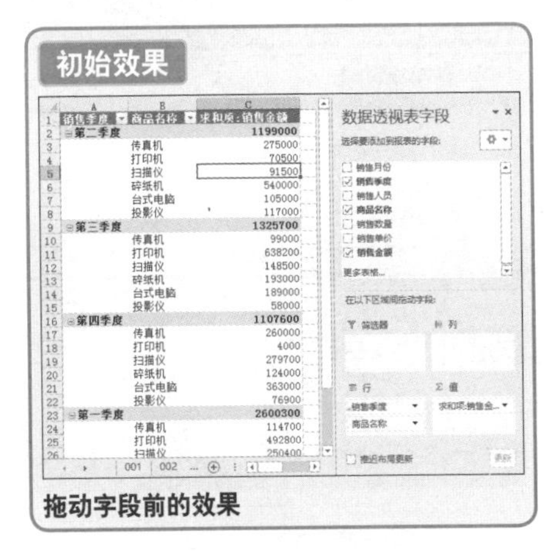

拖动字段前的效果

最终效果

拖动字段改变布局的效果

❶ 打开“数据透视表选项”对话框，在“显示”选项卡中勾选“经典数据透视表布局”复选框，单击“确定”按钮。

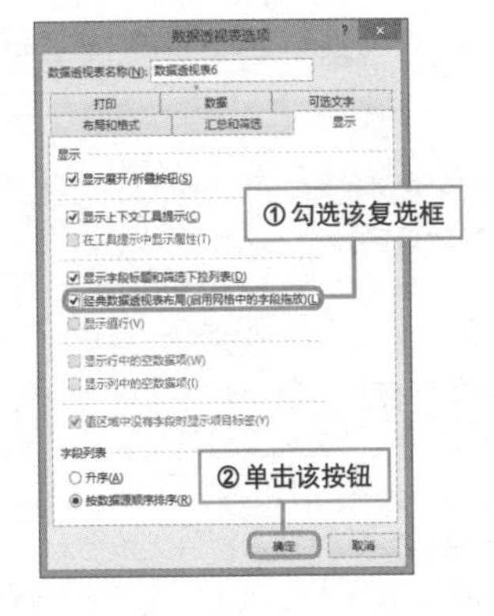

❷ 返回工作表，选中“销售季度”字段将其向右拖动，当B列和C列之间的分隔线变粗时松开鼠标。

拖动字段

	A	B	C	D
1	求和项：销售			
2	销售季度	商品名称	汇总	
3	⊟第二季度	传真机	275000	
4		打印机	70500	
5		扫描仪	91500	
6		碎纸机	540000	
7		台式电脑	105000	
8		投影仪	117000	
9	第二季度 汇总		1199000	
10	⊟第三季度	传真机	99000	
11		打印机	638200	
12		扫描仪	148500	
13		碎纸机	193000	
14		台式电脑	189000	
15		投影仪	58000	
16	第三季度 汇总		1325700	
17	⊟第四季度	传真机	260000	

Question 016

1-2 数据透视表布局的调整　Chapter02\004

使用命令法自定义布局字段

Level ◆◇◇

2013 2010 2007

实例　使用命令向数据透视表添加字段

除了前面介绍的添加字段的方法，用户还可以使用命令来确定字段在数据透视表中的显示位置，即右击字段，在弹出的菜单中选择字段在数据透视表中的显示位置的命令。具体操作介绍如下。

1 打开“数据透视表字段”窗格，右击需要添加到数据透视表中的字段，在弹出的菜单中选择添加位置的命令。

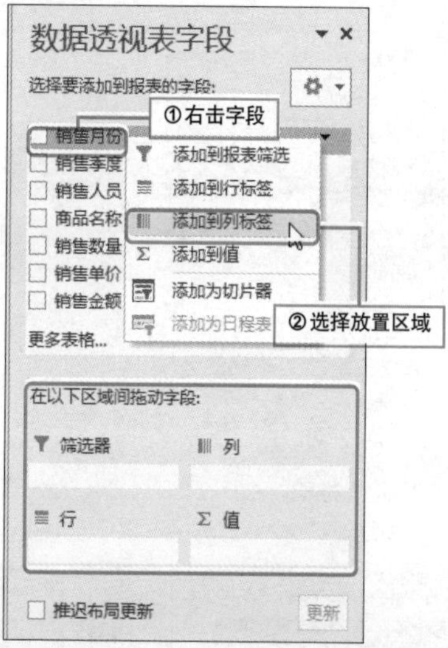

Hint

直接拖动法

选中某字段，按住鼠标左键不放，将其向下拖动至合适的列表框内。

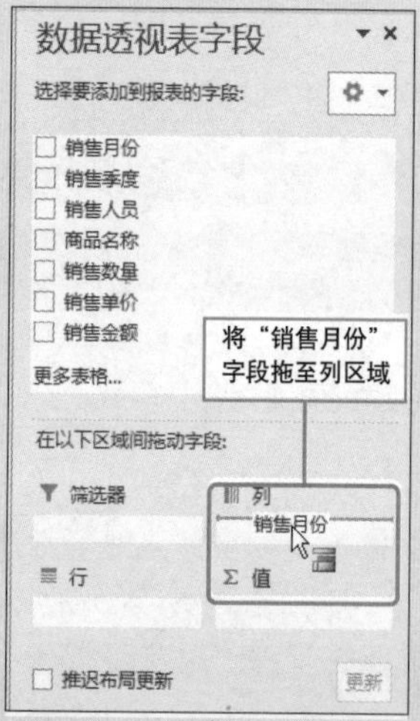

Hint

深入认识数据透视表

数据透视表是一种非常灵活的交互式报表，之所以这么讲，是因为用户可以动态地改变它们的版面布局，以便按照不同方式分析数据，用户也可以重新安排行号、列标和页字段。

每一次改变版面布局时，数据透视表会立即按照新的布置重新计算数据。

另外，如果原始数据发生更改，则可以更新数据透视表。

Hint

认识字段

当用户将Excel工作表中的数据作为报表的数据来源时，该数据应采用列表格式，其列标签应位于第一行。后续行中的每个单元格都应包含与其列标题相对应的数据。目标数据中不得出现任何空行或空列。Excel会将列标签用做报表中的字段名称。其中，数据透视表具有行字段、列字段、页字段和数据字段，数据透视图具有系列字段、分类字段、页字段和数据字段。

让字段布局一切从头开始

实例 删除数据透视表中所有字段

数据透视表制作完成以后，用户可能会觉得字段的位置不理想，得到的报表不是理想的效果。为了使数据透视表所表达的信息更加清楚，需要删除数据透视表中的所有字段对数据透视表重新布局。

初始效果

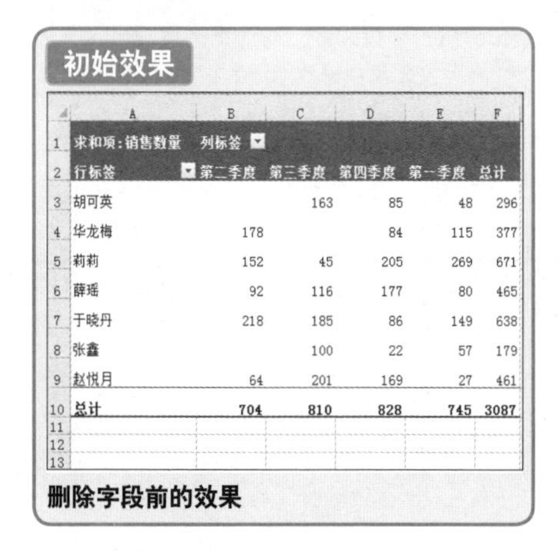

求和项:销售数量	列标签				
行标签	第二季度	第三季度	第四季度	第一季度	总计
胡可英		163	85	48	296
华龙梅	178		84	115	377
莉莉	152	45	205	269	671
薛瑶	92	116	177	80	465
于晓丹	218	185	86	149	638
张鑫		100	22	57	179
赵悦月	64	201	169	27	461
总计	704	810	828	745	3087

删除字段前的效果

最终效果

删除所有字段的效果

❶ 选中数据透视表中的任意单元格，打开“分析”选项卡，单击“选择”下拉按钮，在下拉列表中选择“整个数据透视表”选项。

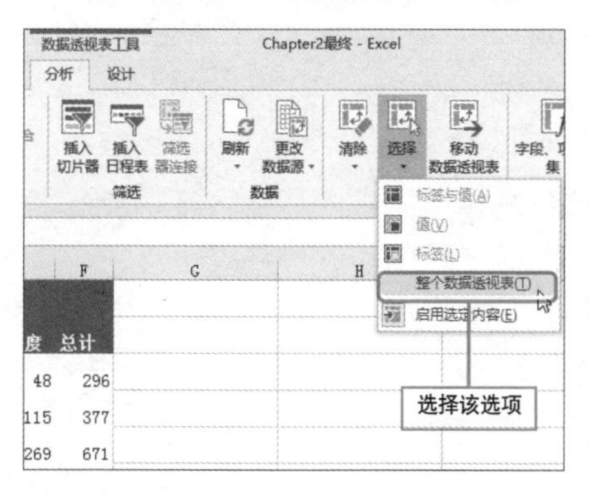

❷ 单击“分析”选项卡中的“清除”下拉按钮，然后在展开的列表中选择“全部清除”选项。

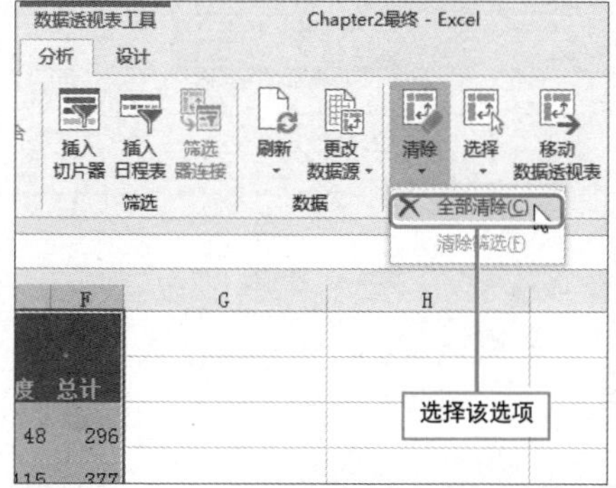

Question 018

Level ◆◆◇

2013 2010 2007

对字段进行重命名

实例 重新命名数据透视表中字段名称

除了使用系统自动给出的字段以外，用户还可以通过直接编辑字段名来修改或重命名字段的名称。具体操作步骤介绍如下。

① 右击要修改字段名的单元格A2，在弹出的菜单中选择“字段设置”命令。

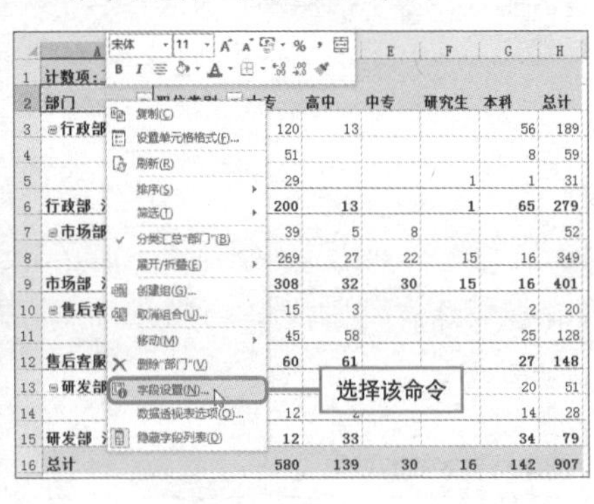

② 弹出“字段设置”对话框，在“自定义名称”文本框中修改字段名称即可。

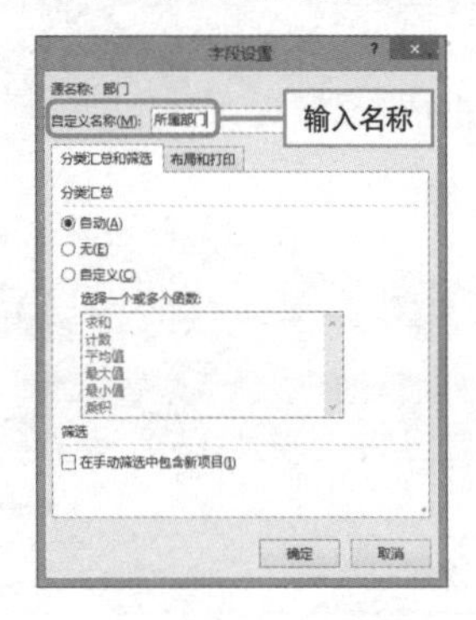

③ 还可以选中需要修改名称的字段所在的单元格，直接修改字段名称。

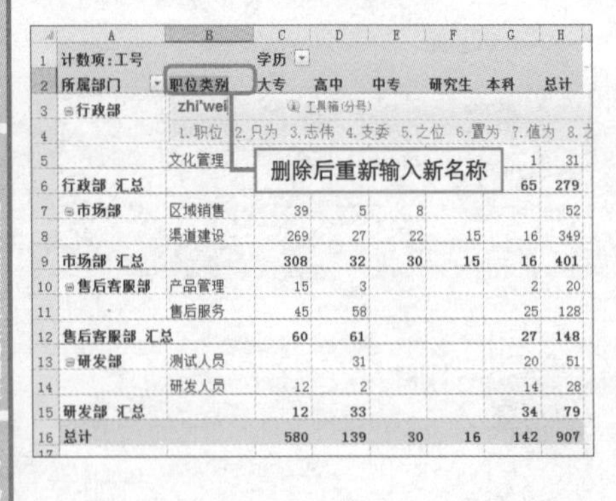

④ 修改字段名称之后，“数据透视表字段”窗格中的字段名称也会跟着一起改变。

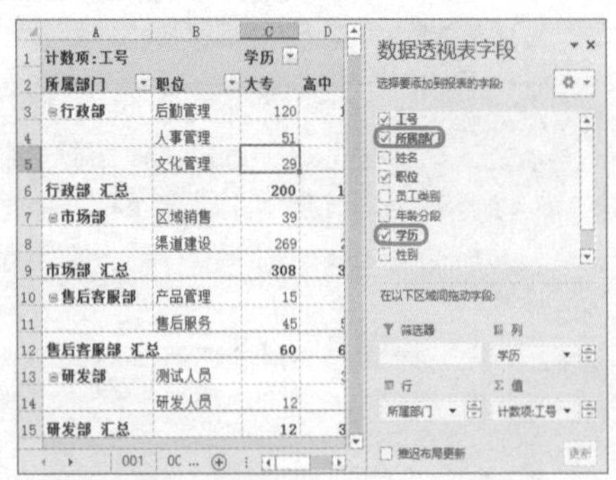

窗格中字段名称一起改变

在布局字段时推迟更新时间

实例 手动更新字段布局

当在Excel中应用大型的数据源创建数据透视表时，每次在数据透视表中增加新的字段，Excel都会及时更新数据透视表，但因为数据量较大，可能就会使操作变得十分迟缓。这时候用户可以选择“推迟布局更新”功能来解决这一问题。

① 利用数据源创建空白数据透视表以后，打开“数据透视表字段”窗格，在窗格的最下方勾选“推迟布局更新”复选框。

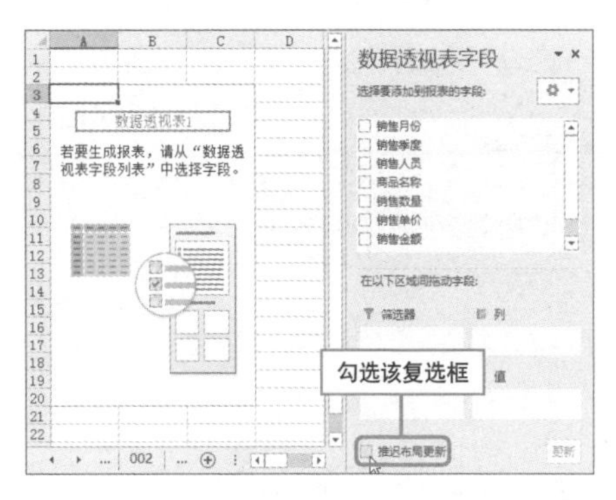

② 从“选择要添加到报表的字段”列表框将需要添加到数据透视表中的字段拖放到相应的字段区域。

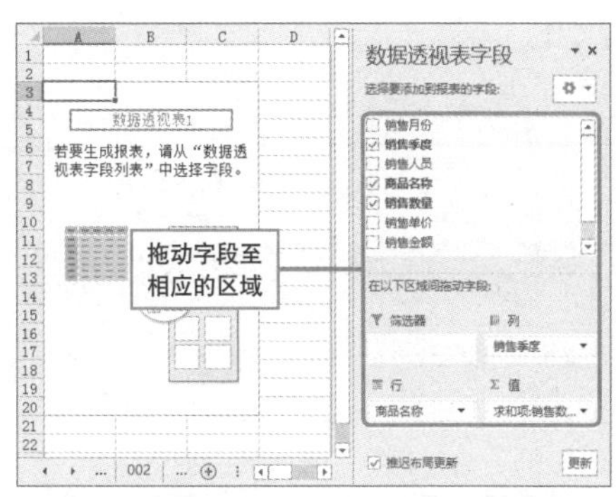

③ 单击“推迟布局更新”复选框右侧的“更新”按钮，数据透视表中所有添加的字段将被更新。

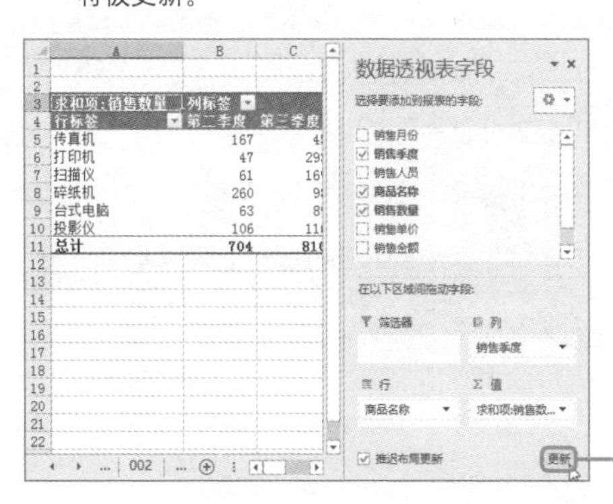

Hint

推迟布局更新后的禁止操作项

启用“推迟布局更新”之后，数据透视表将始终停留在人工更新状态。此时，在经典数据透视表布局中将无法使用字段拖放功能，而且排序、筛选、组合等功能也将无法使用。

Question 020

• Level ◆◆◇

2013 2010 2007

快速设置字段列表的显示状态

实例 “数据透视表字段”窗格的显示和隐藏

在Excel数据透视表默认状态下，“数据透视表字段”窗格是打开的状态，只需要选中数据透视表中任意单元格即可将其激活。如果要将该窗格隐藏，该如何操作呢？本技巧就来介绍具体方法。

1 选中数据透视表中的任意一个单元格，切换到“分析”选项卡。

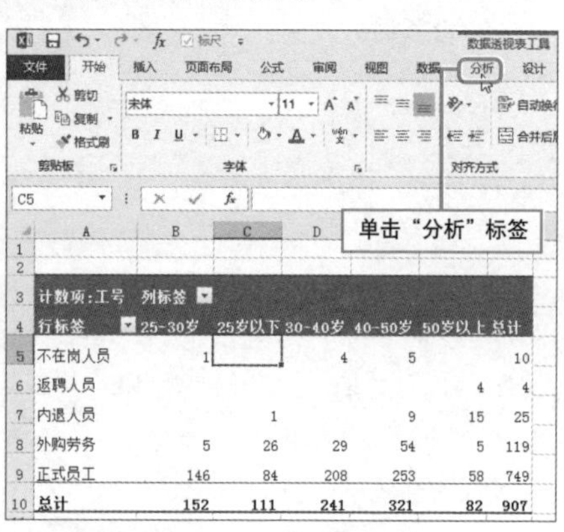

2 在“显示”组中单击“字段列表”按钮即可关闭“数据透视表字段”窗格。再次单击该按钮将会重新显示窗格。

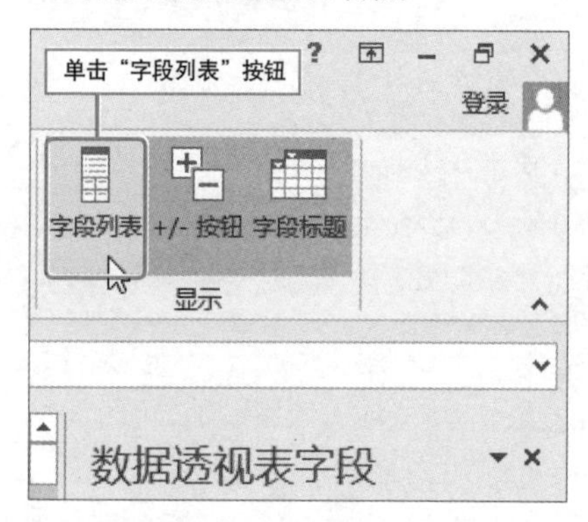

3 或者，单击“数据透视表”字段窗格右上角的下三角按钮，在展开的列表中选择“关闭”选项，也可将其隐藏。

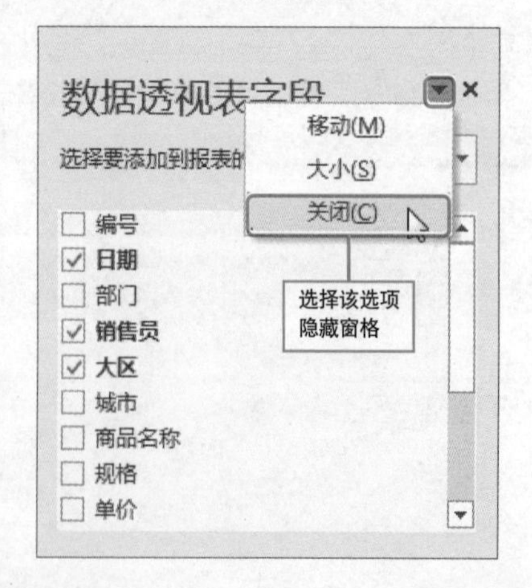

Hint

右键法显示或隐藏窗格

右击任意行或列标签，在弹出的菜单中选择“隐藏字段列表”命令即可隐藏窗格。

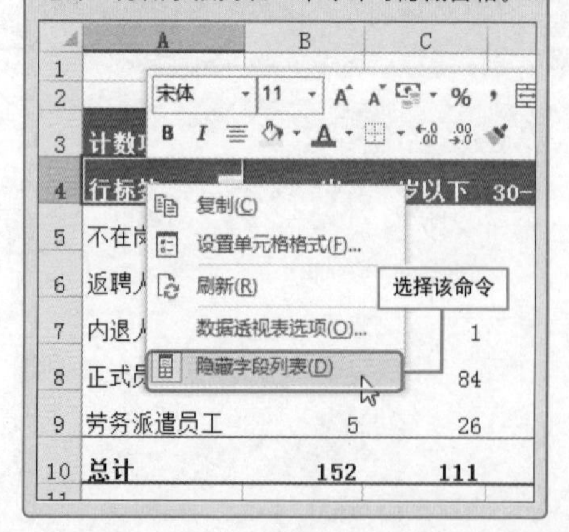

按需设置活动字段的显示状态

实例 展开或折叠活动字段

用户可以通过单击数据透视表工具栏中的字段折叠与展开按钮，轻松调整数据透视表中一些字段的显示或隐藏格式。本技巧将对具体操作方法进行介绍。

初始效果

	A	B	C	D	E
1	销售季度	销售人员	销售月份	求和项：销售数量	求和项：销售金额
2	⊟第二季度	⊟华龙梅	4月	108	294000
3			5月	70	123000
4		华龙梅 汇总		**178**	**417000**
5		⊟莉莉	4月	92	138000
6			6月	60	90000
7		莉莉 汇总		**152**	**228000**
8		⊟薛瑶	4月	53	86000
9			5月	24	12000
10			6月	15	33000
11		薛瑶 汇总		**92**	**131000**
12		⊟于晓丹	4月	47	70500
13			5月	47	70500
14			6月	124	186000
15		于晓丹 汇总		**218**	**327000**
16		⊟赵悦月	5月	27	40500
17			6月	37	55500
18		赵悦月 汇总		**64**	**96000**
19	第二季度 汇总			**704**	**1199000**
20	⊟第三季度	⊟胡可英	7月	64	96000
21			9月	99	269500
22		胡可英 汇总		**163**	**365500**
23		⊟莉莉	7月	26	96200
24			8月	19	28700

折叠字段前的效果

最终效果

	A	B	C	D	E
1	销售季度	销售人员	销售月份	求和项：销售数量	求和项：销售金额
2	⊟第二季度	⊞华龙梅		178	417000
3		⊞莉莉		152	228000
4		⊞薛瑶		92	131000
5		⊞于晓丹		218	327000
6		⊞赵悦月		64	96000
7	第二季度 汇总			**704**	**1199000**
8	⊟第三季度	⊞胡可英		163	365500
9		⊞莉莉		45	124900
10		⊞薛瑶		116	58000
11		⊞于晓丹		185	202100
12		⊞张鑫		100	220000
13		⊞赵悦月		201	355200
14	第三季度 汇总			**810**	**1325700**
15	⊟第四季度	⊞胡可英		85	127500
16		⊞华龙梅		84	225000
17		⊞莉莉		205	255700
18		⊞薛瑶		177	128700
19		⊞于晓丹		86	68800
20		⊞张鑫		22	48400
21		⊞赵悦月		169	253500
22	第四季度 汇总			**828**	**1107600**
23	⊟第一季度	⊞胡可英		48	161600
24		⊞华龙梅		115	395500
25		⊞莉莉		269	968800

折叠“销售月份”字段效果

❶ 单击“分析”选项卡中的“折叠字段”按钮，可折叠“销售月份”字段中的所有项。

单击该按钮

	A	B	C	D	E
1	销售季度	销售人员	销售月份	求和项：销售数量	求和项：销售
2	⊟第二季度	⊟华龙梅	4月	108	2
3			5月	70	1
4		华龙梅 汇总		**178**	**41**
5		⊟莉莉	4月	92	1
6			6月	60	
7		莉莉 汇总		**152**	**22**
8		⊟薛瑶	4月	53	
9			5月	24	
10			6月	15	
11		薛瑶 汇总		**92**	**13**
12		⊟于晓丹	4月	47	
13			5月	47	
14			6月	124	1

❷ 单击各姓名项前的⊟按钮，即可将该项折叠。若单击⊞按钮则会将该项展开。

单击该按钮

	A	B	C
1	销售季度	销售人员	销售月份
2	⊟第二季度	⊞华龙梅	
3		⊟莉莉	4月
4			6月
5		莉莉 汇总	
6		⊟薛瑶	4月
7			5月
8			6月
9		薛瑶 汇总	
10		⊟于晓丹	4月
11			5月
12			6月
13		于晓丹 汇总	

Question **022**

● Level ◆◆◇

2013 2010 2007

自动填充字段中的项有妙招

实例 | **自动填充字段中的空白项**

当对以大纲形式显示或以表格形式显示布局数据透视表时，最外层字段就只能显示一次。如果用户需要在每个单元格内都显示字段项，那么可以参照本技巧介绍的方法进行操作。

初始效果

	A	B	C	D
1	销售季度	销售人员	求和项:销售数量	求和项:销售金额
2	⊟第二季度	华龙梅	178	417000
3		莉莉	152	228000
4		薛瑶	92	131000
5		于晓丹	218	327000
6		赵悦月	64	96000
7	第二季度 汇总		704	1199000
8	⊟第三季度	胡可英	163	365500
9		莉莉	45	124900
10		薛瑶	116	58000
11		于晓丹	185	202100
12		张鑫	100	220000
13		赵悦月	201	355200
14	第三季度 汇总		810	1325700
15	⊟第四季度	胡可英	85	127500
16		华龙梅	84	225000
17		莉莉	205	255700
18		薛瑶	177	128700
19		于晓丹	86	68800
20		张鑫	22	48400
21		赵悦月	169	253500

填充字段项前的效果

最终效果

	A	B	C	D
1	销售季度	销售人员	求和项:销售数量	求和项:销售金额
2	⊟第二季度	华龙梅	178	417000
3	第二季度	莉莉	152	228000
4	第二季度	薛瑶	92	131000
5	第二季度	于晓丹	218	327000
6	第二季度	赵悦月	64	96000
7	第二季度 汇总		704	1199000
8	⊟第三季度	胡可英	163	365500
9	第三季度	莉莉	45	124900
10	第三季度	薛瑶	116	58000
11	第三季度	于晓丹	185	202100
12	第三季度	张鑫	100	220000
13	第三季度	赵悦月	201	355200
14	第三季度 汇总		810	1325700
15	⊟第四季度	胡可英	85	127500
16	第四季度	华龙梅	84	225000
17	第四季度	莉莉	205	255700
18	第四季度	薛瑶	177	128700
19	第四季度	于晓丹	86	68800
20	第四季度	张鑫	22	48400
21	第四季度	赵悦月	169	253500
22	第四季度 汇总		828	1107600

填充字段项后的效果

❶ 选中数据透视表中任意单元格，打开“分析”选项卡，单击“报表布局”下拉按钮，选择“重复所有项目标签”选项。

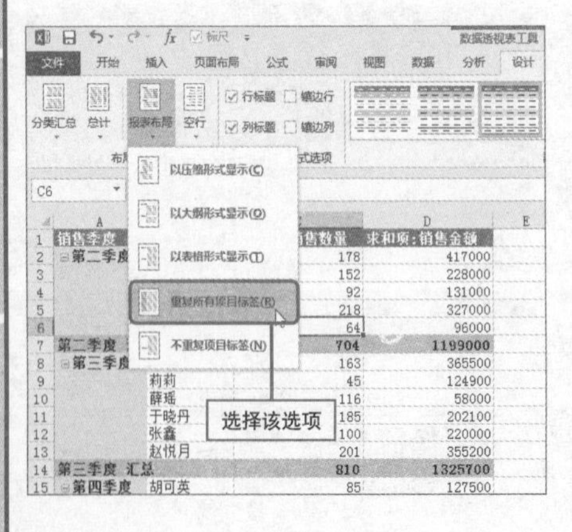

Hint

恢复报表布局

若要恢复最初的显示方式，则再次单击“报表布局”按钮，选择“不重复项目标签”选项即可。另外，各报表布局格式介绍如下。

- **以压缩形式显示**：用于使有关数据在屏幕上水平折叠并帮助最小化滚动。侧面的开始字段包含在一个列中，并且缩进以显示嵌套的列关系。
- **以大纲形式显示**：用于以经典数据透视表样式显示数据大纲。
- **以表格形式显示**：用于以传统的表格格式查看所有数据，并方便地将单元格复制到其他工作表。

快速使用内置数据透视表样式

实例　为数据透视表套用样式

创建数据透视表之后，为了使数据透视表看上去更美观，用户可以对数据透视表实施美化，最便捷的方法就是为其套用系统内置的样式。

初始效果

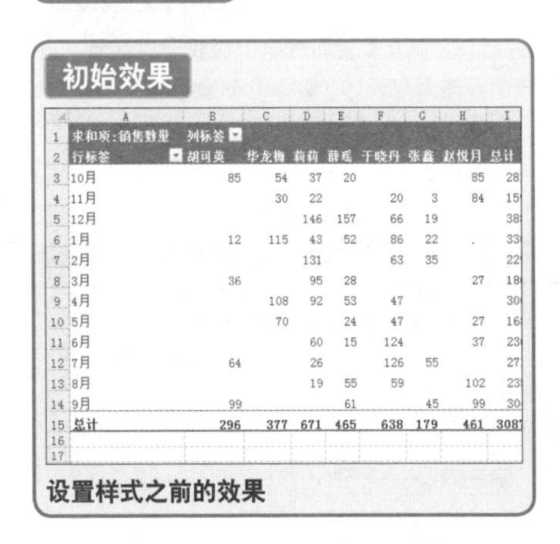

求和项:销售数量	列标签							
行标签	胡可英	华龙梅	莉莉	薛瑶	于晓丹	张鑫	赵悦月	总计
10月	85	54	37	20			85	28
11月		30	22		20	3	84	15
12月			146	157	66	19		38
1月	12	115	43	52	86	22		33
2月			131		63	35		22
3月	36		95	28			27	18
4月		108	92	53	47			30
5月		70		24	47		27	16
6月			60	15	124		37	23
7月	64		26		126	55		27
8月			19	55	59		102	23
9月	99			61		45	99	30
总计	296	377	671	465	638	179	461	3087

设置样式之前的效果

最终效果

求和项:销售数量	列标签							
行标签	胡可英	华龙梅	莉莉	薛瑶	于晓丹	张鑫	赵悦月	总计
10月	85	54	37	20			85	281
11月		30	22		20	3	84	159
12月			146	157	66	19		388
1月	12	115	43	52	86	22		330
2月			131		63	35		229
3月	36		95	28			27	186
4月		108	92	53	47			300
5月		70		24	47		27	168
6月			60	15	124		37	236
7月	64		26		126	55		271
8月			19	55	59		102	235
9月	99			61		45	99	304
总计	296	377	671	465	638	179	461	3087

设置样式后的效果

1 打开“设计”选项卡，在“数据透视表样式”组中单击“其他”下拉按钮。

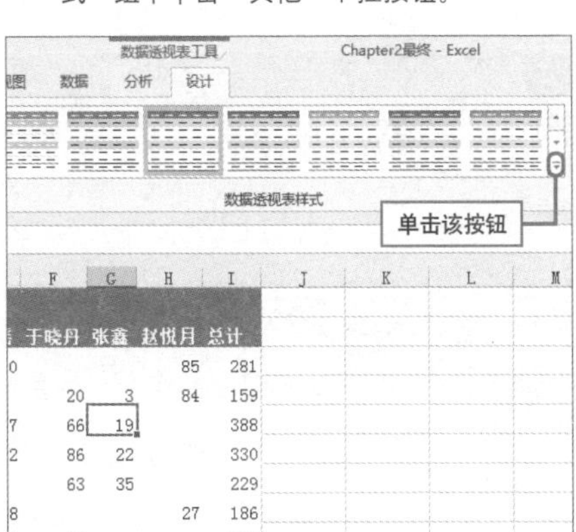

2 在展开的“数据透视表样式”列表中选择合适的样式即可。

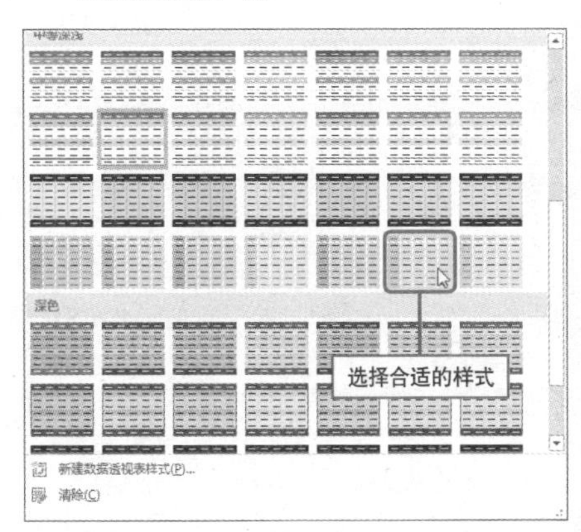

Question 024

• Level ◆◆◆

2013 2010 2007

自定义数据透视表的样式

实例 为数据透视表创建自定义样式

对数据透视表进行美化时，除了使用Excel自带的样式之外，还可以根据需要自定义样式。下面将对其自定义设置过程进行介绍。

1 展开“数据透视表样式”列表，选择“新建数据透视表样式”选项。

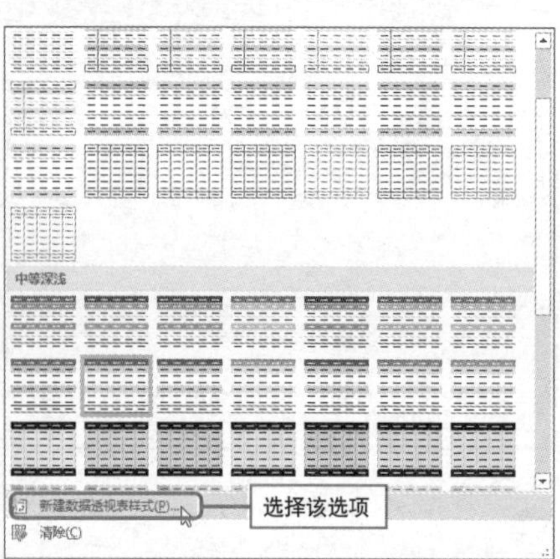

2 打开“新建数据透视表样式”对话框，在“表元素”列表框中选择“整个表”选项，单击“格式”按钮。

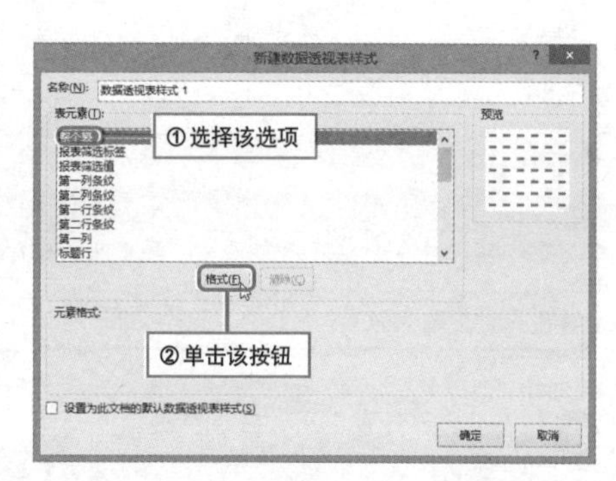

3 弹出“设置单元格格式”对话框，分别在“字体”、“边框”和“填充”选项卡中设置数据透视表的字体、边框以及填充色。

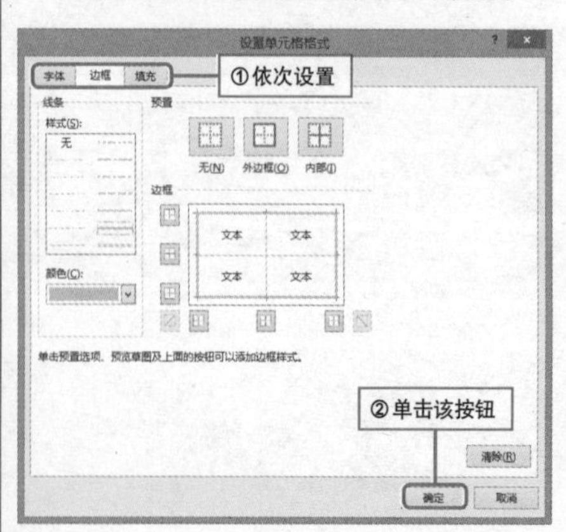

4 单击“确定”按钮返回上一层对话框，勾选“设置为此文档的默认数据透视表样式”复选框。最后单击“确定”按钮即可。

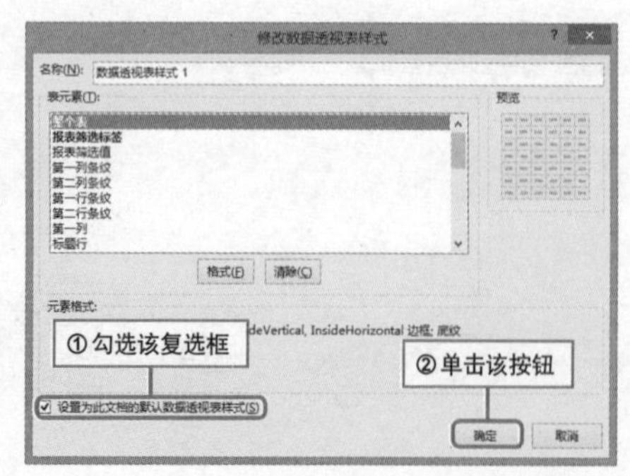

Question 025

为数据透视表指定默认样式

● Level ◆◇◇

2013 2010 2007

实例 设置数据透视表的默认样式

如果想将某种样式作为以后新建数据透视表的默认样式，那么可以在“数据透视表样式”列表中进行设置，这样以后新建的数据透视表即会自动套用该样式。

1 打开“设计”选项卡，单击“数据透视表样式”组中的“其他”下拉按钮。

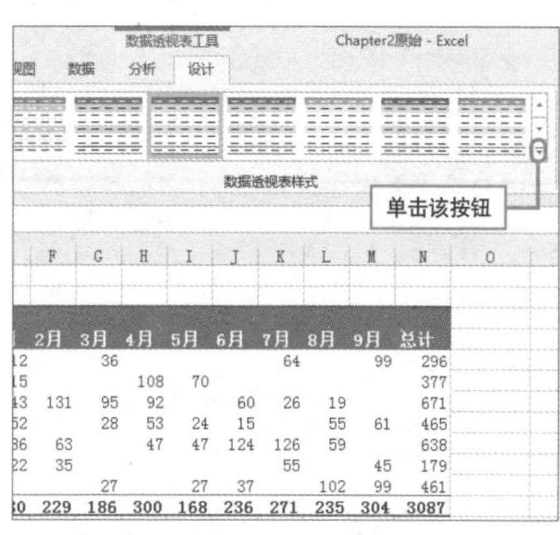

2 展开“数据透视表样式”列表，右击合适的样式，选择“设为默认值”命令。

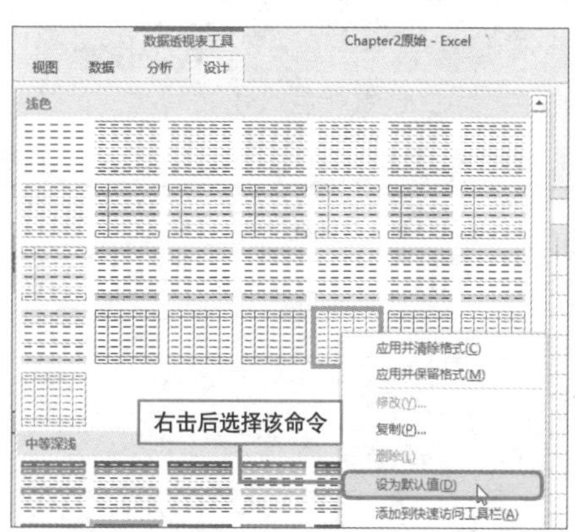

3 设置了默认样式之后，以后创建的数据透视表都会自动套用该样式。

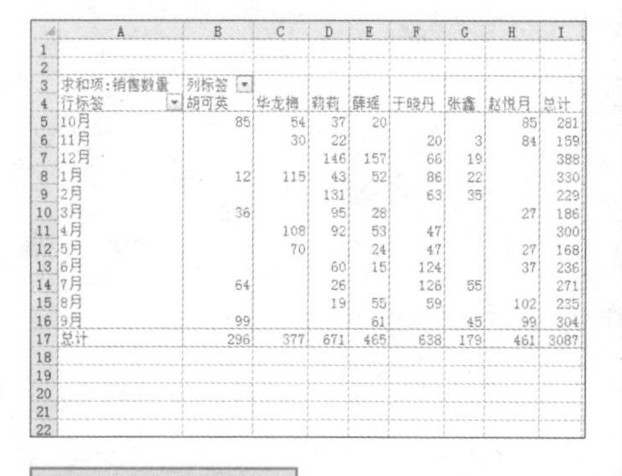

求和项:销售数量	列标签							
行标签	胡可英	华龙梅	莉莉	薛瑶	于晓丹	张鑫	赵悦月	总计
10月	85	54	37	20			85	281
11月		30	22		20	3	84	159
12月			146	157	66	19		388
1月	12	115	43	52	86	22		330
2月			131		63	35		229
3月	36		95	28			27	186
4月		108	92	53	47			300
5月		70		24	47		27	168
6月			60	15	124		37	236
7月	64		26		126	55		271
8月			19	55	59		102	235
9月	99			61		45	99	304
总计	296	377	671	465	638	179	461	3087

应用默认数据透视表样式

Hint

还原初始默认样式

数据透视表默认样式为“数据透视表样式”组中的“数据透视表样式中等浅 9”样式。若要还原，直接右击该选项，并选择“设为默认值”命令即可。

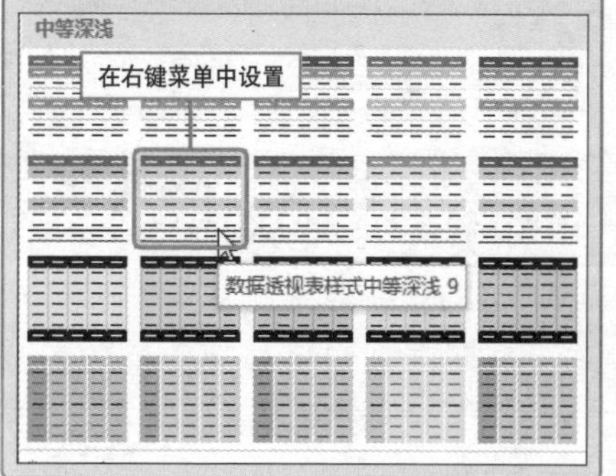

Question

026 巧用主题美化数据透视表

● Level ◆◆◇

2013 2010 2007

实例 利用主题调整数据透视表样式

主题即指Office系统提供的一种文档美化功能，每个主题使用独特的一组颜色、字体和效果来打造一致的外观。新版本软件的功能更加完善。本技巧就来介绍如何使用软件内置的主题即时赋予文档新的样式。

初始效果

计数项:工号	列标签					
行标签	合同工	劳务工	外聘员工	内退员工	不在岗员工	总计
⊟行政部	268		1	8	2	279
后勤管理	182			6	1	189
人事管理	56			2	1	59
文化管理	30		1			31
⊟市场部	357	17	18	4	5	401
区域销售	46	3	2	1		52
渠道建设	311	14	16	3	5	349
⊟售后客服部	89	45		11	3	148
产品管理	13	3		2	2	20
售后服务	76	42		9	1	128
⊟研发部	35	42		2		79
测试人员	10	41				51
研发人员	25	1		2		28
总计	749	104	19	25	10	907

应用主题前的效果

最终效果

计数项:工号	列标签					
行标签	合同工	劳务工	外聘员工	内退员工	不在岗员工	总计
⊟行政部	268		1	8	2	279
后勤管理	182			6	1	189
人事管理	56			2	1	59
文化管理	30		1			31
⊟市场部	357	17	18	4	5	401
区域销售	46	3	2	1		52
渠道建设	311	14	16	3	5	349
⊟售后客服部	89	45		11	3	148
产品管理	13	3		2	2	20
售后服务	76	42		9	1	128
⊟研发部	35	42		2		79
测试人员	10	41				51
研发人员	25	1		2		28
总计	749	104	19	25	10	907

应用主题后的效果

❶ 打开“页面布局”选项卡，单击“主题”下拉按钮。

单击“主题”下拉按钮

❷ 在展开的列表中选择一款合适的主题样式即可。

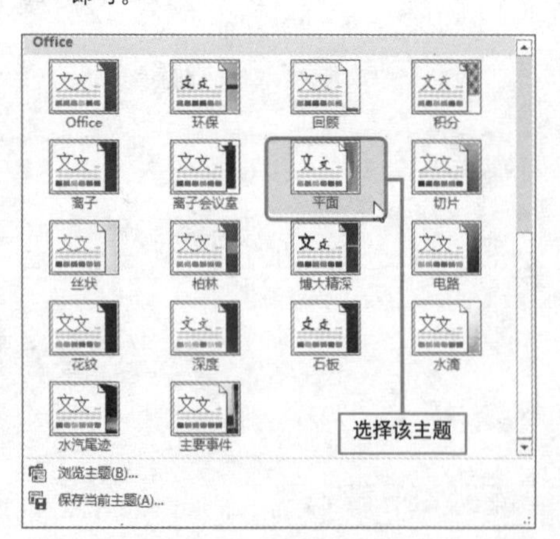

1 数据透视表的创建
2 数据透视表布局的调整
3 数据透视表格式的设置
4 数据透视表的刷新
5 数据透视表的项目组合
6 动态数据透视表的创建
7 数据透视表的排序操作

自动合并字段项有高招

实例 合并且居中排列带标签的单元格

为了使数据透视表看上去更简洁明了，能够符合读者的阅读习惯，用户可以为数据透视表应用合并居中的布局方式。本技巧将介绍具体的操作方法。

初始效果

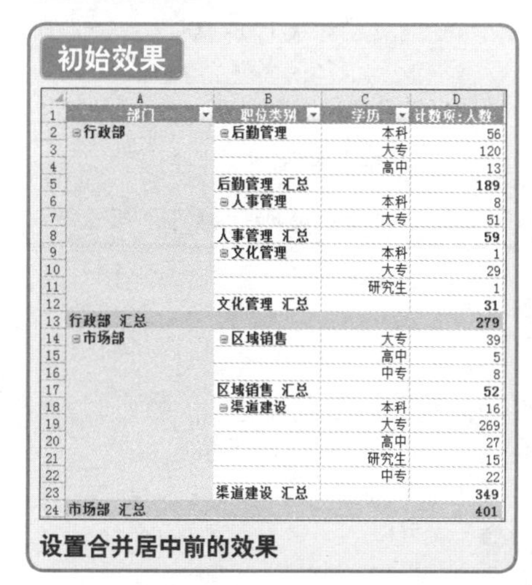

	A	B	C	D
1	部门	职位类别	学历	计数项:人数
2	⊟行政部	⊟后勤管理	本科	56
3			大专	120
4			高中	13
5		后勤管理 汇总		189
6		⊟人事管理	本科	8
7			大专	51
8		人事管理 汇总		59
9		⊟文化管理	本科	1
10			大专	29
11			研究生	1
12		文化管理 汇总		31
13	行政部 汇总			279
14	⊟市场部	⊟区域销售	大专	39
15			高中	5
16			中专	8
17		区域销售 汇总		52
18		⊟渠道建设	本科	16
19			大专	269
20			高中	27
21			研究生	15
22			中专	22
23		渠道建设 汇总		349
24	市场部 汇总			401

设置合并居中前的效果

最终效果

	A	B	C	D
1	部门	职位类别	学历	计数项:人数
2			本科	56
3		⊟ 后勤管理	大专	120
4			高中	13
5		后勤管理 汇总		189
6			本科	8
7	⊟ 行政部	⊟ 人事管理	大专	51
8		人事管理 汇总		59
9			本科	1
10		⊟ 文化管理	大专	29
11			研究生	1
12		文化管理 汇总		31
13	行政部 汇总			279
14			大专	39
15		⊟ 区域销售	高中	5
16			中专	8
17		区域销售 汇总		52
18	⊟ 市场部		本科	16
19			大专	269
20		⊟ 渠道建设	高中	27
21			研究生	15
22			中专	22
23		渠道建设 汇总		349
24	市场部 汇总			401

设置合并居中后的效果

❶ 右击数据透视表中任意单元格，在弹出的菜单中选择“数据透视表选项”命令。

复制(C)
设置单元格格式(F)...
刷新(R)
排序(S)
筛选(T)
分类汇总"部门"(B)
展开/折叠(E)
创建组(G)...
取消组合(U)...
移动(M)
删除"部门"(V)
字段设置(N)...
数据透视表选项(O)...
隐藏字段列表(D)

右击后选择该选项

❷ 弹出“数据透视表选项”对话框，打开“布局和格式”选项卡，勾选“合并且居中排列带标签的单元格”复选框并确定。

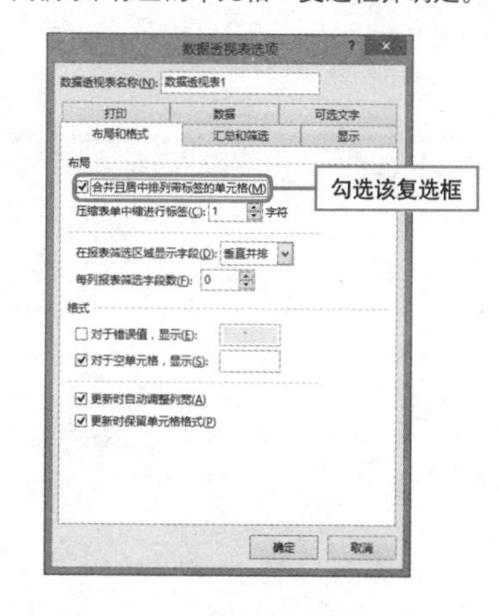

总计行的显示你做主

实例 取消数据透视表中总计行的显示

如果用户只想要查看每个项目的数值而不需要在数据透视表中显示总计，可以通过设置将其取消。取消总计可以单独取消总计行或总计列，也可以同时取消总计行和列。

初始效果

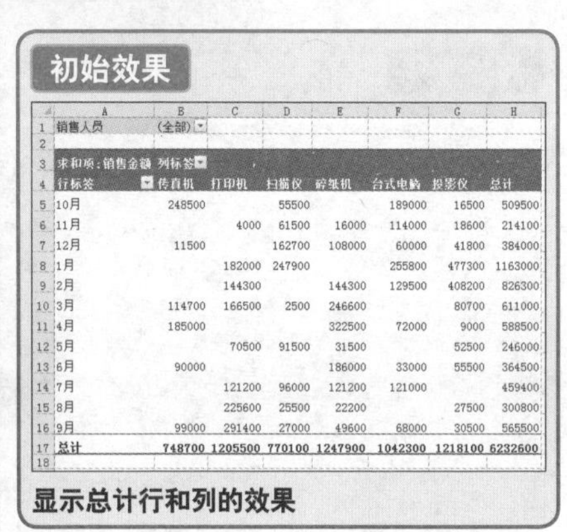

	A	B	C	D	E	F	G	H
1	销售人员	(全部)						
2								
3	求和项:销售金额	列标签						
4	行标签	传真机	打印机	扫描仪	碎纸机	台式电脑	投影仪	总计
5	10月	248500		55500		189000	16500	509500
6	11月		4000	61500	16000	114000	18600	214100
7	12月	11500		162700	108000	60000	41800	384000
8	1月		182000	247900		255800	477300	1163000
9	2月		144300		144300	129500	408200	826300
10	3月	114700	166500	2500	246600		80700	611000
11	4月	185000			322500	72000	9000	588500
12	5月		70500	91500	31500		52500	246000
13	6月	90000			186000	33000	55500	364500
14	7月		121200	96000	121200	121000		459400
15	8月		225600	25500	22200		27500	300800
16	9月	99000	291400	27000	49600	68000	30500	565500
17	总计	748700	1205500	770100	1247900	1042300	1218100	6232600
18								

显示总计行和列的效果

Hint

更改列、行和分类汇总的布局

如果要进一步优化报表的布局，用户可以执行影响列、行和分类汇总的更改，如在行上方显示分类汇总或关闭列标题，或者是重新排列一行或一列中的各项。

1. 选中数据透视表中任意单元格，打开“设计”选项卡，单击“总计”下拉按钮。

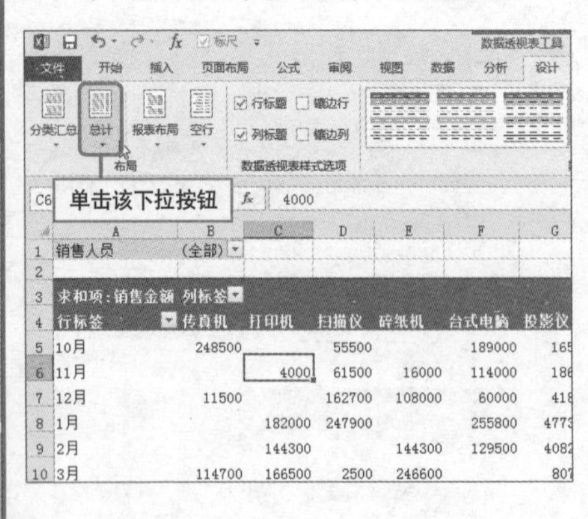

2. 在展开的“总计”下拉列表中选择“对行和列禁用”选项即可。

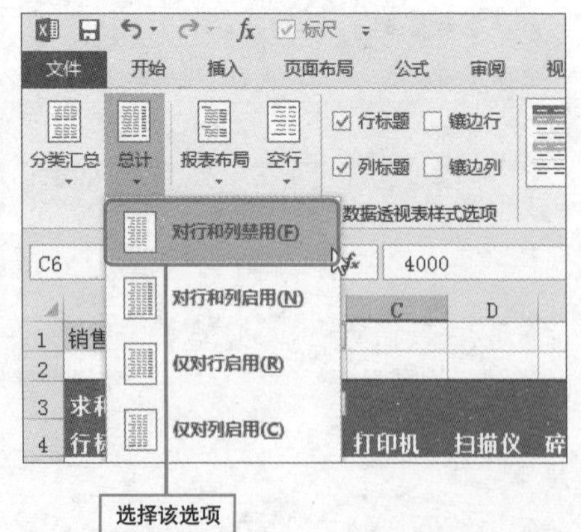

轻松调整数据透视表页面布局

实例 改变数据透视表的整体布局

数据透视表创建完成之后，为了满足数据分析的需要，可以对数据透视表字段重新布局。本技巧将介绍重新布局数据透视表的方法。

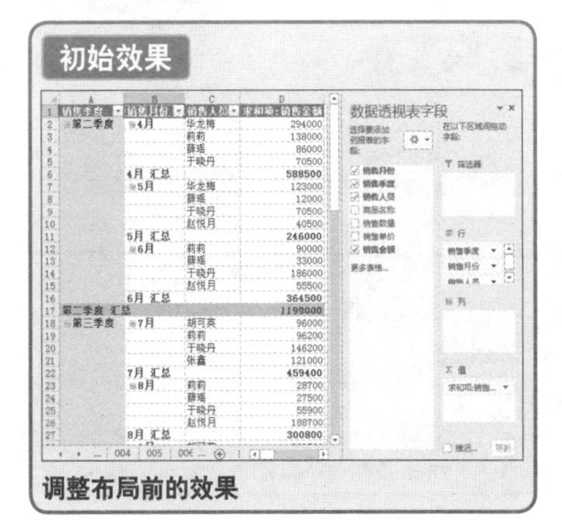

调整布局前的效果

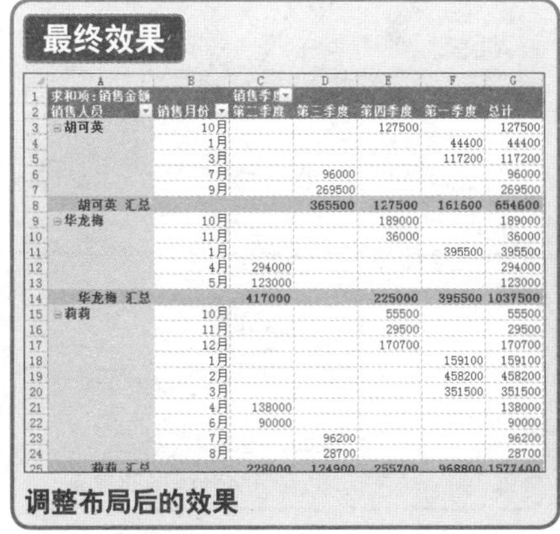

调整布局后的效果

❶ 在“数据透视表字段”窗格中的字段区域中，单击需要在同一区域中移动位置的字段右侧的下拉按钮，选择“上移”选项。

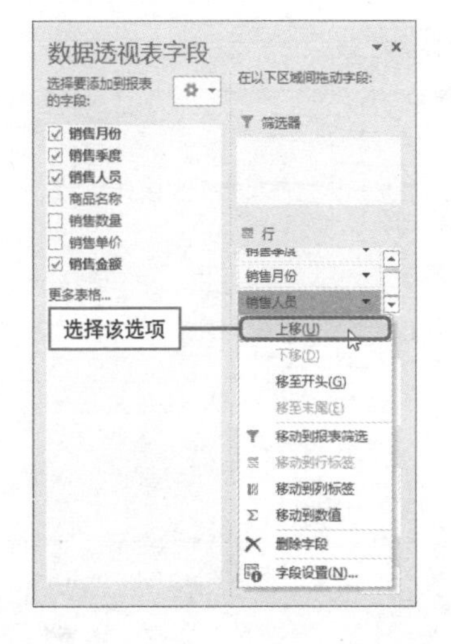

❷ 若要将字段移动到其他区域，则选中该选项，按住鼠标左键将其拖动至合适的区域后松开鼠标。

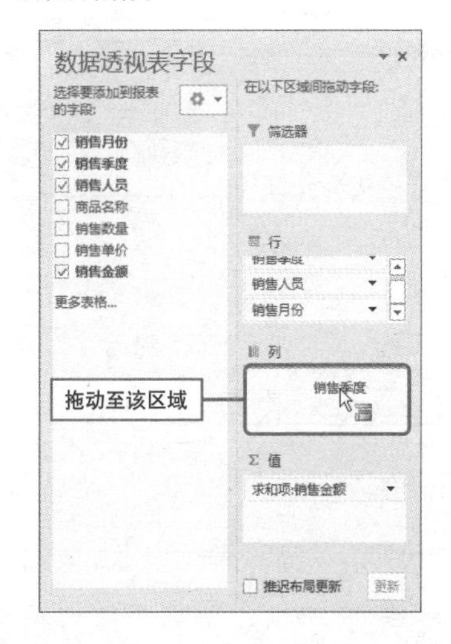

Question 030

Level ◆◆◇

2013 2010 2007

瞬间显示筛选字段的多个数据项

实例 显示数据透视表中筛选字段中的多个数据项

筛选字段显示在数据透视表中的上方，用于“筛选”不同的数据进行统计，通常情况下在筛选字段下拉列表框中只能筛选一个数据项。通过设置，便可以对多个数据进行筛选。

初始效果

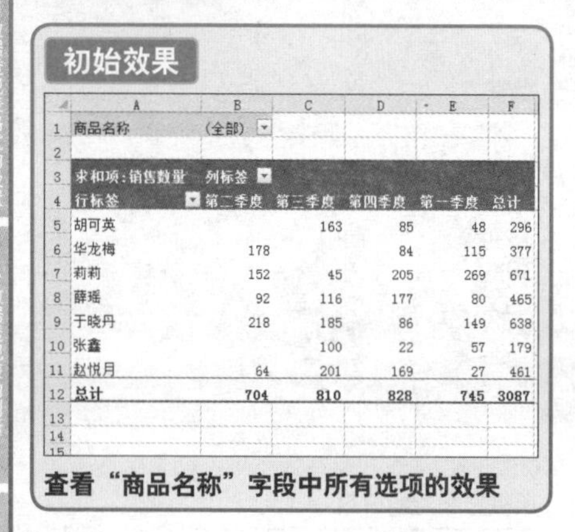

商品名称	(全部)				
求和项:销售数量	列标签				
行标签	第二季度	第三季度	第四季度	第一季度	总计
胡可英		163	85	48	296
华龙梅	178		84	115	377
莉莉	152	45	205	269	671
薛瑶	92	116	177	80	465
于晓丹	218	185	86	149	638
张鑫		100	22	57	179
赵悦月	64	201	169	27	461
总计	704	810	828	745	3087

查看“商品名称”字段中所有选项的效果

最终效果

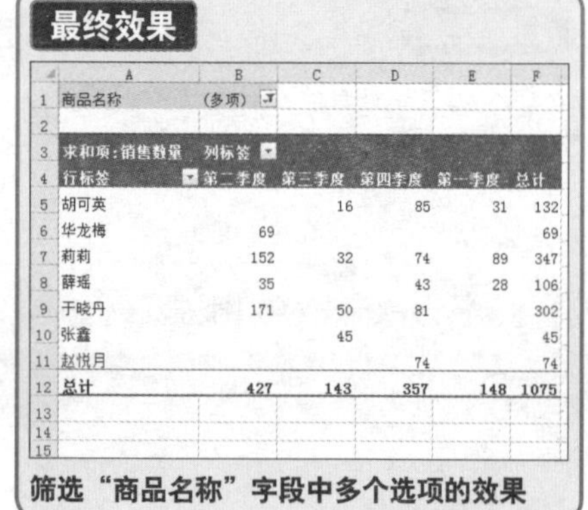

商品名称	(多项)				
求和项:销售数量	列标签				
行标签	第二季度	第三季度	第四季度	第一季度	总计
胡可英		16	85	31	132
华龙梅	69				69
莉莉	152	32	74	89	347
薛瑶	35		43	28	106
于晓丹	171	50	81		302
张鑫		45			45
赵悦月			74		74
总计	427	143	357	148	1075

筛选“商品名称”字段中多个选项的效果

1. 单击“商品名称”筛选字段的下拉按钮，再在展开的筛选器中勾选“选择多项”复选框。

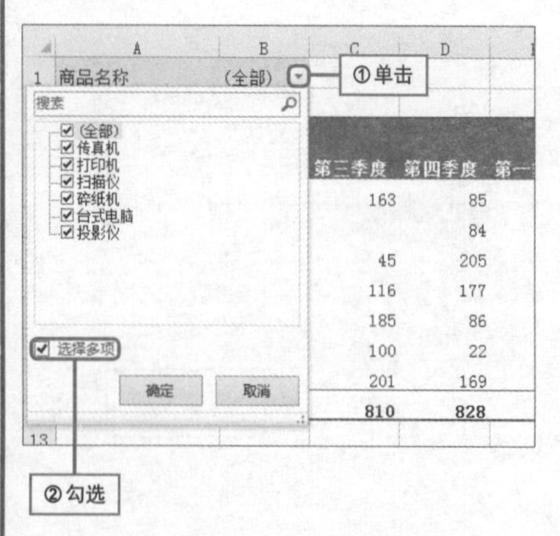

2. 取消对不需要显示的数据项复选框的勾选，单击“确定”按钮即可。

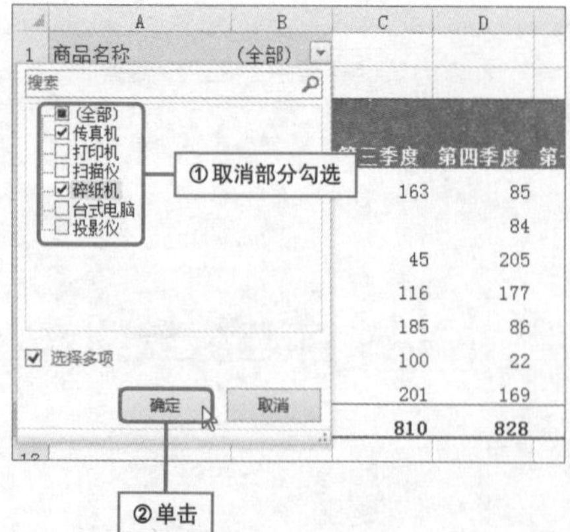

水平并排显示筛选字段很直观

实例 以水平并排的方式显示数据透视表筛选字段

数据透视表创建完成以后，在报表筛选区如果有多个筛选字段，则默认情况下，这些筛选字段呈垂直并排显示，如果用户想要改变这种布局，让多个筛选字段呈水平并排显示该如何操作呢？本技巧就来为大家介绍具体实现方法。

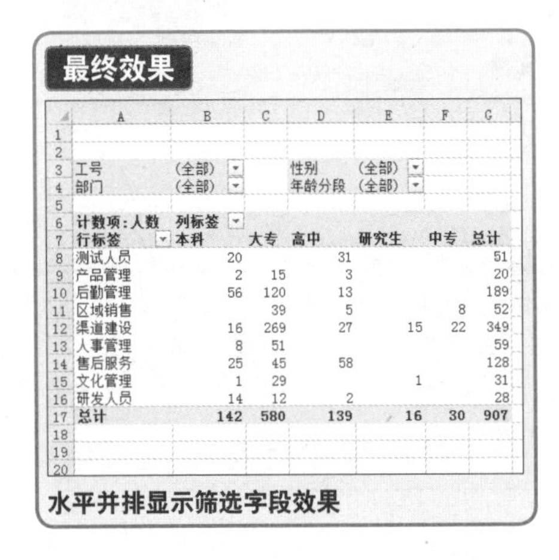

水平并排显示筛选字段效果

❶ 右击任意筛选字段，在弹出的菜单中选择“数据透视表选项”命令。

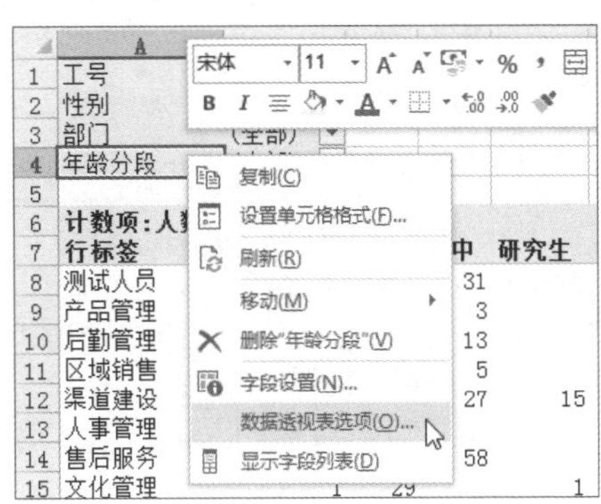

❷ 弹出“数据透视表选项”对话框，在“报表筛选区域显示字段”下拉列表框中选择“水平并排”选项。

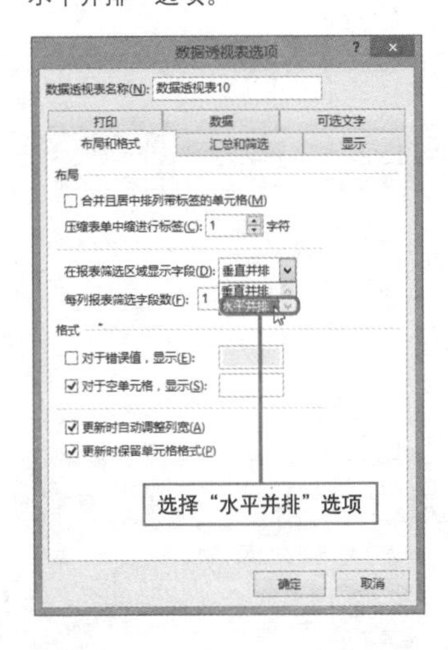

❸ 设置“每行报表筛选字段数”数值框中的数值为“2”，单击“确定”按钮即可。

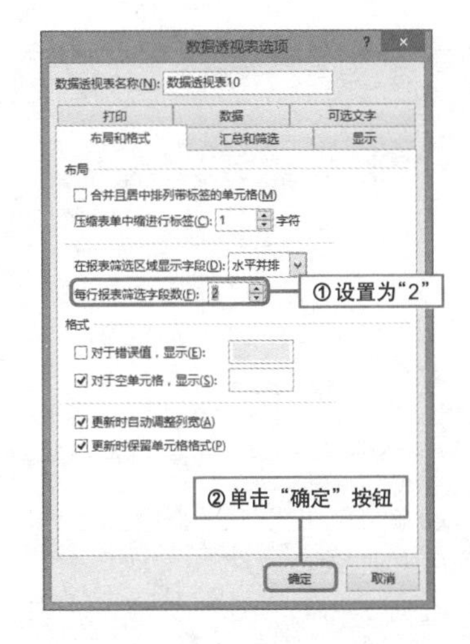

Question 032

数据透视表的分页显示功能

● Level ◆◆◆

2013 2010 2007

实例 分多页显示筛选字段中的各项明细

为了更好地分析数据，可以将数据透视表字段中的各项分别显示在不同的工作表中，但前提是为数据透视表创建筛选项。本技巧将对其具体操作方法进行介绍。

1. 建立数据透视表，在“数据透视表字段”窗格中拖动“销售季度”字段至“筛选器”区域。

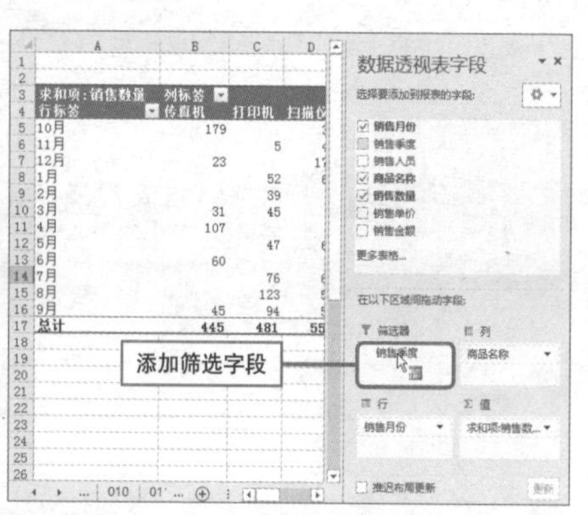

2. 选中数据透视表中的任意单元格，打开“分析”选项卡，单击“选项”下拉按钮，在展开的列表中选择“显示报表筛选页”选项。

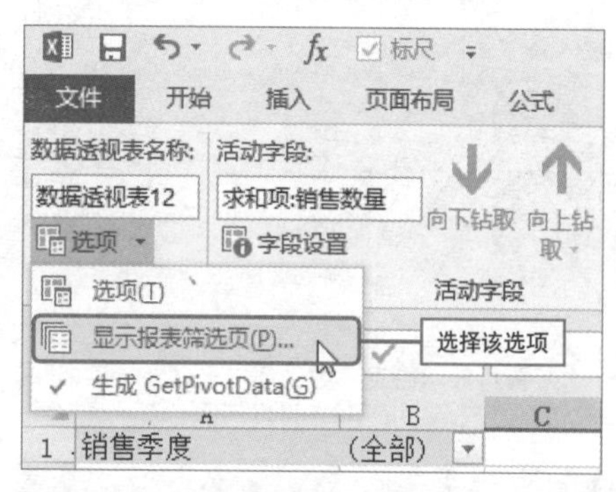

3. 弹出“显示报表筛选页”对话框，选中“销售季度”选项，单击“确定”按钮。

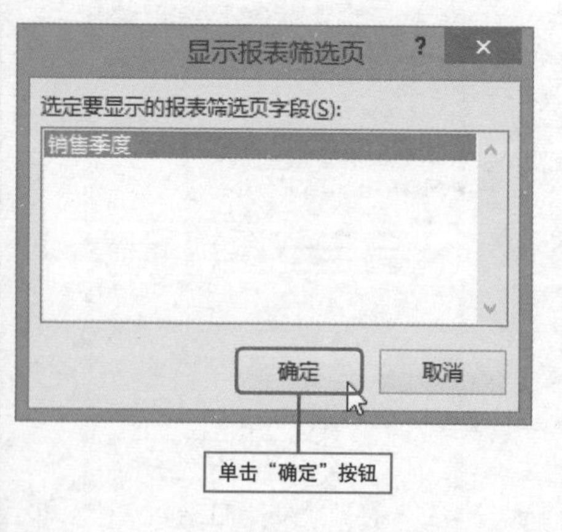

4. 此时在工作簿中根据“销售季度”字段中的各项自动生成了多张明细工作表。

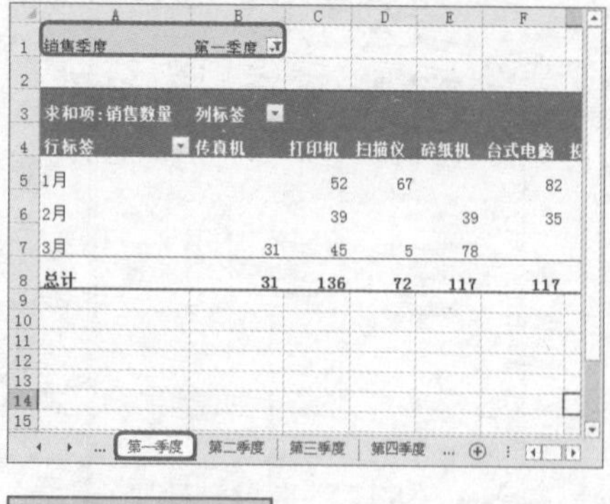

巧妙布局“复合字段”

实例 整理同一区域中的多个字段

在数据透视表的同一区域中如果显示了多个字段，在读取的时候就会有些眼花缭乱，为了便于阅读和比较数据，用户可以重新安排数据透视表的字段。

初始效果

调整字段前的效果

最终效果

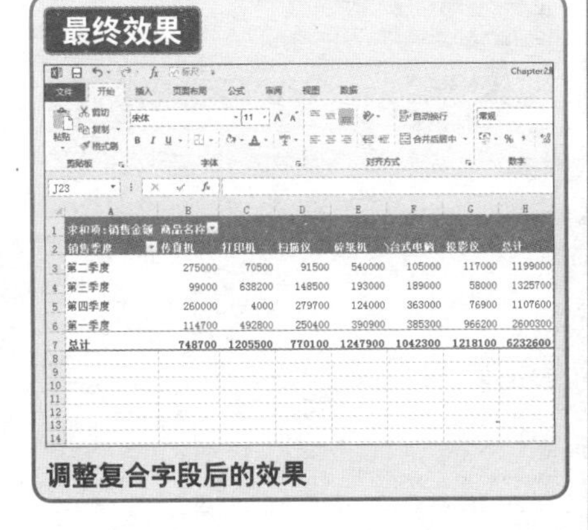

调整复合字段后的效果

❶ 右击“商品名称”字段，在弹出的菜单中选择“移动”命令，在其级联菜单中选择“将‘商品名称’移至列”命令。

❷ 或者在“数据透视表字段”窗格的“行”区域中，单击“商品名称”字段，在弹出列表中选择“移动到列标签”选项。

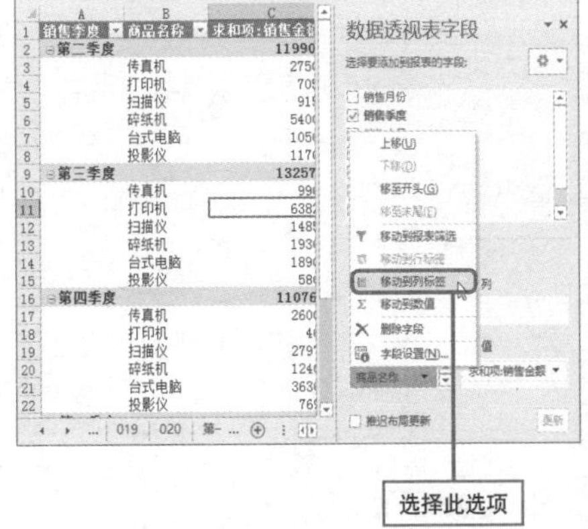

Question 034

Level ◆◇◇

2013 2010 2007

删除数据透视表字段很容易

实例 删除数据透视表中的某个字段

数据透视表创建完成之后，用户在对数据进行分析的时候，如果不需要对某字段进行分析，可以将该字段删除。

初始效果

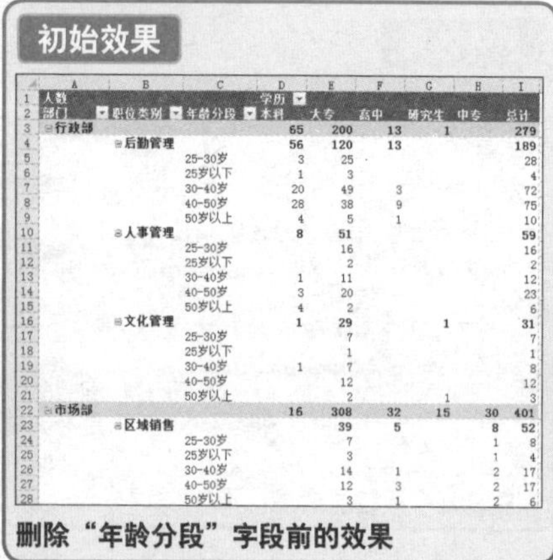

人数			学历					
部门	职位类别	年龄分段	本科	大专	高中	研究生	中专	总计
⊟行政部			65	200	13	1		279
	⊟后勤管理		56	120	13			189
		25-30岁	3	25				28
		25岁以下	1	3				4
		30-40岁	20	49	3			72
		40-50岁	28	38	9			75
		50岁以上	4	5	1			10
	⊟人事管理		8	51				59
		25-30岁		16				16
		25岁以下		2				2
		30-40岁	1	11				12
		40-50岁	3	20				23
		50岁以上	4	2				6
	⊟文化管理		1	29		1		31
		25-30岁		7				7
		25岁以下		1				1
		30-40岁	1	7				8
		40-50岁		12				12
		50岁以上		2		1		3
⊟市场部			16	308	32	15	30	401
	⊟区域销售			39	5		8	52
		25-30岁		7			1	8
		25岁以下		3			1	4
		30-40岁		14	1		2	17
		40-50岁		12	3		2	17
		50岁以上		3	1		2	6

删除“年龄分段”字段前的效果

最终效果

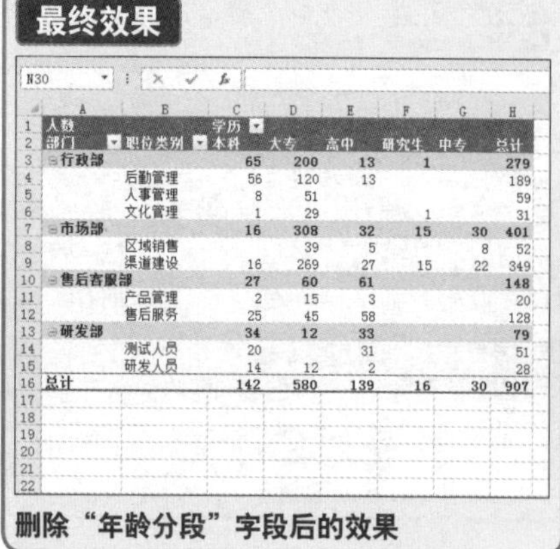

人数		学历					
部门	职位类别	本科	大专	高中	研究生	中专	总计
⊟行政部		65	200	13	1		279
	后勤管理	56	120	13			189
	人事管理	8	51				59
	文化管理	1	29		1		31
⊟市场部		16	308	32	15	30	401
	区域销售		39	5		8	52
	渠道建设	16	269	27	15	22	349
⊟售后客服部		27	60	61			148
	产品管理	2	15	3			20
	售后服务	25	45	58			128
⊟研发部		34	12	33			79
	测试人员	20		31			51
	研发人员	14	12	2			28
总计		142	580	139	16	30	907

删除“年龄分段”字段后的效果

1. 打开“数据透视表字段”窗格，单击“年龄分段”字段，选择“删除字段”选项。

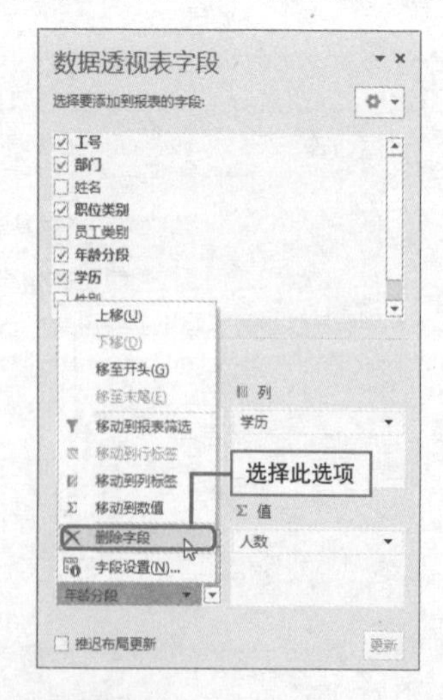

2. 或者，在“选择要添加到报表的字段”列表框中取消勾选“年龄分段”复选框。

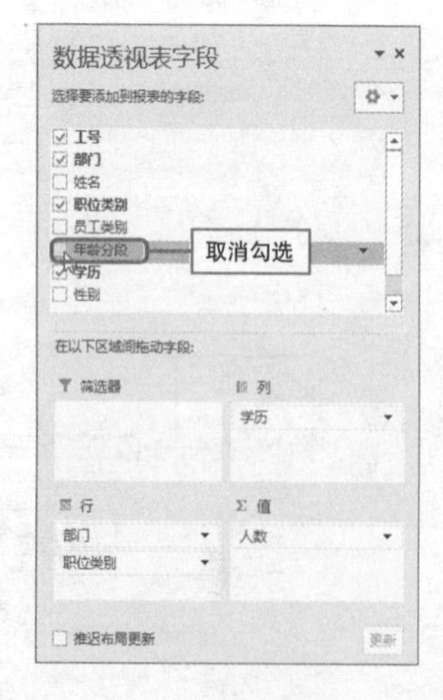

让分类汇总项隐身

实例 隐藏数据透视表字段的分类汇总

当数据透视表在以表格形式显示的时候，分类汇总默认显示在每组的下方，用户如果并不需要分析汇总结果，可以暂时将其隐藏，从而使数据透视表看上去更清晰明了。下面介绍具体操作方法。

初始效果

	A	B	C	D	E
3	销售季度	商品名称	求和项:销售数量	求和项:销售金额	
4	⊟第二季度	传真机	167	275000	
5		打印机	47	70500	
6		扫描仪	61	91500	
7		碎纸机	260	540000	
8		台式电脑	63	105000	
9		投影仪	106	117000	
10	第二季度 汇总		704	1199000	
11	⊟第三季度	传真机	45	99000	
12		打印机	293	638200	
13		扫描仪	169	148500	
14		碎纸机	98	193000	
15		台式电脑	89	189000	
16		投影仪	116	58000	
17	第三季度 汇总		810	1325700	
18	⊟第四季度	传真机	202	260000	
19		打印机	5	4000	
20		扫描仪	255	279700	
21		碎纸机	155	124000	
22		台式电脑	170	363000	
23		投影仪	41	76900	
24	第四季度 汇总		828	1107600	
25	⊟第一季度	传真机	31	114700	
26		打印机	136	492800	
27		扫描仪	72	250400	
28		碎纸机	117	390900	
29		台式电脑	117	385300	
30		投影仪	272	966200	
31	第一季度 汇总		745	2600300	
32	总计		3087	6232600	
33					

默认显示分类汇总的效果

最终效果

	A	B	C	D
3	销售季度	商品名称	求和项:销售数量	求和项:销售金额
4	⊟第二季度	传真机	167	275000
5		打印机	47	70500
6		扫描仪	61	91500
7		碎纸机	260	540000
8		台式电脑	63	105000
9		投影仪	106	117000
10	⊟第三季度	传真机	45	99000
11		打印机	293	638200
12		扫描仪	169	148500
13		碎纸机	98	193000
14		台式电脑	89	189000
15		投影仪	116	58000
16	⊟第四季度	传真机	202	260000
17		打印机	5	4000
18		扫描仪	255	279700
19		碎纸机	155	124000
20		台式电脑	170	363000
21		投影仪	41	76900
22	⊟第一季度	传真机	31	114700
23		打印机	136	492800
24		扫描仪	72	250400
25		碎纸机	117	390900
26		台式电脑	117	385300
27		投影仪	272	966200
28	总计		3087	6232600
29				

隐藏分类汇总的效果

1 选中数据透视表中任意单元格，打开“设计”选项卡，单击“分类汇总”下拉按钮。在展开的“分类汇总”下拉列表中选择“不显示分类汇总”选项即可。

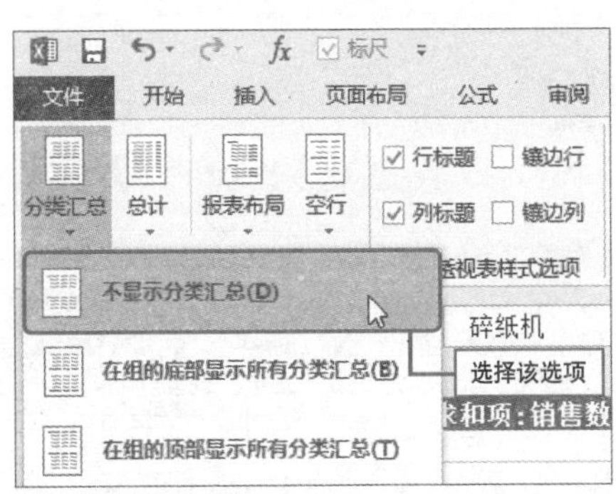

Hint

分类汇总显示位置的设定

若要在已分类汇总的行上方显示分类汇总，则应选择“在组的顶部显示所有分类汇总”选项。

若要在已分类汇总的行下方显示分类汇总，则应选择“在组的底部显示所有分类汇总”选项。

Question

036 显示分类汇总有讲究

Level ◆◇◇

2013 2010 2007

实例　调整数据透视表中分类汇总数据的位置

对于以大纲形式或以压缩形式显示的数据透视表，字段分类汇总数据既可以显示在组的底部，也可以显示在组的顶部。本技巧就介绍具体操作方法。

初始效果

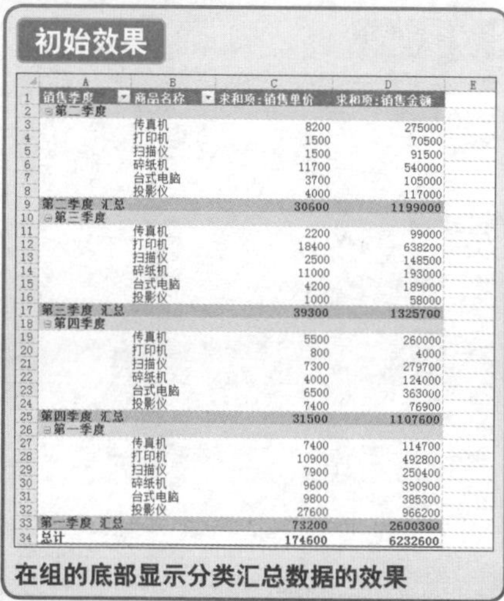

	A	B	C	D
1	销售季度	商品名称	求和项:销售单价	求和项:销售金额
2	⊟第二季度			
3		传真机	8200	275000
4		打印机	1500	70500
5		扫描仪	1500	91500
6		碎纸机	11700	540000
7		台式电脑	3700	105000
8		投影仪	4000	117000
9	第二季度 汇总		30600	1199000
10	⊟第三季度			
11		传真机	2200	99000
12		打印机	18400	638200
13		扫描仪	2500	148500
14		碎纸机	11000	193000
15		台式电脑	4200	189000
16		投影仪	1000	58000
17	第三季度 汇总		39300	1325700
18	⊟第四季度			
19		传真机	5500	260000
20		打印机	800	4000
21		扫描仪	7300	279700
22		碎纸机	4000	124000
23		台式电脑	6500	363000
24		投影仪	7400	76900
25	第四季度 汇总		31500	1107600
26	⊟第一季度			
27		传真机	7400	114700
28		打印机	10900	492800
29		扫描仪	7900	250400
30		碎纸机	9600	390900
31		台式电脑	9800	385300
32		投影仪	27600	966200
33	第一季度 汇总		73200	2600300
34	总计		174600	6232600

在组的底部显示分类汇总数据的效果

最终效果

	A	B	C	D
1	销售季度	商品名称	求和项:销售单价	求和项:销售金额
2	⊟第二季度		30600	1199000
3		传真机	8200	275000
4		打印机	1500	70500
5		扫描仪	1500	91500
6		碎纸机	11700	540000
7		台式电脑	3700	105000
8		投影仪	4000	117000
9	⊟第三季度		39300	1325700
10		传真机	2200	99000
11		打印机	18400	638200
12		扫描仪	2500	148500
13		碎纸机	11000	193000
14		台式电脑	4200	189000
15		投影仪	1000	58000
16	⊟第四季度		31500	1107600
17		传真机	5500	260000
18		打印机	800	4000
19		扫描仪	7300	279700
20		碎纸机	4000	124000
21		台式电脑	6500	363000
22		投影仪	7400	76900
23	⊟第一季度		73200	2600300
24		传真机	7400	114700
25		打印机	10900	492800
26		扫描仪	7900	250400
27		碎纸机	9600	390900
28		台式电脑	9800	385300
29		投影仪	27600	966200
30	总计		174600	6232600

在组的顶部显示分类汇总数据的效果

❶ 选中数据透视表中任意单元格，在“设计”选项卡中单击“分类汇总”按钮。

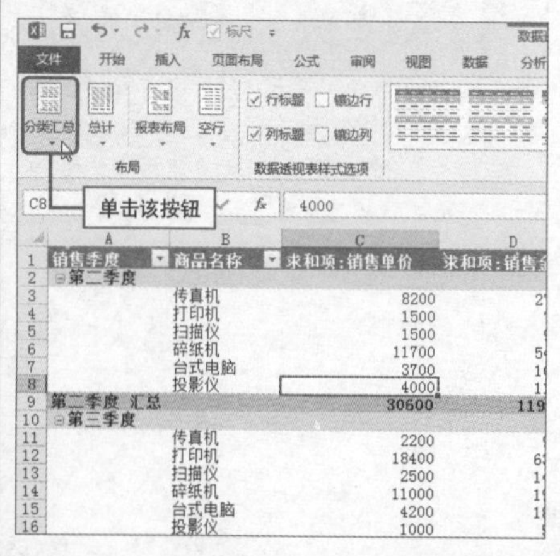

❷ 在展开的下拉列表中选择“在组的顶部显示所有分类汇总”选项。

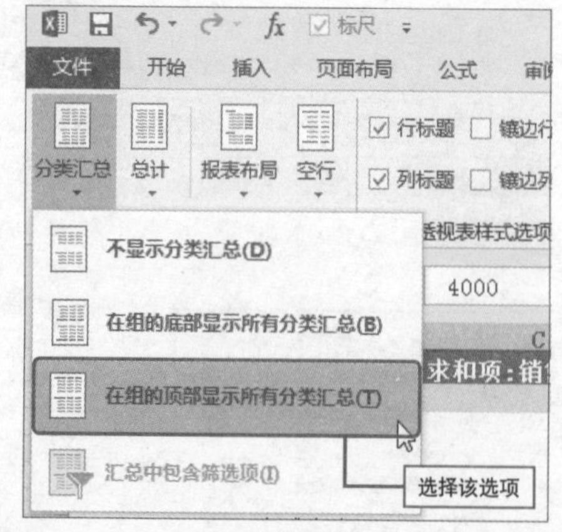

巧妙设置空行分隔数据信息

实例　在数据透视表的每项后插入空白行

对于结构比较复杂的数据透视表，为了能够区分不同的数据行，更好地对数据进行判断，可以在数据透视表的每项后都插入一行空白行。如果不需要，那么可以将其删除。

初始效果

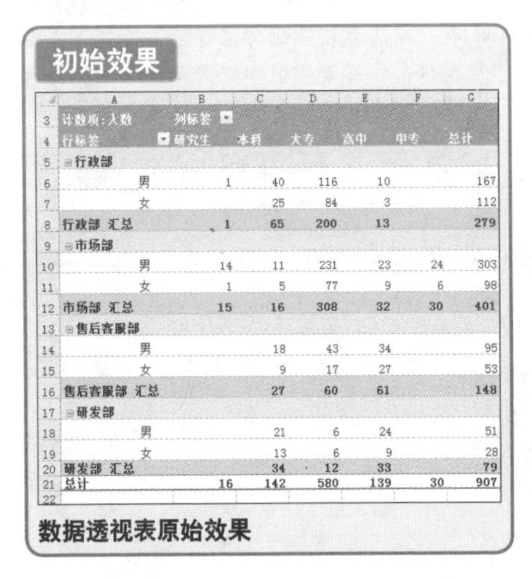

计数项:人数	列标签					
行标签	研究生	本科	大专	高中	中专	总计
⊟行政部						
男	1	40	116	10		167
女		25	84	3		112
行政部 汇总	1	65	200	13		279
⊟市场部						
男	14	11	231	23	24	303
女	1	5	77	9	6	98
市场部 汇总	15	16	308	32	30	401
⊟售后客服部						
男		18	43	34		95
女		9	17	27		53
售后客服部 汇总		27	60	61		148
⊟研发部						
男		21	6	24		51
女		13	6	9		28
研发部 汇总		34	12	33		79
总计	16	142	580	139	30	907

数据透视表原始效果

最终效果

计数项:人数	列标签					
行标签	研究生	本科	大专	高中	中专	总计
⊟行政部						
男	1	40	116	10		167
女		25	84	3		112
行政部 汇总	1	65	200	13		279
⊟市场部						
男	14	11	231	23	24	303
女	1	5	77	9	6	98
市场部 汇总	15	16	308	32	30	401
⊟售后客服部						
男		18	43	34		95
女		9	17	27		53
售后客服部 汇总		27	60	61		148
⊟研发部						
男		21	6	24		51
女		13	6	9		28
研发部 汇总		34	12	33		79
总计	16	142	580	139	30	907

在每项后插入空行的效果

1. 选中数据透视表中任意单元格，打开“设计”选项卡，单击“空行”下拉按钮。

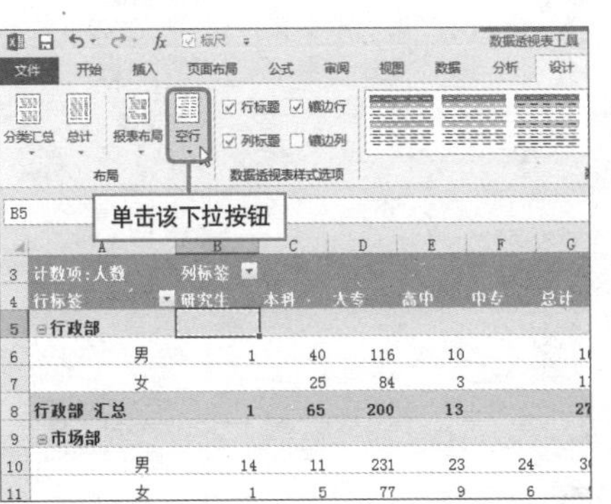

2. 在展开的列表中选择“在每个项目后插入空行”选项。

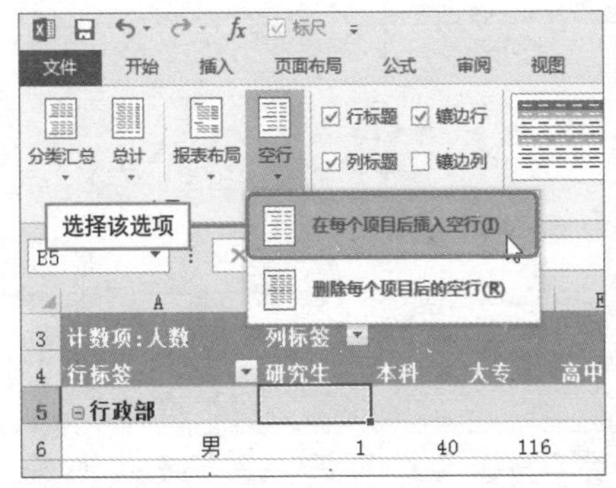

Question 038

Level ◆◆◆

2013 2010 2007

影子数据透视表

实例 将数据透视表以图片形式显示

所谓影子数据透视表，即指把数据透视表制作成图片，而这个图片是动态的，它可以随着数据透视表中数据的变化而变化。本技巧将对“影子数据透视表”的制作方法进行详细介绍。

❶ 单击自定义快速访问工具栏的下拉按钮，在展开的列表中选择“其他命令”选项，打开“Excel选项”对话框。

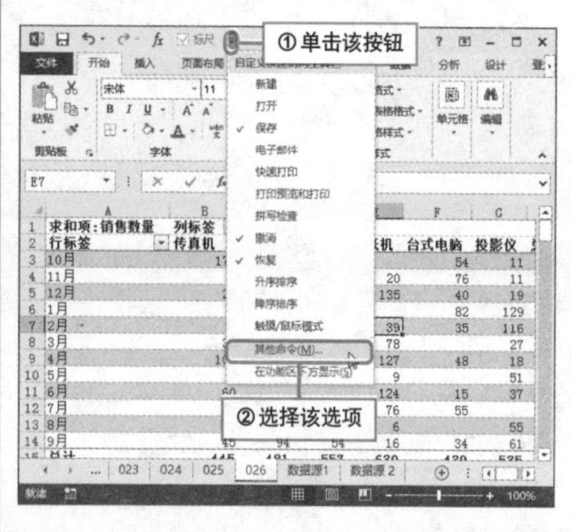

❷ 在“从下列位置选择命令”下拉列表框中选择“不在功能区中的命令”选项，再选择“照相机”选项，单击“添加”按钮。

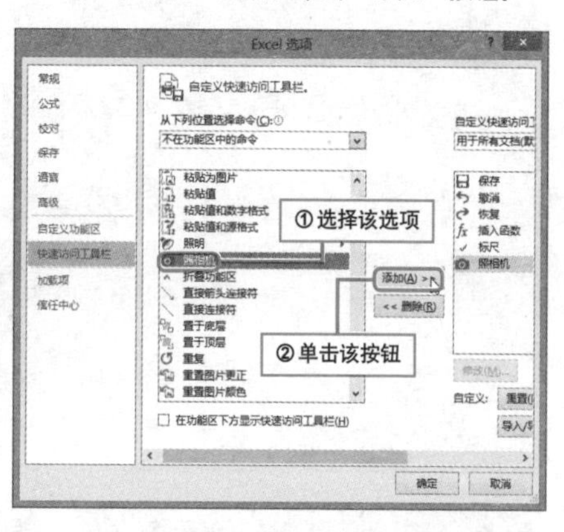

❸ 单击“确定”按钮后返回工作表，选中整个数据透视表，单击自定义快速访问工具栏中新添加的“照相机”按钮。

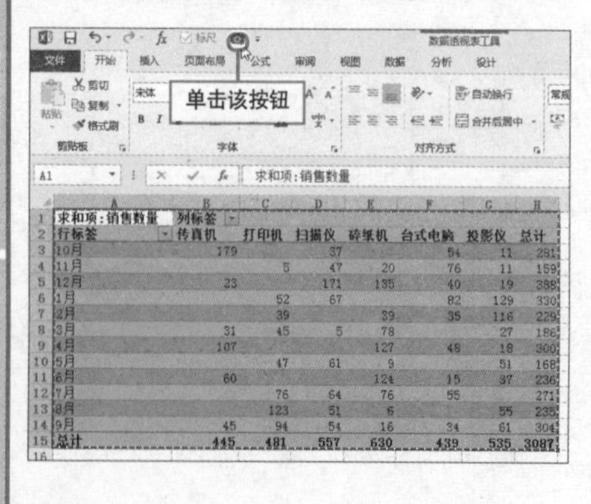

❹ 当鼠标变为+形状时单击工作表中任意单元格，即可得到和数据透视表完全相同的图片，最后将图片移动到合适的位置。

求和项:销售数量	列标签						
行标签	传真机	打印机	扫描仪	碎纸机	台式电脑	投影仪	总计
10月	179		37		54	11	281
11月		5	47	20	76	11	159
12月	23		171	135	40	19	388
1月		52	67		82	129	330
2月		39		39	35	116	229
3月	31	45	5	78		27	186
4月	107			127	48	18	300
5月		47	61	9		51	168
6月	60			124	15	37	236
7月		76	64	76	55		271
8月		123	51	6		55	235
9月	45	94	54	16	34	61	304
总计	445	481	557	630	439	535	3087

求和项:销售数量	列标签						
行标签	传真机	打印机	扫描仪	碎纸机	台式电脑	投影仪	总计
10月	179		37		54	11	281
11月		5	47	20	76	11	159
12月	23		171	135	40	19	388
1月		52	67		82	129	330
2月		39		39	35	116	229
3月	31	45	5	78		27	186
4月	107			127	48	18	300
5月		47	61	9		51	168
6月	[illegible]			[illegible]	15	37	236
7月		[illegible]	[illegible]	[illegible]	55		271
8月		[illegible]	[illegible]	[illegible]		55	235
9月	[illegible]	[illegible]	[illegible]	[illegible]	34	61	304
总计	445	481	557	630	439	535	3087

生成图片并调整图片位置

灵活显示数据透视表中的字段

实例 将数据透视表中某字段隐藏或显示

隐藏和显示数据透视表中某个字段的方法很简单，可以在“数据透视表字段”窗格中设置，也可以在数据透视表中直接操作。下面将对其设置过程进行详细介绍。

❶ 打开“数据透视表字段”窗格，在“筛选器”区域中将“姓名”字段拖回字段列表。

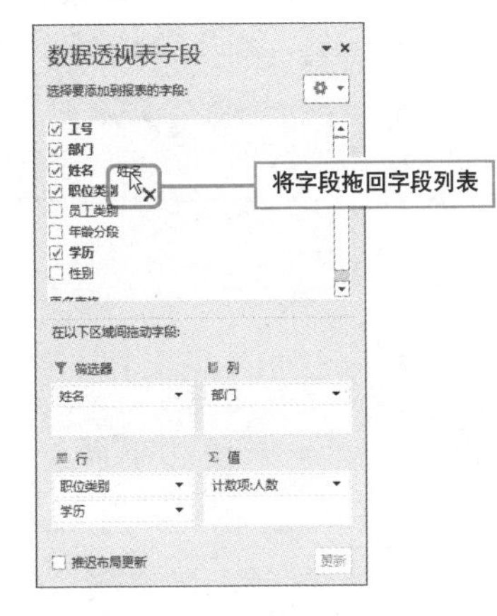

❷ 或者，直接在“数据透视表字段”窗格的字段列表中取消对字段的勾选。

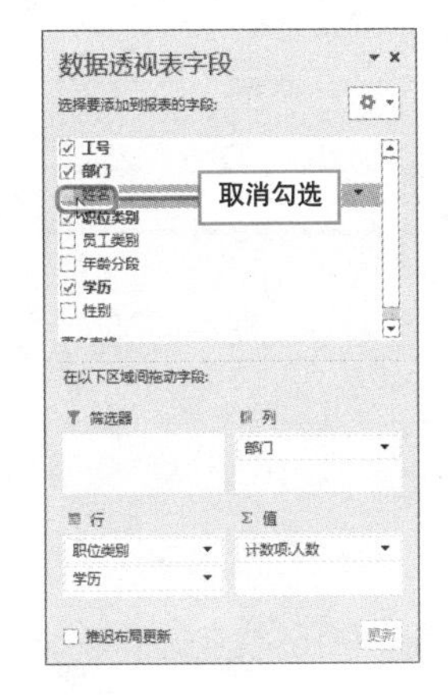

❸ 还可以直接在“筛选器”区域中单击“姓名”字段，然后在展开的列表中选择“删除字段”选项。

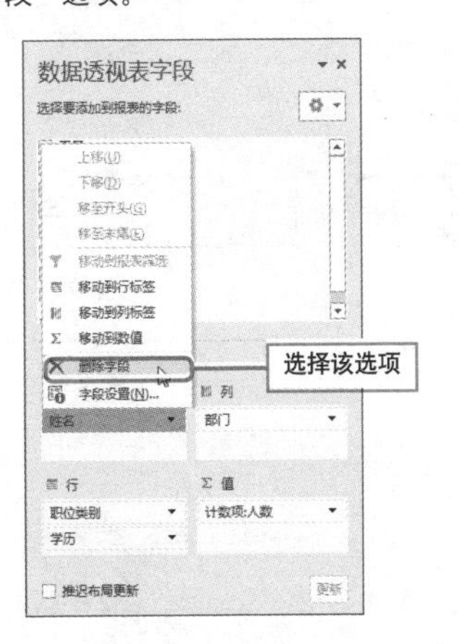

❹ 在数据透视表中右击“姓名”字段，选择“删除‘姓名’”命令，也可以将该字段隐藏。若要再次显示该字段，则在“数据透视表字段”窗格中重新将字段拖回“筛选器”区域即可。

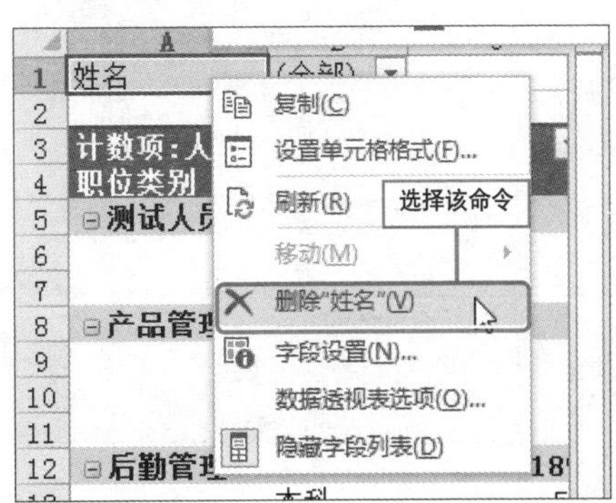

一个字段也能实现多种汇总

实例　为一个字段添加多种汇总方式

一般情况下数据透视表中的一个字段只默认有一种汇总方式，那就是“求和”，为了方便分析数据，可以通过设置让数据透视表中的一个字段有多种汇总方式。下面就跟随本技巧学习具体的操作方法。

1. 右击“商品名称”字段包含的任意单元格，在弹出的菜单中选择“字段设置”命令打开“字段设置”对话框。

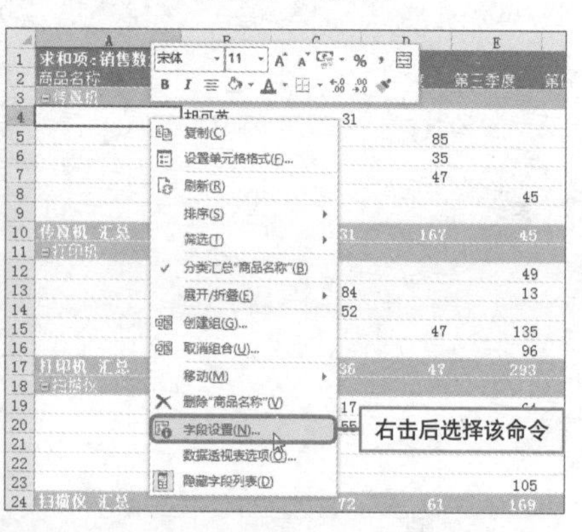

2. 在“分类汇总和筛选”选项卡中选中“自定义”单选按钮。

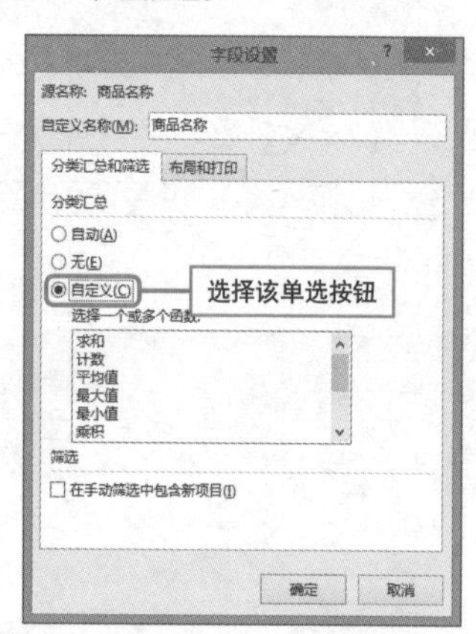

3. 在“选择一个或多个函数”列表框中选择多个选项，单击“确定”按钮。

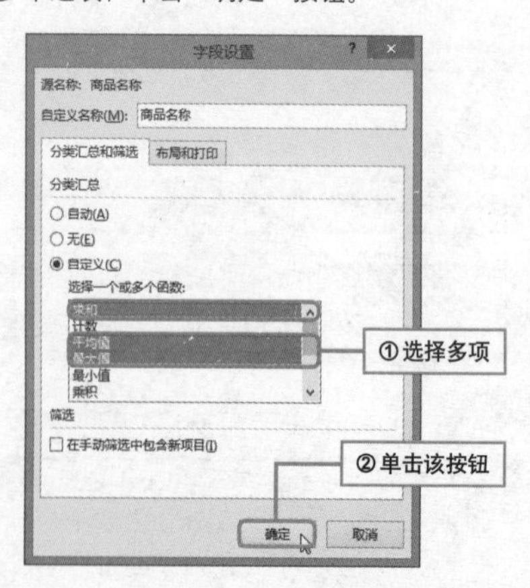

4. 返回到工作表中，此时的数据透视表，每个字段都被添加了多种汇总方式。

	A	B	C	D	E	F	G
1	求和项：销售数量		销售季度				
2	商品名称	销售人员	第一季度	第二季度	第三季度	第四季度	总计
3	⊟传真机						
4		胡可英	31			85	116
5		莉莉		85			85
6		薛瑶		35		43	78
7		于晓丹		47			47
8		张鑫			45		45
9		赵悦月				74	74
10	传真机 求和		31	167	45	202	445
11	传真机 平均值		15.5	33.4	45	40.4	34.23076923
12	传真机 最大值		22	47	45	74	74
13	⊟打印机						
14		胡可英			49		49
15		莉莉	84		13		97
16		薛瑶	52				52
17		于晓丹		47	135	5	187
18		赵悦月			96		96
19	打印机 求和		136	47	293	5	481
20	打印机 平均值		45.33333	47	36.625	5	37
21	打印机 最大值		52	47	51	5	52
22	⊟扫描仪						

查看多种汇总方式

随意设置行字段/列字段中的项

实例　**在某个字段下显示或隐藏指定数据项**

在创建完成的数据透视表中，一个字段下通常都含有很多个数据项，在进行数据分析的时候，有些数据项可能是用不着的，这时候，就可以将这些暂时不需要的数据项隐藏起来，等需要的时候再将其显示。

1. 单击“行标签”下拉按钮，打开筛选器，在“选择字段”下拉列表中选择“销售人员”字段。

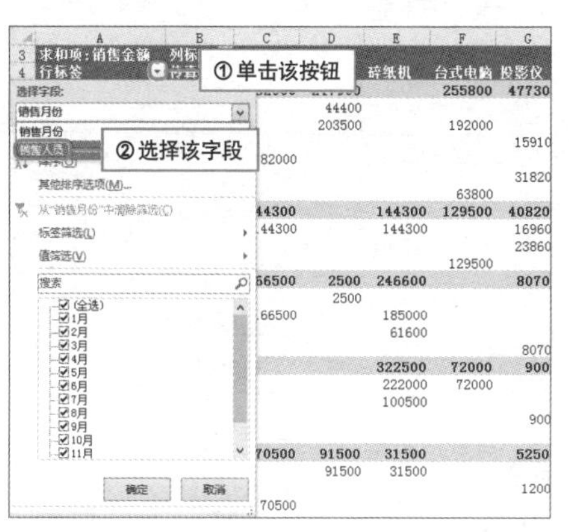

2. 只勾选需要显示的数据项，单击“确定”按钮。

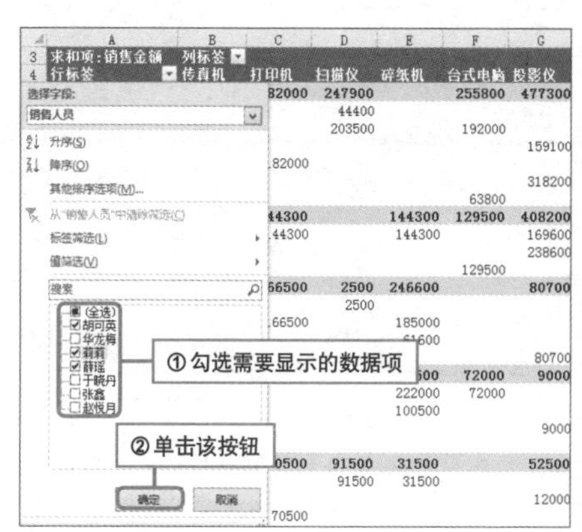

3. 单击“列标签”下拉按钮，在展开的筛选器中取消勾选需要隐藏的数据项并确定。

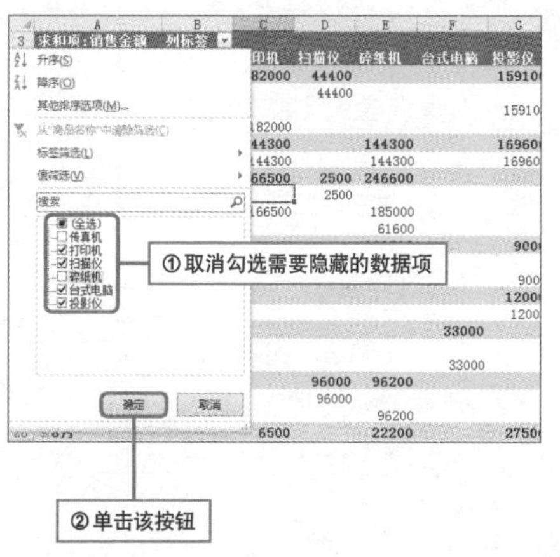

4. 若要将字段下的数据项全部显示，则勾选“全选”复选框，单击“确定”按钮。

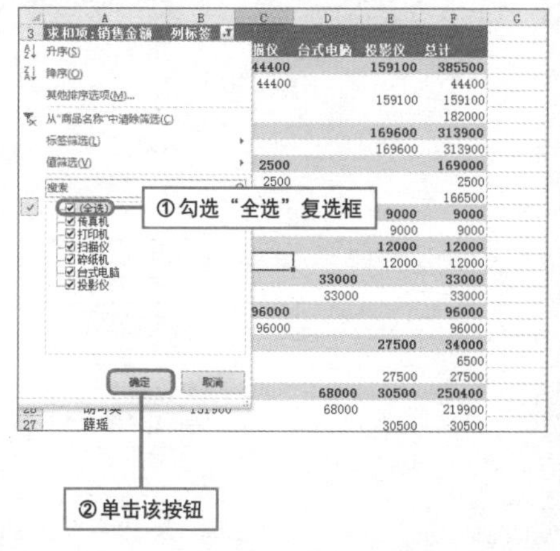

同时隐藏字段标题和筛选按钮

实例 隐藏数据透视表中的字段标题和筛选按钮

在对数据透视表数据进行分析的时候，如果确定不需要进行任何筛选操作，可以将字段标题和筛选按钮隐藏，让表格看上去更简洁。本技巧就来介绍隐藏字段标题和筛选按钮的具体操作步骤。

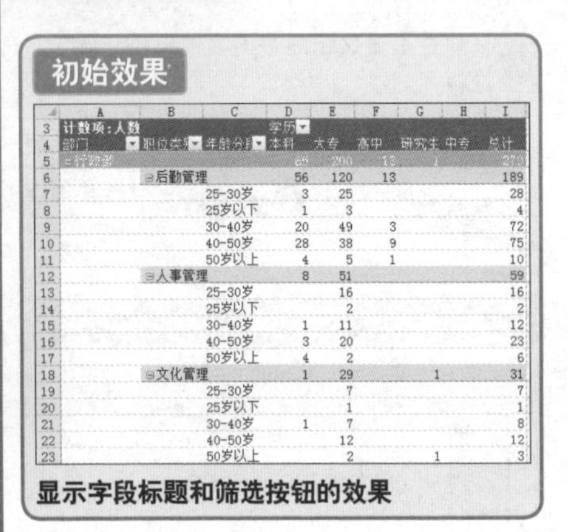

初始效果

	A	B	C	D	E	F	G	H	I
3	计数项:人数			学历					
4	部门	职位类别	年龄分段	本科	大专	高中	研究生	中专	总计
5	⊟行政部			65	200	13	1		279
6		⊟后勤管理		56	120	13			189
7			25-30岁	3	25				28
8			25岁以下	1	3				4
9			30-40岁	20	49	3			72
10			40-50岁	28	38	9			75
11			50岁以上	4	5	1			10
12		⊟人事管理		8	51				59
13			25-30岁		16				16
14			25岁以下		2				2
15			30-40岁	1	11				12
16			40-50岁	3	20				23
17			50岁以上	4	2				6
18		⊟文化管理		1	29		1		31
19			25-30岁		7				7
20			25岁以下		1				1
21			30-40岁	1	7				8
22			40-50岁		12				12
23			50岁以上		2		1		3

显示字段标题和筛选按钮的效果

最终效果

	A	B	C	D	E	F	G	H	I
3	计数项:人数								
4				本科	大专	高中	研究生	中专	总计
5	⊟行政部			65	200	13	1		279
6		⊟后勤管理		56	120	13			189
7			25-30岁	3	25				28
8			25岁以下	1	3				4
9			30-40岁	20	49	3			72
10			40-50岁	28	38	9			75
11			50岁以上	4	5	1			10
12		⊟人事管理		8	51				59
13			25-30岁		16				16
14			25岁以下		2				2
15			30-40岁	1	11				12
16			40-50岁	3	20				23
17			50岁以上	4	2				6
18		⊟文化管理		1	29		1		31
19			25-30岁		7				7
20			25岁以下		1				1
21			30-40岁	1	7				8
22			40-50岁		12				12
23			50岁以上		2		1		3

隐藏字段标题和筛选按钮的效果

❶ 右击数据透视表中任意单元格，在弹出的菜单中选择“数据透视表选项”命令，打开“数据透视表选项”对话框。

右击后选择该命令

❷ 打开“显示”选项卡，取消勾选“显示字段标题和筛选下拉列表”复选框并确定。

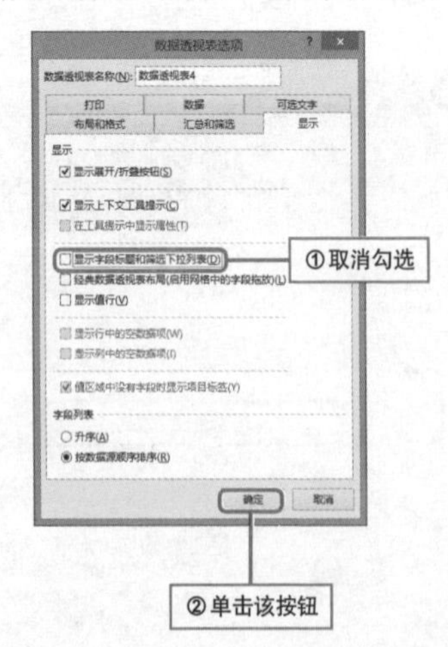

我的“字段标题”我做主

实例 隐藏数据透视表中的字段标题

上一技巧通过对话框的方式将字段标题和筛选按钮同时隐藏，本技巧将介绍一种更为简便的操作方法：直接通过单击选项卡中的按钮来实现字段的隐藏。

初始效果

	A	B	C	D	E	F
1	商品名称	(全部)				
2						
3	求和项:销售数量	销售季度				
4	销售人员	第一季度	第二季度	第三季度	第四季度	总计
5	胡可英	48		163	85	296
6	华龙梅	115	178		84	377
7	莉莉	269	152	45	205	671
8	薛瑶	80	92	116	177	465
9	于晓丹	149	218	185	86	638
10	张鑫	57		100	22	179
11	赵悦月	27	64	201	169	461
12	总计	745	704	810	828	3087
13						
14						

显示行字段和列字段标题的效果

最终效果

	A	B	C	D	E	F
1	商品名称	(全部)				
2						
3	求和项:销售数量					
4		第一季度	第二季度	第三季度	第四季度	总计
5	胡可英	48		163	85	296
6	华龙梅	115	178		84	377
7	莉莉	269	152	45	205	671
8	薛瑶	80	92	116	177	465
9	于晓丹	149	218	185	86	638
10	张鑫	57		100	22	179
11	赵悦月	27	64	201	169	461
12	总计	745	704	810	828	3087
13						
14						
15						

隐藏行字段和列字段标题的效果

❶ 选中数据透视表中的任意单元格，打开“分析”选项卡。

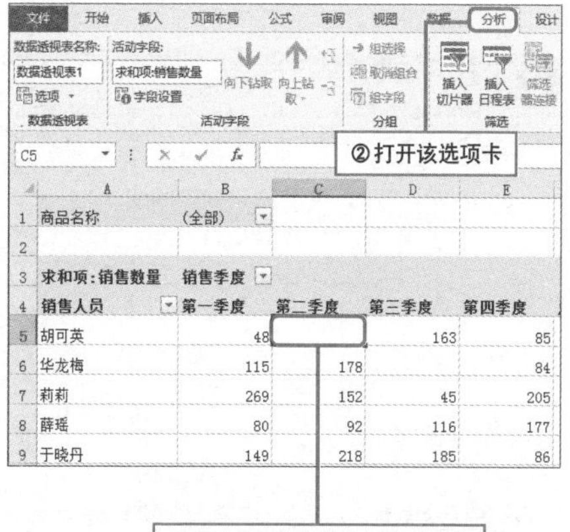

❷ 单击“字段标题”按钮，隐藏字段标题，若要显示字段标题则再次单击该按钮。

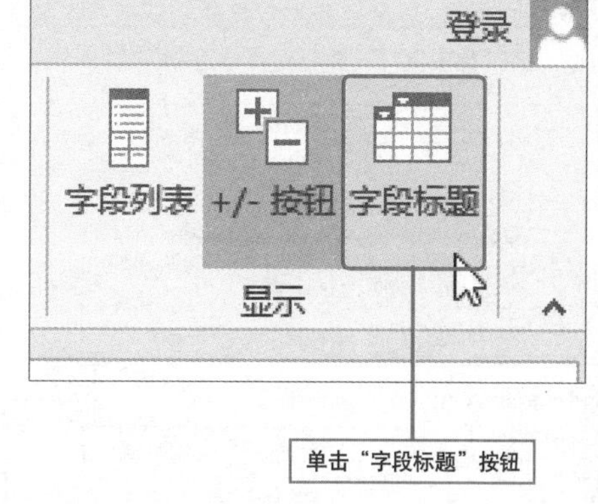

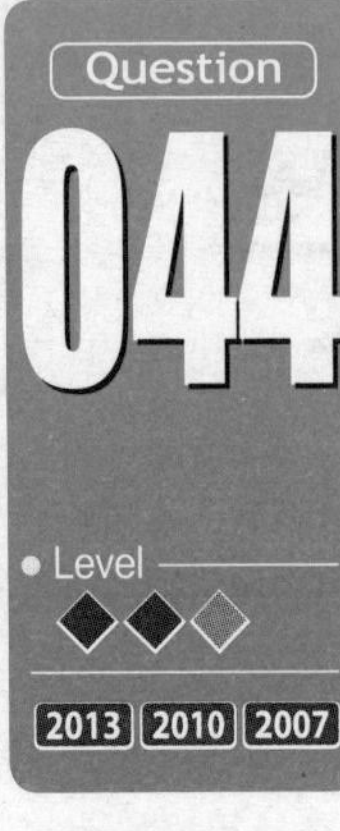

给字段列表中的字段排序

实例 按升序排序数据透视表字段列表中的字段

“数据透视表字段”窗格中“选择要添加到报表的字段”列表框里的字段，是按照数据源字段的顺序排序的，为了便于查看，用户可以将该列表框中的字段按升序排序。

初始效果

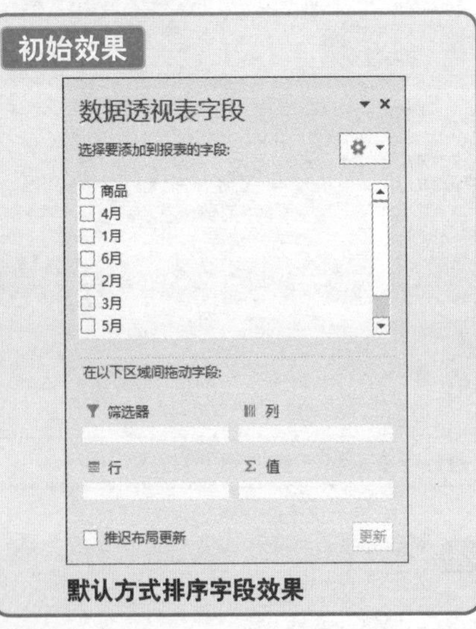

默认方式排序字段效果

最终效果

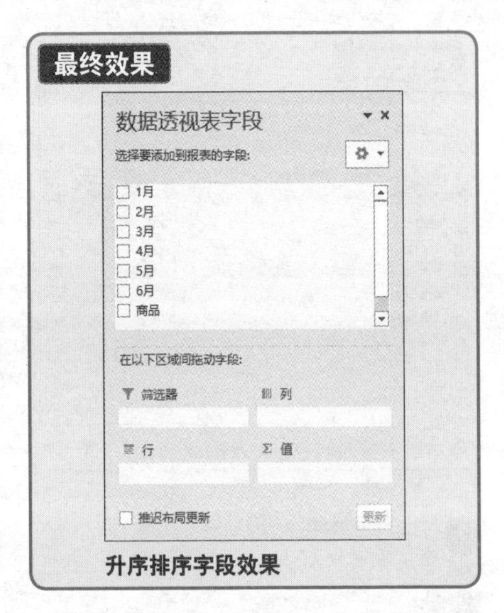

升序排序字段效果

1. 向数据透视表中添加字段创建数据透视表，右击数据透视表中任意单元格，在弹出菜单中选择“数据透视表选项”命令。

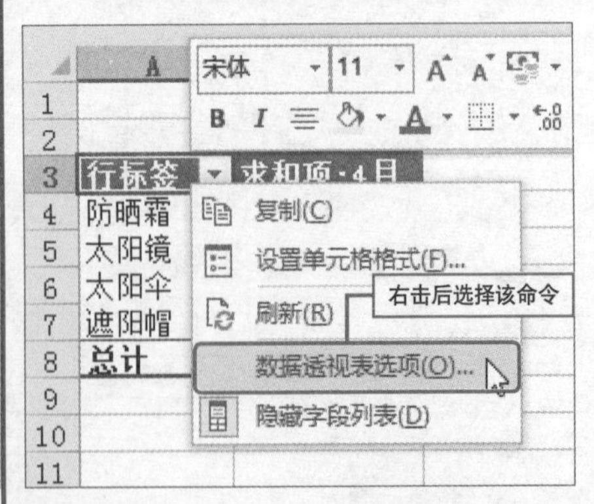

2. 打开“数据透视表选项”对话框，切换到“显示”选项卡，选中“升序”单选按钮，单击“确定”按钮。

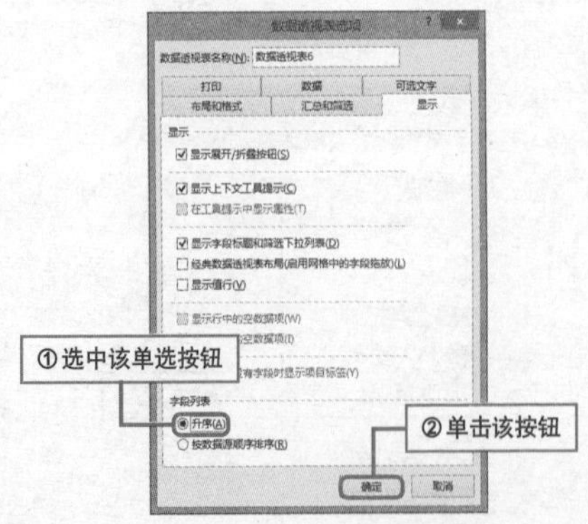

● Level ◆◇◇

2013 2010 2007

隐藏字段中的“+/-”按钮

实例 隐藏数据透视表中的展开与折叠按钮

创建完成的数据透视表中的“+/-”按钮，用来控制字段的展开和折叠，如果用户不需要对字段进行展开或折叠操作，就可以将“+/-”按钮隐藏，具体操作步骤介绍如下。

初始效果

	A	B	C	D	E	F
1	求和项:销售数量	列标签				
2	行标签	莉莉	薛瑶	张鑫	赵悦月	总计
3	⊟第一季度	269	80	57	27	433
4	⊞1月	43	52	22		117
5	⊞2月	131		35		166
6	⊞3月	95	28		27	150
7	⊟第二季度	152	92		64	308
8	⊞4月	92	53			145
9	⊞5月		24		27	51
10	⊞6月	60	15		37	112
11	⊟第三季度	45	116	100	201	462
12	⊞7月	26		55		81
13	⊞8月	19	55		102	176
14	⊞9月		61	45	99	205
15	总计	466	288	157	292	1203

默认显示效果

最终效果

	A	B	C	D	E	F
1	求和项:销售数量	列标签				
2	行标签	莉莉	薛瑶	张鑫	赵悦月	总计
3	第一季度	269	80	57	27	433
4	1月	43	52	22		117
5	2月	131		35		166
6	3月	95	28		27	150
7	第二季度	152	92		64	308
8	4月	92	53			145
9	5月		24		27	51
10	6月	60	15		37	112
11	第三季度	45	116	100	201	462
12	7月	26		55		81
13	8月	19	55		102	176
14	9月		61	45	99	205
15	总计	466	288	157	292	1203

隐藏“+/-”按钮的效果

❶ 选中数据透视表中的任意单元格，打开“分析”选项卡。

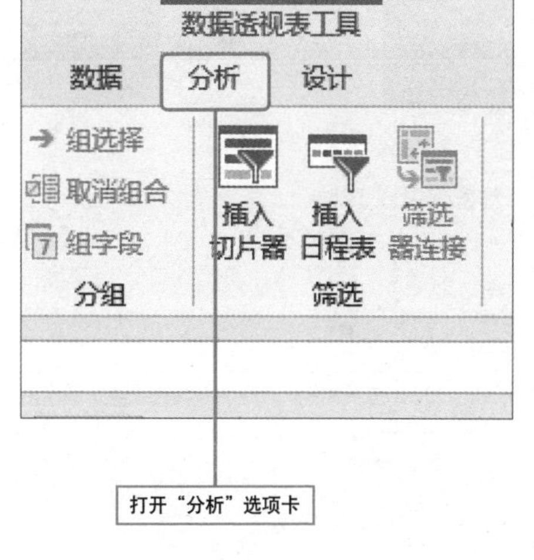

❷ 在“显示”组中单击“+/-按钮”按钮，即可隐藏字段的展开与折叠按钮。

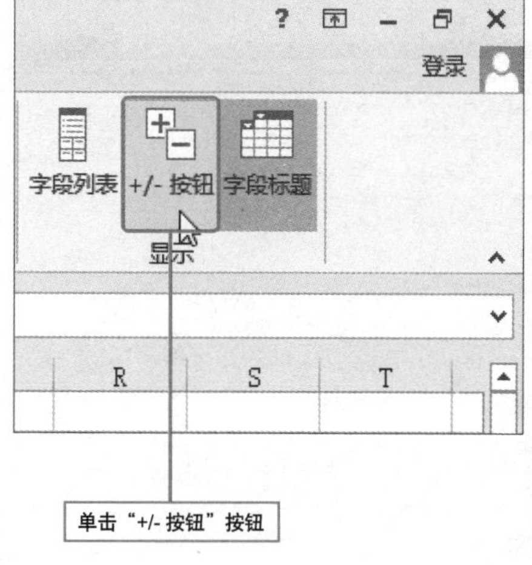

在顶部显示总计

实例 在数据透视表顶部显示总计数据

当数据透视表中的数据过多时，要想查看最底部的总计数据，就要利用滚动条，这样操作起来多少会有一些不便捷，那么如何能够在一打开数据透视表的情况下就一目了然地查看到总计行呢？办法就是，将总计行显示在数据透视表的顶部。

初始效果

求和项:销售数量	列标签					
行标签	传真机	打印机	扫描仪	碎纸机	台式电脑	投影仪
1月		52	67		82	129
2月		39		39	35	116
3月	31	45	5	78		27
4月	107			127	48	18
5月		47	61	9		51
6月	60			124	15	37
7月		76	64	76	55	
8月		123	51	6		55
9月	45	94	54	16	34	61
10月	179		37		54	11
11月		5	47	20	76	11
12月	23		171	135	40	19
总计	445	481	557	630	439	535

总计显示在底部的效果

最终效果

求和项:销售数量	列标签					
行标签	传真机	打印机	扫描仪	碎纸机	台式电脑	投影仪
总计	445	481	557	630	439	535
1月		52	67		82	129
2月		39		39	35	116
3月	31	45	5	78		27
4月	107			127	48	18
5月		47	61	9		51
6月	60			124	15	37
7月		76	64	76	55	
8月		123	51	6		55
9月	45	94	54	16	34	61
10月	179		37		54	11
11月		5	47	20	76	11
12月	23		171	135	40	19

总计显示在顶部的效果

❶ 选中数据透视表行标签区域并右击，在弹出的菜单中选择“创建组”命令。

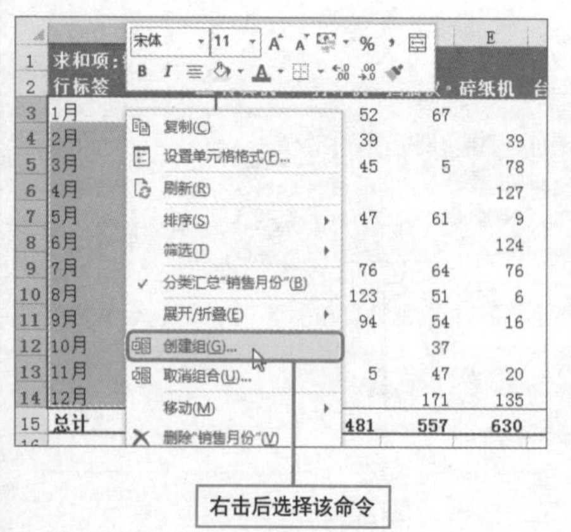

❷ 此时在数据透视表的顶部创建了一个名为“数据组1”的组合。

求和项:销售数量	列标签			
行标签	传真机	打印机	扫描仪	碎纸机
⊟数据组1				
1月		52	67	
2月		39		39
3月	31	45	5	78
4月	107			127
5月		47	61	9
6月	60			124
7月		76	64	76
8月		123	51	6
9月	45	94	54	16
10月	179		37	
11月		5	47	20
12月	23		171	135
总计	445	481	557	630

新建组

3 单击“数据组1”单元格，直接输入“总计”，然后按Enter键。

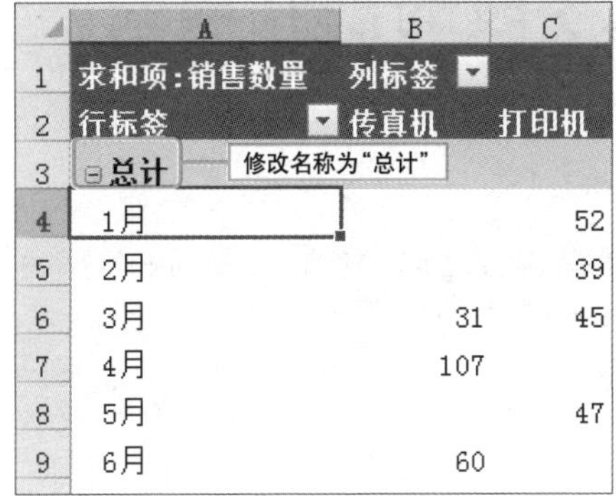

4 打开“设计”选项卡，单击“分类汇总”下拉按钮。

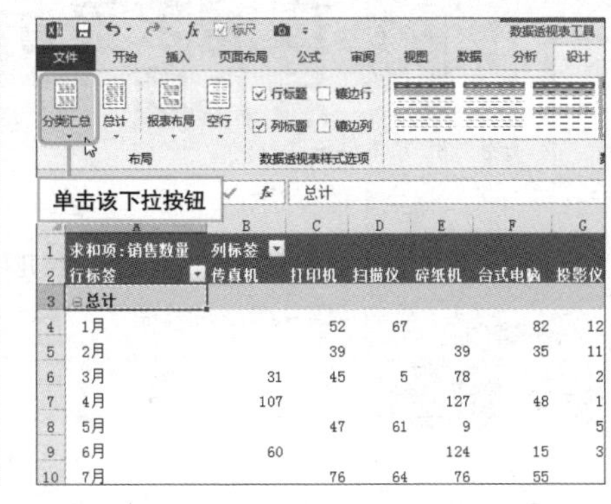

5 在展开的列表中选择“在组的顶部显示所有分类汇总”选项。

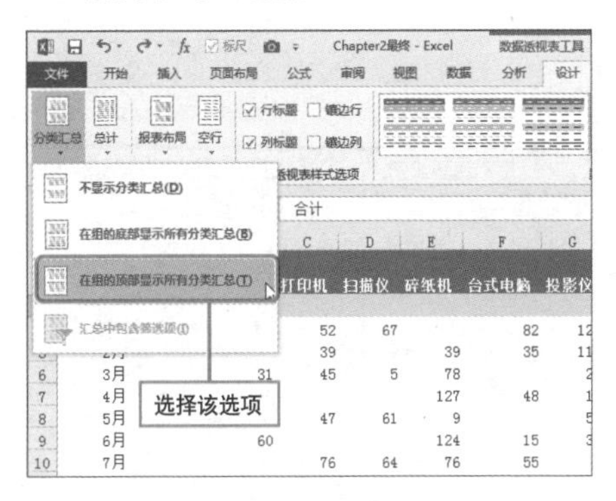

6 选中数据透视表中任意单元格，打开“分析”选项卡。

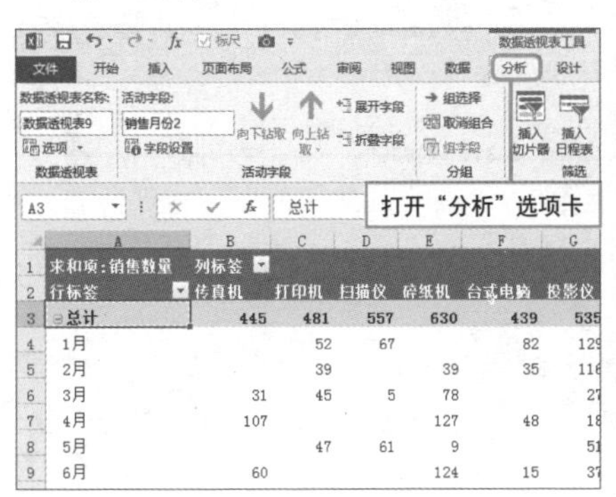

7 在“分析”选项卡中单击“+/-按钮”按钮，将“总计”左侧的⊟折叠按钮隐藏。

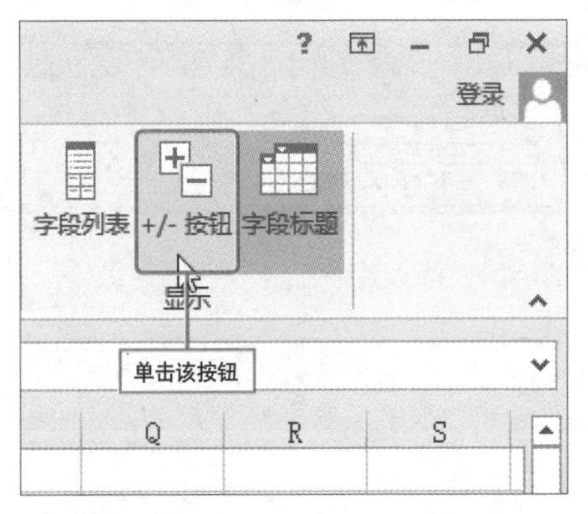

8 单击“总计”下拉按钮，选择“对行和列禁用”选项，将底部总计行隐藏。

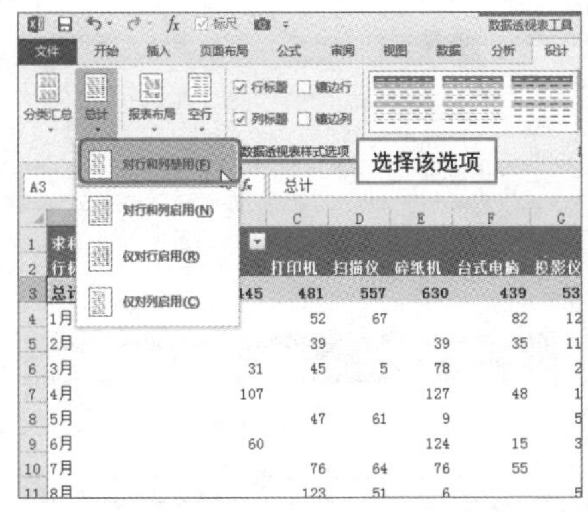

1-2 数据透视表布局的调整　　Chapter02\035

Question

047 按需求显示字段的前几项或后几项

• Level ◆◆◇

2013 2010 2007

实例　筛选字段的前几项与后几项

显示字段的前几项或后几项是指通过对字段进行筛选，得到排序结果的前几项或后几项。本技巧将对其具体操作进行详细介绍。

1 单击数据透视表“行标签”下拉按钮，打开筛选器。

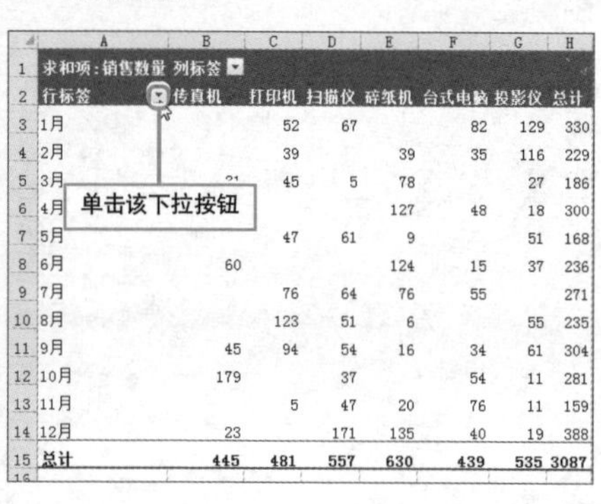

	A	B	C	D	E	F	G	H
1	求和项:销售数量	列标签						
2	行标签	传真机	打印机	扫描仪	碎纸机	台式电脑	投影仪	总计
3	1月		52	67		82	129	330
4	2月		39		39	35	116	229
5	3月	[illegible]	45	5	78		27	186
6	4月	[illegible]			127	48	18	300
7	5月		47	61	9		51	168
8	6月	60			124	15	37	236
9	7月		76	64	76	55		271
10	8月		123	51	6		55	235
11	9月	45	94	54	16	34	61	304
12	10月	179		37		54	11	281
13	11月		5	47	20	76	11	159
14	12月	23		171	135	40	19	388
15	总计	445	481	557	630	439	535	3087

2 选择“值筛选”选项，在其级联列表中选择“前10项”选项。

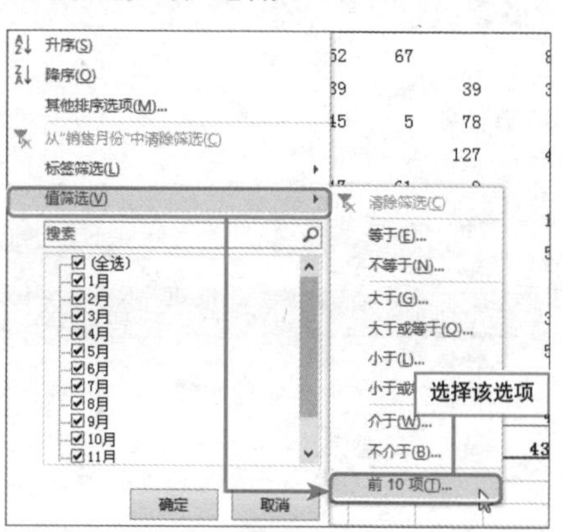

3 在弹出的对话框中修改“最大”值为4，单击“确定”按钮。

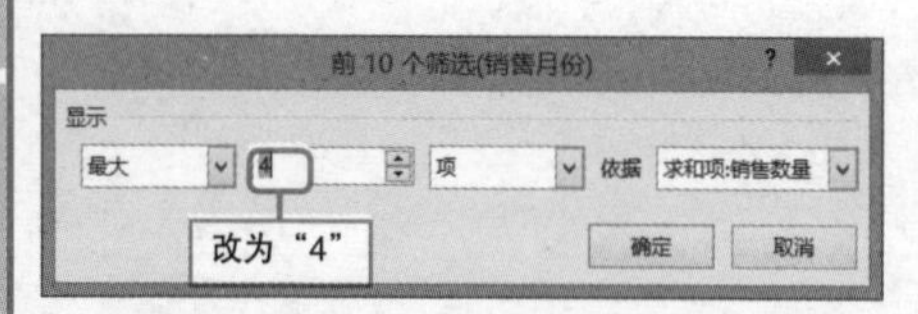

4 若要设显示后几项，则在第一个下拉列表框中选择“最小”选项，并设置为值“2”。

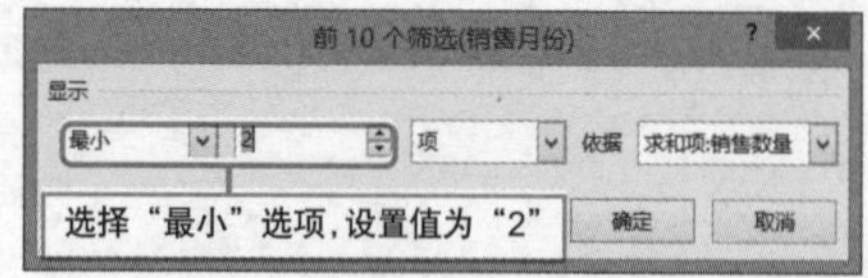

显示前4项的效果：

	A	B	C	D	E	F	G	H
1	求和项:销售数量	列标签						
2	行标签	传真机	打印机	扫描仪	碎纸机	台式电脑	投影仪	总计
3	1月		52	67		82	129	330
4	4月	107			127	48	18	300
5	9月	45	94	54	16	34	61	304
6	12月	23		171	135	40	19	388
7	总计	175	146	292	278	204	227	1322

显示后两项的效果：

	A	B	C	D	E	F	G	H
1	求和项:销售数量	列标签						
2	行标签	传真机	打印机	扫描仪	碎纸机	台式电脑	投影仪	总计
3	5月		47	61	9		51	168
4	11月		5	47	20	76	11	159
5	总计		52	108	29	76	62	327
6								
7								

在受保护的工作表中也能操作数据透视表

实例 允许在受保护的工作表中使用数据透视表

为了保护工作表中的数据，防止不相关的人员随意改动，可以对工作表或整个工作簿进行保护，但是这样一来，问题就出现了，因为，在受保护的工作表中无法对数据透视表进行任何操作，那么怎样设置才能在受保护的工作表中操作数据透视表呢？下面介绍具体方法。

1. 打开“审阅”选项卡，单击“保护工作表”按钮，打开“保护工作表”对话框。

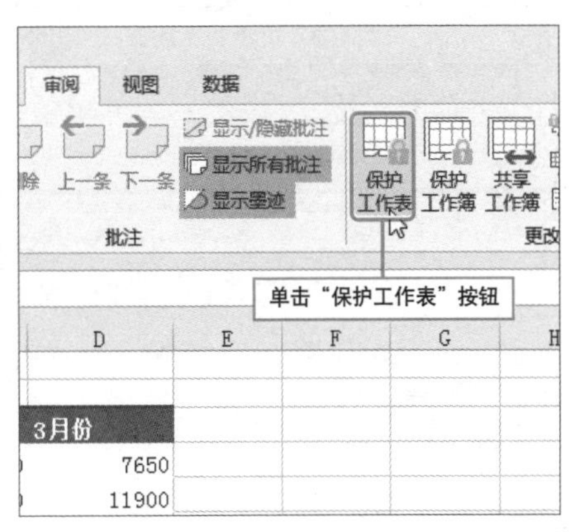

2. 在“取消工作表保护时使用的密码”文本框中输入密码为“12345”。

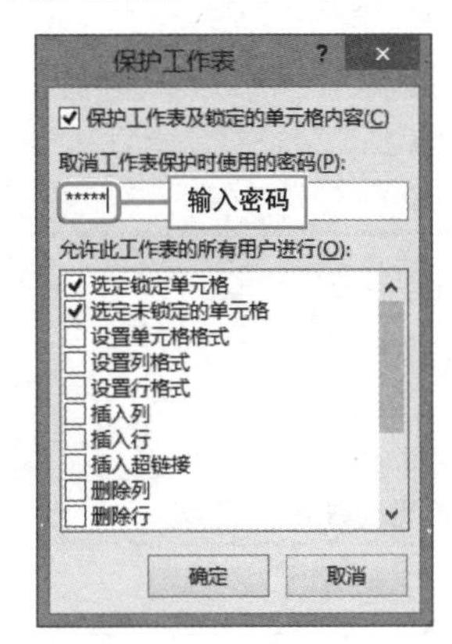

3. 在“允许此工作表的所有用户进行”列表框中勾选“使用数据透视表和数据透视图”复选框，单击“确定”按钮。

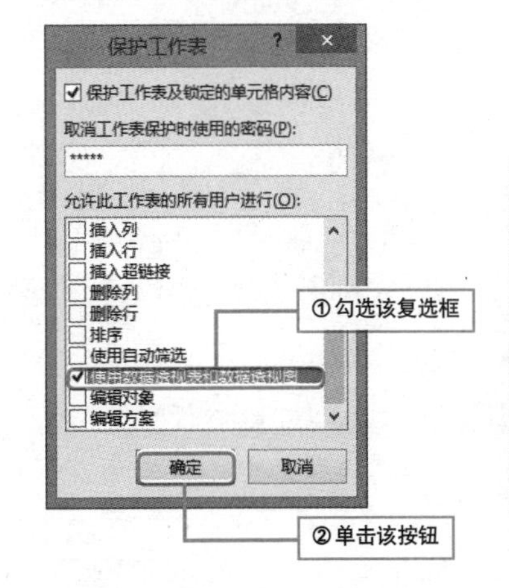

4. 弹出“确认密码”对话框，在“重新输入密码”文本框中再次输入密码“12345”，单击“确定”按钮即可。

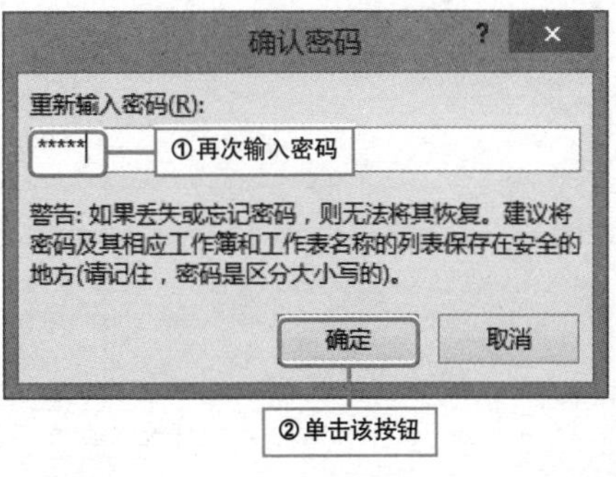

巧为数据透视表设边框

实例 为数据透视表添加边框线

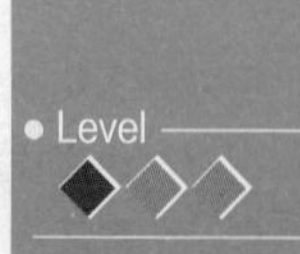

2013 2010 2007

默认创建的数据透视表有些地方是没有边框的，为了符合阅读习惯，可以为数据透视表设置边框。数据透视表边框的设置和普通数据表的设置方法相同，本技巧将介绍具体操作方法。

初始效果

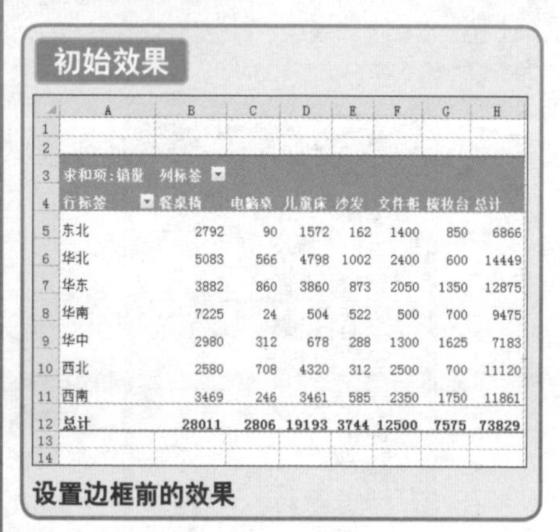

求和项:销量	列标签						
行标签	餐桌椅	电脑桌	儿童床	沙发	文件柜	梳妆台	总计
东北	2792	90	1572	162	1400	850	6866
华北	5083	566	4798	1002	2400	600	14449
华东	3882	860	3860	873	2050	1350	12875
华南	7225	24	504	522	500	700	9475
华中	2980	312	678	288	1300	1625	7183
西北	2580	708	4320	312	2500	700	11120
西南	3469	246	3461	585	2350	1750	11861
总计	28011	2806	19193	3744	12500	7575	73829

设置边框前的效果

最终效果

求和项:销量	列标签						
行标签	餐桌椅	电脑桌	儿童床	沙发	文件柜	梳妆台	总计
东北	2792	90	1572	162	1400	850	6866
华北	5083	566	4798	1002	2400	600	14449
华东	3882	860	3860	873	2050	1350	12875
华南	7225	24	504	522	500	700	9475
华中	2980	312	678	288	1300	1625	7183
西北	2580	708	4320	312	2500	700	11120
西南	3469	246	3461	585	2350	1750	11861
总计	28011	2806	19193	3744	12500	7575	73829

设置边框后的效果

❶ 选中数据透视表中任意单元格，打开“分析”选项卡，单击“选择”下拉按钮，选择“整个数据透视表”选项。

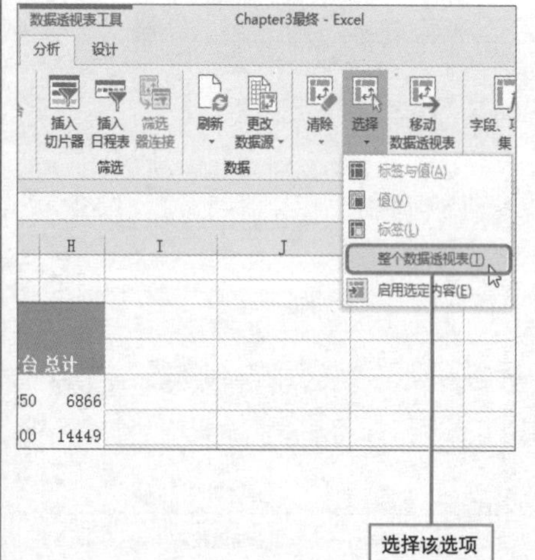

❷ 切换到“开始”选项卡，单击框线设置下拉按钮，在展开的列表中选择“所有框线”选项即可。

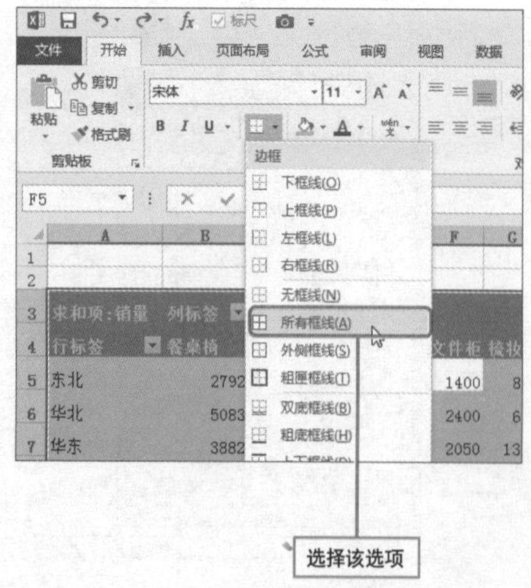

一步设置镶边行/列样式

Level ◆◇◇

2013 2010 2007

实例 为数据透视表设置镶边行与镶边列

当数据透视表中字段过多时，为了方便查看数据，可以为数据透视表设置镶边行和镶边列。有些内置的数据透视表样式，其镶边行和镶边列是以两种底纹行或列交错显示的。本技巧就介绍设置镶边行和镶边列的具体步骤。

初始效果

求和项:销量	列标签						
行标签	餐桌椅	电脑桌	儿童床	沙发	梳妆台	文件柜	总计
安徽省	1393	54	120	60	500		2127
北京市	1294	68	324	60	200		1946
福建省	1394	56	138	90	250		1928
甘肃省	1392	28	156	102	200		1878
广东省	1292		366	72	250		1980
河北省	2597	30	54	150	300	200	3331
河南省	604	66	36	42	1000	300	2048
湖北省	1472	78	366	48	75	300	2339
湖南省	404	30	252	48	300	300	1334
江苏省	500	30	42	180	100	350	1202
江西省	500	36	24	150	250	400	1360
辽宁省	500		1530	585		800	3415
上海市	357	548	176	525		800	2406
四川省	357	286	132			300	1075
浙江省	118	32	1872		500	350	2872
重庆市	82	32	993		750	400	2257
总计	14256	1374	6581	2112	4675	4500	33498

数据透视表初始效果

最终效果

求和项:销量	列标签						
行标签	餐桌椅	电脑桌	儿童床	沙发	梳妆台	文件柜	总计
安徽省	1393	54	120	60	500		2127
北京市	1294	68	324	60	200		1946
福建省	1394	56	138	90	250		1928
甘肃省	1392	28	156	102	200		1878
广东省	1292		366	72	250		1980
河北省	2597	30	54	150	300	200	3331
河南省	604	66	36	42	1000	300	2048
湖北省	1472	78	366	48	75	300	2339
湖南省	404	30	252	48	300	300	1334
江苏省	500	30	42	180	100	350	1202
江西省	500	36	24	150	250	400	1360
辽宁省	500		1530	585		800	3415
上海市	357	548	176	525		800	2406
四川省	357	286	132			300	1075
浙江省	118	32	1872		500	350	2872
重庆市	82	32	993		750	400	2257
总计	14256	1374	6581	2112	4675	4500	33498

设置镶边行/列后的效果

❶ 选中数据透视表中任意单元格，打开“设计”选项卡，勾选“镶边行”复选框，为数据透视表设置镶边行样式。

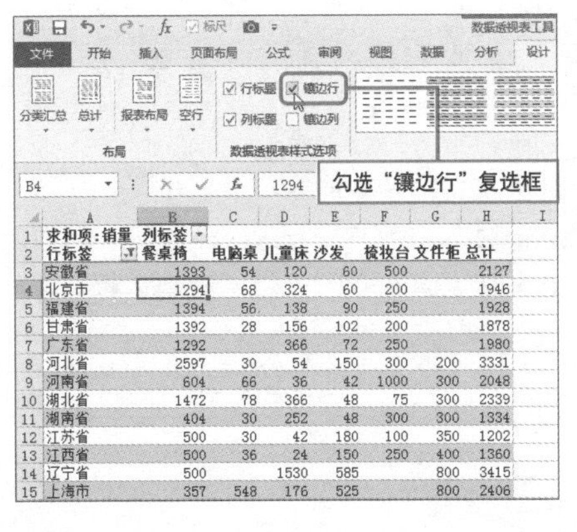

❷ 继续在“数据透视表样式选项”组中勾选“镶边列”复选框，为数据透视表设置镶边列样式。

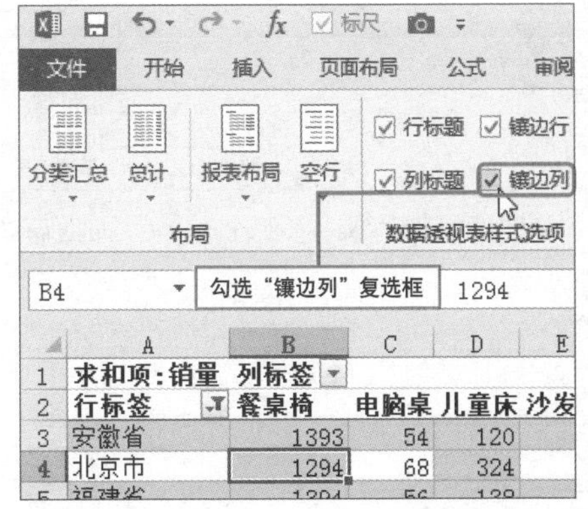

Question 051

• Level ◆◆◆

2013 2010 2007

批量设置某类项目的格式

实例 为数据透视表中某类项目批量设置格式

如果用户希望对某项目设置醒目的格式，以起到重点关注的目的，可以通过设置，将该项目突出显示。本技巧将介绍具体操作方法。

初始效果

	A	B	C	D	E	F	G	H	I
1	求和项:销量		省份						
2	地区	商品	安徽省	广东省	河北省	江苏省	山东省	四川省	总计
3	⊟华北	餐桌椅			2597				2597
4		电脑桌					6		6
5		儿童床			54				54
6		沙发			150				150
7		梳妆台			300				300
8		文件柜			200				200
9	华北 汇总				3301		6		3307
10	⊟华东	餐桌椅	1393			500	120		2013
11		电脑桌	54		30		20		104
12		儿童床	120			42	1512		1674
13		沙发	60			180	18		258
14		梳妆台	500			100			600
15		文件柜				350	550		900
16	华东 汇总		2127		30	1172	2220		5549
17	⊟华南	餐桌椅		1292					1292
18		儿童床		366					366
19		沙发		72					72
20		梳妆台		250					250
21	华南 汇总			1980					1980
22	⊟西南	餐桌椅						357	357
23		电脑桌				30		100	130
24		儿童床						132	132
25		文件柜						300	300
26	西南 汇总					30		889	919
27	总计		2127	1980	3331	1202	2226	889	11755

数据透视表原始效果

最终效果

	A	B	C	D	E	F	G	H	I
1	求和项:销量		省份						
2	地区	商品	安徽省	广东省	河北省	江苏省	山东省	四川省	总计
3	⊟华北	餐桌椅			2597				2597
4		电脑桌					6		6
5		儿童床			54				54
6		沙发			150				150
7		梳妆台			300				300
8		文件柜			200				200
9	华北 汇总				3301		6		3307
10	⊟华东	餐桌椅	1393			500	120		2013
11		电脑桌	54		30		20		104
12		儿童床	120			42	1512		1674
13		沙发	60			180	18		258
14		梳妆台	500			100			600
15		文件柜				350	550		900
16	华东 汇总		2127		30	1172	2220		5549
17	⊟华南	餐桌椅		1292					1292
18		儿童床		366					366
19		沙发		72					72
20		梳妆台		250					250
21	华南 汇总			1980					1980
22	⊟西南	餐桌椅						357	357
23		电脑桌				30		100	130
24		儿童床						132	132
25		文件柜						300	300
26	西南 汇总					30		889	919
27	总计		2127	1980	3331	1202	2226	889	11755

批量设置某类项目格式后的效果

❶ 选中数据透视表中任意单元格，打开“分析”选项卡。

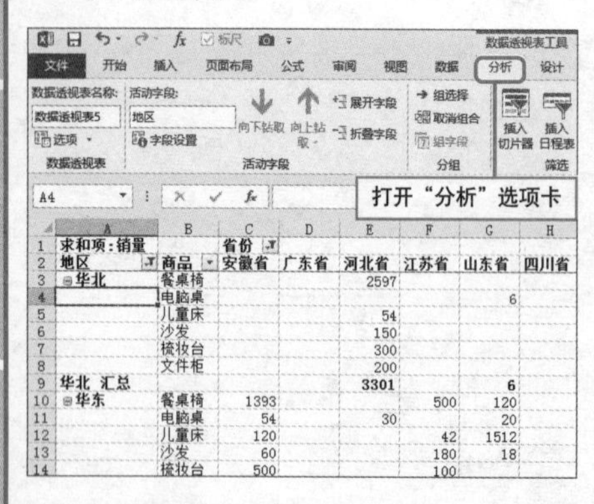

❷ 单击“选择”下拉按钮，在展开的列表中选择“启用选定内容”选项。

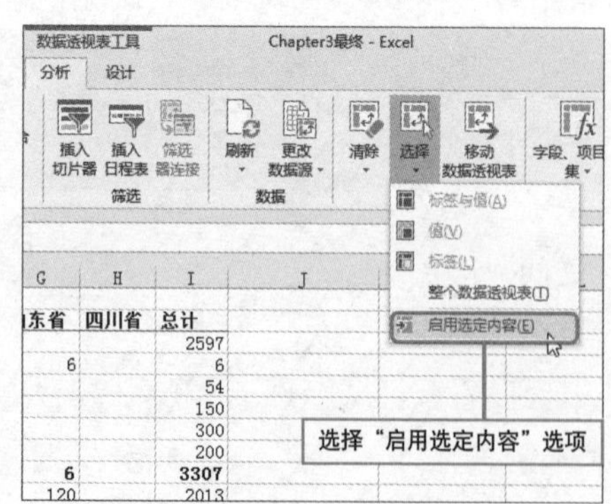

3 将光标移动到任意分类汇总项所在单元格的左侧，当光标变为➔形状时单击鼠标左键。

4 打开“开始”选项卡，单击“填充颜色”下拉按钮，在列表中选择“淡紫色”。

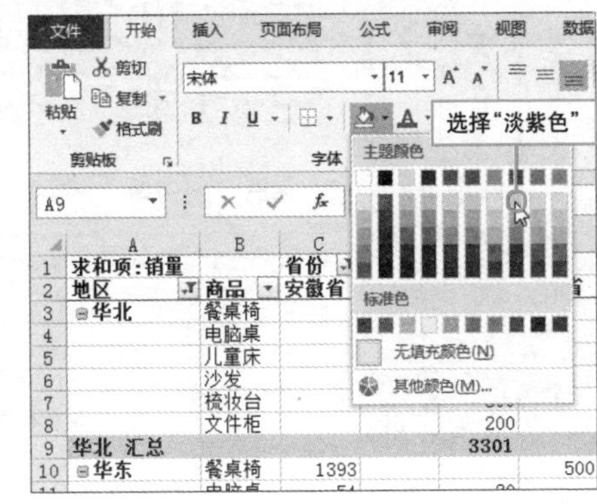

5 将光标移动到任意“餐桌椅”项所在单元格左侧，按住鼠标左键，向下拖动至“电脑桌”项。

按住鼠标向下拖动

	A	B	C	D	E	F	G	H	I
1	求和项:销量		省份						
2	地区	商品	安徽省	广东省	河北省	江苏省	山东省	四川省	总计
3	⊟华北	餐桌椅			2597				2597
4		电脑桌					6		6
5		儿童床			54				54
6					150				150
7					300				300
8					200				200
9	华北 汇总				3301		6		3307
10	⊟华东	餐桌椅	1393			500	120		2013
11		电脑桌	54		30		20		104
12		儿童床	120			42	1512		1674
13		沙发	60			180	18		258
14		梳妆台	500			100			600
15		文件柜				350	550		900
16	华东 汇总		2127		30	1172	2220		5549
17	⊟华南	餐桌椅		1292					1292
18		儿童床		366					366
19		沙发		72					72
20		梳妆台		250					250
21	华南 汇总			1980					1980
22	⊟西南	餐桌椅						357	357
23		电脑桌				30		100	130
24		儿童床						132	132
25		文件柜						300	300
26	西南 汇总					30		889	919
27	总计		2127	1980	3331	1202	2226	889	11755

6 选中数据透视表中的所有“餐桌椅”和“电脑桌”选项后，再次打开“填充颜色”列表，选择“淡橙色”选项即可。

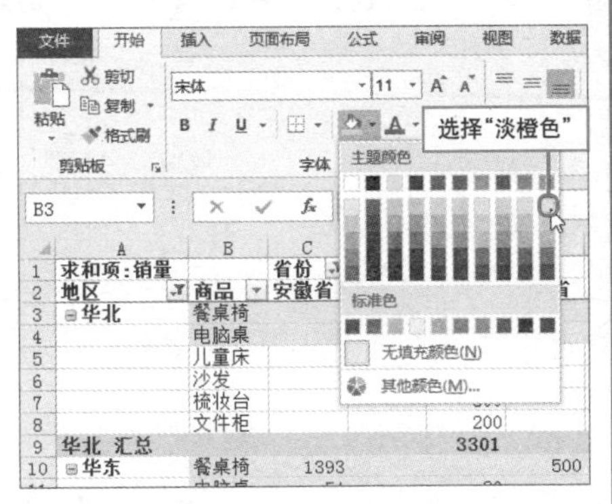

Hint

启用选定内容的作用

对数据透视表中的数据进行批量格式设置时，启用选定内容是很有必要的。因为，如果是在很大型的数据透视表中，要想逐个选中类别相同的数据项无疑是一项繁琐且艰巨的任务，而启用选定内容，就可以轻而易举地将相同类别的数据选中。

Hint

启用选定内容前后光标的变化

启用选定内容功能前，光标为普通样式，启用该功能后，在选择的过程中光标显示为一个黑色的实心箭头。

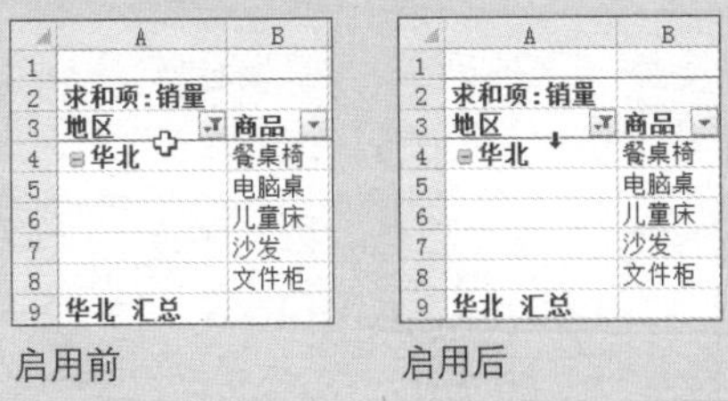

启用前　　启用后

1 数据透视表的创建
2 数据透视表布局的调整
3 数据透视表格式的设置
4 数据透视表的刷新
5 数据透视表的项目组合
6 动态数据透视表的创建
7 数据透视表的排序操作

Question

052 快速处理数据透视表中的空白单元格

Level
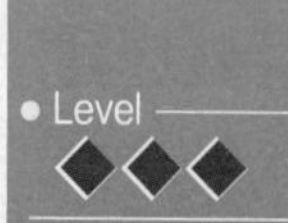

2013 2010 2007

实例 将数据透视表中的空白单元格显示为“/”

创建完成的数据透视表中通常会含有很多空白的单元格，为了使数据透视表看上去更充实，可以用符号代替空白的单元格。

初始效果

	A	B	C	D	E	F	G	H
1	求和项:销量	列标签						
2	行标签	餐桌椅	电脑桌	儿童床	沙发	梳妆台	文件柜	总计
3	华北		72					72
4	河南省		66					66
5	山东省		6					6
6	华东	2013	74	1674	258	600	900	5519
7	安徽省	1393	54	120	60	500		2127
8	江苏省	500		42	180	100	350	1172
9	山东省	120	20	1512	18		550	2220
10	华中	604		36	42	1000	300	1982
11	河南省	604		36	42	1000	300	1982
12	西南		30					30
13	江苏省		30					30
14	总计	2617	176	1710	300	1600	1200	7603

没有数据的单元格显示为空白的效果

最终效果

	A	B	C	D	E	F	G	H
1	求和项:销量	列标签						
2	行标签	餐桌椅	电脑桌	儿童床	沙发	梳妆台	文件柜	总计
3	华北	/	72	/	/	/	/	72
4	河南省	/	66	/	/	/	/	66
5	山东省	/	6	/	/	/	/	6
6	华东	2013	74	1674	258	600	900	5519
7	安徽省	1393	54	120	60	500	/	2127
8	江苏省	500	/	42	180	100	350	1172
9	山东省	120	20	1512	18	/	550	2220
10	华中	604	/	36	42	1000	300	1982
11	河南省	604	/	36	42	1000	300	1982
12	西南	/	30	/	/	/	/	30
13	江苏省	/	30	/	/	/	/	30
14	总计	2617	176	1710	300	1600	1200	7603

空白单元格显示为“/”的效果

1. 选中数据透视表中任意单元格，打开“分析”选项卡，单击“选项”按钮。

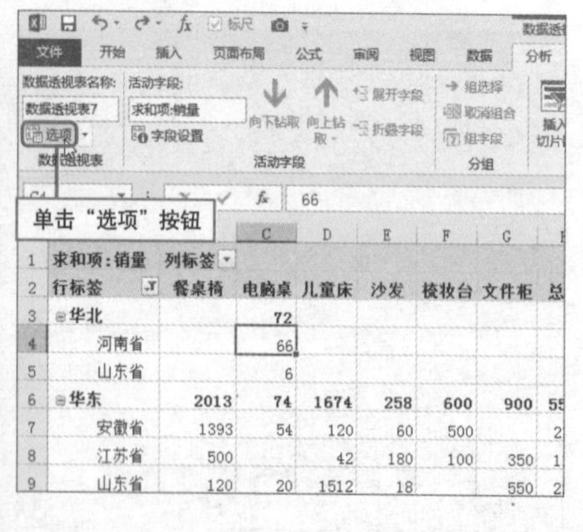

	A	B	C	D	E	F	G
1	求和项:销量	列标签					
2	行标签	餐桌椅	电脑桌	儿童床	沙发	梳妆台	文件柜
3	华北		72				
4	河南省		66				
5	山东省		6				
6	华东	2013	74	1674	258	600	900
7	安徽省	1393	54	120	60	500	
8	江苏省	500		42	180	100	350
9	山东省	120	20	1512	18		550

2. 打开“数据透视表选项”对话框，取消勾选“对于空单元格，显示”复选框并确定。

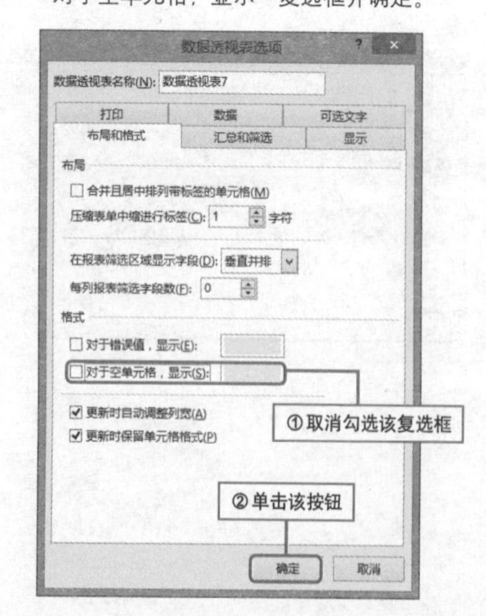

3 此时数据透视表中的空白单元格显示为“0”，单击“字段设置”按钮。

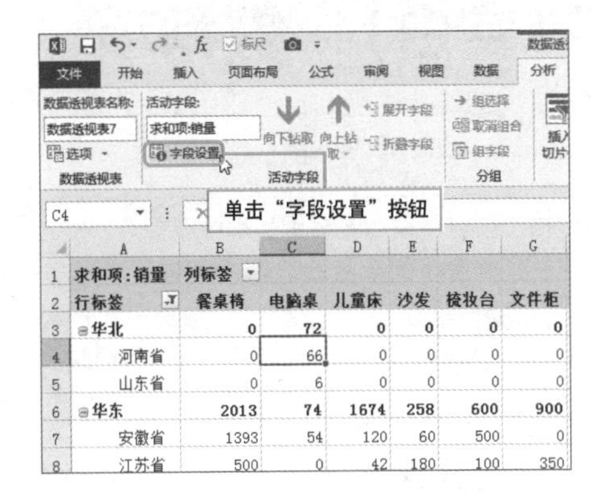

4 打开“值字段设置”对话框，单击“数字格式”按钮。

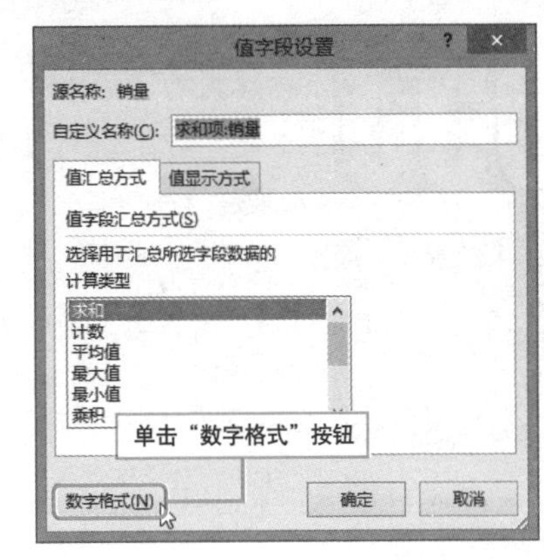

5 弹出“设置单元格格式”对话框，在“分类”列表框中选中“自定义”选项。

6 在“类型”文本框中输入“G/通用格式;G/通用格式;"/"”，单击“确定”按钮。

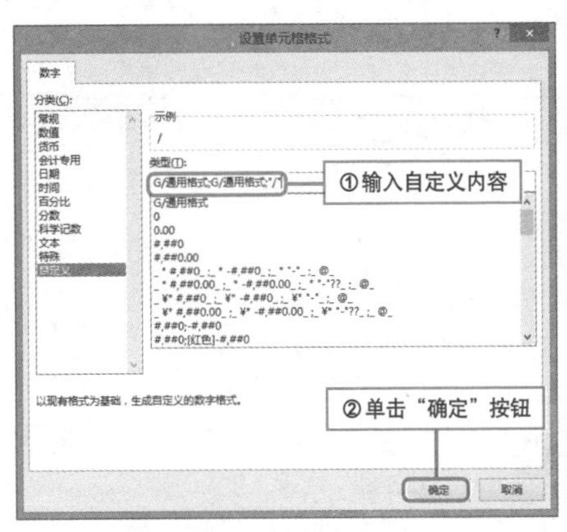

7 返回到“值字段设置”对话框，单击“确定”按钮。

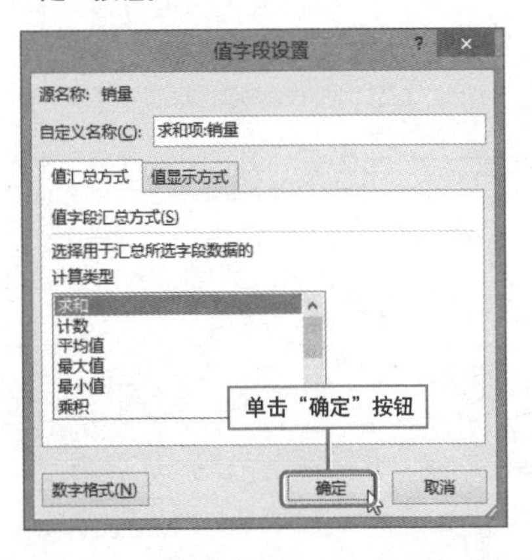

Hint

取消空单元格自定义显示

若要让没有数据的单元格重新恢复为空白单元格，则在“数据透视表选项”对话框中重新勾选“对于空单元格，显示”复选框即可。

Question

053 巧妙去除“（空白）”数据项

• Level ◆◆◇

2013 2010 2007

实例 去除数据透视表中含有“（空白）”字样的数据

如果数据源中存在空白单元格，创建出来的数据透视表中就会有“（空白）”数据项，而“（空白）”数据项的存在既会影响阅读，也不美观。那么有没有什么方法可以瞬间去除所有“（空白）”数据项呢？本技巧就来介绍具体操作方法。

初始效果

	A	B	C	D	E	F	G
1	求和项:销量		省份				
2	地区	商品	北京市	上海市	天津市	重庆市	总计
3	⊟华北	餐桌椅	1294		492		1786
4		儿童床	324		352		676
5		沙发	60				60
6		梳妆台	200				200
7		(空白)			300		300
8	华北 汇总		1878		1144		3022
9	⊟华东	儿童床		176			176
10		文件柜		800			800
11	华东 汇总			976			976
12	⊟华南	电脑桌		48			48
13		(空白)			36		36
14	华南 汇总			48	36		84
15	⊟西南	餐桌椅				82	82
16		文件柜				400	400
17		(空白)		525		1743	2268
18	西南 汇总			525		2225	2750
19	⊟(空白)	餐桌椅		357			357
20	(空白) 汇总			357			357
21	总计		1878	1906	1180	2225	7189

存在“（空白）”数据项的效果

最终效果

	A	B	C	D	E	F	G
1	求和项:销量		省份				
2	地区	商品	北京市	上海市	天津市	重庆市	总计
3	⊟华北	餐桌椅	1294		492		1786
4		儿童床	324		352		676
5		沙发	60				60
6		梳妆台	200				200
7					300		300
8	华北 汇总		1878		1144		3022
9	⊟华东	儿童床		176			176
10		文件柜		800			800
11	华东 汇总			976			976
12	⊟华南	电脑桌		48			48
13					36		36
14	华南 汇总			48	36		84
15	⊟西南	餐桌椅				82	82
16		文件柜				400	400
17				525		1743	2268
18	西南 汇总			525		2225	2750
19	⊟	餐桌椅		357			357
20	汇总			357			357
21	总计		1878	1906	1180	2225	7189

去除所有“（空白）”数据项的效果

❶ 打开“开始”选项卡，单击“查找和选择”下拉按钮，选择“替换”选项。

❷ 打开“查找和替换”对话框，在“查找内容”文本框中输入“（空白）”，在“替换为”文本框输入一个空格，单击“全部替换”按钮。随后弹出一个提示对话框，单击“确定”按钮即可。

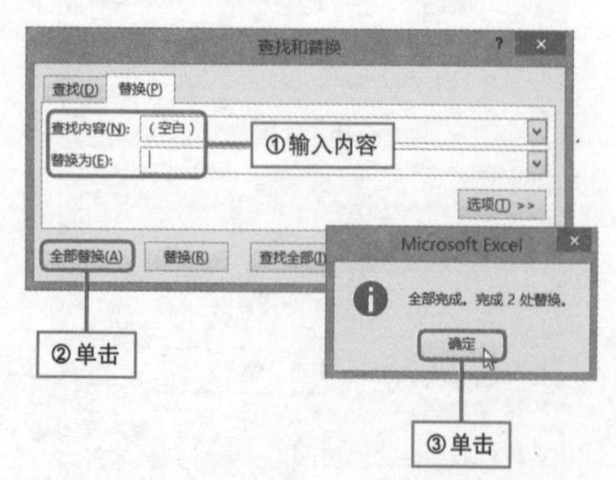

轻松设置错误值的显示方式

实例 隐藏数据透视表中的错误值

在数据透视表中添加计算字段后，有些数据在计算过程中可能会出现错误值，错误值的显示会影响到其他数据显示的效果。用户可以选择以其他方式显示错误值，下面介绍具体设置方法。

初始效果

	A	B	C	D
1	行标签	求和项:数量	求和项:金额	求和项:平均单价
2	⊟虹口店	3153	1166539	370
3	电磁炉	2959	1131891	383
4	蒸蛋器	194	34648	179
5	⊟松江店	0	243680	#DIV/0!
6	蒸蛋器	0	243680	#DIV/0!
7	⊟徐汇店	674	430245	638
8	电烤箱	182	107964	593
9	豆芽机	383	158208	413
10	榨汁机	109	164073	1505
11	⊟长宁店	0	13503	#DIV/0!
12	电磁炉	0	13503	#DIV/0!
13	总计	3827	1853966	484

在数据透视表中显示错误值的效果

最终效果

	A	B	C	D
1	行标签	求和项:数量	求和项:金额	求和项:平均单价
2	⊟虹口店	3153	1166539	370
3	电磁炉	2959	1131891	383
4	蒸蛋器	194	34648	179
5	⊟松江店	0	243680	!
6	蒸蛋器	0	243680	!
7	⊟徐汇店	674	430245	638
8	电烤箱	182	107964	593
9	豆芽机	383	158208	413
10	榨汁机	109	164073	1505
11	⊟长宁店	0	13503	!
12	电磁炉	0	13503	!
13	总计	3827	1853966	484

将错误值以“！”形式显示的效果

1 右击数据透视表中的任意单元格，选择“数据透视表选项”命令，打开“数据透视表选项”对话框。

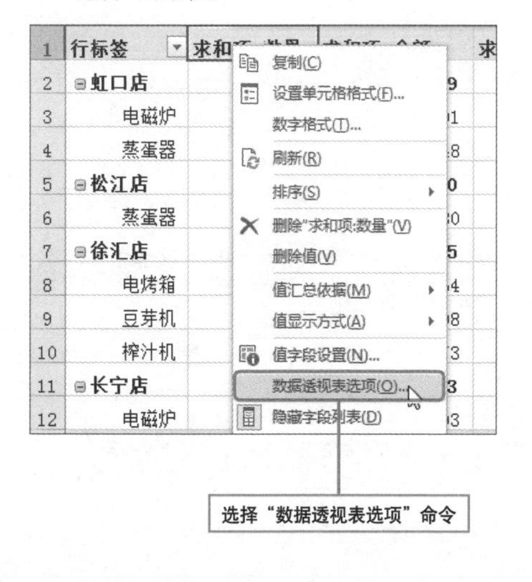

2 勾选“对于错误值，显示”复选框，并在右侧的文本框中输入“！”。最后单击“确定”按钮。

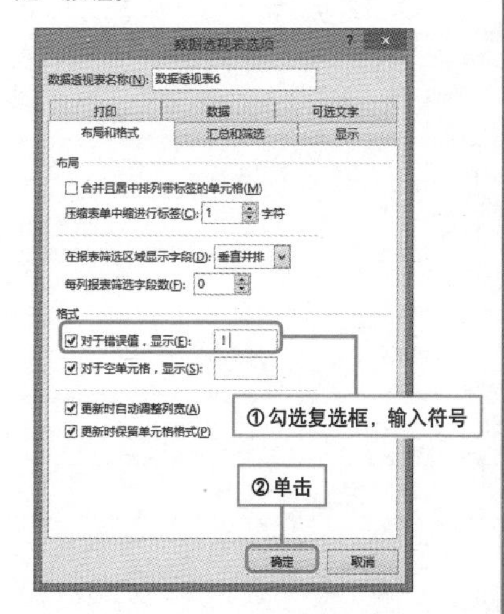

Question 055

Level ◆◆◇

2013 2010 2007

突出显示特定数据

实例 突出显示数据透视表中的特定数据

为了突出显示数据透视表中某些特定的数据，比如在各分店销售数据透视表中突出“营业员的销售金额大于1000000”的数据，用户可以按照以下操作进行设置。

初始效果

	A	B	C	D
1	分店销售	营业员	销售数量	销售金额
2	⊟虹口店	聂风	2473	913964
3		邢月娥	381	184954
4	⊟松江店	潘颖	3762	1746732
5		瞿美英	1220	570772
6	⊟徐汇店	何祥美	1058	519729
7		蒋海	1334	639045
8		张文杰	1592	528240
9	⊟长宁店	窦亮	3072	1145504
10		姜丽霞	956	390775
11	总计		15848	6639717

未突出显示任何特定数据时的效果

最终效果

	A	B	C	D
1	分店销售	营业员	销售数量	销售金额
2	⊟虹口店	聂风	2473	913964
3		邢月娥	381	184954
4	⊟松江店	潘颖	3762	1746732
5		瞿美英	1220	570772
6	⊟徐汇店	何祥美	1058	519729
7		蒋海	1334	639045
8		张文杰	1592	528240
9	⊟长宁店	窦亮	3072	1145504
10		姜丽霞	956	390775
11	总计		15848	6639717

突出显示特定数据后的效果

① 选中D2:D10单元格区域，打开“开始”选项卡，单击“条件格式”下拉按钮，在展开的列表中选择“突出显示单元格规则”，再在其级联列表中选择“大于”选项。

② 弹出“大于”对话框，在“为大于以下值的单元格设置格式”文本框中输入“1000000”，在“设置为”下拉列表中选择“浅红填充色深红色文本”选项。最后单击“确定”按钮。

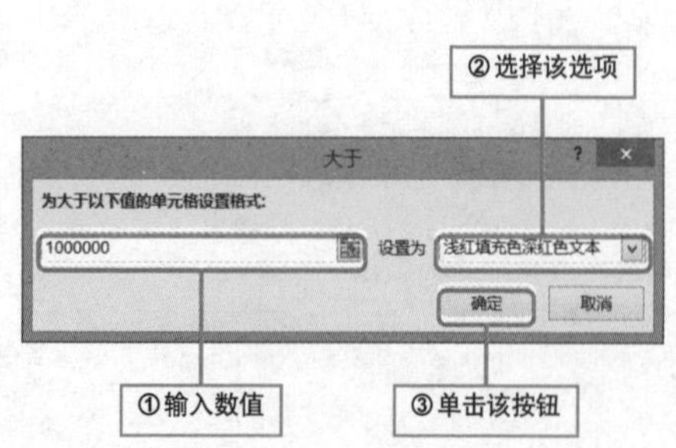

以文本形式显示不达标数值

实例　在数据透视表中以文字形式标识不达标数值

若想让未达到标准的数值直接以文字形式显示以起到警示的作用，则可以参照本技巧的方法进行操作。

初始效果

	A	B	C	D
1	分店销售	营业员	销售数量	销售金额
2	⊟虹口店	聂风	2473	913964
3		邢月娥	381	184954
4	虹口店 汇总		2854	1098918
5	⊟松江店	潘颖	3762	1746732
6		瞿美英	1220	570772
7	松江店 汇总		4982	2317504
8	⊟徐汇店	何祥美	1058	519729
9		蒋海	1334	639045
10		张文杰	1592	528240
11	徐汇店 汇总		3984	1687014
12	⊟长宁店	窦亮	3072	1145504
13		姜丽霞	956	390775
14	长宁店 汇总		4028	1536280
15	总计		15848	6639717

设置未达标数值前的效果

最终效果

	A	B	C	D
1	分店销售	营业员	销售数量	销售金额
2	⊟虹口店	聂风	2473	913963.9605
3		邢月娥	381	未达标
4	虹口店 汇总		2854	1098918.079
5	⊟松江店	潘颖	3762	1746732.083
6		瞿美英	1220	570772.2175
7	松江店 汇总		4982	2317504.3
8	⊟徐汇店	何祥美	1058	519729.3471
9		蒋海	1334	639044.8583
10		张文杰	1592	528240.1838
11	徐汇店 汇总		3984	1687014.389
12	⊟长宁店	窦亮	3072	1145504.465
13		姜丽霞	956	未达标
14	长宁店 汇总		4028	1536279.824
15	总计		15848	6639716.592

将未达标数值设置为文字样式的效果

❶ 右击“销售金额”字段中的任意单元格，选择“数字格式”命令，打开“设置单元格格式”对话框。

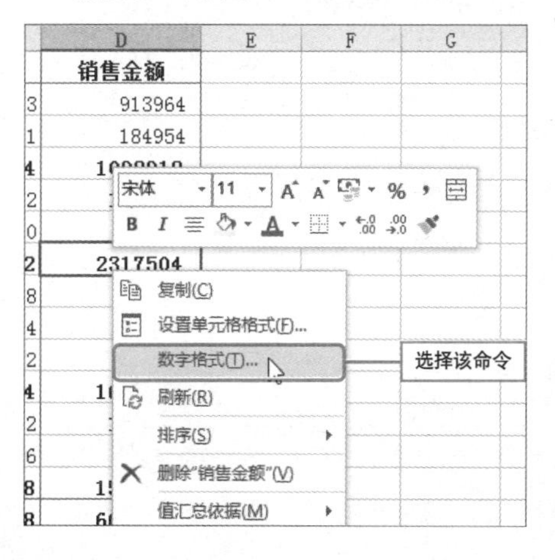

❷ 在“分类”列表框中选择“自定义”选项，在“类型”文本框中输入“[>=500000]G/通用格式;[红色][<500000]"未达标"”，单击“确定”按钮。

突出显示小于计划值的数据

实例 突出显示“实售金额”低于“目标金额”的商品

商品销售之前往往会先预定一个目标销量，用以考核商品的销售情况，那么在一个数据透视表中如何一目了然地查看有哪些商品的销售金额未达到预期值呢？本技巧就来介绍具体操作方法。

初始效果

	A	B	C	D
1	商品名称	销售数量	目标金额	实售金额
2	电磁炉	2117	847234	845354
3	电饭煲	30189	3124338	3553061
4	微波炉	182	63982	61138
5	豆浆机	75	38537	45034
6	蒸蛋器	588	210305	225449
7	压力锅	197	70303	70228
8	榨汁机	275	81248	112615
9	电烤箱	20	15370	10148
10	豆芽机	119	29576	66546
11	总计	33762	4480893	4989574

未突出显示任何值的效果

最终效果

	A	B	C	D
1	商品名称	销售数量	目标金额	实售金额
2	电磁炉	2117	847234	845354
3	电饭煲	30189	3124338	3553061
4	微波炉	182	63982	61138
5	豆浆机	75	38537	45034
6	蒸蛋器	588	210305	225449
7	压力锅	197	70303	70228
8	榨汁机	275	81248	112615
9	电烤箱	20	15370	10148
10	豆芽机	119	29576	66546
11	总计	33762	4480893	4989574

突出显示实售金额不达标商品的效果

1. 选中“商品名称”字段下的所有项，打开“开始”选项卡。

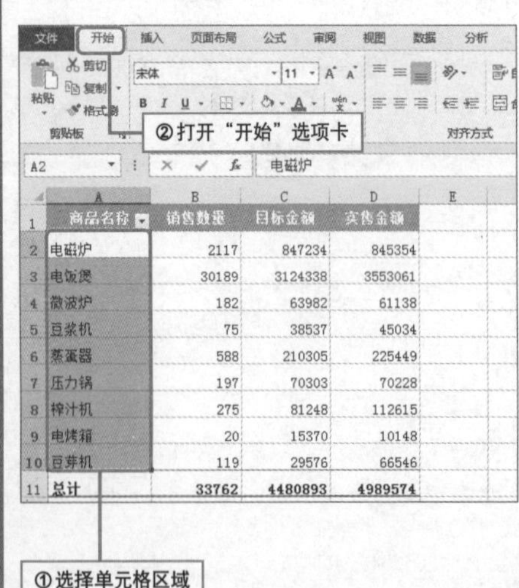

2. 单击“条件格式”下拉按钮，在展开的列表中选择“新建规则”选项。

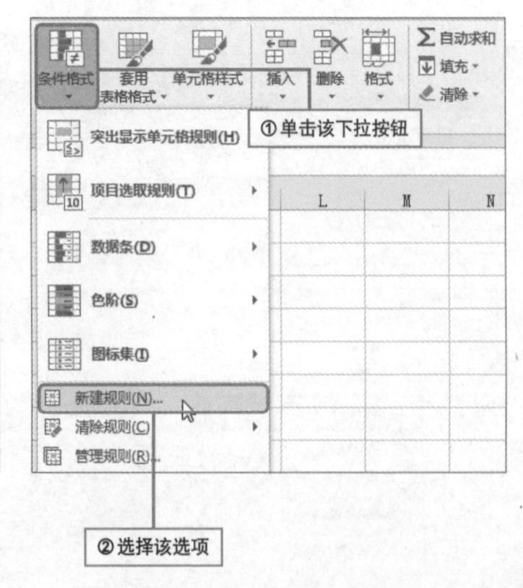

③ 打开“新建格式规则”对话框，在“选择规则类型”列表框中选择“使用公式确定要设置格式的单元格”选项。

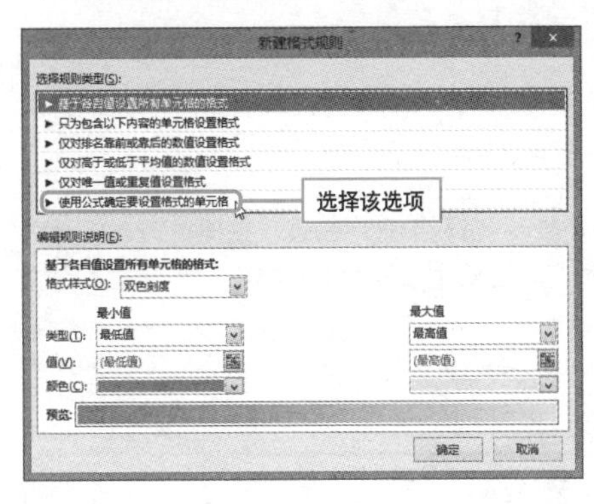

④ 弹出新的“新建格式规则”对话框，在“为符合此公式的值设置格式”文本框内输入公式“=D2<C5”，单击“格式”按钮。

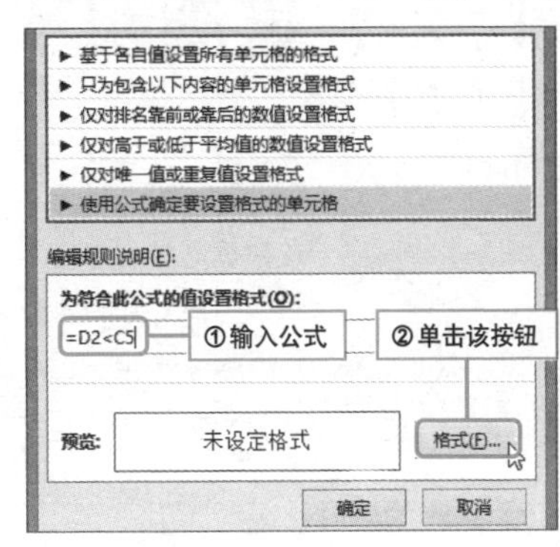

⑤ 打开“设置单元格格式”对话框，打开“填充”选项卡，在“背景色”区域选择合适的颜色，单击“确定”按钮。

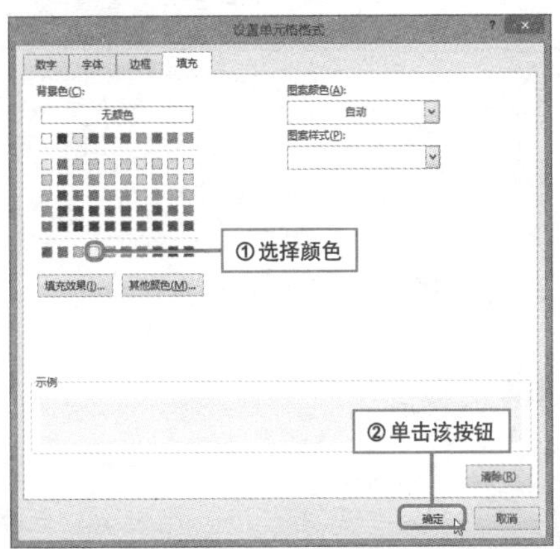

⑥ 返回“新建格式规则”对话框，单击“确定”按钮即可。

Hint

查看工作表中所应用的规则

要想知道数据透视表中都应用了哪些规则，可以在“条件格式”下拉列表中选择“管理规则”选项，打开“条件格式规则管理器”对话框进行查看。

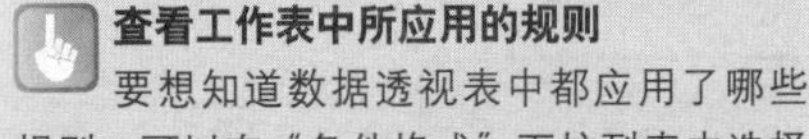

Hint

清除数据透视表中的规则

如果需要还原数据透视表原来的样式，只需要在“条件格式”下拉列表中选择“清除规则”选项，然后在其级联列表中选择“清除整个工作表的规则”即可。

Question 058

• Level ◆◇◇

2013 2010 2007

直观明了的数据条

实例 给数据透视表中的数据应用“数据条”

在数据透视表中应用“数据条”，有利于用户通过“数据条的长度”比较各项目之间的大小值，而且，在数据量较大的表格中，“数据条”的作用越发明显。

初始效果

	A	B	C	D	E	F	G
1	省份	(全部)					
2							
3	求和项:销量	商品					
4	地区	餐桌椅	电脑桌	儿童床	沙发	文件柜	总计
5	东北	2792	90	1572	162	2250	6866
6	华北	5083	666	4798	1002	2900	14449
7	华东	3882	1360	3860	873	2900	12875
8	华南	7225	24	504	522	1200	9475
9	华中	2980	312	678	288	2925	7183
10	西北	2580	1208	4320	312	2700	11120
11	西南	3469	1696	3461	585	2650	11861
12	总计	28011	5356	19193	3744	17525	73829
13							

使用“数据条”之前的效果

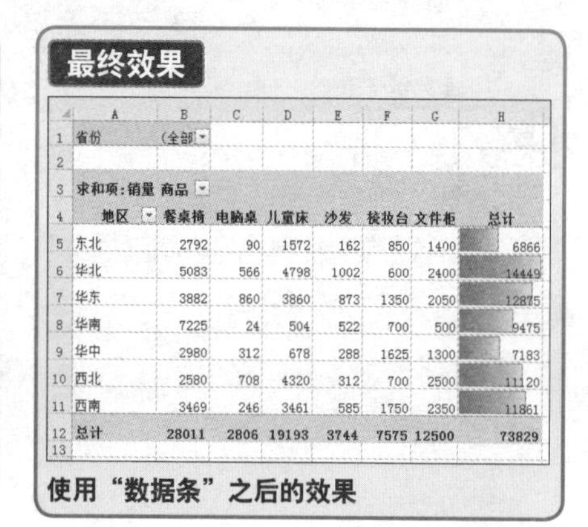

	A	B	C	D	E	F	G	H
1	省份	(全部)						
2								
3	求和项:销量	商品						
4	地区	餐桌椅	电脑桌	儿童床	沙发	梳妆台	文件柜	总计
5	东北	2792	90	1572	162	850	1400	6866
6	华北	5083	566	4798	1002	600	2400	14449
7	华东	3882	860	3860	873	1350	2050	12875
8	华南	7225	24	504	522	700	500	9475
9	华中	2980	312	678	288	1625	1300	7183
10	西北	2580	708	4320	312	700	2500	11120
11	西南	3469	246	3461	585	1750	2350	11861
12	总计	28011	2806	19193	3744	7575	12500	73829
13								

使用“数据条”之后的效果

❶ 选中G5:G11单元格区域，打开“开始”选项卡。单击“条件格式”下拉按钮。

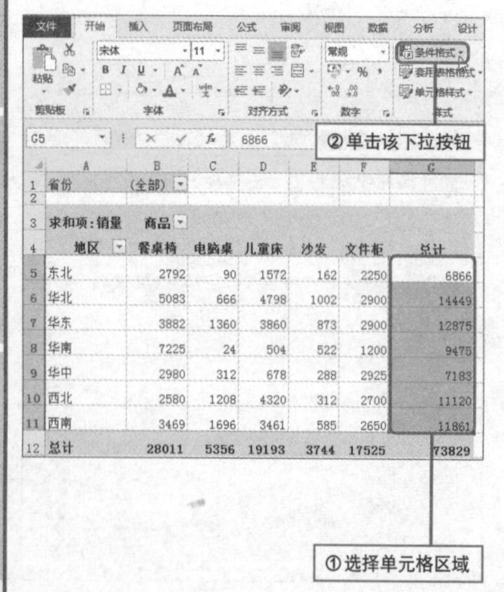

❷ 在展开的列表中选择“数据条”选项，再在其级联列表中选择合适的数据条样式。

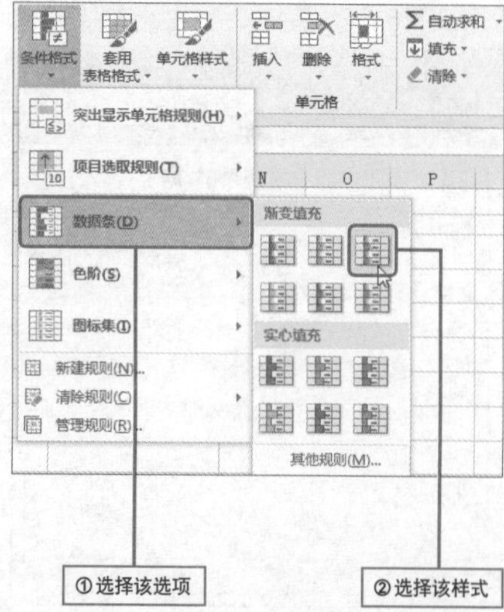

图标集的应用很简单

实例 给数据透视表中的数据应用“图标集”

图标集可以算是一种简单的图表形式，使用图标集可以对数据进行注释，并可以按值将数据分为3~5个类别。用户可以使用图标对自己确定的不同类型的数据进行区别表示。下面举例介绍应用方法。

初始效果

	A	B	C	D	E	F	G	H
1	商品名称	(全部)						
2								
3	求和项:数量	月份						
4	营业员	1月	2月	3月	4月	5月	6月	总计
5	窦亮	342	18	1996	426		270	3052
6	姜丽霞	113	42	174		269	13	611
7	蒋海					38	120	158
8	聂风	75				220		295
9	潘颖		11			1393		1404
10	瞿美英		212					212
11	邢月娥	40				13		53
12	张文杰					65		65
13	总计	570	283	2170	426	1998	403	5850

使用“图标集”之前的效果

最终效果

	A	B	C	D	E	F	G	H
1	商品名称	(全部)						
2								
3	求和项:数量	月份						
4	营业员	1月	2月	3月	4月	5月	6月	总计
5	窦亮	342	18	1996	426		270	↑ 3052
6	姜丽霞	113	42	174		269	13	↓ 611
7	蒋海					38	120	↓ 158
8	聂风	75				220		↓ 295
9	潘颖		11			1393		⇨ 1404
10	瞿美英		212					↓ 212
11	邢月娥	40				13		↓ 53
12	张文杰					65		↓ 65
13	总计	570	283	2170	426	1998	403	5850

使用“图标集”之后的效果

1 选中H5:H12单元格区域，打开“开始”选项卡。单击“条件格式”下拉按钮。

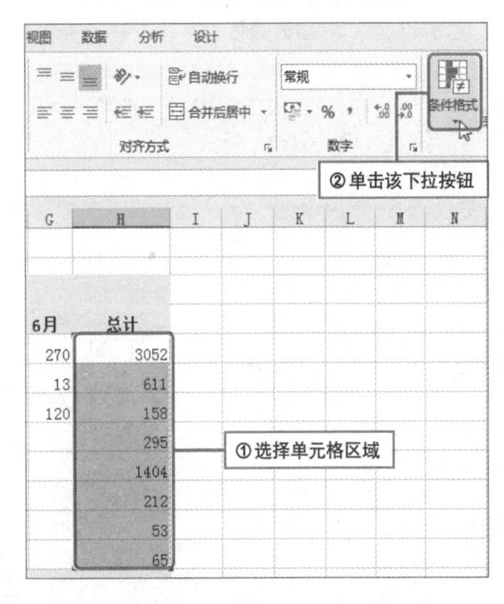

2 在展开的列表中选择“图标集”选项，再在其级联列表中选择“三项箭头”样式。

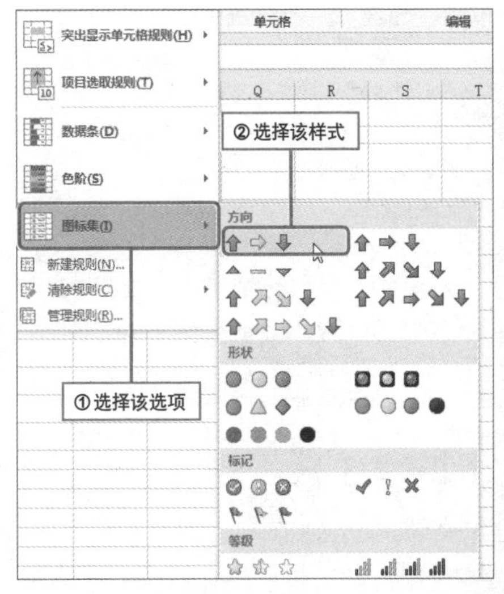

Question 060

Level ◆◇◇

2013 2010 2007

色阶的应用也不难

实例 给数据透视表中的数据应用“色阶”

“色阶”可以在一个单元格区域中显示双色渐变或三色渐变，颜色的底纹表示单元格中的值，并且，渐变颜色能够智能地随数据值的大小而改变。在数据透视表中应用“色阶”，可以帮助用户了解数据的分布和变化。下面介绍具体操作方法。

初始效果

	A	B	C
1	省份	销售数量	销售总额
2	安徽省	2127	30190
3	福建省	1928	22098
4	甘肃省	1878	11924
5	广东省	1980	17748
6	贵州省	3888	18149
7	海南省	3817	9995
8	河北省	3331	67436
9	河南省	2048	71316
10	湖北省	2339	43644
11	湖南省	1334	54950
12	吉林省	1818	14447
13	江苏省	1202	36086
14	江西省	1360	26782
15	辽宁省	3415	43073
16	山东省	2226	75219
17	山西省	4724	46858
18	四川省	1075	30198
19	天津市	1328	12467
20	云南省	3296	10004
21	重庆市	2257	14473
22	总计	47371	657055

使用“色阶”之前的效果

最终效果

	A	B	C
1	省份	销售数量	销售总额
2	安徽省	2127	30190
3	福建省	1928	22098
4	甘肃省	1878	11924
5	广东省	1980	17748
6	贵州省	3888	18149
7	海南省	3817	9995
8	河北省	3331	67436
9	河南省	2048	71316
10	湖北省	2339	43644
11	湖南省	1334	54950
12	吉林省	1818	14447
13	江苏省	1202	36086
14	江西省	1360	26782
15	辽宁省	3415	43073
16	山东省	2226	75219
17	山西省	4724	46858
18	四川省	1075	30198
19	天津市	1328	12467
20	云南省	3296	10004
21	重庆市	2257	14473
22	总计	47371	657055

使用“色阶”之后的效果

❶ 选中C2:C21单元格区域，打开“开始”选项卡。单击“条件格式”下拉按钮。

❷ 在展开的列表中选择“色阶”选项，再在其级联列表中选择“绿 - 黄色阶”样式。

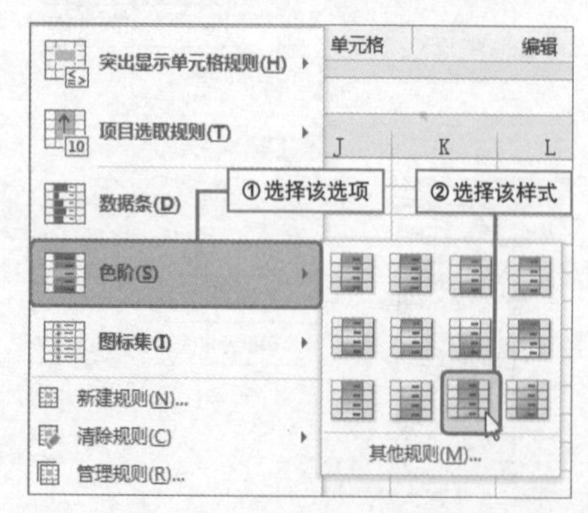

DIY数据条件格式

实例 修改数据透视表中应用的条件格式

对于已经应用了条件格式的数据透视表，如果想要对该条件格式进行修改，可以通过“条件格式规则管理器”来实现。本技巧就来介绍具体实现步骤。

❶ 选中数据透视表中任意单元格，单击“条件格式”按钮，选择“管理规则”选项。

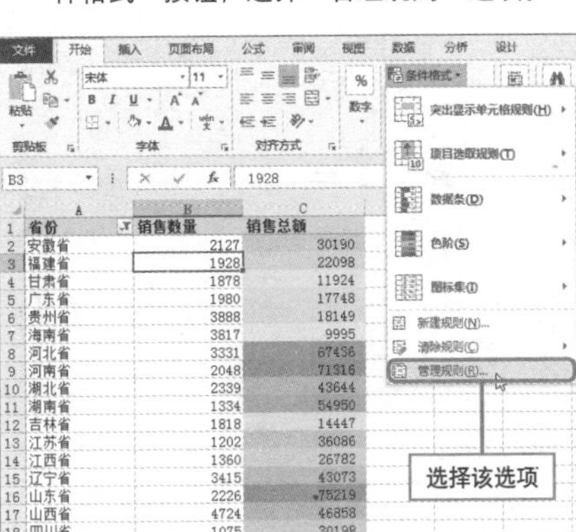

❷ 打开“条件格式规则管理器”对话框，单击“编辑规则”按钮。

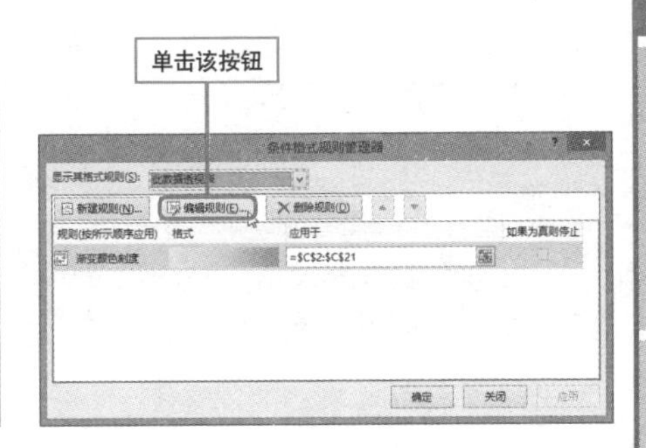

❸ 弹出“编辑格式规则”对话框，在“格式样式”下拉列表中选择“图标集”选项。

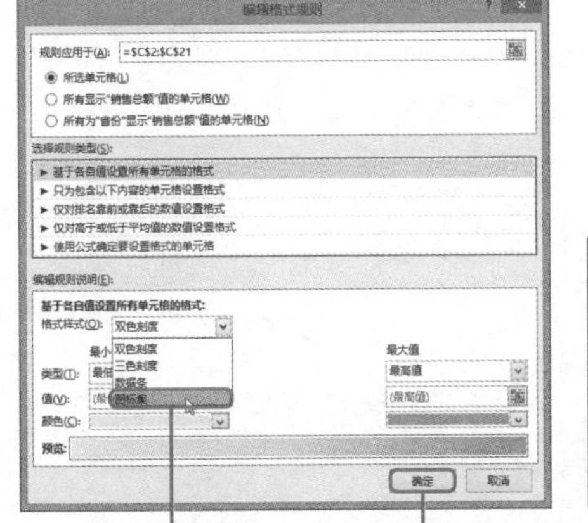

❹ 单击“确定”按钮后返回到上一层对话框，单击“确定”按钮。

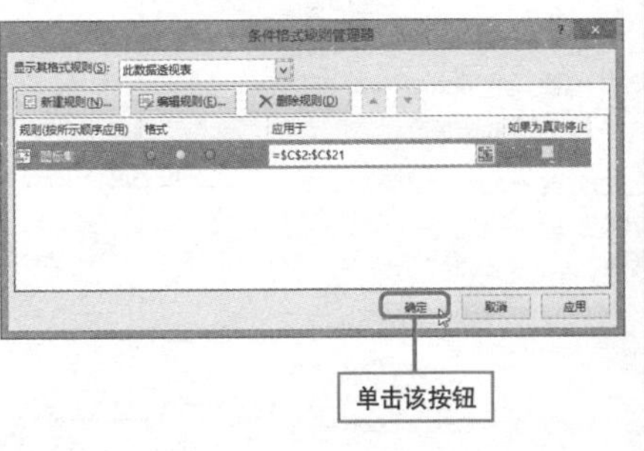

Question **062**

● Level ◆◆◇

2013 2010 2007

为数据透视表添加永恒的边框

实例 设置不受数据透视表更新影响的边框

为了数据透视表的美观，方便数据的查看，可以为其设置某种格式，但是，在数据源变动之后，设置好的格式就会被破坏，又不得不重新为数据透视表设置格式，这样既浪费时间又浪费精力，那么面对这种情况有没有解决的办法呢？下面介绍具体方法。

初始效果

	A	B	C	D	E	F
1	求和项:数量	列标签				
2	行标签	虹口店	松江店	徐汇店	长宁店	总计
3	⊟1月	115			455	570
4	窦亮				342	342
5	姜丽霞				113	113
6	聂风	75				75
7	邢月娥	40				40
8	⊟2月		223		60	283
9	窦亮				18	18
10	姜丽霞				42	42
11	潘颖		11			11
12	瞿美英		212			212
13	⊟3月				2170	2170
14	窦亮				1996	1996
15	姜丽霞				174	174
16	⊟4月				426	426
17	窦亮				426	426
18	⊟5月	233	1393	103	269	1998
19	姜丽霞				269	269
20	蒋海			38		38

为数据透视表添加永恒边框前的效果

最终效果

	A	B	C	D	E	F
1	求和项:数量	列标签				
2	行标签	虹口店	松江店	徐汇店	长宁店	总计
3	⊟1月	115			455	570
4	电磁炉	103				103
5	电饭煲				453	453
6	微波炉				2	2
7	蒸蛋器	12				12
8	⊟2月		223		60	283
9	电饭煲		212		42	254
10	微波炉				18	18
11	蒸蛋器		11			11
12	⊟3月				2170	2170
13	电饭煲				1679	1679
14	豆浆机				75	75
15	压力锅				416	416
16	⊟4月				426	426
17	电饭煲				426	426
18	⊟5月	233	1393	103	269	1998
19	电磁炉	233				233
20	电饭煲		1393	103	269	1765

为数据透视表添加永恒边框后的效果

1 右击数据透视表中任意单元格，在弹出的菜单中选择“数据透视表选项”命令。

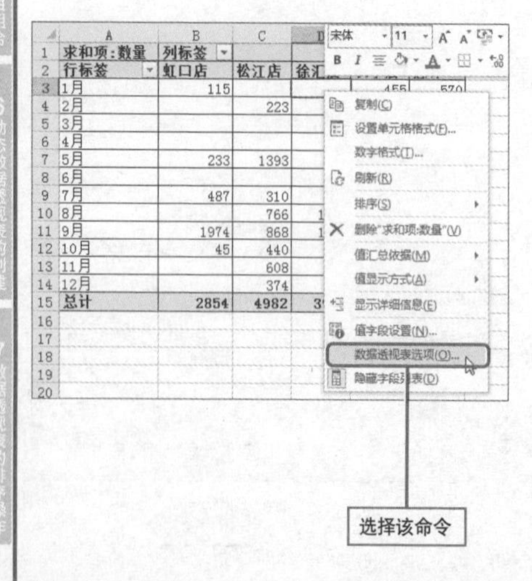

2 打开“数据透视表选项”对话框，勾选“更新时保留单元格格式”复选框并确定。

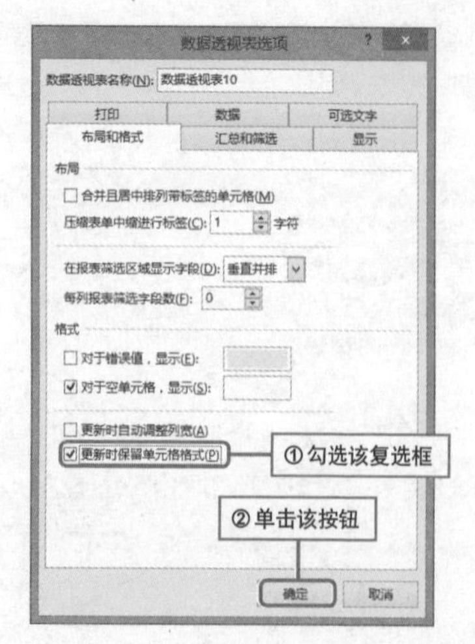

Question 063

数据透视表样式也能自定义

实例 修改数据透视表套用的样式

• Level ◆◆◆

2013 2010 2007

在为数据透视表应用了样式之后，如果对所应用的样式不满意，可以在原有样式的基础上进行修改。本技巧就来介绍修改数据透视表套用样式的操作方法。

1 选中数据透视表中任意单元格，打开“设计”选项卡，右击“数据透视表样式中等深浅9”样式，选择“复制”命令。

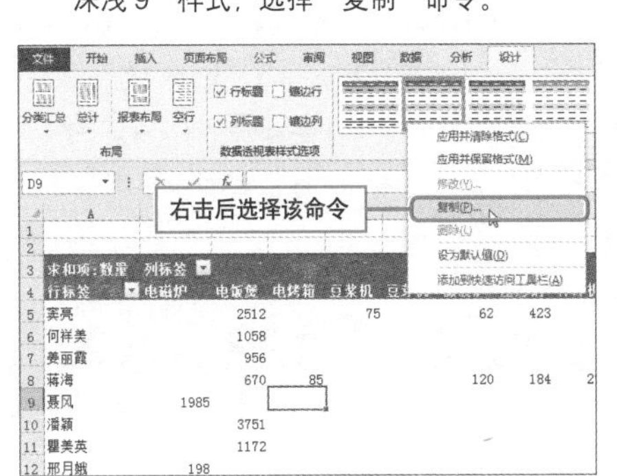

2 打开“修改数据透视表样式”对话框，在“表元素”列表框中选择“整个表”选项，单击“格式”按钮。

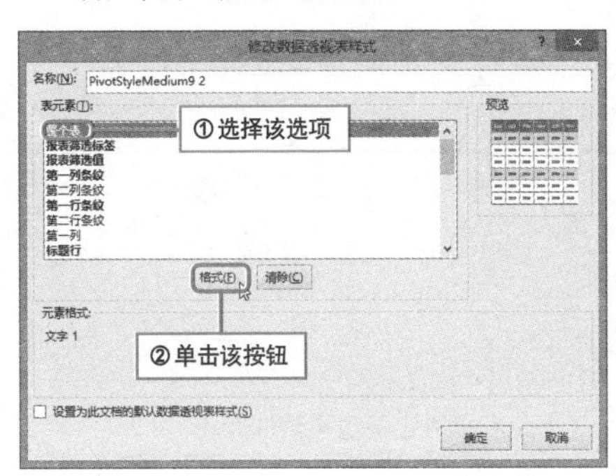

3 弹出“设置单元格格式”对话框。分别在“字体”、“边框”、“填充”选项卡中设置合适的样式，最后单击“确定”按钮。

4 返回工作表，展开“数据透视表样式”列表，可以看到新增了自定义样式。单击应用该样式即可。

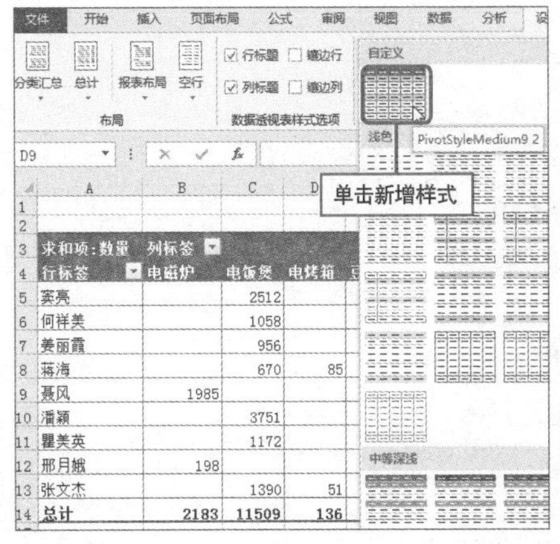

数值格式轻松设

实例 保留数据透视表中数字为两位小数

有时候数据透视表中值字段中的数值并不是整数，小数点后面可能存在多位小数。为了使数据透视表看上去更整洁也更专业，用户可以让这些数值只保留两位小数。

初始效果

	A	B	C
1	营业员	(全部)	
2			
3	商品名称	求和项:数量	求和项:金额
4	电磁炉	2183	861777.3845
5	电饭煲	11509	4962637.017
6	电烤箱	136	28049.84811
7	豆浆机	75	45033.84581
8	豆芽机	119	66545.86557
9	微波炉	182	61138.36552
10	压力锅	639	251648.6149
11	榨汁机	275	112615.1259
12	蒸蛋器	730	250270.5249
13	总计	15848	6639716.592

小数点后面存在多位小数的效果

最终效果

	A	B	C
1	营业员	(全部)	
2			
3	商品名称	求和项:数量	求和项:金额
4	电磁炉	2183.00	861777.38
5	电饭煲	11509.00	4962637.02
6	电烤箱	136.00	28049.85
7	豆浆机	75.00	45033.85
8	豆芽机	119.00	66545.87
9	微波炉	182.00	61138.37
10	压力锅	639.00	251648.61
11	榨汁机	275.00	112615.13
12	蒸蛋器	730.00	250270.52
13	总计	15848.00	6639716.59
14			

只保留两位小数的效果

1 选中B4:C13单元格区域并右击，在弹出的菜单中选择“设置单元格格式”命令，打开“设置单元格格式”对话框。

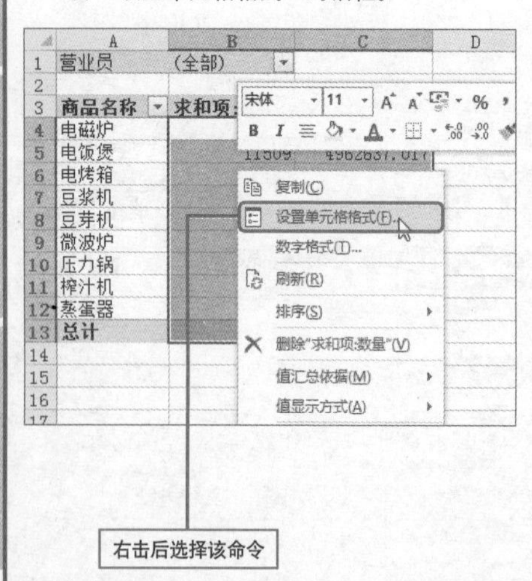

2 打开“数字”选项卡，在“分类”列表框中选择“数值”选项，设置“小数位数”为“2”，单击“确定”按钮。

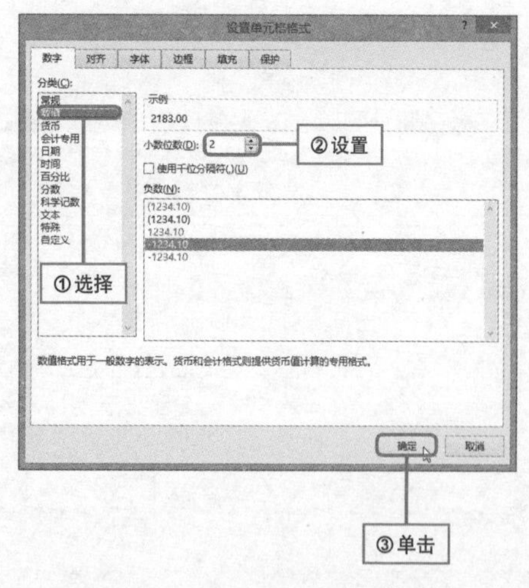

避免更新时自动调整列宽

Level ◆◆◇

2013 2010 2007

实例 刷新数据透视表后保持调整好的列宽

用户在使用数据透视表的过程中可能会发现，无论之前将列宽调整到什么程度，当对数据透视表进行操作或刷新以后，又会变成原来设置时的样式，那么怎样才能让数据透视表一直保持刷新前手动设置的列宽呢？下面介绍实现方法。

初始效果

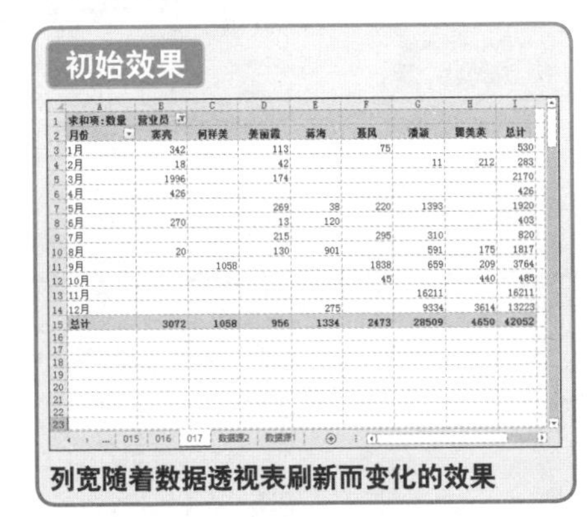

列宽随着数据透视表刷新而变化的效果

最终效果

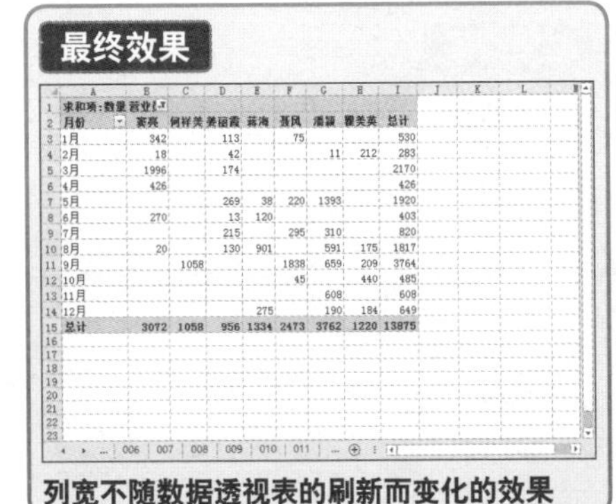

列宽不随数据透视表的刷新而变化的效果

1 选中数据透视表中任意单元格，打开“分析”选项卡，单击“选项”按钮。

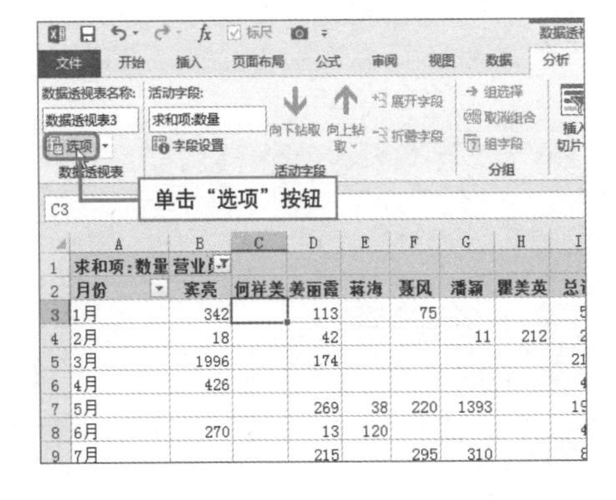

2 打开“数据透视表选项”对话框，取消对“更新时自动调整列宽”复选框的勾选。

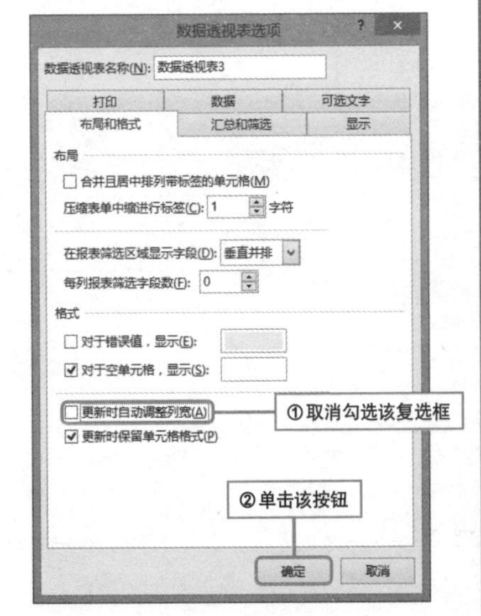

Question

066 按需修改数值型数据的格式

● Level ◆◆◇

2013 2010 2007

实例 修改数据透视表中数据格式

默认情况下，数据透视表中值区域里的数据显示为“常规”格式，为了让数据透视表更完善，可以为值区域中的数据设置不同的格式。

初始效果

	A	B	C	D
1	地区	商品	求和项:销量	求和项:销售额
2	⊟东北		2649	840014.54
3		餐桌椅	1444	329425.48
4		儿童床	75	246560.63
5		文件柜	1130	264028.43
6	⊟华北		4068	1249631.23
7		餐桌椅	2201	463700.24
8		儿童床	772	378610.2
9		文件柜	1095	407320.79
10	⊟华东		3842	1278434.74
11		餐桌椅	2183	536216.86
12		儿童床	509	384208.52
13		文件柜	1150	358009.36
14	⊟华南		2548	606893
15		餐桌椅	1874	394184.21
16		儿童床	174	147159.36
17		文件柜	500	65549.43
18	⊟华中		2421	991583.71
19		餐桌椅	1360	474312.74
20		儿童床	121	229278.02
21		文件柜	940	287992.95
22	总计		15528	4966557.22

设置数据格式前的效果

最终效果

	A	B	C	D
1	地区	商品	求和项:销量	求和项:销售额
2	⊟东北		2649	¥ 840,014.54
3		餐桌椅	1444	¥ 329,425.48
4		儿童床	75	¥ 246,560.63
5		文件柜	1130	¥ 264,028.43
6	⊟华北		4068	¥ 1,249,631.23
7		餐桌椅	2201	¥ 463,700.24
8		儿童床	772	¥ 378,610.20
9		文件柜	1095	¥ 407,320.79
10	⊟华东		3842	¥ 1,278,434.74
11		餐桌椅	2183	¥ 536,216.86
12		儿童床	509	¥ 384,208.52
13		文件柜	1150	¥ 358,009.36
14	⊟华南		2548	¥ 606,893.00
15		餐桌椅	1874	¥ 394,184.21
16		儿童床	174	¥ 147,159.36
17		文件柜	500	¥ 65,549.43
18	⊟华中		2421	¥ 991,583.71
19		餐桌椅	1360	¥ 474,312.74
20		儿童床	121	¥ 229,278.02
21		文件柜	940	¥ 287,992.95
22	总计		15528	¥ 4,966,557.22

设置数据格式后的效果

1 右击“销售额”字段下的任意数据项，在弹出的菜单中选择“数字格式”命令，打开“设置单元格格式”对话框。

选择“数字格式”命令

复制(C)
设置单元格格式(F)...
数字格式(T)...
刷新(R)
排序(S)
删除"求和项:销售额"(V)
值汇总依据(M)
值显示方式(A)
显示详细信息(E)
值字段设置(N)...
数据透视表选项(O)...
显示字段列表(D)

2 在“分类”列表框中选择“会计专用”选项。保持“小数位数”和“货币符号”文本框中的内容为默认。单击“确定”按钮。

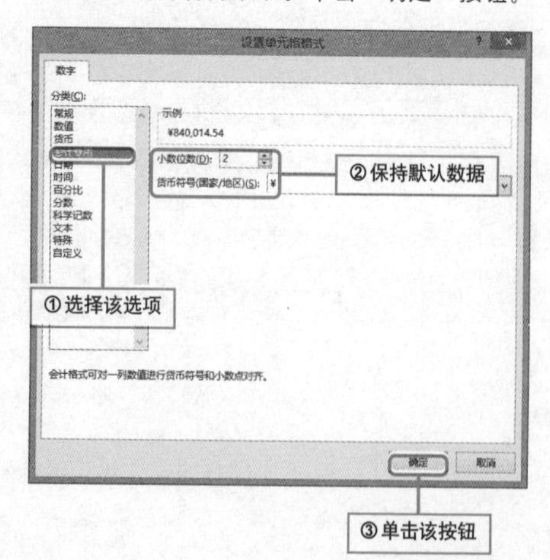

以不同颜色突出显示整行数据

实例 以两种不同颜色突出显示学生最高分和最低分

在用数据透视表分析学生成绩的时候，为了能够一目了然地查看到学生中的最高分和最低分，可以通过在“新建格式规则”对话框中进行设置来实现。下面介绍具体步骤。

初始效果

	A	B	C
1	班级	姓名	求和项:总分
2	⊟3（1班）	白喜明	251
3	3（1班）	陈飞燕	242
4	3（1班）	巩东凡	231
5	3（1班）	郭小超	238
6	3（1班）	何玲玲	204
7	3（1班）	李杰	236
8	3（1班）	梁丹	233
9	3（1班）	刘萍	226
10	3（1班）	毛明珠	221
11	3（1班）	孟淑田	279
12	3（1班）	彭亚芳	269
13	3（1班）	司东明	239
14	3（1班）	宋会玲	247
15	3（1班）	宋晓桐	227
16	3（1班）	万玉洁	210
17	3（1班）	王菲菲	238
18	3（1班）	魏广辉	235
19	3（1班）	闫纪民	232
20	3（1班）	杨新蕾	218
21	3（1班）	张梦晓	241
22	3（1班）	张亚文	245

突出显示整行数据前的效果

最终效果

	A	B	C
1	班级	姓名	求和项:总分
2	⊟3（1班）	白喜明	251
3	3（1班）	陈飞燕	242
4	3（1班）	巩东凡	231
5	3（1班）	郭小超	238
6	3（1班）	何玲玲	204
7	3（1班）	李杰	236
8	3（1班）	梁丹	233
9	3（1班）	刘萍	226
10	3（1班）	毛明珠	221
11	3（1班）	孟淑田	279
12	3（1班）	彭亚芳	269
13	3（1班）	司东明	239
14	3（1班）	宋会玲	247
15	3（1班）	宋晓桐	227
16	3（1班）	万玉洁	210
17	3（1班）	王菲菲	238
18	3（1班）	魏广辉	235
19	3（1班）	闫纪民	232
20	3（1班）	杨新蕾	218
21	3（1班）	张梦晓	241
22	3（1班）	张亚文	245
23	3（1班）	周林峰	274
24	3（1班）	朱红亚	217

以不同颜色突出显示整行数据的效果

❶ 选中数据透视表中的所有项，打开“开始”选项卡，单击“条件格式”下拉按钮，在展开的列表中选择“新建规则”选项。

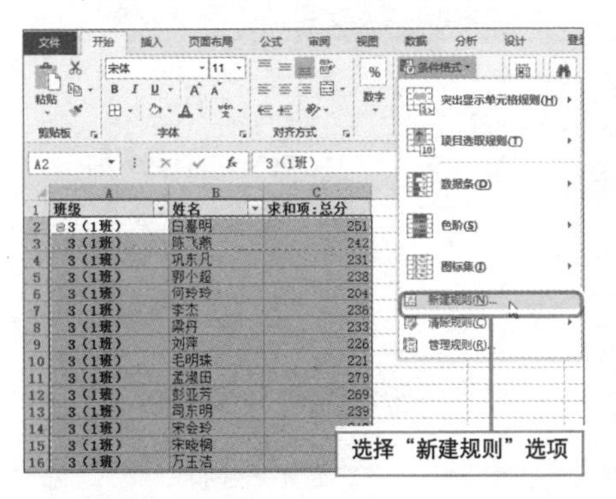

❷ 打开“新建格式规则”对话框，在“选择规则类型”列表框中选择“使用公式确定要设置格式的单元格”选项。

3 弹出新的对话框，在“为符合此公式的值设置格式”文本框中输入公式“=$C2=MIN($C$4:$C$24)”，单击“格式”按钮。

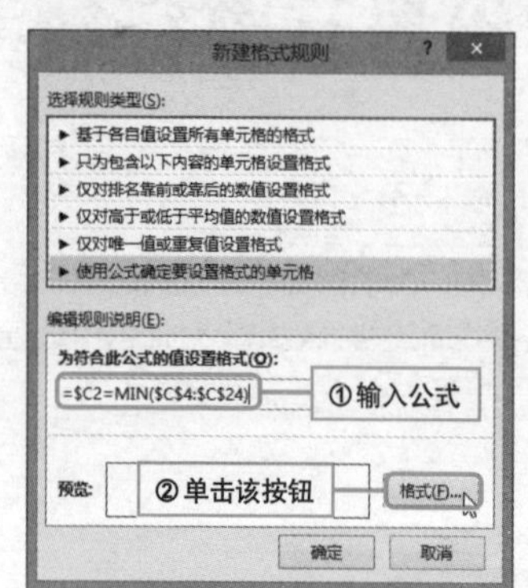

4 打开“设置单元格格式”对话框，在“填充”选项卡中选择“黄色”，然后单击“确定”按钮。

5 返回上一层对话框，单击“确定”按钮。经过上述操作后，即可将“最低分”数据以黄色整行突出显示。

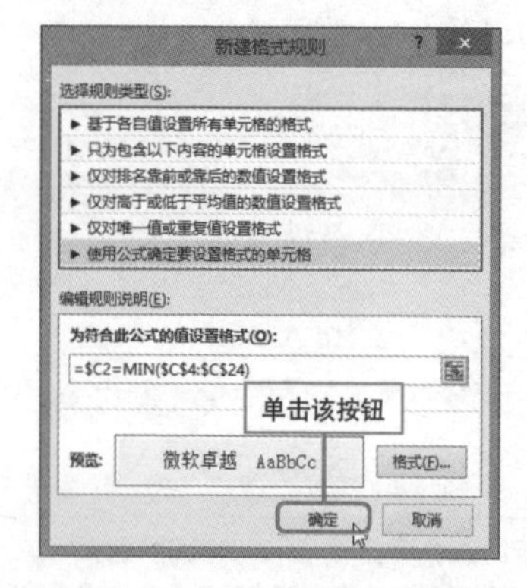

6 参照前述步骤，再次打开“新建格式规则”对话框，输入公式“=$C2=MAX($C$2:$C$24)”，单击“格式”按钮。

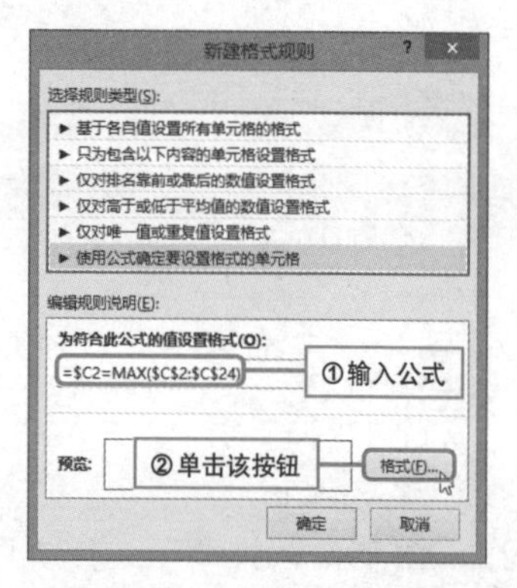

7 打开“设置单元格格式”对话框，在“填充”选项卡中选择“蓝色”，然后单击“确定”按钮。

8 返回上一层对话框，单击“确定”按钮。这样，即可将“最高分”的整行数据以蓝色突出显示。

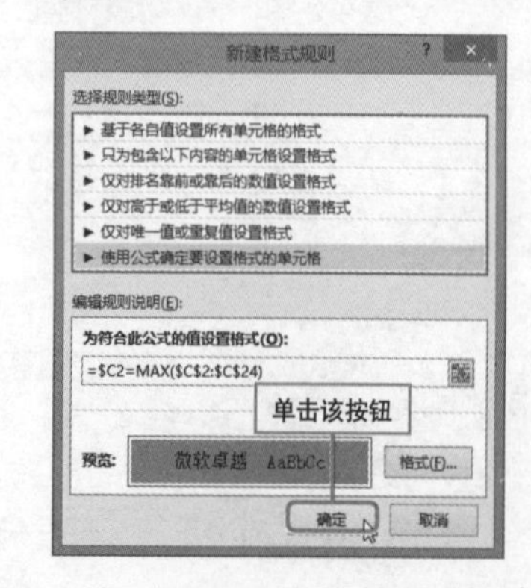

数字变文字，实用又明了

实例 以文本格式显示多个区域中的数值

在用数据透视表分析学生各科成绩的时候，如果想要把一定范围内的分数以文字形式表现出来，例如将90分或90分以上的成绩显示为“优秀”，小于90分并且大于或等于60分的成绩显示为“及格”，小于60分显示为不及格。这时候该如何操作呢？本技巧就来介绍实现方法。

初始效果

	A	B	C	D
1	班级	3（3）班		
2				
3	学号	姓名	语 文	数 学
4	03068	李雅丽	96	64
5	03069	赵东杰	49	95
6	03070	宋方方	96	63
7	03071	陈亚方	85	91
8	03072	凡光明	78	55
9	03073	刘慧娟	97	67
10	03074	凡国庆	70	33
11	03075	王曼	98	74
12	03076	史相丽	45	50
13	03077	田晓娟	90	70
14	03078	王晓	94	69
15	03079	刘宇飞	94	85
16	03080	禹东	88	52
17	03081	徐亚平	77	52
18	03082	李亚	56	86

以文本格式显示成绩前的效果

最终效果

	A	B	C	D
1	班级	3（3）班		
2				
3	学号	姓名	语 文	数 学
4	03068	李雅丽	优秀	及格
5	03069	赵东杰	不及格	优秀
6	03070	宋方方	优秀	及格
7	03071	陈亚方	及格	优秀
8	03072	凡光明	及格	不及格
9	03073	刘慧娟	优秀	及格
10	03074	凡国庆	及格	不及格
11	03075	王曼	优秀	及格
12	03076	史相丽	不及格	不及格
13	03077	田晓娟	优秀	及格
14	03078	王晓	优秀	及格
15	03079	刘宇飞	优秀	及格
16	03080	禹东	及格	不及格
17	03081	徐亚平	及格	不及格
18	03082	李亚	不及格	及格

以文本格式显示成绩的效果

1. 选中C4:D18单元格区域并右击，在弹出的菜单中选择“设置单元格格式”命令，打开“设置单元格格式”对话框。

2. 打开“数字”选项卡，在“分类”列表框中选择“自定义”选项，在“类型”文本框中输入公式“[>=90]"优秀";[>=60]"及格";"不及格"”，单击“确定”按钮。

	A	B	C	D
1	班级	3（3）班		
2				
3	学号	姓名	语 文	数 学
4	03068	李雅丽		
5	03069	赵东杰		
6	03070	宋方方		
7	03071	陈亚方		
8	03072	凡光明		
9	03073	刘慧娟		
10	03074			
11	03075			
12	03076	史相丽		
13	03077	田晓娟		
14	03078	王晓		
15	03079	刘宇飞		
16	03080	禹东		
17	03081	徐亚平		
18	03082	李亚		
19				
20				

宋体 11
复制(C)
设置单元格格式(F)...
数字格式(T)...
刷新(R)
排序(S)
删除"语 文"(V)
值汇总依据(M)
值显示方式(A)
显示详细信息(E)
选择该命令

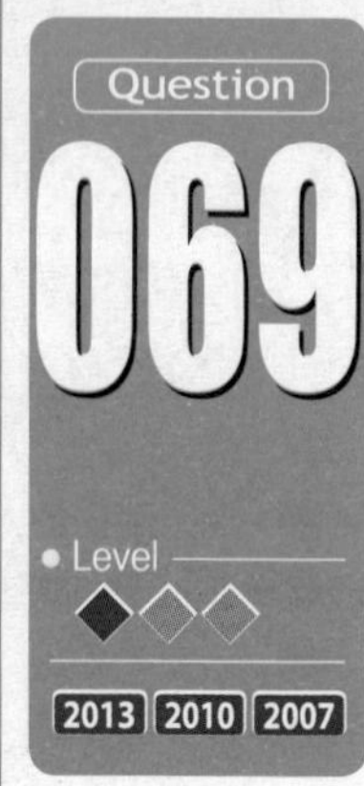

手动刷新数据透视表很方便

实例 手动刷新数据透视表

用户在创建数据透视表后，如果数据源被更改，数据透视表仍然停留在更改之前的状态，就需要手动刷新数据透视表，以获得最新的数据源信息。本技巧就将介绍如何手动刷新数据透视表。

1 右击数据透视表中任意单元格，在弹出的菜单中选择“刷新”命令即可。

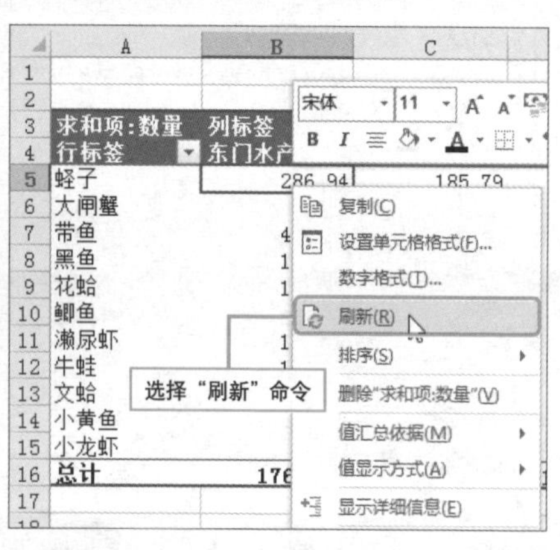

2 在选项卡中也可以进行刷新。打开“分析”选项卡，单击“刷新”下拉按钮。

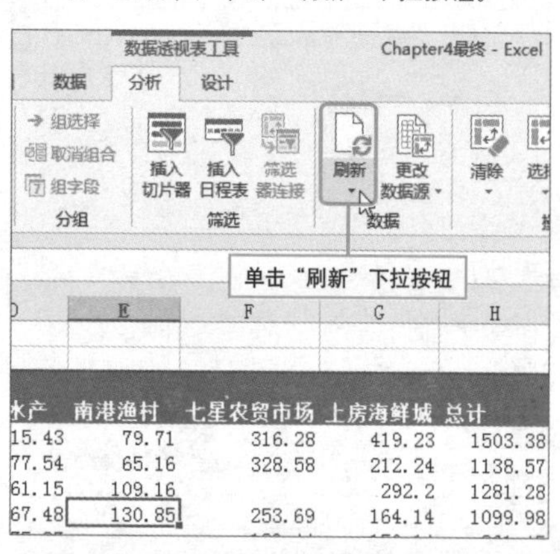

3 在展开的“刷新”下拉列表中选择“刷新”选项。

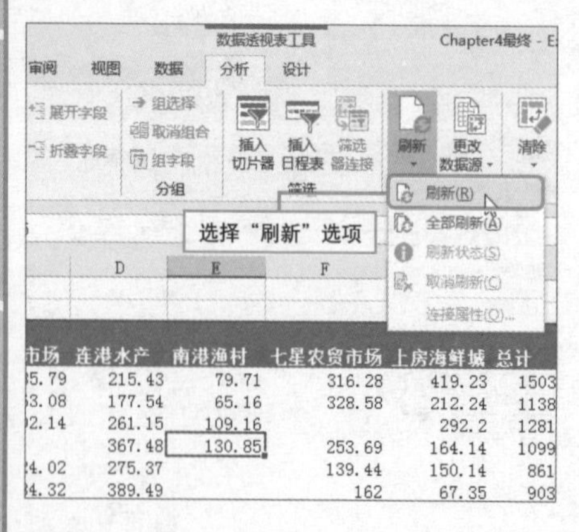

Hint

在“数据”选项卡中刷新

还可以打开“数据”选项卡，单击“全部刷新”下拉按钮，选择“刷新”选项。

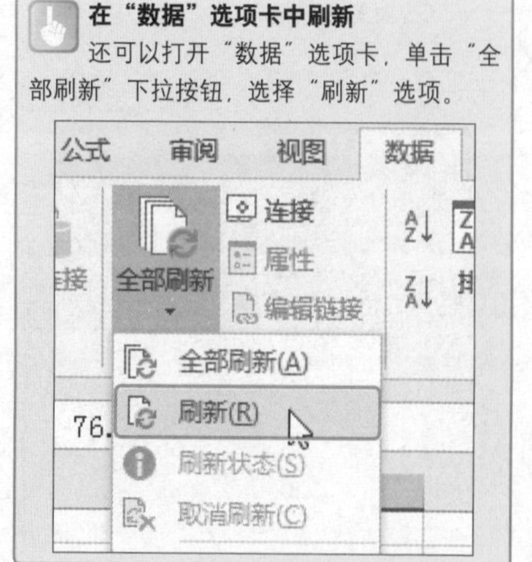

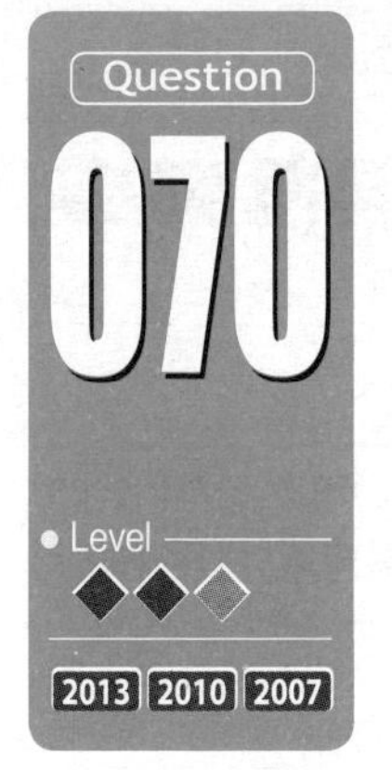

快速刷新数据透视表

实例 打开文件时自动刷新其中的数据透视表

刷新数据透视表可以采用手动刷新，也可以采用自动刷新，为数据透视表设置自动刷新以后，每次打开文件时都会自动对数据透视表进行刷新。具体设置步骤介绍如下。

1 右击数据透视表中任意单元格，在弹出的菜单中选择“数据透视表选项”命令。

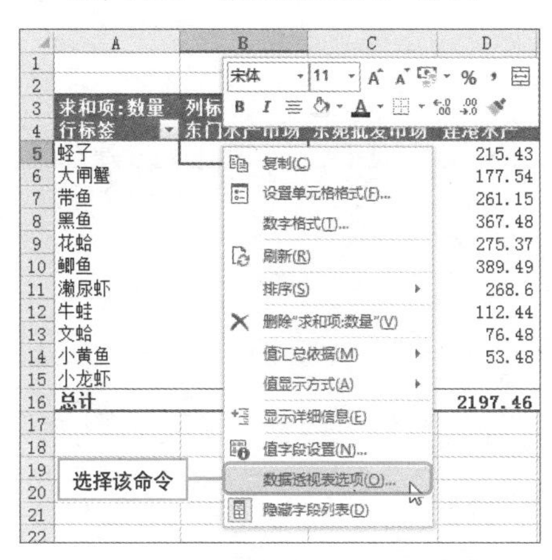

2 打开“数据透视表选项”对话框，单击“数据”选项卡标签。

3 打开“数据”选项卡后，勾选“打开文件时刷新数据”复选框，单击“确定”按钮。

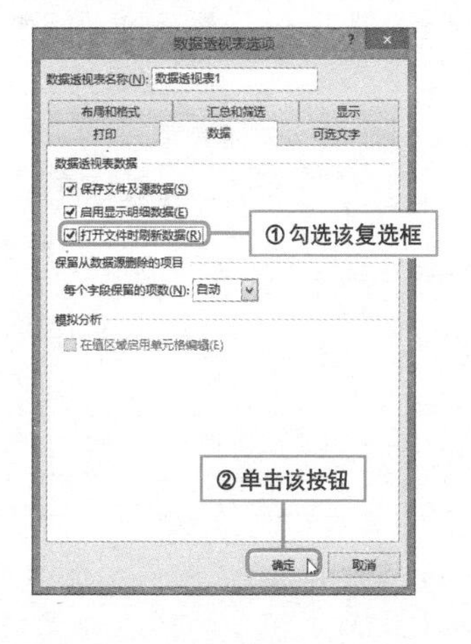

Hint

通过“分析”选项卡自动刷新

还可以通过打开“数据透视表工具-分析”选项卡，单击“选项”按钮，打开“数据透视表选项”对话框，在其中勾选“打开文件时刷新数据”复选框来自动刷新。

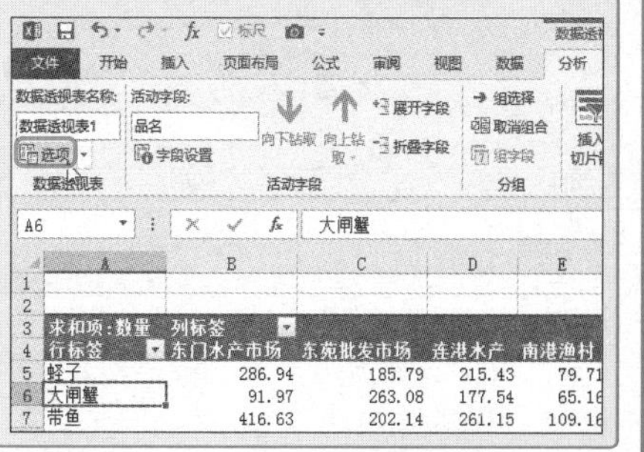

Question 071

• Level ◆◇◇

2013 2010 2007

巧妙同时刷新所有数据透视表

实例 同时刷新工作簿中的所有数据透视表

一个工作簿中可能存在很多张数据透视表，如果逐个地进行刷新会非常麻烦。本技巧就来讲解如何一次性同时刷新工作簿中的所有数据透视表。具体实现步骤如下。

1. 选中数据透视表中任意单元格，打开“分析”选项卡，单击“刷新”下拉按钮。

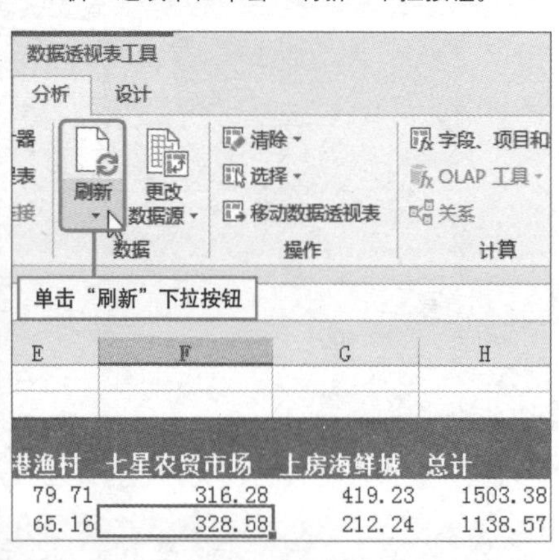

2. 在展开的“刷新”下拉列表中选择“全部刷新”选项。

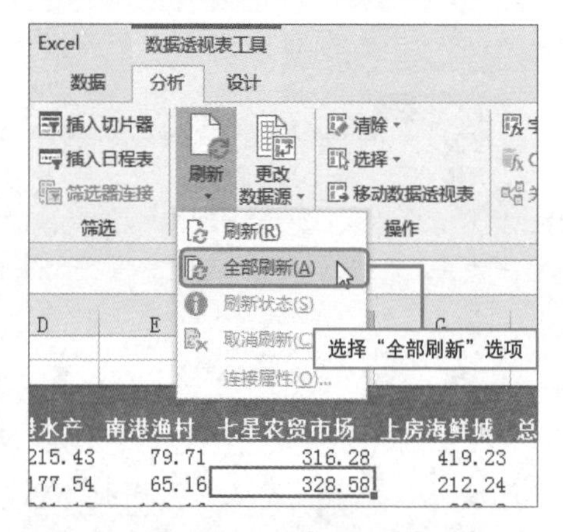

3. 另外，还可以打开“数据”选项卡，单击“全部刷新”下拉按钮。

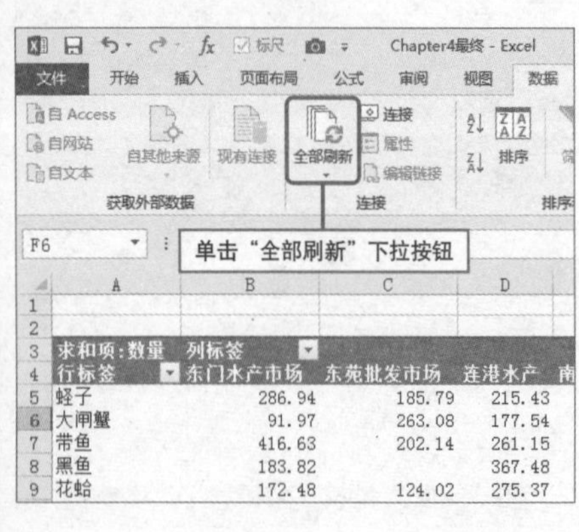

4. 在展开的下拉列表中选择“全部刷新”选项，即可刷新所有数据透视表。

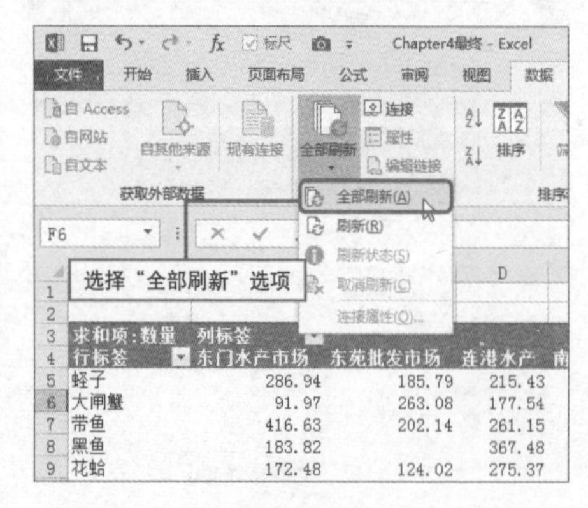

Question 072

• Level ◆◆◇

2013 2010 2007

原来可以定时刷新数据透视表

实例 定时刷新数据透视表

在不断对数据透视表进行操作的过程中，为了避免不停对数据透视表进行刷新操作，可以选择设置定时刷新，具体操作步骤介绍如下。

1 选中数据透视表中任意单元格，打开“分析”选项卡，单击“更改数据源”下拉按钮，在展开列表中选择“连接属性”选项。

2 打开“连接属性”对话框，勾选“刷新频率”复选框，并设置“分钟”数为“2”。最后单击“确定”按钮。

3 还可以选中数据透视表中的任意单元格，在“数据”选项卡中单击“属性”按钮来打开“连接属性”对话框。

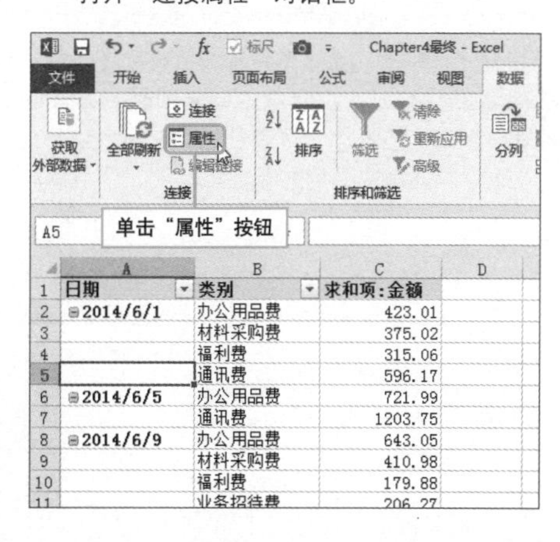

Hint

定时刷新的注意事项

定时刷新是数据透视表基于外部数据源特有的刷新方式，如果是由非外部数据源创建的数据透视表，则想要定时刷新时“连接属性”选项呈不可选状态。若想刷新由非外部数据源创建的数据透视表，可以通过VBA实现。

Question 073

Level ◆◆◆

2013 2010 2007

使用VBA代码设置自动刷新

实例 利用VBA代码自动刷新数据透视表

上一技巧介绍了如何定时刷新引用外部数据源创建的数据透视表，而对于引用非外部数据源创建的数据透视表，可以通过编写VBA代码实现自动刷新。具体实现步骤如下。

1 右击数据透视表所在工作表标签，在弹出的菜单中选择“查看代码”命令，打开VBA编辑窗口。

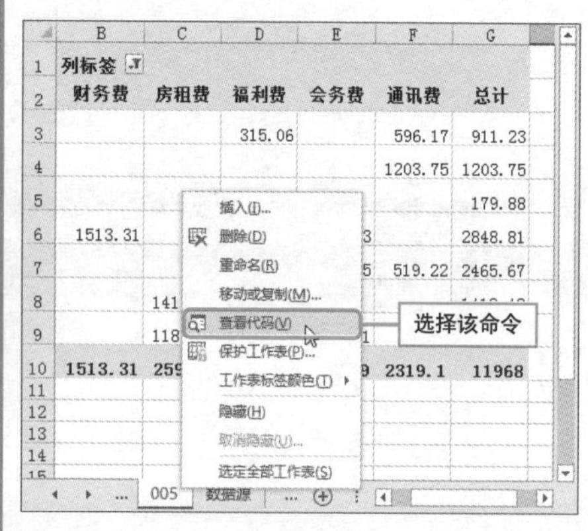

2 在打开的VBA编辑窗口中输入如下代码：

```
Private Sub Worksheet_Activate()
    ActiveSheet.PivotTables("数据透视表1").PivotCache.Refresh
End Sub
```

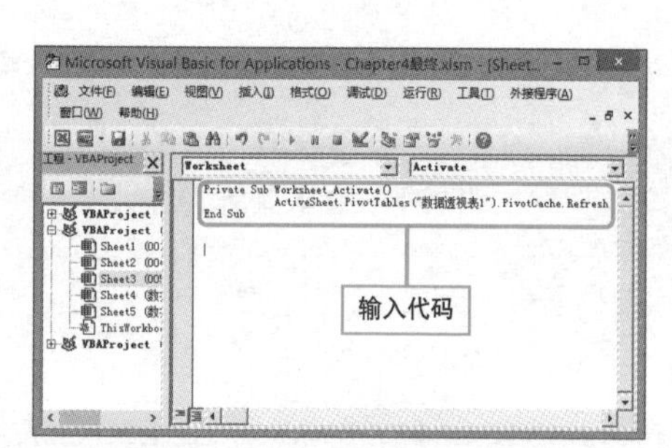

3 关闭VBA编辑窗口，然后将工作簿另存为“Excel 启用宏的工作簿”。下次打开数据透视表所在工作表时则会自动刷新。

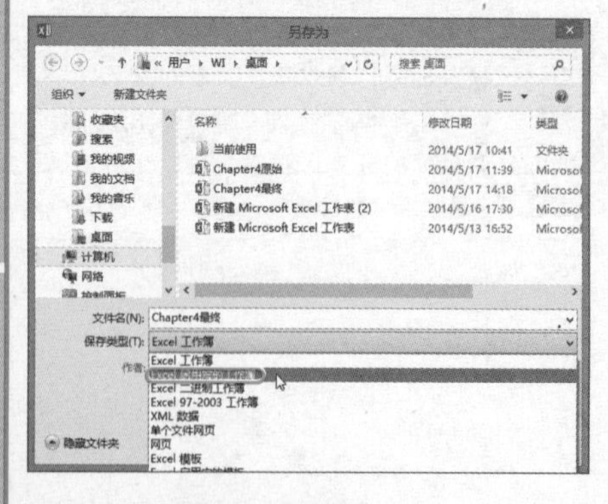

另存为“Excel 启用宏的工作簿”

Hint

关于数据透视表的名称

代码中的“数据透视表1”为数据透视表的名称。数据透视表的名称必须根据实际情况进行修改，如果用户不知道数据透视表的名称，可以选中数据透视表中任意单元格，打开“分析”选项卡，在“数据透视表名称”文本框中进行查看。

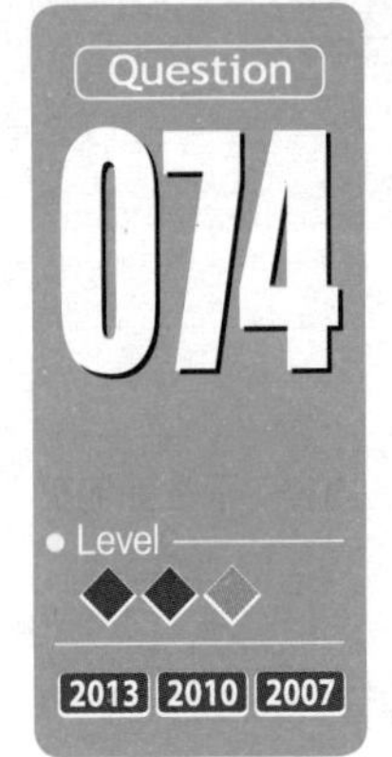

一招清除“固化项目”

实例 清除下拉列表字段中已删除的项目

利用数据源创建数据透视表以后，如果删除了数据源中的某些项目，则刷新以后，数据透视表中将不存在这些项目，但是，在字段下拉列表中却仍然存在这些项目。本技巧就介绍如何删除字段下拉列表中已经被删除的项目。

1 删除数据源中的某些项之后，刷新数据透视表，字段下拉列表中仍有已删除项目。

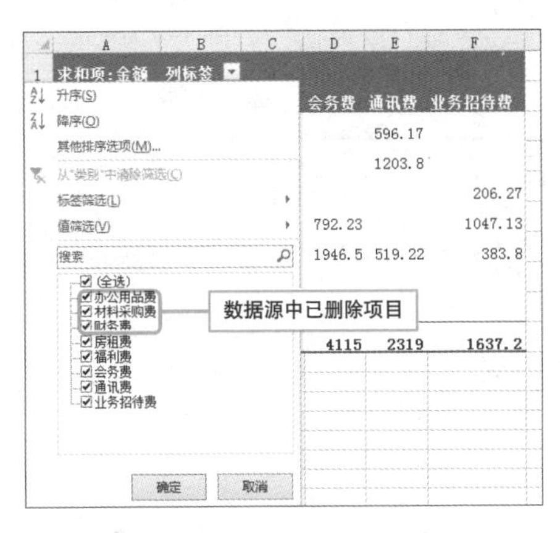

2 选中数据透视表中任意单元格，打开“分析”选项卡，单击“选项”按钮，打开“数据透视表选项”对话框。

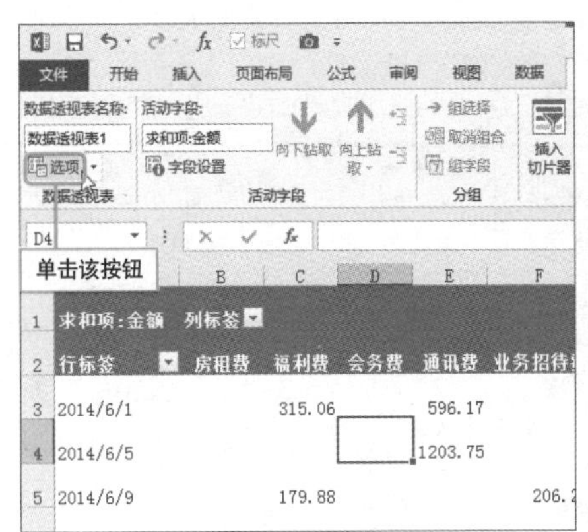

3 打开“数据”选项卡，在“每个字段保留的项数”下拉列表中选择“无”选项。

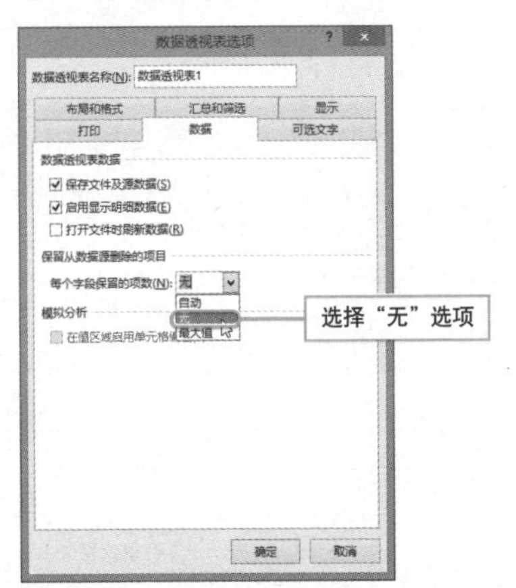

4 单击“确定”按钮返回数据透视表，此时打开下拉列表，已经不存在已删除的项目。

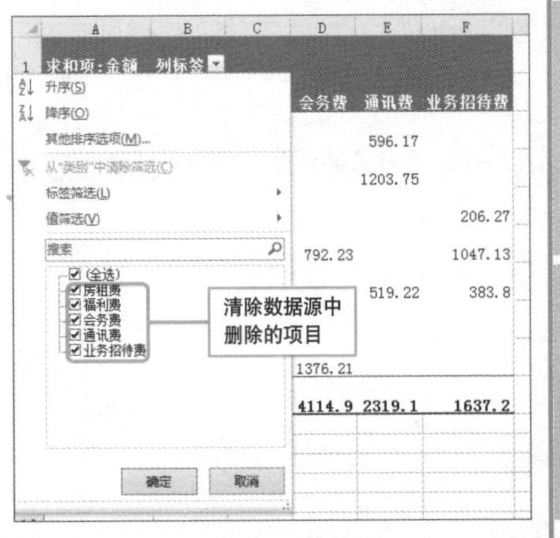

更改数据源很简单

实例 更改现有数据透视表的数据源

数据透视表创建完成后，如果向数据源中添加了新的内容，那么如何更新数据透视表呢？下面将对其具体操作进行介绍。

初始效果

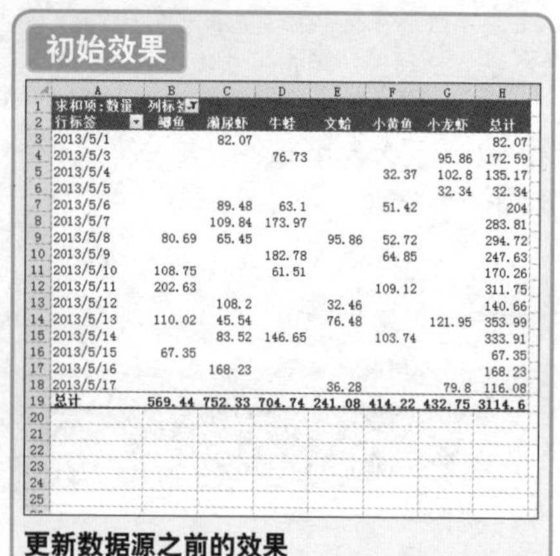

	A	B	C	D	E	F	G	H
1	求和项:数量	列标签						
2	行标签	鲫鱼	濑尿虾	牛蛙	文蛤	小黄鱼	小龙虾	总计
3	2013/5/1		82.07					82.07
4	2013/5/3			76.73			95.86	172.59
5	2013/5/4					32.37	102.8	135.17
6	2013/5/5						32.34	32.34
7	2013/5/6		89.48	63.1		51.42		204
8	2013/5/7		109.84	173.97				283.81
9	2013/5/8	80.69	65.45		95.86	52.72		294.72
10	2013/5/9			182.78		64.85		247.63
11	2013/5/10	108.75		61.51				170.26
12	2013/5/11	202.63				109.12		311.75
13	2013/5/12		108.2		32.46			140.66
14	2013/5/13	110.02	45.54		76.48		121.95	353.99
15	2013/5/14		83.52	146.65		103.74		333.91
16	2013/5/15	67.35						67.35
17	2013/5/16		168.23					168.23
18	2013/5/17				36.28		79.8	116.08
19	总计	569.44	752.33	704.74	241.08	414.22	432.75	3114.6

更新数据源之前的效果

最终效果

	A	B	C	D	E	F	G	H
1	求和项:数量	列标签						
2	行标签	鲫鱼	濑尿虾	牛蛙	文蛤	小黄鱼	小龙虾	总计
3	2013/5/1		82.07					82.07
4	2013/5/3			76.73			95.86	172.59
5	2013/5/4					32.37	102.8	135.17
6	2013/5/5						32.34	32.34
7	2013/5/6		89.48	63.1		51.42		204
8	2013/5/7		109.84	173.97				283.81
9	2013/5/8	80.69	65.45		95.86	52.72		294.72
10	2013/5/9			182.78		64.85		247.63
11	2013/5/10	108.75		61.51				170.26
12	2013/5/11	202.63				109.12		311.75
13	2013/5/12		108.2		32.46			140.66
14	2013/5/13	110.02	45.54		76.48		121.95	353.99
15	2013/5/14		83.52	146.65		103.74		333.91
16	2013/5/15	67.35						67.35
17	2013/5/16		168.23					168.23
18	2013/5/17				36.28		79.8	116.08
19	2013/5/18				123.39			123.39
20	2013/5/19	40.81			59.1			99.91
21	2013/5/20		56.68	120.37	123.38			300.43
22	2013/5/21				50.91		49.46	100.37
23	2013/5/22			108.92		73.96		182.88
24	2013/5/23				108.44			108.44
25	2013/5/25	139.07	81.75	90.22				311.04
26	2013/5/26		79.92		402.72			482.64
27	2013/5/27			228.97		94.51		323.48
28	2013/5/28		71.12					71.12
29	2013/5/29	35.77	217.28			84.45	56.2	393.7
30	2013/5/30	118.07					154.2	272.27
31	总计	903.16	1259.08	1253.22	1109.02	667.14	692.61	5884.23

更新数据源之后的效果

① 选中数据透视表中任意单元格，打开“分析”选项卡，单击“更改数据源”按钮。

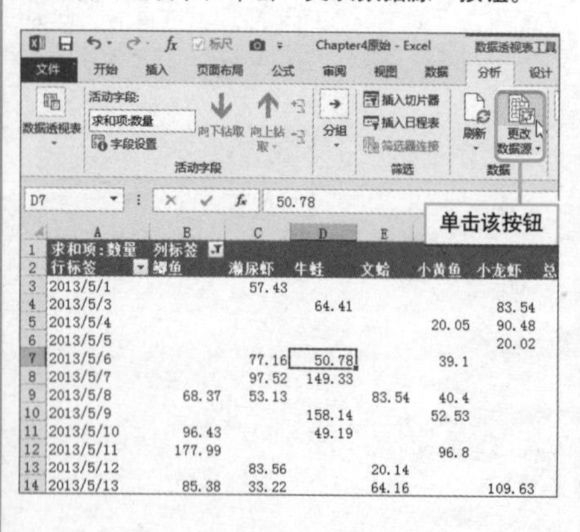

	A	B	C	D	E	F	G
1	求和项:数量	列标签					
2	行标签	鲫鱼	濑尿虾	牛蛙	文蛤	小黄鱼	小龙虾
3	2013/5/1		57.43				
4	2013/5/3			64.41			83.54
5	2013/5/4					20.05	90.48
6	2013/5/5						20.02
7	2013/5/6		77.16	50.78		39.1	
8	2013/5/7		97.52	149.33			
9	2013/5/8	68.37	53.13		83.54	40.4	
10	2013/5/9			158.14		52.53	
11	2013/5/10	96.43		49.19			
12	2013/5/11	177.99				96.8	
13	2013/5/12		83.56		20.14		
14	2013/5/13	85.38	33.22		64.16		109.63

② 弹出“更改数据透视表数据源”对话框，在“表/区域”文本框中重新选择数据源区域，然后单击“确定”按钮。

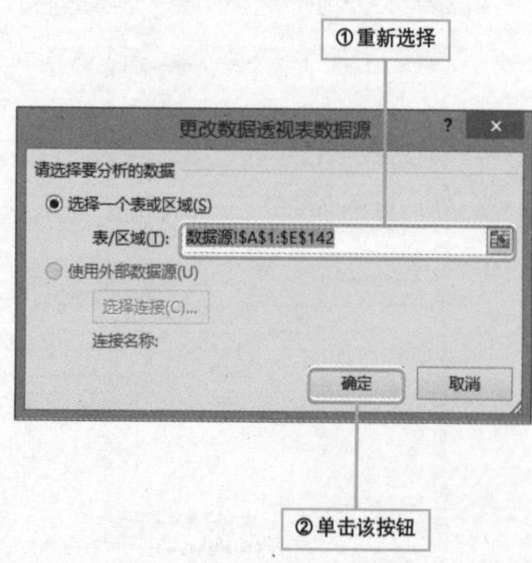

第2篇 105~230

分析数据透视表

2-5 数据透视表的项目组合（076~092）

2-6 动态数据透视表的创建（093~121）

2-7 数据透视表中的排序操作（122~134）

2-8 数据透视表中的筛选操作（135~155）

2-9 切片器功能的应用（156~172）

Question 076

● Level ◆◆◆

2013 2010 2007

巧妙组合数据项，提高数据分析效率

实例　手动组合数据透视表内的文本型数据项

数据透视表的分类汇总功能非常的强大，但是，由于数据分析要求的多样性，导致数据透视表的分类汇总方式不能满足所有数据分析需要，为了解决这个问题，本技巧将介绍数据透视表的项目组合功能，为不同类型数据项采取多种组合方式。

❶ 打开数据源所在工作表，创建数据透视表，“品名”字段下是包含文本型数据的项。

	A	B	C	D
1	销售地区	(全部)		
2				
3	品名	数 量	单 价	金 额
4	美的DS12G11豆浆机	350	1614	94150
5	美的FD402电饭煲	105	299	31395
6	美的FD403电饭煲	28	299	8372
7	美的FD404电饭煲	15	299	4485
8	美的FD405电饭煲	67	299	20033
9	美的SK2101电磁炉	540	1752	118260
10	苏泊尔CFXB30FC118-60电饭煲	135	650	17550
11	苏泊尔DJ12B-Y81豆浆机	191	1476	70479
12	苏泊尔SDHC16-210电磁炉	266	1196	79534
13	苏泊尔SDHC19-210电磁炉	220	2697	197780
14	总计	1917	10581	642038

❷ 单击“品名”字段标题的下拉按钮，在展开的筛选器中选择“标签筛选”选项，再在其级联列表中选择“结尾是”选项。

❸ 打开“标签筛选”对话框，在“显示的项目的标签”中设置“结尾是电饭煲”，然后单击“确定”按钮。

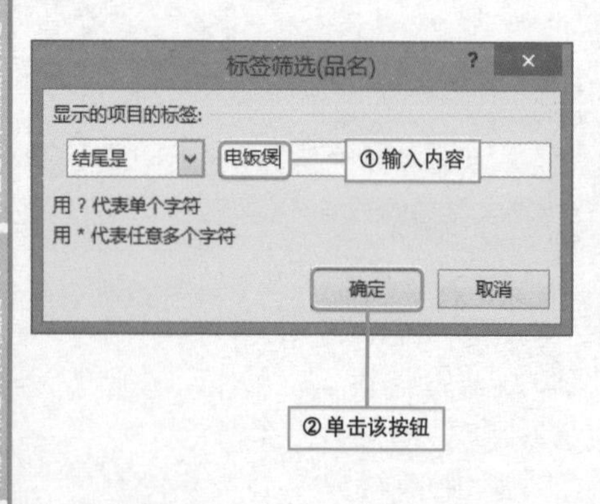

❹ 返回工作表，选中A4:A8单元格区域，单击“分析”选项卡中的“组选择”按钮。

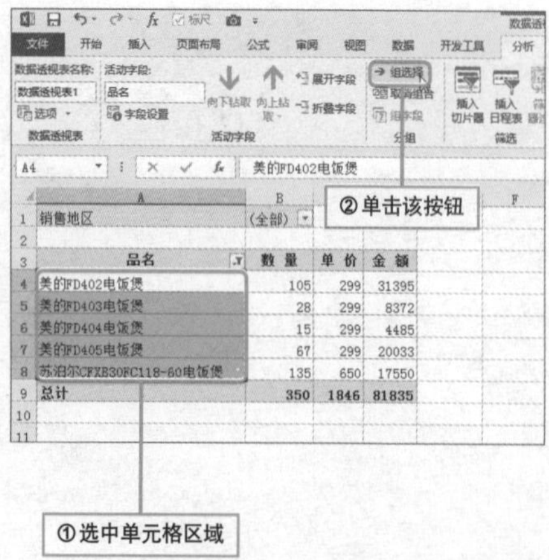

5 经过上述操作后，在数据透视表中选中区域上方生成“数据组1”字段。在单元格中直接修改“数据组1”为“电饭煲”。

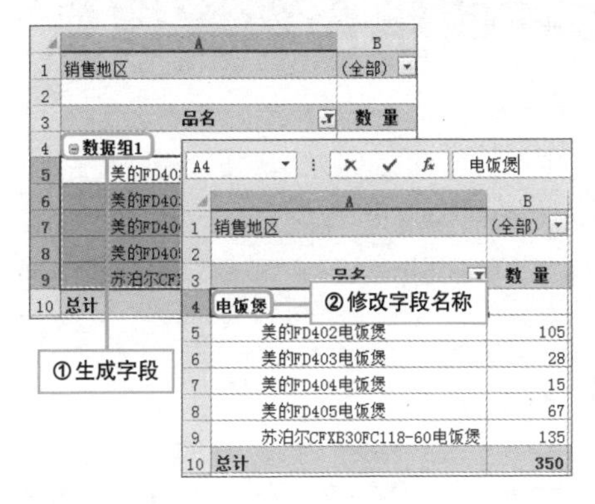

6 选中“品名”字段下的任意单元格，再次单击“品名”字段标题下拉按钮，重复步骤2操作。

7 打开“标签筛选”对话框，在“显示的项目的标签”中设置“结尾是豆浆机”，单击“确定”按钮。依照此方法对“电磁炉”数据项进行分组。

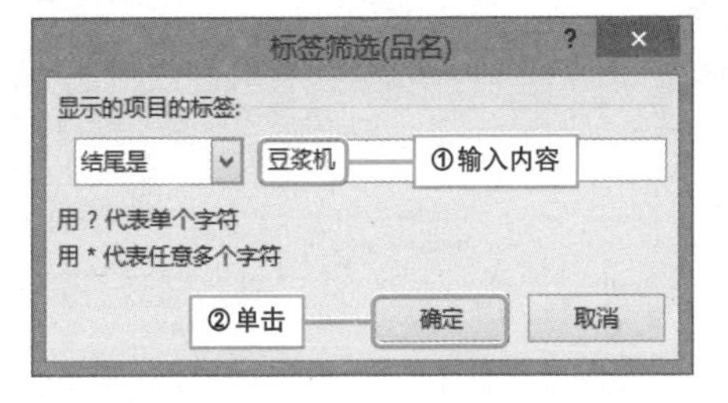

8 将所有数据项分组完成以后，单击“品名”字段标题下拉按钮，在展开的筛选器中选择“从‘品名’中清除筛选”选项。

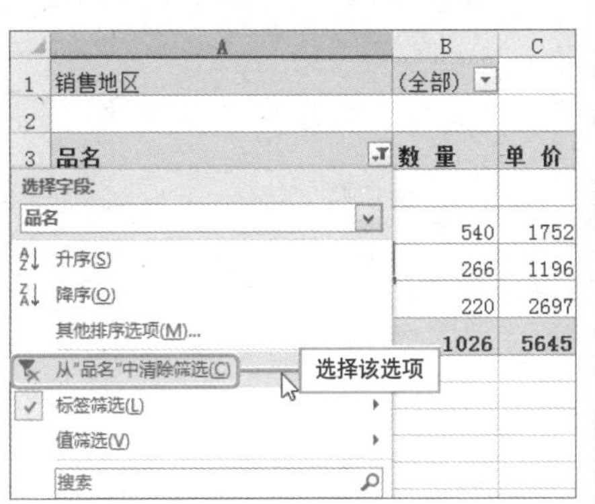

9 打开“设计”选项卡，单击“分类汇总”下拉按钮，选择“在组的顶部显示所有分类汇总”选项。

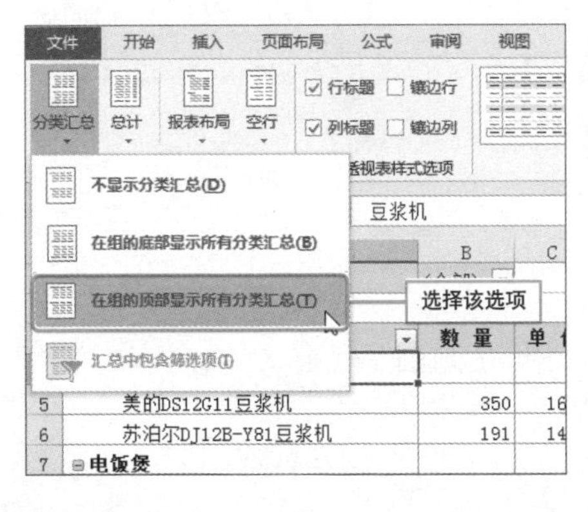

10 经过上述操作后，最终得到按商品种类进行分组的数据透视表。

	A	B	C	D
1	销售地区	(全部)		
2				
3	品名	数 量	单 价	金 额
4	⊟豆浆机	541	3090	164629
5	美的DS12G11豆浆机	350	1614	94150
6	苏泊尔DJ12B-Y81豆浆机	191	1476	70479
7	⊟电饭煲	350	1846	81835
8	美的FD402电饭煲	105	299	31395
9	美的FD403电饭煲	28	299	8372
10	美的FD404电饭煲	15	299	4485
11	美的FD405电饭煲	67	299	20033
12	苏泊尔CFXB30FC118-60电饭煲	135	650	17550
13	⊟电磁炉	1026	5645	395574
14	美的SK2101电磁炉	540	1752	118260
15	苏泊尔SDHC16-210电磁炉	266	1196	79534
16	苏泊尔SDHC19-210电磁炉	220	2697	197780
17	总计	1917	10581	642038

Question 077

按指定的步长值组合数据信息

Level ◆◆◇

2013 2010 2007

实例 按学生成绩分段查看各班学生的学习情况

如果要观察一个年级内各班学生的成绩情况，那么可以把学生的平均成绩按等距步长进行组合，从而生成直观的比较。下面将对其具体操作方法进行介绍。

❶ 根据学生成绩表创建数据透视表。

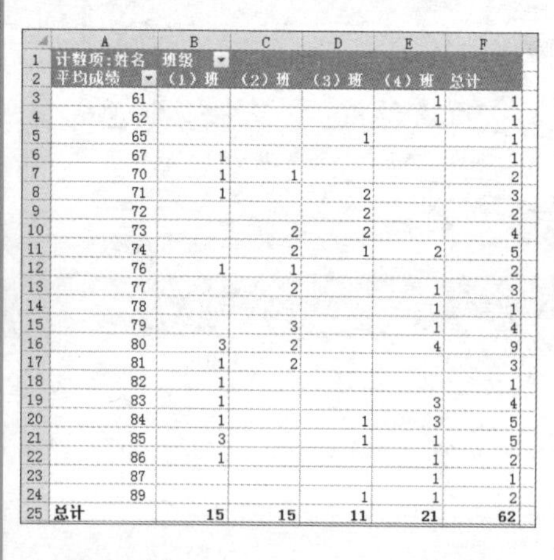

计数项:姓名	班级				
平均成绩	(1)班	(2)班	(3)班	(4)班	总计
61				1	1
62				1	1
65			1		1
67	1				1
70	1	1			2
71	1		2		3
72			2		2
73		2	2		4
74		2	1	2	5
76	1	1			2
77		2		1	3
78				1	1
79		3		1	4
80	3	2		4	9
81	1	2			3
82	1				1
83	1			3	4
84	1		1	3	5
85	3		1	1	5
86	1			1	2
87				1	1
89			1	1	2
总计	15	15	11	21	62

❷ 选中“平均成绩”字段中的任意单元格并右击，在弹出的菜单中选择“创建组”命令。

❸ 弹出“组合”对话框，保持“起始于”、“终止于”文本框中内容不变，在“步长”文本框中输入“10”，单击“确定”按钮。

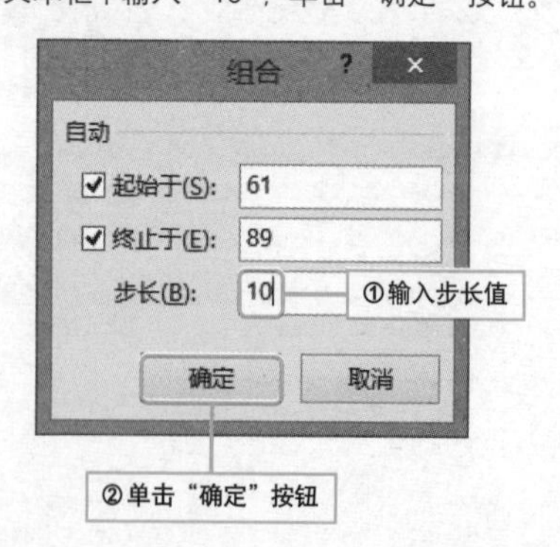

❹ 此时数据透视表中“平均成绩”字段中的数字项已经按照相同的步长进行了组合。

计数项:姓名	班级				
平均成绩	(1)班	(2)班	(3)班	(4)班	总计
61-70	2	1	1	2	6
71-80	5	12	7	9	33
81-90	8	2	3	10	23
总计	15	15	11	21	62

查看数值型数据的组合结果

按需组合日期型数据项

实例　按季度和月组合数据透视表中的日期项

在数据透视表中，日期型数据项含有更多的自动组合选项，可以按日、月、季度和年度等多种时间单位进行组合。本技巧就来讲解如何重新按照季度和月份重新组合日期型数据项。

初始效果

	A	B	C	D	E	F
1	商品名称	(全部)				
2						
3	求和项:销售金额	销售人员				
4	销售日期	倪婷	宋冉冉	王上尉	赵毅可	总计
41	2013/8/18		45747			45747
42	2013/8/19		14053			14053
43	2013/9/1	8372			4485	12857
44	2013/9/14		20033			20033
45	2013/9/20		22509			22509
46	2013/9/22		5535			5535
47	2013/10/1	15129				15129
48	2013/10/3	27306				27306
49	2013/10/5		3510			3510
50	2013/10/6		3510			3510
51	2013/10/7		3510			3510
52	2013/10/8		3510			3510
53	2013/11/16			24210	23672	47882
54	2013/11/17	22327		48180		70507
55	2013/12/13				18615	18615
56	2013/12/22			8322		8322
57	2013/12/23				12264	12264
58	总计	270853	299910	219719	580885	1371367

组合日期型数据项前的效果

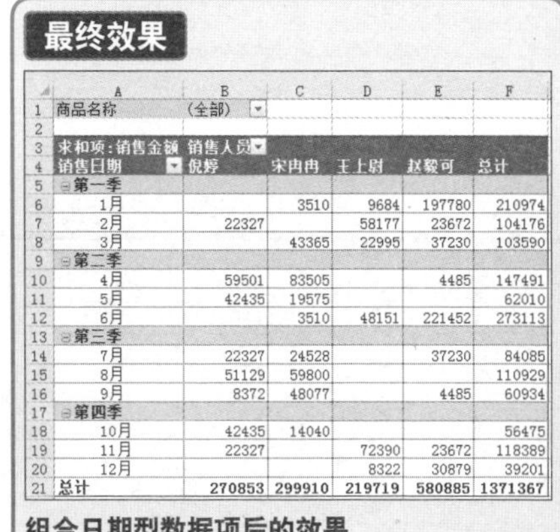
最终效果

	A	B	C	D	E	F
1	商品名称	(全部)				
2						
3	求和项:销售金额	销售人员				
4	销售日期	倪婷	宋冉冉	王上尉	赵毅可	总计
5	⊟第一季					
6	1月		3510	9684	197780	210974
7	2月	22327		58177	23672	104176
8	3月		43365	22995	37230	103590
9	⊟第二季					
10	4月	59501	83505		4485	147491
11	5月	42435	19575			62010
12	6月		3510	48151	221452	273113
13	⊟第三季					
14	7月	22327	24528		37230	84085
15	8月	51129	59800			110929
16	9月	8372	48077		4485	60934
17	⊟第四季					
18	10月	42435	14040			56475
19	11月	22327		72390	23672	118389
20	12月			8322	30879	39201
21	总计	270853	299910	219719	580885	1371367

组合日期型数据项后的效果

❶ 右击“销售日期”字段中的任意单元格，在弹出的菜单中选择“创建组”命令，弹出“组合”对话框。

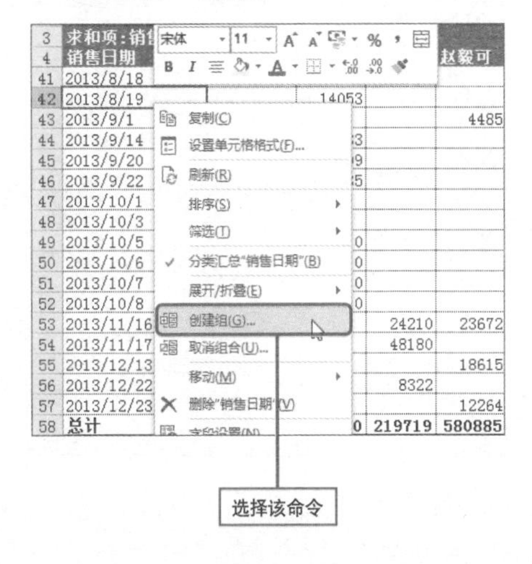

❷ 保持“起始于”、“终止于”文本框中的内容不变，在“步长”列表框中选中“月”和“季度”选项，单击“确定”按钮。

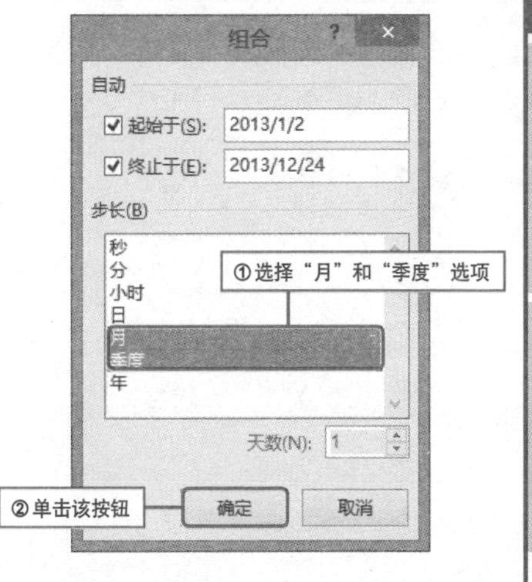

Question

079

• Level ◆◆◇

2013 2010 2007

轻松按旬统计销售数据

实例 统计每月上中下旬的商品销售情况

在数据透视表中对于步长值不相同的数据项，通常需要用手动组合的方式来完成。例如在一份2013年的商品销售明细表中，要按上中下旬统计每月销售的产品数量，该如何操作呢？下面就来讲解具体实现方法。

1 打开销售明细表，在G2单元格内输入公式“=IF(DAY(F2)<10,"上旬",IF(DAY(F2)<20,"中旬","下旬"))”，然后将该公式向下复制到表格的最后一个单元格。

G2 =IF(DAY(F2)<10,"上旬",IF(DAY(F2)<20,"中旬","下旬"))

	A	B	C	D	E	F	G
1	销售人员	商品品名	数量	单价	销售金额	销售日期	旬
2	宋冉冉	苏泊尔CFXB30FC118-60电饭煲	27	13[illegible]	[illegible]10	2013/1/2	上旬
3	赵毅可	苏泊尔SDHC19-210电磁炉	96	89[illegible]	[illegible]4	2013/1/5	上旬
4	赵毅可	苏泊尔SDHC19-210电磁炉	31	899	27869	2013/1/8	上旬
5	赵毅可	苏泊尔SDHC19-210电磁炉	93	899	83607	2013/1/13	中旬
6	王上尉	美的DS12G11豆浆机	36	269	9684	2013/1/25	下旬
7	王上尉	美的DS12G11豆浆机	53	269	[illegible]	[illegible]3/2/5	上旬
8	王上尉	美的DS12G11豆浆机	90	269	[illegible]	[illegible]/2/13	中旬
9	赵毅可	美的DS12G11豆浆机	50	269	13450	2013/2/15	中旬
10	赵毅可	美的DS12G11豆浆机	38	269	10222	2013/2/18	中旬
11	倪婷	美的DS12G11豆浆机	83	269	22327	2013/2/25	下旬
12	王上尉	美的SK2101电磁炉	90	219	19710	2013/2/26	下旬
13	王上尉	美的SK2101电磁炉	67	219	14673	2013/3/1	上旬
14	王上尉	美的SK2101电磁炉	38	219	8322	2013/3/4	上旬

①输入公式

②向下复制公式

2 以添加了“旬”辅助列的数据源创建数据透视表。

	A	B	C	D	E
1	求和项:数量	旬			
2	销售日期	上旬	下旬	中旬	总计
42	2013/9/20		61		61
43	2013/9/22		15		15
44	2013/10/1	41			41
45	2013/10/3	74			74
46	2013/10/5	27			27
47	2013/10/6	27			27
48	2013/10/7	27			27
49	2013/10/8	27			27
50	2013/11/16			178	178
51	2013/11/17			303	303
52	2013/12/13			85	85
53	2013/12/22		38		38
54	2013/12/23		56		56
55	2013/9/14			67	67
56	总计	1402	992	1779	4173

数据透视表字段

选择要添加到报表的字段:

销售人员
商品品名
数量
单价
销售金额
销售日期
旬

在以下区域间拖动字段:

筛选器 列：旬

行：销售日期 值：求和项:数量

推迟布局更新 更新

根据数据源创建数据透视表

3 对数据透视表“销售日期”字段以步长“月”进行自动组合即可。

	A	B	C	D	E
1	求和项:数量	旬			
2	销售日期	上旬	下旬	中旬	总计
3	1月	154	36	93	283
4	2月	53	173	178	404
5	3月	105	204	141	450
6	4月	308	61	110	479
7	5月	130	81	27	238
8	6月	247	267		514
9	7月	139		226	365
10	8月			371	371
11	9月	43	76	67	186
12	10月	223			223
13	11月			481	481
14	12月		94	85	179
15	总计	1402	992	1779	4173

以步长“月”进行组合

快速按周组合日期型数据

实例 将日期型数据按周进行组合

在季度销售表中，如果想要查看每位销售员每周的销售数量，那么可以将“销售日期”字段中的日期项按周显示。下面将对具体操作方法进行介绍。

初始效果

	A	B	C	D	E	F
1	求和项:数量	销售人员				
2	销售日期	倪婷	宋冉冉	王上尉	赵毅可	总计
3	2013/1/2		27			27
4	2013/1/5				96	96
5	2013/1/8				31	31
6	2013/1/13				93	93
7	2013/1/25			36		36
8	2013/2/5			53		53
9	2013/2/13			90		90
10	2013/2/15				50	50
11	2013/2/18				38	38
12	2013/2/25	83				83
13	2013/2/26			90		90
14	2013/3/1			67		67
15	2013/3/4			38		38
16	2013/3/15				56	56
17	2013/3/17				85	85
18	2013/3/22				29	29
19	2013/3/23		112			112
20	2013/3/24		63			63
21	总计	83	202	374	478	1137

按周组合日期型数据前的效果

最终效果

	A	B	C	D	E	F
1	求和项:数量	销售人员				
2	销售日期	倪婷	宋冉冉	王上尉	赵毅可	总计
3	2013/1/2 - 2013/1/8		27		127	154
4	2013/1/9 - 2013/1/15				93	93
5	2013/1/23 - 2013/1/29			36		36
6	2013/1/30 - 2013/2/5			53		53
7	2013/2/13 - 2013/2/19			90	88	178
8	2013/2/20 - 2013/2/26	83		90		173
9	2013/2/27 - 2013/3/5			105		105
10	2013/3/13 - 2013/3/19				141	141
11	2013/3/20 - 2013/3/25		175		29	204
12	总计	83	202	374	478	1137

按周组合日期型数据后的效果

❶ 选中“销售日期”字段中的任意单元格，单击“分析”选项卡中的“组选择”按钮。

❷ 打开“组合”对话框。在“步长”列表框中选中“日”选项，在“天数”数值框中输入“7”，单击“确定”按钮。

瞬间取消项目的组合

Level ◆◆◇

2013 2010 2007

实例 取消数据透视表中的所有项目组合

当不再需要使用数据透视表中的项目组合时可以选择将其取消，还原数据透视表原来的组合状态。取消项目组合可以通过选项卡取消，也可以通过右键快键菜单取消。

❶ 打开一份按月自动组合了日期项的数据透视表，选中日期项中的任意单元格。

	A	B	C	D	E	F
1	求和项:数量	列标签				
2	行标签	倪婷	宋冉冉	王上尉	赵毅可	总计
3	1月		27	36	220	283
4	2月	83		233	88	404
5	3月		175	105	170	450
6	4月	199	265		15	479
7	5月	115	123			238
8	6月			179	308	514
9	7月	[illegible]	[illegible]		170	365
10	8月	171	200			371
11	9月	28	143		15	186
12	10月	115	108			223
13	11月	83		310	88	481
14	12月			38	56	94
15	总计	877	1180	901	1130	4088

选中日期项中的任意单元格

❷ 打开“分析”选项卡，单击“取消组合”按钮。

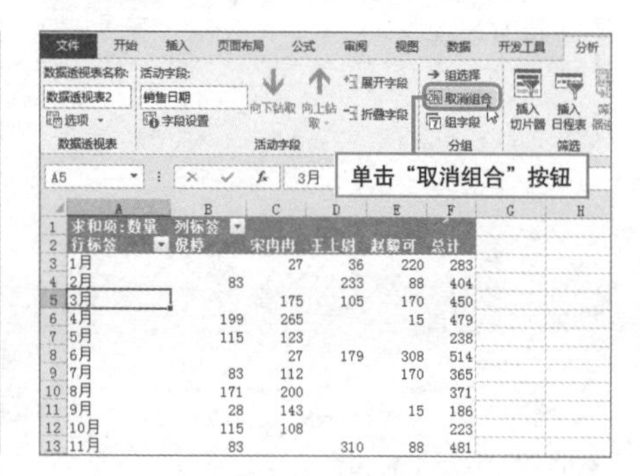

❸ 或者，右击选中的单元格，在弹出的菜单中选择“取消组合”命令即可。

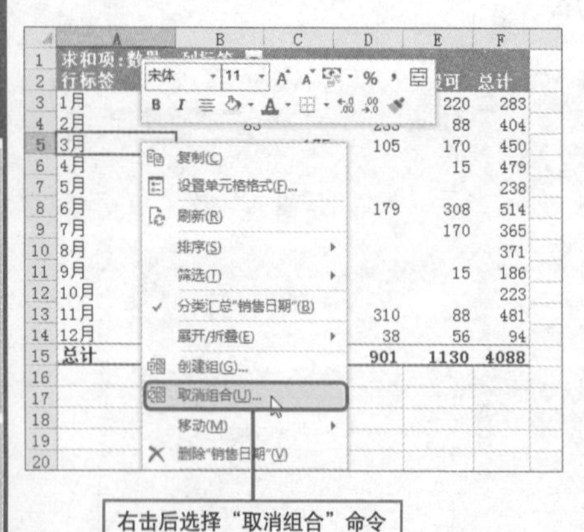

❹ 这样就取消了对日期项的组合，原本以月显示的项，现在还原为以日显示。

	A	B	C	D	E	F
1	求和项:数量	列标签				
2	行标签	倪婷	宋冉冉	王上尉	赵毅可	总计
40	2013/8/19		47			47
41	2013/9/1	28			15	43
42	2013/9/14		67			67
43	2013/9/20		61			61
44	2013/9/22		15			15
45	2013/10/1	41				41
46	2013/10/3	74				74
47	2013/10/5		27			27
48	2013/10/6		27			27
49	2013/10/7		27			27
50	2013/10/8		27			27
51	2013/11/16			90	88	178
52	2013/11/17	83		220		303
53	2013/12/22			38		38
54	2013/12/23				56	56
55	总计	877	1180	901	1130	4088

取消项目组合的效果

Question

082 还原手动组合项有妙招

● Level ◆◆◆

2013 2010 2007

实例 取消手动组合的项目

对于手动组合的项目，如果直接选中其中的任意单元格，单击“分析”选项卡中的“取消组合”按钮是无法取消项目的组合的，本技巧将讲解如何取消手动组合的项目。

初始效果

	A	B	C	D
1	销售地区	(全部)		
2				
3	品名	数 量	单 价	金 额
4	⊟豆浆机	541	3090	164629
5	美的DS12G11豆浆机	350	1614	94150
6	苏泊尔DJ12B-Y81豆浆机	191	1476	70479
7	⊟电饭煲	350	1846	81835
8	美的FD402电饭煲	105	299	31395
9	美的FD403电饭煲	28	299	8372
10	美的FD404电饭煲	15	299	4485
11	美的FD405电饭煲	67	299	20033
12	苏泊尔CFXB30FC118-60电饭煲	135	650	17550
13	⊟电磁炉	1026	5645	395574
14	美的SK2101电磁炉	540	1752	118260
15	苏泊尔SDHC16-210电磁炉	266	1196	79534
16	苏泊尔SDHC19-210电磁炉	220	2697	197780
17	总计	1917	10581	642038

手动组合项目的效果

最终效果

	A	B	C	D
1	销售地区	(全部)		
2				
3	品名	数 量	单 价	金 额
4	美的DS12G11豆浆机	350	1614	94150
5	美的FD402电饭煲	105	299	31395
6	美的FD403电饭煲	28	299	8372
7	美的FD404电饭煲	15	299	4485
8	美的FD405电饭煲	67	299	20033
9	美的SK2101电磁炉	540	1752	118260
10	苏泊尔CFXB30FC118-60电饭煲	135	650	17550
11	苏泊尔DJ12B-Y81豆浆机	191	1476	70479
12	苏泊尔SDHC16-210电磁炉	266	1196	79534
13	苏泊尔SDHC19-210电磁炉	220	2697	197780
14	总计	1917	10581	642038
15				

取消手动组合项目的效果

❶ 若要取消“品名”字段中某个数据项的组合，则选中该字段项如A4单元格并右击，在弹出的菜单中选择“取消组合”命令。

右击字段项后选择该命令

❷ 若要完全取消手动组合，则选中“品名”字段下的所有项，右击选中区域，在弹出的菜单中选择“取消组合”命令即可。

右击所有字段项后选择该命令

Question 083

破解“不能分组”有绝招

Level ◆◆◆

2013 2010 2007

实例 解决选定区域不能分组的难题

在商品销售数据透视表中，当需要对销售日期按月进行组合时却发现无法实现分组。此时，Excel弹出了“选定区域不能分组”的提示对话框，那么这是什么原因造成的，又该如何解决呢？下面就来讲解破解这一难题的方法。

1 在数据透视表中右击“销售日期”字段中的任意单元格，在弹出的菜单中选择“创建组”命令，Excel却弹出警告对话框。

	A	B	C	D	E
1	求和项:数量	商品名称			
2	销售日期	美的电磁炉	美的电饭煲	美的豆浆机	总计
3	2013-11-16			178	178
4	2013-11-17	220		83	303
5	2013-12-13	85			85
6	2013-12-22	38			38
7	2013-12-23	[illegible]	[illegible]	[illegible]	56
8	2013-1-25	[illegible]	[illegible]	[illegible]	36
9	2013-2-13	[illegible]	[illegible]	[illegible]	90
10	2013-2-15	[illegible]	[illegible]	[illegible]	50
11	2013-2-18	[illegible]	[illegible]	[illegible]	38
12	2013-2-25	[illegible]	[illegible]	[illegible]	83
13	2013-2-26	[illegible]	[illegible]	[illegible]	90
14	2013-2-5	[illegible]	[illegible]	[illegible]	53
15	2013-3-1	67			67
16	2013-3-15	56			56
17	2013-3-17	[illegible]	[illegible]	[illegible]	85
18	2013-3-22	[illegible]	[illegible]	[illegible]	29
19	2013-3-23	112			112

Microsoft Excel

选定区域不能分组。

确定

无法对“销售日期”项进行分组

2 打开数据源所在工作表，在工作表中选择任意空白单元格，按Ctrl+C组合键复制该单元格。

	A	B	C	D	E	F	G
1	销售日期	销售人员	商品名称	数量	单价	销售金额	
2	2013-1-2	宋冉冉	苏泊尔电饭煲	27	130	3510	
3	2013-1-5	赵毅可	苏泊尔电磁炉	96	899	86304	
4	2013-1-8	赵毅可	苏泊尔电磁炉	31	899	27869	
5	2013-1-13	赵毅可	苏泊尔电磁炉	93	899	83607	
6	2013-1-25	王上尉	美的豆浆机	36	269	9684	
7	2013-2-5	王上尉	美的豆浆机	53	269	14257	
8	2013-2-13	王上尉	美的豆浆机	90	269	24210	
9	2013-2-15	赵毅可	美的豆浆机	50	269	13450	
10	2013-2-18	赵毅可	[illegible]	[illegible]	[illegible]	[illegible]	
11	2013-2-25	倪婷	[illegible]	[illegible]	[illegible]	[illegible]	
12	2013-2-26	王上尉	[illegible]	[illegible]	[illegible]	[illegible]	
13	2013-3-1	王上尉	美的电磁炉	67	219	14673	
14	2013-3-4	王上尉	美的电磁炉	38	219	8322	
15	2013-3-15	赵毅可	美的电磁炉	56	219	12264	
16	2013-3-17	赵毅可	美的电磁炉	85	219	18615	
17	2013-3-22	赵毅可	美的电磁炉	29	219	6351	
18	2013-3-23	宋冉冉	美的电磁炉	112	219	24528	
19	2013-3-24	宋冉冉	苏泊尔电磁炉	63	299	18837	
20	2013-4-5	宋冉冉	苏泊尔电磁炉	90	299	26910	
21	2013-4-5	宋冉冉	苏泊尔电磁炉	47	299	14053	
22	2013-4-6	倪婷	苏泊尔电磁炉	66	299	19734	
23	2013-4-7	倪婷	美的电饭煲	105	299	31395	
24	2013-4-12	倪婷	美的电饭煲	28	299	8372	

选中任意空白单元格按Ctrl+C组合键

3 选中“销售日期”列。单击“粘贴”下拉按钮，在展开的列表中选择“选择性粘贴”选项。

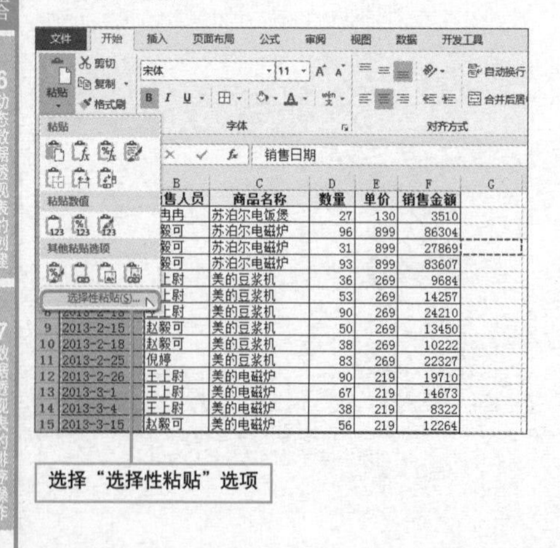

4 打开“选择性粘贴”对话框，选中“数值”和“加”单选按钮，然后单击“确定”按钮。

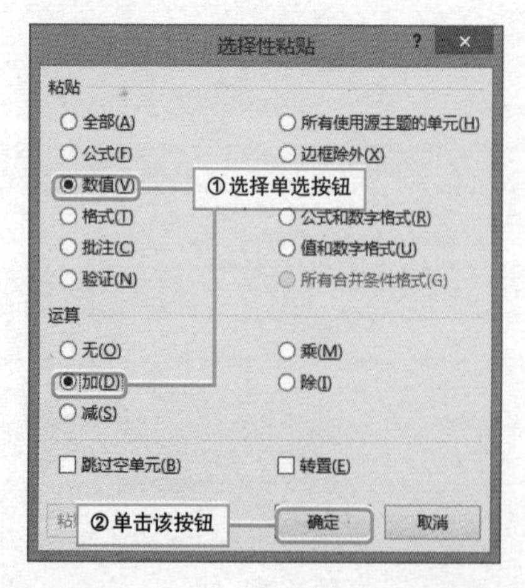

5 在“开始”选项卡中的“数字”组中单击“数字格式”下拉按钮，在展开的列表中选择“短日期”选项。

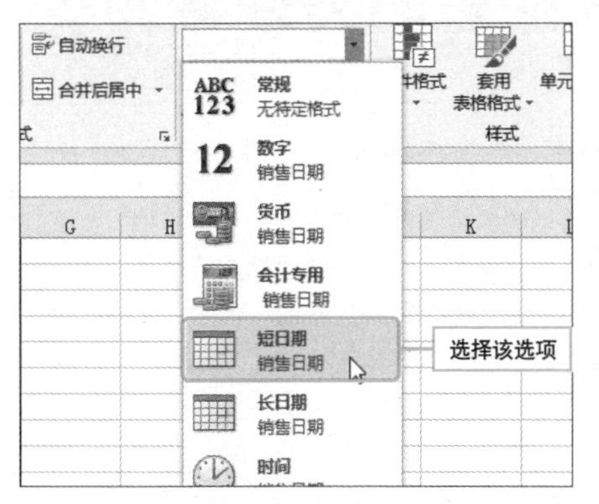

6 在数据透视表中右击任意单元格，在弹出的菜单中选择“刷新”命令。

右击后选择该命令

7 右击“销售日期”项中的任意单元格，在弹出的菜单中选择“创建组”命令。

右击后选择该命令

8 在打开的“组合”对话框中选择步长为“月”即可。

求和项:数量	商品名称			
销售日期	美的电磁炉	美的电饭煲	美的豆浆机	总计
1月			36	36
2月	90		314	404
3月	387			387
4月		215		215
6月			267	267
7月	282	105	83	470
9月		110		110
11月	220		261	481
12月	179			179
总计	1158	430	961	2549

通过设置之后对“销售日期”项分组

Hint

本技巧选定区域不能分组的原因

本技巧选定区域不能分组是由于日期格式不正确，虽然显示的是日期，但是其格式为文本格式，因此Excel无法识别，进而无法对日期实施自动分组。

Hint

导致选定区域不能分组的其他原因

在数据透视表中不能分组的原因有很多，除本技巧介绍的原因外，还有可能因为数据类型不一致导致组合失败。例如，一列为日期格式，其中部分单元格为数字或文本格式，那么刷新数据透视表后就无法对该字段进行自动组合。

另外，数据透视表本身引用区域失效也会造成选定区域不能分组。比如，当数据透视表的数据源被删除或引用的外部数据源不存在时，数据透视表自动保留的是失效的引用区域，从而导致分组失败。

Question 084

• Level ◆◆◆

2013 2010 2007

创建单个页字段的数据透视表

实例 将多张表格中的数据汇总到一张数据透视表中

为了方便查看销售信息，商场通常会将同一种类的商品按其相同特征存放在不同的工作表中。如果想将这些工作表中的数据进行合并，如将按季度存放在4个工作表中的家电的销售明细汇总到一张工作表中，可以按本技巧中介绍的方法操作。

❶ 将商品销售明细表按季度分别存放于“1季度”、“2季度”、“3季度”、“4季度”工作表中，并建立“汇总”工作表。打开“汇总”工作表并按Alt+D+P组合键，打开“数据透视表和数据透视图向导--步骤1（共3步）”对话框。

1季度

	A	B	C	D	E	F
1	商品名称	数量	单价	销售金额	销售人员	季度
2	电饭煲	27	130.00	3,510.00	宋冉冉	1季度
3	电磁炉	96	89			
4	电磁炉	31	89			
5	电磁炉	93	89			
6	豆浆机	36	26			
7	豆浆机	53	26			
8	豆浆机	90	26			
9	豆浆机	50	26			
10	榨汁机	88	26			
11	榨汁机	83	26			
12	榨汁机	90	21			
13	煎烤机	67	21			
14	煎烤机	38	21			
15	煎烤机	56	21			
16	煎烤机	85	21			
17	电磁炉	29	21			
18	电磁炉	112	21			
19	电磁炉	63	29			

2季度

	A	B	C	D	E	F
1	商品名称	数量	单价	销售金额	销售人员	季度
2	电磁炉	90	299.00	26,910.00	宋冉冉	2季度
3	电磁炉	47				
4	电磁炉	66				
5	电饭煲	105				
6	电饭煲	28				
7	榨汁机	15				
8	榨汁机	67				
9	榨汁机	61				
10	榨汁机	15				
11	豆浆机	41				
12	豆浆机	74				
13	电饭煲	27				
14	电饭煲	27				
15	电饭煲	27				
16	电饭煲	27				
17	电饭煲	27				
18	电磁炉	96				
19	煎烤机	31				

3季度

	A	B	C	D	E	F
1	商品名称	数量	单价	销售金额	销售人员	季度
2	豆浆机	83	269.00	22,327.00	倪婷	3季度
3	榨汁机					
4	榨汁机					
5	榨汁机					
6	电磁炉	11				
7	电磁炉					
8	电磁炉					
9	电磁炉	4				
10	煎烤机					
11	煎烤机					
12	煎烤机					
13	电饭煲	1				
14	电饭煲					
15	豆浆机					
16	豆浆机	1				

4季度

	A	B	C	D	E	F
1	商品名称	数量	单价	销售金额	销售人员	季度
2	榨汁机	41	369.00	15,129.00	倪婷	4季度
3	榨汁机	74	369.00	27,306.00	倪婷	4季度
4	榨汁机	27	130.00	3,510.00	宋冉冉	4季度
5	电饭煲	27	130.00	3,510.00	宋冉冉	4季度
6	电饭煲	27	130.00	3,510.00	宋冉冉	4季度
7	电饭煲	27	130.00	3,510.00	宋冉冉	4季度
8	豆浆机	90	269.00	24,210.00	王上尉	4季度
9	豆浆机	50	269.00	13,450.00	赵毅可	4季度
10	豆浆机	38	269.00	10,222.00	赵毅可	4季度
11	豆浆机	83	269.00	22,327.00	倪婷	4季度
12	煎烤机	90	219.00	19,710.00	王上尉	4季度
13	煎烤机	63	219.00	13,797.00	王上尉	4季度
14	煎烤机	67	219.00	14,673.00	王上尉	4季度
15	电磁炉	38	219.00	8,322.00	王上尉	4季度
16	电磁炉	56	219.00	12,264.00	赵毅可	4季度
17	电磁炉	85	219.00	18,615.00	赵毅可	4季度

汇总 | 1季度 | 2季度 | 3季度 | 4季度

❷ 在对话框中选中“多重合并计算数据区域”单选按钮，单击“下一步”按钮。

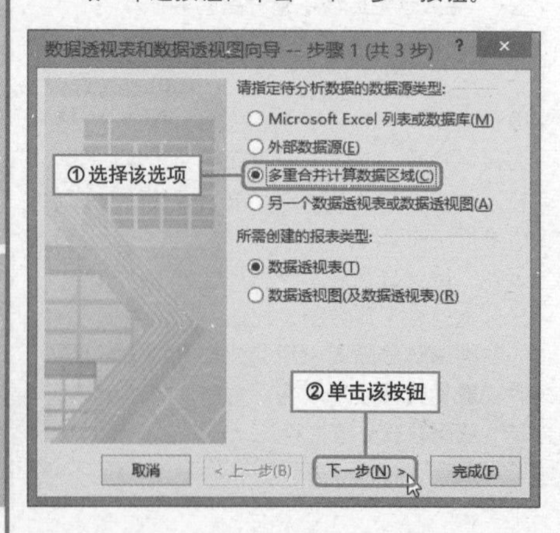

❸ 弹出“数据透视表和数据透视图向导--步骤2a（共3步）”对话框，保持选中内容不变，单击“下一步”按钮。

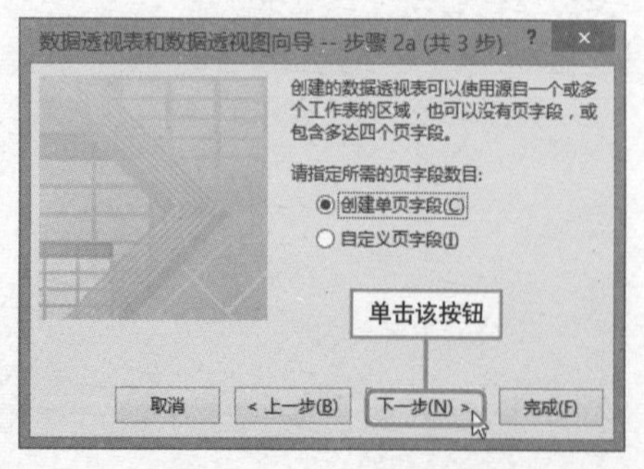

1 数据透视表的创建
2 数据透视表布局的调整
3 数据透视表格式的设置
4 数据透视表的刷新
5 数据透视表的项目组合
6 动态数据透视表的创建
7 数据透视表的排序操作

4 打开“数据透视表和数据透视图向导-第2b步，共3步”对话框，将插入点置于“选定区域”文本框内，单击“1季度”标签。

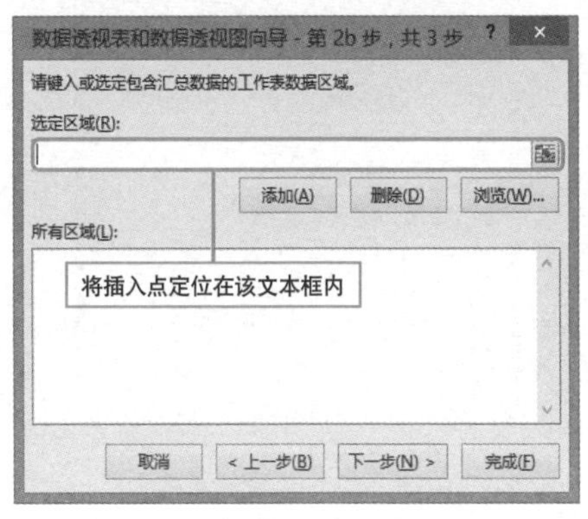

5 在“1季度”工作表中选中A1:F19单元格区域，单击“添加”按钮，将“选定区域”内容添加到“所有区域”列表框。

	A	B	C	D	E	F
1	商品名称	数量	单价	销售金额	销售人员	季度
2	电饭煲	27	130.00	3,510.00	宋冉冉	1季度
3	电磁炉	96	899.00	86,304.00	赵毅可	1季度
4	电磁炉	31				
5	电磁炉	93				
6	豆浆机	36				
7	豆浆机	53				
8	豆浆机	90				
9	豆浆机	50				
10	榨汁机	38				
11	榨汁机	83				
12	榨汁机	90				
13	煎烤机	67				
14	煎烤机	38				
15	煎烤机	56				
16	煎烤机	85				
17	电磁炉	29				
18	电磁炉	112				
19	电磁炉	63				

数据透视表和数据透视图向导 - 第 2b 步...
请键入或选定包含汇总数据的工作表数据区域。
选定区域(R):
'1季度'!$A$1:$F$19
①选择内容
添加(A)
删除(D)
浏览(W)...
所有区域(L):
'1季度'!$A$1:$F$19
②单击该按钮
取消
< 上一步(B)
下一步(N) >
完成(F)
汇总
1季度
2季度
3季度
4季度

6 参照步骤4～5，依次将“2季度”、“3季度”、“4季度”工作表中的数据添加到“所有区域”列表框。单击“下一步”按钮。

7 打开“数据透视表和数据透视图向导--步骤3（共3步）”对话框，在文本框中指定数据透视表创建位置为“汇总!$A$1”，单击“完成”按钮。

8 此时，自“汇总”工作表A1单元格起即创建了汇总“1季度”、“2季度”、“3季度”、“4季度”数据的数据透视表。接下来对数据透视表进行适当的调整，以保证其正确显示。

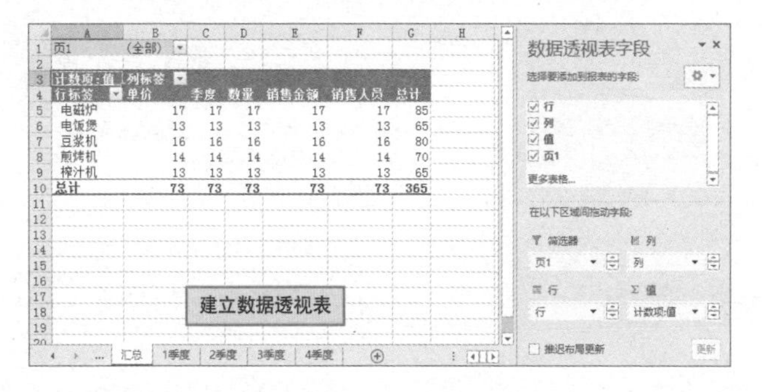

	A	B	C	D	E	F	G
1	页1	(全部)					
2							
3	计数项:值	列标签					
4	行标签	单价	季度	数量	销售金额	销售人员	总计
5	电磁炉	17	17	17	17	17	85
6	电饭煲	13	13	13	13	13	65
7	豆浆机	16	16	16	16	16	80
8	煎烤机	14	14	14	14	14	70
9	榨汁机	13	13	13	13	13	65
10	总计	73	73	73	73	73	365

9 选中值字段标题所在单元格A3，打开“分析”选项卡，单击“字段设置”按钮。

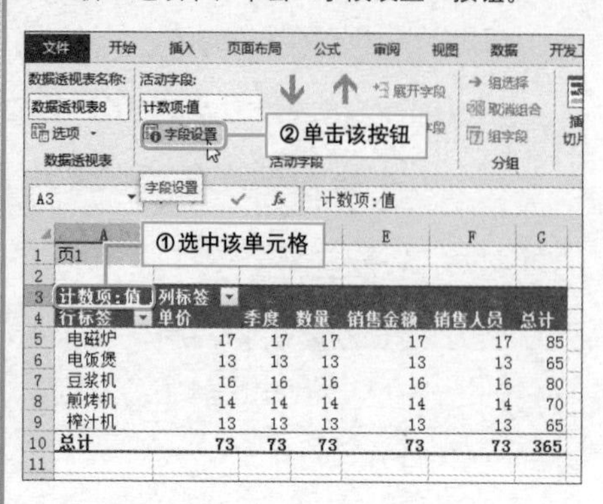

10 打开“值字段设置”对话框，选择“计算类型”为“求和”，单击“确定”按钮。

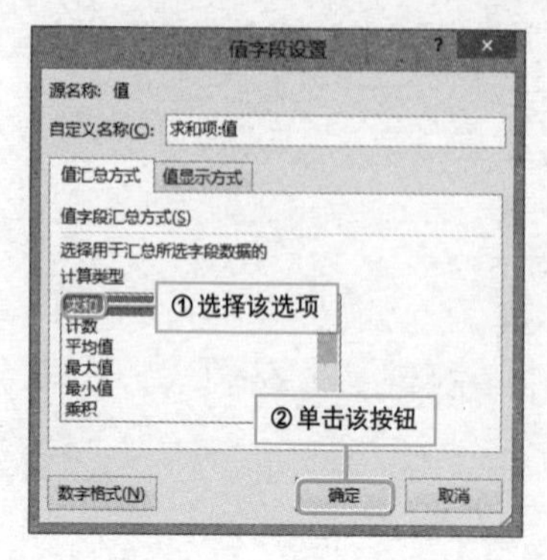

11 单击“列标签”字段的下拉按钮，在展开的筛选器中勾选需要显示在数据透视表中的选项。最后单击“确定”按钮。

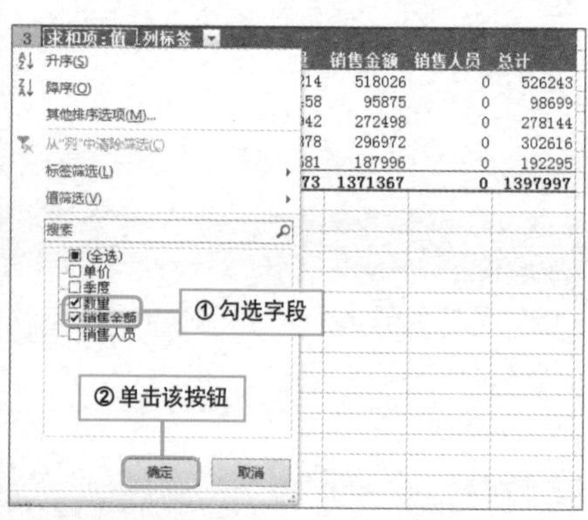

12 选中数据透视表中任意单元格，打开“设计”选项卡，单击“总计”下拉按钮，在展开的列表中选择“仅对列启用”选项。

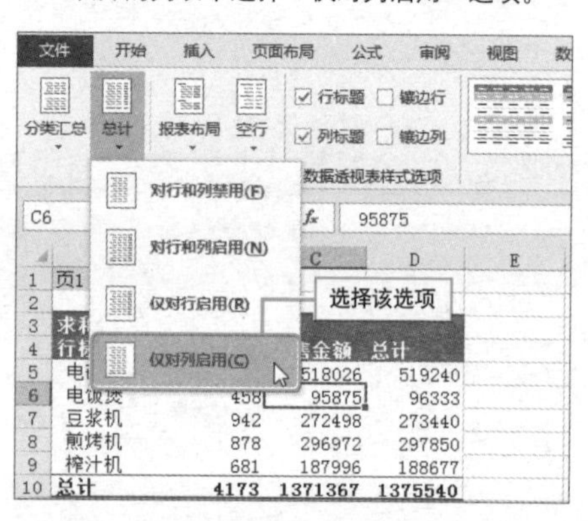

13 单击“筛选字段”标题下拉按钮，展开筛选器，从中勾选全部选项，即能准确汇总出所有商品的销售数量和金额。

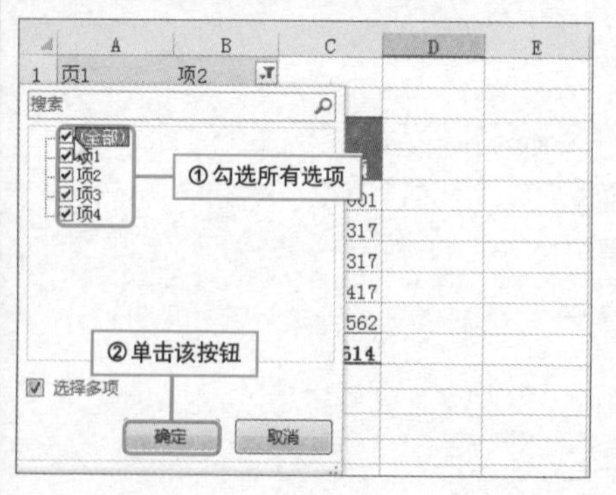

14 完成上述操作后，调整数据透视表的行高列宽，并为数据透视表添加边框线，对数据透视表进行美化。

	A	B	C
1	页1	(全部)	
2			
3	求和项:值	列标签	
4	行标签	数量	销售金额
5	电磁炉	1214	518,026.00
6	电饭煲	458	95,875.00
7	豆浆机	942	272,498.00
8	煎烤机	878	296,972.00
9	榨汁机	681	187,996.00
10	总计	4173	1,371,367.00

创建自定义页字段的数据透视表

实例 自定义汇总数据透视表页字段名称

所谓自定义页字段，是指在创建数据透视表的过程中事先为待合并的多个数据源自定义名称。这样，在创建好的数据透视表中，筛选字段下拉列表中的选项就会显示为自定义的名称。

1. 打开“汇总”工作表，按下Alt+D+P组合键打开“数据透视表和数据透视图向导--步骤1（共3步）”对话框，选中“多重合并计算数据区域”选项，单击“下一步”按钮。

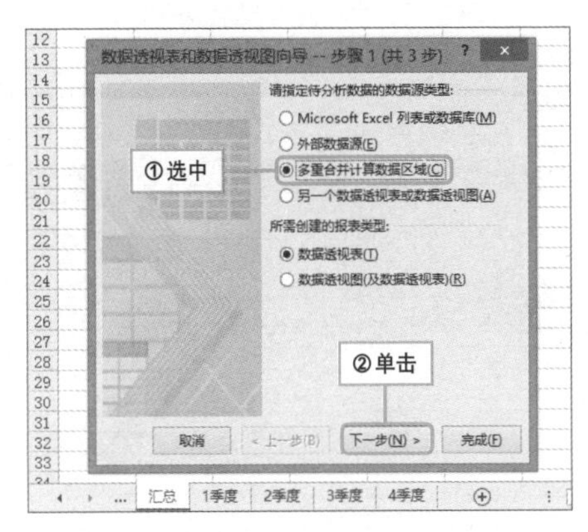

2. 打开“数据透视表和数据透视图向导--步骤2a（共3步）”对话框，选中“自定义页字段”单选按钮，单击“下一步”按钮。

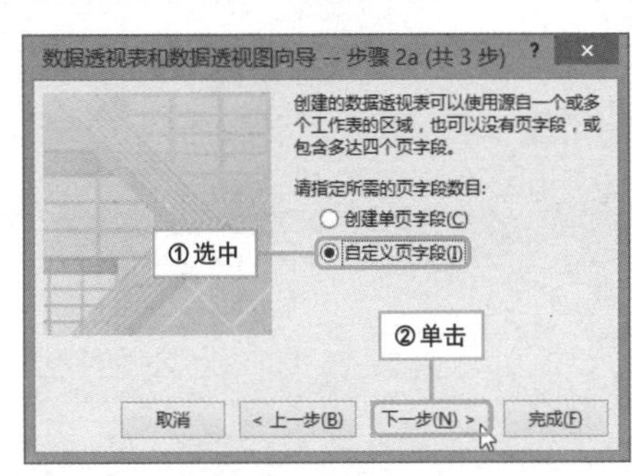

3. 弹出“数据透视表和数据透视图向导-第2b步，共3步”对话框，将插入点定位于“选定区域”文本框，选定内容为“'1季度'!$A$1:$F$19”，单击“添加”按钮，向“所有区域”列表框中添加选定区域内容。在“请先指定要建立在数据透视表中的页字段数目”中选中“1”单选按钮。在“字段1”下拉列表中输入“1季度”，完成第一个待合并区域的添加，然后单击“下一步”按钮。

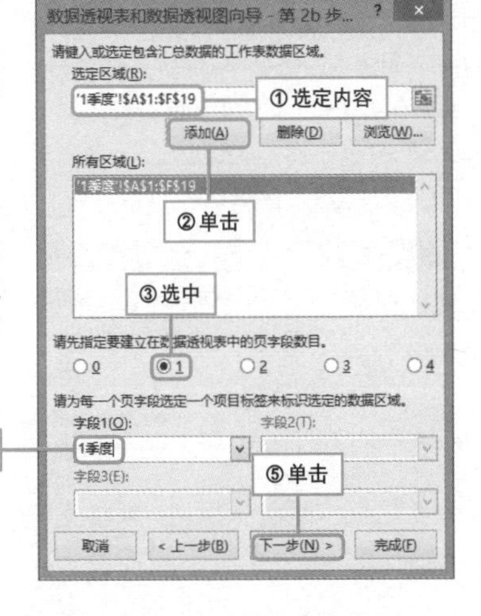

4 参照步骤3，依次向“所有区域”列表框中添加“'2季度'!$A$1:$F$25”、“'3季度'!$A$1:$F$16”、“'4季度'!$A$1:$F$17”数据区域，并在“请为每一个页字段选定一个项目标签来标识选定的数据区域”中的“字段1”下拉列表框中分别将其命名为“2季度”、“3季度”、“4季度”，最后单击“下一步”按钮。

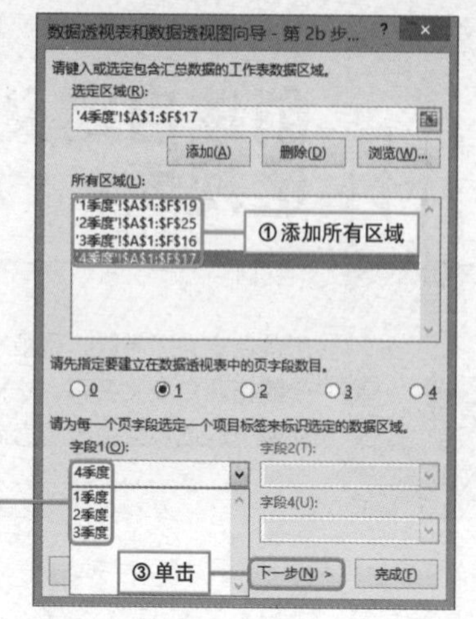

5 打开“数据透视表和数据透视图向导-步骤3（共3步）”对话框，在文本框中指定数据透视表的存放位置为“汇总!$A$1”，单击“完成”按钮。

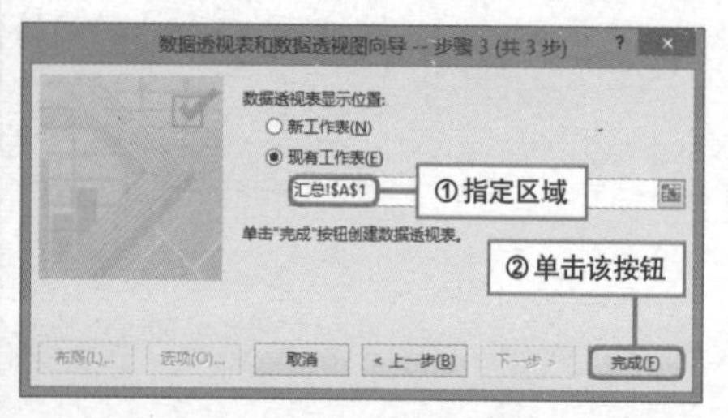

6 单击“完成”按钮后，自“汇总”工作表A1单元格起即创建了汇总多张工作表数据的数据透视表。

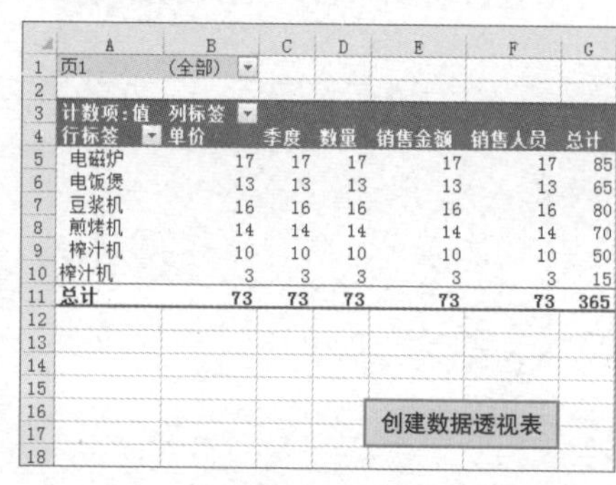

	A	B	C	D	E	F	G
1	页1	（全部）					
2							
3	计数项：值	列标签					
4	行标签	单价	季度	数量	销售金额	销售人员	总计
5	电磁炉	17	17	17	17	17	85
6	电饭煲	13	13	13	13	13	65
7	豆浆机	16	16	16	16	16	80
8	煎烤机	14	14	14	14	14	70
9	榨汁机	10	10	10	10	10	50
10	榨汁机	3	3	3	3	3	15
11	总计	73	73	73	73	73	365

7 修改“计数项：值”字段的汇总方式为“求和项：值”，在“列标签”筛选器中勾选需要显示的字段项。取消“总计”对行的显示，为数据透视表设置边框，完成操作。

	A	B	C
1	页1	（全部）	
2			
3	求和项：值	列标签	
4	行标签	数量	销售金额
5	电磁炉	1214	518,026.00
6	电饭煲	458	95,875.00
7	豆浆机	942	272,498.00
8	煎烤机	878	296,972.00
9	榨汁机	539	142,051.00
10	榨汁机	142	45,945.00
11	总计	4173	1,371,367.00
12			

8 单击“筛选字段”下拉按钮，在展开的筛选器中可以查看在创建数据透视表过程中自定义的字段项名称。单击任意字段项，即可查看该季度的销售情况。

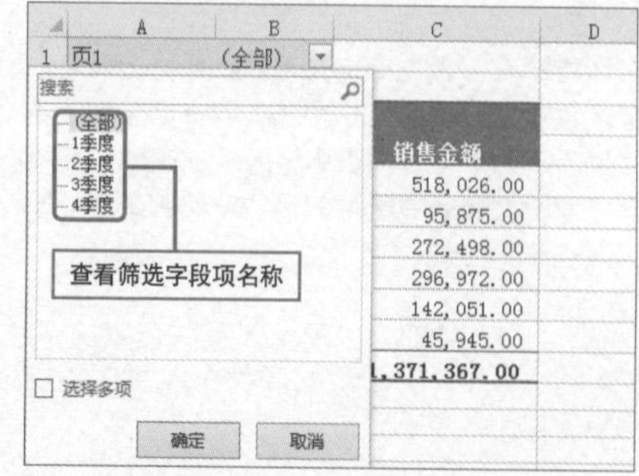

创建多页字段的数据透视表

实例 创建双页字段数据透视表

本技巧要创建的是双页字段数据透视表，即事先为待合并的多重数据源命名两个名称，在将来创建好的数据透视表中会出现两个报表筛选字段，每个报表筛选字段的下拉列表中都会出现用户已经命名的选项。具体创建步骤介绍如下。

❶ 将2012年和2013年的销量表分地区存放在“武汉”和“天津”工作表中。打开“汇总”工作表，按Alt+D+P组合键，打开“数据透视表和数据透视图向导--步骤1（共3步）”对话框。

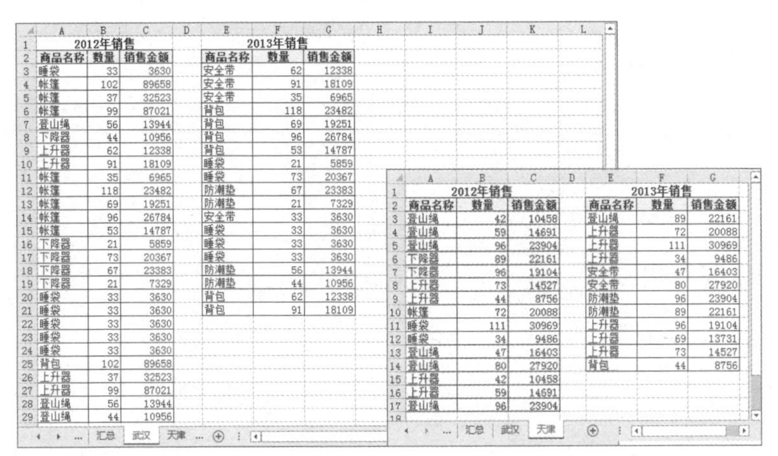

	A	B	C	D	E	F	G
1	2012年销售				2013年销售		
2	商品名称	数量	销售金额		商品名称	数量	销售金额
3	睡袋	33	3630		安全带	62	12338
4	帐篷	102	89658		安全带	91	18109
5	帐篷	37	32523		安全带	35	6965
6	帐篷	99	87021		背包	118	23482
7	登山绳	56	13944		背包	69	19251
8	下降器	44	10956		背包	96	26784
9	上升器	62	12338		背包	53	14787
10	上升器	91	18109		睡袋	21	5859
11	帐篷	35	6965		睡袋	73	20367
12	帐篷	118	23482		防潮垫	67	23383
13	帐篷	69	19251		防潮垫	21	7329
14	帐篷	96	26784		安全带	33	3630
15	帐篷	53	14787		睡袋	33	3630
16	下降器	21	5859		睡袋	33	3630
17	下降器	73	20367		睡袋	33	3630
18	下降器	67	23383		防潮垫	56	13944
19	下降器	21	7329		防潮垫	44	10956
20	睡袋	33	3630		背包	62	12338
21	睡袋	33	3630		背包	91	18109
22	睡袋	33	3630				
23	睡袋	33	3630				
24	睡袋	33	3630				
25	背包	102	89658				
26	上升器	37	32523				
27	上升器	99	87021				
28	登山绳	56	13944				
29	登山绳	44	10956				

汇总 武汉 天津

	A	B	C	D	E	F	G
1	2012年销售				2013年销售		
2	商品名称	数量	销售金额		商品名称	数量	销售金额
3	登山绳	42	10458		登山绳	89	22161
4	登山绳	59	14691		上升器	72	20088
5	登山绳	96	23904		上升器	111	30969
6	下降器	89	22161		上升器	34	9486
7	下降器	96	19104		安全带	47	16403
8	上升器	73	14527		安全带	80	27920
9	上升器	44	8756		防潮垫	96	23904
10	帐篷	72	20088		防潮垫	89	22161
11	睡袋	111	30969		上升器	96	19104
12	睡袋	34	9486		上升器	69	13731
13	登山绳	47	16403		上升器	73	14527
14	登山绳	80	27920		背包	44	8756
15	上升器	42	10458				
16	上升器	59	14691				
17	登山绳	96	23904				

汇总 武汉 天津

❷ 选中“多重合并计算数据区域”单选按钮，单击“下一步”按钮。

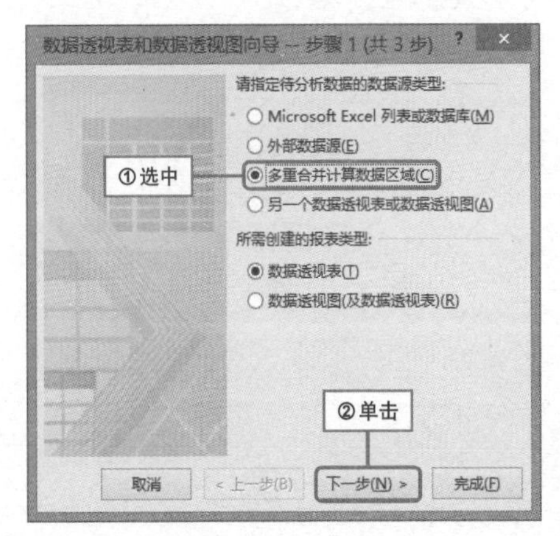

❸ 打开“数据透视表和数据透视图向导--步骤2a（共3步）”对话框，选中“自定义页字段”单选按钮，单击“下一步”按钮。

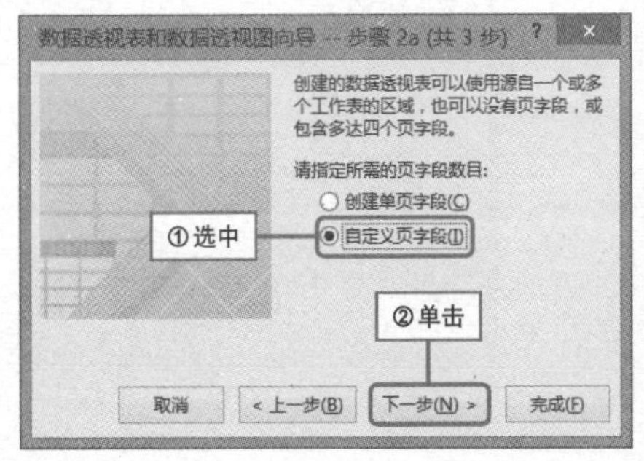

4 弹出“数据透视表和数据透视图向导-第2b步，共3步”对话框，在“选定区域”文本框中添加“武汉!$A$2:$C$29”区域内容，单击“添加”按钮，将该内容添加到“所有区域”列表框中。在“请先指定要建立在数据透视表中的页字段数目”中选择“2”单选按钮，在“字段1”下拉列表框中输入“武汉”，在“字段2”下拉列表框中输入“2012年销售”。

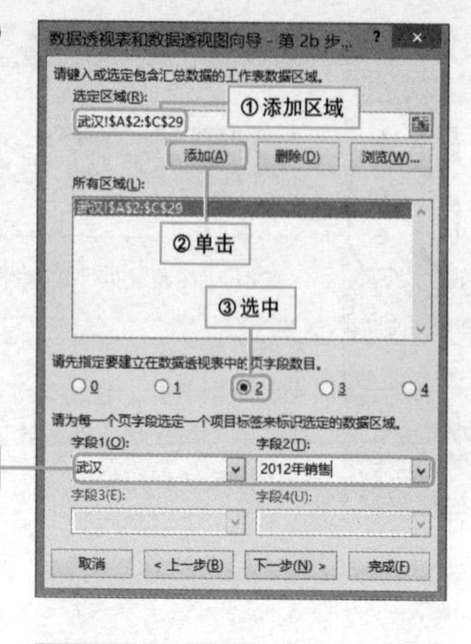

5 参照第4步，添加“武汉!$E$2:$G$21”区域内容到“所有区域”列表框。在“字段1”下拉列表框中输入“武汉”，在“字段2”下拉列表框中输入“2013年销售”。

接着添加“天津!$A$2:$C$17”区域内容到“所有区域”列表框，在“字段1”下拉列表框中输入“天津”，在“字段2”下拉列表框中输入“2012年销售”。

最后添加“天津!$E$2:$G$14”区域内容到“所有区域”列表框，在“字段1”下拉列表框中输入“天津”，在“字段2”下拉列表框中输入“2013年销售”，单击“下一步”按钮。

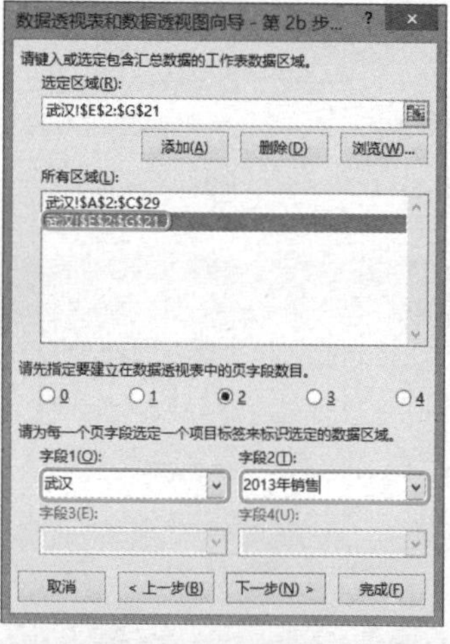

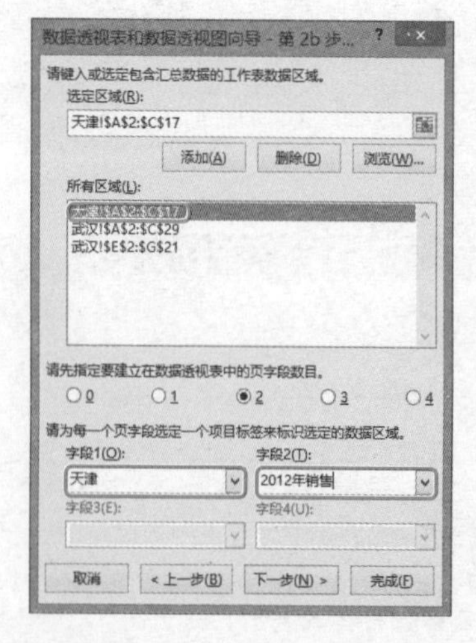

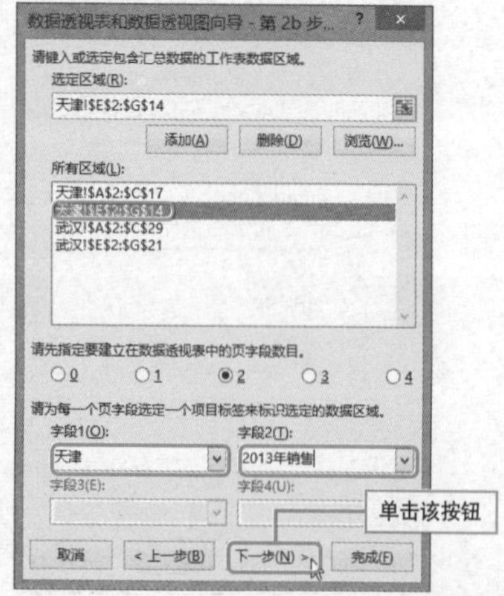

6 打开“数据透视表和数据透视图向导--步骤3（共3步）”对话框，在文本框中指定数据透视表的存放位置为“汇总!$A$1”，单击“完成”按钮。

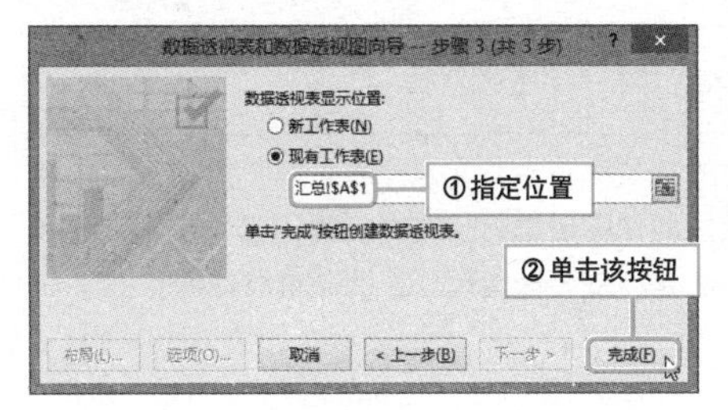

7 此时，便创建出了双页字段的数据透视表。

	A	B	C
1	页1	(全部)	
2	页2	(全部)	
3			
4	求和项:值	列标签	
5	行标签	数量	销售金额
6	安全带	348	85,365.00
7	背包	635	213,165.00
8	登山绳	665	178,285.00
9	防潮垫	373	101,677.00
10	上升器	962	306,328.00
11	睡袋	536	99,351.00
12	下降器	411	109,159.00
13	帐篷	681	320,559.00
14	总计	4611	1,413,889.00
15			

8 单击“页1”筛选字段下拉按钮，打开筛选器，可以看到其中包含“天津”和“武汉”字段项。选择任意字段项，即可查看该城市的销售数据。

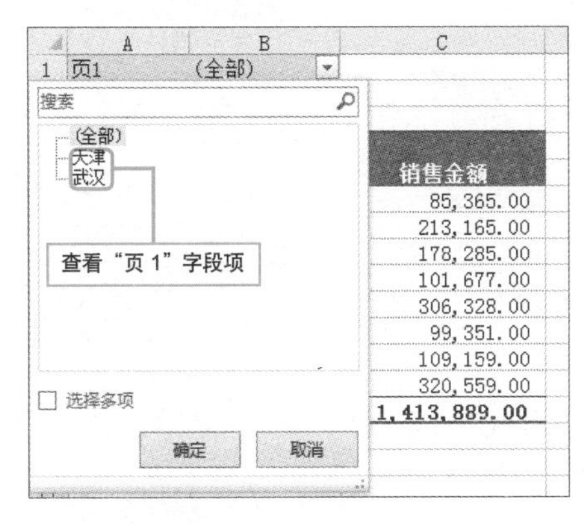

9 单击“页2”筛选字段下拉按钮，可以看到，在打开的筛选器中包含“2012年销售”和“2013年销售”字段项。

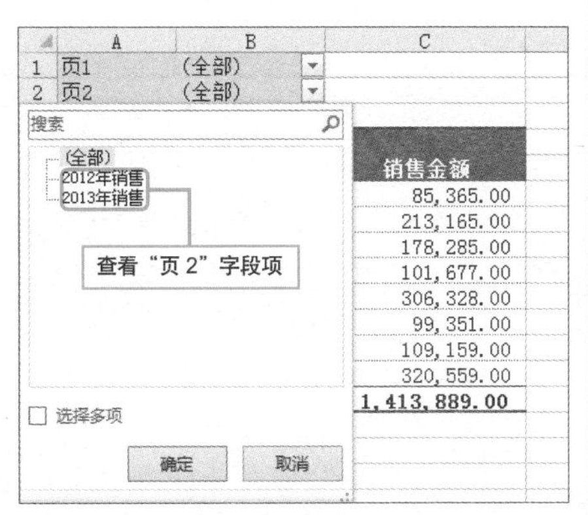

Hint

最多可以自定义几个字段项?

用户最多只能自定义4个字段项，这是因为在“数据透视表和数据透视图向导-第2b步，共3步”对话框中的“请先指定要建立在数据透视表中的页字段数目”选项中只有0～4的单选按钮可供选择。

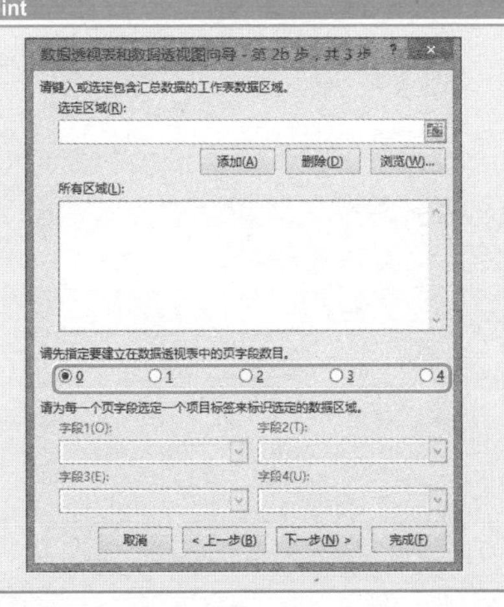

快速比较报表中相同科目的差异

实例　**比较两表中同一商品类别间的价格差异**

实现两表之间的相同科目的差异比较，听起来似乎非常复杂，例如，在两张表中其商品类别是相同的，需要进行价格之间的比较。其实只要利用多重合并数据透视表功能就可以轻松实现。下面介绍具体操作方法。

1 工作表中存放着“表1”和“表2”两张表格，其中“商品类别”中所有项目都是相同的，价格却有所不同。在工作表中按Alt+D+P组合键。

	A	B	C	D	E
1	表1			表2	
2	商品类别	价格		商品类别	价格
3	大米	32.00		大米	35.00
4	食用油	65.80		食用油	64.50
5	面粉	26.50		面粉	26.50
6	食用盐	2.50		食用盐	2.50
7	洗衣粉	15.80		洗衣粉	14.30
8	香皂	4.20		香皂	5.30
9	卫生纸	5.60		卫生纸	6.00
10	洗洁精	4.30		洗洁精	6.50
11	蚊香	5.20		蚊香	5.00
12	花露水	12.90		花露水	12.90
13					

2 打开“数据透视表和数据透视图向导--步骤1（共3步）”对话框，选中“多重合并计算数据区域”单选按钮，单击“下一步”按钮。

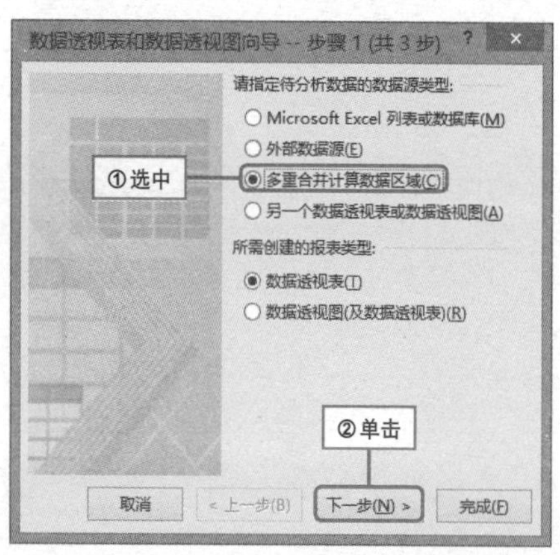

3 打开“数据透视表和数据透视图向导--步骤2a（共3步）”对话框，选中“创建单页字段”单选按钮，单击“下一步”按钮。

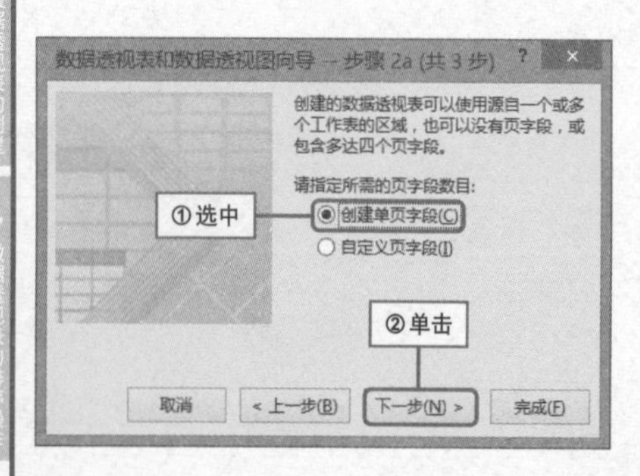

4 打开“数据透视表和数据透视图向导-第2b步，共3步”对话框，将插入点置于“选定区域”文本框中。

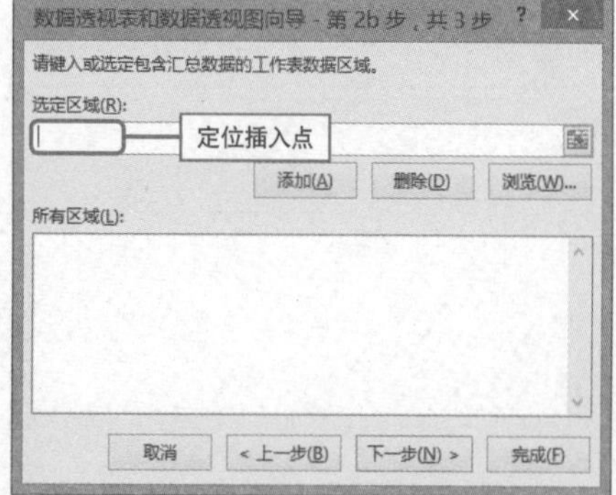

5 在文本框中添加“'011'!$A$2:$B$12”区域内容，单击“添加”按钮。

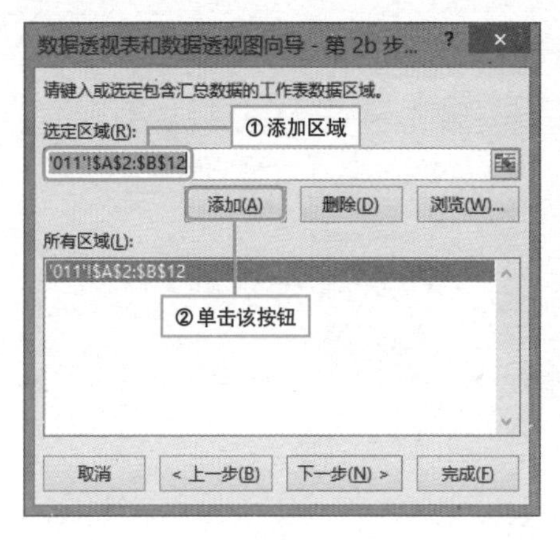

6 参照步骤5再次向“所有区域”列表框添加“'011'!$D$2:$E$12”区域内容。

7 单击“下一步”按钮，在弹出的对话框中单击“否”按钮。

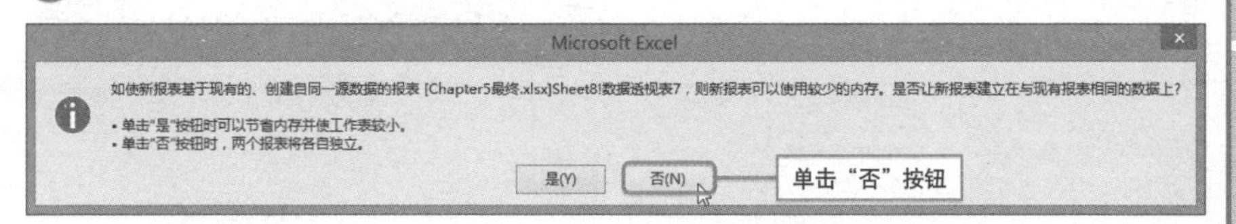

8 打开“数据透视表和数据透视图向导--步骤3（共3步）”对话框。在对话框中选中“新工作表”单选按钮，单击“完成”按钮。

9 此时，自新建工作簿A1单元格起，便自动生成了一张数据透视表。

	A	B	C	D
1	页1	(全部)		
2				
3	求和项:值	列标签		
4	行标签	价格	总计	
5	大米	67	67	
6	花露水	25.8	25.8	
7	面粉	53	53	
8	食用盐	5	5	
9	食用油	130.3	130.3	
10	卫生纸	11.6	11.6	
11	蚊香	10.2	10.2	
12	洗洁精	10.8	10.8	
13	洗衣粉	30.1	30.1	
14	香皂	9.5	9.5	
15	总计	353.3	353.3	
16				

10 在“数据透视表字段”窗格中取消对“列”复选框的勾选，将“页1”字段拖动至“列”区域。

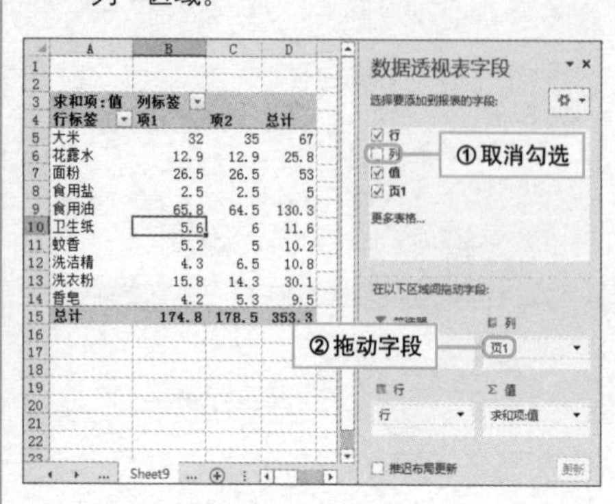

11 打开“设计”选项卡，单击“总计”下拉按钮，选择“仅对列启用”选项。

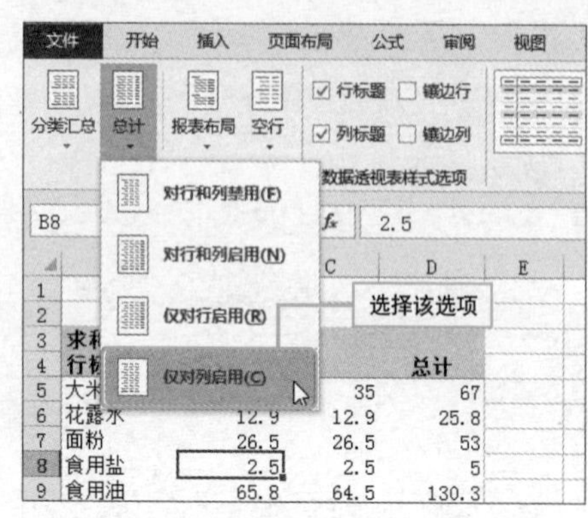

12 选中“项1”字段标题，单击“字段、项目和集”下拉按钮，选择“计算项”选项。

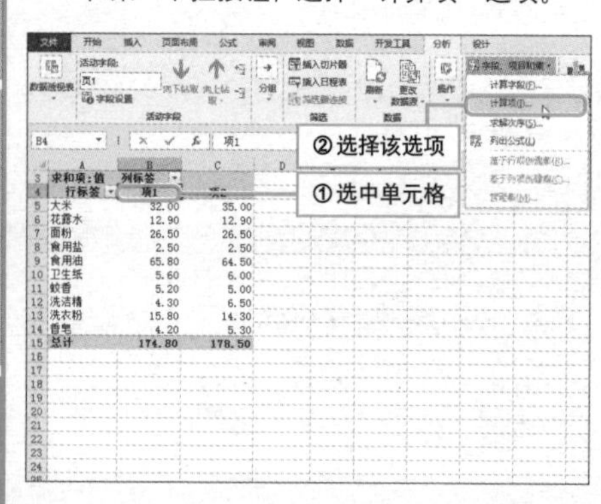

13 打开“在‘页1’中插入计算字段”对话框，在“公式”文本框中输入“=项1-项2”。

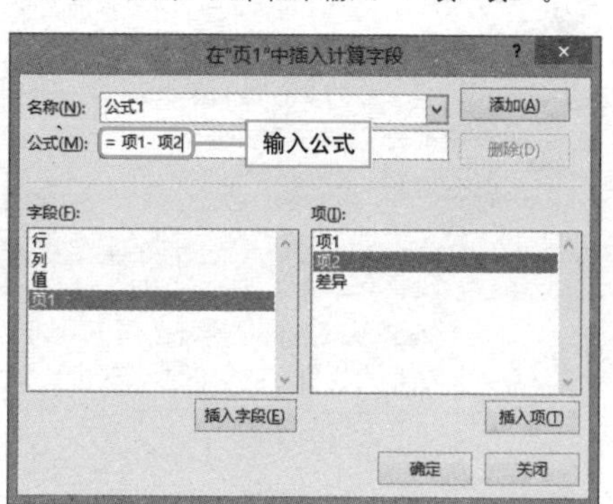

14 在“名称”文本框中修改“公式1”为“差异”，单击“确定”按钮。

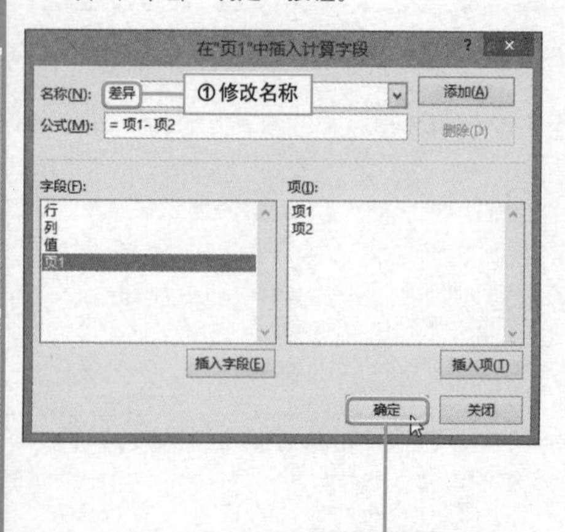

15 此时的数据透视表中各项目之间的差异即被计算了出来。

	A	B	C	D
3	求和项：值	列标签		
4	行标签	项1	项2	差异
5	大米	32.00	35.00	-3.00
6	花露水	12.90	12.90	0.00
7	面粉	26.50	26.50	0.00
8	食用盐	2.50	2.50	0.00
9	食用油	65.80	64.50	1.30
10	卫生纸	5.60	6.00	-0.40
11	蚊香	5.20	5.00	0.20
12	洗洁精	4.30	6.50	-2.20
13	洗衣粉	15.80	14.30	1.50
14	香皂	4.20	5.30	-1.10
15	总计	174.80	178.50	-3.70
16				
17				

创建无页字段的数据透视表

实例 按客户名称合并不同年度采购数量

当用户需要将不同工作表中的数据合并到一张工作表中进行数据分析时，也可以利用“多重合并计算数据区域”来进行操作。具体操作步骤介绍如下。

1 客户不同年份的采购记录被存放在两张工作表中，打开这两张工作表。

	A	B	C
1	客户名称	2010年采购	2011年采购
2	精味源快餐店	565.00	15122.00
3	面对面餐馆	12365.00	2662.00
4	百味佳餐厅	2352.00	7894.00
5	易家联快餐店	15651.00	62214.00
6	时尚快餐店	622	
7	嘉陵楼重庆火锅	6522	
8	大连湾海鲜城	6223	
9	雪苑酒楼	6045	
10	咱家小菜馆	7852	
11	一古斋饭庄	632	
12	孟家饺园	4521	
13	鼎鼎香涮肉坊	745	

013 | 013-1

	A	B	C
1	客户名称	2012年采购	2013年采购
2	精味源快餐店	23252.00	4522.00
3	面对面餐馆	62332.00	4512.00
4	百味佳餐厅	15554.00	12122.00
5	易家联快餐店	6522.00	10254.00
6	时尚快餐店	5452.00	844.00
7	嘉陵楼重庆火锅	6252.00	6322.00
8	穿佛餐厅	4512.00	3222.00
9	大连湾海鲜城	8854.00	4152.00
10	雪苑酒楼	232.00	9622.00
11	楚湘阁	7454.00	4512.00
12	咱家小菜馆	9452.00	51222.00
13	一古斋饭庄	7455.00	4522.00
14	鼎鼎香涮肉坊	95452.00	9656.00
15			

013 | 013-1 | 013-2

2 参照上一个技巧的步骤2、步骤3创建“自定义页字段”的数据源，添加完待分析的数据源后，选中“0”单选按钮。

3 单击对话框中的“下一步”按钮，在接下来打开的对话框中指定数据透视表的创建位置为“'012'!$A$1”，完成数据透视表的创建。

	A	B	C	D	E	F
1	求和项:值	列标签				
2	行标签	2010年采购	2011年采购	2012年采购	2013年采购	总计
3	百味佳餐厅	2352	7894	15554	12122	37922
4	楚湘阁			7454	4512	11966
5	穿佛餐厅			4512	3222	7734
6	大连湾海鲜城	62232	87842	8854	4152	163080
7	鼎鼎香涮肉坊	7452	89455	95452	9656	202015
8	嘉陵楼重庆火锅	65222	95565	6252	6322	173361
9	精味源快餐店	565	15122	23252	4522	43461
10	孟家饺园	45212	1251			46463
11	面对面餐馆	12365	2662	62332	4512	81871
12	时尚快餐店	6223	12655	5452	844	25174
13	雪苑酒楼	60454	96522	232	9622	166830
14	一古斋饭庄	6321	6522	7455	4522	24820
15	易家联快餐店	15651	62214	6522	10254	94641
16	咱家小菜馆	78525	1222	9452	51222	140421
17	总计	362574	478926	252775	125484	1219759

013 | 013-1 | 013-2

优秀的数据占比统计方法

实例　**按百分比方式显示各季度订货量在全年中所占比例**

某公司以季度报表的形式统计客户的订货量，现在需要统计每位客户各季度的订货量在全年订货量中所占的比重。如果利用数据源直接创建数据透视表的话，并不能直接有效地达到想要的效果，那么该怎么办呢？本技巧就来解答这方面的疑惑。

1. 打开包含客户名称和各季度订货金额的工作表，按Alt+D+P组合键。

	A	B	C	D	E
1	客户名称	1季度	2季度	3季度	4季度
2	红双贸易公司	35149	61967	25776	48345
3	优程科技公司	14427	14901	37272	1420
4	环球贸易公司	14194	52372	82015	21315
5	河套王贸易公司	25463	50360	54986	41971
6	五洲科技有限公司	57034	90018	46694	16299
7	九鼎贸易公司	97045	38434	92255	18087
8	中艺盛嘉贸易有限公司	14427	3901	34567	31772
9	富顺德商贸有限公司	44312	29051	81928	10991
10	华航商贸有限公司	56571	48168	92678	18509
11	中楚亨通科技有限公司	80999	6884	41044	33707
12	艾诺服饰公司	84459	87411	88981	60184
13	彩艺服装有限公司	15305	6086	14690	51742
14	芭比公主玩具公司	86211	77602	24608	8220
15	龙源泰兴贸易有限公司	94164	66796	42071	44222
16	瀚明科技有限公司	15405	14781	78240	23599
17	广达恒业商贸有限公司	55017	84964	72828	54060
18					

2. 打开“数据透视表和数据透视图向导--步骤1（共3步）”对话框，选中“多重合并计算数据区域”单选按钮，单击“下一步”按钮。

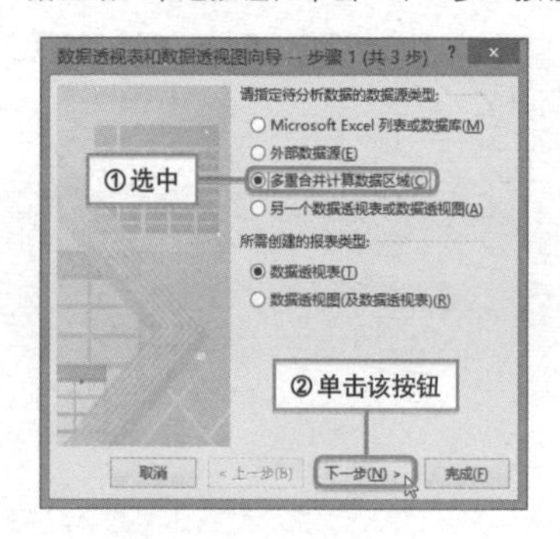

3. 打开“数据透视表和数据透视图向导--步骤2a（共3步）”对话框，在其中选中“自定义页字段”单选按钮，然后单击“下一步”按钮。

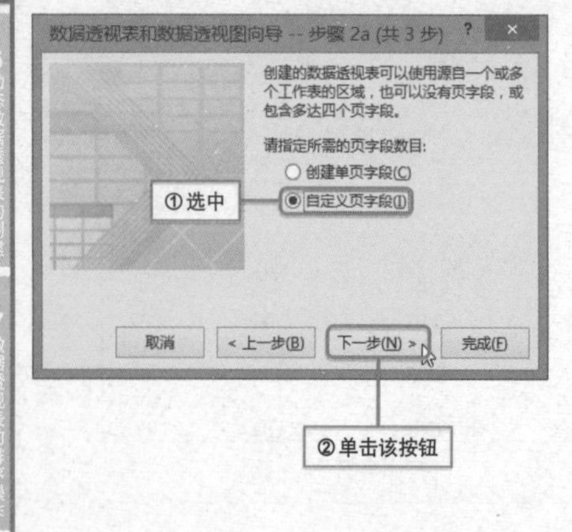

4. 弹出“数据透视表和数据透视图向导-第2b步，共3步”对话框。在“选定区域”文本框中选定“数据源6!$A$1:$E$17”区域，单击“添加”按钮。

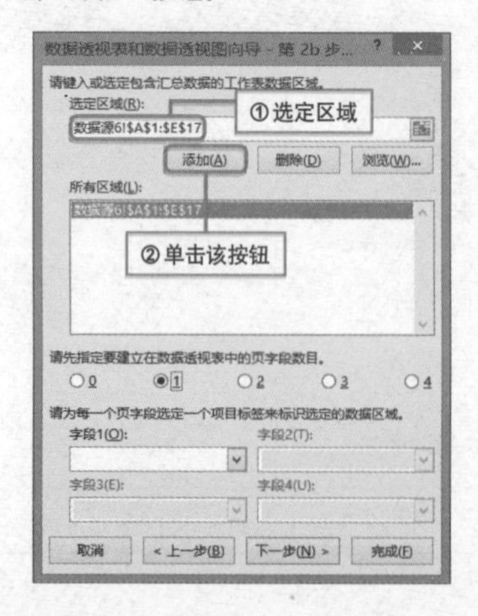

5 在“请先指定要建立在数据透视表中的页字段数目”中选择“0”单选按钮，单击“下一步”按钮。

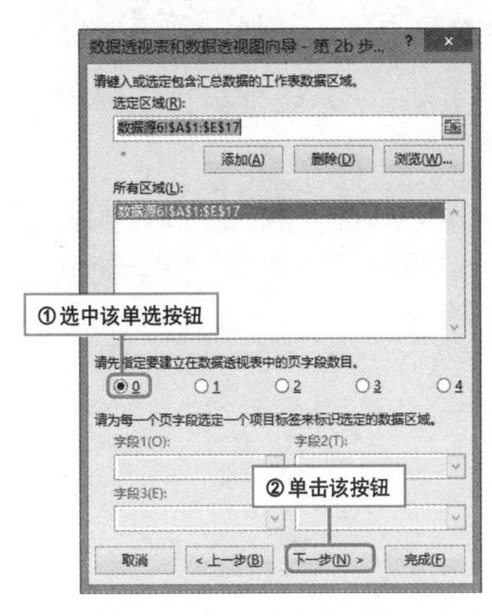

6 弹出“数据透视表和数据透视图向导--步骤3（共3步）”对话框，选中“新工作表”单选按钮，单击“完成”按钮。

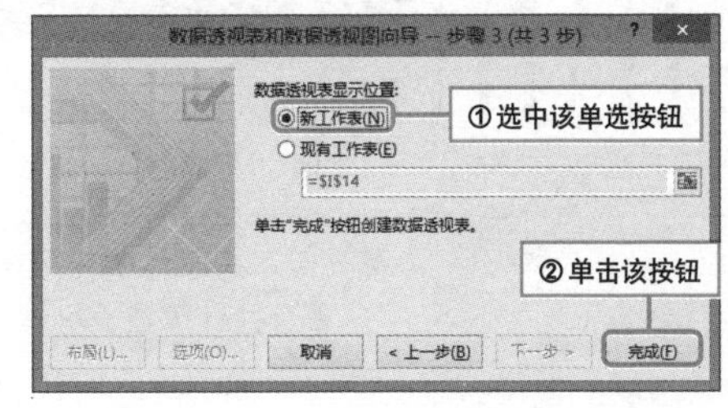

7 在接下来弹出的对话框中单击“否”按钮，则数据透视表被创建在自动新建的工作中。

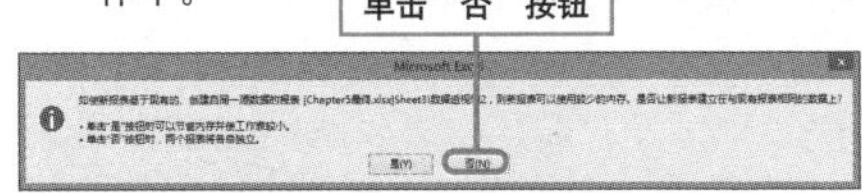

8 右击数据透视表中任意值字段项，在弹出的菜单中选择“值显示方式”命令，在级联菜单中选择“行汇总的百分比”命令。

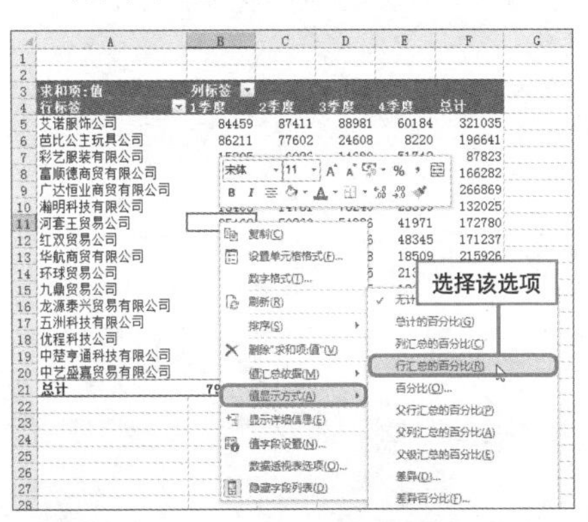

9 设置完成之后，数据透视表的值字段项会显示正确的“行汇总的百分比”。

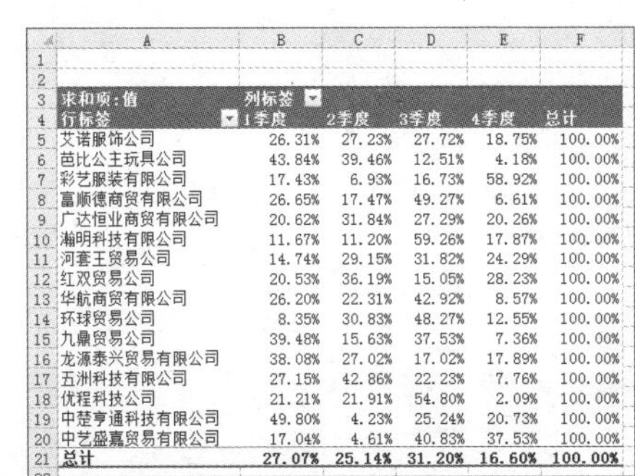

求和项:值	列标签				
行标签	1季度	2季度	3季度	4季度	总计
艾诺服饰公司	26.31%	27.23%	27.72%	18.75%	100.00%
芭比公主玩具公司	43.84%	39.46%	12.51%	4.18%	100.00%
彩艺服装有限公司	17.43%	6.93%	16.73%	58.92%	100.00%
富顺德商贸有限公司	26.65%	17.47%	49.27%	6.61%	100.00%
广达恒业商贸有限公司	20.62%	31.84%	27.29%	20.26%	100.00%
瀚明科技有限公司	11.67%	11.20%	59.26%	17.87%	100.00%
河套王贸易公司	14.74%	29.15%	31.82%	24.29%	100.00%
红双贸易公司	20.53%	36.19%	15.05%	28.23%	100.00%
华航商贸有限公司	26.20%	22.31%	42.92%	8.57%	100.00%
环球贸易公司	8.35%	30.83%	48.27%	12.55%	100.00%
九鼎贸易公司	39.48%	15.63%	37.53%	7.36%	100.00%
龙源泰兴贸易有限公司	38.08%	27.02%	17.02%	17.89%	100.00%
五洲科技有限公司	27.15%	42.86%	22.23%	7.76%	100.00%
优程科技公司	21.21%	21.91%	54.80%	2.09%	100.00%
中楚亨通科技有限公司	49.80%	4.23%	25.24%	20.73%	100.00%
中艺盛嘉贸易有限公司	17.04%	4.61%	40.83%	37.53%	100.00%
总计	27.07%	25.14%	31.20%	16.60%	100.00%

Hint

为何先创建“多重合并计算数据区域”的数据透视表

如果根据数据源创建常规的数据透视表，则该数据透视表即使在选项卡中进行设置也无法显示数据的“总计”，而且当对数据区域设置“值显示方式”为“行汇总的百分比”时，每次只能显示某个季度的“行汇总的百分比”，而且显示的均为“100%”。

轻松将二维表转换为数据列表

实例 显示数据表的明细列表

在一份二维工作表中记录着员工所售风扇的数量，用户可以通过创建“多重合并计算数据区域”的数据透视表，更详细地显示明细数据。下面就来讲解具体实现步骤。

❶ 打开工作表，查看二维表数据源。

	A	B	C	D	E	F	G
1		转页扇	落地扇	吊扇	壁扇	空调扇	台扇
2	杨洋	456	659	658	652	852	896
3	姚露	125	264	653	325	856	987
4	方怡	369	451	622	215	622	789
5	眉庄	548	365	212	562	452	698
6	安杰	652	895	452	622	856	896
7	李宝	321	155	521	154	751	854
8	张欣	265	622	451	952	956	874
9	薛山	235	622	325	458	456	722
10							

❷ 参照上一技巧创建不具有页字段的数据透视表。

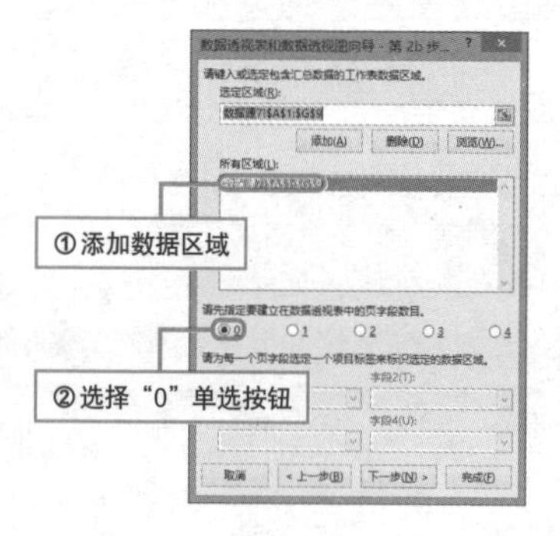

❸ 在创建好的数据透视表中双击最后一个单元格。

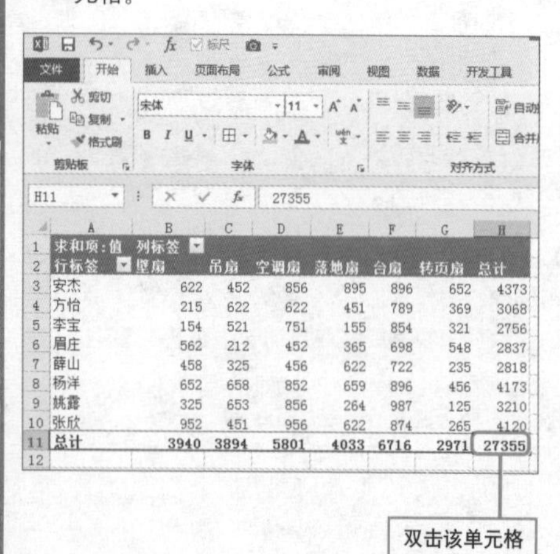

	A	B	C	D	E	F	G	H
1	求和项:值	列标签						
2	行标签	壁扇	吊扇	空调扇	落地扇	台扇	转页扇	总计
3	安杰	622	452	856	895	896	652	4373
4	方怡	215	622	622	451	789	369	3068
5	李宝	154	521	751	155	854	321	2756
6	眉庄	562	212	452	365	698	548	2837
7	薛山	458	325	456	622	722	235	2818
8	杨洋	652	658	852	659	896	456	4173
9	姚露	325	653	856	264	987	125	3210
10	张欣	952	451	956	622	874	265	4120
11	总计	3940	3894	5801	4033	6716	2971	27355
12								

❹ 此时Excel自动新建一个工作表，并将明细数据显示在该工作表中。

	A	B	C	D	E
1	行	列	值		
2	安杰	壁扇	622		
3	安杰	吊扇	452		
4	安杰	空调扇	856		
5	安杰	落地扇	895		
6	安杰	台扇	896		
7	安杰	转页扇	652		
8	方怡	壁扇	215		
9	方怡	吊扇	622		
10	方怡	空调扇	622		
11	方怡	落地扇	451		
12	方怡	台扇	789		
13	方怡	转页扇	369		
14	李宝	壁扇	154		
15	李宝	吊扇	521		
16	李宝	空调扇	751		
17	李宝	落地扇	155		
18	李宝	台扇	854		
19	李宝	转页扇	321		
20	眉庄	壁扇	562		
21	眉庄	吊扇	212		

显示明细数据

创建动态统计报表不求人

实例 创建“多重合并计算数据区域”透视表

某公司将各分店的销售记录表分别存放在不同的工作表中，并以其店名命名工作表。由于各报表中会不断地增加记录，因此迫切需要创建一个可以自动更新的数据透视表。下面介绍具体实现方法。

❶ 三个店的销量表被分别存放在以各自店名命名的工作表中。

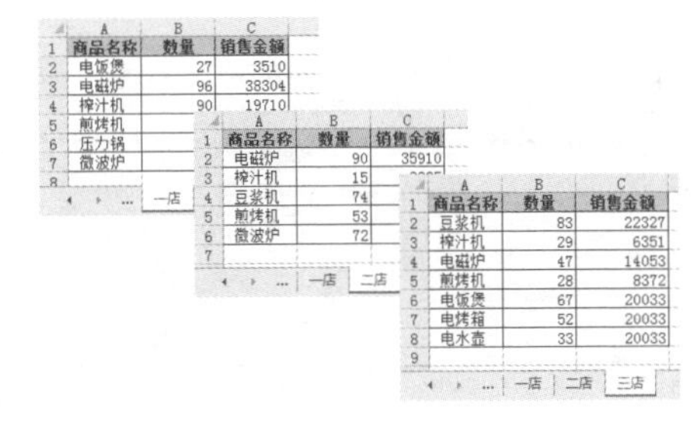

❷ 打开“店一”工作表，选中数据区域中任意单元格，单击“开始”选项卡中的“表格”按钮。

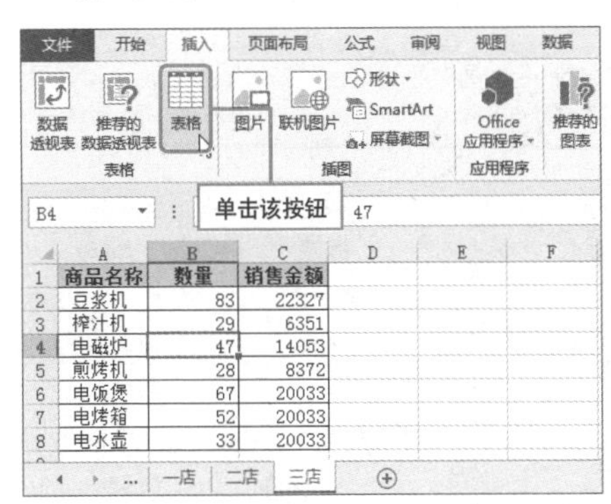

	A	B	C
1	商品名称	数量	销售金额
2	豆浆机	83	22327
3	榨汁机	29	6351
4	电磁炉	47	14053
5	煎烤机	28	8372
6	电饭煲	67	20033
7	电烤箱	52	20033
8	电水壶	33	20033

❸ 弹出“创建表”对话框，“表数据的来源”文本框中自动选中了“一店”工作表中的数据区域，取消对“表包含标题”复选框勾选。

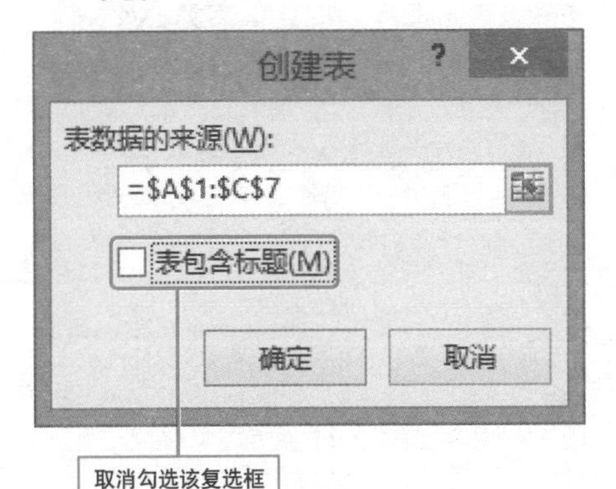

❹ 单击“确定”按钮后“一店”工作表中的数据区域被转换成了“表”形式。参照第2、3步的方法将“二店”“三店”的数据区域转换成表。

	A	B	C
1	列1	列2	列3
2	商品名称	数量	销售金额
3	电饭煲	27	3510
4	电磁炉	96	38304
5	榨汁机	90	19710
6	煎烤机	56	12264
7	压力锅	56	31864
8	微波炉	62	37138

一店 二店 三店

将数据区域转换成表

5 创建“多重合并计算数据区域”数据透视表，在“数据透视表和数据透视图向导-第2b部，共3步”对话框中的“选定区域”中分别添加“表1”、“表2”、“表3”表名称。

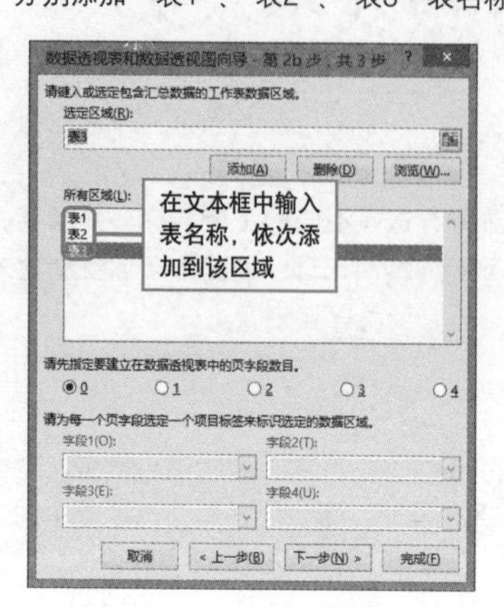

Hint

表名的查看方法

在不清楚表名称的情况下，可选中表中任意单元格，激活“设计”选项卡，在“属性”组中的“表名称”文本框中进行查看。

查看表名称

	A	B	C
1	列1	列2	列3
2	商品名称	数量	销售金额
3	电饭煲	27	3510
4	电磁炉	96	38304
5	榨汁机	90	19710
6	煎烤机	56	12264

6 将数据透视表创建在新建工作表中，取消“总计”对列的启用，美化数据透视表。

	A	B	C
3	求和项:值	列标签	
4	行标签	数量	销售金额
5	电磁炉	233	88267
6	电饭煲	94	23543
7	电烤箱	52	20033
8	电水壶	33	20033
9	豆浆机	157	49633
10	煎烤机	137	32243
11	微波炉	134	101650
12	压力锅	56	31864
13	榨汁机		29346
14	总计	1030	396612

美化数据透视表

7 此时在“一店”表下方增加“蒸蛋器”的销售记录。

	A	B	C
1	列1	列2	列3
2	商品名称	数量	销售金额
3	电饭煲	27	3510
4	电磁炉	96	38304
5	榨汁机	90	19710
6	煎烤机	56	12264
7	压力锅	56	31864
8	微波炉	62	37138
9	蒸蛋器	55	480

增加销售记录

8 刷新数据透视表后在数据透视表最下方出现了“蒸蛋器”的销售记录。

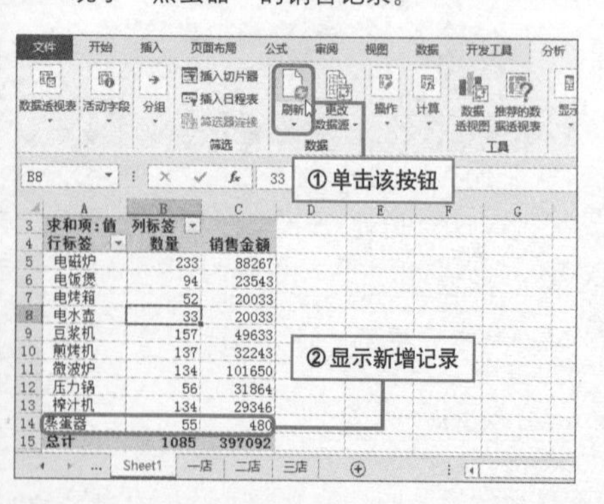

Hint

定义名称法创建数据透视表

将本技巧中3个店的销售表定义为可以扩展的单元格区域名称“一店”、“二店”、“三店”添加到对话框中的“所有区域”同样可以创建动态多重合并计算数据透视表。

一店=OFFSET(一店!$A$1,,,COUNTA(一店!$A:$A),COUNTA(一店! $1:$1))

二店=OFFSET(二店!$A$1,,,COUNTA(二店!$A:$A),COUNTA(二店! $1:$1))

三店=OFFSET(三店!$A$1,,,COUNTA(三店!$A:$A),COUNTA(三店! $1:$1))

多个行字段的数据表合并也不难

实例 创建包含多个行字段的“多重合并计算数据区域”数据透视表

如果待合并的数据源具有多个行字段，那么怎样才能使数据透视表中的行标签列同时显示这些字段呢？接下来看一个具体的案例，合并某公司的库存和销售表中的“品牌”、“商品”和“型号”三列行字段，从而制作出剩余库存表。

❶ 查看库存和销售明细表，可以看到在两张表中分别有“品牌”、“商品”和“型号”三列行字段。

	A	B	C	D
1	品牌	商品	型号	库存（台）
2	康佳	电视	LED42M3820AF	172
3	康佳	电视	LED47F3530F	149
4	海尔	冰箱	BCD-192KJ	234
5	海尔	冰箱		
6	美的	热水器		
7	美的	热水器		
8	海尔	洗衣机		
9	海尔	洗衣机		
10	格力	空调		
11	格力	空调		
12	佳能	数码相机		
13	佳能	数码相机		
14	三星	手机		
15	三星	手机		
16	三星	电脑		
17	三星	电脑		

	A	B	C	D
1	品牌	商品	型号	销售（台）
2	康佳	电视	LED42M3820AF	53
3	康佳	电视	LED47F3530F	75
4	海尔	冰箱	BCD-192KJ	62
5	海尔	冰箱	BCD-211SDSN	59
6	美的	热水器	F50-15A2	67
7	美的	热水器	F80-30W7	78
8	海尔	洗衣机	XQG70-1012	88
9	海尔	洗衣机	XQB70-M918	82
10	格力	空调	KFR-50LW（50561）AB-2	53
11	格力	空调	KF-23GW/K(23556)B3-N2	75
12	佳能	数码相机	EOS M2	72
13	佳能	数码相机	EOS1200D	92
14	三星	手机	Galaxy x4	65
15	三星	手机	Galaxy Mega	74
16	三星	电脑	R45-K003	93
17	三星	电脑	ATIV book5	83

库存 销售

❷ 打开库存表，在D列前插入一列，将其命名为“品牌-商品-型号”，在D2单元格内输入公式“=A2&"-"&B2&"-"&C2”，然后向下复制公式至D17单元格。

D2 =A2&"-"&B2&"-"&C2 ①输入公式

	A	B	C	D	E
1	品牌	商品	型号	品牌-商品-型号	库存（台）
2	康佳	电视	LED42M3820AF	康佳-电视-LED42M3820AF	172
3	康佳	电视	LED47F3530F	康佳-电视-LED47F3530F	149
4	海尔	冰箱	BCD-192KJ	海尔-冰箱-BCD-192KJ	234
5	海尔	冰箱	BCD-211SDSN	海尔-冰箱-BCD-211SDSN	198
6	美的	热水器	F50-15A2	美的-热水器-F50-15A2	221
7	美的	热水器	F80-30W7	美的-热水器-F80-30W7	145
8	海尔	洗衣机	XQG70-1012	海尔-洗衣机-XQG70-1012	279
9	海尔	洗衣机	XQB70-M918	海尔-洗衣机-XQB70-M918	358
10	格力	空调	KFR-50LW（50561）AB-2	格力-空调-KFR-50LW（50561）AB-2	521
11	格力	空调	KF-23GW/K(23556)B3-N2	格力-空调-KF-23GW/K(23556)B3-N2	321
12	佳能	数码相机	EOS M2	佳能-数码相机-EOS M2	211
13	佳能	数码相机	EOS1200D	佳能-数码相机-EOS1200D	195
14	三星	手机	Galaxy x4	三星-手机-Galaxy x4	110
15	三星	手机	Galaxy Mega	三星-手机-Galaxy Mega	173
16	三星	电脑	R45-K003	三星-电脑-R45-K003	289
17	三星	电脑	ATIV book5	三星-电脑-ATIV book5	247

②复制公式

库存 销售

❸ 参照步骤2，在销售明细表中D列前插入一列，输入名称和公式，然后复制公式。

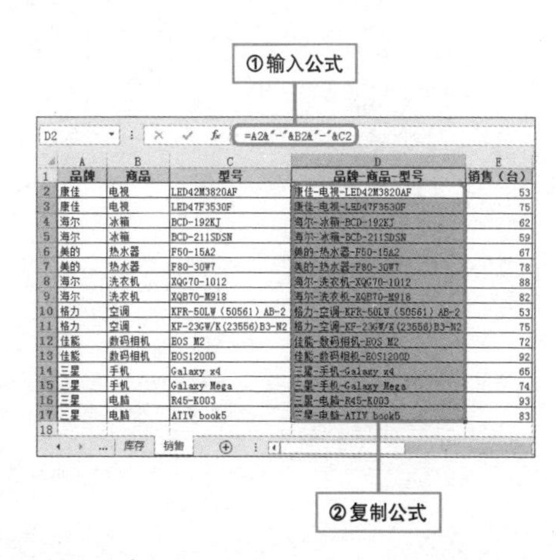

	A	B	C	D	E
1	品牌	商品	型号	品牌-商品-型号	销售（台）
2	康佳	电视	LED42M3820AF	康佳-电视-LED42M3820AF	53
3	康佳	电视	LED47F3530F	康佳-电视-LED47F3530F	75
4	海尔	冰箱	BCD-192KJ	海尔-冰箱-BCD-192KJ	62
5	海尔	冰箱	BCD-211SDSN	海尔-冰箱-BCD-211SDSN	59
6	美的	热水器	F50-15A2	美的-热水器-F50-15A2	67
7	美的	热水器	F80-30W7	美的-热水器-F80-30W7	78
8	海尔	洗衣机	XQG70-1012	海尔-洗衣机-XQG70-1012	88
9	海尔	洗衣机	XQB70-M918	海尔-洗衣机-XQB70-M918	82
10	格力	空调	KFR-50LW（50561）AB-2	格力-空调-KFR-50LW（50561）AB-2	53
11	格力	空调	KF-23GW/K(23556)B3-N2	格力-空调-KF-23GW/K(23556)B3-N2	75
12	佳能	数码相机	EOS M2	佳能-数码相机-EOS M2	72
13	佳能	数码相机	EOS1200D	佳能-数码相机-EOS1200D	92
14	三星	手机	Galaxy x4	三星-手机-Galaxy x4	65
15	三星	手机	Galaxy Mega	三星-手机-Galaxy Mega	74
16	三星	电脑	R45-K003	三星-电脑-R45-K003	93
17	三星	电脑	ATIV book5	三星-电脑-ATIV book5	83

❹ 创建不具页字段的多重合并计算数据区域数据透视表，在“数据透视表和数据透视图向导-第2b步，共3步”对话框的“所有区域”列表框中添加库存和销售工作表中的D、E两列数据。

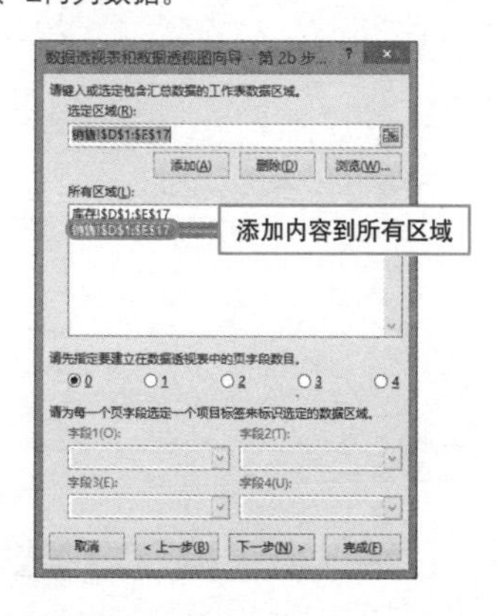

5 单击对话框中的“下一步”按钮，将数据透视表创建在新建工作表中。

	A	B	C	D
3	求和项：值	列标签		
4	行标签	库存（台）	销售（台）	总计
5	格力-空调-KF-23GW/K(23556)B3-N2	321	75	396
6	格力-空调-KFR-50LW（50561）AB-2	521	53	574
7	海尔-冰箱-BCD-192KJ	234	62	296
8	海尔-冰箱-BCD-211SDSN	198	59	257
9	海尔-洗衣机-XQB70-M918	358	82	440
10	海尔-洗衣机-XQG70-1012	279	88	367
11	佳能-数码相机-EOS M2	211	72	283
12	佳能-数码相机-EOS1200D	195	92	287
13	康佳-电视-LED42M3820AF	172	53	225
14	康佳-电视-LED47F3530F	149	75	224
15	美的-热水器-F50-15A2	221	67	288
16	美的-热水器-F80-30W7	145	78	223
17	三星-电脑-ATIV book5	247	83	330
18	三星-电脑-R45-K003	289	93	382
19	三星-手机-Galaxy Mega	173	74	247
20	三星-手机-Galaxy x4	110	65	175
21	总计	3823	1171	4994
22				

6 打开“设计”选项卡，单击“总计”下拉按钮，选择“仅对列启用”选项。

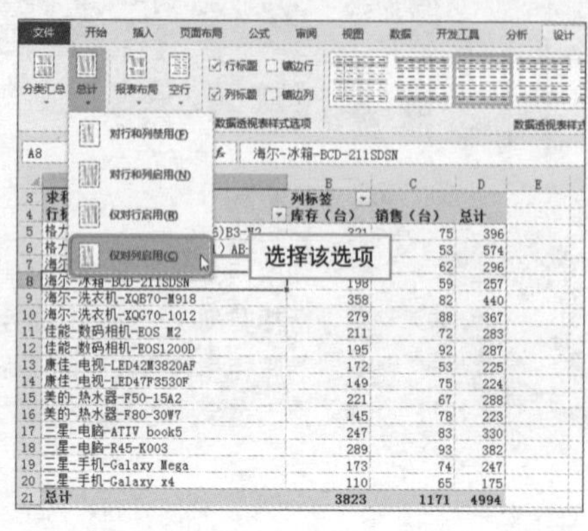

7 选中任意值字段标签，打开“分析”选项卡，单击“字段、项目和集”下拉按钮，在展开的列表中选择“计算项”选项。

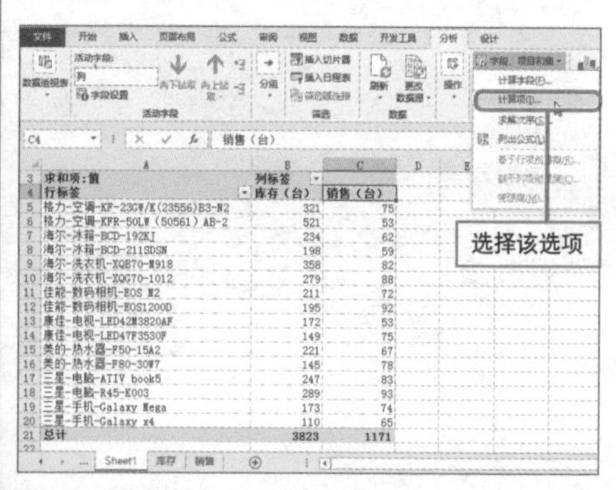

8 打开“在‘列’中插入计算字段”对话框，在“公式”文本框中输入公式“='库存（台）'-'销售（台）'”。

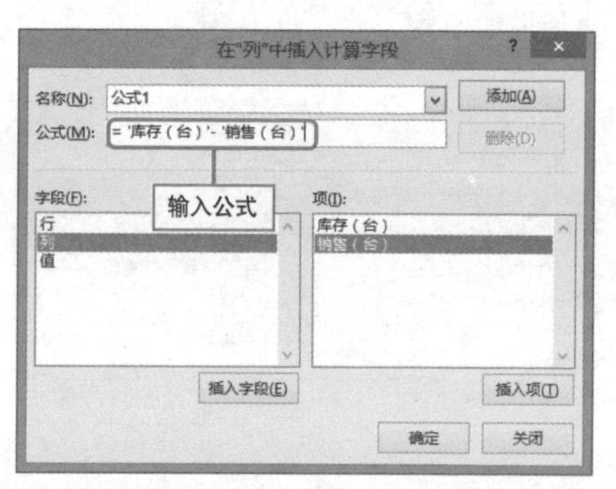

9 在“名称”文本框中修改名称为“剩余库存”，单击“确定”按钮。

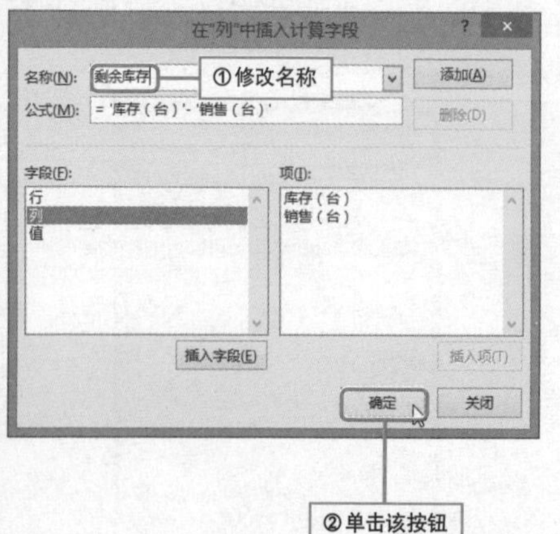

10 此时，在数据透视表中便插入了“剩余库存”计算项。完成数据透视表的创建。

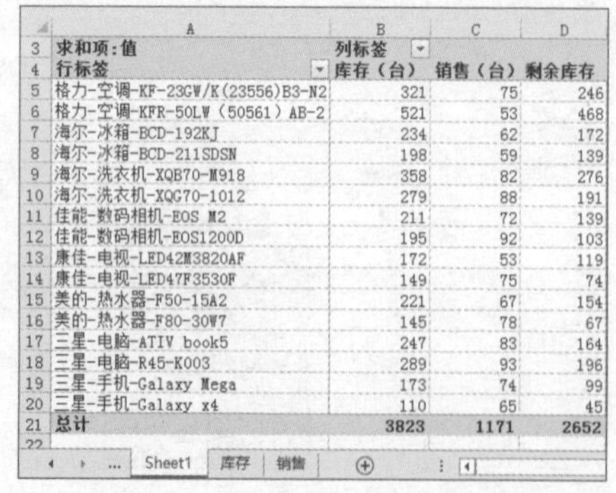

	A	B	C	D
3	求和项：值	列标签		
4	行标签	库存（台）	销售（台）	剩余库存
5	格力-空调-KF-23GW/K(23556)B3-N2	321	75	246
6	格力-空调-KFR-50LW（50561）AB-2	521	53	468
7	海尔-冰箱-BCD-192KJ	234	62	172
8	海尔-冰箱-BCD-211SDSN	198	59	139
9	海尔-洗衣机-XQB70-M918	358	82	276
10	海尔-洗衣机-XQG70-1012	279	88	191
11	佳能-数码相机-EOS M2	211	72	139
12	佳能-数码相机-EOS1200D	195	92	103
13	康佳-电视-LED42M3820AF	172	53	119
14	康佳-电视-LED47F3530F	149	75	74
15	美的-热水器-F50-15A2	221	67	154
16	美的-热水器-F80-30W7	145	78	67
17	三星-电脑-ATIV book5	247	83	164
18	三星-电脑-R45-K003	289	93	196
19	三星-手机-Galaxy Mega	173	74	99
20	三星-手机-Galaxy x4	110	65	45
21	总计	3823	1171	2652
22				

创建动态数据透视表很简单

实例 利用为数据源定义的名称创建动态数据透视表

通常创建数据透视表都是先指定一个固定的区域作为数据源，这样的话如果数据源中增加了新的数据记录，即使刷新数据透视表也无法在数据透视表中显示新增的记录。要解决这个问题，可以通过创建动态数据透视表来实现。

1 打开数据源所在工作表，单击“公式”选项卡中的“定义名称”按钮，打开“新建名称”对话框。

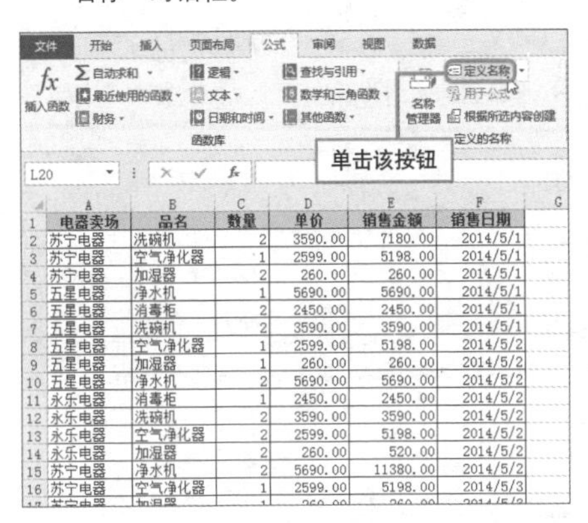

	A	B	C	D	E	F
1	电器卖场	品名	数量	单价	销售金额	销售日期
2	苏宁电器	洗碗机	2	3590.00	7180.00	2014/5/1
3	苏宁电器	空气净化器	1	2599.00	5198.00	2014/5/1
4	苏宁电器	加湿器	2	260.00	260.00	2014/5/1
5	五星电器	净水机	1	5690.00	5690.00	2014/5/1
6	五星电器	消毒柜	2	2450.00	2450.00	2014/5/1
7	五星电器	洗碗机	2	3590.00	3590.00	2014/5/1
8	五星电器	空气净化器	1	2599.00	5198.00	2014/5/2
9	五星电器	加湿器	1	260.00	260.00	2014/5/2
10	五星电器	净水机	2	5690.00	5690.00	2014/5/2
11	永乐电器	消毒柜	1	2450.00	2450.00	2014/5/2
12	永乐电器	洗碗机	2	3590.00	3590.00	2014/5/2
13	永乐电器	空气净化器	2	2599.00	5198.00	2014/5/2
14	永乐电器	加湿器	2	260.00	520.00	2014/5/2
15	苏宁电器	净水机	2	5690.00	11380.00	2014/5/2
16	苏宁电器	空气净化器	1	2599.00	5198.00	2014/5/3

2 在“名称”文本框中输入“商场销售记录”，在“引用位置”文本框中输入“=OFFSET(Sheet1!$A$1,0,0,COUNTA(Sheet1!$A:$A),COUNTA(Sheet1!$1:$1))”。

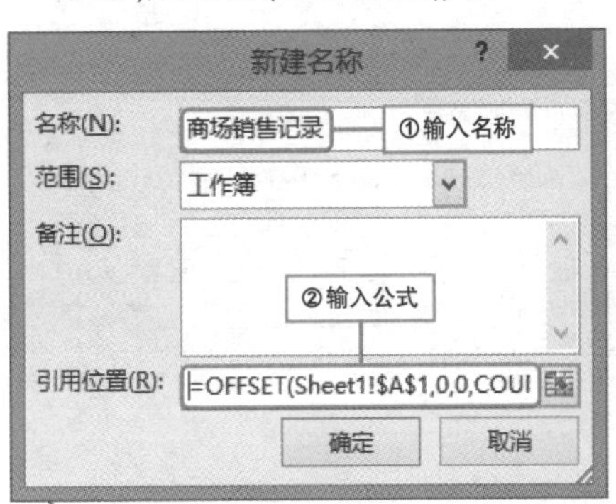

3 单击“确定”按钮后返回工作表，选中数据源中任意单元格，单击“插入”选项卡中的“数据透视表”按钮，打开“创建数据透视表”对话框，在“表/区域”文本框中输入“商场销售记录”，单击“确定”按钮。

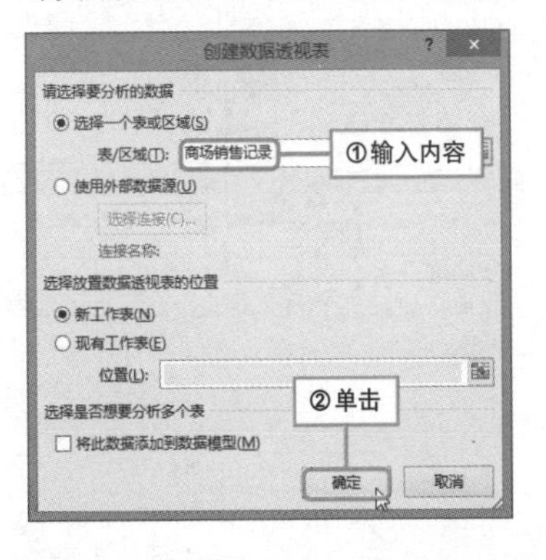

4 此时在工作表中即创建出了数据透视表。在数据源的最下方添加“国美电器”所销售“吸尘器”的记录，刷新数据透视表后，在数据透视表的最下方即会出现新增记录。

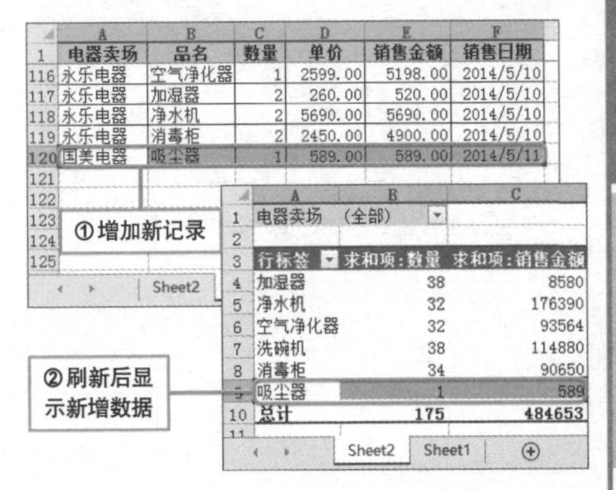

	A	B	C	D	E	F
1	电器卖场	品名	数量	单价	销售金额	销售日期
116	永乐电器	空气净化器	1	2599.00	5198.00	2014/5/10
117	永乐电器	加湿器	2	260.00	520.00	2014/5/10
118	永乐电器	净水机	2	5690.00	5690.00	2014/5/10
119	永乐电器	消毒柜	2	2450.00	4900.00	2014/5/10
120	国美电器	吸尘器	1	589.00	589.00	2014/5/11

	A	B	C
1	电器卖场	(全部)	
2			
3	行标签	求和项:数量	求和项:销售金额
4	加湿器	38	8580
5	净水机	32	176390
6	空气净化器	32	93564
7	洗碗机	38	114880
8	消毒柜	34	90650
9	吸尘器	1	589
10	总计	175	484653

Question

094 巧用表功能创建动态报表

Level ◆◆◇

2013 2010 2007

实例 利用Excel表功能创建动态数据透视表

动态的数据透视表，还可以利用Excel自带的“表”功能来创建。例如，要将一张不断更新的电器卖场销售明细表作为数据源创建为动态的数据透视表，可以按如下步骤进行操作。

1 选中销售表中任意单元格，单击“插入”选项卡中的“表格”按钮。

文件 开始 插入 页面布局 公式 审阅 视图 数据

数据透视表 推荐的数据透视表 表格 图片 联机图片 形状 SmartArt 屏幕截图 Office应用程序

表格 插图 应用程序

B5 单击“表格”按钮 净水机

	A	B	C	D	E	F
1	电器卖场	品名	数量	单价	销售金额	销售日期
2	苏宁电器	洗碗机	2	3590.00	7180.00	2014/5/1
3	苏宁电器	空气净化器	1	2599.00	5198.00	2014/5/1
4	苏宁电器	加湿器	2	260.00	260.00	2014/5/1
5	苏宁电器	净水机	2	5690.00	11380.00	2014/5/2
6	苏宁电器	空气净化器	1	2599.00	5198.00	2014/5/3
7	苏宁电器	加湿器	1	260.00	260.00	2014/5/3
8	苏宁电器	净水机	1	5690.00	11380.00	2014/5/3
9	苏宁电器	消毒柜	1	2450.00	2450.00	2014/5/4
10	苏宁电器	洗碗机	2	3590.00	3590.00	2014/5/4
11	苏宁电器	空气净化器	1	2599.00	2599.00	2014/5/4

2 打开“创建表”对话框，保持“表数据的来源”文本框中的选中内容不变。

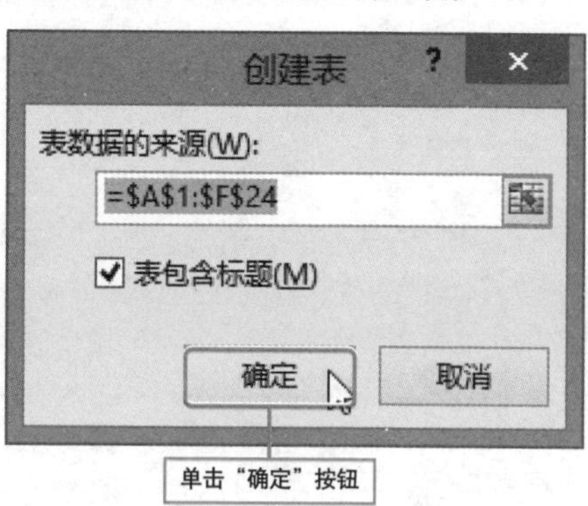

3 直接单击“确定”按钮后，工作表随即被转换为Excel表。

	A	B	C	D	E	F
1	电器卖场	品名	数量	单价	销售金额	销售日期
2	苏宁电器	洗碗机	2	3590.00	7180.00	2014/5/1
3	苏宁电器	空气净化器	1	2599.00	5198.00	2014/5/1
4	苏宁电器	加湿器	2	260.00	260.00	2014/5/1
5	苏宁电器	净水机	2	5690.00	11380.00	2014/5/2
6	苏宁电器	空气净化器	1	2599.00	5198.00	2014/5/3
7	苏宁电器	加湿器	1	260.00	260.00	2014/5/3
8	苏宁电器	净水机	1	5690.00	11380.00	2014/5/3
9	苏宁电器	消毒柜	1	2450.00	2450.00	2014/5/4
10	苏宁电器	洗碗机	2	3590.00	3590.00	2014/5/4
11	苏宁电器	空气净化器	1	2599.00	2599.00	2014/5/4
12	苏宁电器	加湿器	1	260.00	260.00	2014/5/5
13	苏宁电器	净水机	1	5690.00	5690.00	2014/5/5
14	苏宁电器	消毒柜	2	2450.00	2450.00	2014/5/5
15	苏宁电器	洗碗机	2	3590.00	7180.00	2014/5/6
16	苏宁电器	空气净化器	1	2599.00	5198.00	2014/5/6
17	苏宁电器	加湿器	1	260.00	520.00	2014/5/6
18	苏宁电器	净水机	1	5690.00	5690.00	2014/5/7
19	苏宁电器	消毒柜	2	2450.00	4900.00	2014/5/7
20	苏宁电器	洗碗机	1	3590.00	3590.00	2014/5/7
21	苏宁电器	空气净化器	1	2599.00	2599.00	2014/5/8
22	苏宁电器	加湿器	1	260.00	260.00	2014/5/8
23	苏宁电器	净水机	1	5690.00	5690.00	2014/5/8
24	苏宁电器	消毒柜	1	2450.00	4900.00	2014/5/9

4 选中表中任意单元格，单击“插入”选项卡中的“数据透视表”按钮。

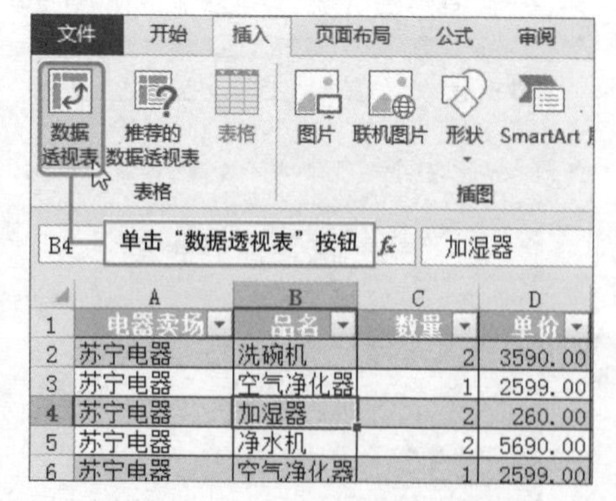

5 打开“创建数据透视表”对话框，保持“表/区域”文本框中“表1”不变。

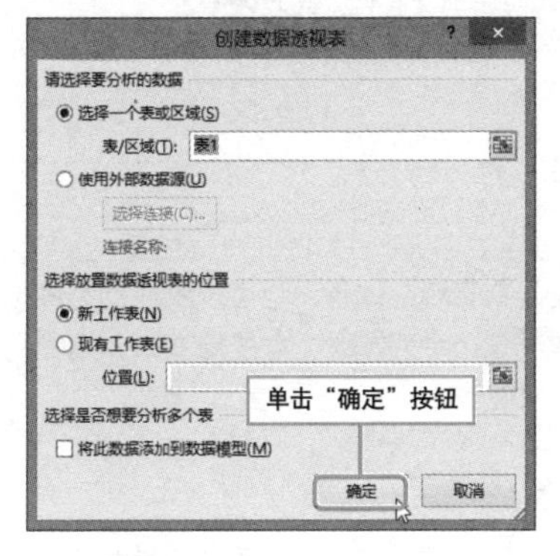

6 直接单击“确定”按钮后，在新建工作表中创建了一张空白数据透视表。

7 向空白数据透视表中添加字段数据，设置数据透视表的布局。

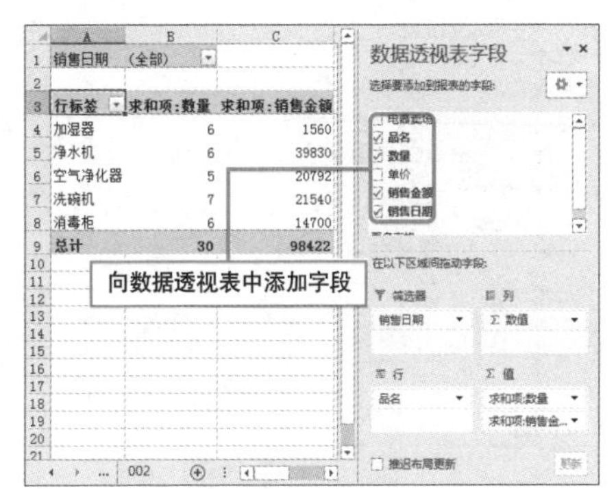

8 在转换为“表”的数据源的最后一行增加“热水器”销售记录。

	电器卖场	品名	数量	单价	销售金额	销售日期
14	苏宁电器	消毒柜	2	2450.00	2450.00	2014/5/5
15	苏宁电器	洗碗机	2	3590.00	7180.00	2014/5/6
16	苏宁电器	空气净化器	1	2599.00	5198.00	2014/5/6
17	苏宁电器	加湿器	1	260.00	520.00	2014/5/6
18	苏宁电器	净水机	1	5690.00	5690.00	2014/5/7
19	苏宁电器	消毒柜	2	2450.00	4900.00	2014/5/7
20	苏宁电器	洗碗机	1	3590.00	3590.00	2014/5/7
21	苏宁电器	空气净化器	1	2599.00	2599.00	2014/5/8
22	苏宁电器	加湿器	1	260.00	260.00	2014/5/8
23	苏宁电器	净水机	1	5690.00	5690.00	2014/5/8
24	苏宁电器	消毒柜	1	2450.00	4900.00	2014/5/9
25	苏宁电器	热水器	2	1580.00	3160.00	2014/5/10

在数据源中新增销售记录

9 单击“分析”选项卡中的“刷新”按钮，数据透视表中随即出现了新增数据。

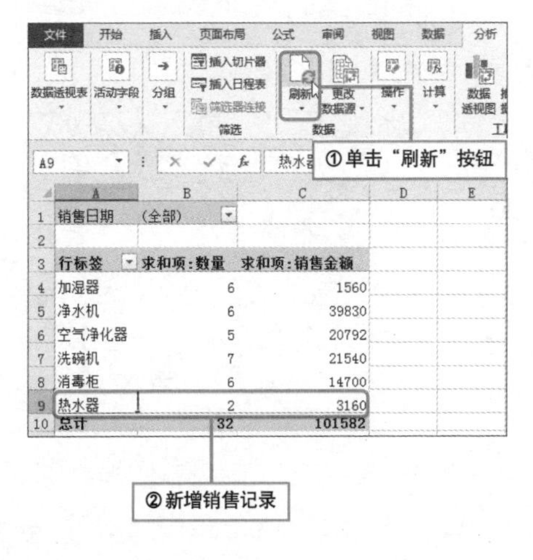

Hint

新增记录不受行列限制

Excel中利用“表”的自动扩展功能创建的动态数据透视表，不仅对数据源中新增加的行记录有效，而且对于数据源中新增的列字段也同样有效，当在数据源中新增列字段后，刷新数据透视表一样可以得到新增数据。

Question 095

• Level ◆◆◆

2013 2010 2007

导入外部数据制作动态数据透视表

实例 导入单张数据列表创建动态数据透视表

导入外部数据，指定数据源数据列表所在位置，也可以生成动态的数据透视表，这里的外部数据仅限于Excel工作簿。本技巧就来介绍如何导入外部数据源创建动态数据透视表。

❶ 打开“销售明细表”工作簿，在“数据透视表”工作表中单击“现有连接”按钮。

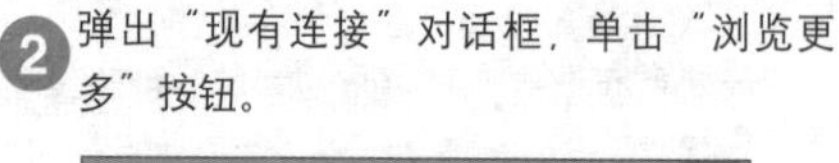

❷ 弹出“现有连接”对话框，单击“浏览更多”按钮。

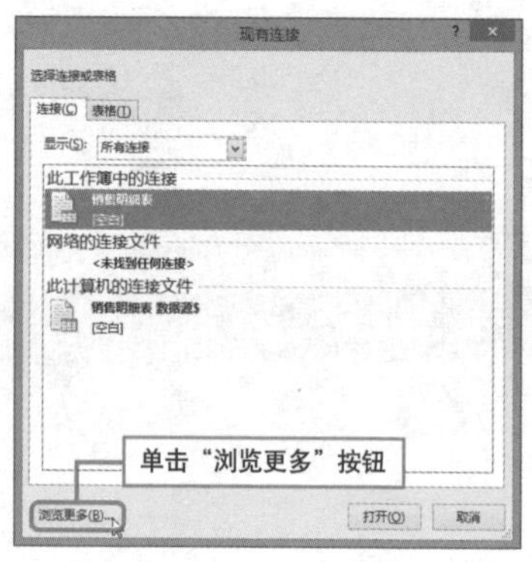

❸ 打开“选取数据源”对话框，在本地磁盘(E:)中双击目标工作簿，弹出“选择表格”对话框，单击“名称”列中的“销售明细$”。最后单击“确定”按钮。

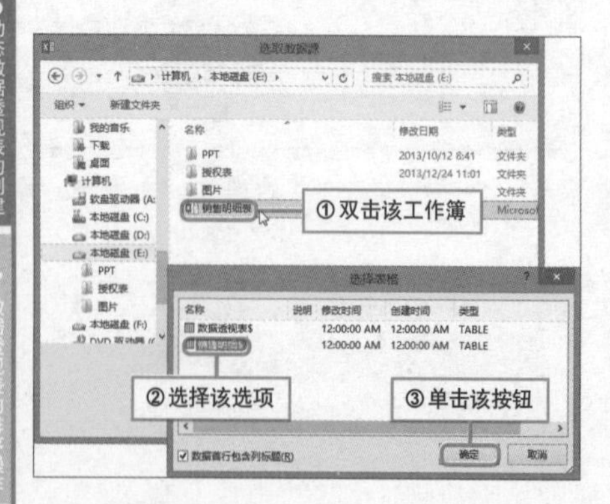

❹ 打开“导入数据”对话框，选中“数据透视表”单选按钮，然后选中“现有工作表”单选按钮并在文本框中选择数据透视表起始位置为“数据透视表”工作表中的A1单元格。

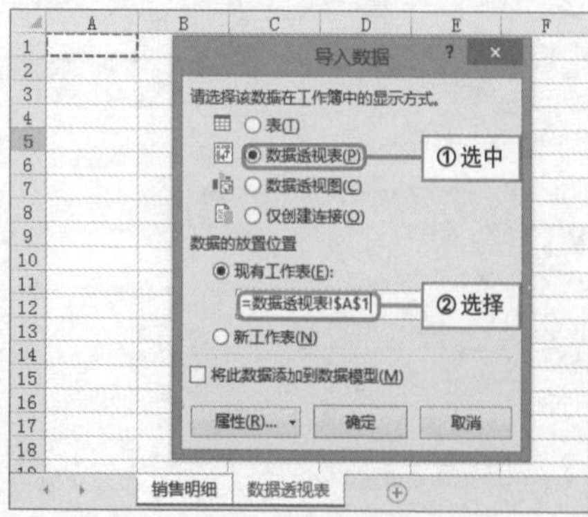

5 单击“确定”按钮后在“数据透视表”工作表中便创建了一张空白数据透视表。

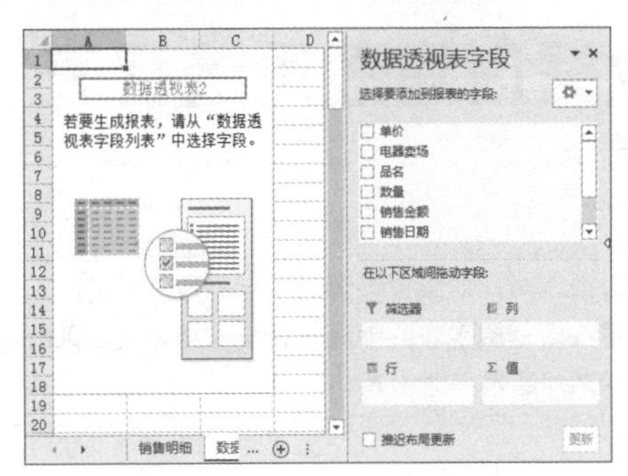

6 向数据透视表中添加字段，得到一张完整的数据透视表。

求和项:数量	列标签					
行标签	加湿器	净水机	空气净化器	洗碗机	消毒柜	总计
陈敏				6	7	13
程丹				7	6	13
姜丽	12	5	5			22
李响				9	6	15
刘珍珍				6	6	12
刘紫玲				10	9	19
倪亮	7	7	7			21
吴忠元	6	8	6			20
张鑫	7	6	9			22
赵志金	6	6	5			17
总计	38	32	32	38	34	174

7 选中数据透视表中任意单元格，打开“分析”选项卡，单击“刷新”下拉按钮，在展开的列表中选择“连接属性”选项。

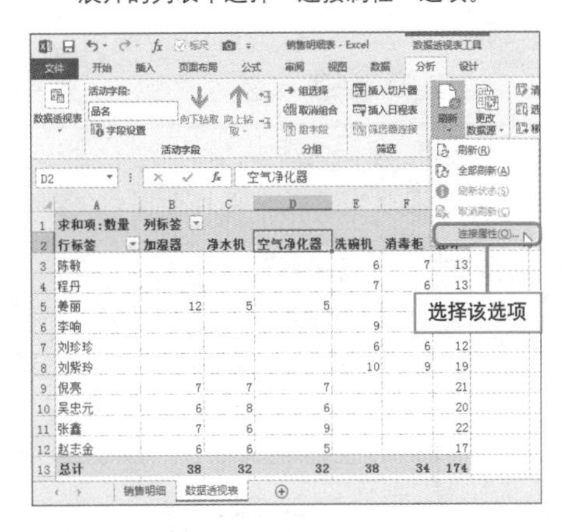

8 打开“连接属性”对话框，在“刷新控件”选项区域勾选“打开文件时刷新数据”复选框，单击“确定”按钮。

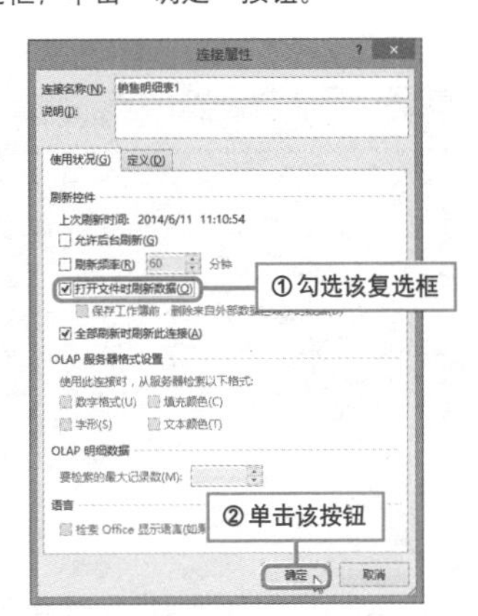

9 在“销售明细”表的最下方增加“赵可依”销售“电冰箱”的记录。

电器卖场	品名	数量	单价	销售金额	销售日期	营业员
三联电器	加湿器	2	260.00	520.00	2014/5/10	吴忠元
三联电器	净水机	2	5690.00	11380.00	2014/5/10	吴忠元
三联电器	消毒柜	2	2450.00	4900.00	2014/5/10	刘紫玲
五星电器	洗碗机	2	3590.00	7180.00	2014/5/10	李响
五星电器	空气净化器	1	2599.00	5198.00	2014/5/10	倪亮
五星电器	加湿器	2	260.00	260.00	2014/5/10	倪亮
国美电器	净水机	1	5690.00	5690.00	2014/5/10	姜丽
国美电器	消毒柜	2	2450.00	4900.00	2014/5/10	陈敏
国美电器	洗碗机	2	3590.00	3590.00	2014/5/10	陈敏
永乐电器	空气净化器	1	2599.00	5198.00	2014/5/10	张鑫
永乐电器	加湿器	2	260.00	520.00	2014/5/10	张鑫
永乐电器	净水机	2	5690.00	5690.00	2014/5/10	张鑫
永乐电器	消毒柜	2	2450.00	4900.00	2014/5/10	刘珍珍
五星电器	电冰箱	1	3750.00	3750.00	2014/5/11	赵可依

10 刷新数据透视表后，即可看到新增加的数据显示在数据透视表中。

求和项:数量	列标签						
行标签	加湿器	净水机	空气净化器	洗碗机	消毒柜	电冰箱	总计
陈敏				6	7		13
程丹				7	6		13
姜丽	12	5	5				22
李响				9	6		15
刘珍珍				6	6		12
刘紫玲				10	9		19
倪亮	7	7	7				21
吴忠元	6	8	6				20
张鑫	7	6	9				22
赵志金	6	6	5				17
赵可依						1	1
总计	38	32	32	38	34	1	175

导入指定数据创建数据透视表

实例 导入数据表中的指定字段记录创建数据透视表

在利用导入数据制作数据透视表时，如果只需要对指定的数据列进行汇总，而不需要其他字段出现在数据透视表的字段区域，就需要在导入数据源的时候指定具体的数据来创建数据透视表。

❶ 参照上一技巧打开“导入数据”对话框，选中“数据透视表”单选按钮，单击“属性”按钮。

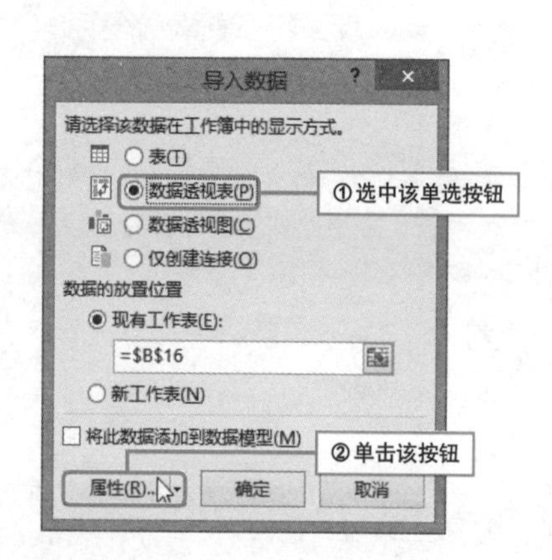

❷ 弹出“连接属性”对话框，打开“定义”选项卡，在“命令文本”文本框中输入“SELECT 品名,数量,销售金额FROM[销售明细$]”。

❸ 单击“确定”按钮返回“导入数据”对话框，在“现有工作表”文本框中指定数据透视表的存放位置，单击“确定”按钮。

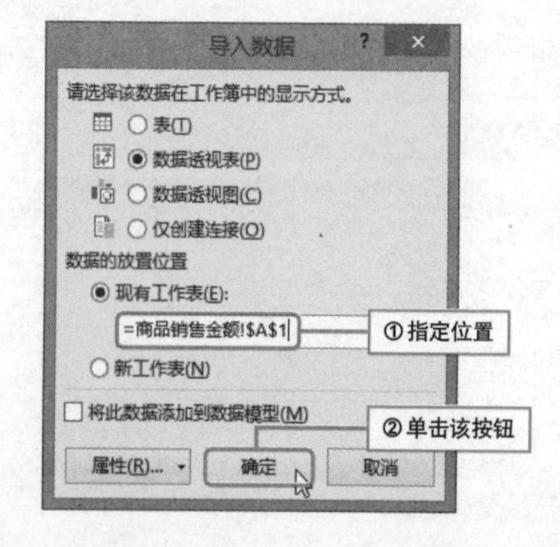

❹ 此时便创建出空白数据透视表，并且“数据透视表字段”窗格中只存在指定的字段，向数据透视表中添加这些字段即可。

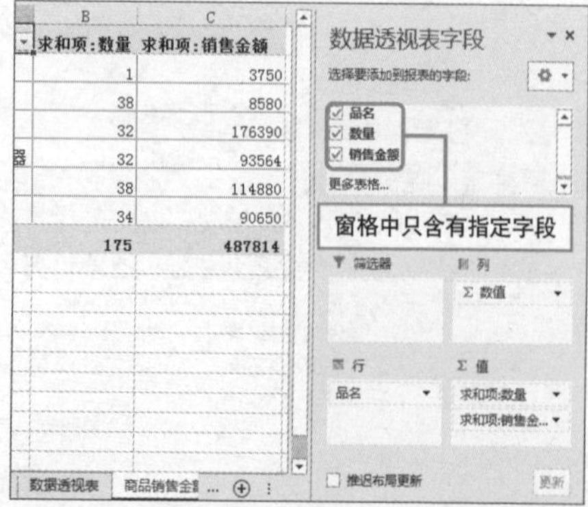

快速汇总同一工作簿中的多张工作表记录

实例 导入多张工作表中的数据创建动态数据透视表

如果需要导入的数据源存放在多张不同工作表中，例如，工厂某车间将“白班”和“夜班”的生产量存放在“产量统计表”工作簿中的两张工作表中，对于这种情况应该如何进行数据的导入呢？本技巧就来介绍解决这类问题的方法。

❶ 打开“产量统计表”工作簿，在“汇总”工作表中单击“数据”选项卡中的“现有连接”按钮。

❷ 打开“现有连接”对话框，单击“浏览更多”按钮。

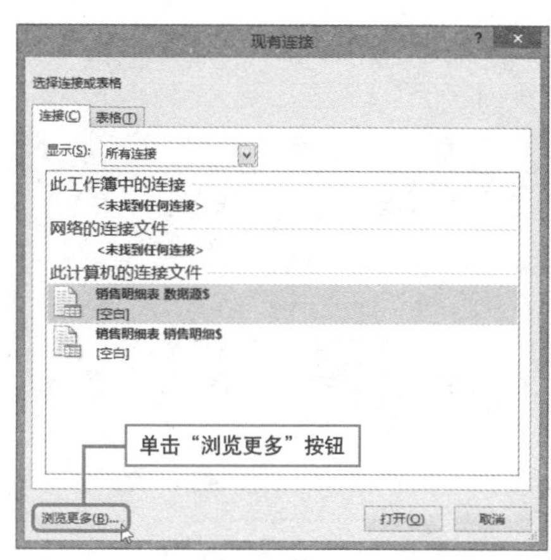

❸ 打开“选取数据源”对话框，在本地磁盘(E:)内双击目标工作簿。

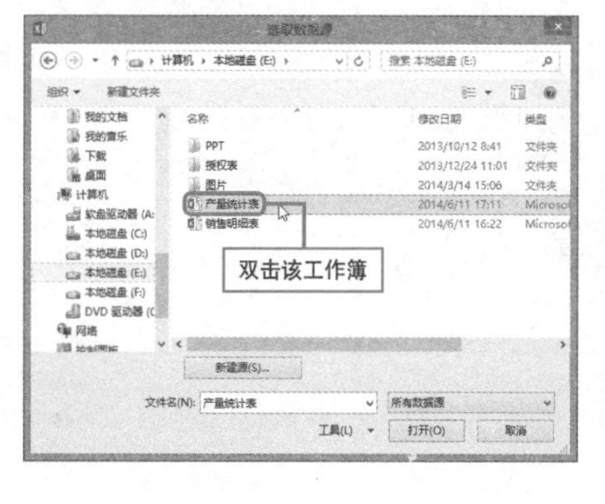

❹ 弹出“选择表格”对话框，单击“确定”按钮，打开“导入数据”对话框。

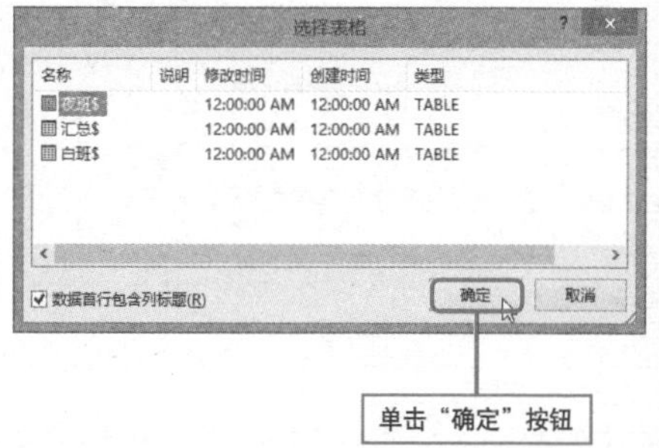

5 选中“数据透视表”单选按钮，在“现有工作表”文本框中指定位置为单元格A3。

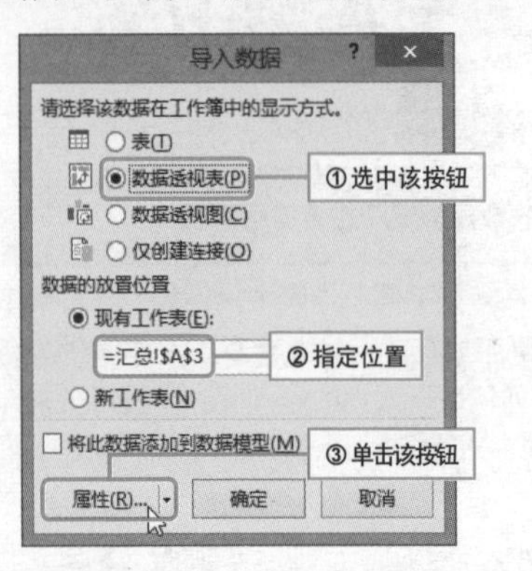

Hint

语句释义

“命令文本”文本框中输入的语句表示：SQL语句第一部分SELECT "白天班" AS 班次查询,* FROM [白班$]表示返回白班数据列表的所有数据记录，“白天班”作为插入的常量来标记不同的记录，然后对这个插入常量构成的字段利用AS别名标识符进行重命名字段名称，最后通过UNION ALL将两个班次的所有记录整合在一起，也就是把“白班”和“夜班”两张工作表粘贴到一起。

6 单击“属性”按钮后，打开“连接属性”对话框，打开“定义”选项卡，清空“命令文本”文本框后输入“SELECT "白天班" AS 班次查询,* FROM [白班$] UNION ALL SELECT "夜晚班" AS 班次查询,* FROM [夜班$]”，单击“确定”按钮。

7 返回“导入数据”对话框，单击“确定”按钮。

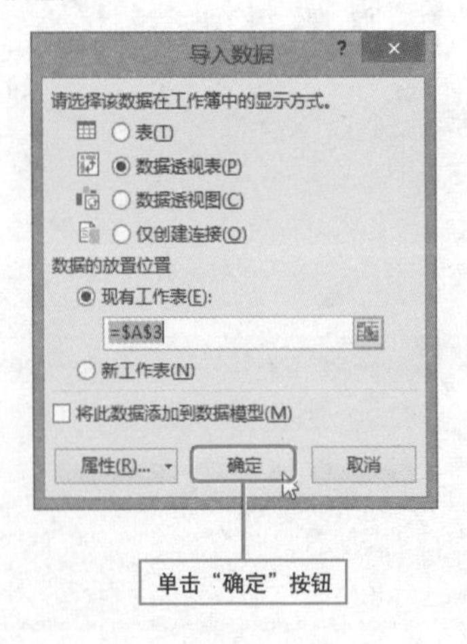

8 向创建好的数据透视表中添加字段，完成数据透视表的创建。

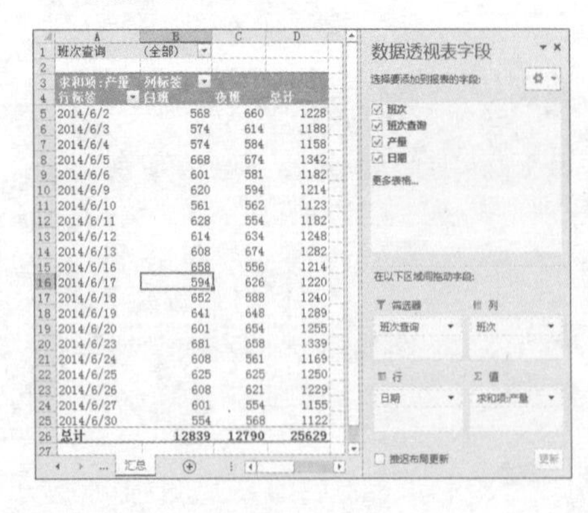

轻松汇总不同工作簿中的多张数据表

实例 导入多张工作簿中数据列表记录

在日常工作中，用户需要的数据往往并不在同一个工作簿中，而是在不同工作簿的多张数据表中，用户想要将这些数据汇总成一张数据透视表，是不是很难呢？本技巧将对不同工作簿中的多张数据表的汇总操作进行介绍。

初始效果

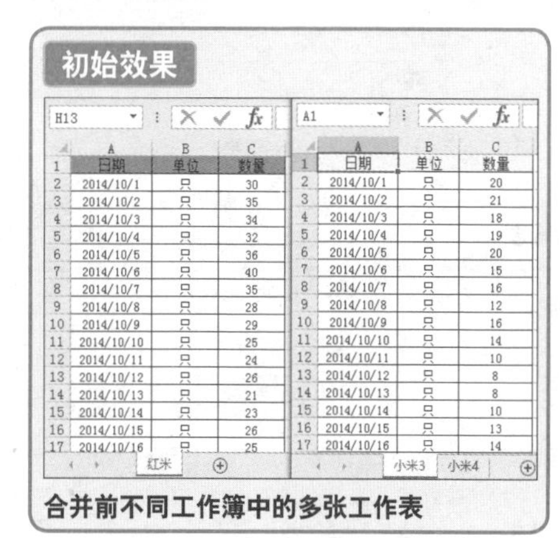

合并前不同工作簿中的多张工作表

最终效果

不同工作簿中多张数据表合并后的结果

❶ 打开3个不同的工作簿，在“百大店”工作簿中的“小米手机汇总”表中，按Alt+D+P组合键，弹出对话框，从中选择“多重合并计算数据区域”单选按钮，然后单击“下一步”按钮。

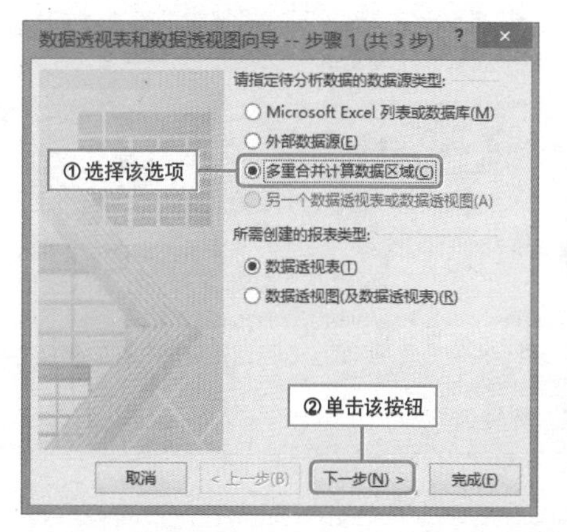

❷ 弹出“数据透视表和数据透视图向导--步骤2a（共3步）”对话框，选择“自定义页字段”单选按钮，接着单击“下一步”按钮。

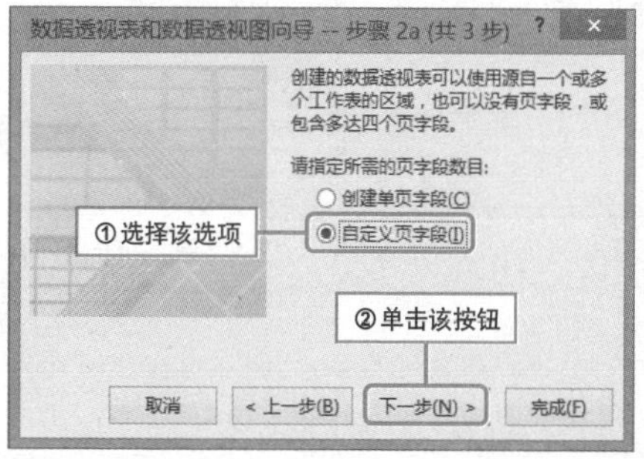

3 弹出对话框，单击“选定区域”文本框中的折叠按钮，再单击“文化宫店”工作簿，选择“红米”工作表中“$A$1:$C$32”区域，再次单击折叠按钮，“选定区域”文本框中就已经出现待合并的数据区域。

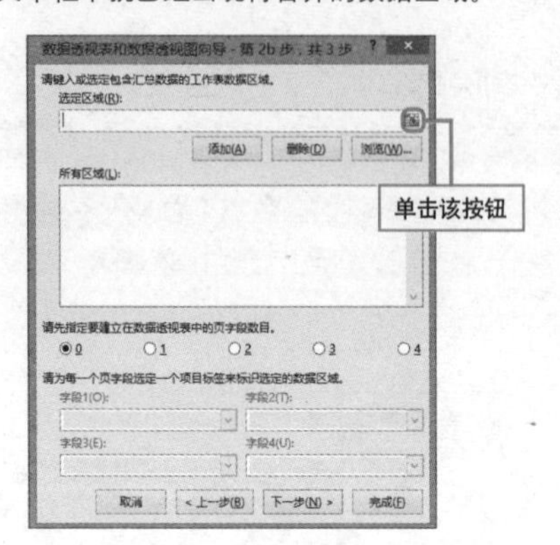

4 单击“添加”按钮，接着在“请先指定要建立在数据透视表中的页字段数目”选项中选择“2”单选按钮，在“字段1”的列表中输入“文化宫店”，在“字段2”的列表中输入“红米”即可。

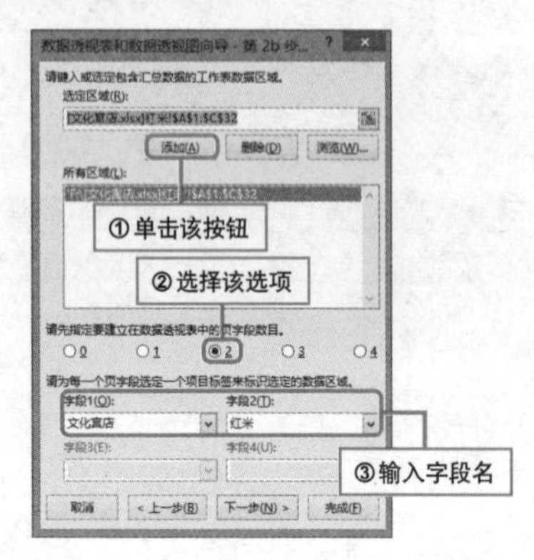

5 用同样的方法添加其他待合并的数据区域。添加完毕后，单击“下一步”按钮。

6 弹出对话框，选择“现有工作表”单选按钮，并在下面的文本框中输入“小米手机汇总!$A$1”，然后单击“完成”按钮。

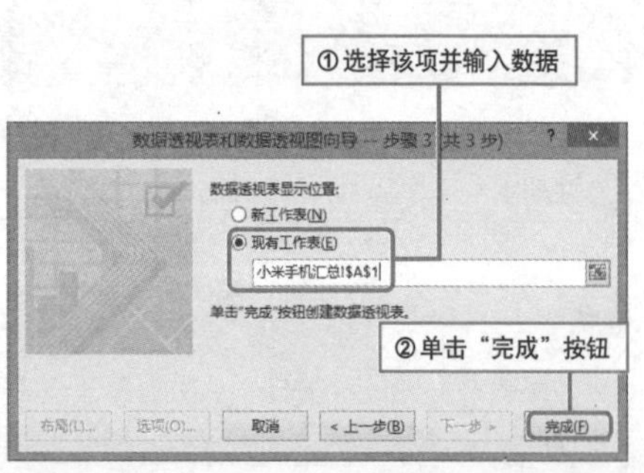

7 创建好数据透视表后，单击“页1”字段按钮，查看营业店名称。

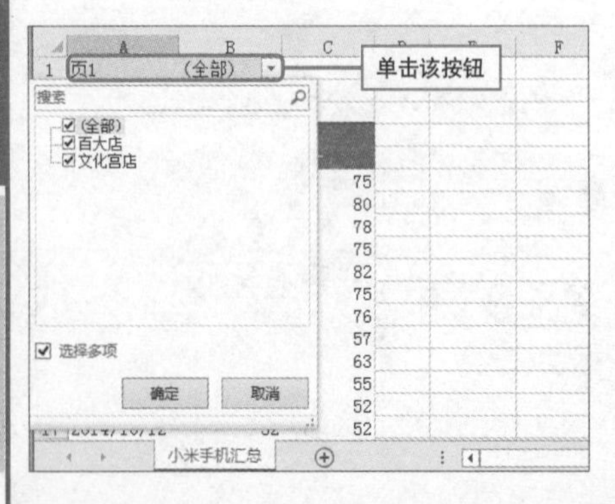

8 或者单击“页2”字段按钮，查看手机型号，从中筛选出单个型号的销售数量。

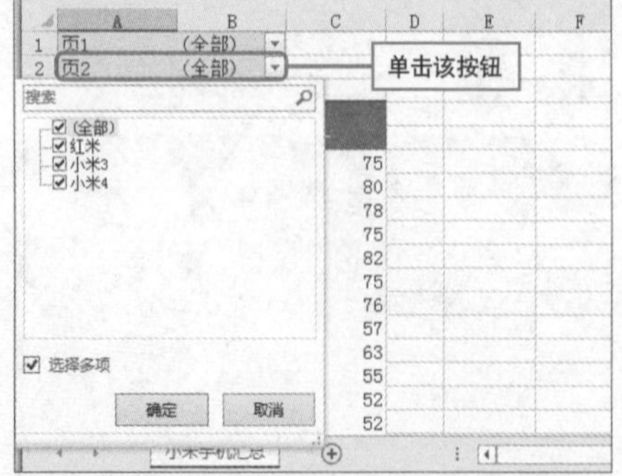

轻松汇总不规则的报表

实例 汇总各门店多种品牌手机的销量

在平常的工作中，用户常常会遇到不规则的数据源，而又需要对这些数据源进行汇总。如果想要将几张不同的数据表（其中含有不规则的数据）合并到一张数据透视表，可不可以实现呢？下面介绍实现方法。

初始效果

旗舰店：

	A	B	C
1	手机型号	旗舰店销量	手机品牌
2	iphone6	120	苹果
3	iphone5s	140	
4	iphone5c	130	
5	iphone4s	200	
6	iphone4	120	
7	Note4 N9100	200	三星
8	Note3 N9006	150	
9	S5 G9006V	160	
10	S4 I9500	200	
11	小米4	300	小米
12	小米3	200	
13	小米2S	150	
14	小米2A	130	
15	小米1S	100	
16	红米Note	360	
17	华为A199	300	华为
18	华为C8815	210	
19	华为G610C	120	
20	华为G520S	150	

营业厅：

	A	B	C
1	型号	营业厅销量	手机品牌
2	iphone6	80	苹果
3	iphone5s	100	
4	iphone5c	80	
5	iphone4s	120	
6	iphone4	100	
7	Note4 N9100	80	三星
8	Note3 N9006	110	
9	S5 G9006V	115	
10	S4 I9500	90	
11	小米4	180	小米
12	小米3	150	
13	小米2S	160	
14	小米2A	140	
15	小米1S	100	
16	红米Note	300	
17	华为A199	400	华为
18	华为C8815	300	
19	华为G610C	260	
20	华为G520S	240	

包含手机销量的两张不同的工作表

最终效果

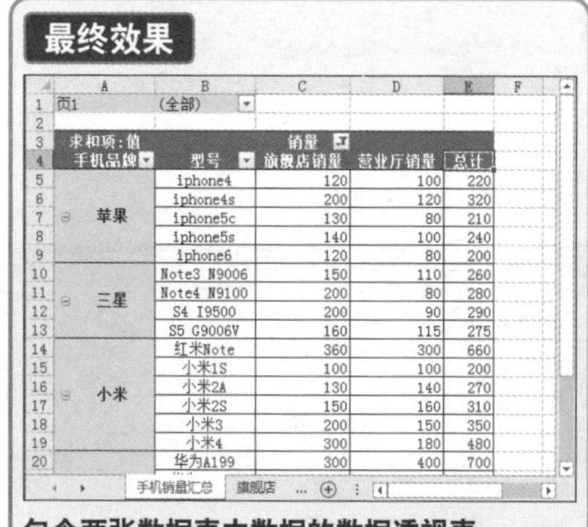

	A	B	C	D	E
1	页1	(全部)			
2					
3	求和项:值		销量		
4	手机品牌	型号	旗舰店销量	营业厅销量	总计
5	苹果	iphone4	120	100	220
6		iphone4s	200	120	320
7		iphone5c	130	80	210
8		iphone5s	140	100	240
9		iphone6	120	80	200
10	三星	Note3 N9006	150	110	260
11		Note4 N9100	200	80	280
12		S4 I9500	200	90	290
13		S5 G9006V	160	115	275
14	小米	红米Note	360	300	660
15		小米1S	100	100	200
16		小米2A	130	140	270
17		小米2S	150	160	310
18		小米3	200	150	350
19		小米4	300	180	480
20		华为A199	300	400	700

包含两张数据表中数据的数据透视表

1 打开手机销量汇总表，按Alt+D+P组合键，弹出相应对话框，从中选择“多重合并计算数据区域”单选按钮，然后单击“下一步”按钮。

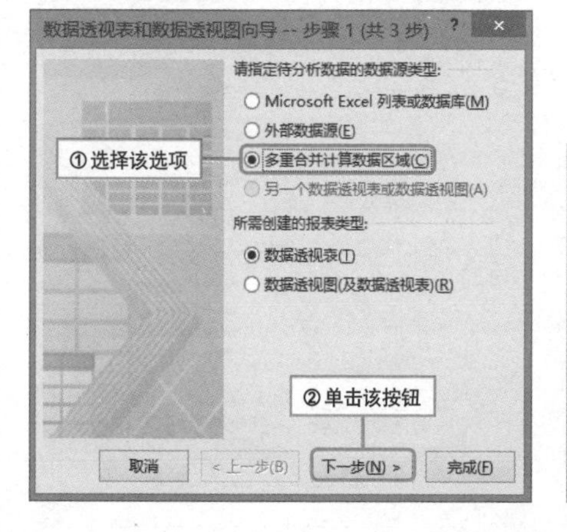

2 弹出“数据透视表和数据透视图向导--步骤2a（共3步）”对话框，从中选择“创建单页字段”单选按钮，然后单击“下一步”按钮。

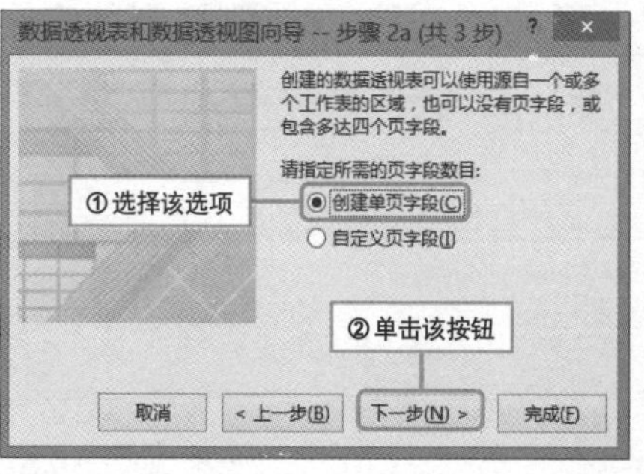

3 弹出“数据透视表和数据透视图向导-第2b步，共3步”对话框，单击“折叠”按钮，然后去选择待合并的数据区域。

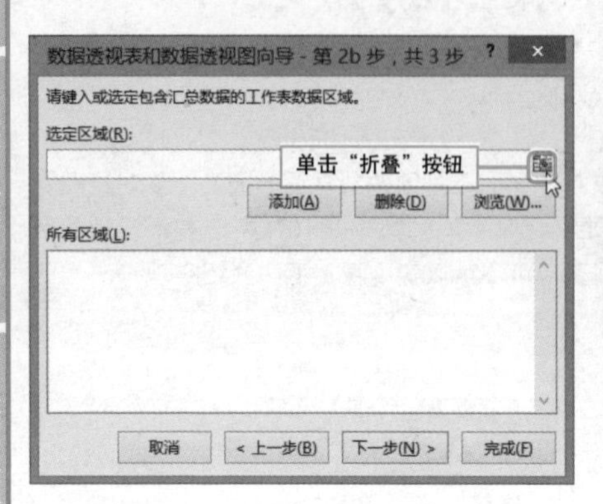

4 选中“旗舰店”工作表中的A1:C22单元格区域，再次单击“折叠”按钮返回，接着单击“添加”按钮。

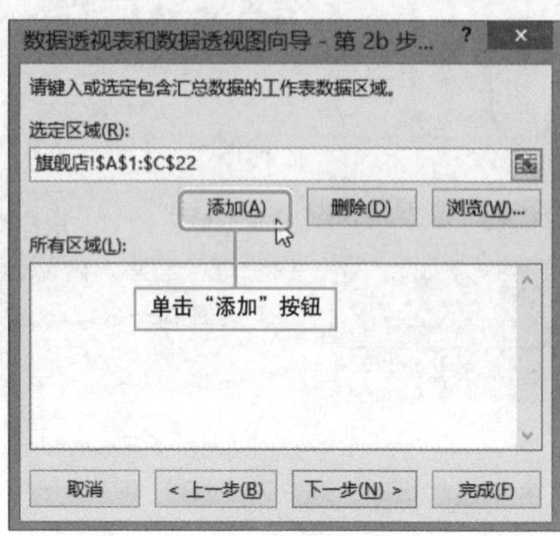

5 用同样的方法添加“营业厅”工作表中的数据，然后单击“下一步”按钮。

6 弹出“数据透视表和数据透视图向导--步骤3（共3步）”对话框，选择“现有工作表”单选按钮，在文本框中输入“手机销量汇总!$A$1”，单击“完成”按钮。然后将数据透视表的布局形式设置为“以表格形式显示”。

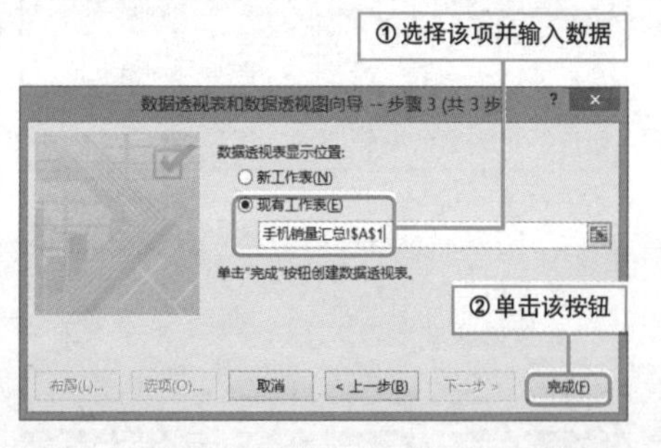

7 创建了初步的数据透视表，发现值计算类型是“计数”，需要将其更改为“求和”。

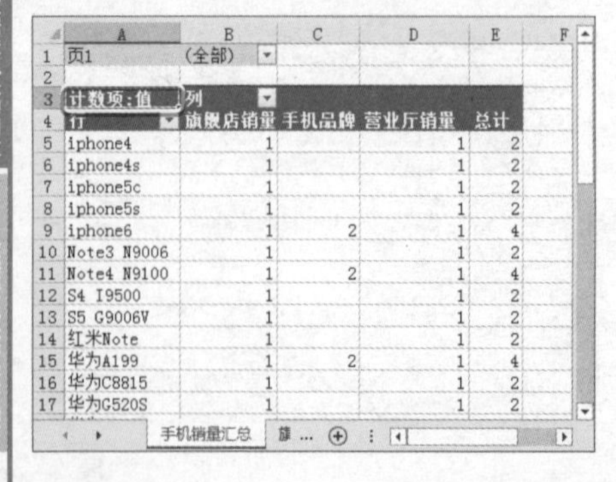

	A	B	C	D	E
1	页1	(全部)			
2					
3	计数项:值	列			
4	行	旗舰店销量	手机品牌	营业厅销量	总计
5	iphone4	1		1	2
6	iphone4s	1		1	2
7	iphone5c	1		1	2
8	iphone5s	1		1	2
9	iphone6	1	2	1	4
10	Note3 N9006	1		1	2
11	Note4 N9100	1	2	1	4
12	S4 I9500	1		1	2
13	S5 G9006V	1		1	2
14	红米Note	1		1	2
15	华为A199	1	2	1	4
16	华为C8815	1		1	2
17	华为G520S	1		1	2

8 在窗格中单击“计数项:值”字段，从弹出的列表中选择“值字段设置”选项。

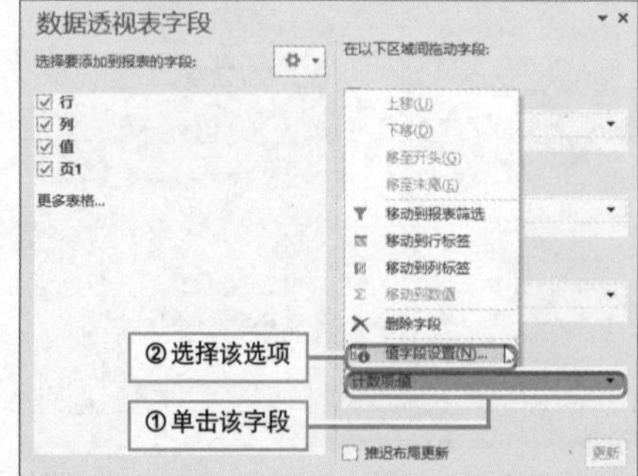

9 弹出“值字段设置”对话框，选择计算类型为“求和”，单击“确定”按钮。

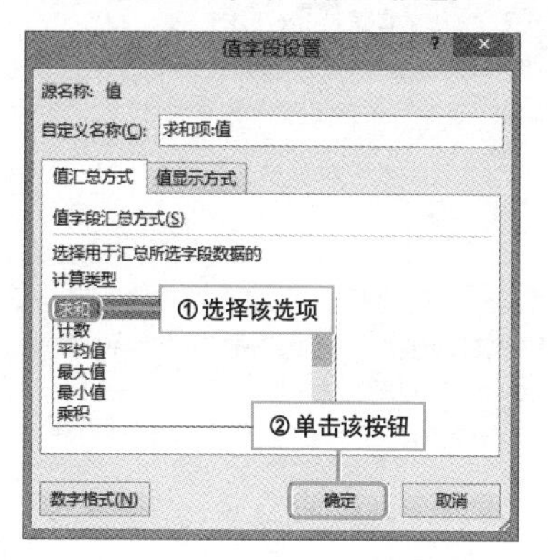

10 接着单击“列”字段按钮，在弹出的筛选器中取消对“手机品牌”的勾选。

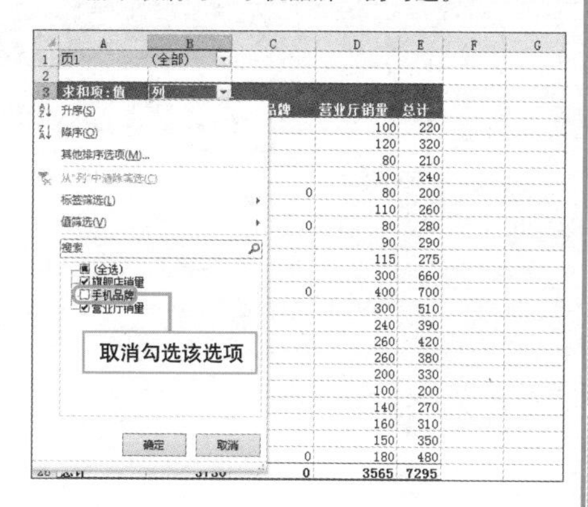

11 单击“确定”按钮后，选中A5:A9单元格区域，并在上面单击鼠标右键，从弹出快捷菜单中选择“创建组”命令。

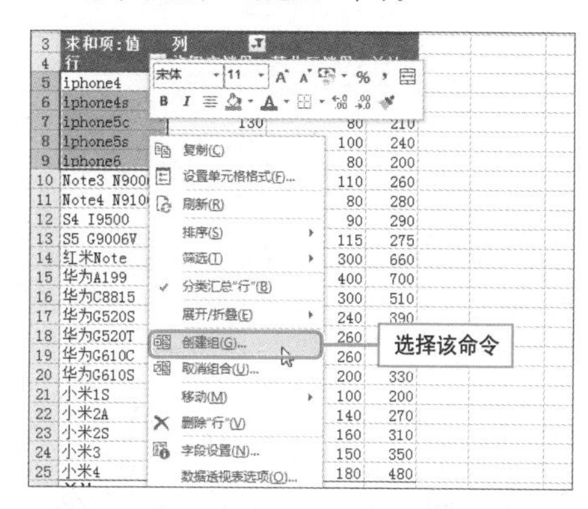

12 随后数据透视表中出现“数据组1”组合项，单击“数据组1”单元格，在公式编辑栏中修改组名为“苹果”。

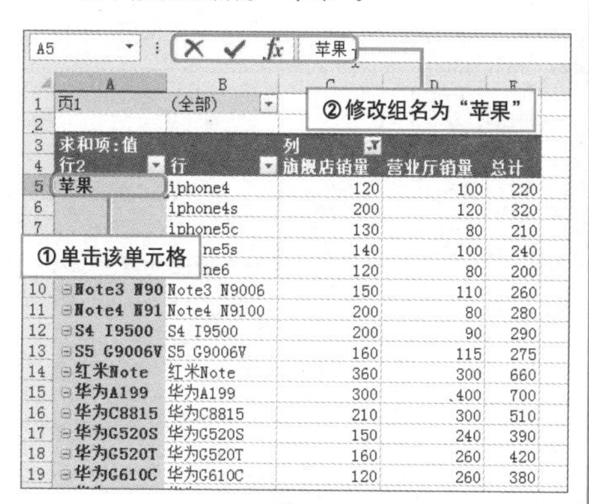

13 用同样的方法创建其他几个组合，然后选中这几个组合，单击“分析”选项卡中的“选项”按钮，弹出对应的对话框。

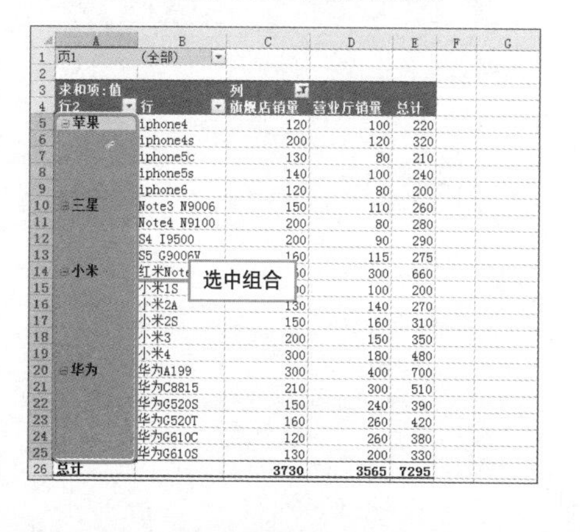

14 切换至“布局和格式”选项卡，勾选“合并且居中排列带标签的单元格”复选框。最后单击“确定”按钮即可。

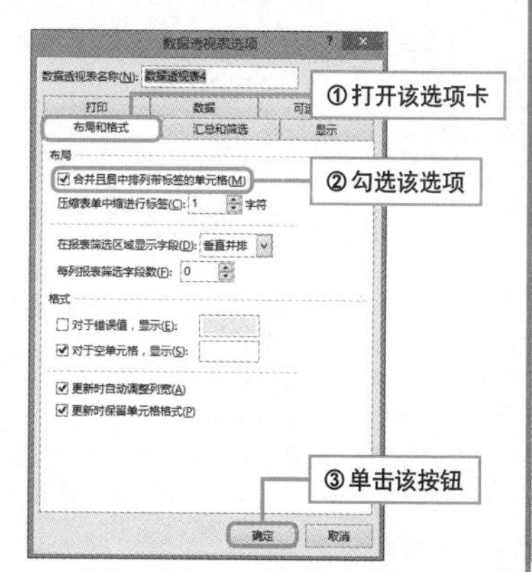

按需更改报表中字段的汇总方式

实例 调整数据透视表中字段的汇总方法

在一份汇总方式为“求和”的数据透视表中，若想将其汇总方式更改为“计算”，则应该如何操作呢？本技巧将介绍更改报表中字段汇总方式的具体操作方法。

初始效果

	A	B
1	电器卖场	（全部）
2		
3	商品名称	求和项：销售金额
4	加湿器	8580.00
5	净水机	176390.00
6	空气净化器	93564.00
7	洗碗机	114880.00
8	消毒柜	90650.00
9	总计	484064.00
10		

汇总方式为求和的效果

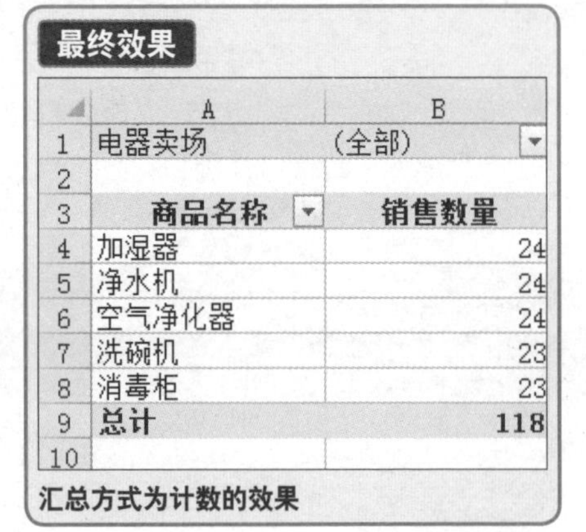

最终效果

	A	B
1	电器卖场	（全部）
2		
3	商品名称	销售数量
4	加湿器	24
5	净水机	24
6	空气净化器	24
7	洗碗机	23
8	消毒柜	23
9	总计	118
10		

汇总方式为计数的效果

1 右击“求和项：销售金额”字段，在弹出的菜单中选择“值字段设置”命令，打开“值字段设置”对话框。

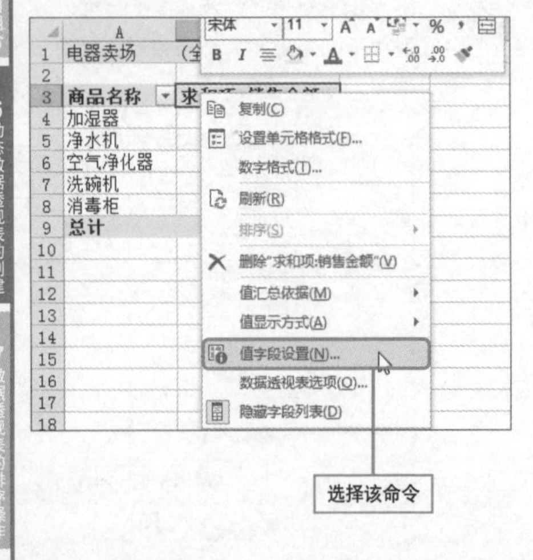

2 在“计算类型”列表框中选择“计数”选项，在“自定义名称”文本框中修改名称为“销售数量”。最后单击“确定”按钮。

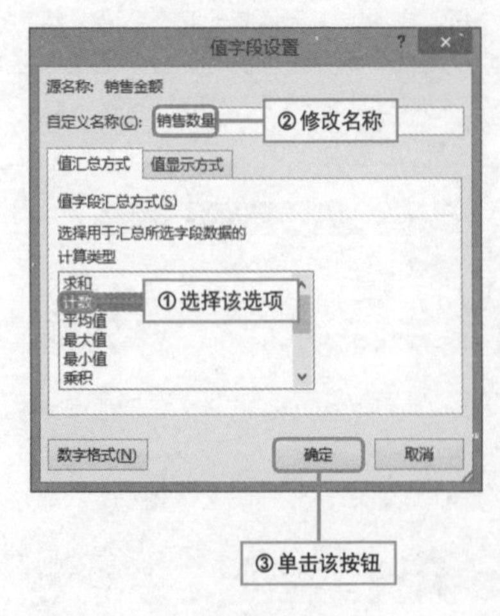

对同一字段也能应用多种汇总方式

实例 对数据透视表应用多种汇总方式

默认情况下，数据透视表对数值区域中的数值字段使用的汇总方式为求和汇总，非数值字段使用计数方式汇总。在数据透视表中，除了这两种汇总方式外，还有很多其他汇总方式，比如“平均值”、“最大值”、“最小值”、“乘积”等。

❶ 右击数据透视表中任意单元格，在弹出的菜单中选择“显示字段列表”命令。

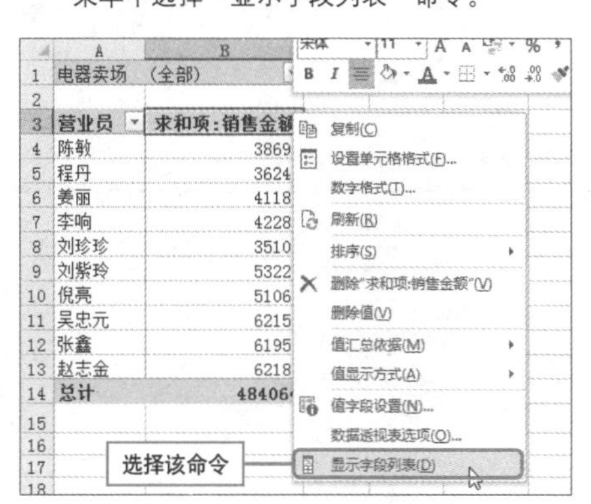

❷ 弹出“数据透视表字段”窗格，连续3次拖动“销售金额”字段至“值”区域。

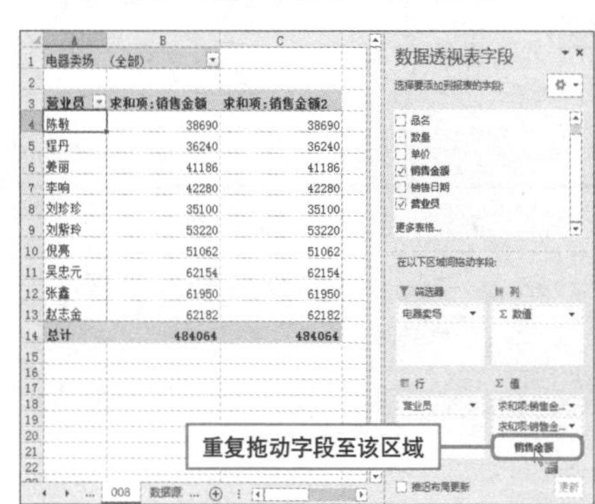

❸ 多次向数据透视表中添加的“销售金额”依次显示为“求和项：销售金额2”、“求和项：销售金额3”和“求和项：销售金额4”。

重复添加的值字段

	A	B	C	D	E
1	电器卖场	(全部)			
2					
3	营业员	求和项:销售金额	求和项:销售金额2	求和项:销售金额3	求和项:销售金额4
4	陈敏	38690	38690	38690	38690
5	程丹	36240	36240	36240	36240
6	姜丽	41186	41186	41186	41186
7	李响	42280	42280	42280	42280
8	刘珍珍	35100	35100	35100	35100
9	刘紫玲	53220	53220	53220	53220
10	倪亮	51062	51062	51062	51062
11	吴忠元	62154	62154	62154	62154
12	张鑫	61950	61950	61950	61950
13	赵志金	62182	62182	62182	62182
14	总计	484064	484064	484064	484064

4 右击“求和项：销售金额2”字段，在弹出的菜单中选择“值字段设置”命令。

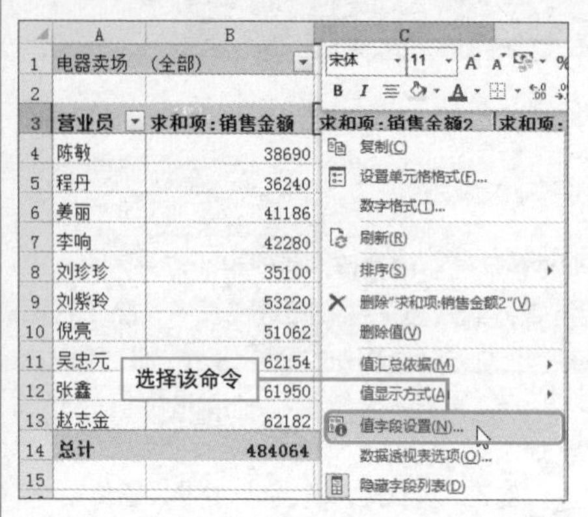

5 打开“值字段设置”对话框，在“计算类型”列表框中选择“计数”选项。

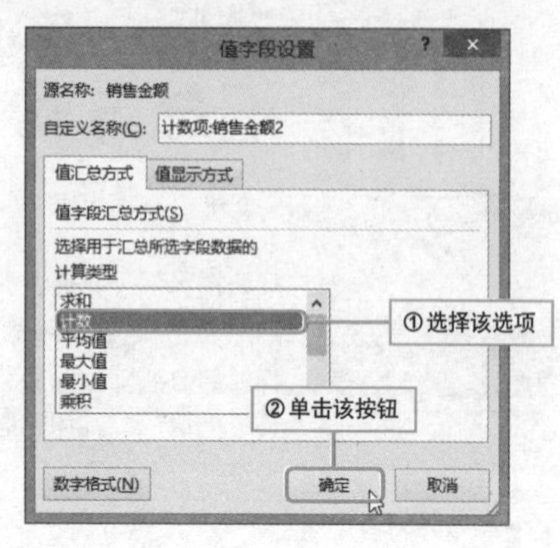

6 单击“确定”按钮后数据透视表“求和项：销售金额2”字段的汇总方式变为“计数”。用直接输入的方法修改“求和项：销售金额2”字段名称为“销售数量”。

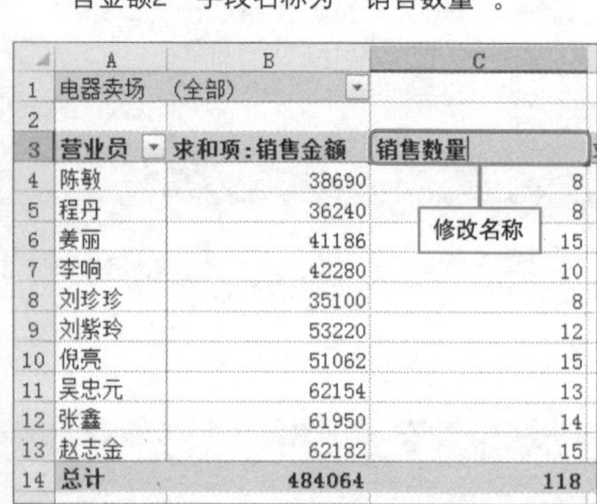

	A	B	C
1	电器卖场 （全部）		
2			
3	营业员	求和项：销售金额	销售数量
4	陈敏	38690	8
5	程丹	36240	8
6	姜丽	41186	15
7	李响	42280	10
8	刘珍珍	35100	8
9	刘紫玲	53220	12
10	倪亮	51062	15
11	吴忠元	62154	13
12	张鑫	61950	14
13	赵志金	62182	15
14	总计	484064	118

7 参照步骤4~5，依次设置“求和项：销售金额3”和“求和项：销售金额4”的汇总方式为“最大值”和“最小值”。

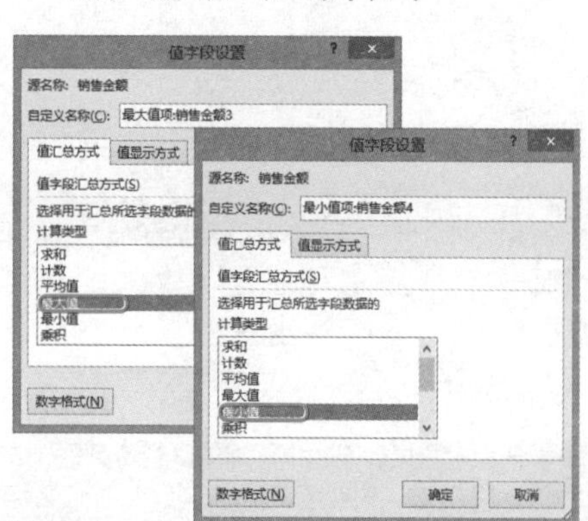

8 用在单元格中直接输入的方法修改“求和项：销售金额3”、“求和项：销售金额4”以及“求和项：销售金额”字段名称为“最大销售额”、“最小销售额”和“销售总金额”。

	A	B	C	D	E
1	电器卖场 （全部）				
2					
3	营业员	销售总金额	销售数量	最大销售额	最小销售额
4	陈敏	38690	8	7180	2450
5	程丹	36240	8	7180	2450
6	姜丽	41186	15	5690	260
7	李响	42280	10	7180	2450
8	刘珍珍	35100	8	7180	2450
9	刘紫玲	53220	12	7180	2450
10	倪亮	51062	15	5690	260
11	吴忠元	62154	13	11380	260
12	张鑫	61950	14	11380	260
13	赵志金	62182	15	11380	260
14	总计	484064		11380	260

设置多种汇总方式后修改字段名称

Question 102

巧用“总计的百分比”值显示方式

Level ◆◆◇

2013 2010 2007

实例 以百分比形式显示数据透视表中所有值字段项

为了得到数据透视表内每个数据点所占总和的比重，用户可以为所有值字段项设置“总计的百分比”的值显示方式。下面将对具体的操作方法进行介绍。

❶ 右击“求和项：销售金额”字段，在弹出的菜单中选择“值字段设置”命令。

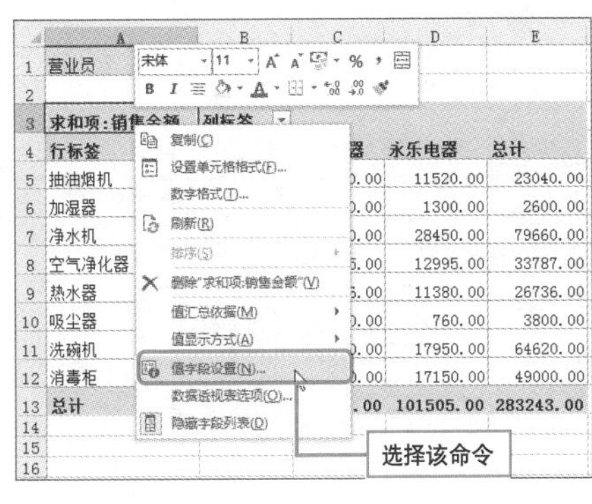

❷ 打开“值字段设置”对话框，切换到“值显示方式”选项卡。

❸ 在“值显示方式”下拉列表框中选择“总计的百分比”选项，单击“确定”按钮。

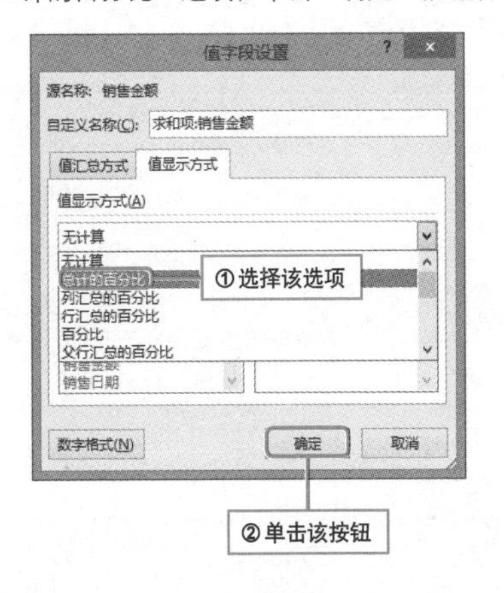

❹ 此时的数据透视表中即显示出各卖场、各商品所占销售总额的百分比。

营业员	(全部)			
求和项:销售金额	列标签			
行标签	苏宁电器	五星电器	永乐电器	总计
抽油烟机	2.03%	2.03%	4.07%	8.13%
加湿器	0.18%	0.28%	0.46%	0.92%
净水机	12.05%	6.03%	10.04%	28.12%
空气净化器	2.75%	4.59%	4.59%	11.93%
热水器	2.01%	3.41%	4.02%	9.44%
吸尘器	0.54%	0.54%	0.27%	1.34%
洗碗机	7.60%	8.87%	6.34%	22.81%
消毒柜	5.19%	6.05%	6.05%	17.30%
总计	32.36%	31.80%	35.84%	100.00%

以“总计的百分比”形式显示数据

Question 103

巧用“列汇总的百分比”值显示方式

Level ◆◆◇

2013 2010 2007

实例 以百分比形式显示单列数值

在数据透视表中若只想在单列数据汇总的基础上得到各个数据项所占比重，则可以在数据透视表中应用“列汇总的百分比”值显示方式。

❶ 在“数据透视表字段”窗格中拖动“销售金额”字段至“值”区域。

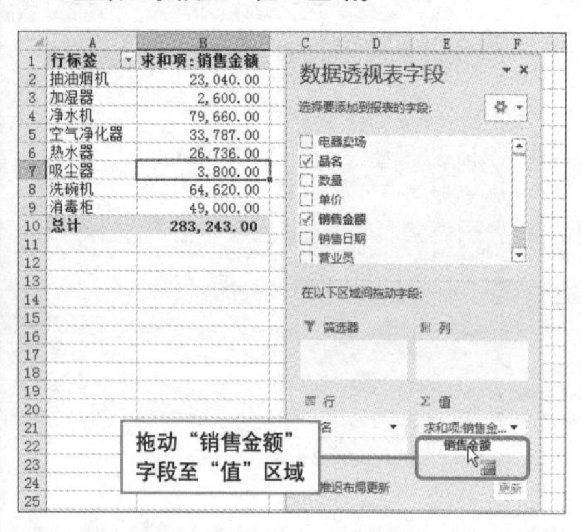

❷ 右击新添加的“求和项：销售金额2”字段，在弹出的快捷菜单中选择“值字段设置”命令。

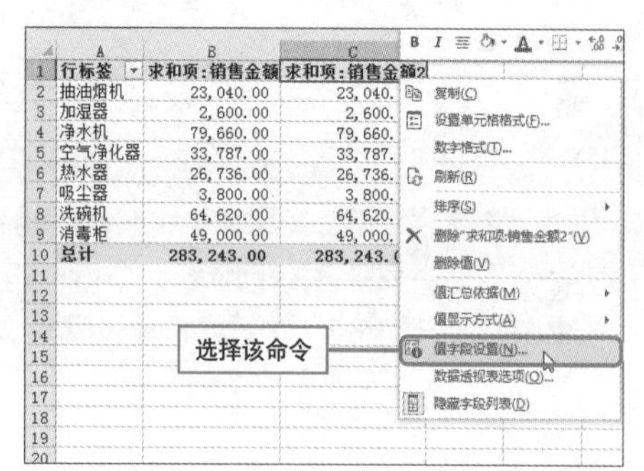

❸ 弹出“值字段设置”对话框，打开“值显示方式”选项卡，在“值显示方式”下拉列表框中选择“列汇总的百分比”选项。

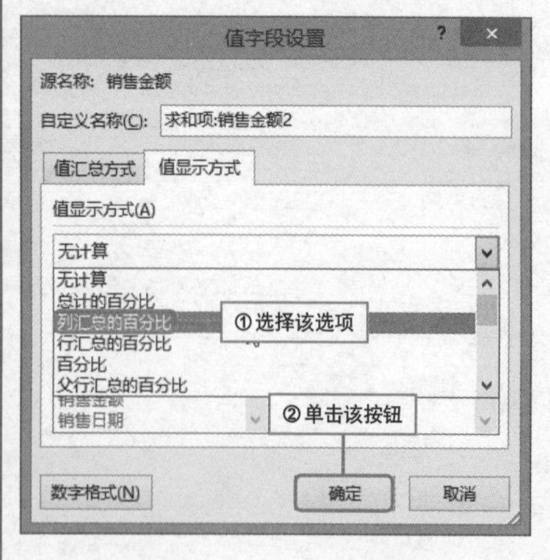

❹ 单击“确定”按钮返回数据透视表，修改“求和项：销售金额2”名称为“所占销售比例”即可。

修改名称

	A	B	C
1	行标签	求和项:销售金额	所占销售比例
2	抽油烟机	23,040.00	8.13%
3	加湿器	2,600.00	0.92%
4	净水机	79,660.00	28.12%
5	空气净化器	33,787.00	11.93%
6	热水器	26,736.00	9.44%
7	吸尘器	3,800.00	1.34%
8	洗碗机	64,620.00	22.81%
9	消毒柜	49,000.00	17.30%
10	总计	283,243.00	100.00%

Question

104

● Level ◆◆◇

2013 2010 2007

巧用“行汇总的百分比”值显示方式

实例 以百分比形式显示每一行占总计的比率

如果要计算每种商品在不同商场中的销售额所占的比率，那么可以利用“行汇总的百分比”数值显示方式。下面将对其操作方法进行详细介绍。

初始效果

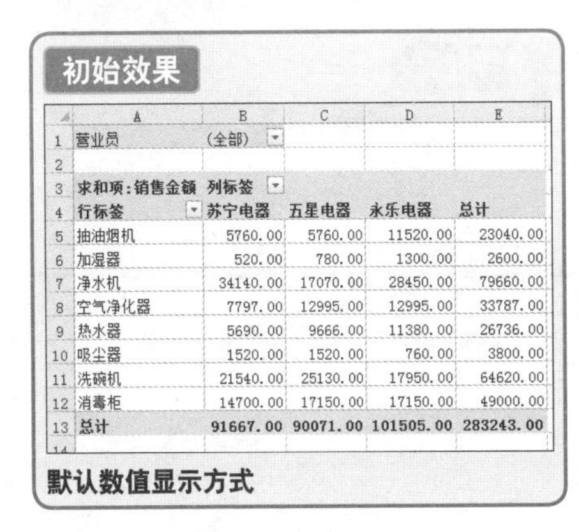

	A	B	C	D	E
1	营业员	(全部)			
2					
3	求和项:销售金额	列标签			
4	行标签	苏宁电器	五星电器	永乐电器	总计
5	抽油烟机	5760.00	5760.00	11520.00	23040.00
6	加湿器	520.00	780.00	1300.00	2600.00
7	净水机	34140.00	17070.00	28450.00	79660.00
8	空气净化器	7797.00	12995.00	12995.00	33787.00
9	热水器	5690.00	9666.00	11380.00	26736.00
10	吸尘器	1520.00	1520.00	760.00	3800.00
11	洗碗机	21540.00	25130.00	17950.00	64620.00
12	消毒柜	14700.00	17150.00	17150.00	49000.00
13	总计	91667.00	90071.00	101505.00	283243.00

默认数值显示方式

最终效果

	A	B	C	D	E
1	营业员	(全部)			
2					
3	求和项:销售金额	列标签			
4	行标签	苏宁电器	五星电器	永乐电器	总计
5	抽油烟机	25.00%	25.00%	50.00%	100.00%
6	加湿器	20.00%	30.00%	50.00%	100.00%
7	净水机	42.86%	21.43%	35.71%	100.00%
8	空气净化器	23.08%	38.46%	38.46%	100.00%
9	热水器	21.28%	36.15%	42.56%	100.00%
10	吸尘器	40.00%	40.00%	20.00%	100.00%
11	洗碗机	33.33%	38.89%	27.78%	100.00%
12	消毒柜	30.00%	35.00%	35.00%	100.00%
13	总计	32.36%	31.80%	35.84%	100.00%

“行汇总的百分比”值显示方式

1 右击“求和项：销售金额”字段，在弹出的菜单中选择“值字段设置”命令，打开“值字段设置”对话框。

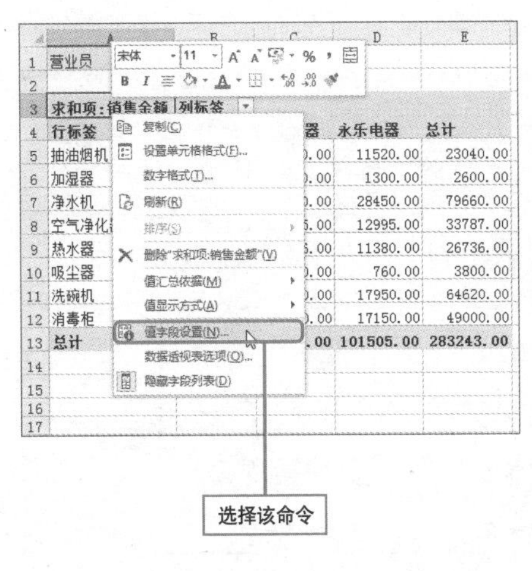

2 打开“值显示方式”选项卡，在“值显示方式”下拉列表框中选择“行汇总的百分比”选项，单击“确定”按钮。

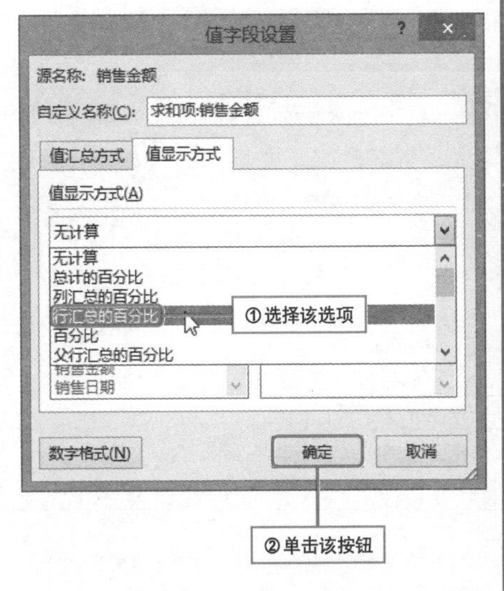

Question

105 百分比数据显示方式用处大

Level ◆◆◇

2013 2010 2007

实例 用百分比形式显示数据和某一固定字段的对比

某车间分为A班和B班，按规定每位员工每天需要完成的产量为1500，为了考核车间内员工的生产量完成情况，可以对数据透视表的值字段使用“百分比”显示方式。下面介绍具体操作方法。

初始效果

	A	B	C
1	求和项:生产数量	列标签	
2	行标签	A班	B班
3	定额产量	1500	1500
4	何丞影	296	
5	郎若云	750	
6	卢谦靖	1500	
7	潘琦靖	309	
8	钱凝琪	901	
9	苏　丽	1500	
10	吴音同	409	
11	张蕴阑	1084	
12	梁贤研		1500
13	陆永倪		1267
14	钟碧芳		1500
15	齐薇荷		1300
16	蔡研晓		1500
17	吴影雯		1345
18	郑雪菁		482
19	高均友		1500
20	总计	8249	11894

以默认方式显示产量值的效果

最终效果

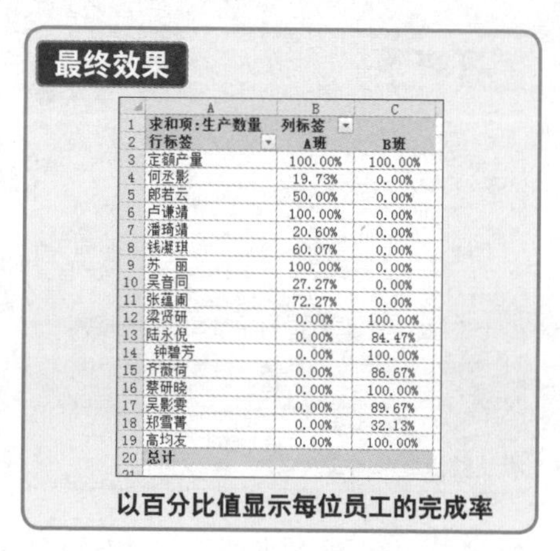

	A	B	C
1	求和项:生产数量	列标签	
2	行标签	A班	B班
3	定额产量	100.00%	100.00%
4	何丞影	19.73%	0.00%
5	郎若云	50.00%	0.00%
6	卢谦靖	100.00%	0.00%
7	潘琦靖	20.60%	0.00%
8	钱凝琪	60.07%	0.00%
9	苏　丽	100.00%	0.00%
10	吴音同	27.27%	0.00%
11	张蕴阑	72.27%	0.00%
12	梁贤研	0.00%	100.00%
13	陆永倪	0.00%	84.47%
14	钟碧芳	0.00%	100.00%
15	齐薇荷	0.00%	86.67%
16	蔡研晓	0.00%	100.00%
17	吴影雯	0.00%	89.67%
18	郑雪菁	0.00%	32.13%
19	高均友	0.00%	100.00%
20	总计		

以百分比值显示每位员工的完成率

1. 右击“求和项：生产数量”字段，选择“值字段设置”命令，打开“值字段设置”对话框。在“值显示方式”选项卡下的“值显示方式”下拉列表中选择“百分比”选项。

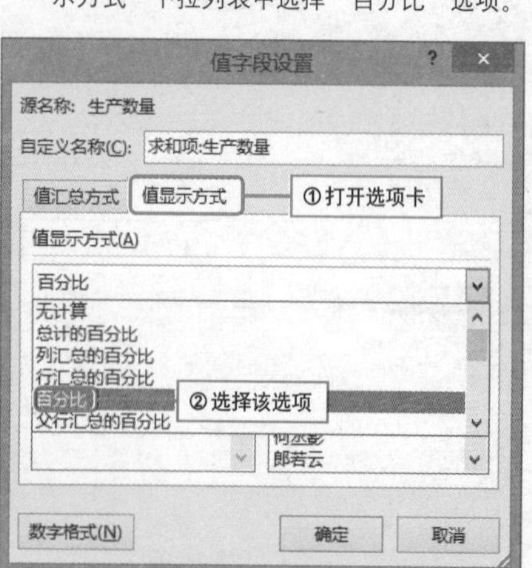

2. 在“基本字段”列表框中选择“姓名”选项，在“基本项”列表框中选择“定额产量”选项。最后单击“确定”按钮。

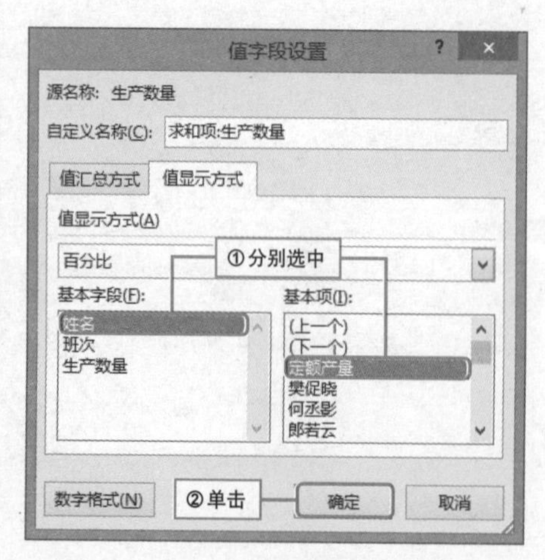

“差异”值显示方式真实用

实例 计算数据透视表中实际和预算费用之间的差异

为了清楚地体现预计采购费用和实际采购费用之间的差距有多大，以便下一次制定预计费用的时候能够做出相应的调整，可以利用“差异”值显示方式在数据透视表中的原数据区域显示出实际费用和预计费用之间的差值。

初始效果

	A	B	C
1	求和项:采购费用	列标签	
2	行标签	实际采购	预计采购
3	办公文具	5870.00	5200.00
4	电子产品	52000.00	55200.00
5	服装	10000.00	10000.00
6	家具	13000.00	12000.00
7	烟酒	28000.00	33200.00
8	总计	108870.00	115600.00

计算“差异”前的效果

最终效果

	A	B	C
1	求和项:采购费用	列标签	
2	行标签	实际采购	预计采购
3	办公文具		-670.00
4	电子产品		3200.00
5	服装		0.00
6	家具		-1000.00
7	烟酒		5200.00
8	总计		6730.00

差异显示在“预计采购”字段值区域的效果

① 打开“值字段设置”对话框，在“值显示方式”选项卡中选择“值显示方式”为“差异”，选择“基本字段”为“费用类别”，选择“基本项”为“实际采购”，单击“确定”按钮。

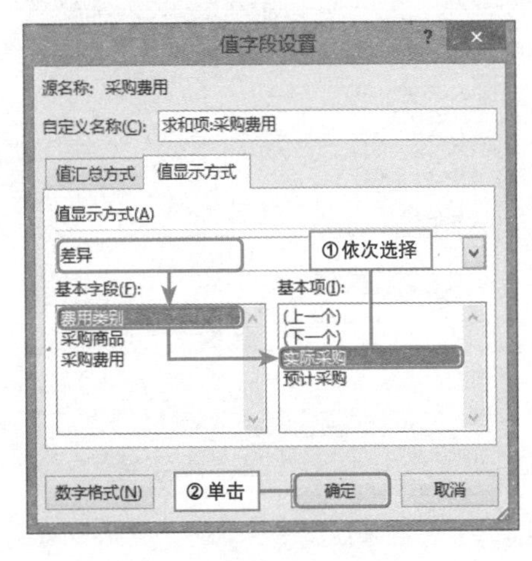

Hint

选择差异值显示的位置

本技巧得到的差异以“预计采购－实际采购”的计算结果的形式，显示在“预计采购”字段数值区域。这是因为在“值字段设置”对话框的“基本项”列表框中选择了“实际采购”选项。这种选择可以体现出“预计采购”的编制水平。

若想将差异显示在“实际采购”字段值区域，只需在“值字段设置”对话框中的“基本项”列表框中选择“预计采购”选项即可。

Question 107

Level ◆◆◇

2013 2010 2007

直观的“差异百分比”值显示方式

实例 按照某列数据为标准计算其他列数据变化趋势

在公司各年度用品采购数据透视表中若以2011年的采购金额作为标准，采用“差异百分比”值显示方式来衡量2012年和2013年采购金额的变化趋势，便可以分析价格变化信息，用以调整以后的采购策略。本技巧将介绍具体操作步骤。

初始效果

	A	B	C	D
1	求和项:采购金额	列标签		
2	行标签	2011年	2012年	2013年
3	办公文具	5870.00	7980.00	6550.00
4	电子产品	52000.00	43000.00	48000.00
5	服装	10000.00	15000.00	15000.00
6	家具	13000.00	9000.00	11500.00
7	烟酒	28000.00	32300.00	35000.00
8	总计	108870.00	107280.00	116050.00
9				
10				
11				

应用“差异百分比”显示数据前的效果

最终效果

	A	B	C	D
1	求和项:采购金额	列标签		
2	行标签	2011年	2012年	2013年
3	办公文具		35.95%	11.58%
4	电子产品		-17.31%	-7.69%
5	服装		50.00%	50.00%
6	家具		-30.77%	-11.54%
7	烟酒		15.36%	25.00%
8	总计		-1.46%	6.60%
9				

应用“差异百分比”后的数据显示方式

❶ 打开“值字段设置”对话框，打开“值显示方式”选项卡，选择“值显示方式”为“差异百分比”。

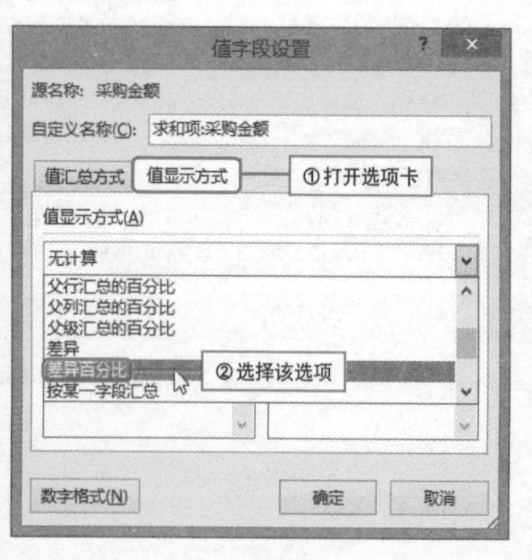

❷ 选择“基本字段”为“采购年份”，选择“基本项”为“2011年”，最后单击“确定”按钮。

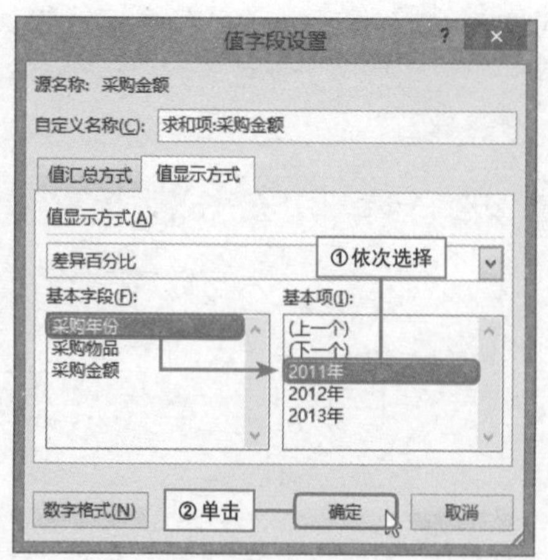

“按某一字段汇总”数据显示方式

实例 按日期字段汇总销售金额

如果希望计算累计销售金额，那么可以使用“按某一字段汇总”的值显示方式，例如，对商品销售金额按日期进行累计计算，最终得到总销售金额。

1 在创建数据透视表时，两次向“值”区域添加“销售金额”字段。在数据透视表中右击“求和项：销售金额2”字段，在弹出的菜单中选择“值显示方式>按某一字段汇总”命令。

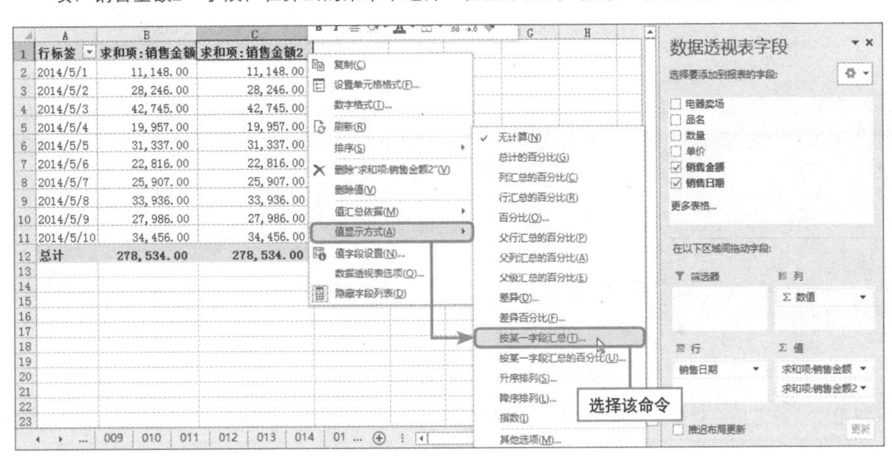

2 弹出“值显示方式（求和项：销售金额2）”对话框，保持对话框中选中内容不变，单击“确定”按钮。

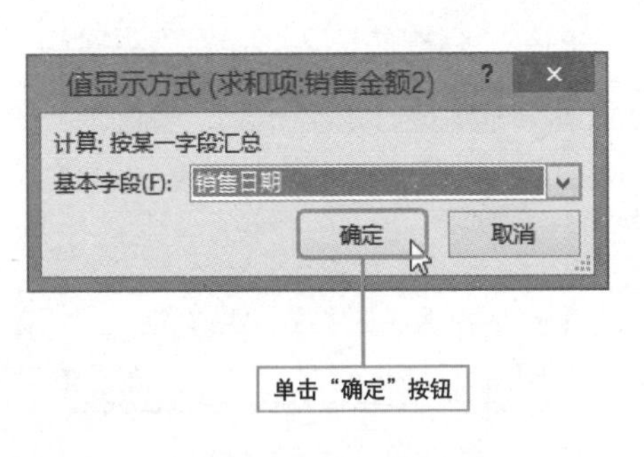

3 数据透视表中的“求和项：销售金额2”字段即按照日期字段进行汇总。

	A	B	C
1	行标签	求和项:销售金额	求和项:销售金额2
2	2014/5/1	11,148.00	11,148.00
3	2014/5/2	28,246.00	39,394.00
4	2014/5/3	42,745.00	82,139.00
5	2014/5/4	19,957.00	102,096.00
6	2014/5/5	31,337.00	133,433.00
7	2014/5/6	22,816.00	156,249.00
8	2014/5/7	25,907.00	182,156.00
9	2014/5/8	33,936.00	216,092.00
10	2014/5/9	27,986.00	244,078.00
11	2014/5/10	34,456.00	278,534.00
12	总计	278,534.00	

按日期字段进行汇总

Question 109

• Level ◆◆◇

2013 2010 2007

“父行汇总的百分比”数据显示方式

实例 计算列中每类商品在不同卖场中销售额占比

在数据透视表中，若要计算不同商品在多个电器卖场中销售额的占比率，如“加湿器”占“国美电器”总销售金额的百分比，那么用户只需进行简单的设置即可达到想要效果。具体操作方法介绍如下。

初始效果

	A	B	C
1	电器卖场	品名	求和项:销售金额
2	国美电器	加湿器	2340
3		净水机	28450
4		空气净化器	10396
5	国美电器 汇总		41186
6	三联电器	加湿器	1040
7		净水机	45520
8		空气净化器	15594
9	三联电器 汇总		62154
10	苏宁电器	加湿器	1560
11		净水机	39830
12		空气净化器	20792
13	苏宁电器 汇总		62182
14	五星电器	加湿器	1820
15		净水机	28450
16		空气净化器	20792
17	五星电器 汇总		51062
18	永乐电器	加湿器	1820
19		净水机	34140
20		空气净化器	25990
21	永乐电器 汇总		61950
22	总计		278534

应用“父行汇总的百分比”显示值前的效果

最终效果

	A	B	C	D
1	电器卖场	品名	求和项:销售金额	
2	国美电器	加湿器	5.68%	
3		净水机	69.08%	
4		空气净化器	25.24%	
5	国美电器 汇总		14.79%	
6	三联电器	加湿器	1.67%	
7		净水机	73.24%	
8		空气净化器	25.09%	
9	三联电器 汇总		22.31%	
10	苏宁电器	加湿器	2.51%	
11		净水机	64.05%	
12		空气净化器	33.44%	
13	苏宁电器 汇总		22.32%	
14	五星电器	加湿器	3.56%	
15		净水机	55.72%	
16		空气净化器	40.72%	
17	五星电器 汇总		18.33%	
18	永乐电器	加湿器	2.94%	
19		净水机	55.11%	
20		空气净化器	41.95%	
21	永乐电器 汇总		22.24%	
22	总计		100.00%	

应用“父行汇总的百分比”显示值的效果

❶ 选中“求和项：销售金额”字段，单击“分析”选项卡中的“字段设置”按钮，打开“值字段设置”对话框。

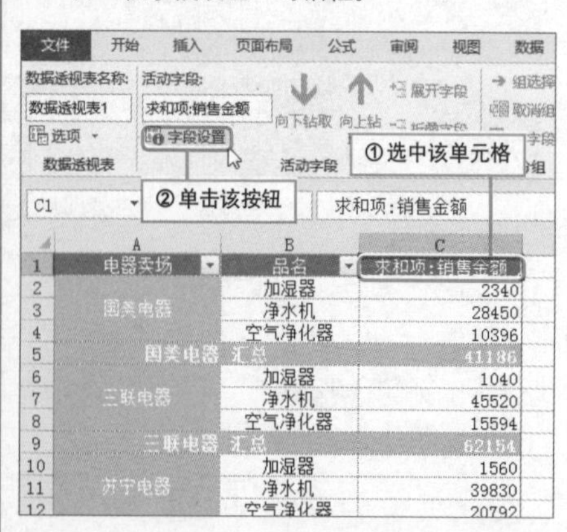

❷ 打开“值显示方式”选项卡，在“值显示方式”下拉列表框中选择“父行汇总的百分比”选项，单击“确定”按钮。

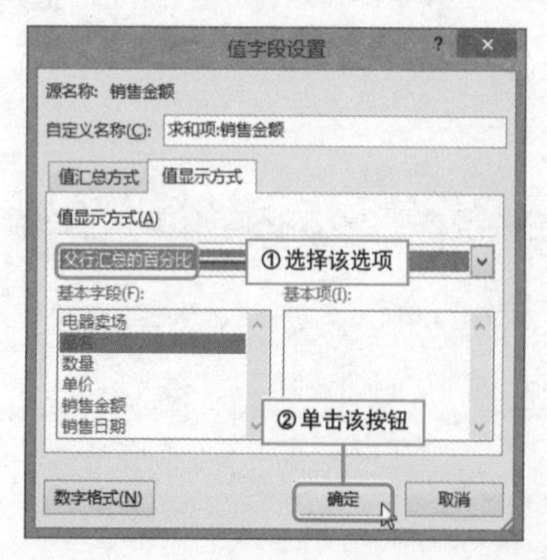

Question 110

“父列汇总的百分比”数据显示方式

Level ◆◆◇

2013 2010 2007

实例 计算行中每类商品在不同卖场中销售额占比

如果在数据透视表中商品名称字段位置变为按列存放，这时候要想计算每类商品占各电器卖场总量的百分比，就需要运用“父列汇总的百分比”数据显示方式。

初始效果

销售日期	(全部)			
求和项:销售金额	列标签			
行标签	加湿器	净水机	空气净化器	总计
国美电器	2340.00	28450.00	10396.00	41186.00
三联电器	1040.00	45520.00	15594.00	62154.00
苏宁电器	1560.00	39830.00	20792.00	62182.00
五星电器	1820.00	28450.00	20792.00	51062.00
永乐电器	1820.00	34140.00	25990.00	61950.00
总计	8580.00	176390.00	93564.00	278534.00

应用“父列汇总的百分比”显示值前的效果

最终效果

销售日期	(全部)			
求和项:销售金额	列标签			
行标签	加湿器	净水机	空气净化器	总计
国美电器	5.68%	69.08%	25.24%	100.00%
三联电器	1.67%	73.24%	25.09%	100.00%
苏宁电器	2.51%	64.05%	33.44%	100.00%
五星电器	3.56%	55.72%	40.72%	100.00%
永乐电器	2.94%	55.11%	41.95%	100.00%
总计	3.08%	63.33%	33.59%	100.00%

应用“父列汇总的百分比”显示值的效果

1. 右击“求和项：销售金额”字段，在弹出的菜单中选择“值显示方式”命令。

选择“值显示方式”命令

2. 在展开的“值显示方式”级联菜单中选择“父列汇总的百分比”命令即可。

选择“父列汇总的百分比”命令

Question 111

• Level ◆◆◇

2013 2010 2007

“父级汇总的百分比”数据显示方式

实例 计算不同卖场每位营业员的商品销售构成

“父级汇总的百分比”值显示方式可以通过某一基本字段的基本项和该字段的父级汇总项的对比，得到构成比率报表。例如，在各商场营业员商品销售明细表中，利用“父级汇总的百分比”值显示方式可以计算出每位营业员销售不同商品的构成。

❶ 选中数值区域中任意单元格，打开“分析”选项卡，单击“字段设置”按钮。

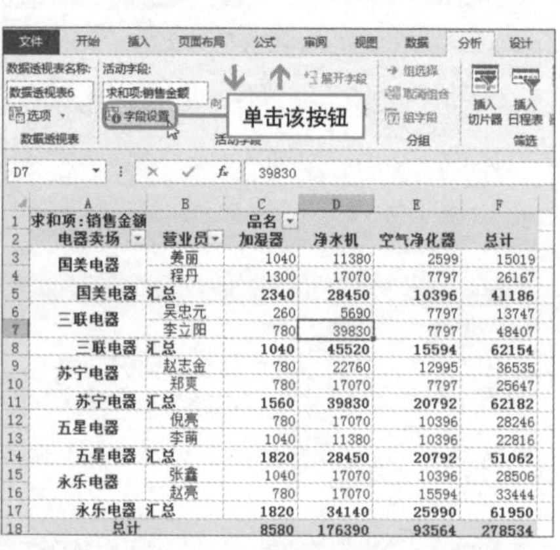

求和项:销售金额		品名			
电器卖场	营业员	加湿器	净水机	空气净化器	总计
国美电器	姜丽	1040	11380	2599	15019
	程丹	1300	17070	7797	26167
国美电器 汇总		2340	28450	10396	41186
三联电器	吴忠元	260	5690	7797	13747
	李立阳	780	39830	7797	48407
三联电器 汇总		1040	45520	15594	62154
苏宁电器	赵志金	780	22760	12995	36535
	郑爽	780	17070	7797	25647
苏宁电器 汇总		1560	39830	20792	62182
五星电器	倪亮	780	17070	10396	28246
	李萌	1040	11380	10396	22816
五星电器 汇总		1820	28450	20792	51062
永乐电器	张鑫	1040	17070	10396	28506
	赵亮	780	17070	15594	33444
永乐电器 汇总		1820	34140	25990	61950
总计		8580	176390	93564	278534

❷ 打开“值字段设置”对话框，在“值显示方式”选项卡中设置“值显示方式”为“父级汇总的百分比”选项。

❸ 在“基本字段”列表框中选择“电器卖场”选项，单击“确定”按钮。

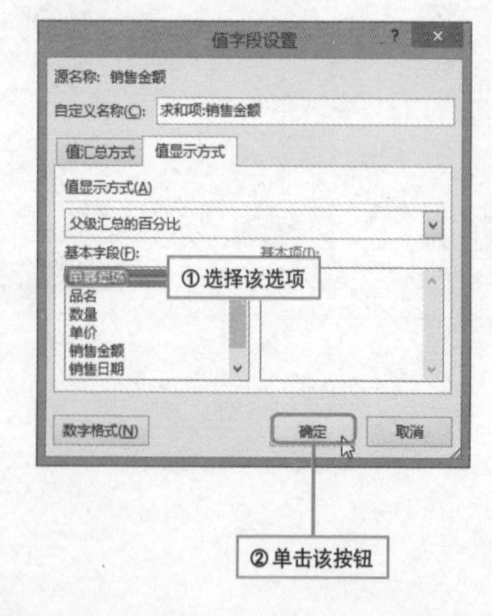

❹ 此时，数据透视表中的数值即以“父级汇总的百分比”形式显示。

求和项:销售金额		品名			
电器卖场	营业员	加湿器	净水机	空气净化	总计
国美电器	姜丽	44.44%	40.00%	25.00%	36.47%
	程丹	55.56%	60.00%	75.00%	63.53%
国美电器 汇总		100.00%	100.00%	100.00%	100.00%
三联电器	吴忠元	25.00%	12.50%	50.00%	22.12%
	李立阳	75.00%	87.50%	50.00%	77.88%
三联电器 汇总		100.00%	100.00%	100.00%	100.00%
苏宁电器	赵志金	50.00%	57.14%	62.50%	58.75%
	郑爽	50.00%	42.86%	37.50%	41.25%
苏宁电器 汇总		100.00%	100.00%	100.00%	100.00%
五星电器	倪亮	42.86%	60.00%	50.00%	55.32%
	李萌	57.14%	40.00%	50.00%	44.68%
五星电器 汇总		100.00%	100.00%	100.00%	100.00%
永乐电器	张鑫	57.14%	50.00%	40.00%	46.01%
	赵亮	42.86%	50.00%	60.00%	53.99%
永乐电器 汇总		100.00%	100.00%	100.00%	100.00%
总计					

显示不同卖场营业员销售商品的比率

“指数”数据显示方式

实例 判断某列数据的相对重要性

若想对销售员销售商品数量进行指数分析，从而确定哪位销售员对不同商品的销售量最具重要性，则可以按照以下操作方法进行设置。

初始效果

	A	B	C	D	E
1	求和项:数量	列标签			
2	行标签	加湿器	净水机	空气净化器	总计
3	程丹	7	3	3	13
4	姜丽	5	2	2	9
5	李立阳	4	6	3	13
6	李萌	5	3	2	10
7	倪亮	2	4	5	11
8	吴忠元	2	2	3	7
9	张鑫	4	3	4	11
10	赵亮	3	3	5	11
11	赵志金	4	3	3	10
12	郑爽	2	3	2	7
13	总计	38	32	32	102

运用“指数”数据显示方式前的效果

最终效果

	A	B	C	D	E
1	求和项:数量	列标签			
2	行标签	加湿器	净水机	空气净化器	总计
3	程丹	1.45	0.74	0.74	1
4	姜丽	1.49	0.71	0.71	1
5	李立阳	0.83	1.47	0.74	1
6	李萌	1.34	0.96	0.64	1
7	倪亮	0.49	1.16	1.45	1
8	吴忠元	0.77	0.91	1.37	1
9	张鑫	0.98	0.87	1.16	1
10	赵亮	0.73	0.87	1.45	1
11	赵志金	1.07	0.96	0.96	1
12	郑爽	0.77	1.37	0.91	1
13	总计	1	1	1	1

运用“指数”数据显示方式后的效果

❶ 右击任意数值区域单元格，在弹出的菜单中选择“值字段设置”命令，打开“值字段设置”对话框。

❷ 打开“值显示方式”选项卡，在“值显示方式”下拉列表框中选择“指数”选项，单击“确定”按钮。

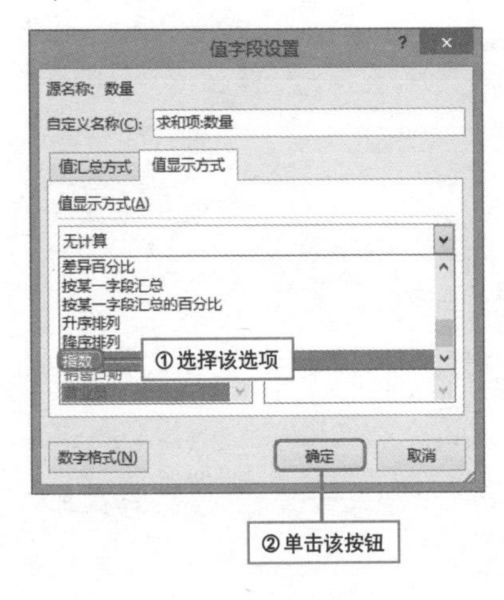

Question 113

Level ◆◆◇

2013 2010 2007

“升序排列”数据显示方式

实例 按销售金额升序排列员工姓名

在数据透视表中，数据的显示方式还可以按序列排序的方式显示，例如在员工总销量数据透视表中，可以应用“升序排列”数据显示方式将员工的姓名按照销售金额从高到低进行排列。

❶ 右击数据区域任意单元格，在弹出的菜单中选择“值显示方式”命令，在其级联菜单中选择“升序排列”命令。

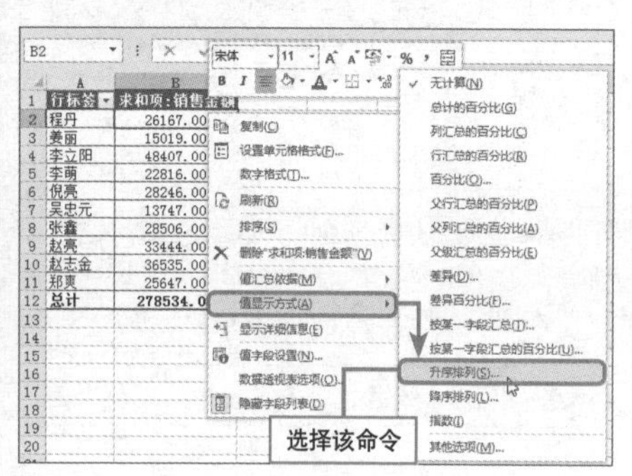

❷ 弹出“值显示方式（求和项：销售金额）”对话框，保持选中内容不变，直接单击“确定”按钮。

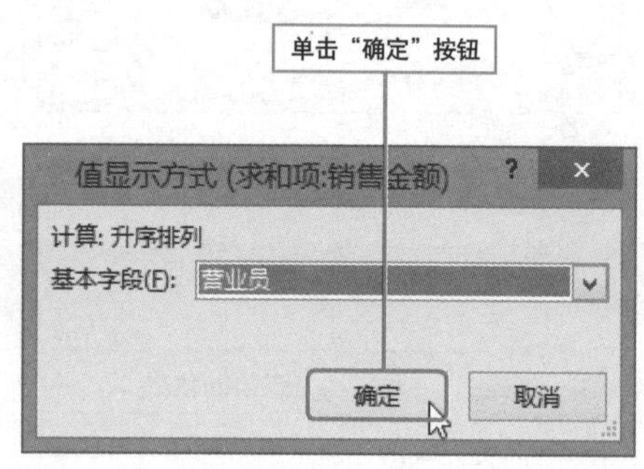

❸ 保持选中单元格不变，打开“数据”选项卡，单击“升序”按钮。

单击“升序”按钮

	A	B
1	行标签	求和项:销售金额
2	程丹	5
3	姜丽	2
4	李立阳	10
5	李萌	3
6	倪亮	6
7	吴忠元	1
8	张鑫	7
9	赵亮	8
10	赵志金	9
11	郑爽	4
12	总计	

❹ 此时数据透视表已经按销量从高到低的顺序排列员工姓名。最后重新设置表格边框。

	A	B
1	行标签	求和项:销售金额
2	吴忠元	1
3	姜丽	2
4	李萌	3
5	郑爽	4
6	程丹	5
7	倪亮	6
8	张鑫	7
9	赵亮	8
10	赵志金	9
11	李立阳	10
12	总计	

重新为数据透视表设置边框

Question

114 数据显示方式由你定

● Level ◆◆◇

2013 2010 2007

实例 删除/更改原数据透视表的值显示方式

如果用户不再需要使用已有的数据显示方式，那么可以选择将其删除，也可以直接更改该数据显示方式为其他数据显示方式。下面将对删除或修改自定义数据显示方式的操作方法进行介绍。

初始效果

	A	B	C	D	E
1	求和项:数量	列标签			
2	行标签	加湿器	净水机	空气净化器	总计
3	程丹	1.45	0.74	0.74	1
4	姜丽	1.49	0.71	0.71	1
5	李立阳	0.83	1.47	0.74	1
6	李萌	1.34	0.96	0.64	1
7	倪亮	0.49	1.16	1.45	1
8	吴忠元	0.77	0.91	1.37	1
9	张鑫	0.98	0.87	1.16	1
10	赵亮	0.73	0.87	1.45	1
11	赵志金	1.07	0.96	0.96	1
12	郑爽	0.77	1.37	0.91	1
13	**总计**	**1**	**1**	**1**	**1**
14					

应用“指数”数据显示方式的数据透视表

最终效果

	A	B	C	D	E
1	求和项:数量	列标签			
2	行标签	加湿器	净水机	空气净化器	总计
3	程丹	7	3	3	13
4	姜丽	5	2	2	9
5	李立阳	4	6	3	13
6	李萌	5	3	2	10
7	倪亮	2	4	5	11
8	吴忠元	2	2	3	7
9	张鑫	4	3	4	11
10	赵亮	3	3	5	11
11	赵志金	4	3	3	10
12	郑爽	2	3	2	7
13	**总计**	**38**	**32**	**32**	**102**
14					

删除自定义数据显示方式后的数据透视表

1. 删除自定义数据显示方式。首先右击任意值字段，在“值显示方式”级联菜单中选择“无计算”命令即可。

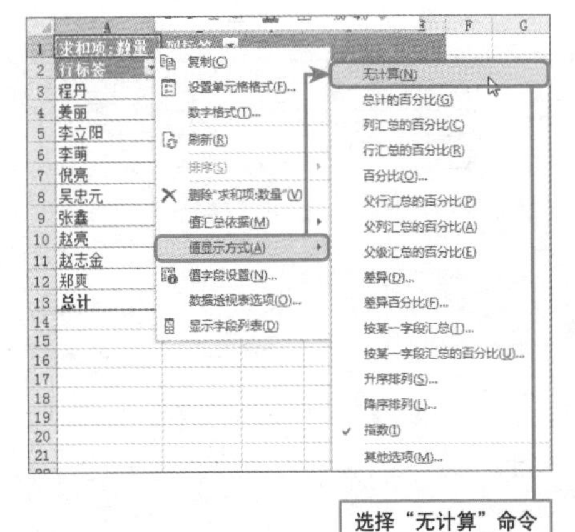

选择“无计算”命令

2. 若要更改自定义数据显示方式，则在“值显示方式”级联菜单中选择任意想要的显示方式命令即可。

选择其他数据显示方式

你会插入计算字段吗?

实例 在数据透视表中插入销售单价计算字段

数据透视表创建完成后，不允许插入任何单元格或添加公式对数据透视表中的数据项进行计算，如果用户想要在数据透视表中执行自定义计算，就需要使用“添加计算字段”或“添加计算项”功能。

初始效果

	A	B	C
1	行标签	求和项:数量	求和项:销售金额
2	抽油烟机	8	23,040.00
3	加湿器	10	2,600.00
4	净水机	13	73,970.00
5	空气净化器	13	33,787.00
6	热水器	6	26,736.00
7	吸尘器	10	3,800.00
8	洗碗机	22	78,980.00
9	消毒柜	18	44,100.00
10	总计	100	287,013.00
11			
12			
13			

未添加计算字段的数据透视表

最终效果

	A	B	C	D
1	行标签	求和项:数量	求和项:销售金额	求和项:销售单价
2	抽油烟机	8	23,040.00	2,880.00
3	加湿器	10	2,600.00	260.00
4	净水机	13	73,970.00	5,690.00
5	空气净化器	13	33,787.00	2,599.00
6	热水器	6	26,736.00	4,456.00
7	吸尘器	10	3,800.00	380.00
8	洗碗机	22	78,980.00	3,590.00
9	消毒柜	18	44,100.00	2,450.00
10	总计	100	287,013.00	2,870.13
11				
12				
13				
14				
15				
16				
17				

添加“销售单价”字段的效果

❶ 选中数据透视表中任意单元格，单击“分析”选项卡中的“字段、项目和集”下拉按钮，选择“计算字段”选项。

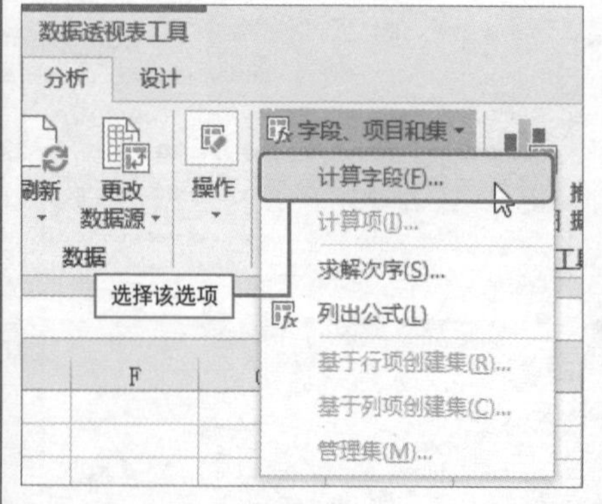

❷ 打开“插入计算字段”对话框，修改“名称”为“销售单价”，输入“公式”为“=销售金额/数量”，最后单击“确定”按钮。

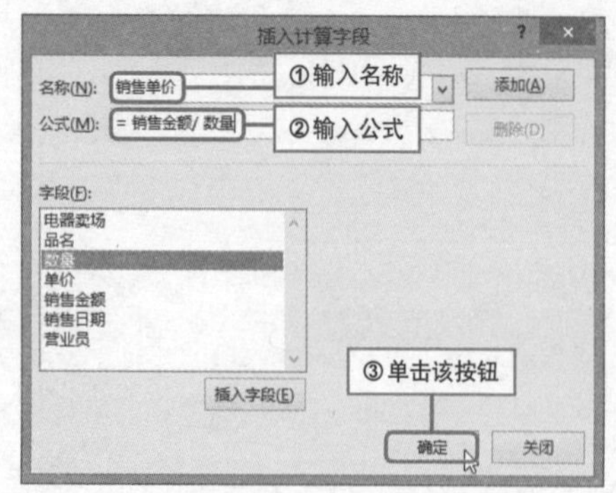

插入计算项也很容易

实例 在行标签字段中插入计算项

数据透视表中除了可以插入计算字段，还可以插入计算项，插入计算项的方法和插入计算字段的方法类似。需要注意的是，插入计算项必须先选中“行标签”字段下的某一项，才可以激活选项卡下“字段、项目和集”下拉列表中的“计算项”选项。

❶ 选中“行标签”字段中的任意项，打开“分析”选项卡，在“字段、项目和集”下拉列表中选择“计算项”选项。

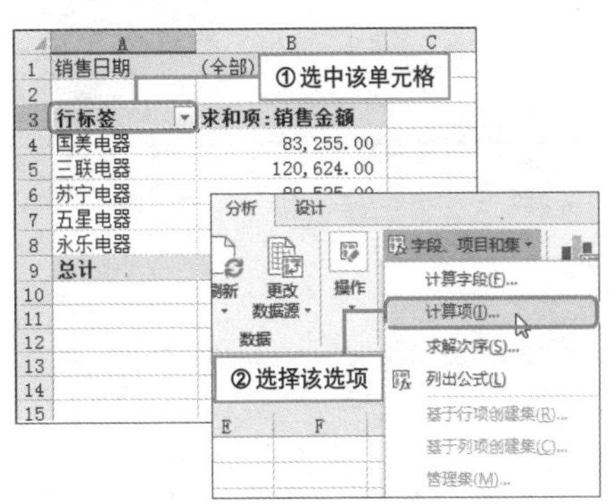

❷ 打开“在‘电器卖场’中插入计算字段”对话框，在“公式”文本框中输入公式“=苏宁电器+五星电器”。

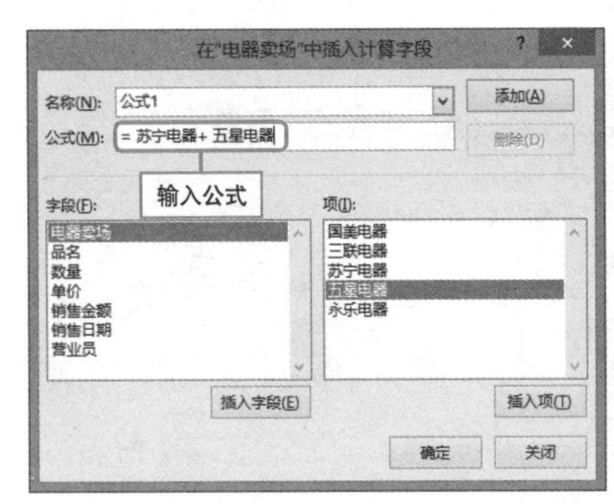

❸ 修改“名称”文本框中内容为“苏宁+五星”，单击“确定”按钮。

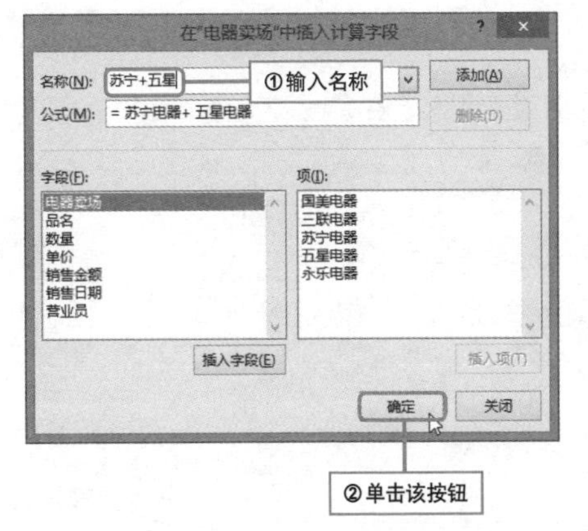

❹ 此时数据透视表的“行标签”字段中即被增加了计算项“苏宁+五星”。

	A	B
1	销售日期	(全部)
2		
3	行标签	求和项:销售金额
4	国美电器	83,255.00
5	三联电器	120,624.00
6	苏宁电器	88,525.00
7	五星电器	106,853.00
8	永乐电器	95,591.00
9	苏宁+五星	195,378.00
10	总计	690,226.00

插入计算项

Question 117

Level ◆◆◇

2013 2010 2007

使用四则混合运算插入计算字段

实例 在数据透视表中插入商品销售利润字段

在数据透视表中插入计算字段时需要通过公式计算出所插入字段的数据结果，例如，在商品销售表中，需要根据“销售成本”字段和“销售金额”字段计算出销售利润。下面介绍具体操作步骤。

❶ 选中值字段中任意单元格，打开“分析”选项卡，在“字段、项目和集”下拉列表中选择“计算字段”选项。

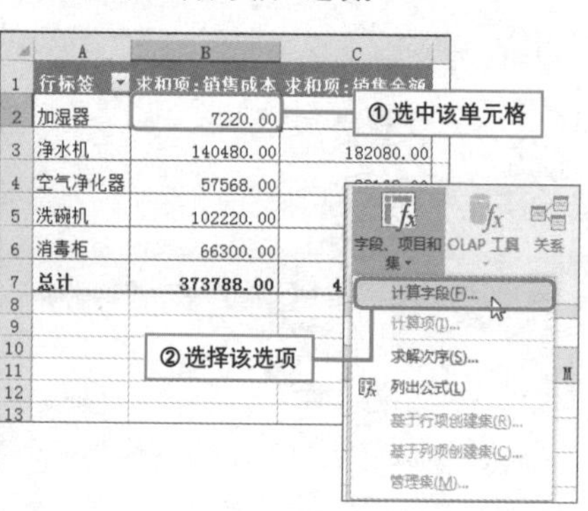

❷ 打开“插入计算字段”对话框，在“公式”文本框中输入公式“=(销售金额-销售成本)/销售金额”。

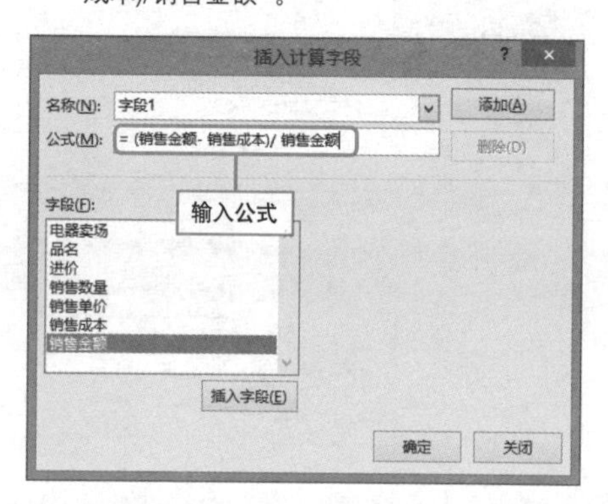

❸ 在“名称”文本框中输入“销售利润%”，单击“确定”按钮。

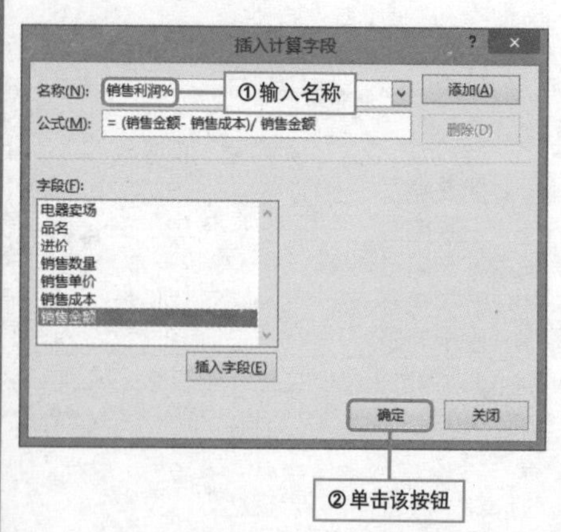

❹ 执行上述操作后，数据透视表中即被插入了“求和项：销售利润%”字段。

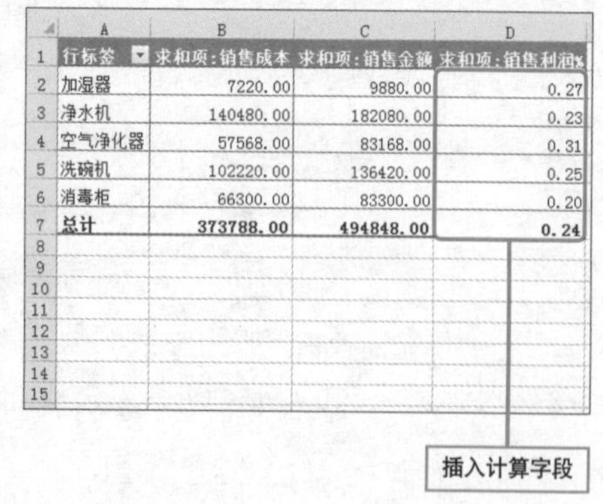

行标签	求和项:销售成本	求和项:销售金额	求和项:销售利润%
加湿器	7220.00	9880.00	0.27
净水机	140480.00	182080.00	0.23
空气净化器	57568.00	83168.00	0.31
洗碗机	102220.00	136420.00	0.25
消毒柜	66300.00	83300.00	0.20
总计	373788.00	494848.00	0.24

Question 118

• Level ◆◆◇

2013 2010 2007

原来可以这样插入字段

实例 为数据透视表中的字段使用乘法运算

在利用数据透视表计算员工工资的时候需要先计算出销售提成，如果销售提成按销售金额的5%来算，可以在数据透视表中插入计算字段，利用乘法运算计算出每位员工的销售提成。

初始效果

	A	B	C
1	行标签	求和项:销售金额	
2	白鹤	213,000.00	
3	鲍伯	67,500.00	
4	邓琪	147,000.00	
5	飞燕	130,500.00	
6	冯芳	247,500.00	
7	海伦	96,000.00	
8	凯瑞	102,000.00	
9	李欣	97,500.00	
10	玛丽	82,500.00	
11	美仑	237,000.00	
12	思思	72,000.00	
13	吴迪	183,000.00	
14	吴凡	105,000.00	
15	小龙	142,500.00	
16	伊凡	70,500.00	
17	张茹	150,000.00	
18	赵蕊	127,500.00	
19	总计	2,271,000.00	
20			

插入销售提成字段前的效果

最终效果

	A	B	C
1	行标签	求和项:销售金额	求和项:销售提成
2	白鹤	213,000.00	10,650.00
3	鲍伯	67,500.00	3,375.00
4	邓琪	147,000.00	7,350.00
5	飞燕	130,500.00	6,525.00
6	冯芳	247,500.00	12,375.00
7	海伦	96,000.00	4,800.00
8	凯瑞	102,000.00	5,100.00
9	李欣	97,500.00	4,875.00
10	玛丽	82,500.00	4,125.00
11	美仑	237,000.00	11,850.00
12	思思	72,000.00	3,600.00
13	吴迪	183,000.00	9,150.00
14	吴凡	105,000.00	5,250.00
15	小龙	142,500.00	7,125.00
16	伊凡	70,500.00	3,525.00
17	张茹	150,000.00	7,500.00
18	赵蕊	127,500.00	6,375.00
19	总计	2,271,000.00	113,550.00
20			

插入销售提成字段后的效果

1 选中值字段中任意单元格，单击“分析”选项卡中的“字段、项目和集”下拉按钮，在展开的列表中选择“计算字段”选项。

数据透视表工具
分析 设计
选择该选项
刷新 更改数据源 操作 字段、项目和集
数据
计算字段(F)...
计算项(I)...
求解次序(S)...
列出公式(L)
基于行项创建集(R)...
基于列项创建集(C)...
管理集(M)...
E F

2 打开“插入计算字段”对话框，修改“名称”为“销售提成”，输入“公式”为“=销售金额*0.05”，单击“确定”按钮。

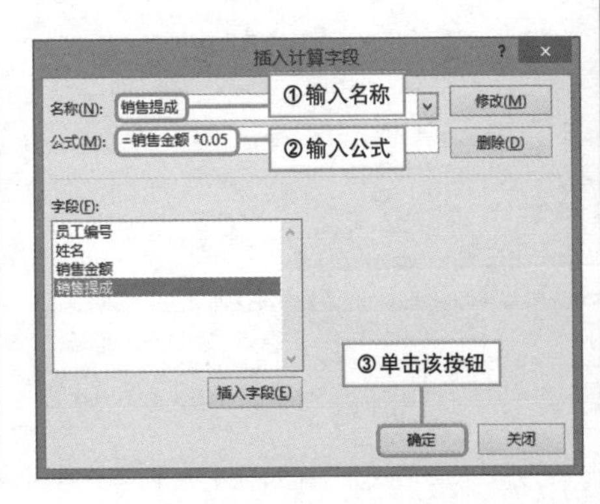

修改数据透视表中的计算字段

实例 对数据透视表中插入的计算字段进行修改

在数据透视表中插入了计算字段以后，如果有某些数据发生了改变，就需要对插入的字段进行修改。例如在员工的销售提成表中将员工的提成增加到了7%，那么应该如何对已经插入的字段进行修改？下面就来介绍具体的修改方法。

1 选中值字段中的任意单元格，打开“分析”选项卡中的“字段、项目和集”下拉列表，选择“计算字段”选项。

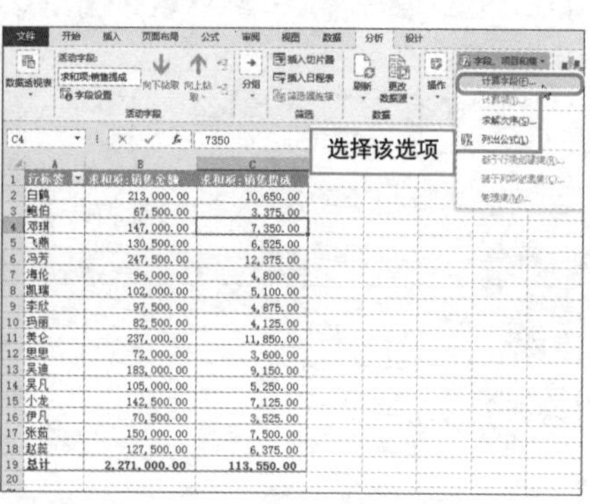

2 打开“插入计算字段”对话框，单击“名称”下拉按钮，在展开的列表中选择“销售提成”选项。

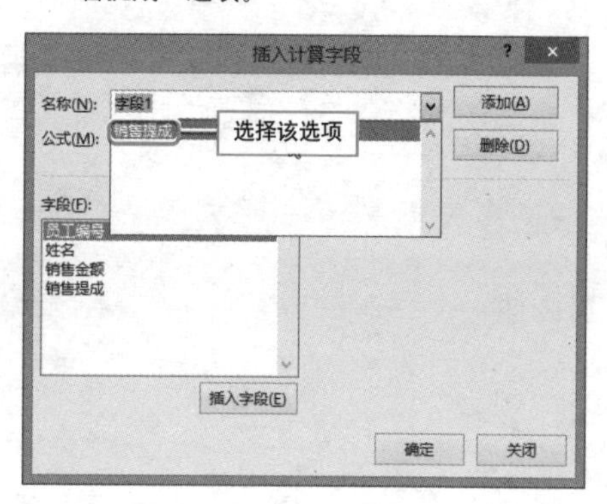

3 选中自定义计算字段“销售提成”后，单击“修改”按钮。

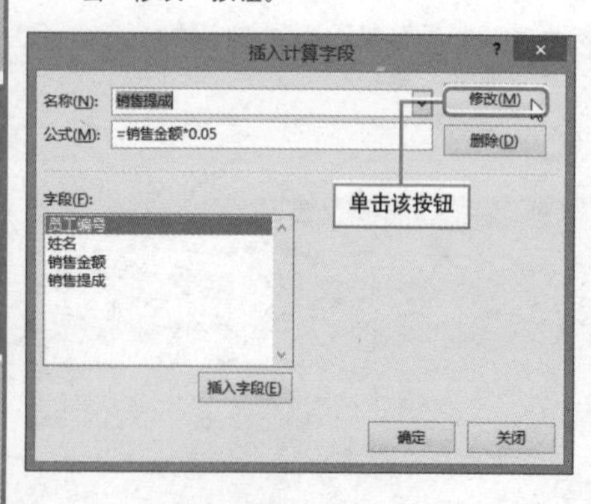

4 修改“公式”为“=销售金额*0.07”，单击“确定”按钮。

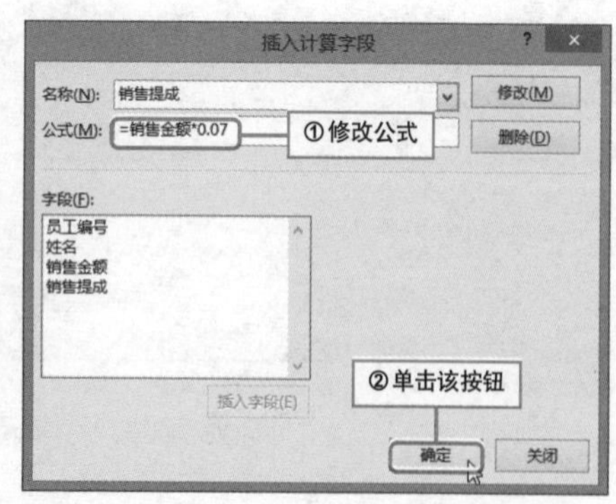

Question
120 删除数据透视表中的计算字段

• Level ◆◆◇

2013 2010 2007

实例 将数据透视表中的自定义计算字段删除

数据分析完毕后，若不再需要自定义的计算字段，则可以将插入的计算字段删除，还原数据透视表原来的布局。本技巧将对删除操作进行详细的介绍。

1 选中值字段中的任意单元格，打开“分析”选项卡，单击“字段、项目和集”下拉按钮，选择“计算字段”选项。

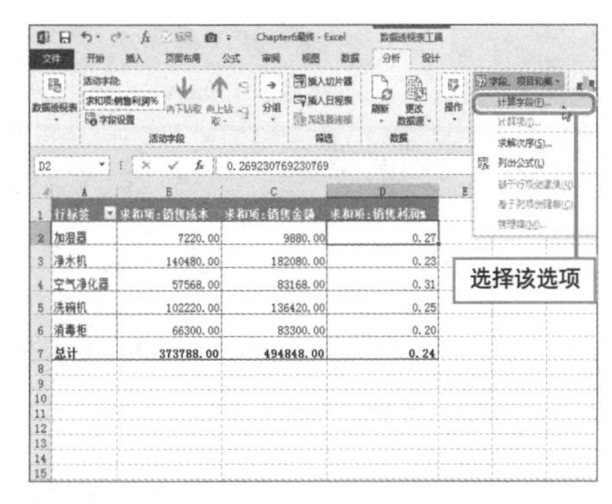

2 打开“插入计算字段”对话框，单击“名称”下拉按钮，在展开的列表中选择“销售利润%”选项。

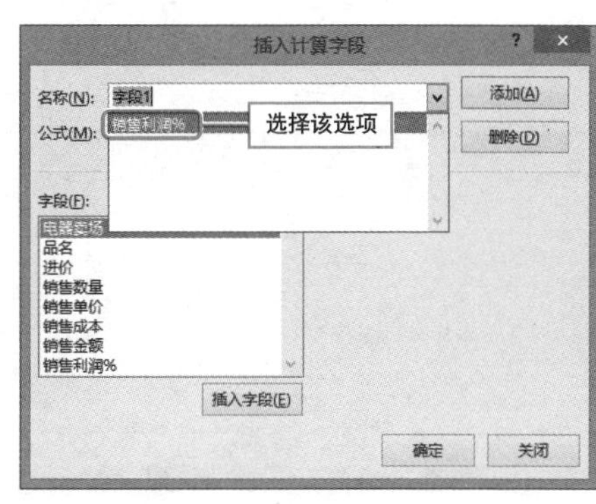

3 选中自定义计算字段“销售利润%”后，单击“删除”按钮。

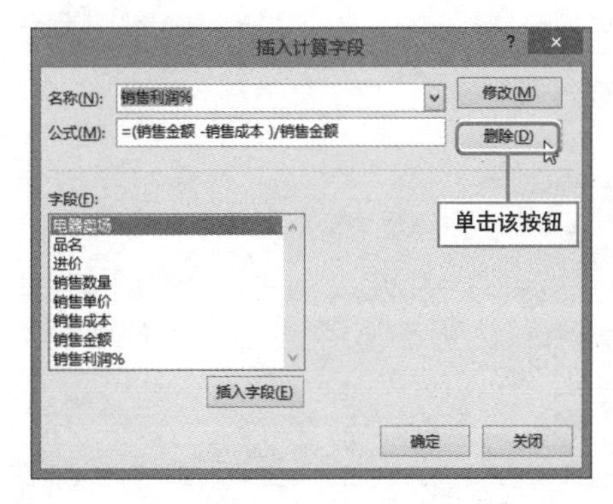

4 “字段”列表框中的“销售利润%”字段随即被删除，最后单击“确定”按钮。

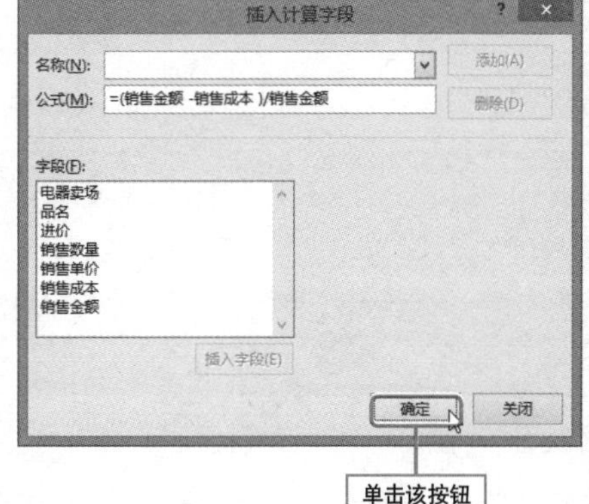

Question 121

巧妙修改插入字段中错误的“总计”值

实例 修正插入计算字段中错误的总计值

● Level ◆◆◇

2013 2010 2007

在数据透视表中插入计算字段后，“总计”统计出的结果有时并不正确。例如，在成本核算数据透视表中，插入的“求和项：总成本”计算字段的总计结果是错误地按照“求和项：进价”的总计乘以“求和项：销售数量”的总计得来的。下面就来介绍修改错误值的具体方法。

1. 选中“求和项：总成本”字段中的所有数值，此时在工作簿的状态栏中显示的“求和”值与总计统计的值并不相同。

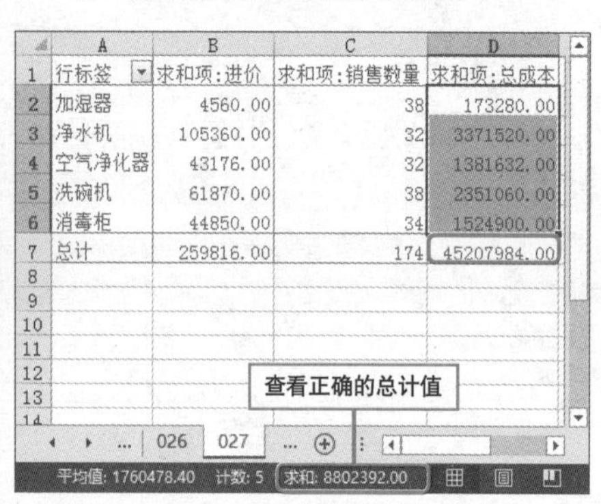

	A	B	C	D
1	行标签	求和项:进价	求和项:销售数量	求和项:总成本
2	加湿器	4560.00	38	173280.00
3	净水机	105360.00	32	3371520.00
4	空气净化器	43176.00	32	1381632.00
5	洗碗机	61870.00	38	2351060.00
6	消毒柜	44850.00	34	1524900.00
7	总计	259816.00	174	45207984.00

2. 打开“设计”选项卡，单击“总计”下拉按钮，选择“对行和列禁用”选项。

选择该选项

对行和列禁用(F)
对行和列启用(N)
仅对行启用(R)
仅对列启用(C)

3. 根据步骤1中查看到的总计值，在数据透视表下方手动输入正确的总计数值。

	A	B	C	D
1	行标签	求和项:进价	求和项:销售数量	求和项:总成本
2	加湿器	4560.00	38	173280.00
3	净水机	105360.00	32	3371520.00
4	空气净化器	43176.00	32	1381632.00
5	洗碗机	61870.00	38	2351060.00
6	消毒柜	44850.00	34	1524900.00
7	总计	259816.00	174	8802392.00

手动输入正确的总计值

4. 修改总计行的字体颜色并添加边框，使其与整个数据透视表融为一体。

	A	B	C	D
1	行标签	求和项:进价	求和项:销售数量	求和项:总成本
2	加湿器	4560.00	38	173280.00
3	净水机	105360.00	32	3371520.00
4	空气净化器	43176.00	32	1381632.00
5	洗碗机	61870.00	38	2351060.00
6	消毒柜	44850.00	34	1524900.00
7	总计	259816.00	174	8802392.00

为修改后的总计行设置字体颜色及边框

手动拖曳字段进行排序

实例 手动拖曳法排序数据透视表字段

当完成数据透视表创建后，如果对表中默认的排序不满意，那么可以根据需要对字段进行手动排序。下面将对其具体操作方法进行介绍。

初始效果

	A	B	C
1	部门	姓名	求和项:实发工资
2	财务部	刘润轩	4300
3		魏晨	4000
4		张亮	2800
5		赵欣瑜	4500
6		郑佩佩	2500
7	财务部 汇总		18100
8	策划部	卞泽西	3300
9		陈真	4300
10		华龙	4500
11		刘若曦	3100
12		毛晶晶	3000
13	策划部 汇总		18200
14	工程部	范轩	5800
15		郭长虹	5800
16		杨广平	4700
17	工程部 汇总		16300
18	项目部	毛家堰	6500
19		宋可人	3200
20		张露	3200
21		赵磊	6000
22	项目部 汇总		18900
23	总计		71500

排序前的效果

最终效果

	A	B	C
1	部门	姓名	求和项:实发工资
2	工程部	范轩	5800
3		郭长虹	5800
4		杨广平	4700
5	工程部 汇总		16300
6	财务部	刘润轩	4300
7		魏晨	4000
8		张亮	2800
9		赵欣瑜	4500
10		郑佩佩	2500
11	财务部 汇总		18100
12	策划部	卞泽西	3300
13		陈真	4300
14		华龙	4500
15		刘若曦	3100
16		毛晶晶	3000
17	策划部 汇总		18200
18	项目部	毛家堰	6500
19		宋可人	3200
20		张露	3200
21		赵磊	6000
22	项目部 汇总		18900
23	总计		71500

排序后的效果

1. 选中“部门”字段下需要调整位置的数据项，将光标指向选中区域边框线处，当光标变为十字形状时，按住鼠标左键。

	A	B	C
1	部门	姓名	求和项:实发工资
2	财务部	刘润轩	4300
3		魏晨	4000
4		张亮	2800
5		赵欣瑜	4500
6		郑佩佩	2500
7	财务部 汇总		18100
8	策划部	卞泽西	3300
9		陈真	4300
10		华龙	4500
11		刘若曦	3100
12		毛晶晶	3000
13	策划部 汇总		18200
14	工程部	范轩	5800
15		郭长虹	5800
16		杨广平	4700
17	工程部 汇总		16300

光标变为该形状时按住鼠标左键

2. 向上拖动鼠标光标至“财务部”数据项的上方，松开鼠标即可完成对“工程部”数据项顺序的调整。

	A	B	C
1	部门	姓名	求和项:实发工资
2		刘润轩	4300
3	财务部	魏晨	4000
4		张亮	2800
5		赵欣瑜	4500
6		郑佩佩	2500
7	财务部 汇总		18100
8	策划部	卞泽西	3300
9		陈真	4300
10		华龙	4500
11		刘若曦	3100
12		毛晶晶	3000
13	策划部 汇总		18200
14	工程部	范轩	5800
15		郭长虹	5800
16		杨广平	4700
17	工程部 汇总		16300

A1:C3

拖曳至该区域松开鼠标

Question
123

● Level ◆◇◇

2013 2010 2007

“移动”命令大显身手

实例 右键菜单命令法排序数据透视表

在对数据透视表实施排序操作时，除了直接拖曳的方法外，还可以利用右键菜单中的“移动”命令，来指定数据项所要移动的位置。

初始效果

	A	B	C
1	部门	姓名	求和项:实发工资
2	⊟财务部	刘润轩	4300
3		魏晨	4000
4		张亮	2800
5		赵欣瑜	4500
6		郑佩佩	2500
7	⊟策划部	卞泽西	3300
8		陈真	4300
9		华龙	4500
10		刘若曦	3100
11		毛晶晶	3000
12	⊟工程部	范轩	5800
13		郭长虹	5800
14		杨广平	4700
15	⊟项目部	毛家堰	6500
16		宋可人	3200
17		张露	3200
18		赵磊	6000
19	总计		71500

排序字段项前的效果

最终效果

	A	B	C
1	部门	姓名	求和项:实发工资
2	⊟策划部	卞泽西	3300
3		陈真	4300
4		华龙	4500
5		刘若曦	3100
6		毛晶晶	3000
7	⊟工程部	范轩	5800
8		郭长虹	5800
9		杨广平	4700
10	⊟项目部	毛家堰	6500
11		宋可人	3200
12		张露	3200
13		赵磊	6000
14	⊟财务部	刘润轩	4300
15		魏晨	4000
16		张亮	2800
17		赵欣瑜	4500
18		郑佩佩	2500
19	总计		71500

使用“移动”命令排序字段后的效果

1 右击“财务部”数据项中的任意单元格，在弹出的菜单中选择“移动>将‘财务部’移至末尾”命令。

Hint

菜单命令法手动排序时的注意事项

利用菜单命令法对字段进行手动排序的时候需要注意：待排序的数据项不可以存储在合并单元格内，否则将无法完成排序操作。而用拖曳的方法则不受合并单元格的限制。

自动排序原来这么简单

实例 在“数据透视表字段”窗格中进行自动排序

数据透视表自动排序的方法有很多种，本技巧将利用“数据透视表”窗格中的字段表进行自动排序，其具体的操作过程介绍如下。

初始效果

	A	B
1	员工编号	求和项:实发工资
2	GL102	5800.00
3	GL104	6000.00
4	GL105	6500.00
5	GL101	5800.00
6	GL112	3300.00
7	GL108	3000.00
8	GL109	4300.00
9	GL110	4500.00
10	GL111	3100.00
11	GL113	4000.00
12	GL107	3200.00
13	GL106	3200.00
14	GL103	4700.00
15	总计	57400.00

自动排序前的数据透视表

最终效果

	A	B
1	员工编号	求和项:实发工资
2	GL101	5800.00
3	GL102	5800.00
4	GL103	4700.00
5	GL104	6000.00
6	GL105	6500.00
7	GL106	3200.00
8	GL107	3200.00
9	GL108	3000.00
10	GL109	4300.00
11	GL110	4500.00
12	GL111	3100.00
13	GL112	3300.00
14	GL113	4000.00
15	总计	57400.00

升序排序“员工编号”字段的效果

1. 打开“数据透视表字段”窗格，将鼠标光标移至“员工编号”字段上，该字段右侧出现下拉按钮。单击该下拉按钮。

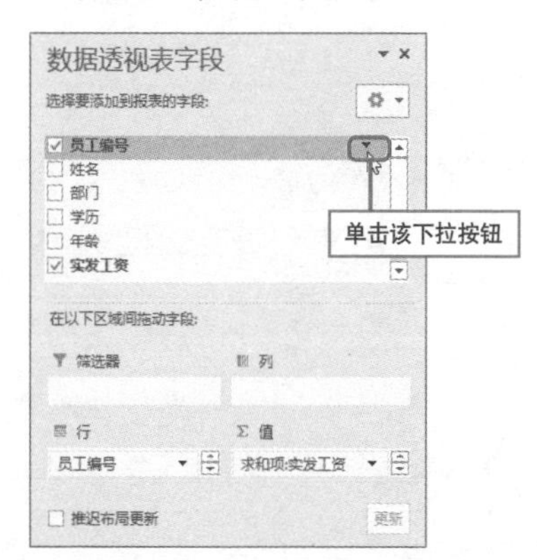

2. 在弹出的筛选器中选择“升序”选项即可。

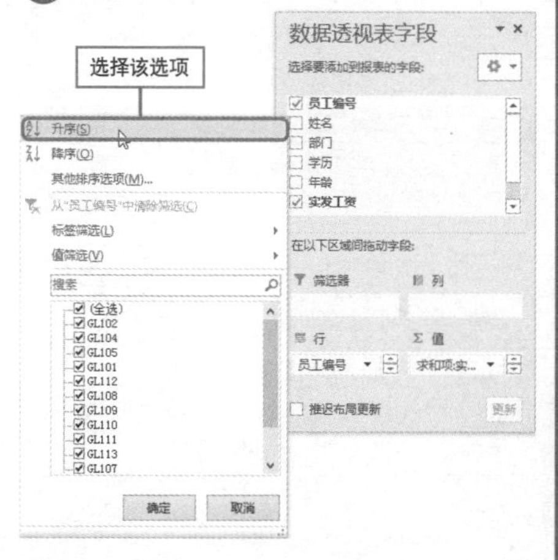

Question 125

Level ◆◇◇

2013 2010 2007

排序按钮作用大

实例 利用功能区中的排序按钮排序数据透视表

除了前面介绍的方法外，直接利用功能区选项卡中的按钮为数据透视表的某一指定字段自动排序也不失为一种简单易行的自动排序方法。

初始效果

	A	B	C
1	行标签	求和项:年龄	求和项:基本工资
2	卞泽西	38	2200
3	陈真	49	3000
4	范轩	45	3200
5	郭长虹	32	3200
6	华龙	25	3000
7	刘润轩	24	3200
8	刘若曦	29	2200
9	毛家堰	28	4800
10	毛晶晶	31	2300
11	宋可人	44	2500
12	魏晨	34	3000
13	杨广平	43	3000
14	张亮	47	2000
15	张露	26	2300
16	赵磊	29	4500
17	赵欣瑜	46	3200
18	郑佩佩	34	2000

升序排序“年龄”字段前的效果

最终效果

	A	B	C
1	行标签	求和项:年龄	求和项:基本工资
2	刘润轩	24	3200
3	华龙	25	3000
4	张露	26	2300
5	毛家堰	28	4800
6	刘若曦	29	2200
7	赵磊	29	4500
8	毛晶晶	31	2300
9	郭长虹	32	3200
10	郑佩佩	34	2000
11	魏晨	34	3000
12	卞泽西	38	2200
13	杨广平	43	3000
14	宋可人	44	2500
15	范轩	45	3200
16	赵欣瑜	46	3200
17	张亮	47	2000
18	陈真	49	3000

升序排序“年龄”字段后的效果

1. 选中需要排序的字段“求和项：年龄”中的任意单元格，打开“数据”选项卡，单击“升序”按钮即可。

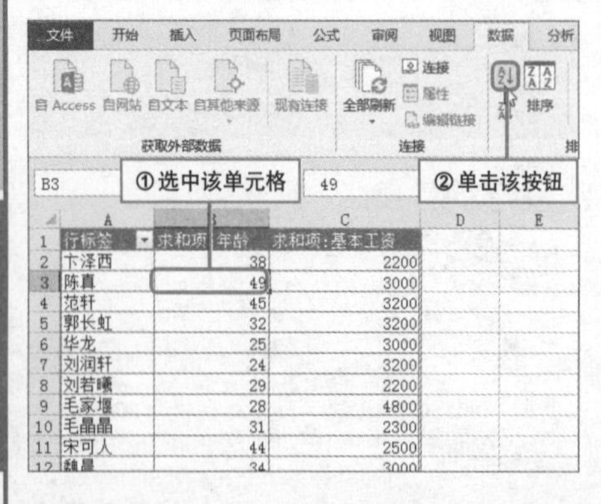

2. 或者，也可以在“开始”选项卡中单击“排序和筛选”下拉按钮，在展开的下拉列表中选择“升序”选项。

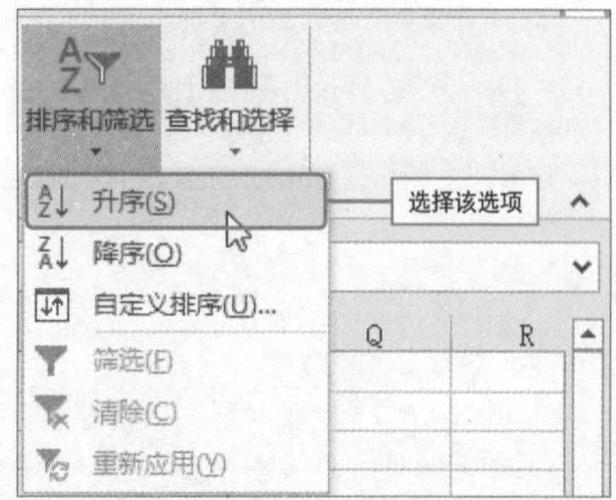

Question

126 右键排序很容易

● Level ◆◇◇

2013 2010 2007

实例 利用右键菜单中的“排序”命令重排字段

如果希望对员工工资表中的“求和项：实发工资”字段按“降序”排序，除了使用前面介绍的方法外，也可以直接右击该字段中的任意单元格，在弹出的菜单中进行设置。

初始效果

	A	B
1	行标签	求和项:实发工资
2	GL101	5800.00
3	GL102	5800.00
4	GL103	4700.00
5	GL104	6000.00
6	GL105	6500.00
7	GL106	3200.00
8	GL107	3200.00
9	GL108	3000.00
10	GL109	4300.00
11	GL110	4500.00
12	GL111	3100.00
13	GL112	3300.00
14	GL113	4000.00
15	总计	57400.00

降序排序“实发工资”字段前的效果

最终效果

	A	B
1	行标签	求和项:实发工资
2	GL105	6500.00
3	GL104	6000.00
4	GL101	5800.00
5	GL102	5800.00
6	GL103	4700.00
7	GL110	4500.00
8	GL109	4300.00
9	GL113	4000.00
10	GL112	3300.00
11	GL106	3200.00
12	GL107	3200.00
13	GL111	3100.00
14	GL108	3000.00
15	总计	57400.00

降序排序“实发工资”字段后的效果

❶ 右击“求和项：实发工资”字段中的任意单元格，在弹出菜单中选择“排序”命令。

❷ 在展开的“排序”级联菜单中选择“降序”命令即可。

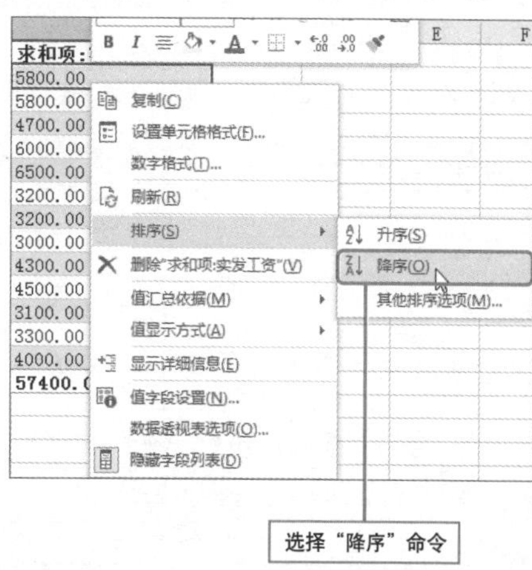

你不知道的个性排序法

实例 利用“其他排序选项”命令排序

在员工工资数据透视表中，如果希望对姓名字段按“求和项：实发工资”字段汇总值升序排序，则可以参照本技巧的方法进行操作。

初始效果

	A	B	C
1	行标签	求和项:奖金	求和项:实发工资
2	卞泽西	1,100.00	3,300.00
3	陈真	1,300.00	4,300.00
4	范轩	2,600.00	5,800.00
5	郭长虹	2,600.00	5,800.00
6	华龙	1,500.00	4,500.00
7	刘润轩	1,100.00	4,300.00
8	刘若曦	900.00	3,100.00
9	毛家堰	1,700.00	6,500.00
10	毛晶晶	700.00	3,000.00
11	宋可人	700.00	3,200.00
12	魏晨	1,000.00	4,000.00
13	杨广平	1,700.00	4,700.00
14	张亮	800.00	2,800.00
15	张露	900.00	3,200.00
16	赵磊	1,500.00	6,000.00
17	赵欣瑜	1,300.00	4,500.00
18	郑佩佩	500.00	2,500.00
19	总计	21,900.00	71,500.00

调整排序前的数据透视表

最终效果

	A	B	C
1	行标签	求和项:奖金	求和项:实发工资
2	郑佩佩	500.00	2,500.00
3	张亮	800.00	2,800.00
4	毛晶晶	700.00	3,000.00
5	刘若曦	900.00	3,100.00
6	宋可人	700.00	3,200.00
7	张露	900.00	3,200.00
8	卞泽西	1,100.00	3,300.00
9	魏晨	1,000.00	4,000.00
10	陈真	1,300.00	4,300.00
11	刘润轩	1,100.00	4,300.00
12	华龙	1,500.00	4,500.00
13	赵欣瑜	1,300.00	4,500.00
14	杨广平	1,700.00	4,700.00
15	郭长虹	2,600.00	5,800.00
16	范轩	2,600.00	5,800.00
17	赵磊	1,500.00	6,000.00
18	毛家堰	1,700.00	6,500.00
19	总计	21,900.00	71,500.00

按“实发工资”字段汇总值升序排序姓名字段

1 单击“行标签”字段下拉按钮，在展开的筛选器中选择“其他排序选项”选项，以打开“排序（姓名）”对话框。

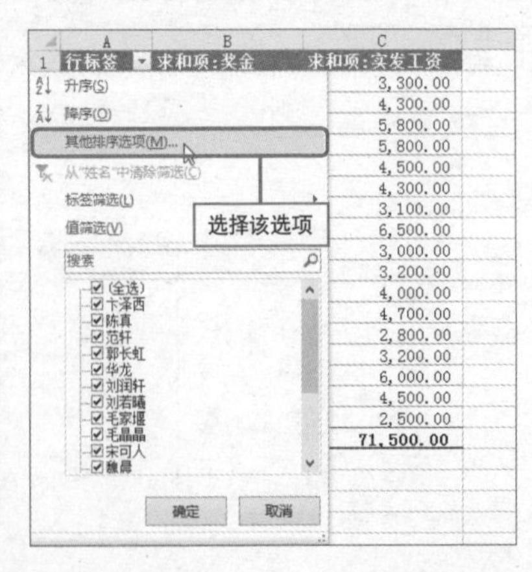

2 选中“升序排序（A到Z）依据”单选按钮，在其下拉列表中选择“求和项：实发工资”选项。最后单击“确定”按钮。

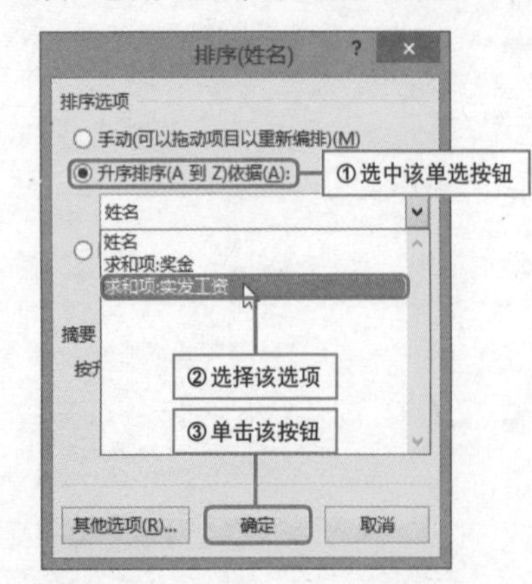

按多个行字段排序也很简单

实例 按多个行字段排序数据透视表

在数据透视表中对字段进行排序并非只能对一个字段进行排序，也可以同时对多个字段进行排序。例如，在员工工资表中同时对“求和项：奖金”按升序排序，对“求和项：基本工资”按降序排序。

初始效果

	A	B	C
1	员工编号	求和项:奖金	求和项:基本工资
2	GL101	2600.00	3200.00
3	GL102	2600.00	3200.00
4	GL103	1700.00	3000.00
5	GL104	1500.00	4500.00
6	GL105	1700.00	4800.00
7	GL106	700.00	2500.00
8	GL107	900.00	2300.00
9	GL108	700.00	2300.00
10	GL109	1300.00	3000.00
11	GL110	1500.00	3000.00
12	GL111	900.00	2200.00
13	GL112	1100.00	2200.00
14	GL113	1000.00	3000.00
15	GL114	800.00	2000.00
16	GL115	500.00	2000.00
17	GL116	1100.00	3200.00
18	GL117	1300.00	3200.00
19	总计	21900.00	49600.00

进行多字段排序前的效果

最终效果

	A	B	C
1	员工编号	求和项:奖金	求和项:基本工资
2	GL105	1700.00	4800.00
3	GL104	1500.00	4500.00
4	GL116	1100.00	3200.00
5	GL101	2600.00	3200.00
6	GL102	2600.00	3200.00
7	GL117	1300.00	3200.00
8	GL110	1500.00	3000.00
9	GL103	1700.00	3000.00
10	GL113	1000.00	3000.00
11	GL109	1300.00	3000.00
12	GL106	700.00	2500.00
13	GL107	900.00	2300.00
14	GL108	700.00	2300.00
15	GL111	900.00	2200.00
16	GL112	1100.00	2200.00
17	GL115	500.00	2000.00
18	GL114	800.00	2000.00
19	总计	21900.00	49600.00

对多字段进行排序的效果

1. 打开“排序（员工编号）”对话框，选中“升序排序（A到Z）依据”单选按钮，在其下拉列表中选择“求和项：奖金”选项。

排序(员工编号)
排序选项
手动(可以拖动项目以重新编排)(M)
升序排序(A 到 Z)依据(A):
①选中
员工编号
员工编号
求和项:奖金
求和项:基本工资
摘要
②选择该选项
其他选项(R)...
确定
取消

2. 选中“降序排序（Z到A）依据”单选按钮，在其下拉列表中选择“求和项：基本工资”选项，单击“确定”按钮。

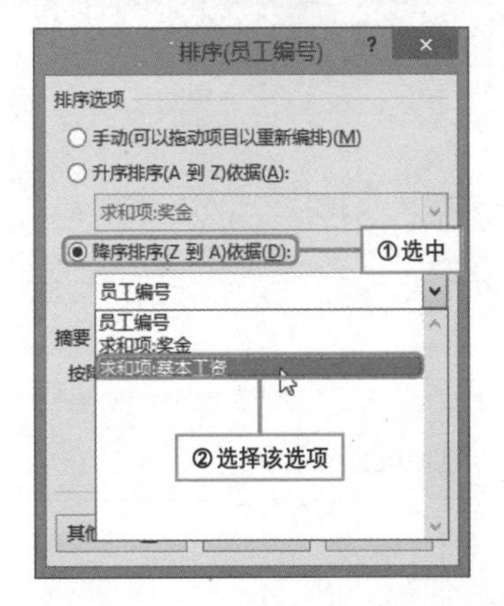

Question

129

● Level ◆◆◇

2013 2010 2007

关闭自动排序

实例 关闭数据透视表中的自动排序

若不再需要在数据透视表中使用自动排序，则可以将自动排序功能关闭。下面将对关闭自动排序的操作进行详细介绍。

❶ 单击“员工编号”字段下拉按钮，在展开的筛选器中选择“其他排序选项”选项。

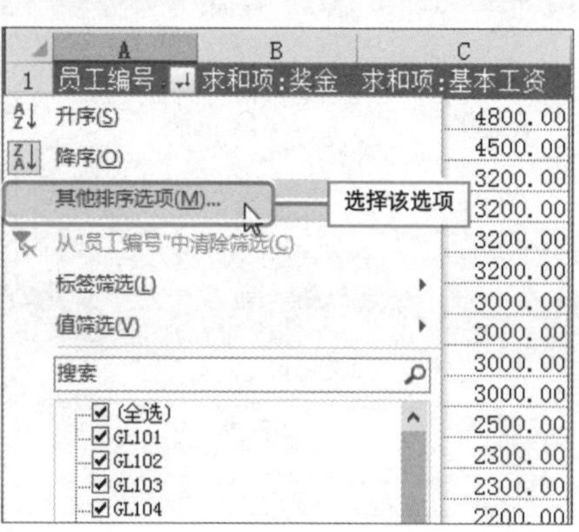

❷ 打开“排序（员工编号）”对话框，选中“手动”单选按钮，单击“确定”按钮。

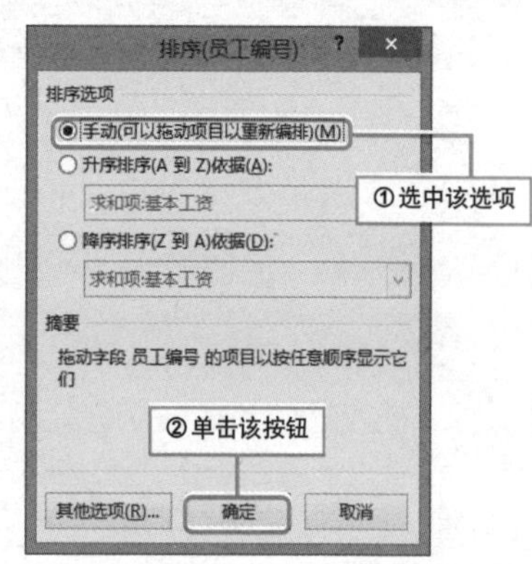

❸ 取消自动排序之后，可以看到“员工编号”字段下拉按钮图标已发生变化。

	A	B	C
1	员工编号	求和项:奖金	求和项:基本工资
2	GL105	1700.00	4800.00
3	GL104	1500.00	4500.00
4	GL116	1100.00	3200.00
5	GL101	2600.00	3200.00
6	GL102	2600.00	3200.00
7	GL117	1300.00	3200.00
8	GL110	1500.00	3000.00
9	GL103	1700.00	3000.00
10	GL113	1000.00	3000.00
11	GL109	1300.00	3000.00
12	GL106	700.00	2500.00
13	GL107	900.00	2300.00

表示已关闭自动排序

Hint

深入认识数据透视表中的排序操作

为帮助用户更轻松地查找分析数据透视表中的数据，用户可以对文本、数字以及日期和时间进行“升序”或“降序”排列。排序次序将随区域设置的不同而不同。在排序时，应注意以下事项。

- 对于文本数据而言，可能有影响排序结果的前导空格。为获得最佳排序结果，应在对数据进行排序之前删除所有空格。
- 与工作表或Excel表格上的单元格区域中的数据排序不同，用户不能对区分大小写的文本数据进行排序。

快速按笔画排序

实例 按照笔画排序“姓名”字段

默认情况下，Excel是按照拼音字母顺序对汉字进行排序的，本技巧要介绍的是按“笔画”的顺序来排序文字。按笔画排序的规则是：先按笔画多少排序，同笔画的字则按起笔顺序排序，笔画数和笔形都相同的字按字形结构排序，如果第一个字相同，则看第二个字。

❶ 选中“姓名”字段中任意单元格，单击“数据”选项卡中的“排序”按钮，以打开“排序（姓名）”对话框。

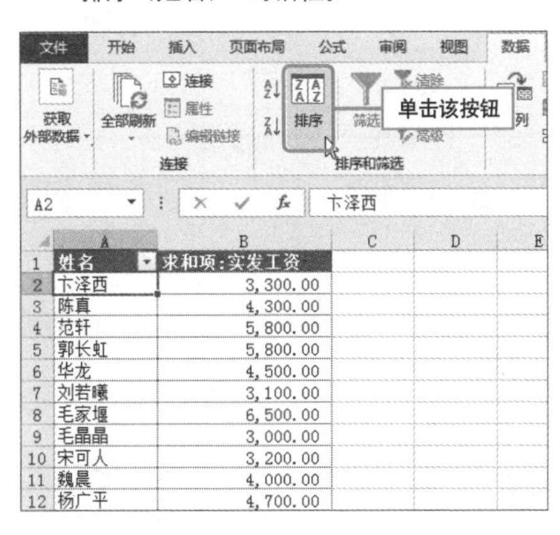

	A	B
1	姓名	求和项:实发工资
2	卞泽西	3,300.00
3	陈真	4,300.00
4	范轩	5,800.00
5	郭长虹	5,800.00
6	华龙	4,500.00
7	刘若曦	3,100.00
8	毛家堰	6,500.00
9	毛晶晶	3,000.00
10	宋可人	3,200.00
11	魏晨	4,000.00
12	杨广平	4,700.00

❷ 选中“升序排序（A到Z）”单选按钮，再单击“其他选项”按钮，以打开“其他排序选项（姓名）”对话框。

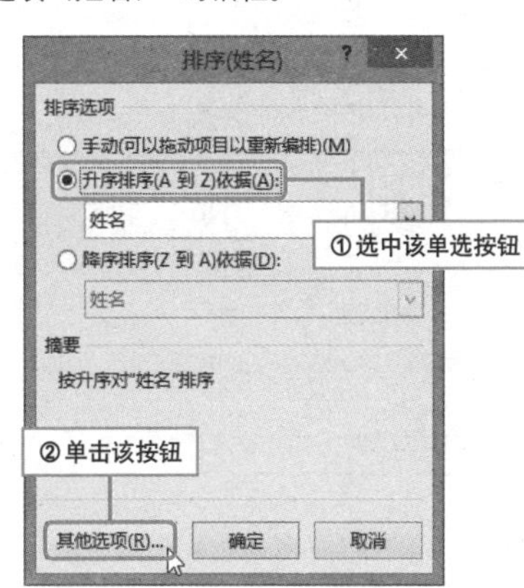

❸ 取消勾选“每次更新报表时自动排序”复选框，选中“笔画排序”单选按钮。单击“确定”按钮，返回上一层对话框。

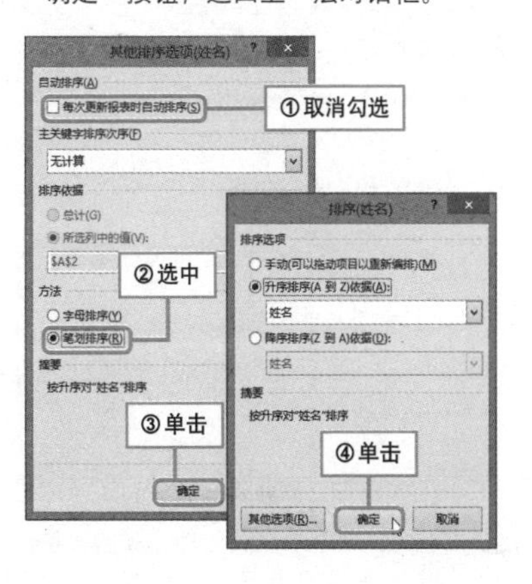

❹ 返回上一层对话框后单击“确定”按钮完成操作。此时，数据透视表中“姓名”字段按笔画升序排序。

	A	B
1	姓名	求和项:实发工资
2	毛家堰	6,500.00
3	毛晶晶	3,000.00
4	卞泽西	3,300.00
5	华龙	4,500.00
6	刘若曦	3,100.00
7	杨广平	4,700.00
8	宋可人	3,200.00
9	张露	3,200.00
10	陈真	4,300.00
11	范轩	5,800.00
12	赵磊	6,000.00
13	郭长虹	5,800.00
14	魏晨	[illegible]00.00
15	总计	57,400.00

按笔画升序排序“姓名”字段

Question **131**

● Level ◆◆◇

2013 2010 2007

对局部数据进行排序

实例 对“策划部”员工奖金进行排序

对数据透视表中的字段进行自动排序，往往都是对整个字段列中的数据同时进行排序。如果用户只需为字段中的局部数据进行排序，该如何操作呢？本技巧中就来介绍具体的操作步骤。

初始效果

	A	B	C
1	部门	员工编号	求和项:奖金
2	策划部	GL1408	700.00
3		GL1409	1,300.00
4		GL1410	1,500.00
5		GL1411	900.00
6		GL1412	1,100.00
7	工程部	GL1401	2,600.00
8		GL1402	2,600.00
9		GL1403	1,700.00
10	项目部	GL1404	1,500.00
11		GL1405	1,700.00
12		GL1406	700.00
13		GL1407	900.00
14	总计		17,200.00

对局部数据进行排序前的效果

最终效果

	A	B	C
1	部门	员工编号	求和项:奖金
2	策划部	GL110	1,500.00
3		GL109	1,300.00
4		GL112	1,100.00
5		GL111	900.00
6		GL108	700.00
7	工程部	GL101	2,600.00
8		GL102	2,600.00
9		GL103	1,700.00
10	项目部	GL104	1,500.00
11		GL105	1,700.00
12		GL106	700.00
13		GL107	900.00
14	总计		17,200.00

对“策划部”员工奖金进行降序排序

1. 选中“员工编号”字段中的任意单元格，单击“数据”选项卡中的“排序”按钮，以打开“排序（员工编号）”对话框。

2. 保持选中内容不变，单击“其他选项”按钮，以打开“其他排序选项（员工编号）”对话框。

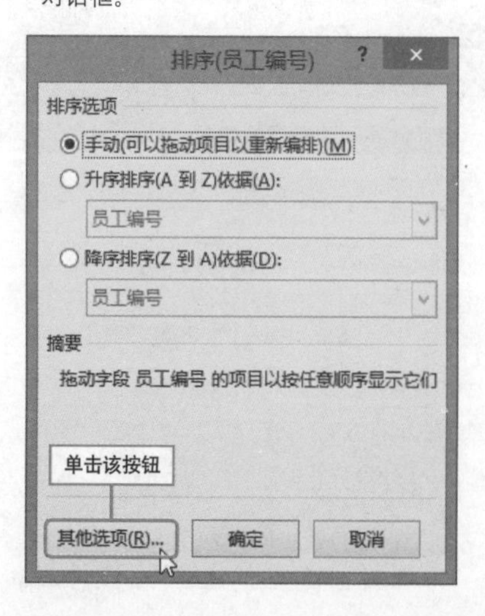

3 取消对“每次更新报表时自动排序”复选框的勾选，单击“确定”按钮。

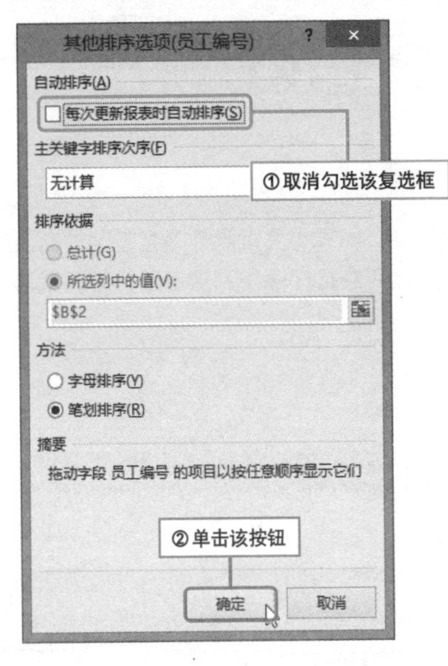

4 返回“排序（员工编号）”对话框，单击“确定”按钮。

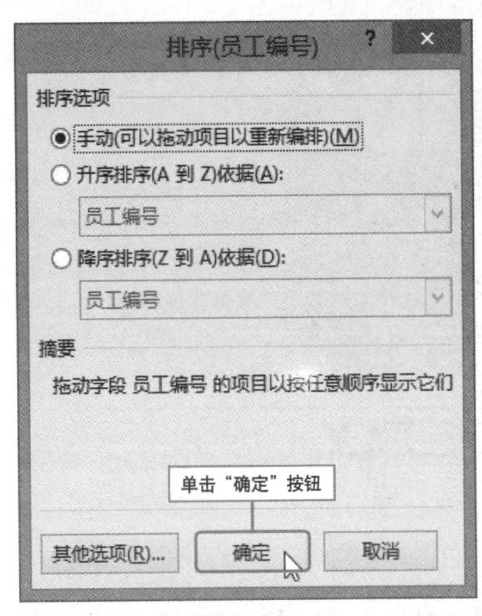

5 选中“求和项：奖金”字段中的C2单元格，再次单击“排序”按钮。

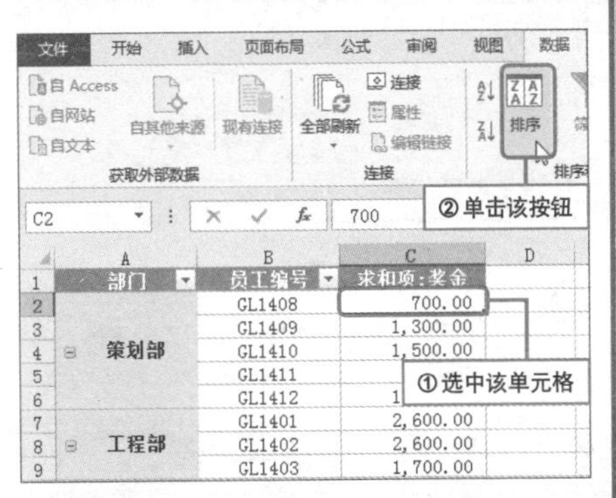

	A	B	C	D
1	部门	员工编号	求和项：奖金	
2		GL1408	700.00	
3		GL1409	1,300.00	
4	策划部	GL1410	1,500.00	
5		GL1411		
6		GL1412	1	
7		GL1401	2,600.00	
8	工程部	GL1402	2,600.00	
9		GL1403	1,700.00	

Hint

“每次更新报表时自动排序”的作用

本技巧中取消了对“每次更新报表时自动排序”复选框的勾选，这样当数据源中增加了新记录，或对原有记录做出了修改时，刷新数据透视表后该记录不会自动更新，而是添加到对应记录的末尾处。

6 打开“按值排序”对话框，选择“降序”单选按钮，单击“确定”按钮。

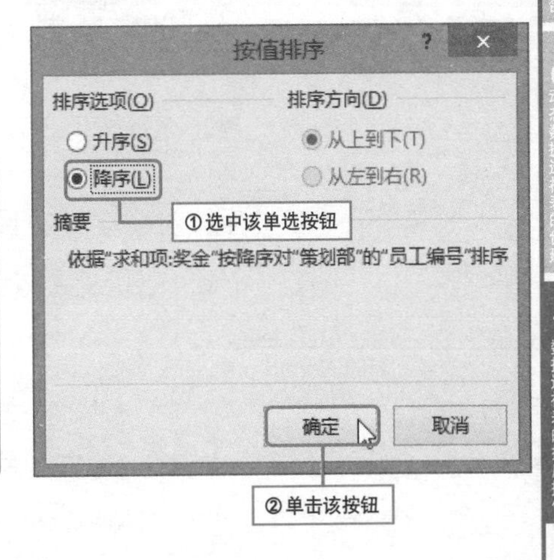

Hint

对其他区域进行排序的方法

若要对数据透视表中的工程部和项目部员工的奖金进行升序或降序排序，则参照本技巧所介绍步骤分别进行设置即可。

此外，需要强调的是，在数据透视表中不能按格式（如单元格或字体颜色）或通过条件格式指示符（如图标集）对数据进行排序。

Question 132

● Level ◆◆◇

2013 2010 2007

在数据透视表中按行排序

实例 按行升序排序每月销售数量

在商品上半年销售数据透视表中，如果想要按照升序查看某类商品的月销售数量，应该如何按照某商品所在行升序排列月份呢？下面就来介绍具体实现步骤。

初始效果

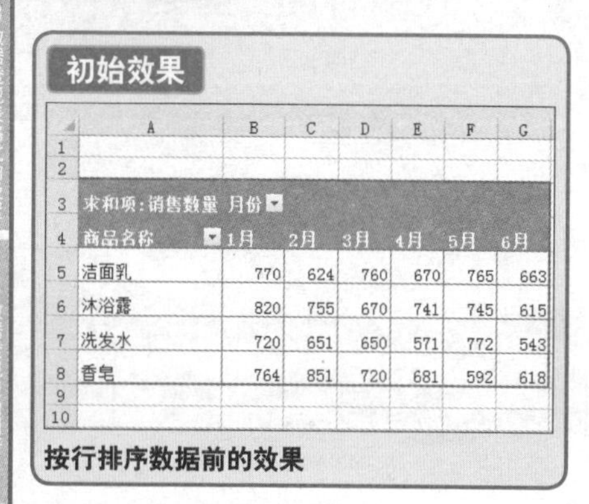

	A	B	C	D	E	F	G
1							
2							
3	求和项：销售数量	月份					
4	商品名称	1月	2月	3月	4月	5月	6月
5	洁面乳	770	624	760	670	765	663
6	沐浴露	820	755	670	741	745	615
7	洗发水	720	651	650	571	772	543
8	香皂	764	851	720	681	592	618
9							
10							

按行排序数据前的效果

最终效果

	A	B	C	D	E	F	G
1							
2							
3	求和项：销售数量	月份					
4	商品名称	2月	6月	4月	3月	5月	1月
5	洁面乳	624	663	670	760	765	770
6	沐浴露	755	615	741	670	745	820
7	洗发水	651	543	571	650	772	720
8	香皂	851	618	681	720	592	764
9							

按升序排序“洁面乳”每月销量数据

❶ 选中“洁面乳”所在行的数值区域中的任意单元格，单击“数据”选项卡中的“排序”按钮。

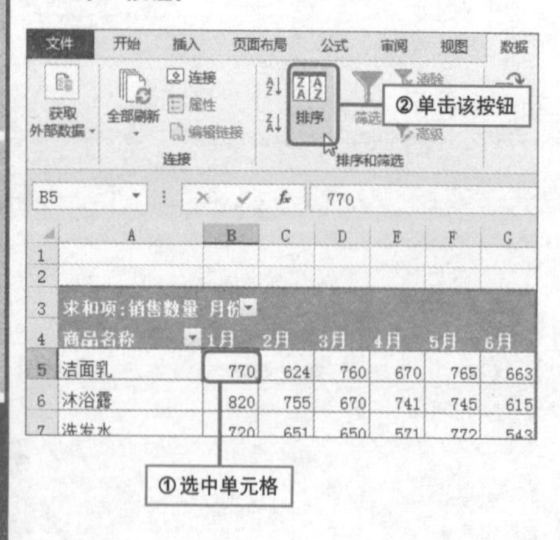

❷ 打开“按值排序”对话框，选择“排序选项”为“升序”、“排序方向”为“从左到右”，最后单击“确定”按钮。

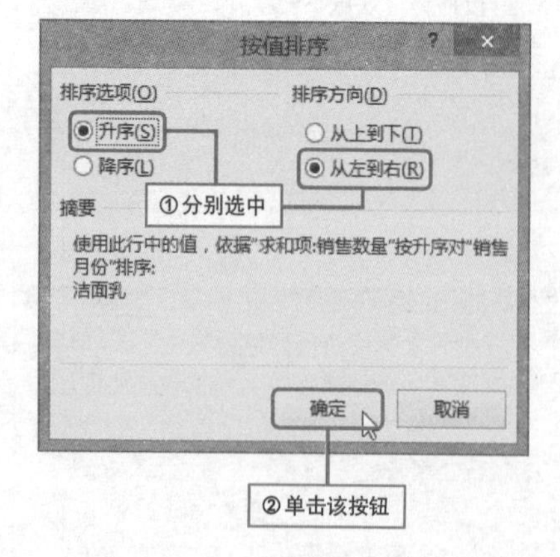

按学历高低排序很有意思

实例 在数据透视表中按学历进行排序

在数据透视表中有时候需要按照自定义的序列进行排序，例如在部门资料数据透视表中想要将每个部门内员工的学历按照从高到低的顺序排序，就必须先自定义序列，然后按照自定义的序列进行排序。

初始效果

	A	B	C
1	部门	学历	计数项:姓名
2	财务部	本科	1
3		大专	3
4		研究生	1
5	策划部	本科	1
6		大专	3
7		研究生	1
8	工程部	本科	2
9		研究生	1
10	项目部	本科	1
11		大专	2
12		研究生	1
13	总计		17

按学历排序前的效果

最终效果

	A	B	C
1	部门	学历	人数
2	财务部	研究生	1
3		本科	1
4		大专	3
5	策划部	研究生	1
6		本科	1
7		大专	3
8	工程部	研究生	1
9		本科	2
10	项目部	研究生	1
11		本科	1
12		大专	2
13	总计		17

按学历排序后的效果

1 打开数据透视表所在工作表，单击“文件”选项卡标签，以打开文件菜单。

单击“文件”选项卡标签

	A	B	C	D
1	部门	学历	人数	
2	财务部	本科	1	
3		大专	3	
4		研究生	1	
5	策划部	本科	1	
6		大专	3	
7		研究生	1	
8	工程部	本科	2	
9		研究生	1	
10	项目部	本科	1	
11		大专	2	
12		研究生	1	
13	总计		17	

2 在打开的文件菜单中选择“选项”命令，以打开“Excel选项”对话框。

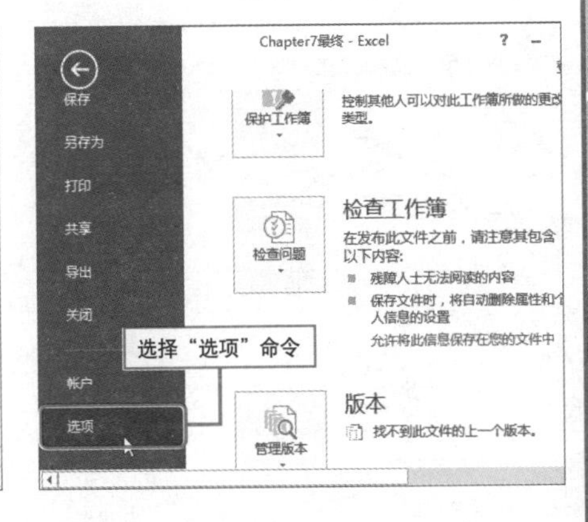

3 切换到“高级”选项面板，在其中单击“编辑自定义列表”按钮。

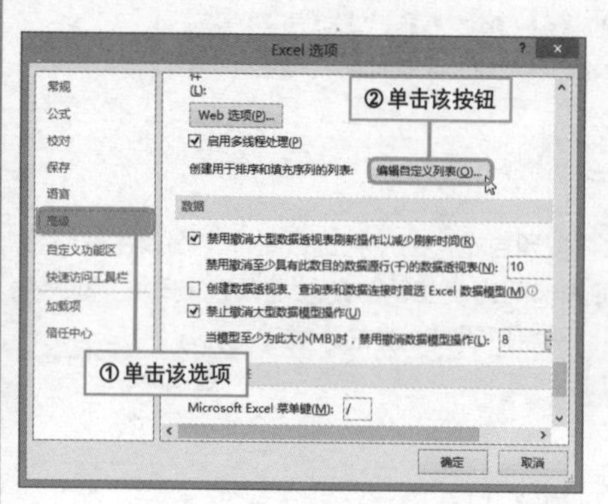

4 打开“自定义序列”对话框，在“输入序列”文本框中输入“研究生 本科 大专”序列，单击“添加”按钮。

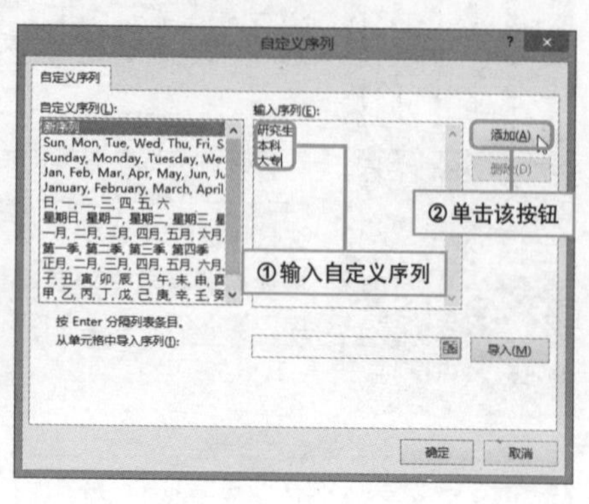

5 输入的自定义序列已经出现在了“自定义序列”列表框中，单击“确定”按钮。

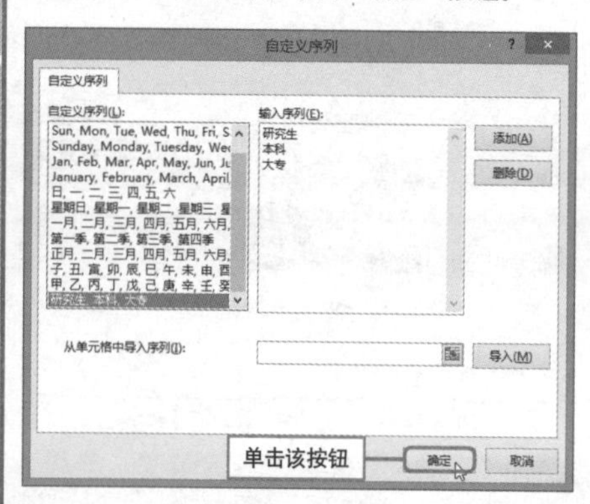

6 返回“Excel选项”对话框，单击“确定”按钮。

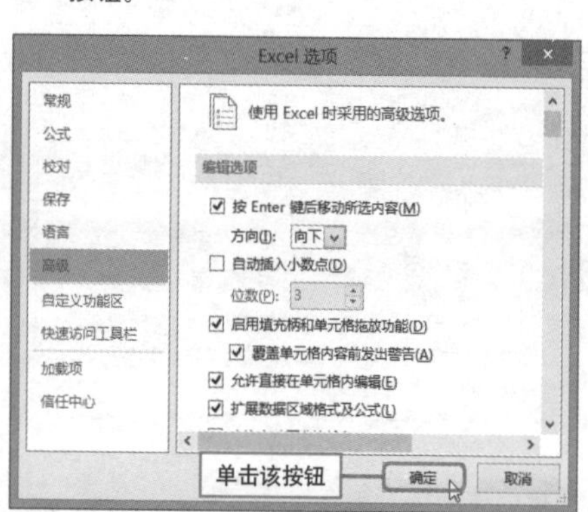

7 右击“学历”字段中任意单元格，在弹出的菜单中选择“排序>升序”命令。

Hint

无法按自定义序列排序的解决办法

如果设置“按自定义序列”排序后字段中项目的排列顺序没有发生改变，需要打开“数据透视表选项”对话框，在“汇总和筛选”选项卡中勾选“排序时使用自定义列表”复选框。

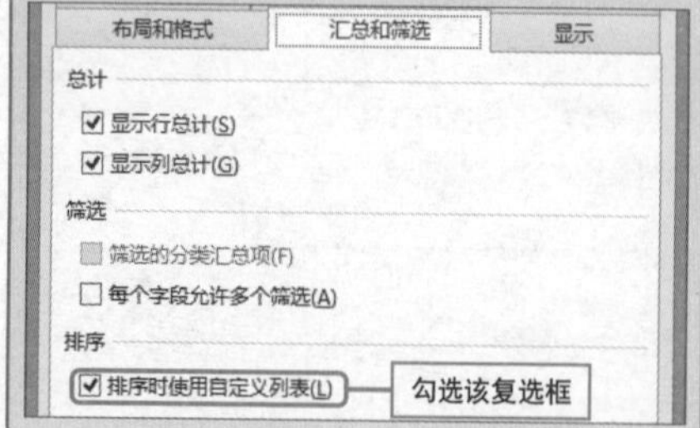

轻松让报表中行标签的顺序与数据源保持一致

实例 按数据源顺序排列行字段项目

当利用数据源创建数据透视表后，数据透视表行字段的项目会自动按照拼音排序而并非按照数据源的顺序排序，如果用户想要根据数据源中的顺序排序数据透视表中的行字段，那么该如何操作呢？下面介绍具体的操作步骤。

初始效果

	A	B	C	D	E
1	求和项:销售额	列标签			
2	行标签	飞科	飞利浦	松下	吉列
3	北京	384200	114390	123200	199500
4	合肥	196000	165570	107010	23000
5	昆明	170700	81180	98800	119600
6	南京	137300	238600	158600	213900
7	上海	62400	346860	348400	124200
8	沈阳	232600	273060	171600	156400
9	太原	920200	126000	49400	167900
10	郑州	111800	553020	104000	39100
11	总计	2215200	1898680	1161010	1043600
12					

默认排序结果

最终效果

	A	B	C	D	E
1	求和项:销售额	列标签			
2	行标签	飞科	飞利浦	松下	吉列
3	北京	384200	114390	123200	199500
4	南京	137300	238600	158600	213900
5	上海	62400	346860	348400	124200
6	沈阳	232600	273060	171600	156400
7	合肥	196000	165570	107010	23000
8	太原	920200	126000	49400	167900
9	昆明	170700	81180	98800	119600
10	郑州	111800	553020	104000	39100
11	总计	2215200	1898680	1161010	1043600

按数据源排序“行标签”的效果

1 打开数据源所在工作表，选中单元格A2，按Shift+End+↓组合键，选中数据源中“城市”字段中的所有项目。

	A	B	C	D
1	城市	剃须刀品牌	销售额	
2	北京	吉列	86,800	
3	北京	飞利浦	114,390	
4	北京	飞科	117,600	
5	北京	吉列	112,700	
6	北京	飞科	266,600	
7	北京	松下	123,200	
8	南京	飞利浦	146,200	
9	南京	飞科	103,500	
10	南京	飞科	33,800	
11	南京	松下	114,400	
12	南京	吉列	98,900	
13	南京	飞利浦	92,400	
14	南京	松下	44,200	
15	南京	吉列	115,000	

数据源3

按 Shift+End+↓组合键选中所有项目

2 按Ctrl+C组合键复制所有选中的项目，然后选中单元格E1，按Ctrl+V组合键将所复制内容粘贴在E列。

	C	D	E	F	G
1	销售额		北京		
2	86,800		北京		
3	114,390		北京		
4	117,600		北京		
5	112,700		北京		
6	266,600		北京		
7	123,200		南京		
8	146,200		南京		
9	103,500		南京		
10	33,800		南京		
11	114,400		南京		
12	98,900		南京		
13	92,400		南京		
14	44,200		南京		
15	115,000		上海	(Ctrl)	

数据源3

按 Ctrl+V 组合键粘贴

3 打开“数据”选项卡，单击“删除重复项”按钮。

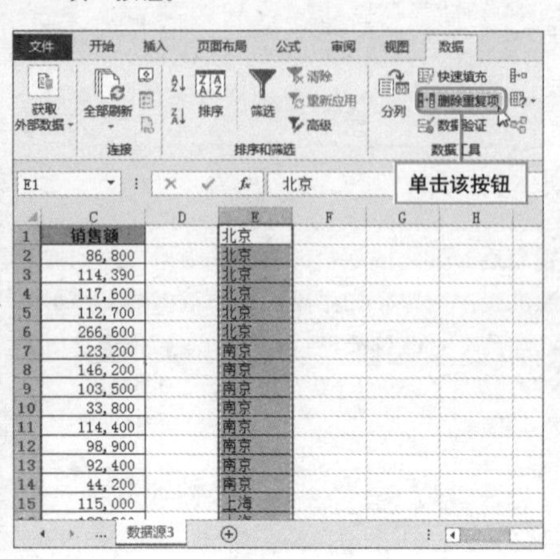

4 弹出“删除重复项”对话框，保持选中内容不变，单击“确定”按钮。

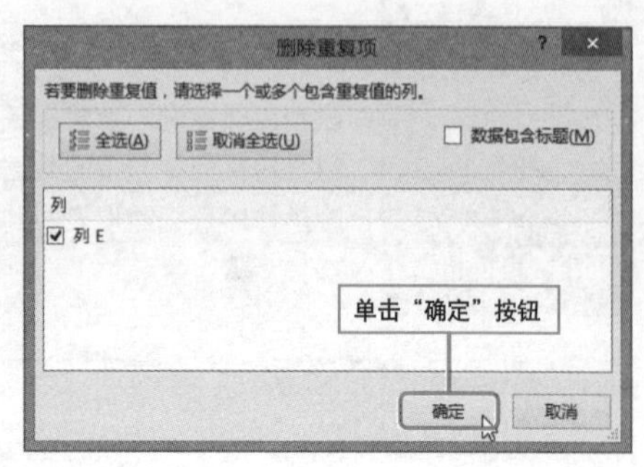

5 在接下来弹出的对话框中单击“确定”按钮。此时，复制内容中的重复项已经被删除。

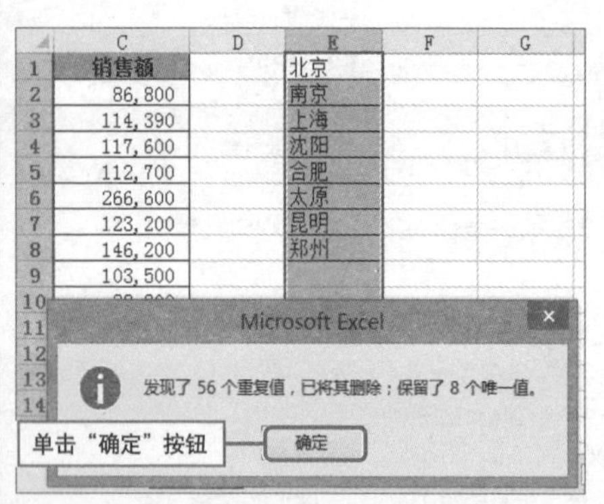

6 参照上一技巧，打开“自定义序列”对话框，按顺序将E列中的城市名输入到“输入序列”文本框中，单击“添加”按钮。

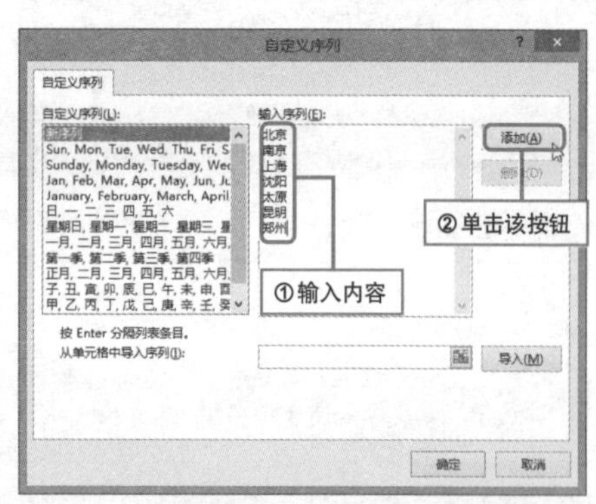

7 将输入的内容添加到“自定义序列”列表框中后，单击“确定”按钮。

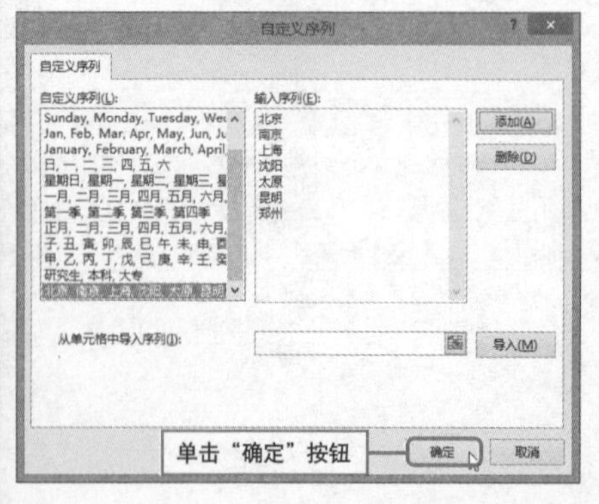

8 选中数据透视表行字段中任意单元格，单击“数据”选项卡中的“升序”按钮即可。

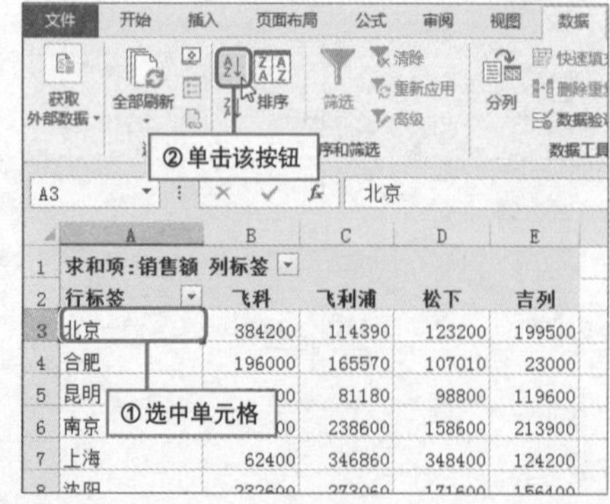

一招搞定列字段筛选

实例 仅在数据透视表列字段中显示一组数据

创建完成的数据透视表中，行字段和列字段中包含着数据源中所有的字段项。如果用户只想查看行字段或列字段中的某一个字段项的信息，例如在各城市厨房电器销量数据透视表中，只查看“方太”厨房电器在各城市的销售量，则可以按照下面的步骤进行操作。

初始效果

销售日期	(全部)				
求和项:销售量	列标签				
行标签	得意	方太	老板	万家乐	樱花
北京	124	144	99	248	196
南京	34	101	37	95	126
上海	210	98	54	143	110
郑州	267	152	91	168	183
南通	121	185		225	
苏州	146	70	99	146	177
天津	79	102		191	83
武汉	133	89	108	120	162
总计	1114	941	488	1336	1037

显示所有列字段时的效果

最终效果

销售日期	(全部)
求和项:销售量	列标签
行标签	方太
北京	144
南京	101
上海	98
郑州	152
南通	185
苏州	70
天津	102
武汉	89
总计	941

只显示一组列数据的效果

1. 单击“列标签”字段下拉按钮，打开列字段筛选器。

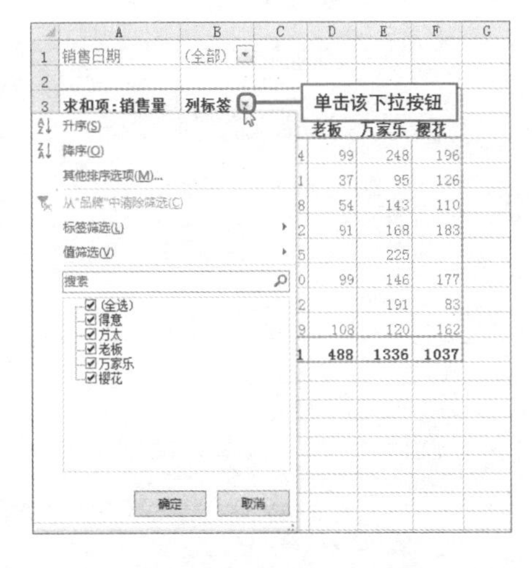

2. 取消勾选“全选”复选框，只勾选“方太”复选框，单击“确定”按钮即可。

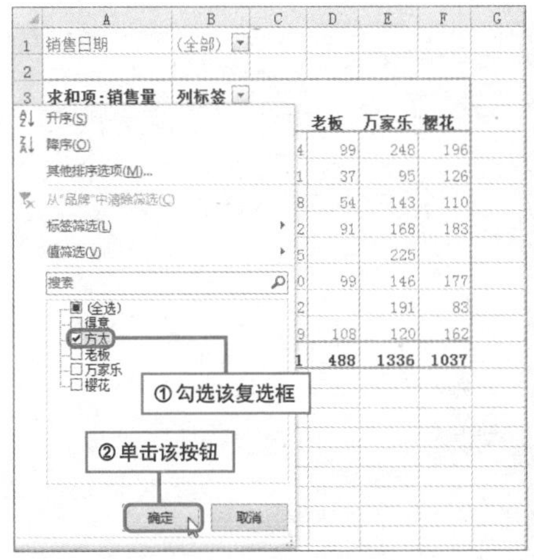

对行字段的筛选也不难

实例 在数据透视表行字段中显示多组数据

在各城市厨房电器销售数据透视表中，如果只需要显示其中一部分城市厨房电器的销量，那么可以在行标签筛选器中进行筛选操作。具体的操作步骤介绍如下。

初始效果

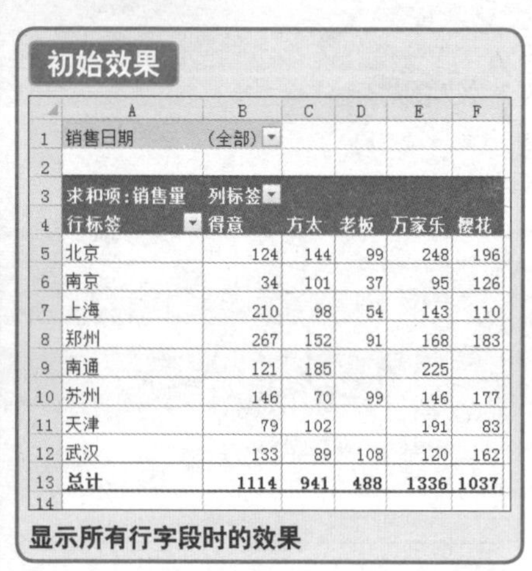

	A	B	C	D	E	F
1	销售日期	(全部)				
2						
3	求和项:销售量	列标签				
4	行标签	得意	方太	老板	万家乐	樱花
5	北京	124	144	99	248	196
6	南京	34	101	37	95	126
7	上海	210	98	54	143	110
8	郑州	267	152	91	168	183
9	南通	121	185		225	
10	苏州	146	70	99	146	177
11	天津	79	102		191	83
12	武汉	133	89	108	120	162
13	总计	1114	941	488	1336	1037
14						

显示所有行字段时的效果

最终效果

	A	B	C	D	E	F
1	销售日期	(全部)				
2						
3	求和项:销售量	列标签				
4	行标签	得意	方太	老板	万家乐	樱花
5	南京	34	101	37	95	126
6	郑州	267	152	91	168	183
7	苏州	146	70	99	146	177
8	天津	79	102		191	83
9	总计	526	425	227	600	569
10						
11						
12						
13						

只显示行字段中指定数据组的效果

1 单击“行标签”字段下拉按钮，打开行字段筛选器。

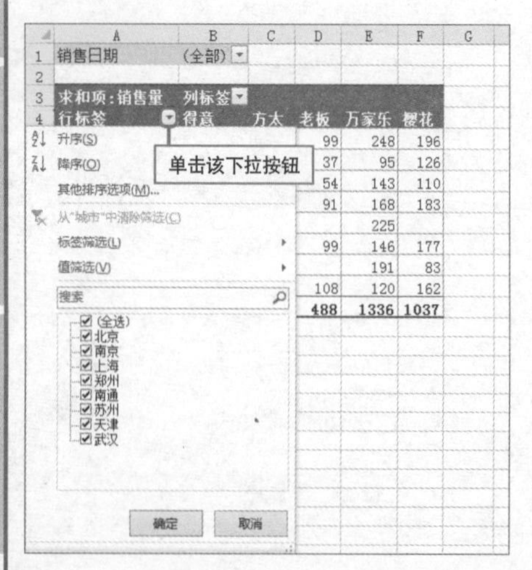

2 取消勾选“全选”复选框，勾选需要在数据透视表中显示的城市复选框后确定。

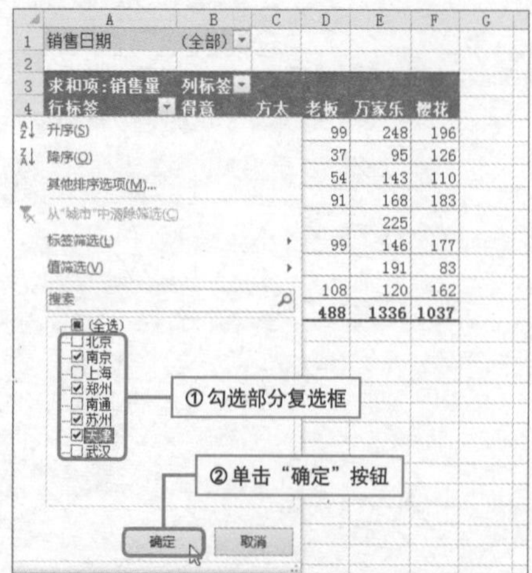

轻松查询及格学生名单

实例 筛选成绩大于等于60分的学生名单

为了方便分析学生成绩，可以为学生成绩表创建数据透视表，本技巧将在学生成绩数据透视表中筛选出及格学生的名单，即成绩大于或等于60分的学生成绩名单。

初始效果

班级	姓名	成绩
甲班	包诗杰	100
	陈守宁	69
	封广科	96
	李少团	85
	马春雷	73
	潘小龙	95
	庞洋	96
	宋　洁	100
	汪荷	43
	王博	55
	王小波	98
	王鑫	88
	辛雨	92
	邢彦海	59
	闫品	60
	于成群	55
	于明	98
	袁锋	88
	张圆伟	69

筛选及格学生前的效果

最终效果

班级	姓名	成绩
甲班	包诗杰	100
	陈守宁	69
	封广科	96
	李少团	85
	马春雷	73
	潘小龙	95
	庞洋	96
	宋　洁	100
	王小波	98
	王鑫	88
	辛雨	92
	闫品	60
	于明	98
	袁锋	88
	张圆伟	69

筛选出及格学生的效果

1 单击“姓名”字段下拉按钮，在弹出的筛选器中选择“值筛选>大于或等于”选项。

2 打开“值筛选（姓名）”对话框，在文本框中输入“60”，单击“确定”按钮。

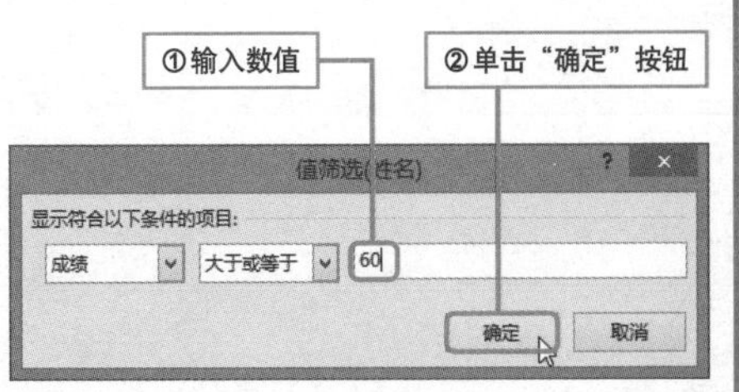

成绩高于平均分学生的查询也很自如

实例 筛选出高于平均分的学生名单

在数据透视表中显示的一组成绩中还可以通过筛选功能查看高于平均值的学生成绩，以便于对学生成绩做出准确分析，帮助学生提高成绩。

初始效果

	A	B
1	姓名	求和项:语文
2	包诗杰	100
3	陈守宁	69
4	封广科	96
5	李少团	85
6	马耆雷	73
7	潘小龙	95
8	庞洋	96
9	宋　洁	100
10	汪荷	43
11	王博	55
12	王小波	98
13	王鑫	88
14	辛雨	92
15	邢彦海	59
16	闫品	60
17	于成群	55
18	于明	98
19	袁锋	88
20	张圆伟	69

筛选前的效果

最终效果

	A	B
1	姓名	求和项:语文
2	包诗杰	100
4	封广科	96
5	李少团	85
7	潘小龙	95
8	庞洋	96
11	王小波	98
12	王鑫	88
13	辛雨	92
17	于明	98
18	袁锋	88
20	宋洁	100
21		

筛选出成绩大于平均分的学生名单

1. 选中数据透视表外的任意单元格，打开“数据”选项卡，单击“筛选”按钮。

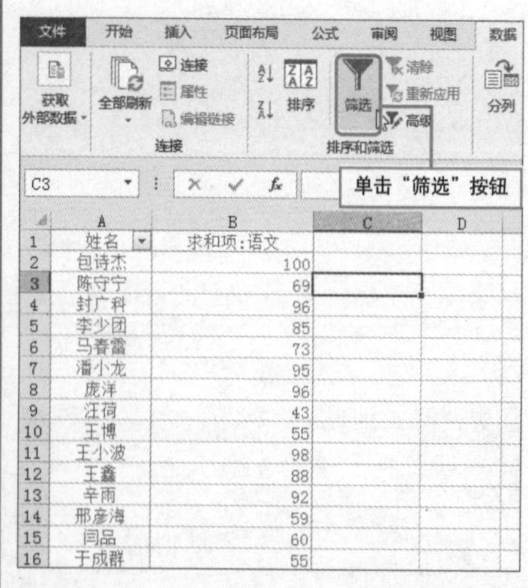

2. 单击“求和项：语文”字段右侧出现的下拉按钮，在展开的筛选器中选择“数字筛选>高于平均值”选项。

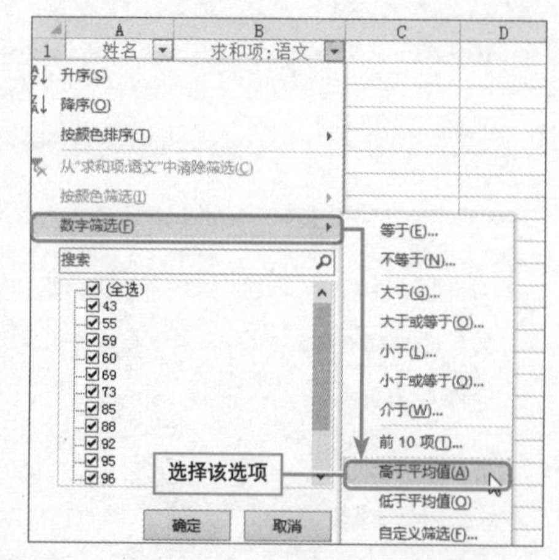

快速统计销售额排在前3名的记录

实例 筛选出销售额前3名的城市名称

为了对各地区商品的销售水平有一个清楚的认识，需要将销量排在前3名的城市筛选出来单独显示。这就需要在筛选器中设置值筛选的条件为前3个最大的值。下面介绍具体操作步骤。

初始效果

	A	B	C
1	品牌	(全部)	
2			
3	行标签	求和项:销售量	求和项:销售额
4	北京	811	1323550.00
5	南京	393	964180.00
6	南通	531	1542900.00
7	上海	615	1507580.00
8	苏州	638	1747870.00
9	天津	455	747500.00
10	武汉	612	1512290.00
11	郑州	861	1900730.00
12	总计	4916	11246600.00

筛选前的效果

最终效果

	A	B	C
1	品牌	(全部)	
2			
3	行标签	求和项:销售量	求和项:销售额
4	南通	531	1542900.00
5	苏州	638	1747870.00
6	郑州	861	1900730.00
7	总计	2030	5191500.00
8			
9			
10			
11			
12			
13			

筛选出销售额位列前3名的所有记录

1. 单击“行标签”字段下拉按钮，在展开的筛选器中选择“值筛选”选项，在其级联列表中选择“前10项”选项。

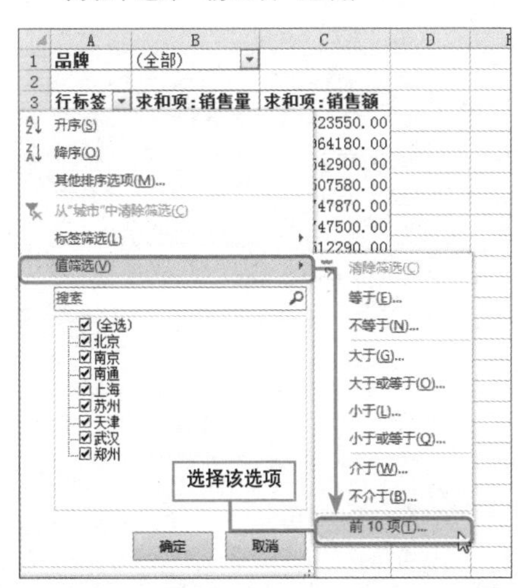

2. 打开“前10个筛选（城市）”对话框，依次在下拉列表框和文本框中选择或输入“最大”、“3”、“项”和“求和项：销售额”选项。最后单击“确定”按钮。

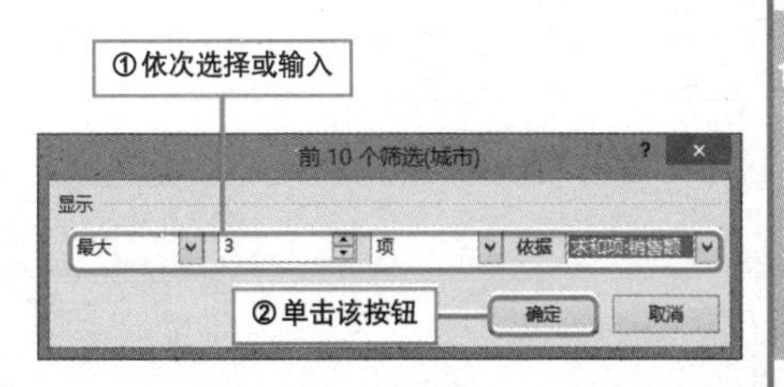

轻松查询含有指定字符的数据

实例 筛选出包含A组小组赛的全部记录

本技巧根据2014巴西世界杯赛程表（北京时间）制作了一份数据透视表，为了方便查看赛事和所支持的球队的比赛时间，可以利用数据透视表的筛选功能，将所有“赛事”中包含A的小组赛的全部记录筛选出来。

初始效果

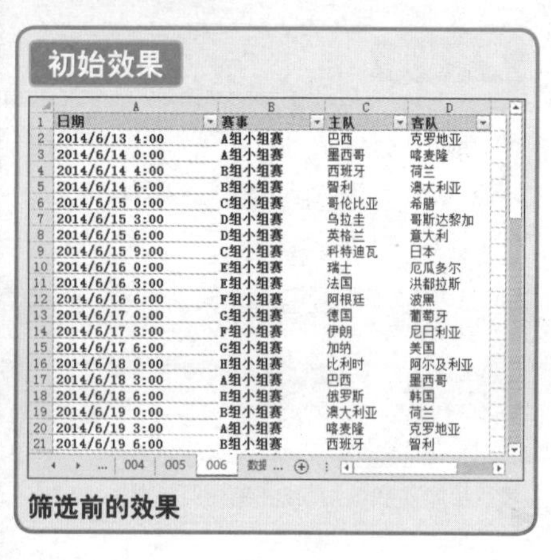

	A	B	C	D
1	日期	赛事	主队	客队
2	2014/6/13 4:00	A组小组赛	巴西	克罗地亚
3	2014/6/14 0:00	A组小组赛	墨西哥	喀麦隆
4	2014/6/14 4:00	B组小组赛	西班牙	荷兰
5	2014/6/14 6:00	B组小组赛	智利	澳大利亚
6	2014/6/15 0:00	C组小组赛	哥伦比亚	希腊
7	2014/6/15 3:00	D组小组赛	乌拉圭	哥斯达黎加
8	2014/6/15 6:00	D组小组赛	英格兰	意大利
9	2014/6/15 9:00	C组小组赛	科特迪瓦	日本
10	2014/6/16 0:00	E组小组赛	瑞士	厄瓜多尔
11	2014/6/16 3:00	E组小组赛	法国	洪都拉斯
12	2014/6/16 6:00	F组小组赛	阿根廷	波黑
13	2014/6/17 0:00	G组小组赛	德国	葡萄牙
14	2014/6/17 3:00	F组小组赛	伊朗	尼日利亚
15	2014/6/17 6:00	G组小组赛	加纳	美国
16	2014/6/18 0:00	H组小组赛	比利时	阿尔及利亚
17	2014/6/18 3:00	A组小组赛	巴西	墨西哥
18	2014/6/18 6:00	H组小组赛	俄罗斯	韩国
19	2014/6/19 0:00	B组小组赛	澳大利亚	荷兰
20	2014/6/19 3:00	A组小组赛	喀麦隆	克罗地亚
21	2014/6/19 6:00	B组小组赛	西班牙	智利

筛选前的效果

最终效果

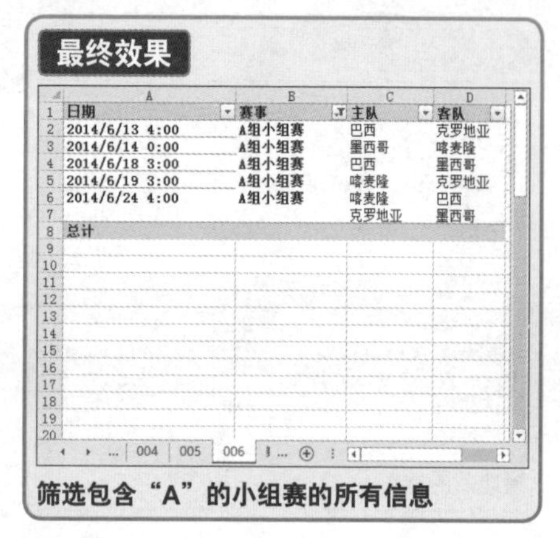

	A	B	C	D
1	日期	赛事	主队	客队
2	2014/6/13 4:00	A组小组赛	巴西	克罗地亚
3	2014/6/14 0:00	A组小组赛	墨西哥	喀麦隆
4	2014/6/18 3:00	A组小组赛	巴西	墨西哥
5	2014/6/19 3:00	A组小组赛	喀麦隆	克罗地亚
6	2014/6/24 4:00	A组小组赛	喀麦隆	巴西
7			克罗地亚	墨西哥
8	总计			

筛选包含“A”的小组赛的所有信息

❶ 单击“赛事”字段下拉按钮，在展开的筛选器中选择“标签筛选”选项，在其级联列表中选择“包含”选项。

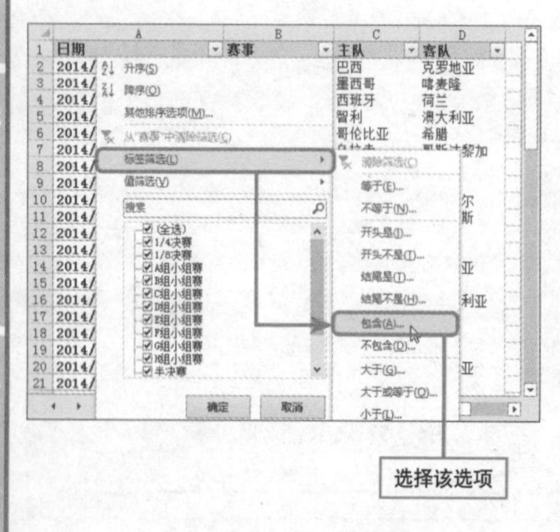

❷ 打开“标签筛选（赛事）”对话框，保持“显示的项目的标签”下拉列表中的“包含”选项不变，在文本框中输入“A”。最后单击“确定”按钮。

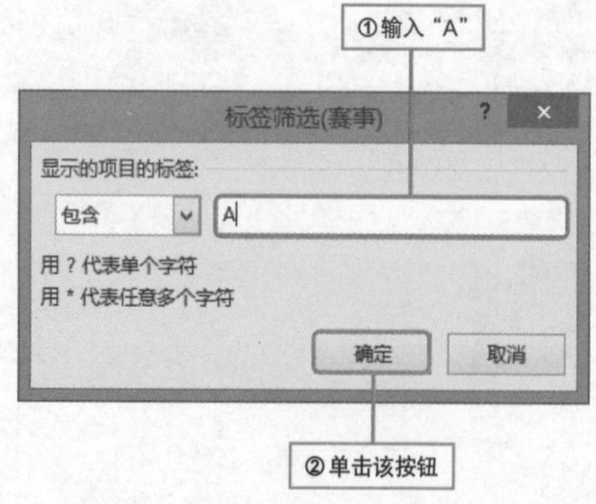

让空白数据项隐身

实例 隐藏数据透视表中的空白数据项

要是数据源中含有空白单元格，那么在创建完成的数据透视表中就会存在空白的数据项，这些空白的数据项不仅没有用于分析数据的价值，而且会影响数据透视表的美观，这时候可以选择将数据透视表中的这些空白项删除。

初始效果

	A	B	C	D
1	学号	姓名	求和项:语文	求和项:数学
2	YX301	杨晓芳	96	82
3	YX302	(空白)	74	84
4	YX303	薛晓东	97	62
5	YX304	(空白)	92	73
6	YX305	胡杰	96	68
7	YX306	崔晓洁	93	59
8	YX307	贾伟	85	77
9	YX308	李小龙	84	64
10	YX309	李小涛	88	77
11	YX310	范军华	78	57
12	YX311	闫晓	90	56
13	YX312	(空白)	87	80
14	YX313	李俊	96	69
15	YX314	江蛟	86	83
16	YX315	王宇	89	75
17	YX316	刘洋	86	66
18	YX317	杨岍	90	68
19	YX318	(空白)	83	72
20	YX319	封英	83	73
21	YX320	郭辉	96	72

含有空白字段项的报表

最终效果

	A	B	C	D
1	学号	姓名	求和项:语文	求和项:数学
2	YX301	杨晓芳	96	82
3	YX303	薛晓东	97	62
4	YX305	胡杰	96	68
5	YX306	崔晓洁	93	59
6	YX307	贾伟	85	77
7	YX308	李小龙	84	64
8	YX309	李小涛	88	77
9	YX310	范军华	78	57
10	YX311	闫晓	90	56
11	YX313	李俊	96	69
12	YX314	江蛟	86	83
13	YX315	王宇	89	75
14	YX316	刘洋	86	66
15	YX317	杨岍	90	68
16	YX319	封英	83	73
17	YX320	郭辉	96	72
18				
19				
20				

删除空白数据项后的报表

1 单击“姓名”字段下拉按钮，在展开的筛选器中取消对“(空白)”复选框的勾选，单击“确定”按钮即可。

2 若空白数据项存在于第一个字段，可在该字段筛选器中选择“标签筛选>不等于”选项，再在弹出对话框的文本框中输入“(空白)”并确定，即可删除空白项。

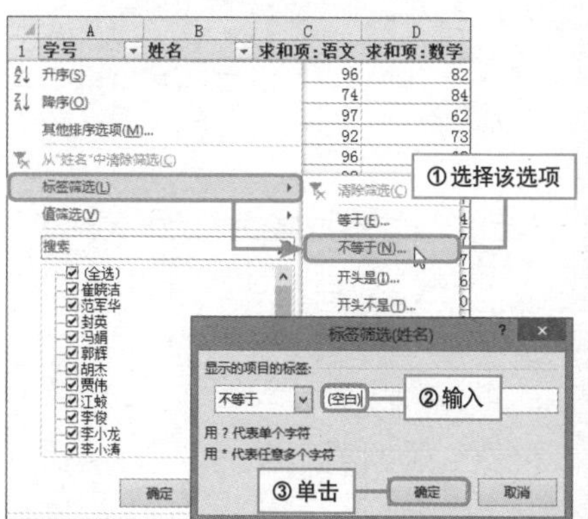

原来可以按日期进行筛选

实例 对数据透视表中的日期字段进行筛选

在数据透视表中观察一段时间内销售额的变化有利于及时对销售策略做出调整，以获得更多的销售利润，那么在数据透视表中该如何对日期字段进行筛选呢？本技巧将进行详细介绍。

1 单击“销售日期”字段下拉按钮，在展开的筛选器中选择“日期筛选>之后”选项。

2 弹出“日期筛选（销售日期）”对话框，保持下拉列表框中选中内容不变，在文本框中输入“2014/6/9”，单击“确定”按钮。

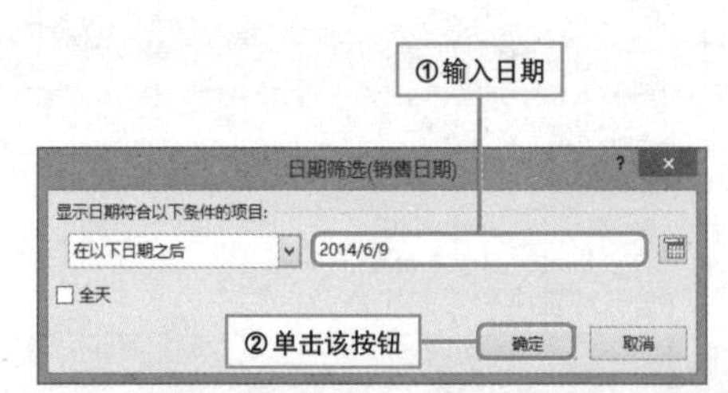

3 此时，数据透视表自动筛选出了自2014/6/9之后的所有日期项数据。

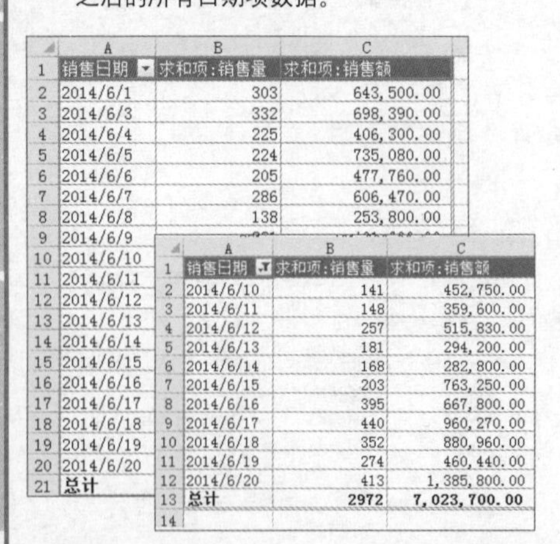

	A	B	C
1	销售日期	求和项:销售量	求和项:销售额
2	2014/6/1	303	643,500.00
3	2014/6/3	332	698,390.00
4	2014/6/4	225	406,300.00
5	2014/6/5	224	735,080.00
6	2014/6/6	205	477,760.00
7	2014/6/7	286	606,470.00
8	2014/6/8	138	253,800.00
9	2014/6/9		
10	2014/6/10		
11	2014/6/11		
12	2014/6/12		
13	2014/6/13		
14	2014/6/14		
15	2014/6/15		
16	2014/6/16		
17	2014/6/17		
18	2014/6/18		
19	2014/6/19		
20	2014/6/20		
21	总计		

	A	B	C
1	销售日期	求和项:销售量	求和项:销售额
2	2014/6/10	141	452,750.00
3	2014/6/11	148	359,600.00
4	2014/6/12	257	515,830.00
5	2014/6/13	181	294,200.00
6	2014/6/14	168	282,800.00
7	2014/6/15	203	763,250.00
8	2014/6/16	395	667,800.00
9	2014/6/17	440	960,270.00
10	2014/6/18	352	880,960.00
11	2014/6/19	274	460,440.00
12	2014/6/20	413	1,385,800.00
13	总计	2972	7,023,700.00
14			

Hint

日期筛选级联列表中其他选项的应用

“日期筛选”级联列表中除了“等于”、“之前”、“之后”、“介于”等日期筛选的条件固定不变外，其他的筛选条件均随着日期的变化而变化，例如设置数据透视表的筛选条件为“今天”，而今天是2014年6月20日，那么数据透视表将筛选日期为2014年6月20日的记录。当第二天打开数据透视表刷新以后，数据透视表将筛选日期为2014年6月21日的记录。

Question 143

对同一字段实施多重筛选

实例 在同一字段上执行多次筛选操作

Excel在默认情况下，对同一字段进行多个筛选时，筛选结果并不是累加的，即筛选结果不能在上一次的筛选基础上得到。若想要对同一字段进行多重筛选，就需要提前对数据透视表进行设置。

● Level ◆◆◆

2013 2010 2007

初始效果

城市	商品	求和项:销售额
南通	方太吸油烟机	626,600.00
	老板燃气灶	271,900.00
	万家乐吸油烟机	644,400.00
天津	方太吸油烟机	132,300.00
	老板燃气灶	150,600.00
	万家乐吸油烟机	336,000.00
	樱花燃气灶	128,600.00
武汉	得意吸油烟机	77,490.00
	方太吸油烟机	186,560.00
	老板燃气灶	597,200.00
	老板吸油烟机	121,900.00
	万家乐吸油烟机	229,040.00
	樱花燃气灶	272,100.00
	樱花吸油烟机	28,000.00
郑州	得意燃气灶	401,730.00
	得意吸油烟机	236,600.00
	方太燃气灶	375,600.00
	老板燃气灶	188,600.00
	万家乐消毒柜	308,900.00
	樱花消毒柜	389,300.00

实施多重筛选前的效果

最终效果

城市	商品	求和项:销售额
南通	老板燃气灶	271900
武汉	老板燃气灶	597200
	樱花燃气灶	272100
郑州	得意燃气灶	401730
	方太燃气灶	375600

筛选出销售额在200000以上的燃气灶

1. 右击“商品”字段中任意单元格，在弹出的菜单中选择“数据透视表选项”命令，以打开“数据透视表选项”对话框。

2. 切换至“汇总和筛选”选项卡，从中勾选“每个字段允许多个筛选”复选框，单击“确定”按钮。

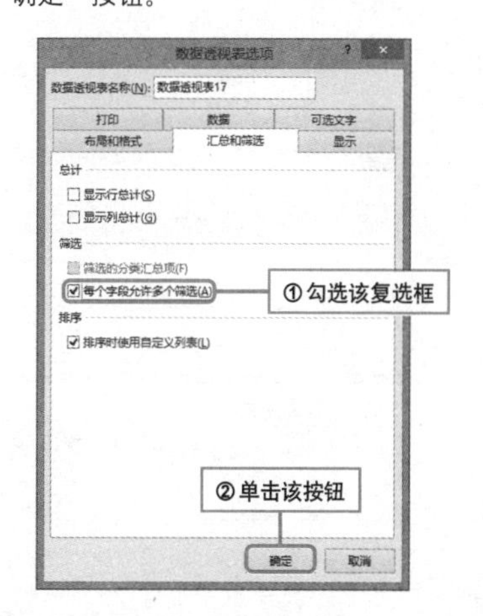

3 单击“商品”字段下拉按钮，在弹出的筛选器中选择“标签筛选>包含”选项。

4 打开“标签筛选（商品）”对话框，保持下拉列表中选中“包含”选项，在文本框中输入“燃气灶”，单击“确定”按钮。

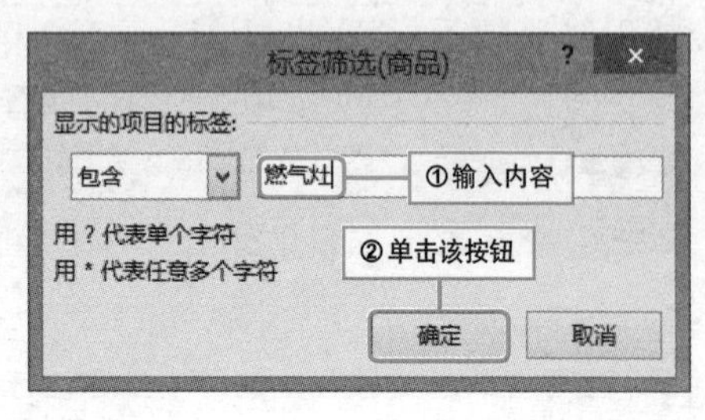

5 此时数据透视表中已经筛选出了“燃气灶”的所有商品信息。

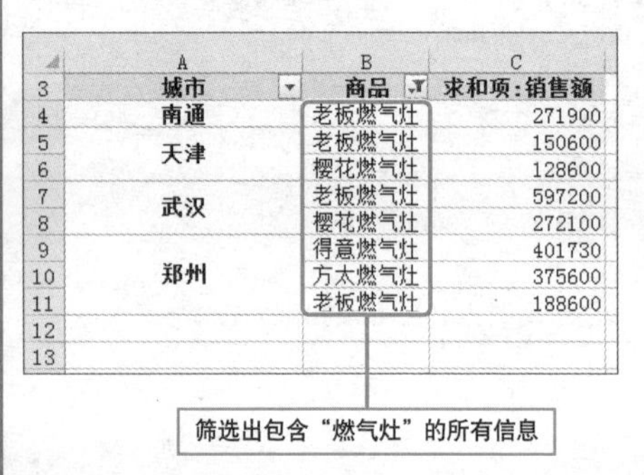

城市	商品	求和项：销售额
南通	老板燃气灶	271900
天津	老板燃气灶	150600
	樱花燃气灶	128600
武汉	老板燃气灶	597200
	樱花燃气灶	272100
郑州	得意燃气灶	401730
	方太燃气灶	375600
	老板燃气灶	188600

6 再次单击“商品”字段下拉按钮，在展开的筛选器中选择“值筛选>大于”选项。

7 弹出“值筛选（商品）”对话框，保持选中内容不变，在文本框中输入“200000”，单击“确定”按钮。

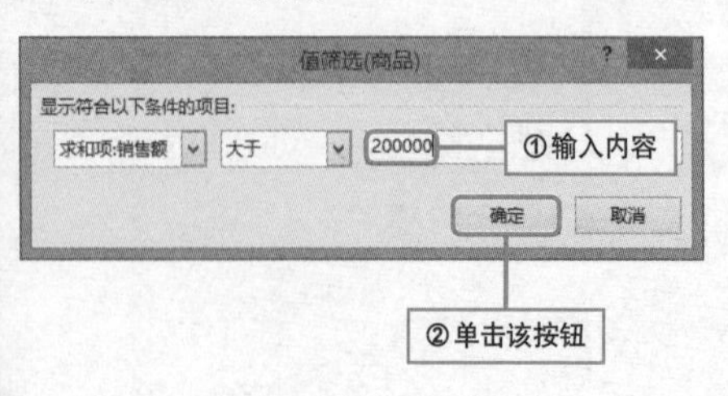

Hint

每个字段允许多个筛选

想要允许数据透视表中的每个字段执行多个筛选，必须先在“数据透视表选项”对话框中勾选“每个字段允许多个筛选”复选框，否则的话每个字段只能执行一个筛选。

使用搜索功能快速匹配数据

实例 根据自定义关键字筛选数据

在数据透视表中搜索包含某个字的数据信息时，可以通过“标签筛选”选项来完成，也可以直接在筛选器界面的搜索文本框中直接输入需要筛选的内容进行查找。

初始效果

行标签	求和项:销售额
得意燃气灶	401,730.00
得意吸油烟机	314,090.00
方太燃气灶	375,600.00
方太吸油烟机	945,460.00
老板燃气灶	1,208,300.00
老板吸油烟机	121,900.00
万家乐吸油烟机	1,209,440.00
万家乐消毒柜	308,900.00
樱花燃气灶	400,700.00
樱花吸油烟机	28,000.00
樱花消毒柜	389,300.00
总计	5,703,420.00

筛选前的效果

最终效果

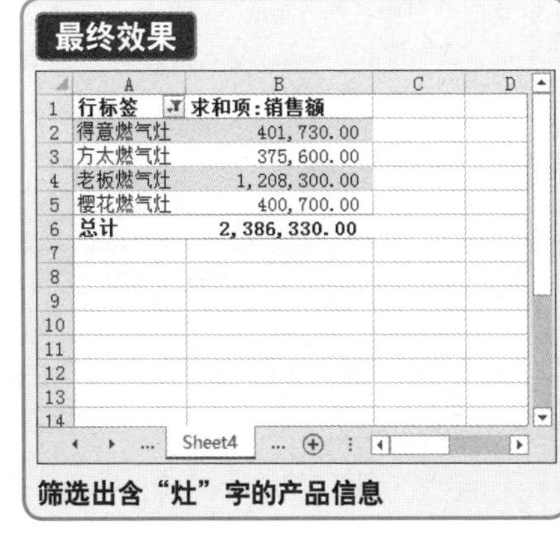

行标签	求和项:销售额
得意燃气灶	401,730.00
方太燃气灶	375,600.00
老板燃气灶	1,208,300.00
樱花燃气灶	400,700.00
总计	2,386,330.00

筛选出含“灶”字的产品信息

1. 单击“行标签”字段下拉按钮，打开行字段筛选器。

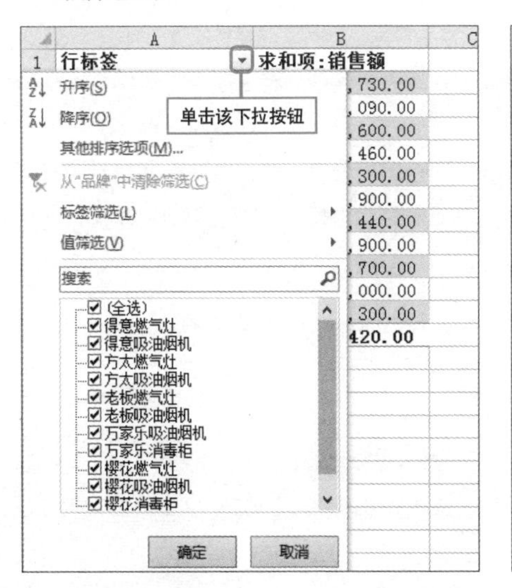

2. 在搜索文本框中输入“灶”，然后单击“确定”按钮即可完成快速筛选。

不能不会的“叠加”筛选

实例 查询含“管理”或“政治”，但不含“经济”的专业名称

对2013年苏州大学硕士研究生各专业报考录取情况进行分析时，想查看所有专业名称中包含“管理”或“政治”，同时又不包含“经济”的专业学生报名情况，这时候应该如何对数据透视表进行操作呢？本技巧就来讲解实现叠加筛选的具体操作步骤。

1 单击“专业名称”字段下拉按钮，在展开的筛选器搜索文本框中输入“管理”，然后单击“确定”按钮。

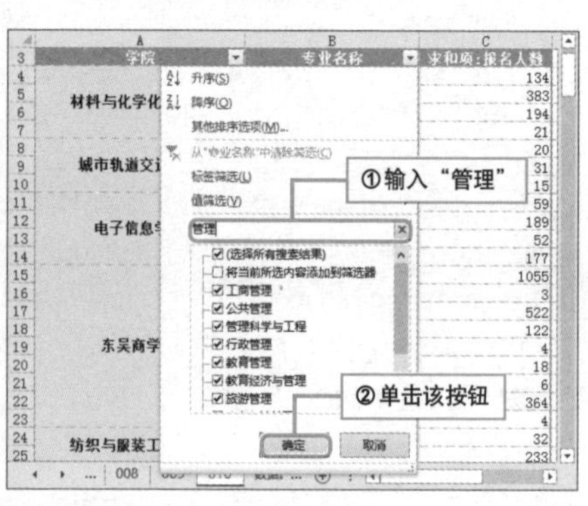

2 打开“专业名称”筛选器，在文本框中输入“政治”，勾选“将当前所选内容添加到筛选器”复选框。最后单击“确定”按钮。

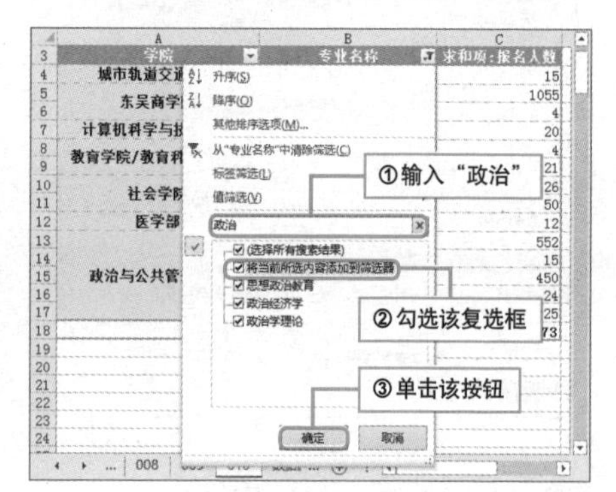

3 打开“专业名称”筛选器，在文本框中输入“经济”，取消勾选“(选择所有搜索结果)”复选框，勾选“将当前所选内容添加到筛选器”复选框。单击“确定”按钮。

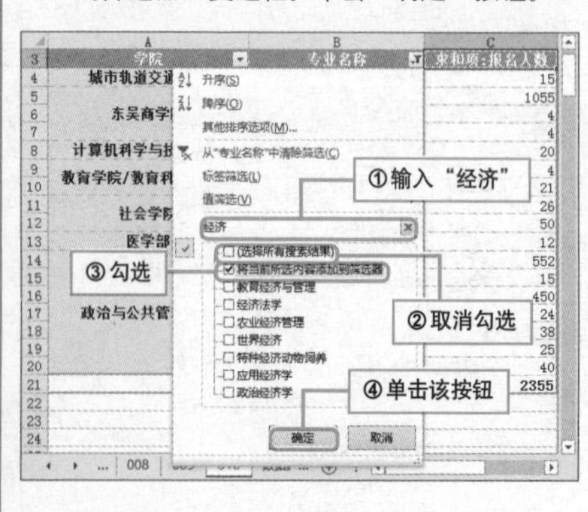

4 此时，数据透视表就显示出了“专业名称”字段中包含“管理”或“政治”，同时不包含“经济”的专业。

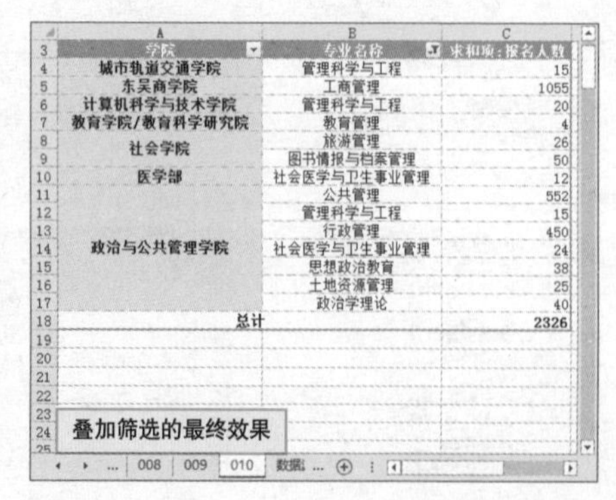

Question 146

Level ◆◆◇

2013 2010 2007

多字段并列筛选有学问

实例 查询指定地区“方太”产品的销量

在商品销售明细表中，由于销售的城市很多，要想单独查看某一类品牌的商品在指定城市的销售情况就比较麻烦，本技巧将利用多字段并列筛选的方式轻松解决这种麻烦。

初始效果

城市	品牌	求和项:销售量	求和项:销售额
北京	得意	124	193,200.00
	方太	144	135,900.00
	老板	99	133,600.00
	万家乐	248	468,170.00
	樱花	196	392,680.00
北京 汇总		811	1,323,550.00
南京	得意	34	62,400.00
	方太	101	174,360.00
	老板	37	206,400.00
	万家乐	95	184,200.00
	樱花	126	336,820.00
南京 汇总		393	964,180.00
南通	得意	121	271,900.00
	方太	185	626,600.00
	万家乐	225	644,400.00
南通 汇总		531	1,542,900.00
	得意	210	626,700.00

执行多字段并列筛选前的效果

最终效果

城市	品牌	求和项:销售量	求和项:销售额
苏州	方太	70	151,290.00
苏州 汇总		70	151,290.00
天津	方太	102	132,300.00
天津 汇总		102	132,300.00
武汉	方太	89	186,560.00
武汉 汇总		89	186,560.00
郑州	方太	152	375,600.00
郑州 汇总		152	375,600.00
总计		413	845,750.00

查询指定地区“方太”产品的销量

1. 单击“城市”字段下拉按钮，在展开的筛选器中勾选需要显示的城市对应的复选框，单击“确定”按钮。

2. 单击“品牌”字段下拉按钮，在展开的筛选器搜索文本框中输入“方太”，单击“确定”按钮。

自定义并列筛选条件

实例 筛选出所有商品销量均不达标的员工

为了对员工的销售业绩进行考评，现需要筛选出三种商品均没达标的员工名单，假设三种商品的达标数量均为60，即销售量大于等于60即为达标。具体的筛选步骤介绍如下。

1 选中和数据透视表相邻的行或列中的任意单元格，打开“数据”选项卡，单击“筛选”按钮。

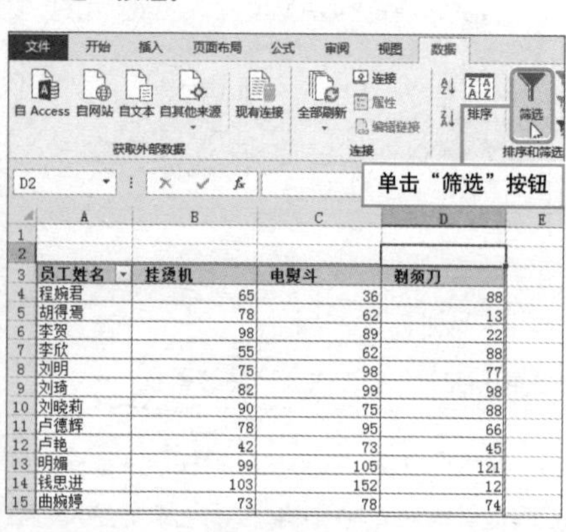

	A	B	C	D
3	员工姓名	挂烫机	电熨斗	剃须刀
4	程婉君	65	36	88
5	胡得鸶	78	62	13
6	李贺	98	89	22
7	李欣	55	62	88
8	刘明	75	98	77
9	刘琦	82	99	98
10	刘晓莉	90	75	88
11	卢德辉	78	95	66
12	卢艳	42	73	45
13	明媚	99	105	121
14	钱思进	103	152	12
15	曲婉婷	73	78	74

2 数据透视表的值字段被增加了筛选按钮。单击“挂烫机”字段下拉按钮，在弹出的筛选器中选择“数字筛选>小于”选项。

3 弹出“自定义自动筛选方式”对话框，在条件组合下拉列表框中输入“60”，单击“确定”按钮。

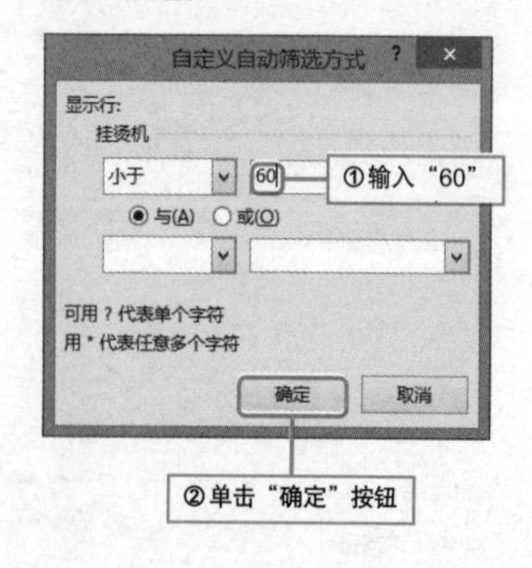

4 参照步骤2、3，同样设置“电熨斗”和“剃须刀”的筛选条件为小于60。最后得到三类商品销售量均不达标的员工列表。

	A	B	C	D
3	员工姓名	挂烫机	电熨斗	剃须刀
17	王墨	39	51	36
18	王万成	42	36	48
22	张曼怡	45	19	50

查看所有商品销售量均不达标的员工名单

巧妙利用页字段进行筛选

实例 筛选品牌字段中的吸油烟机信息

在各地区销售额汇总表中，页字段包含了不同品牌的厨房电器，如果想要在报表筛选区域中仅筛选吸油烟机的信息，可以按照本技巧中介绍的方法进行操作。

初始效果

	A	B
1	品牌	(全部)
2		
3	行标签	求和项:销售额
4	南通	1,542,900.00
5	天津	747,500.00
6	武汉	1,512,290.00
7	郑州	1,900,730.00
8	总计	5,703,420.00
9		

未利用页字段进行筛选前的效果

最终效果

	A	B
1	品牌	(多项)
2		
3	行标签	求和项:销售额
4	南通	1,271,000.00
5	天津	468,300.00
6	武汉	642,990.00
7	郑州	236,600.00
8	总计	2,618,890.00
9		

筛选品牌字段后的效果

1. 单击“品牌”字段下拉按钮，在展开的筛选器搜索文本框中输入“吸油烟机”。

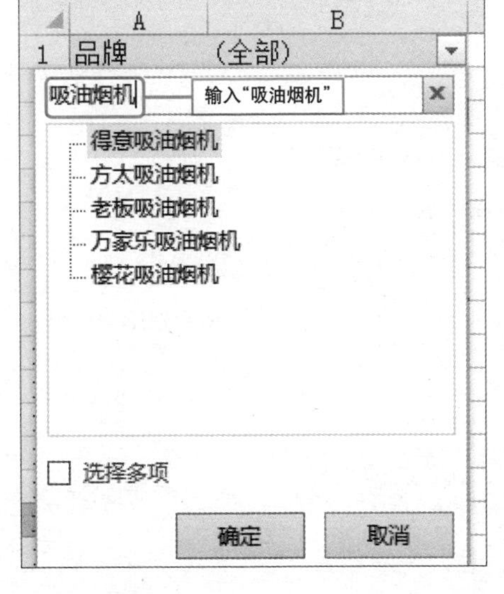

2. 勾选“选择多项”复选框，然后单击“确定”按钮。

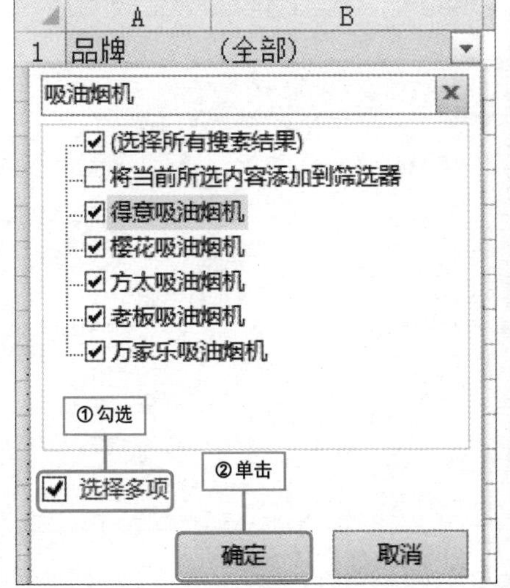

巧按报表筛选页字段进行查询

实例 将筛选字段中的报表分页显示

在商品销售额汇总表中，城市字段位于报表筛选区域，如果想要按照城市分页显示商品销售额，那么可以参照本技巧所示方法进行操作。

1. 选中数据透视表中任意单元格，单击“分析”选项卡下“选项”下拉按钮，在展开列表中选择“显示报表筛选页”选项。

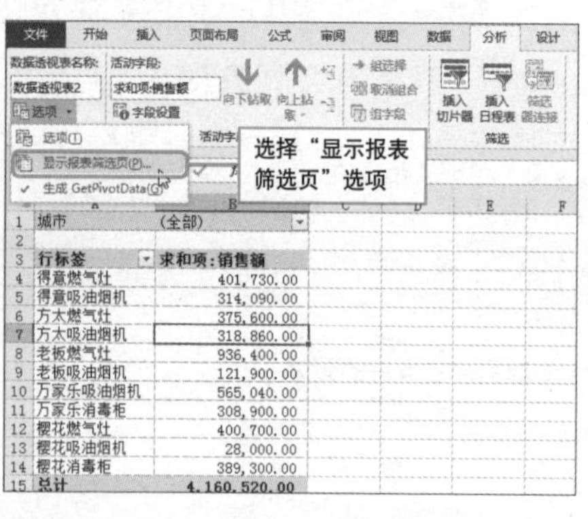

2. 弹出“显示报表筛选页”对话框，保持选中内容不变，单击“确定”按钮。

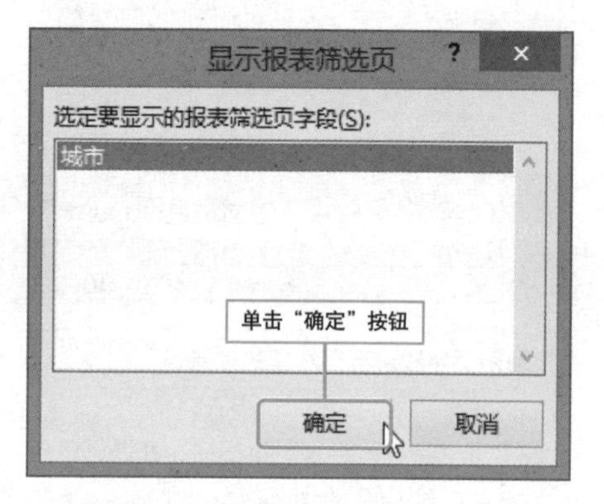

3. 此时，当前工作簿以报表筛选项为表名创建一系列工作表，每个工作表显示对应报表筛选项的销售数据。

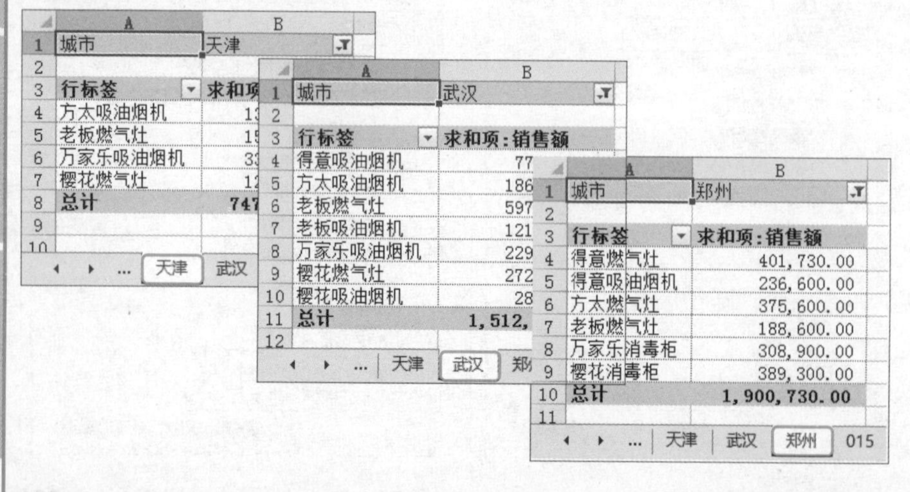

让筛选报表实时更新

实例 在筛选结果中显示数据源上不断新增的记录

现根据商品的日销售情况制作了一份数据透视表，由于数据表中的数据过多，不便于查看，因此通过手动筛选只在数据透视表中显示最近几天的销售情况，然而随着时间的推移，数据源中将会不断增加新的记录，这时可按本技巧所示方法在筛选状态下显示新增的信息。

❶ 选中数据源中任意单元格，单击“插入”选项卡中的“表格”按钮。

	A	B	C	D	E
1	销售日期	城市	品牌	销售量	销售额
2	2014/6/1	郑州	方太燃气灶	45	223600
3	2014/6/1	郑州	得意吸油烟机	26	111800
4	2014/6/1	郑州	得意吸油烟机	47	75400
5	2014/6/3	郑州	樱花消毒柜	58	89700
6	2014/6/3	郑州	万家乐消毒柜	29	81200
7	2014/6/3	郑州	老板燃气灶	26	80500
8	2014/6/3	郑州	方太燃气灶	56	26000
9	2014/6/4	郑州	万家乐消毒柜	44	48300
10	2014/6/4	郑州	得意吸油烟机	43	49400
11	2014/6/4	郑州	樱花消毒柜	55	117600
12	2014/6/5	郑州	樱花消毒柜	28	70200
13	2014/6/5	郑州	老板燃气灶	39	29900

❷ 弹出“创建表”对话框，保持“表数据的来源”为自动选中内容，直接单击“确定”按钮。

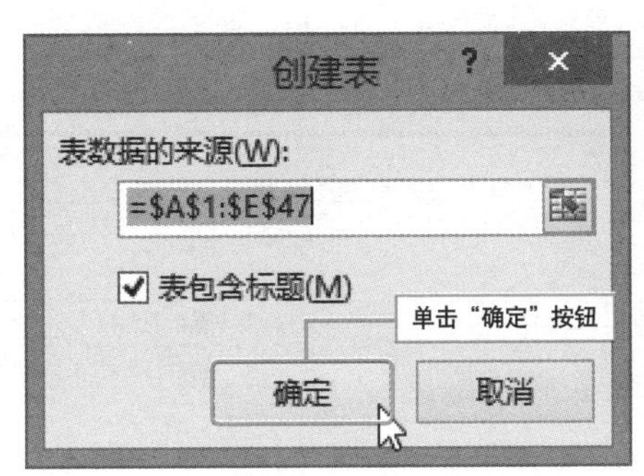

❸ 单击“确定”按钮后，数据源中的数据被创建为表，表名称为“表1”。

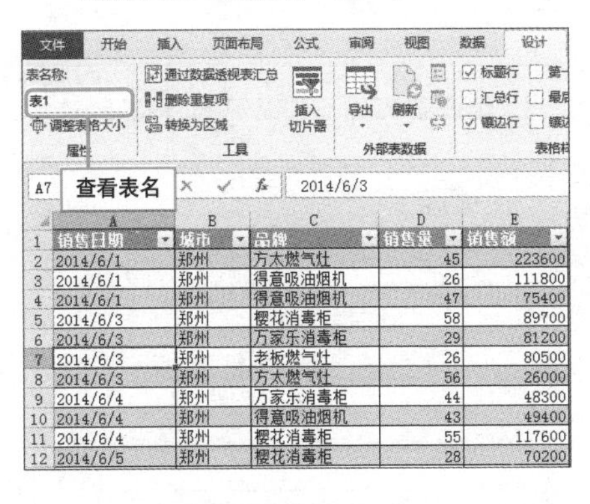

	A	B	C	D	E
1	销售日期	城市	品牌	销售量	销售额
2	2014/6/1	郑州	方太燃气灶	45	223600
3	2014/6/1	郑州	得意吸油烟机	26	111800
4	2014/6/1	郑州	得意吸油烟机	47	75400
5	2014/6/3	郑州	樱花消毒柜	58	89700
6	2014/6/3	郑州	万家乐消毒柜	29	81200
7	2014/6/3	郑州	老板燃气灶	26	80500
8	2014/6/3	郑州	方太燃气灶	56	26000
9	2014/6/4	郑州	万家乐消毒柜	44	48300
10	2014/6/4	郑州	得意吸油烟机	43	49400
11	2014/6/4	郑州	樱花消毒柜	55	117600
12	2014/6/5	郑州	樱花消毒柜	28	70200

❹ 选中数据透视表中任意单元格，单击“分析”选项卡中的“更改数据源”按钮。

文件 开始 插入 页面布局 公式 审阅 视图 数据 分析

数据透视表 活动字段 分组 插入切片器 插入日程表 筛选器连接 筛选 刷新 更改数据源 数据 操作 计算 数据透视图 工具

单击“更改数据源”按钮

	A	B	C
3	销售日期	品牌	求和项:销售量
4	2014/6/17	老板燃气灶	40
5		万家乐吸油烟机	150
6		樱花燃气灶	76
7	2014/6/18	方太吸油烟机	53
8		老板燃气灶	70
9		老板吸油烟机	61
10		万家乐吸油烟机	34
11	2014/6/19	万家乐吸油烟机	79
12		樱花燃气灶	44
13	2014/6/20	方太吸油烟机	36
14		樱花燃气灶	67
15	总计		710

5 弹出“更改数据透视表数据源”对话框，修改“表/区域”内容为“表1”，单击“确定”按钮。

6 右击“销售日期”字段，在弹出的菜单中选择“字段设置”命令。

7 打开“字段设置”对话框，勾选“在手动筛选中包含新项目”复选框。

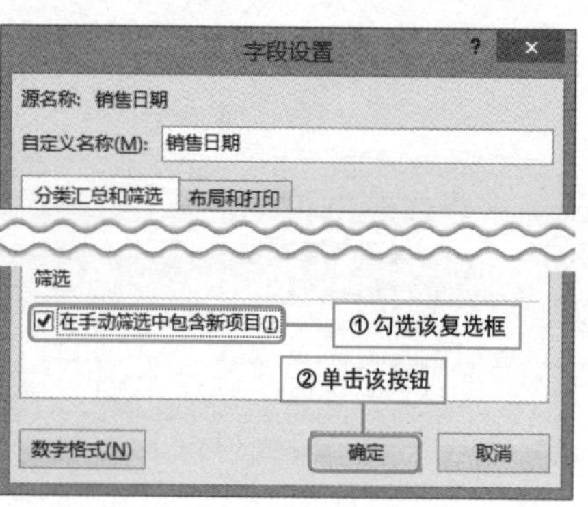

8 单击“确定”按钮后在数据源的最下方增加两行2014/6/21的销售信息。

	销售日期	城市	品牌	销售量	销售额
34	2014/6/17	武汉	樱花燃气灶	23	39200
35	2014/6/17	武汉	万家乐吸油烟机	41	75600
36	2014/6/17	天津	万家乐吸油烟机	48	42000
37	2014/6/18	天津	老板燃气灶	41	33600
38	2014/6/18	天津	万家乐吸油烟机	34	98000
39	2014/6/18	武汉	方太吸油烟机	53	88560
40	2014/6/18	武汉	老板吸油烟机	61	41400
41	2014/6/18	武汉	老板燃气灶	29	352600
42	2014/6/19	武汉	万家乐吸油烟机	31	57500
43	2014/6/19	武汉	万家乐吸油烟机	48	95940
44	2014/6/19	武汉	樱花燃气灶	44	46000
45	2014/6/20	武汉	方太吸油烟机	36	98000
46	2014/6/20	武汉	樱花燃气灶	27	124800
47	2014/6/20	武汉	樱花燃气灶	40	62100
48	2014/6/21	天津	方太吸油烟机	63	84000
49	2014/6/21	武汉	樱花燃气灶	40	62100

在数据源中增加新记录

9 返回数据透视表所在工作表，在“分析”选项卡中单击“刷新”按钮。

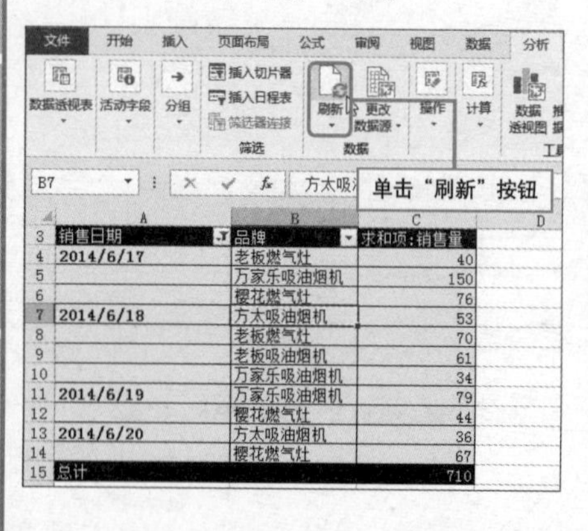

10 此时，筛选状态下的数据透视表的最下方即出现了新增的2014/6/21数据信息。

	销售日期	品牌	求和项:销售量
4	2014/6/17	老板燃气灶	40
5		万家乐吸油烟机	150
6		樱花燃气灶	76
7	2014/6/18	方太吸油烟机	53
8		老板燃气灶	70
9		老板吸油烟机	61
10		万家乐吸油烟机	34
11	2014/6/19	万家乐吸油烟机	79
12		樱花燃气灶	44
13	2014/6/20	方太吸油烟机	36
14		樱花燃气灶	67
15	2014/6/21	方太吸油烟机	63
16		樱花燃气灶	40
17	总计		813

一招显示无数据项目

实例 在字段筛选状态下显示无数据的项目

对数据透视表进行筛选的时候，没有数据的字段将会自动隐藏，这样将不利于数据之间的比较，本技巧将介绍如何在字段筛选状态下显示列字段中没有数据的项目。

初始效果

	A	B	C
1			
2			
3	求和项:销售量		产地
4	产品	品牌	深圳
5	电脑	宏基	2655
6		联想	173
7			

筛选状态下不显示无数据项目

最终效果

	A	B	C	D	E	F	G
1							
2							
3	求和项:销售量		产地				
4	产品	品牌	河南	昆山	青岛	深圳	无锡
5	电脑	宏基				2655	
6		联想				173	
7							
8							
9							
10							
11							
12							

筛选状态下显示无数据项目

1. 选中数据透视表列标签，单击“分析”选项卡中的“字段设置”按钮，以打开“字段设置”对话框。

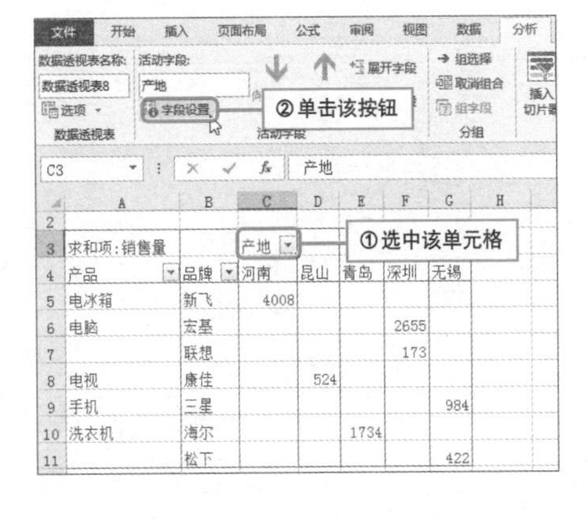

2. 切换到“布局和打印”选项卡，勾选“显示无数据的项目”复选框，最后单击“确定”按钮。

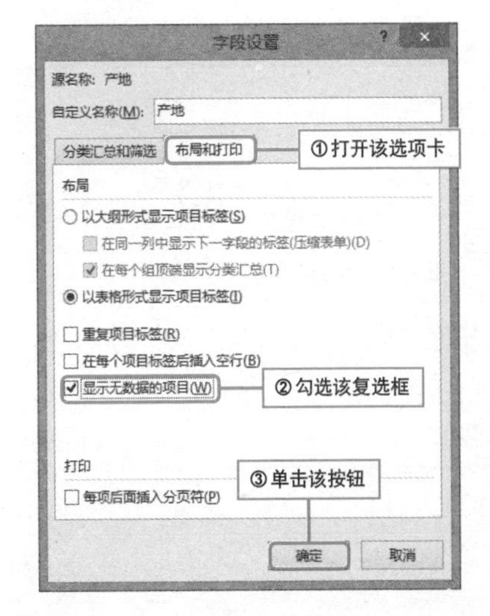

Question 152

● Level ◆◆◇

2013 2010 2007

隐藏字段下拉列表中多余项

实例 对页字段执行筛选后隐藏筛选器中多余的项目

对数据透视表的页字段执行筛选操作后，数据透视表中的字段筛选器中显示的项并不是筛选后的项目，而是该字段中所有的项。如果想要隐藏不属于该筛选字段的项，则可以按本技巧中讲解的方法进行操作。

1 在“组别”字段中筛选出“A组”的信息。

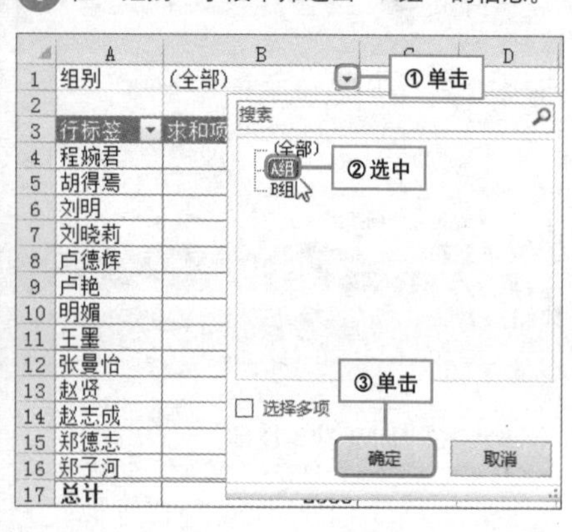

2 行标签筛选器中仍显示所有员工姓名。

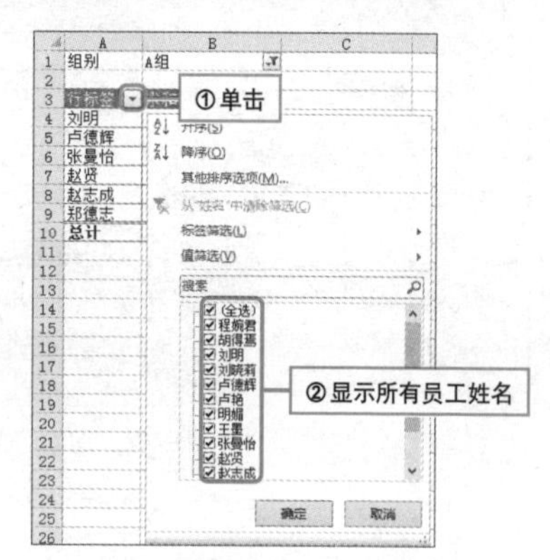

3 选中和数据透视表相邻的任意空白单元格，单击“数据”选项卡中的“筛选”按钮。

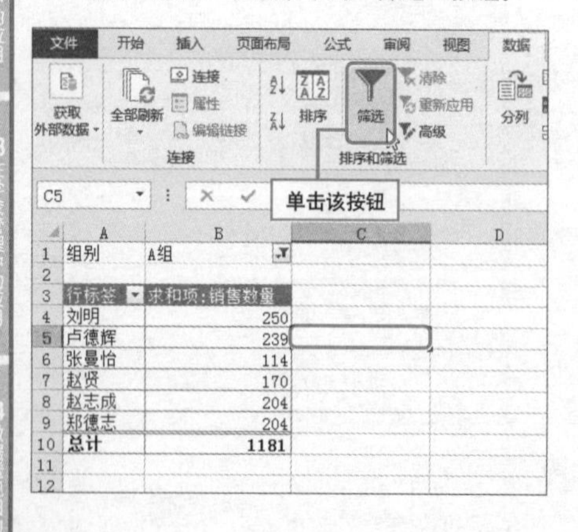

4 再次打开行标签筛选器，可以看到，此时只显示A组员工姓名。

按百分比的形式进行有效筛选

实例 筛选商品累计销售金额低于20%的记录

在商品销售金额汇总数据透视表中，如果想要查看所有商品中累计销售金额低于20%的记录，可以参照本技巧进行操作。

初始效果

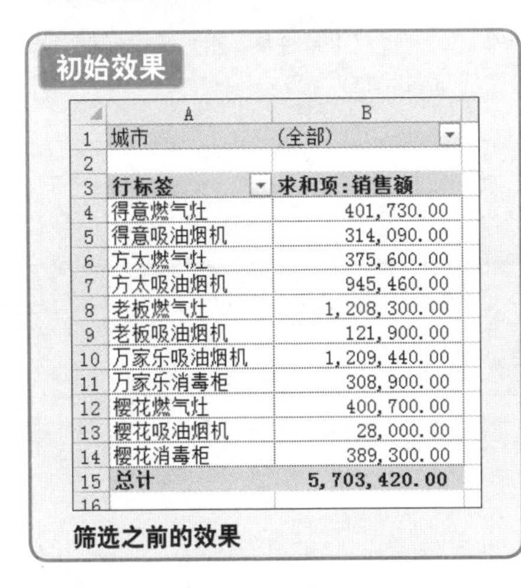

	A	B
1	城市	(全部)
2		
3	行标签	求和项:销售额
4	得意燃气灶	401,730.00
5	得意吸油烟机	314,090.00
6	方太燃气灶	375,600.00
7	方太吸油烟机	945,460.00
8	老板燃气灶	1,208,300.00
9	老板吸油烟机	121,900.00
10	万家乐吸油烟机	1,209,440.00
11	万家乐消毒柜	308,900.00
12	樱花燃气灶	400,700.00
13	樱花吸油烟机	28,000.00
14	樱花消毒柜	389,300.00
15	总计	5,703,420.00
16		

筛选之前的效果

最终效果

	A	B	C
1	城市	(全部)	
2			
3	行标签	求和项:销售额	
4	得意吸油烟机	314,090.00	
5	方太燃气灶	375,600.00	
6	老板吸油烟机	121,900.00	
7	万家乐消毒柜	308,900.00	
8	樱花吸油烟机	28,000.00	
9	总计	1,148,490.00	
10			
11			
12			
13			
14			
15			
16			
17			

筛选销售金额低于20%的记录

1 单击“行标签”下拉按钮，在展开的筛选器中选择“值筛选>前10项”选项。

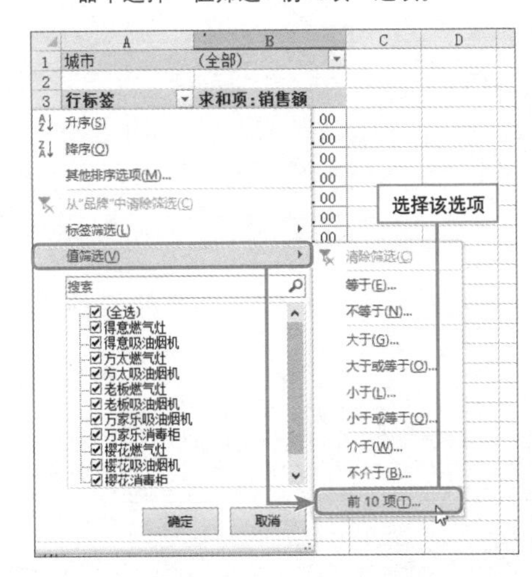

2 弹出“前10个筛选（品牌）”对话框，依次在下拉列表框或数值框中设置“最小”、“20”、“百分比”、“求和项：销售额”。最后单击“确定”按钮。

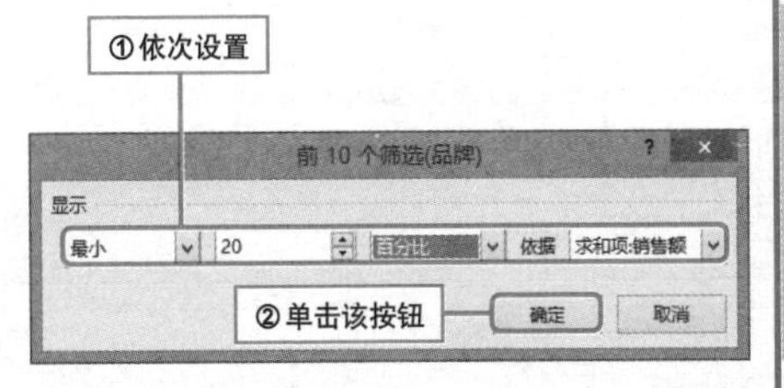

使用Power View进行筛选

实例 在数据透视表中使用Power View进行筛选

Power View是一个基于数据模型的BI仪表板插件，最早出现在SQL Server 2012中。Excel 2013中的Power View是商务智能（BI）的利器，它能够非常方便地进行交互可视化数据分析。本技巧就来介绍如何利用Power View对数据透视表进行筛选。

1. 选中工作表中任意单元格，单击“插入”选项卡中的“Power View”按钮。

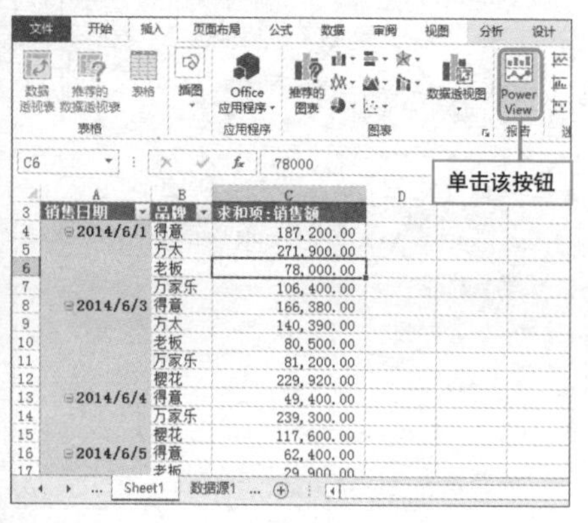

2. 在打开过程中系统将弹出加载对话框“打开Power View”。

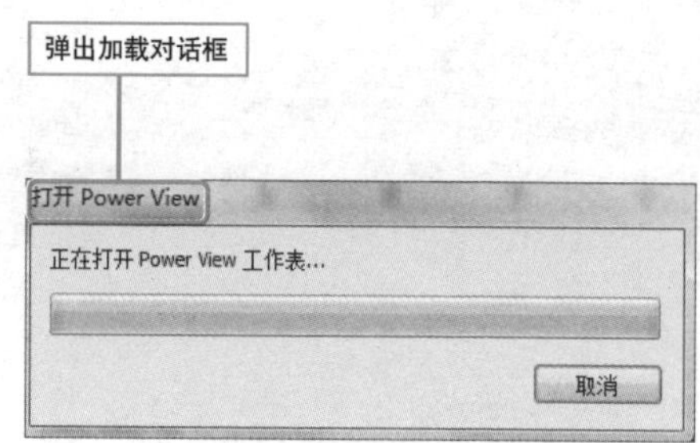

3. 进入Power View界面，工作簿中新建了“Power View1”工作表。同时自动增加“POWER VIEW”和“POWERPIVOT”选项卡。

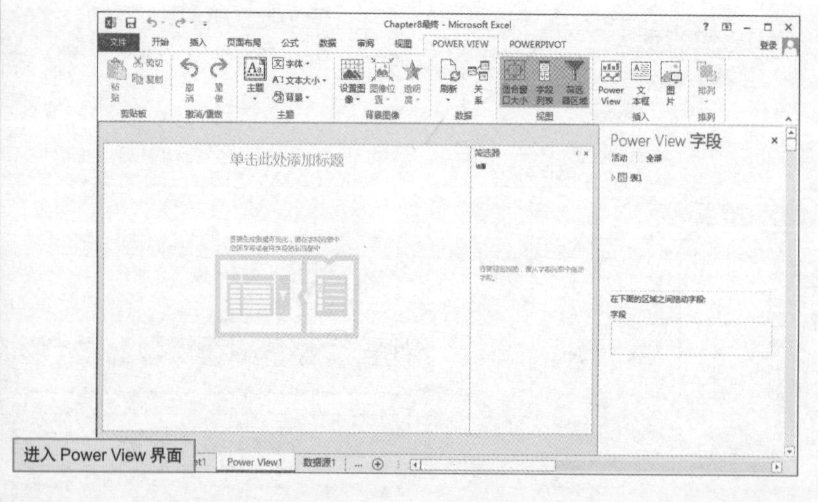

进入 Power View 界面

4 单击“Power View字段”窗格中的“表1”选项，在展开的列表中勾选相应的复选框，向视图中添加字段。

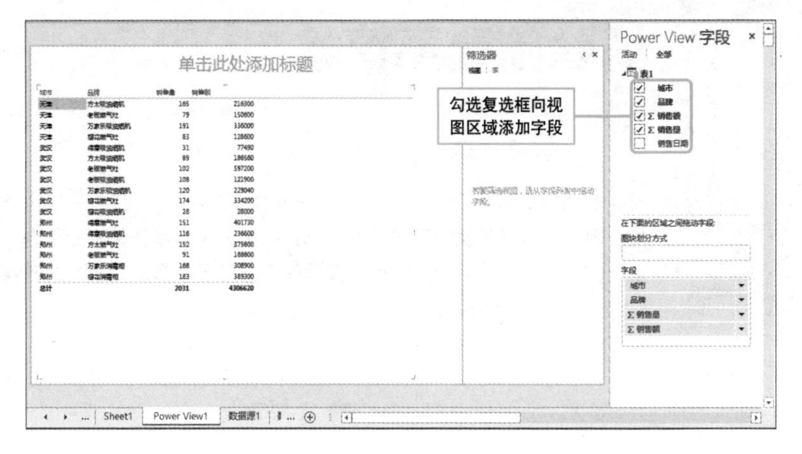

5 切换到“筛选器”窗格中的“表”选项卡，其中包含数据透视表中的所有字段。

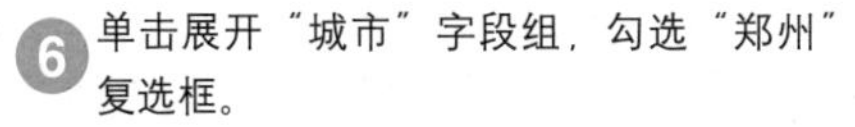

6 单击展开“城市”字段组，勾选“郑州”复选框。

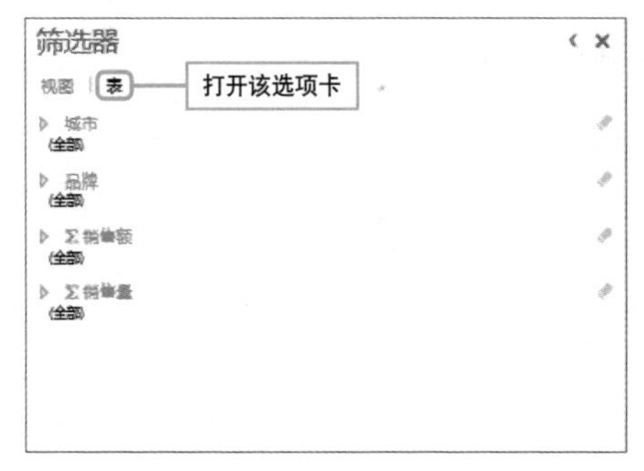

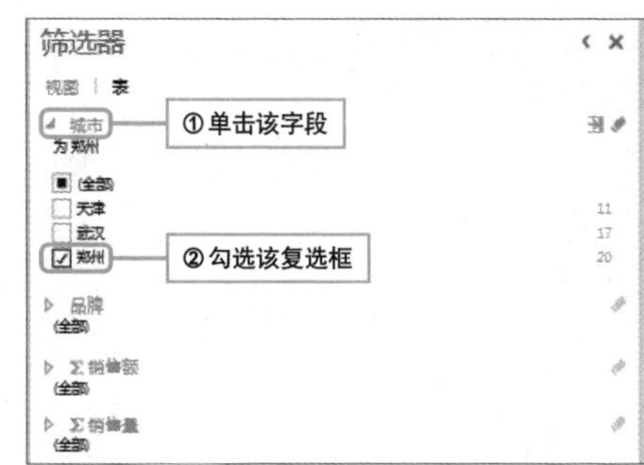

7 视图区域中即筛选出郑州所有商品的销售信息，添加标题为“各城市商品销售明细表”。

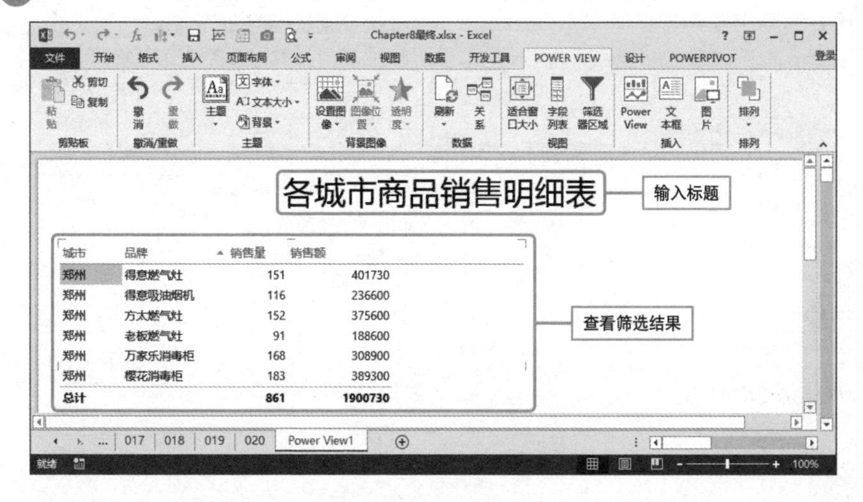

城市	品牌	销售量	销售额
郑州	得意燃气灶	151	401730
郑州	得意吸油烟机	116	236600
郑州	方太燃气灶	152	375600
郑州	老板燃气灶	91	188600
郑州	万家乐消毒柜	168	308900
郑州	樱花消毒柜	183	389300
总计		861	1900730

• Level ◆◆◇

2013 2010 2007

清除筛选要慎重

实例 删除数据透视表中的所有筛选

对数据透视表执行筛选操作后，若不再需要这些数据作进一步分析使用，则可以将其还原。例如，在某销售数据透视表中曾筛选品牌为“方太”的商品销售信息，现在需要清除筛选，显示所有品牌商品的销售信息。下面介绍具体操作方法。

1 打开数据透视表，执行过筛选的“列标签”字段下拉按钮为形状。

	A	B
1	销售日期	(全部)
2		
3	求和项:销售量	列标签
4	行标签	方太
5	北京	144
6	南京	
7	上海	98
8	郑州	152
9	南通	185
10	苏州	70
11	天津	102
12	武汉	89
13	总计	941

执行了筛选的字段下拉按钮

2 单击“列标签”下拉按钮，在筛选器中选择“从‘品牌’中清除筛选”选项。

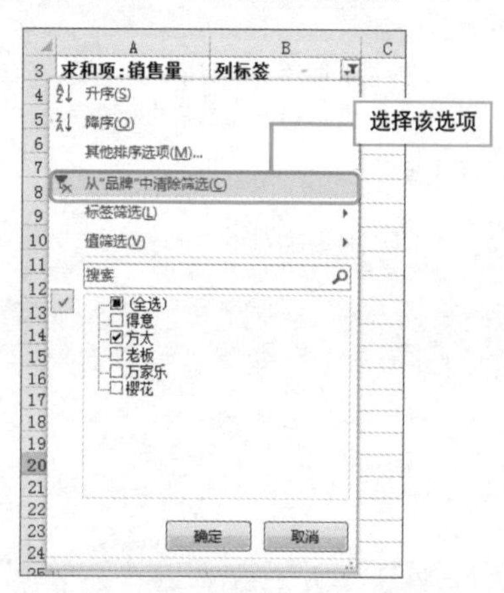

3 清除筛选之后的数据透视表中显示了所有品牌的商品销售信息。

	A	B	C	D	E	F
1	销售日期	(全部)				
2						
3	求和项:销售量	列标签				
4	行标签	得意	方太	老板	万家乐	樱花
5	北京	124	144	99	248	196
6	南京	34	101	37	95	126
7	上海	210	98	54	143	110
8	郑州	267	152	91	168	183
9	南通	121	185		225	
10	苏州	146	70	99	146	177
11	天津	79	102		191	83
12	武汉	133	89	108	120	162
13	总计	1114	941	488	1336	1037
14						

清除所有筛选的效果

Hint

利用功能按钮清除筛选

打开“数据透视表工具-分析”上下文选项卡，单击功能区中的“清除”按钮，然后选择“清除筛选”选项即可。需要强调的是，在执行此操作前，一定要慎重考虑。

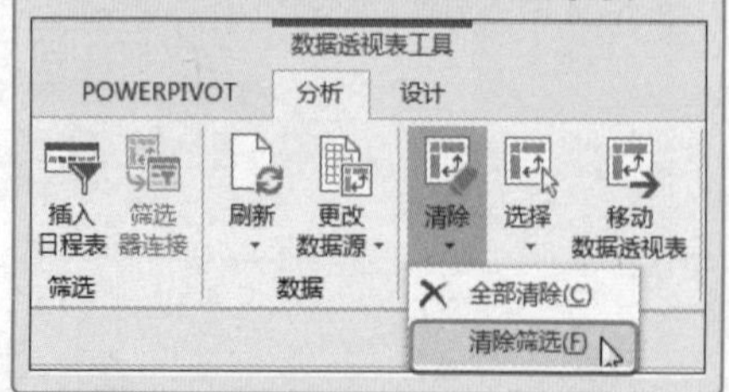

便捷的切片器

实例 为数据透视表创建切片器

切片器是一个非常有用的数据透视表辅助工具，利用它可以让表格更好地切换字段选项，便于用户查看数据透视表中的某项明细数据。本技巧将对切片器的创建方法进行详细介绍。

1 选中数据透视表中任意单元格，单击“分析”选项卡中的“插入切片器”按钮。

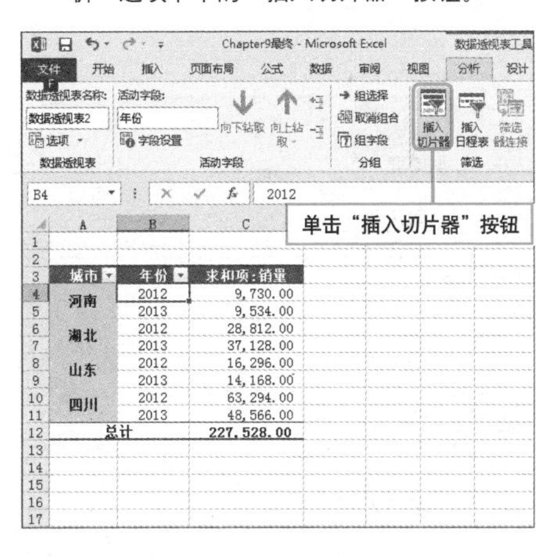

2 弹出“插入切片器”对话框，勾选“年份”和“月份”复选框，单击“确定”按钮。

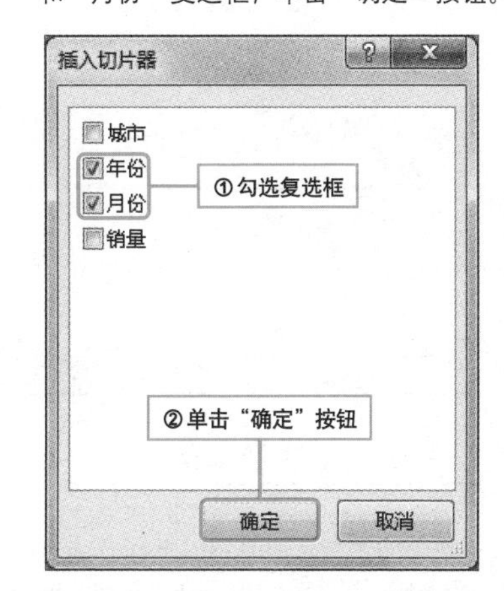

3 此时的数据透视表中即创建了“年份”和“月份”两个切片器。

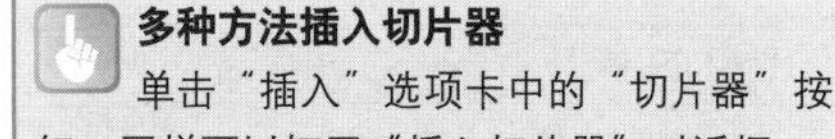

多种方法插入切片器

单击“插入”选项卡中的“切片器”按钮，同样可以打开“插入切片器”对话框。

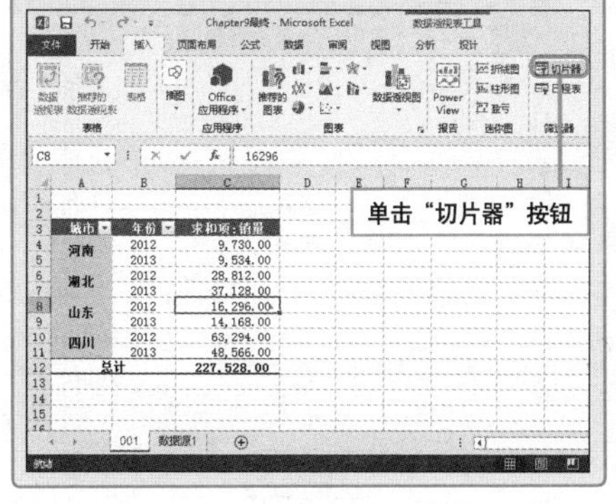

巧用切片器快速筛选数据

实例 利用切片器筛选数据透视表数据

在数据透视表中插入“切片器”后，在相应的“切片器”面板中，选择需要筛选的分类，即可准确筛选出相关的数据信息。下面将对具体操作进行介绍。

初始效果

	A	B	C
1			
2			
3	城市	年份	求和项:销量
4	河南	2012	9,730.00
5		2013	9,534.00
6	湖北	2012	28,812.00
7		2013	37,128.00
8	山东	2012	16,296.00
9		2013	14,168.00
10	四川	2012	63,294.00
11		2013	48,566.00
12	总计		227,528.00
13			

使用切片器筛选数据前的效果

最终效果

	A	B	C
1			
2			
3	城市	年份	求和项:销量
4	河南	2013	9,534.00
5	湖北	2013	37,128.00
6	山东	2013	14,168.00
7	四川	2013	48,566.00
8	总计		109,396.00
9			
10			
11			
12			
13			

使用切片器筛选数据

1 按照上一个技巧所介绍的操作方法，打开“插入切片器”对话框，从中勾选“年份”复选框。单击“确定”按钮。

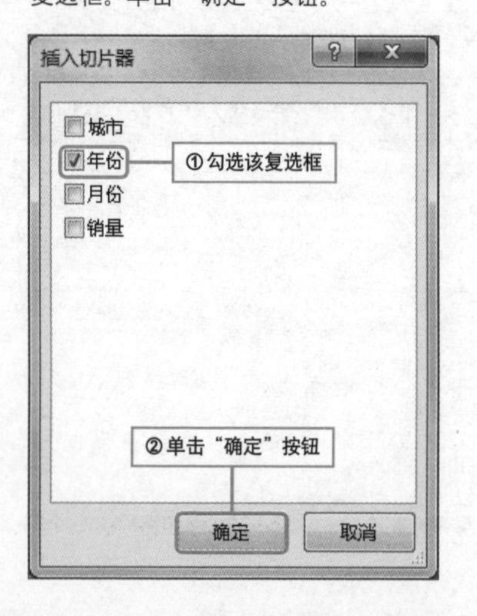

2 随后在“年份”切片器中选择“2013”选项，这样即可准确筛选出2013年度的销售数据。

Question 158

切片器的大小由你定

Level ◆◇◇

2013 2010 2007

实例 调整切片器面板的尺寸

默认情况下，创建的切片器大小是固定的。当切片器中分类选项的名称较长时，就需要调整它的大小，以使其完整显示。调整切片器大小共有两种方法，一是鼠标拖动法，二是精确设置法，下面将逐一进行介绍。

1 选中切片器，将光标移动至切片器的边缘，当光标变为↘形状时按住鼠标左键。

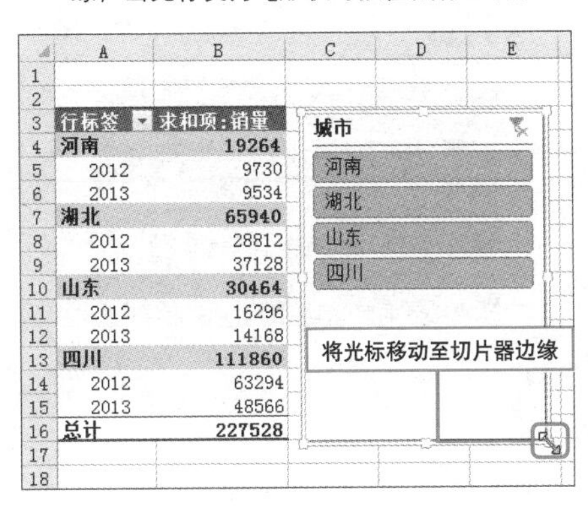

2 光标随即变为+形状，移动鼠标，调整切片器至合适的大小即可。

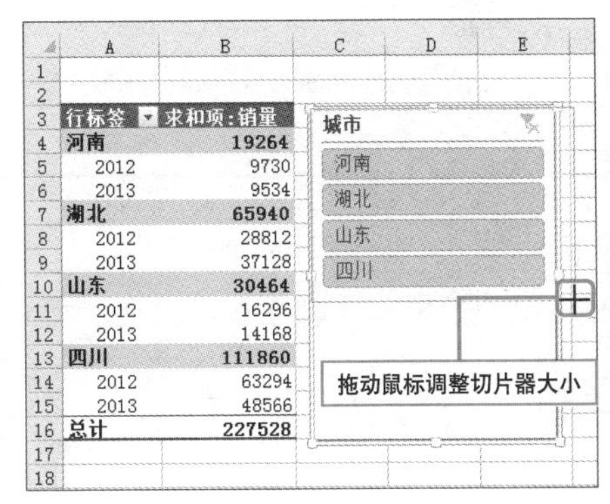

3 或者，选中切片器，打开“切片器工具-选项”上下文选项卡。

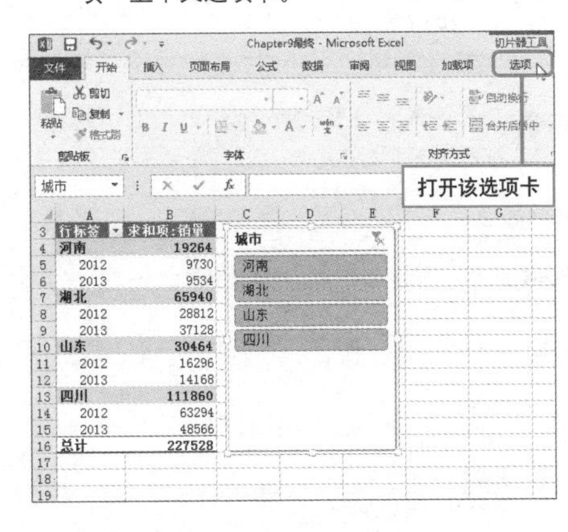

4 在“大小”组中的“高度”和“宽度”数值框中输入具体数字进行调整。

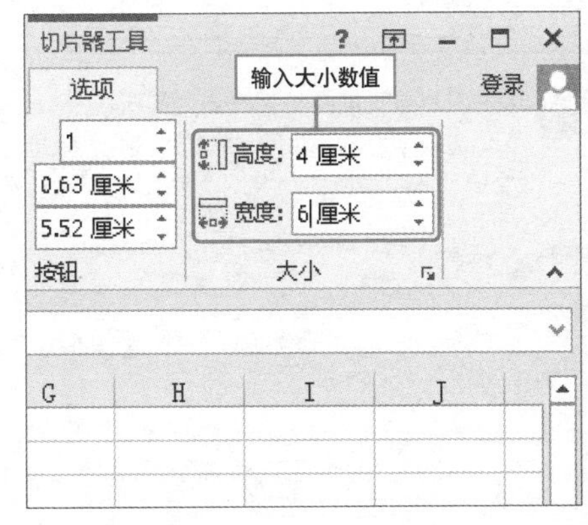

切片器样式随意选

实例	为切片器应用样式

为了使切片器看上去更美观，我们可以为切片器设置样式。在Excel 2013中，系统提供了“深色”和“浅色”两类样式，下面将对这些样式的应用操作进行介绍。

初始效果

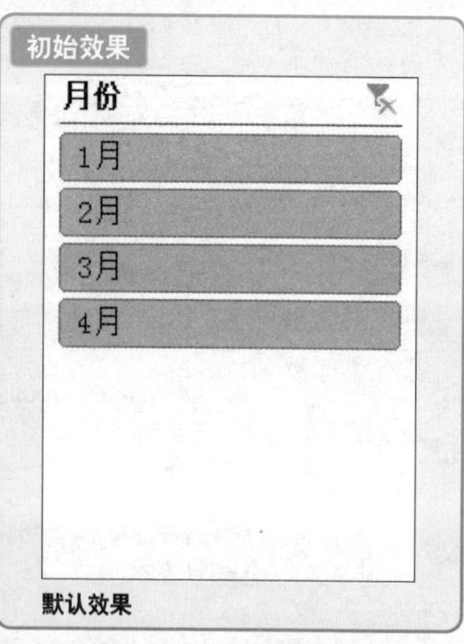

默认效果

最终效果

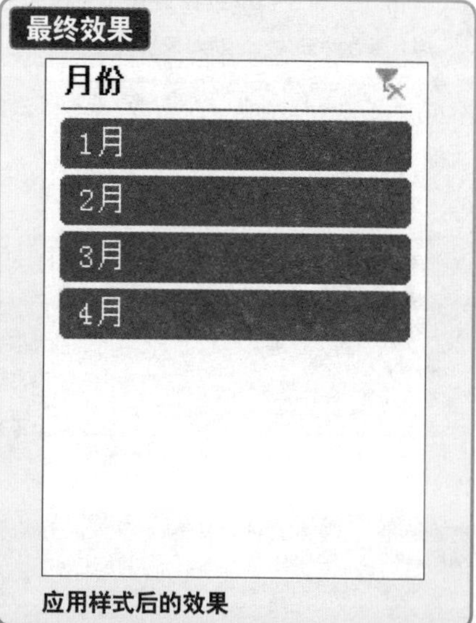

应用样式后的效果

1. 选中切片器，打开“切片器工具-选项”上下文选项卡，在“切片器样式”组中单击“其他”下拉按钮。

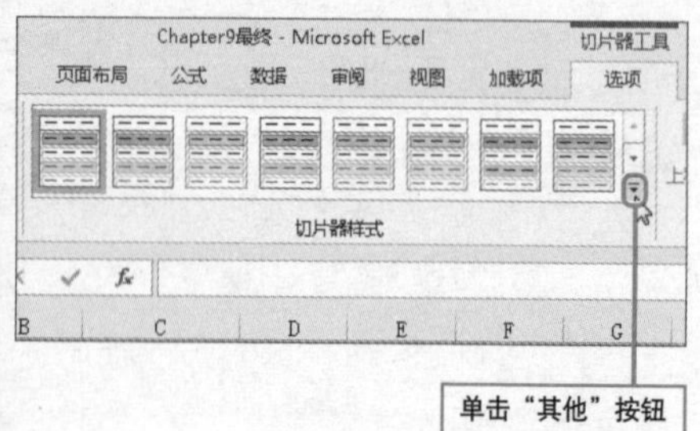

2. 随后在展开的样式库中选择“切片器样式深色4”选项。此时，即可看到原来的切片器已经改头换面了。

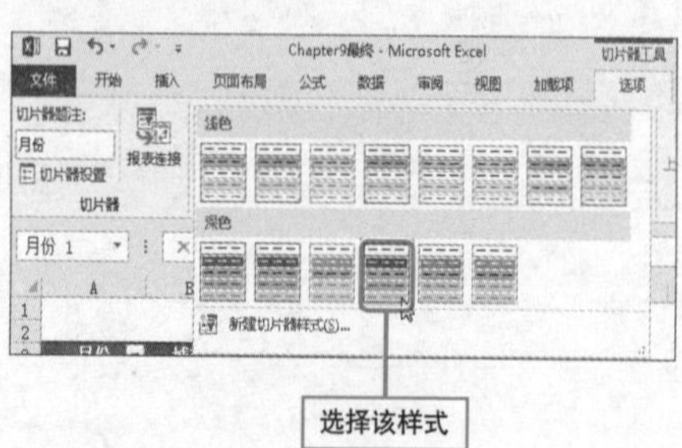

切片器样式的个性化设置

实例 修改切片器的文字格式、边框及填充色

在数据透视表中插入切片器后，用户可以对其字体、字号、边框以及填充色等进行调整，以使其更加美观。下面将对切片器的个性化设置操作进行介绍。

初始效果

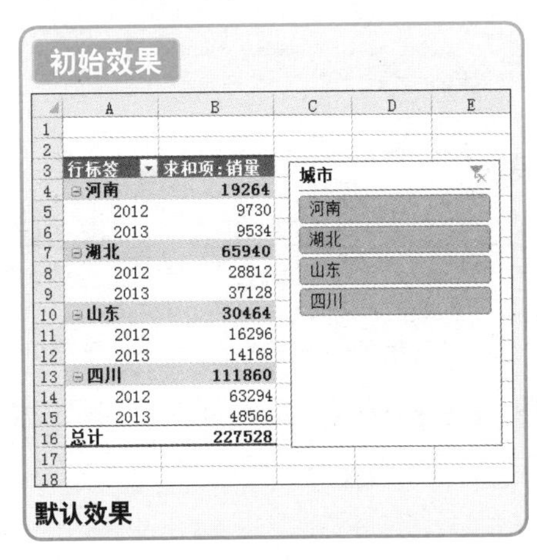

默认效果

最终效果

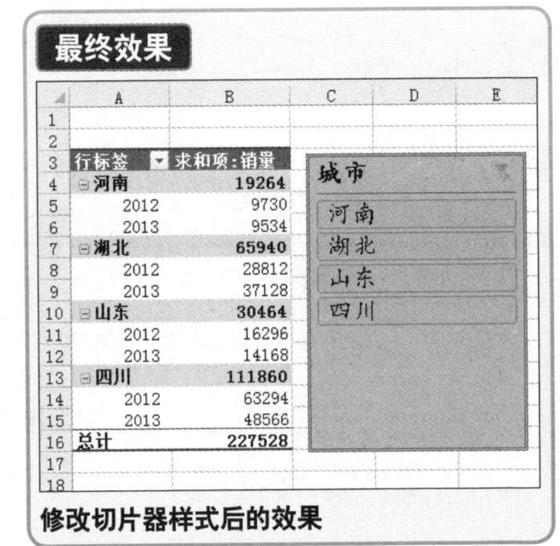

修改切片器样式后的效果

❶ 选中切片器，打开“选项”选项卡，在“切片器样式”组中右击切片器当前使用的样式，在弹出的菜单中选择“复制”命令。

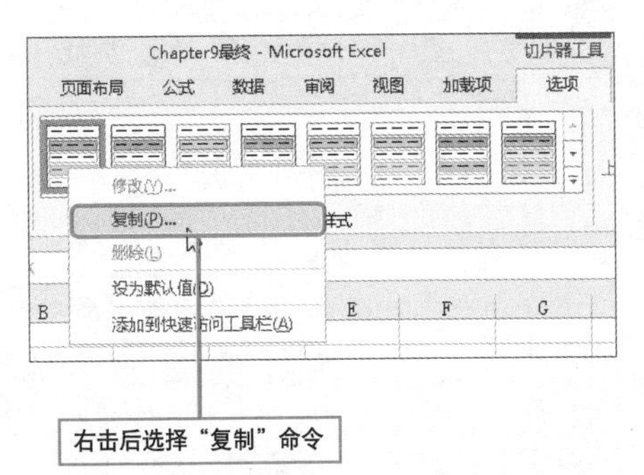

❷ 弹出“修改切片器样式”对话框，在“切片器元素”列表框中选择“整个切片器”选项，单击“格式”按钮。

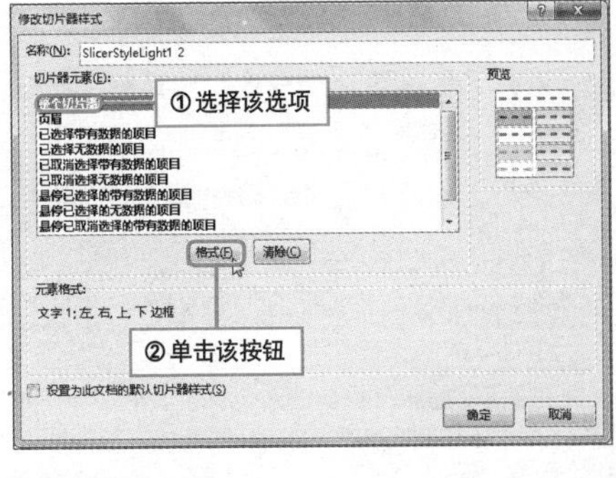

3 打开“格式切片器元素”对话框，在“字体”选项卡中选择“字体”为“楷体”。

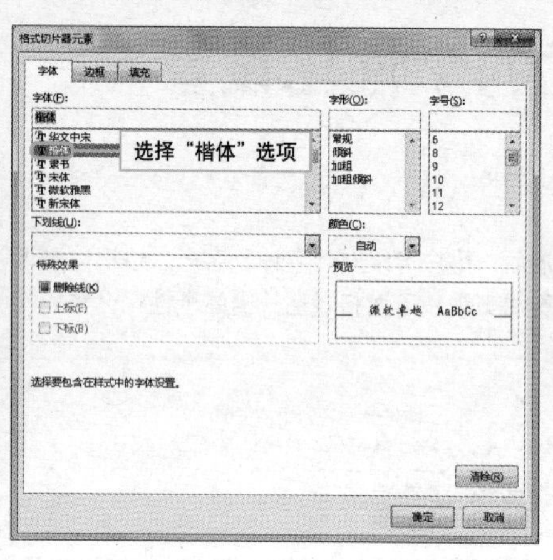

4 选择“字号”为“16”号，随后打开“边框”选项卡。

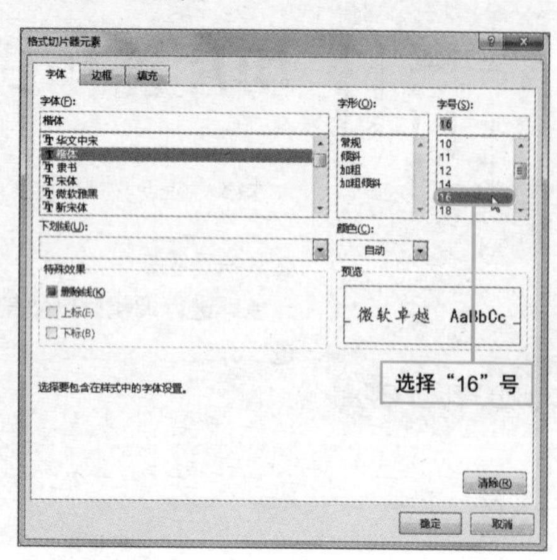

5 选择线条样式为“双线”，单击“外边框”按钮，随后打开“填充”选项卡。

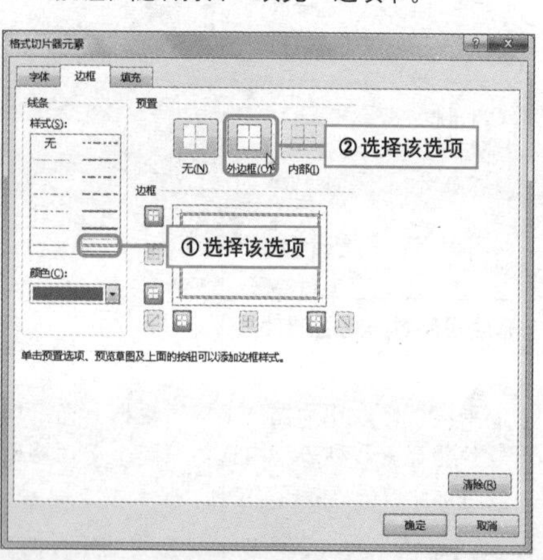

6 选择“背景色”为“橙色”，单击“确定”按钮。

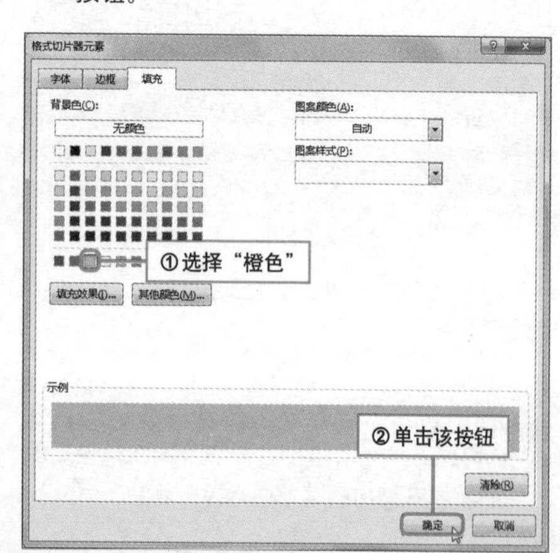

7 返回“修改切片器样式”对话框，单击“确定”按钮。

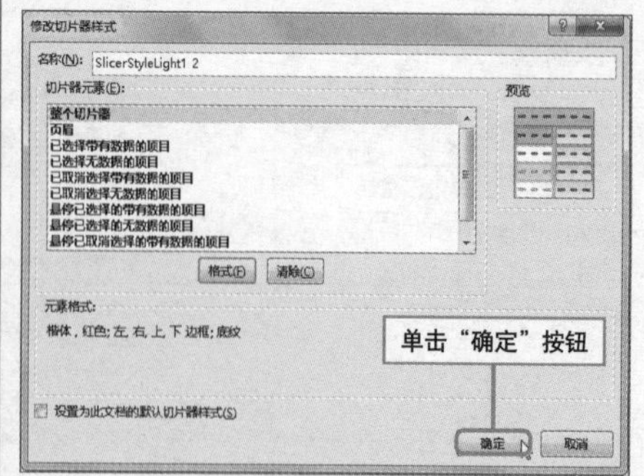

8 此时“选项”选项卡“切片器样式”组中新增了“SlicerStyleLight1 2”选项，单击该选项，即可为切片器应用该样式。

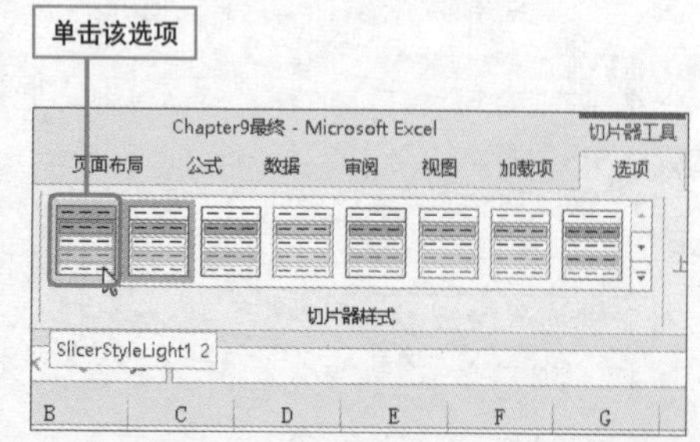

新建切片器样式也不难

实例　为切片器创建一个新的样式

修改切片器样式是在切片器原来的样式基础上进行适当的修改，本技巧将介绍的是如何建立一个全新的切片器样式，然后将该样式应用于切片器，具体操作步骤如下。

1 选中切片器，打开“选项”选项卡，在“切片器样式”组中选择“新建切片器样式”选项。

2 弹出“新建切片器样式”对话框，选中“切片器元素”列表框中的“整个切片器”选项，单击“格式”按钮。

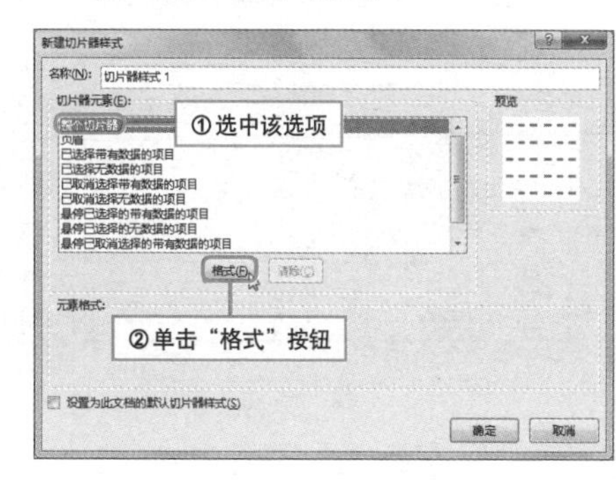

3 弹出“格式切片器元素”对话框，参照上一技巧中的步骤3~7，分别在“字体”、“边框”和“填充”选项卡中设置切片器的样式。

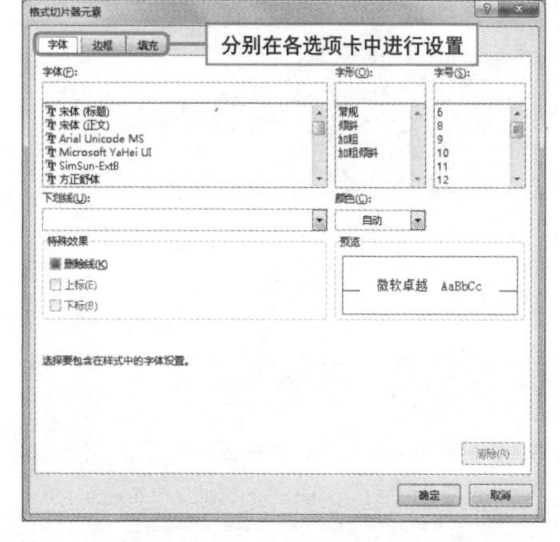

4 最后返回到工作簿中，可以看到，“切片器样式”组中新增了自定义样式“切片器样式1”，单击该样式，即可为切片器应用该样式效果。

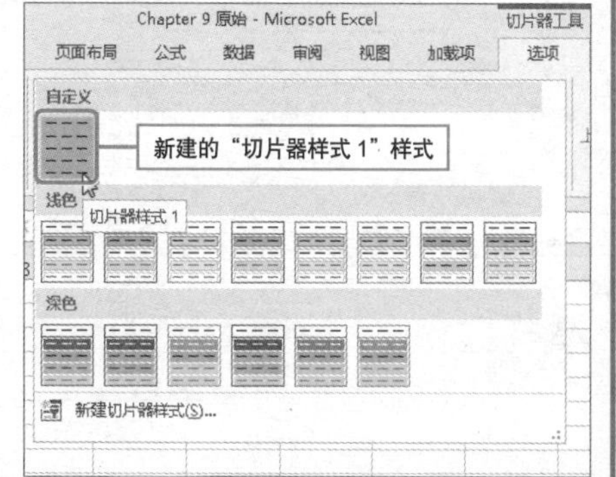

切片器也能够共享

实例 利用一个切片器控制多张数据透视表

为了从不同角度对数据进行分析，用户可能会利用同一个数据源创建多张数据透视表。在利用切片器进行筛选时，若每一个数据透视表都拥有自己独立的切片器，则操作起来是一件比较麻烦的事。为了解决这种困境，我们在这里就介绍一下如何共享切片器并进行筛选操作。

1 利用同一个数据源创建多张包含不同字段的数据透视表。

2 选中任意数据透视表中的任意单元格，打开“插入切片器”对话框，勾选“水果名称”复选框，单击“确定”按钮。

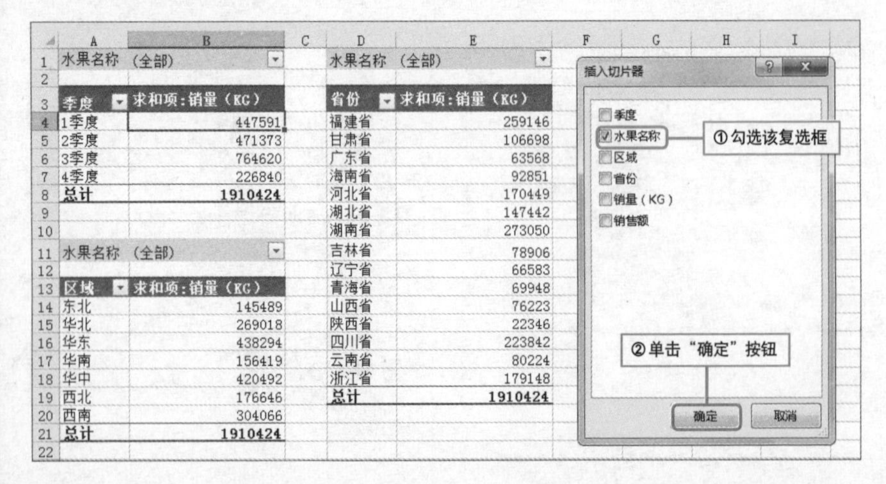

3 创建“水果名称”切片器。选中该切片器，单击“切片器工具-选项”上下文选项卡中的“报表连接”按钮。

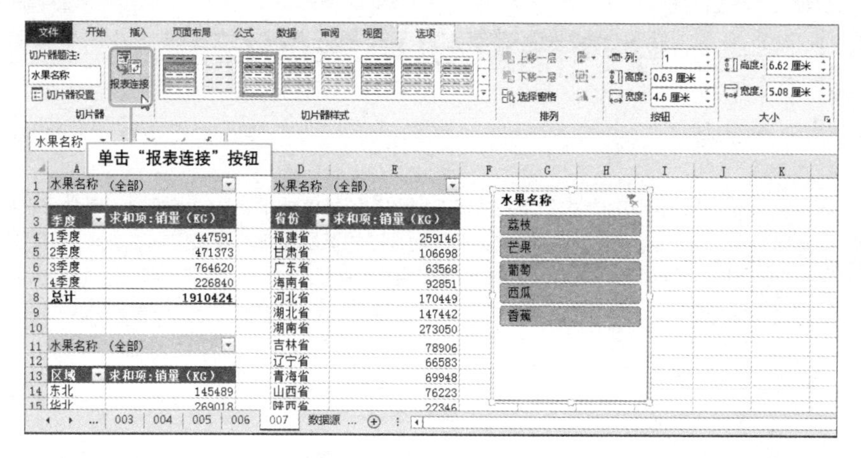

4 弹出“数据透视表连接（水果名称）”对话框。在对话框中勾选所有复选框，然后单击“确定”按钮。

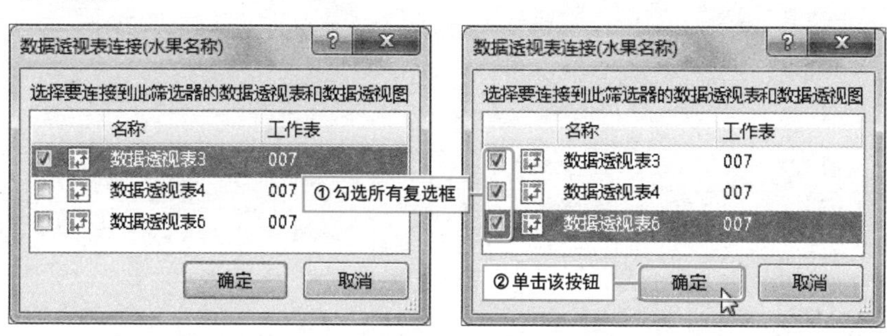

5 此时在“水果名称”切片器中选择“荔枝”字段项，之后三张数据透视表中同时筛选出了荔枝的销量。

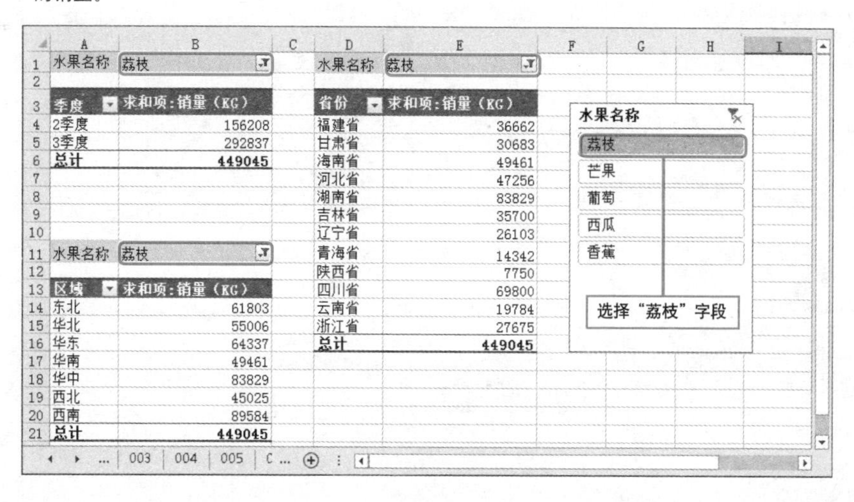

快速隐藏切片器的标题

实例 隐藏切片器的页眉

当切片器中的字段项较多时，为了能够显示更多的字段项，用户可以将切片器的标题隐藏，即将切片器的页眉隐藏。其操作方法非常简单，本技巧将对该操作进行详细介绍。

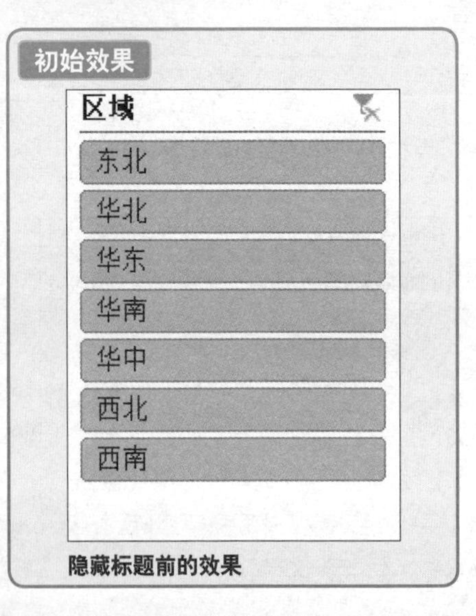

隐藏标题前的效果

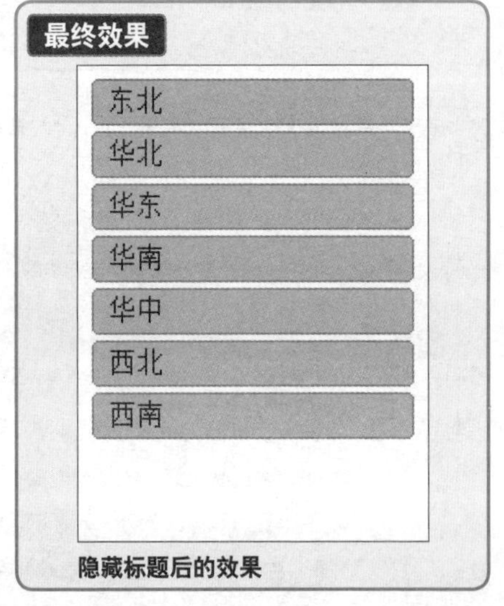

隐藏标题后的效果

1 右击切片器，在弹出的快捷菜单中选择“切片器设置”命令。

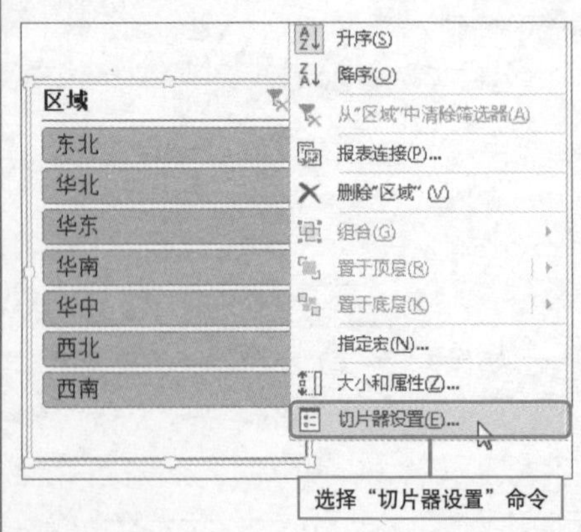

2 打开“切片器设置”对话框，取消对“显示页眉”复选框的勾选，单击“确定”按钮。

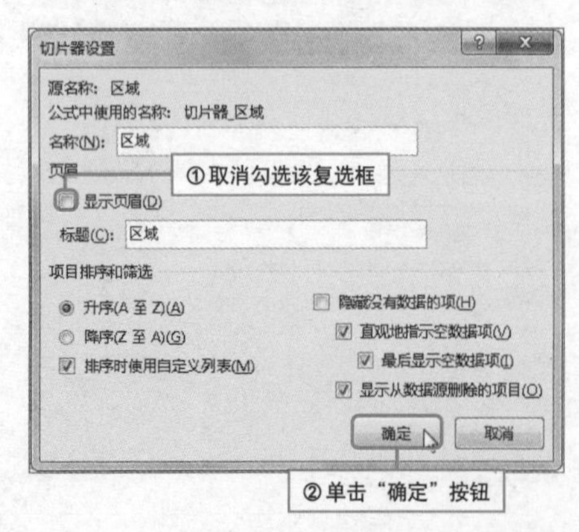

为切片器起个名

实例 修改切片器的标题

切片器的标题直接引用的是字段标题，如果引用的字段标题不能直观地表达切片器的主题，则可以选择自定义切片器标题。

默认标题效果

修改标题后的效果

1. 选中切片器，打开“切片器工具-选项”上下文选项卡，在“切片器题注”文本框中直接修改其名称。

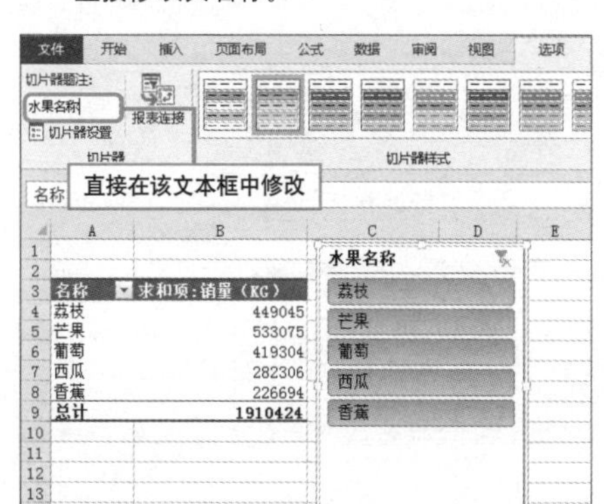

2. 或者，也可以单击功能区中的“切片器设置”按钮打开“切片器设置”对话框，在“标题”文本框中修改切片器名称。

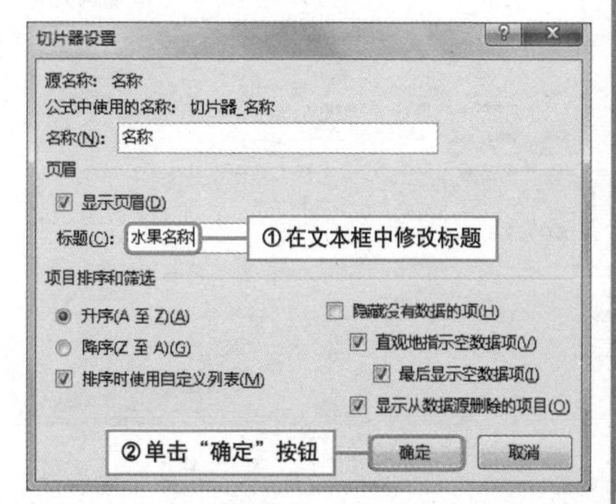

Question 165

自定义排序切片器项目

● Level ◆◆◇

2013 2010 2007

实例 将切片器中的项目按自定义顺序排序

在本技巧提供的数据透视表中，需要按职称统计某大学计算机专业教师人数，在数据透视表中插入“职称”切片器后，若想让切片器中的职称按照从高到低的顺序排列，那么该如何操作呢？ 下面就来讲解实现自定义排序的具体操作步骤。

1 单击“文件”选项卡标签，在打开的文件菜单中选择“选项”命令，以打开“Excel选项”对话框。

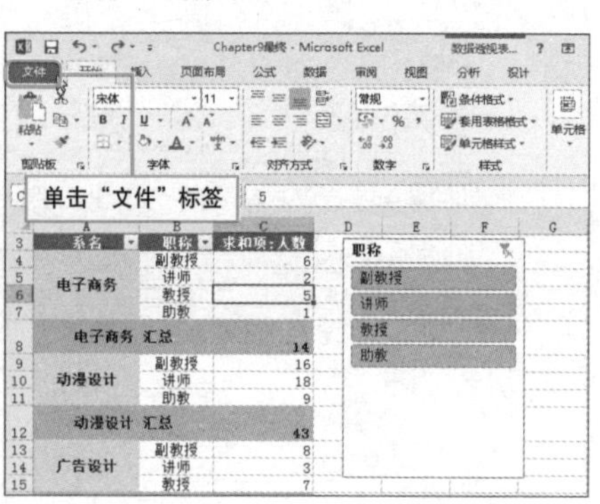

2 选择“高级”选项，单击右侧“常规”选项组中的“编辑自定义列表”按钮，以打开“自定义序列”对话框。

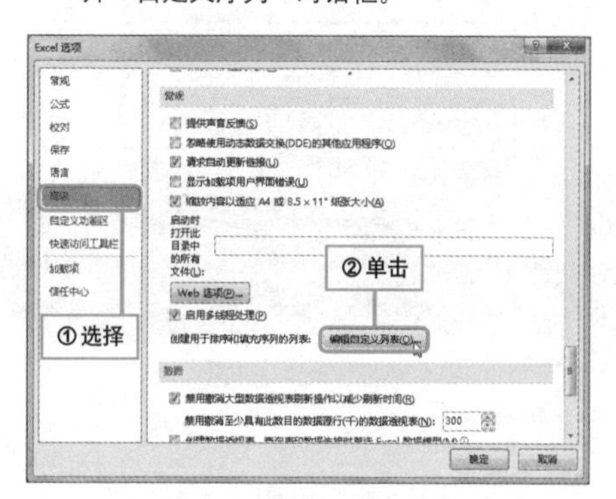

3 在“输入序列”列表框中输入排序后的自定义序列项，然后单击“添加”按钮，添加该自定义序列至左侧的“自定义序列”列表框中。

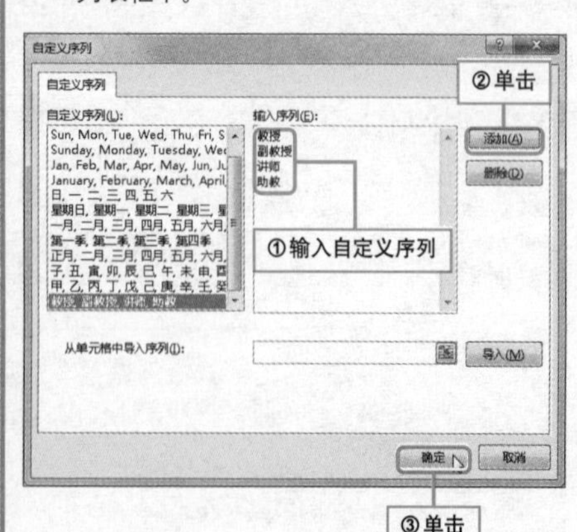

4 单击“确定”按钮返回工作表，选中数据透视表中的任意单元格，然后单击“分析”选项卡中的“刷新”按钮，重新排序切片器项目。

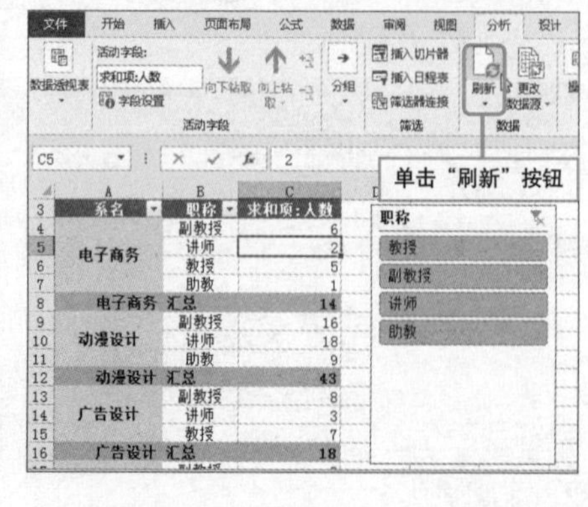

清除切片器筛选

实例 取消切片器中执行的筛选操作

若要清除切片器中的筛选，方法有很多，可以直接利用快捷键Alt+C进行清除，也可以如本技巧介绍的那样，直接在切片器中单击“清除筛选器”按钮进行清除，或者通过右键快捷菜单中的命令进行清除。

初始效果

系名	职称	求和项:人数
电子商务	教授	5
广告设计	教授	7
计算机应用	教授	1
总计		13

利用切片器执行筛选操作的效果

最终效果

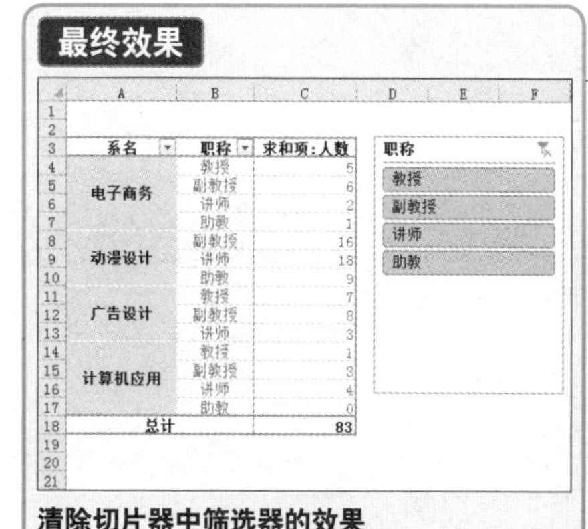

系名	职称	求和项:人数
电子商务	教授	5
	副教授	6
	讲师	2
	助教	1
动漫设计	副教授	16
	讲师	18
	助教	9
广告设计	教授	7
	副教授	8
	讲师	3
计算机应用	教授	1
	副教授	3
	讲师	4
	助教	0
总计		83

清除切片器中筛选器的效果

1. 单击切片器右上角的“清除筛选器”按钮即可清除数据透视表中的筛选。

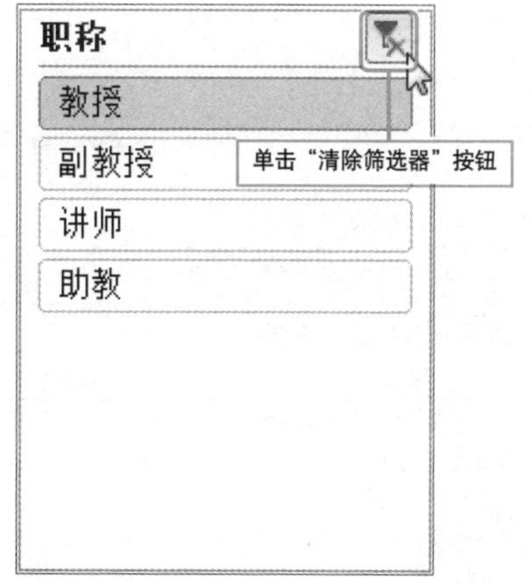

2. 或者，右击切片器，在弹出的菜单中选择“从‘职称’中清除筛选器”命令。

断开切片器连接

实例 断开切片器和数据透视表之间的连接

之所以能够利用切片器进行筛选，是因为切片器与数据透视表之间建立了一种无形的内在联系。当用户断开切片器和数据透视表之间的连接，那么切片器也就失去了它存在的意义。本技巧将对“断开”这一操作进行介绍。

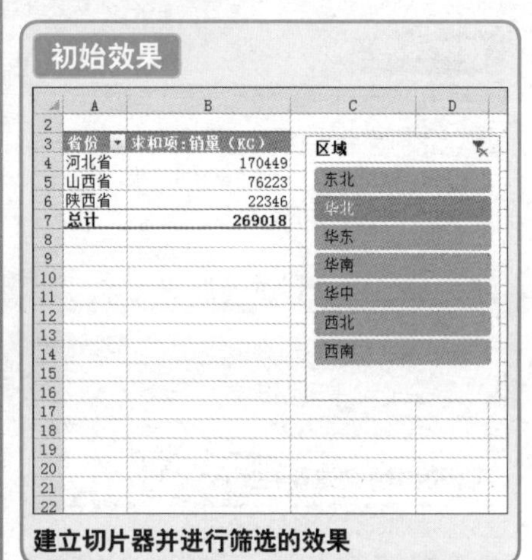

建立切片器并进行筛选的效果

最终效果

省份	求和项:销量（KG）
福建省	247505
甘肃省	100115
广东省	63568
海南省	92851
河北省	170449
湖北省	147442
湖南省	273050
吉林省	78906
辽宁省	66583
青海省	69948
山西省	76223
陕西省	22346
四川省	180027
云南省	76519
浙江省	179148
总计	1844680

区域：东北、华北、华东、华南、华中、西北、西南

断开切片器连接的效果

❶ 选中数据透视表中任意单元格，单击“分析”选项卡中的“筛选器连接”按钮。

单击“筛选器连接”按钮

❷ 弹出“筛选器连接”对话框，取消其中对复选框的勾选，单击“确定”按钮。

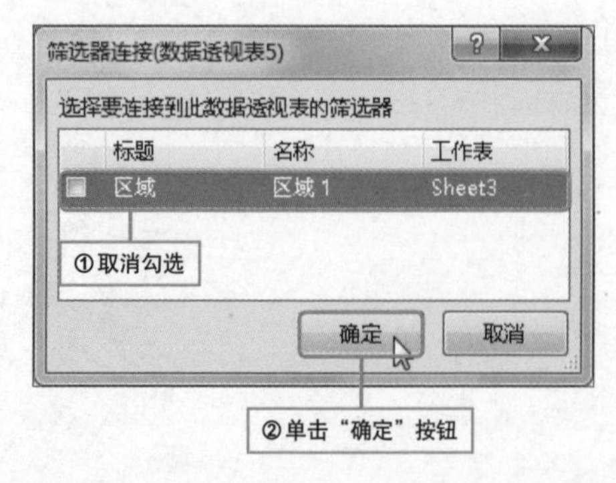

Question 168

让切片器在受保护的工作表中能继续使用

Level ◆◆◇

2013 2010 2007

实例 当工作表受保护时仍能使用切片器

当完成数据透视表的创建后，若不需要再对已有数据进行编辑，更为了防止其他用户擅自修改其中的数值，则可以设置工作表保护。但是，保护工作表后还想让该工作表中的切片器能够正常使用，此时该如何设置呢？下面就来讲解解决这一难题的方法。

1 单击“审阅”选项卡中的“保护工作表”按钮，以打开“保护工作表”对话框。

2 在“取消工作表保护时使用的密码”文本框中输入“qiepianqi”，勾选“使用数据透视表和数据透视图”与“编辑对象”复选框。

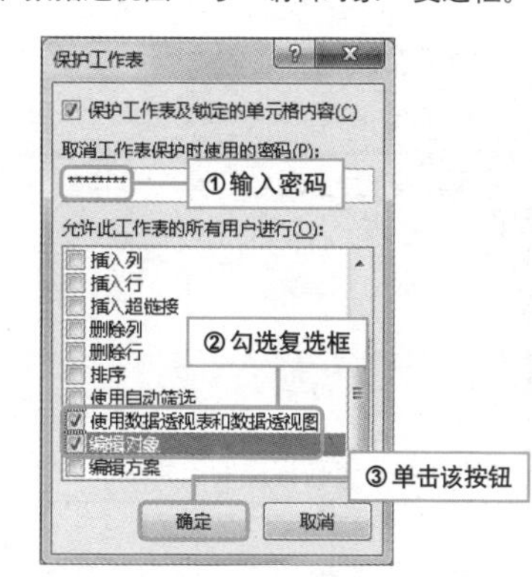

3 单击“确定”按钮，弹出“确认密码”对话框，在“重新输入密码”文本框中再次输入密码“qiepianqi”，单击“确定”按钮。

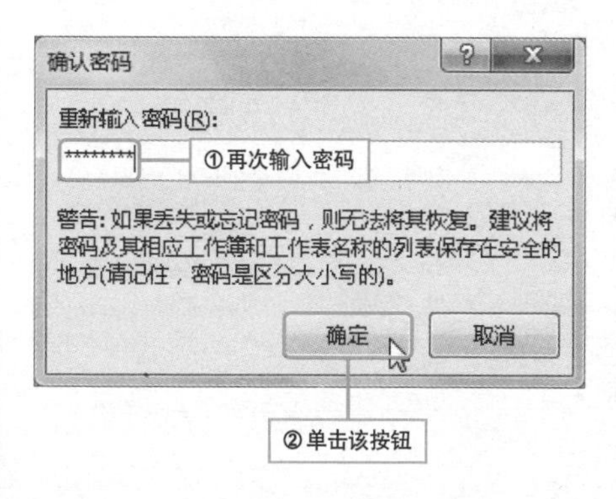

4 此时的工作表虽然处于受保护状态，但是，仍然可以利用切片器对数据透视表进行筛选操作。

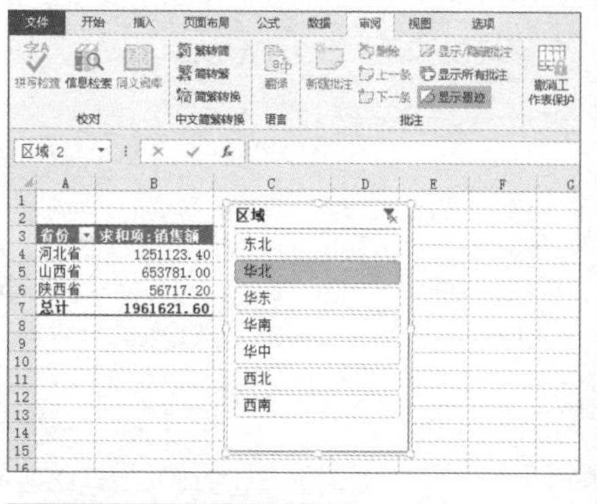

在受保护的工作表中使用切片器

Question 169

Level ◆◆◇

2013 2010 2007

及时更新切片器中的选项

实例 让切片器不再保留数据源中已经删除的数据

在水果销售报表中，香蕉的销量被单独提取到另外的工作簿中进行分析，数据源中已将香蕉的全部数据删除。但在刷新数据透视表后，之前创建的切片器中仍然存在“香蕉”项，那么该如何操作才能让切片器中不再显示数据源中已删除的项目呢？下面介绍具体方法。

初始效果

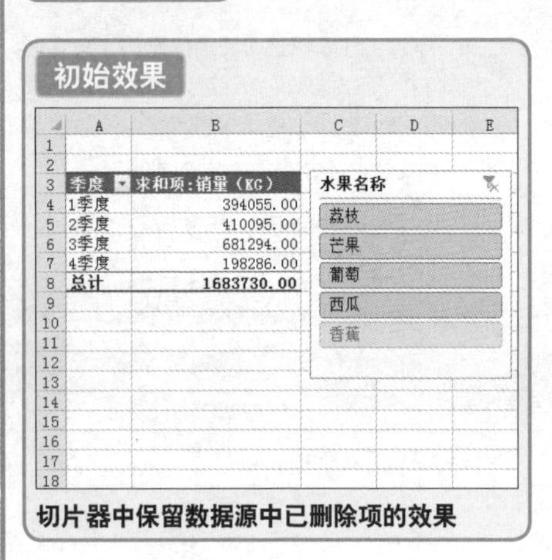

切片器中保留数据源中已删除项的效果

最终效果

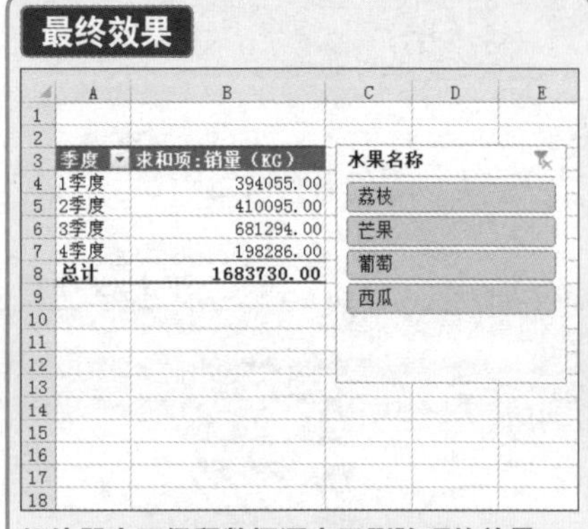

切片器中不保留数据源中已删除项的效果

1 选中切片器，在“选项”选项卡中单击“切片器设置”按钮，以打开“切片器设置”对话框。

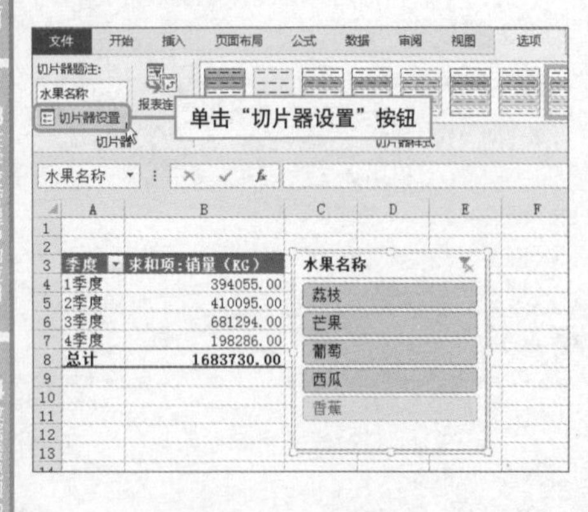

2 取消勾选“显示从数据源删除的项目”复选框，单击“确定”按钮。这样，数据源中已删除的项目随即在切片器中消失。

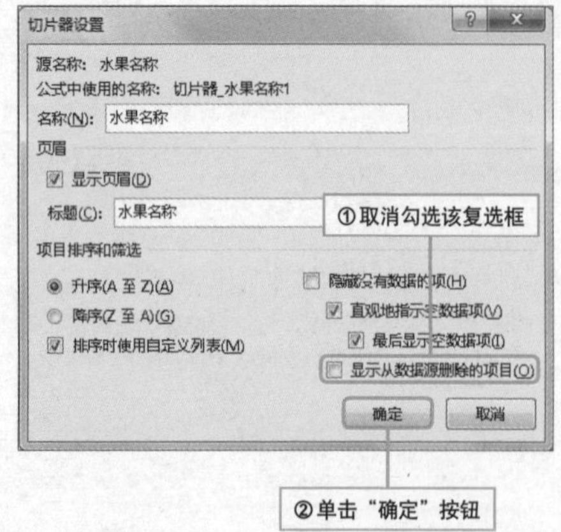

轻松隐藏切片器中的无效选项

实例 不在交叉筛选的切片器中显示无效的选项

当在数据透视表中插入两张切片器进行交叉筛选时，在一张切片器中执行筛选后，另外一张切片器除了筛选出符合条件的选项外，其他不符合条件的无效选项也会显示出来，这样就会影响用户的判断，此时使用本技巧介绍的方法即可解决交叉筛选中无效选项显示的问题。

1. 在“尺寸”切片器中选择“32英寸”选项后，“价格区间”切片器中不符合条件的无效选项也一同显示在切片器中。

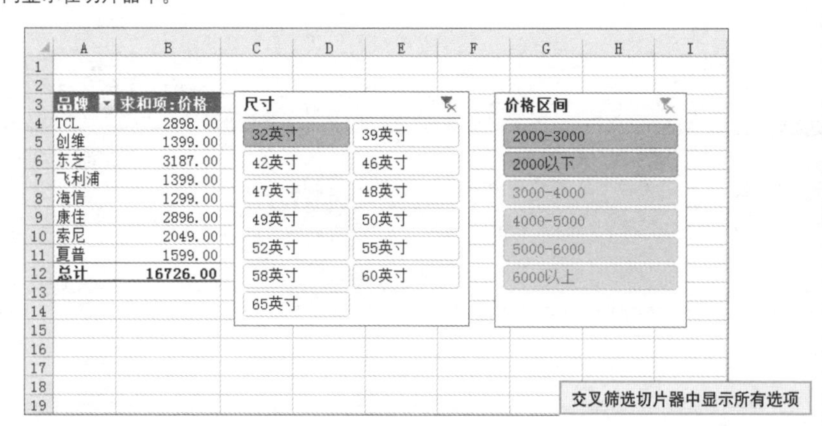

2. 选中“价格区间”切片器，右击“选项”选项卡“切片器样式”组中高亮显示的切片器样式，在弹出的菜单中选择“复制”命令。

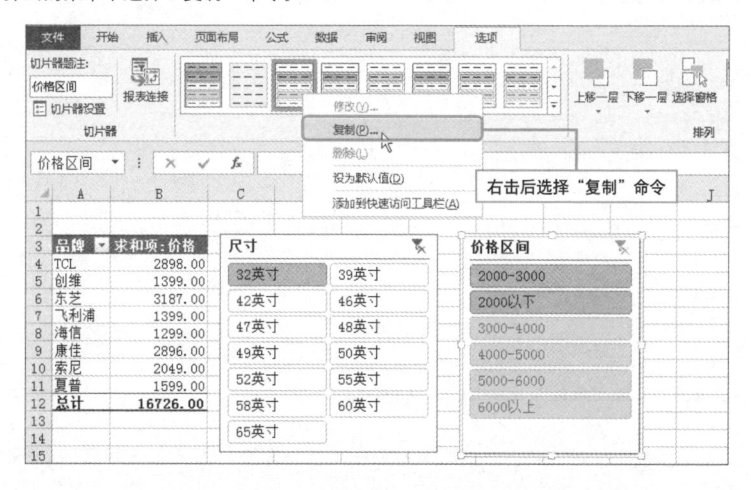

3 弹出“修改切片器样式”对话框，在“切片器元素”列表框中选择“已选择无数据的项目”选项，单击“格式”按钮。

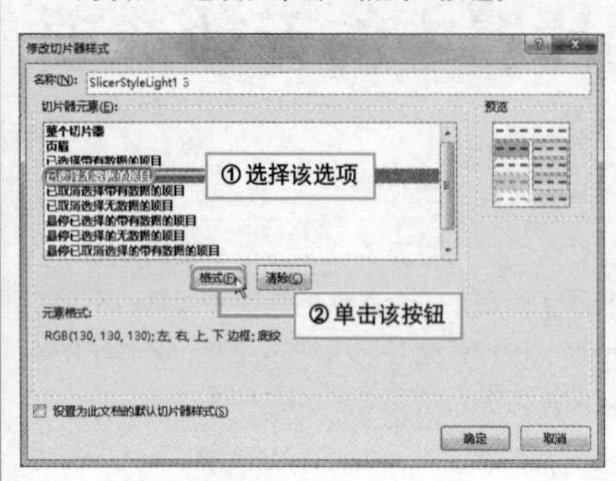

4 打开“格式切片器元素”对话框，单击“字体”选项卡下的“颜色”下拉按钮，在展开的列表中选择“白色，背景 1”选项。

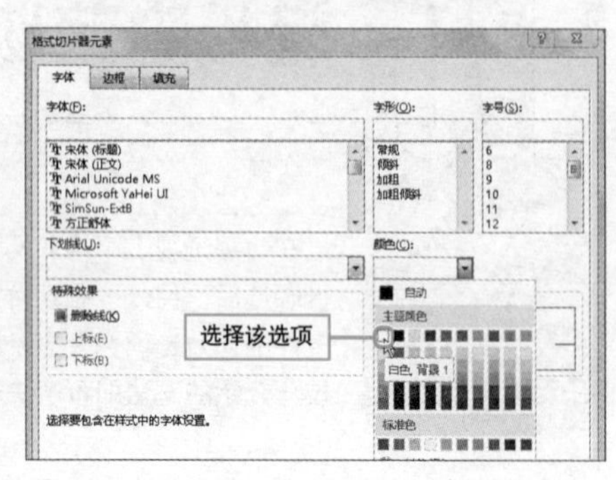

5 切换至“边框”选项卡，在“预置”选项组中单击“无”按钮。

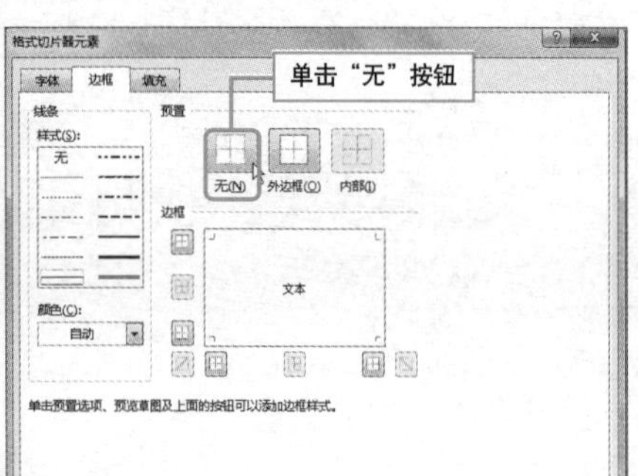

6 切换至“填充”选项卡，选择“背景色”为“无颜色”，单击“确定”按钮。

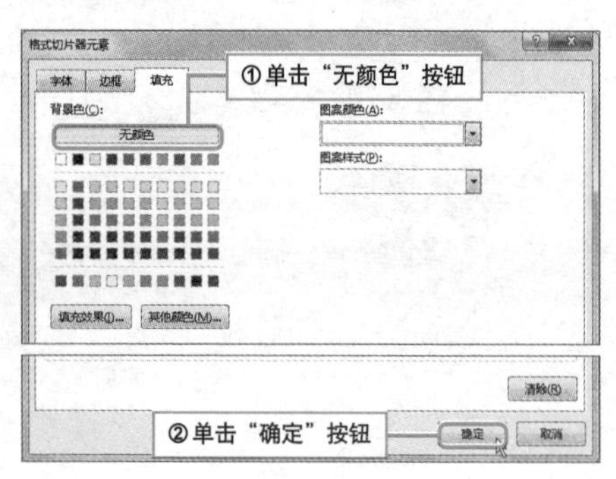

7 返回“修改切片器样式”对话框，单击“确定”按钮。返回工作表后，单击“切片器样式”组中新建的“SlicerStyleLight1 3”样式，即可实现交叉筛选切片器中无效选项的隐藏。

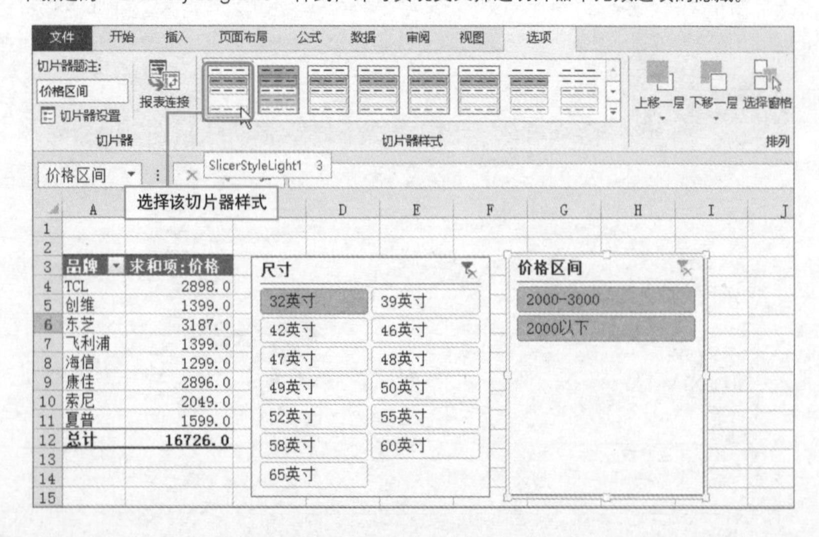

神奇的切片器隐藏术

实例 隐藏或显示已创建的切片器

在执行数据分析操作后，若暂时不需要使用切片器，则可以将已有的切片器隐藏起来，当再次需要的时候再将其显示。下面将对隐藏与显示切片器的操作进行介绍。

❶ 选中切片器，打开“选项”选项卡，单击“选择窗格”按钮。

❷ 激活“选择”窗格，单击“职称”右侧的眼睛按钮，即可将切片器隐藏。

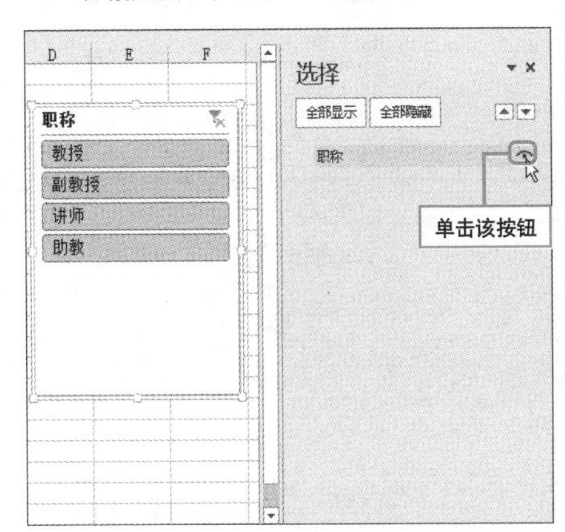

Hint

显示被隐藏的切片器

隐藏切片器之后，该切片器名称右侧的眼睛按钮则变为“一”形状，单击“一”形状按钮即可将隐藏的切片器重新显示出来。

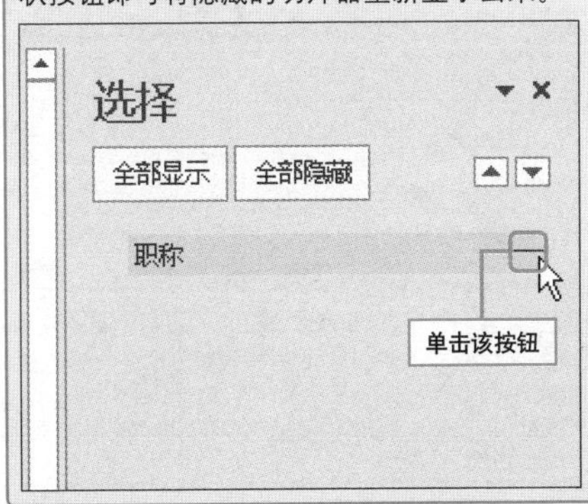

Hint

隐藏全部切片器

如果一个工作表中含有多张切片器，要想同时将所有切片器隐藏，则只需单击“选择”窗格中的“全部隐藏”按钮。

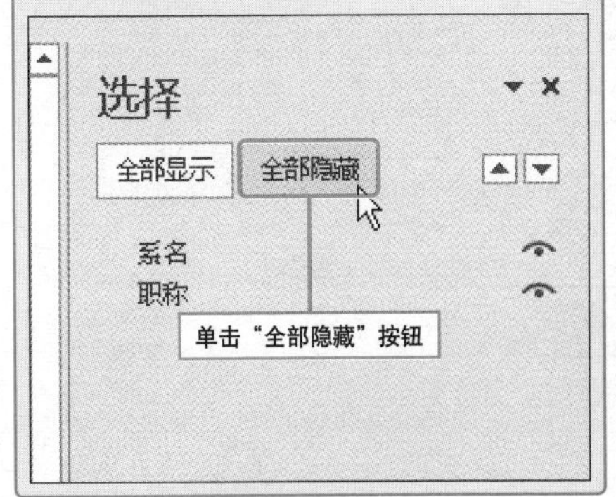

Question

● Level ◆◆◇

2013 2010 2007

“卸磨杀驴”之切片器的删除

实例 删除切片器的多种方法

当用户利用切片器对数据透视表执行了一系列的筛选操作之后，各项数据分析均已完成。此时切片器也就没有了利用价值，为了减少误操作，我们应将不再需要的切片器及时删除。下面介绍删除的具体操作。

1 右击“职称”切片器，在弹出的菜单中选择“删除‘职称’”命令即可。

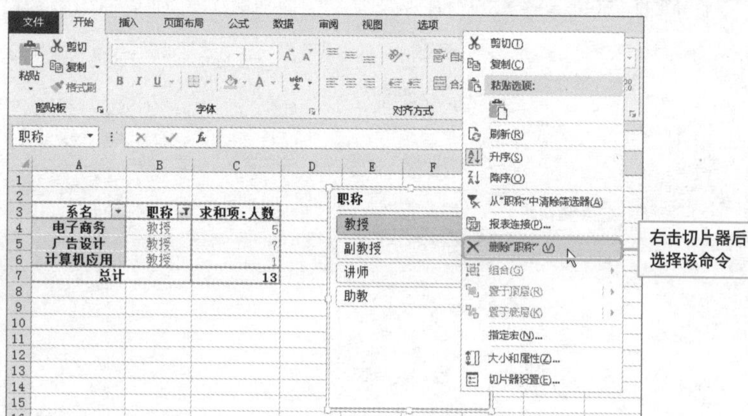

2 也可以选中需要删除的切片器，然后按Delete键将该切片器删除。

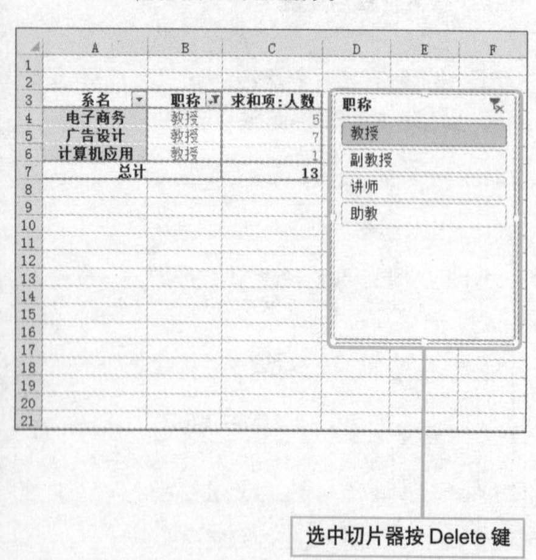

Hint

删除切片器之前先清除筛选

当切片器所属字段显示在数据透视表字段中时，删除筛选状态下的切片器后，数据透视表会保留其筛选结果。因此，要想在删除切片器的同时清除数据透视表的筛选，就需要先清除切片器筛选，再删除该切片器。

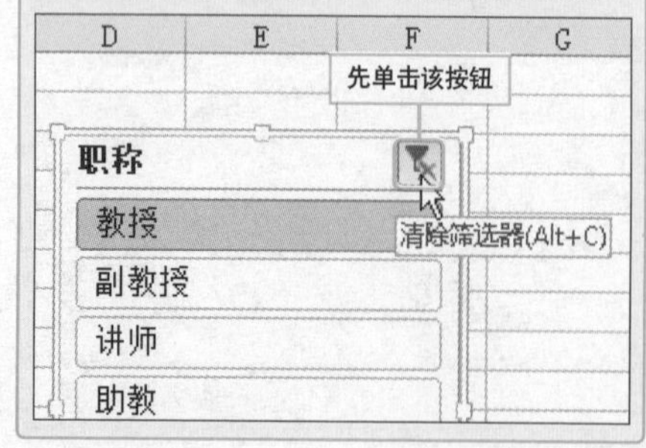

第3篇 231~288

数据透视表在商务领域中的应用

3-10 数据透视表在人力资源中的应用（173~181）

3-11 数据透视表在销售管理中的应用（182~195）

3-12 数据透视表在薪酬管理中的应用（196~206）

3-13 数据透视表在学校管理中的应用（207~219）

Question 173

● Level ◆◇◇

2013 2010 2007

3-10 数据透视表在人力资源中的应用　　Chapter10\001

快速统计各部门不同学历的人数

实例　统计各部门不同学历的员工人数

为了了解公司员工受教育的程度，以及为今后人员的招聘提供参考，现统计各部门员工学历的基本情况。这时可应用数据透视表进行快速汇总。下面介绍具体实现步骤。

1 选中员工情况表，打开“插入”选项卡，单击“数据透视表”按钮。

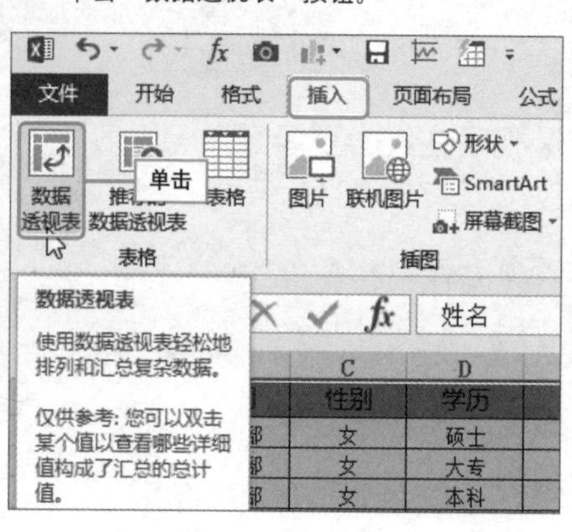

2 从“创建数据透视表”对话框中，选择“新工作表”选项，单击“确定”按钮。

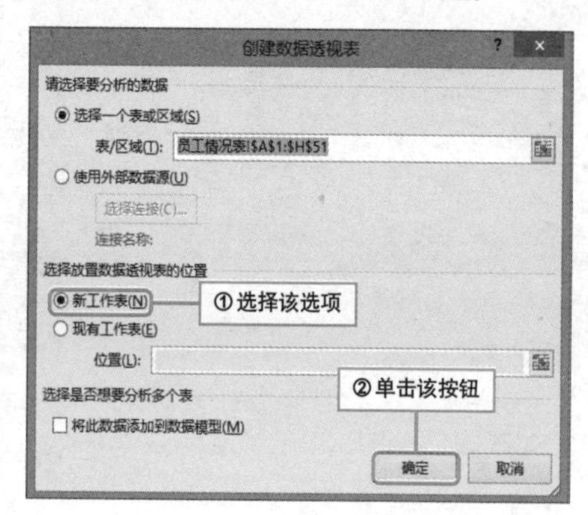

3 接着在窗格中，将“学历”字段拖至“列”区域，将“部门”字段拖至“行”区域，将“姓名”字段拖至“值”区域。

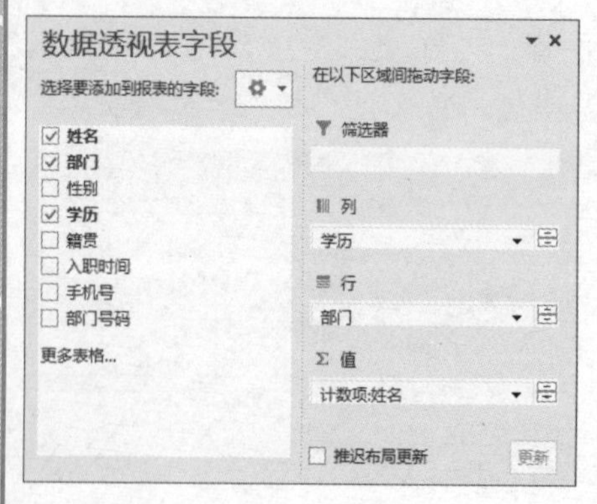

4 返回数据透视表编辑区后，修改字段名称为“学历”和“部门”，将数据透视表布局设置为“以表格形式显示”即可。

	A	B	C	D	E
1					
2					
3	计数项:姓名	学历			
4	部门	硕士	本科	大专	总计
5	财务部	1	3	1	5
6	工程部	3	3		6
7	技术部	2	3		5
8	客服部		1	3	4
9	人力资源部	1	3	1	5
10	市场部	1	10		11
11	销售部	2	8	4	14
12	总计	10	31	9	50
13					
14					
15					
16					

统计各部门员工性别比例很简单

实例 统计各部门男女员工的比例

员工是公司的基石，清楚地了解员工的基本情况，有利于日后的招聘和职位任命。接下来我们将通过数据透视表快速统计员工的性别比例。首先根据前面所学的知识，创建一张空白的数据透视表。

1. 在窗格中，将“性别”字段拖至“列”区域，将“部门”字段拖至“行”区域，将“姓名”字段拖至“值”区域。

2. 返回数据透视表编辑区后，修改字段名称为“性别”和“部门”，将数据透视表布局设置为“以表格形式显示”。

计数项:姓名	性别		
部门	男	女	总计
财务部		5	5
工程部	5	1	6
技术部	4	1	5
客服部		4	4
人力资源部	3	2	5
市场部	6	5	11
销售部	9	5	14
总计	27	23	50

3. 随后在数据透视表值区域任意单元格上单击右键，从弹出的快捷菜单中选择“值显示方式>行汇总的百分比”命令。

选择该命令

4. 返回数据透视表编辑区，即可查看各部门男女比例情况。

计数项:姓名	性别		
部门	男	女	总计
财务部	0.00%	100.00%	100.00%
工程部	83.33%	16.67%	100.00%
技术部	80.00%	20.00%	100.00%
客服部	0.00%	100.00%	100.00%
人力资源部	60.00%	40.00%	100.00%
市场部	54.55%	45.45%	100.00%
销售部	64.29%	35.71%	100.00%
总计	54.00%	46.00%	100.00%

Question 175

Level ◆◆◇

2013 2010 2007

员工年龄分布我知道

实例　统计不同年龄段的员工人数

熟悉员工的年龄结构，便于企业了解队伍是年轻化还是日趋老化，员工职位和年龄大小是否匹配等。那么我们如何统计不同年龄段的员工人数呢？例如用户通过一张员工年龄登记表创建了一张空白的数据透视表，接下来该如何操作呢？

1. 在“数据透视表字段”窗格中，将“姓名”字段拖至“值”区域，将“年龄”字段拖至“行”区域。

数据透视表字段
选择要添加到报表的字段：
☐ 工号
☑ 姓名
☐ 部门
☐ 性别
☑ 年龄
☐ 学历
☐ 入职时间
☐ 手机号
更多表格...
在以下区域间拖动字段：
筛选器
列
行
年龄
Σ 值
计数项:姓名
☐ 推迟布局更新　更新

2. 创建初步的数据透视表后，在行标签值区域任意单元格上单击右键，从快捷菜单中选择“创建组”命令。

行标签：21、23、24、25、26、27、28、29、30、31、32、33、34、35、36、40、总计
宋体　11
复制(C)
设置单元格格式(F)...
刷新(R)
排序(S)
筛选(T)
分类汇总“年龄”(B)
展开/折叠(E)
创建组(G)...
取消组合(U)...
移动(M)
删除“年龄”(V)
选择该命令

3. 弹出“组合”对话框，将“步长”设置为5，然后单击“确定”按钮。

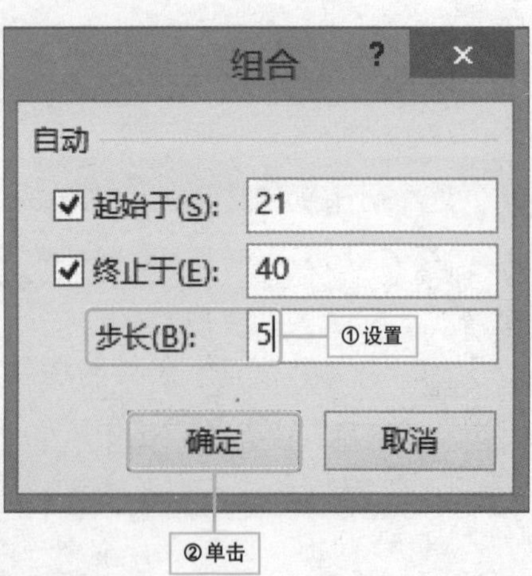

4. 接着依次修改数据透视表字段名称为“年龄段”和“人数”即可。

年龄段	人数
21-25	14
26-30	21
31-35	13
36-40	2
总计	50

统计员工工龄超简单

实例 统计员工的工龄

公司员工并不是同一时期进入公司的，对于老员工，公司应该在一定阶段给予奖励，对于新员工，公司应该对他们给予鼓励。因此，统计员工的工龄是一项很重要的工作，那么如何统计员工的工龄呢？

1 在工作表中添加一列，命名为“工龄”，单击I2单元格，输入公式“=DATEDIF(G2,TODAY(),"y")”，并按下Enter键。

I2 =DATEDIF(G2,TODAY(),"y")

	A	B	E	F	G	I
1	工号	姓名	年龄	学历	入职时间	工龄
2	FG001	陈向辉	35	硕士	2007/9/1	7
3	FG002	索明礼	28		05/9/6	
4	FG003	盛玉兆	24		2/6/25	
5	FG004	曹振华	26	本科	2011/7/1	
6	FG005	褚凤山	21	本科	2014/6/25	
7	FG006	尉俊杰	40	硕士	2006/7/2	
8	FG007	布春光	36	本科	2007/4/5	
9	FG008	齐小杰	31	本科	2009/5/7	
10	FG009	李思禾	31	本科	2009/7/8	
11	FG010	刘柏林	25	大专	2013/9/5	
12	FG011	王文天	35	本科	2009/7/9	
13	FG012	石乃千	34	本科	2009/7/9	
14	FG013	于井春	32	硕士	2011/5/9	
15	FG014	崔秀杰	33	本科	2010/8/9	
16	FG015	李景昌	35	本科	2010/7/3	
17	FG016	李峥杰	28	大专	2012/4/5	
18	FG017	于清泉	35	大专	2012/7/5	

输入公式

2 接着将光标放到I2单元格右下角，当其变成十字形时，按住左键并向下拖动至表格结尾，计算出其他员工的工龄。

	A	B	E	F	G	I	J
34	FG033	郑庆鑫	24	大专	2013/4/1	1	
35	FG034	宋国祥	31	硕士	2007/7/1	7	
36	FG035	张明亮	30	硕士	2008/7/1	6	
37	FG036	曹铁平	30	硕士	2010/7/10	4	
38	FG037	李文华	31	本科	2011/8/9	3	
39	FG038	卢雁鹏	32	本科	2009/7/9	5	
40	FG039	高志民	24	本科	2014/7/1	0	
41	FG040	苏宪红	32	本科	2009/5/7	5	
42	FG041	邱杰克	28	硕士	2009/7/1	5	
43	FG042	邹娇娥	27	本科	2008/1/1	6	
44	FG043	黄甜甜	29	本科	2013/4/7	1	
45	FG044	徐世燕	27	本科	2012/7/3	2	
46	FG045	幸翻荣	28	本科	2014/4/1	0	
47	FG046	李红霞	26	本科	2013/4/6	1	
48	FG047	范厚红	25	本科	2013/7/6	1	
49	FG048	王思琴	25	本科	2012/5/7	2	
50	FG049	莫明翠	24	本科	2014/9/1	0	
51	FG050	吴玉兰	24	本科	2014/9/1	0	
52							
53							
54							
55							

按住并向下拖动

3 然后打开“插入”选项卡，单击“表格”按钮，选择“数据透视表”选项。

4 弹出“创建数据透视表”对话框，选择“新工作表”选项，单击“确定”按钮。

创建数据透视表

请选择要分析的数据

选择一个表或区域(S)

表/区域(T): 员工登记表!$A$1:$I$51

使用外部数据源(U)

选择连接(C)...

连接名称:

选择放置数据透视表的位置

新工作表(N) ①选择该选项

现有工作表(E)

位置(L):

选择是否想要分析多个表

将此数据添加到数据模型(M)

确定 取消

②单击该按钮

5 然后在窗格中，将“工龄”字段拖至“行”区域，将“姓名”字段拖至“值”区域。

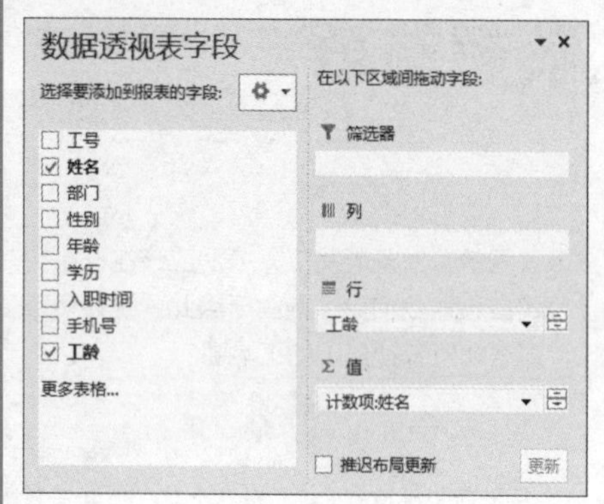

6 形成初步的数据透视表，然后单击行标签值区域中任意单元格。

	A	B	C	D
1				
2				
3	行标签	计数项:姓名		
4	0	10		
5	1	8		
6	2	6		
7	3	4		
8	4	7		
9	5	8		
10	6	2		
11	7	3		
12	8	1		
13	9	1		
14	总计	50		

7 接着打开“数据透视表工具-分析”选项卡，然后单击“组选择”按钮。

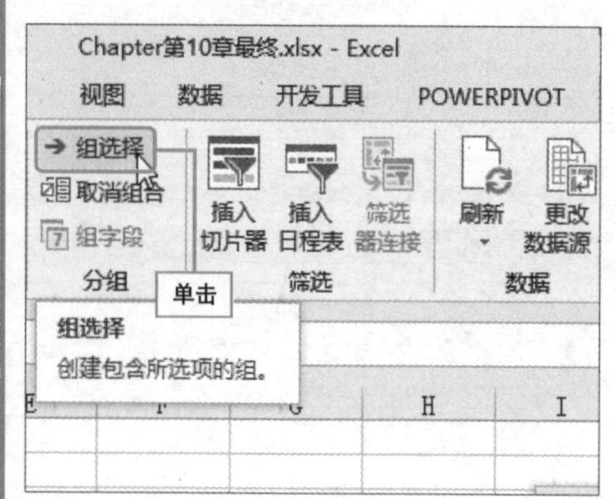

8 弹出“组合”对话框，将“步长”设置为2，然后单击“确定”按钮。

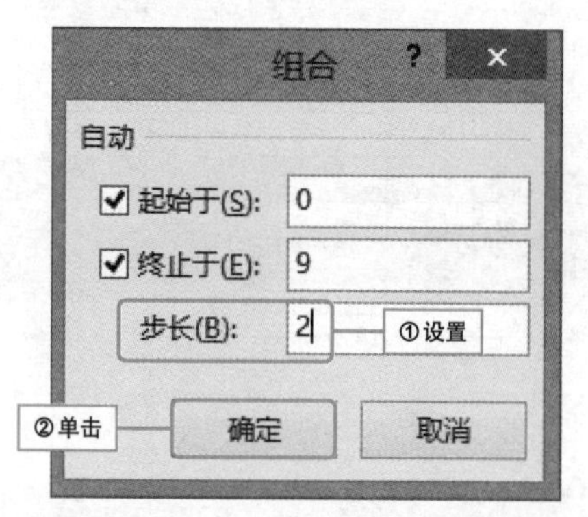

9 最后修改数据透视表字段名称为“工龄”和“人数”即可。

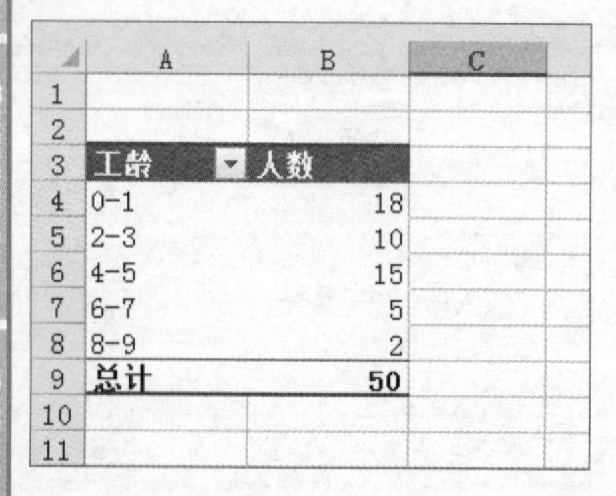

	A	B	C
1			
2			
3	工龄	人数	
4	0-1	18	
5	2-3	10	
6	4-5	15	
7	6-7	5	
8	8-9	2	
9	总计	50	
10			
11			

Hint

使用DATEDIF函数时的注意事项

DATEDIF函数是一个隐藏的工作表函数，在工作表函数列表中看不到它，但却可以直接使用它。DATEDIF函数有三个参数，第一个参数是起始日期，第二个参数是结束日期，必须大于等于起始日期，第三个参数用于指定计算类型，包括年、月、日。DATEDIF函数仅仅计算两个日期之间相差的年、月、日，不计算小时数，如果日期序列带小数，将截尾取整再进行计算。

巧妙汇总多个分公司的数据

实例 汇总两个分公司的人事数据

为了更好地了解公司人员配比情况，人力资源部要定期对各个分公司的人事数据进行汇总。例如汇总分公司数据，统计出整个公司各部门的男女人数。

初始效果

	A	B	C
1	部门	男	女
2	财务部	2	6
3	工程部	12	2
4	技术部	8	3
5	客服部	0	6
6	人力资源部	4	8
7	市场部	12	6
8	销售部	20	8
9			

徐州分公司 淮安分公司

分公司人事数据

最终效果

	A	B	C	D
1	分公司	(全部)		
2				
3	人数	性别		
4	部门	男	女	总计
5	财务部	5	11	16
6	工程部	22	4	26
7	技术部	14	7	21
8	客服部	0	11	11
9	人力资源部	8	12	20
10	市场部	22	12	34
11	销售部	36	16	52
12	总计	107	73	180
13				

汇总分公司人事数据

1. 按下Alt+D+P组合键，打开“数据透视表和数据透视图向导--步骤1（共3步）”对话框，选择“多重合并计算数据区域”选项，然后单击“下一步”按钮。

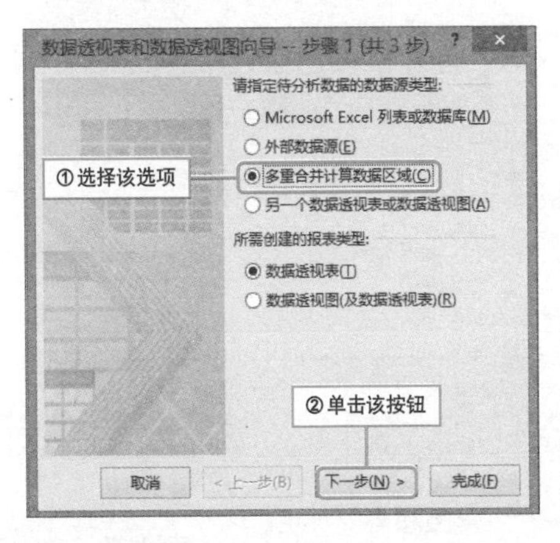

2. 弹出“数据透视表和数据透视图向导--步骤2a（共3步）”对话框，选择“创建单页字段”选项，单击“下一步”按钮。

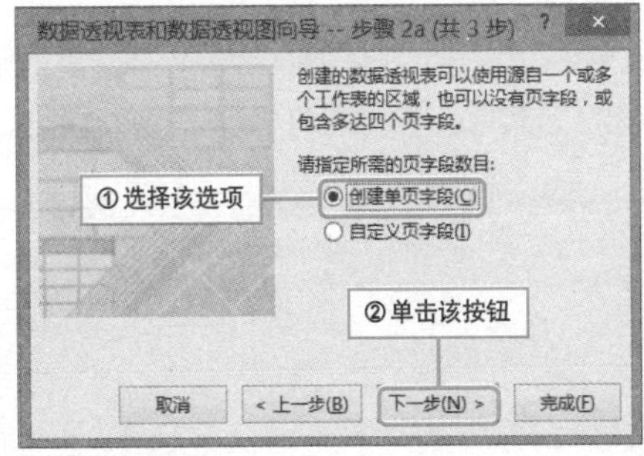

3 弹出对话框，设置选定区域为“淮安分公司!$A$1:$C$8”，单击“添加”按钮。

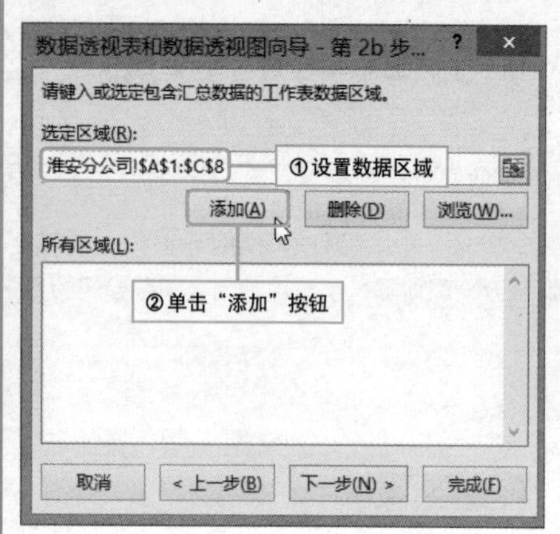

4 然后设置选定区域为“徐州分公司!$A$1:$C$8”，单击“下一步”按钮。

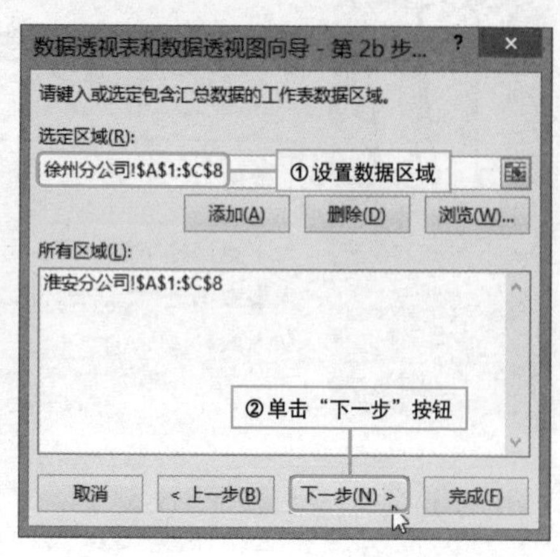

5 弹出“数据透视表和数据透视图向导--步骤3（共3步）”对话框，选择“新工作表”选项，单击“完成”按钮。

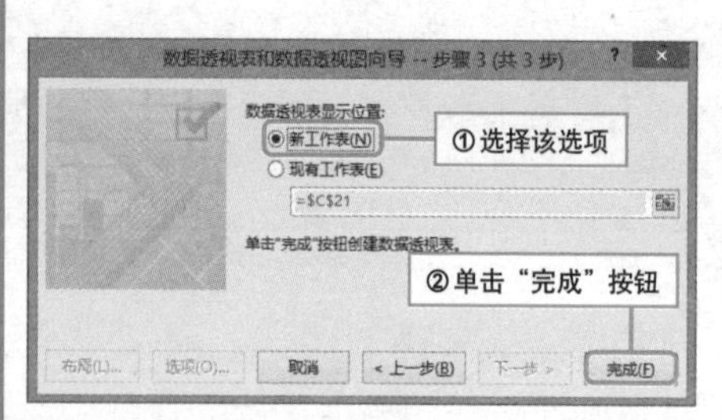

6 弹出一张汇总了分公司的数据透视表，然后单击“页1”单元格，为页字段修改名称。

	A	B	C	D	E
1	页1	(全部)			
2					
3	求和项:值	列标签			
4	行标签	男	女	总计	
5	财务部	5	11	16	
6	工程部	22	4	26	
7	技术部	14	7	21	
8	客服部	0	11	11	
9	人力资源部	8	12	20	
10	市场部	22	12	34	
11	销售部	36	16	52	
12	总计	107	73	180	

7 在“分析”选项卡的“活动字段”中输入“分公司”，并按下Enter键。

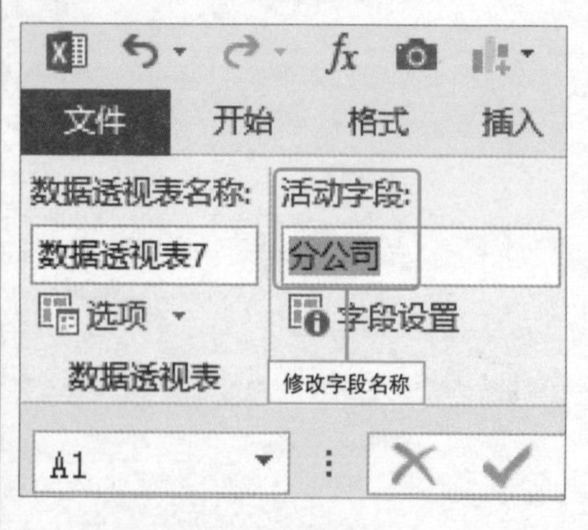

8 返回数据透视表编辑区，修改数据透视表字段名称即可。

	A	B	C	D
1	分公司	(全部)		
2				
3	人数	性别		
4	部门	男	女	总计
5	财务部	5	11	16
6	工程部	22	4	26
7	技术部	14	7	21
8	客服部	0	11	11
9	人力资源部	8	12	20
10	市场部	22	12	34
11	销售部	36	16	52
12	总计	107	73	180
13				
14				

巧妙进行条件筛选

实例 通过切片器筛选出安徽籍的男员工

用户新建了一张员工籍贯数据透视表，想从中找出安徽籍的男员工，但人数太多，不方便逐一筛选，该怎么办呢？

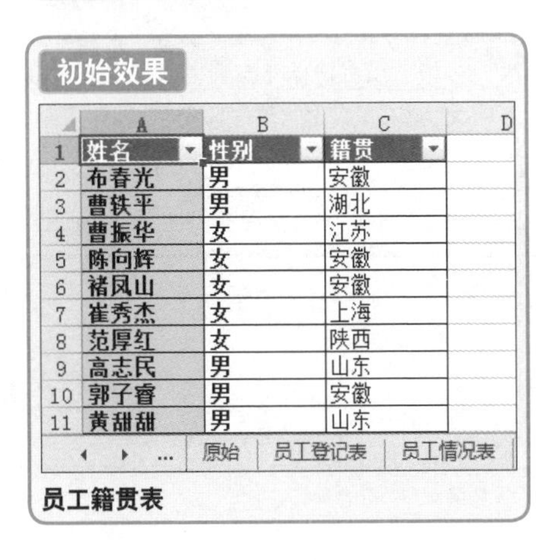
初始效果

	A	B	C	D
1	姓名	性别	籍贯	
2	布春光	男	安徽	
3	曹铁平	男	湖北	
4	曹振华	女	江苏	
5	陈向辉	女	安徽	
6	褚风山	女	安徽	
7	崔秀杰	女	上海	
8	范厚红	女	陕西	
9	高志民	男	山东	
10	郭子睿	男	安徽	
11	黄甜甜	男	山东	

员工籍贯表

最终效果

	A	B	C
1	姓名	性别	籍贯
2	布春光	男	安徽
3	郭子睿	男	安徽
4	齐小杰	男	安徽
5	尉俊杰	男	安徽
6	吴博	男	安徽
7	张子华	男	安徽
8	总计		

安徽籍的男员工

1. 单击数据透视表中任意单元格，打开“插入”选项卡，单击“切片器”按钮，弹出对应的对话框。

2. 从中勾选“性别”和“籍贯”选项，单击“确定”按钮。然后单击切片器中的项进行筛选，本例中单击“性别”切片器中“男”和“籍贯”切片器中“安徽”。

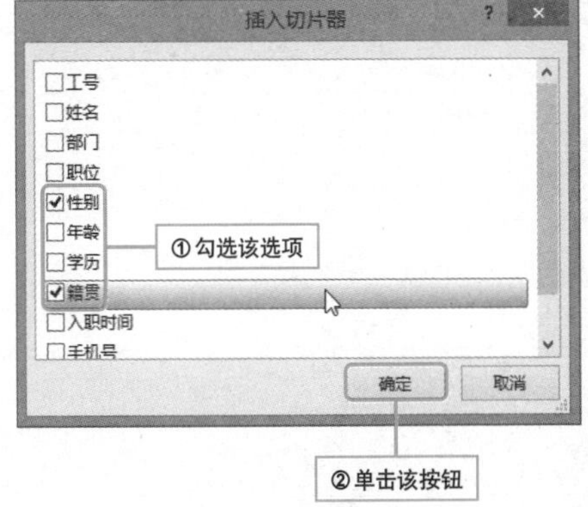

Question 179

Level ◆◇◇

2013 2010 2007

巧用数据透视表进行筛选

实例	统计25岁以上男员工人数

用户有一张员工情况登记表，想通过创建数据透视表的方法，统计出公司25岁以上男员工的人数，现在他已经创建了一张空白的数据透视表，接下来该怎么操作呢？

❶ 在窗格中，将“性别”字段拖至“列”区域，将“年龄”字段拖至“行”区域，将“姓名”字段拖至“值”区域。

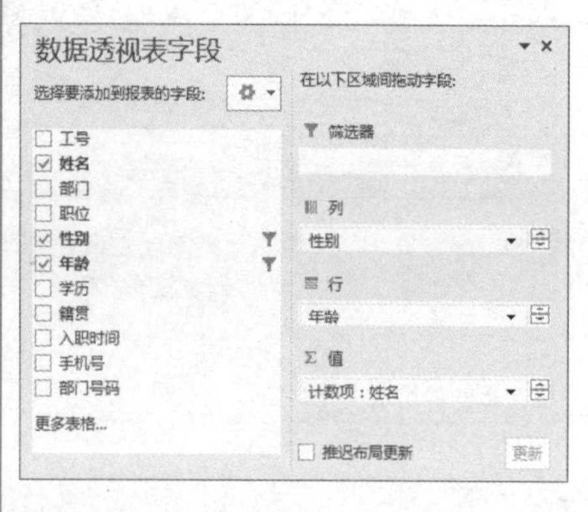

❷ 然后修改数据透视表字段名称，接着单击“性别”字段按钮，在下拉列表中取消对“女”选项的勾选，单击“确定”按钮。

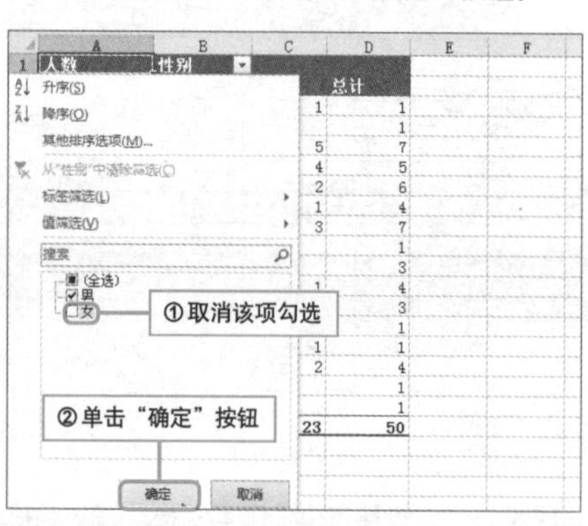

❸ 单击“年龄”字段按钮，在下拉列表中取消21到25几个选项的勾选。

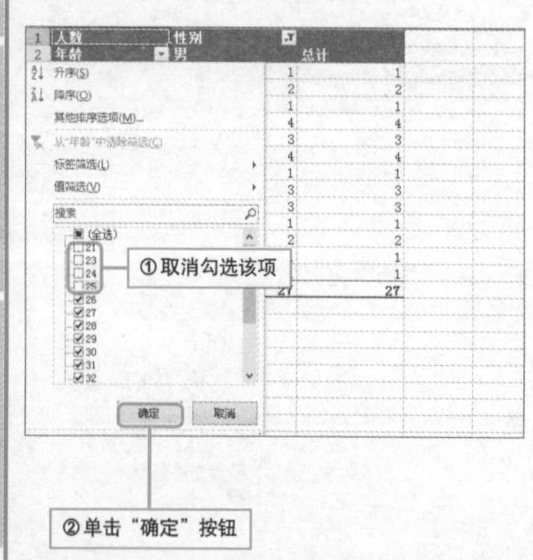

❹ 单击“确定”按钮后，查看数据透视表，可看到25岁以上的男员工有23个。

	A	B	C
1	人数	性别	
2	年龄	男	总计
3	26	4	4
4	27	3	3
5	28	4	4
6	29	1	1
7	30	3	3
8	31	3	3
9	32	1	1
10	35	2	2
11	36	1	1
12	40	1	1
13	总计	23	23
14			
15			

巧用日程表进行筛选

实例 筛选出2009年进入公司的员工

日程表是时间筛选器，它能够更加快速且轻松地选择时间段，以便筛选数据透视表、数据透视图和多维数据集中的数据。例如在数据透视表中，筛选出2009年进入公司的员工。

初始效果

	A	B	C	D	E	F	G
1	姓名	性别	年龄	籍贯	入职时间	手机号	
2	布春光	男	36	安徽	2007/4/5	150459***25	
3	曹铁平	男	30	湖北	2010/7/10	185789***07	
4	曹振华	女	26	江苏	2011/7/1	130145***62	
5	陈向辉	女	35	安徽	2007/9/1	150554***63	
6	褚凤山	女	21	安徽	2014/6/25	132459***54	
7	崔秀杰	女	33	上海	2010/8/9	153124***79	
8	范厚红	女	25	陕西	2013/7/6	152026***91	
9	高志民	男	24	山东	2014/7/1	151103***54	
10	郭子睿	男	30	安徽	2009/7/1	152120***91	
11	黄甜甜	男	29	山东	2013/4/7	185709***07	
12	贾玉利	男	27	山东	2010/5/7	150450***25	
13	蒋青青	女	25	湖南	2012/7/9	150550***63	
14	金宏源	男	25	河北	2014/7/1	153124***79	
15	李红霞	男	26	山西	2013/4/6	151103***54	
16	李景昌	女	35	湖南	2010/7/3	158784***23	
17	李思禾	女	31	河北	2009/7/8	151123***54	
18	李文华	男	31	湖北	2011/8/9	150459***25	
19	李峥杰	男	28	湖南	2012/4/5	150554***63	
20	林志民	男	27	天津	2013/5/6	137854***75	

员工情况统计表

最终效果

	A	B	C	D	E	F	G
1	姓名	性别	年龄	籍贯	入职时间	手机号	
2	郭子睿	男	30	安徽	2009/7/1	152120***91	
3	李思禾	女	31	河北	2009/7/8	151123***54	
4	卢雁鹏	女	32	河北	2009/7/9	150124***98	
5	齐小杰	男	31	安徽	2009/5/7	150124***98	
6	邱杰克	男	28	山东	2009/7/1	152504***65	
7	石乃千	女	34	江西	2009/7/9	152158***51	
8	苏宪红	男	32	山东	2009/5/7	152026***91	
9	王文天	男	35	江西	2009/7/9	152554***65	
10	总计						

入职时间
2009 年
2007 2008 2009 2010 2011 2012

筛选出2009年进入公司的员工

1. 单击数据透视表中任意单元格，打开“数据透视表工具-分析”选项卡，单击“插入日程表”按钮。

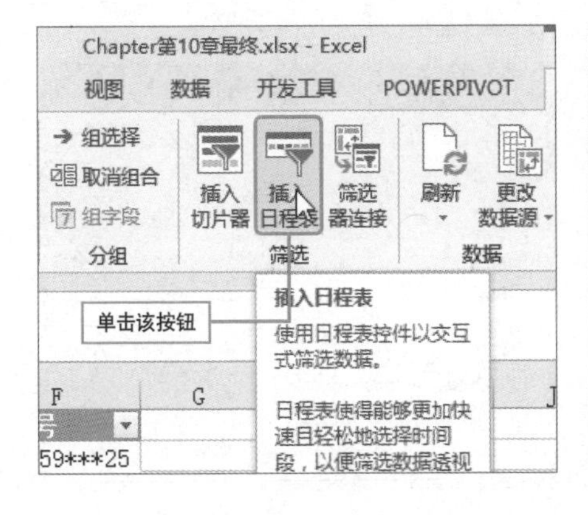

2. 弹出“插入日程表”对话框，勾选“入职时间”选项，然后单击“确定”按钮。接着单击“入职时间”日程表中的时间项进行筛选，本例选择2009年。

奇妙的联动筛选

实例 建立筛选器连接进行联动筛选

不同数据透视表中插入筛选器后，可以建立筛选器间的连接，然后可以通过多个筛选器进行联动筛选。本技巧将为您做详细介绍。

初始效果

	A	B	C	D	E
1	姓名	学历	性别	籍贯	入职时间
2	布春光	本科	男	安徽	2007/4/5
3	曹铁平	硕士	男	湖北	2010/7/10
4	曹振华	本科	女	江苏	2011/7/1
5	陈向辉	硕士	女	安徽	2007/9/1
6	褚凤山	本科	女	安徽	2014/6/25
7	崔秀杰	本科	女	上海	2010/8/9
8	范厚红	本科	女	陕西	2013/7/6
9	高志民	本科	男	山东	2014/7/1
10	郭子睿	硕士	男	安徽	2009/7/1
11	黄甜甜	本科	男	山东	2013/4/7
12	贾玉利	大专	男	山东	2010/5/7
13	蒋青青	大专	女	湖南	2012/7/9
14	金宏源	本科	男	河北	2014/7/1
15	李红霞	本科	男	山西	2013/4/6
16	李景昌	本科	女	湖南	2010/7/3
17	李思禾	本科	女	河北	2009/7/8
18	李文华	本科	男	湖北	2011/8/9
19	李峥杰	大专	男	湖南	2012/4/5
20	林志民	本科	男	天津	2013/5/6
21	刘柏林	大专	女	河南	2013/9/5
22	刘珍珍	本科	女	河北	2010/7/1
23	卢雁鹏	本科	女	河北	2009/7/9
24	莫明翠	本科	女	安徽	2014/9/1
25	齐小杰	本科	男	安徽	2009/5/7
26	邱杰克	硕士	男	山东	2009/7/1

员工情况统计表

最终效果

	A	B	C	D	E
1	姓名	学历	性别	籍贯	入职时间
2	黄甜甜	本科	男	山东	2013/4/7
3	孙志丛	本科	男	山东	2013/5/6
4	张志龙	本科	男	山东	2013/5/7
5	总计				

籍贯
山东
山西

入职时间
2013
年
2009 2010 2011 2012 2013 2014

筛选出2013年进入公司的山东籍男员工

1 打开“数据透视表工具-分析”选项卡，单击“插入切片器”按钮。

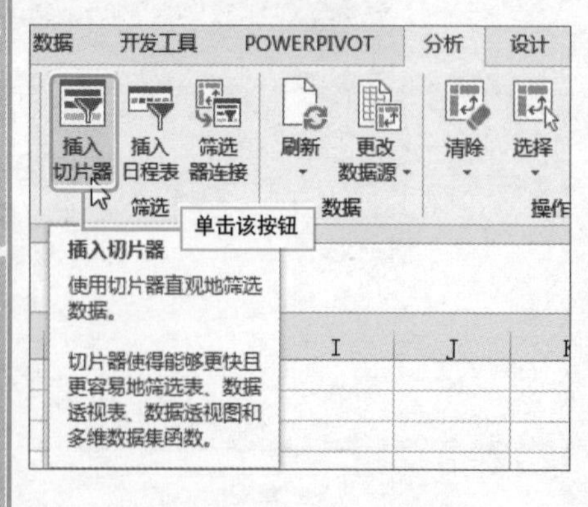

2 弹出“插入切片器”对话框，勾选“籍贯”选项，单击“确定”按钮。

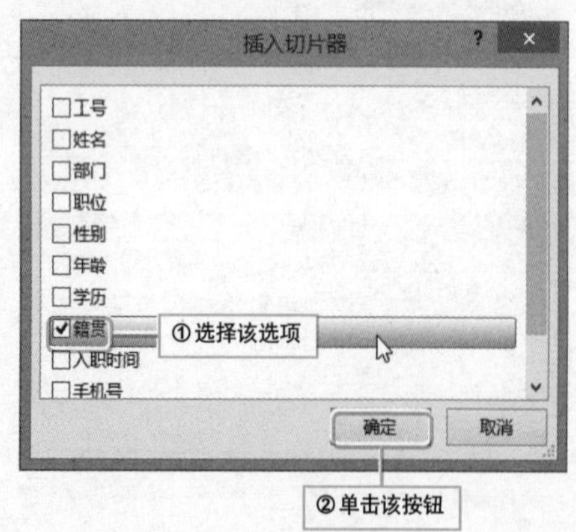

3 再次打开“数据透视表工具-分析”选项卡，单击“插入日程表”按钮。

4 弹出“插入日程表”对话框，勾选“入职时间”选项，单击“确定”按钮。

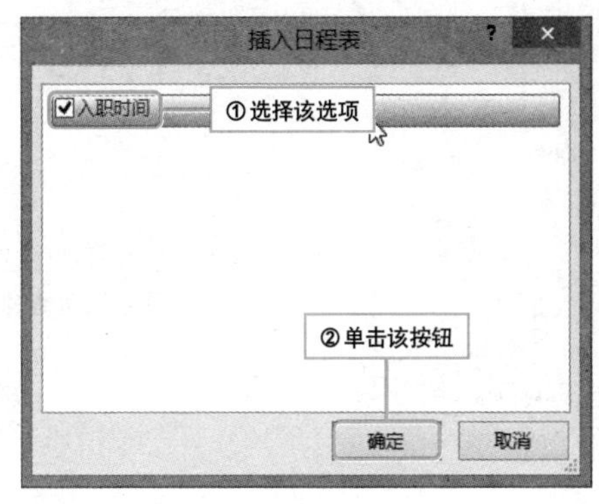

5 数据透视表中就插入了切片器和日程表，单击数据透视表中任意单元格。

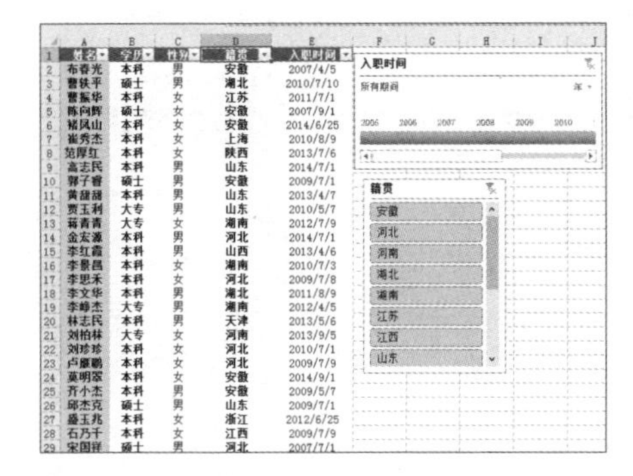

6 然后打开“数据透视表工具-分析”选项卡，单击“筛选器连接”按钮。

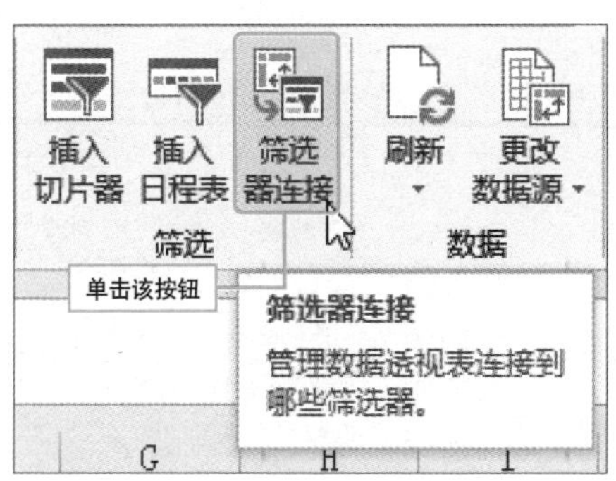

7 弹出对话框，勾选“性别”、“籍贯”和“入职时间”三个选项，单击“确定”按钮。最后对三个筛选器进行筛选即可。

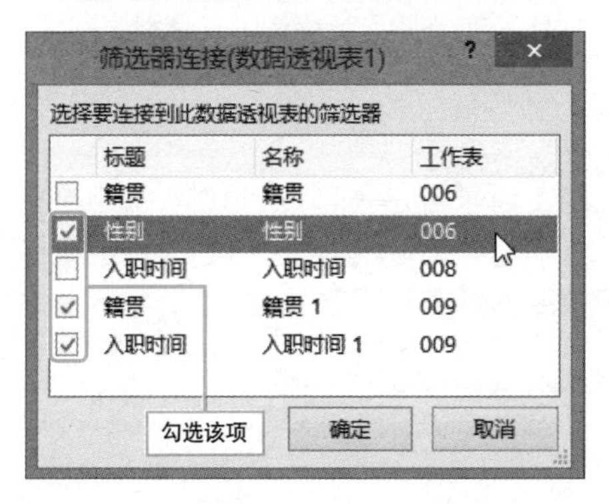

Hint

本案例筛选说明

在本案例的工作表（009）中，添加了“籍贯”切片器和“入职时间”日程表两个筛选器。通过单击其中选项，筛选出山东籍、2013年进入公司的员工。而工作表（006）是技巧6中的工作表，工作表（006）中添加了“性别”切片器，且切片器中只选中“男”。由于三个筛选器之间建立了连接，所以，最后的结果是筛选出2013年进入公司的山东籍男员工。

汇总各地区销售额很容易

实例 汇总各地区销售额

为了制定下个月各地区的销售计划，用户需要统计本月各地区的销售额作为依据。那么如何快速统计各地区销售额呢？

1 选中1月份销售明细表的所有数据，单击“插入”选项卡下的“表格”按钮，选择“数据透视表”选项。

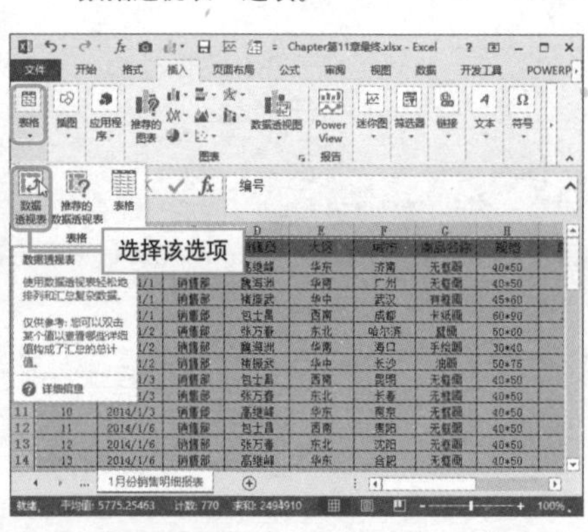

2 弹出相应的对话框，从中选择“新工作表”选项，然后单击“确定”按钮。弹出空白的数据透视表及其对应的窗格。

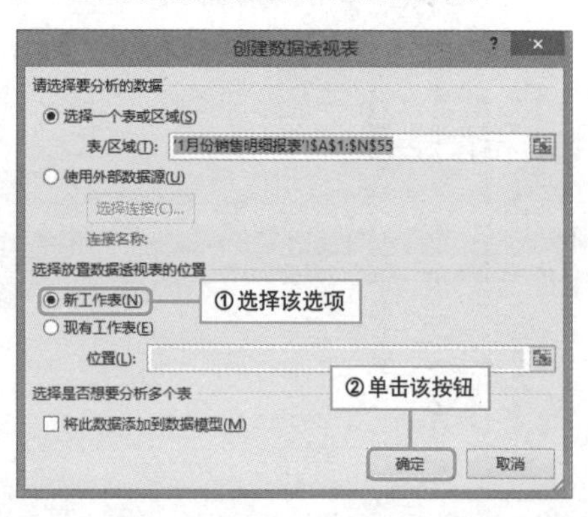

3 从中将“销售额”字段拖至“值”区域，将“大区”、“城市”字段拖至“行”区域。

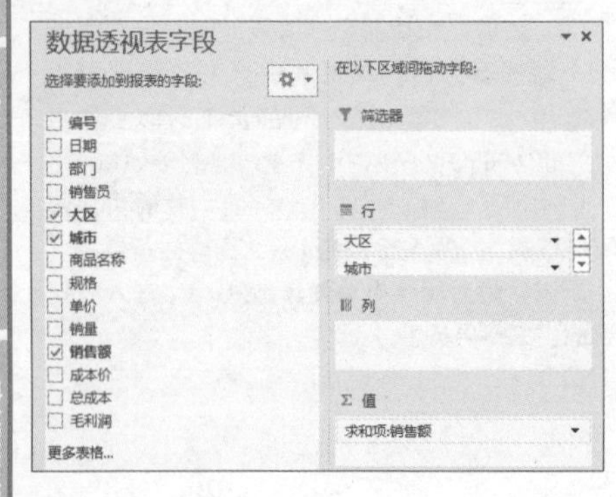

4 返回数据透视表编辑区，将数据透视表布局设置为“以表格形式显示”即可。

	A	B	C
1	大区	城市	求和项:销售额
2	⊟东北	哈尔滨	2580
3		吉林	2820
4		锦州	2400
5		沈阳	14520
6		长春	3675
7	东北 汇总		25995
8	⊟华中	九江	3570
9		南昌	2700
10		武汉	1710
11		长沙	10590
12		郑州	2210
13	华中 汇总		20780
14	总计		46775
15			

Question **183**

Level ◆◆◇

2013 2010 2007

轻松统计各种商品的占有率

实例 统计各种商品的销售额占比

用户有一张销售明细表，打算通过创建数据透视表的方法，来统计各种商品的销售额占比情况。现在用户已经创建了空白的数据透视表，接下来该怎么办呢？

❶ 在“数据透视表字段”窗格中，将“大区”字段拖至“行”区域，将“商品名称”字段拖至“列”区域，将“销售额”字段拖至“值”区域。

❷ 形成初步的数据透视表后，在数据透视表值区域任意单元格上单击右键，弹出快捷菜单，从中选择“值显示方式-总计的百分比”命令。

选择该命令

❸ 返回数据透视表编辑区，修改数据透视表字段名称，即可查看各种商品的销售额占比情况。

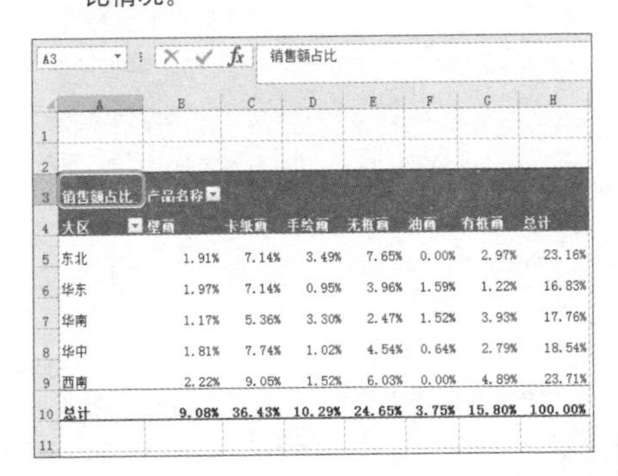

销售额占比	产品名称						
大区	壁画	卡纸画	手绘画	无框画	油画	有框画	总计
东北	1.91%	7.14%	3.49%	7.65%	0.00%	2.97%	23.16%
华东	1.97%	7.14%	0.95%	3.96%	1.59%	1.22%	16.83%
华南	1.17%	5.36%	3.30%	2.47%	1.52%	3.93%	17.76%
华中	1.81%	7.74%	1.02%	4.54%	0.64%	2.79%	18.54%
西南	2.22%	9.05%	1.52%	6.03%	0.00%	4.89%	23.71%
总计	9.08%	36.43%	10.29%	24.65%	3.75%	15.80%	100.00%

Hint

几种不同的值显示方式及其功能

- **无计算。**默认的显示方式，数据区域中的数据显示为普通数值，无任何数据对比。
- **总计的百分比。**显示值占所有汇总的百分比值。
- **行汇总的百分比。**显示值占行汇总的百分比值。
- **列汇总的百分比。**显示值占列汇总的百分比值。
- **父级汇总的百分比。**显示值占“基本字段”中父项汇总的百分比值。

Question 184

快速统计各种商品的销量

Level ◆◆◇

2013 2010 2007

实例 按月份统计上半年各种商品的销售数量

用户有一张上半年的销售明细表，想按照月份统计各种商品的销售数量。现在，用户依据销售明细表创建了一张空白的数据透视表，接下来该怎么操作呢？

1 在窗格中，将“日期”字段拖至“行”区域，将“商品名称”字段拖至“列”区域，将“销量”字段拖至“值”区域。

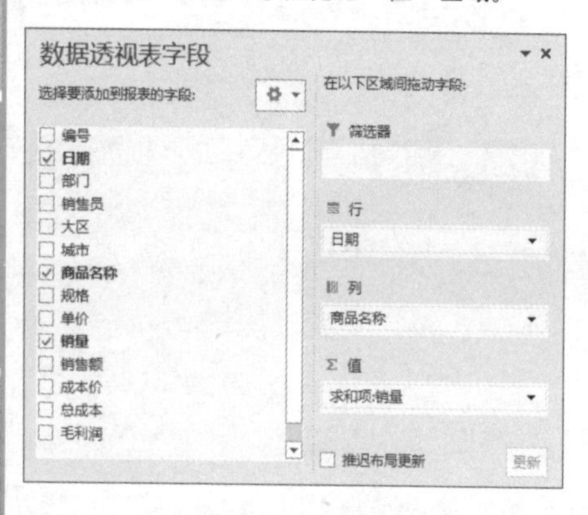

2 创建了初步的数据透视表后，在行标签值区域任意单元格上单击右键，弹出快捷菜单，从中选择“创建组”命令。

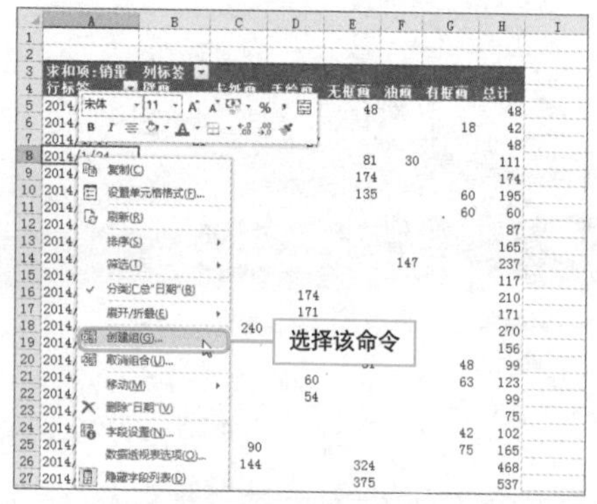

3 弹出“组合”对话框，在“步长”列表框中选择“月”选项，然后单击“确定”按钮。

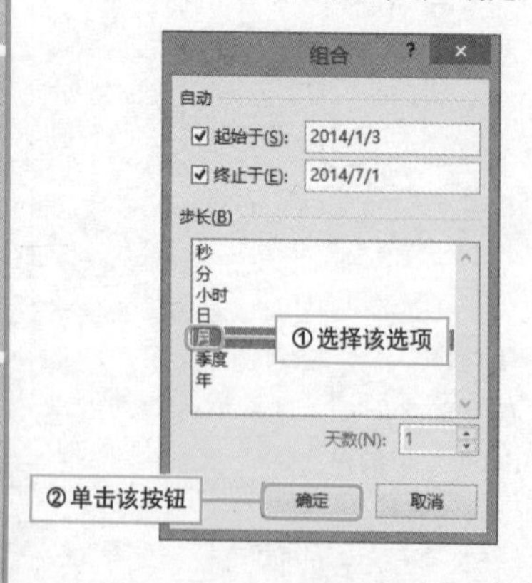

4 返回编辑区后，修改数据透视表字段名称，即可查看各种商品每个月的销售数量。

销售数量	商品						
月份	壁画	卡纸画	手绘画	无框画	油画	有框画	总计
1月	21	24	27	303	30	18	423
2月	252			135		120	507
3月	243		345		147		735
4月		240	60	237		111	648
5月	180	234	54	324		117	909
6月	162	420		645		177	1404
总计	858	918	486	1644	177	543	4626

Question **185**

巧妙标记不合格数据

Level ◆◆◆

2013 2010 2007

实例　将销售收入低于3000的显示成红色“不合格”

一家日用品超市在统计非食品类商品当日销售收入时，发现一些商品卖的特别少，达不到当日的销售指标，为了突出这些商品，将其显示成红色“不合格”字样，该如何操作呢？

初始效果

	A	B	C
1			
2			
3	类别	商品分类	销售收入（元）
4	非食1	化妆品	6656.7
5		牙具用品	50
6	非食2	化妆品	3204.7
7		洗涤用品	3964.37
8	非食3	洗涤用品	13839.52
9		牙具用品	51
10	非食4	儿童用品	126.3
11		洗涤用品	2020.9
12		牙具用品	3205.9
13	非食5	儿童用品	91
14		牙具用品	3630.5
15	总计		36840.89
16			
17			
18			

汇总各商品销售额

最终效果

	A	B	C
1			
2			
3	类别	商品分类	销售收入（元）
4	非食1	化妆品	6656.7
5		牙具用品	'不合格'
6	非食2	化妆品	3204.7
7		洗涤用品	3964.37
8	非食3	洗涤用品	13839.52
9		牙具用品	'不合格'
10	非食4	儿童用品	'不合格'
11		洗涤用品	'不合格'
12		牙具用品	3205.9
13	非食5	儿童用品	'不合格'
14		牙具用品	3630.5
15	总计		36840.89
16			
17			

销售收入小于3000元显示为红色“不合格”

1 在“销售收入”字段值区域单击右键，弹出快捷菜单，从中选择“设置单元格格式”命令，弹出对应的对话框。

2 单击“自定义”选项，在“类型”中输入格式公式“[>＝3000]G/通用格式;[红色][<3000]'不合格'”，单击“确定”按钮。

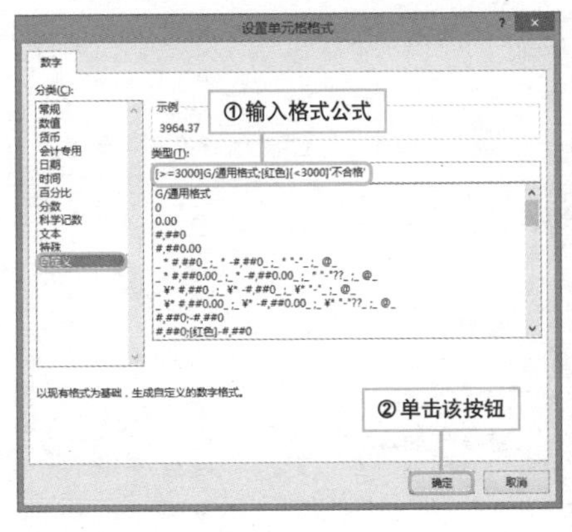

巧用图标集将销售额划分等级

实例 用图标集将销售额划分成3个等级

用户通过数据透视表，统计了每个大区不同销售员的业绩，现在想将他们的业绩划分成三个等级，并标上不同标记，该如何操作呢？

初始效果

	A	B	C	D
1				
2				
3	大区	销售员	求和项:销售额	
4	东北	张万春	25995	
5	华东	高继峰	16510	
6	华南	魏海洲	22000	
7	华中	褚振武	20780	
8	西南	包士昌	31760	
9	总计		117045	
10				
11				
12				

员工业绩统计表

最终效果

	A	B	C	D
1				
2				
3	大区	销售员	求和项:销售额	
4	东北	张万春	☆ 25995	
5	华东	高继峰	☆ 16510	
6	华南	魏海洲	☆ 22000	
7	华中	褚振武	☆ 20780	
8	西南	包士昌	☆ 31760	
9	总计		117045	
10				
11				
12				

添加等级图标

1 选中“销售额”列中所有数据，单击“开始”选项卡下“条件格式”按钮，选择“图标集-等级-三等级”选项。

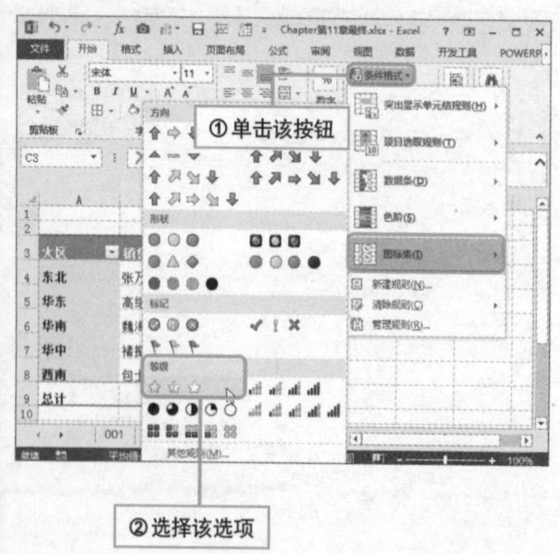

Hint

三等级图标集的规则

在Excel 2013中预先设置了图标集的规则，默认情况下，该规则依据百分比将单元格区域的数值均匀地划分成三个等级，分别以33%和67%为界限。单元格中数据在该区域中所占百分比越高，单元格图标就越靠近满格的星星。

巧妙进行条件筛选

实例 筛选出销售额大于15000的商品

用户创建了一张商品销售数据透视表，想看看这个星期哪些商品的销售金额超过了15000元，并将这些商品筛选出来，该如何操作呢？

初始效果

	A	B	C
1			
2			
3	商品名称	销售金额	销售数量
4	壁画	13920	232
5	卡纸画	37350	166
6	手绘画	19440	162
7	无框画	19125	225
8	油画	7080	59
9	有框画	20130	122
10	总计	117045	966
11			

统计各商品销售额

最终效果

	A	B	C
1			
2			
3	商品名称	销售金额	销售数量
4	卡纸画	37350	166
5	手绘画	19440	162
6	无框画	19125	225
7	有框画	20130	122
8	总计	96045	675
9			
10			

筛选销售金额超过15000元的商品

1 单击数据透视表中“商品名称”字段按钮，弹出下拉列表，从中选择“值筛选-大于或等于”选项。

①单击该按钮

②选择该选项

2 弹出“值筛选（商品名称）”对话框，在数值框中输入15000，然后单击“确定”按钮即可。

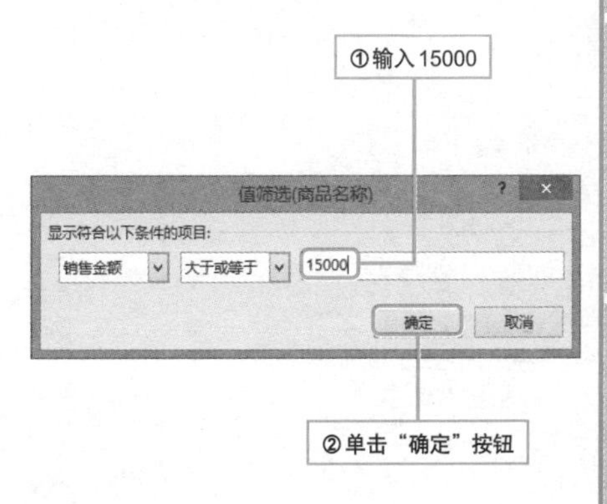

巧用切片器进行筛选

实例　用切片器筛选出华中大区业绩

用户制作了一张销售汇总数据透视表，发现数据透视表中数据比较多，他想只看其中一个大区的业绩情况，该怎么操作呢？

初始效果

	A	B	C	D
1	大区	城市	求和项:销售额	求和项:毛利润
2	⊟东北	哈尔滨	2580	1290
3		吉林	2820	1410
4		锦州	2400	1200
5		沈阳	14520	6240
6		长春	3675	1875
7	东北 汇总		25995	12015
8	⊟华东	合肥	2635	1395
9		济南	1795	915
10		南京	5285	2765
11		厦门	3075	1575
12		上海	3720	1860
13	华东 汇总		16510	8510
14	⊟华南	广州	1545	795
15		桂林	5460	2780
16		海口	6650	3430
17		三亚	2465	1305
18		深圳	5880	2940
19	华南 汇总		22000	11250
20	⊟华中	九江	3570	1810

各区销售数据

最终效果

	A	B	C	D
1	大区	城市	求和项:销售额	求和项:毛利润
2	⊟华中	九江	3570	1810
3		南昌	2700	1350
4		武汉	1710	870
5		长沙	10590	4810
6		郑州	2210	1170
7	华中 汇总		20780	10010
8	总计		20780	10010

大区
华南
华中
西南

筛选出华中地区销售业绩

❶ 单击数据透视表任意单元格，打开“数据透视表工具-分析”选项卡下的“插入切片器”按钮。

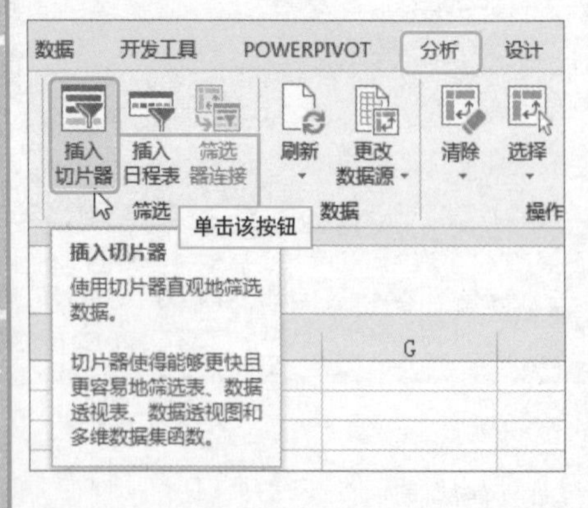

❷ 弹出对话框，勾选“大区”选项，然后单击“确定”按钮。接着单击切片器中“华中”选项进行筛选即可。

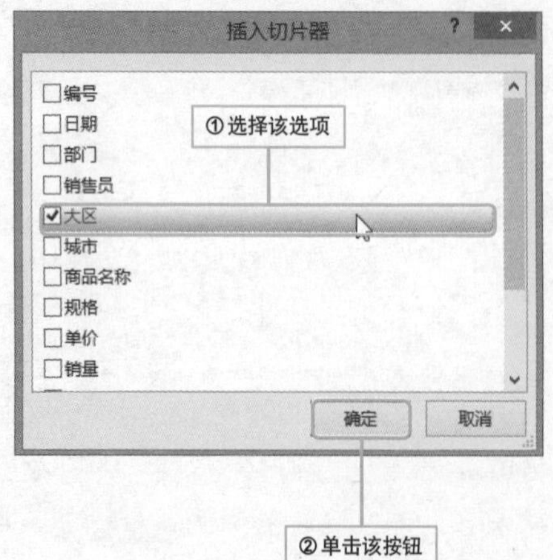

时间筛选器之日程表

实例　筛选2014年5月的销售数据

新创建的数据透视表中，包含了很多数据，用户现在想要筛选出一定时间内的销售数据，比如2014年5月的销售数据，怎样才能进行快速筛选呢？下面就来介绍具体实现方法。

初始效果

	A	B	C	D
1				
2				
3	日期	求和项:销售额	求和项:毛利润	求和项:总成本
4	2014/1/3	4080	2160	1920
5	2014/1/10	8370	3810	4560
6	2014/1/17	4500	2250	2250
7	2014/1/24	10485	5445	5040
8	2014/1/31	14790	7830	6960
9	2014/2/7	21375	11175	10200
10	2014/2/14	9900	5100	4800
11	2014/2/21	5220	2610	2610
12	2014/2/28	9900	4950	4950
13	2014/3/7	23040	11520	11520
14	2014/3/14	7020	3510	3510
15	2014/3/21	23040	11520	11520
16	2014/3/28	20520	10260	10260
17	2014/4/4	56550	24150	32400
18	2014/4/11	13260	7020	6240
19	2014/4/18	12255	6375	5880
20	2014/4/25	17595	8955	8640

销售数据较多

最终效果

	A	B	C	D
1				
2				
3	日期	求和项:销售额	求和项:毛利润	求和项:总成本
4	2014/5/2	9180	4590	4590
5	2014/5/9	4500	2250	2250
6	2014/5/16	10530	5370	5160
7	2014/5/23	32625	14925	17700
8	2014/5/30	59940	28260	31680
9	总计	116775	55395	61380

日期
2014 年5月　月
2014
1月 2月 3月 4月 5月 6月 7月

筛选出2014年5月的销售数据

❶ 单击数据透视表任意单元格，打开“数据透视表工具-分析”选项卡，单击“插入日程表”按钮。

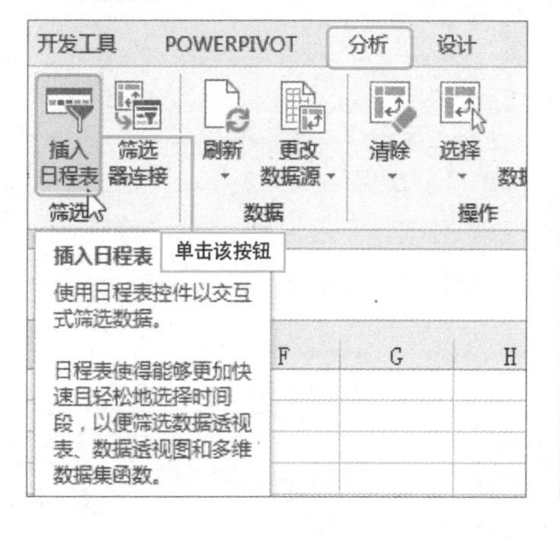

❷ 弹出“日期”日程表，从中单击“5月”选项进行筛选，即可筛选出2014年5月的销售数据。

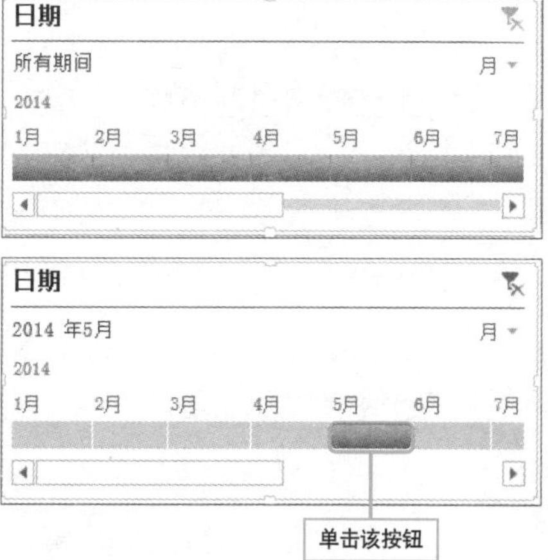

巧妙添加月增长率字段

实例 统计销售额的月增长率

用户为了统计每个销售员本月业绩的增长情况（相对于上月），需要在数据透视表中添加月增长率字段，那么该如何添加呢？

初始效果

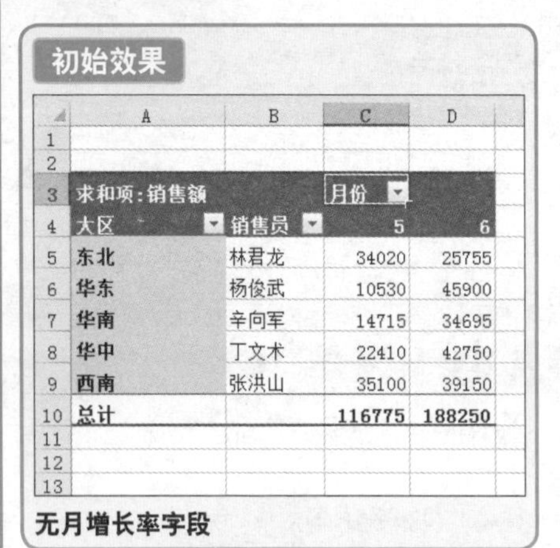

求和项:销售额		月份	
大区	销售员	5	6
东北	林君龙	34020	25755
华东	杨俊武	10530	45900
华南	辛向军	14715	34695
华中	丁文术	22410	42750
西南	张洪山	35100	39150
总计		116775	188250

无月增长率字段

最终效果

求和项:销		月份		
大区	销售员	5	6	月增长率
东北	林君龙	34020	25755	-24.29%
华东	杨俊武	10530	45900	335.90%
华南	辛向军	14715	34695	135.78%
华中	丁文术	22410	42750	90.76%
西南	张洪山	35100	39150	11.54%
总计		116775	188250	549.68%

添加了月增长率字段

1. 单击“数据透视表工具-分析”选项卡下“字段、项目和集”按钮，选择“计算项”选项。弹出对话框，输入名称“月增长率”，输入公式“=('6'-'5')/'5'”，单击“确定”按钮。

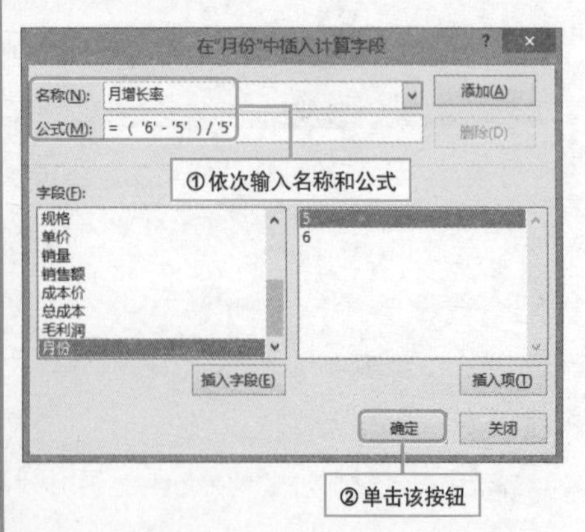

Hint

错误值“#DIV/0!”的处理方法

当我们向数据透视表中插入计算项时，如果数据源中有空行，那么空行参与计算会被当成0处理，作为除数时，其计算项的计算结果是错误值“#DIV/0!”。此时我们可以通过“值筛选”筛选出大于一个足够小的值，比如近似最小值“-9^313”，就可以将错误值“#DIV/0!”排除了。

制作日/月/季报表有高招

实例 制作销售日报表、月报表和季报表

销售数据每天都会大量更新，而且每天都要进行汇总，制作日报表，每个月还要制作月报表，甚至还要制作季报表、年报表等。工作量非常大，但是，数据透视表可以帮助您快速完成。本技巧介绍如何制作各种报表。

1 选中工作表，单击“插入”选项卡下的“表格”按钮，选择“数据透视表”选项。

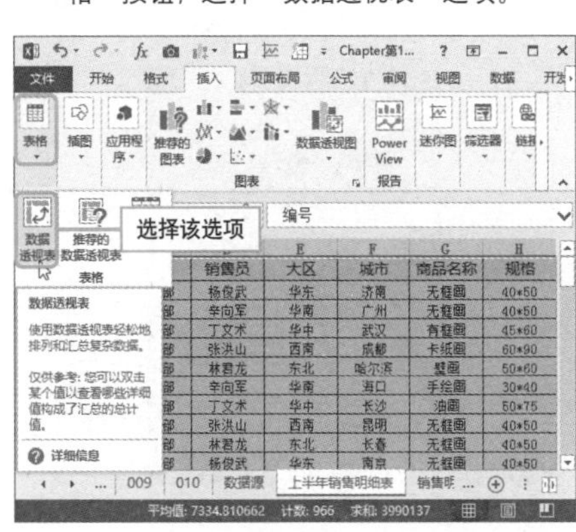

2 弹出对话框，选择“新工作表”选项，然后单击“确定”按钮。

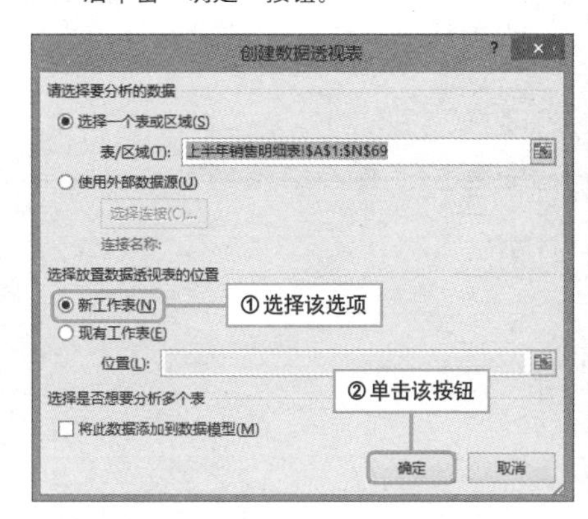

3 接着在对话框中，将“销售额”和“销量”字段拖至“值”区域，将“日期”字段拖至“行”区域，将“商品名称”和“销售员”字段拖至“筛选器”区域。

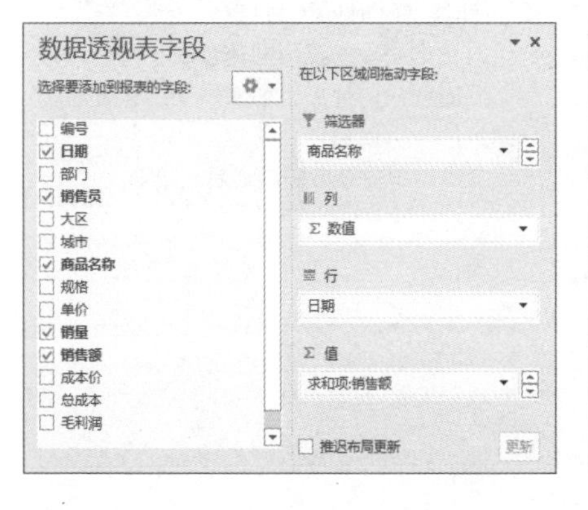

4 返回数据透视表编辑区，可看到一张日报表创建完成了，报表中统计了每日销售额和销售数量。然后单击行标签值区域中任意单元格。

5 接着单击“数据透视表工具-分析”选项卡下“组选择”按钮，弹出对应的对话框。

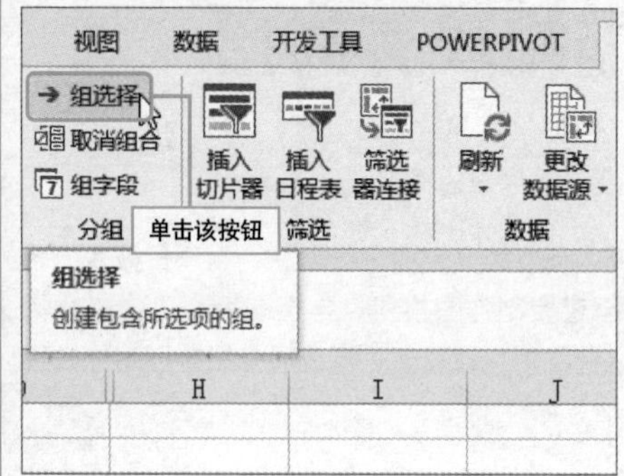

6 从中选择“步长”列表框中的“月”选项，然后单击“确定”按钮即可。

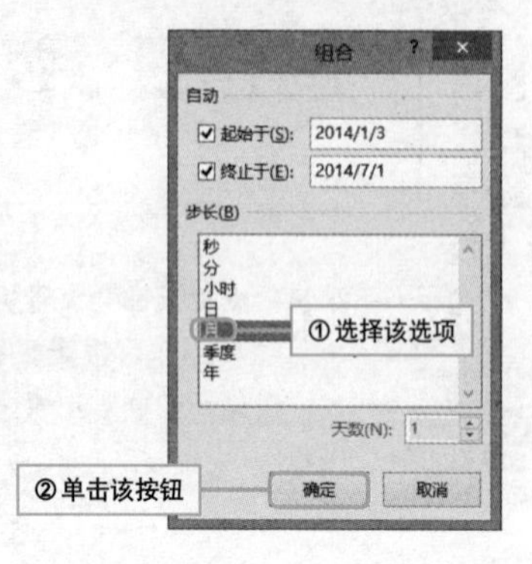

7 返回编辑区，可看到已经创建好的月报表，单击行标签值区域中任意单元格。

	A	B	C	D
1	商品名称	(全部)		
2	销售员	(全部)		
3				
4	行标签	求和项:销售额	求和项:销量	
5	1月	42225	423	
6	2月	46395	507	
7	3月	73620	735	
8	4月	99660	648	
9	5月	116775	909	
10	6月	188250	1404	
11	总计	566925	4626	
12				
13				
14				

8 再次打开“组合”对话框，从中选择“季度”选项，单击“确定”按钮。

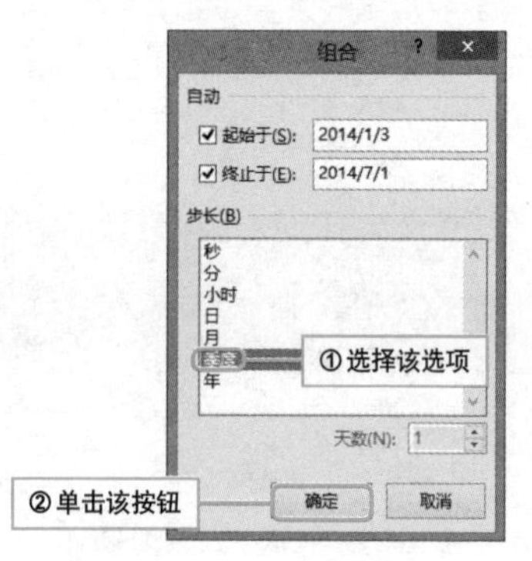

9 返回数据透视表编辑区，可看到已经创建好的季报表。

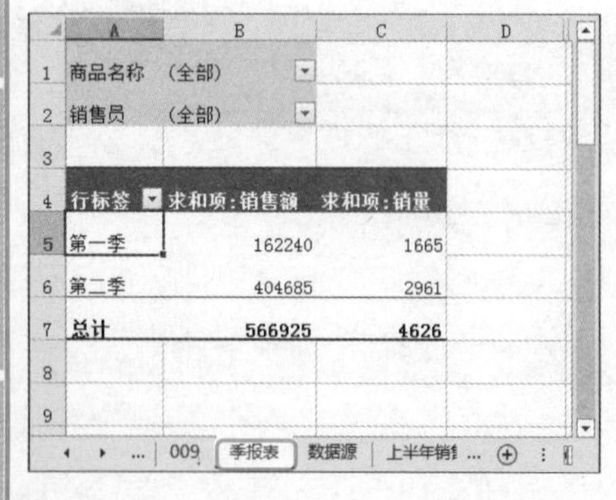

	A	B	C	D
1	商品名称	(全部)		
2	销售员	(全部)		
3				
4	行标签	求和项:销售额	求和项:销量	
5	第一季	162240	1665	
6	第二季	404685	2961	
7	总计	566925	4626	
8				
9				

Hint

对日期型数据的组合

对于日期型数据，数据透视表提供了多种组合选项，可按秒、分、小时、日、月、季、年等多种时间单位进行分组。在“组合”对话框中，选择不同的步长，就可以进行不同时间段的分组。如果需要限制分组的日期范围，可以通过在“起始于”和“终止于”文本框中输入日期决定起止日期。

快速添加毛利润率字段

实例 为数据透视表添加毛利润率字段

毛利润率又称为销售毛利率，是一种衡量盈利能力的指标。毛利润率越高，说明企业的盈利能力越强。毛利润率对于销售管理至关重要，是制定销售计划的依据。那么如何添加毛利润率字段呢？

初始效果

大区	销售员	求和项:销售额	求和项:毛利润
东北	张万春	25995	12015
华东	高继峰	16510	8510
华南	魏海洲	22000	11250
华中	褚振武	20780	10010
西南	包士昌	31760	14700
总计		117045	56485

未计算毛利润率

最终效果

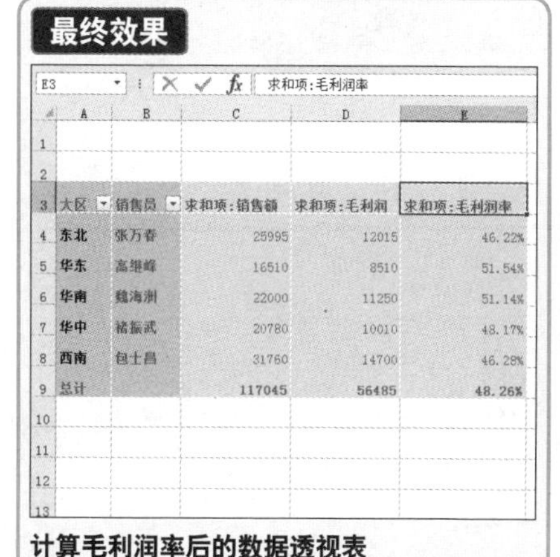

大区	销售员	求和项:销售额	求和项:毛利润	求和项:毛利润率
东北	张万春	25995	12015	46.22%
华东	高继峰	16510	8510	51.54%
华南	魏海洲	22000	11250	51.14%
华中	褚振武	20780	10010	48.17%
西南	包士昌	31760	14700	46.28%
总计		117045	56485	48.26%

计算毛利润率后的数据透视表

1. 单击“数据透视表工具-分析”选项卡下“字段、项目和集”按钮，选择“计算字段”选项，弹出对应的对话框。

2. 在“插入计算字段”对话框中，输入名称“毛利润率”，输入公式“=毛利润/销售额”，然后单击“确定”按钮。

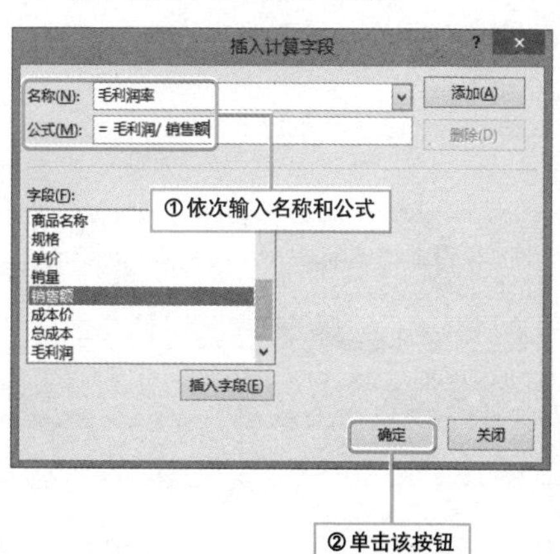

让销售员排名一目了然

实例 依据销售额高低给销售员排名

用户通过数据透视表来分类汇总数据，那么在数据透视表中统计销售员的业绩排名是不是很难呢？其实不难，本技巧为您介绍如何依据销售额的高低来给销售员排名。

1 在窗格中，将“销售员”字段拖至“行”区域，将“销售额”字段两次拖至“值”区域。将“销售额2”字段命名为“排名”。

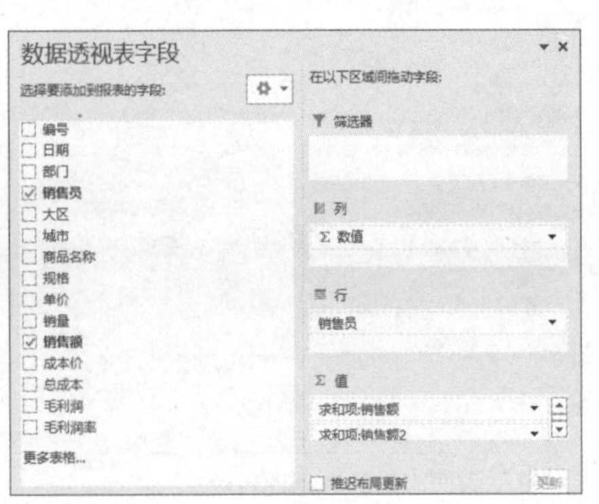

2 修改全部字段名称后，在排名字段值区域任意单元格上单击右键，从快捷菜单中选择“值显示方式-降序排列”选项。

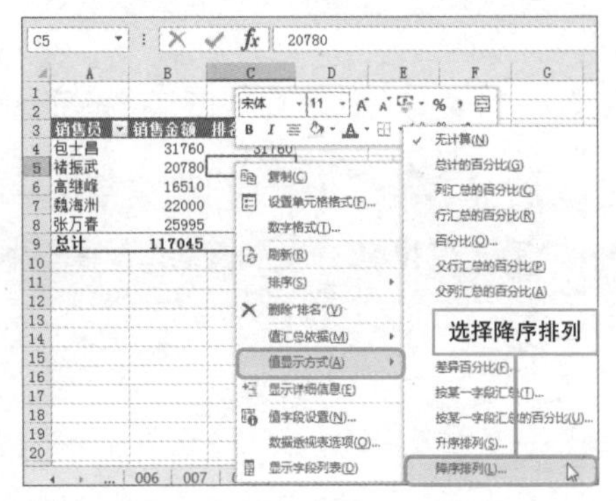

3 弹出“值显示方式（排名）”对话框，设置“基本字段”为“销售员”，然后单击“确定”按钮。

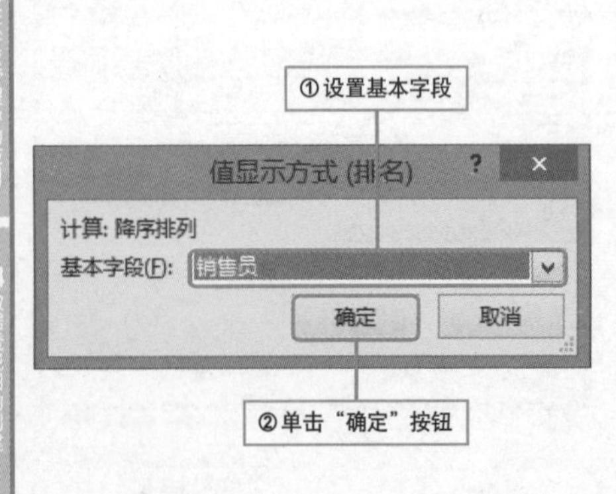

4 返回数据透视表编辑区，就可以查看数据透视表中每个销售员销售业绩排名了。

	A	B	C	D
1				
2				
3	销售员	销售金额	排名	
4	包士昌	31760	1	
5	褚振武	20780	4	
6	高继峰	16510	5	
7	魏海洲	22000	3	
8	张万春	25995	2	
9	总计	117045		
10				
11				
12				

Question

194 快速剔除退货表中的重复数据

● Level ◆◆◆

2013 2010 2007

实例 统计不重复的退货数量

用户在统计商品退货时，发现有的退货商品重复记录了，现在他想要剔除这些重复数据，以保证统计数据是准确的，这该怎么办呢？

初始效果

	A	B	C	D	E
1	商品名称	规格	单位	数量	
17	手绘画	50*75	幅	9	
18	无框画	60*120	幅	2	
19	有框画	50*75	幅	5	
20	有框画	60*90	幅	7	
21	有框画	45*90	幅	8	
22	有框画	60*90	幅	6	
23	有框画	60*90	幅	7	
24	卡纸画	50*75	幅	8	
25	卡纸画	50*75	幅	8	
26	手绘画	60*90	幅	5	
27	总计			159	
28					

退货汇总表 统计表

表中有重复数据

最终效果

	A	B	C	D
1				
2	商品名称	规格	单位	求和项:数量
13		50*75	幅	9
14		60*90	幅	5
15	无框画	30*60	幅	12
16		50*75	幅	6
17		60*120	幅	2
18		60*90	幅	5
19	有框画	45*90	幅	8
20		50*75	幅	5
21		60*90	幅	13
22	总计			128
23				

退货汇总表 统计表

排除重复记录的统计报表

❶ 打开统计表，单击“数据”选项卡下“现有连接”按钮，弹出对话框，单击“浏览更多”按钮。

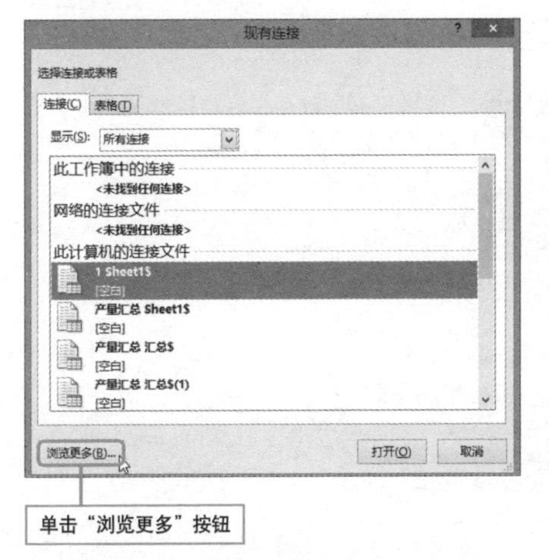

❷ 弹出“选取数据源”对话框，从中选择“退货汇总表”，然后单击“打开”按钮。

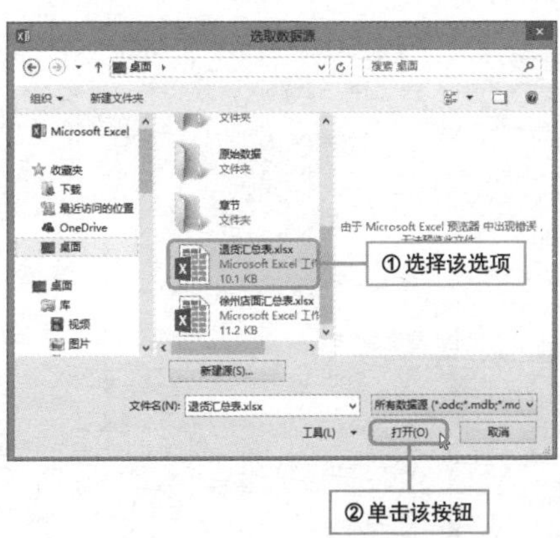

3 弹出“选择表格”对话框，从中选择“退货汇总表$”，单击“确定”按钮，弹出对应的对话框。

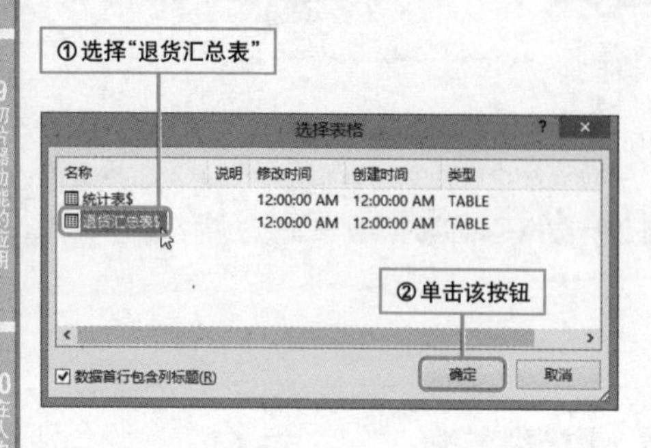

4 从中选择“数据透视表”选项，然后选择“现有工作表”选项，在文本框中输入“=统计表!$A2$”，接着单击“属性”按钮。

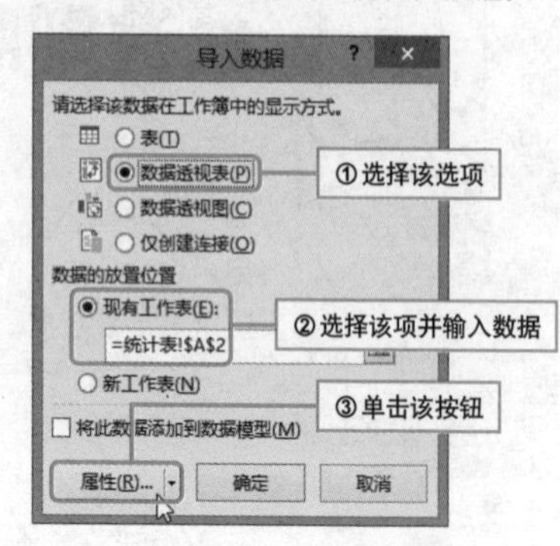

5 弹出“连接属性”对话框，从中打开“定义”选项卡，然后清空“命令文本”文本框中的所有内容。在文本框中输入SQL语句“SELECT DISTINCT FROM [退货汇总表$]”，单击“确定”按钮。

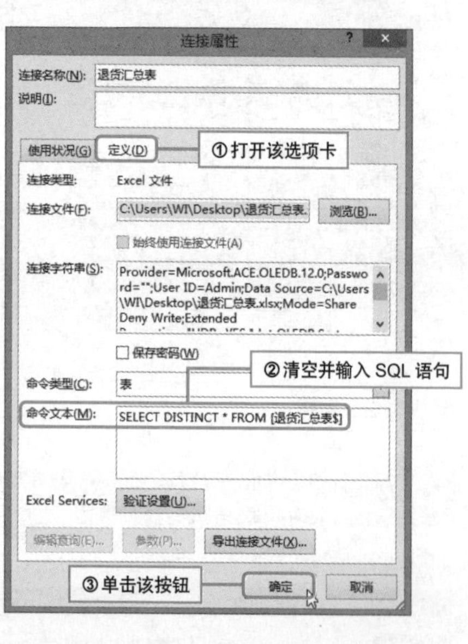

6 返回“导入数据”对话框，单击“确定”按钮。弹出空白数据透视表和对应窗格。

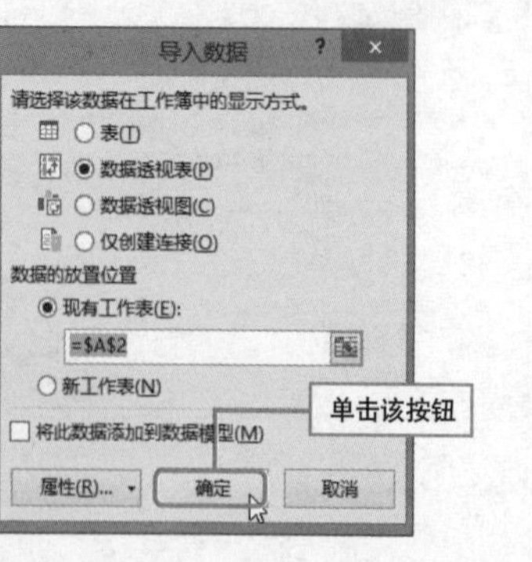

7 在窗格中将字段拖至合适区域，然后将报表布局设为“以表格形式显示”即可。

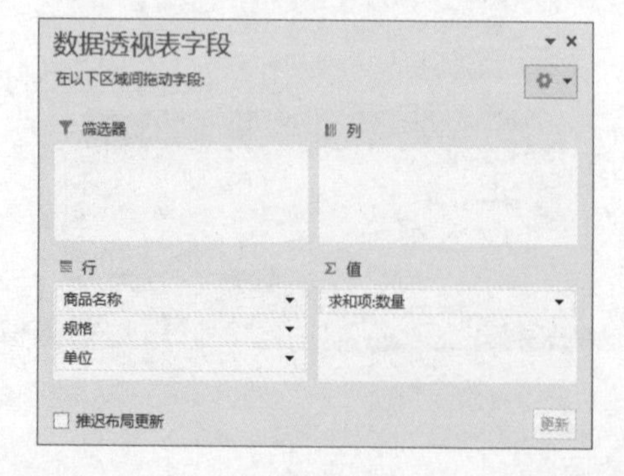

快速统计在售电脑的种类

实例 制作各门店在售电脑型号清单

清单可以使人们的工作更加条理清晰，也可以避免错漏等情况的发生。制作一份电脑型号清单，可以帮助用户了解所有在售的电脑型号，也为顾客挑选商品提供依据。

初始效果

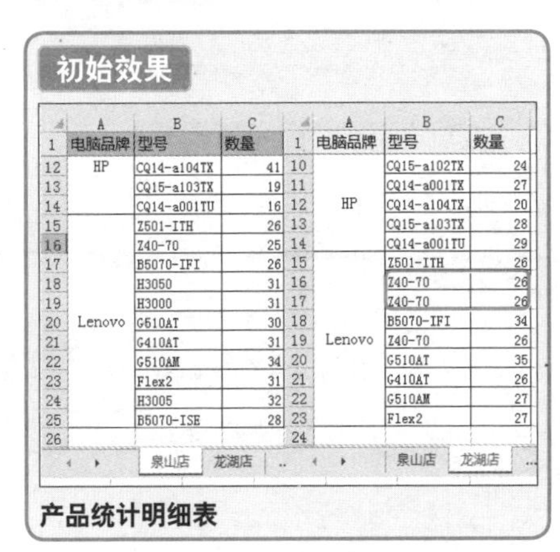

行	A 电脑品牌	B 型号	C 数量
12	HP	CQ14-a104TX	41
13		CQ15-a103TX	19
14		CQ14-a001TU	16
15	Lenovo	Z501-ITH	26
16		Z40-70	25
17		B5070-IFI	26
18		H3050	31
19		H3000	31
20		G510AT	30
21		G410AT	31
22		G510AM	34
23		Flex2	31
24		H3005	32
25		B5070-ISE	28
26			

行	A 电脑品牌	B 型号	C 数量
10	HP	CQ15-a102TX	24
11		CQ14-a001TX	27
12		CQ14-a104TX	20
13		CQ15-a103TX	28
14		CQ14-a001TU	29
15	Lenovo	Z501-ITH	26
16		Z40-70	26
17		Z40-70	26
18		B5070-IFI	34
19		Z40-70	26
20		G510AT	35
21		G410AT	26
22		G510AM	27
23		Flex2	27
24			

产品统计明细表

最终效果

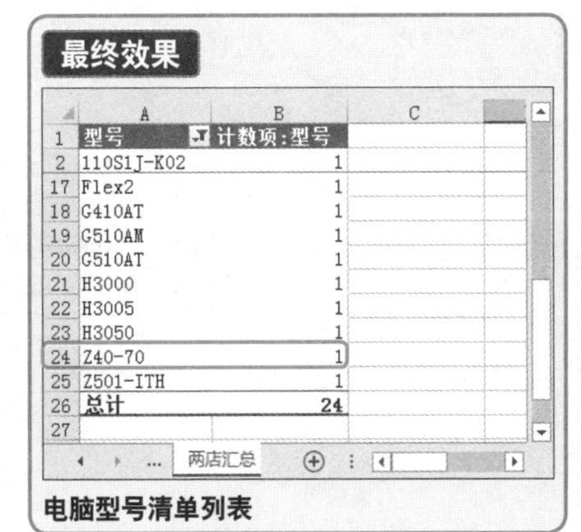

行	A 型号	B 计数项:型号
2	110S1J-K02	1
17	Flex2	1
18	G410AT	1
19	G510AM	1
20	G510AT	1
21	H3000	1
22	H3005	1
23	H3050	1
24	Z40-70	1
25	Z501-ITH	1
26	总计	24

电脑型号清单列表

❶ 打开工作表，单击“数据”选项卡下“现有连接”按钮，弹出对话框，单击“浏览更多”按钮。

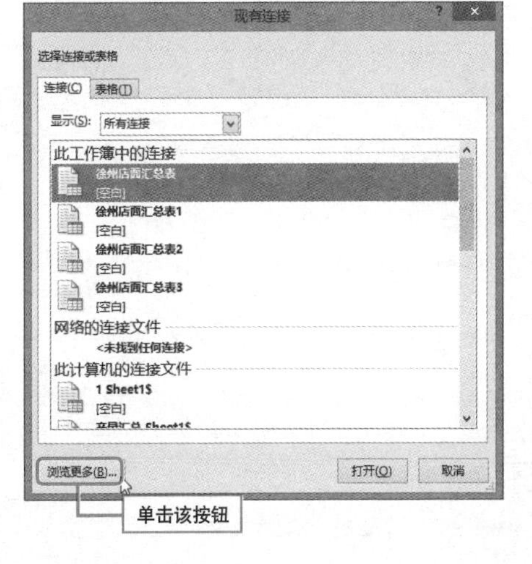

❷ 弹出“选取数据源”对话框，选择“徐州店面汇总表”，然后单击“打开”按钮。

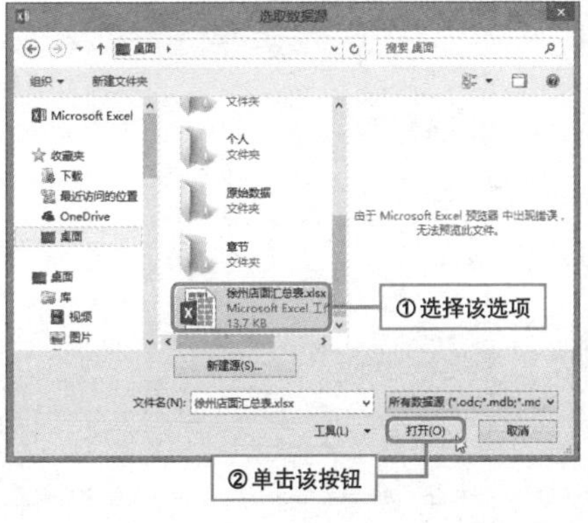

3 弹出"选择表格"对话框，从中选择"泉山店$"，然后单击"确定"按钮，弹出对应的对话框。

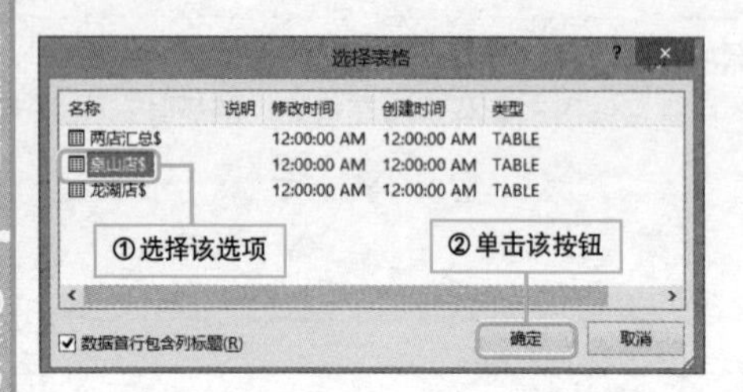

4 从中选择"数据透视表"选项，然后选择"现有工作表"选项，在文本框中输入"=两店汇总!$A$1"，接着单击"属性"按钮。

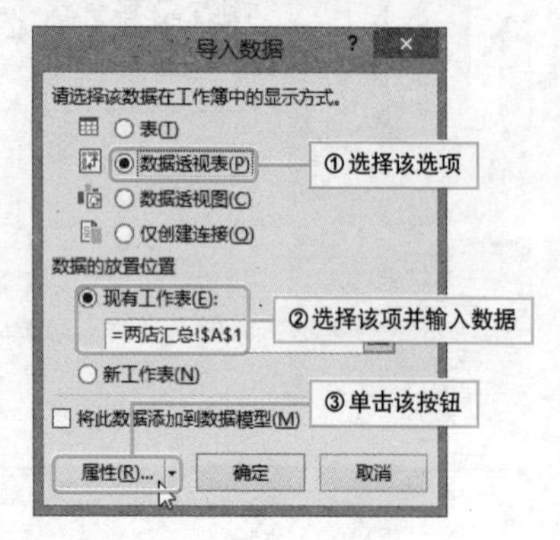

5 弹出"连接属性"对话框，打开"定义"选项卡，清空"命令文本"文本框中的所有内容。然后在文本框中输入SQL语句"SELECT DISTINCT 型号 FROM (SELECT型号 FROM [泉山店$] UNION ALL SELECT型号 FROM [龙湖店$])"。最后单击"确定"按钮。

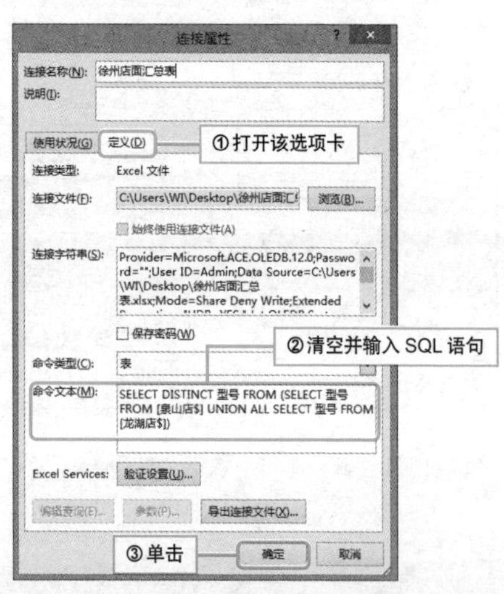

6 返回"导入数据"对话框，单击"确定"按钮。弹出空白的数据透视表和对应窗格。

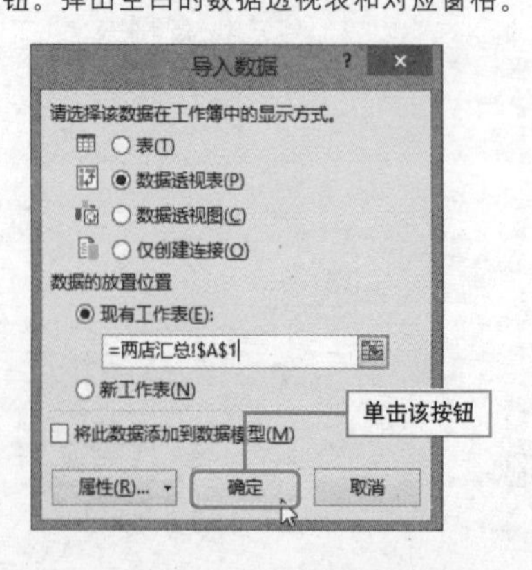

7 在窗格中将字段拖至合适区域，然后将报表布局设为"以表格形式显示"即可。

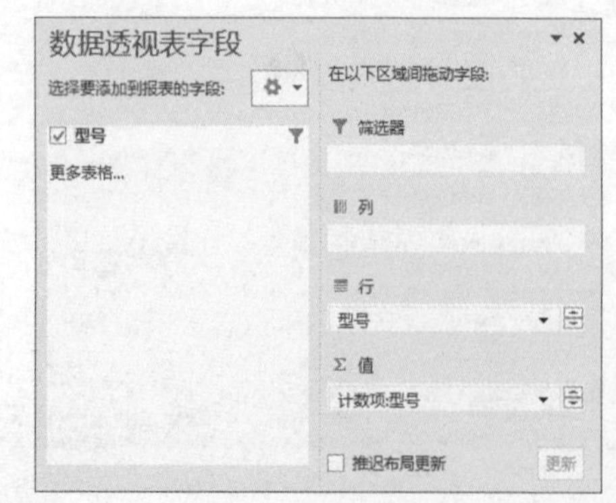

Question 196

Level ◆◇◇

2013 2010 2007

快速统计各部门的月工资总额

实例 统计公司各部门当月的实发工资额

财务部门在制作月报表时，需要统计该月发到各个部门的工资总和，以此作为依据，制定财务预算，那么如何统计各部门月工资总额呢？

1 选中工作表，单击“插入”选项卡下的“表格”按钮，选择“数据透视表”选项。

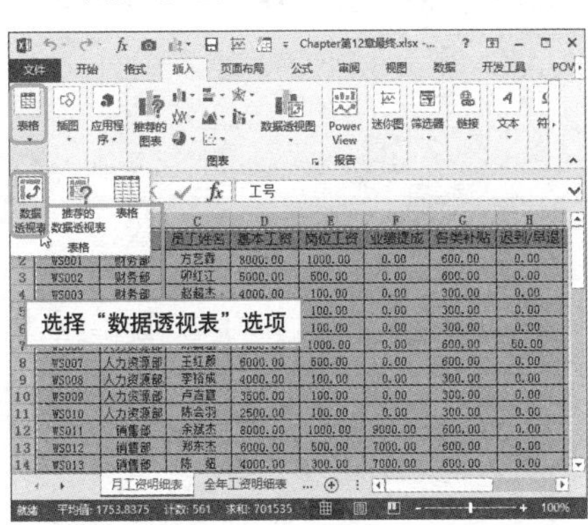

2 弹出“创建数据透视表”对话框，选择“新工作表”选项，单击“确定”按钮。

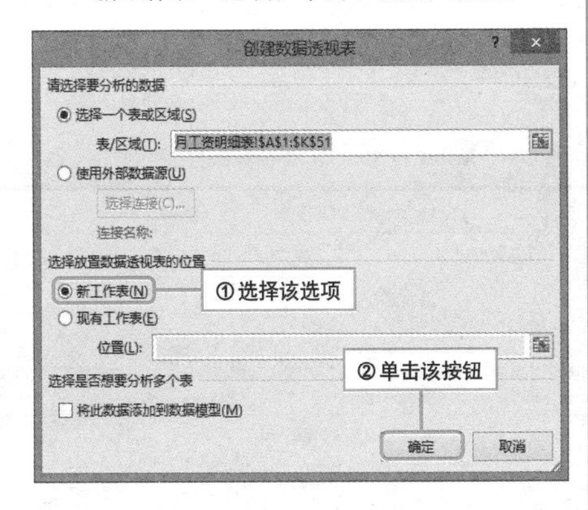

3 弹出空白的数据透视表和对应窗格，在窗格中，将“部门”字段拖至“行”区域，将“实发工资”字段拖至“值”区域。

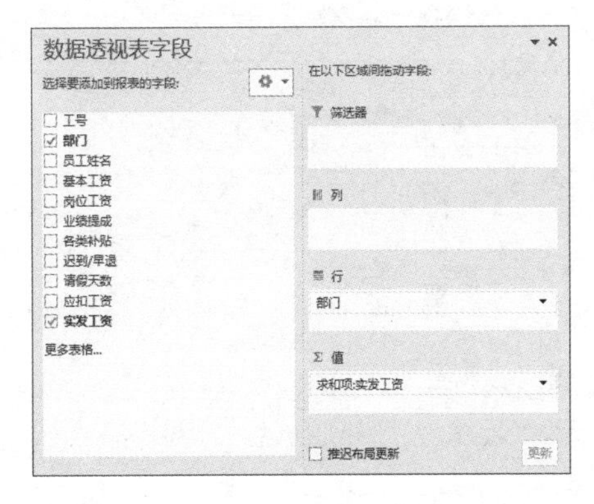

4 返回数据透视表编辑区，查看数据透视表，就可以知道各部门该月实发工资总额，以及该公司全部员工实发工资总额。

	A	B	C
1			
2			
3	部门	求和项:实发工资	
4	财务部	26043.33	
5	工程部	40900.00	
6	技术部	25753.33	
7	客服部	15326.67	
8	人力资源部	26676.67	
9	市场部	94500.00	
10	销售部	119680.00	
11	总计	348880.00	
12			
13			

巧妙统计员工人数

实例 统计员工工资表中各部门的人数

财务部每月发放工资时，首先要知道发放给哪些员工，有多少人，总金额是多少等，所以统计员工人数是很重要的工作，那么如何通过工资表统计各部门员工人数呢？

❶ 选中工资表，单击“插入”选项卡下的“数据透视表”按钮。

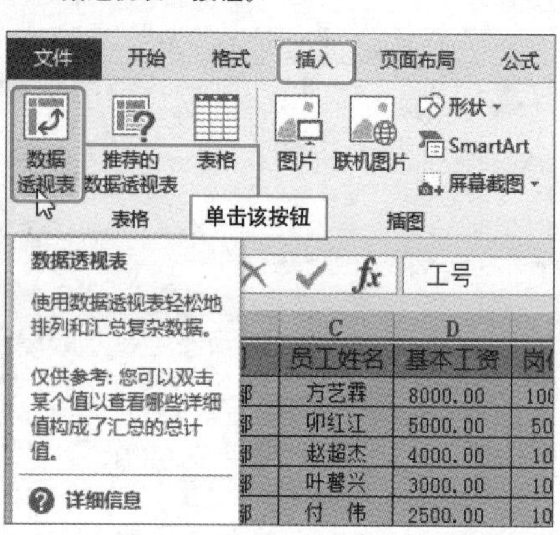

❷ 弹出对话框，从中选择“新工作表”选项，单击“确定”按钮。

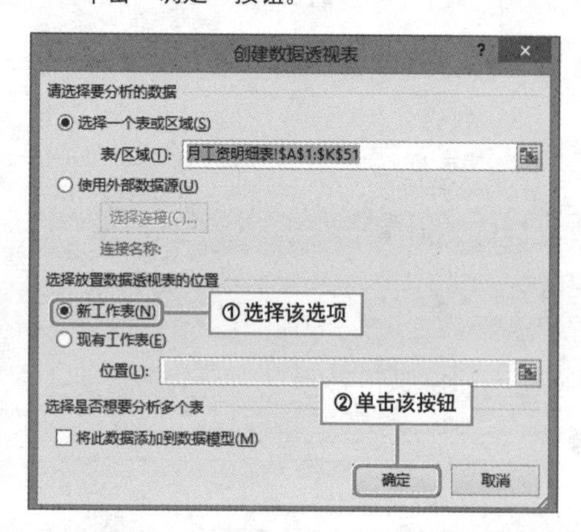

❸ 弹出空白的数据透视表和对应的窗格，在窗格中将“部门”字段拖至“行”区域，将“工号”字段拖至“值”区域。

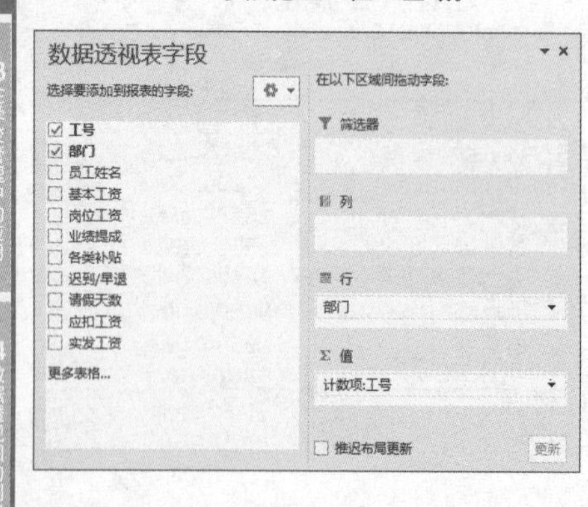

❹ 返回数据透视表编辑区，修改数据透视表字段名称，查看每个部门领工资的人数，以及公司全部人数。

	A	B	C
1	部门	员工人数	
2	财务部	5	
3	工程部	6	
4	技术部	5	
5	客服部	4	
6	人力资源部	5	
7	市场部	11	
8	销售部	14	
9	总计	50	
10			

Question 198

筛选出基本工资大于等于7000的员工

Level ◆◆◇

2013 2010 2007

实例 筛选出基本工资大于等于7000的员工

为了了解公司员工的工资情况，可通过创建数据透视表的方法，来进行分析统计。例如筛选出基本工资大于等于7000的员工。用户已经创建了空白的数据透视表，接下来该怎么操作呢？

❶ 在“数据透视表字段”窗格中，将“员工姓名”字段拖至“行”区域，将“基本工资”字段拖至“值”区域。

数据透视表字段
选择要添加到报表的字段：
☐ 工号
☐ 部门
☑ 员工姓名
☑ 基本工资
☐ 岗位工资
☐ 业绩提成
☐ 各类补贴
☐ 迟到/早退
☐ 请假天数
☐ 应扣工资
☐ 实发工资
更多表格...
在以下区域间拖动字段：
筛选器
列
行
员工姓名
Σ 值
求和项:基本工资
☐ 推迟布局更新

❷ 接着修改数据透视表字段名称，单击“员工姓名”字段按钮，在下拉列表中选择“值筛选-大于或等于”选项。

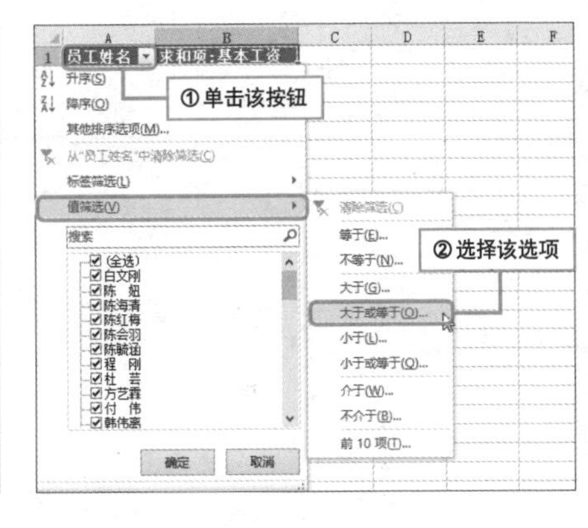

❸ 弹出“值筛选（员工姓名）”对话框，在数值框中输入7000，然后单击“确定”按钮。

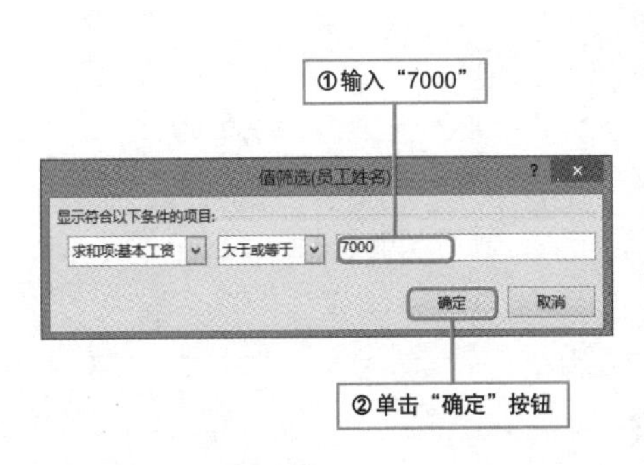

❹ 返回数据透视表编辑区，查看基本工资大于等于7000的员工姓名。

	A	B
1	员工姓名	求和项:基本工资
2	陈毓涵	7000
3	方艺霖	8000
4	黄佳艳	10000
5	李　力	8000
6	邱杰克	8000
7	王志勇	10000
8	余斌杰	8000
9	**总计**	**59000**
10		
11		
12		

Question 199

Level ◆◆◇

2013 2010 2007

统计各部门平均工资

实例 统计员工工资表中各部门平均工资

统计各部门员工的平均工资，可以为人力资源部给新员工制定薪酬提供依据，因此也是非常重要的工作。那么如何快速统计各部门员工的平均工资呢？首先，通过工资明细表创建一张空白的数据透视表，接下来该如何操作呢？

① 在“数据透视表字段”窗格中，将“部门”字段拖至“行”区域，将“实发工资”字段拖至“值”区域。

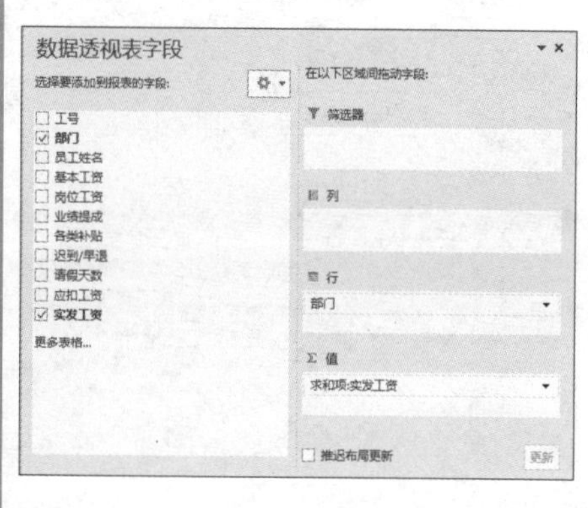

② 单击“求和项：实发工资”字段，从弹出的列表中，选择“值字段设置”选项。

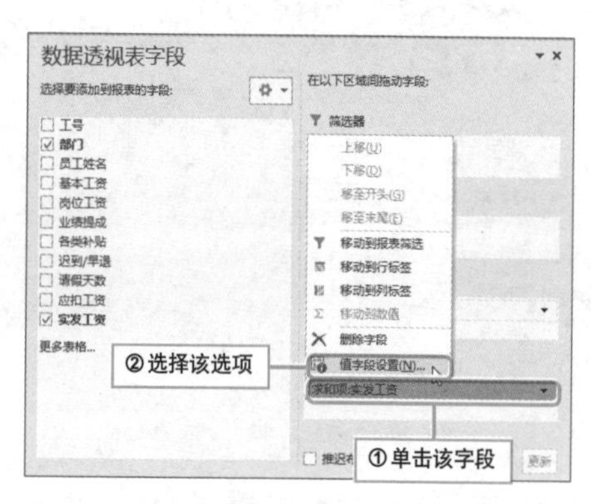

③ 弹出“值字段设置”对话框，从中选择“计算类型”为“平均值”，单击“确定”按钮。

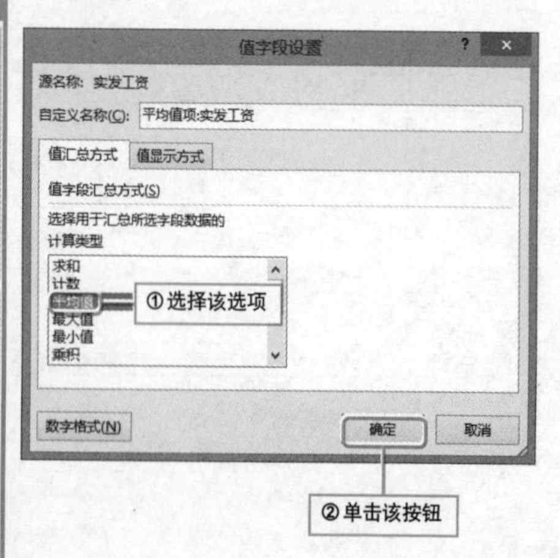

④ 返回数据透视表编辑区，修改数据透视表字段名称，即可查看各部门平均工资。

	A	B	C
1	部门	平均工资	
2	财务部	5208.67	
3	工程部	6816.67	
4	技术部	5150.67	
5	客服部	3831.67	
6	人力资源部	5335.33	
7	市场部	8590.91	
8	销售部	8548.57	
9	**总计**	**6977.6**	
10			
11			
12			

快速统计各部门最大补贴值

实例 统计各部门最大补贴值

在财务管理中，需要定期对员工薪酬做适当调整，对于老员工，适当增加其工资和补贴，所以统计各部门中最大补贴值是必要的工作。现在用户通过工资表创建了空白的数据透视表，接下来该如何统计各部门最大补贴值呢？

1 在“数据透视表字段”窗格中，将“部门”字段拖至“行”区域，将“各类补贴”字段拖至“值”区域。

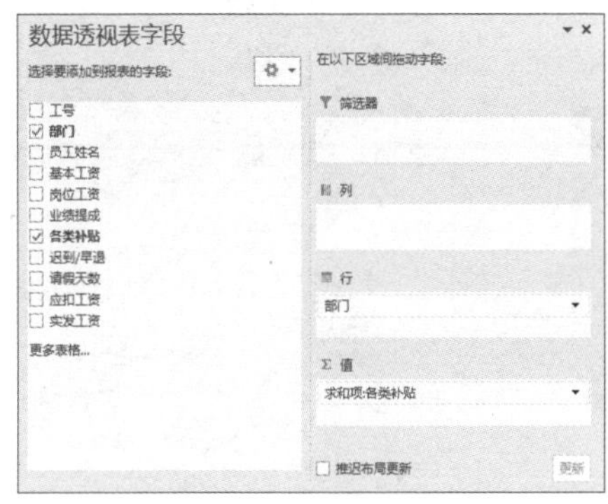

2 创建初步的数据透视表后，打开“数据透视表工具-分析”选项卡，单击“字段设置”按钮。

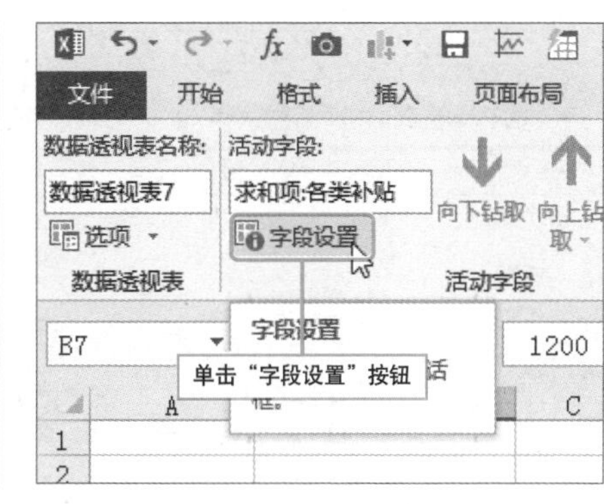

3 弹出“值字段设置”对话框，选择“计算类型”为“最大值”，单击“确定”按钮。

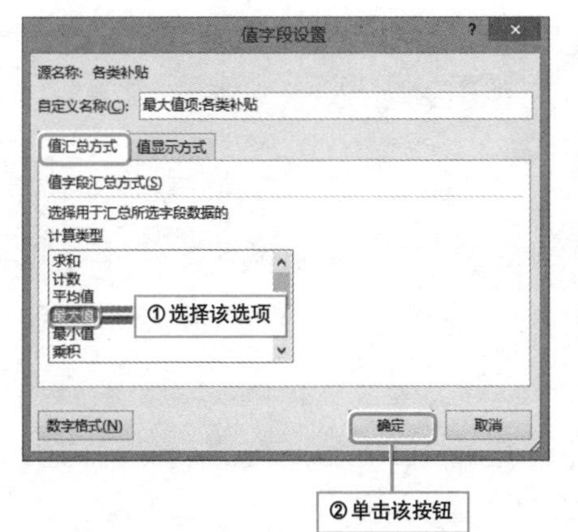

4 返回数据透视表编辑区，即可查看各部门最大补贴值。

	A	B
1		
2		
3	行标签	最大值项:各类补贴
4	财务部	600
5	工程部	600
6	技术部	600
7	客服部	300
8	人力资源部	600
9	市场部	600
10	销售部	600
11	**总计**	**600**
12		

Question **201**

• Level ◆◆◆

2013 2010 2007

轻松统计各部门每个员工全年工资

实例 统计各部门每个员工全年工资

统计员工全年工资，可以为年度财务报表的制作提供依据。例如，现在用户有一张全年工资明细表，想要统计各部门每个员工的全年工资情况，该怎么操作呢？

❶ 在全年工资明细表中添加名为“全年工资”的列，在P2单元格中输入公式“=SUM(D2:O2)”，按下Enter键确认。

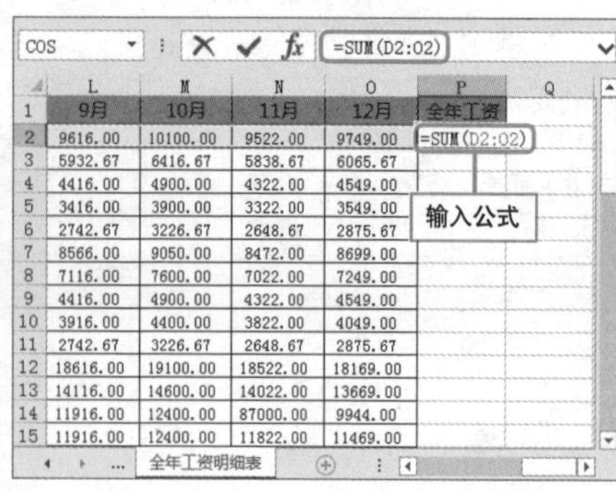

	L	M	N	O	P	Q
1	9月	10月	11月	12月	全年工资	
2	9616.00	10100.00	9522.00	9749.00	=SUM(D2:O2)	
3	5932.67	6416.67	5838.67	6065.67		
4	4416.00	4900.00	4322.00	4549.00		
5	3416.00	3900.00	3322.00	3549.00		
6	2742.67	3226.67	2648.67	2875.67		
7	8566.00	9050.00	8472.00	8699.00		
8	7116.00	7600.00	7022.00	7249.00		
9	4416.00	4900.00	4322.00	4549.00		
10	3916.00	4400.00	3822.00	4049.00		
11	2742.67	3226.67	2648.67	2875.67		
12	18616.00	19100.00	18522.00	18169.00		
13	14116.00	14600.00	14022.00	13669.00		
14	11916.00	12400.00	87000.00	9944.00		
15	11916.00	12400.00	11822.00	11469.00		

❷ 将光标放到P2单元格右下角，当其变成十字形时，按住左键向下拖动至尾行。

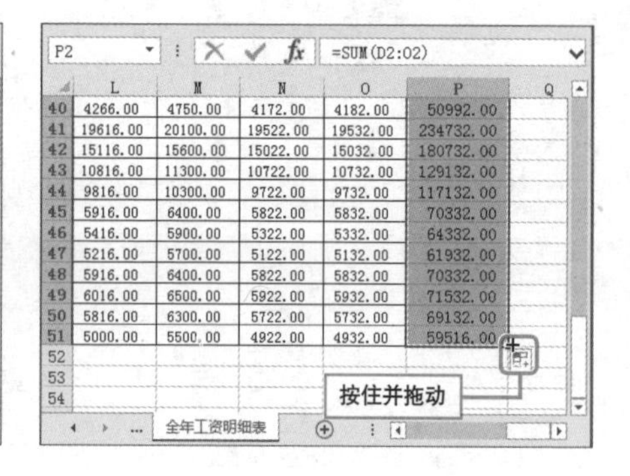

	L	M	N	O	P	Q
40	4266.00	4750.00	4172.00	4182.00	50992.00	
41	19616.00	20100.00	19522.00	19532.00	234732.00	
42	15116.00	15600.00	15022.00	15032.00	180732.00	
43	10816.00	11300.00	10722.00	10732.00	129132.00	
44	9816.00	10300.00	9722.00	9732.00	117132.00	
45	5916.00	6400.00	5822.00	5832.00	70332.00	
46	5416.00	5900.00	5322.00	5332.00	64332.00	
47	5216.00	5700.00	5122.00	5132.00	61932.00	
48	5916.00	6400.00	5822.00	5832.00	70332.00	
49	6016.00	6500.00	5922.00	5932.00	71532.00	
50	5816.00	6300.00	5722.00	5732.00	69132.00	
51	5000.00	5500.00	4922.00	4932.00	59516.00	
52						
53						
54						

❸ 选中全年工资明细表，创建数据透表。在“数据透视表字段”窗格中，将字段拖至合适区域即可。

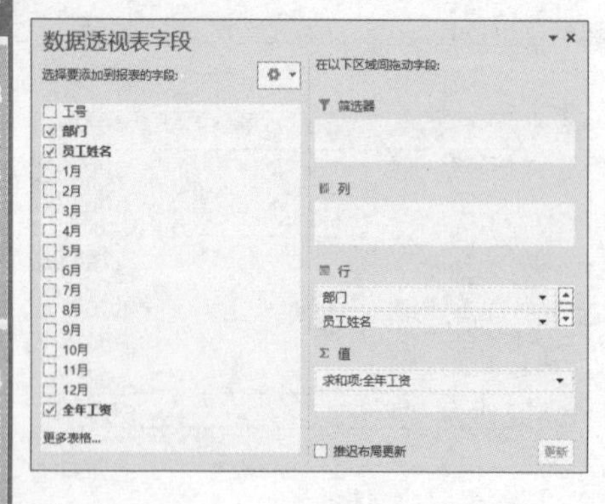

❹ 返回数据透视表编辑区，即可看到每个部门每个员工全年工资总和。

	A	B	C
1	行标签	求和项:全年工资	
2	⊟财务部	**316331.67**	
3	范厚红	55241.00	
4	蒋侦万	36434.33	
5	李红霞	68914.33	
6	刘会	45301.00	
7	幸璐荣	110441.00	
8	⊟工程部	**491727.00**	
9	刘巧娇	50992.00	
10	强勤艳	139387.00	
11	陶龙	69187.00	
12	王雨琦	69787.00	
13	王育海	109387.00	
14	赵红	52987.00	

各部门全年工资统计表

汇总每个员工第一季度工资很简单

实例 为数据透视表添加“第一季度工资”计算字段

第一季度结束时，用户需要汇总第一季度每个员工工资总和，用户创建了初步的数据透视表，接下来该如何操作呢？

初始效果

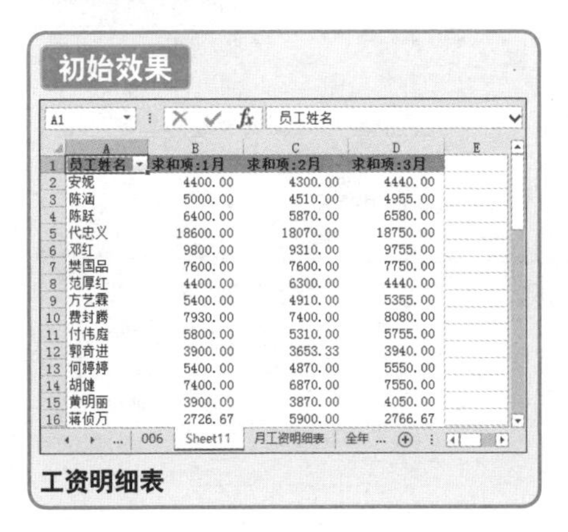

员工姓名	求和项:1月	求和项:2月	求和项:3月
安妮	4400.00	4300.00	4440.00
陈涵	5000.00	4510.00	4955.00
陈跃	6400.00	5870.00	6580.00
代忠义	18600.00	18070.00	18750.00
邓红	9800.00	9310.00	9755.00
樊国品	7600.00	7600.00	7750.00
范厚红	4400.00	6300.00	4440.00
方艺霖	5400.00	4910.00	5355.00
费封腾	7930.00	7400.00	8080.00
付伟庭	5800.00	5310.00	5755.00
郭奇进	3900.00	3653.33	3940.00
何婷婷	5400.00	4870.00	5550.00
胡健	7400.00	6870.00	7550.00
黄明丽	3900.00	3870.00	4050.00
蒋侦万	2726.67	5900.00	2766.67

工资明细表

最终效果

员工姓名	求和项:1月	求和项:2月	求和项:3月	求和项:第一季度工资
安妮	4400.00	4300.00	4440.00	13140.00
陈涵	5000.00	4510.00	4955.00	14465.00
陈跃	6400.00	5870.00	6580.00	18850.00
代忠义	18600.00	18070.00	18750.00	55420.00
邓红	9800.00	9310.00	9755.00	28865.00
樊国品	7600.00	7600.00	7750.00	22950.00
范厚红	4400.00	6300.00	4440.00	15140.00
方艺霖	5400.00	4910.00	5355.00	15665.00
费封腾	7930.00	7400.00	8080.00	23410.00
付伟庭	5800.00	5310.00	5755.00	16865.00
郭奇进	3900.00	3653.33	3940.00	11493.33
何婷婷	5400.00	4870.00	5550.00	15820.00
胡健	7400.00	6870.00	7550.00	21820.00
黄明丽	3900.00	3870.00	4050.00	11820.00
蒋侦万	2726.67	5900.00	2766.67	11393.33
金芮	3900.00	3900.00	4050.00	11850.00

统计第一季度工资总和

1 单击数据透视表任意区域，打开“数据透视表工具-分析”选项卡，单击“字段、项目和集”按钮，选择“计算字段”选项。

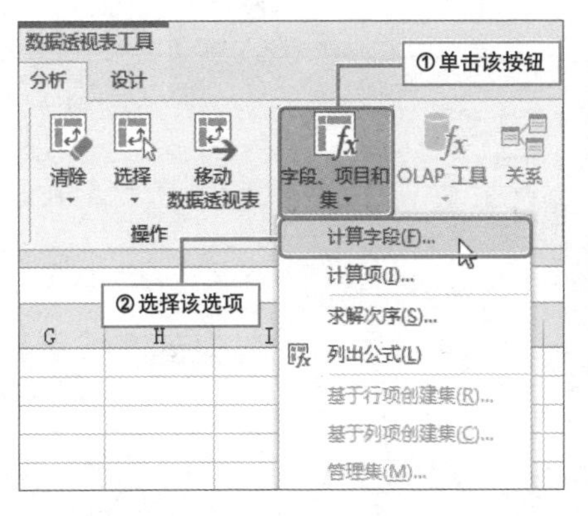

2 弹出“插入计算字段”对话框，在对话框中输入名称为“第一季度工资”，输入公式为“='1月'+'2月'+'3月'”，然后单击“确定”按钮即可。

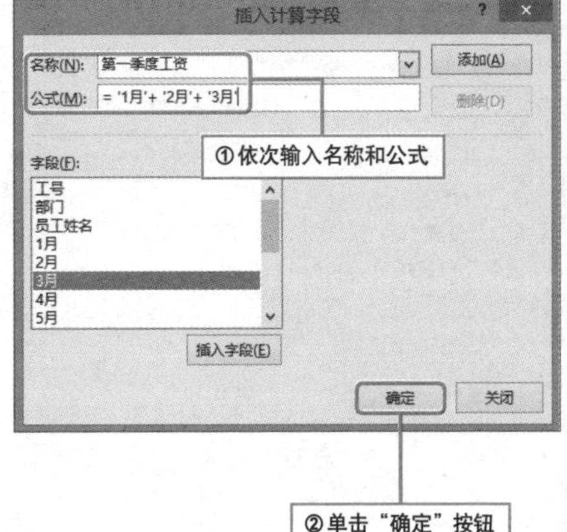

Question 203

工资表中数据随意挑

Level ◆◆◇

2013 2010 2007

实例 在工资表中筛选出销售部的工资数据

用户创建了一张工资信息数据透视表，现在需要分部门分析工资数据，当分析到哪个部门时，就将其他部门隐藏，该如何操作呢？

初始效果

	A	B	C	D	E
1	部门	底薪	早退/迟到	补贴	提成
2	⊟财务部	22500.00	0.00	2100.00	0.00
3	方艺霖	8000.00	0.00	600.00	0.00
4	付　伟	2500.00	0.00	300.00	0.00
5	卯红江	5000.00	0.00	600.00	0.00
6	叶馨兴	3000.00	0.00	300.00	0.00
7	赵超杰	4000.00	0.00	300.00	0.00
8	⊟工程部	36000.00	200.00	2800.00	0.00
9	杜　芸	4000.00	0.00	300.00	0.00
10	黄佳艳	10000.00	0.00	600.00	0.00
11	李　力	8000.00	0.00	600.00	0.00
12	李高飞	4000.00	150.00	300.00	0.00
13	李文华	5000.00	0.00	500.00	0.00
14	章　明	5000.00	50.00	500.00	0.00
15	⊟技术部	22500.00	100.00	2100.00	0.00
16	陈海清	4000.00	0.00	300.00	0.00
17	吉　梅	4000.00	100.00	300.00	0.00
18	邱　谨	3500.00	0.00	300.00	0.00
19	石聪永	5000.00	0.00	600.00	0.00
20	史述倩	6000.00	0.00	600.00	0.00
21	⊟客服部	13000.00	0.00	1200.00	0.00

各部门员工工资数据

最终效果

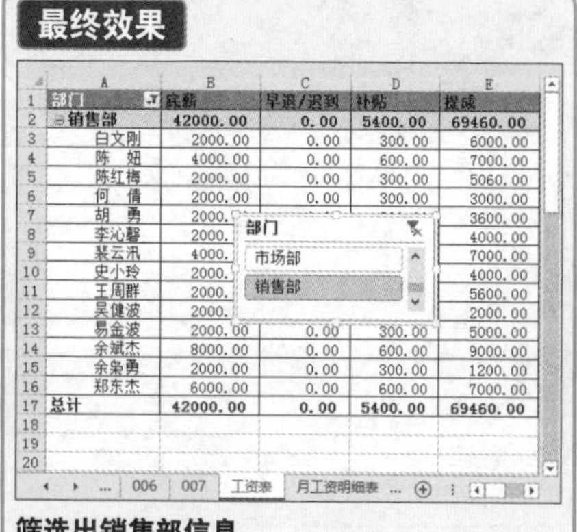

筛选出销售部信息

1 单击数据透视表任意单元格，打开“数据透视表工具-分析”选项卡，单击“插入切片器”按钮。

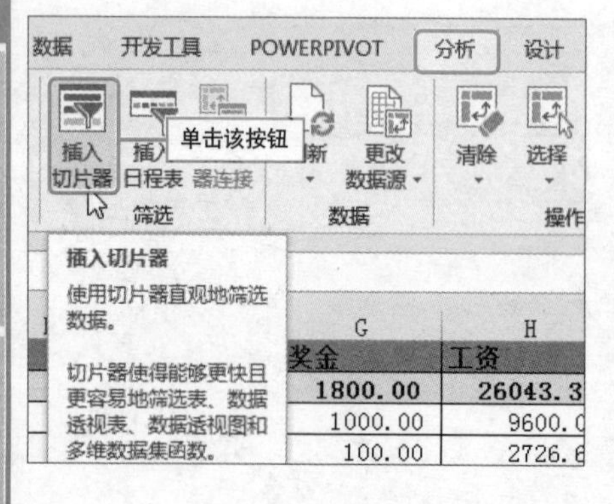

2 弹出“插入切片器”对话框，勾选“部门”选项，单击“确定”按钮。在切片器中单击“销售部”选项进行筛选即可。

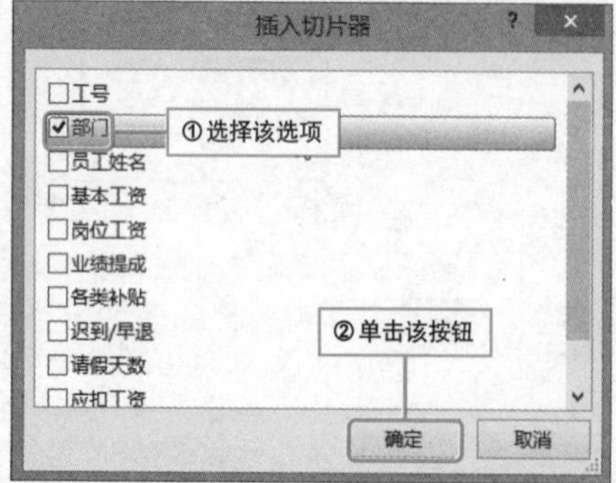

多重合并计算数据区域之数据透视表

实例 汇总3月和4月的工资数据

多重合并计算数据区域的数据透视表，不仅可以显示被合并的数据源区域的每张工作表，也可以显示所有工作表合并计算后的汇总数据，对财务分析很有帮助。下面将介绍如何汇总3月和4月的工资记录。

① 打开“3-4汇总”工作表，按下Alt+D+P组合键弹出对话框，选择“多重合并计算数据区域”选项，单击“下一步”按钮。

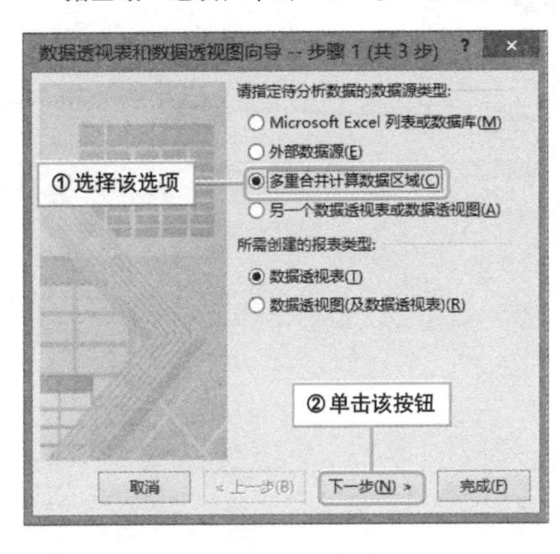

② 弹出“数据透视表和数据透视图向导--步骤2a（共3步）”对话框，从中选择“创建单页字段”选项，单击“下一步”按钮。

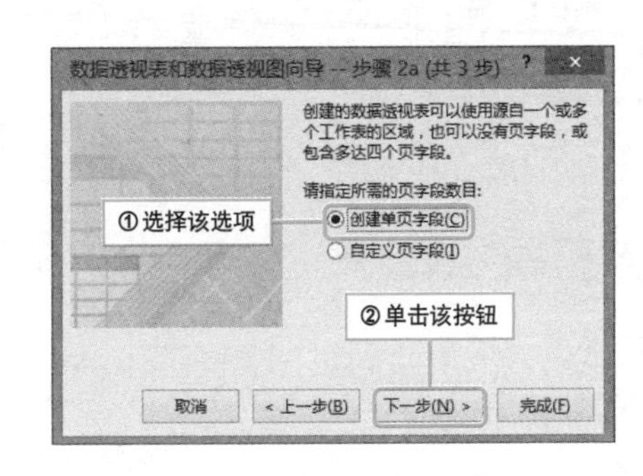

③ 接着在“选定区域”文本框中输入“'3月工资明细表'!$A$1:$K$51”，然后单击“添加”按钮。

④ 再次在“选定区域”文本框中输入“'4月工资明细表'!$A$1:$K$51”，然后单击“下一步”按钮。

5 弹出“数据透视表和数据透视图向导--步骤3（共3步）”对话框，选择“现有工作表”选项，并在下面文本框中输入“'3-4汇总'!$A$1”，单击“完成”按钮。

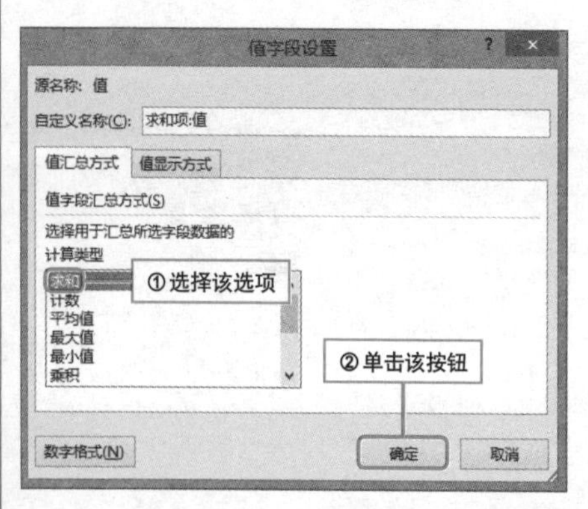

6 接着在“数据透视表字段”窗格中，单击“计数项：值”字段，在弹出的列表中选择“值字段设置”选项。

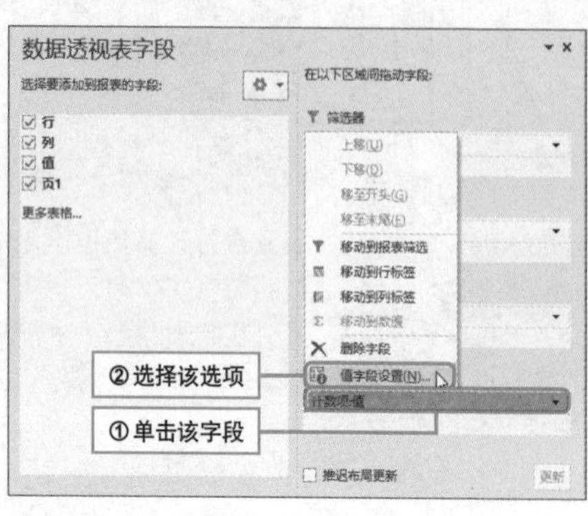

7 在“计算类型”列表框中选择“求和”选项，单击“确定”按钮。返回后发现“部门”和“员工姓名”中值全部为0。

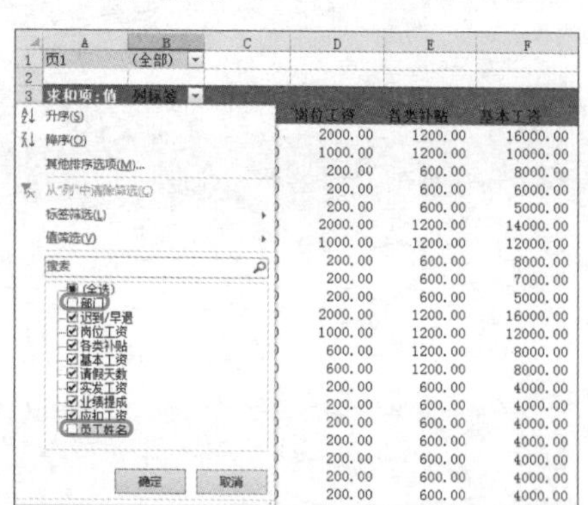

8 单击列标签按钮，取消下拉列表中对“部门”和“员工姓名”的勾选，然后单击“确定”按钮。

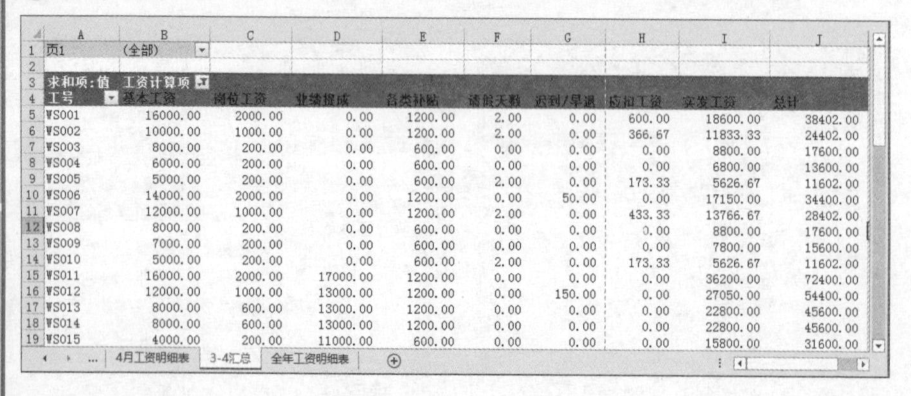

9 最后调整数据透视表中字段的位置，就将两个表中数据汇总到了一张数据透视表中。

	A	B	C	D	E	F	G	H	I	J
1	页1	(全部)								
2										
3	求和项:值	工资计算项								
4	工号	基本工资	岗位工资	业绩提成	各类补贴	请假天数	迟到/早退	应扣工资	实发工资	总计
5	WS001	16000.00	2000.00	0.00	1200.00	2.00	0.00	600.00	18600.00	38402.00
6	WS002	10000.00	1000.00	0.00	1200.00	2.00	0.00	366.67	11833.33	24402.00
7	WS003	8000.00	200.00	0.00	600.00	0.00	0.00	0.00	8800.00	17600.00
8	WS004	6000.00	200.00	0.00	600.00	0.00	0.00	0.00	6800.00	13600.00
9	WS005	5000.00	200.00	0.00	600.00	2.00	0.00	173.33	5626.67	11602.00
10	WS006	14000.00	2000.00	0.00	1200.00	0.00	50.00	0.00	17150.00	34400.00
11	WS007	12000.00	1000.00	0.00	1200.00	2.00	0.00	433.33	13766.67	28402.00
12	WS008	8000.00	200.00	0.00	600.00	0.00	0.00	0.00	8800.00	17600.00
13	WS009	7000.00	200.00	0.00	600.00	0.00	0.00	0.00	7800.00	15600.00
14	WS010	5000.00	200.00	0.00	600.00	2.00	0.00	173.33	5626.67	11602.00
15	WS011	16000.00	2000.00	17000.00	1200.00	0.00	0.00	0.00	36200.00	72400.00
16	WS012	12000.00	1000.00	13000.00	1200.00	0.00	150.00	0.00	27050.00	54400.00
17	WS013	8000.00	600.00	13000.00	1200.00	0.00	0.00	0.00	22800.00	45600.00
18	WS014	8000.00	600.00	13000.00	1200.00	0.00	0.00	0.00	22800.00	45600.00
19	WS015	4000.00	200.00	11000.00	600.00	0.00	0.00	0.00	15800.00	31600.00

4月工资明细表 | 3-4汇总 | 全年工资明细表

巧用数据透视表进行对账

实例 数据透视表中分类汇总功能的应用

大型集团公司，期末都会与其分公司进行往来账的核对。用户希望能利用数据透视表来进行核对，现在用户通过对账表创建了空白的数据透视表，接下来该如何操作呢？

❶ 在窗格中，将“调整后金额”字段拖至“值”区域，将“组合”、“本公司”和“对账公司”字段拖至“行”区域，将“科目名称”字段拖至“列”区域。

数据透视表字段
在以下区域间拖动字段:
筛选器
列：科目名称
行：组合、本公司、对账公司
值：调整后金额
推迟布局更新 更新

❷ 将数据透视表布局设置为“以表格形式显示”，接着在“总公司汇总”单元格上单击右键，取消选择“分类汇总‘本公司’”选项（默认为选中状态）。

取消选择该选项

❸ 返回后，可以看到总公司与分公司对账情况，汇总为0的表示账目核对一致。

调整后金额			科目名称		
组合	本公司	对账公司	应付账款	应收账款	总计
1	徐州分公司	总公司	-62		-62
	总公司	徐州分公司		62	62
1 汇总			-62	62	0
2	淮安分公司	总公司		25	25
	总公司	淮安分公司	-25		-25
2 汇总			-25	25	0
3	无锡分公司	总公司	-45		-45
	总公司	无锡分公司		45	45
3 汇总			-45	45	0
4	苏州分公司	总公司	-53		-53
	总公司	苏州分公司		53	53
4 汇总			-53	53	0
5	南京分公司	总公司		30	30
	总公司	南京分公司	-30		-30
5 汇总			-30	30	0
总计			-215	215	0

Hint

对本技巧的补充说明

在完成本技巧时，首先要建立对账原表，表中数据来自总公司和各分公司，将总公司和每个分公司组成一个组合。比如：总公司和徐州分公司就是一对组合，且标记为“1”，以此类推，添加“组合”列。若每个组合最后汇总值为0则表示账平。

本公司	对账公司	科目名称	金额（万元）	调整后金额（万元）	组合
总公司	徐州分公司	应收账款	62.00	62.00	1
总公司	淮安分公司	应付账款	25.00	-25.00	2
总公司	无锡分公司	应收账款	45.00	45.00	3
总公司	苏州分公司	应收账款	53.00	53.00	4
总公司	南京分公司	应付账款	30.00	-30.00	5
徐州分公司	总公司	应付账款	62.00	-62.00	1
淮安分公司	总公司	应收账款	25.00	25.00	2
无锡分公司	总公司	应付账款	45.00	-45.00	3
苏州分公司	总公司	应付账款	53.00	-53.00	4
南京分公司	总公司	应收账款	30.00	30.00	5

快速统计工人的计件工资

实例 计算工人的计件数量及计件工资

在一流水线工厂中，企业按周发放计件工资，那么如何才能准确计算工人的计件数量与计件工资呢？若采用传统的分类汇总方法，则比较繁琐。这里我们将利用数据透视表来解决这个难题。

初始效果

日期	车间	姓名	工序编码	单价	计件数量	计件工资
2月1日	一车间	方艺霖	4002	0.4	180	72
2月1日	一车间	卯红江	4004	0.3	200	60
2月1日	一车间	赵超杰	4005	0.6	120	72
2月1日	一车间	叶馨兴	4005	0.6	130	78
2月1日	一车间	付　伟	4002	0.4	180	72
2月1日	二车间	陈毓涵	4001	0.5	150	75
2月1日	二车间	王红颜	4004	0.3	210	63
2月1日	二车间	李裕成	4003	0.45	170	76.5
2月1日	二车间	卢吉宣	4003	0.45	170	76.5
2月1日	二车间	陈会羽	4001	0.5	160	80
2月2日	一车间	方艺霖	4002	0.4	178	71.2
2月2日	一车间	卯红江	4004	0.3	210	63
2月2日	一车间	赵超杰	4005	0.6	135	81
2月2日	一车间	叶馨兴	4005	0.6	145	87

成绩表 Sheet4 计件明细表

计件明细表

最终效果

车间	求和项:计件数量	求和项:计件工资
⊟二车间	5927	2556
陈会羽	1079	539.5
陈毓涵	1075	537.5
李裕成	1163	523.35
卢吉宣	1151	517.95
王红颜	1459	437.7
⊟一车间	5906	2610.5
方艺霖	1214	485.6
付　伟	1236	494.4
卯红江	1477	443.1
叶馨兴	1000	600
赵超杰	979	587.4
总计	11833	5166.5

计件汇总表

1 选择全部数据，单击功能区中的“数据透视表”按钮，弹出对话框，选择“新工作表”选项，单击“确定”按钮。

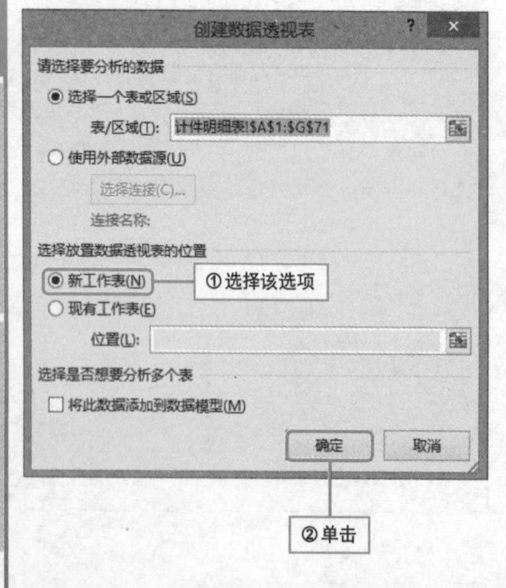

2 随后在窗格中，将“车间”、“姓名”字段拖至“行”区域，将“计件数量”、“计件工资”字段拖至“值”区域即可。

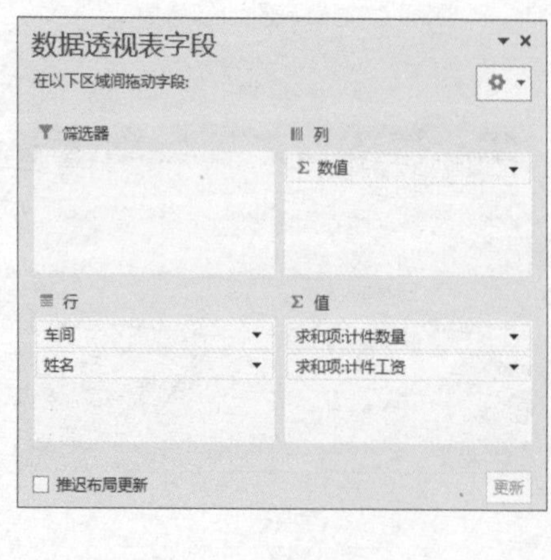

快速统计师资情况

实例 统计各学科教师人数

教师资源是学校最大的财富，任课老师的多少，老师自身素质的高低，都直接决定了该校的教学质量。各个学校通常以教师人数来表示学校的师资情况。那么如何统计各科教师人数呢？

❶ 选中工作表，单击“插入”选项卡下“表格”按钮，选择“数据透视表”选项。

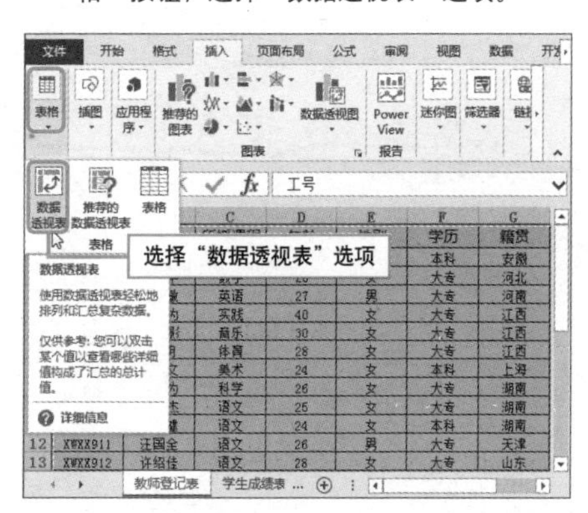

❷ 弹出对话框，从中选择“新工作表”选项，然后单击“确定”按钮。

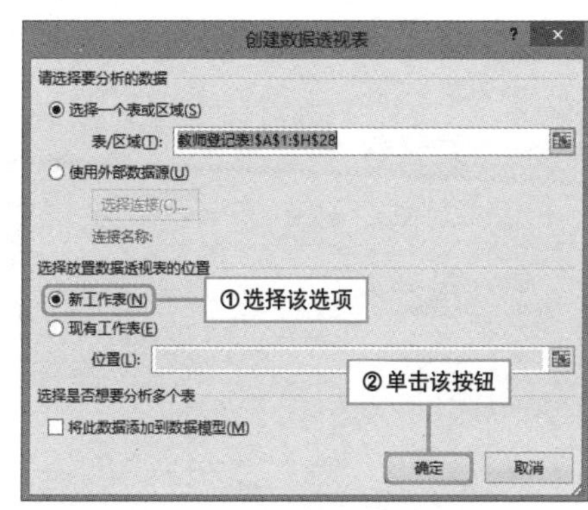

❸ 弹出“数据透视表字段”窗格，从中将“姓名”字段拖至“值”区域，将“所授课程”字段拖至“行”区域。

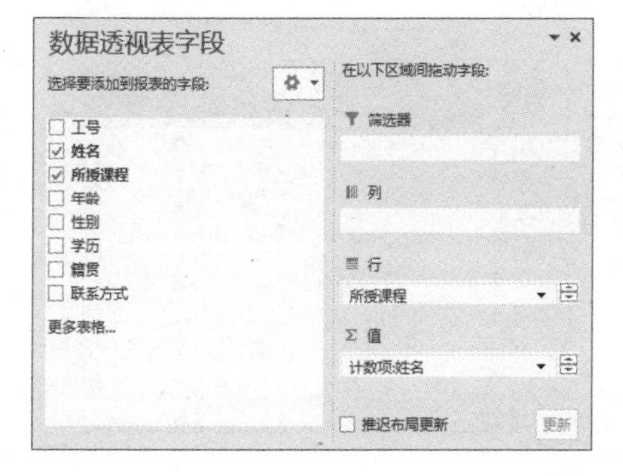

❹ 返回数据透视表编辑区，修改数据透视表字段名称，即可查看各科教师人数。

	A	B	C
1	所授课程	教师人数	
2	科学	2	
3	美术	2	
4	实践	2	
5	数学	6	
6	体育	3	
7	音乐	2	
8	英语	5	
9	语文	5	
10	总计	27	
11			

轻轻松松统计各学科教师学历水平

实例	统计各学科教师学历水平

教师自身的学历水平、学术修养等，对于学校师资队伍的建设至关重要。所以统计各科教师学历水平是很重要的工作。那么如何统计各科教师的学历水平呢？

1. 选中教师登记表，单击“插入”选项下的“数据透视表”按钮。

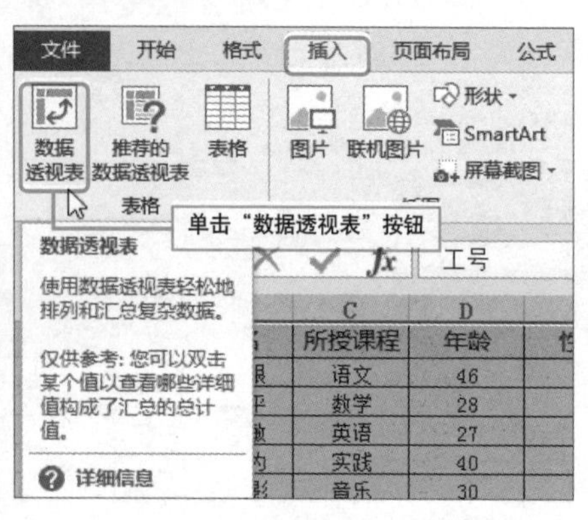

2. 弹出“创建数据透视表”对话框，选择“新工作表”选项，单击“确定”按钮。

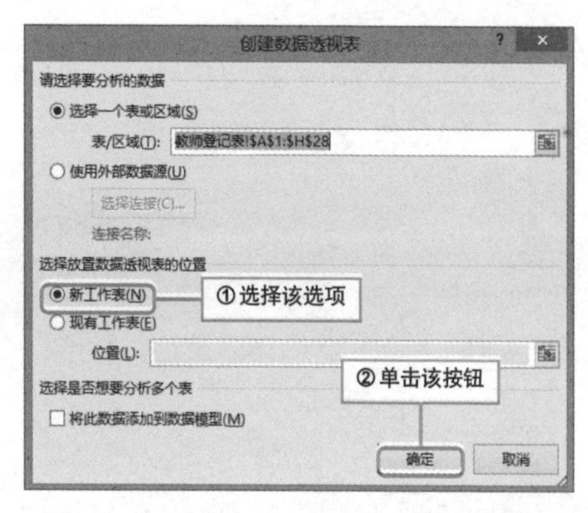

3. 弹出窗格，从中将“学历”字段拖至“列”区域，将“所授课程”字段拖至“行”区域，将“工号”字段拖至“值”区域。

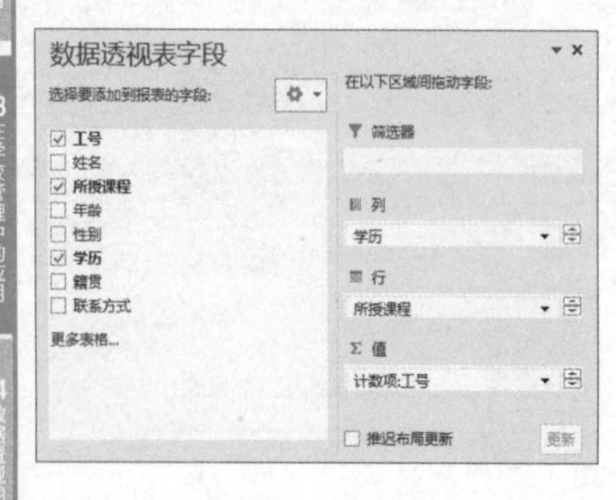

4. 返回数据透视表编辑区，修改数据透视表字段名称分别为“教师人数”、“学科”和“学历”即可。

	A	B	C	D
1	教师人数	学历		
2	学科	本科	大专	总计
3	科学		2	2
4	美术	1	1	2
5	实践		2	2
6	数学	4	2	6
7	体育		3	3
8	音乐		2	2
9	英语	4	1	5
10	语文	2	3	5
11	总计	11	16	27

巧妙统计各学科男女教师比例

实例 统计各学科男女教师人数

统计各学科教师男女比例，可以对教师的分配提供依据，平衡男女教师人数。那么如何统计各学科男女教师的比例呢？

❶ 在窗格中，将“性别”字段拖至“列”区域，将“所授课程”字段拖至“行”区域，将“姓名”字段拖至“值”区域。

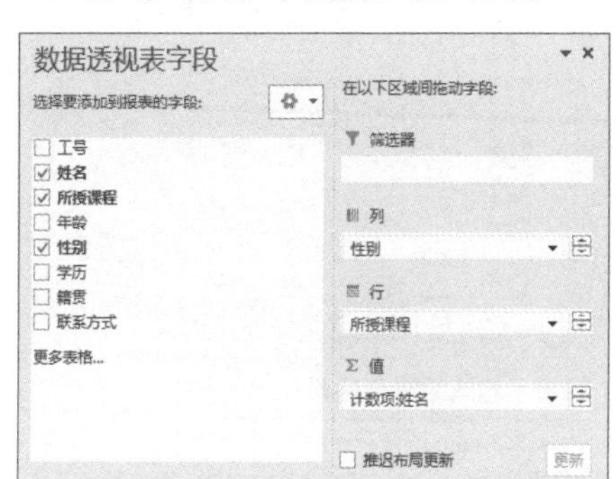

❷ 创建了初步的数据透视表后，修改数据透视表字段名称分别为“男女教师比例”、“学科”和“性别”。

	A	B	C	D
1	男女教师比例	性别		
2	学科	男	女	总计
3	科学		2	2
4	美术	1	1	2
5	实践	1	1	2
6	数学	3	3	6
7	体育	2	1	3
8	音乐	1	1	2
9	英语	3	2	5
10	语文	1	4	5
11	**总计**	**12**	**15**	**27**
12				

❸ 然后在“性别”字段值区域单击右键，弹出快捷菜单，从中选择“值显示方式-行汇总的百分比”命令。

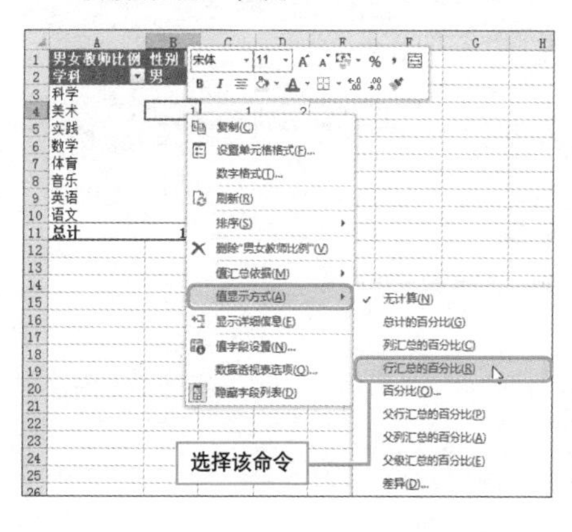

❹ 返回数据透视表编辑区后，查看数据透视表，就可以看到各学科男女比例了。

A1 男女教师比例

	A	B	C	D
1	男女教师比例	性别		
2	学科	男	女	总计
3	科学	0.00%	100.00%	100.00%
4	美术	50.00%	50.00%	100.00%
5	实践	50.00%	50.00%	100.00%
6	数学	50.00%	50.00%	100.00%
7	体育	66.67%	33.33%	100.00%
8	音乐	50.00%	50.00%	100.00%
9	英语	60.00%	40.00%	100.00%
10	语文	20.00%	80.00%	100.00%
11	**总计**	**44.44%**	**55.56%**	**100.00%**
12				
13				
14				

统计学生总成绩很简单

实例 统计每个学生的总成绩

在一次期末考试结束后，用户需要统计学生的成绩情况，现在用户用数据透视表汇总了学生各科成绩，想要知道每个学生的总成绩，该怎么办呢？下面介绍具体解决方法。

初始效果

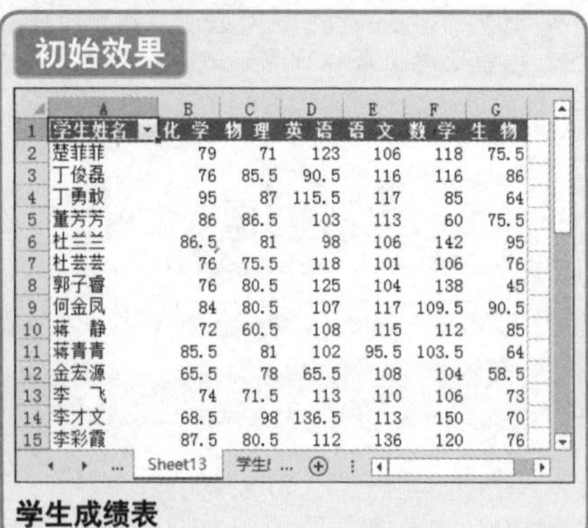

	A	B	C	D	E	F	G
1	学生姓名	化 学	物 理	英 语	语 文	数 学	生 物
2	楚菲菲	79	71	123	106	118	75.5
3	丁俊磊	76	85.5	90.5	116	116	86
4	丁勇敢	95	87	115.5	117	85	64
5	董芳芳	86	86.5	103	113	60	75.5
6	杜兰兰	86.5	81	98	106	142	95
7	杜芸芸	76	75.5	118	101	106	76
8	郭子睿	76	80.5	125	104	138	45
9	何金凤	84	80.5	107	117	109.5	90.5
10	蒋　静	72	60.5	108	115	112	85
11	蒋青青	85.5	81	102	95.5	103.5	64
12	金宏源	65.5	78	65.5	108	104	58.5
13	李　飞	74	71.5	113	110	106	73
14	李才文	68.5	98	136.5	113	150	70
15	李彩霞	87.5	80.5	112	136	120	76

学生成绩表

最终效果

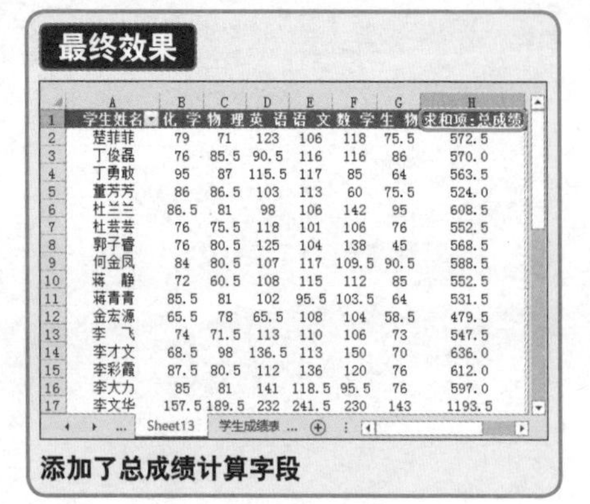

	A	B	C	D	E	F	G	H
1	学生姓名	化 学	物 理	英 语	语 文	数 学	生 物	求和项:总成绩
2	楚菲菲	79	71	123	106	118	75.5	572.5
3	丁俊磊	76	85.5	90.5	116	116	86	570.0
4	丁勇敢	95	87	115.5	117	85	64	563.5
5	董芳芳	86	86.5	103	113	60	75.5	524.0
6	杜兰兰	86.5	81	98	106	142	95	608.5
7	杜芸芸	76	75.5	118	101	106	76	552.5
8	郭子睿	76	80.5	125	104	138	45	568.5
9	何金凤	84	80.5	107	117	109.5	90.5	588.5
10	蒋　静	72	60.5	108	115	112	85	552.5
11	蒋青青	85.5	81	102	95.5	103.5	64	531.5
12	金宏源	65.5	78	65.5	108	104	58.5	479.5
13	李　飞	74	71.5	113	110	106	73	547.5
14	李才文	68.5	98	136.5	113	150	70	636.0
15	李彩霞	87.5	80.5	112	136	120	76	612.0
16	李大力	85	81	141	118.5	95.5	76	597.0
17	李文华	157.5	189.5	232	241.5	230	143	1193.5

添加了总成绩计算字段

❶ 打开“数据透视表工具-分析”选项卡，单击“字段、项目和集”按钮，选择“计算字段”选项。

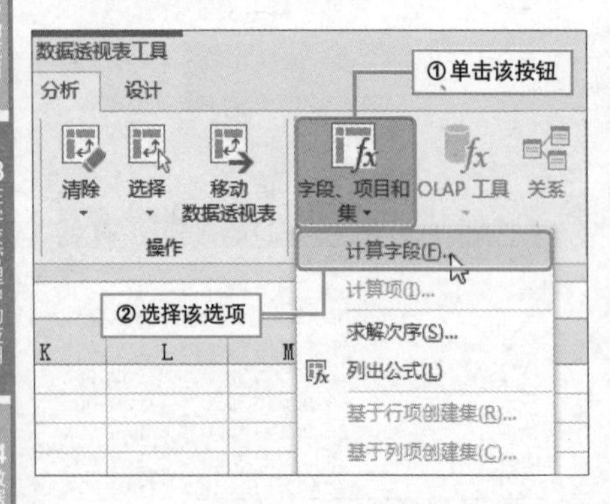

❷ 弹出对话框，从中输入名称“总成绩”，输入公式“=语文+数学+物理+英语+化学+生物”，然后单击“确定”按钮。

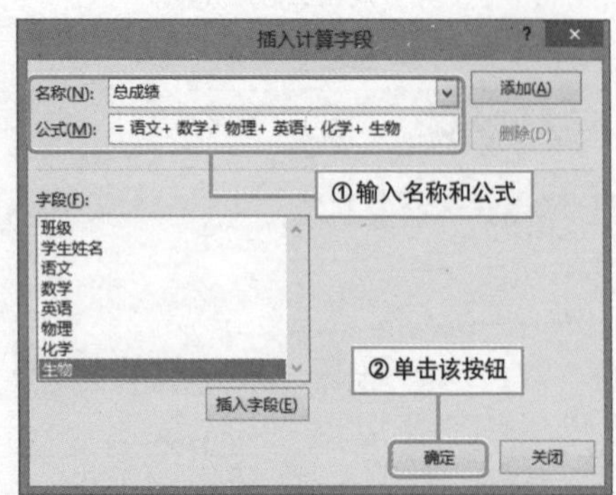

Question 211

● Level ◆◆◇

2013 2010 2007

巧妙添加每个学生的平均成绩

实例 统计每个学生的平均成绩

上面我们学习了统计每个学生的总成绩，那么统计每个学生的平均成绩是不是很难呢？不是的，其实很简单，下面就为您介绍如何统计学生的平均成绩。

初始效果

	A	B	C	D	E	F	G	H
1	姓名	化 学	物 理	英 语	语 文	数 学	生 物	求和项:总成绩
2	楚菲菲	79	71	123	106	118	75.5	572.5
3	丁俊磊	76	85.5	90.5	116	116	86	570.0
4	丁勇敢	95	87	115.5	117	85	64	563.5
5	董芳芳	86	86.5	103	113	60	75.5	524.0
6	杜兰兰	86.5	81	98	106	142	95	608.5
7	杜芸芸	76	75.5	118	101	106	76	552.5
8	郭子睿	76	80.5	125	104	138	45	568.5
9	何金凤	84	80.5	107	117	109.5	90.5	588.5
10	蒋　静	72	60.5	108	115	112	85	552.5
11	蒋青青	85.5	81	102	95.5	103.5	64	531.5
12	金宏源	65.5	78	65.5	108	104	58.5	479.5
13	李　飞	74	71.5	113	110	106	73	547.5
14	李才文	68.5	98	136.5	113	150	70	636.0
15	李彩霞	87.5	80.5	112	136	120	76	612.0
16	李大力	85	81	141	118.5	95.5	76	597.0
17	李文华	157.5	189.5	232	241.5	230	143	1193.5
18	李小龙	79	76	106	115	105	85	566.0
19	刘　星	90.5	92	145	117	136	85	665.5
20	刘晓凡	99.5	80	123	110	98	75.5	586.0
21	刘欣欣	76.5	85.5	98.5	109	101	60	530.5

001 002 003 004 ...

学生成绩表

最终效果

	A	B	C	D	E	F	G	H	I
1	姓名	化 学	物 理	英 语	语 文	数 学	生 物	求和项:总成绩	求和项:平均成绩
2	楚菲菲	79	71	123	106	118	75.5	572.5	95.4
3	丁俊磊	76	85.5	90.5	116	116	86	570.0	95.0
4	丁勇敢	95	87	115.5	117	85	64	563.5	93.9
5	董芳芳	86	86.5	103	113	60	75.5	524.0	87.3
6	杜兰兰	86.5	81	98	106	142	95	608.5	101.4
7	杜芸芸	76	75.5	118	101	106	76	552.5	92.1
8	郭子睿	76	80.5	125	104	138	45	568.5	94.8
9	何金凤	84	80.5	107	117	109.5	90.5	588.5	98.1
10	蒋　静	72	60.5	108	115	112	85	552.5	92.1
11	蒋青青	85.5	81	102	95.5	103.5	64	531.5	88.6
12	金宏源	65.5	78	65.5	108	104	58.5	479.5	79.9
13	李　飞	74	71.5	113	110	106	73	547.5	91.3
14	李才文	68.5	98	136.5	113	150	70	636.0	106.0
15	李彩霞	87.5	80.5	112	136	120	76	612.0	102.0
16	李大力	85	81	141	118.5	95.5	76	597.0	99.5
17	李文华	157.5	189.5	232	241.5	230	143	1193.5	198.9
18	李小龙	79	76	106	115	105	85	566.0	94.3
19	刘　星	90.5	92	145	117	136	85	665.5	110.9
20	刘晓凡	99.5	80	123	110	98	75.5	586.0	97.7
21	刘欣欣	76.5	85.5	98.5	109	101	60	530.5	88.4
22	刘一凡	95.5	81.5	149	112	90.5	84.5	613.0	102.2
23	马云晴	85	71	118	107.5	125	80.5	587.0	97.8
24	钱洁蕴	94	56	138	123	65	97.5	573.5	95.6
25	王昊昊	67	60	123	98	125	75	548.0	91.3
26	王青松	78	70	125	108	107	76	564.0	94.0
27	王甜甜	71	70	126	101	70	56	494.0	82.3

001 002 003 004 005 ...

添加了平均成绩计算字段

❶ 单击“数据透视表工具-分析”选项卡下“字段、项目和集”按钮，选择“计算字段”选项，弹出“插入计算字段”对话框，从中输入名称为“平均成绩”，输入公式为“总成绩/6”，然后单击“确定”按钮。

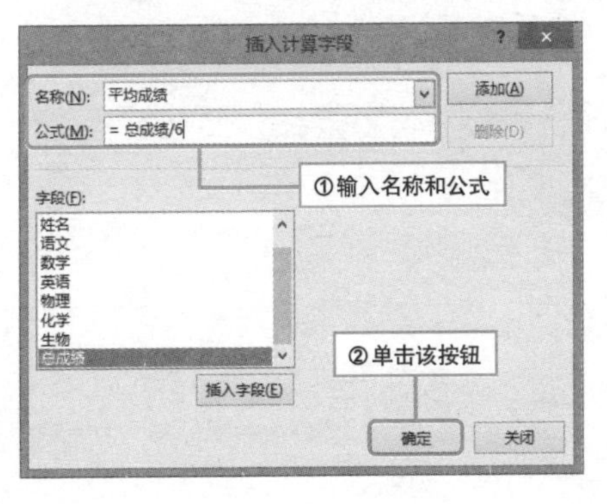

Hint

哪些函数可以用于计算字段公式

在数据透视表中添加计算字段时可以使用简单的函数运算，比如MAX、MIN、AND、TEXT、IF、SUM和AVERAGE等函数。但数据透视表中不能使用返回变量的函数，比如NOW、RAND、GETPIVOTDATA和数据库函数。数据透视表的计算是在透视表缓存中进行的，因此不能使用函数对单元格进行引用或定义名称等。

Question 212

Level ◆◆◇

2013 2010 2007

统计各班级各科平均分有诀窍

实例 统计各班级各科平均分

学校进行了一次基础科目摸底考试，现在需要统计各班级各科考试的平均分。用户通过一张成绩明细表，创建了空白的数据透视表，接下来该怎么操作呢？

1 在“数据透视表字段”窗格中，将“语文”、“数学”和“英语”字段拖至“值”区域，将“班级”字段拖至“行”区域。

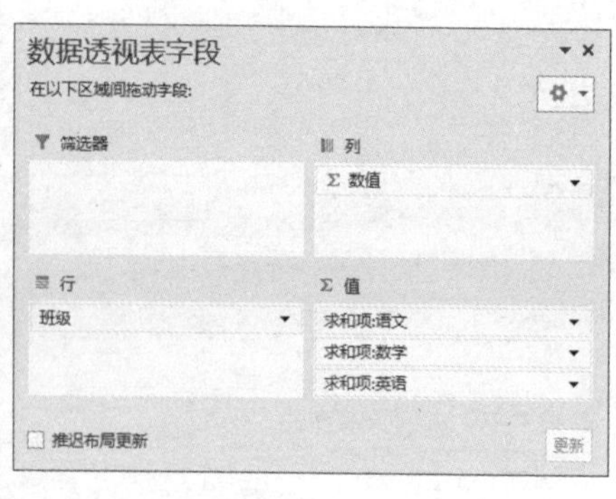

2 然后单击“语文”字段，在弹出的列表中选择“值字段设置”选项，弹出对应的对话框。

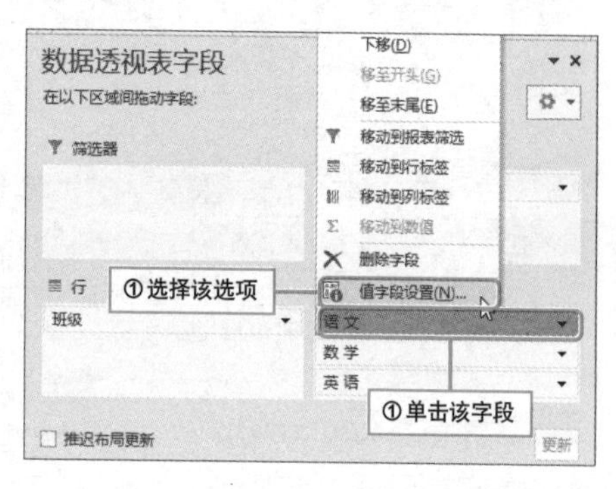

3 在对话框中，选择“计算类型”为“平均值”，然后单击“确定”按钮。用同样的方法设置“数学”和“英语”字段即可。

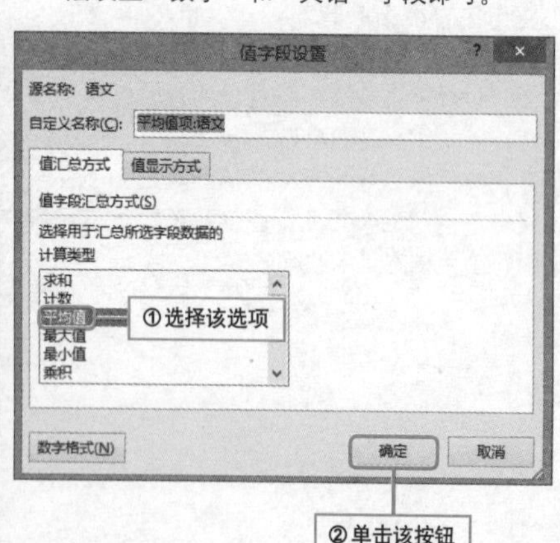

4 返回数据透视表编辑区，查看数据透视表，可看到各班级各科的平均分，和整个年级各科的平均分。

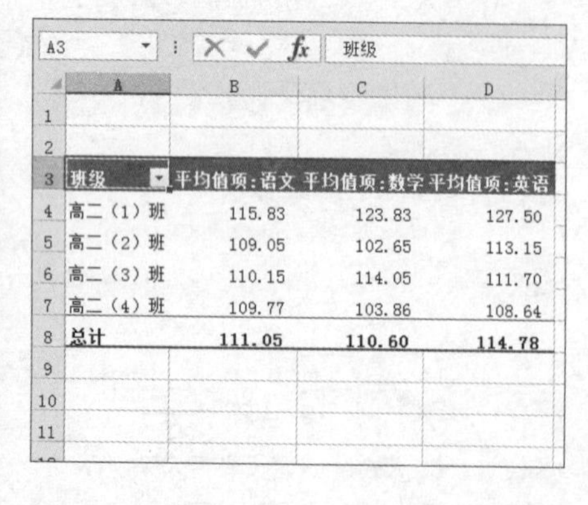

班级	平均值项:语文	平均值项:数学	平均值项:英语
高二（1）班	115.83	123.83	127.50
高二（2）班	109.05	102.65	113.15
高二（3）班	110.15	114.05	111.70
高二（4）班	109.77	103.86	108.64
总计	111.05	110.60	114.78

排序只需一步

实例　按总分高低进行排序

用户在统计学生成绩时，为了方便比较学生成绩的高低，现在想将数据透视表中的数据，按照“总分”字段的降序排列，该怎么办呢？

Level

2013 2010 2007

初始效果

E1　总 分

	A	B	C	D	E
1	学生姓名	物 理	化 学	生 物	总 分
2	楚菲菲	71	79	75.5	225.5
3	丁俊磊	85.5	76	86	247.5
4	丁勇敢	87	95	64	246
5	董芳芳	86.5	86	75.5	248
6	杜兰兰	81	86.5	95	262.5
7	杜芸芸	75.5	76	76	227.5
8	郭子睿	80.5	76	45	201.5
9	何金凤	80.5	84	90.5	255
10	蒋　静	60.5	72	85	217.5
11	蒋青青	81	85.5	64	230.5
12	金宏源	78	65.5	58.5	202
13	李　飞	71.5	74	73	218.5
14	李才文	98	68.5	70	236.5
15	李彩霞	80.5	87.5	76	244
16	李大力	81	85	76	242

001　002

学生成绩表

最终效果

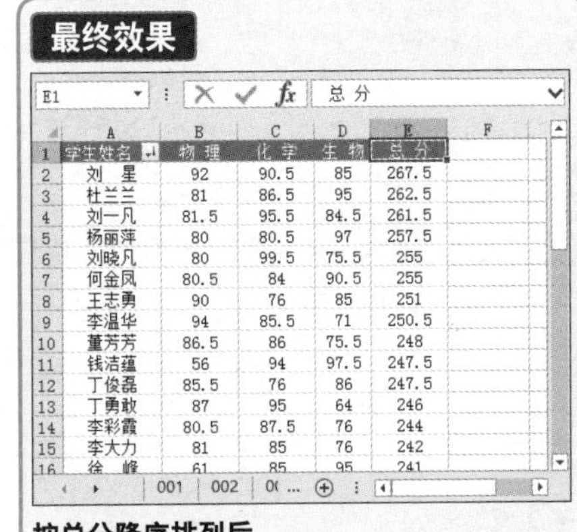

E1　总 分

	A	B	C	D	E
1	学生姓名	物 理	化 学	生 物	总 分
2	刘　星	92	90.5	85	267.5
3	杜兰兰	81	86.5	95	262.5
4	刘一凡	81.5	95.5	84.5	261.5
5	杨丽萍	80	80.5	97	257.5
6	刘晓凡	80	99.5	75.5	255
7	何金凤	80.5	84	90.5	255
8	王志勇	90	76	85	251
9	李温华	94	85.5	71	250.5
10	董芳芳	86.5	86	75.5	248
11	钱洁蕴	56	94	97.5	247.5
12	丁俊磊	85.5	76	86	247.5
13	丁勇敢	87	95	64	246
14	李彩霞	80.5	87.5	76	244
15	李大力	81	85	76	242
16	徐　峰	61	85	95	241

001　002

按总分降序排列后

1 在“总分”字段值区域的任意单元格上，单击鼠标右键，从弹出的快捷菜单中选择“排序-降序”命令即可。

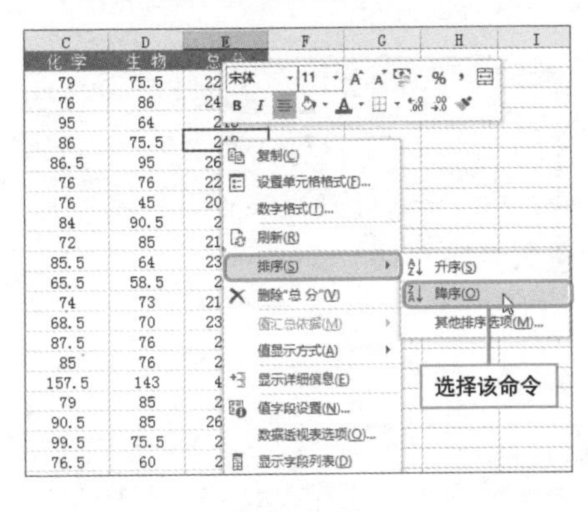

Hint

数据透视表的其他排序方法

- 功能区按钮排序法1。单击“开始”选项卡下的“排序和筛选”按钮，在下拉列表中选择“升序”或“降序”即可。
- 功能区按钮排序法2。打开“数据”选项卡，在“排序和筛选”组中单击“升序”或“降序”按钮即可。

Question 214

• Level ◆◆◇

2013 2010 2007

巧妙进行多条件筛选

实例 筛选出三个学科成绩都大于等于80分的学生

班主任为了激励学生努力学习，承诺在这次考试中理综三科全部上80分的学生，将获得奖励，那么如何筛选出三科成绩都超过80分的学生呢？

初始效果

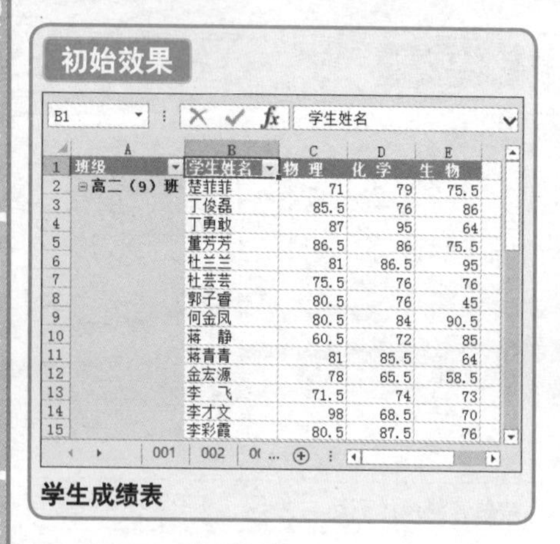

学生成绩表

最终效果

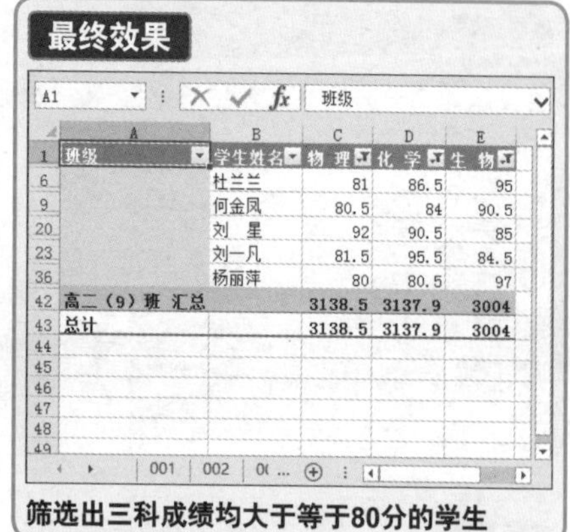

筛选出三科成绩均大于等于80分的学生

1. 首先为数据透视表中字段添加筛选按钮，单击F1单元格，接着单击“数据”选项卡下“筛选”按钮。然后进行筛选，单击“物理”字段按钮，从列表中选择“数字筛选-大于或等于”选项。

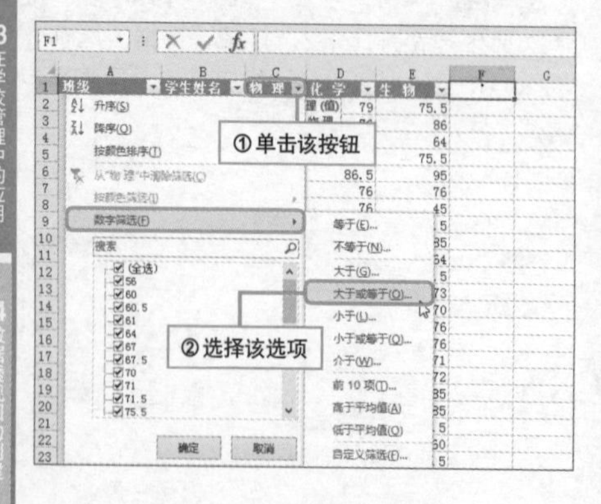

2. 弹出“自定义自动筛选方式”对话框，在数值框中输入80，然后单击“确定”按钮。用同样的方法筛选出化学和生物大于等于80的学生。

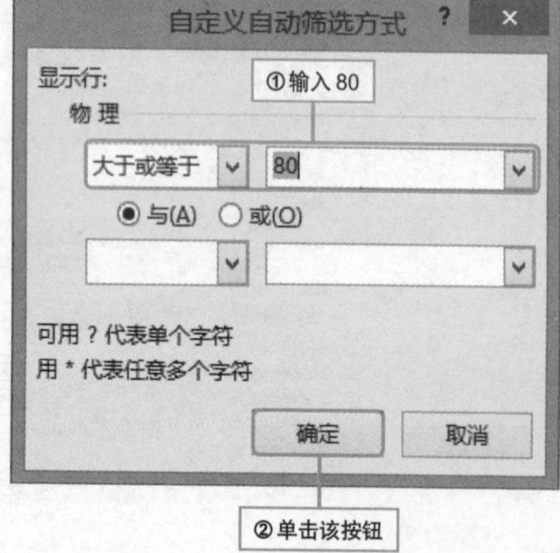

快速统计不同分数段的学生人数

实例 统计语文各分数段的人数

用户将语文考试成绩划分成几个分数段，想统计每个分数段的学生人数，以此来评估学生掌握知识的情况，那么如何操作才能实现呢？

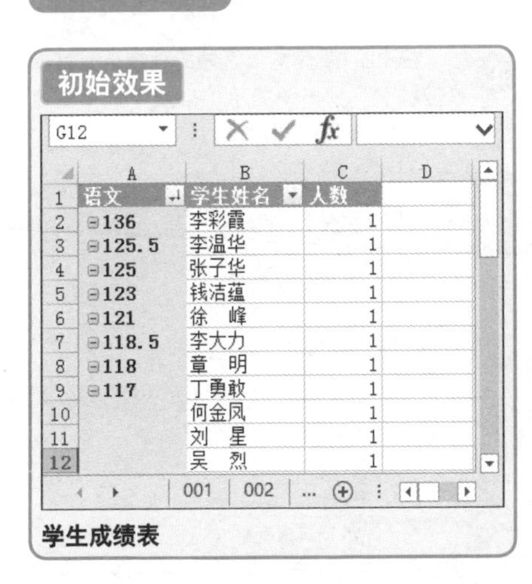

学生成绩表

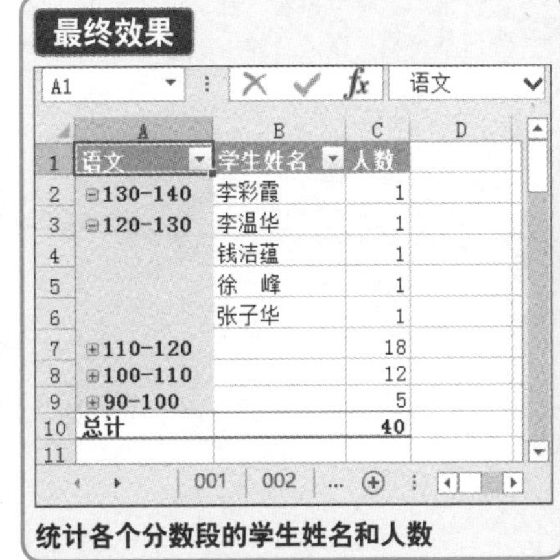

统计各个分数段的学生姓名和人数

1. 在“语文”字段值区域的任意单元格上单击右键，弹出快捷菜单，从中选择“创建组”命令。弹出对应的对话框。

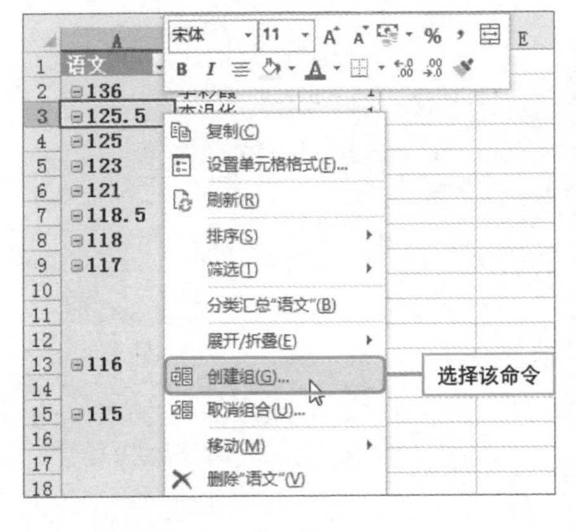

2. 在“起始于”数值框中输入0，在“终止于”数值框中输入150，在“步长”数值框中输入10，单击“确定”按钮。

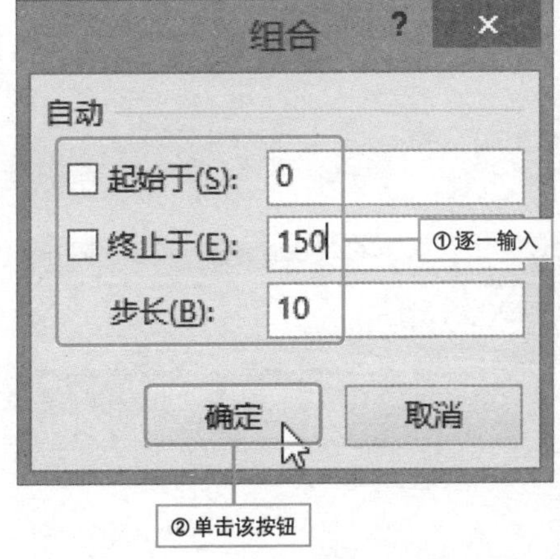

Question 216

● Level ◆◆◇

2013 2010 2007

3-13 数据透视表在学校管理中的应用　　Chapter13\010

学生名次我知道

实例　对学生的数学成绩进行排名

学校进行了数学大联考，现在需要统计出各个班级中学生成绩的排名情况，已经通过成绩明细表创建了空白的数据透视表，接下来该怎么操作呢？下面介绍具体解决方法。

❶ 在窗格中，将“班级”和“学生姓名”字段拖至“行”区域，将“数学”字段两次拖至“值”区域。

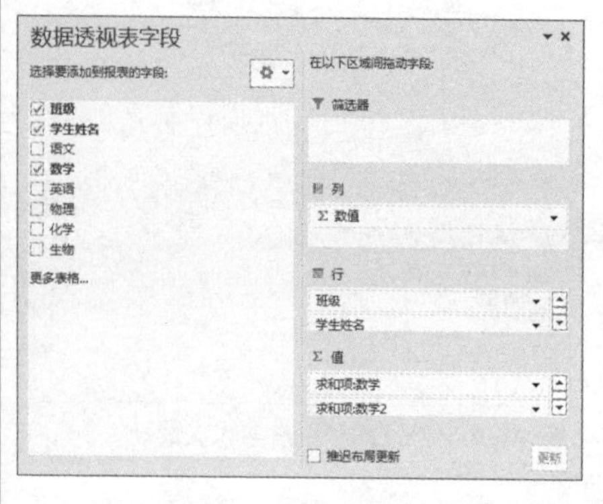

❷ 在“数学2”字段的值区域的任意单元格上单击右键，弹出快捷菜单，从中选择“值显示方式-降序排列”命令。

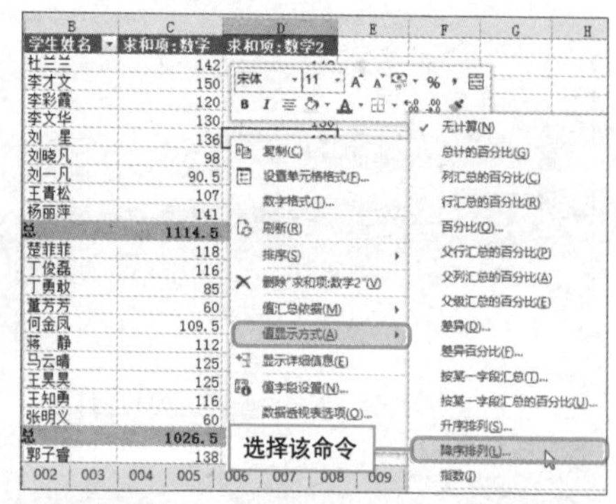

❸ 弹出“值显示方式（求和项：数学2）”对话框，选择“基本字段”为“学生姓名”，然后单击“确定”按钮。

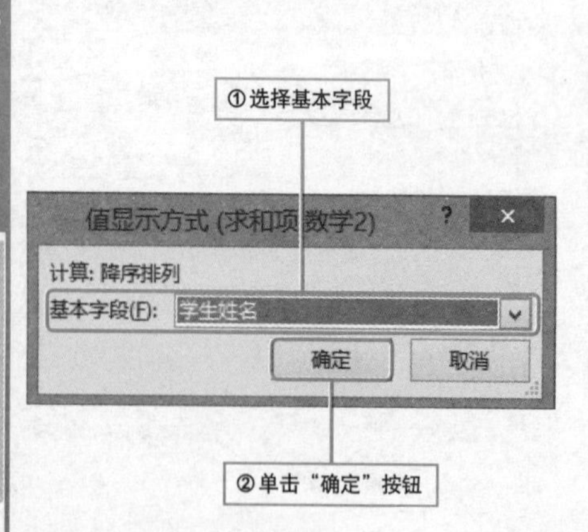

❹ 返回数据透视表编辑区，修改“金额2”字段名称为“排名”。查看数据透视表中各班学生数学成绩排名情况。

D1　排 名

	A	B	C	D
1	班级	学生姓名	数 学	排 名
2	⊟高二（1）班	杜兰兰	142	2
3		李才文	150	1
4		李彩霞	120	6
5		李文华	130	5
6		刘　星	136	4
7		刘晓凡	98	8
8		刘一凡	90.5	9
9		王青松	107	7
10		杨丽萍	141	3
11	高二（1）班 汇总		1114.5	
12	⊟高二（2）班	楚菲菲	118	2
13		丁俊磊	116	3
14		丁勇敢	85	6
15		董芳芳	60	7
16		何金凤	109.5	5
17		蒋　静	112	4

001　002　003　004

快速统计学生迟到情况

实例 统计迟到的学生姓名及其迟到次数

为了杜绝学生迟到早退现象，学校规定每个班级都要进行学生出勤情况的统计，对那些迟到早退的学生给予惩罚，对满勤的学生给予奖励，那么如何统计出迟到的学生的姓名及其迟到次数呢？

1 选中9月学生考勤表，单击“插入”选项卡下“表格”按钮，选择“数据透视表”选项。

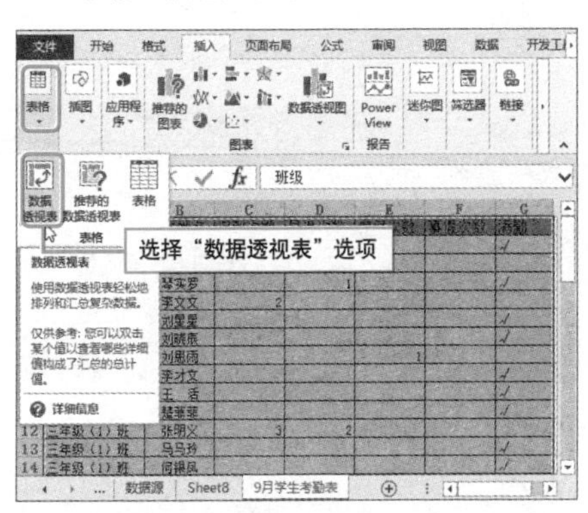

2 弹出对话框，从中选择“新工作表”选项，然后单击“确定”按钮。

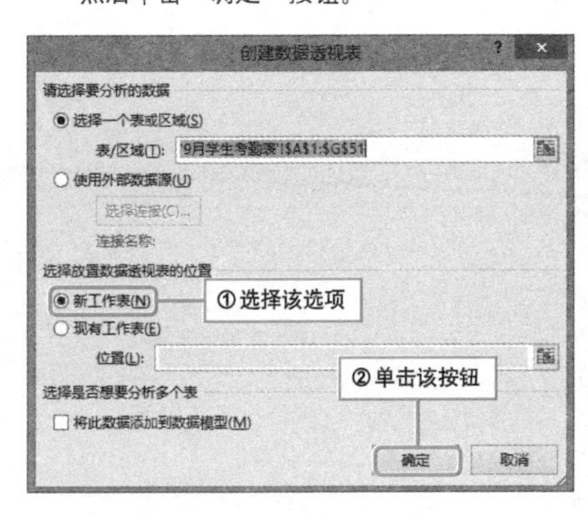

3 弹出空白的数据透视表和对应窗格，在窗格中，将“学生姓名”字段拖至“行”区域，将“迟到次数”字段拖至“值”区域后，就创建了初步的数据透视表。

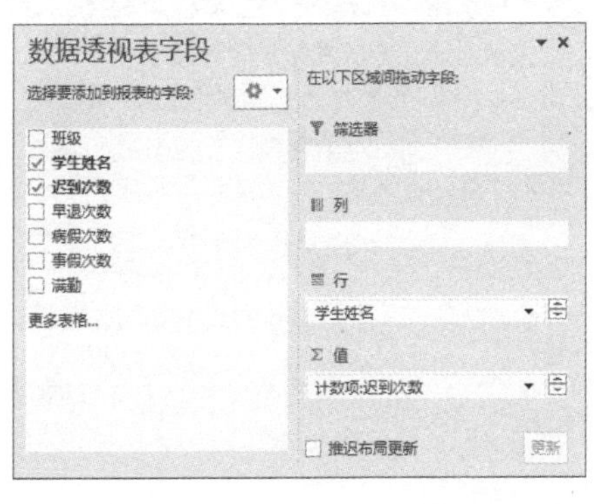

4 返回数据透视表编辑区，单击“行标签”字段按钮，弹出下拉列表，从中选择“值筛选-大于或等于”选项。

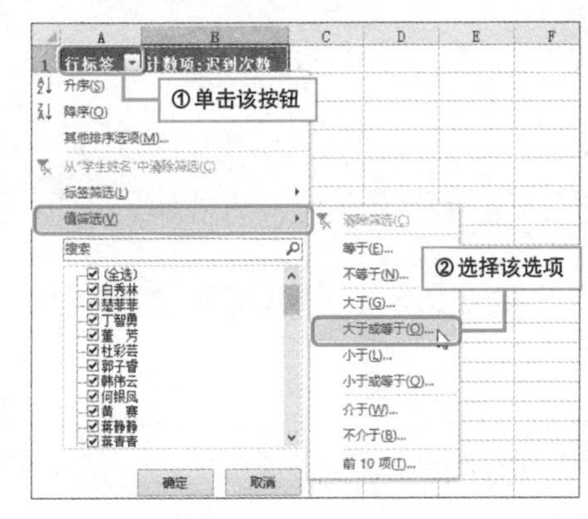

5 弹出“值筛选（学生姓名）”对话框，在“显示符合以下条件的项目”的数值框中输入1，然后单击“确定”按钮。

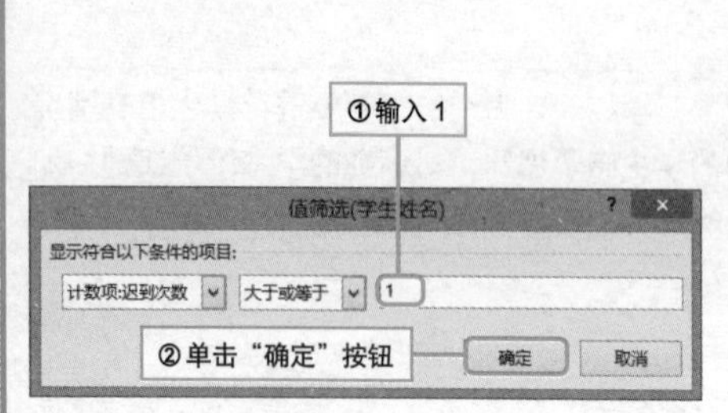

6 返回数据透视表编辑区后，发现“迟到次数”字段的计算类型为“计数”，需要将其计算类型更改为“求和”。

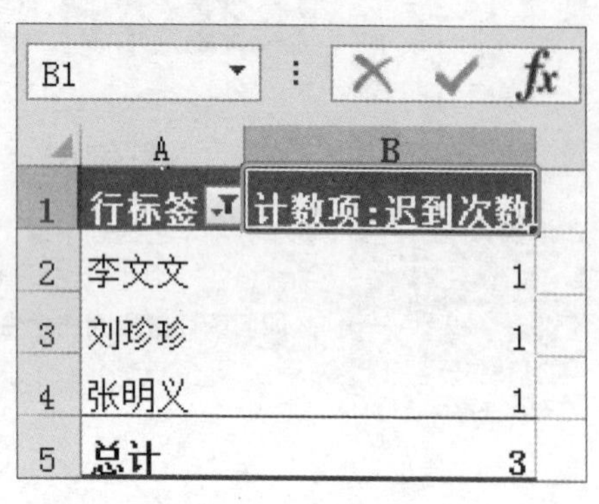

	A	B
1	行标签	计数项:迟到次数
2	李文文	1
3	刘珍珍	1
4	张明义	1
5	总计	3

7 因此，单击窗格中“迟到次数”字段，选择“值字段设置”选项。

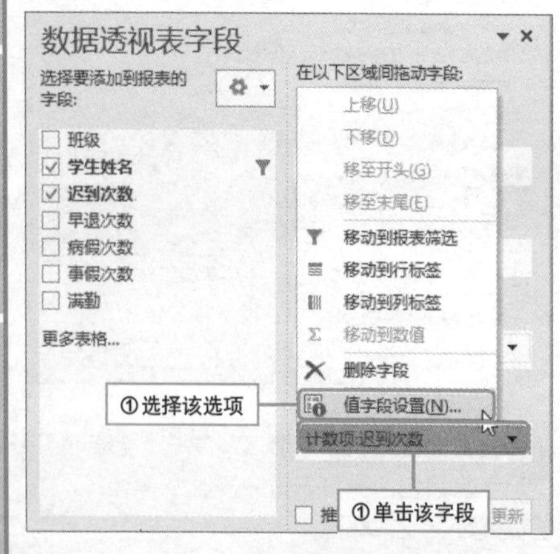

8 弹出对话框，从中选择计算类型为“求和”，然后单击“确定”按钮。

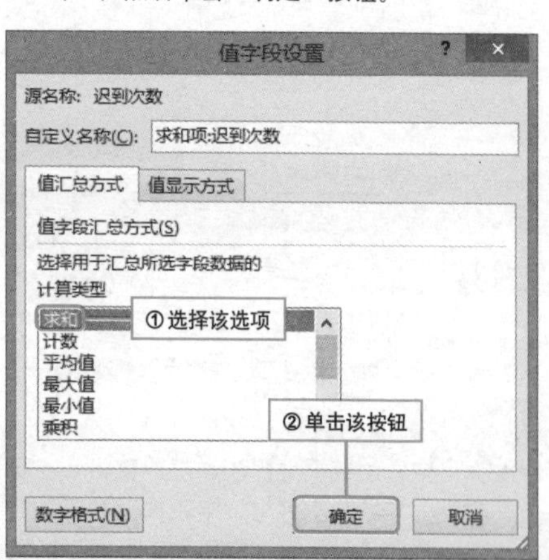

9 再次返回数据透视表编辑区，即可查看迟到的学生姓名及其迟到的次数。

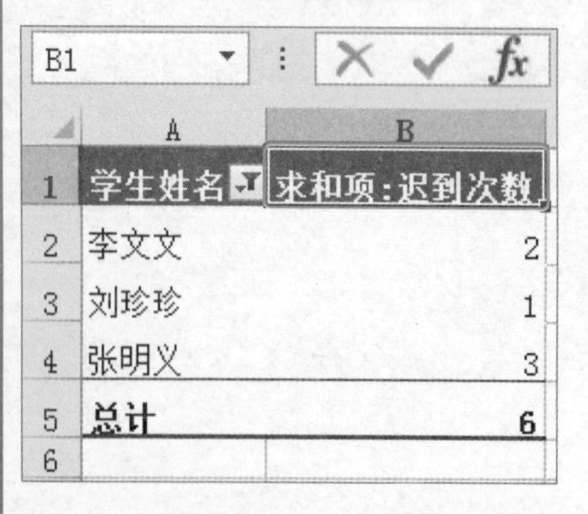

	A	B
1	学生姓名	求和项:迟到次数
2	李文文	2
3	刘珍珍	1
4	张明义	3
5	总计	6
6		

Hint

为什么汇总方式默认为计数

当添加到数据透视表的值字段包含空值、文本等非数值型数据时，其默认汇总方式为计数。本例中，由于不是所有的学生都会迟到，所以数据源中存在空值，导致本案例中默认汇总方式为“计数”。如果添加到数据透视表的值字段都是数值型数据，且没有空值，那么默认的汇总方式为“求和”。

轻轻松松筛选学生缺勤情况

实例 筛选学生缺勤情况

用户创建了学生考勤情况数据透视表，发现缺勤的学生并不是集中在一起的，很难直观地看出哪些学生缺勤，所以需要将缺勤的记录筛选出来，该如何操作呢？

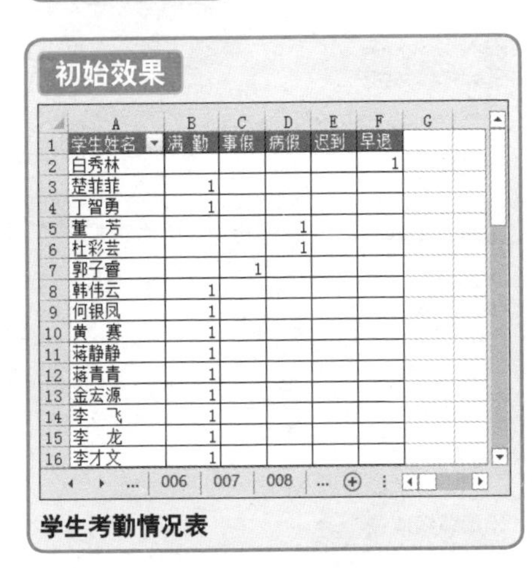

	A	B	C	D	E	F
1	学生姓名	满勤	事假	病假	迟到	早退
2	白秀林					1
3	楚菲菲	1				
4	丁智勇	1				
5	董　芳			1		
6	杜彩芸			1		
7	郭子睿		1			
8	韩伟云	1				
9	何银凤	1				
10	黄　赛	1				
11	蒋静静	1				
12	蒋青青	1				
13	金宏源	1				
14	李　飞	1				
15	李　龙	1				
16	李才文	1				

学生考勤情况表

	A	B	C	D	E	F
1	学生姓名	满勤	事假	病假	迟到	早退
2	白秀林					1
3	董　芳			1		
4	杜彩芸			1		
5	郭子睿		1			
6	李文文				1	
7	刘思雨			1		
8	刘珍珍		1	1	1	1
9	邱杰克					1
10	王双勇		1			
11	袁　溥		1			
12	张明义				1	1
13	总计		4	4	3	4

筛选出缺勤情况

❶ 单击数据透视表任意单元格后，单击“数据透视表工具-分析”选项卡下的“插入切片器”按钮。

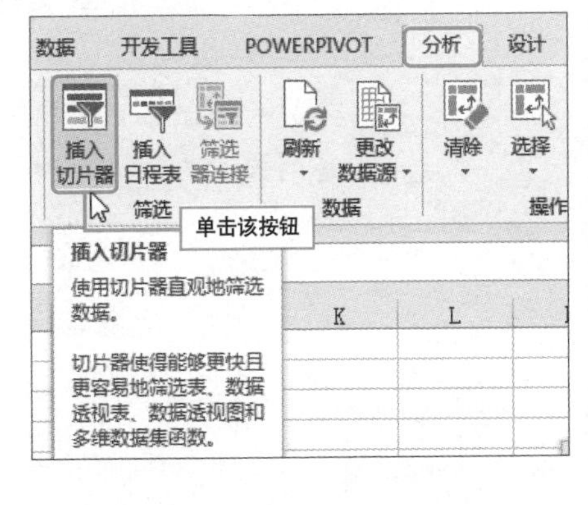

❷ 弹出“插入切片器”对话框，选择“满勤”选项，单击“确定”按钮。然后单击切片器中“（空白）”项进行筛选即可。

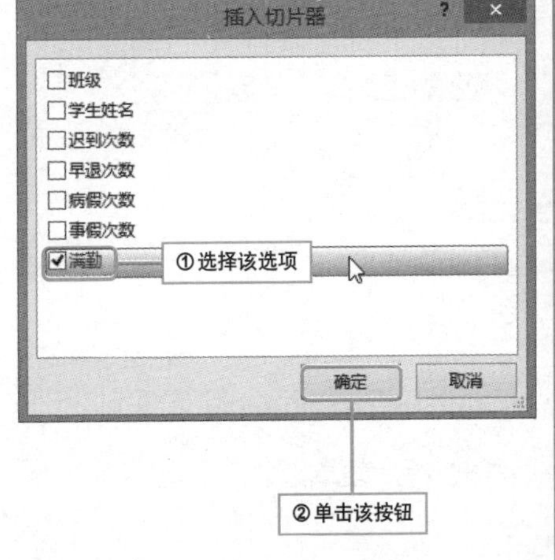

巧妙添加等第成绩

实例 将平均分显示为等第成绩

有些大学实行的是等第制评分系统，将学生的成绩分成A、B、C几个等第，那么我们如何将学生的平均分显示成等第成绩呢？

初始效果

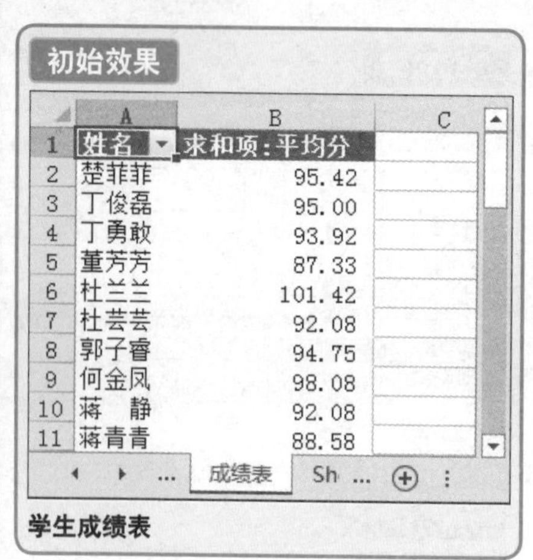

	A	B	C
1	姓名	求和项:平均分	
2	楚菲菲	95.42	
3	丁俊磊	95.00	
4	丁勇敢	93.92	
5	董芳芳	87.33	
6	杜兰兰	101.42	
7	杜芸芸	92.08	
8	郭子睿	94.75	
9	何金凤	98.08	
10	蒋　静	92.08	
11	蒋青青	88.58	

学生成绩表

最终效果

	A	B	C	D
1	姓名	求和项:平均分	等第成绩	
2	楚菲菲	95.42	A	
3	丁俊磊	95.00	A-	
4	丁勇敢	93.92	A-	
5	董芳芳	87.33	B	
6	杜兰兰	101.42	A	
7	杜芸芸	92.08	A-	
8	郭子睿	94.75	A-	
9	何金凤	98.08	A	
10	蒋　静	92.08	A-	
11	蒋青青	88.58	B+	
12	金宏源	79.92	B	
13	李　飞	91.25	A-	
14	李才文	106.00	A+	

计算等第成绩

① 在“数据透视表字段”窗格中，将“平均分”字段再次拖至“值”区域，返回数据透视表编辑区后，修改该字段名称为“等第成绩”，单击C2单元格。

	A	B	C	D
1	姓名	求和项:平均分	等第成绩	
2	楚菲菲	95.42	95.42	
3	丁俊磊	95.00	95.00	
4	丁勇敢	93.92	93.92	
5	董芳芳	87.33	87.33	
6	杜兰兰	101.42	101.42	
7	杜芸芸	92.08	92.08	
8	郭子睿	94.75	94.75	
9	何金凤	98.08	98.08	
10	蒋　静	92.08	92.08	
11	蒋青青	88.58	88.58	
12	金宏源	79.92	79.92	
13	李　飞	91.25	91.25	
14	李才文	106.00	106.00	

② 随后单击“开始”选项卡下的“条件格式”按钮，选择“管理规则”选项。

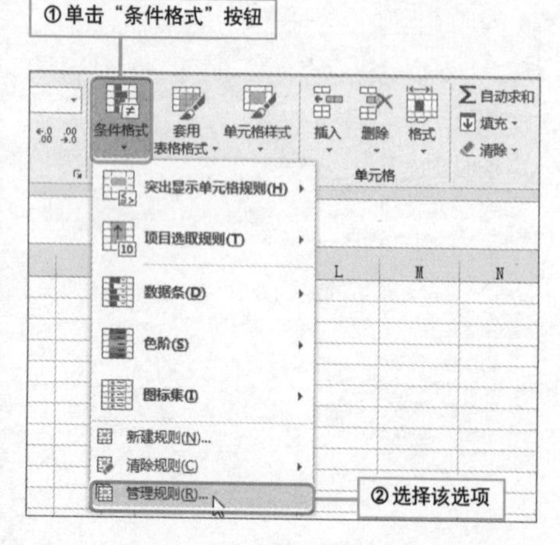

3 弹出“条件格式规则管理器”对话框，从中单击“新建规则”按钮。

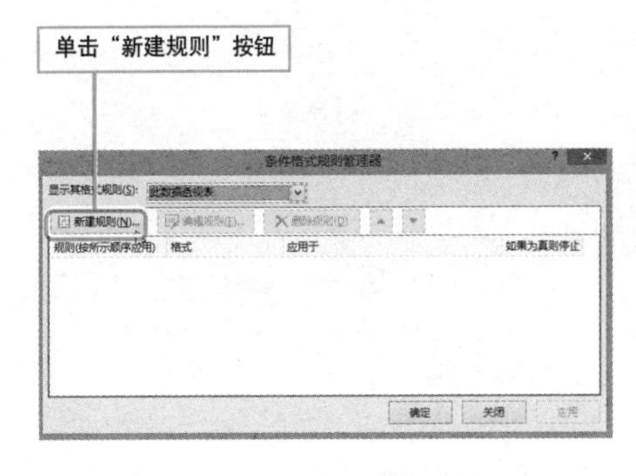

4 弹出“新建格式规则”对话框，选择“所有为‘学生姓名’显示‘等第成绩’值的单元格”选项。

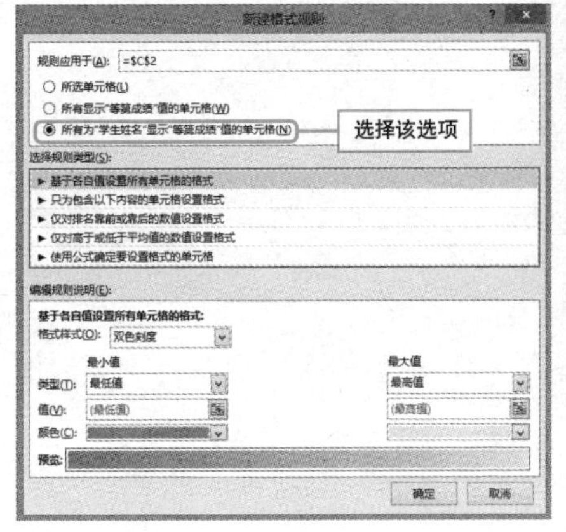

5 选择“使用公式确定要设置格式的单元格”选项，在下面的文本框中输入“=C2<=120”，然后单击“格式”按钮。

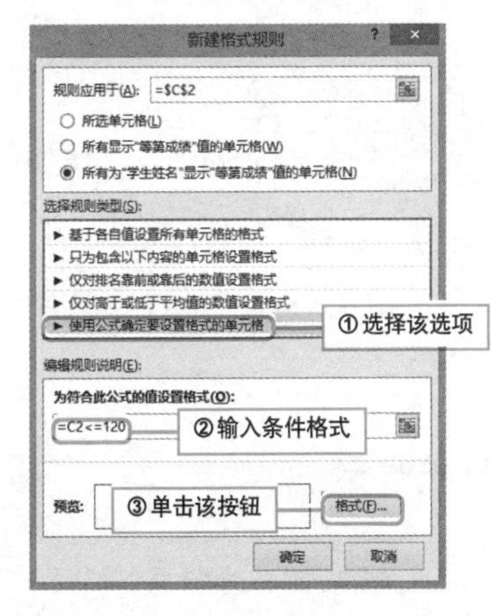

6 在“设置单元格格式”对话框中选择“自定义”选项，输入“[<=95]"A-";[<=105]"A";"A+"”，单击“确定”按钮。

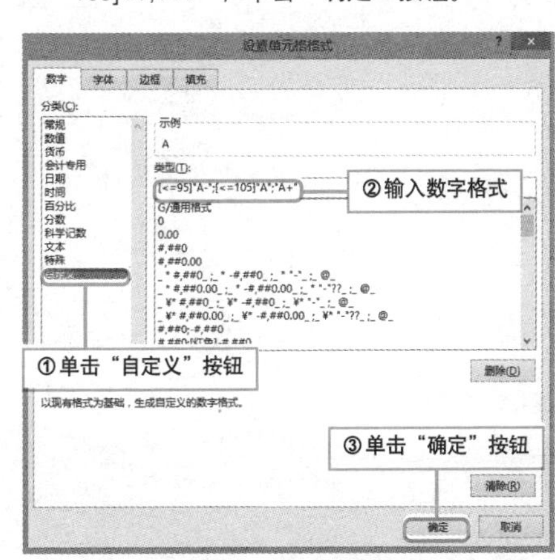

7 返回“条件格式规则管理器”对话框，再次单击“新建规则”按钮，接着设置其他几个条件格式，当所有格式设置完毕后，单击“确定”按钮即可。

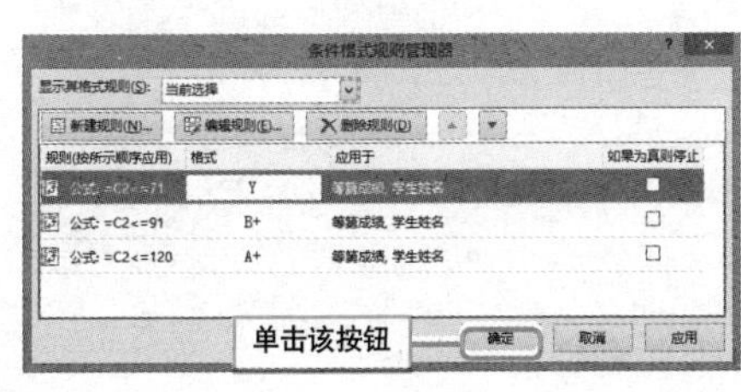

Hint

关于本技巧中的几个条件格式的说明

- 条件格式1为“=C2<=91”
  对应的自定义数字格式为“[<=78]"B-";[<=88]"B";"B+"”
- 条件格式2为“=C2<=71”
  对应的自定义数字格式为“[=0]"X";"Y"”

第 4 篇 289~364

数据透视表与数据透视图

4-14 数据透视图的创建（220~263）

4-15 数据透视图的应用（264~288）

Question 220

Level ◆◇◇

2013 2010 2007

轻轻松松创建数据透视图

实例 根据数据透视表创建数据透视图

数据透视图是以图形的形式表示数据透视表中的数据，此时数据透视表成为与数据透视图相关联的数据透视表。用户可以根据数据透视表创建出数据透视图，以便更直观地分析数据。

① 打开数据透视表，单击数据透视表中任意单元格。

	A	B	C	D	E
1					
2					
3	总金额	商品名称			
4	销售城市	电脑	电视	音响	总计
5	合肥	40000	48000	38000	126000
6	上海	48000	44000	36000	128000
7	徐州	56000	40000	32000	128000
8	总计	144000	132000	106000	382000
9					
10					
11					
12					
13					

单击数据透视表任意单元格

② 单击“数据透视表工具-分析”选项卡下的“数据透视图”按钮。

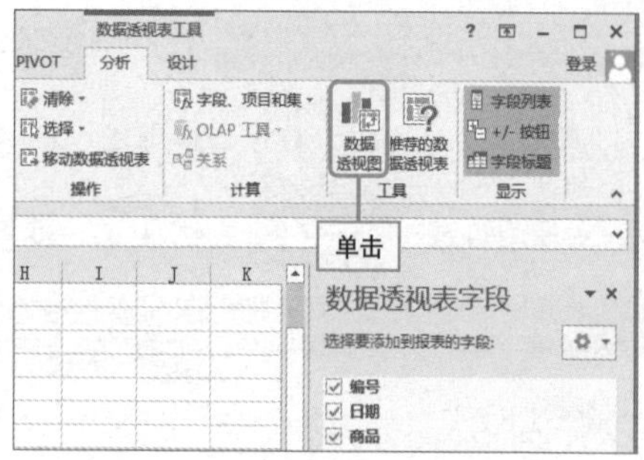

③ 打开“插入图表”对话框，从中根据需要选择图表类型，单击“确定”按钮。

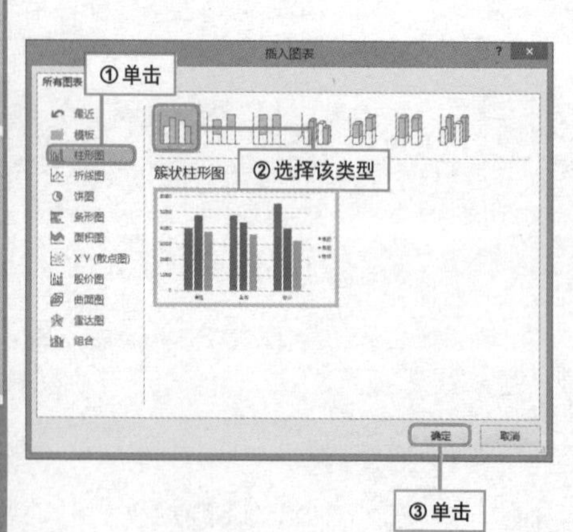

④ 返回编辑区后，即可看到由数据透视表生成的数据透视图。接下来便可通过透视图进行直观分析了。

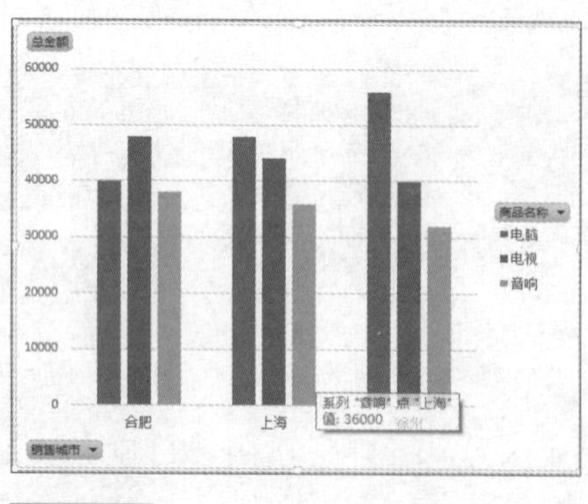

数据透视图

直接创建数据透视图也不难

实例 在Excel工作表中直接创建数据透视图

上一个技巧介绍了根据数据透视表创建数据透视图，那么当拿到工作表时并没有建立数据透视表，这时可不可以直接创建数据透视图呢？具体操作介绍如下。

1 单击工作表中任意单元格，单击“插入”选项卡下的“数据透视图”按钮，从中选择“数据透视图和数据透视表”选项。

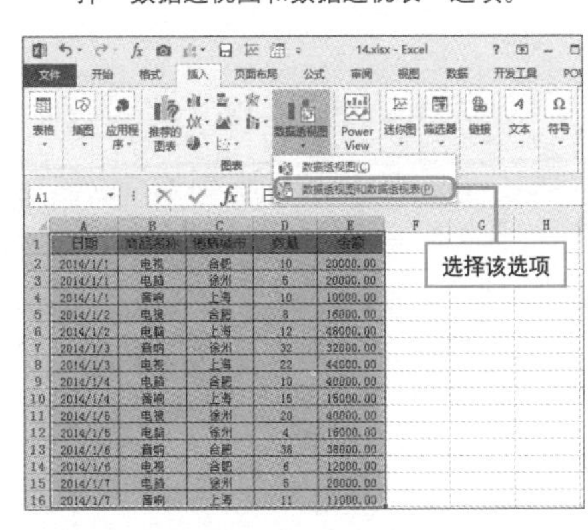

2 打开“创建数据透视表”对话框，从中选择“新建工作表”选项，单击“确定”按钮。

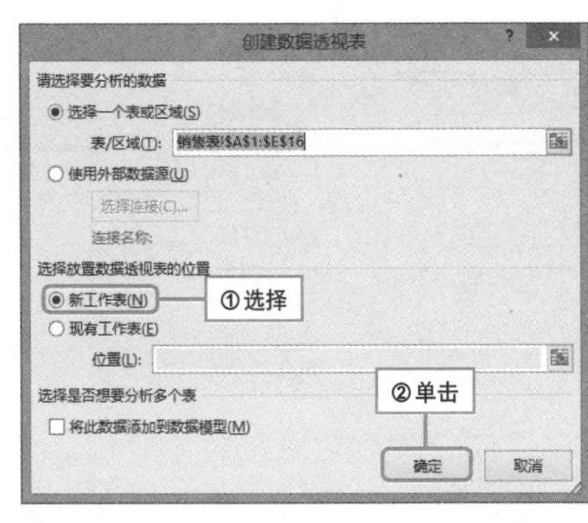

3 进入数据透视图设置状态，左边是数据透视表区域，中间是数据透视图区域，右边是“数据透视图字段”窗口。

4 在“数据透视图字段”窗口中选择字段，并将其拖至相应区域，即可创建数据透视图及与之相对应的数据透视表。

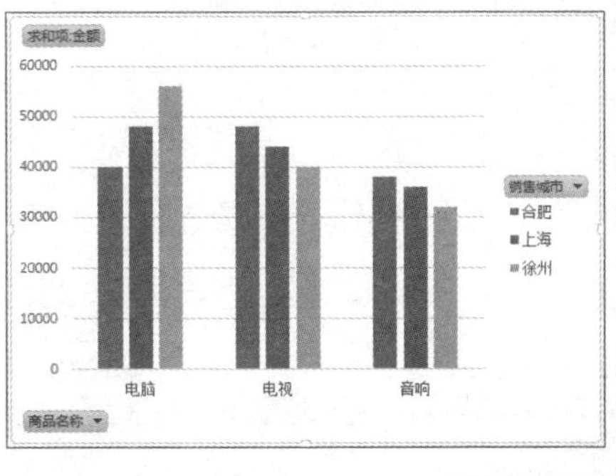

Question 222

4-14 数据透视图的创建　Chapter14\003

巧用向导创建数据透视图

实例　用数据透视表向导创建数据透视图

Level ◆◆◇

2013 2010 2007

利用数据透视表/图向导创建数据透视表/图是一种非常不错的选择，这是因为在数据源的选择上很“给力”，用户可以选择当前工作表中的数据，可以选择外部数据库，还可以选择多重合并计算数据区域等。下面将对该向导的应用方法进行介绍。

1 单击工作表中任意单元格，然后按下组合键Alt+D+P，打开“数据透视表和数据透视图”向导，选择“数据透视图（数据透视表）”选项，随后单击“下一步”按钮。

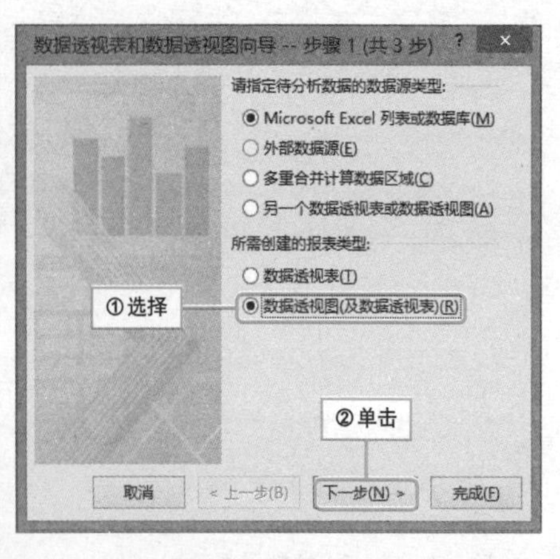

2 出现“数据透视表和数据透视图向导-步骤2”对话框后，保持默认选定区域，直接单击“下一步”按钮。

3 在“数据透视表和数据透视图向导-步骤3”对话框中选择“新建工作表”选项，单击“完成”按钮。

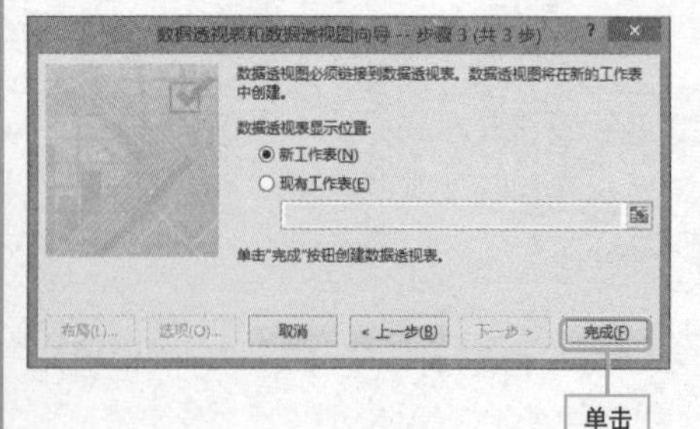

4 在“数据透视图字段列表”中选择需要的字段并拖至适当区域，即可生成相应的数据透视表和数据透视图。

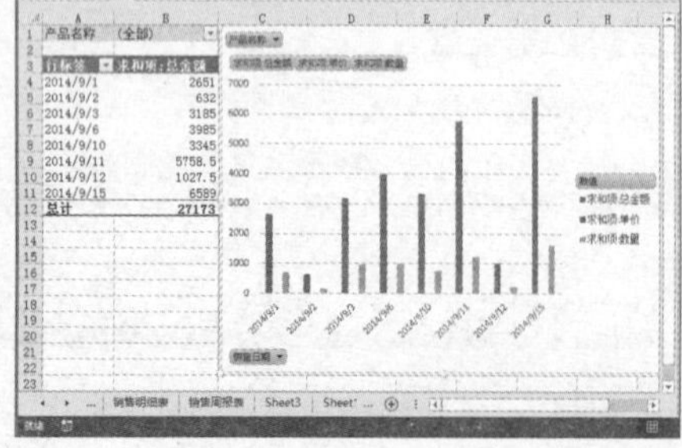

利用F11键创建数据透视图

实例 快速创建数据透视图

前面我们学习了三种创建数据透视图的方法，那么我们可不可以运用快捷键直接创建数据透视图呢？答案是肯定的，本技巧将介绍如何用快捷键创建数据透视图。

1 打开事先准备的数据透视表，单击数据透视表中任意单元格。

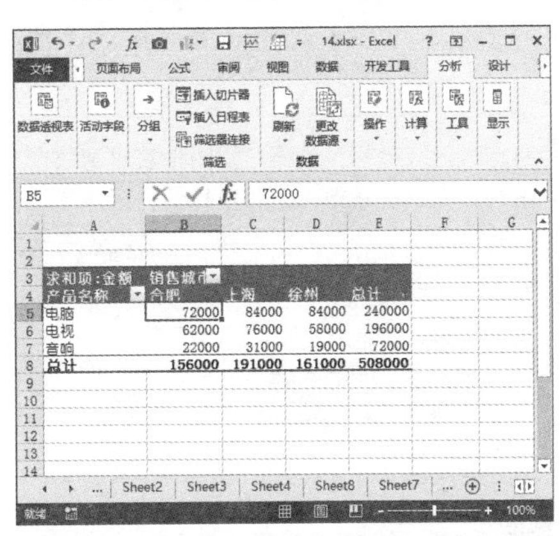

2 直接按下F11快捷键，即可完成数据透视图的创建，该图自动生成在Chart1表中。

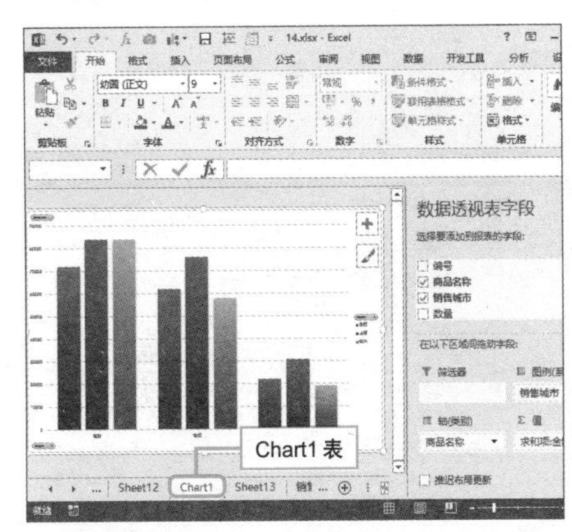

Hint

深入认识Chart

当我们用快捷键向工作表中添加图表时，会自动启动Chart控件，Chart控件是公开事件的图表对象，可以绑定到数据。当向工作表中添加图表时，Visual Studio Tools for Office将创建一个 Chart对象，可以直接对此对象进行编程。

Hint

数据透视图简介

数据透视图报表是数据透视表中数据的图形表示形式。与数据透视表一样，数据透视图报表也是交互式的。

创建数据透视图报表时，数据透视图报表筛选将显示在图表区中，以便用户排序和筛选数据透视图报表的基本数据。相关联的数据透视表中的任何字段布局更改和数据更改将立即在数据透视图报表中反映出来。

Question 224

Level ◆◆◇

2013 2010 2007

数据透视图的类型随意“挑”

实例 更改数据透视图的类型

与Excel图表一样，数据透视图的类型可以设置为柱形图、折线图、饼图、条形图、面积图等。本技巧将介绍数据透视图类型的设置方法。

1 选择工作表中的数据透视图，打开“数据透视图工具-设计”选项卡，单击“更改图表类型”按钮。

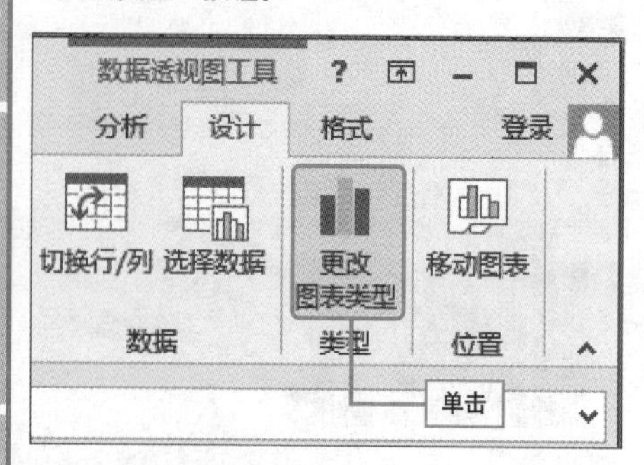

Hint

数据透视图的类型

可以将数据透视图报表更改为除 XY 散点图、股价图或气泡图之外的任何其他图表类型。

与标准图表一样，数据透视图报表显示数据系列、类别、数据标记和坐标轴。用户还可以更改图表类型及其他选项，如标题、图例位置、数据标签和图表位置。

2 打开“更改图表类型”对话框，从中选择“条形图”中的“簇状条形图”选项，单击“确定”按钮。

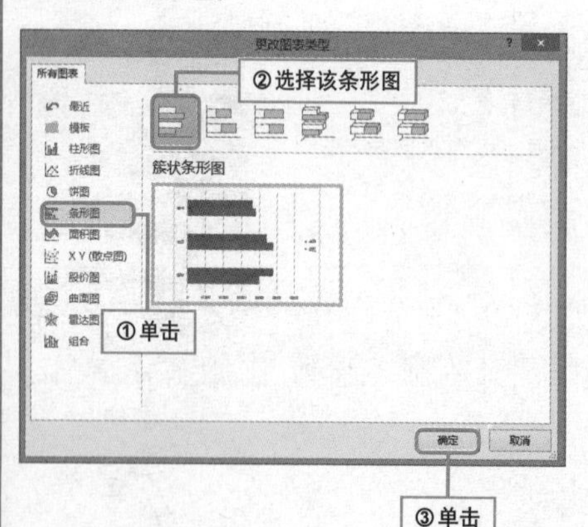

3 返回编辑区后，即可发现原来的簇状柱形图已经变成了指定的簇状条形图。

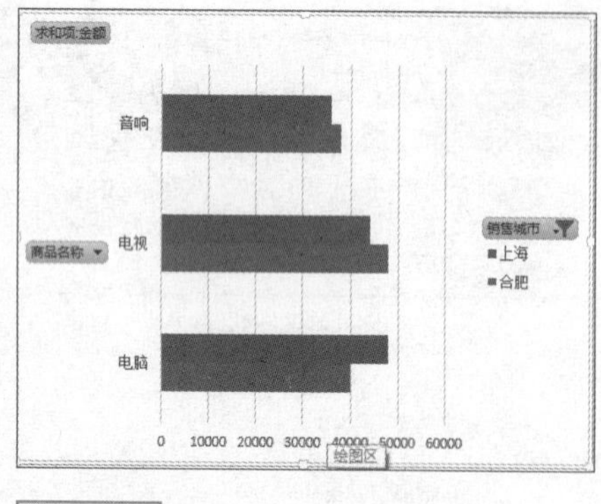

簇状条形图

一键删除数据透视图

实例 删除数据透视图

删除操作是最基本的操作，通常可以通过菜单命令或是快捷键来完成。但无论选择何种操作方法，其前提是先选中要删除的对象。本技巧将对这两种删除方法进行介绍。

1 打开工作表，选中将所要删除掉的数据透视图。

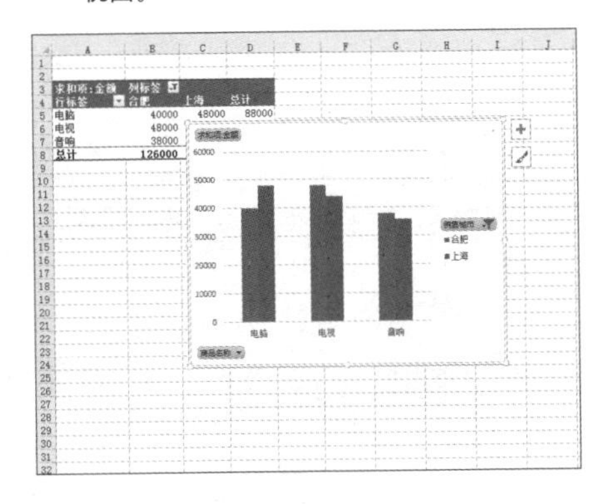

2 按下Delete键即可将其删除，但这时数据透视表不会随之被删除。

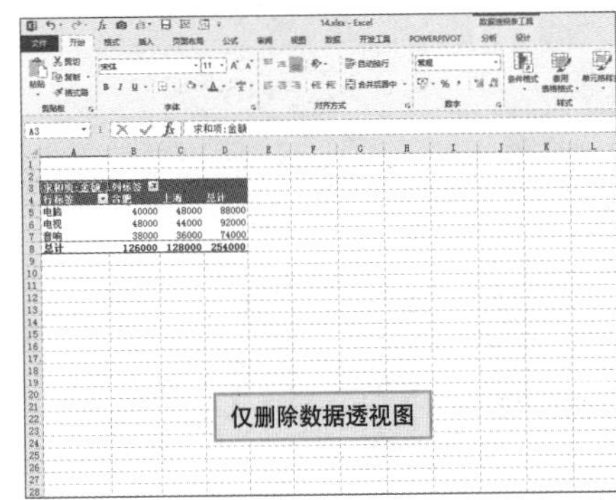

3 或者在“数据透视图工具-分析”选项卡下单击“清除”按钮，在弹出的下拉列表中选择“全部清除”选项。

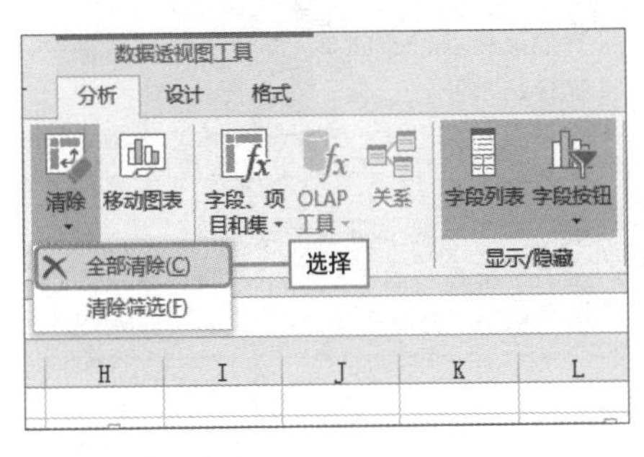

4 单击“全部清除”后，数据透视表同数据透视图全被删除了，只留下空白图表区。

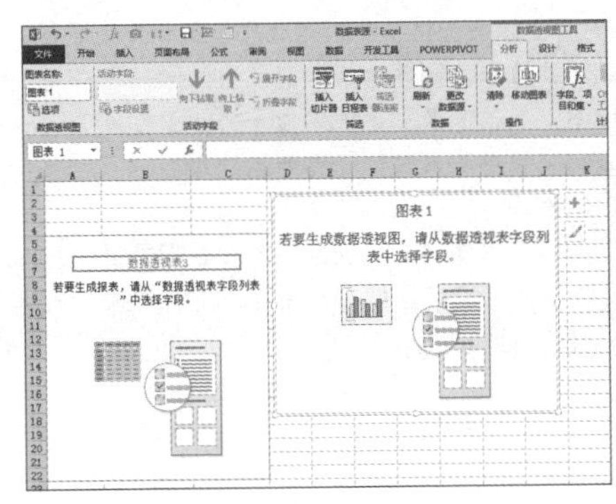

让数据透视图搬个家

实例 通过快捷菜单移动数据透视图

数据透视图的移动与图表的移动操作相类似，既可以通过功能区中的命令完成，也可以通过右键菜单完成，或者是通过复制粘贴的方法进行。下面将对其具体操作方法进行介绍。

1 在数据透视图上右击，在弹出的快捷菜单中选择“移动图表”命令。或在“设计”选项卡下单击“移动图表”按钮。

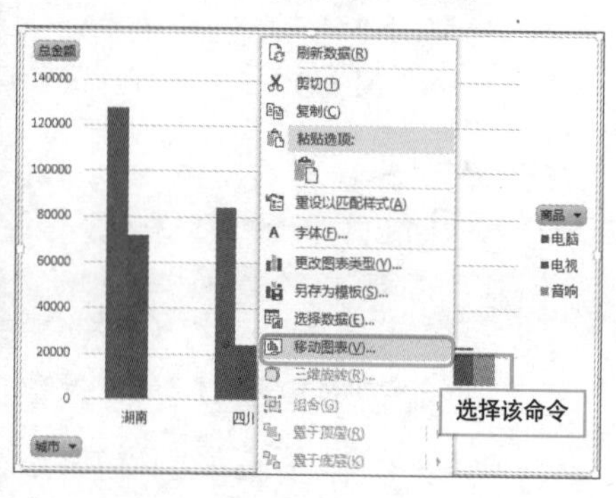

2 打开“移动图表”对话框，在“对象位于”下拉列表中，选择目的工作表名称。最后单击“确定”按钮即可。

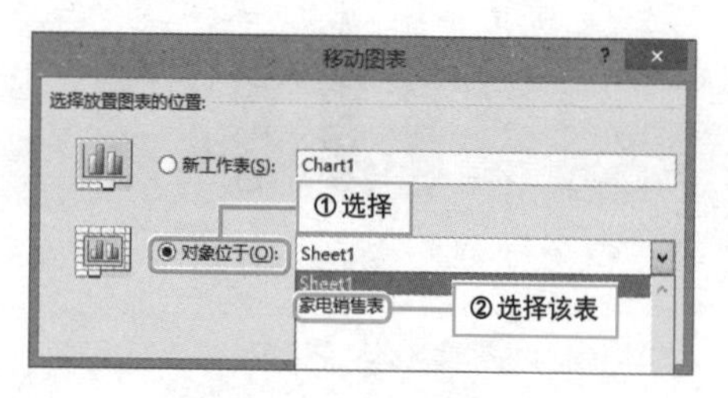

Hint

关于数据透视表/图位置的说明

如果要将某个数据透视表用作其他报表的源数据，则两个报表必须位于同一工作簿中。如果源数据透视表位于另一工作簿中，则需要将源报表复制到要新建报表的工作簿位置。

不同工作簿中的数据透视表和数据透视图是独立的，它们在内存和工作簿文件中都有各自的数据副本。

Hint

移动数据透视图的其他方法

- **快捷键移动法**：单击选中数据透视图，按下组合键Ctrl+C复制，切换到目标页面后，在选定的单元格上按Ctrl+V组合键粘贴即可。
- **右键菜单移动法**：在数据透视图上单击鼠标右键，在弹出的快捷菜单中选择“复制”命令。随后切换到目标页面后，在选定的单元格上单击右键，在快捷菜单中选择“粘贴”命令即可。

为数据透视图起个名

实例 设置数据透视图标题

如果一张数据透视图连标题都没有，可以肯定地说：它是不完整的。那么该如何给图表添加标题呢？下面将对数据透视图标题的添加方法进行介绍。

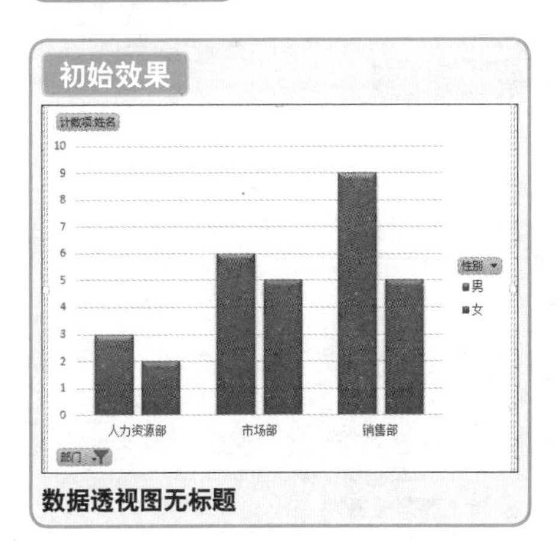

数据透视图无标题

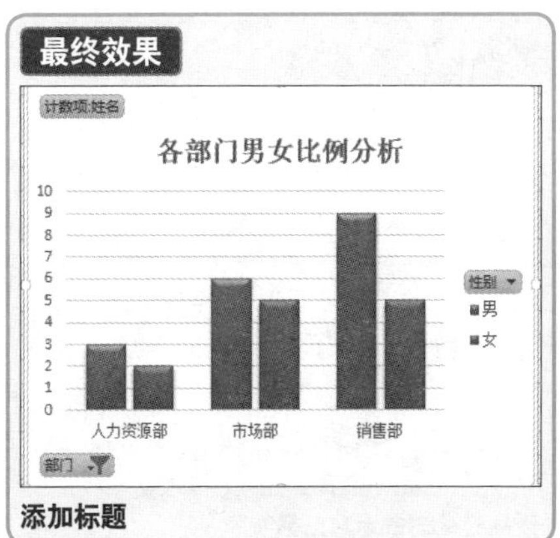

添加标题

① 打开“数据透视图工具-设计”选项卡，单击“添加图表元素”按钮，在打开的列表中选择“图表标题-图表上方”选项。

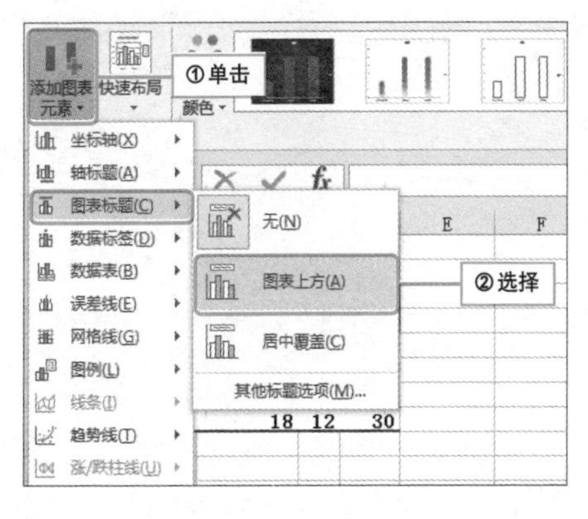

② 返回数据透视图编辑区，在出现的“图标标题”文本框中输入准确的标题名称。

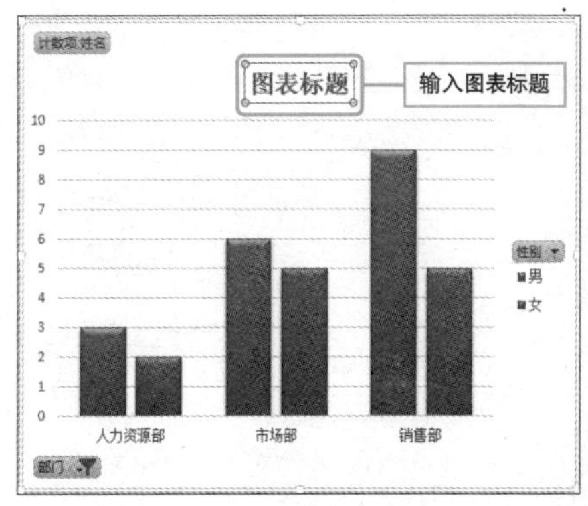

Question
228

● Level ◆◆◇

2013 2010 2007

一秒钟加入数据标签

实例 设置数据透视图的数据标签

在一些数据透视图中，用户可根据需要为数据系列添加数据标签。这样可以使图表更清楚地显示出数据的变化趋势。

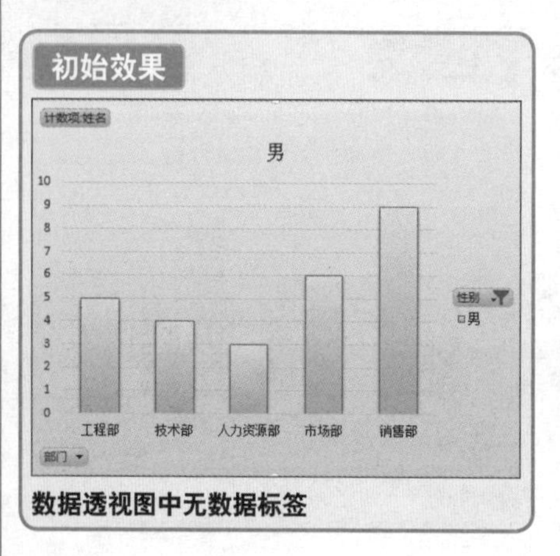

数据透视图中无数据标签

添加了数据标签

1 打开“数据透视图工具-设计”选项卡，单击“添加图表元素”按钮，在其列表中选择“数据标签-居中”选项。

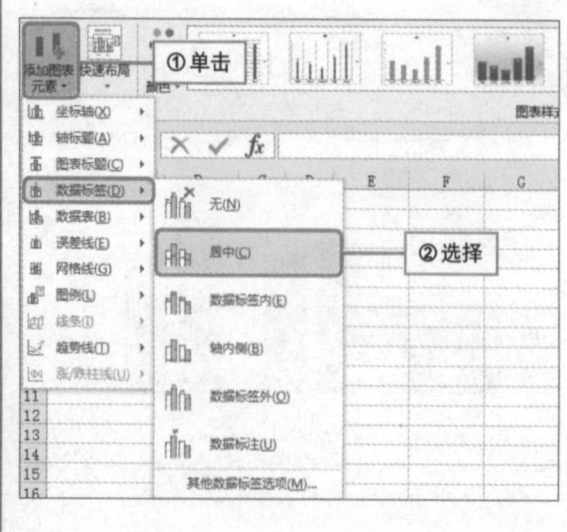

Hint

自定义数据标签的形式

若用户选择“其他数据标签选项”选项，将打开其对应窗格，从中可根据需要进行设置。

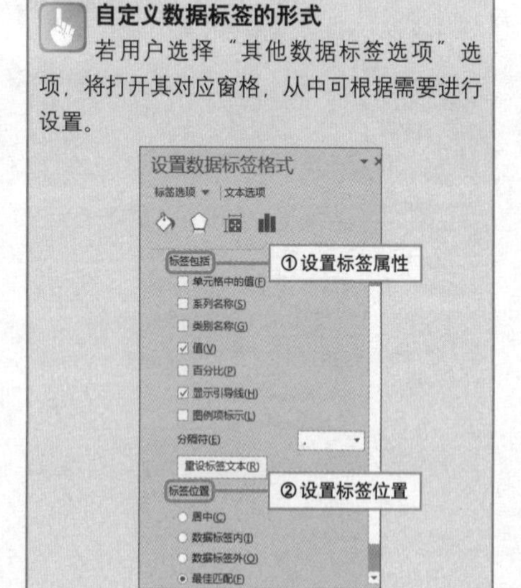

显示图例有高招

实例	为数据透视表添加图例

在工作中，我们有时会不小心删掉一些有用的数据透视图元素。例如下面的数据透视图中图例被删除了，那么该如何找回图例呢？

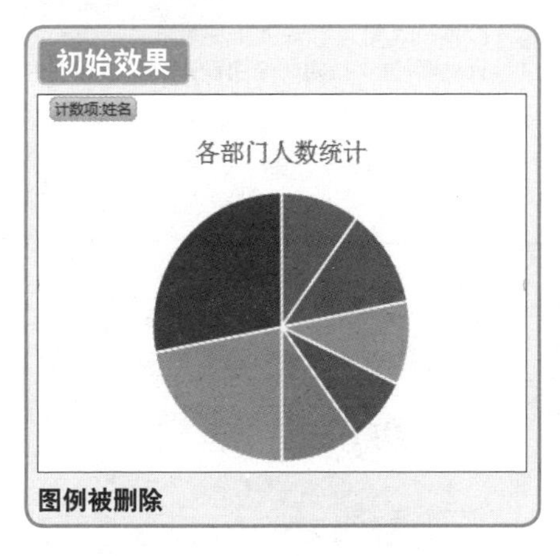

图例被删除

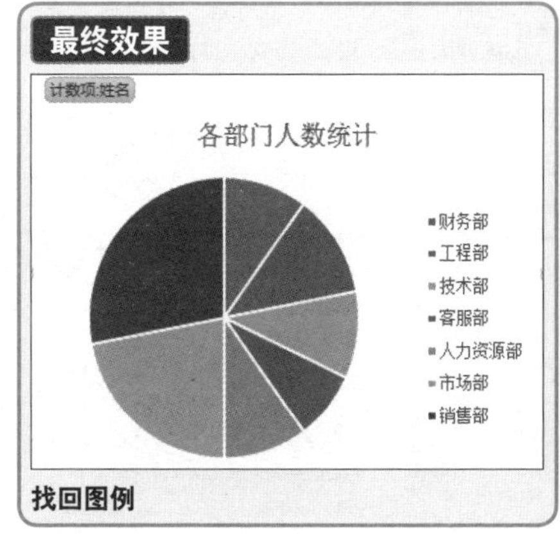

找回图例

1 功能按钮添加法。打开“数据透视图工具-设计”选项卡，单击“添加图表元素”按钮，依次选择“图例-右侧”选项。

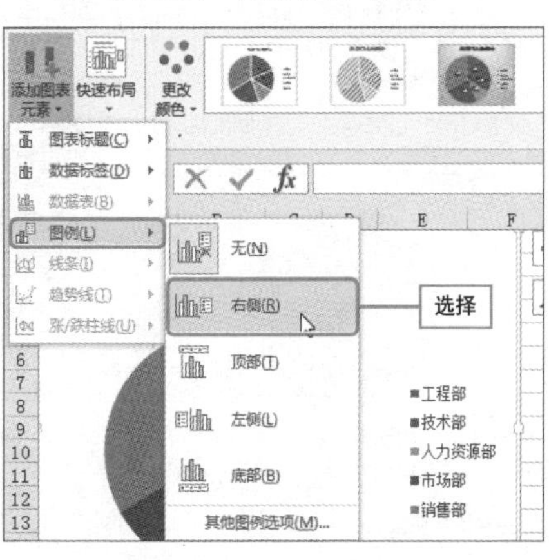

2 快捷图标添加法。选择数据透视图，随后单击右上角的“图表元素”图标按钮，从中勾选“图例”选项。

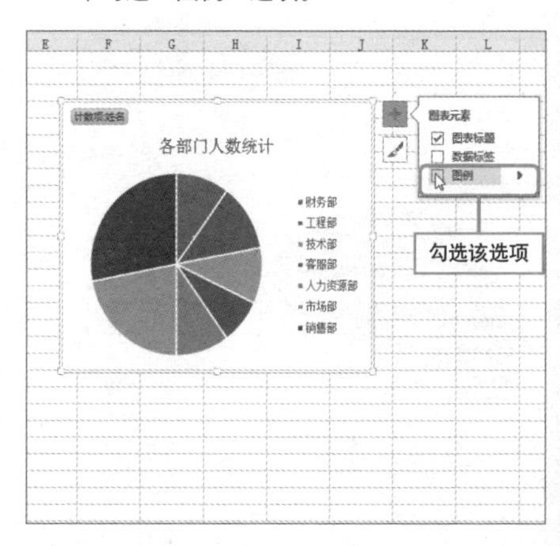

Question 230

Level ◆◆◇

2013 2010 2007

数据透视图的大小我做主

实例 调整数据透视图的大小及位置

数据透视图是一种非常灵活多变的图表，我们可以轻松改变其大小和位置，来满足我们的需求。本技巧介绍如何快速改变数据透视图的大小和位置。

1 在数据透视图上单击右键，在快捷菜单中选择“设置图表区格式”命令。

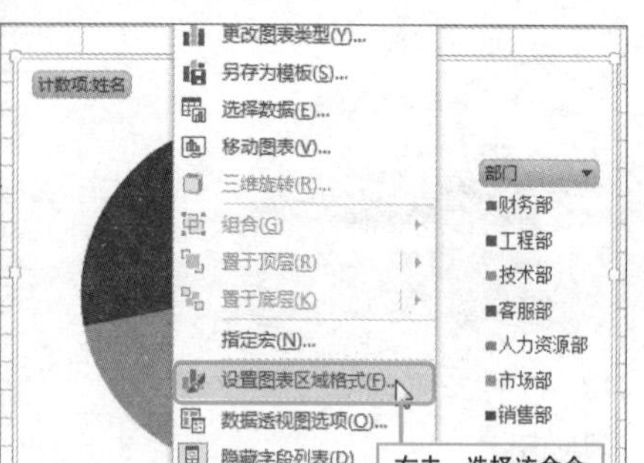
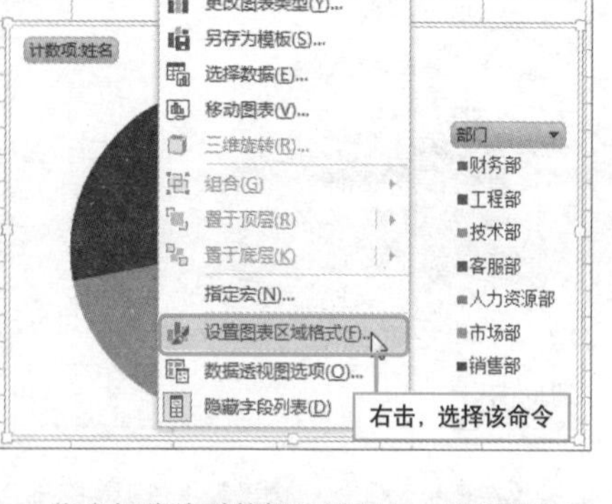

2 打开“设置图表区格式”窗格，从中单击“大小属性”按钮，依次设置数据透视图的“高度”与“宽度”选项。

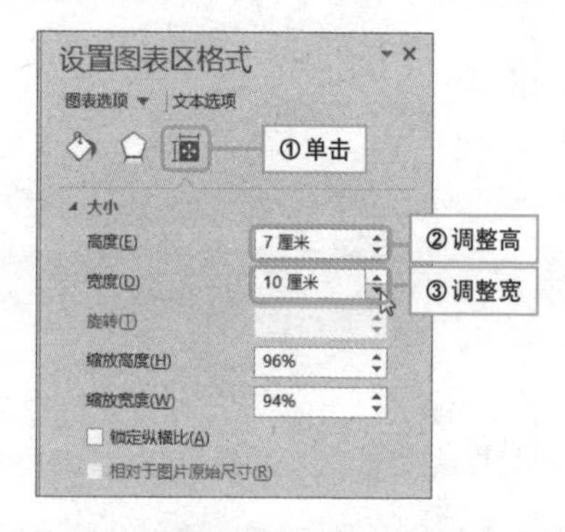

3 将光标移动到数据透视图上，当鼠标光标变成十字形箭头时，按住并拖动，即可移动数据透视图的位置。

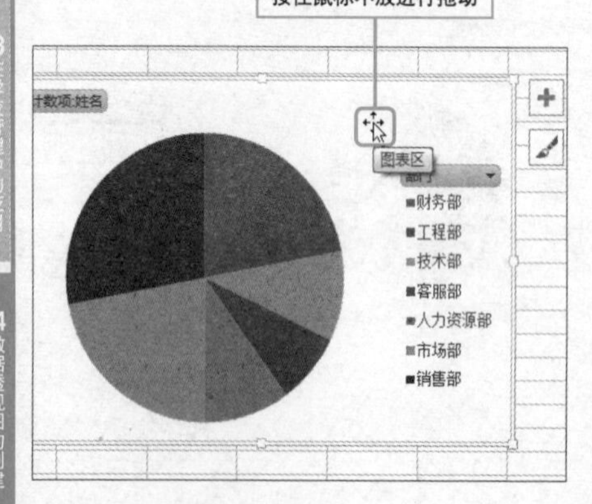

Hint

通过鼠标拖动法更改大小

将光标移动到数据透视图上，当光标变成向双向箭头时，按住拖动，即可改变数据透视图的大小。

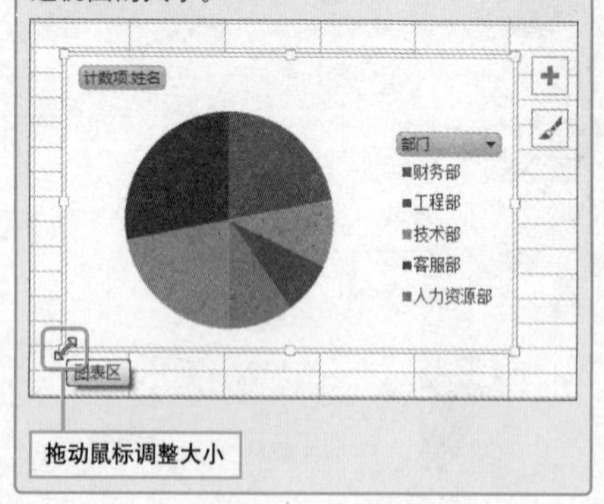

数据透视图字段按钮的显示或隐藏

实例 显示或隐藏数据透视图字段按钮

默认情况下，一张数据透视图会包含很多字段按钮，用户可以通过这些按钮进行快捷设置。当不再需要时，也可以将其隐藏。本技巧将对相关操作进行介绍。

初始效果

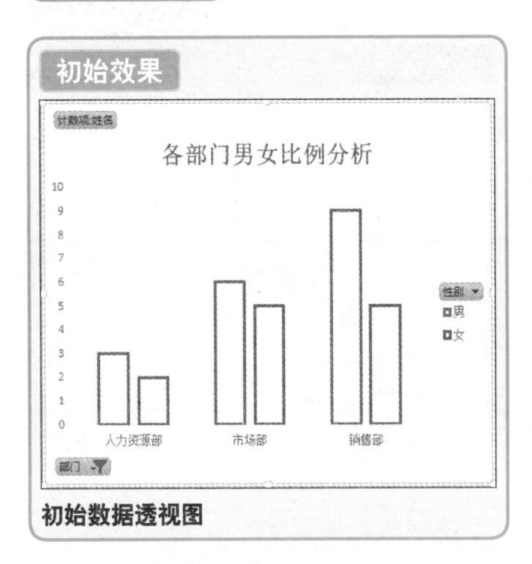

初始数据透视图

最终效果

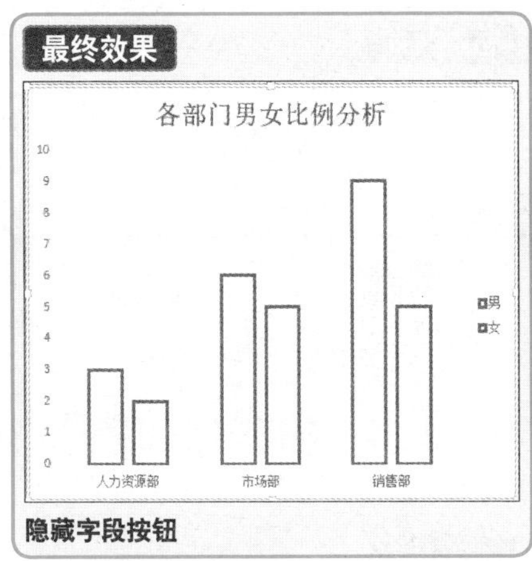

隐藏字段按钮

① 打开“数据透视图工具-分析”选项卡，单击其中的“字段按钮”下三角按钮，在列表中选择“全部隐藏”选项即可。

Hint

隐藏部分字段

同理，单击“字段按钮”按钮，在弹出的列表中选择所要隐藏/显示的字段即可。

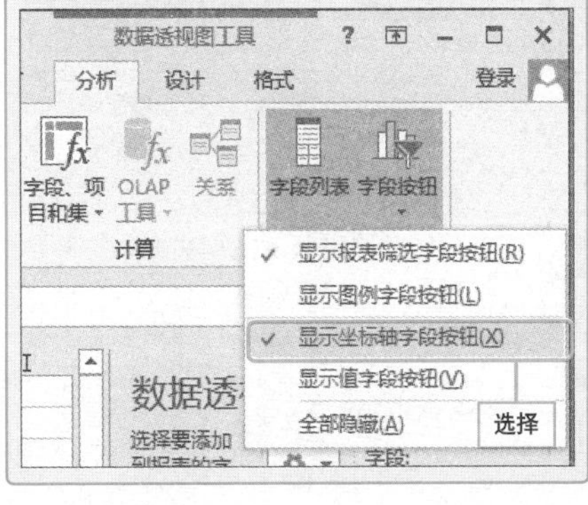

Question 232

Level

2013 2010 2007

趋势线不可少

实例 给数据透视图添加趋势线

趋势线以图形的方式表示数据系列的趋势，用于问题预测研究，通过添加趋势线可以揭示数据点背后的规律，弄清其中的关系和趋势。本技巧将介绍为数据透视图添加趋势线的方法。

初始效果

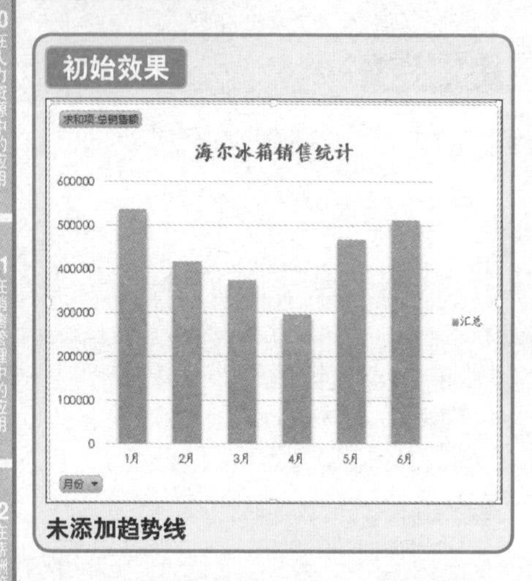

未添加趋势线

最终效果

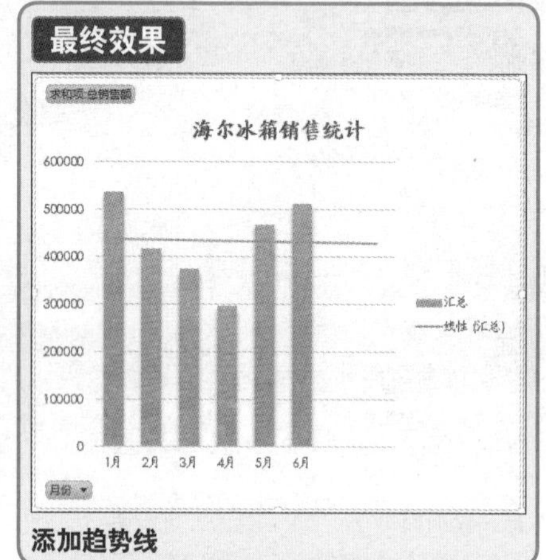

添加趋势线

1 打开“数据透视图工具-设计”选项卡，单击功能区中的“添加图表元素”按钮。从中选择“趋势线-线型预测”选项即可。

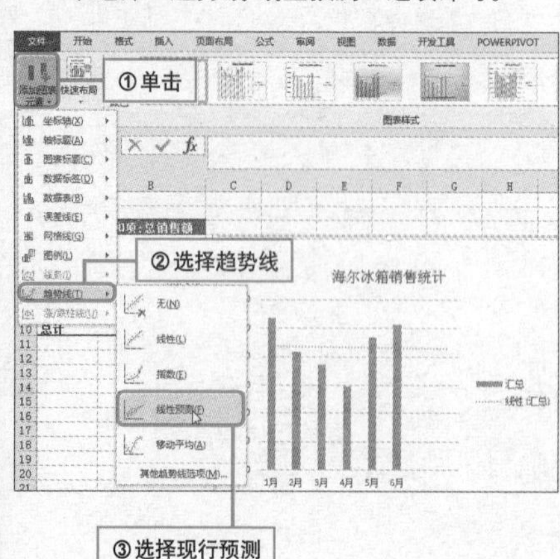

Hint

选择合适的趋势线类型

在Excel 2013 中提供了多种趋势线，如线性趋势线、对数趋势线、多项式趋势线、乘幂趋势线、指数趋势线或移动平均趋势线。用户可以根据数据类型决定选用何种趋势线。

线性趋势线是适用于简单线性数据集的最佳拟合直线。如果数据点构成的图案类似于一条直线，则表明数据是线性的。线性趋势线通常表示事物是以恒定速率增加或减少。

巧妙改变数据透视图的布局

实例 运用"快速布局"改变数据透视图

前面我们学习了如何添加趋势线，那只是改变数据透视图的一部分，如果我们想要改变数据透视图的整体布局是不是很难呢？本技巧将为您介绍如何快速改变数据透视图的布局。

初始效果

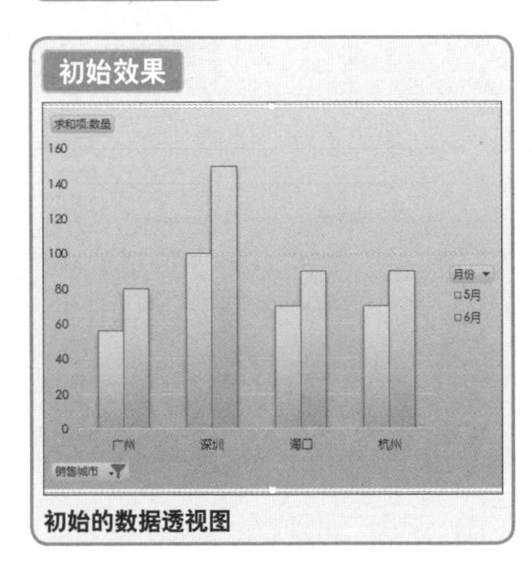

初始的数据透视图

最终效果

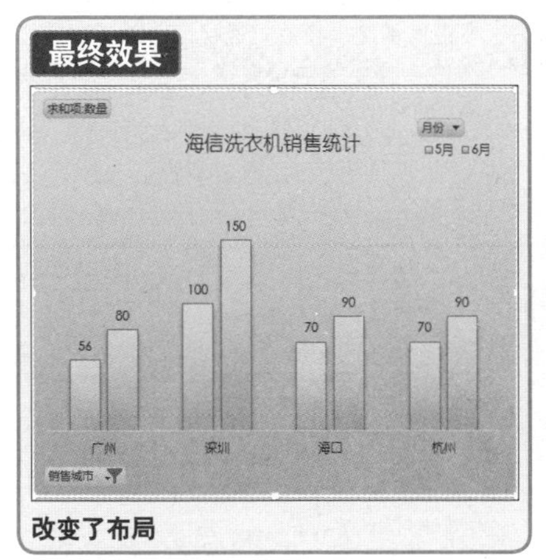

改变了布局

1. 单击"数据透视图工具-设计"选项卡下"快速布局"按钮，在其中选择合适的布局即可。

2. 随后，添加图表标题，并对当前数据透视图做必要的调整。

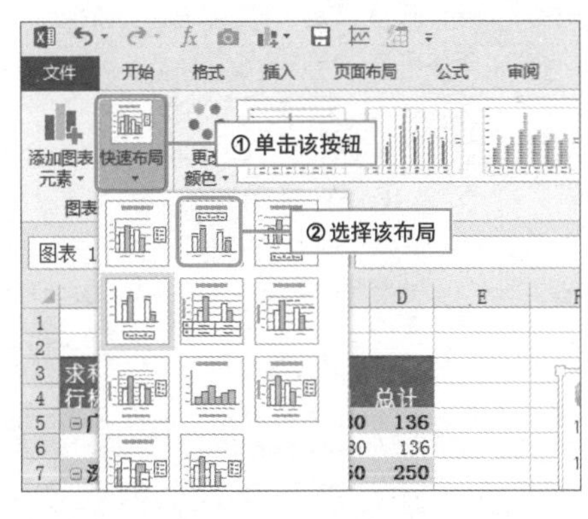

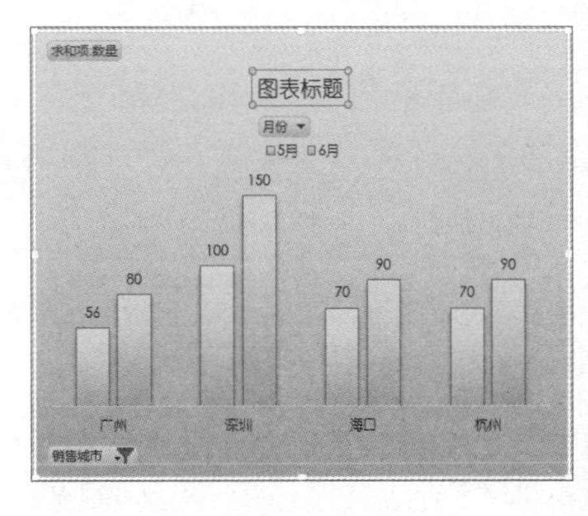

Question 234

Level ◆◆◇

2013 2010 2007

一招更新数据透视图

实例 刷新数据透视图

所谓刷新，即指更新数据透视表或数据透视图中的内容，以反映基本源数据的变化。如果报表基于外部数据，则刷新将运行基本查询以检索新的或更改过的数据。下面将对刷新操作进行介绍。

1. 右键刷新法。在数据透视图上单击右键，然后在弹出的快捷菜单中选择“刷新数据”命令即可。

2. 功能按钮刷新法。选中数据透视图，单击“数据透视图工具-分析”选项卡下“刷新”按钮，选择“刷新”或“全部刷新”选项。

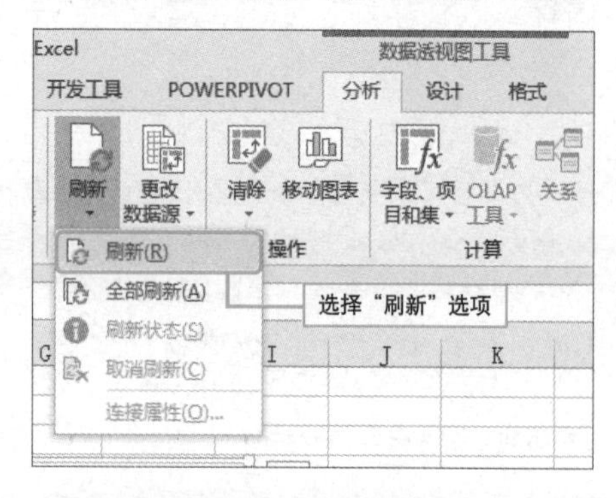

3. 自动刷新法。单击“数据透视图工具-分析”选项卡下“选项”按钮，在弹出的对话框中打开“数据”选项卡，勾选“打开文件时刷新数据”复选框。

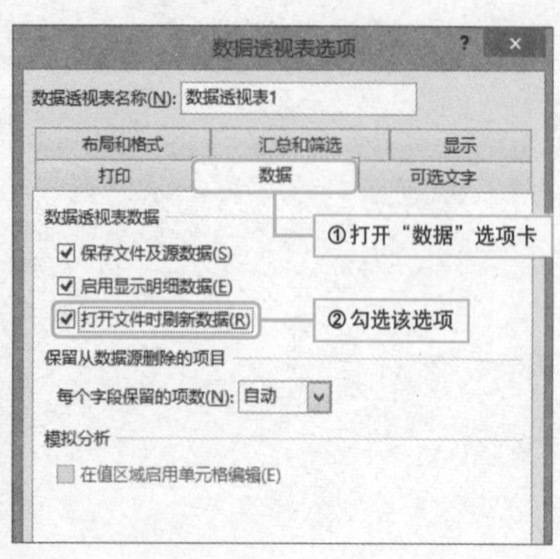

Hint

刷新数据透视图的注意事项

刷新数据透视图报表时，大部分格式（包括添加的图表元素、布局和样式）将得到保留。但是不会保留趋势线、数据标签、误差线，以及对数据集所做的其他更改。

轻松删除不必要的图表元素

实例 两种删除图表元素的方法

添加标题、数据标签等元素后，数据透视图上有些元素可能会重复存在，显得很累赘。这时就需要我们将这些不必要的元素删除。

初始效果

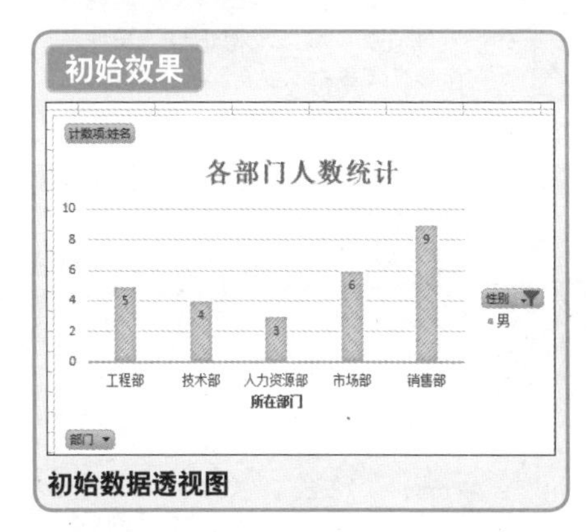

初始数据透视图

最终效果

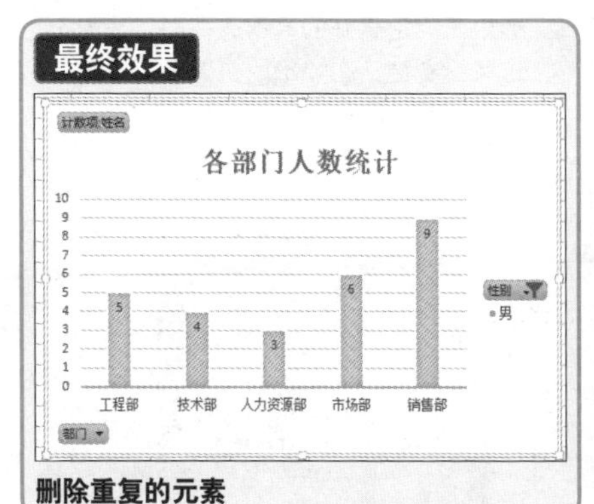

删除重复的元素

1. 快捷键删除法。选中图表中的横坐标轴标题，按下Delete键删除图表元素。或者通过右键快捷菜单删除。

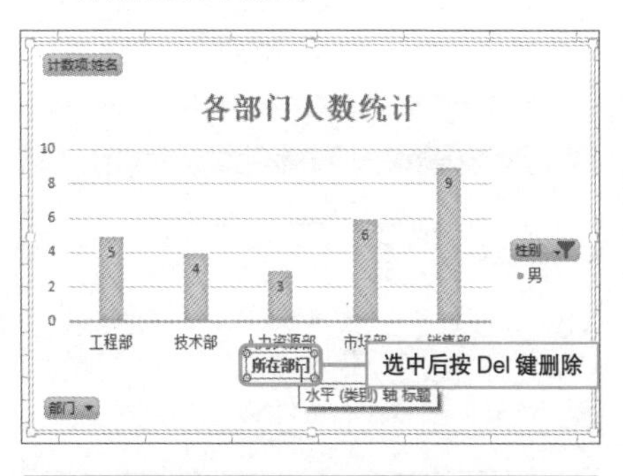

2. 功能按钮删除法。打开“数据透视图工具-设计”选项卡，单击“添加图表元素”按钮，在展开的列表中取消选择“轴标题-主要横坐标轴”选项即可。

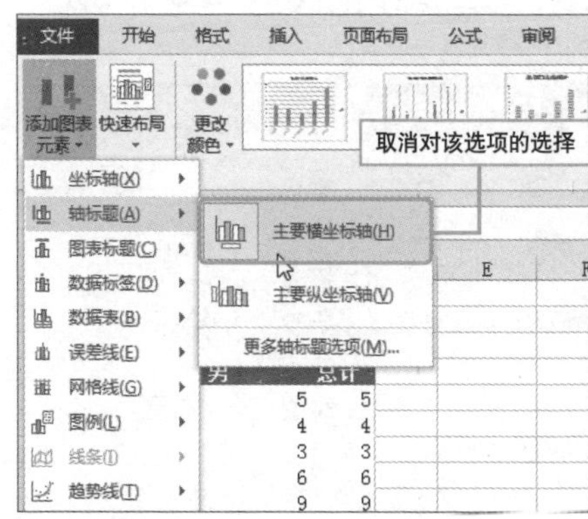

Hint

坐标轴的用途

坐标轴是用于界定图表绘图区的线条，用作度量的参照框架。其中y轴为垂直坐标轴并包含数据。x轴为水平轴并包含分类。

创建数据透视图模板很简单

实例 数据透视图模板的创建

在工作中，如果常会使用到某一种固定格式的数据透视图，这时就可以创建一个模板，以便于后期直接套用，省去一步步设置的麻烦。

1 选中已经创建好的数据透视图，在图上单击鼠标右键，在弹出的快捷菜单中选“另存为模板”命令。

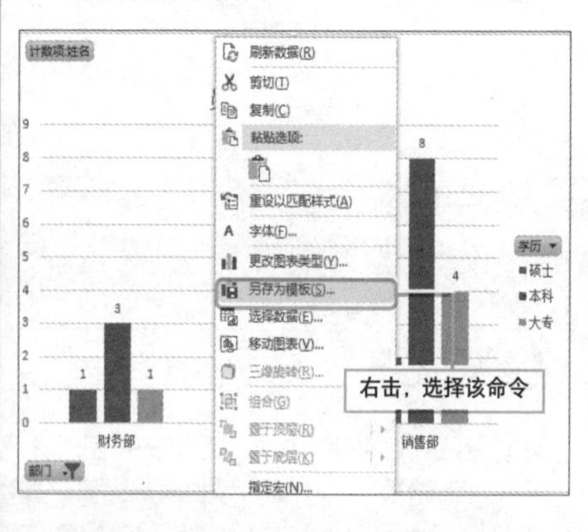

2 弹出“保存图表模版”对话框，文件名设为“图表1”，单击“保存”按钮即可。

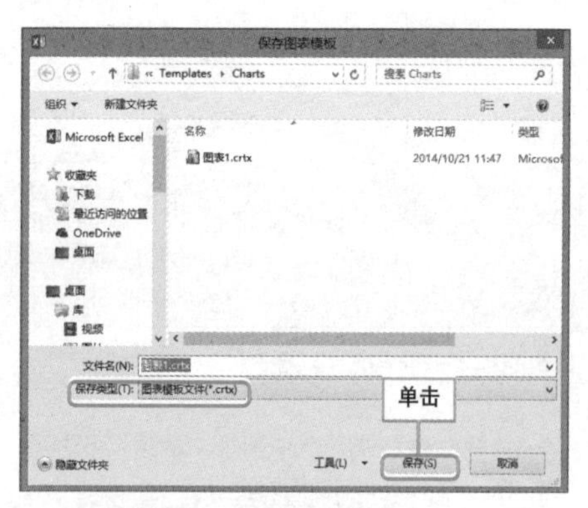

3 返回编辑区后，打开“数据透视图工具-设计”选项卡，从中单击“更改图表类型”按钮。

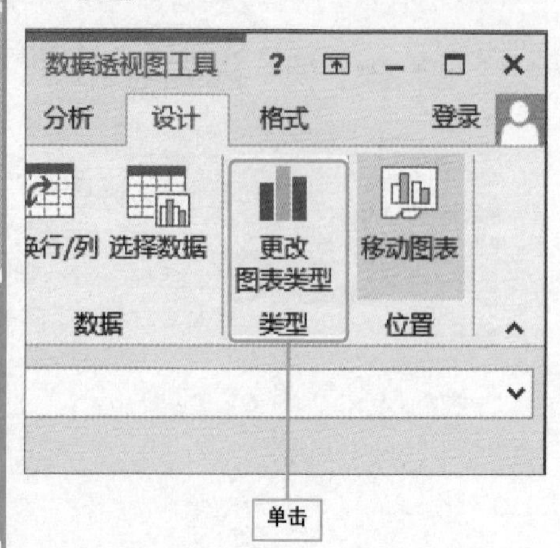

4 弹出“更改图表类型”对话框，在此单击“模版”选项，即可查看到新建的“图表1”模板。

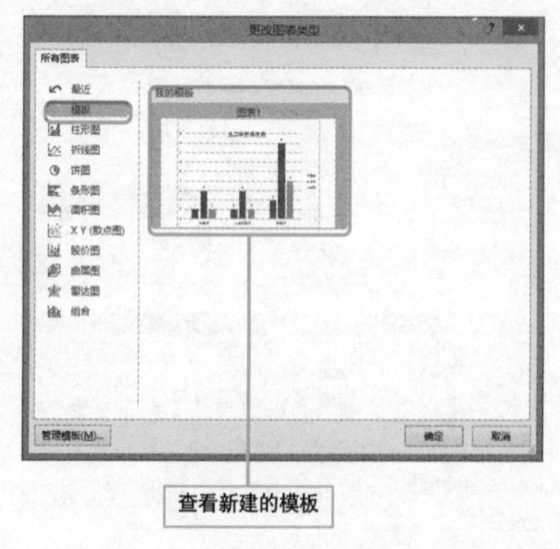

巧用数据透视图模板

实例 套用数据透视图模板

在上一技巧中，我们介绍了如何创建数据透视图模板，那么又该如何套用已经创建好的模板呢？本技巧将对套用方法进行介绍。

初始效果

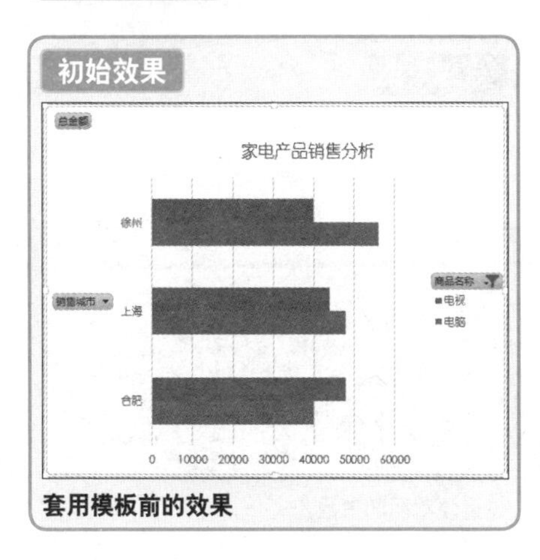

套用模板前的效果

最终效果

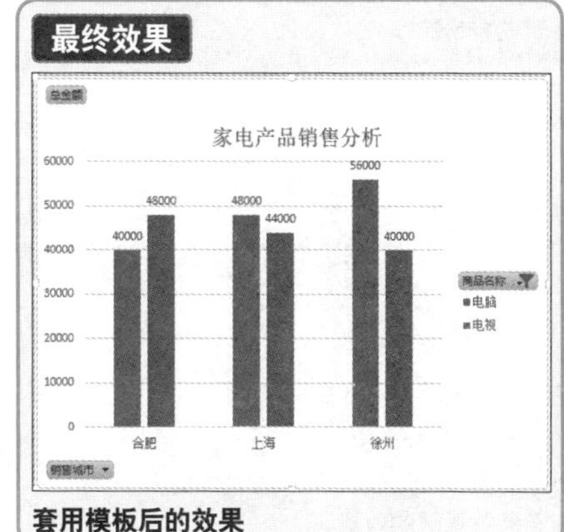

套用模板后的效果

① 打开数据透视表，打开“插入”选项卡，单击“数据透视图”按钮，在其列表中选择“数据透视图”选项。

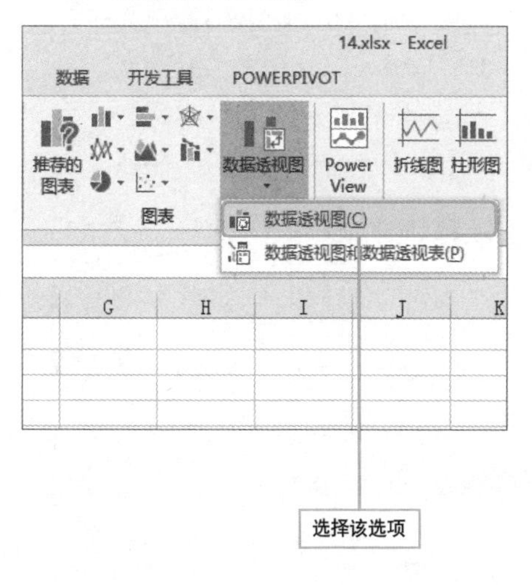

② 弹出“更改图表类型”对话框，从中切换至“模板”选项面板，从中选择要套用的模板方案，最后单击“确定”按钮即可。

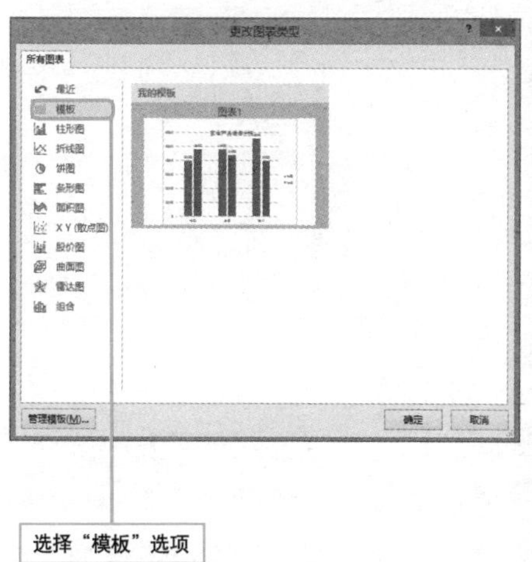

Question 238

● Level ◆◆◆

2013 2010 2007

数据透视图变变变

实例 设置数据透视图的外观

当完成数据透视图的创建后，从美学角度看，往往会差一些效果。这时，我们可以利用美化功能为当前的数据透视图进行“化妆”，提升其美观度。

初始效果

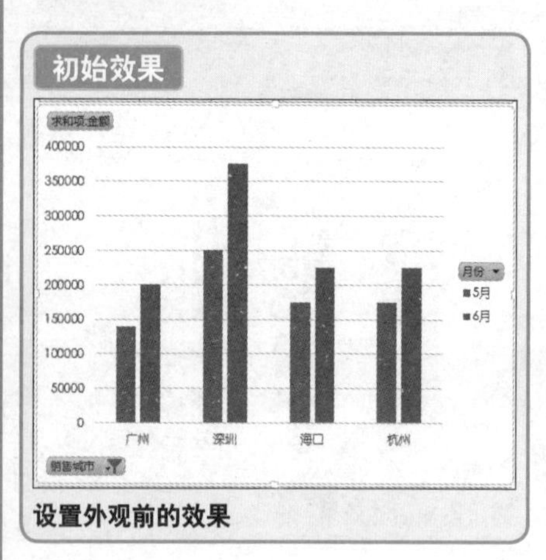

设置外观前的效果

最终效果

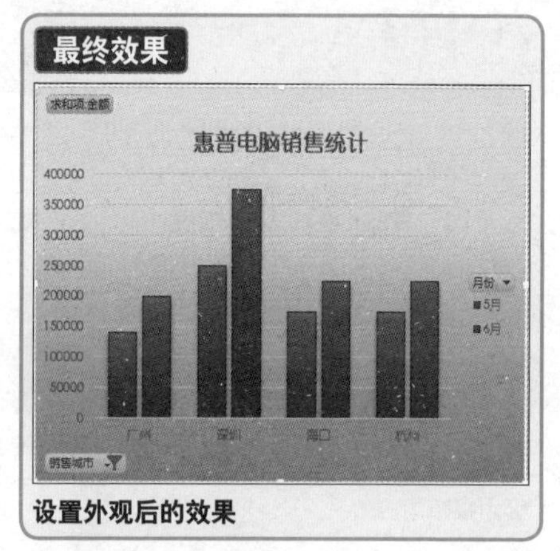

设置外观后的效果

① 在数据透视图上单击鼠标右键，在弹出的快捷菜单中选择“设置图表区域格式”命令。

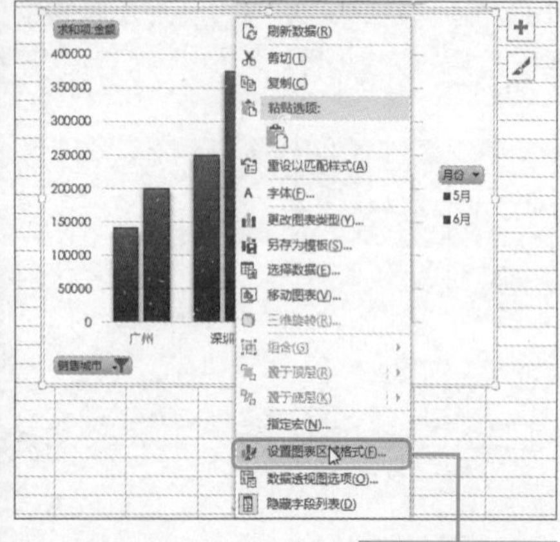

Hint

套用图形样式

选中数据透视图，打开“数据透视图工具-设计”选项卡，单击“其他”按钮，打开图形样式面板，从中选择合适的样式。

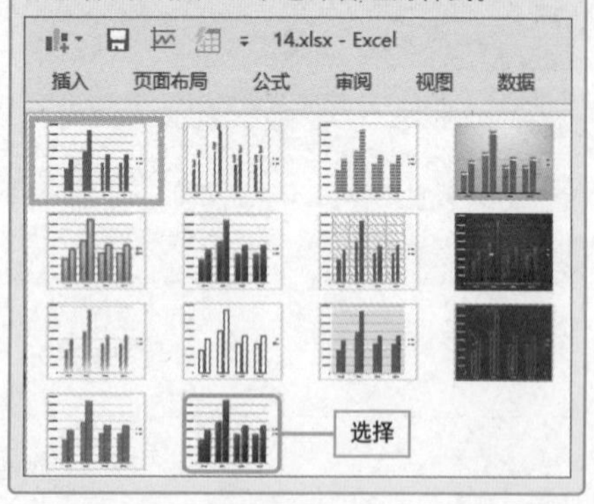

❷ 打开“设置图表区格式”窗格，从中设置填充色，选择“渐变填充”选项。

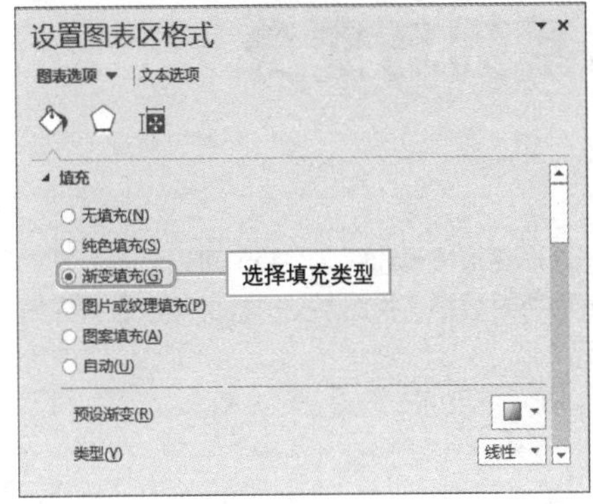

❸ 随后设置填充颜色为“蓝色”，并设置渐变光圈。最后关闭该窗格。

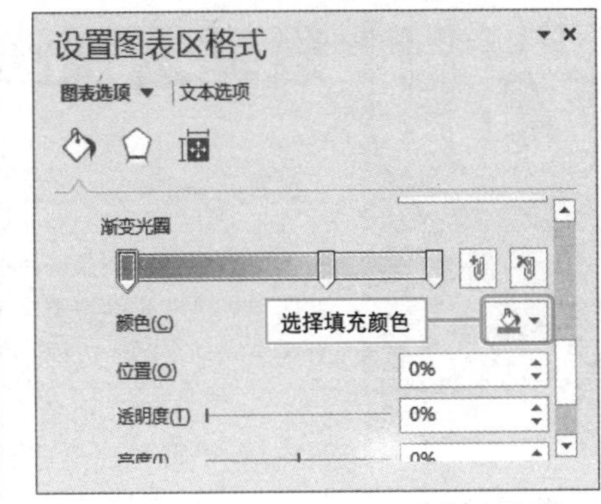

❹ 单击数据透视图的快捷图标按钮，从中选择“图表标题”选项。

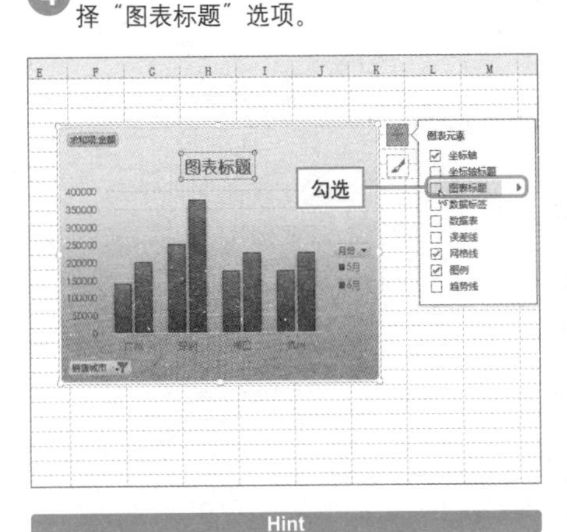

❺ 修改图表标题为“惠普电脑销售统计”。

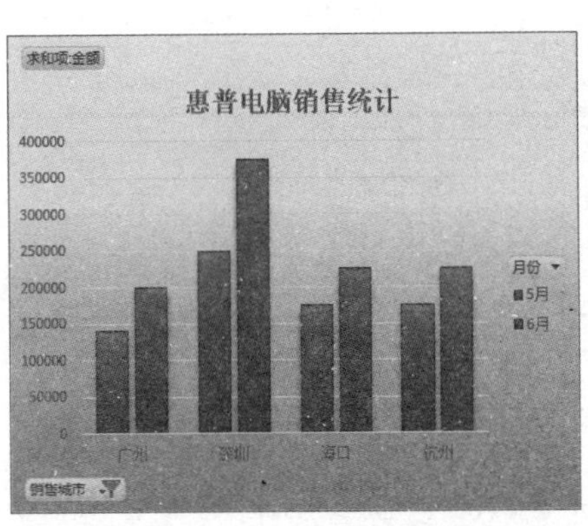

Hint

为图表添加特殊效果

在“设置图表区格式”窗格的“效果”中，我们可以为数据透视图设置阴影、发光、柔化边缘和三维格式。

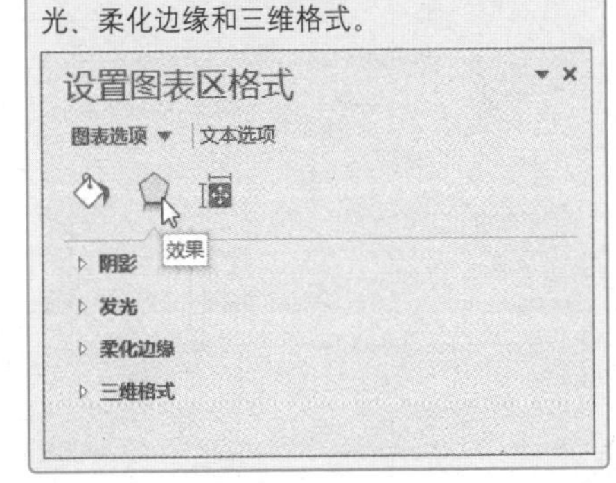

Hint

不可忽略的“大小属性”选项

在“设置图表区格式”窗格的“大小属性”中，我们可以为数据透视图设置大小、属性和可选文字。

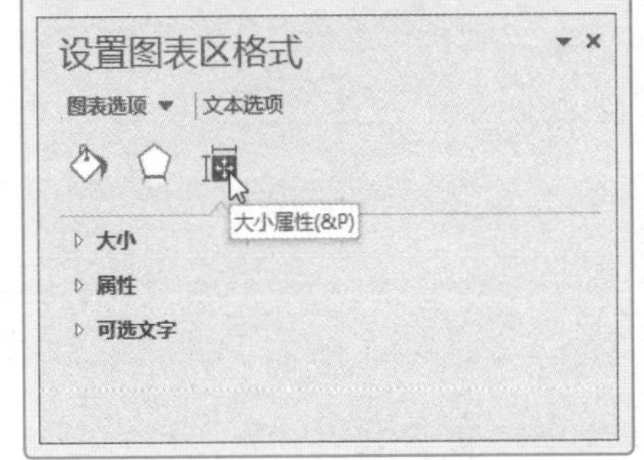

数据透视图系列巧变身

实例	设置数据透视图的系列

为了使数据透视图某些系列图形更加美观和醒目，我们可以对系列样式和颜色做进一步的设置。下面将对数据透视图系列样式的更改进行详细介绍。

最终效果

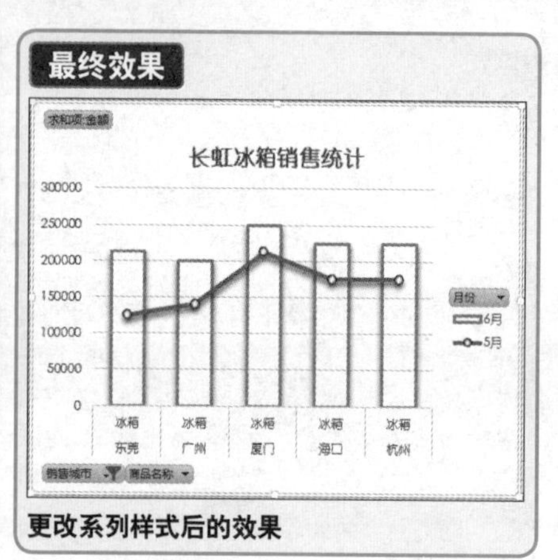

更改系列样式后的效果

❶ 在“6月”系列上右击，在弹出的快捷菜单中选择“设置数据系列格式”命令。

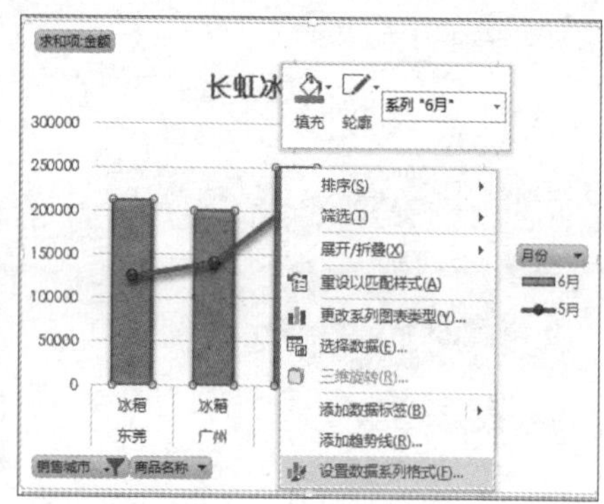

❷ 打开“设置数据系列格式”窗格，将填充设为“无填充”。

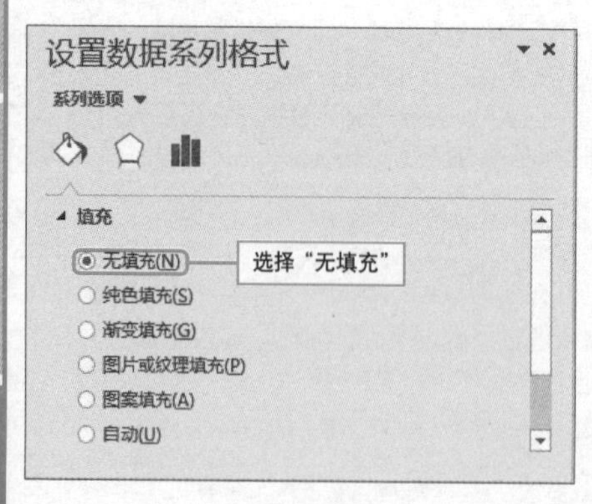

❸ 接着设置系列边框，将边框设置为“实线”，颜色为“绿色”，宽度为“2磅”。

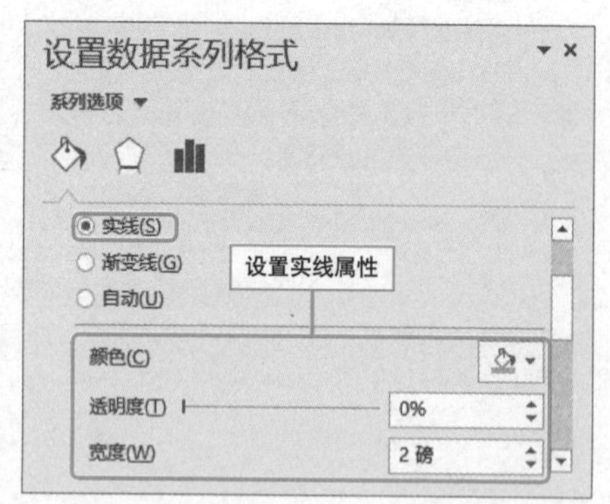

为数据透视图中的字段或项重命名

实例 重命名数据透视图中的字段

在编辑数据透视图的过程中，用户可以根据需要对字段名称进行设置。通过“字段设置”对话框，或者是功能区中的功能选项，均可以进行重命名。本技巧将对上述的这些操作进行介绍。

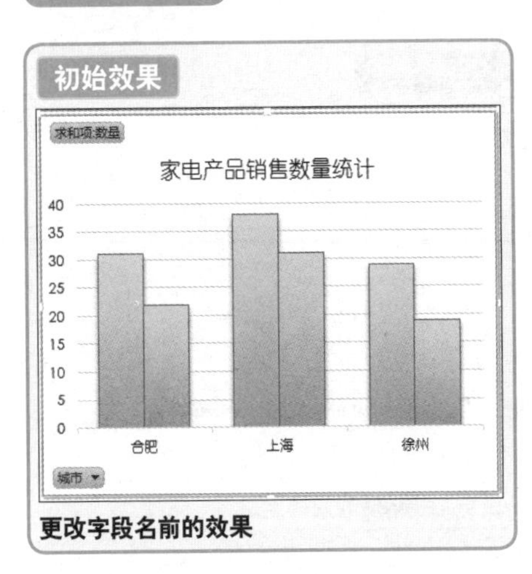

更改字段名前的效果

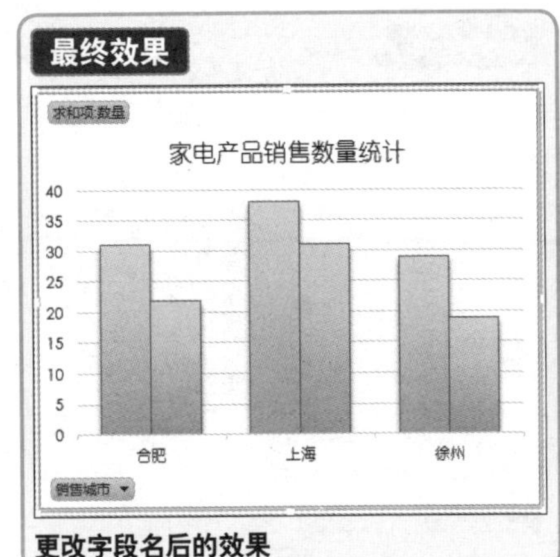

更改字段名后的效果

1. 打开数据透视图，单击图中需要重命名的字段或项，在“分析”选项卡的“活动字段”组中输入新名称，按Enter键确认。

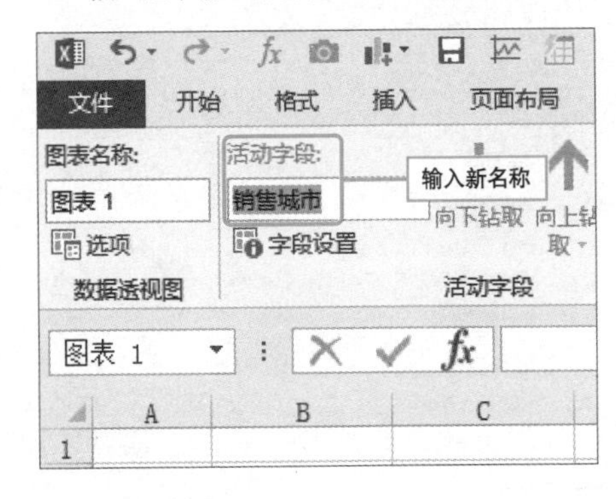

Hint

通过“字段设置”对话框进行重命名

单击“数据透视图工具-分析”选项卡下“字段设置”按钮，打开“字段设置”对话框，修改对话框中“自定义名称”，单击“确定”按钮。

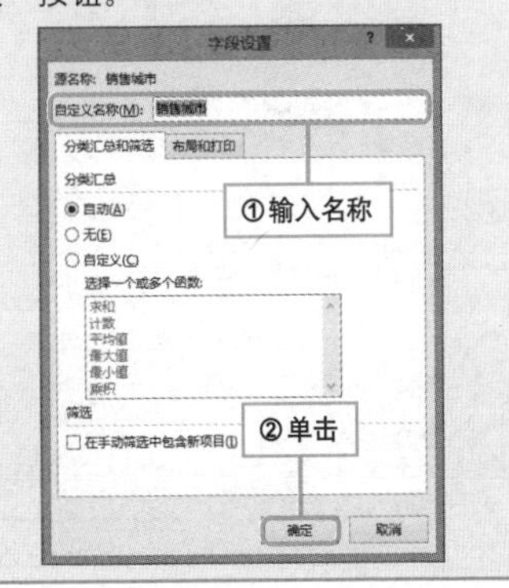

Question 241

• Level ◆◆◇

2013 2010 2007

坐标轴的设置学问大

实例 设置数据透视图的坐标轴

为了使数据透视图更加易读、更加个性，用户可以对坐标轴进行设置。数据透视图的坐标轴大致包括主要横坐标轴、主要纵坐标轴、次要横坐标轴、次要纵坐标轴。下面将对相关操作方法进行介绍。

初始效果

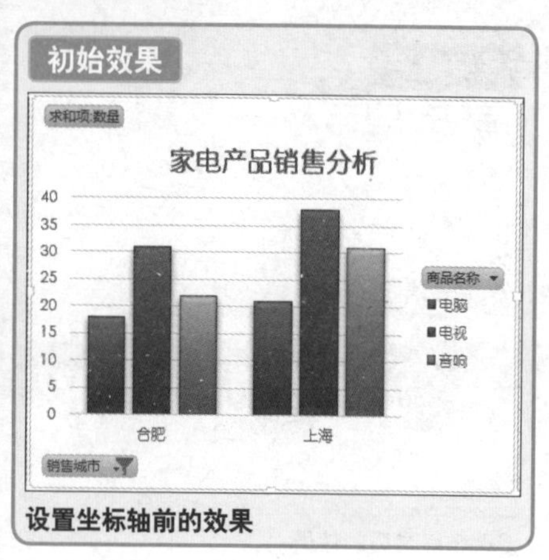

设置坐标轴前的效果

最终效果

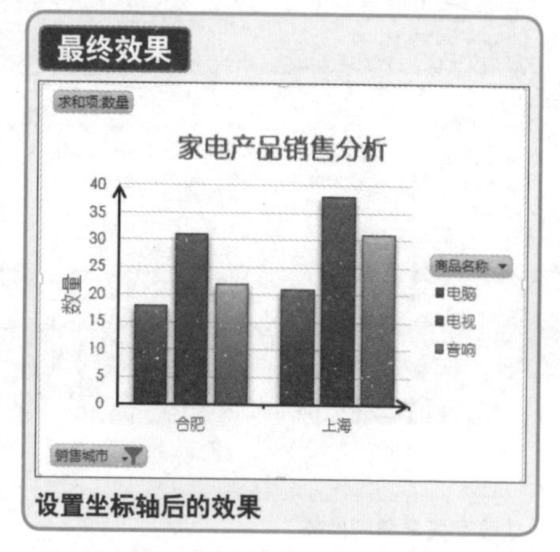

设置坐标轴后的效果

1 在坐标轴上单击右键，打开“设置坐标轴格式”窗格，将线条设为“实线”，线条宽度设为“1.5磅”，线条颜色设为“黑色”。

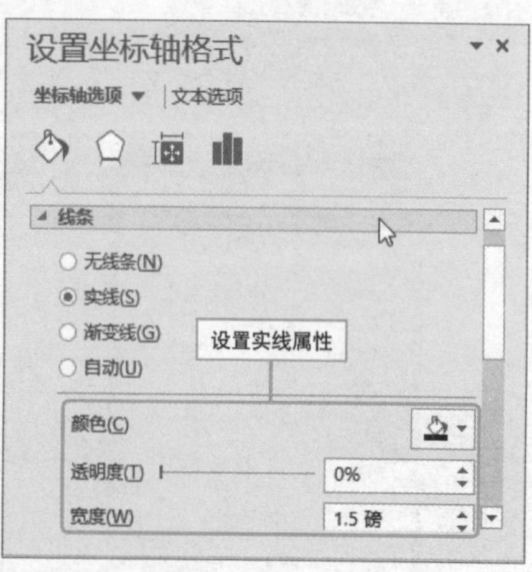

2 接着设置坐标轴的箭头，将“箭头末端类型”设置为“开放型箭头”。

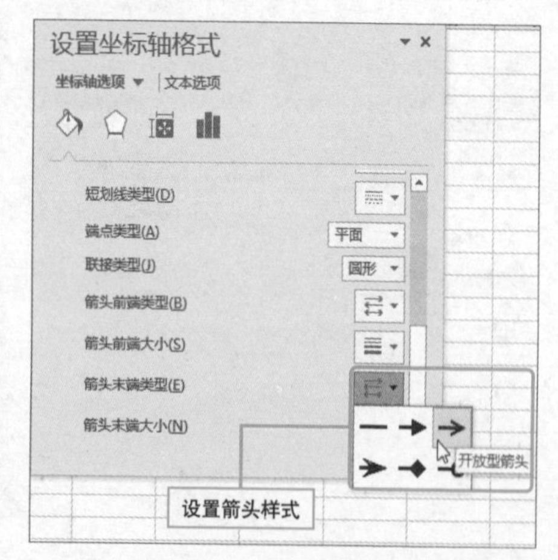

“数据透视图+数据表”更完美

实例 数据透视图的模拟运算

将数据透视图移至一个独立的工作表后，若想查看与数据透视图关联的数据透视表，会比较麻烦。此时，可以在数据透视图中显示模拟运算表，这样便可以直接在数据透视图的下方看到真实的数值。

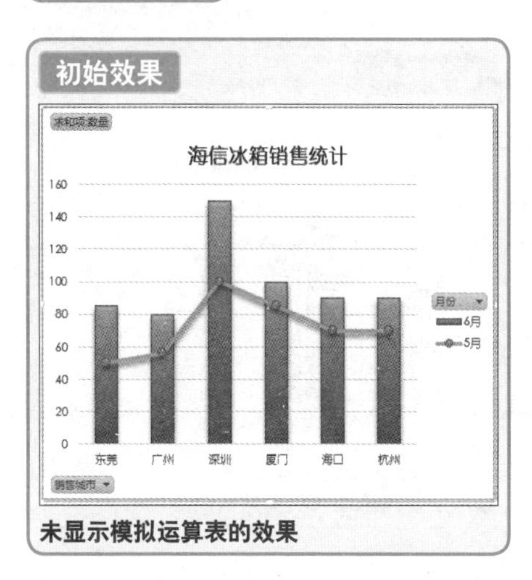

未显示模拟运算表的效果

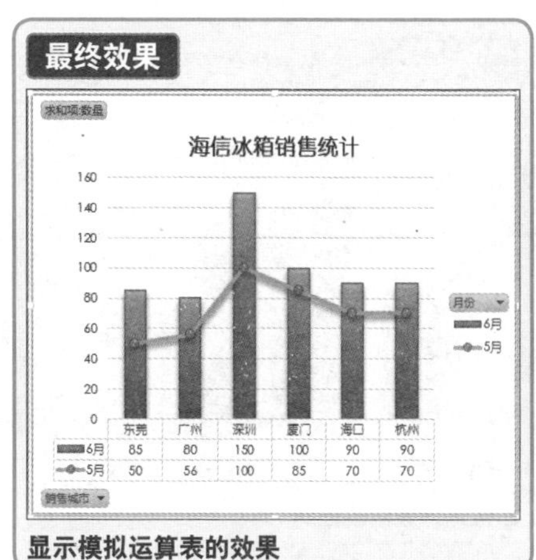

	东莞	广州	深圳	厦门	海口	杭州
6月	85	80	150	100	90	90
5月	50	56	100	85	70	70

显示模拟运算表的效果

1. 选中数据透视图，打开“数据透视图工具-设计”选项卡，单击“添加图表元素”按钮，在展开的列表中选择“数据表-显示图例项标示”选项。

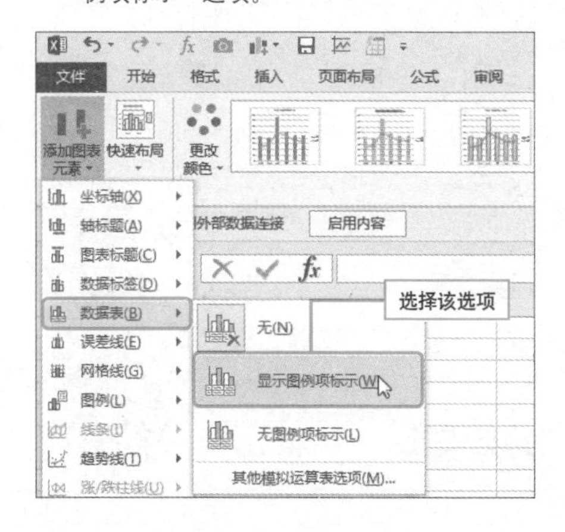

Hint

“设置模拟运算表格式”窗格的作用

若选择“其他模拟运算表选项”命令，将打开“设置模拟运算表格式”窗格，从中可以详细设置运算表的格式，比如边框、填充等。

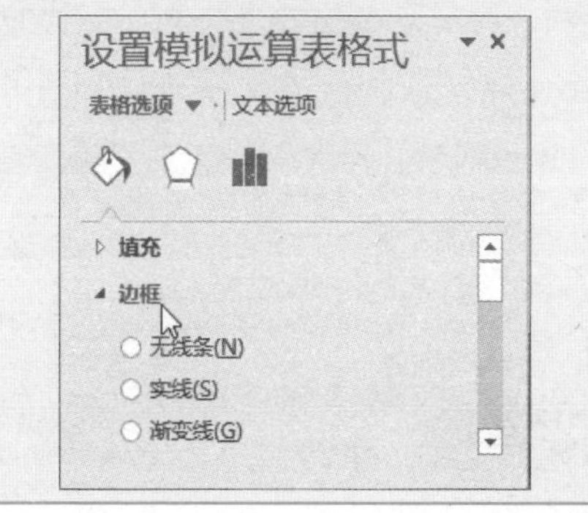

Question 243

Level ◆◆◇

2013 2010 2007

为数据透视图添加网格线

实例 为数据透视图添加网格线

一般的数据透视图只有普通的横向刻度线，为了能够更清晰标示数据透视图，除了为其添加数据标签外，还可以添加网格线，其中包括主要网格线和次要网格线两种类型。

初始效果

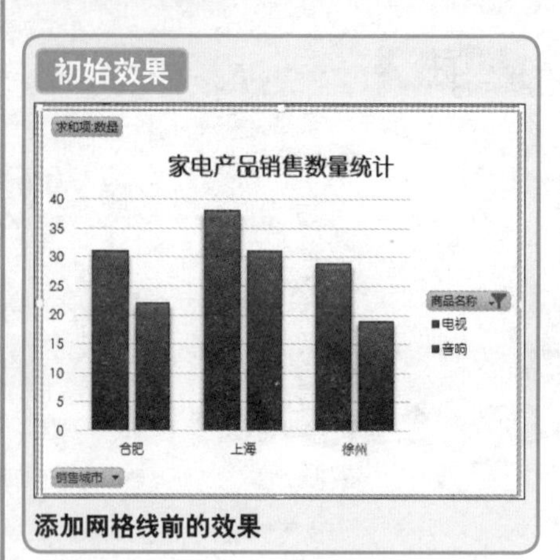

添加网格线前的效果

最终效果

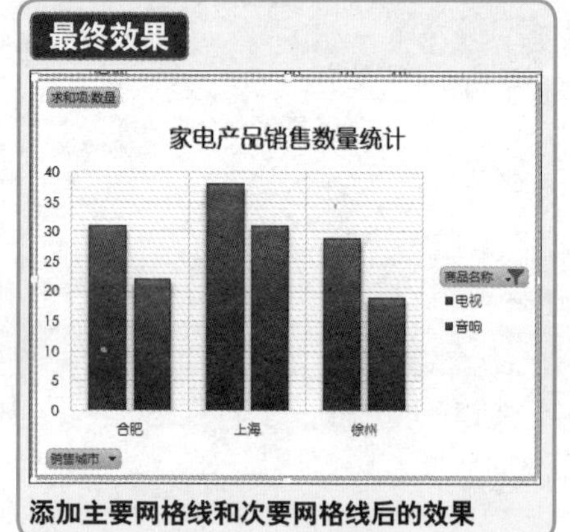

添加主要网格线和次要网格线后的效果

1. 选中数据透视图，打开“数据透视图工具-设计”选项卡，单击“添加图表元素”按钮，在展开的列表中依次选择“网格线-主轴主要垂直网格线”选项。

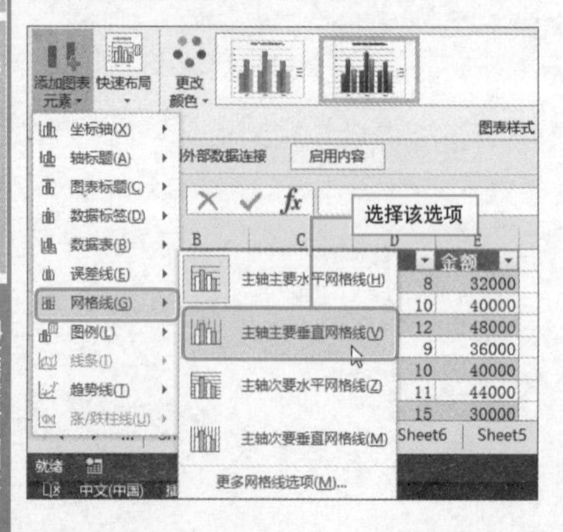

2. 用同样的方法，为当前的数据透视表添加“主轴次要水平网格线”。

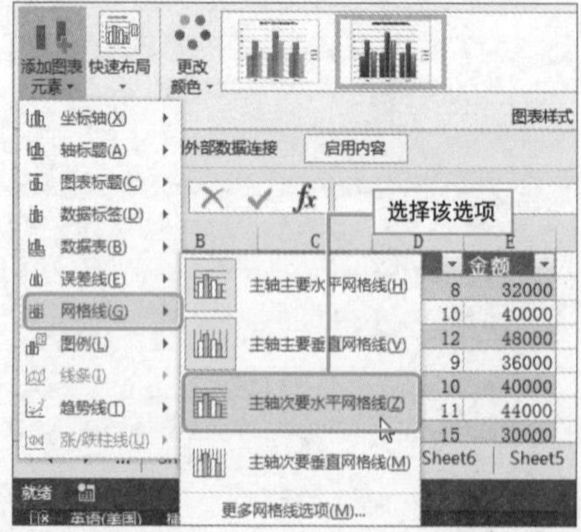

美化数据透视图的图表区

实例　设置数据透视图的图表区

适当地对图表进行美化，可以体现创建者的审美水平。所以创建好数据透视图后，可以尝试对其进行美化，使其更符合我们的要求。本技巧将介绍如何设置数据透视图的图表区。

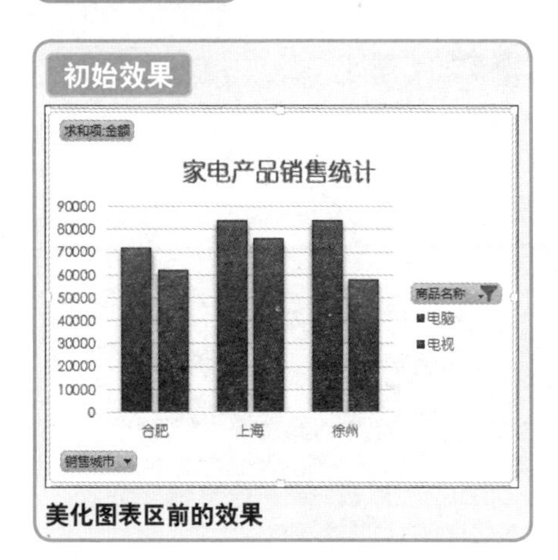

美化图表区前的效果

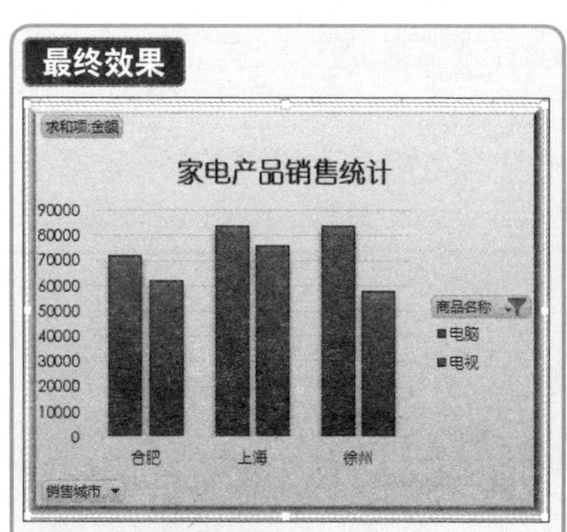

美化图表区后的效果

1 选中数据透视图，打开“格式”选项卡，单击“其他”按钮打开形状样式面板，选择“细微效果-橙色，强调颜色6”选项。

选择样式

2 打开“格式”选项卡，单击“形状效果”按钮，在展开的列表中选择相应的效果，如选择“预设1”样式。

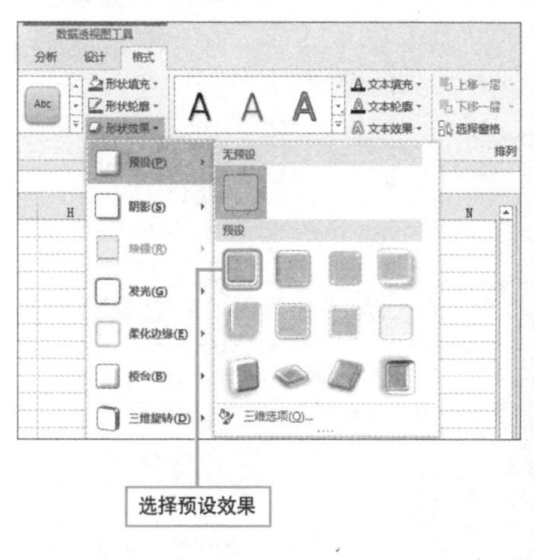

选择预设效果

Question 245

● Level ◆◆◆

2013 2010 2007

  Chapter14\026

巧设数据透视图的绘图区

实例	设置数据透视图的绘图区

在对数据透视图的图表区进行设置后，如果我们还觉得不够美观，可以对绘图区进一步进行设置。

初始效果

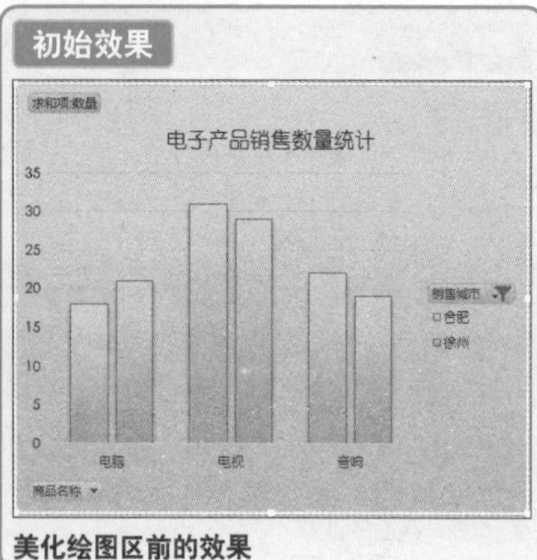

美化绘图区前的效果

最终效果

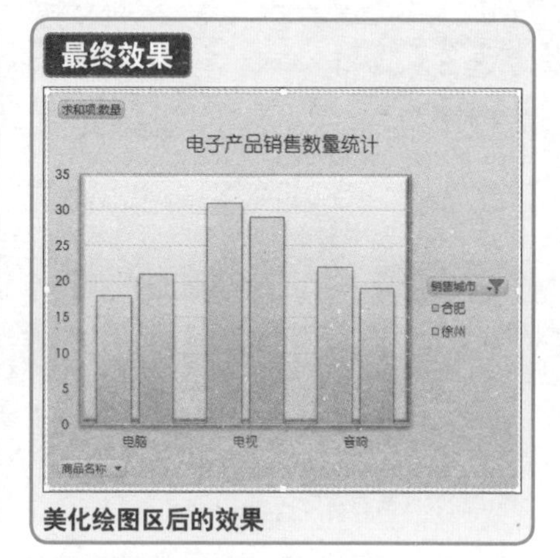

美化绘图区后的效果

❶ 选中数据透视图，打开“格式”选项卡，单击“其他”按钮打开形状样式面板，选择“细微效果-水绿色，强调颜色5”选项。

❷ 打开“格式”选项卡，单击“形状效果”按钮，在展开的列表中选择相应的效果，如选择“预设1”样式。

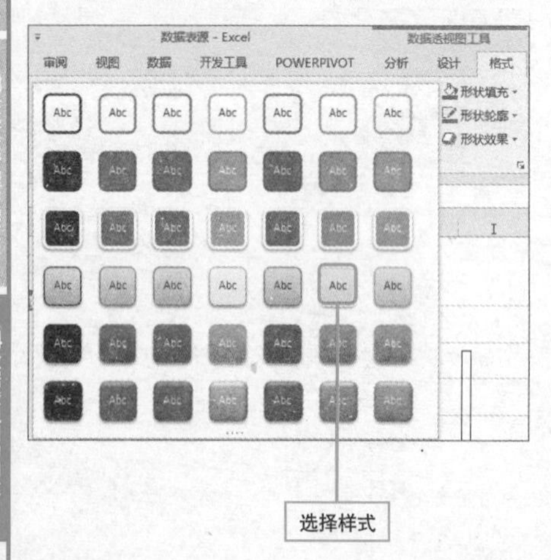

选择样式

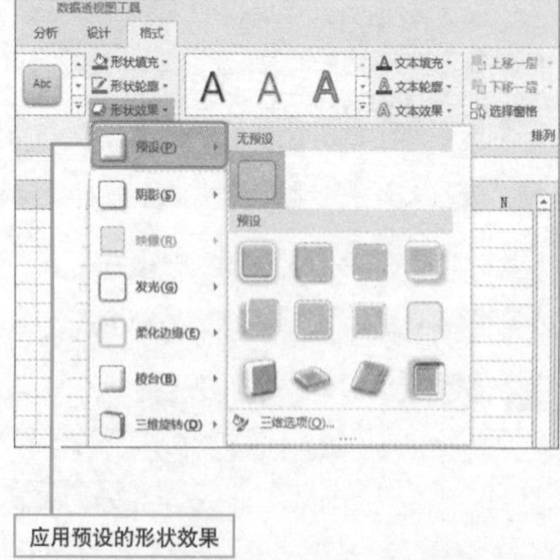

应用预设的形状效果

数据透视图中文字样式由你定

实例 更改数据透视图中的文字样式

新建成的数据透视图中的文字样式采用了系统默认的效果，我们对其进行更改，可以使重要的部分显得更加醒目，下面就来介绍如何修改文字样式。

初始效果

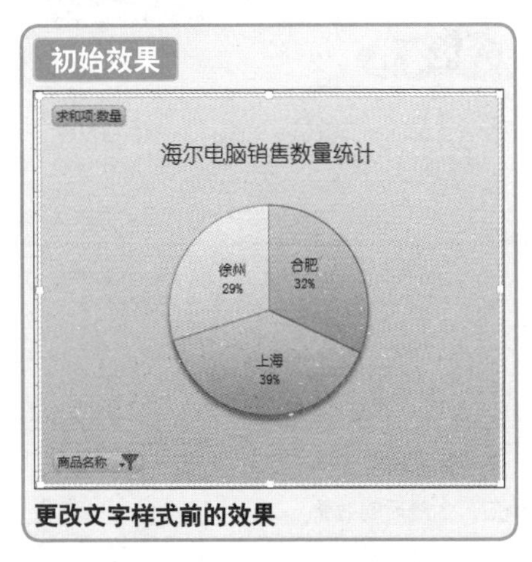

更改文字样式前的效果

最终效果

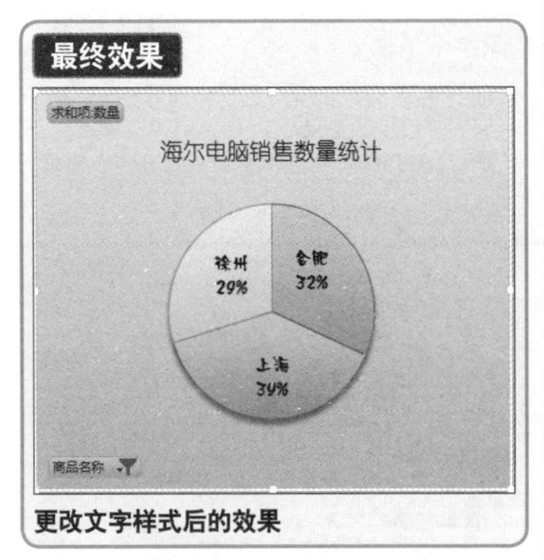

更改文字样式后的效果

① 单击数据透视图中文字，选中需要更改的文字。

求和项:数量
海尔电脑销售数量统计
徐州 29%
合肥 32%
上海 39%
选中
商品名称

② 在“开始”选项卡中修改字体格式，以及字号、字体颜色等即可更改文字样式。

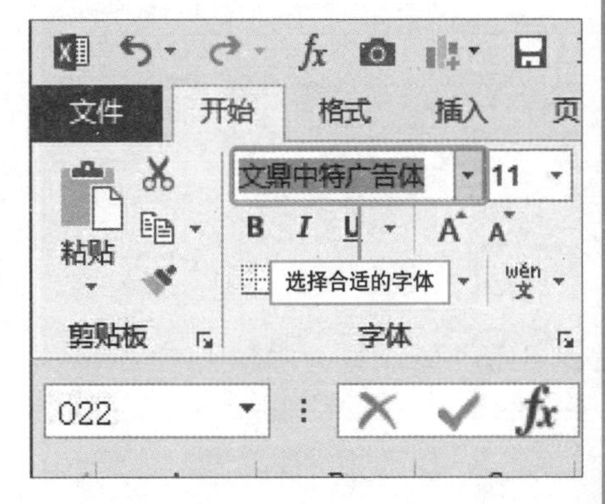

Question 247

• Level ◆◆◇

2013 2010 2007

巧用主题美化数据透视图

实例	使用主题设置数据透视图的效果

前面我们学习了美化数据透视图图表区和绘图区，那么有没有一种方法可以改变整个数据透视图的效果呢？使用“主题”就是一种简单快捷的方法。

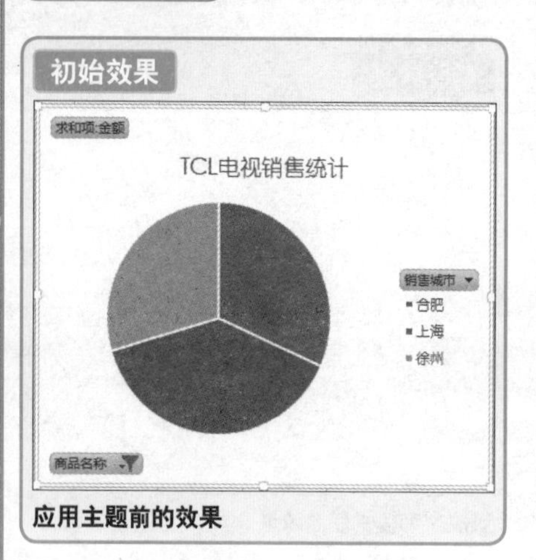

应用主题前的效果

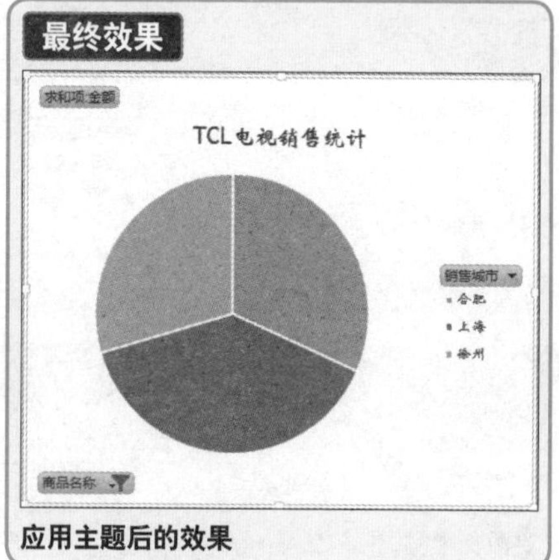

应用主题后的效果

1 单击数据透视图，打开“页面布局”选项卡，单击“主题”按钮，打开主题面板，从中选择合适的主题，如选择“主题8”。

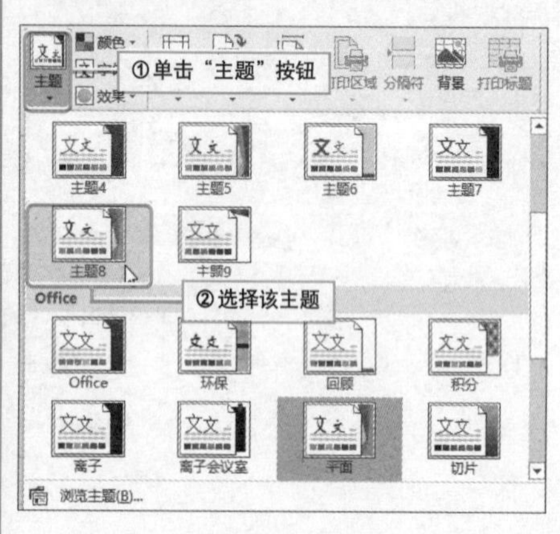

Hint

关于主题的介绍

主题是用来改变数据透视图整体设计效果的，包括图中字体、颜色以及其他效果。“页面布局”选项卡下的“主题”按钮列表中有32种不同的主题风格，包括“粉”、“环保”和“梦幻”等。用户可以根据自己的喜好和需求挑选主题，完成对数据透视图的修饰。

数据透视表/图的鱼水情

实例 数据透视图和数据透视表之间相互影响

数据透视图是建立在数据透视表的基础上的，改变数据透视表的任何一部分，都会影响数据透视图，因此若要更改数据透视图的布局和数据，则可更改相关联的数据透视表中的布局和数据。

初始效果

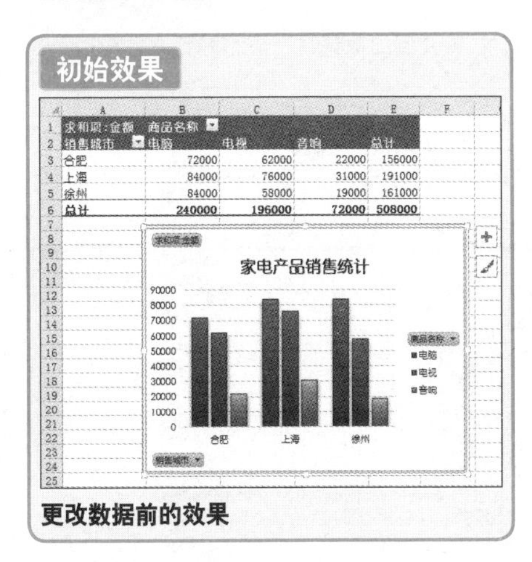

求和项:金额	商品名称			
销售城市	电脑	电视	音响	总计
合肥	72000	62000	22000	156000
上海	84000	76000	31000	191000
徐州	84000	58000	19000	161000
总计	240000	196000	72000	508000

更改数据前的效果

最终效果

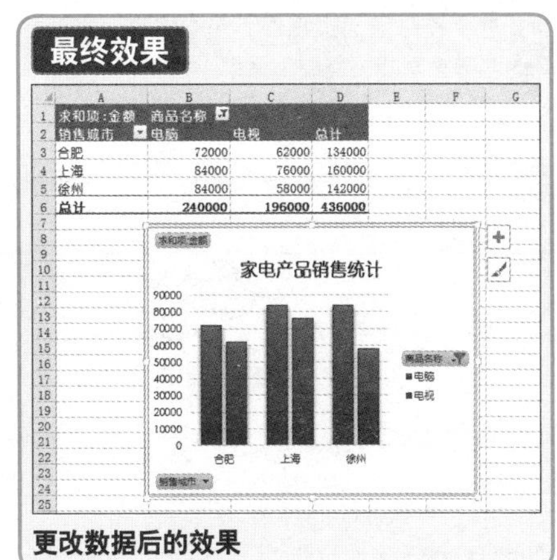

求和项:金额	商品名称		
销售城市	电脑	电视	总计
合肥	72000	62000	134000
上海	84000	76000	160000
徐州	84000	58000	142000
总计	240000	196000	436000

更改数据后的效果

1. 单击数据透视表中“商品名称”字段按钮，从中勾选“电脑”和“电视”选项，单击“确定”按钮。

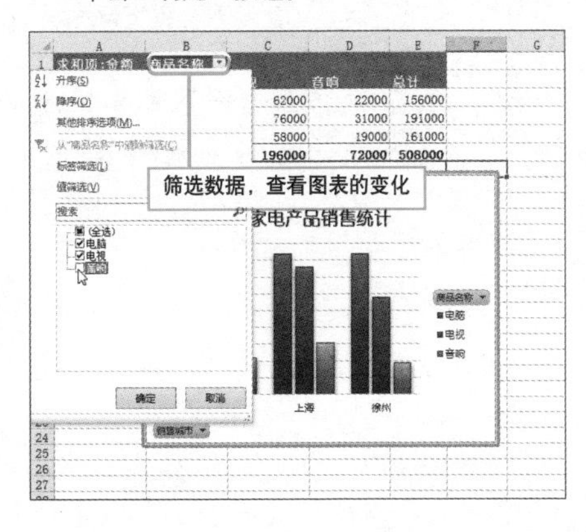

Hint

数据透视表和数据透视图之间的影响

数据透视图是依据数据透视表建立的，它和数据透视表之间是相互影响的。筛选数据透视表中字段会导致数据透视图联动变化，筛选数据透视图字段也会使数据透视表发生联动变化。

如果想要切断这种联动变化，只有断开数据透视图和数据透视表之间的链接。将数据透视表复制粘贴后，删除原先的数据透视表就可以断开它们间的链接了。

Question **249**

● Level ◆◆◇

2013 2010 2007

将数据透视图转化为静态图表

实例　切断数据透视表与数据透视图之间的关联性

数据透视图是依据数据透视表创建的，数据透视表的任何改变都会反映在数据透视图中，有时我们并不希望数据透视图随意改变，这时，就需要将数据透视图变成静态的图表，让它与数据透视表断开联系。

1 选中整张数据透视表，单击右键，在快捷菜单中选择“复制”命令。

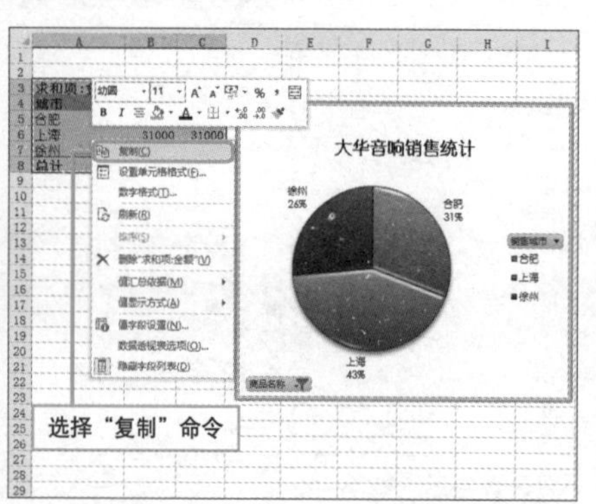

2 将复制的数据透视表粘贴到原数据透视表下方。

2			
3	求和项:金额	商品	
4	城市	音响	总计
5	合肥	22000	22000
6	上海	31000	31000
7	徐州	19000	19000
8	总计	72000	72000
9			
10			
11	求和项:金额	商品	
12	城市	音响	总计
13	合肥	22000	22000
14	上海	31000	31000
15	徐州	19000	19000
16	总计	72000	72000
17			

3 再次选中原数据透视表，按下Delete键删除数据透视表，数据透视图即变成静态的图表。

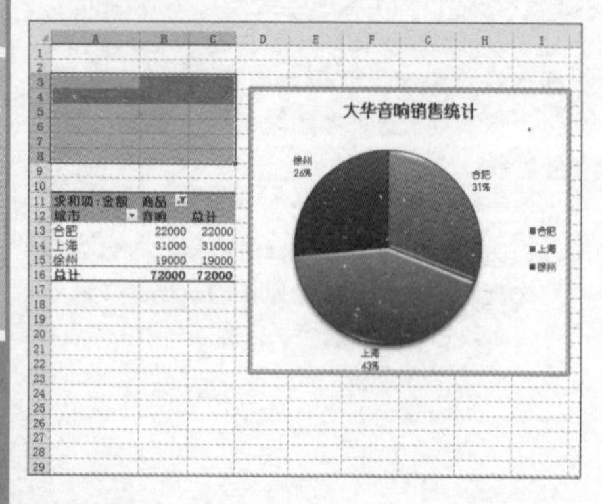

删除后效果

Hint

其他转化方法

● 将数据透视图转为图片形式，通过复制粘贴命令，将数据透视图转化为静态图表。

● 选中对应的数据透视表，按下Delete键删除，这样数据透视图变为静态图表。

轻松插入迷你图

实例 创建迷你图

迷你图是工作表单元格中的一个微型图表，将它放在数据透视表单元格中，可以很直观地反映一系列数据的变化趋势，突出数据中的最高点和最低点，帮助我们分析数据。

❶ 选择H5单元格，打开“插入”选项卡，单击功能区中的“柱形图”按钮。

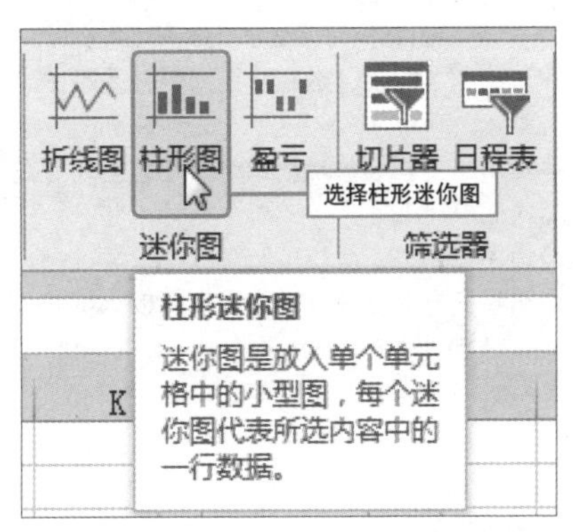

❷ 弹出“创建迷你图”对话框，将数据范围设置为“B5:F5”，单击“确定”按钮。

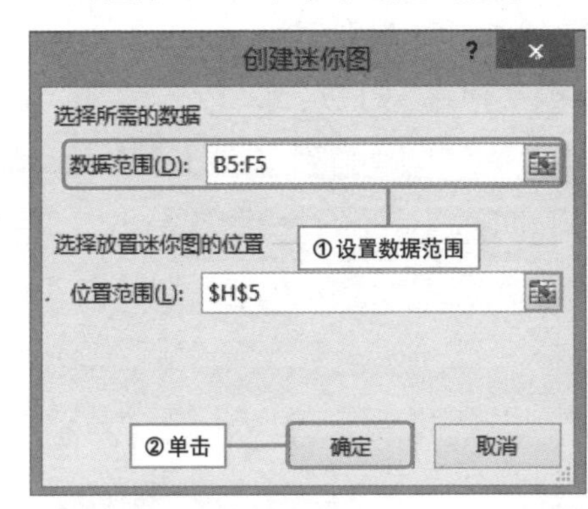

❸ 返回编辑区后，即可看到由 B5:F5区域数据生成的迷你图。

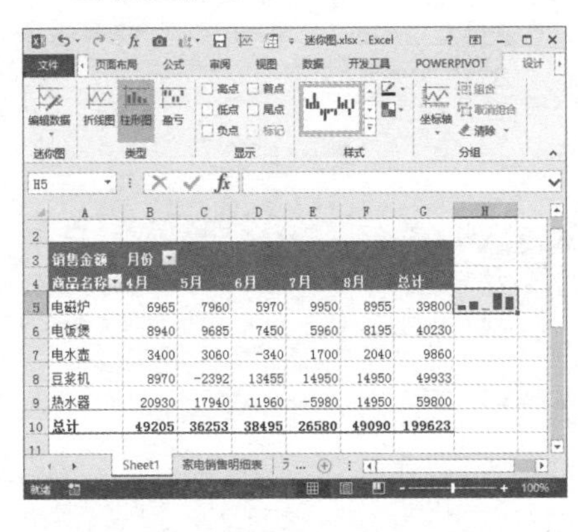

销售金额	月份					
商品名称	4月	5月	6月	7月	8月	总计
电磁炉	6965	7960	5970	9950	8955	39800
电饭煲	8940	9685	7450	5960	8195	40230
电水壶	3400	3060	-340	1700	2040	9860
豆浆机	8970	-2392	13455	14950	14950	49933
热水器	20930	17940	11960	-5980	14950	59800
总计	49205	36253	38495	26580	49090	199623

Hint

单个迷你图注意事项

单个迷你图只能使用一行或一列数据作为数据源，不能使用多行或多列数据，否则，系统会提示“位置引用或数据区域无效”错误。本例中数据源可以是“B5:F5”或者“B5:G5”，也可以是“B5:B10”，但不可以是“B5:G7”。

8 数据透视表的筛选
9 切片器功能的应用
10 在人力资源中的应用
11 在销售管理中的应用
12 在薪酬管理中的应用
13 在学校管理中的应用
14 数据透视图的创建

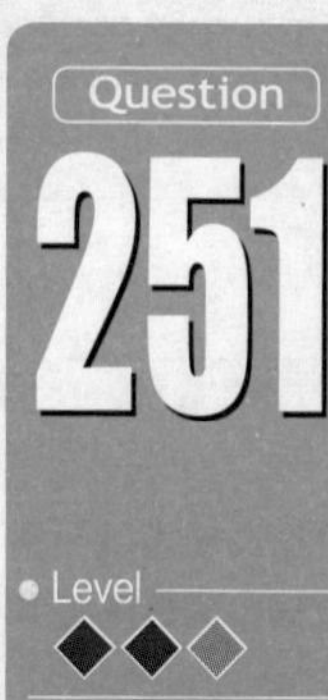

原来迷你图也能实现复制

实例 批量制作迷你图

用户创建了单个迷你图后，如果想要创建一组迷你图，那么可以采用多种不同方法快速创建，下面为您详细介绍。

1 鼠标拖动法。单击迷你图单元格，将光标放到单元格右下角，当其变成十字形时，按住左键并向下拖动即可。

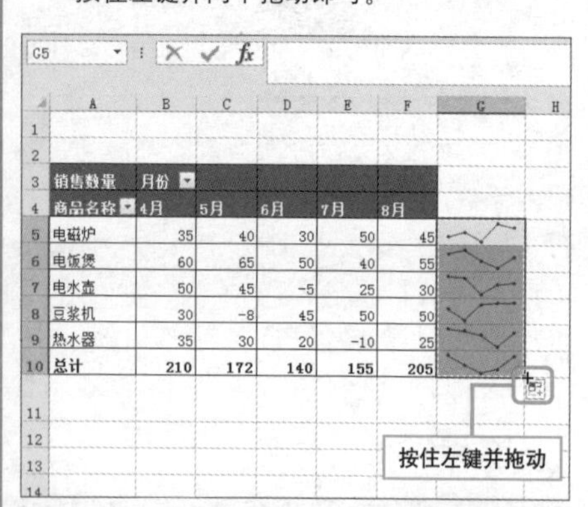

销售数量	月份				
商品名称	4月	5月	6月	7月	8月
电磁炉	35	40	30	50	45
电饭煲	60	65	50	40	55
电水壶	50	45	-5	25	30
豆浆机	30	-8	45	50	50
热水器	35	30	20	-10	25
总计	210	172	140	155	205

Hint

迷你图的优点

迷你图比较简单明了，没有纵坐标轴、图表标题、图例、数据标识和网格线等图表元素。

迷你图主要用于体现数据的变化趋势或者数据对比。

迷你图占用的空间较小，可以方便地进行页面设置和打印。并且迷你图还可以像填充公式一样方便地创建一组图表。

2 功能按钮填充法。选中“G5:G10”单元格区域，单击“开始”选项卡下的“填充”按钮，选择“向下”选项。

自动求和 填充 排序和筛选 查找和选择
向下(D) 向右(R) 向上(U) 向左(L) 成组工作表(A)... 序列(S)... 两端对齐(J) 快速填充(F)
向下填充 (Ctrl+D)
选择该选项

3 复制粘贴法。在迷你图上单击右键，从快捷菜单中选择“复制”命令，然后粘贴到合适位置即可。

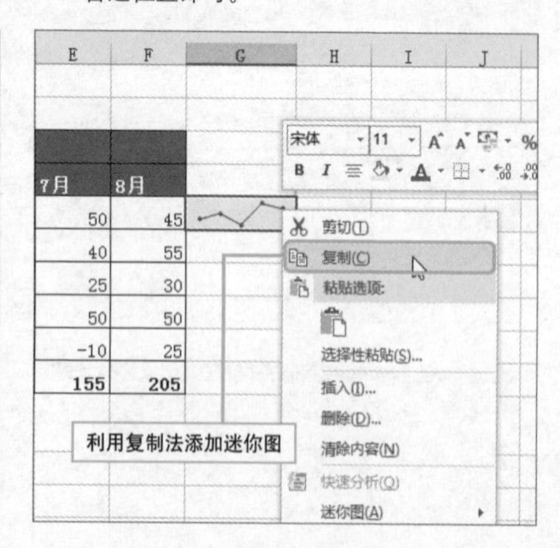

让单个迷你图变成一家子

实例 用组合法创建一组迷你图

迷你图可以单个存在，也可以将不同的迷你图组合成一组，此时选择单个迷你图时，将自动选中组合中所有的迷你图。本技巧将为您介绍如何组合迷你图。

1 选中柱形迷你图，然后按住Ctrl键的同时，选中折线迷你图。

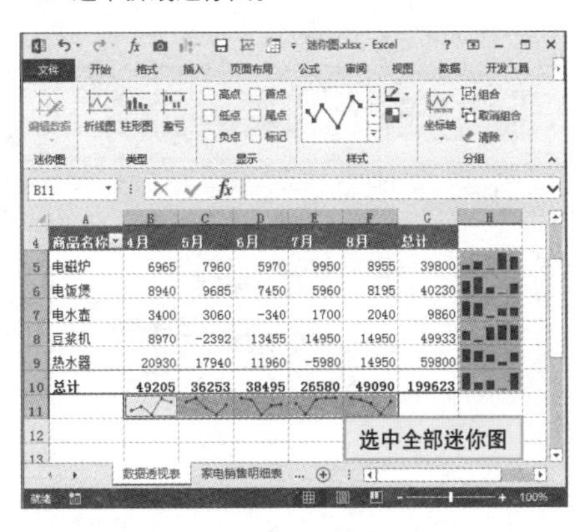

2 打开“迷你图工具-设计”选项卡，单击功能区中的“组合”按钮。

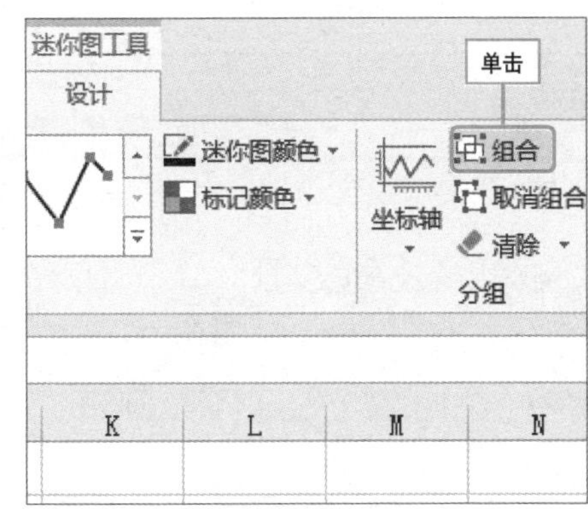

3 组合后的迷你图全部变成折线图，单击任意迷你图，将会选中全部迷你图。

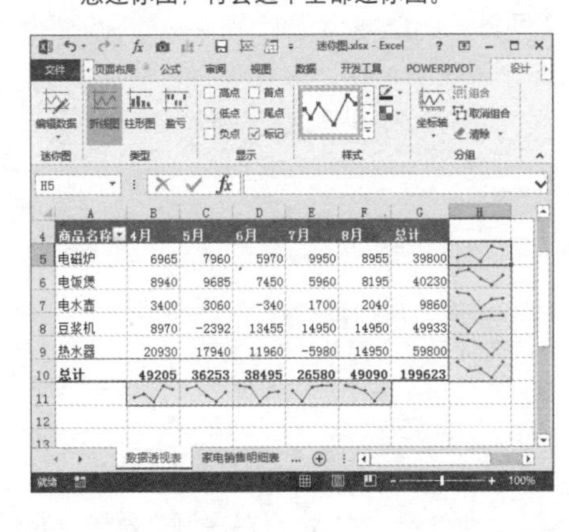

Hint

组合迷你图须知

利用迷你图的组合功能，可以将不同的迷你图组合成一组迷你图。组合迷你图的图表类型由最后选中的迷你图类型决定。

本例中，先选中柱形图，后选中折线图，所以最后组合迷你图的类型为折线图。

Question 253

给迷你图搬个家

● Level ◆◆◆

2013 2010 2007

实例 移动数据透视表中的迷你图

迷你图和其他图表一样，它的位置也不是一成不变的，用户可以根据自己的需要随意移动迷你图。下面就介绍几种移动迷你图的方法。

❶ 鼠标拖动法。选中迷你图，将光标放到迷你图上，当其变成十字箭头形时，按住鼠标左键并拖动到合适位置即可。

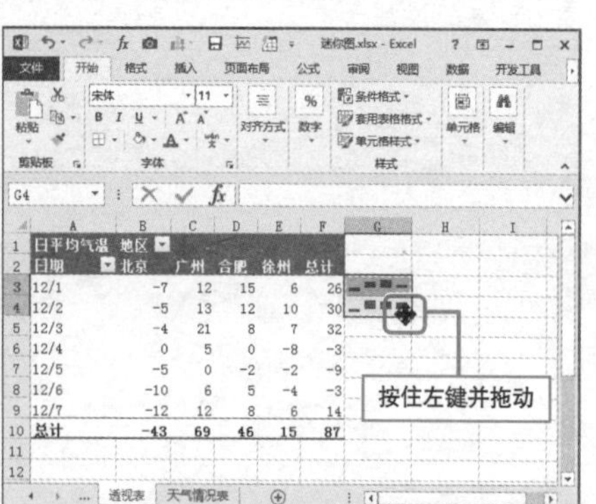

❷ 右键菜单移动法。在迷你图上单击鼠标右键，在快捷菜单中选择“剪切”命令，然后在合适位置上粘贴即可。

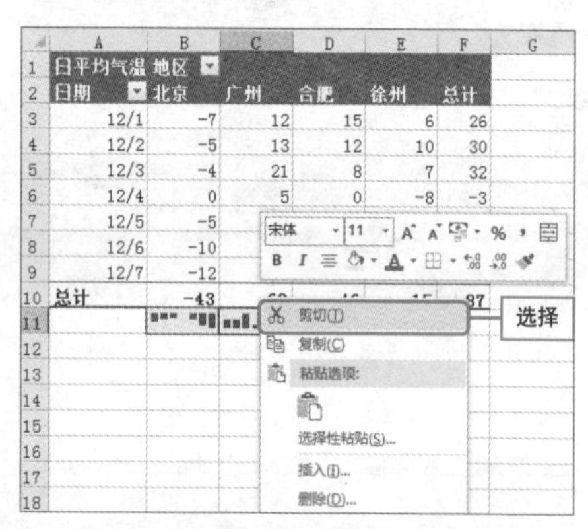

❸ 功能区按钮法。选中迷你图，打开“迷你图工具-设计”选项卡，单击“编辑数据”按钮。选择“编辑组位置和数据”选项。

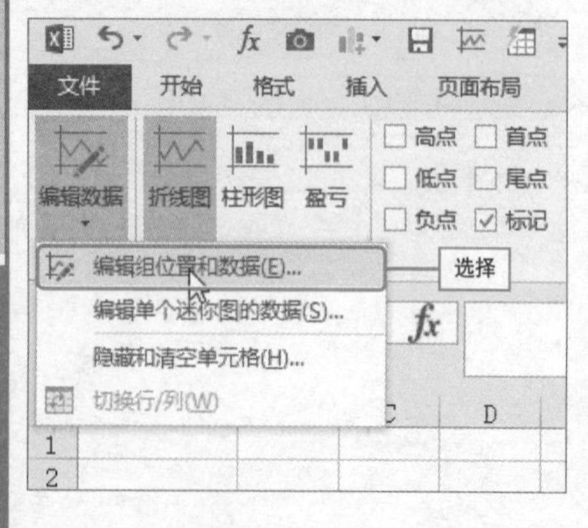

❹ 弹出“编辑迷你图”对话框，将“位置范围”设置为合适位置，然后单击“确定”按钮即可。

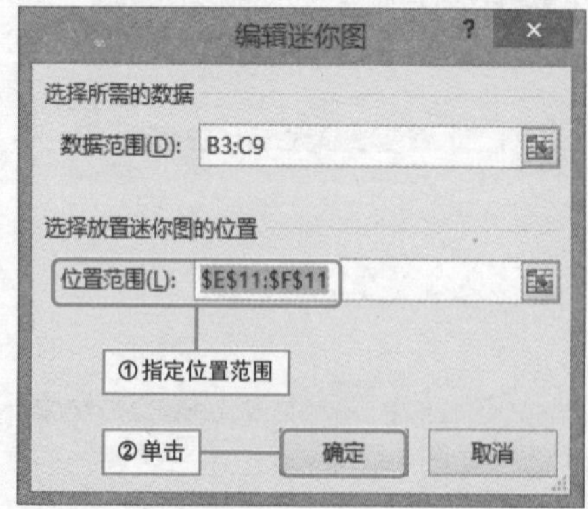

轻轻松松更改迷你图数据源

实例 更改迷你图数据源

在日常工作中，当用户创建迷你图后，若发现数据源多选了或错选了，则需要更改数据源，那么该怎样操作呢？下面将详细介绍。

初始效果

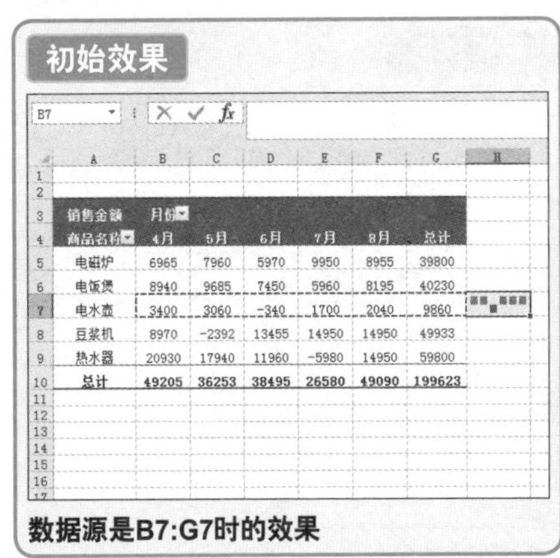

销售金额	月份					
商品名称	4月	5月	6月	7月	8月	总计
电磁炉	6965	7960	5970	9950	8955	39800
电饭煲	8940	9685	7450	5960	8195	40230
电水壶	3400	3060	-340	1700	2040	9860
豆浆机	8970	-2392	13455	14950	14950	49933
热水器	20930	17940	11960	-5980	14950	59800
总计	49205	36253	38495	26580	49090	199623

数据源是B7:G7时的效果

最终效果

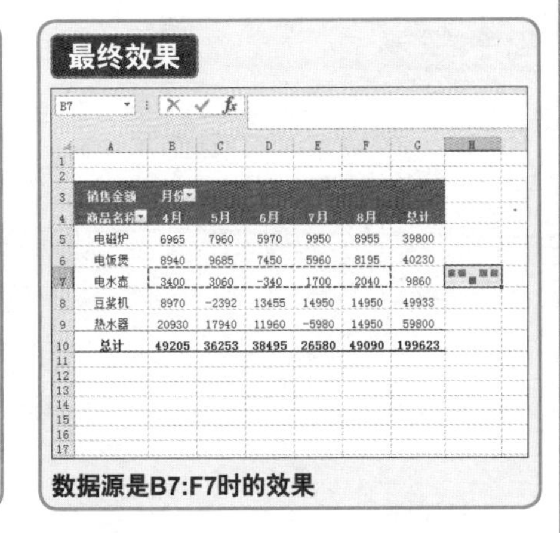

销售金额	月份					
商品名称	4月	5月	6月	7月	8月	总计
电磁炉	6965	7960	5970	9950	8955	39800
电饭煲	8940	9685	7450	5960	8195	40230
电水壶	3400	3060	-340	1700	2040	9860
豆浆机	8970	-2392	13455	14950	14950	49933
热水器	20930	17940	11960	-5980	14950	59800
总计	49205	36253	38495	26580	49090	199623

数据源是B7:F7时的效果

1 选中迷你图，打开“迷你图工具-设计”选项卡，单击“编辑数据”按钮，选择“编辑单个迷你图的数据”选项。

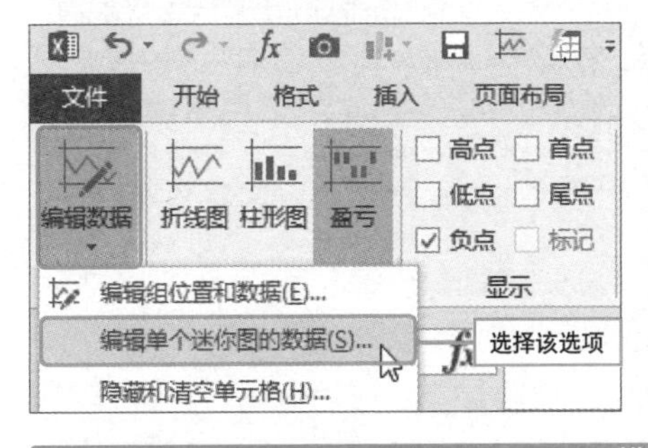

2 打开“编辑迷你图数据”对话框，从中修改迷你图数据源，然后单击“确定”按钮即可。

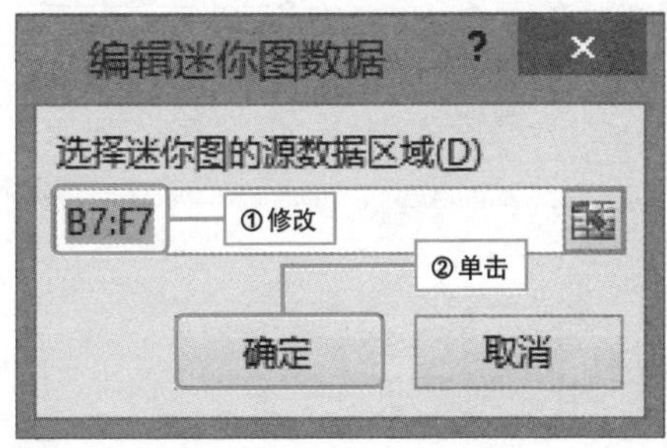

Hint

迷你图与普通图表的差异

迷你图不同于图表，图表是Excel中的一个对象，而迷你图不是对象，它仅是单元格中的一个背景图表，在一个具有迷你图的单元格中还可以输入文字，或者设置填充色，用户可以像操作普通单元格一样进行操作。

Question 255

● Level ◆◇◇

2013 2010 2007

迷你图变变变

实例	更改迷你图类型

迷你图有三种不同的类型，用户可以根据需要改变迷你图的类型。用户可以改变单个迷你图的类型，也可以改变一组迷你图的类型，其方法是相同的。下面介绍如何将一组柱形迷你图更改成折线迷你图。

初始效果

	A	B	C	D	E	F
1	日平均气温	地区 ▼				
2	日期 ▼	北京	广州	合肥	徐州	
3	12/1	-7	12	15	6	
4	12/2	-5	13	12	10	
5	12/3	-4	21	8	7	
6	12/4	0	5	0	-8	
7	12/5	-5	0	-2	-2	
8	12/6	-10	6	5	-4	
9	12/7	-12	12	8	6	
10						
11						
12						
13						
14						

柱形迷你图效果

最终效果

	A	B	C	D	E	F
1	日平均气温	地区 ▼				
2	日期 ▼	北京	广州	合肥	徐州	
3	12/1	-7	12	15	6	
4	12/2	-5	13	12	10	
5	12/3	-4	21	8	7	
6	12/4	0	5	0	-8	
7	12/5	-5	0	-2	-2	
8	12/6	-10	6	5	-4	
9	12/7	-12	12	8	6	
10						
11						
12						
13						
14						

折线迷你图效果

1. 选中迷你图，打开“迷你图工具-设计”选项卡，单击“折线图”按钮。

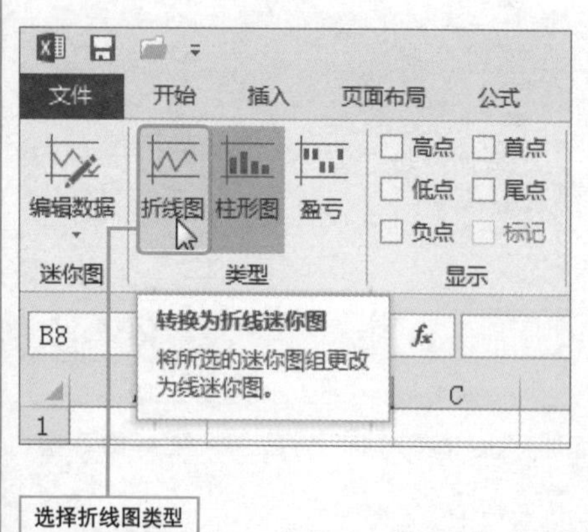

Hint

盈亏迷你图简述

盈亏迷你图用来表示数据的盈亏情况，它只强调数据的盈利（正值）或亏损（负值），不强调数值的大小。在盈亏迷你图中将所有数据区域中的正数显示在上方，将所有的负数显示在下方。由于不强调数值大小，所以盈亏迷你图中每一个数据点的矩形具有相同的高度。

迷你图样式巧设置

实例 设置迷你图的样式

在Excel 2013中，系统自带有几十种常用迷你图样式，用户可以根据自己喜好和需要进行选择。本技巧将对相关的操作进行介绍。

初始效果

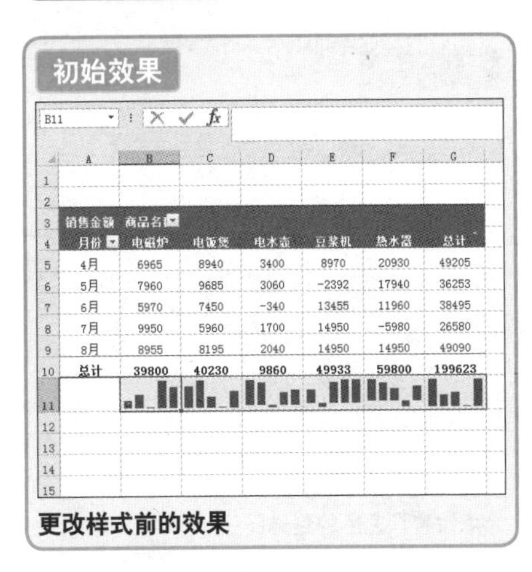

销售金额	商品名称					
月份	电磁炉	电饭煲	电水壶	豆浆机	热水器	总计
4月	6965	8940	3400	8970	20930	49205
5月	7960	9685	3060	-2392	17940	36253
6月	5970	7450	-340	13455	11960	38495
7月	9950	5960	1700	14950	-5980	26580
8月	8955	8195	2040	14950	14950	49090
总计	39800	40230	9860	49933	59800	199623

更改样式前的效果

最终效果

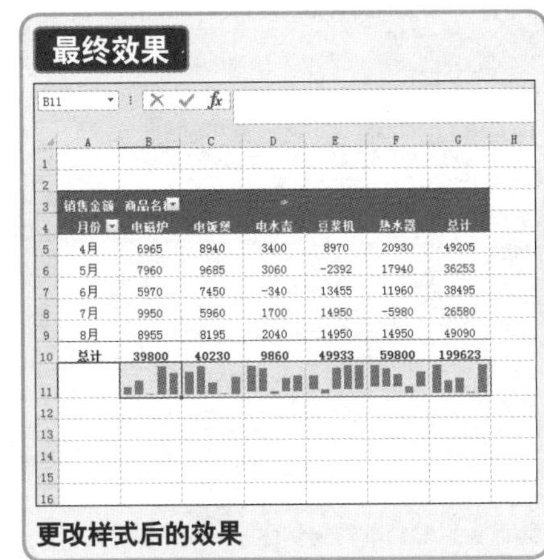

销售金额	商品名称					
月份	电磁炉	电饭煲	电水壶	豆浆机	热水器	总计
4月	6965	8940	3400	8970	20930	49205
5月	7960	9685	3060	-2392	17940	36253
6月	5970	7450	-340	13455	11960	38495
7月	9950	5960	1700	14950	-5980	26580
8月	8955	8195	2040	14950	14950	49090
总计	39800	40230	9860	49933	59800	199623

更改样式后的效果

1. 选中迷你图，打开“迷你图工具-设计”选项卡，单击“其他”按钮，从样式面板中选择“迷你图样式彩色#4”样式。

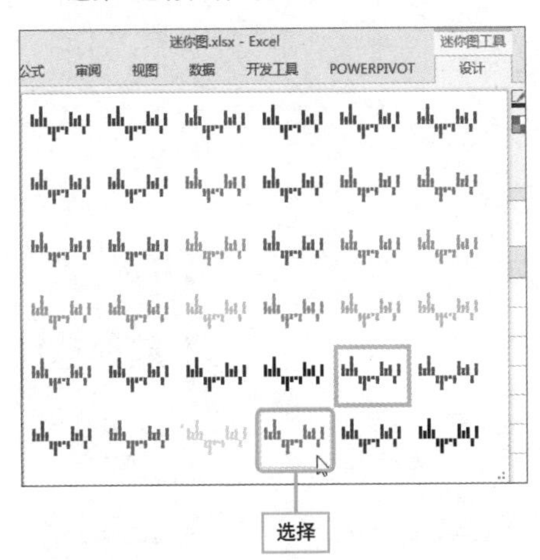

Hint

如何改变迷你图颜色

单击功能区中的“迷你图颜色”按钮，从中选择合适的颜色，即可改变迷你图的颜色了。

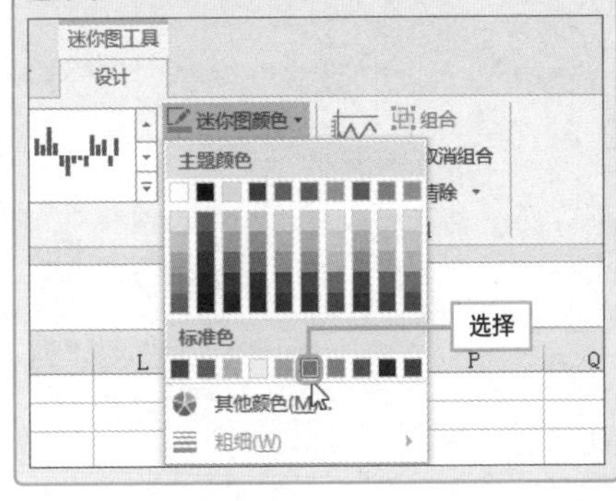

Question 257

• Level ◆◆◇

2013 2010 2007

特殊点的设计有玄机

实例 为迷你图中的点设置颜色

迷你图中有6种点位显示，分别是首点、尾点、高点、低点、负点、标记。用户可以为这些特殊点设置不同的颜色，这样便很容易将这些点区分开来，有利于用户对数据进一步分析。

初始效果

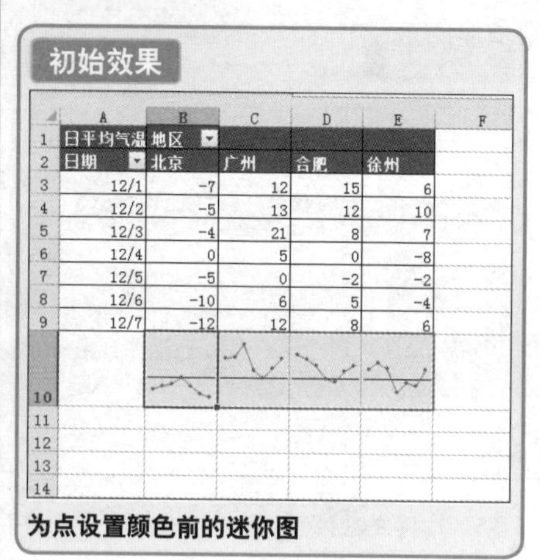

日平均气温	地区			
日期	北京	广州	合肥	徐州
12/1	-7	12	15	6
12/2	-5	13	12	10
12/3	-4	21	8	7
12/4	0	5	0	-8
12/5	-5	0	-2	-2
12/6	-10	6	5	-4
12/7	-12	12	8	6

为点设置颜色前的迷你图

最终效果

日平均气温	地区			
日期	北京	广州	合肥	徐州
12/1	-7	12	15	6
12/2	-5	13	12	10
12/3	-4	21	8	7
12/4	0	5	0	-8
12/5	-5	0	-2	-2
12/6	-10	6	5	-4
12/7	-12	12	8	6

为点设置颜色后的迷你图

1. 选中迷你图，单击功能区中的“标记颜色”按钮，选择“高点”选项，之后将高点颜色设置为“红色”。

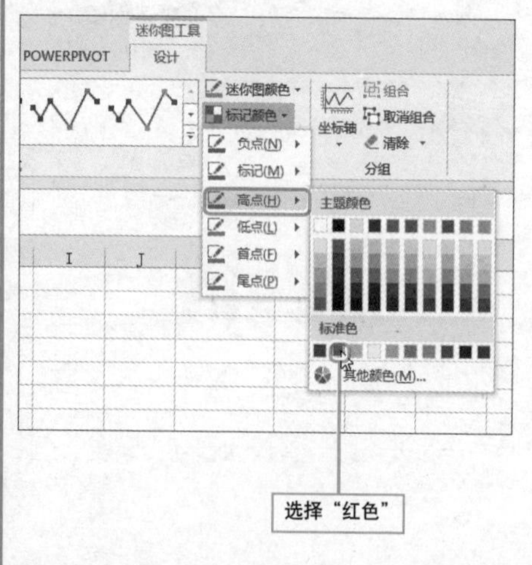

2. 采用同样的方法，将低点的颜色设置为“绿色”。

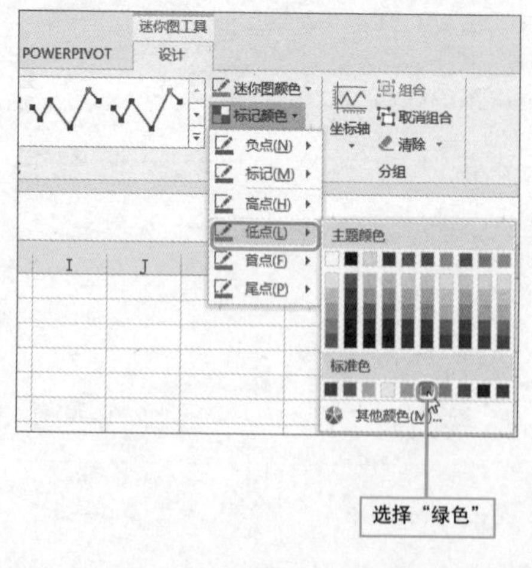

巧妙设置纵坐标

实例 为迷你图添加纵坐标

用户创建了一组迷你图，却发现自动设置的迷你图不能真实体现数据点之间的差异量，所以需要手动设置迷你图纵坐标的最大值和最小值，使迷你图能够真实地反映数据的趋势和差异。

初始效果

	A	B	C	D	E
1	日平均气温	地区			
2	日期	北京	广州	合肥	徐州
3	12/1	-7	12	15	6
4	12/2	-5	13	12	10
5	12/3	-4	21	8	7
6	12/4	0	5	0	-8
7	12/5	-5	0	-2	-2
8	12/6	-10	6	5	-4
9	12/7	-12	12	8	6
10					
11					
12					

默认柱形迷你图效果

最终效果

	A	B	C	D	E
1	日平均气温	地区			
2	日期	北京	广州	合肥	徐州
3	12/1	-7	12	15	6
4	12/2	-5	13	12	10
5	12/3	-4	21	8	7
6	12/4	0	5	0	-8
7	12/5	-5	0	-2	-2
8	12/6	-10	6	5	-4
9	12/7	-12	12	8	6
10					
11					
12					

设置最大/小值的效果

① 选中迷你图，单击“迷你图工具-设计”选项卡下“坐标轴”按钮，分别选择最小值的“自定义值”选项和最大值的“自定义值”选项。

迷你图工具 POWERPIVOT 设计 迷你图颜色 标记颜色 坐标轴 组合 取消组合 清除 样式
横坐标轴选项
常规坐标轴类型(G)
日期坐标轴类型(D)...
显示坐标轴(S)
从右到左的绘图数据(P)
纵坐标轴的最小值选项
自动设置每个迷你图(A)
适用于所有迷你图(E)
自定义值(C)...
纵坐标轴的最大值选项
自动设置每个迷你图(E)
适用于所有迷你图(M)
自定义值(V)...
①选择“自定义值”
②选择“自定义值”

② 在弹出的对话框中，分别将最小值设为-15，将最大值设为25。

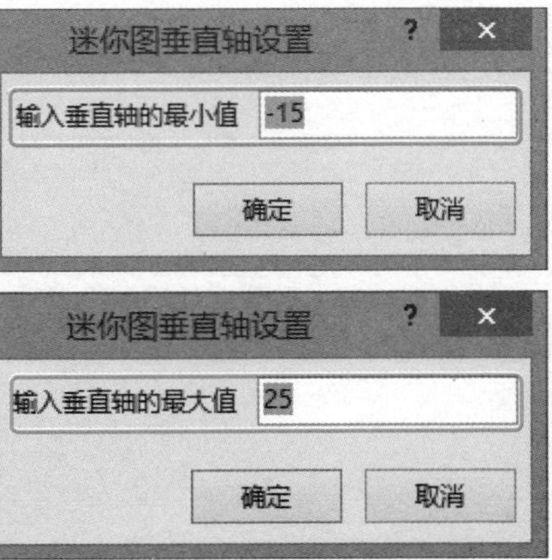

Question 259

将横坐标轴变出来

● Level

2013 2010 2007

实例 显示迷你图的横坐标轴

默认情况下，创建的迷你图是不显示横坐标轴的，如果想要在迷你图中显示横坐标轴，那么该如何操作呢？本技巧将对该技巧的实现过程进行详细介绍。

初始效果

	A	B	C	D	E
1	日平均气温	地区			
2	日期	北京	广州	合肥	徐州
3	12/1	-7	12	15	6
4	12/2	-5	13	12	10
5	12/3	-4	21	8	7
6	12/4	0	5	0	-8
7	12/5	-5	0	-2	-2
8	12/6	-10	6	5	-4
9	12/7	-12	12	8	6
10					
11					
12					

无横坐标轴效果

最终效果

	A	B	C	D	E
1	日平均气温	地区			
2	日期	北京	广州	合肥	徐州
3	12/1	-7	12	15	6
4	12/2	-5	13	12	10
5	12/3	-4	21	8	7
6	12/4	0	5	0	-8
7	12/5	-5	0	-2	-2
8	12/6	-10	6	5	-4
9	12/7	-12	12	8	6
10					
11					
12					

添加横坐标轴的显示效果

1. 选择数据透视表中的迷你图，打开“迷你图工具-设计”选项卡，单击功能区中的“坐标轴”按钮，在展开的列表中选择“显示坐标轴”选项即可。

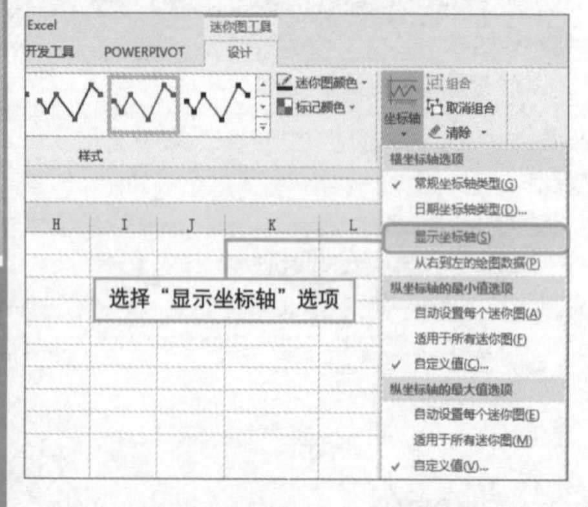

Hint

显示横坐标轴的注意事项

迷你图可以显示横坐标轴，但特殊情况下，有些迷你图是无法显示横坐标轴的。比如柱形迷你图和折线迷你图中，如果它们中的数据不包含负值，即使选择了“显示坐标轴”选项，也不会显示横坐标轴。

对于盈亏迷你图来讲，无论是否包含负值数据点，都将显示横坐标轴，所以当数据中不包含负值时，用户如果想要显示横坐标轴，那就只能选择盈亏迷你图了。

巧设日期坐标轴

实例 日期坐标轴的应用

迷你图的坐标轴类型分为常规坐标轴类型和日期坐标轴两种。日期坐标轴是根据日期系列设置的，如果其中缺少一些日期，那么迷你图中会显示对应的空位。本技巧为您介绍如何设置日期坐标轴。

初始效果

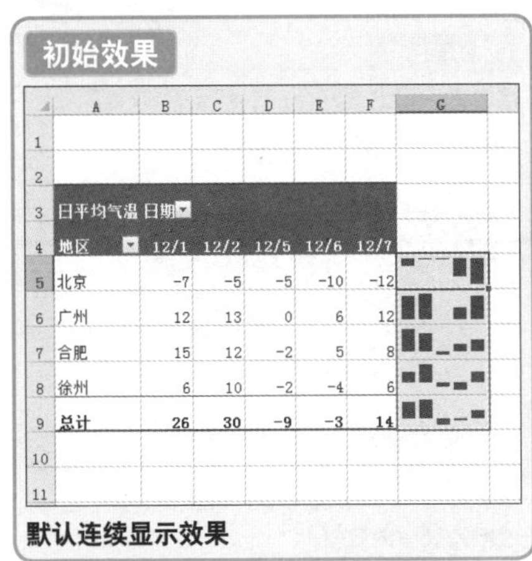

日平均气温	日期				
地区	12/1	12/2	12/5	12/6	12/7
北京	-7	-5	-5	-10	-12
广州	12	13	0	6	12
合肥	15	12	-2	5	8
徐州	6	10	-2	-4	6
总计	26	30	-9	-3	14

默认连续显示效果

最终效果

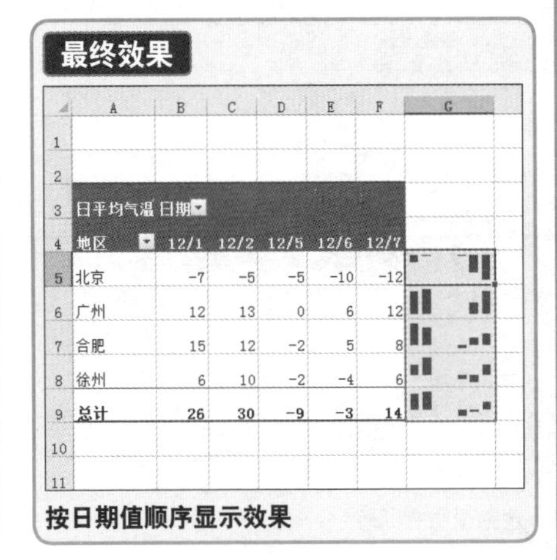

日平均气温	日期				
地区	12/1	12/2	12/5	12/6	12/7
北京	-7	-5	-5	-10	-12
广州	12	13	0	6	12
合肥	15	12	-2	5	8
徐州	6	10	-2	-4	6
总计	26	30	-9	-3	14

按日期值顺序显示效果

1. 选中迷你图，打开“迷你图工具-设计”选项卡，单击“坐标轴”按钮，选择“日期坐标轴类型”选项。

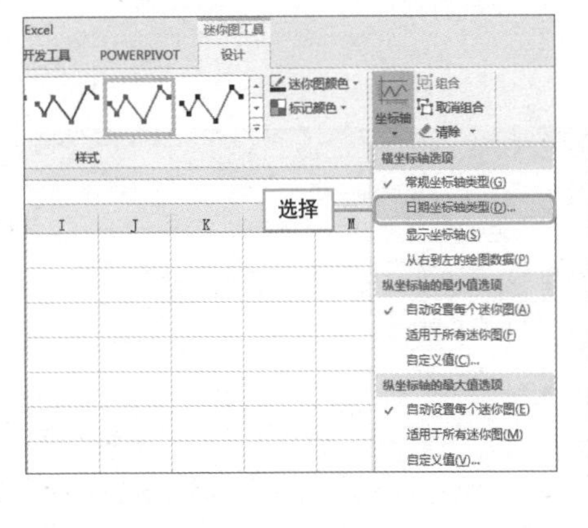

2. 弹出“迷你图日期范围”对话框，设置日期范围为“B4:F4”，单击“确定”按钮。

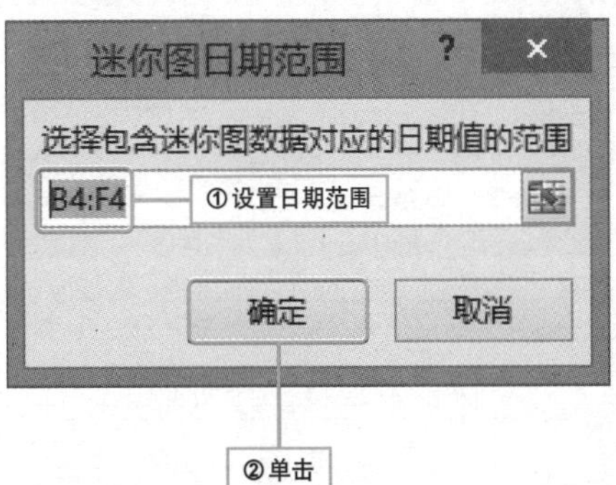

巧妙处理空单元格

实例 用直线连接迷你图中断裂部分

数据透视表中如有空单元格，就会导致折线迷你图中出现断裂。折线迷你图中空单元格有3种画法：零值、空距和直线。本技巧将为您介绍用直线连接迷你图中断裂部分。

初始效果

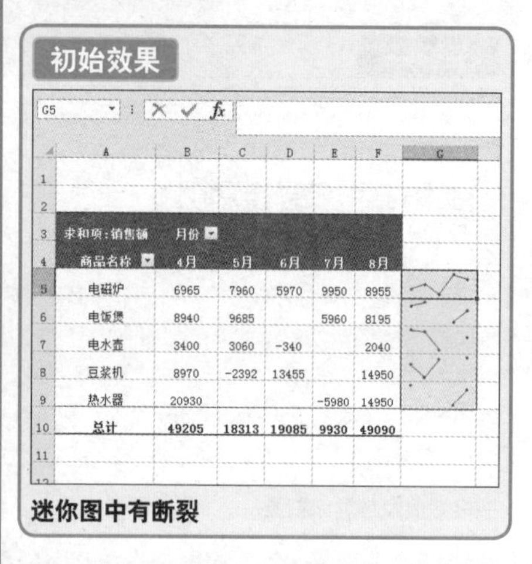

求和项:销售额	月份				
商品名称	4月	5月	6月	7月	8月
电磁炉	6965	7960	5970	9950	8955
电饭煲	8940	9685		5960	8195
电水壶	3400	3060	-340		2040
豆浆机	8970	-2392	13455		14950
热水器	20930			-5980	14950
总计	49205	18313	19085	9930	49090

迷你图中有断裂

最终效果

求和项:销售额	月份				
商品名称	4月	5月	6月	7月	8月
电磁炉	6965	7960	5970	9950	8955
电饭煲	8940	9685		5960	8195
电水壶	3400	3060	-340		2040
豆浆机	8970	-2392	13455		14950
热水器	20930			-5980	14950
总计	49205	18313	19085	9930	49090

连接断裂后的效果

1. 选中迷你图，打开“迷你图工具-设计”选项卡，单击功能区中的“编辑数据”按钮，从展开的列表中选择“隐藏和清空单元格”选项。

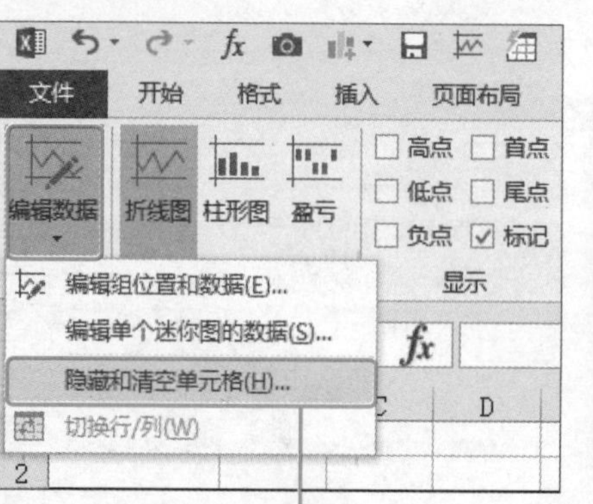

2. 弹出“隐藏和空单元格设置”对话框，从中设置空单元格的显示方式，在此选择“用直线连接数据点”选项，最后单击“确定”按钮。

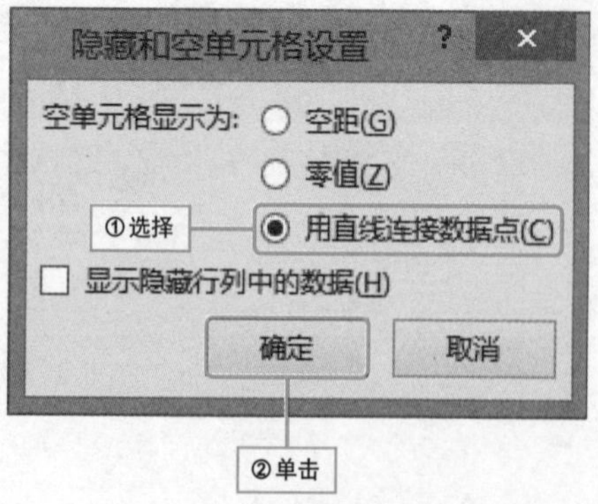

处理隐藏单元格有妙招

实例 在迷你图上显示隐藏单元格中数据

将数据透视表中一些单元格隐藏后，如果想要将隐藏的单元格中的数据在迷你图中显示出来，那么该如何操作呢？其实很简单，本技巧将介绍如何显示隐藏单元格中的数据。

初始效果

日平均气温	地区				
日期	北京	广州	合肥	徐州	总计
12/1	-7	12	15	6	26
12/2	-5	13	12	10	30
12/6	-10	6	5	-4	-3
12/7	-12	12	8	6	14

一周日平均温度（只显示4天）

最终效果

日平均气温	地区				
日期	北京	广州	合肥	徐州	总计
12/1	-7	12	15	6	26
12/2	-5	13	12	10	30
12/6	-10	6	5	-4	-3
12/7	-12	12	8	6	14

一周日平均温度（完整显示7天）

1. 选中迷你图，打开“迷你图工具-设计”选项卡，单击功能区中的“编辑数据”按钮，在展开的列表中选择“隐藏和清空单元格”选项。

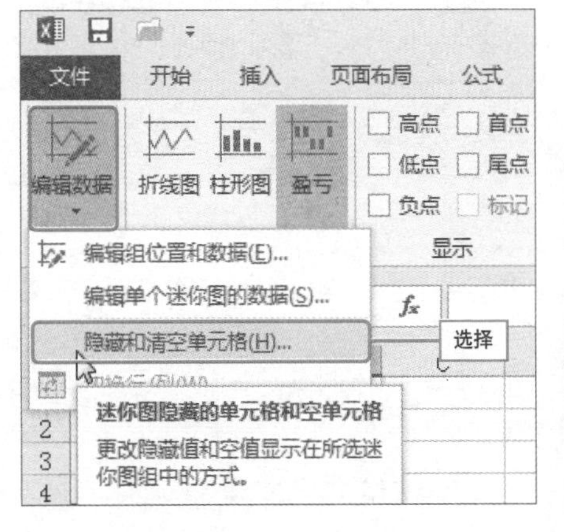

2. 弹出“隐藏和空单元格设置”对话框，从中勾选“显示隐藏行列中的数据”复选项，单击“确定”按钮。

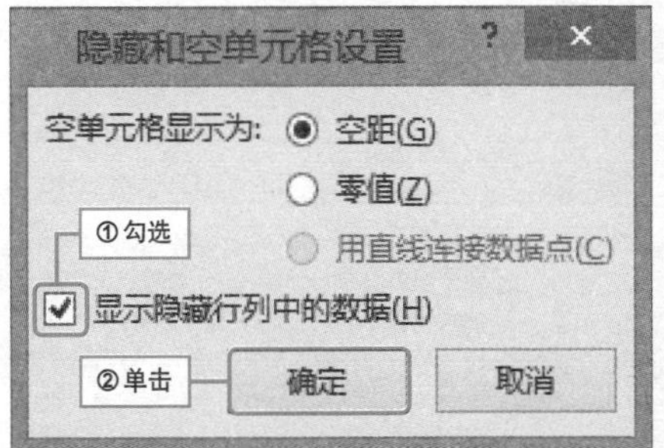

轻轻松松删除迷你图

实例 删除迷你图的几种方法

在日常工作中，经常会产生一些没有用的迷你图，删除它们，不仅可以节省空间，还可以使页面更加整洁，那么如何操作才可以轻松删除迷你图呢？下面就为您介绍几种方法。

1 快捷菜单法。在迷你图上单击右键，弹出快捷菜单，选择“迷你图-清除所选的迷你图”命令。

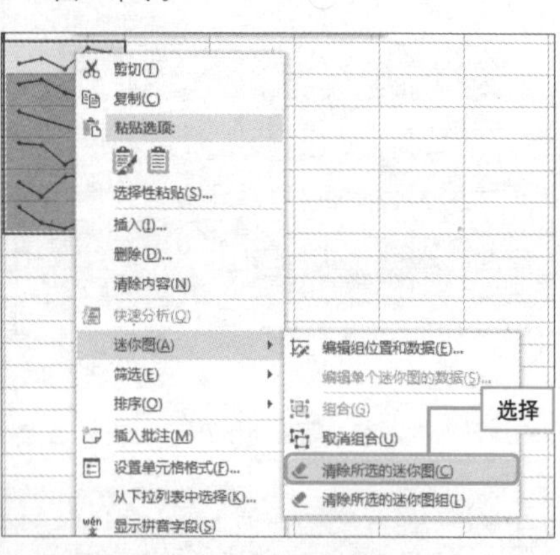

2 功能按钮法。选中迷你图，单击“迷你图工具-设计”选项卡下“清除-清除所选的迷你图”按钮。

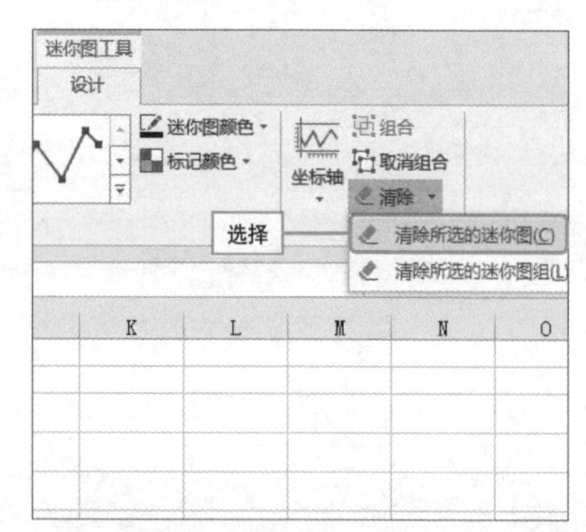

3 删除单元格法。在迷你图上单击右键，弹出快捷菜单，从中选择“删除”命令，删除单元格的同时删除迷你图。

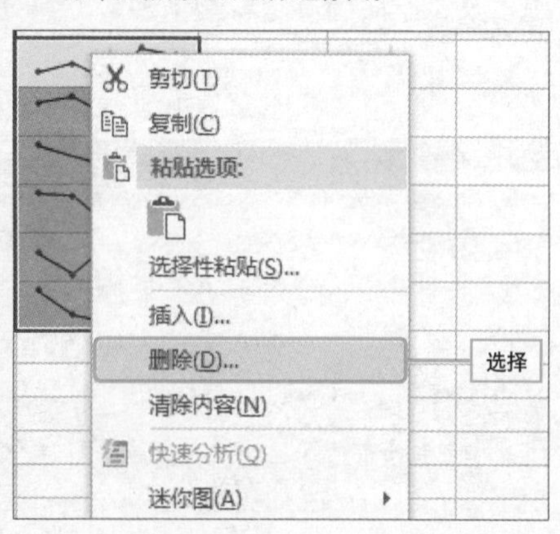

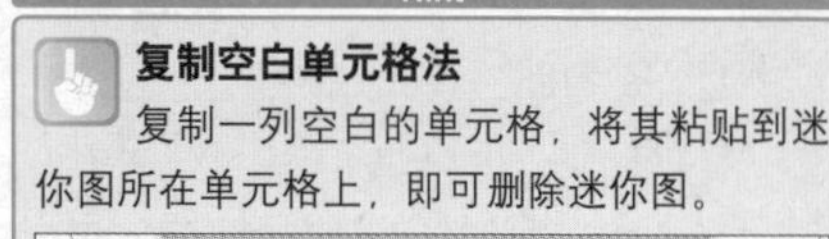

复制空白单元格法

复制一列空白的单元格，将其粘贴到迷你图所在单元格上，即可删除迷你图。

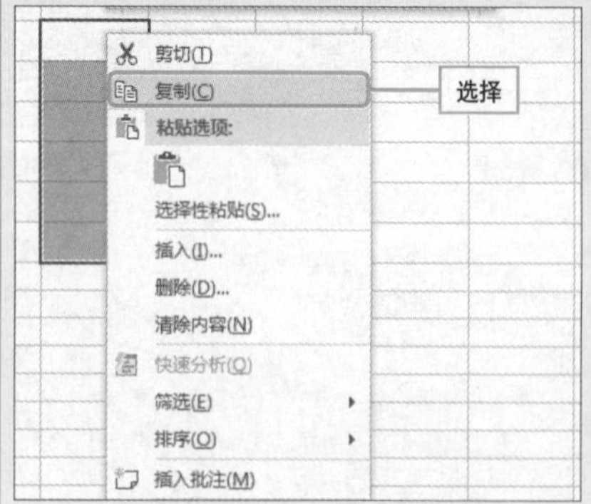

奇妙的行列转置

实例 快速切换数据透视图中的行列

数据透视图中行列显示往往是依据数据透视表决定的，如果将行列互换，那么得到的图形效果与之前完全不一样。行列互换不一定适合全部图形，因此要慎重操作。

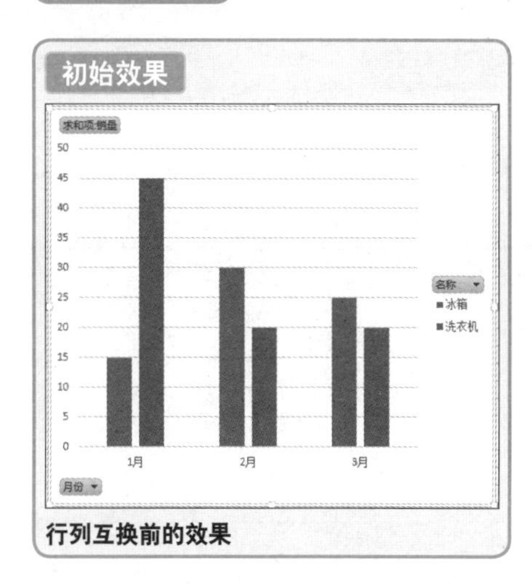

行列互换前的效果

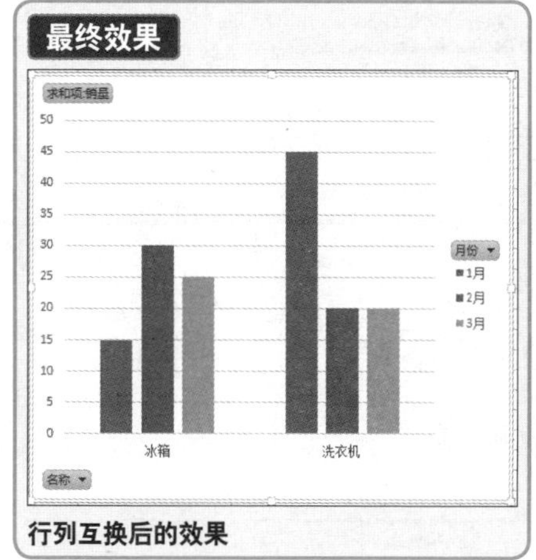

行列互换后的效果

1. 功能按钮法。单击数据透视图，打开“数据透视图工具-设计”选项卡，单击功能区中的“切换行/列”按钮即可。

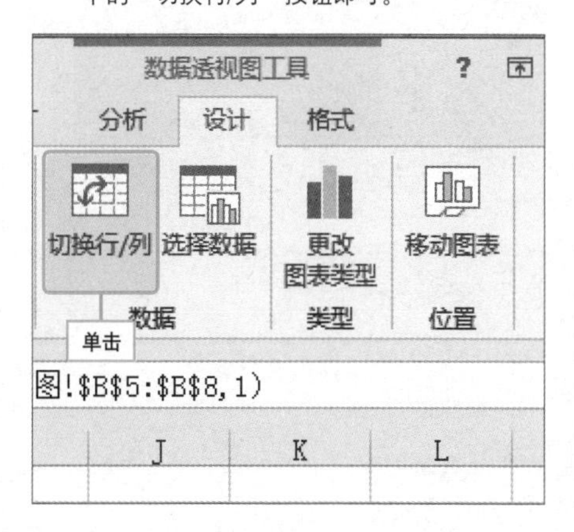

2. 对话框转置法。右击绘图区，选择“选择数据”命令，打开“选择数据源”对话框，从中单击“切换行/列”按钮，最后单击“确定”按钮。

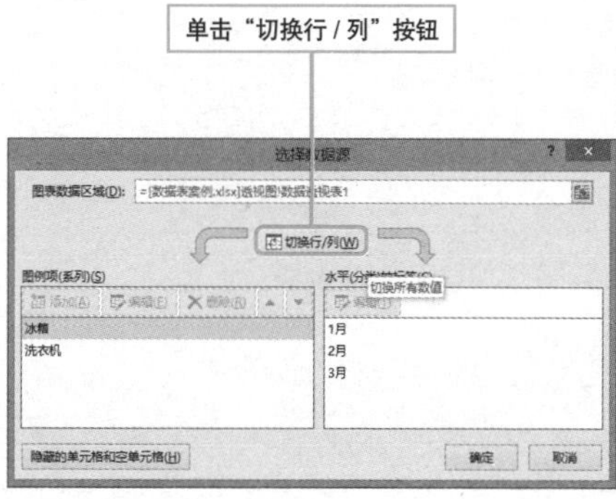

Question

265

● Level ◆◆◇

2013 2010 2007

数据系列的排位有讲究

实例 系列的重叠及其次序的调整

数据透视图中有多个数据系列，可以将数据系列重叠到一起，使数据透视图看起来更有比较性，分析数据更加方便。

初始效果

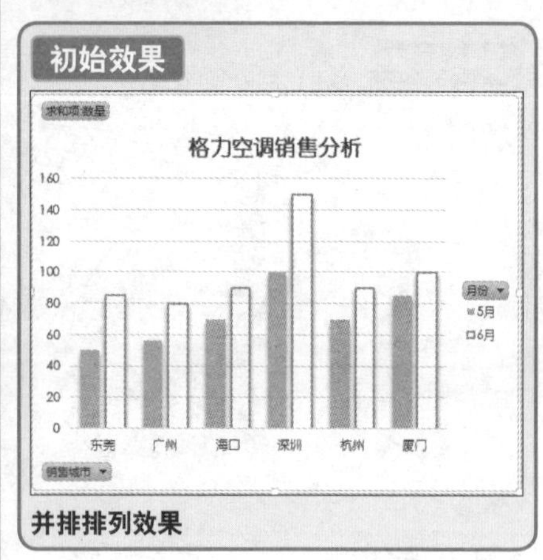

并排排列效果

最终效果

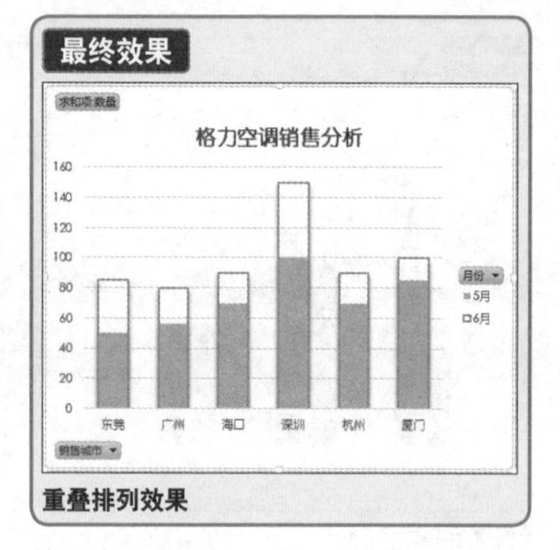

重叠排列效果

❶ 选择“销售额”系列，单击鼠标右键，在弹出的快捷菜单中选择“设置数据系列格式”命令。

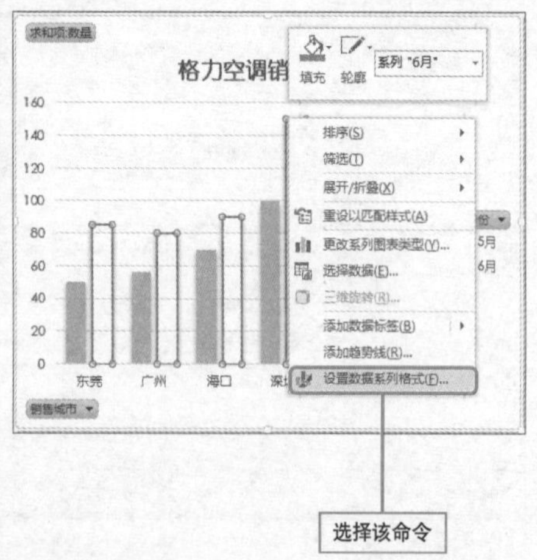

❷ 打开“设置数据系列格式”窗格，从中打开“系列选项”，将“系列重叠”设置为100%即可。

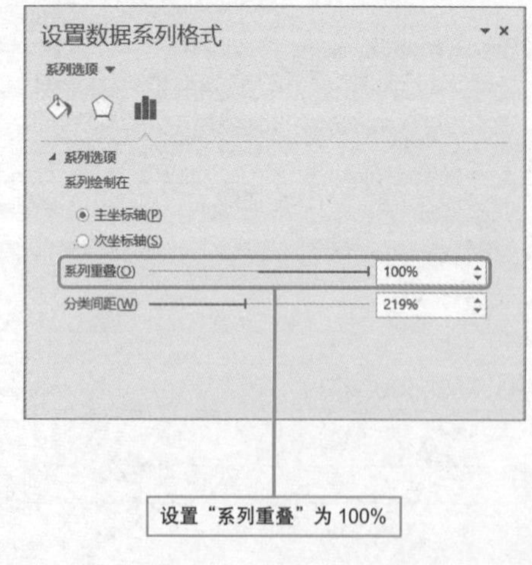

为数据透视图减负

实例 隐藏数据透视图中的某些项目

数据透视图中往往有很多系列，为了突出反映某两个系列之间的关系，可以将其他系列隐藏起来。例如，若想从当前数据透视图中观察“单价”和“总金额”间的关系，则可以将“数量”系列隐藏起来。

初始效果

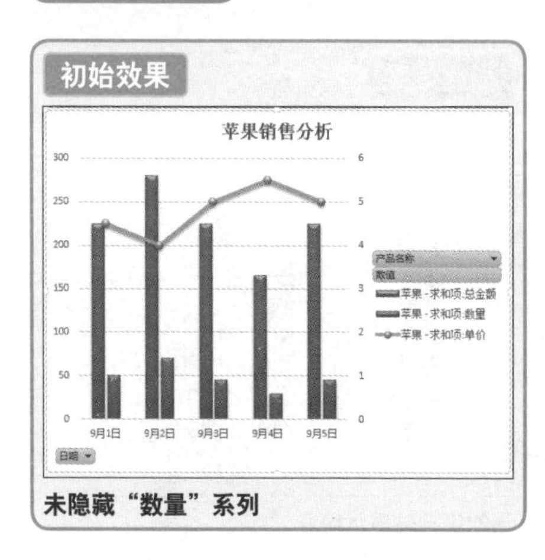

未隐藏“数量”系列

最终效果

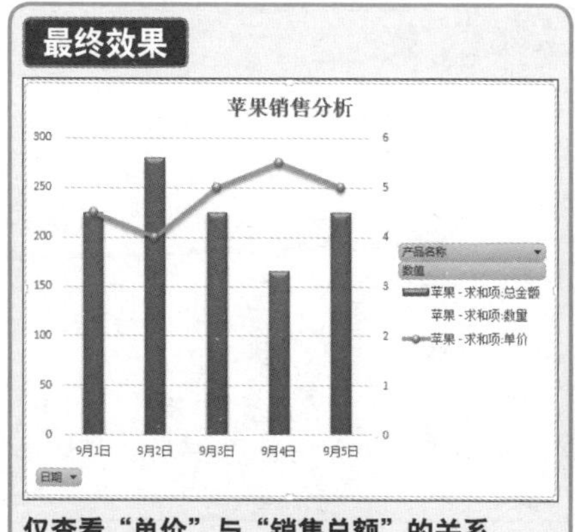

仅查看“单价”与“销售总额”的关系

1. 右击“数量”系列，在快捷菜单中选择“设置数据系列格式”命令。打开相对应的窗格。

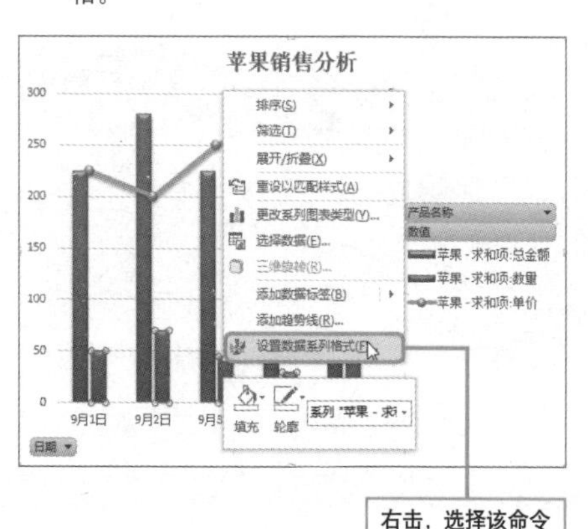

2. 从中将“数量”系列的“填充”设置为“无填充”。接着将“系列选项”中“系列重叠”设置为100%即可。

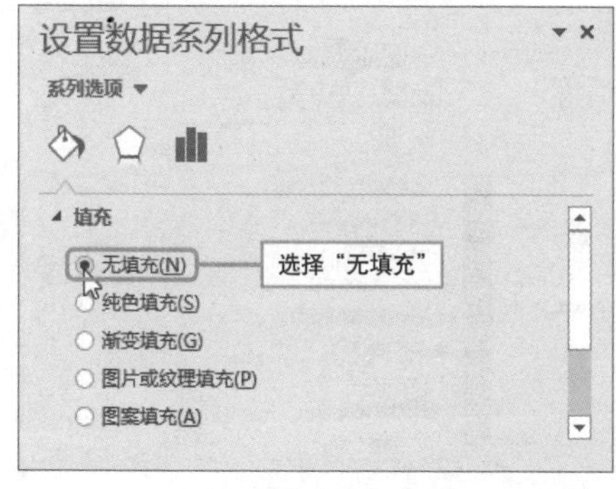

次坐标轴的添加很容易

实例 为“销量”系列添加次坐标轴

在表示“销量”和“销售额”的数据透视图中，若“销量”比较小，而“销售额”又比较大，这时候“销量”在数据透视图中可能显示不出来，就需要我们添加次坐标轴来显示销量。

初始效果

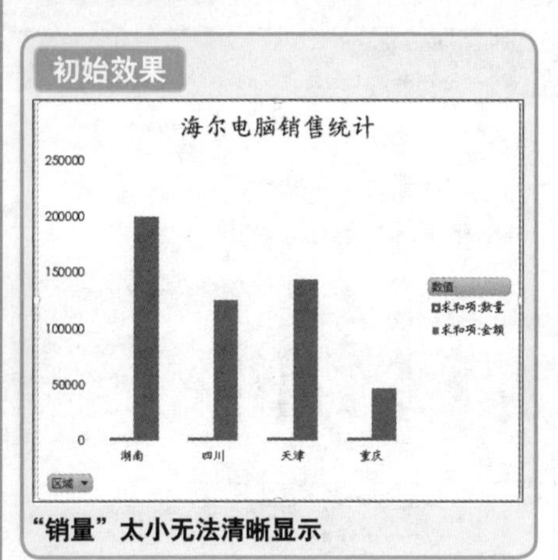

“销量”太小无法清晰显示

最终效果

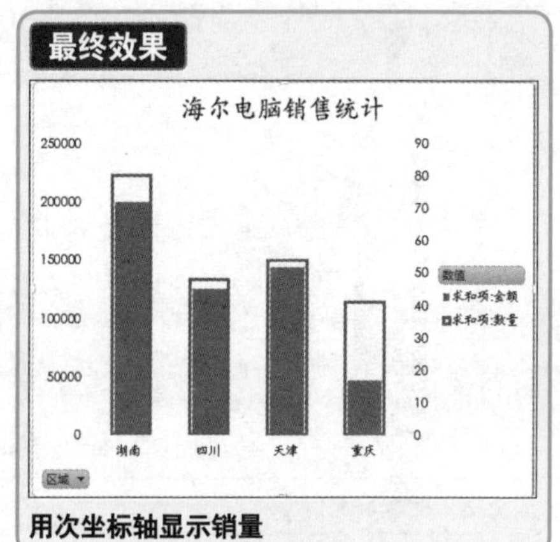

用次坐标轴显示销量

1. 在数据透视图上右击，在弹出的快捷菜单中选择“设置数据系列格式”命令。

2. 打开“设置数据系列格式”窗格，单击“次坐标轴”单选按钮，并将“分类间距”设为100%即可。

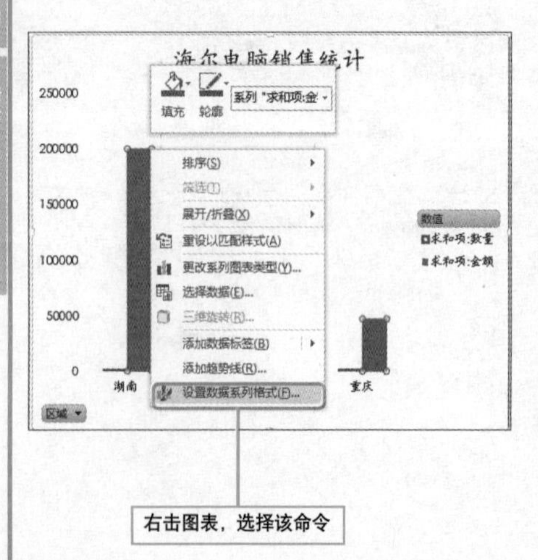

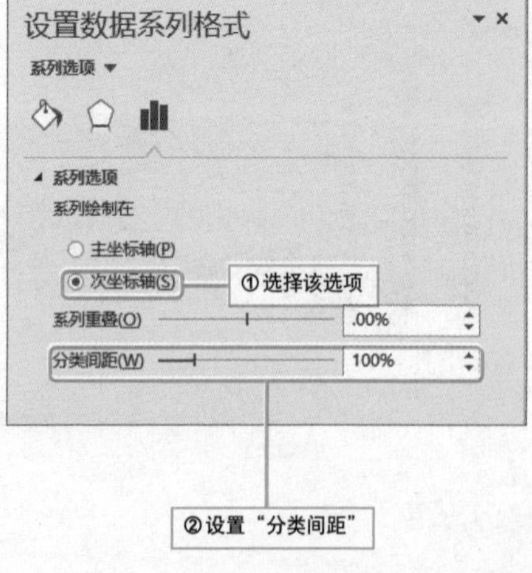

Question

268 数据透视图也能组合显示

● Level ◆◆◇

2013 2010 2007

实例 显示不可见的系列数据

数据透视图上有些数据和其他数据相比，显得非常小，在数据透视图中无法显示出来，为了使这些数据清晰呈现，通过将其设置为次坐标，改变其类型，这样即可显示。

初始效果

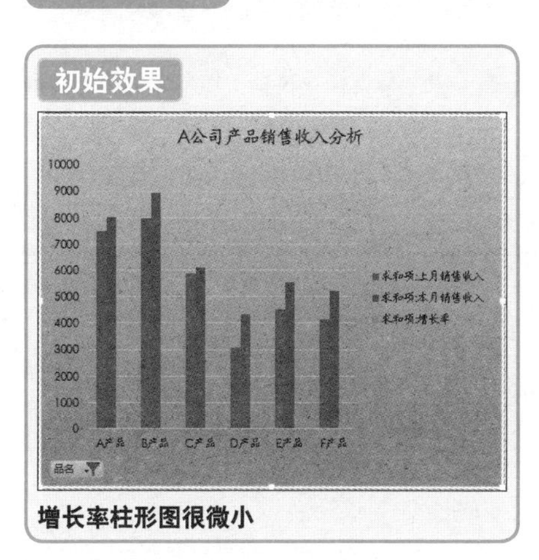

增长率柱形图很微小

最终效果

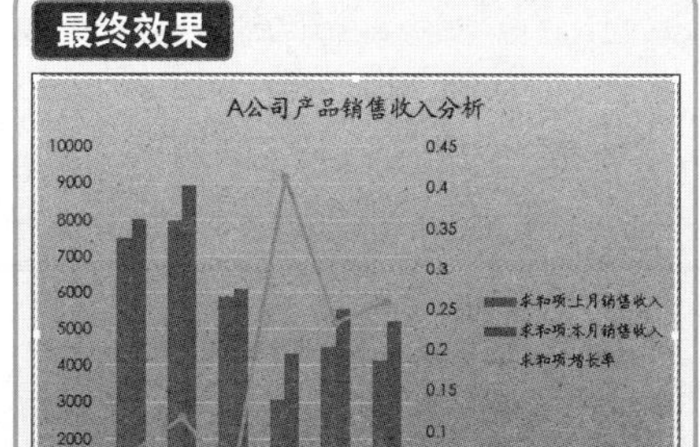

用折线图表示增长率

❶ 单击数据透视图，单击“格式”功能区中的“当前所选内容”按钮，从中选择“增长率”选项，增长率系列即被选中。

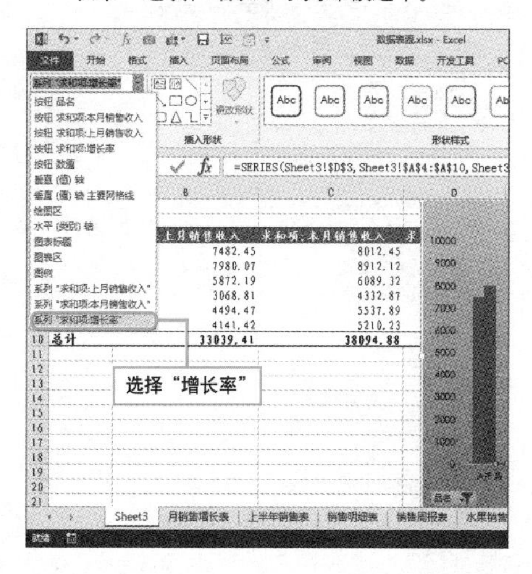

Hint

为什么需要添加次坐标轴

在数据透视图中，由于有些系列值比较小，在图中根本无法显示出来，为了让这些系列能够在数据透视图中显示出来，我们可以为这些系列添加次坐标轴。

本例中，由于“增长率”系列的数值相对于其他系列数值显得非常小，所以在图中无法显示，所以需要为它添加次坐标轴。

2 单击功能区中的“设置所选内容格式”按钮，打开“设置数据系列格式”窗格，从中选择“次坐标轴”按钮。

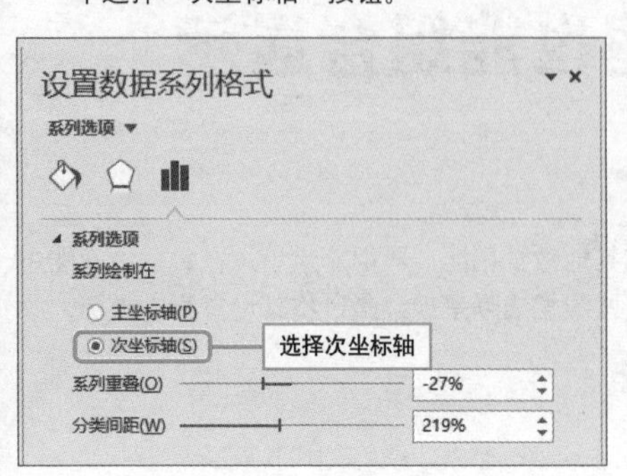

3 设置完成后，返回编辑区，在数据透视图中的“增长率”系列就显现出来了。

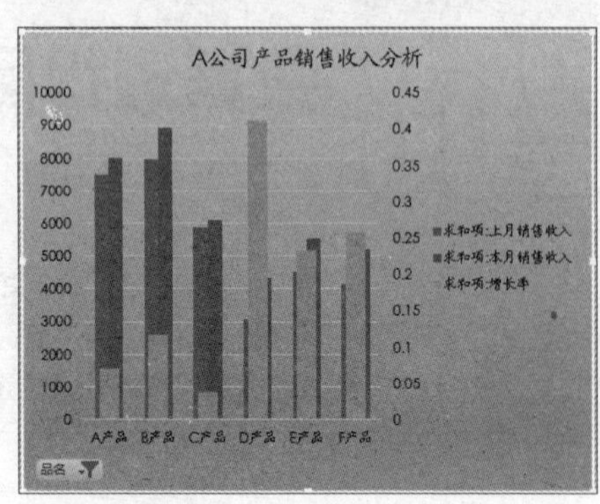

4 打开“数据透视图工具-设计”选项卡，单击“更改图表类型”按钮。

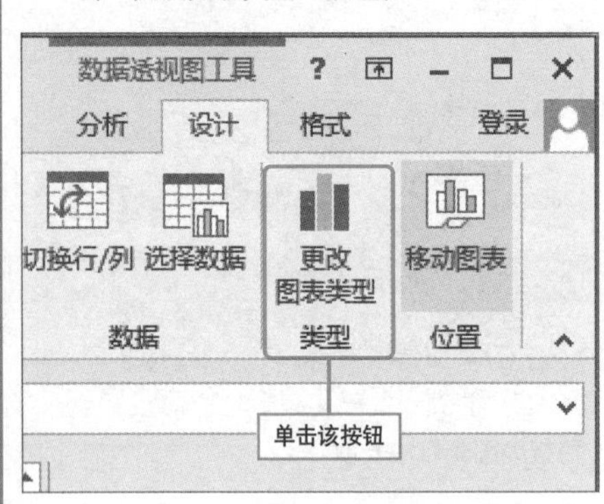

5 打开“更改图表类型”对话框，从中单击“组合”选项。

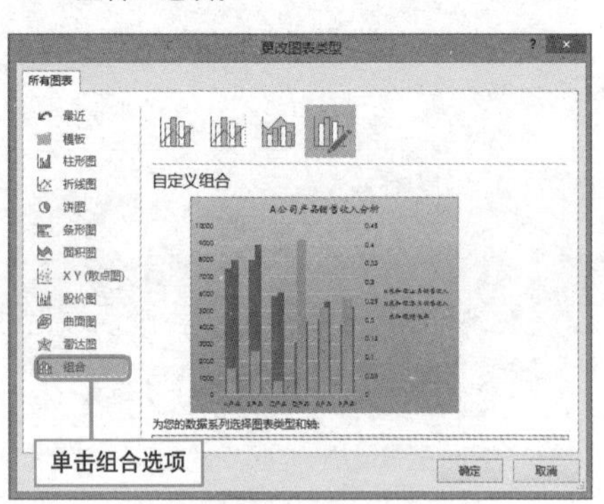

6 在“增长率”后勾选“次坐标”，在图表类型中选择“带数据标记的折线图”，单击“确定”按钮。

Hint

常见术语解释

- **行字段**：从数据透视表创建数据透视表中按行显示的字段。与行字段相关的项显示为行标志。
- **列字段**：数据透视表中按列显示的字段。与列字段相关的项显示为列标志。
- **项**：数据透视表和数据透视图中字段的子分类。如，“月份”字段可能有“一月”、“二月”等项。

Question
269 轻松同步数据透视图标题和页字段

• Level ◆◆◆

2013 2010 2007

实例 使数据透视图标题和数据透视表页字段同步

为了使数据透视图更好地显示数据透视表中的内容，可以设置数据透视图标题与数据透视表中页字段同步，那么，当筛选数据透视表时，数据透视图就可以直观地显示数据透视表的页字段项了。

❶ 选中标题“汇总”。在编辑栏中输入公式“=透视表$B$1”，并按下Enter键确认。

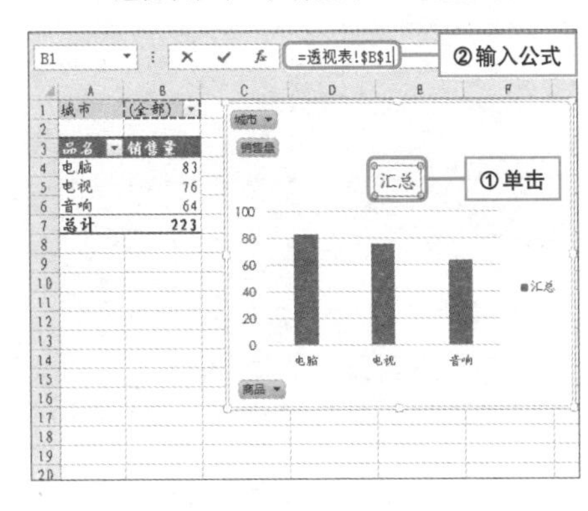

Hint

页字段含义

在数据透视表或数据透视图报表中指定为页方向的字段。在页字段中，既可以显示所有项的汇总，也可以一次显示一个项，而筛选掉所有其他项的数据。

❷ 输入后，数据透视图标题即和页字段的内容一致。

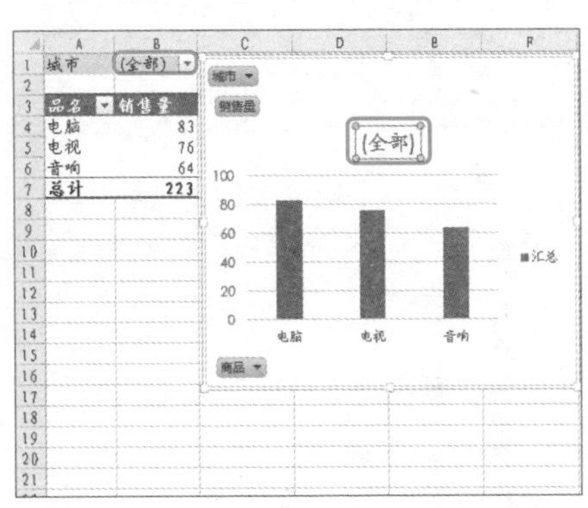

❸ 对页字段进行筛选，数据透视图标题也会同步变化，始终和页字段保持一致。

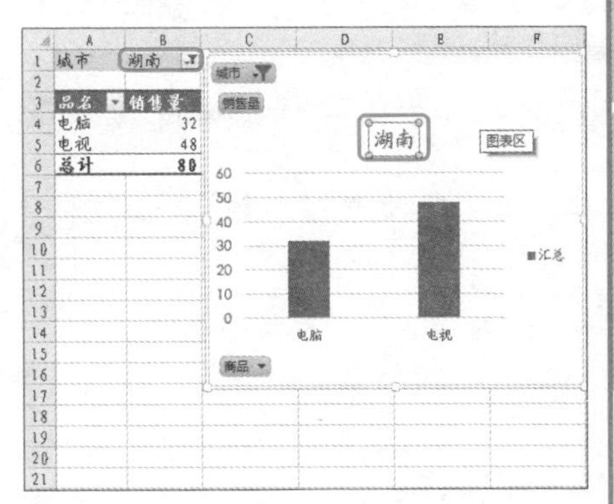

Question 270

4-15 数据透视图的应用　Chapter15\007

对数据透视图实施排序

实例　排序数据透视图

● Level ◆◆◇

2013 2010 2007

为了更直观地将女工们一天生产的产品数量进行比较，可以对数据透视图进行排序，这样从大到小，从多到少，一目了然。

1 在“计件产量”系列上单击右键，从弹出的快捷菜单中选择“排序-降序”命令。

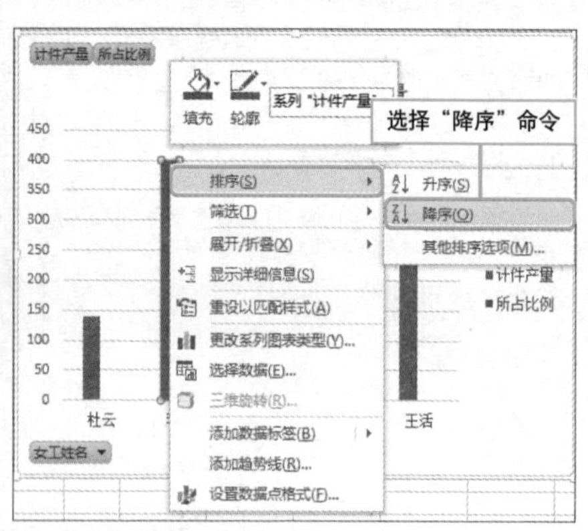

2 然后打开“设计”选项卡，单击“更改图标类型”按钮，打开相应的对话框。

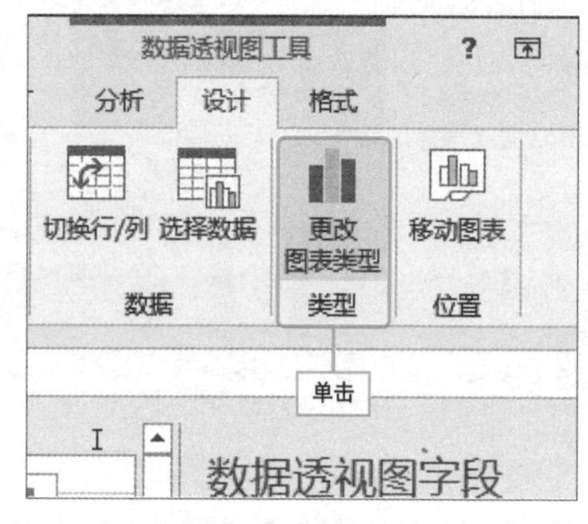

3 在打开的对话框中，单击“组合”选项，将“所占比例”更改为“折线图”，并勾选“次坐标轴”选项。

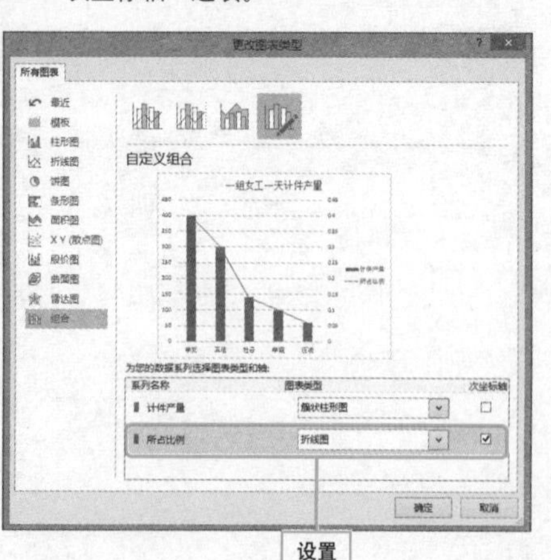

4 设置完成后，单击“确定”按钮返回编辑区，图中的系列已完成排序操作。

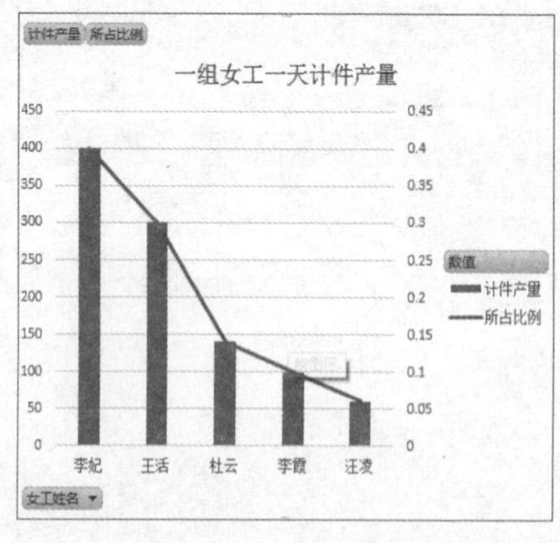

Question 271

• Level ◆◆◇

2013 2010 2007

巧妙增加总计系列

实例 在数据透视图上显示总计系列

一家商店里往往有很多商品，我们可以通过数据透视图显示每件商品的销量，但如果我们想在数据透视图上显示全部商品的总销量，该怎么办呢？下面介绍具体实现步骤。

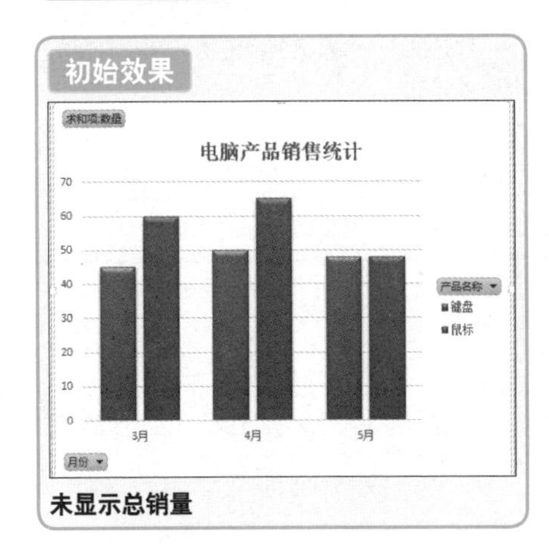

未显示总销量

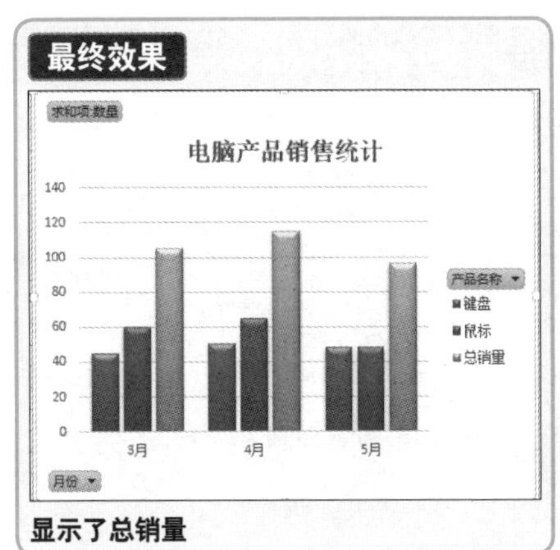

显示了总销量

① 单击数据透视表上“产品名称”单元格，然后单击“数据透视表工具-分析”选项卡下“字段、项目和集”按钮，选择“计算项”选项。

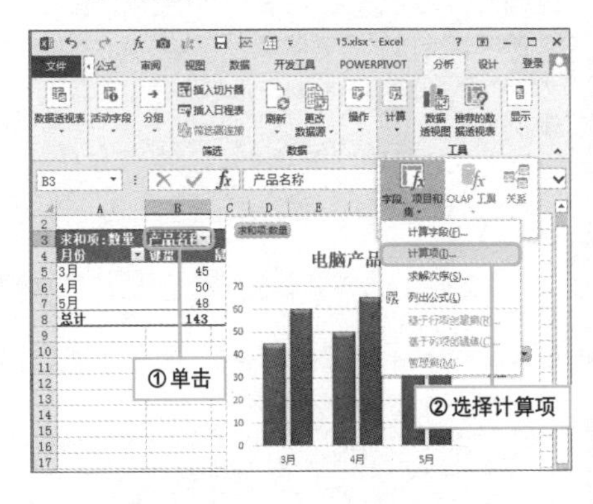

② 在弹出的对话框中，将“名称”设为“总销量”，“公式”设为“=鼠标+键盘”，单击“确定”按钮。

Question 272

 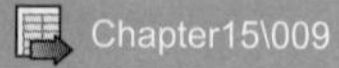

将数据透视图应用到其他文档中

实例 数据透视图在PPT中的应用

• Level ◆◆◇

2013 2010 2007

数据透视图和一般图表一样，可以复制粘贴应用于其他文档中，不同的是，复制粘贴后数据透视图就变成了静态图表。本技巧将介绍如何在PPT中使用数据透视图。

① 在数据透视图上单击右键，在快捷菜单中选择“复制”命令。

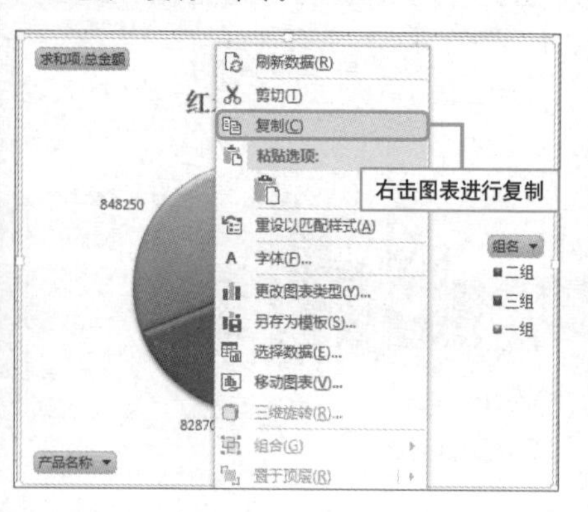

② 打开PPT，将数据透视图粘贴到PPT的指定区域中。

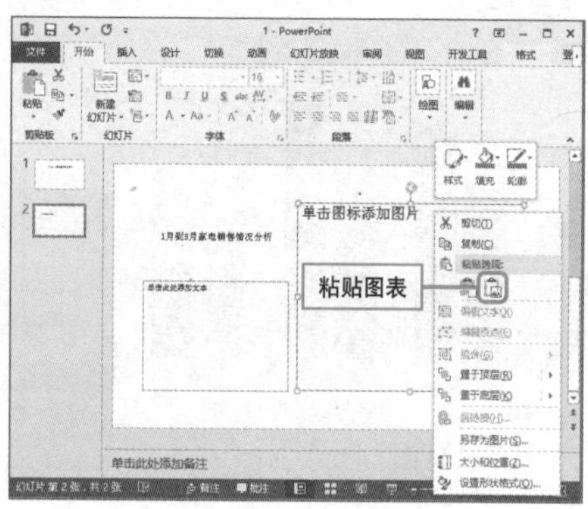

③ 将数据透视图粘贴到PPT中后，就变成了静态图表。添加文字说明后，在PPT中就可以结合数据透视图分析销售情况了。

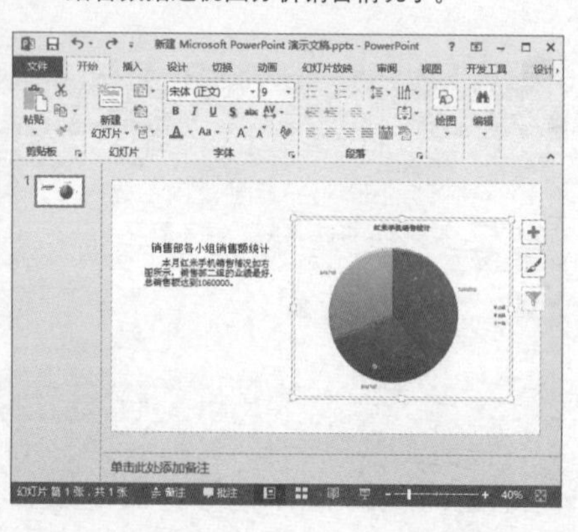

Hint

什么是数据系列

在图表中绘制的相关数据点，这些数据源自数据表的行或列。图表中的每个数据系列具有惟一的颜色或图案。可以在图表中绘制一个或多个数据系列。饼图只有一个数据系列。

数据透视图在人力资源管理中的应用

实例 数据透视图统计各部门员工学历情况

人力资源部往往需要统计每个部门的员工的基本情况，数据透视图可以很好地显示员工情况。下面介绍如何利用数据透视图统计各部门员工学历情况。

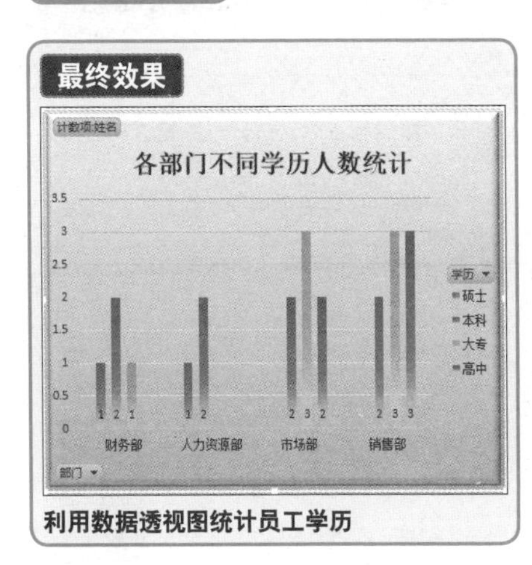

利用数据透视图统计员工学历

Hint

术语解释

- **数据标签**：为数据标志提供附加信息的标签，数据标签代表源于数据表单元格的单个数据点或值。
- **数据字段**：源数据清单、表或数据库中的字段，其中包含在数据透视表或数据透视图报表中汇总的数据。数据字段通常包含数字型数据，如销售数量。

1. 选中员工情况表。单击“数据透视图”下拉按钮，选择“数据透视图和数据透视表”选项。

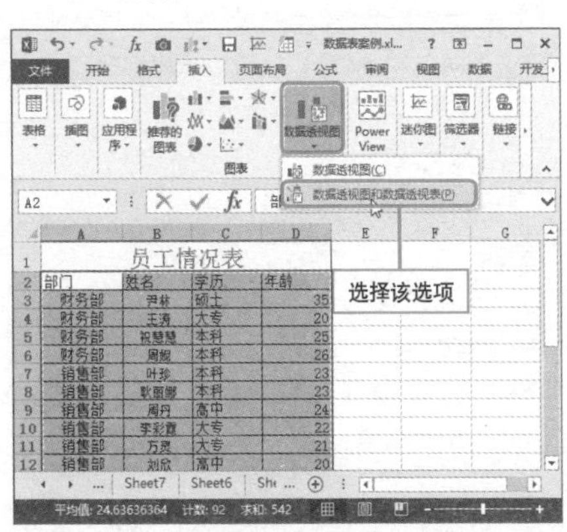

2. 在“数据透视表字段”窗格中，将字段拖至合适区域，形成初步的数据透视图。

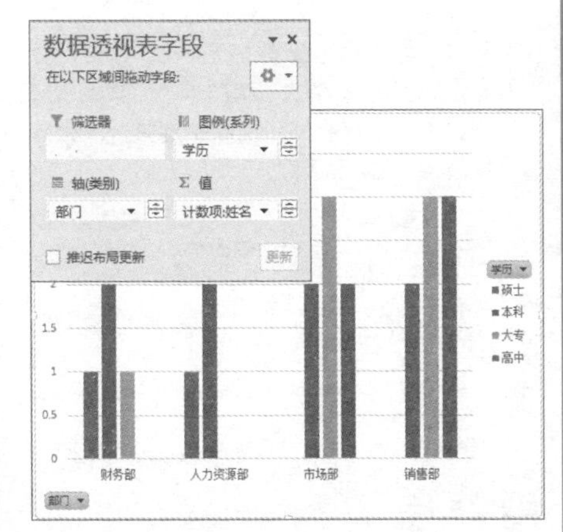

3 选中数据透视图，单击“设计”选项卡下的“添加图表元素”按钮，在展开的列表中选择“图表标题-图表上方”选项。

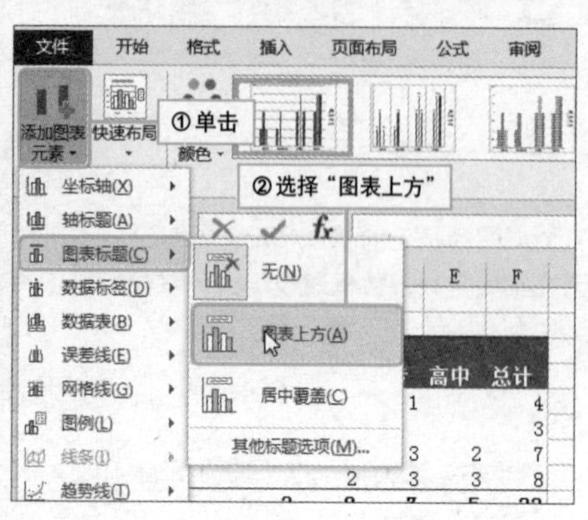

4 选中图表标题并进行修改，将其命名为“各部门不同学历人数统计”。为了更好地展示学历组成，接下来对其实施美化操作。

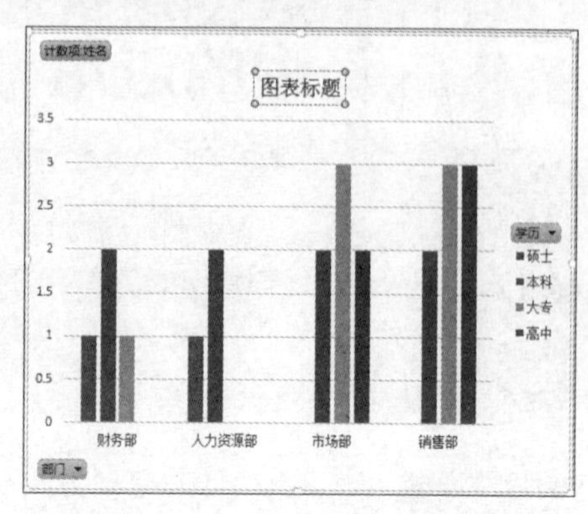

5 随后，单击“图表元素”按钮，选择“数据标签-轴内侧”选项，以添加数据标签。

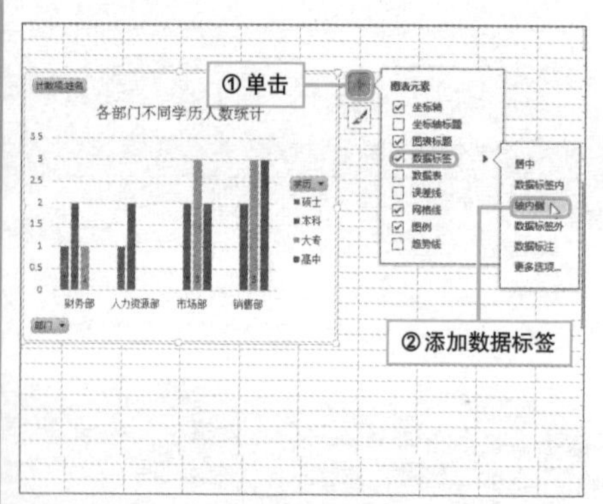

6 添加数据标签后，打开“数据透视图工具-设计”选项卡，单击“其他”按钮，在“图表样式”面板中选择“样式9”。

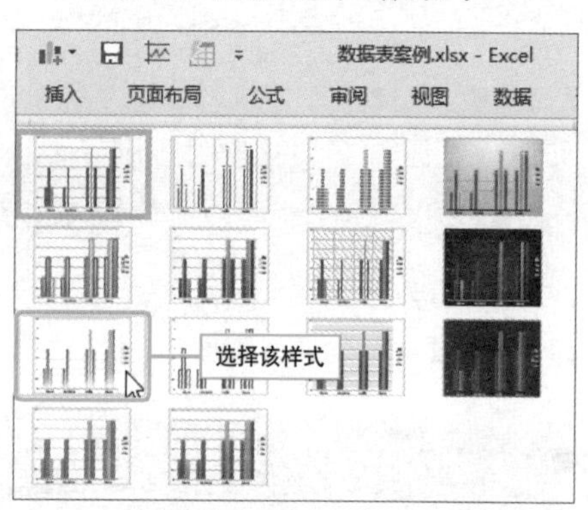

7 接着，对数据透视图进行美化，单击“数据透视图工具-格式”选项卡下“其他”按钮，在“形状样式”面板中选择“细微效果-紫色-强调颜色4”。

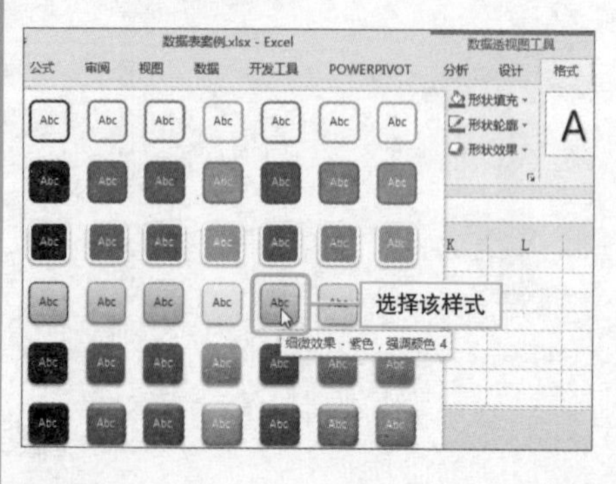

8 单击“数据透视图工具-格式”选项卡下“形状效果-预设”按钮，从中选择“预设7”。至此完成图表的美化操作。

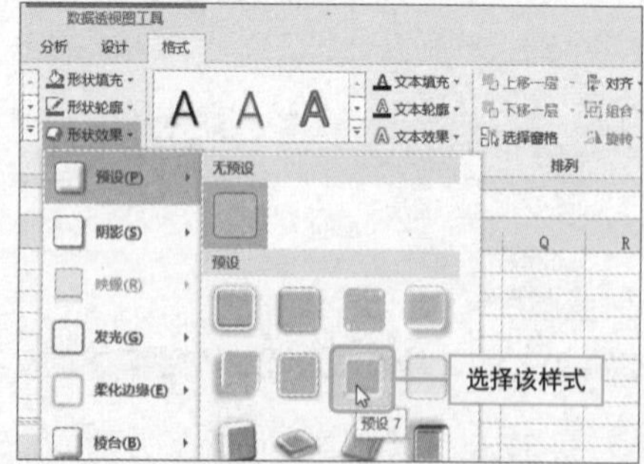

Question

274

• Level ◆◆◆

2013 2010 2007

数据透视图在财务分析中的应用

实例 排列图的应用

排列图是用来寻找主要问题或影响事情的主要原因的图表，它是由两个纵坐标（主坐标轴显示频数，次坐标轴显示频率）、一个横坐标、一个按高低顺序排列的柱形图和一条累积百分比折线所组成的图表。它是80:20原则的具体应用，即20%的问题导致80%的损失。

1. 单击数据透视表，打开“插入”选项卡，单击“数据透视图”按钮，选择“数据透视图”选项，弹出相对应的对话框。

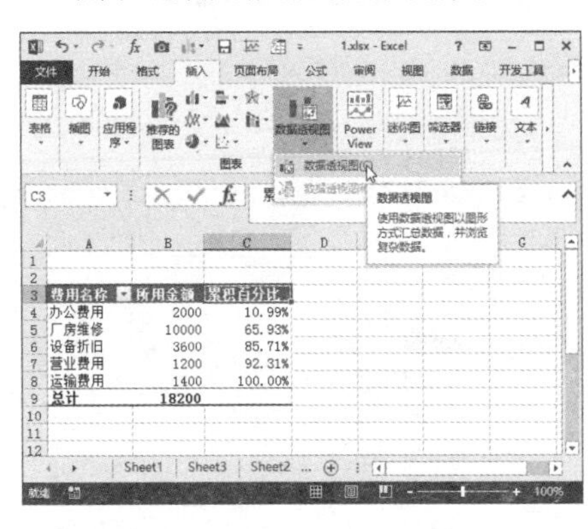

2. 单击“组合”选项，将“累积百分比”设置为“带数据标记的折线图”，并且勾选“次坐标”复选框。

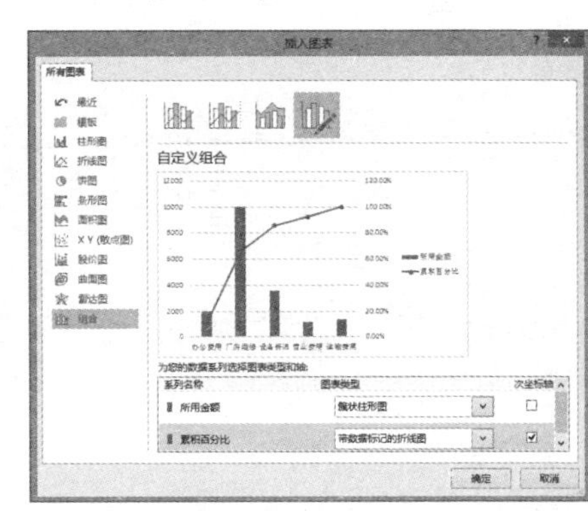

3. 单击“确定”按钮后，在数据透视图“所用金额”系列上单击右键，在弹出的快捷菜单中选择“排序-降序”命令。

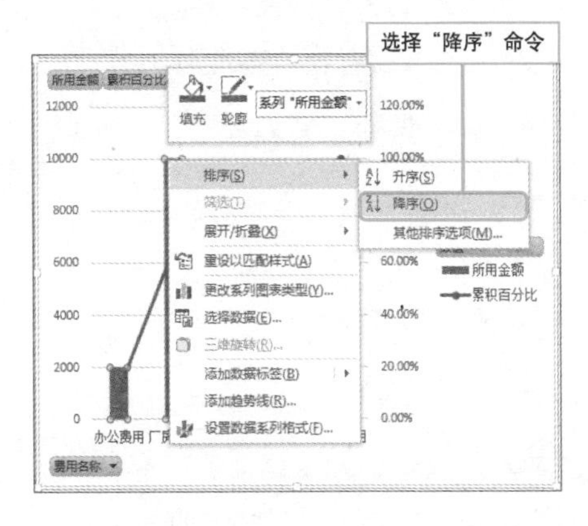

4. 最后单击“插入”选项卡下“形状”按钮，在次坐标轴80%处引出一条平行水平分轴的线，位于线下方的点就是花费比较大的项。

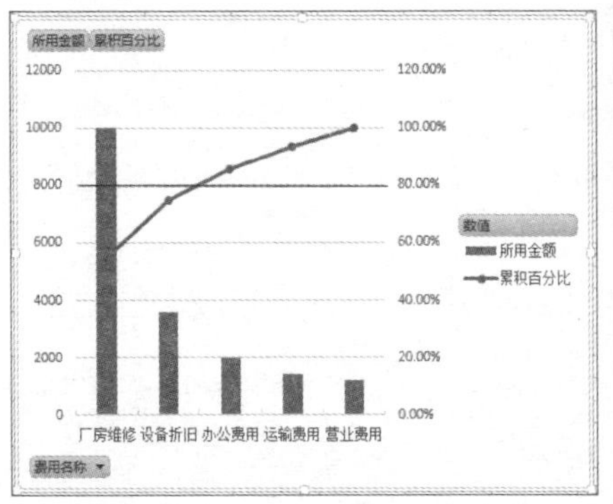

数据透视图在学校管理中的应用

实例 用数据透视图统计学生的各科平均分

数据透视图可以统计学生的各科成绩的总分、平均分等，而且可以查看每个学生各科成绩，用图表形式表现出来，很直观明了。

❶ 选中成绩表，单击“插入”选项卡下“数据透视图”按钮，选择“数据透视图和数据透视表”选项。

❷ 在“数据透视图字段”窗格中，将“语文”字段、“数学”字段和“英语”字段都拖至“值”区域，形成初步的数据透视图。

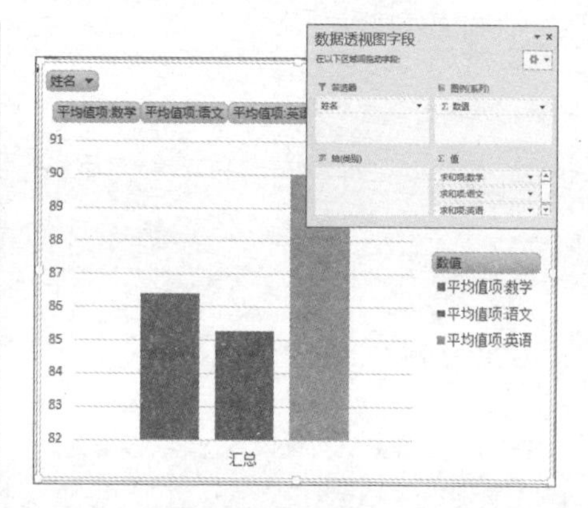

❸ 在“数据透视图字段”窗格中，单击“求和项：数学”字段，从列表中选择“值字段设置”选项。

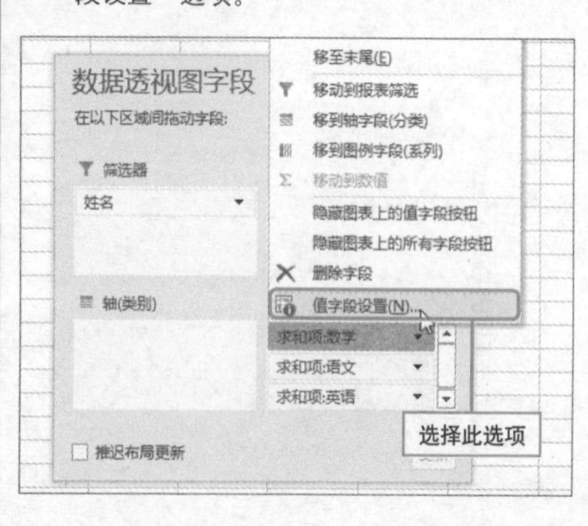

❹ 在打开的对话框中设置“计算类型”为“平均值”。单击“确定”按钮。用同样的方法设置“语文”字段和“英语”字段。

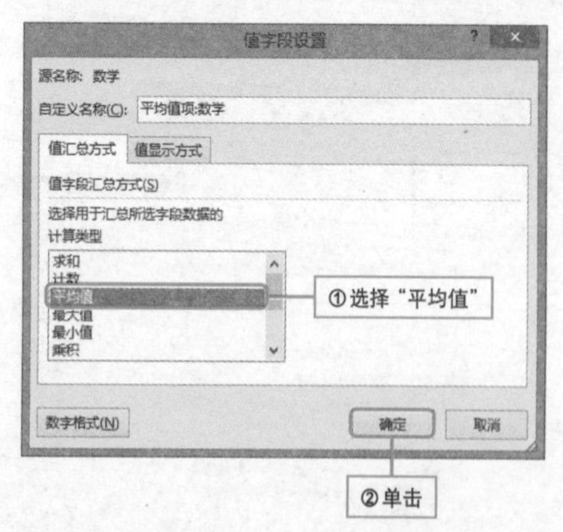

5 接着，单击“图表元素”按钮，从列表中选择“数据标签”选项。

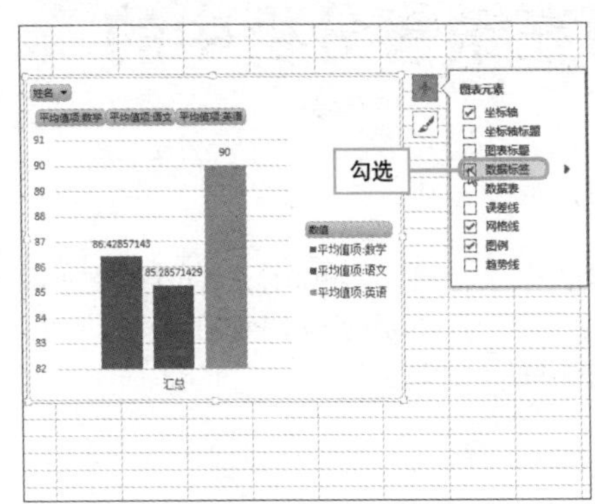

6 然后，在数据标签上单击右键，从快捷菜单中选择“设置数据标签格式”命令。

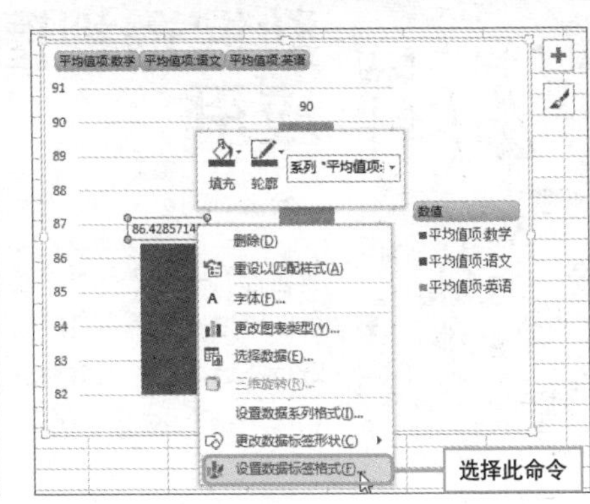

7 弹出“设置数据标签格式”窗格，从中设置数据标签“类别”为“数字”，“小数位数”为2，关闭窗格。

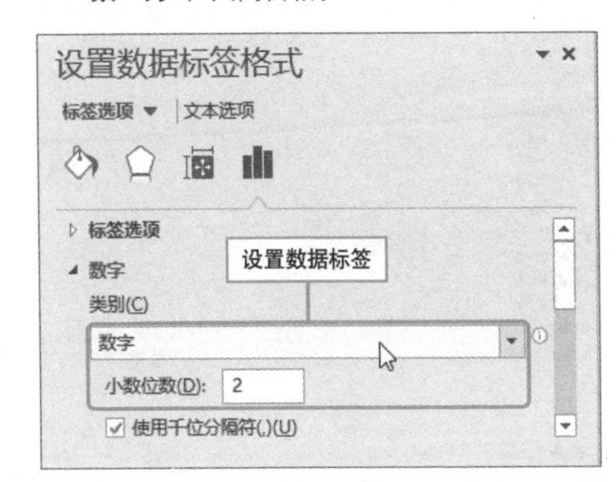

8 接着，打开“数据透视图工具-分析”选项卡，单击“字段按钮”按钮，取消勾选“显示值字段按钮”选项。

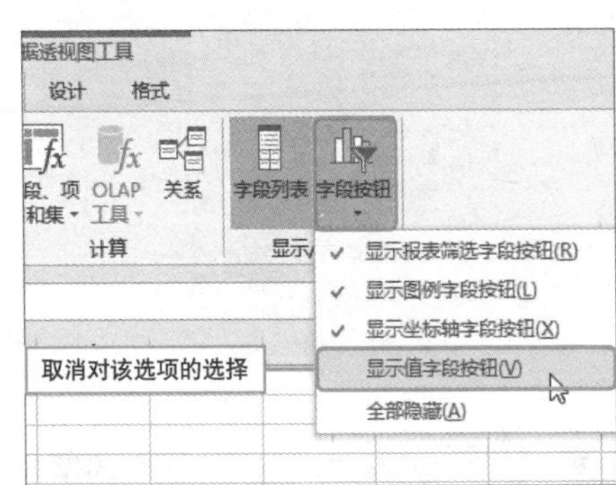

9 隐藏字段按钮后，接下来设置图标标题，单击功能区中的“添加图表元素”按钮，依次选择“图表标题-图表上方”选项。

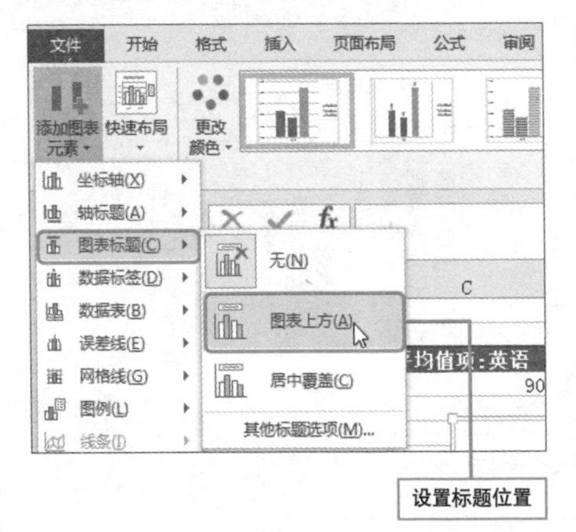

10 将图表名称更改为“二年级（1）班各科平均成绩”即可。此外，还可通过单击“姓名”字段按钮查看每个学生的成绩。

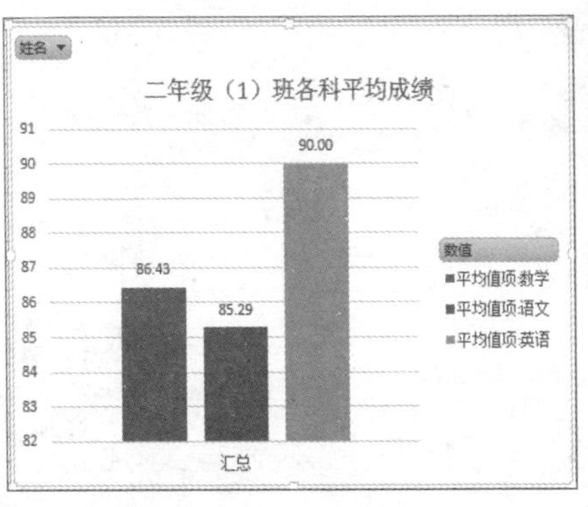

Question 276

• Level ◆◆◆

2013 2010 2007

数据透视图在销售分析中的应用

实例 通过切片器显示各月销售业绩

销售部有一张第一季度业绩统计表，为了更直观地显示各个月份各小组的业绩情况，用户可以创建一张带有切片器的数据透视图，通过切片器进行筛选，就可以看到各小组每月的业绩了。

1. 单击数据透视表中任意单元格，然后单击"插入"选项卡下"数据透视图"按钮，选择"数据透视图"选项。

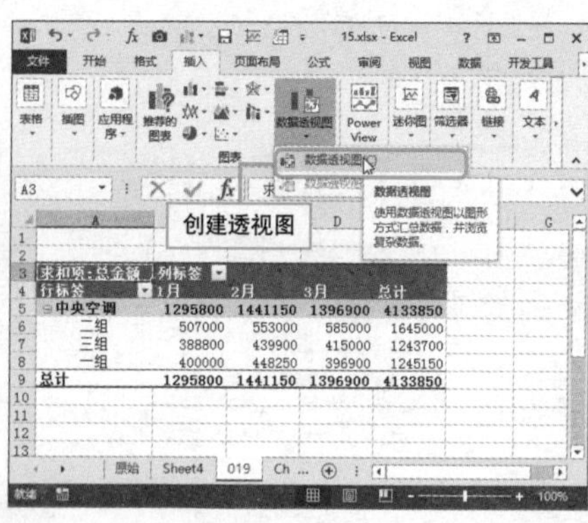

2. 弹出"插入图表"对话框，单击"柱形图"选项，选择"簇状柱形图"，然后单击"确定"按钮。

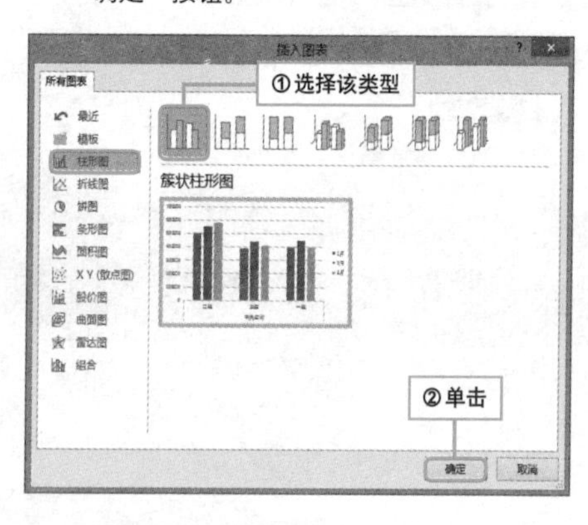

3. 为新创建的数据透视图添加图表标题，单击功能区中的"添加图表元素"按钮，依次选择"图表标题-图表上方"选项。

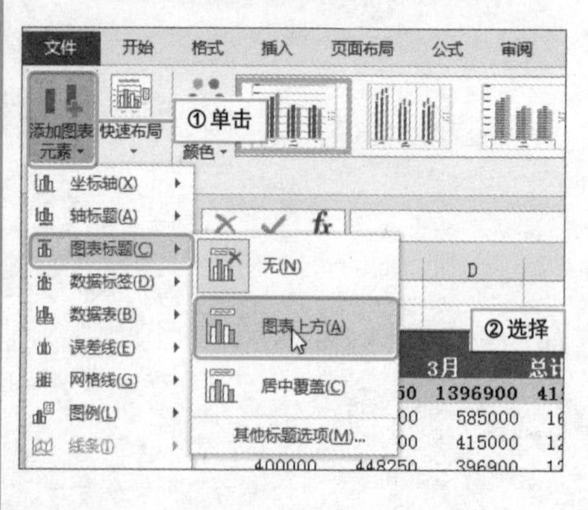

4. 接着选中"图表标题"，将图表标题修改为"第一季度各小组销售业绩统计"。然后为数据透视表添加切片器。

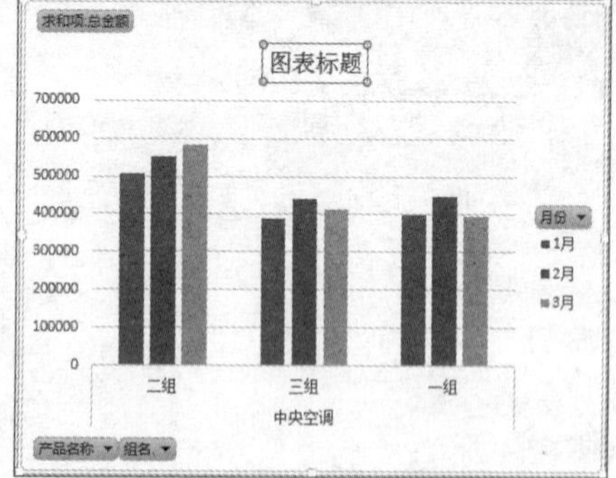

5 打开“插入”选项卡，单击“筛选器”组中的“切片器”按钮。

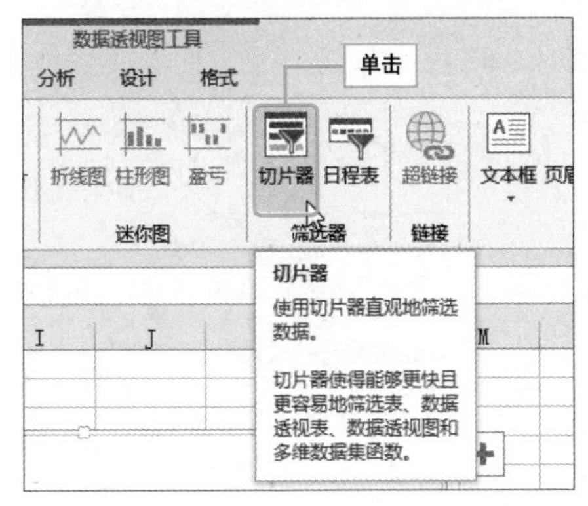

6 弹出“插入切片器”对话框，从中勾选“月份”复选项，单击“确定”按钮。

7 为数据透视图新建切片器后，接着修改切片器的样式。

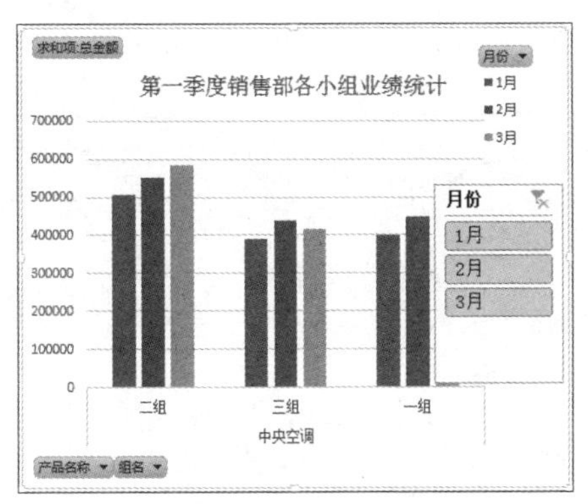

8 在“切片器样式”面板中任意样式上单击右键，在快捷菜单中选择“复制”命令。

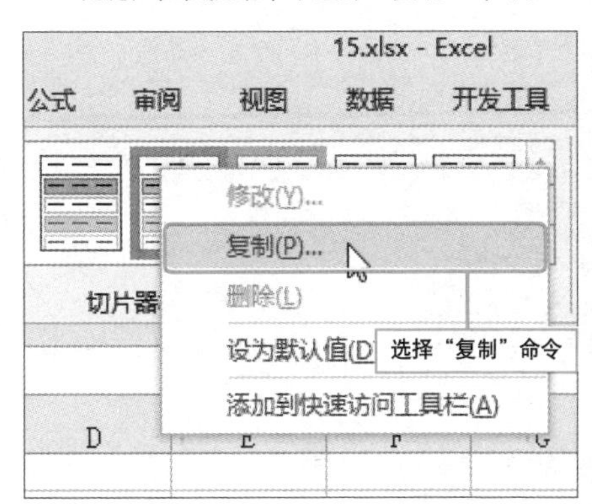

9 弹出“修改切片器样式”对话框，从中单击“整个切片器”选项，然后单击“格式”按钮，弹出相对应的对话框。

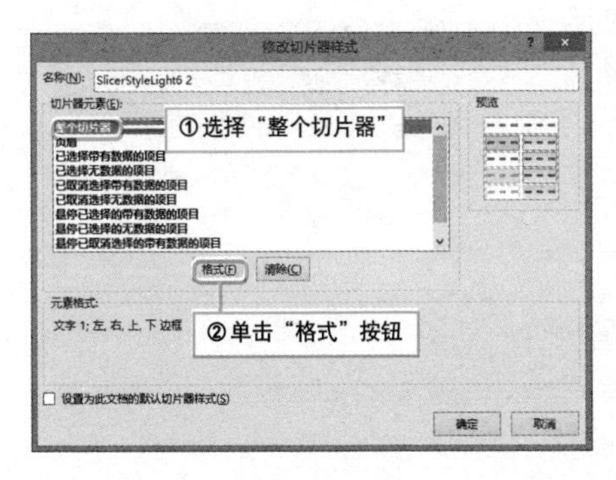

10 在对话框中打开“边框”选项卡，将“边框”设置为“无”。

11 打开“填充”选项卡，将填充色设置为“白色”。

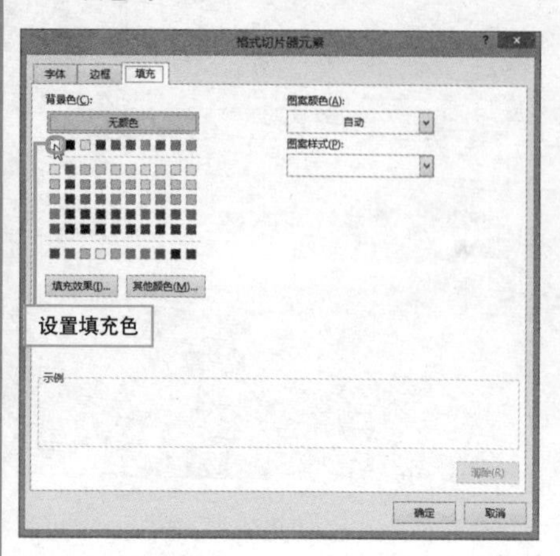

12 随后打开“字体”选项卡，依次将字体设置为“宋体”、“常规”，字号为11。

13 单击“确定”按钮后，返回到“修改切片器样式”对话框中，单击对话框中的“确定”按钮。

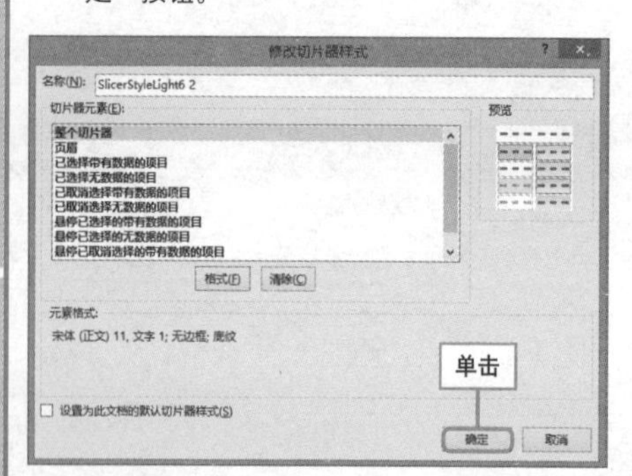

14 返回编辑页面后，打开“切片器工具-选项”选项，单击“其他”按钮，从切片器样式面板中选择“自定义”样式。

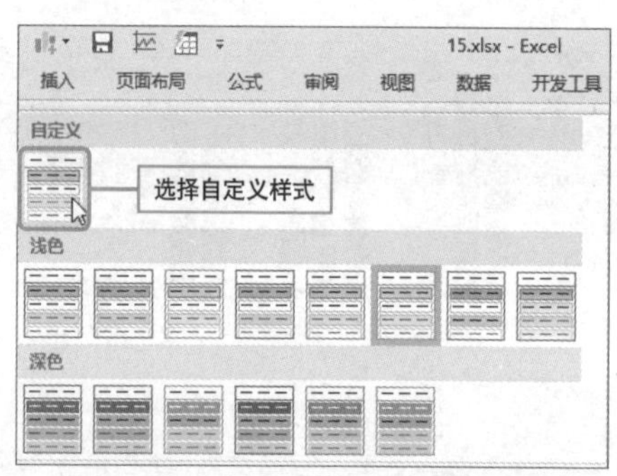

15 最后单击切片器上“2月”选项，数据透视图将只显示2月份销售部各小组的业绩。

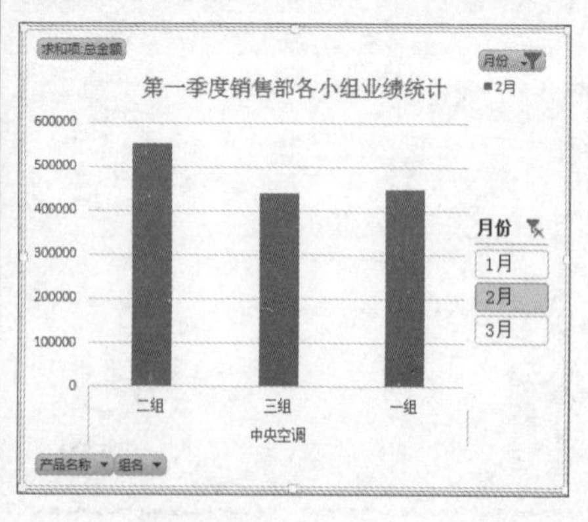

Hint

切片器的优点

切片器可以使数据透视图的筛选条件直观地显示，也可以应用于多个数据透视图中，方便用户从多维度分析数据，使用户轻松、直观、准确地了解筛选后的数据透视图中所显示的内容，快速得到分析结果。

巧妙处理空单元格

实例 连接数据透视图中断点

用户在统计合肥地区月平均气温时，忘记统计“6月”和“7月”的平均气温，创建数据透视图后，发现图上出现了断点，那么如何处理这些断点，使图形连贯呢？

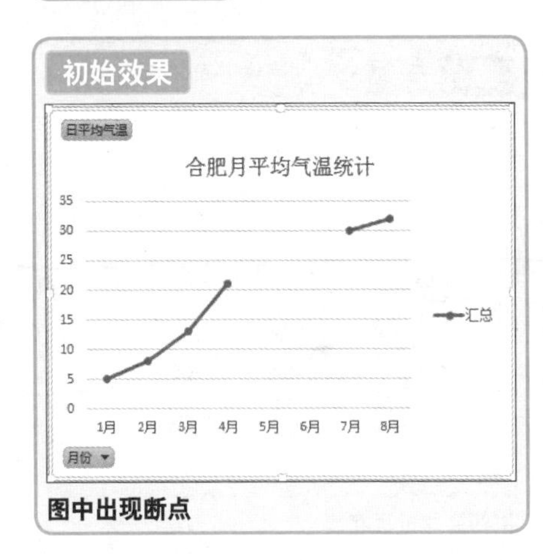

图中出现断点

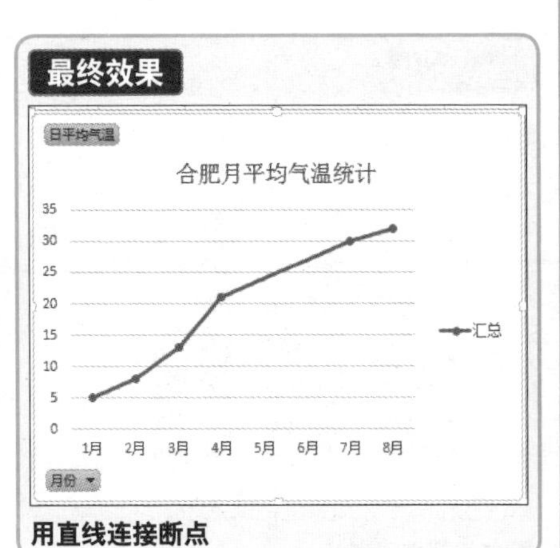

用直线连接断点

1. 选中数据透视图，单击“数据透视图工具-设计”选项卡，单击“选择数据”按钮，弹出“选择数据源”对话框，从中单击“隐藏的单元格和空单元格”按钮。

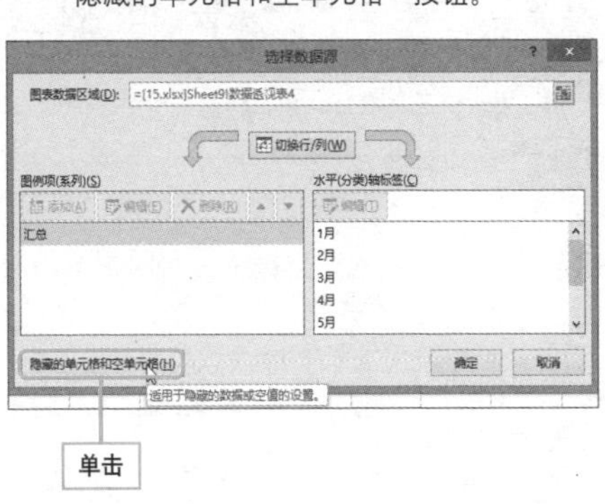

2. 弹出“隐藏和空单元格设置”对话框，选择“用直线连接数据点”选项，单击“确定”按钮即可。

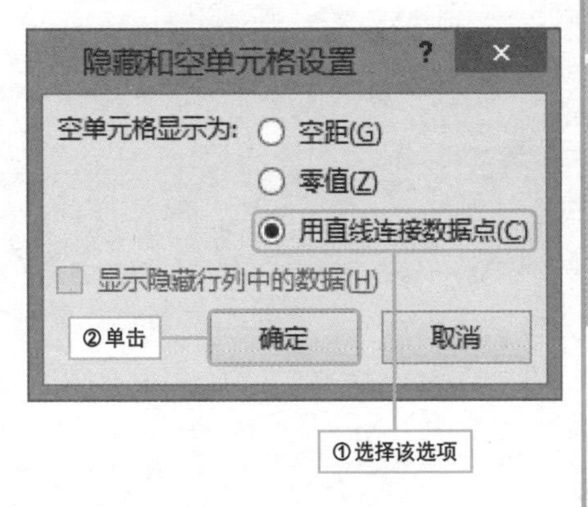

巧用切片器查看数据透视图

实例 在数据透视图中插入切片器

数据透视图中的切片器，是一种图形化的筛选方式，单独为数据透视表中的每个字段，创建一个选取器，浮动在数据透视图之上，便捷地进行字段筛选。

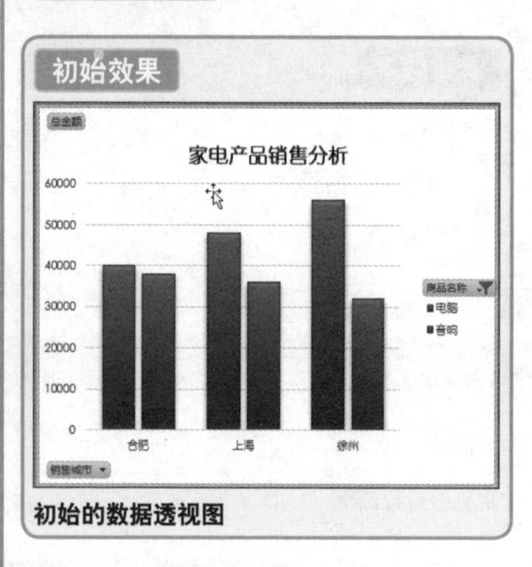

初始的数据透视图

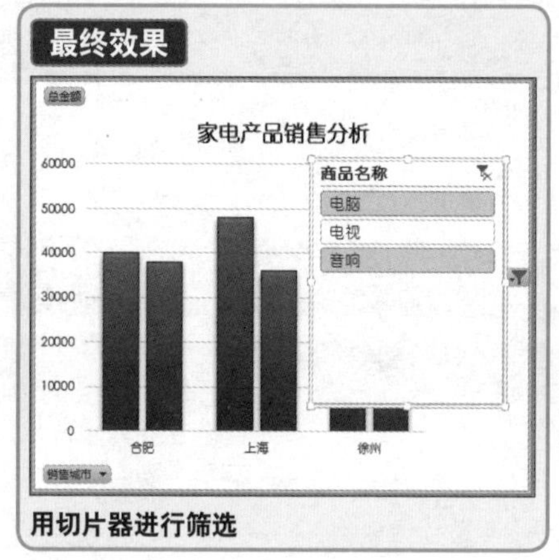

用切片器进行筛选

1. 打开“数据透视图工具-分析”选项卡，单击“插入切片器”按钮。

数据表源 - Excel
数据 开发工具 POWERPIVOT
插入切片器 插入日程表 筛选器连接
筛选
刷新 更改数据源
数据
单击

2. 在“插入切片器”对话框中勾选“商品名称”字段，单击“确定”按钮。

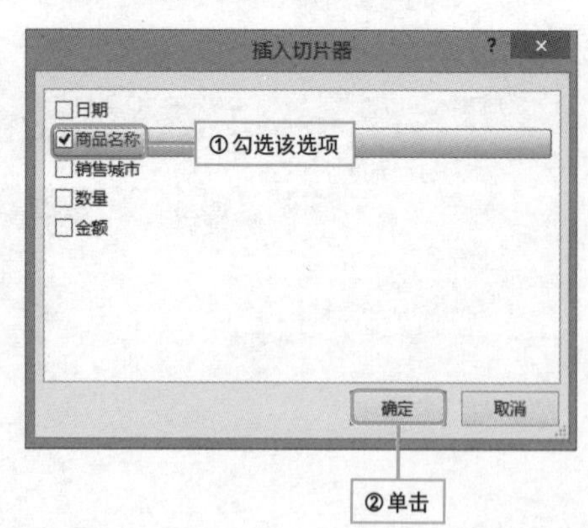

利用切片器玩转数据透视图

实例	通过切片器实现数据透视图之间的连接

切片器不仅具有筛选的功能，还可以作为媒介，连接两张或多张数据透视图，使数据透视图中数据发生联动变化。本技巧将介绍如何实现数据透视图之间的连接。

1 从不同的角度建立两张同源数据透视图，在一张数据透视图中插入“商品名称”字段的切片器，然后在切片器上单击右键，在快捷菜单中选择“报表连接”命令。

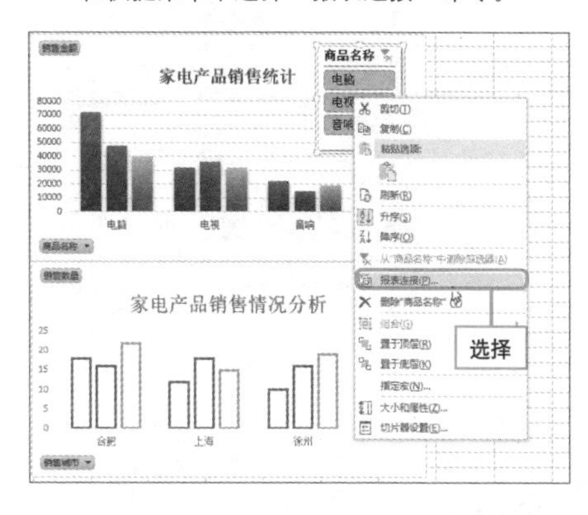

2 打开“数据透视表连接”对话框，从中勾选“数据透视表10”，创建其与“数据透视表9”之间的连接，然后单击“确定”按钮即可。

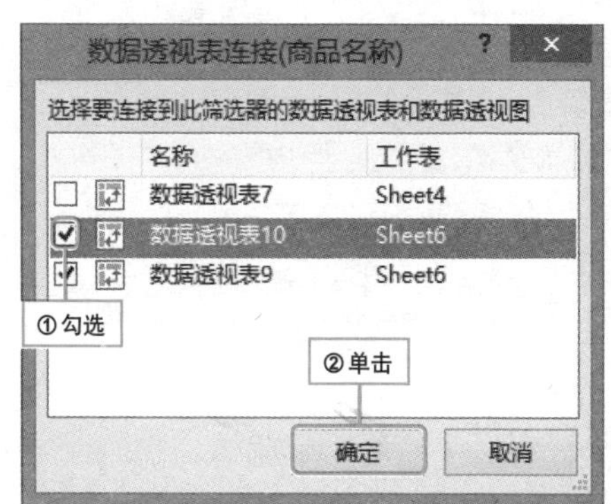

3 两张数据透视图建立连接之后，通过切片器对商品进行筛选，例如只选中“电脑”，两张数据透视图会同时发生联动变化，只显示出“电脑”这种商品的情况。

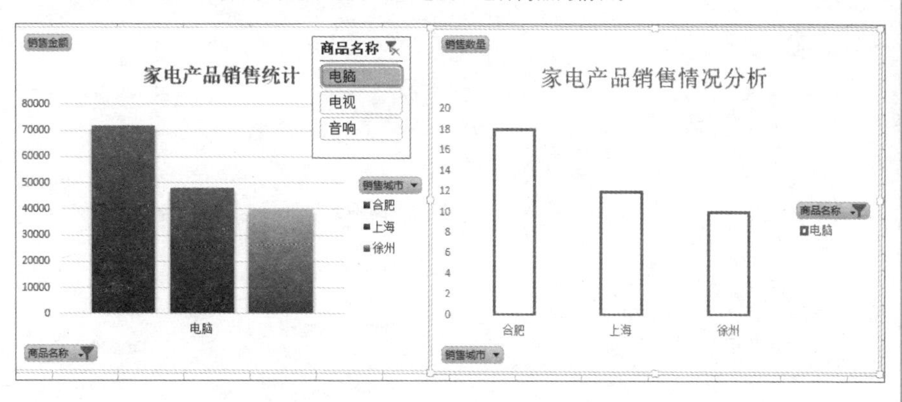

改变切片器的列数

实例 修改切片器列数

切片器的列数不是一成不变的，用户可以根据自己的需要自由设置。例如有一个名为“员工籍贯”的切片器，它的列数是1，现在用户想将它变成两列，怎么办呢？

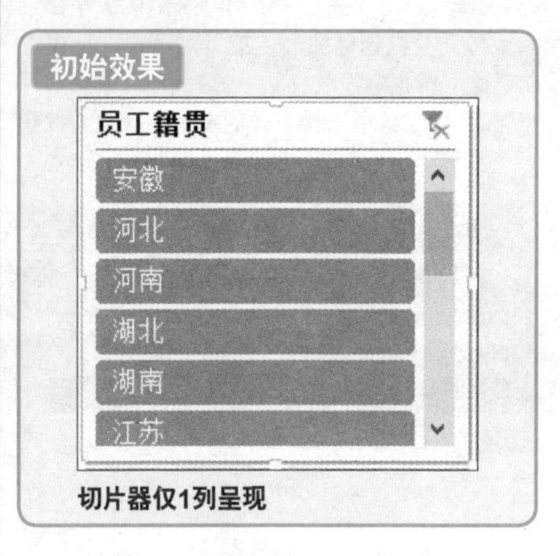

切片器仅1列呈现

最终效果

员工籍贯

安徽	河北
河南	湖北
湖南	江苏
江西	山东
山西	陕西
上海	天津

切片器分为两列

❶ 选中“员工籍贯”切片器，单击鼠标右键，在弹出的快捷菜单中选择“大小和属性”命令。

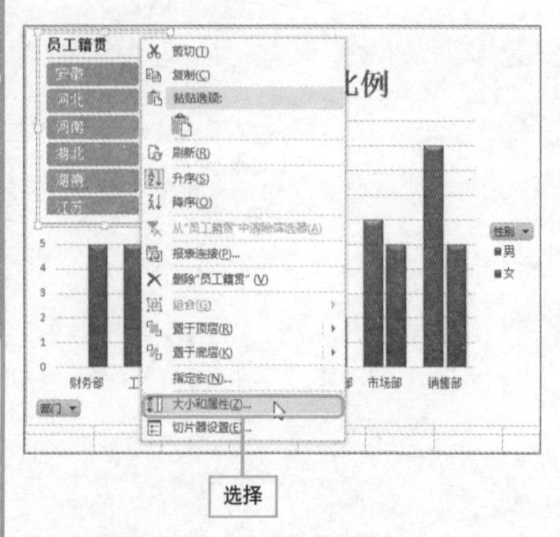

❷ 在弹出的“格式切片器”窗格中，修改“位置和布局”中的“列数”，例如将列数修改为2列。

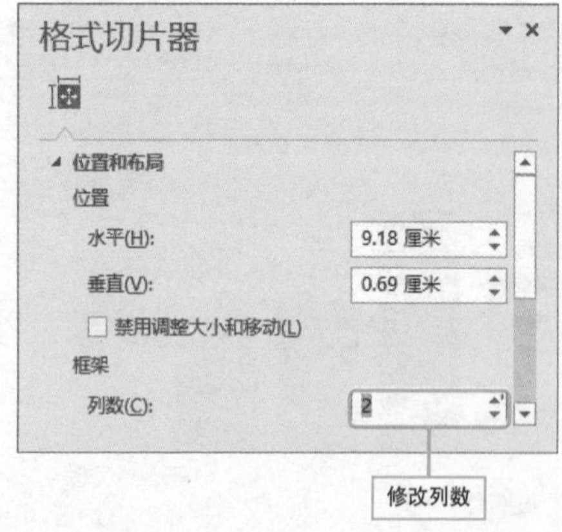

快速断开数据透视图的连接

实例 取消数据透视图之间的连接

数据透视图通过切片器实现连接后，可以同时发生联动变化，但有时只希望一个透视图发生变化，这时可以断开数据透视图之间的连接。

1 选中切片器，打开“切片器工具-选项”选项卡，单击“报表连接”按钮。

2 弹出“数据透视表连接（日期）”对话框，从中可以看到两个表是同时被勾选的。

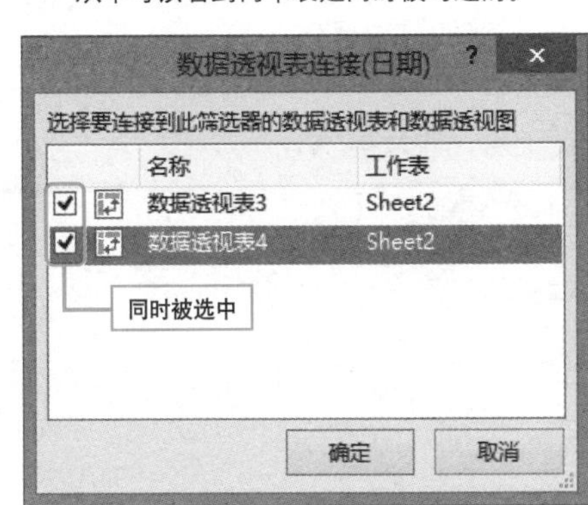

3 在此取消一个表的勾选，单击“确定”按钮即可。

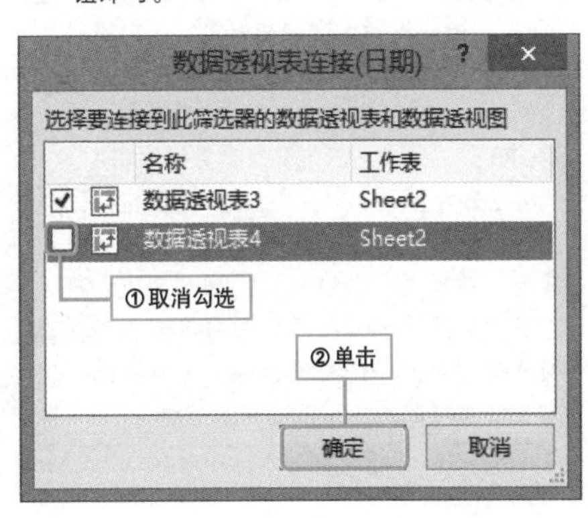

Hint

数据透视图连接的断开原理

数据透视图是在数据透视表的基础上建立的，它依附于数据透视表，建立数据透视图之间的连接，只需要建立相关数据透视表的连接，那么数据透视图也就建立了连接。同理，断开数据透视图之间的连接，也只需要断开数据透视图相对应的数据透视表的连接即可。

清除筛选方法多

实例 清除数据透视图中的筛选器

我们用切片器来筛选数据，使数据透视图的分析更加简单方便，但有时我们并不需要筛选数据，那么筛选器也就是多余的，如何清除筛选器呢？下面介绍具体解决方法。

1 功能按钮法。打开“数据透视图工具-分析”选项卡，单击“清除”按钮，选择“清除筛选”选项即可。

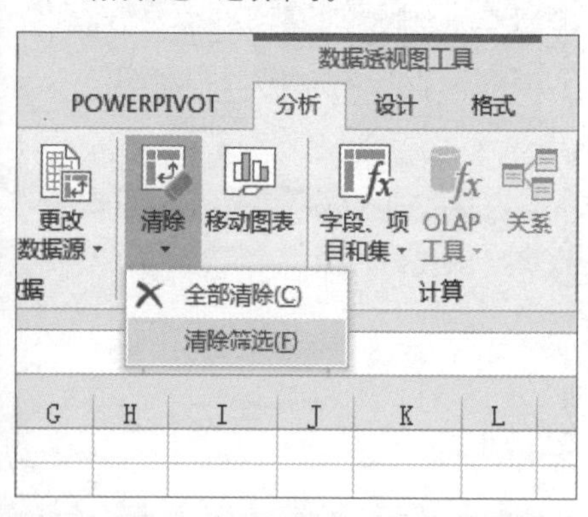

2 鼠标单击法。单击切片器右上方的“清除筛选器”按钮。

单击此按钮

供应商代码

051 062 083 085 086 088 089 093 099 160 418 456 468 585 619 636 648 656 681 697

3 组合键操作法。选择切片器，按下组合键Alt+C也可以快速清除筛选器。

商品分类

儿童用品 化妆品 洗涤用品 牙具用品

Hint

利用切片器进行数据筛选

切片器是通过一次单击进行筛选的控件，它可减少在数据透视表和数据透视图中显示的数据。用户可通过交互方式使用切片器，以便在应用筛选器时显示数据的筛选结果。例如，创建一个按年份显示销售额的数据透视表或数据透视图，然后添加一个表示地区的切片器。将切片器添加为数据透视表或数据透视图中的一个额外控件，这样，即可快速选择条件以及立即显示筛选结果。

巧妙隐藏数据透视图中的切片器

实例 数据透视图中切片器的隐藏/显示

数据透视图中的切片器是相当灵活的，当我们暂时不需要切片器的时候，就可以将切片器隐藏起来。下面介绍如何隐藏和显示切片器。

1 单击数据透视图中的切片器。

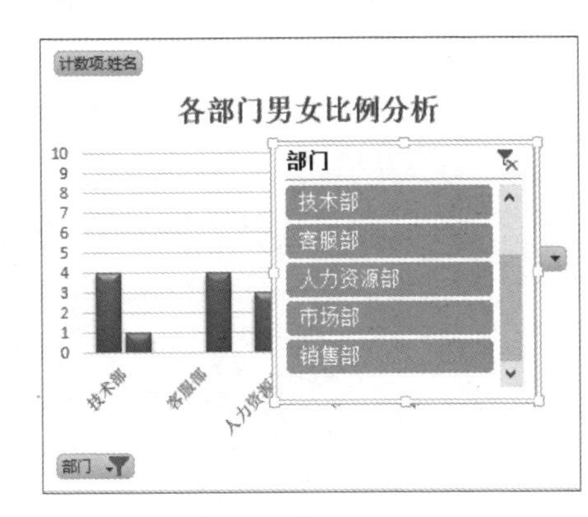

2 单击“切片器工具-选项”选项卡下的“选择窗格”按钮。

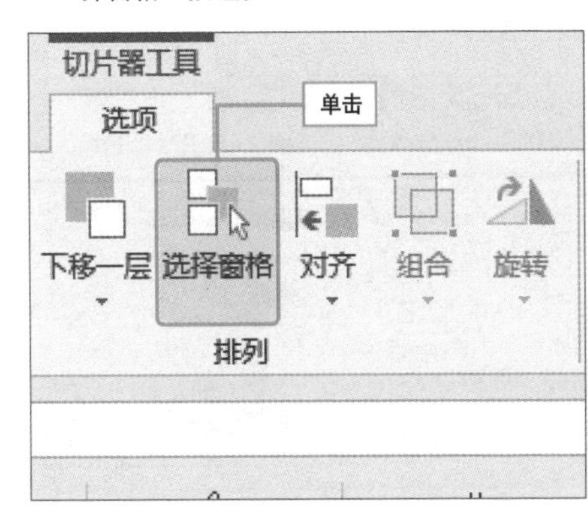

3 打开“选择”窗格，从中单击“眼睛”图标，即可实现隐藏操作。

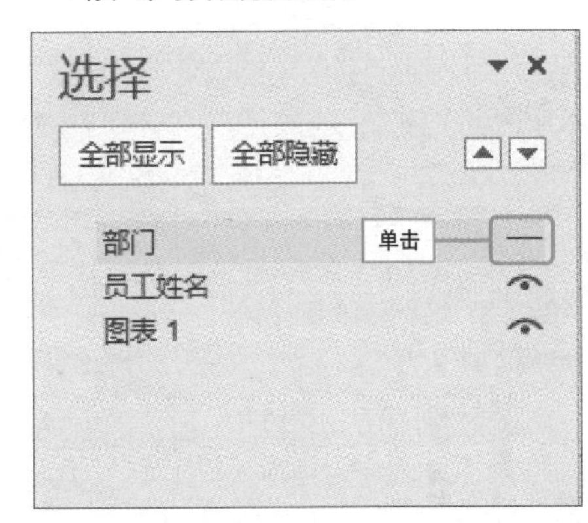

Hint

全部显示/隐藏切片器

单击“选择”窗格中的“全部显示”或“全部隐藏”按钮可以将隐藏的切片全部显示或将切片器全部隐藏。

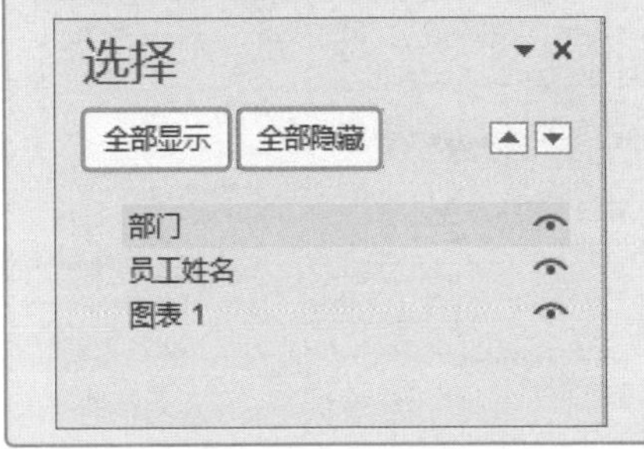

切片器的字体格式也可以更改

实例 设置切片器的字体格式

前面我们学习了更改切片器的样式，那么如果想要更改切片器的字体格式是不是很难呢？其实不难。本技巧将为您具体介绍如何自定义切片器的字体格式。

1. 单击切片器，在“切片器样式”中任意样式上单击右键，在弹出的快捷菜单中选择“复制”命令。

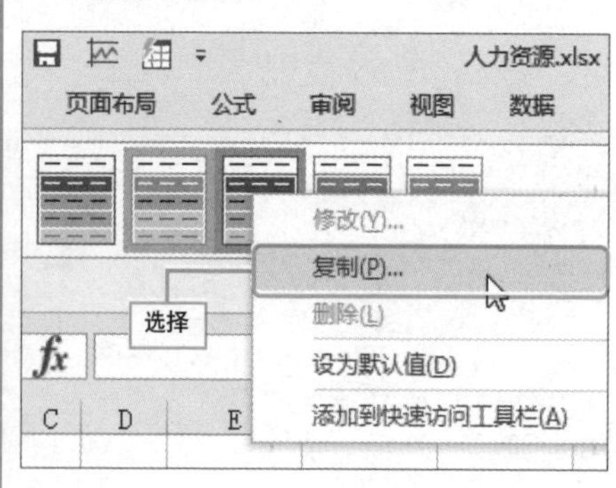

2. 打开“修改切片器样式”对话框，在“切片器元素”列表中选中“整个切片器”选项，单击“格式”按钮。

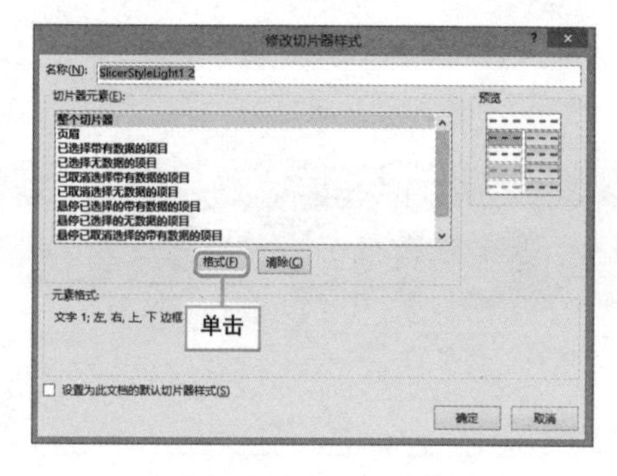

3. 在打开的“格式切片器元素”对话框中打开“字体”选项卡，在其中选择合适的字体，单击“确定”按钮。

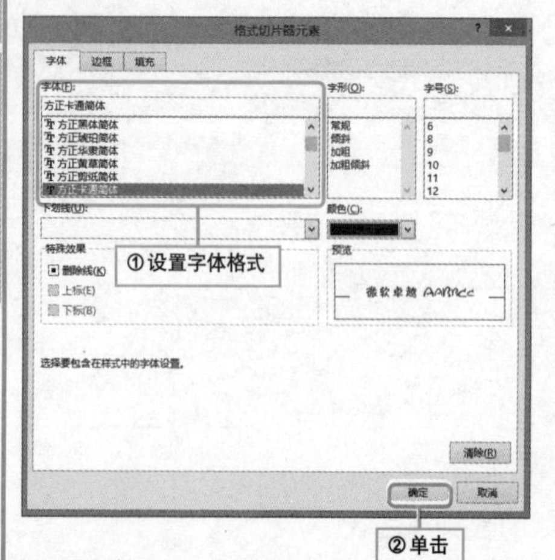

4. 返回编辑页面后，单击“切片器样式”中的“自定义”样式，即可将切片器的字体格式改为刚刚设置的字体。

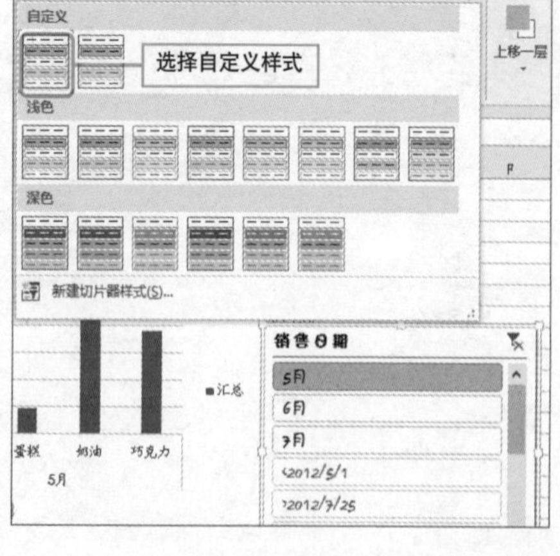

切片器中的字段项也能排序

实例 升序排列切片器中的字段项

在数据透视图中插入切片器后，用户可以对切片器内的字段项进行排序，这样可以方便用户查看和筛选字段项。例如有一个名为“部门”的切片器，我们该如何对其字段进行排序呢？

初始效果

部门
销售部
市场部
人力资源部
技术部
工程部
客服部
财务部

排序前的效果

最终效果

部门
工程部
技术部
人力资源部
市场部
销售部
财务部
客服部

排序后的效果

① 选中切片器，打开“切片器工具-选项”选项卡，单击“切片器设置”按钮。

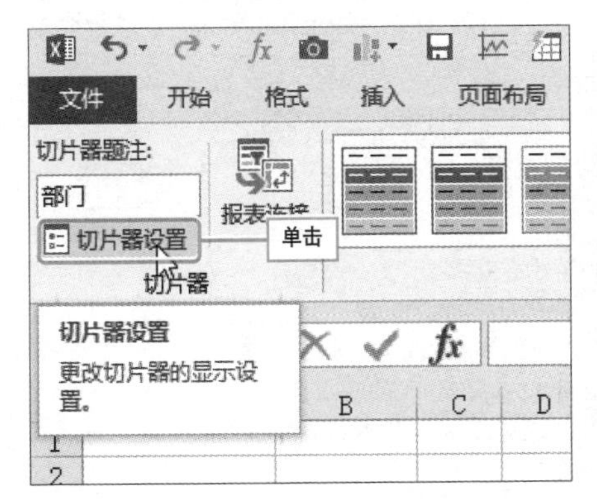

② 弹出“切片器设置”对话框，从中选择“升序（A至Z）”选项，单击“确定”按钮即可。

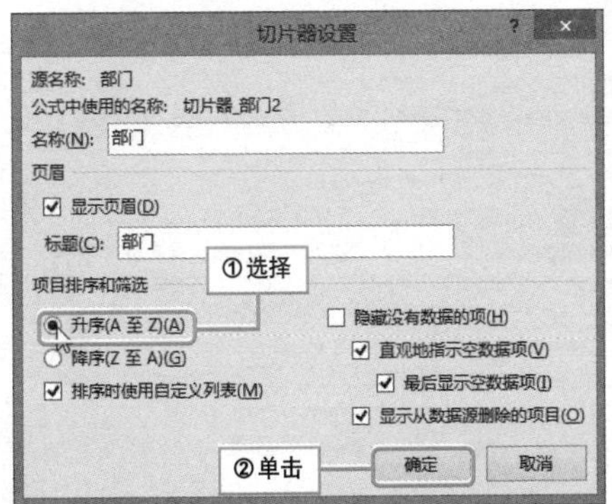

Question 286

让切片器中的字段项排好队

● Level ◆◆◇

2013 2010 2007

实例 自定义排序切片器中的字段项

用户新建了一个名为“职位”的切片器，发现其中的职位大小排序是混乱的，想让它依据职位高低进行排序，但无法直接通过升序或降序功能来排序，那么该怎么办呢？

初始效果

职位
财务经理
出纳
会计助理
会计专员
主办会计

字段排序混乱

按职位高低排序

① 选择“文件>选项”命令，在弹出的“Excel选项”对话框中打开“高级”选项面板，单击“编辑自定义列表”按钮。

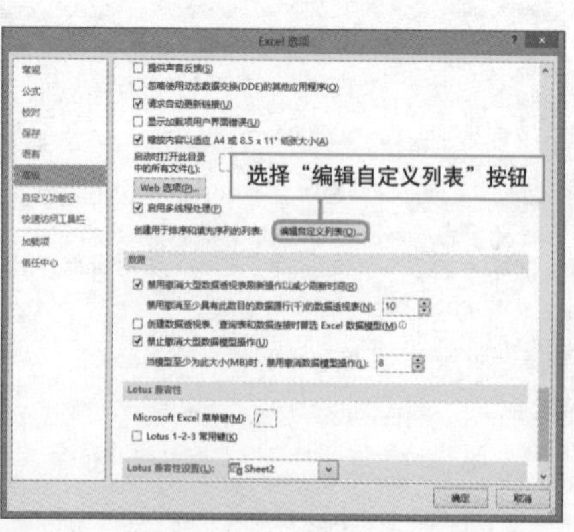

② 打开“自定义序列”对话框。在“输入序列”列表框中设置排序元素，单击“添加”按钮，再单击“确定”按钮。设置完成后，在切片器上单击右键，在快捷菜单中选择“升序”命令即可。

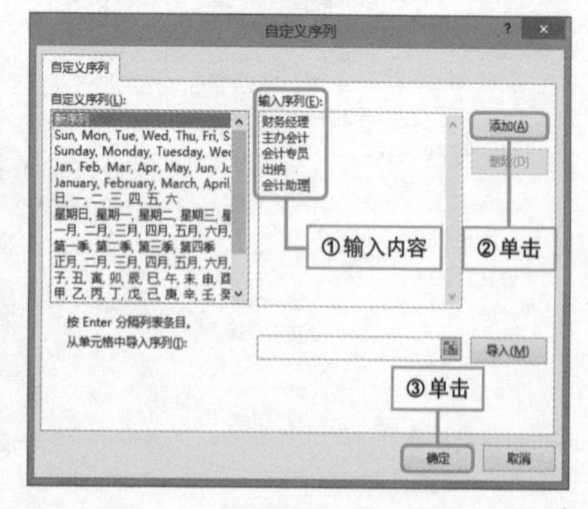

切片器显示顺序有讲究

实例 调换切片的显示顺序

一张数据透视图可以建立多个字段的切片器，插入切片器太多的话，切片器会堆放在一起，有时还会相互遮盖，如果我们希望某张切片器在最上面，则可以调整它们的位置，将其放在最上面。

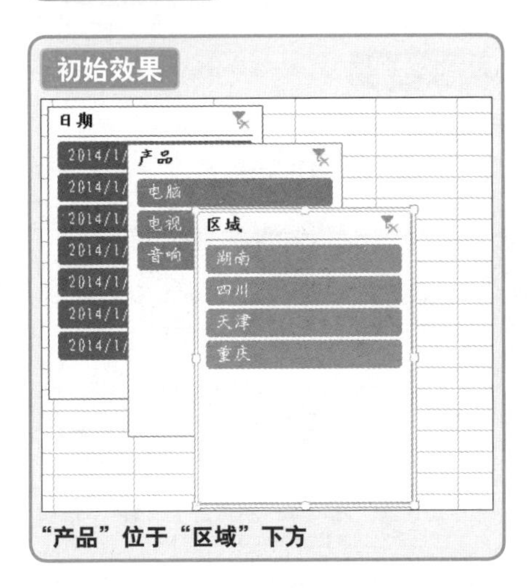

"产品"位于"区域"下方

调整切片器叠加次序

1. 单击"产品"切片器，在"切片器工具-选项"选项卡下，单击"上移一层"按钮，选择"置于顶层"选项。

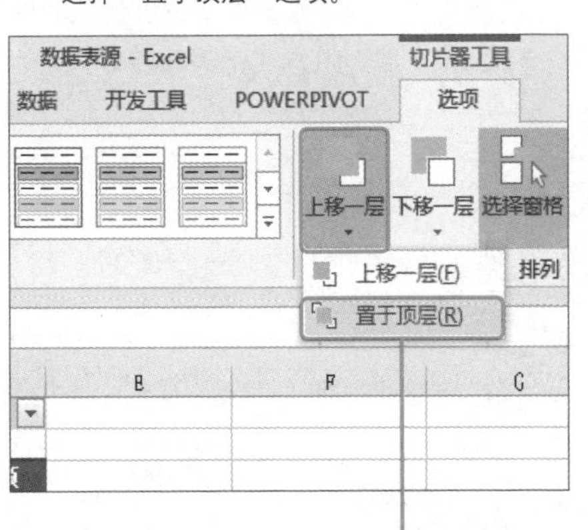

2. 或在"选项"选项卡下，单击"选择窗格"按钮，在弹出的"选择"窗格中选"产品"选项，并单击向上的三角形即可前移。

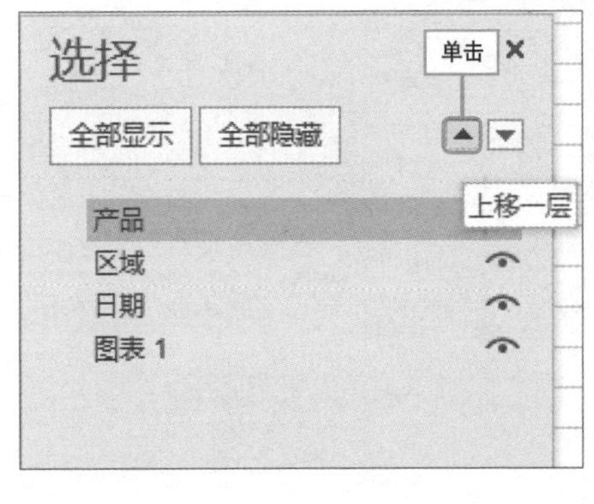

高效率筛选之切片器

实例 利用切片器进行快速筛选

切片器不仅可以进行快速筛选，而且还可以进行多个切片器的联动筛选，例如用户有一张名为“各部门人数统计”的数据透视图，现在想查询公司有多少个山东籍、本科学历的男员工，此时即可通过切片器得到答案。

初始效果

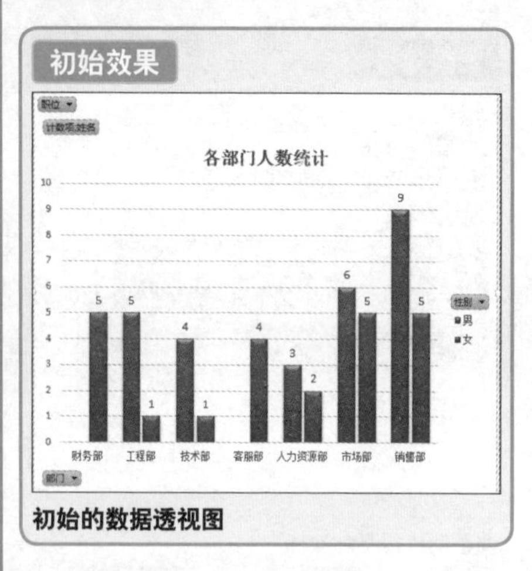

初始的数据透视图

最终效果

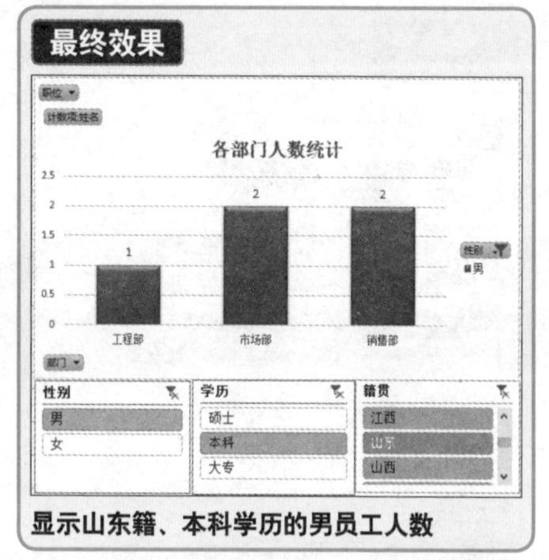

显示山东籍、本科学历的男员工人数

1. 首先为数据透视图添加切片器，选中数据透视图，单击“插入”选项卡中的“切片器”按钮，打开对应的对话框。

2. 从中依次勾选“性别”、“学历”和“籍贯”选项，然后单击“确定”按钮。最后依次单击切片器中的选项，即得到筛选结果。

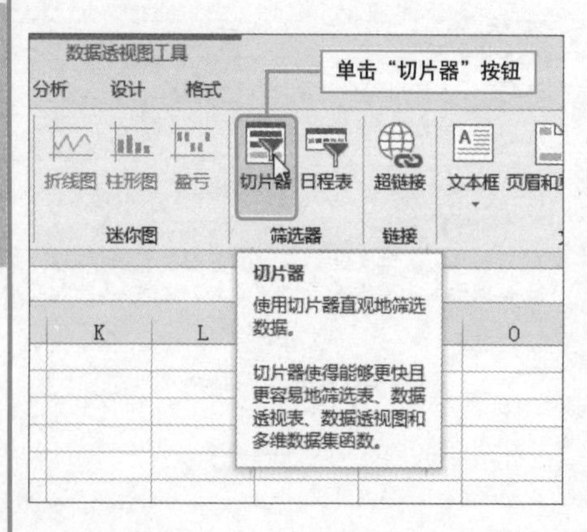

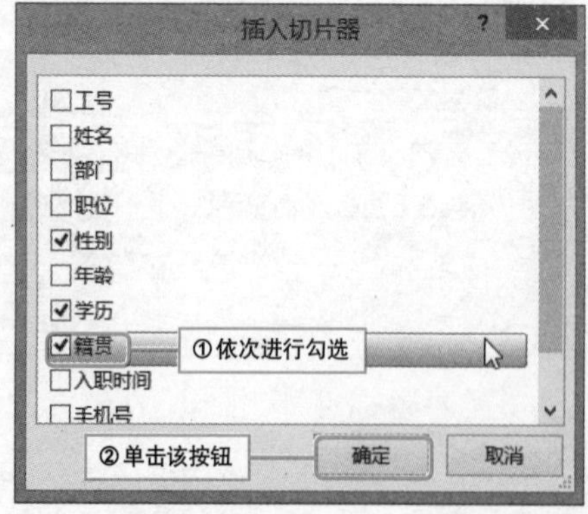

第5篇 365~410

数据透视表与PowerPivot

5-16 PowerPivot For Excel的应用（289~302）

5-17 在PowerPivot中使用数据透视表（303~319）

5-16 PowerPivot For Excel的应用

小工具（PowerPivot），大用处

实例 在Excel中添加并使用PowerPivot

PowerPivot For Excel是一种数据分析工具，利用它可以将来自多个数据源的数百万行数据导入到一个 Excel 工作簿中，之后生成数据透视表和数据透视图进行分析。下面将对其载入方法进行介绍。

1 在“开发工具”选项卡下，单击“COM加载项”按钮。

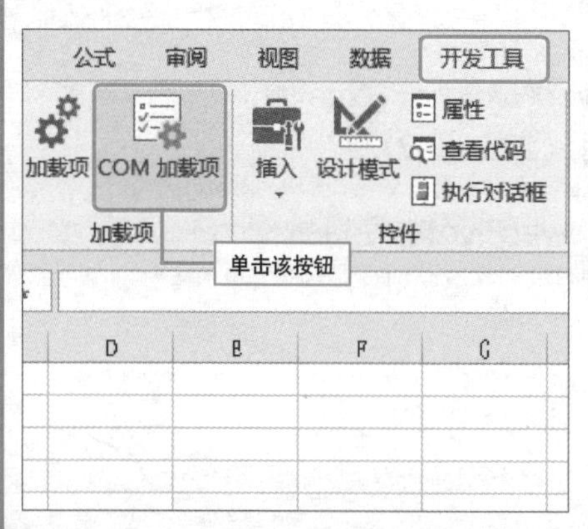

2 在弹出的“COM加载项”对话框中，勾选Microsoft Office PowerPivot for Excel 2013，单击“确定”按钮。

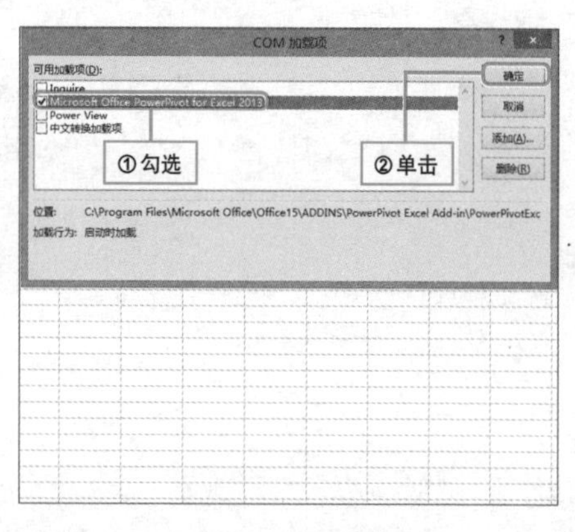

3 返回编辑页面后，打开POWERPIVOT选项卡，单击“管理”按钮。

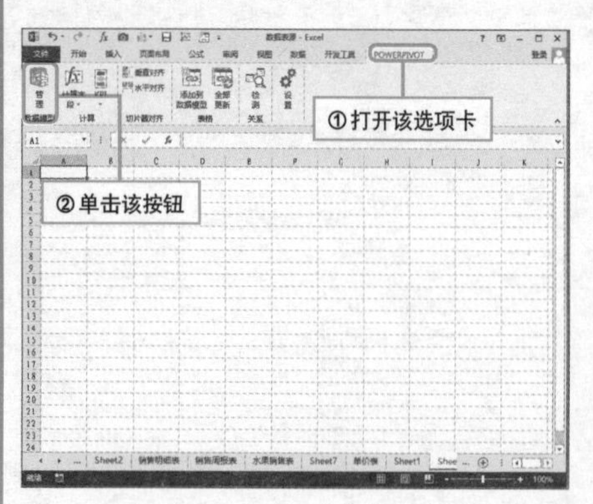

4 进入PowerPivot界面，随后即可加载并管理数据了。

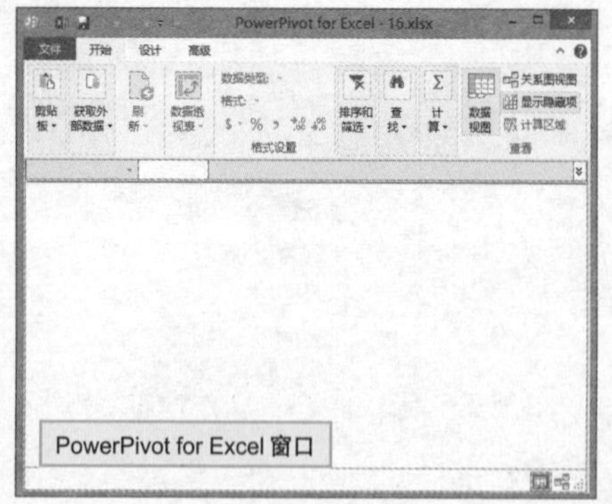

Hint

快速调用“开发工具”选项卡?

在完成上述操作的时候，如果发现自己的Excel 2013文档中并没有“开发工具”这一选项卡，此时该怎么办呢?

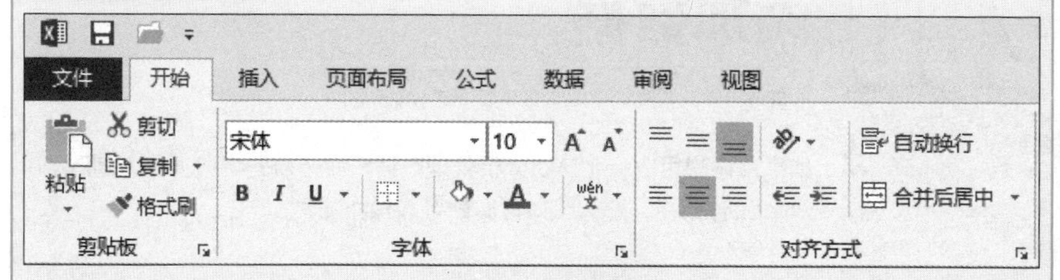

❶ 单击“文件”菜单。

❷ 选择“选项”命令。

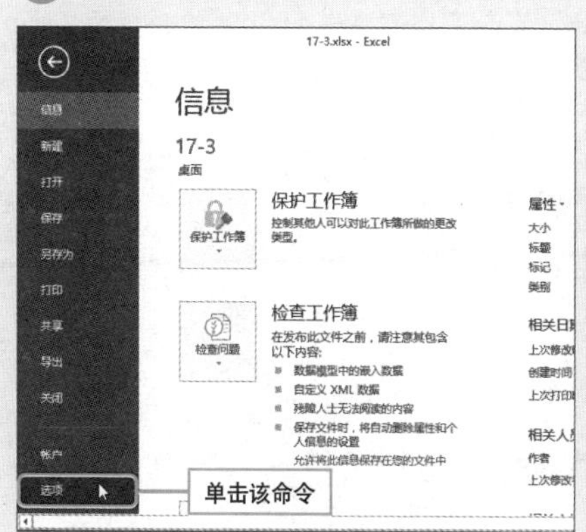

❸ 弹出“Excel选项”对话框，打开“自定义功能区”选项面板，在“自定义功能区”列表框中勾选“开发工具”复选框。

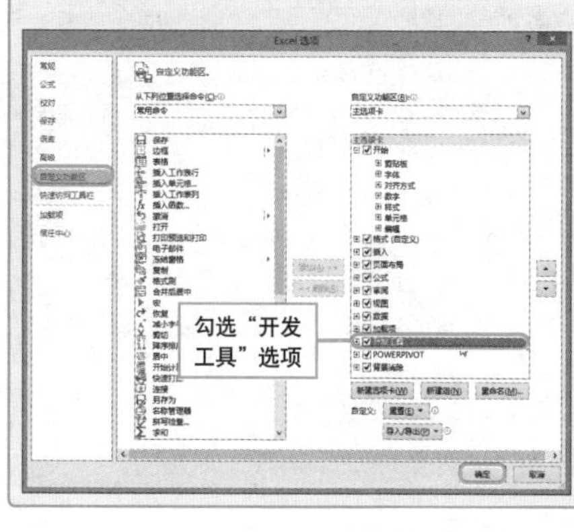

❹ 设置完成后，单击“确定”按钮返回编辑页面。即可看到功能区中已经显示了“开发工具”选项卡。

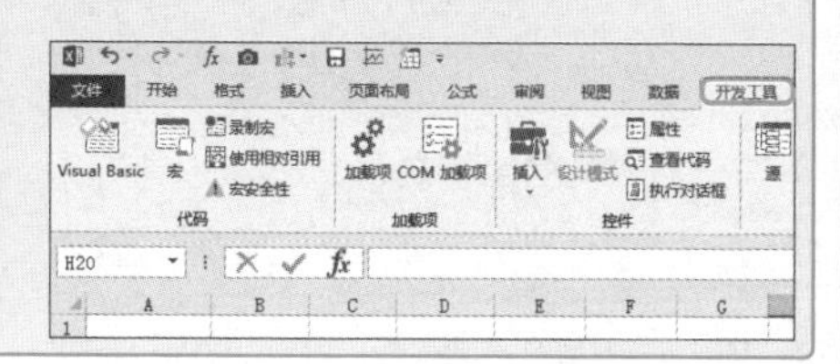

轻轻松松向PowerPivot中添加数据

实例 将当前Excle工作簿中的数据导入PowerPivot

如果用户想用PowerPivot分析处理数据，就必须先将数据导入到PowerPivot工作簿中，那么该如何实施导入操作呢？

1. 单击工作表中任意单元格，随后打开POWERPIVOT选项卡，单击“添加到数据模型”按钮。

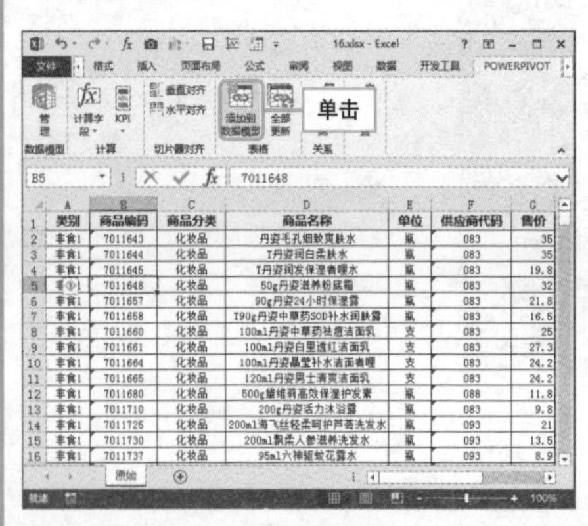

2. 弹出“创建表”对话框，从中确认表数据区域，之后勾选“我的表具有标题”复选项，单击“确定”按钮。

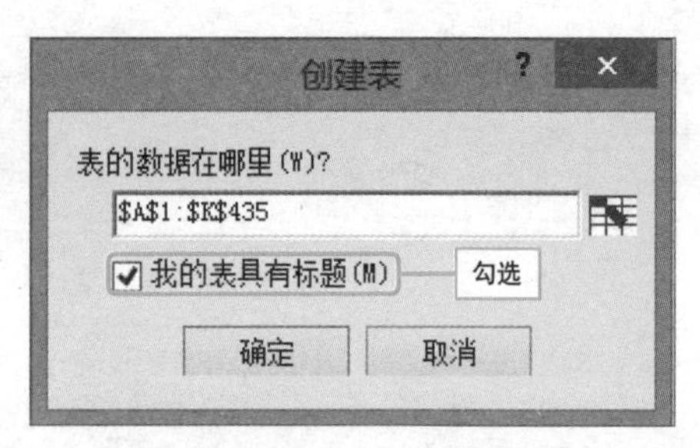

3. 返回编辑窗口后，即可看到原工作表中的数据区域被自动链接到“表1”中。

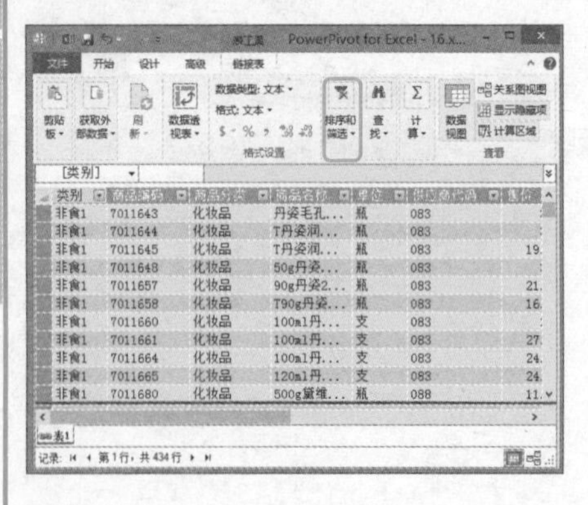

Hint

认识链接表

链接表是在Excel中创建的，但链接到PowerPivot窗口中的表。使用链接表将Excel中的数据添加到PowerPivot中时，Excel会自动将所选区域转换为表，同时会打开PowerPivot窗口自动创建名为“表1”的PowerPivot表。通常情况下，链接到Excel表中的PowerPivot表将在数据发生变动时自动更新，当然也可以手动更新。

快速向PowerPivot中添加外部数据

实例 链接外部数据

PowerPivot不仅可以链接本工作簿中的数据，还可以运用本工作簿以外的数据。用户可以使用表导入向导将外部Excel表中的数据导入PowerPivot。本技巧将为您介绍导入外部数据的详细步骤。

1 打开POWERPIVOT选项卡，单击“管理”按钮。

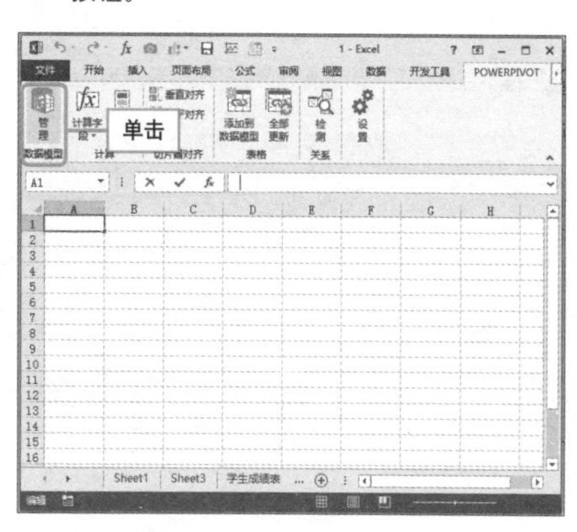

2 打开PowerPivot后，单击“获取外部数据”按钮，选择“从其他源”选项。

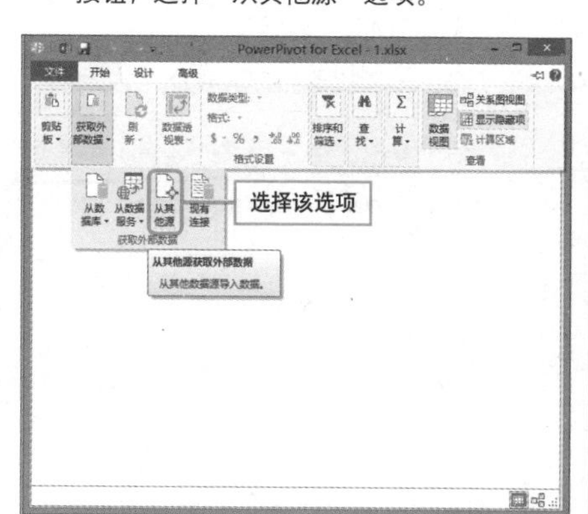

3 在弹出的“表导入向导”对话框中选择“Excel文件”，单击“下一步”按钮。

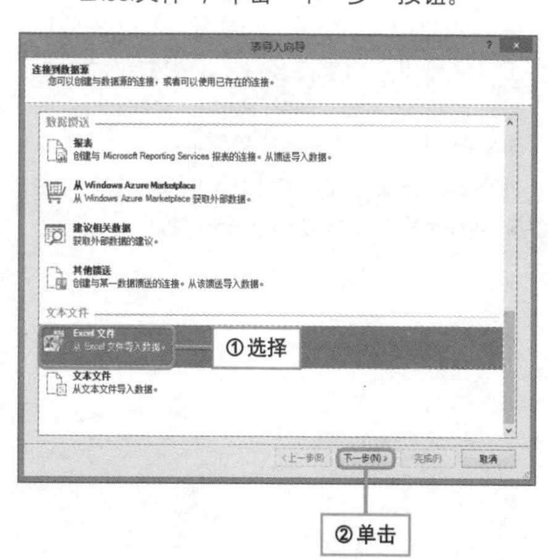

4 接着在“表导入向导”对话框中单击“浏览”按钮。

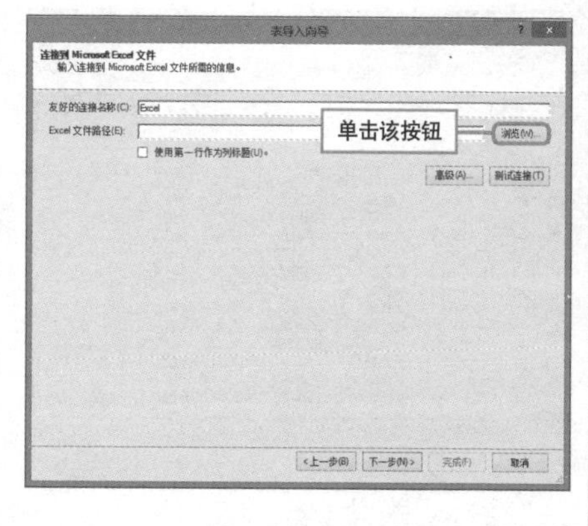

5 在“打开”对话框中选择外部数据文件“商品销售报表”，单击“打开”按钮。

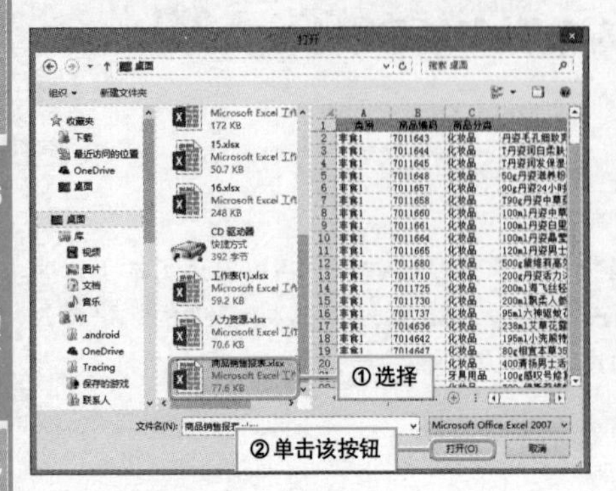

6 在“表导入向导”对话框中勾选“使用第一行作为列标题”，单击“下一步”按钮。

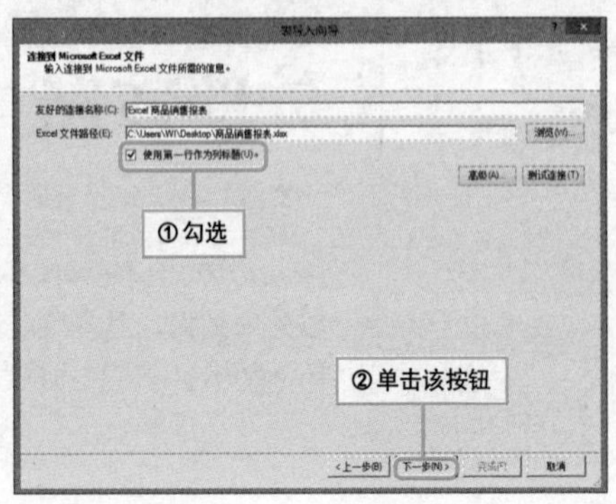

7 在“表导入向导”对话框中勾选Sheet1复选项，单击“完成”按钮。

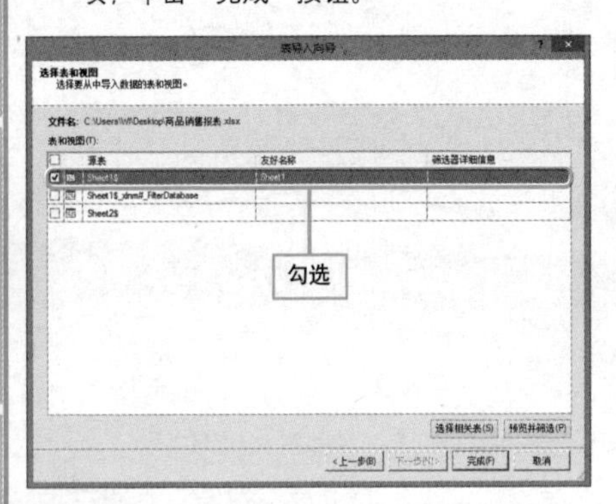

8 在“表导入向导”对话框中看到“成功”两个字后，单击“关闭”按钮。

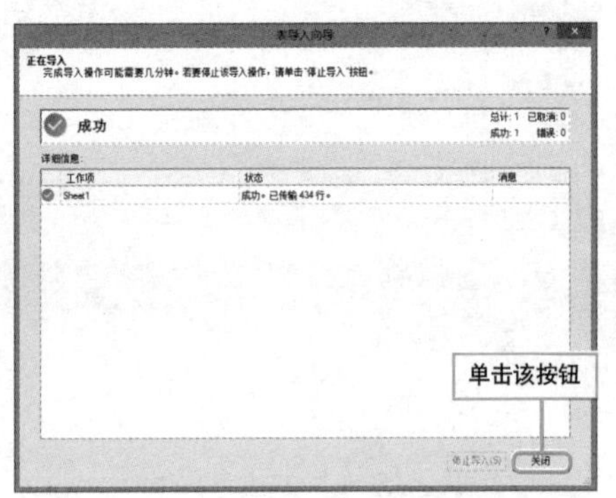

9 返回PowerPivot编辑区，即可看到已经导入的外部数据源表了。

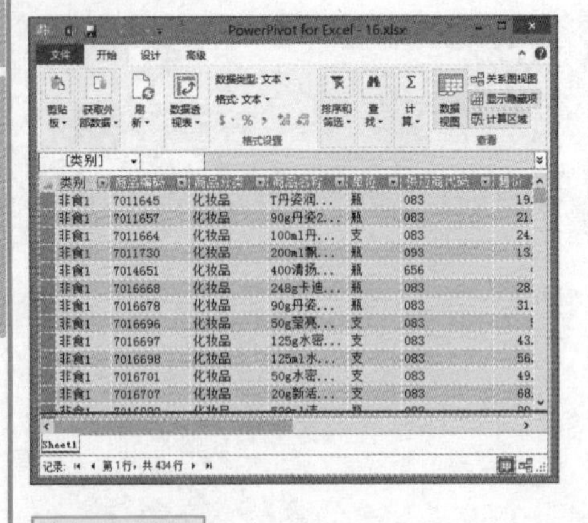

含有导入的数据

Hint

PowerPivot for Excel简介

PowerPivot for Excel 是一个数据分析工具，可以运用来自多种不同的数据源的数据，包括Access、SQL Server、Oracle、文本文件和 Excel文件等。它为Excel提供了非常强大的计算功能，并以惊人的速度将大量繁杂的数据转换成我们想要的答案。

轻松导入指定条件的数据

实例 导入并筛选外部数据到PowerPivot中

上面我们学习了使用表导入向导添加数据到PowerPivot，那么如果用户现在希望筛选出一部分数据导入到PowerPivot，是不是很难呢？其实很简单，只需要在导入过程中添加筛选器即可。下面为您详细介绍具体实现步骤。

❶ 单击“开始”选项卡下的“获取外部数据”按钮，在展开的列表中选择“从其他源”选项。

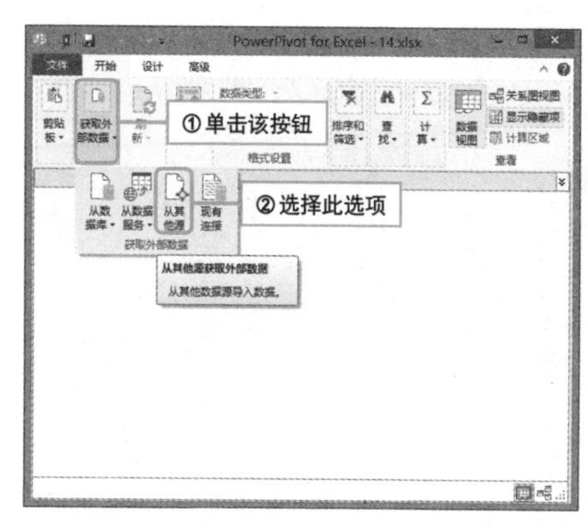

❷ 打开“表导入向导”对话框，从中选择“Excel文件”，单击“下一步”按钮。

❸ 在“连接到Microsoft Excel 文件”界面中单击“浏览”按钮。

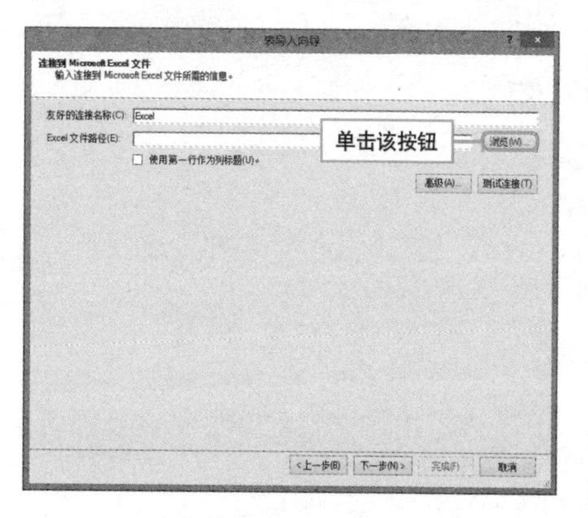

❹ 在“打开”对话框中选择需要的数据文件，单击“打开”按钮。

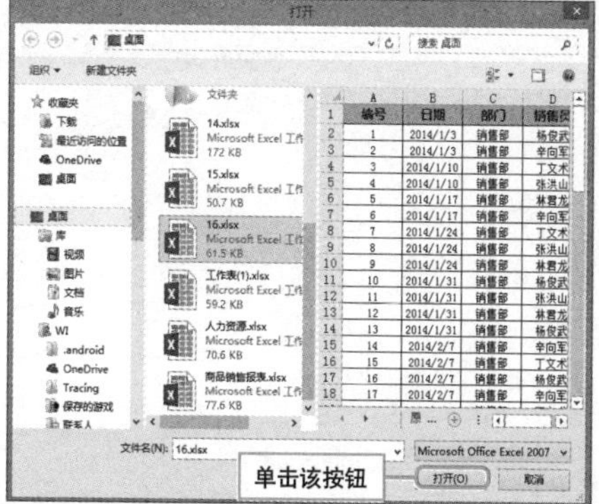

5 返回"表导入向导"对话框，勾选"使用第一行作为标题"复选项。单击"下一步"按钮。

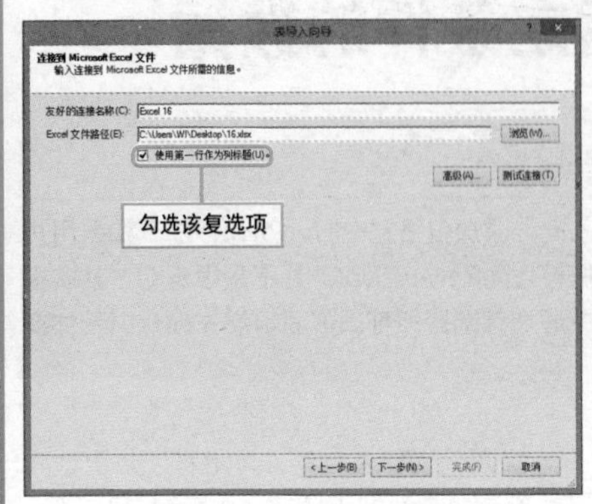

6 在"表导入向导"对话框中勾选"Sheet1$"选项，单击"预览并筛选"按钮。

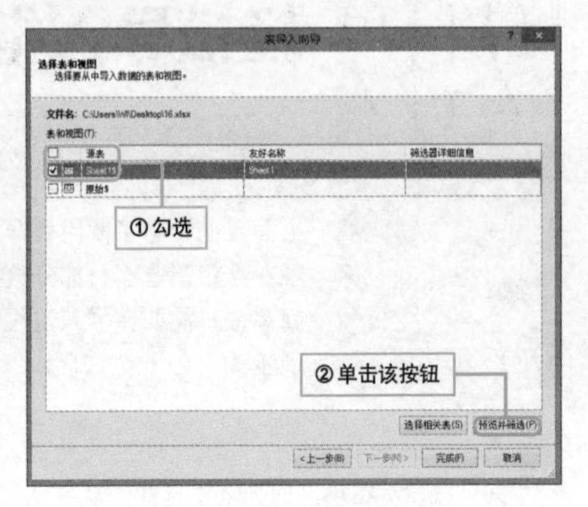

7 在"预览所选表"界面中，单击"大区"列，选择"华东"，单击"确定"按钮。

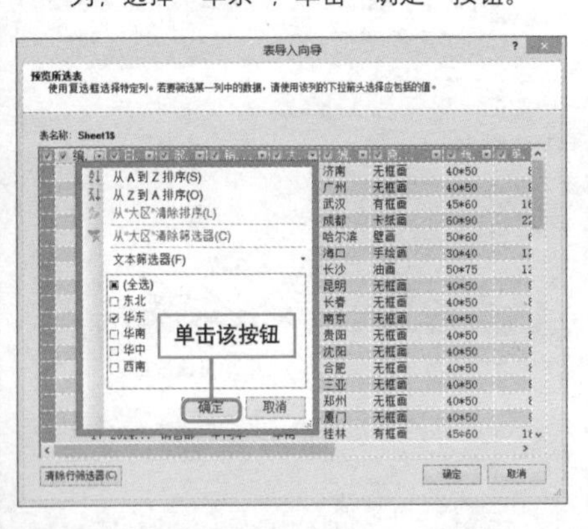

8 在预览表中可以看见只有"华东"大区的数据了，然后单击"确定"按钮。

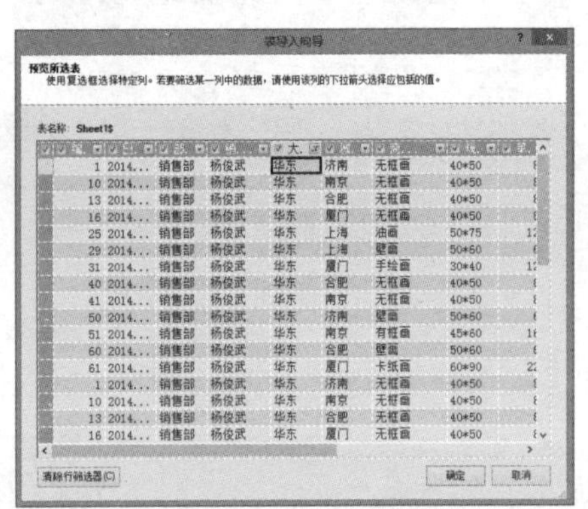

9 待弹出的"表导入向导"对话框中显示"成功"字样后，单击"关闭"按钮。

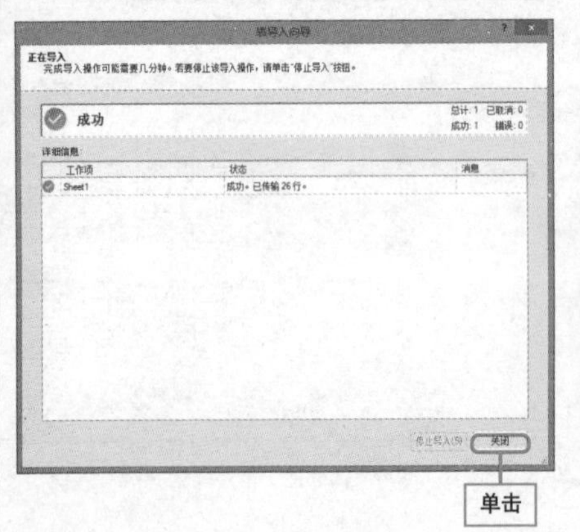

10 这样，在PowerPivot工作簿中便导入了指定条件的数据。

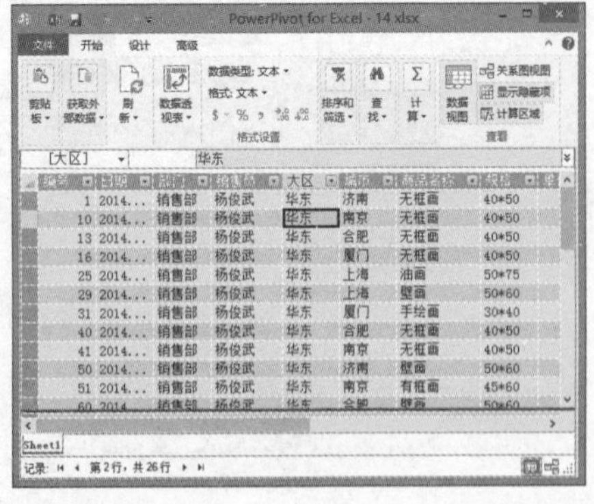

Question 293

• Level ◆◇◇

2013 2010

向PowerPivot添加数据超简单

实例 将数据复制粘贴到PowerPivot

用户除了通过链接和表导入向导的方式将数据导入PowerPivot中之外，还可以通过复制粘贴的方式将数据导入到PowerPivot中。

① 选中表中数据，单击鼠标右键，在弹出的快捷菜单中选择“复制”命令。

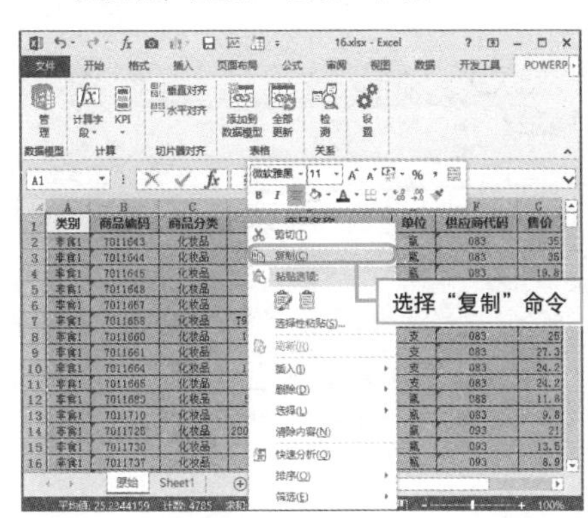

② 打开POWERPIVOT选项卡，单击“管理”按钮。

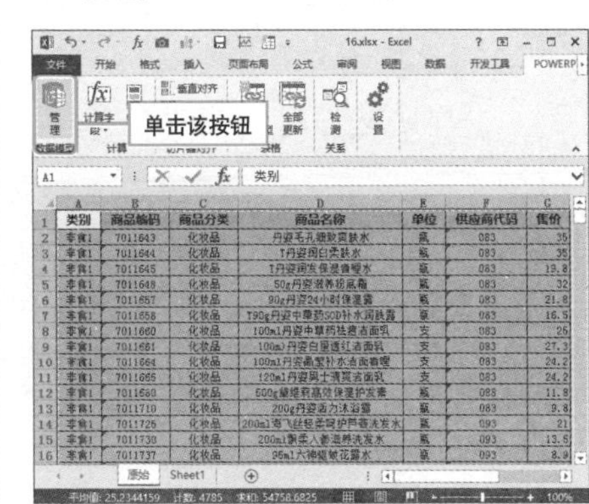

③ 在弹出的窗口中，单击“开始”选项卡下的“剪贴板”按钮，然后选择“粘贴”选项。

④ 在弹出的“粘贴预览”对话框中，修改表名称，勾选“使用第一行作为列标题”复选项，单击“确定”按钮。

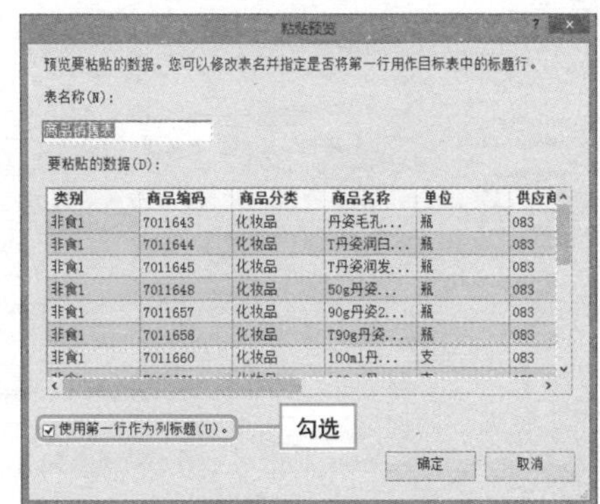

巧妙为PowerPivot添加数据库中数据

实例 向PowerPivot中添加Access数据库中的数据

用户不仅可以通过PowerPivot管理Excel文件，还可以管理Access数据库、SQL Server、Oracle和文本文件等，下面以Access数据库文件为例，为您具体介绍如何向PowerPivot添加数据。

① 打开POWERPIVOT选项卡，单击“管理”按钮。

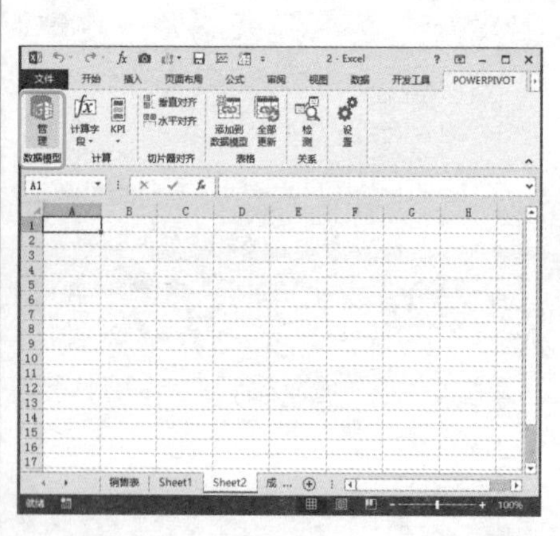

② 单击“获取外部数据”按钮，选择列表中的“从数据库”选项，在下拉列表中选择“从Access”选项。

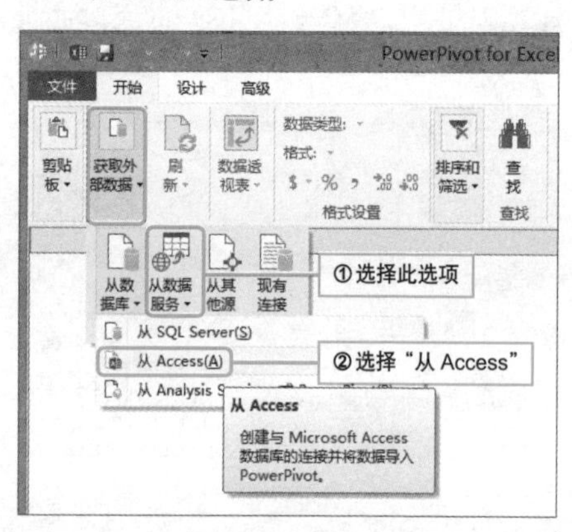

③ 在弹出的“表导入向导”对话框中单击“浏览”按钮。

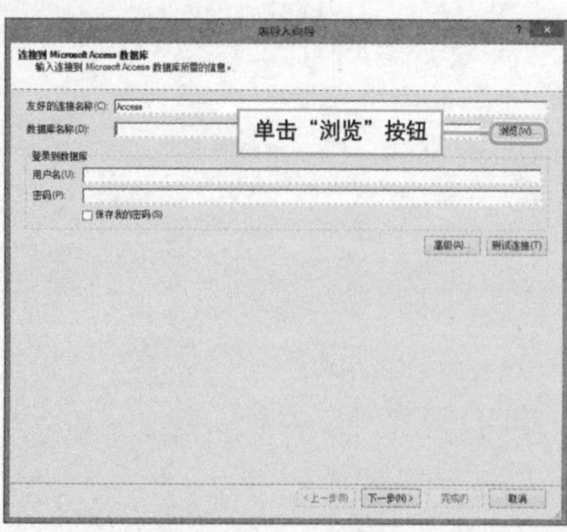

④ 在“打开”对话框中选择数据源表后单击“打开”按钮。

5 在弹出的“表导入向导”对话框中单击“下一步”按钮。

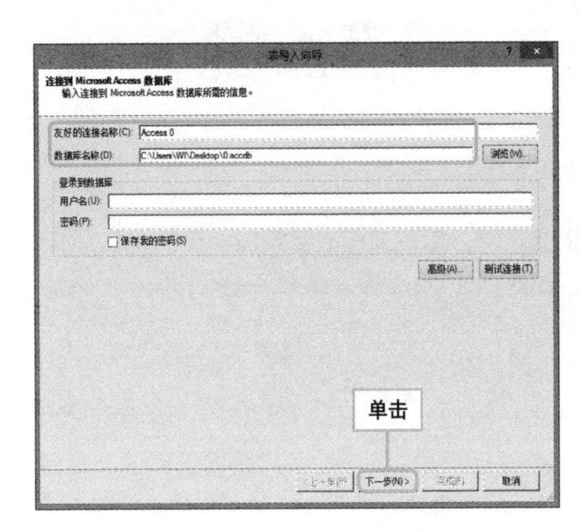

6 选择“从表和视图的列表中进行选择，以便选择要导入的数据（S）”单击“下一步”按钮。

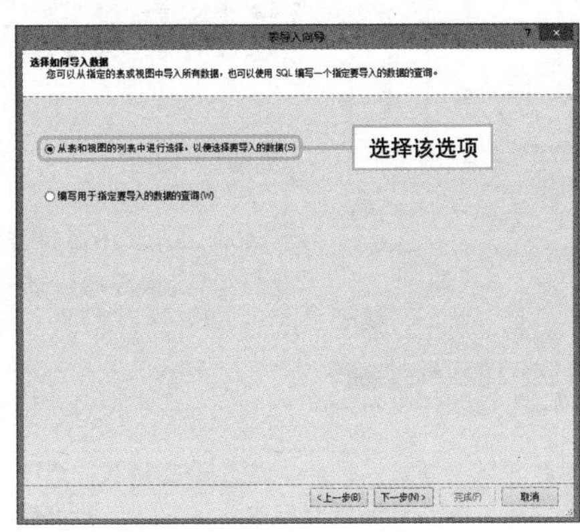

7 在“表导入向导”对话框中勾选“成绩表”，单击“完成”按钮。

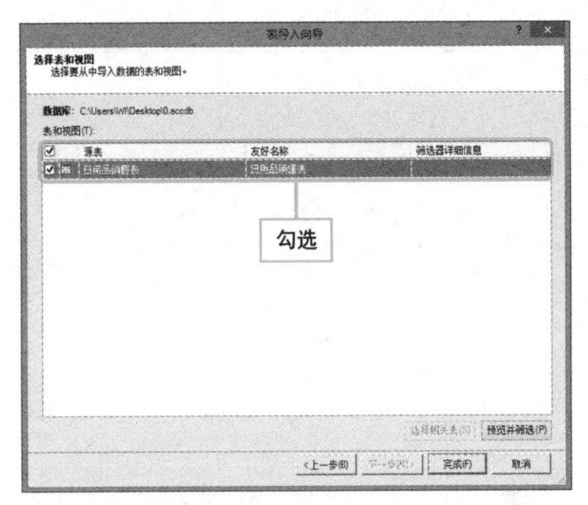

8 看到“表导入向导”中显示“成功”后，单击“关闭”按钮。

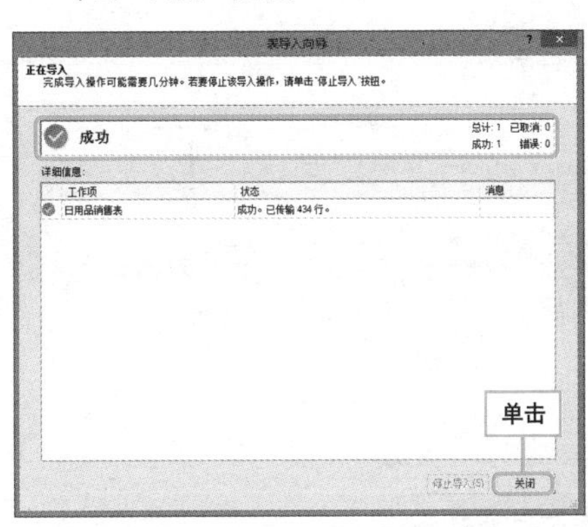

9 返回编辑区，即可发现已经成功将选定数据导入PowerPivot中了。

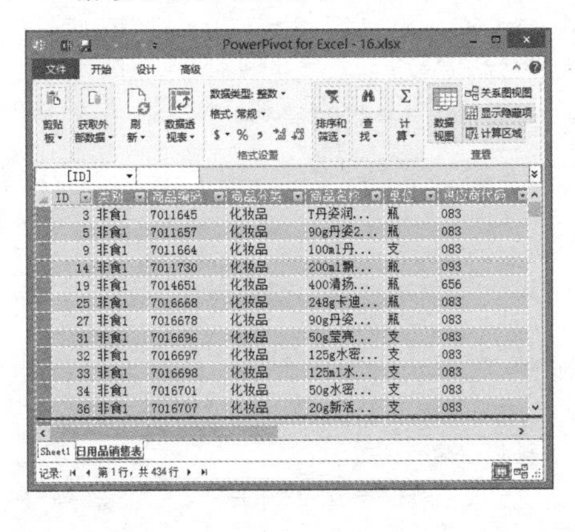

Hint

PowerPivot表不同于 Excel 工作表

- Excel工作表中的数据通常是变化的，多样的，可以包含数值数据，也可以包含图形和文本字符串。而 PowerPivot数据更加类似于关系数据库中的数据。
- 不能像Excel工作表那样可以直接输入新行，但可以通过“追加粘贴”和刷新数据添加行。

更新PowerPivot有妙招

实例 更新PowerPivot的几种方法

当Excel工作表中数据发生变动时，用户如何去更新PowerPivot中的数据呢？其实很简单，本技巧将对常见的几种操作方法进行介绍。

❶ 手动更新法。打开“表工具-链接表”选项卡，单击“更新选定内容”按钮，即可更新当前所选的PowerPivot表。

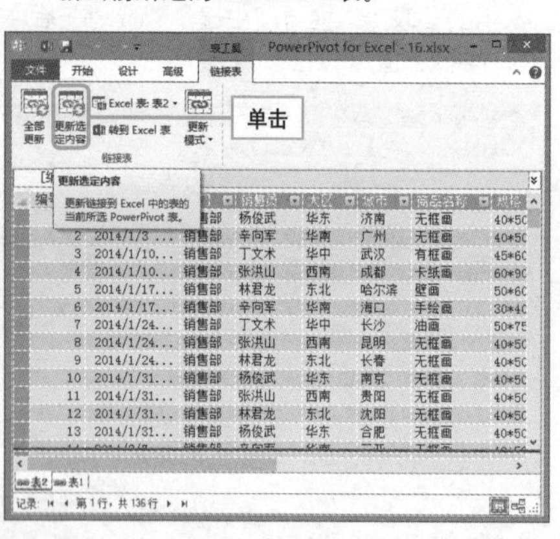

❷ 自动更新法。单击功能区中的“更新模式”按钮，选择“自动”选项，即可在下次打开窗口时自动更新。

❸ Excel功能区按钮更新法。打开POWERPIVOT选项卡，单击功能区中的“全部更新”按钮，即可更新所有连接到PowerPivot中的数据表。

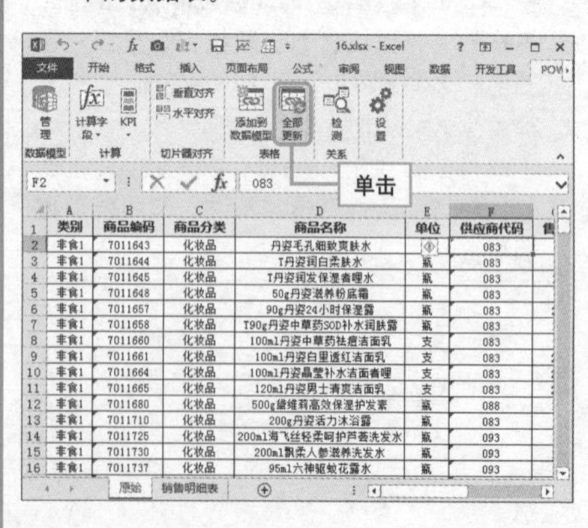

Hint

全部更新操作秘技

单击“表工具-链接表”选项卡下的“全部更新”按钮，可更新所有链接到PowerPivot中的数据表。

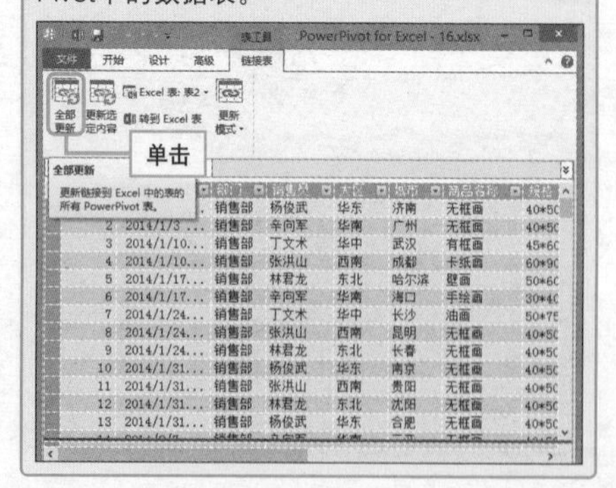

巧妙创建数据透视表

实例 用PowerPivot创建数据透视表

用户为PowerPivot添加数据后，就可以利用这些数据创建数据透视表了。例如用户将销售明细表导入PowerPivot中，想要创建销售汇总表，该怎么办呢？

1 单击“开始”选项卡下“数据透视表”按钮，选择“扁平的数据透视表”选项。

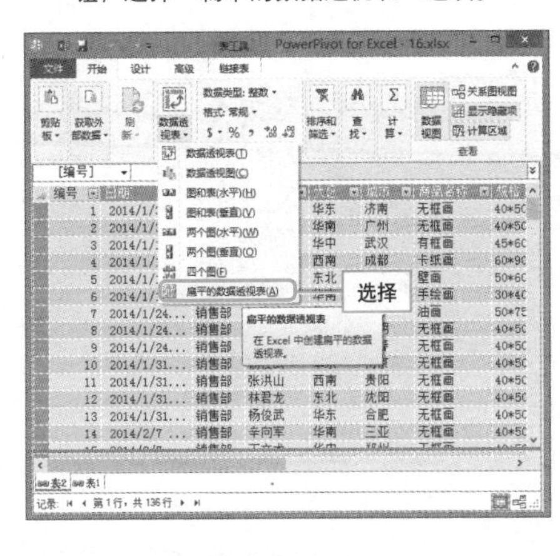

2 在弹出的“插入数据透视”对话框中，选择“新工作表”，单击“确定”按钮。

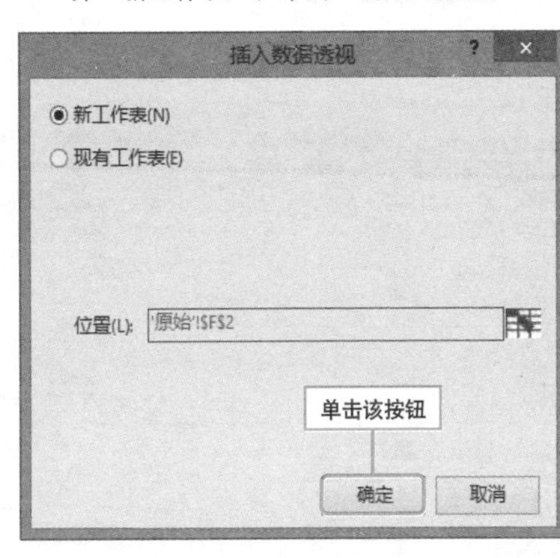

3 弹出一张空白的数据透视表，选择字段拖动到合适区域中。

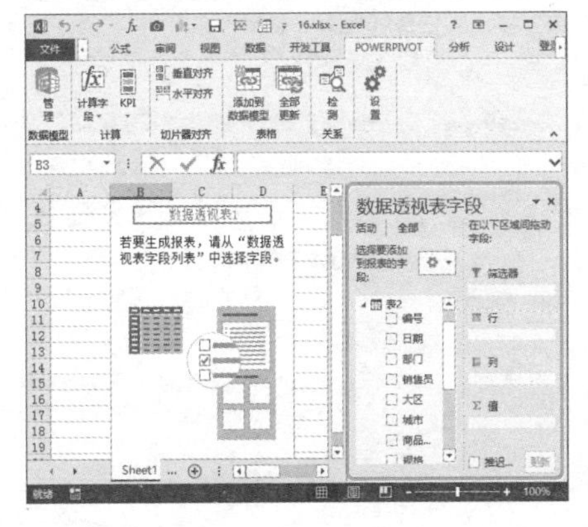

4 将字段拖至相应区域后，就创建好了一张数据透视表。

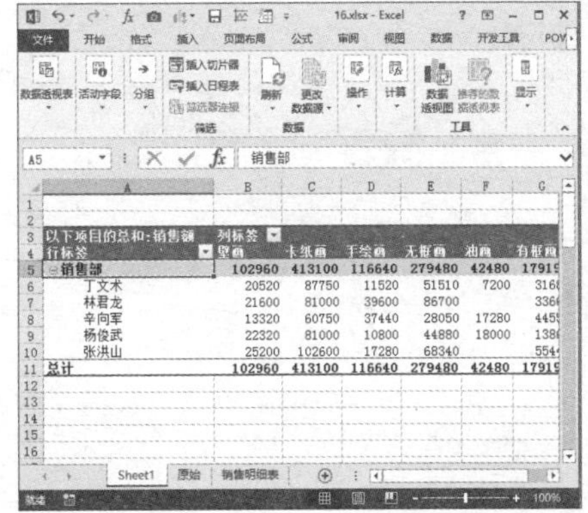

巧用PowerPivot设置数据透视表

实例 用PowerPivot对数据透视表进行设置

用户用PowerPivot创建数据透视表后，还可以设置数据透视表，下面就以设置数据透视表的样式和布局为例，为您介绍如何在PowerPivot中设置数据透视表。

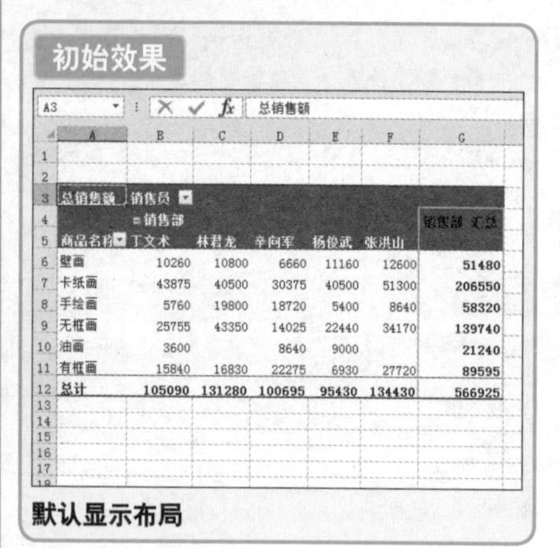

默认显示布局

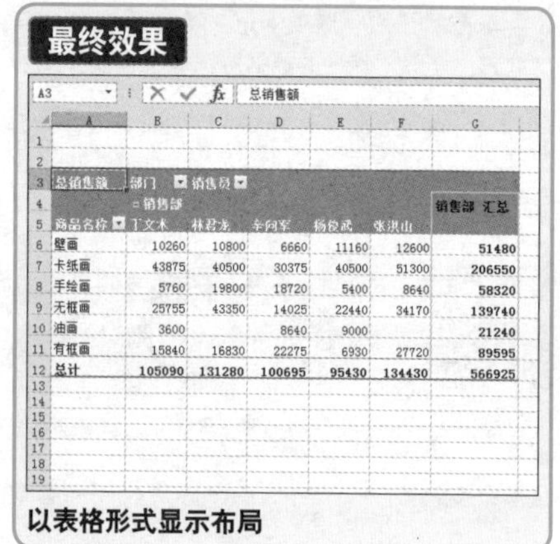

以表格形式显示布局

1 打开“数据透视表工具-设计”选项卡，单击“报表布局”按钮，从中选择“以表格形式显示”选项。

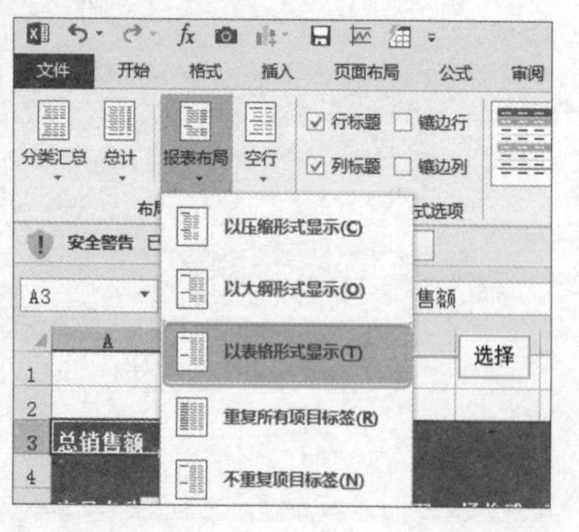

2 随后打开“设计”选项卡，从“数据透视表样式”中选择合适样式，即可实现数据透视表的快速美化。

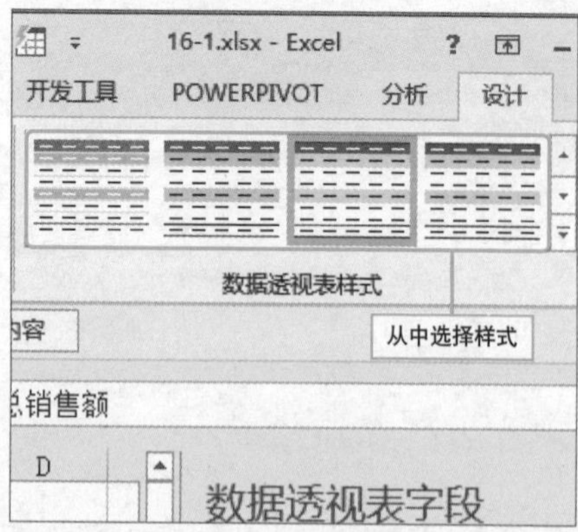

Question

298 创建数据透视图超简单

● Level ◆◆◆

2013 2010

实例 用PowerPivot创建数据透视图

用户为PowerPivot添加数据后，不仅可以创建数据透视表，还可以创建数据透视图。下面将对数据透视图的创建过程进行介绍。

1 单击“开始”选项卡下“数据透视表”按钮，选择“数据透视图”选项。

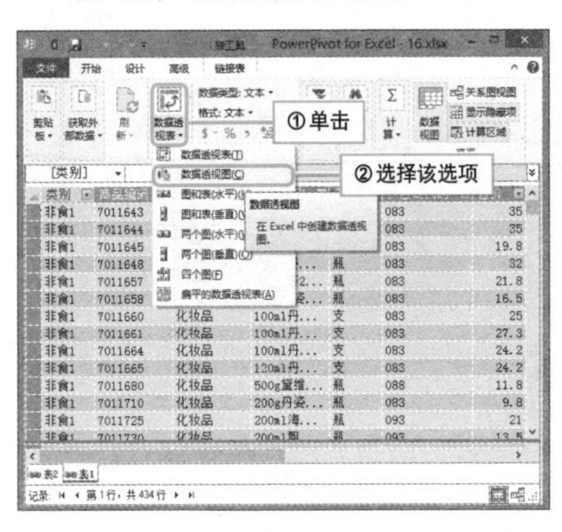

2 在弹出的“插入数据透视”对话框中，选择“新工作表”，单击“确定”按钮。

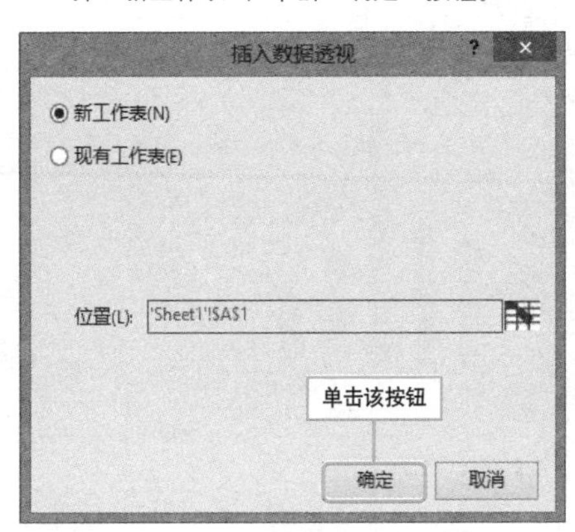

3 弹出一张空白的数据透视图，随后根据需要将字段拖至相应区域。

4 这样即创建了数据透视图。

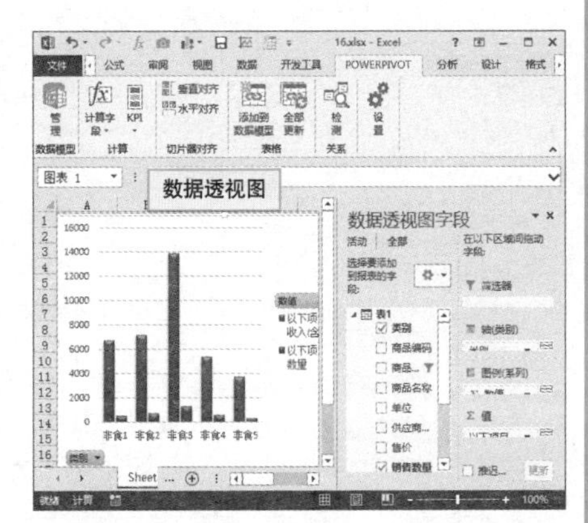

数据透视图变变变

● Level ◆◆◇

2013 2010

实例 设置数据透视图

在PowerPivot中，用户不仅可以创建数据透视表和数据透视图，还可以进一步设置以及美化。例如，为没有标题的数据透视图添加标题，更改样式等。

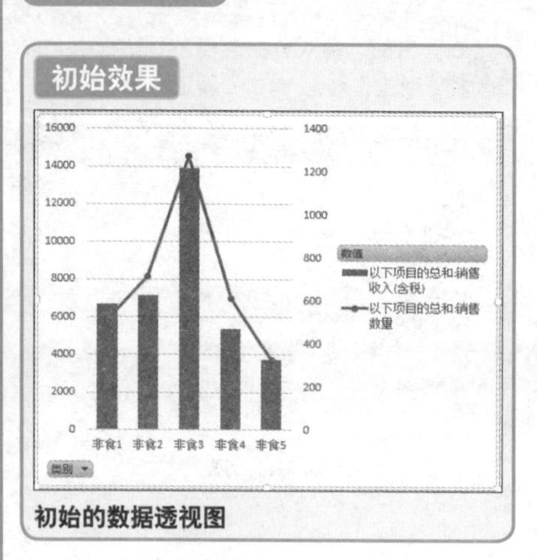

初始的数据透视图

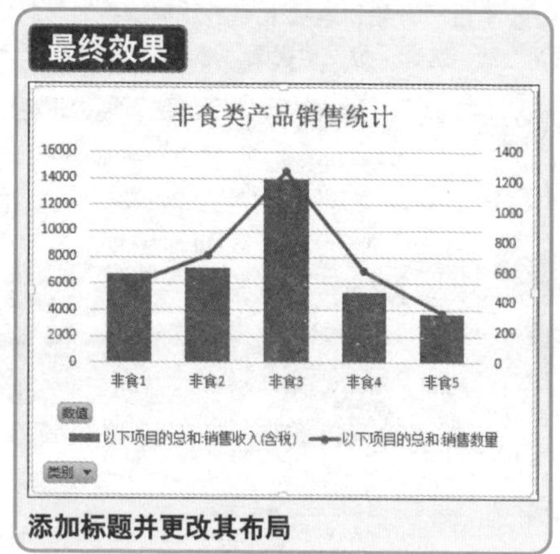

添加标题并更改其布局

❶ 打开“数据透视图工具-设计”选项卡，单击“添加图表元素”按钮，选择“图表标题-图表上方”选项。

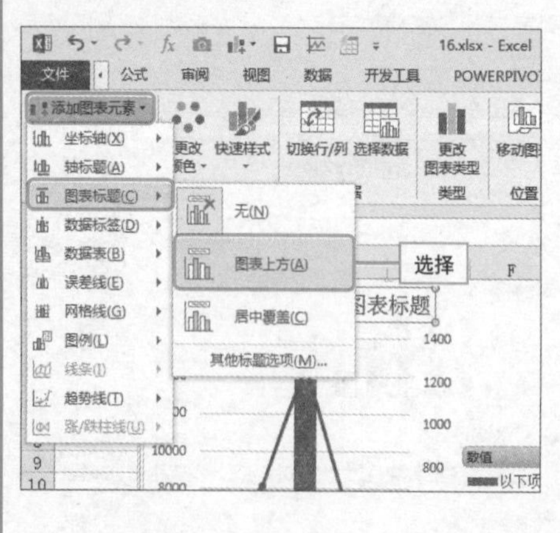

❷ 单击功能区中的“快速布局”按钮，从中选择合适的布局即可。此外，还可以对其进行其他更细致的设置。

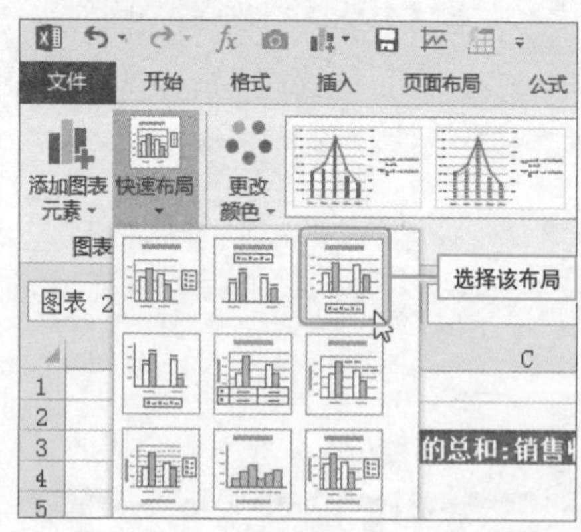

Question 300

• Level ◆◇◇

2013 2010

让数据透视表手拉手

实例 创建两表关联的数据透视表

用户如果想将两张不同的数据表关联起来建立一张数据透视表，使数据透视表含有两个表的字段，使用PowerPivot同样可以实现，当然，多表关联也是一样的。

❶ 单击工作表中任意单元格，然后单击"POWERPIVOT"选项卡下"添加到数据模型"按钮。

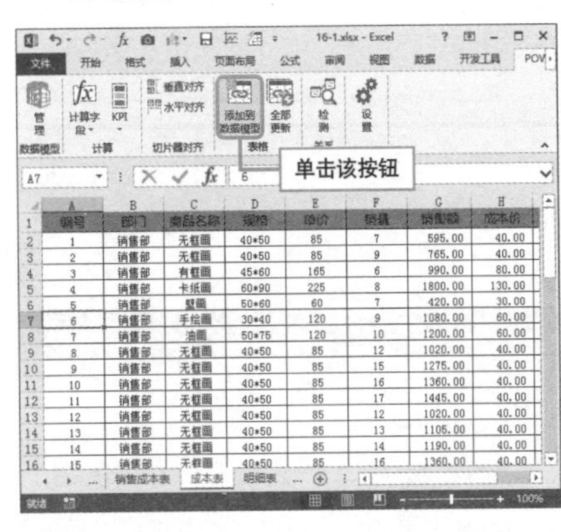

❷ 弹出"创建表"对话框，从中确认表数据区域，之后勾选"我的表具有标题"复选项，单击"确定"按钮。

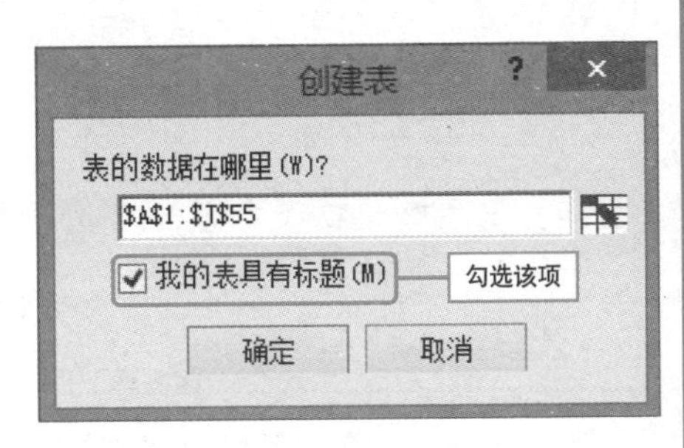

❸ 将成本表添加到PowerPivot中，并保存为"表8"。

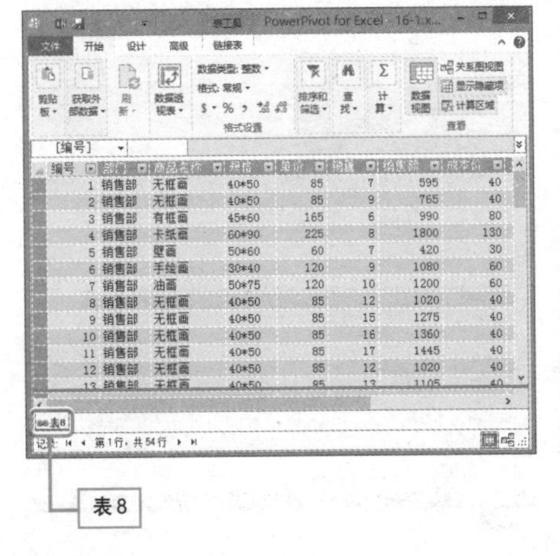

❹ 同样的，将明细表添加到PowerPivot中，保存为"表9"。

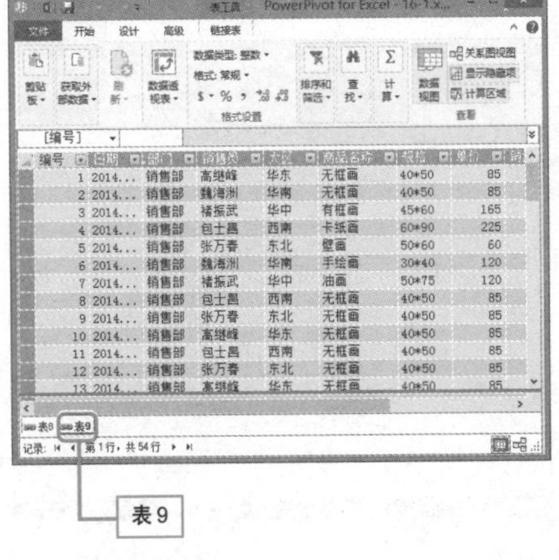

5 打开“设计”选项卡，单击其中的“创建关系”按钮。

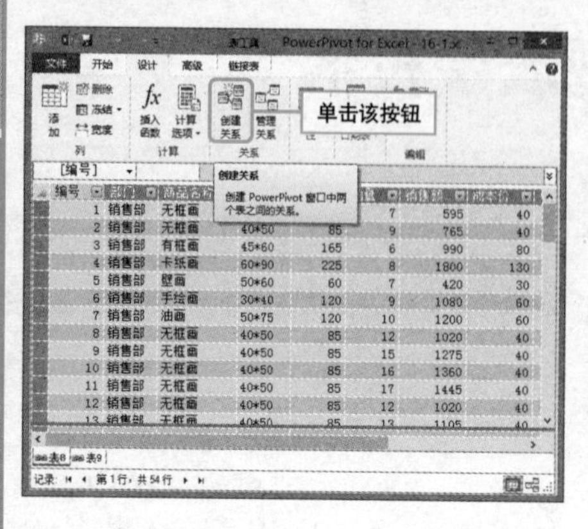

6 在弹出的“创建关系”对话框中以“编号”为共同项建立两表的关系。

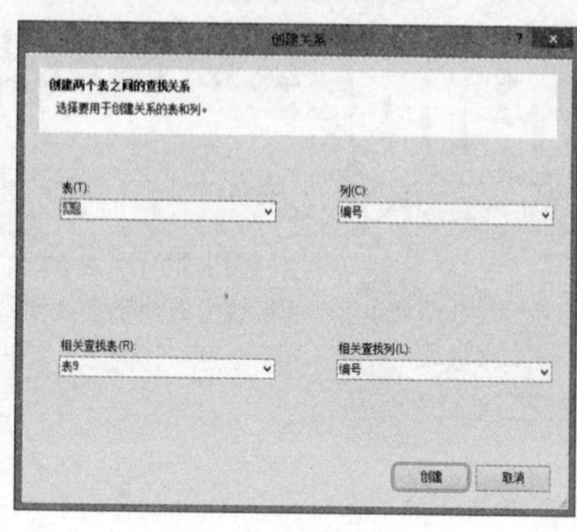

7 单击“开始”选项卡下“数据透视表”按钮，选择“扁平的数据透视表”选项。

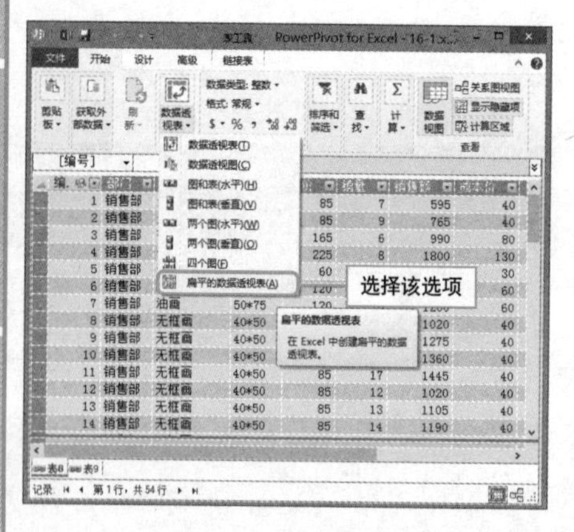

8 弹出“插入数据透视”对话框，从中选择“新工作表”，单击“确定”按钮。

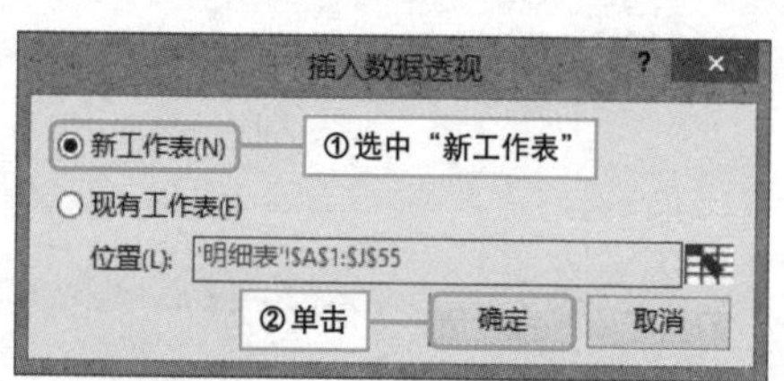

9 弹出一张空白的数据透视表，将需要的字段拖至合适区域。

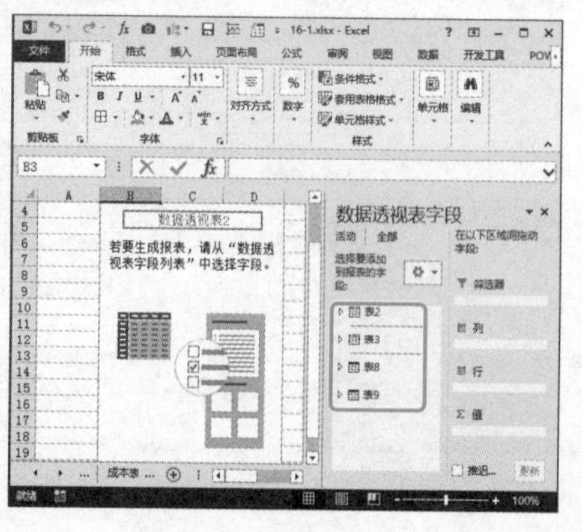

10 对数据透视表稍加修饰，即创建出一张含有两张工作表不同字段的数据透视表。

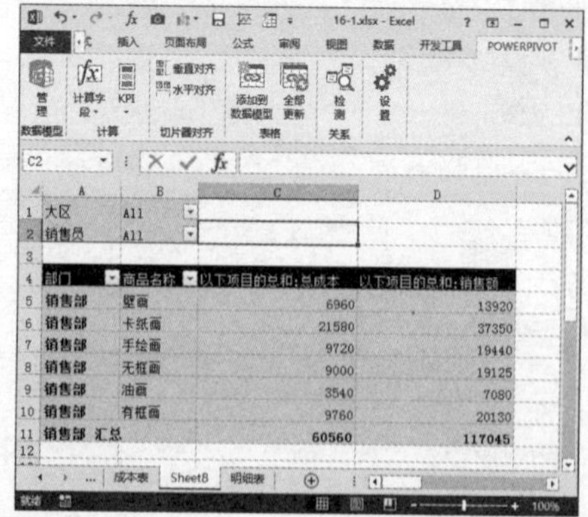

让切片器站好队

实例 让两个切片器对齐显示

用户为数据透视表添加多个切片器时，发现切片器都堆叠在一起，不方便查看信息，如果想让所有的切片器都对齐显示，那该如何操作呢？

❶ 创建好数据透视表后，单击“插入”选项卡中的“切片器”按钮。

❷ 弹出“插入切片器”对话框，勾选“城市”和“大区”复选项，然后单击“确定”按钮。

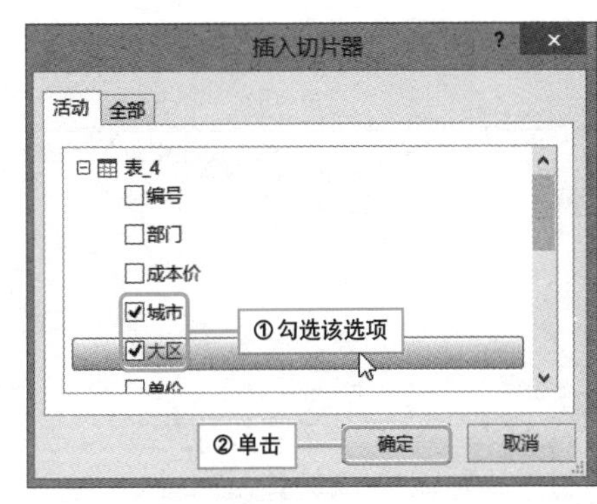

❸ 为数据透视表添加切片器后，接着整理切片器，打开POWERPIVOT选项卡，单击“水平对齐”按钮。

❹ 切片器即整齐地排列在数据透视表上方，方便用户查看和筛选数据透视表中的数据。

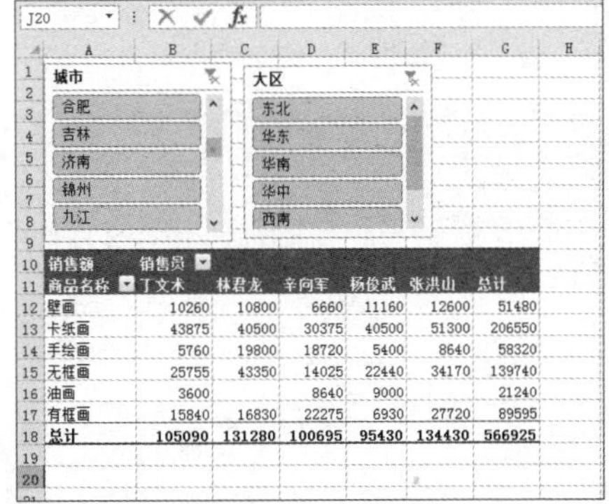

销售额	销售员					
商品名称	丁文杰	林君龙	辛向军	杨俊武	张洪山	总计
壁画	10260	10800	6660	11160	12600	51480
卡纸画	43875	40500	30375	40500	51300	206550
手绘画	5760	19800	18720	5400	8640	58320
无框画	25755	43350	14025	22440	34170	139740
油画	3600		8640	9000		21240
有框画	15840	16830	22275	6930	27720	89595
总计	105090	131280	100695	95430	134430	566925

Question 302

巧用PowerPivot添加迷你图

实例 为数据透视表添加迷你图

• Level ◆◆◇

2013 2010

PowerPivot的功能非常强大，利用它不仅可以创建数据透视表和数据透视图，还可以为数据透视表添加迷你图。下面将对如何添加迷你图的操作进行介绍。

1 将工作表导入PowerPivot中，然后单击功能区中的“数据透视表”按钮，选择“数据透视表”选项，打开相应的窗格。

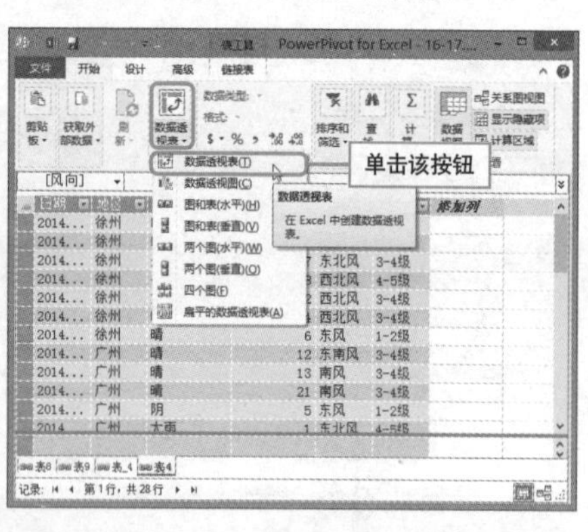

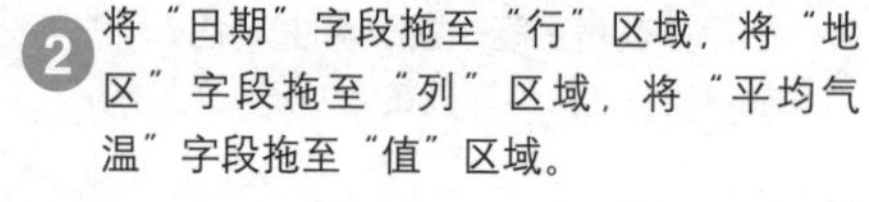

2 将“日期”字段拖至“行”区域，将“地区”字段拖至“列”区域，将“平均气温”字段拖至“值”区域。

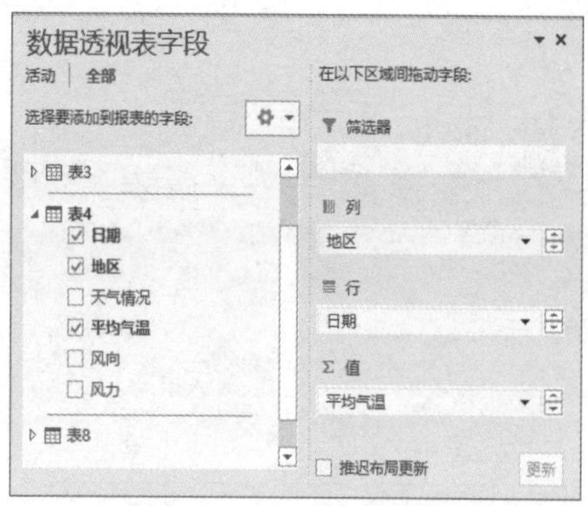

3 创建好数据透视表后，接着为数据透视表创建迷你图，选中需要放入迷你图的单元格，然后单击“插入”选项卡下的“折线图”按钮，弹出“创建迷你图”对话框，从中设置数据范围为B5:E11。

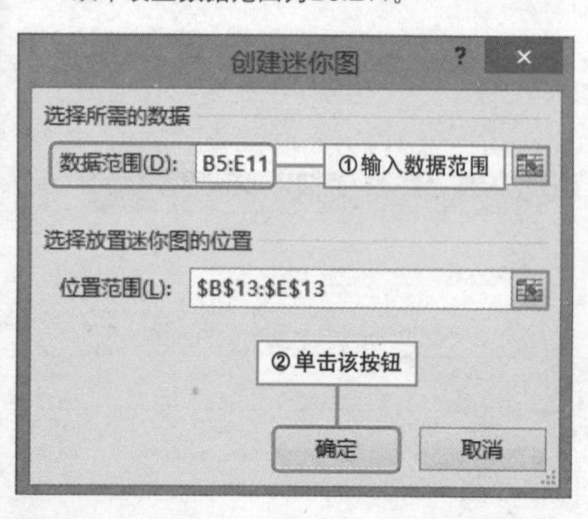

4 单击“确定”按钮后，返回数据透视表编辑区，就可以看到新创建的迷你图了。

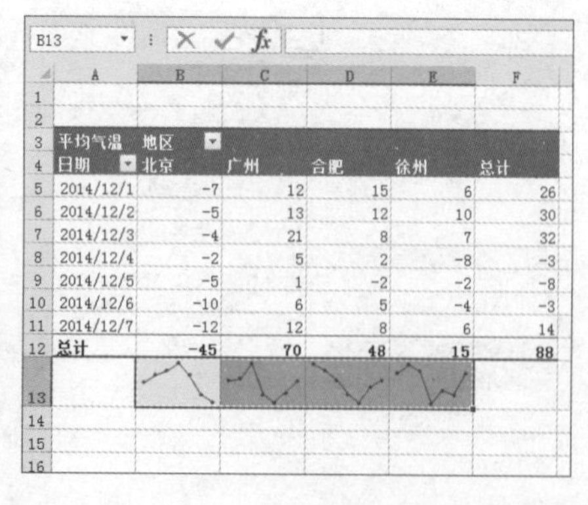

平均气温	地区				
日期	北京	广州	合肥	徐州	总计
2014/12/1	-7	12	15	6	26
2014/12/2	-5	13	12	10	30
2014/12/3	-4	21	8	7	32
2014/12/4	-2	5	2	-8	-3
2014/12/5	-5	1	-2	-2	-8
2014/12/6	-10	6	5	-4	-3
2014/12/7	-12	12	8	6	14
总计	-45	70	48	15	88

Question 303

巧用PowerPivot汇总销售数据

Level ◆◆◇

2013 2010 2007

实例 将明细表数据分类汇总

一般情况下，用户日常工作中登记的是明细数据表，如果想将这些零散的数据变成有用的信息，需要我们进行分类汇总，提炼有用的信息。本技巧将介绍如何对数据进行分类汇总。

1 将工作表导入PowerPivot中，单击“数据透视表”按钮，在下拉列表中选择“数据透视表”选项。

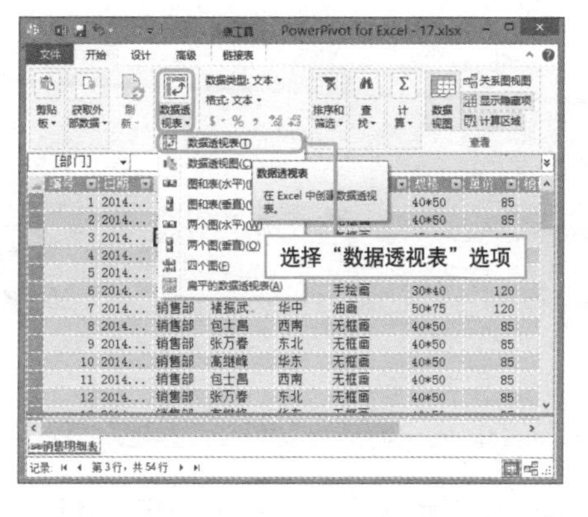

2 打开“插入数据透视”对话框，从中选择“新工作表”选项，单击“确定”按钮。

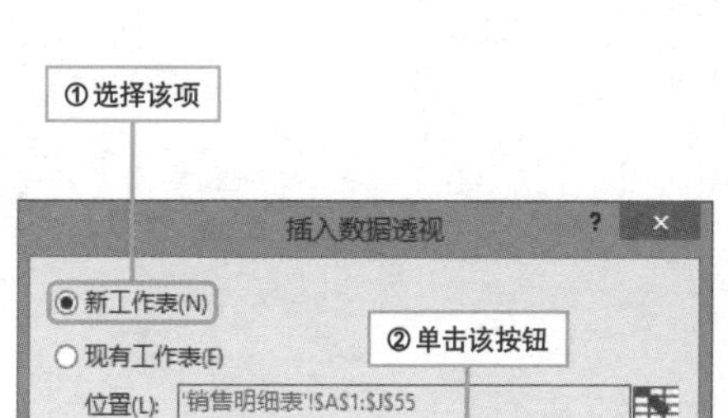

3 此时创建了一张空白的数据透视表。在“数据透视表字段”窗格中，将字段拖至合适区域创建透视表。

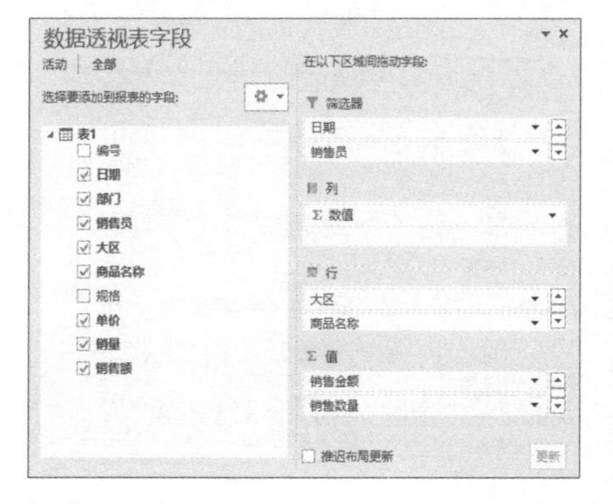

4 这样便创建了用户所需要的具有分类汇总效果的数据透视表。随后选择“以表格形式显示”布局格式。

	A	B	C	D	E	F
1	日期	All				
2	销售员	All				
3	部门	All				
4						
5	大区	商品名称	销售金额	销售数量	销售单价	
6	⊟东北	壁画	3600	60	240	
7		卡纸画	13500	60	225	
8		手绘画	6600	55	360	
9		无框画	2295	27	170	
10	东北 汇总		25995	202	995	
11	⊞华东		16510	174	1035	
12	⊟华南	壁画	780	13	60	
13		手绘画	6240	52	360	
14		无框画	4675	55	340	
15		油画	2880	24	120	
16		有框画	7425	45	330	
17	华南 汇总		22000	189	1210	
18	⊞华中		20780	171	1310	
19	⊞西南		31760	230	1475	
20	总计		117045	966	6025	
21						

巧妙保持分类汇总值的一致性

实例 保持分类汇总后各商品所占比例不变

用户建立了数据透视表后，即对原先明细表中的字段进行了分类汇总，如果用户对数据透视表进行筛选，可能导致某些字段的汇总值随筛选而改变，要保持汇总值的一致性，用户可以通过本技巧来实现。

❶ 将明细表导入PowerPivot中，单击“数据透视表”按钮，选择“数据透视表”选项。

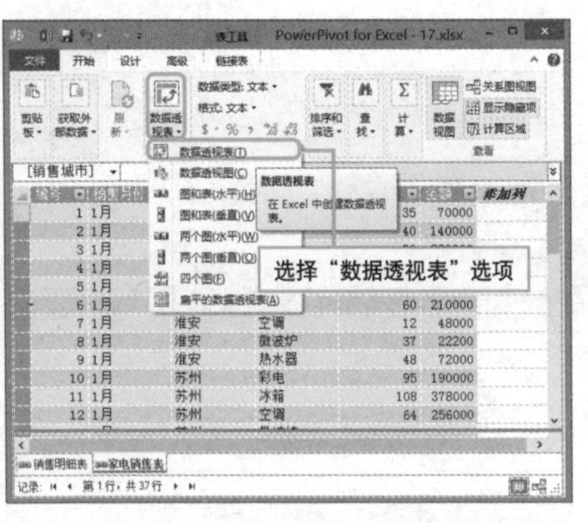

❷ 弹出“插入数据透视”对话框，从中选择“新工作表”选项，单击“确定”按钮。

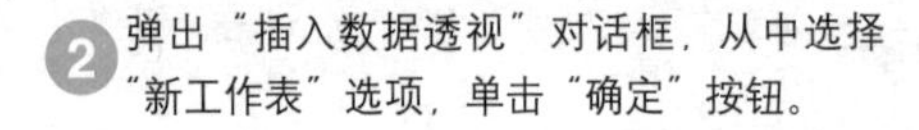

❸ 此时创建了一张空白的数据透视表。在“数据透视表字段”窗格中，将字段拖至合适区域创建透视表。

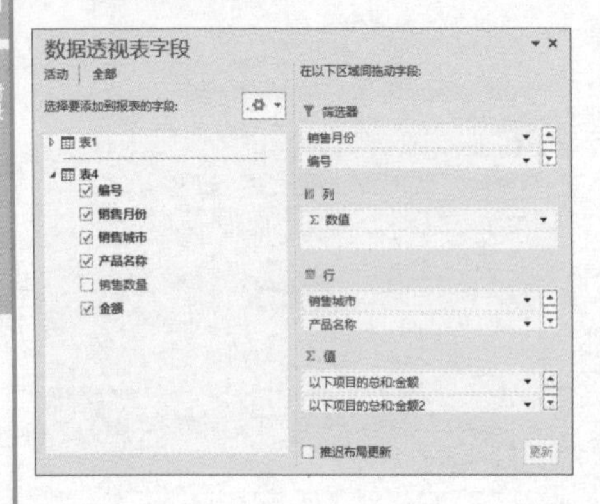

❹ 这样便创建了用户所需要的具有分类汇总效果的数据透视表。随后选择“以表格形式显示”布局格式。

	A	B	C
1	销售月份	All	
2	编号	All	
3			
4	行标签	以下项目的总和:金额	以下项目的总和:金额2
5	⊟淮安	1468500	1468500
6	冰箱	507500	507500
7	彩电	188000	188000
8	空调	416000	416000
9	热水器	282000	282000
10	微波炉	75000	75000
11	⊟苏州	2092500	2092500
12	冰箱	696500	696500
13	彩电	376000	376000
14	空调	948000	948000
15	热水器	24000	24000
16	微波炉	48000	48000
17	⊟徐州	1495700	1495700
18	冰箱	455000	455000
19	彩电	294000	294000
20	空调	420000	420000
21	热水器	199500	199500
22	微波炉	127200	127200
23	总计	5056700	5056700
24			

5 将"金额2"改名为"所占比例",在其单元格上单击右键,然后在快捷菜单中选择"值显示方式-父级汇总的百分比"命令。

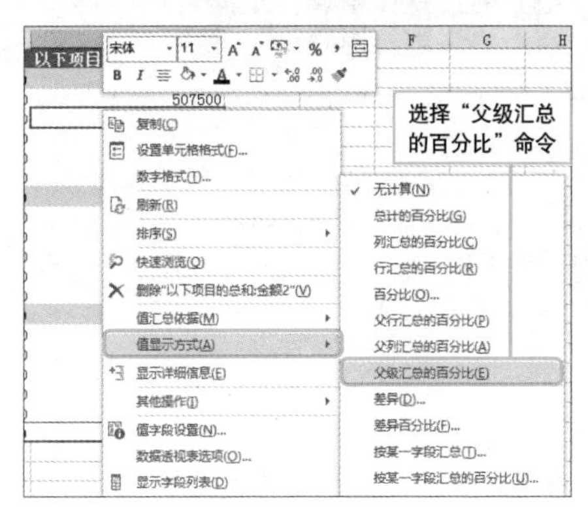

6 在弹出的"值显示方式(所占比例)"对话框中,将"基本字段"设为"销售城市",然后单击"确定"按钮。

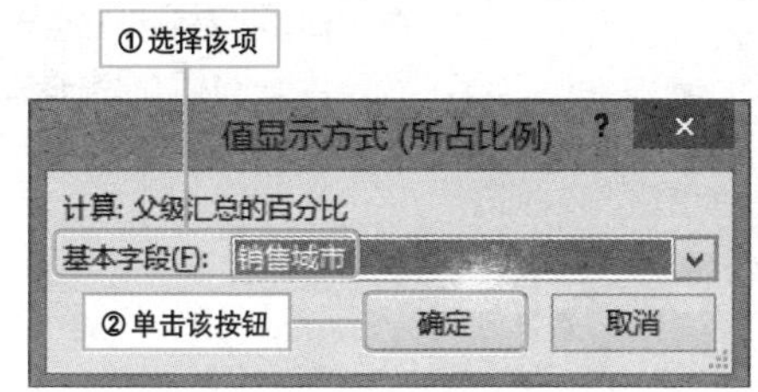

7 将"所占比例"字段设置成百分比形式,将数据透视表设置成以表格形式显示。

	A	B	C	D
1	销售月份	All		
2	编号	All		
3				
4	销售城市	产品名称	金额	所占比例
5	⊟淮安	冰箱	507500	34.56%
6		彩电	188000	12.80%
7		空调	416000	28.33%
8		热水器	282000	19.20%
9		微波炉	75000	5.11%
10	淮安 汇总		1468500	100.00%
11	⊟苏州	冰箱	696500	33.29%
12		彩电	376000	17.97%
13		空调	948000	45.30%
14		热水器	24000	1.15%
15		微波炉	48000	2.29%
16	苏州 汇总		2092500	100.00%
17	⊞徐州		1495700	100.00%
18	总计		5056700	
19				

8 对商品进行筛选时,单个商品所占比例值将随之改变。此时取消筛选,返回编辑区。

	A	B	C	D
1	销售月份	All		
2	编号	All		
3				
4	销售城市	产品名称	金额	所占比例
5	⊟淮安	冰箱	507500	45.66%
6		彩电	188000	16.91%
7		空调	416000	37.43%
8	淮安 汇总		1111500	100.00%
9	⊟苏州	冰箱	696500	34.47%
10		彩电	376000	18.61%
11		空调	948000	46.92%
12	苏州 汇总		2020500	100.00%
13	⊞徐州		1169000	100.00%
14	总计		4301000	
15				
16				
17				

9 单击"数据透视表工具-设计"选项卡下的"分类汇总"按钮,选择"汇总中包含筛选项"选项。

10 接着,再对商品进行筛选,这样即可实现单个商品的汇总值不发生改变。

	A	B	C	D
1	销售月份	All		
2	编号	All		
3				
4	销售城市	产品名称	金额	所占比例
5	⊟淮安	冰箱	507500	34.56%
6		彩电	188000	12.80%
7		空调	416000	28.33%
8	淮安 汇总 *		1468500	100.00%
9	⊟苏州	冰箱	696500	33.29%
10		彩电	376000	17.97%
11		空调	948000	45.30%
12	苏州 汇总 *		2092500	100.00%
13	⊞徐州		1495700	100.00%
14	总计 *		5056700	
15				
16				

Question

305 轻松统计不重复数据个数

● Level ◆◆◆

2013 2010 2007

实例 统计每个销售员服务的客户人数

每个销售人员每天都会接触客户，并为他们服务，如果用户想要统计每个销售员一段时间内服务客户的人数，那么可以通过PowerPivot创建数据透视表来实现。下面为您详细介绍该操作。

① 将工作表导入PowerPivot中，创建数据透视表，将“销售员”字段拖至“行”区域。

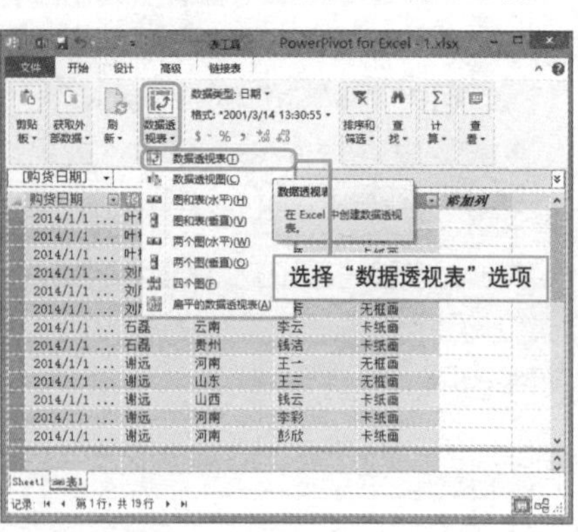

② 单击POWERPIVOT选项卡下的“计算字段”按钮，从中选择“新建计算字段”选项。

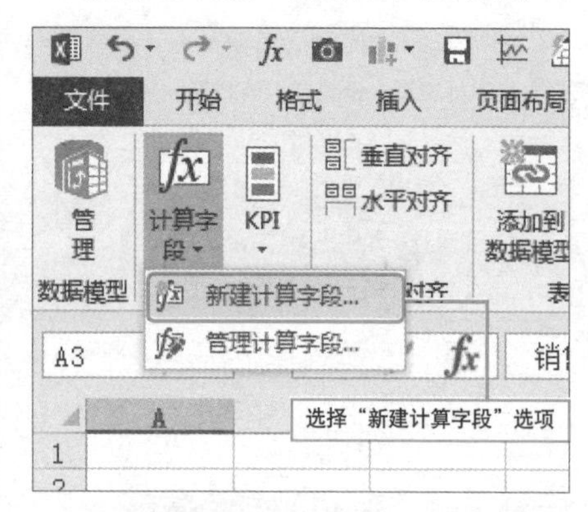

③ 在“计算字段”对话框中，将“表名”设为“表1”，输入公式，将“计算字段名称”设为“客户人数”，然后单击“确定”按钮。

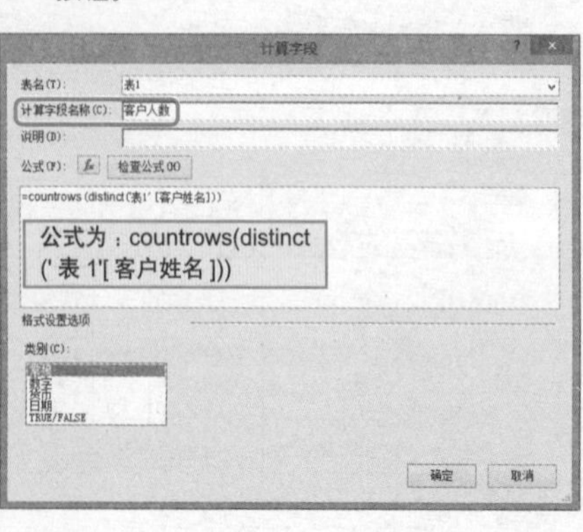

④ 数据透视表即自动统计了每个销售员服务的客户人数，例如销售员方强服务的客户人数为6个。

	A	B	C
1			
2	销售员	客户人数	
3	方强	6	
4	刘欣	3	
5	石磊	2	
6	谢远	5	
7	叶枕	3	
8	总计	19	
9			

轻松计算父级汇总百分比

实例　保持筛选过程中商品汇总百分比的正确性

用户建立了一张关于商品销售的数据透视表，筛选商品名称时，发现每种商品的“所占比例”字段值都随之发生变化，商品所占的百分比出现错误，若要解决这种父级汇总百分比不正确的问题，可以按照本技巧的操作进行调整。

初始效果

	A	B	C	D
1				
2				
3	城市	商品名称	销售金额	所占比例
4	⊟淮安	电话	2150	0.45%
5		电脑	304000	63.58%
6		电视	54000	11.29%
7		音响	118000	24.68%
8	淮安 汇总		478150	100.00%
9	⊟徐州	电话	3100	0.70%
10		电脑	244000	54.94%
11		电视	84000	18.91%
12		音响	113000	25.44%
13	徐州 汇总		444100	100.00%
14	总计		922250	100.00%
15				
16				

初始数据透视表效果

最终效果

	A	B	C	D
1				
2				
3	城市	商品名称	销售金额	所占比例
4	⊟淮安	电话	2150	1.23%
5		电视	54000	31.01%
6		音响	118000	67.76%
7	淮安 汇总		174150	100.00%
8	⊟徐州	电话	3100	1.55%
9		电视	84000	41.98%
10		音响	113000	56.47%
11	徐州 汇总		200100	100.00%
12	总计		374250	
13				
14				
15				
16				

执行筛选操作后的结果

1 将工作表导入PowerPivot中，单击“开始”选项卡下“数据透视表”按钮，在下拉列表中选择“数据透视表”选项。

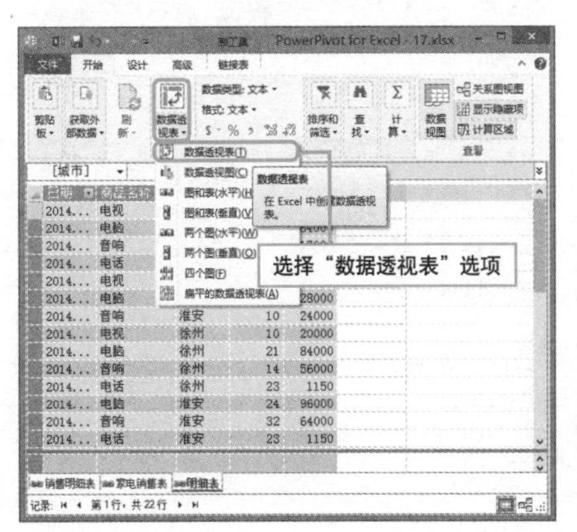

2 在弹出的“插入数据透视”对话框中，选择“新工作表”选项，然后单击“确定”按钮。

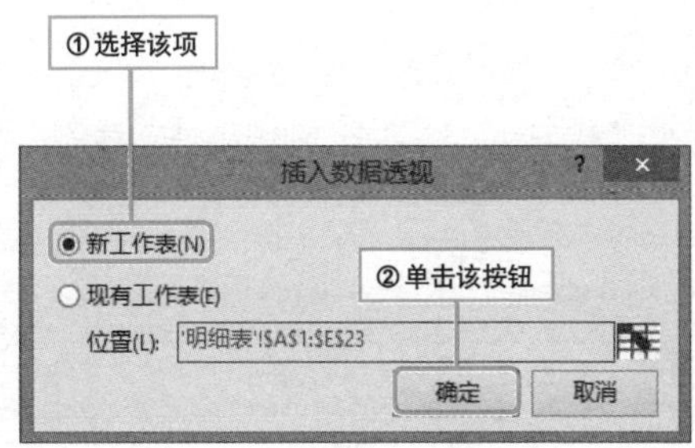

3 然后将“城市”字段和“商品名称”字段拖至“行”区域，将“金额”字段拖至“值”区域，形成数据透视表。

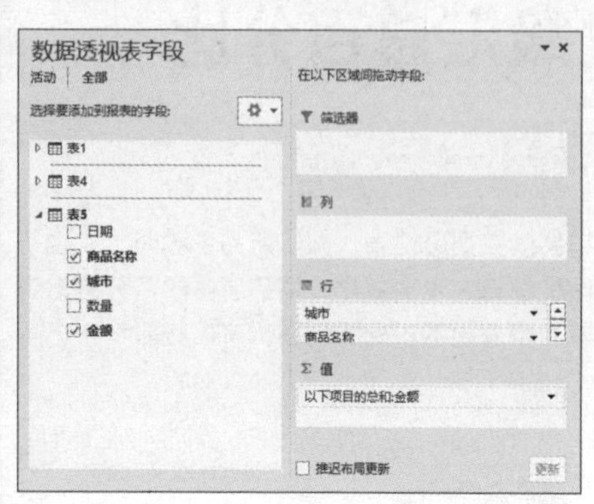

4 接着打开POWERPIVOT选项卡，单击“计算字段”按钮，选择“新建计算字段”选项，打开相应的对话框。

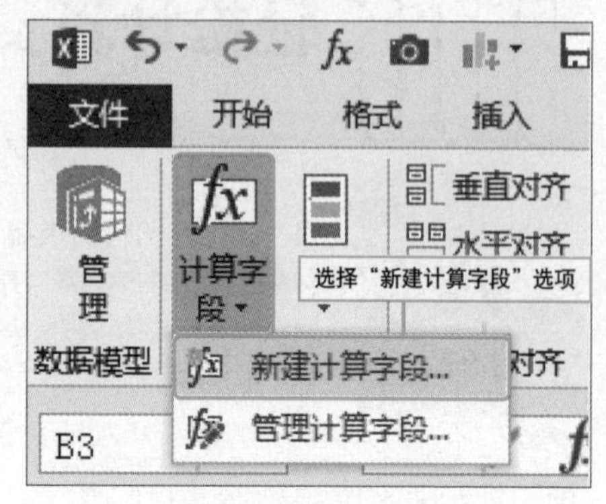

5 从中将“计算字段名称”设为“所占比例”，输入公式，单击“确定”按钮。

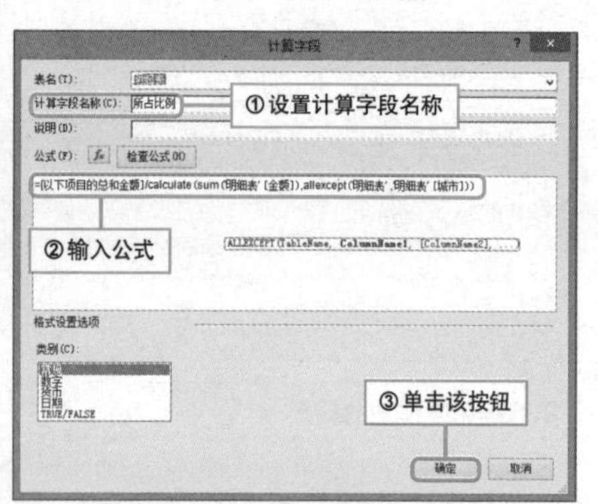

Hint

计算字段的公式说明

在“计算字段”对话框中输入的公式为：“='明细表'[以下项目的总和金额]/calculate(sum('明细表'[金额]),allexcept('明细表','明细表'[城市]))”。

6 返回编辑区，即可看到数据透视表中已经添加了“所占比例”字段。

	A	B	C	D
1				
2				
3	城市	商品名称	销售金额	所占比例
4	⊟淮安	电话	2150	0.45%
5		电脑	304000	63.58%
6		电视	54000	11.29%
7		音响	118000	24.68%
8	淮安 汇总		478150	100.00%
9	⊟徐州	电话	3100	0.70%
10		电脑	244000	54.94%
11		电视	84000	18.91%
12		音响	113000	25.44%
13	徐州 汇总		444100	100.00%
14	总计		922250	100.00%
15				
16				

7 随后对“商品名称”字段进行筛选，可以看到父级汇总的百分比是正确的。

	A	B	C	D
1				
2				
3	城市	商品名称	销售金额	所占比例
4	⊟淮安	电话	2150	0.45%
5		电视	54000	11.29%
6		音响	118000	24.68%
7	淮安 汇总		174150	36.42%
8	⊟徐州	电话	3100	0.70%
9		电视	84000	18.91%
10		音响	113000	25.44%
11	徐州 汇总		200100	45.06%
12	总计		374250	40.58%
13				
14				
15				

巧妙比较销售员业绩

实例　汇总销售员第一周和第二周的业绩

用户有两张一月份的销售周明细报表，现在想比较第一周和第二周每个销售员的业绩情况。此时，该如何操作呢？本技巧将对具体实现过程进行介绍。

1. 选中数据表，单击POWERPIVOT选项卡下的“添加到数据模型”按钮。

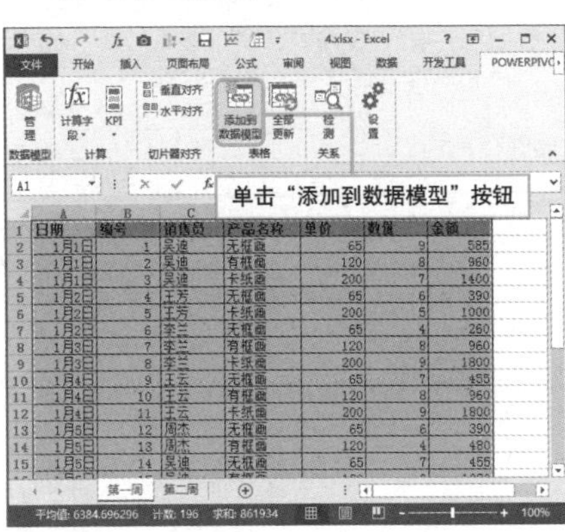

2. 将“第一周”表添加到PowerPivot中，改名为“第一周”。

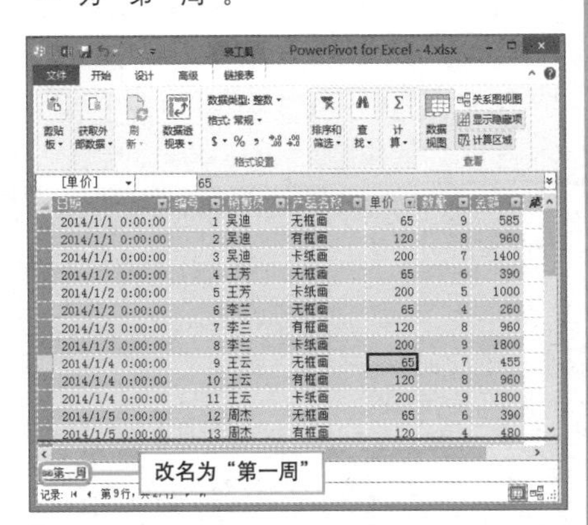

3. 将“第二周”表添加到PowerPivot中，改名为“第二周”。

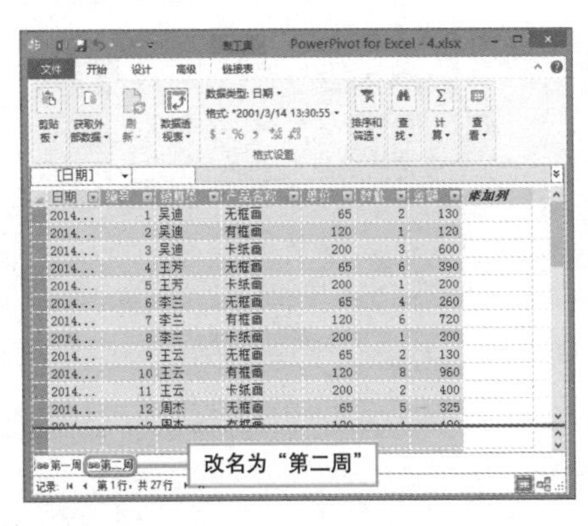

4. 随后，打开“设计”选项卡，单击“创建关系”按钮，打开对应的对话框。

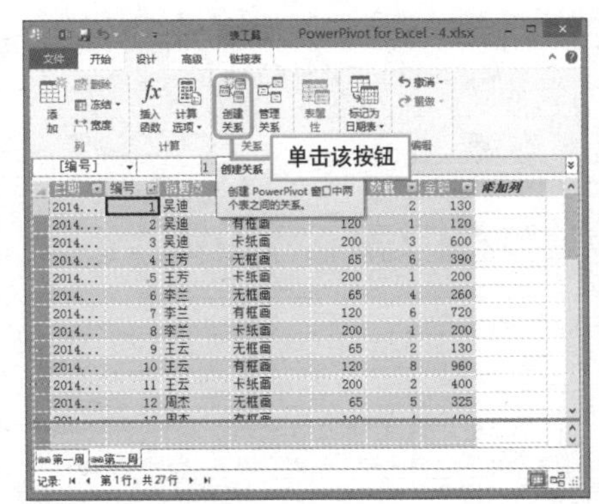

5 从中通过“编号”字段创建两表之间的关系，然后单击“创建”按钮。

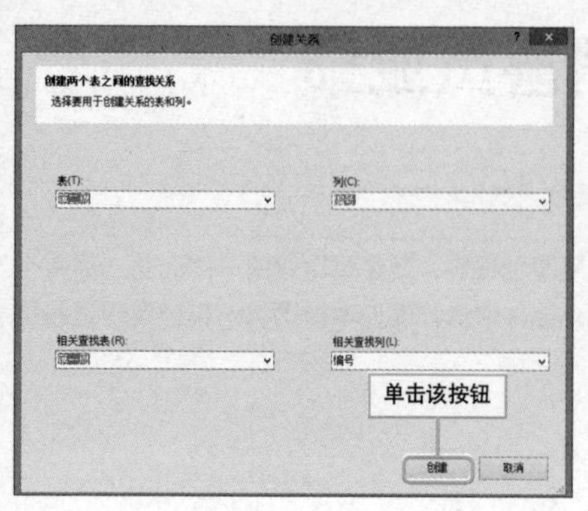

6 返回编辑区后，单击“数据透视表”按钮，选择“数据透视表”选项。

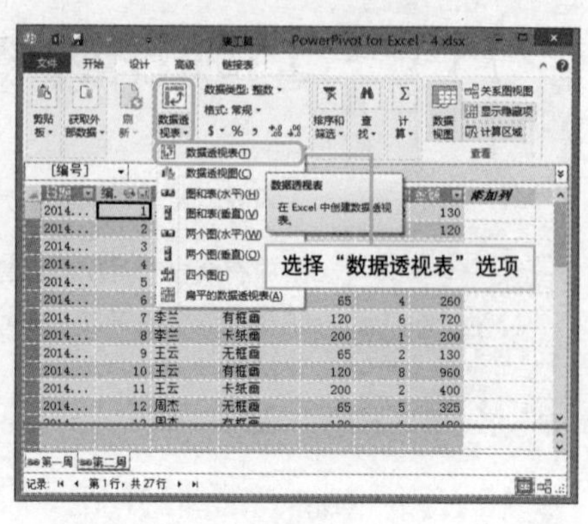

7 在“插入数据透视”对话框中，选择“新工作表”选项，单击“确定”按钮。

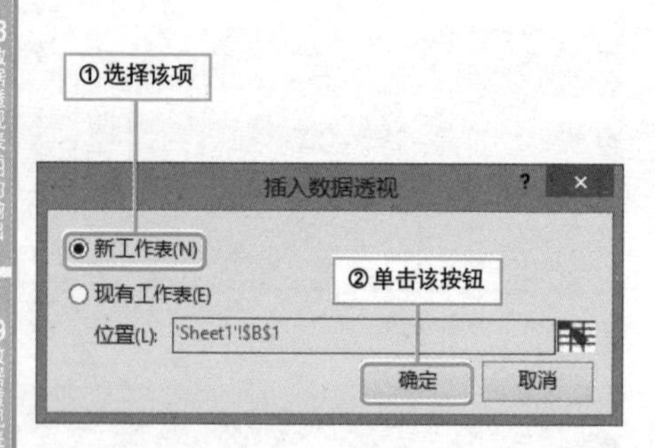

8 弹出一个空白的数据透视表，在“数据透视表字段”窗格中，将“表1”和“表2”的相关字段拖至合适区域。

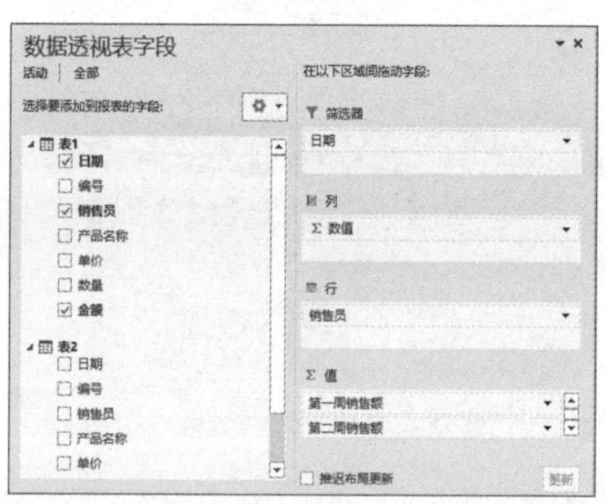

9 修改字段名称，并将数据透视表设置为“以表格形式显示”。这样即可同时比较销售员在这两周内的销售业绩了。

	B	C	D
1	日期	All	
2			
3	销售员	第一周销售额	第二周销售额
4	李兰	6020	3710
5	王芳	4335	2290
6	王云	4940	2745
7	吴迪	6080	3385
8	周杰	3670	2840
9	总计	25045	14970
10			
11			
12			
13			
14			

Hint

计算列及其特点

计算列是添加到现有Powerpivot表中的列。可以创建用于定义列值的DAX公式，而不是在列中粘贴或导入值。计算列中的公式类似于在Excel中创建的公式，但是不能为表中的不同行创建不同的公式，而是DAX公式自动应用于整个列。Excel可以创建基于度量值和其他计算列的计算列。

计算加权毛利率不求人

实例 为数据透视表添加加权毛利率

加权毛利率是指各种商品毛利率的加权平均数，利用它可以为财务分析提供依据。那么如何为一张含有“毛利”字段的销售明细表添加加权毛利率呢？

❶ 选中销售明细表，打开POWERPIVOT活动标签，单击“添加到数据模型”按钮。将销售明细表添加到PowerPivot中。

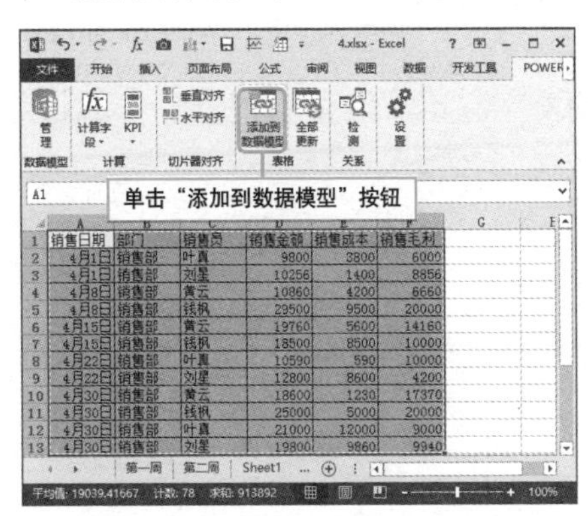

❷ 单击“数据透视表”按钮，选择“数据透视表”选项，接着在“数据透视表字段”窗格中将相应字段拖至合适区域。

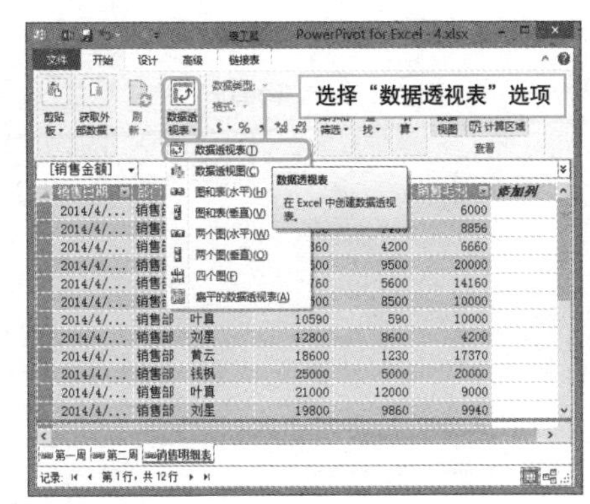

❸ 创建数据透视表后，对其字段名进行修改。单击POWERPIVOT选项卡下的“计算字段”按钮，选择“新建计算字段”选项。

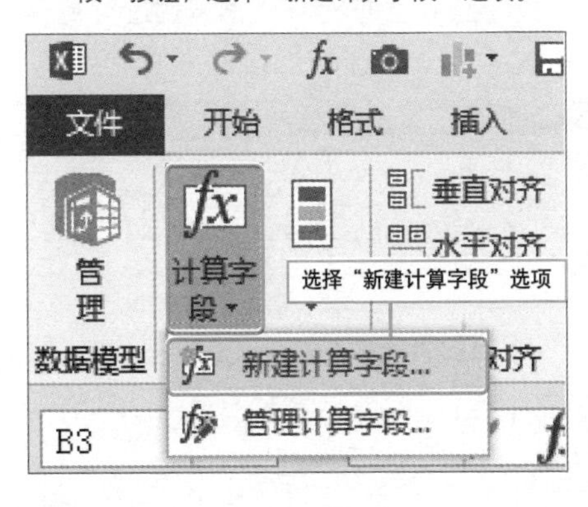

❹ 弹出“计算字段”对话框，从中设置“表名”为“销售明细表”，“计算字段名称”为“毛利率”，输入公式，单击“确定”按钮。

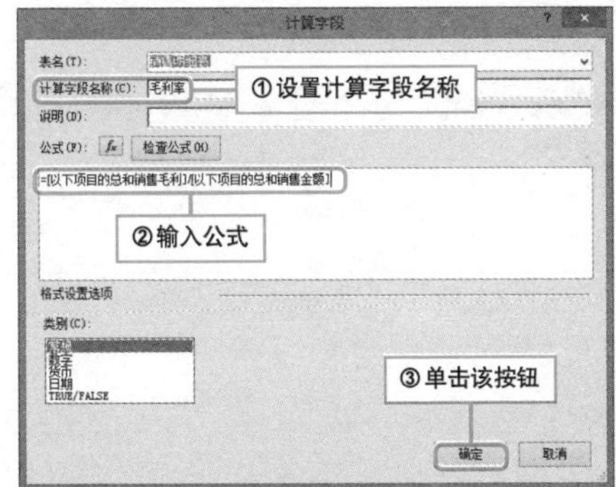

5 返回到数据透视表页面，可以看到数据透视表中添加了“毛利率”字段。

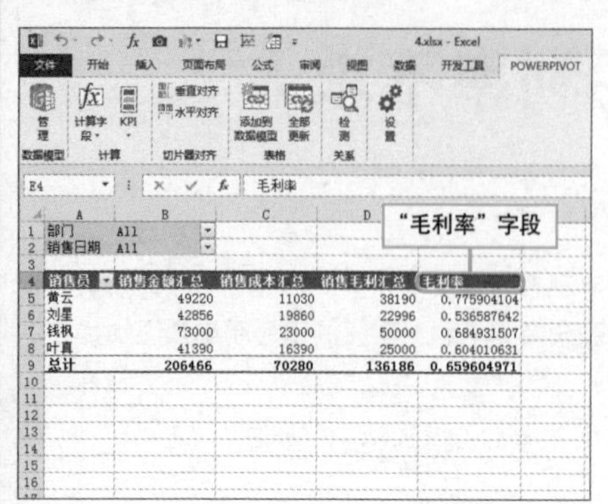

Hint

本案例各计算字段公式说明

毛利率='销售明细表'[销售毛利汇总]/'销售明细表'[销售金额汇总]

销售占比='销售明细表'[销售金额汇总]/calculate(sum('销售明细表'[销售金额]),all('销售明细表'))

加权毛利率='销售明细表'[毛利率]*'销售明细表'[销售占比]

6 再次打开“计算字段”对话框，将“计算字段名称”设为“销售占比”，输入公式。

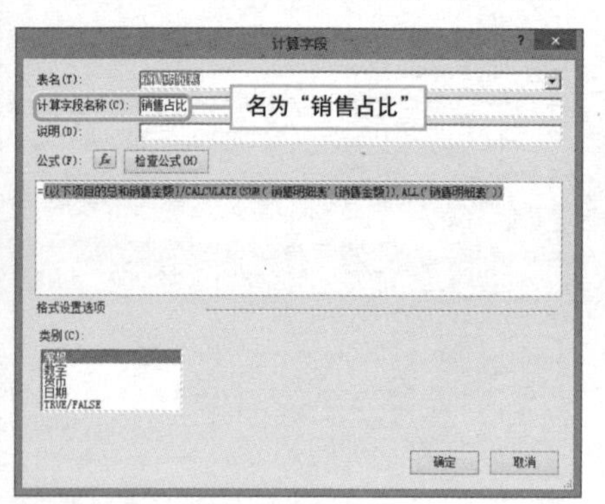

7 单击“确定”按钮后，用同样的方法添加名为“加权毛利率”的计算字段。

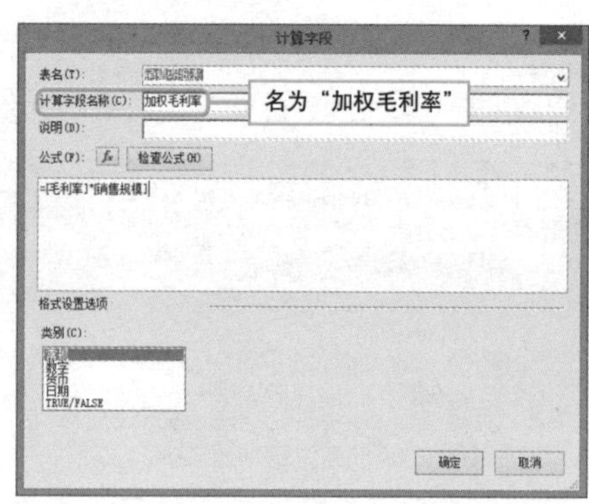

8 将“毛利率”、“销售占比”和“加权毛利率”等字段都设置成百分比的形式，并将数据透视表设置成以表格形式显示即可。

	A	B	C	D	E	F	G	H
1	销售日期	All						
2	部门	All						
3								
4	销售员	销售金额汇总	销售成本汇总	销售毛利汇总	销售占比	毛利率	加权毛利率	
5	黄云	49220	11030	38190	23.84%	77.59%	18.50%	
6	刘星	42856	19860	22996	20.76%	53.66%	11.14%	
7	钱枫	73000	23000	50000	35.36%	68.49%	24.22%	
8	叶真	41390	16390	25000	20.05%	60.40%	12.11%	
9	总计	206466	70280	136186	100.00%	65.96%	65.96%	
10								
11								
12								
13								

含有加权毛利率的数据透视表

巧用PowerPivot进行条件统计

实例 统计英语成绩为满分的学生姓名和人数

用户有一张学生成绩表，现在需要统计这张表中英语得了100分的学生的姓名和总人数，如何通过PowerPivot实现呢？

1. 将成绩表导入PowerPivot中，单击“数据透视表”按钮，选择“数据透视表”选项，创建数据透视表。

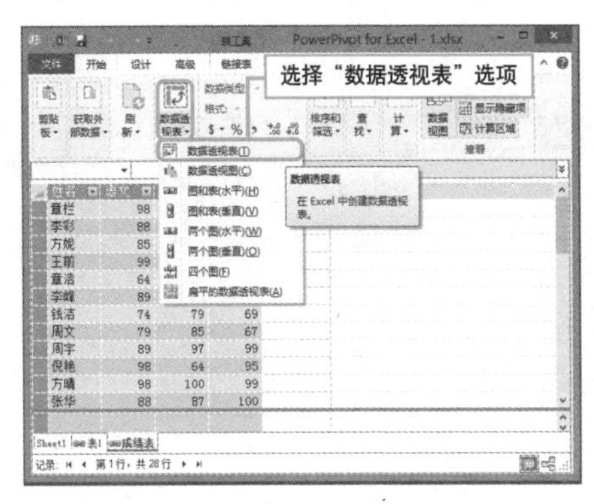

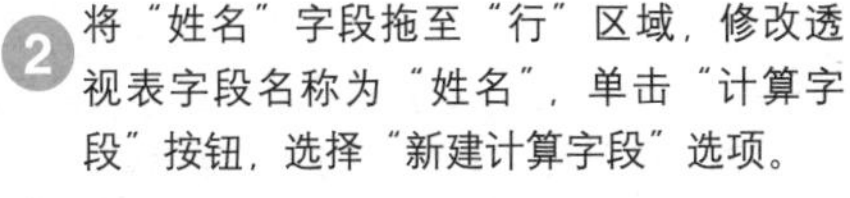

2. 将“姓名”字段拖至“行”区域，修改透视表字段名称为“姓名”，单击“计算字段”按钮，选择“新建计算字段”选项。

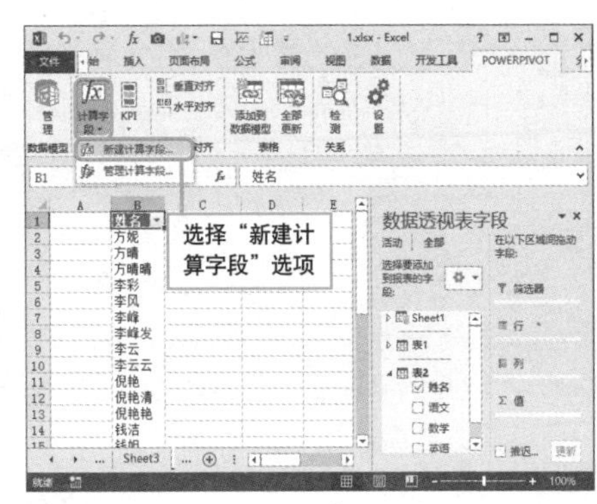

3. 打开“计算字段”对话框，将“计算字段名称”设为“英语100分”，“表名”设为“成绩表”，输入公式，然后单击“确定”按钮。

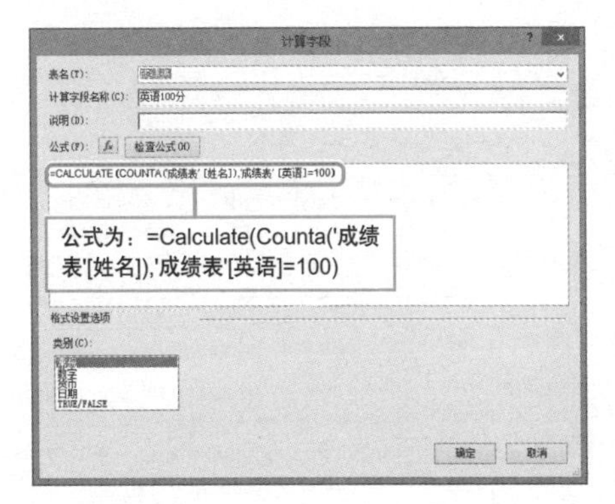

4. 返回数据透视表页面，即可发现已经完成了指定的统计工作。

姓名	英语100分
李彩	1
李云云	1
钱蓝	1
张华	1
总计	**4**

加权平均单价的巧妙计算

实例 计算各种水果的加权平均单价

在实际的工作中，考虑到不同时期不同的单价会导致销售数量的变化，在制作销售报表时，需要加入加权平均单价作为依据来分析数据，那么如何计算加权平均单价呢？

1 将水果销售表导入PowerPivot，单击“开始”选项卡下“数据透视表”按钮，选择“数据透视表”选项，创建数据透视表。

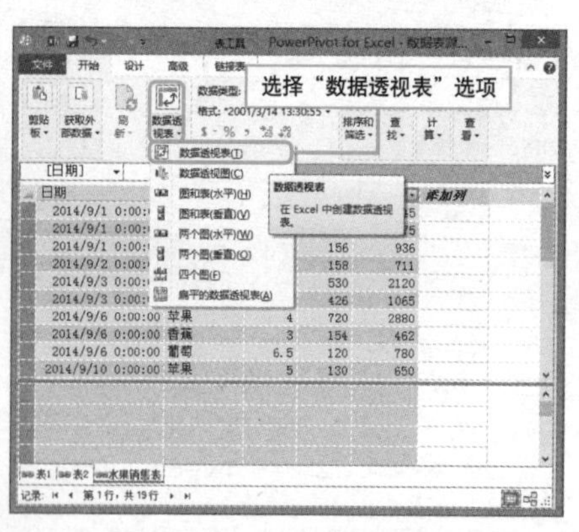

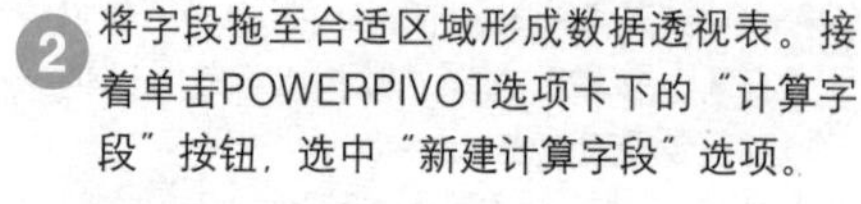
2 将字段拖至合适区域形成数据透视表。接着单击POWERPIVOT选项卡下的“计算字段”按钮，选中“新建计算字段”选项。

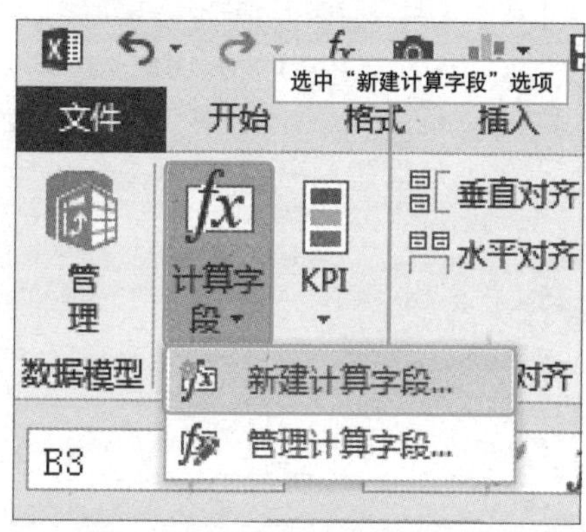

3 打开“计算字段”对话框，从中设置“表名”为“水果销售表”，“计算字段名称”为“加权平均单价”，输入公式。

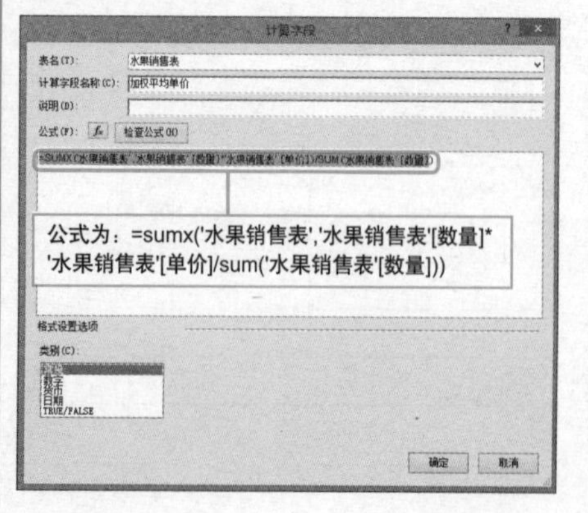

4 单击“确定”按钮返回编辑区。在数据透视表中已添加了“加权平均单价”字段。

C3 加权平均单价

	A	B	C
1			
2			
3	产品名称	销售数量汇总	加权平均单价
4	苹果	2204	4.14246824
5	葡萄	2037	5.776141384
6	香蕉	2454	2.581499593
7	总计	6695	4.067363704
8			
9			
10			
11			
12			
13			

让分类汇总项搬个家

实例 分类汇总家电销售表并使汇总值在左侧显示

一般来说，用户通过创建数据透视表来分类汇总一些零散的项目，汇总的总和项总是放在右侧的，如果想要将分类汇总总和项放到左侧显示，本技巧可以帮你忙。

1. 选中家电销售表，打开POWERPIVOT选项卡，单击“添加到数据模型”按钮。

2. 在弹出的“创建表”对话框中，勾选“我的表具有标题”复选框，单击“确定”按钮。

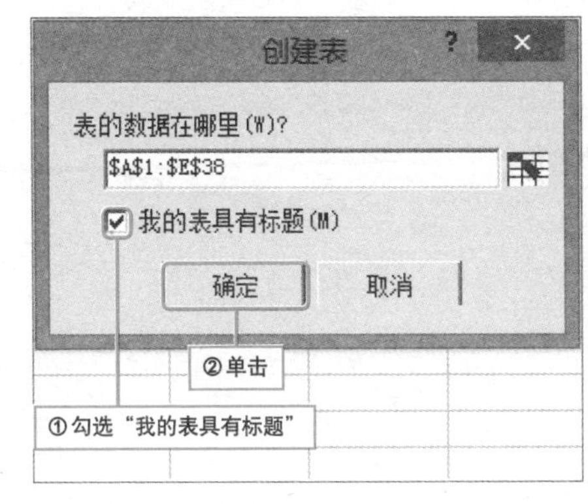

3. 将工作表导入PowerPivot中，单击“数据透视表”按钮，选择“数据透视表”选项，创建数据透视表。

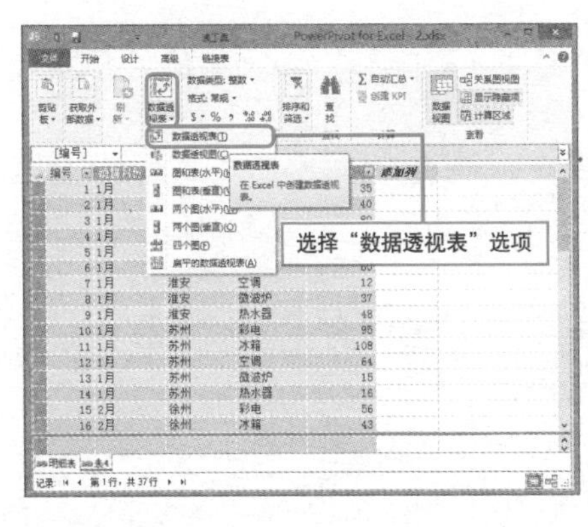

4. 在弹出的“插入数据透视”对话框中，选择“新工作表”选项，然后单击“确定”按钮。

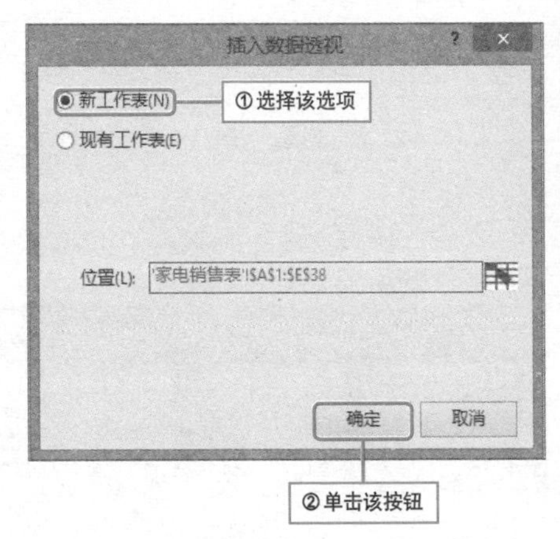

5 随后将“产品名称”字段拖至“行”区域，将“销售月份”字段和“销售城市”字段拖至“列”区域形成数据透视表。

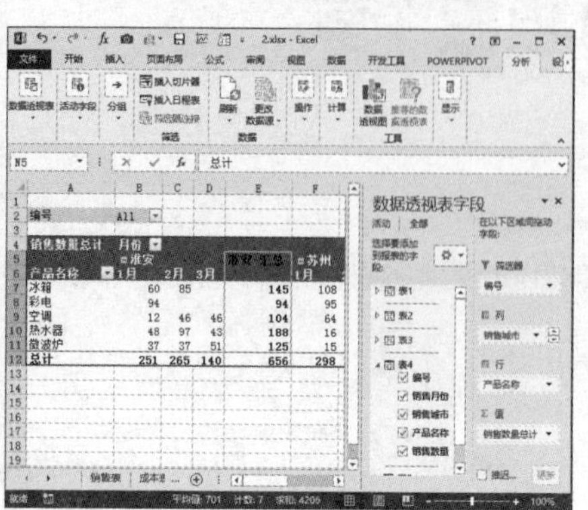

6 接着单击“分析”选项卡下“字段、项目和集”按钮，选择“基于列项创建集”选项，弹出对应的对话框。

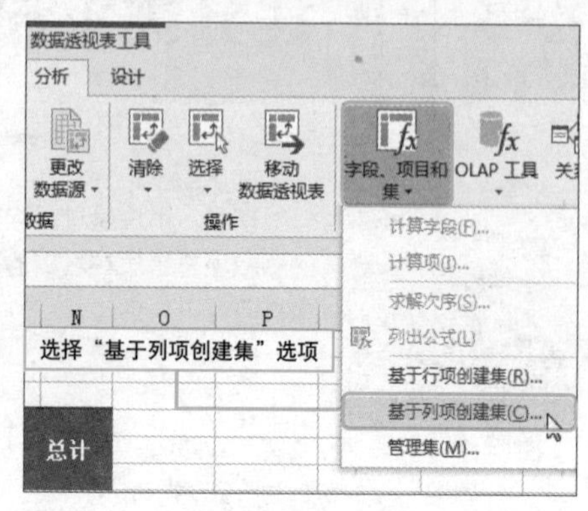

7 随后选中对话框中的分类汇总项。

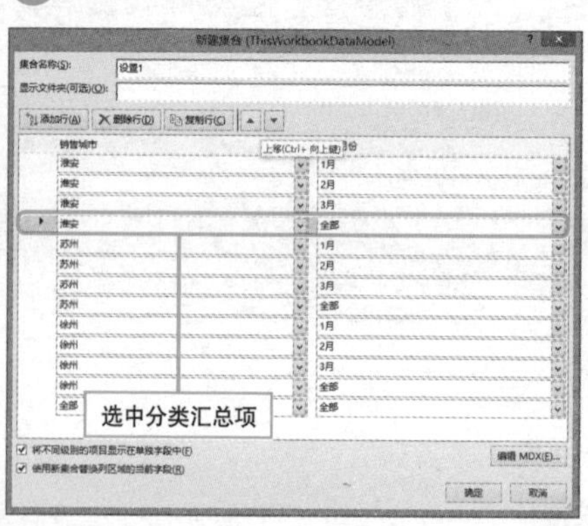

8 通过“上移”按钮将分类汇总移至顶端。

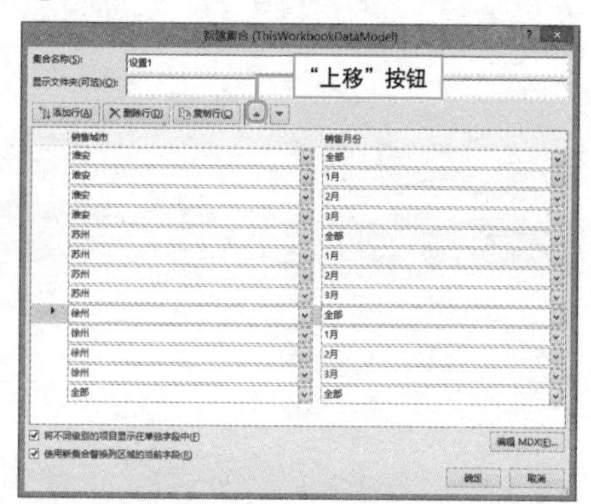

9 单击“确定”按钮，所有的分类汇总都从右侧移到了左侧显示。

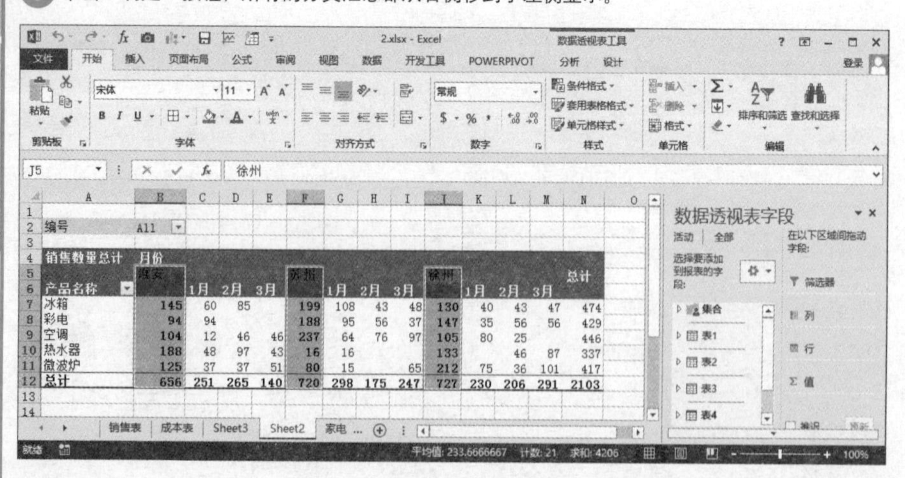

在值区域显示文本也不难

实例 建立二维数据透视表

用户有一张公司名单明细表，详细记录了办公楼里的每个公司的位置和名称，现在用户希望将这些公司的名称和它的位置在表格中一一对应，那么该怎么办呢？其实我们可以通过建立一张二维数据透视表来解决。

1 将公司名称表导入PowerPivot中，单击“数据透视表”按钮，选择“数据透视表”选项，以创建报表。

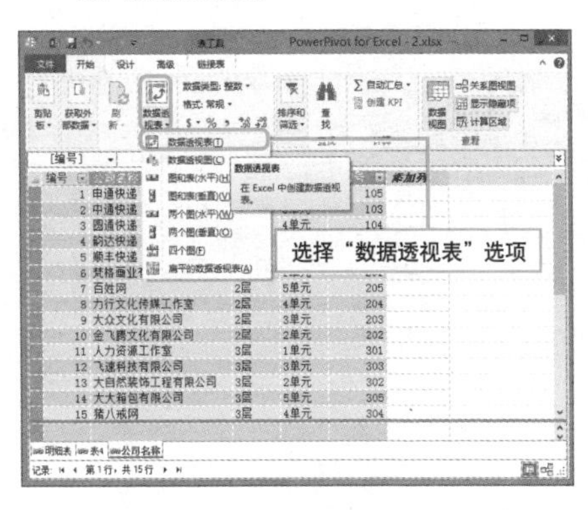

2 将“楼层”字段拖至“行”区域，将“单元”字段拖至“列”区域。单击“计算字段”按钮，选择“新建计算字段”选项。

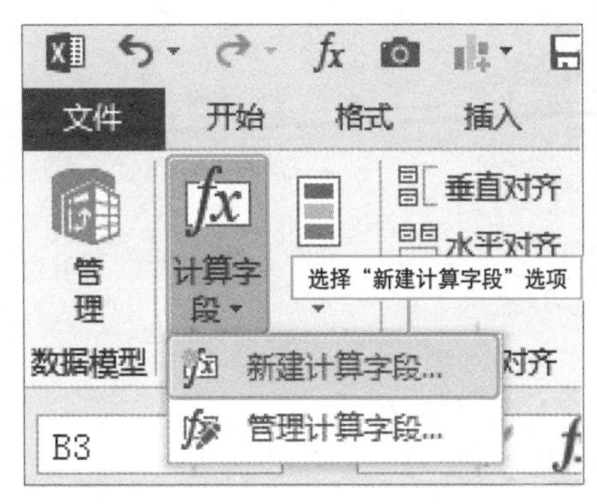

3 在打开的对话框中将“计算字段名称”设为“公司”，输入公式为：=if(countrows(values('公司名称'[公司名称]))=1,values('公司名称'[公司名称]))。单击“确定”按钮。

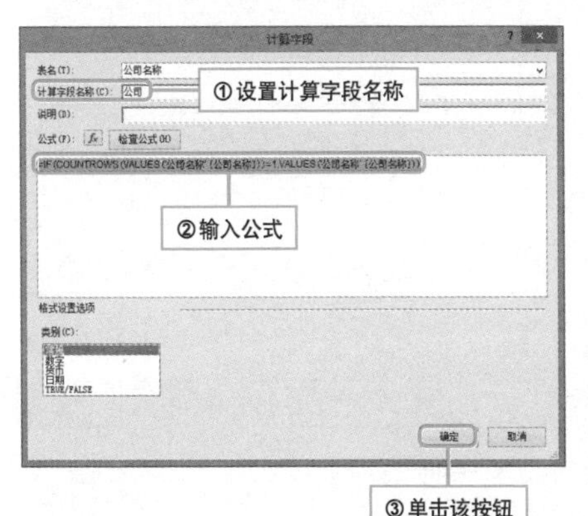

4 单击“确定”按钮后，公司名称将自动添加到数据透视表的值区域，形成一张二维数据透视表，此时公司名称和它的位置在数据透视表中是一一对应的。

公司	单元		
楼层	1层	2层	3层
1单元	顺丰快递	梵格画业有限公司	人力资源工作室
2单元	韵达快递	金飞腾文化有限公司	大自然装饰工程有限公司
3单元	中通快递	大众文化有限公司	飞速科技有限公司
4单元	圆通快递	力行文化传媒工作室	猪八戒网
5单元	申通快递	百姓网	大大箱包有限公司

巧妙保持同比和环比的正确性

实例 为销售表添加同比和环比并使其不随筛选而改变

所谓同比，指不同年份相同月份的数据间的比，而环比是指相同年份不同月份的数据间的比。为销售表添加同比和环比，可以为下次的销售计划提供依据。下面将对同比和环比的添加及其设置操作进行详细介绍。

1 选中销售表的全部数据，然后打开POWERPIVOT选项卡，单击“添加到数据模型”按钮。

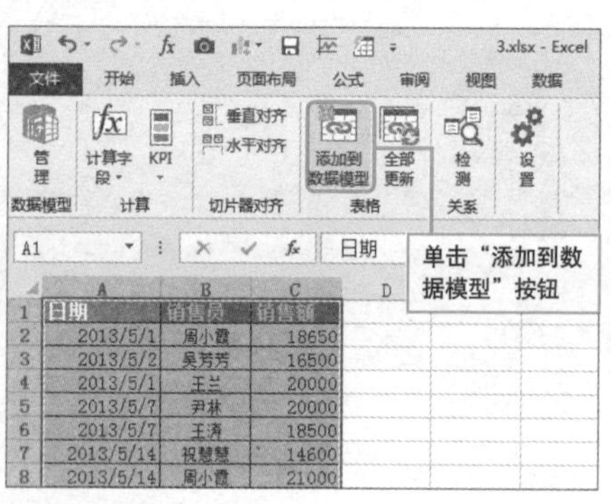

2 在“创建表”对话框中，勾选“我的表具有标题”复选框，单击“确定”按钮。

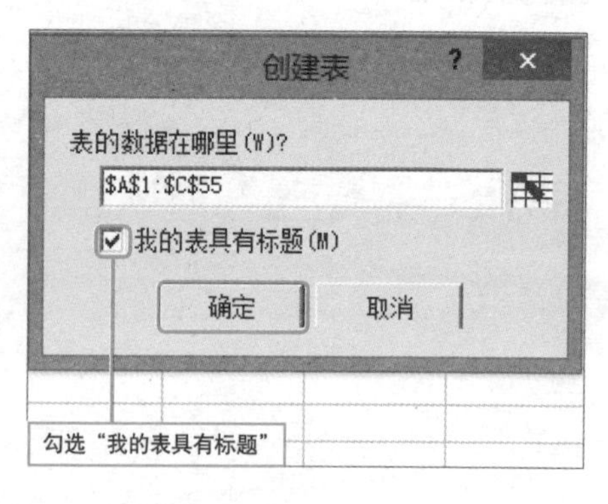

3 将销售表导入PowerPivot中，表名设置为“销售表”，单击“表工具-设计”选项卡下的“插入函数”按钮。

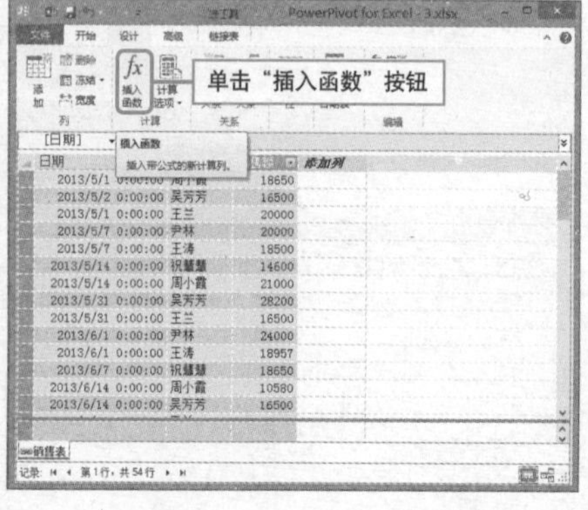

4 打开“插入函数”对话框，在“选择函数”列表框中选择MONTH，然后单击“确定”按钮，返回PowerPivot编辑区。

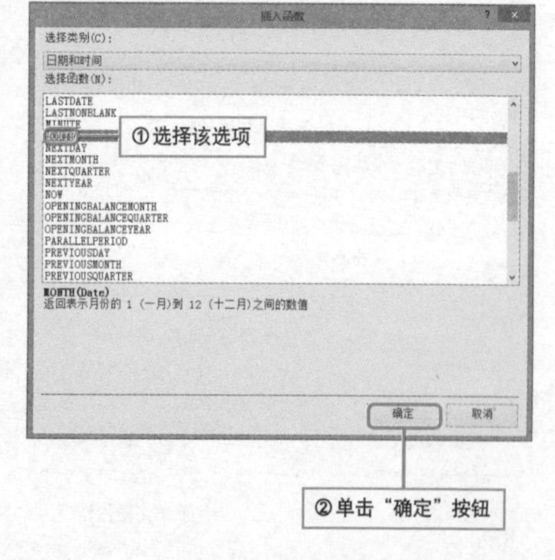

5 在公式编辑栏输入：=MONTH('销售表'[日期])，按下Enter键。

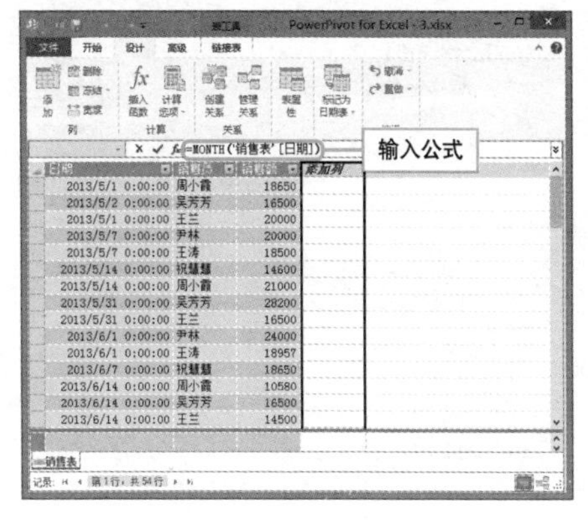

6 在PowerPivot中插入了“月份”计算列后，再次单击“插入函数”按钮。

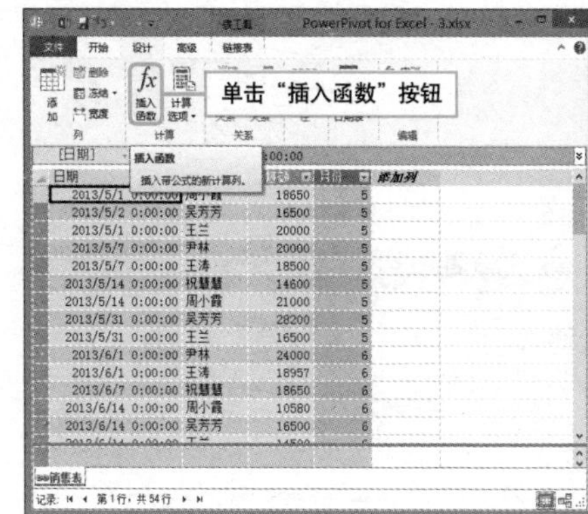

7 在“插入函数”对话框中，选中“选择函数”中的YEAR，单击“确定”按钮。

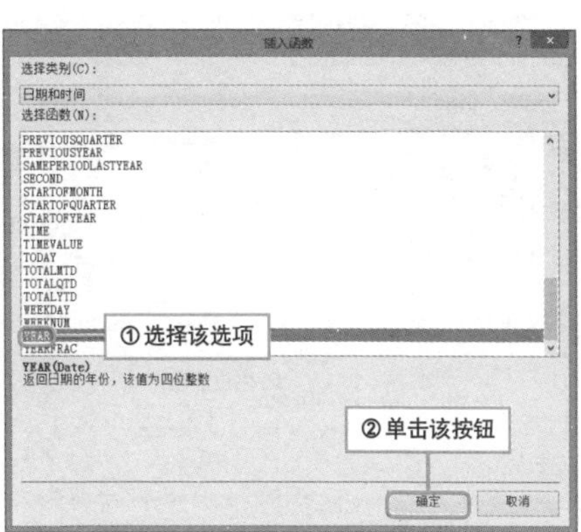

8 随后，在公式编辑栏输入：=YEAR('销售表'[日期])，按下Enter键。

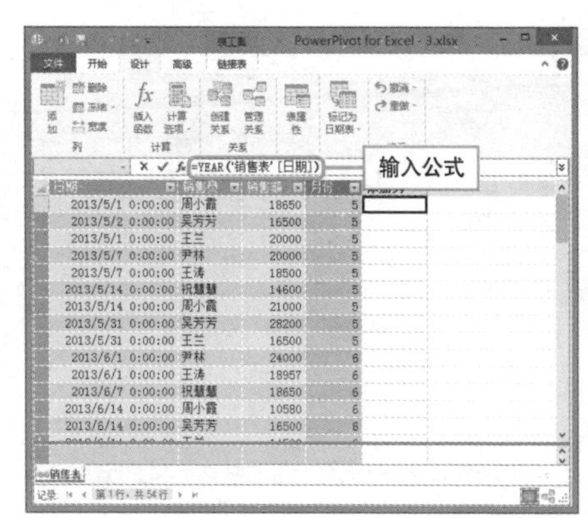

9 这样在PowerPivot中即已插入了“年份”计算列。

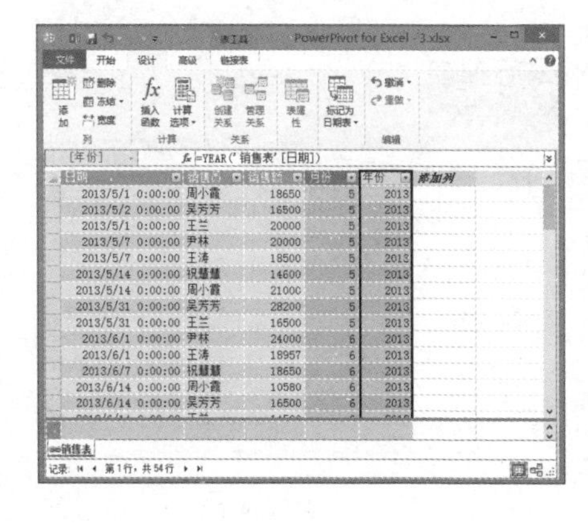

10 单击功能区中的“数据透视表”按钮，选择“数据透视表”选项。

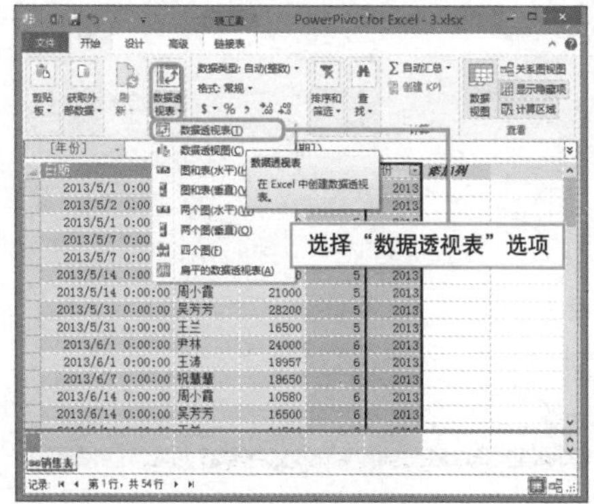

11 在“插入数据透视”对话框中选择“新工作表”选项，单击“确定”按钮。

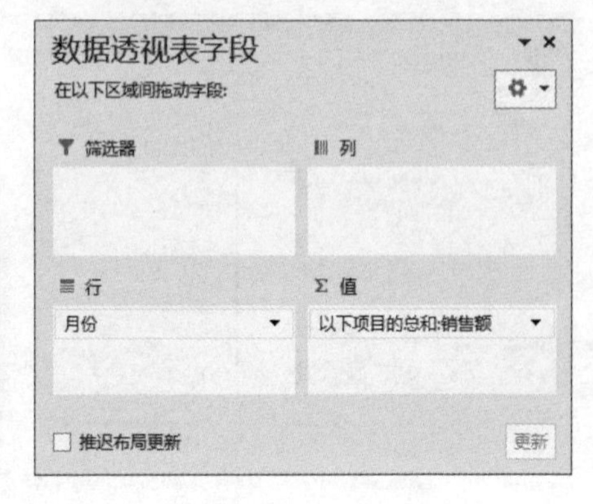

12 接着将“月份”字段拖至“行”区域，将“销售额”字段拖至“值”区域。

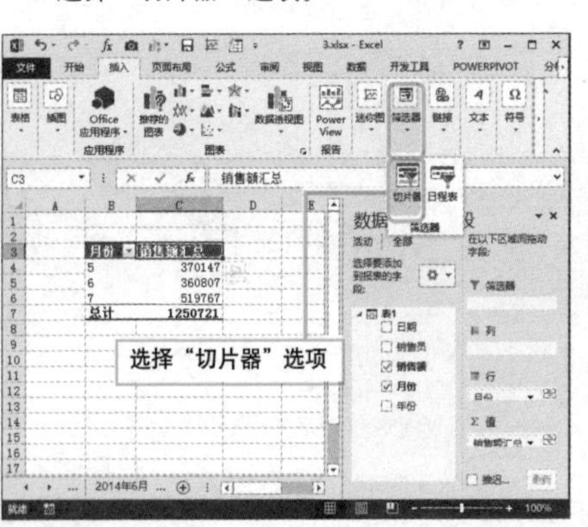

13 单击“插入”选项卡下的“筛选器”按钮，选择“切片器”选项。

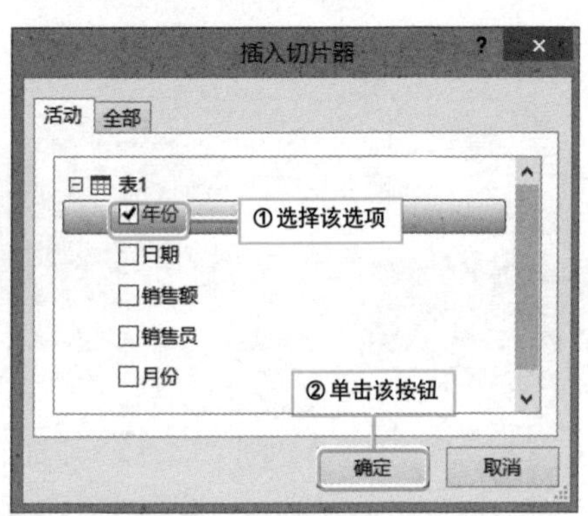

14 在“插入切片器”对话框中，勾选“年份”，单击“确定”按钮。

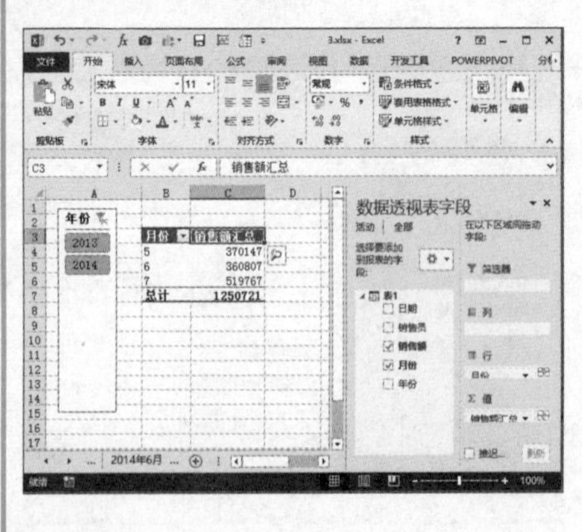

15 返回数据透视表编辑页面，即可看到插入的“年份”切片器。

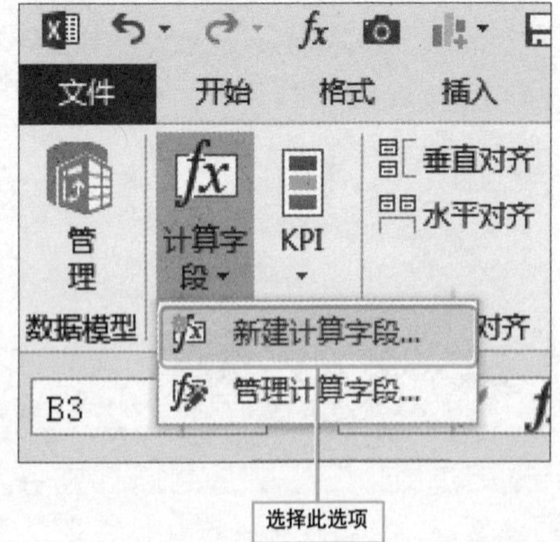

16 单击POWERPIVOT选项卡下的“计算字段”按钮，选择“新建计算字段”选项。

17 在对话框中，将“计算字段名称”设为“同比”，输入公式，单击“确定”按钮。

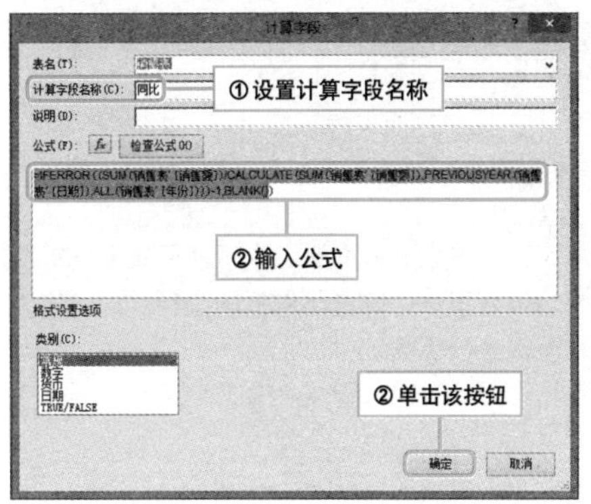

18 在数据透视表中即添加了“同比”字段，再次选择“新建计算字段”选项。

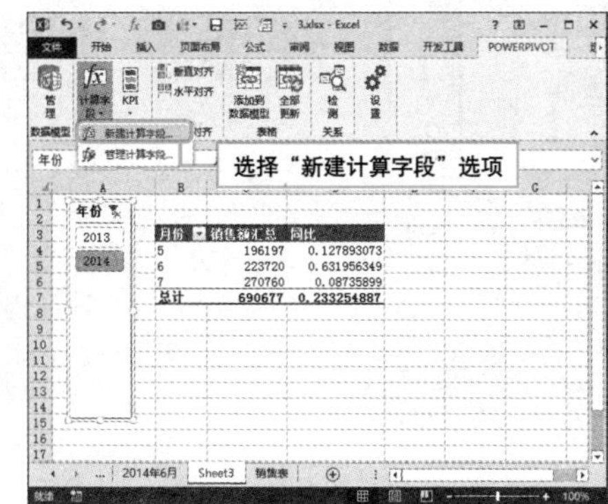

19 在对话框中，将“计算字段名称”设为“环比”，输入公式，单击“确定”按钮。

Hint

本例中各计算字段公式说明

同比=IFERROR((SUM'销售表'[销售额])/CALCULATE(SUM('销售表'[销售额]),PREVIOUSYEAR('销售表'[日期]),ALL('销售表'[年份])))-1,BLANK())

环比=IFERROR((SUM'销售表'[销售额])/CALCULATE(SUM('销售表'[销售额]),PREVIOUSMONTH('销售表'[日期]),ALL('销售表'[月份])))-1,BLANK())

20 数据透视表即添加了“环比”字段，将“同比”和“环比”字段值设为百分比形式，此时，“同比”和“环比”的值也不会随筛选值得变化而改变。

获取最小值有一招

实例 筛选服装购入时的最低价

假设一个服装店从不同的服装批发市场购入服装，为了便于查看各批次的采购成本，现在要从当前的进货报表中筛选出最低的进货价，以作为参考。可按照本技巧介绍的操作进行筛选。

1 将工作表导入PowerPivot中后，单击“开始”选项卡下“数据透视表”按钮，选择“数据透视表”选项，以创建数据透视表。

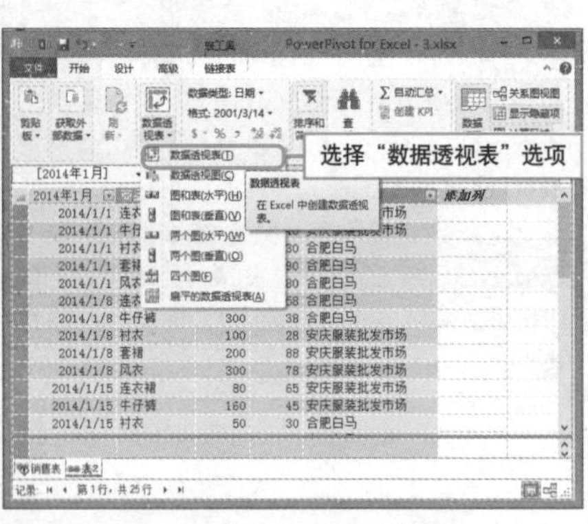

2 完成报表的创建后，单击POWERPIVOT选项卡下的“计算字段”按钮，选择“新建计算字段”选项。

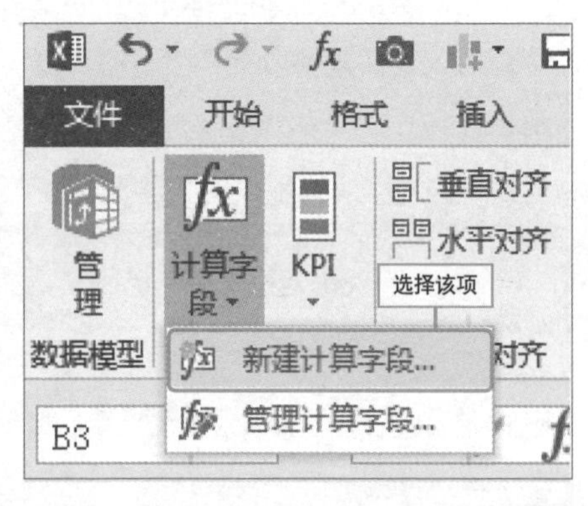

3 在打开的对话框中，将“计算字段名称”设置为“最低单价”，输入公式“=MINX('服装采购表','服装采购表'[单价])”。

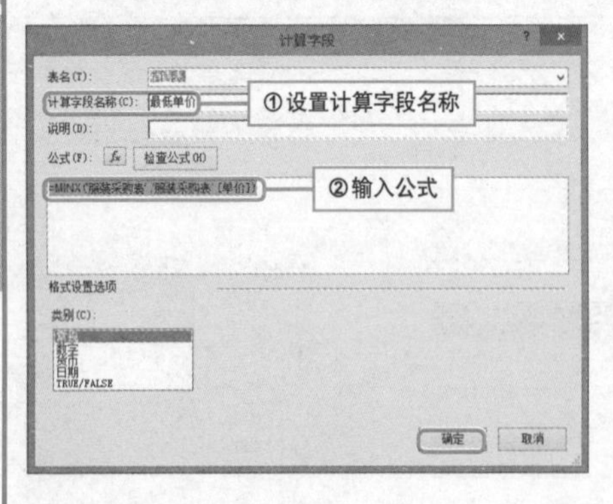

4 输入公式后，单击“确定”按钮返回编辑区，即可查询到每种服装在每个市场的最低价。

最低单价	供货市场		
商品名称	安庆服装批发市场	合肥白马	总计
衬衣	28	30	28
风衣	78	80	78
连衣裙	60	58	58
牛仔裤	40	38	38
套裙	88	90	88
总计	28	30	28

妙用函数计算平均值

实例 计算服装购入价格的平均值

上例中我们介绍了如何利用筛选的方法获得最低进货价。那么，若想要计算出各种服装购入价的平均值，又该怎么办呢？

❶ 将工作表导入PowerPivot中后，单击“数据透视表”按钮，在列表中选择“数据透视表”选项。

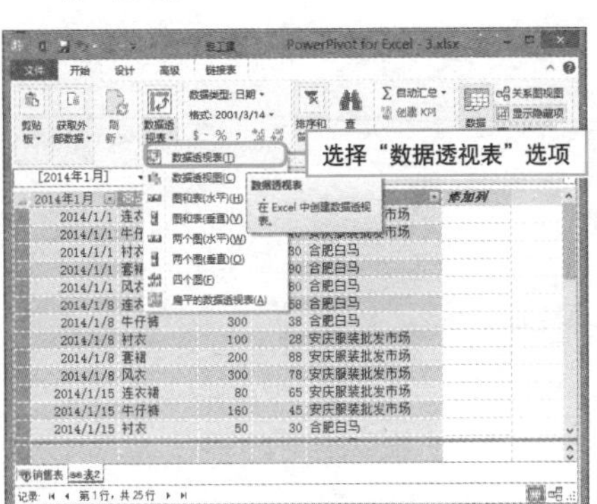

❷ 将字段拖至合适区域创建数据透视表。单击POWERPIVOT选项卡下的“计算字段”按钮，选择“新建计算字段”选项。

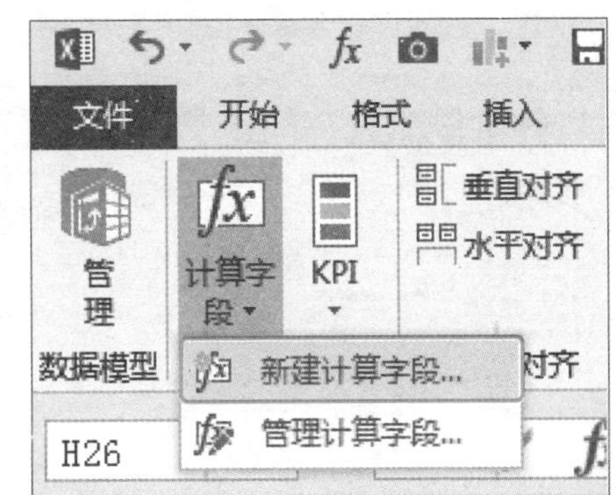

❸ 在打开的对话框中，将“计算字段名称”设置为“平均购价”，输入公式“=AVERAGEA('服装采购表'[单价])”。

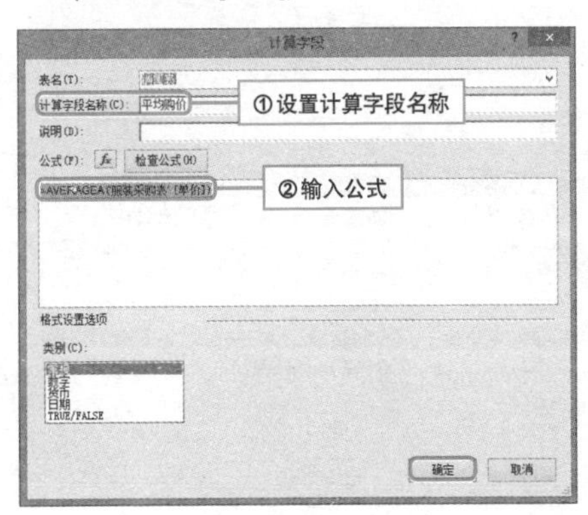

❹ 输入公式后，单击“确定”按钮，即可得到每种服装在每个市场的平均购入价。

B3 平均购价

2014年1月 All

平均购价	供货市场		
商品名称	安庆服装批发市场	合肥白马	总计
衬衣	30.00	30.33	30.20
风衣	80.00	84.33	82.60
连衣裙	62.00	60.00	61.20
牛仔裤	42.67	39.00	41.20
套裙	90.00	93.00	91.80
总计	**59.50**	**63.15**	**61.40**

员工业绩我知道

● Level ◆◆◆

2013 2010 2007

实例 为数据透视表添加“完成率”字段

完成率是指实际完成值与计划完成值的比，可用来查看员工业绩完成情况。例如，现在有一张销售报表，用户想通过它统计员工业绩完成情况，该怎么操作呢？

① 将工作表导入PowerPivot中，单击“数据透视表”按钮，然后选择“数据透视表”选项。

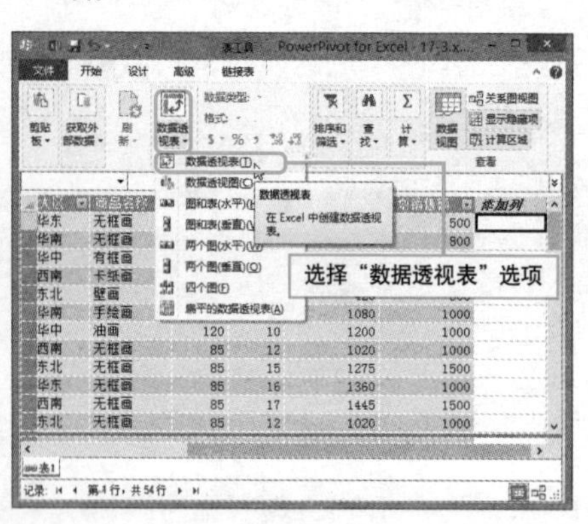

② 在弹出的窗格中，将“实际销售额”字段和“计划销售额”字段拖至“值”区域，将“销售员”字段拖至“行”区域。

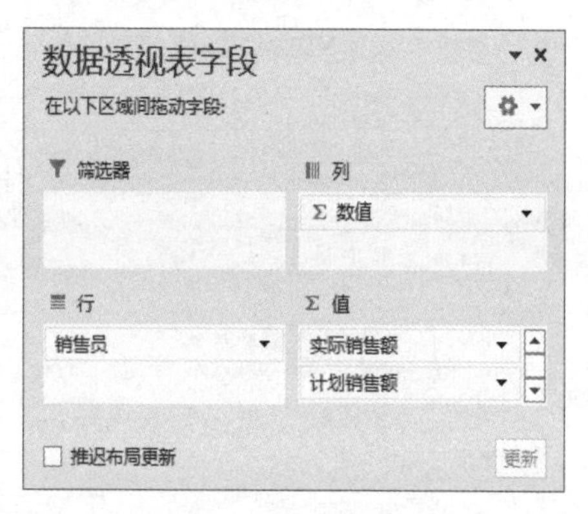

③ 单击POERPIVOT选项卡下的“计算字段”按钮，选择“新建计算字段”选项。打开“计算字段”对话框，将“计算字段名称”设置为“完成率”，接着输入公式。

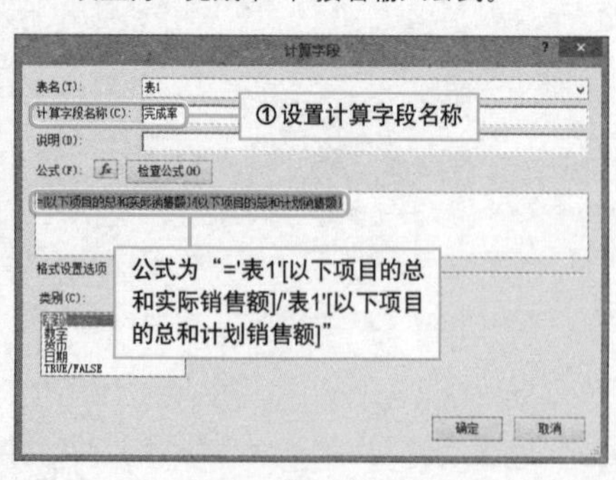

④ 输入完成后，单击“确定”按钮返回编辑区。将“完成率”字段设置成百分比形式即可。

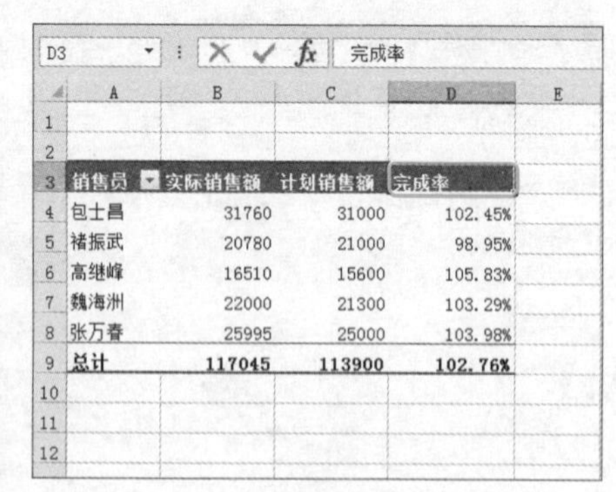

销售员	实际销售额	计划销售额	完成率
包士昌	31760	31000	102.45%
褚振武	20780	21000	98.95%
高继峰	16510	15600	105.83%
魏海洲	22000	21300	103.29%
张万春	25995	25000	103.98%
总计	117045	113900	102.76%

直观明了的KPI标记

实例 为“完成率”字段添加KPI标记

关键绩效指标（KPI）是基于特定的计算字段，专门帮助用户根据定义的目标快速计算指标的当前值和状态。那么关键绩效指标有哪些应用方法呢？接下来将结合上一技巧，对关键绩效指标作进一步讲解。

1 单击POWERPIVOT选项卡下的KPI按钮，选择“新建KPI”选项，打开相应的对话框。

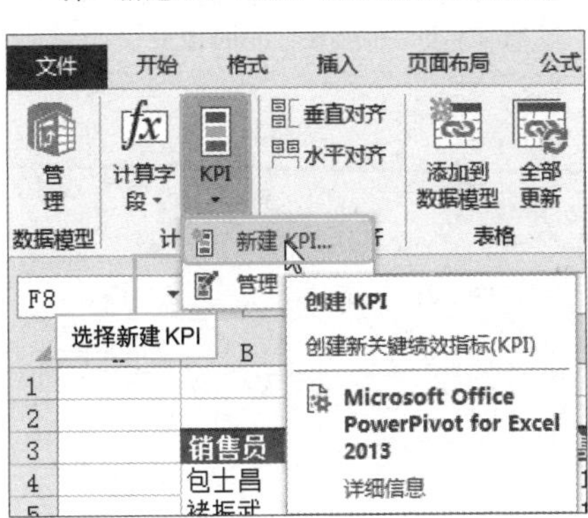

2 将“绝对值”设为1，“定义状态阈值”分别设为0.8和1，随后选择合适的图标样式。

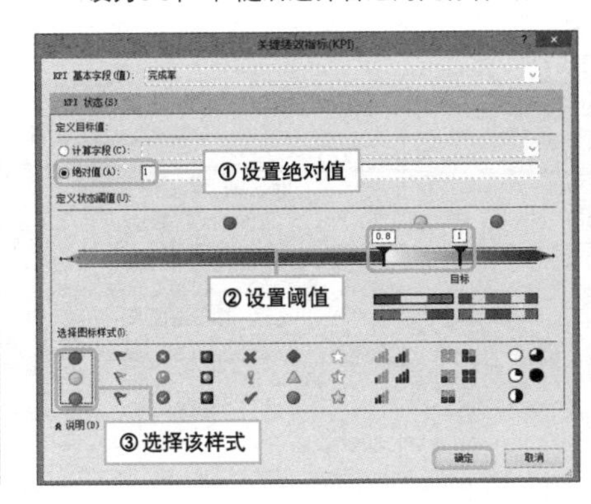

3 单击“确定”按钮。查看“数据透视表字段”窗格，可以看到完成率字段下多了三个小字段，勾选“状态”字段。

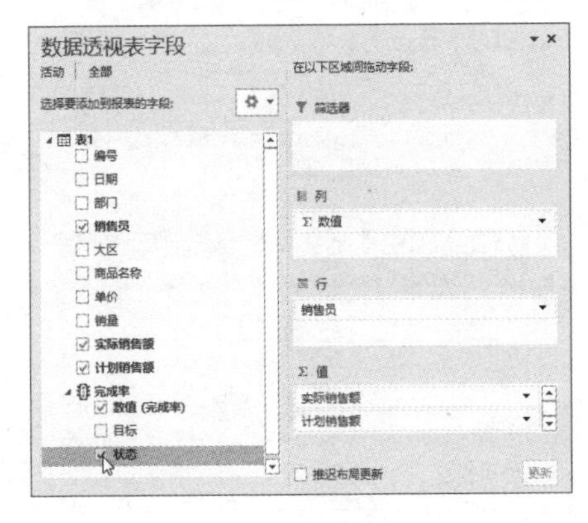

4 返回到数据透视表编辑区，即可看到数据透视表中多了KPI标记，这样就非常直观地显示了销售任务完成情况。

销售员	实际销售额	计划销售额	完成率	完成率 状态
包士昌	31760	31000	102.45%	●
褚振武	20780	21000	98.95%	●
高继峰	16510	15600	105.83%	●
魏海洲	22000	21300	103.29%	●
张万春	25995	25000	103.98%	●
总计	117045	113900	102.76%	●

5-17 在PowerPivot 中使用数据透视表 Chapter17\016

快速统计各部门男女比例

实例 计算各部门员工的男女比例

人力资源部常需要统计分析公司员工的基本情况，为下次人员招聘和分配提供依据。例如，有一张员工基本情况表，现在需要统计公司各部门的男女比例，该怎么办呢？

1 将工作表导入PowerPivot中，单击“数据透视表”按钮，选择“数据透视表”选项。

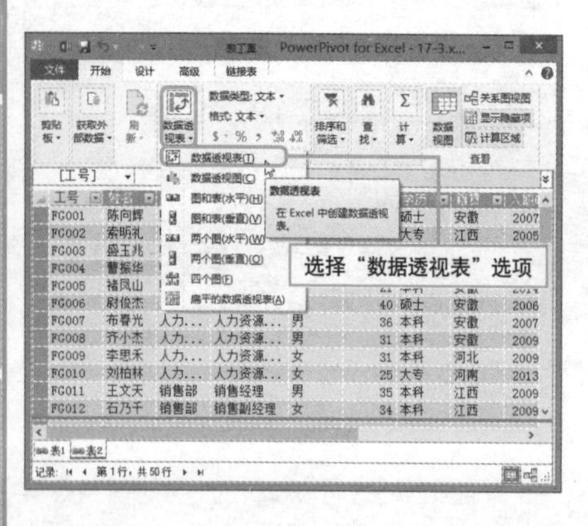

2 将字段窗格中的“姓名”字段拖至“值”区域，将“部门”字段拖至“行”区域，将“性别”字段拖至“列”区域。

数据透视表字段
活动 全部
选择要添加到报表的字段:
表2
☐ 工号
☑ 姓名
☑ 部门
☐ 职位
☑ 性别
☐ 年龄
☐ 学历
☐ 籍贯
☐ 入职时间
☐ 手机号
在以下区域间拖动字段:
筛选器
列
性别
行
部门
Σ 值
计数项姓名
☐ 推迟布局更新 更新

3 创建好数据透视表后，右击数据区域任意单元格，从快捷菜单中选择“值显示方式-行汇总百分比”命令。

4 返回数据透视表编辑区，修改数据透视表字段名称，即可查看各部门的男女比例，以及整个公司的男女比例。

计数项姓名	性别		
部门	男	女	总计
财务部	0.00%	100.00%	100.00%
工程部	83.33%	16.67%	100.00%
技术部	80.00%	20.00%	100.00%
客服部	0.00%	100.00%	100.00%
人力资源部	60.00%	40.00%	100.00%
市场部	54.55%	45.45%	100.00%
销售部	64.29%	35.71%	100.00%
总计	**54.00%**	**46.00%**	**100.00%**

轻松统计销售员的业绩名次

实例 为销售员的业绩排名

现在有一张销售明细表，若想准确统计出各销售员的业绩排名，用传统的方法可能有点麻烦。在此，我们利用PowerPivot进行统计，即可轻而易举获得结果。

1 首先创建数据透视表，将“部门”和“销售员”字段拖至“行”区域，将“实际销售额”字段两次拖至“值”区域。

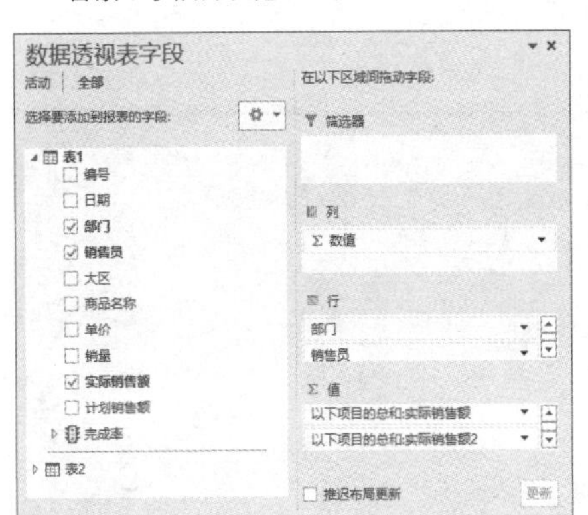

2 将“实际销售额2”字段改名为“排名”，右击该列任意单元格，从快捷菜单中选择“值显示方式 -降序排列”命令。

3 弹出“值显示方式（排名）”对话框，从中将“基本字段”设置为“销售员”，然后单击“确定”按钮。

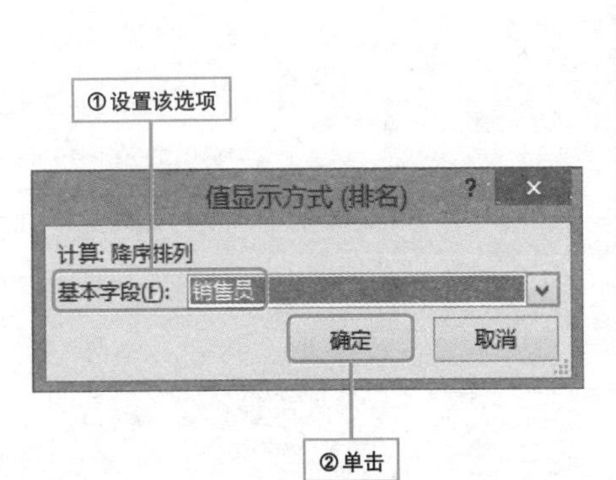

4 返回数据透视表编辑区，修改行标签名称为“销售员”。随后查看数据透视表，即可看到每个销售员的业绩排名了。

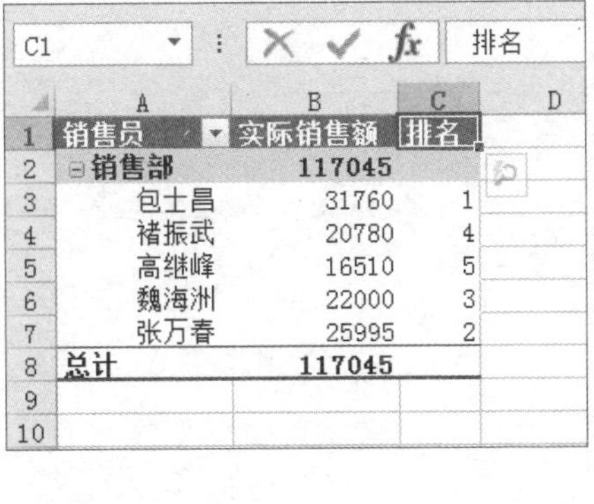

销售员	实际销售额	排名
销售部	117045	
包士昌	31760	1
褚振武	20780	4
高继峰	16510	5
魏海洲	22000	3
张万春	25995	2
总计	117045	

第6篇 411~436

数据透视表/图的输出与打印

6-18 数据透视表与数据透视图输出技术（320~329）

6-19 数据透视表与数据透视图打印技术（330~339）

Question 320

Level ◆◆◆

2013

6-18 数据透视表与数据透视图输出技术　Chapter18\001

快速将数据透视表保存为网页格式

实例　将数据透视表发布到网上

用户可以将数据透视表放在Excel、PPT和Word中使用，那么用户可不可以将数据透视表发布到网上使用呢？答案是肯定的，下面将详细介绍如何将数据透视表保存为网页格式。

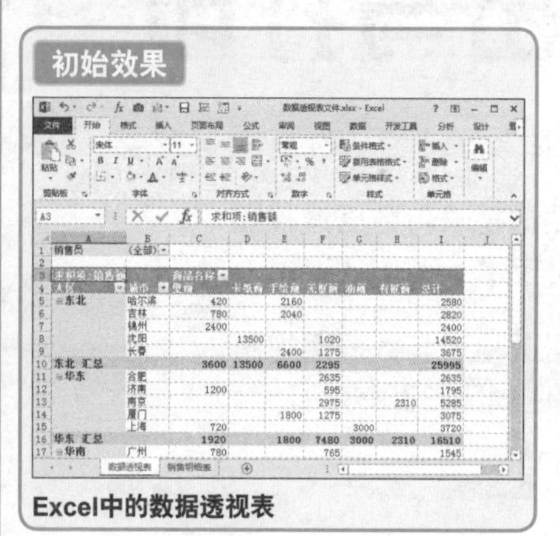

Excel中的数据透视表

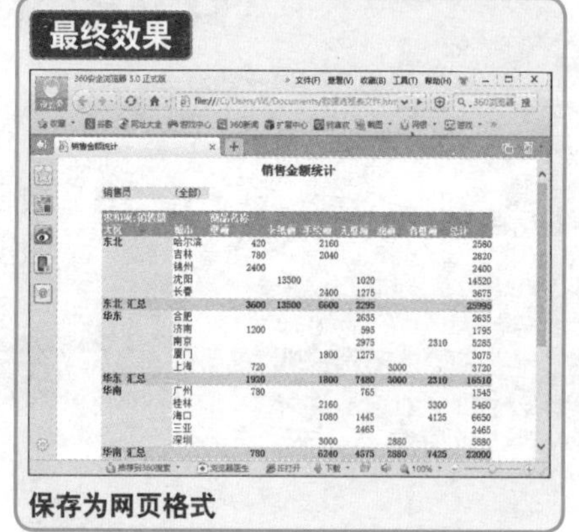

保存为网页格式

1 打开“数据透视表文件”工作簿中的“数据透视表”工作表，单击“文件”标签。

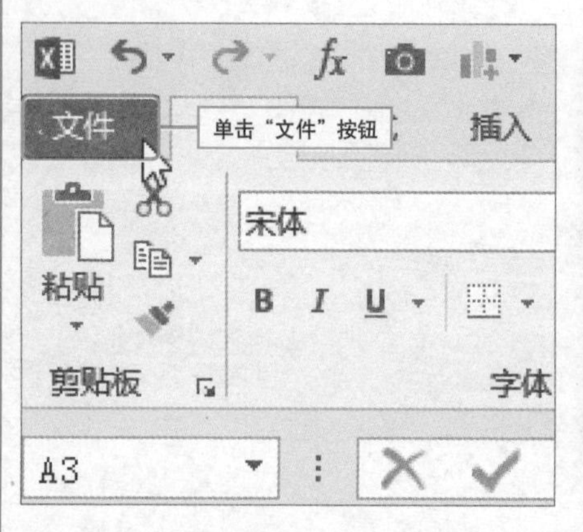

2 然后选择“另存为”命令，选择“其他Web位置”选项，单击“浏览”按钮。

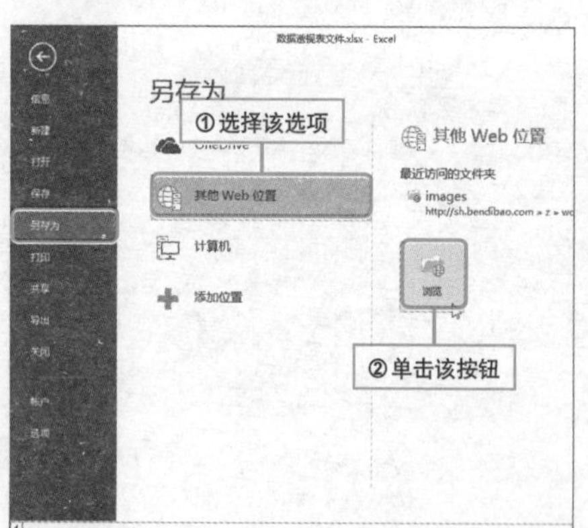

3 弹出“另存为”对话框，从中单击“保存类型”下三角按钮。

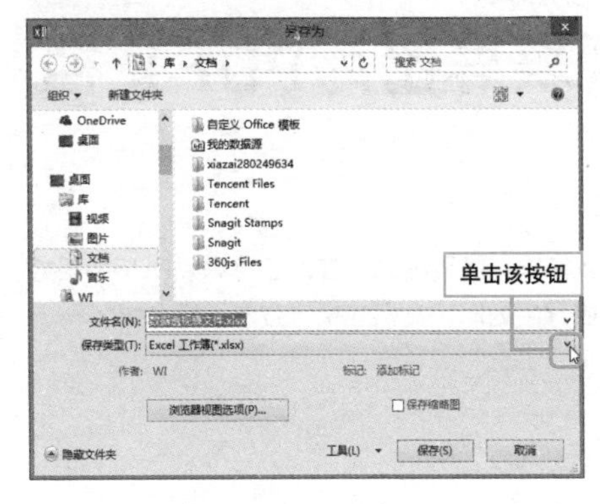

4 从下拉列表中选择“网页(*.htm;*.html)”，然后单击“更改标题”按钮。

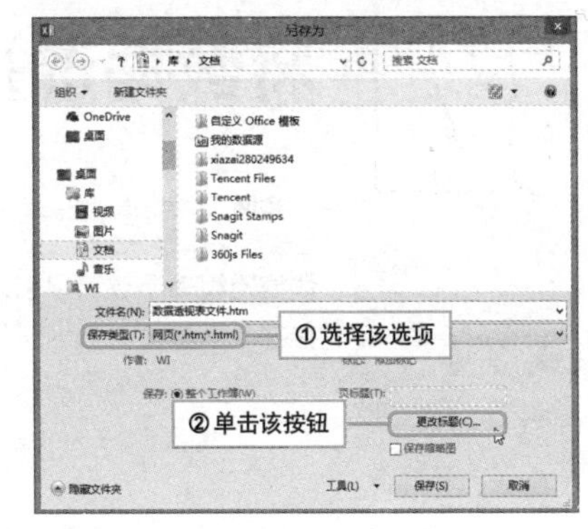

5 弹出“输入文字”对话框，在“页标题”文本框中输入“销售金额统计”，然后单击“确定”按钮。

输入文字

页标题(T):

销售金额统计

页标题将显示在浏览器的标题栏中。

确定 取消

6 返回“另存为”对话框中，单击“发布”按钮。

7 弹出“发布为网页”对话框，在“选择”列表中选择“数据透视表”选项，勾选“在浏览器中打开已发布网页”复选框，最后单击“发布”按钮即可。

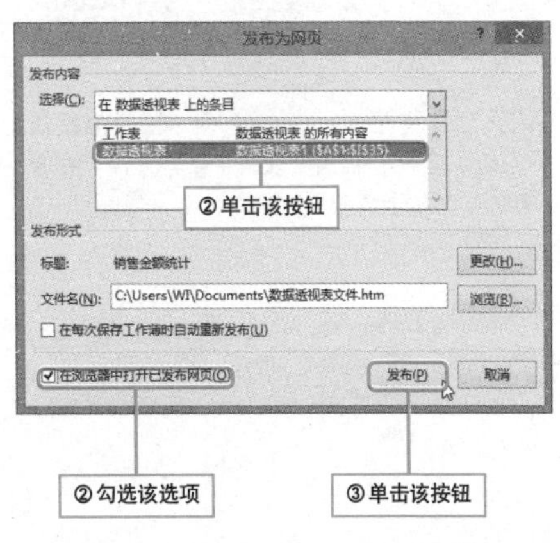

Hint

将数据透视表保存为网页格式的优点

在Excel 2013中制作的数据透视表，通常在低版本的Excel中无法直接使用。而且有些用户的计算机上并没有安装Office应用程序，无法使用数据透视表。而将数据透视表保存为网页格式，发布到网上，用户就可以通过任何一台计算机，浏览数据透视表中的数据了。

Question

321

● Level ◆◆◆

2013

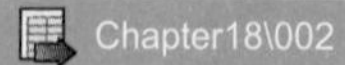

将数据透视表导出为PDF文档

实例 将数据透视表保存为PDF格式

数据透视表不仅可以以xlsx格式、网页格式存在，还可以以PDF的格式存在。下面将对数据透视表导出为PDF文档的操作方法进行介绍。

1 单击“文件-导出”命令，选择“创建PDF/XPS文档”选项，单击“创建PDF/XPS”按钮。

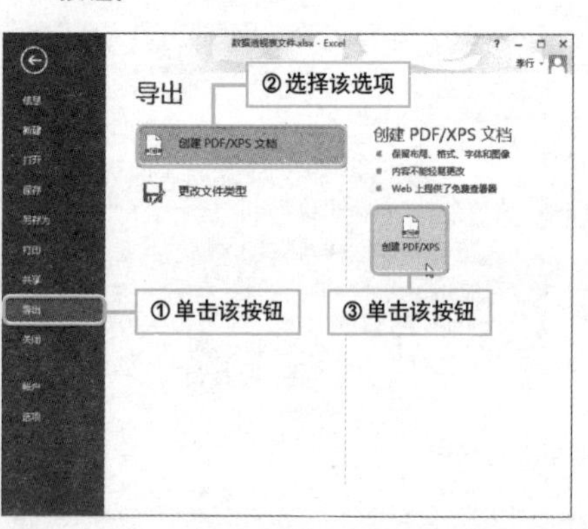

2 弹出“发布为PDF或XPS”对话框，保持默认设置，然后单击“发布”按钮。

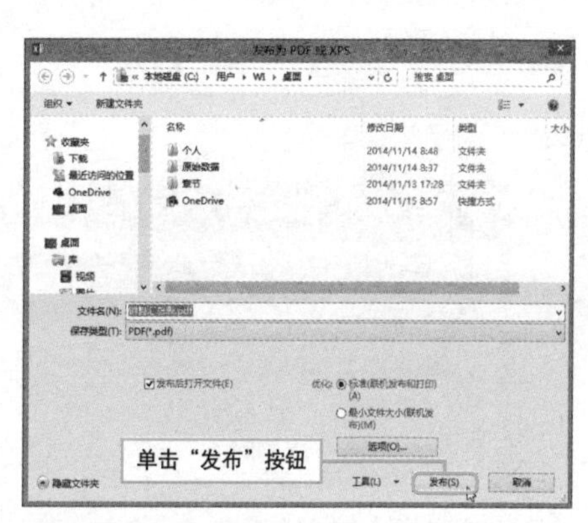

3 打开导出的PDF文档，即可在指定的阅读器（如Adobe Reader）中查看文档的内容。

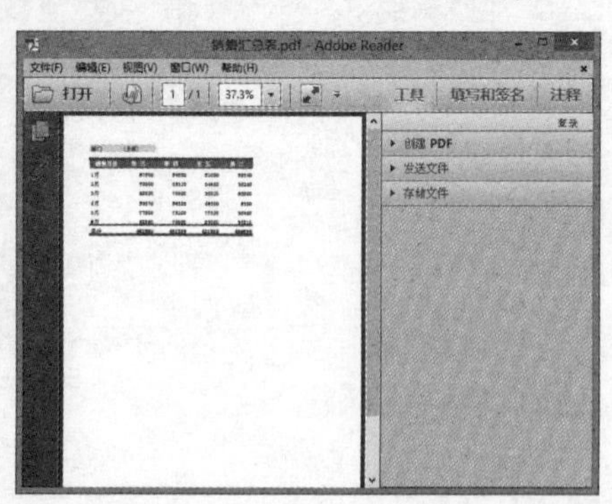

以 PDF 格式存在的数据透视表

Hint

什么是PDF格式

Portable Document Format简称PDF，意为“便携式文件格式”，它是由Adobe Systems在1993年用于文件交换所发展出的文件格式。它的优点在于跨平台、能保留文件原有格式、开放标准，能自由授权（Royalty-free）自由开发PDF兼容软件，在今天的互联网上应用广泛。

Question 322

Level ◆◆◆

2013

轻松将报表保存到“云端”

实例 将数据透视表保存到OneDrive中

OneDrive是微软所推出的网络硬盘及云服务。用户可以上传自己的文件到网络服务器上，并且通过网络浏览器进行浏览。那么如何将数据透视表保存到OneDrive中呢？

1 打开销售汇总表工作簿中的“销售员销售业绩汇总”表，单击“文件-另存为”命令，选择“OneDrive-个人”选项，单击“李行的OneDrive”按钮。

Hint

如何登录OneDrive

如果用户在保存数据透视表文件前，没有登录OneDrive，那么第一步就会弹出登录页面，单击其中的“登录”按钮，然后依据登录向导操作即可。

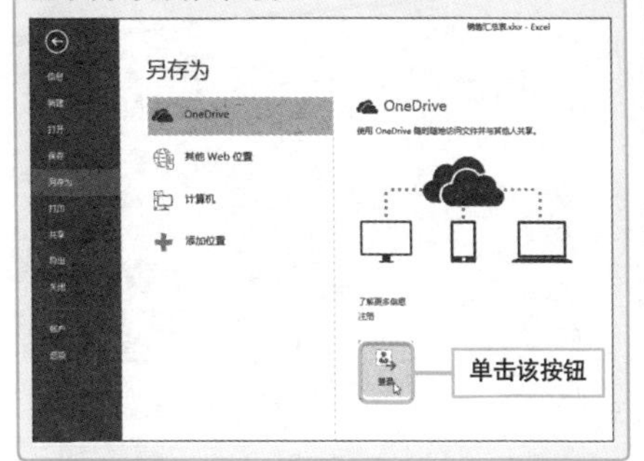

2 弹出“另存为”对话框，从中单击“保存”按钮。

3 返回销售员销售业绩汇总表，可以看到在Excel窗体底部的状态栏上显示“正在上载到ONEDRIVE”的进度条。

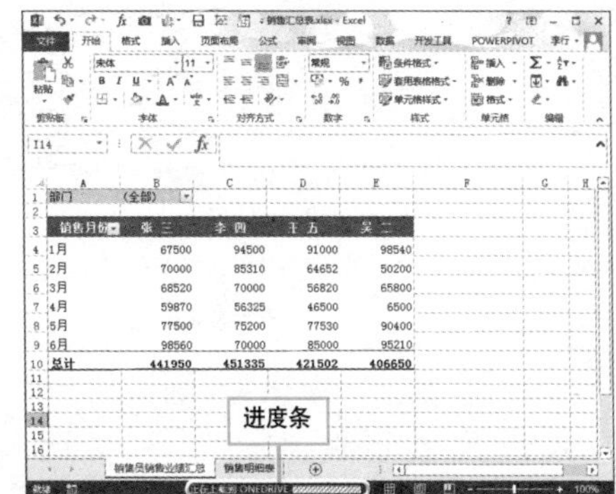

Hint

如何注册云账户

1 打开工作簿，单击“文件-打开”命令，选择OneDrive选项，单击“注册”按钮。

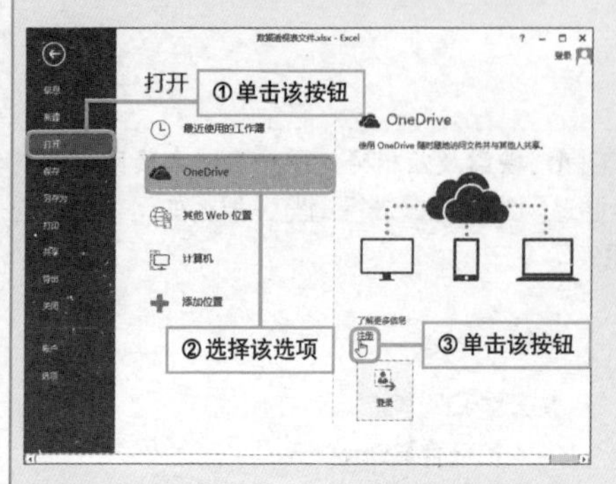

2 弹出“登录”对话框，单击“g.live.com/8seskydrive/SingnUpUrl”链接。

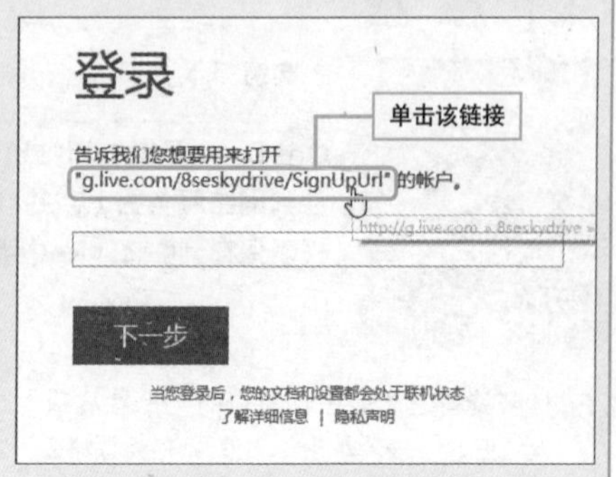

3 打开浏览器页面后，从中单击OneDrive按钮。

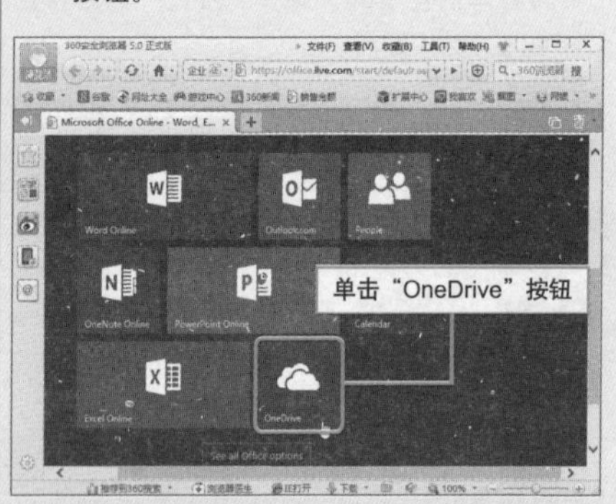

4 进入“欢迎使用OneDrive”页面后，单击“注册新账户”链接。

5 进入“创建账户”页面，在其中输入用户基本信息，比如用户名、密码等。

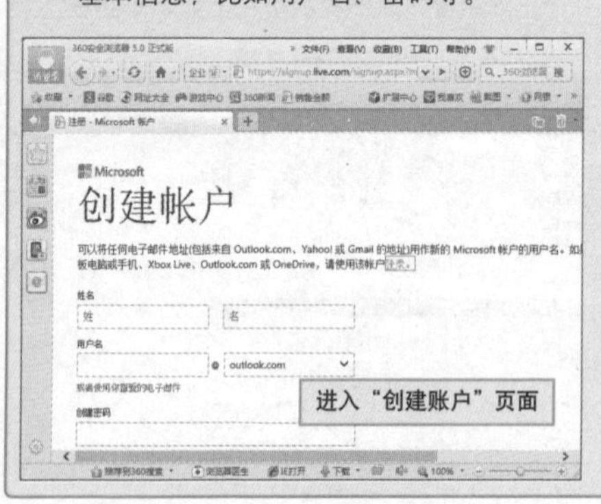

6 输入信息后，将页面拖至最底端，单击“创建账户”按钮即可完成注册。

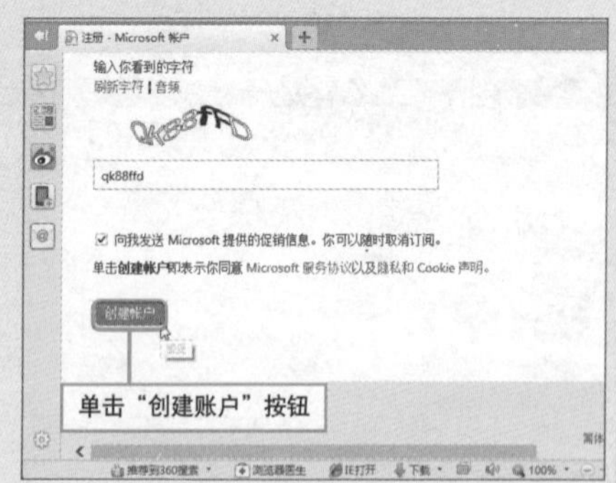

轻松访问云端中的报表

实例 打开OneDrive中的文件

用户将文件保存在OneDrive中，需要时再调出来使用，那么如何访问云端中的报表呢？其实有很多种方法，本技巧将对最基本的方法进行详细介绍。

1 打开Excel软件后，单击“文件-打开”命令，选择“OneDrive-个人”选项，单击“李行的OneDrive”按钮。

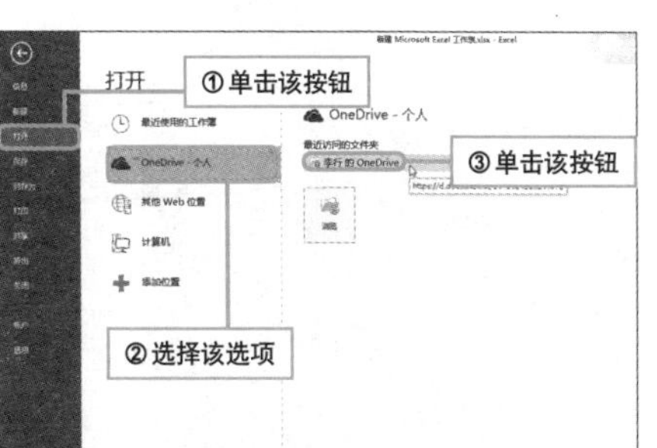

2 弹出“打开”对话框，即已经打开了OneDrive窗口，这时用户就可以调用其中的文件了。

Hint

访问本地磁盘中OneDrive文件夹

上传到OneDrive中的文件，通常会在本地磁盘中建立一个OneDrive文件夹（通过后面“安装OneDrive客户端很简单”这一技巧即可获知）。通俗地讲，这是在本地电脑中的一个备份。因此，用户可以通过访问该文件夹来查看其中的文件。

本例中将OneDrive文件夹保存到了F盘中，因此在F盘中查找到该文件夹，双击打开即可对其中的文件进行编辑。

6-18 数据透视表与数据透视图输出技术

使用移动终端查看并分享报表信息

实例 在手机上查看并分享OneDrive中的报表

我们将报表保存到OneDrive中后，可以随时随地通过电脑或其他移动终端查看和分享报表信息。本技巧将为您介绍如何通过手机查看并分享报表信息。

1. 单击手机页面上OneDrive图标。

2. 然后单击“立即登录”按钮。

3. 接着在登录页面中输入登录信息，单击“登录”按钮。

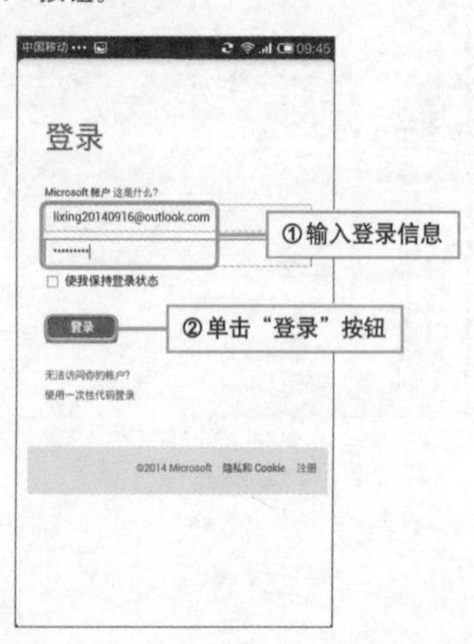

4. 进入OneDrive窗口后，单击“销售汇总表”选项。

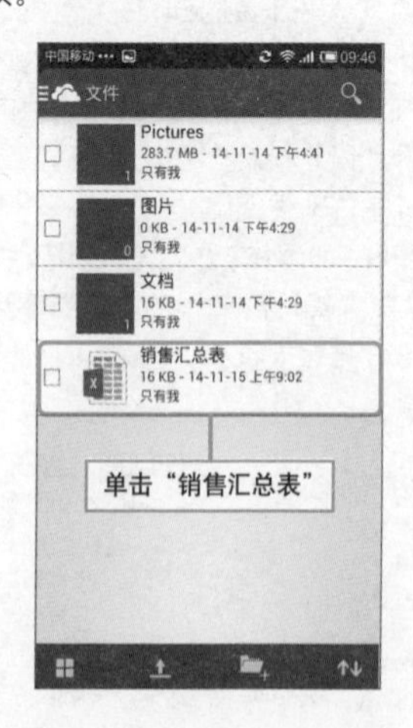

5 弹出“选择要使用的应用”窗口，从中选择WPS Office选项。

选择该选项

6 随后即可打开“销售员销售业绩汇总”表，用户就可以查看其中信息了。

7 返回后，勾选“销售汇总表”选项，然后单击“共享”按钮。

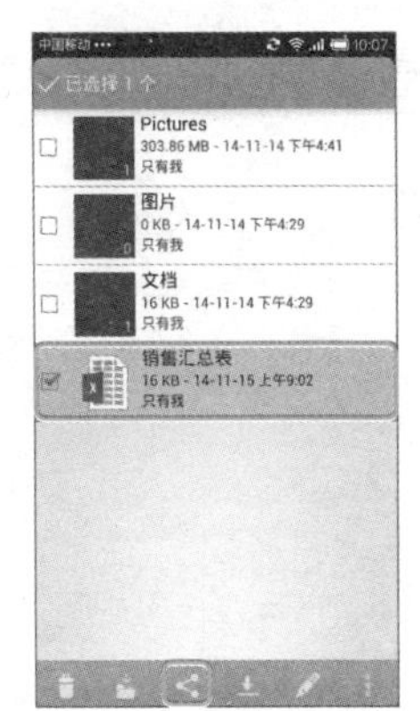

8 弹出“共享”列表框，选择“共享链接”选项。

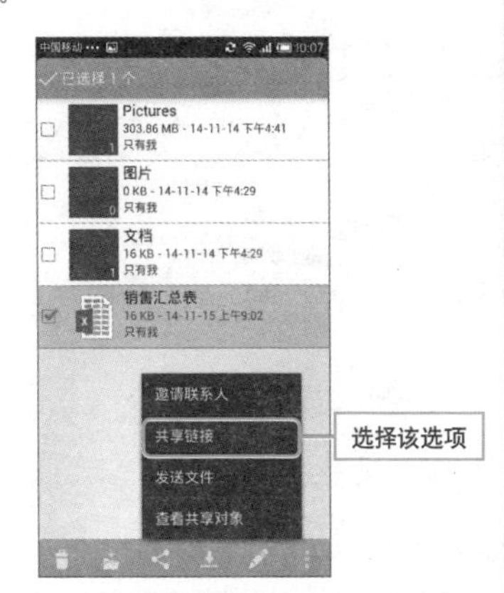

9 在此选择“查看”选项（表示只允许对方查看文档），单击“确定”按钮。

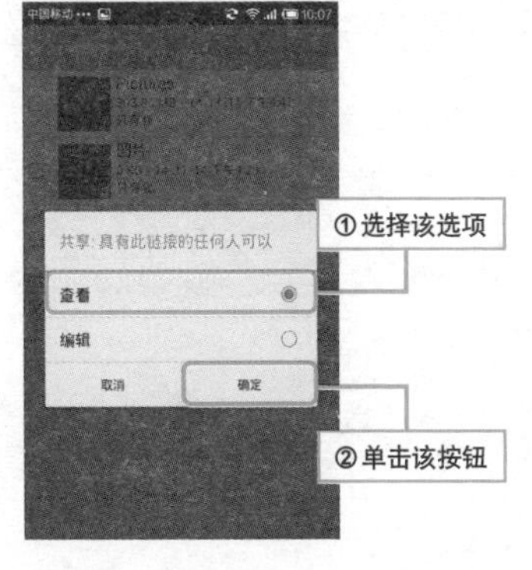

10 进入“通过以下方式共享此链接”页面，从中选择合适的共享方式即可，比如微博，然后单击“发送”按钮。

直接在OneDrive中添加文件

实例 通过上传的方法添加数据透视表文件

可直接将文件保存到OneDrive中，也可通过浏览器打开OneDrive，直接在浏览器中执行上传操作。下面将详细介绍如何通过浏览器上传数据透视表文件到OneDrive中。

1 打开浏览器，在地址栏中输入https://onedrive.live.com，并按下Enter键，然后在登录页面输入账户名和密码信息，单击“登录”按钮。

2 打开OneDrive后，从中选择“文件”选项，然后单击“上传”按钮。

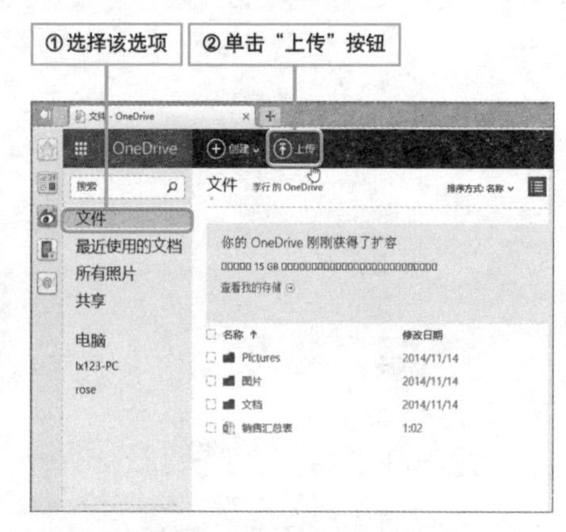

3 弹出对话框，选择要上传的文件，比如“成绩表”，然后单击“打开”按钮。

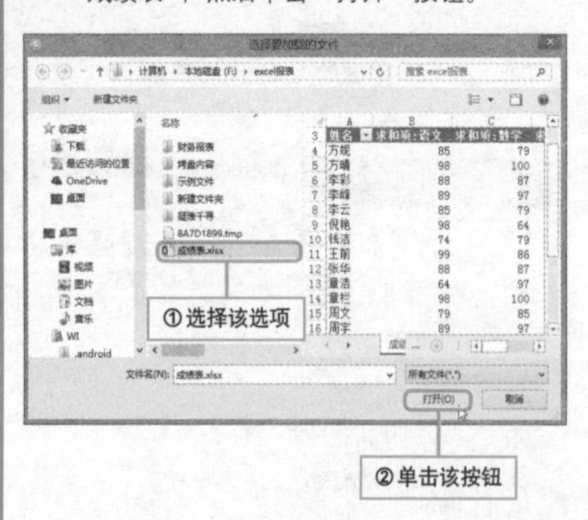

4 等待成绩表上传结束后，在“文件”选项面板中，就可以看到它了。

成绩表已经上传到 OneDrive 中

快速共享OneDrive中的文件

实例 共享OneDrive中的数据透视表

前面我们学习了如何向OneDrive中添加数据透视表文件，那么如何共享已经添加的数据透视表文件呢？本技巧将对共享操作进行介绍。

❶ 在成绩表上单击右键，从弹出的快捷菜单中选择“共享”命令。

❷ 随后选择“邀请联系人”选项，输入收件人地址，单击“共享”按钮即可。

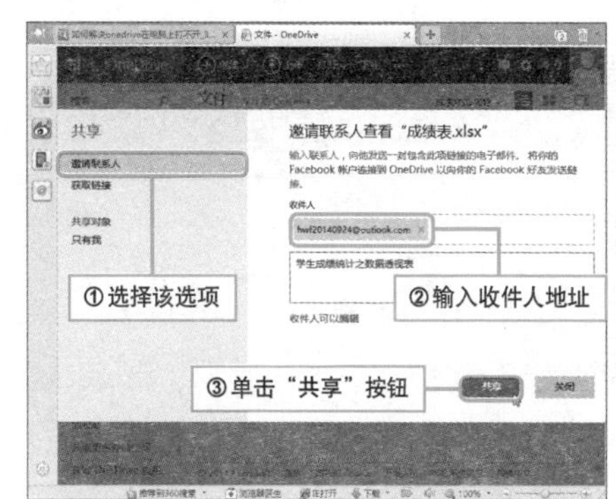

❸ 除了通过邮件方式共享外，还可以选择“获取链接”方式。首先设置共享文件的状态（即“编辑”、“仅查看”或“公共”）。

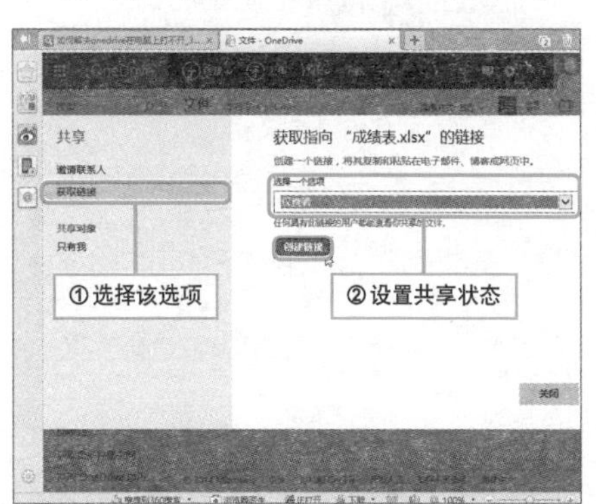

❹ 接着，单击“创建链接”按钮获取链接地址，最后“复制”该地址以将其发送给自己的同事或好友。

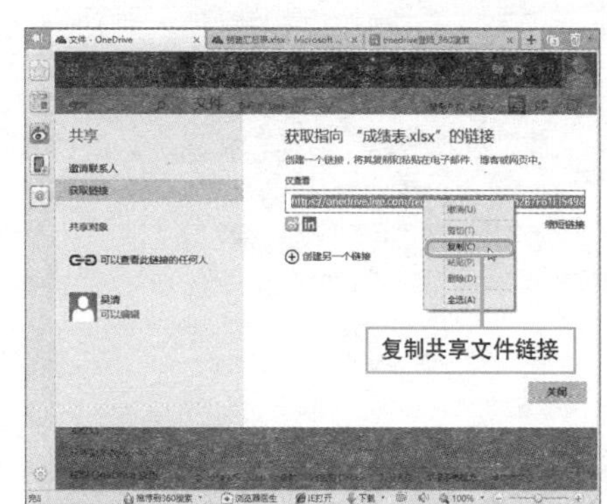

6-18 数据透视表与数据透视图输出技术

轻松查看共享文件

实例 查看OneDrive中共享的文件

当其他用户通过OneDrive分享了一些报表、文件后，用户该如何查看呢？下面将在前面技巧的基础上介绍查看共享文件的方法。

1 当收到其他同事发来的邮件后，首先登录OneDrive（在此通过浏览器登录），单击“共享”选项，即可看到已收文件。

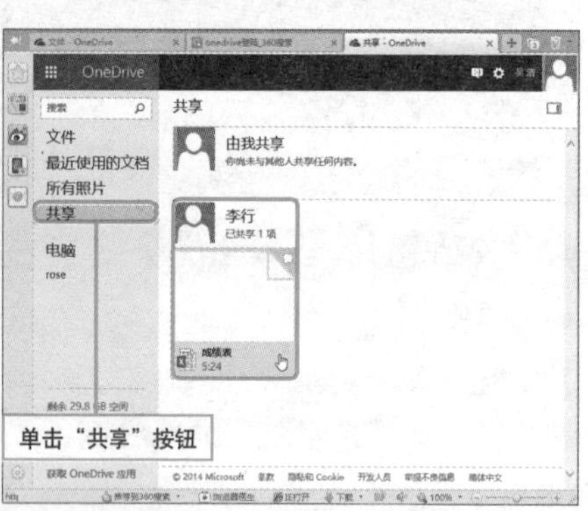

2 单击该文件，便可轻松访问报表中的数据信息。在此页面中还可以选择“在EXCEL中打开”。

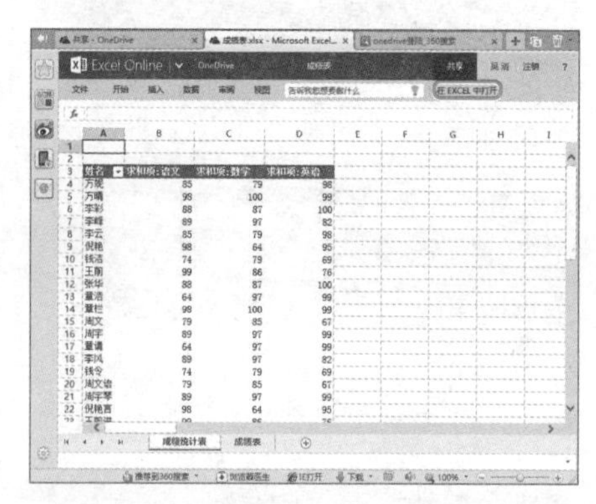

3 当收到小伙伴发来的链接地址后，单击即可进行访问。

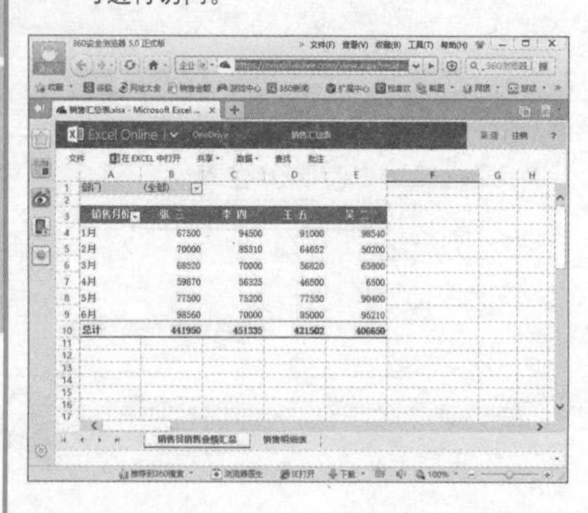

Hint

无法访问OneDrive的解决方法

当OneDrive被屏蔽，且屏蔽的方式是DNS污染时，用户在电脑上安装了OneDrive客户端后，依然无法在电脑上直接打开OneDrive网站。这时，我们需要安装名为DNSCrypt的软件，安装后即可正常使用OneDrive云存储。因为DNSCrypt是OpenDNS发布的加密DNS工具，可加密DNS流量，阻止常见的DNS攻击，是防止DNS污染的绝佳工具。

Question

328 安装OneDrive客户端很简单

● Level ◆◆◆

2013

实例 OneDrive客户端的安装操作

用户可以直接通过浏览器登录云端，也可以在电脑或移动终端上下载并安装OneDrive客户端，这样可以更方便地登录和使用OneDrive。本技巧将对OneDrive客户端的安装操作进行介绍。

1. 打开已下载的OneDrive软件包，双击OneDriveSetup安装文件。

2. 弹出“Microsoft OneDrive 安装程序”窗口，稍等片刻。

3. 在“欢迎使用OneDrive”界面中，单击“开始”按钮。

4. 输入登录信息，单击“登录”按钮。

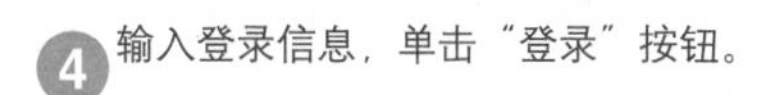

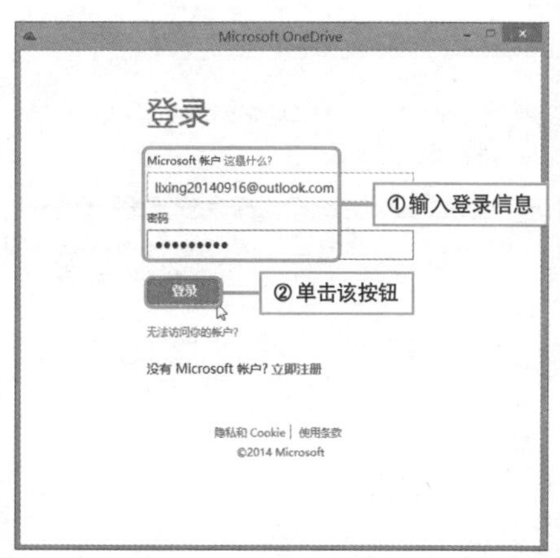

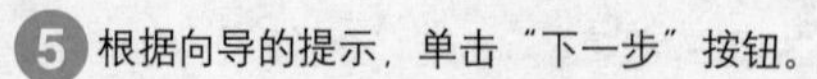

5 根据向导的提示，单击“下一步”按钮。

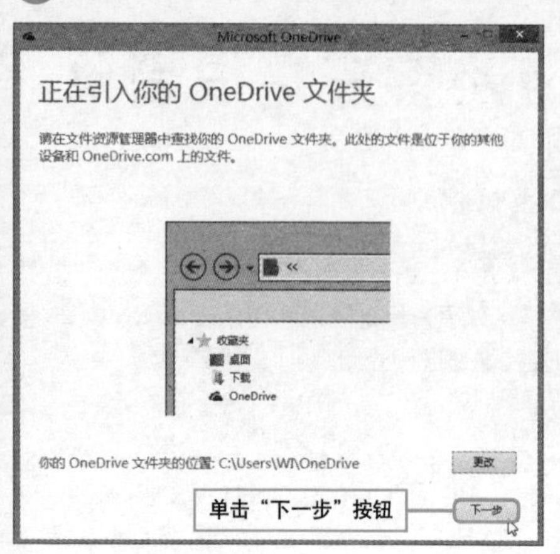

Hint

更改OneDrive文件夹存放位置

在第5步中，可以选择更改OneDrive文件夹存放位置。单击“更改”按钮，会弹出“浏览文件夹”对话框，从中选择OneDrive文件夹需要存放的位置。

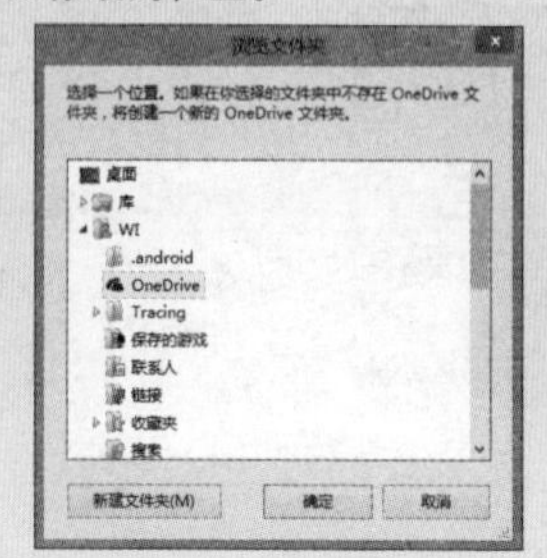

6 再次单击“下一步”按钮。

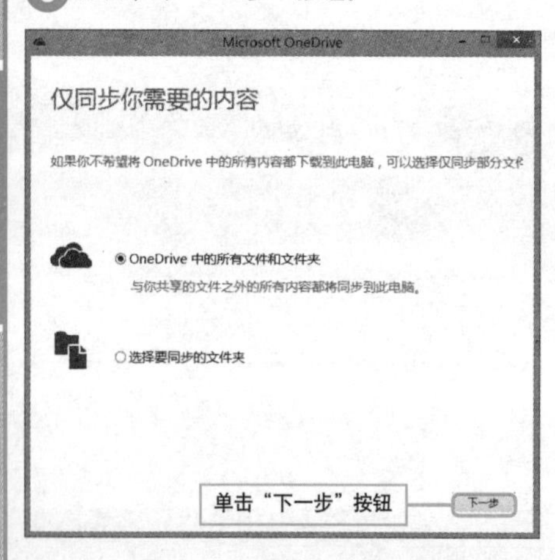

7 最后单击“完成”按钮即可。

8 随后即可打开OneDrive窗口，对其中的文件进行管理了。

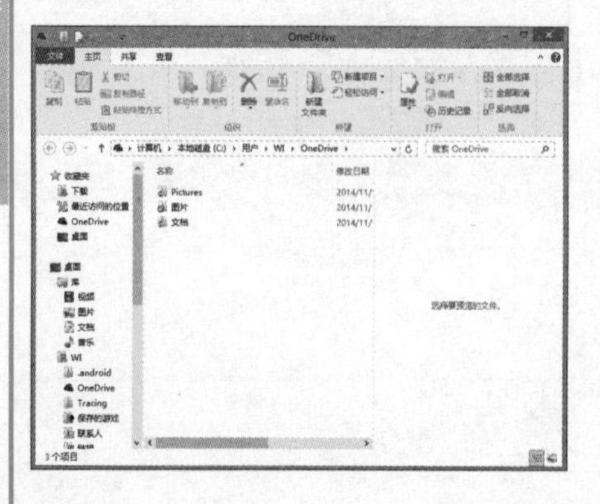

Hint

没有云账户的处理方法

在第4步中，需要用户登录云端，如果用户没有云账户，那么可以单击第四步对话框中的“立即注册”按钮，依据注册向导，注册一个云账户即可，注册完成后，就可以继续后面的操作了。

体验OneDrive带来的快乐

实例 使用OneDrive客户端管理文件

OneDrive使用起来非常便捷，用户既可以通过浏览器访问文件，又可以通过客户端来管理文件。为此，下面将对OneDrive客户端的使用方法进行介绍。

1 双击桌面上的快捷图标，打开OneDrive窗口，即可通过相应的功能按钮对文件进行管理了。

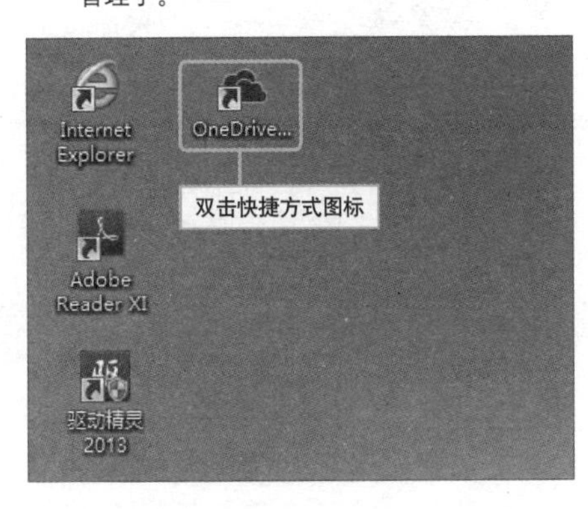

2 进入OneDrive窗口，其中，"主页"选项卡用于对文件进行选择、复制、粘贴、移动等常规操作。

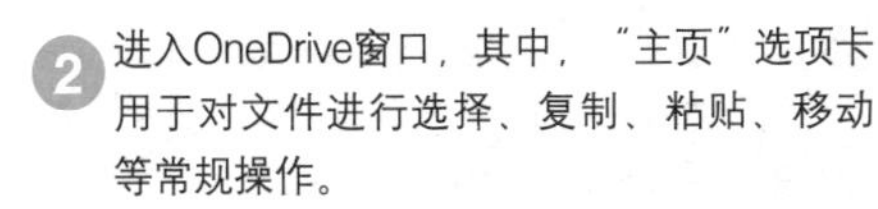
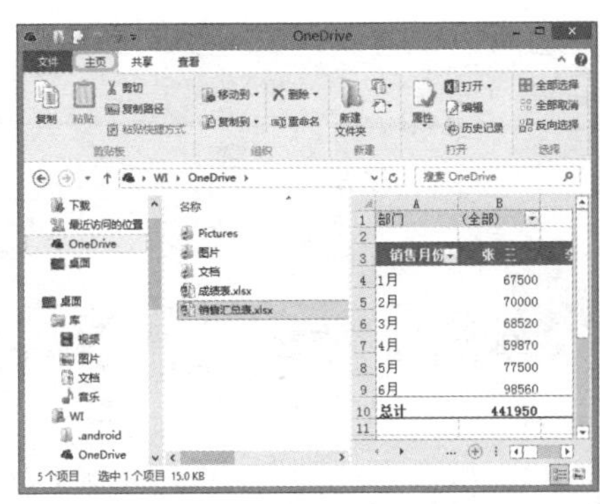

3 "共享"选项卡主要用于设置文件的共享属性。"查看"选项卡主要用于设置当前文件夹中文件的显示方式。

Hint

右键菜单的使用

选择报表文件并右击，在的弹出快捷菜单中选择"OneDrive-共享"命令，即可轻松完成文件的共享操作。

Question 330

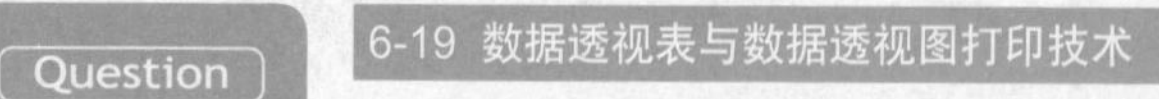

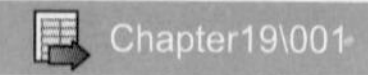

设置数据透视表的打印标题

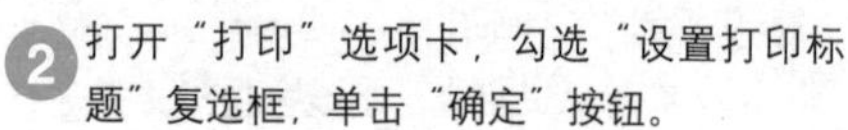

● Level ◆◇◇

2013 2010 2007

当数据透视表中的内容较多，无法在一页中打印完时，数据透视表顶端的标题行只能在第一页中被打印出来，这样就会影响下面所打印内容的阅读，而且打印效果也不美观，本技巧讲解如何让打印出的数据透视表每一页顶端都能够显示标题行。

1 选中数据透视表中任意单元格，单击“分析”选项卡下的“选项”按钮。弹出“数据透视表选项”对话框。

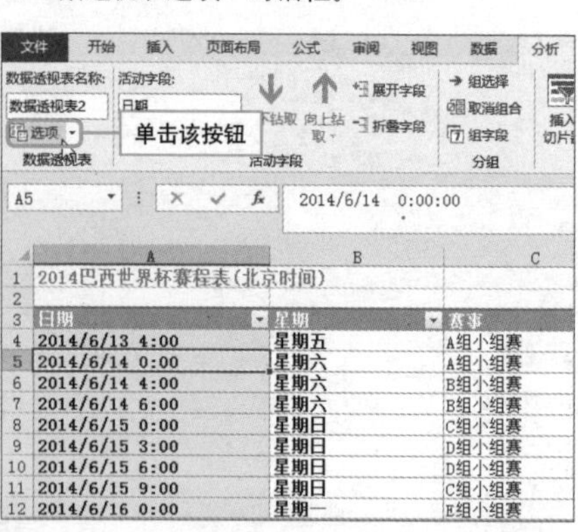

2 打开“打印”选项卡，勾选“设置打印标题”复选框，单击“确定”按钮。

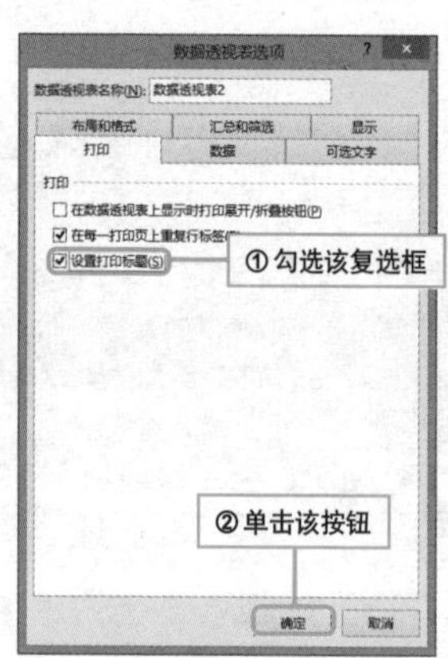

3 设置完成之后，在“文件”菜单中选择“打印”命令，在页面右侧即可查看打印效果。

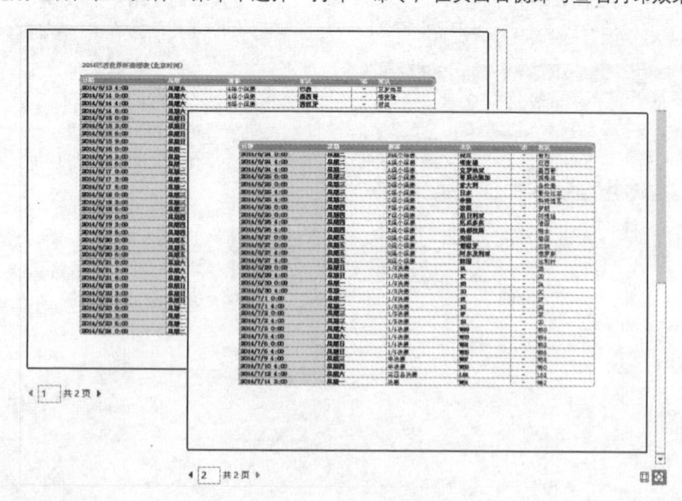

指定数据透视表打印标题行

实例 为需要打印的数据透视表指定打印标题行

数据透视表的打印标题行还可以在页面布局中设置，通过在数据透视表中选择顶端标题行和左端标题列的范围，为需要打印的数据透视表指定打印标题行或标题列。此方法不仅适用于数据透视表，也适用于工作表中的任何数据表。

1 打开“页面布局”选项卡，单击“打印标题”按钮。

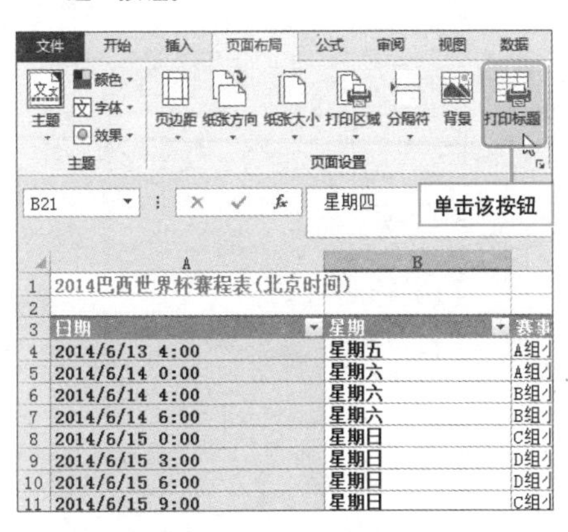

2 打开“页面设置”对话框，单击“顶端标题行”文本框右侧的选取按钮。

3 在数据透视表中选取单元格区域$3:$3。再次单击选取按钮。

4 返回“页面设置”对话框，单击“确定”按钮。

为数据透视表每一分类项目分页打印

实例 只在数据透视表列字段中显示一组数据

因为工作需要，要将城市销售额汇总数据表中各城市的销量分别打印在单独的一张纸张上，本技巧将介绍具体操作方法。

① 选中数据透视表中任意单元格，打开“分析”选项卡，单击“字段设置”按钮。

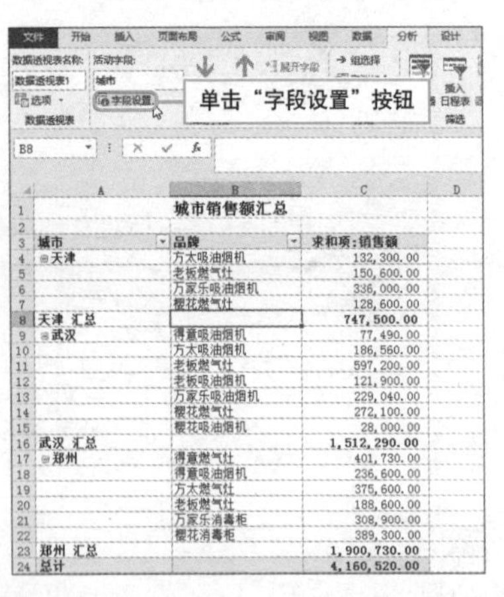

② 打开“字段设置”对话框，在“布局和打印”选项卡下勾选“每项后插入分页符”复选框，单击“确定”按钮。

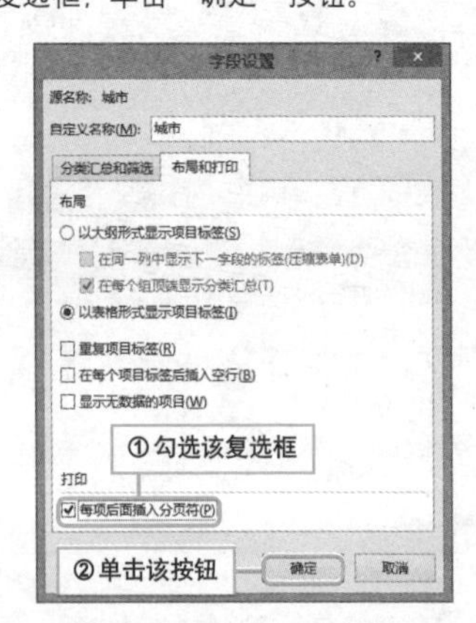

③ 打开“页面设置”对话框，将“顶端标题行”设为$1:$3，单击“确定”按钮。

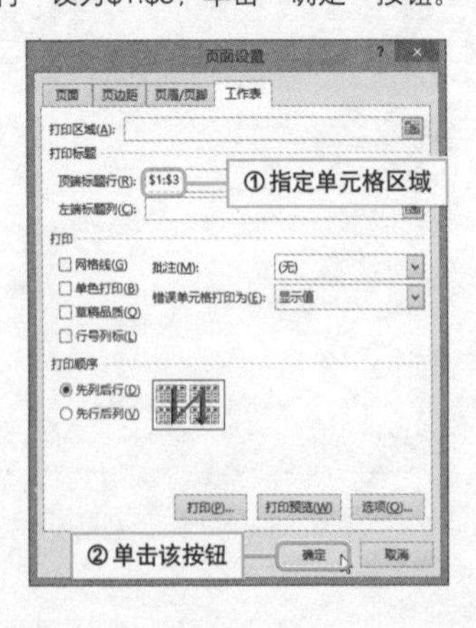

④ 进入预览界面，查看打印效果，数据透视表中的每项将被分页打印。

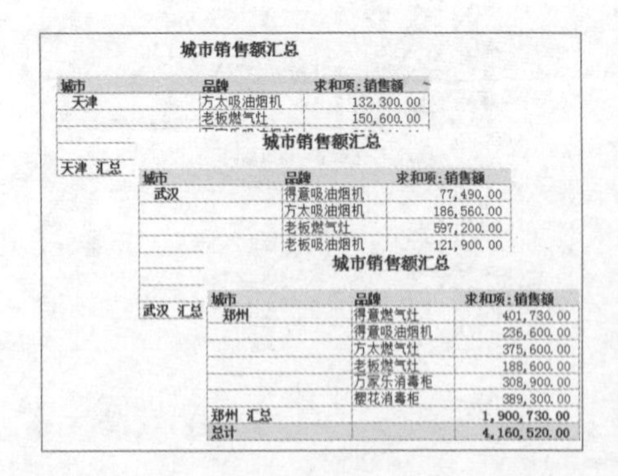

打印单个页字段数据项数据

实例 根据单个页字段数据项打印数据透视表

在含有页字段的数据透视表中，如果要根据页字段中的每一个数据项分页打印报表，例如在商品销售明细数据透视表中，要根据“商品”字段中的数据项将数据透视表分页打印，该如何操作？

❶ 选中数据透视表中任意单元格，打开“分析”选项卡，单击“选项”下三角按钮，在展开的列表中选择“显示报表筛选页”选项。

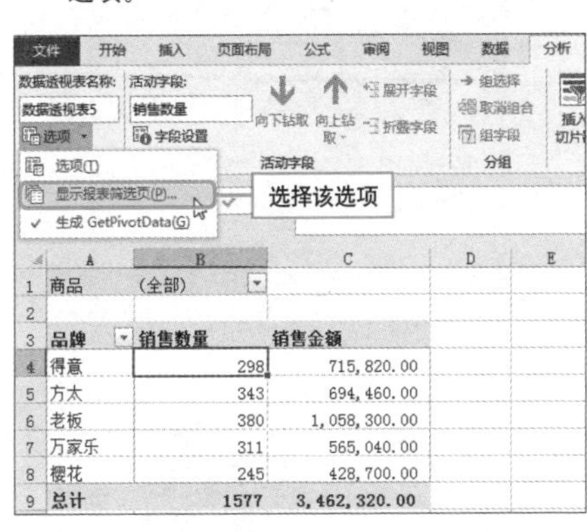

❷ 弹出“显示报表筛选页”对话框，保持选中设置不变，单击“确定”按钮。

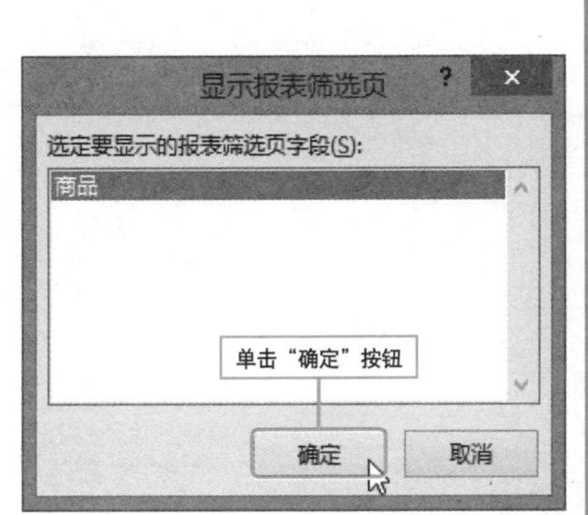

❸ 数据透视表生成一组以“商品”字段数据项命名的工作表，分别显示各商品不同品牌的销售金额。

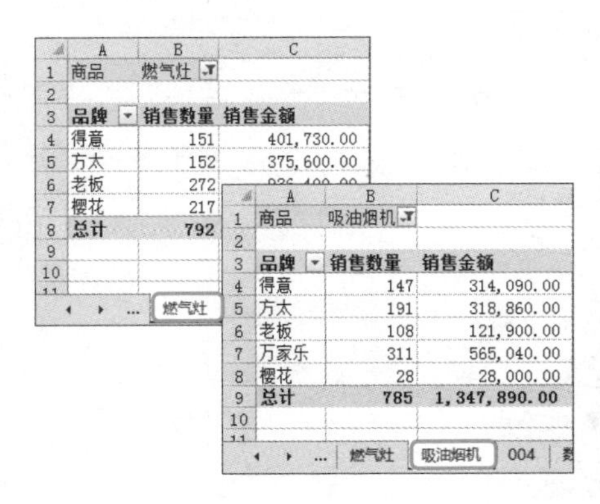

❹ 单击“燃气灶”工作表标签，按住Shift键，单击“吸油烟机”工作表标签，然后执行打印操作即可。

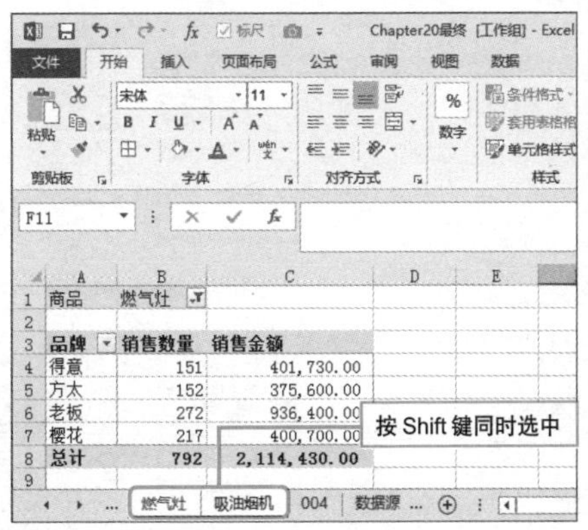

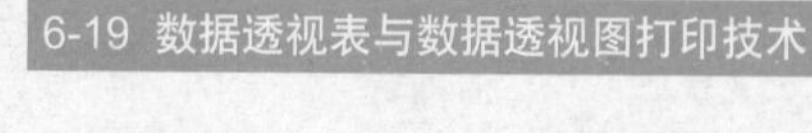

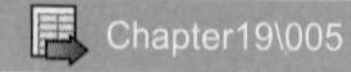

Question 334

Level ◆◆◇

2013 2010 2007

在每一页上重复打印行标签

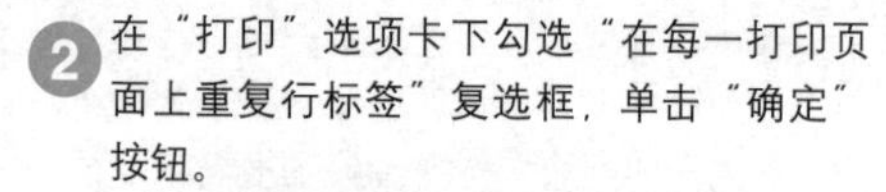

如果数据透视表包含的内容很多，某一行字段占用页面较长，并形成跨页时，即使设置了“顶端标题行”，这个行字段的标签还是不能跨页打印出来，本技巧讲解绍如何将行字段的标签在每张页面上均打印出来。

① 右击数据透视表中任意单元格，在快捷菜单中选择“数据透视表选项”命令，打开“数据透视表选项”对话框。

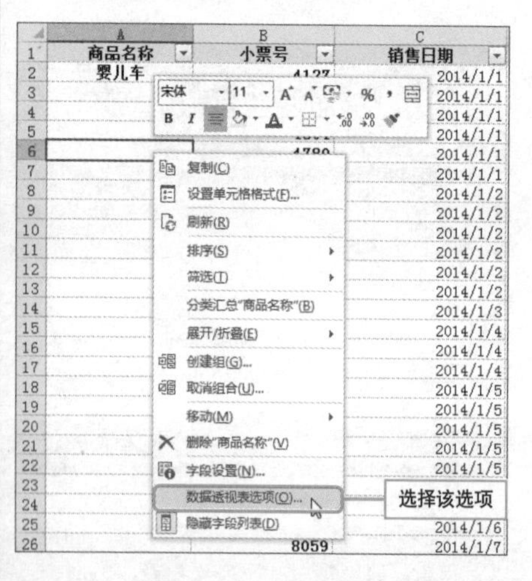

② 在“打印”选项卡下勾选“在每一打印页面上重复行标签”复选框，单击“确定”按钮。

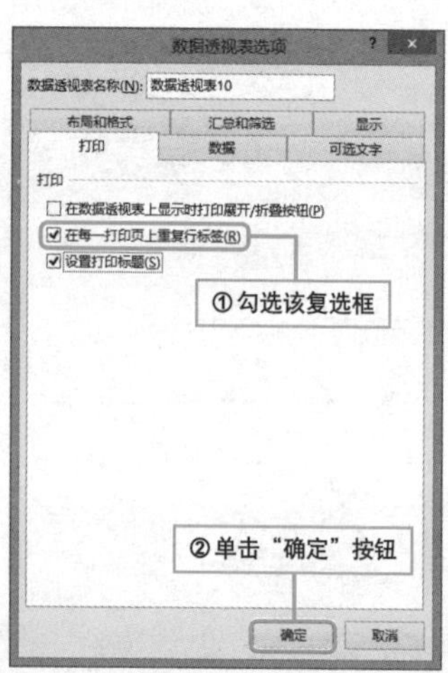

③ 在预览界面中即可查看在每一页上重复打印行标签的效果。

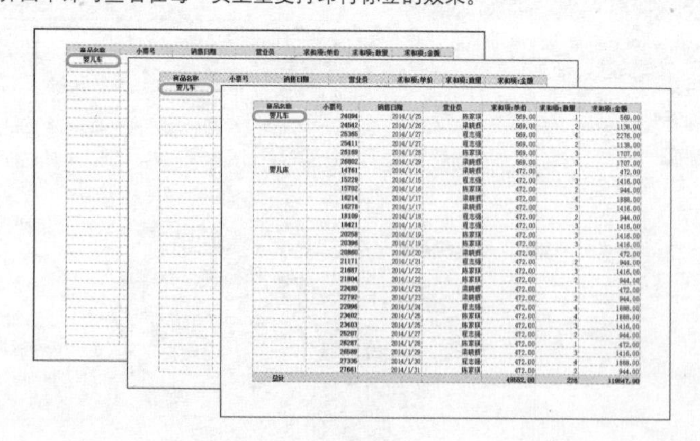

利用VBA实现单筛选字段分项打印

实例 根据单筛选字段数据项打印数据透视表

前面的技巧中详细介绍了如何手动操作实现单筛选字段数据项的分项数据打印，本技巧要讲解的是如何利用VBA代码快速实现单筛选字段分项打印。

❶ 首先单击筛选字段“城市”字段下拉按钮，在展开的筛选器中查看所有项。

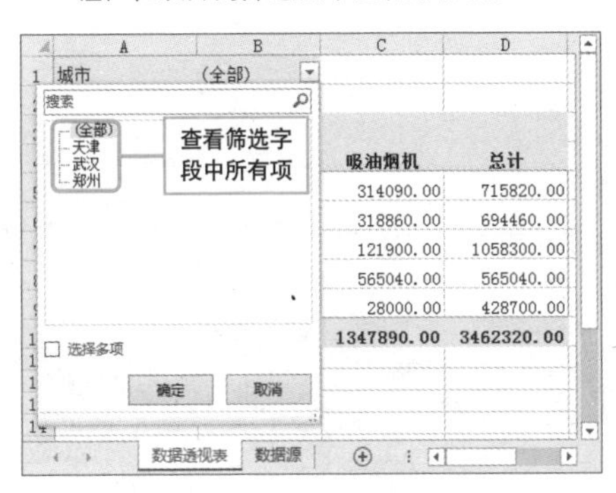

❷ 右击“数据透视表”工作表标签，在弹出的快捷菜单中选择“查看代码”命令。

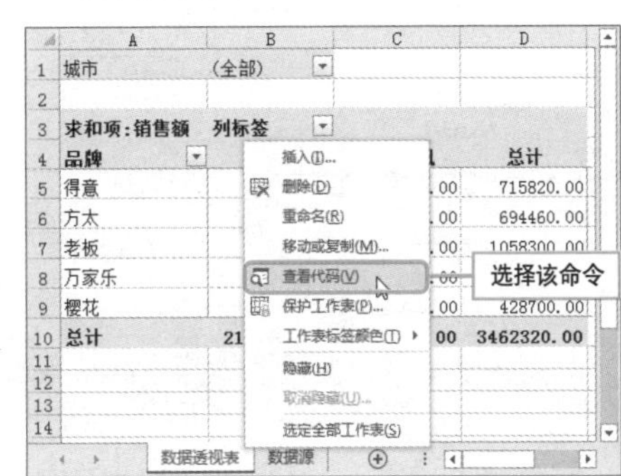

❸ 进入VBA编辑界面，编写如下代码：

```
Sub PrintPvtTblByPageFields()
Dim objPvtTbl As PivotTable
Dim objPvtTblIm As PivotItem
Dim sCurrentPvtFld As String
Set objPvtTbl = Sheets("数据透视表").PivotTables(1)
With objPvtTbl
sCurrentPvtFld = .PageFields(1).CurrentPage
For Each objPvtTblIm In .PageFields(1).PivotItems
.PageFields(1).CurrentPage = objPvtTblIm.Name
Sheets("数据透视表").PrintPreview
Next objPvtTblIm
.PageFields(1).CurrentPage = sCurrentPvtFld
End With
Set objPvtTblIm = Nothing
Set objPvtTbl = Nothing
End Sub
```

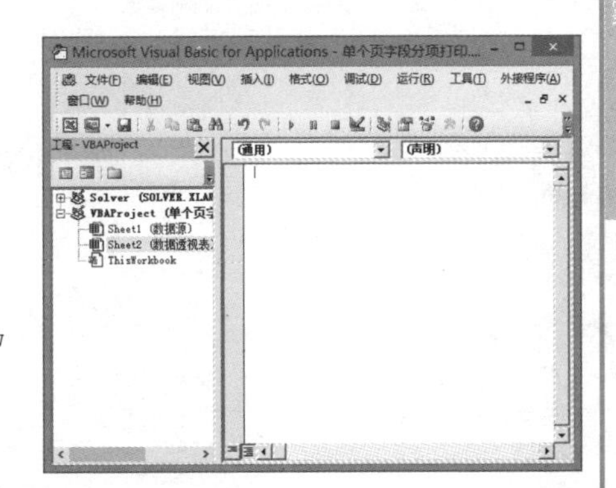

4 编写完成后，单击“运行子过程”按钮。

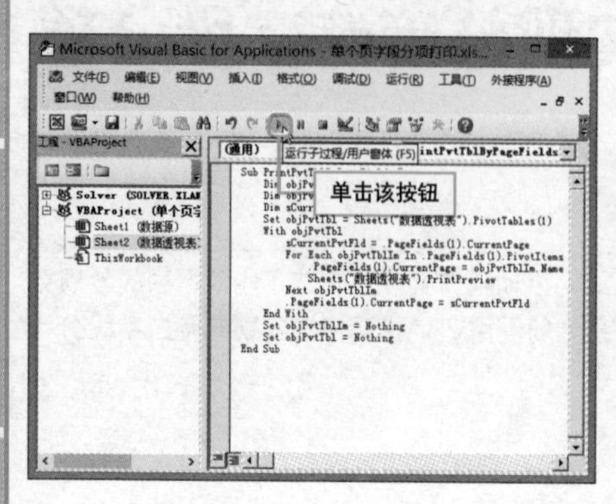

5 弹出“宏”对话框，保持选中内容不变。单击“运行”按钮。

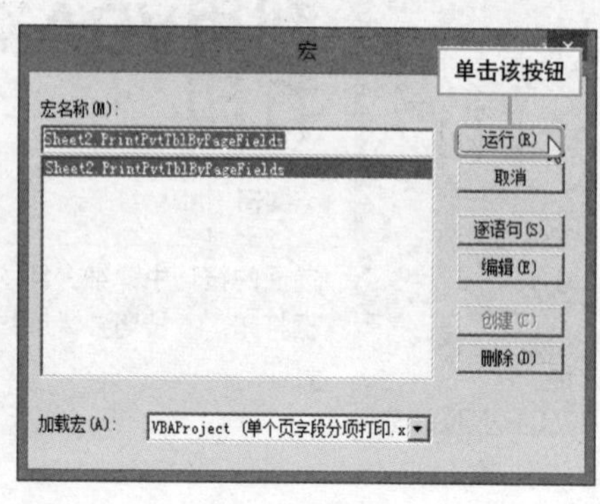

6 弹出“打印预览”界面，“城市”字段中的各项被单独显示在打印预览窗口中。单击“打印”按钮，即可将这些项的数据透视表分页打印出来。

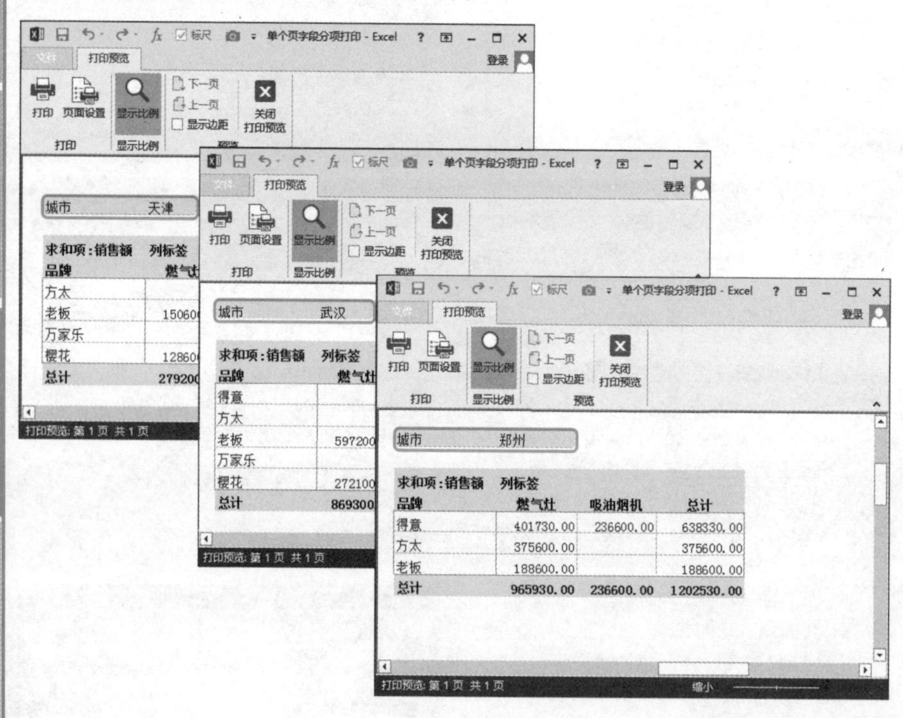

Question 336

● Level ◆◆◇

2013 2010 2007

只单独打印数据透视图的方法

实例 设置只打印数据透视图不打印其他区域

利用数据源同时创建了数据透视表和数据透视图以后，在打印的过程中如果只需要打印数据透视图，而不需要打印其他内容该如何操作呢？

1 单击数据透视图，将数据透视图选中，单击“文件”标签。

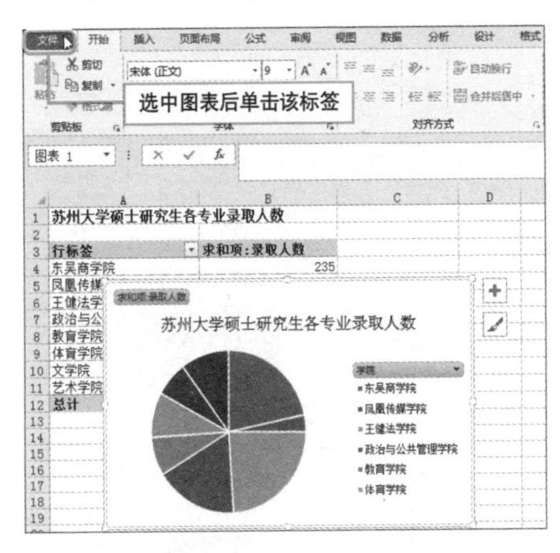

2 在展开的菜单中选择“打印”命令。

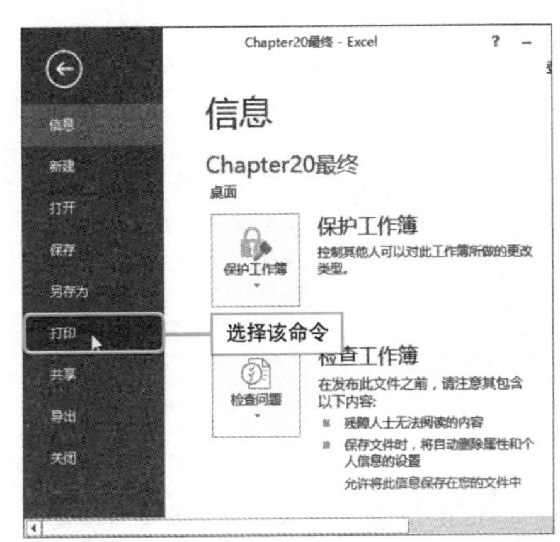

3 在打印预览界面中，即可查看放大的数据透视图。

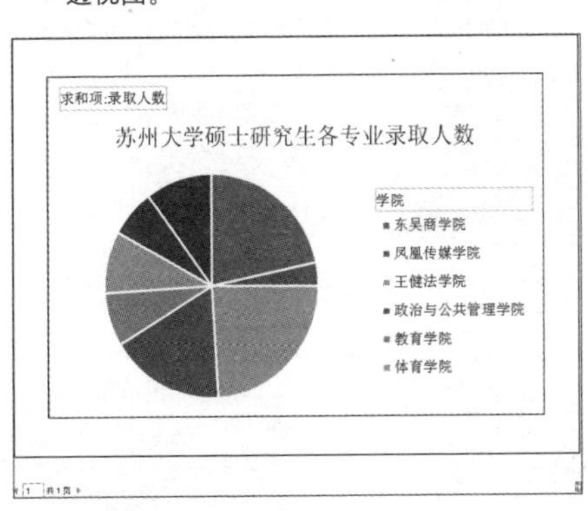

在预览界面中预览打印效果

Hint

按实际比例打印数据透视图

可以将数据透视图拖至空白区域，选中图表后面的空白区域，在“文件”菜单中选择“打印”命令，在“打印活动工作表”下拉列表中选择“打印选定区域”选项。

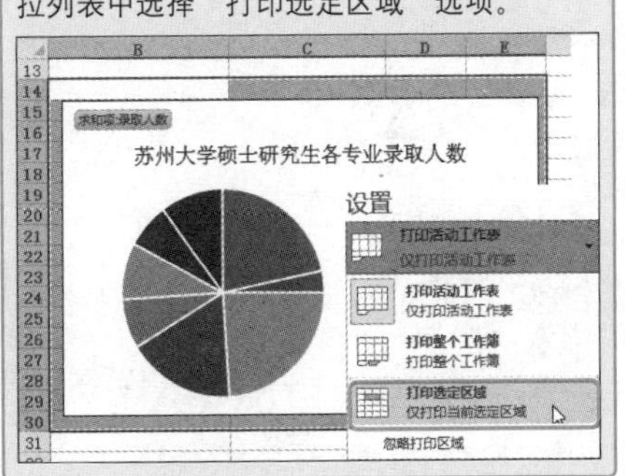

避免打印数据透视图

实例 打印除数据透视图以外的所有数据

如果不想打印数据透视图，只想打印图表以外的其他区域，则可以对图表执行取消“打印对象”操作，具体步骤如下所示。

1. 右击数据透视图的图表区域，在弹出的菜单中选择“设置图表区域格式”命令。

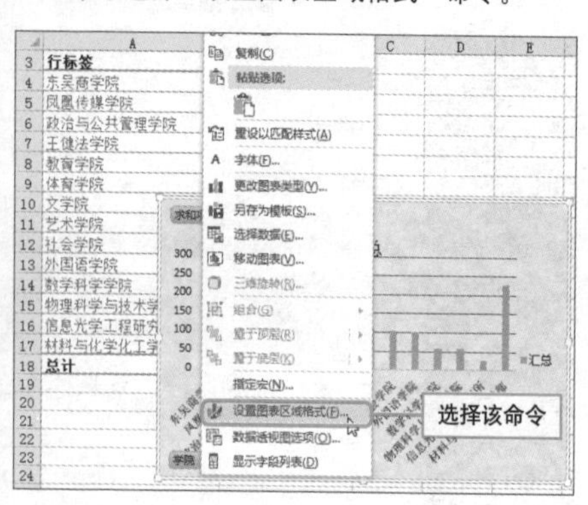

2. 打开“设置图表区格式”窗格，打开“大小属性”选项卡。

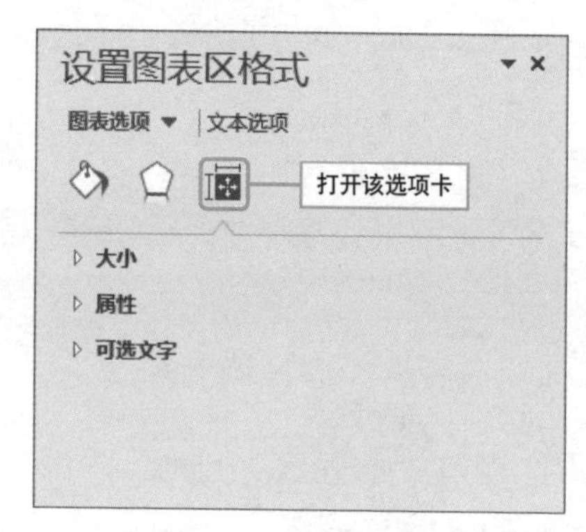

3. 展开“属性”组，取消“打印对象”复选框的勾选。

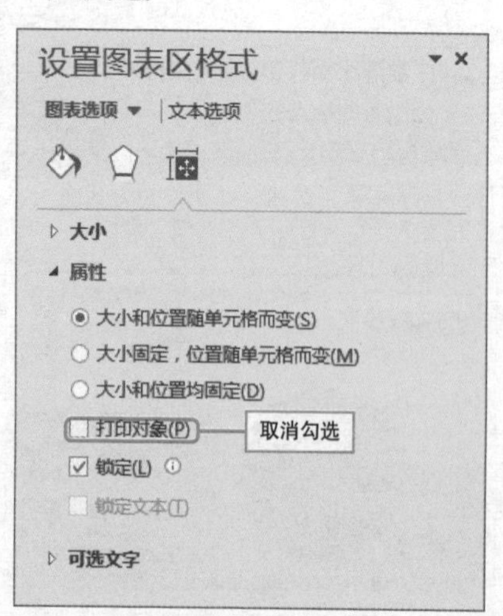

4. 进入打印预览界面，预览界面中只呈现出数据透视表，数据透视图不会被打印。

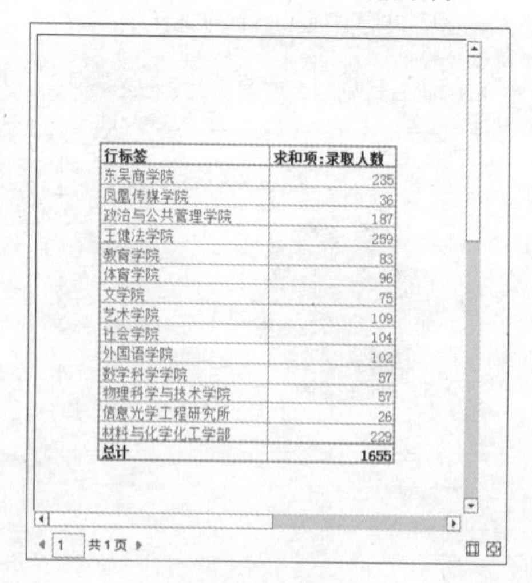

行标签	求和项:录取人数
东吴商学院	235
凤凰传媒学院	36
政治与公共管理学院	187
王健法学院	259
教育学院	83
体育学院	96
文学院	75
艺术学院	109
社会学院	104
外国语学院	102
数学科学学院	57
物理科学与技术学院	57
信息光学工程研究所	26
材料与化学化工学部	229
总计	**1655**

Question 338

● Level ◆◆◇

2013 2010 2007

“按黑白方式”打印数据透视图

实例 将数据透视图打印成黑白效果

在打印的过程中为了提高打印速度和节约成本，可以将彩色的图表打印成黑白效果。黑白打印，只需要事先对数据透视图进行设置即可以达到想要的效果。

1 选中图表，打开“页面布局”选项卡，单击“页面设置”组右下角的扩展按钮。

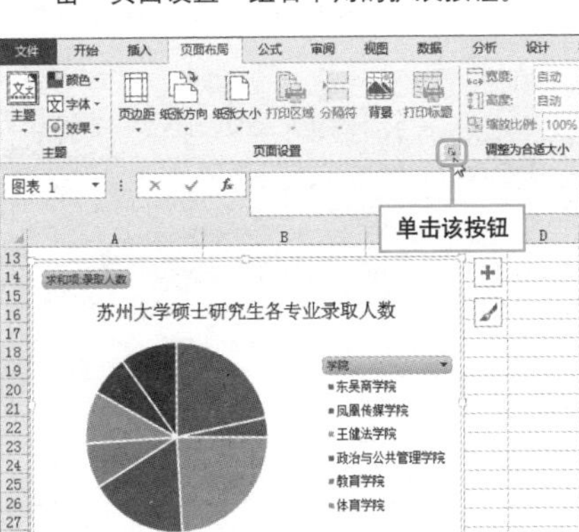

2 打开“页面设置”对话框，打开“图表”选项卡，勾选“按黑白方式”复选框。

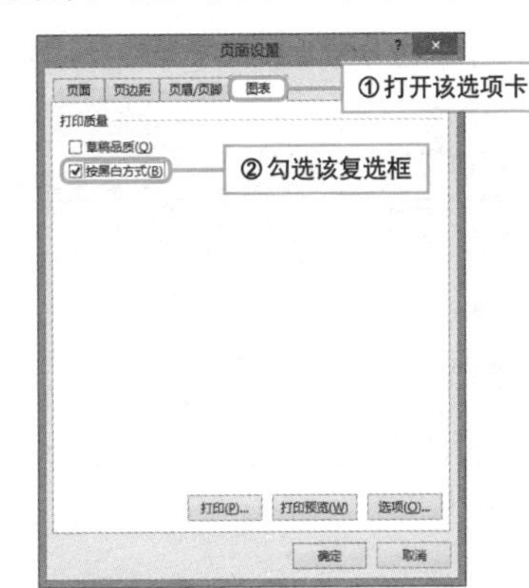

3 单击该对话框下方的“打印预览”按钮。

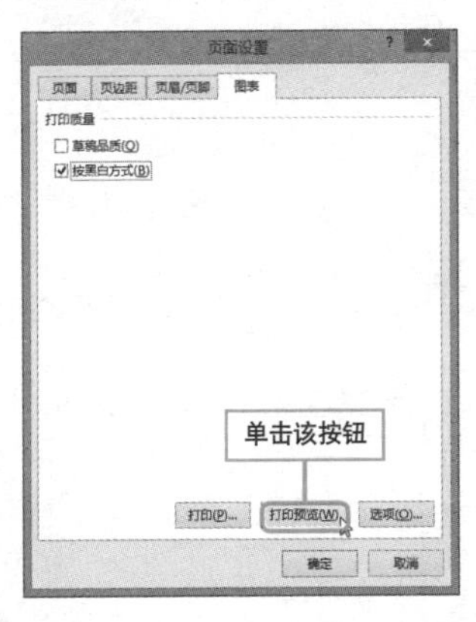

4 进入打印预览界面，此时数据透视表已显示为黑白等待打印。

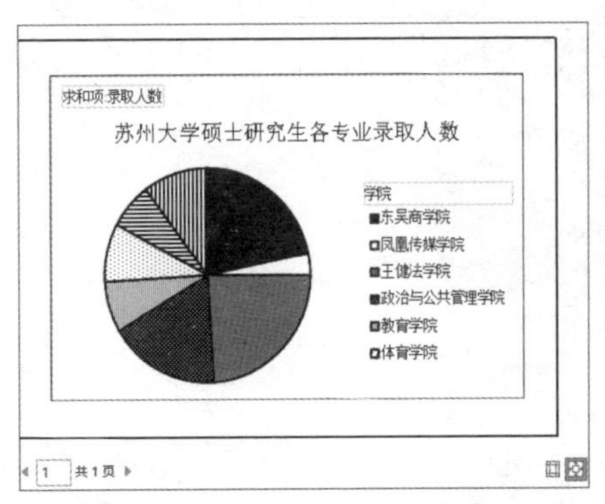

黑白打印数据透视图的效果

Question 339

6-19 数据透视表与数据透视图打印技术 Chapter19\010

横向打印技巧

Level ◆◆◇

2013 2010 2007

实例 为数据透视表和数据透视图设置横向打印

当工作表中的数据透视表和数据透视图横向的项目比较多，纵向无法将工作表中的内容完全打印时，可以将其设置为横向打印。

初始效果

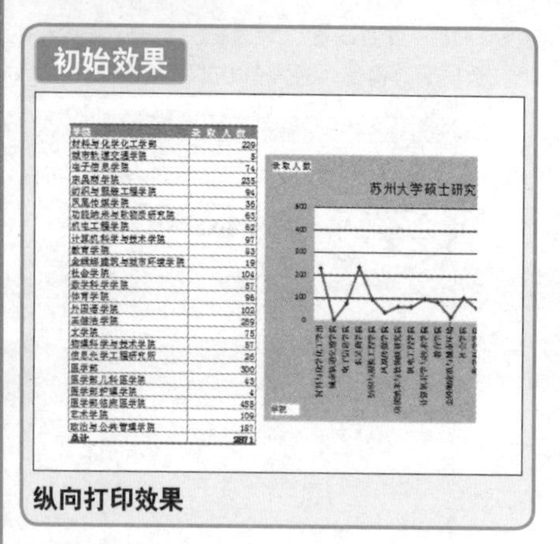

纵向打印效果

最终效果

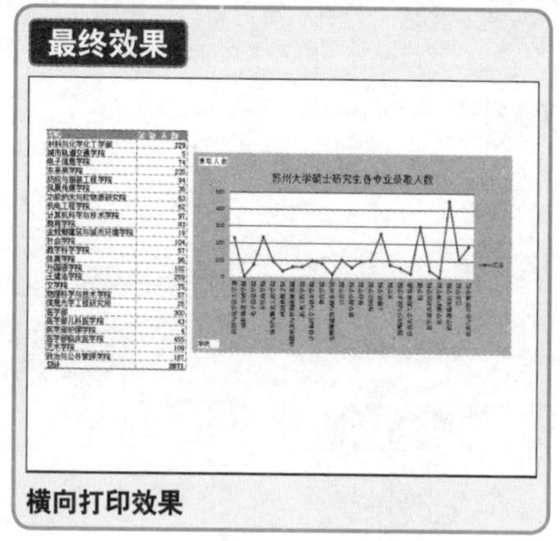

横向打印效果

① 进入“文件”菜单，选择“打印”命令。在“设置”组中单击“纵向”下拉按钮，在展开的列表中选择“横向”选项。

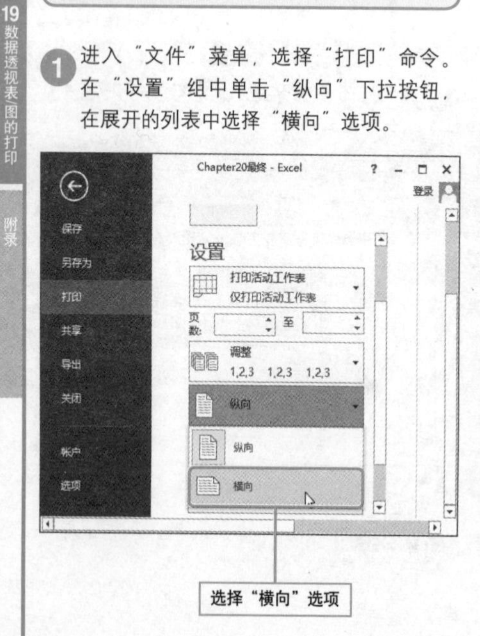

② 也可以打开“页面布局”选项卡，在“页面设置”组中单击“纸张方向”下拉按钮，在其下拉列表中选择“横向”选项。

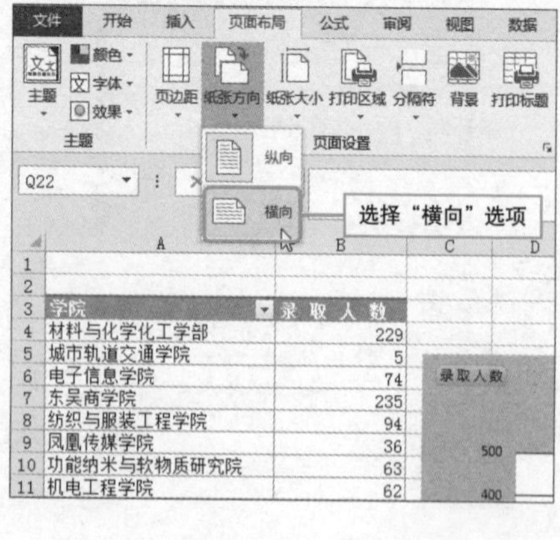

附　录　437~455

需要掌握的Excel快捷键与其他知识

附录1　需要牢记的Excel快捷键

附录2　数据透视表图专用快捷键

附录3　学习PowerPivot必备知识

附录4　常见疑难问题解决办法

需要牢记的Excel快捷键

01 基本功能键

按　　键	功能描述
F1	显示“Excel 帮助”任务窗格
	按 Ctrl+F1 将显示或隐藏功能区
	按 Alt+F1 可创建当前区域中数据的嵌入图表
	按 Alt+Shift+F1 可插入新的工作表
F2	编辑活动单元格并将插入点放在单元格内容的结尾。如果禁止在单元格中进行编辑，它也会将插入点移到编辑栏中
	按 Shift+F2 可添加或编辑单元格批注
F3	显示“粘贴名称”对话框。仅当工作簿中存在名称时才可用
	按 Shift+F3 将显示“插入函数”对话框
F4	重复上一个命令或操作（如有可能）
	按 Ctrl+F4 可关闭选定的工作簿窗口
	按 Alt+F4 可关闭 Excel
F5	显示“定位”对话框
	按 Ctrl+F5 可恢复选定工作簿窗口的窗口大小
F6	在工作表、功能区、任务窗格和缩放控件之间切换
	按 Shift+F6 可以在工作表、缩放控件、任务窗格和功能区之间切换
	若打开多个工作簿窗口，则按 Ctrl+F6可切换到下一个工作簿窗口
F7	显示“拼写检查”对话框，以检查活动工作表或选定范围中的拼写
	若工作簿窗口未最大化，则按 Ctrl+F7 可对该窗口执行“移动”命令。使用箭头键移动窗口，并在完成时按 Enter，或按 Esc 取消
F8	打开或关闭扩展模式。在扩展模式中，“扩展选定区域”将出现在状态行中，并且按箭头键可扩展选定范围
	按 Shift+F8，可以使用箭头键将非邻近单元格或区域添加到单元格的选定范围中
	按 Alt+F8 可显示用于创建、运行、编辑或删除宏的“宏”对话框
F9	计算所有打开的工作簿中的所有工作表
	按 Shift+F9 可计算活动工作表
	按 Ctrl+Alt+F9 可计算所有打开的工作簿中的所有工作表，不管它们自上次计算以来是否已更改
	若按 Ctrl+Alt+Shift+F9，则会重新检查相关公式，然后计算所有打开的工作簿中的所有单元格，其中包括未标记为需要计算的单元格
	按 Ctrl+F9 可将工作簿窗口最小化为图标

（续表）

按　键	功能描述
F10	打开或关闭按键提示（按 Alt 也能实现同样目的）
	按 Shift+F10 可显示选定项目的快捷菜单
	按 Ctrl+F10 可最大化或还原选定的工作簿窗口
F11	在单独的图表工作表中创建当前范围内数据的图表
	按 Shift+F11 可插入一个新工作表
	按 Alt+F11 可打开 Microsoft Visual Basic For Applications 编辑器，在该编辑器中通过 Visual Basic for Applications (VBA) 来创建宏
F12	显示“另存为”对话框

02“Ctrl+字母”组合键

组合键	功能描述
Ctrl+A	选择整个工作表
	如果工作表包含数据，则按Ctrl+A将选择当前区域。再次按Ctrl+A将选择整个工作表
	当插入点位于公式中某个函数名称的右边时，则会显示“函数参数”对话框
	当插入点位于公式中某个函数名称的右边时，按Ctrl+Shift+A将会插入参数名称和括号
Ctrl+B	应用或取消加粗格式设置
Ctrl+C	复制选定的单元格
Ctrl+D	使用“向下填充”命令将选定范围内最顶层单元格的内容和格式复制到下面的单元格中
Ctrl+F	显示“查找和替换”对话框，其中的“查找”选项卡处于选中状态
	按Shift+F5也会显示此选项卡，而按 Shift+F4 则会重复上一次“查找”操作
	按Ctrl+Shift+F将打开“设置单元格格式”对话框，其中的“字体”选项卡处于选中状态
Ctrl+G	显示“定位”对话框
	按F5也会显示此对话框
Ctrl+H	显示“查找和替换”对话框，其中的“替换”选项卡处于选中状态
Ctrl+I	应用或取消倾斜格式设置
Ctrl+K	为新的超链接显示“插入超链接”对话框，或为选定的现有超链接显示“编辑超链接”对话框
Ctrl+L	显示“创建表”对话框
Ctrl+N	创建一个新的空白工作簿
Ctrl+O	显示“打开”对话框以打开或查找文件
	按Ctrl+Shift+O可选择所有包含批注的单元格

（续表）

组合键	功能描述
Ctrl+P	在Microsoft Office Backstage视图中显示“打印”选项卡
	按Ctrl+Shift+P将打开“设置单元格格式”对话框，其中的“字体”选项卡处于选中状态
Ctrl+R	使用“向右填充”命令将选定范围最左边单元格的内容和格式复制到右边的单元格中
Ctrl+S	使用其当前文件名、位置和文件格式保存活动文件
Ctrl+T	显示“创建表”对话框
Ctrl+U	应用或取消下划线
	按Ctrl+Shift+U将在展开和折叠编辑栏之间切换
Ctrl+V	在插入点处插入剪贴板的内容，并替换任何所选内容。只有在剪切或复制了对象、文本或单元格内容之后，才能使用此快捷键。
	按Ctrl+Alt+V可显示“选择性粘贴”对话框。只有在剪切或复制了工作表或其他程序中的对象、文本或单元格内容后此快捷键才可用
Ctrl+W	关闭选定的工作簿窗口
Ctrl+X	剪切选定的单元格
Ctrl+Y	重复上一个命令或操作（如有可能）
Ctrl+Z	使用“撤销”命令来撤销上一个命令或删除最后键入的内容

03“Ctrl+数字”组合键

组合键	功能描述
Ctrl+1	显示“单元格格式”对话框
Ctrl+2	应用或取消加粗格式设置
Ctrl+3	应用或取消倾斜格式设置
Ctrl+4	应用或取消下划线
Ctrl+5	应用或取消删除线
Ctrl+6	在隐藏对象和显示对象之间切换
Ctrl+8	显示或隐藏大纲符号
Ctrl+9	隐藏选定的行
Ctrl+0	隐藏选定的列
Ctrl+0	隐藏选定的列

04“Ctrl+Shift+ ”组合键

组合键	功能描述
Ctrl+Shift+(	取消隐藏选定范围内所有隐藏的行
Ctrl+Shift+&	将外框应用于选定单元格

（续表）

组合键	功能描述
Ctrl+Shift_	从选定单元格删除外框
Ctrl+Shift+~	应用“常规”数字格式
Ctrl+Shift+$	应用带有两位小数的“货币”格式（负数放在括号中）
Ctrl+Shift+%	应用不带小数位的“百分比”格式
Ctrl+Shift+^	应用带有两位小数的科学计数格式
Ctrl+Shift+#	应用带有日、月和年的“日期”格式
Ctrl+Shift+@	应用带有小时和分钟以及 AM 或 PM 的“时间”格式
Ctrl+Shift+!	应用带有两位小数、千位分隔符和减号 (-)（用于负值）的“数值”格式
Ctrl+Shift+*	选择环绕活动单元格的当前区域（由空白行和空白列围起数据区域）
	在数据透视表中，它将选择整个数据透视表
Ctrl+Shift+:	输入当前时间
Ctrl+Shift+"	将值从活动单元格上方的单元格复制到单元格或编辑栏中
Ctrl+Shift+加号 (+)	显示用于插入空白单元格的“插入”对话框

附录② 数据透视表图专用快捷键

01 更改数据透视表的布局

组合键	功能描述
F5	打开“定位”对话框
F10	激活菜单栏
F11	直接将数据透视图创建在新建的图表工作表中
Alt+F1	在当前工作表中创建数据透视图
Ctrl+Shift+*（星号）	选择整个数据透视表
Alt+Shift+向右键	打开“创建组”对话框，对数据透视表字段中的选定项分组
Alt+Shift+向左键	打开“取消组合”对话框，取消对数据透视表字段中分组项的分组
Alt+D+P	打开创建数据透视表和数据透视图向导对话框

02 显示和隐藏字段中的项

组合键	功能描述
Alt+向下键	显示数据透视表或数据透视图报表中字段的下拉列表。使用箭头键选择字段
向上键↑	选择区域中的上一项
向下键↓	选择区域中的下一项
向右键→	选择区域中的右边一项
向左键←	选择区域中的左边一项
Home	选择列表中的第一个可见项
End	选择列表中的最后一个可见项
Enter	关闭列表，并显示选定的项
空格键	选中、双重选中或清除列表中的复选框。双重选中可同时选择某项及其下级项
Tab	在列表、“确定”按钮和“取消”按钮之间切换

附录③ 学习PowerPivot必备知识

PowerPivot for Excel（全称Microsoft SQL Server PowerPivot for Microsoft Excel）是一种强大的数据分析工具，这种外接程序主要用于增强Excel的数据分析功能。PowerPivot for Excel包括一个用于操作 Excel工作表中数据的POWERPIVOT选项卡（在Excel功能区上），以及用于添加和准备数据的窗口，如右图所示。

PowerPivot选项卡

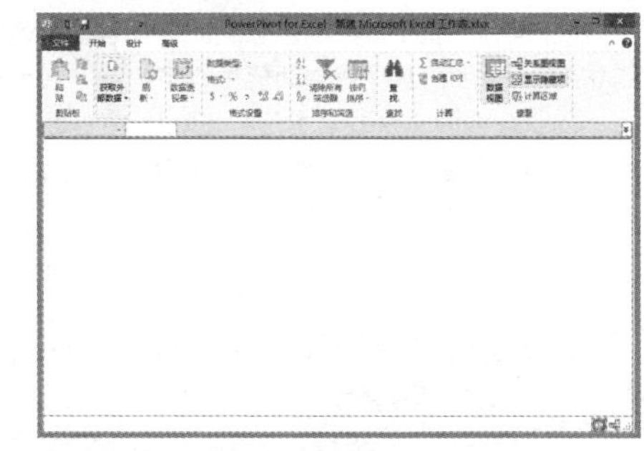

PowerPivot for Excel窗口

01 使用PowerPivot管理数据

PowerPivot for Excel拥有一个可用于从不同源导入数据的向导，这些源的范围涉及计算机上的电子表格和文本文件、公共数据库、Internet上的大型企业数据库等。这些数据以表的形式导入到PowerPivot for Excel中， 这些表在PowerPivot窗口中显示为单独的表，与Excel工作簿中的工作表类似，如右图所示。

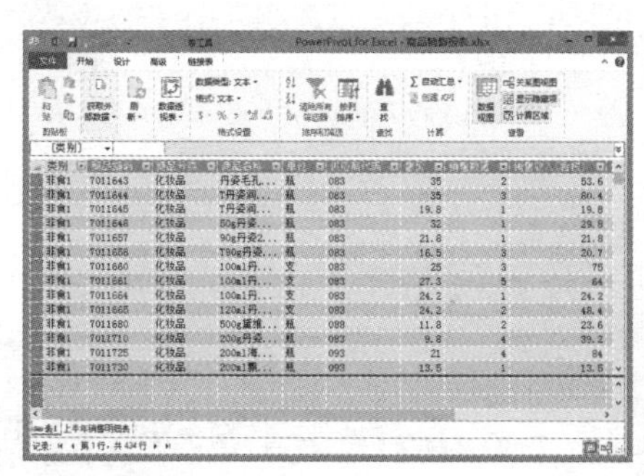

导入数据

在PowerPivot窗口中处理的数据存储在Excel工作簿内的分析数据库中，一个功能强大的本地引擎会加载、查询和更新该数据库中的数据。用户可通过在PowerPivot窗口中各表间创建关系，以进一步丰富PowerPivot数据。由于PowerPivot数据位于Excel中，因此可立即用于数据透视表、数据透视图，以及 Excel 中用于与数据聚合和交互的其他功能。PowerPivot支持最大为2GB的文件，最多允许在内存中处理4GB数据。

在PowerPivot窗口和 Excel 窗口中处理数据的方式是有所不同的，其主要区别如下。

Hint

聚合

是一种对数据进行折叠、汇总或分组的方法。在用户开始使用表或其他数据源中的原始数据时，可以说数据是平面的，这意味着尽管有很多细节，但未通过任何方式进行组织或分组。由于在汇总或结构上的这一不足，可能导致从数据中发现有意义的模式比较困难。数据建模的一个重要部分就是定义聚合，这些聚合为解决特定的业务问题而对模式进行简化、提取或汇总。

- PowerPivot数据可以在具有以下文件类型的工作簿中保存：Excel工作簿 (*.xlsx)、启用Excel宏的工作簿 (*.xlsm) 和Excel二进制工作簿 (*.xlsb)。 在具有其他格式的工作簿中不支持PowerPivot数据。
- PowerPivot窗口不支持 Visual Basic for Applications (VBA)，但用户可以在PowerPivot工作簿的 Excel 窗口中使用 VBA。
- 在Excel数据透视表中，可以通过右键单击列标题然后选择“组”命令来将数据分组。此功能通常用于按日期将数据分组。在基于PowerPivot数据的数据透视表中，可以使用计算列来实现类似功能。

除上述介绍的功能外，PowerPivot还包括数据分析表达式(DAX)。DAX是一种新的公式语言，它允许用户在 PowerPivot表（计算列）和 Excel 数据透视表（度量值）中定义自定义计算。DAX包含一些在Excel公式中使用的函数，此外还包含其他设计用于处理关系数据和执行动态聚合的函数。DAX对于Excel的数据操作功能进行了扩展，从而可以实现更高级和更复杂的分组、计算和分析。

DAX公式的语法非常类似于 Excel 公式的语法，都使用函数、运算符和值的组合。若要创建DAX公式，则需要输入一个等号，后跟函数名或表达式以及所需的任何值或参数。在使用DAX公式时，应注意以下几个方面事项。

- DAX函数始终引用完整的列或表。若用户想要仅使用表或列中的特定值，则可以向公式中添加筛选器。
- 若想逐行自定义计算，PowerPivot可提供允许用户使用当前行值或相关值执行计算（因上下文而异）的函数。
- DAX包含一种函数，此类函数返回表作为其结果，而不是返回单个值。 这些函数可用于向其他函数提供输入，以便计算整个表或列的值。
- 一些DAX函数提供“时间智能”，通过该功能，用户可以使用有效日期范围创建计算，并比较并行时间段内的结果。

> **Hint**
>
> **计算列**
>
> 指添加到现有PowerPivot表中的列。用户可以创建用于定义列值的DAX公式，而不是在列中粘贴或导入值。若在某个数据透视表（或数据透视图）中包括PowerPivot表，则可以像使用任何其他数据列一样使用计算列。

> **Hint**
>
> **度量值**
>
> 指为用于使用PowerPivot数据的数据透视表（或数据透视图）而专门创建的公式。度量值用于数据透视表的“值”区域中。如果用户想要将计算的结果放置于数据透视表的不同区域中，则应改为使用计算列。

02 PowerPivot支持的数据源及其数据类型

PowerPivot for Excel可从各种源导入数据，如右图所示。导入数据后，用户可以随时刷新数据，以反映在源中发生的任何数据更改。

PowerPivot可以使用的数据源种类如下表所示。需要说明的是，PowerPivot for Excel不安装对每种数据源列出的访问接口。某些访问接口可能已随其他应用程序安装在您的计算机上；否则您需要下载并安装这些访问接口。

导入数据向导

PowerPivot支持的数据源

数据源	版本	文件类型
Access数据库	Microsoft Access 2003、2007 和 2010	.accdb 或 .mdb
SQL Server关系数据库	Microsoft SQL Server 2005、2008、2008 R2、SQL Server 2012；Microsoft SQL Azure 数据库 2	
SQL Server Parallel Data Warehouse (PDW) 3	2008 R2, SQL Server 2012	
Oracle关系数据库	Oracle 9i、10g、11g	
Teradata关系数据库	Teradata V2R6、V12	
IBM DB2关系数据库	8.1	
Sybase关系数据库		
Microsoft Excel文件	Excel 97-2003、2007、2010、2013	xlsx、xlsm、xlsb、.xltx、xltm
PowerPivot工作簿	Microsoft SQL Server 2008 R2 和 SQL Server 2012 Analysis Services	xlsx、xlsm、.xlsb、.xltx、.xltm
Analysis Services多维数据集	Microsoft SQL Server 2005、2008、2008 R2、SQL Server 2012 Analysis Services	

在PowerPivot中支持使用以下数据类型。其中，用于数字、货币、日期和时间的格式应遵循在打开该工作簿的计算机上指定的区域设置的格式。

PowerPivot支持的数据类型

PowerPivot用户界面的数据类型	DAX中的数据类型	说　　明
整数	一个 64 位（8字节）整数值	没有小数位的数字。整数可以是正数或负数，但必须是介于-9,223,372,036,854,775,808（-2^63）和9,223,372,036,854,775,807（2^63-1）之间的整数
小数	一个 64 位（8字节）实数	实数是可具有小数位的数字。 实数涵盖很广范围的值：从-1.79E+308 到 -2.23E-308 的负值、零、从 2.23E-308 到 1.79E+ 308 的正值。但是，有效位数限制为 15 个小数位
TRUE/FALSE	布尔值	True或False值
文本	字符串	一个 Unicode字符数据字符串。可以是字符串，或以文本格式表示的数字或日期。最大字符串长度为268,435,456个Unicode字符或536,870,912字节
日期	日期/时间	采用接受的日期-时间表示形式的日期和时间。有效值是1900年1月1日后的所有日期
货币	货币	货币数据类型允许值介于-922,337,203,685,477.5808到922,337,203,685,477.5807之间，并且具有四个小数位的固定精度
不适用	空白	空白是DAX中的一种数据类型，表示并替代SQL中的Null。用户可以通过使用BLANK函数创建空白，并通过使用逻辑函数ISBLANK测试是否存在空白

03 PowerPivot的容量规范

PowerPivot 组件中定义的各种对象的最大大小和最大数量，具体见下表。

PowerPivot组件中对象的规范与限制

<table>
<tr><th>对象名称</th><th>限制说明</th></tr>
<tr><td>对象名称长度</td><td>100 个字符</td></tr>
<tr><td>名称中的无效字符</td><td>. , ; ' ` : / \ * | ?" & % $! + = () [] {} < ></td></tr>
<tr><td>每个PowerPivot数据库的表数</td><td>$2^{31}-1$=2,147,483,647</td></tr>
<tr><td>每个表的列数和计算列数</td><td>$2^{31}-1$=2,147,483,647</td></tr>
<tr><td>表中的计算度量值数</td><td>$2^{31}-1$=2,147,483,647</td></tr>
<tr><td>用于保存工作簿的PowerPivot 内存大小</td><td>4GB=4,294,967,296字节</td></tr>
<tr><td>每个工作簿的并发请求数</td><td>6</td></tr>
<tr><td>本地多维数据集连接数</td><td>5</td></tr>
<tr><td>列中的非重复值数目</td><td>1,999,999,997</td></tr>
<tr><td>表中的行数</td><td>1,999,999,997</td></tr>
<tr><td>字符串长度</td><td>536,870,912字节（512MB），相当于268,435,456个Unicode字符</td></tr>
</table>

04 筛选器函数的应用

筛选函数可用于操作数据上下文来创建动态计算，具体介绍如下。

筛选器函数详细介绍

函数名称	功能描述
ALL函数	返回表中的所有行或返回列中的所有值，同时忽略可能已应用的任何筛选器。此函数可用于清除筛选器并对表中所有行创建计算
ALLEXCEPT函数	删除表中除已应用于指定列的筛选器之外的所有上下文筛选器
ALLNOBLANKROW函数	从关系的父表中，返回除空行之外的所有行，或者某一列中除空白行之外的所有非重复值，且忽略可能存在的所有上下文筛选器
CALCULATE函数	计算由指定筛选器修改的上下文中的表达式
CALCULATETABLE函数	在由给定筛选器修改的上下文中计算表表达式
DISTINCT函数	返回由一列构成的一个表，该表包含来自指定列的非重复值。换言之，重复值将被删除，仅返回唯一值
EARLIER函数	返回提及的列的外部计算传递中指定列的当前值
EARLIEST函数	返回指定列的外部计算传递中指定列的当前值
FILTER函数	返回表示另一个表或表达式的子集的表

函数名称	功能描述
RELATED函数	通过现有的多对一关系从相关表中的指定列中提取值。在执行查找时，它将检查指定表中的所有值，而不考虑可能已应用的任何筛选器
RELATEDTABLE函数	更改筛选数据的上下文，并在用户指定的新上下文中计算表达式
VALUES函数	返回由一列构成的一个表，该表包含来自指定列的非重复值。换言之，重复值将被删除，仅返回唯一值

05 时间智能函数

这些函数除使用日期范围来获取相关的值并对值进行聚合，还可比较各个日期范围中的值。

时间智能函数详细介绍

函数名称	功能描述
CLOSINGBALANCEMONTH函数	计算当前上下文中该月最后一个日期的表达式
CLOSINGBALANCEQUARTER函数	计算当前上下文中该季度最后一个日期的表达式
CLOSINGBALANCEYEAR函数	计算当前上下文中该年度最后一个日期的表达式
DATEADD函数	返回一个表，该表包含由日期构成的一列，这些日期是在时间上从当前上下文中的日期前移或后移指定间隔数目的日期
DATESBETWEEN函数	返回一个表，该表包含由日期构成的一列，这些日期从start_date开始，并继续到end_date
DATESINPERIOD函数	返回一个表，该表包含由日期构成的一列，这些日期从start_date开始，并继续到number_of_intervals
DATESMTD函数	返回一个表，该表包含当前上下文中本月截止到现在的日期列
DATESQTD函数	返回一个表，该表包含当前上下文中本季度截止到现在的日期列
DATESYTD函数	返回一个表，该表包含当前上下文中本年度截止到现在的日期列
ENDOFMONTH函数	返回当前上下文中指定日期列相对应月份的最后日期
ENDOFQUARTER函数	返回当前上下文中指定日期列相对应季度的最后日期
ENDOFYEAR函数	返回当前上下文中指定日期列相对应年份的最后日期
FIRSTDATE函数	返回当前上下文中指定日期列的第一个日期
FIRSTNONBLANK函数	返回按当前上下文筛选的列column（其中表达式不为空白）中的第一个值
LASTNONBLANK函数	返回当前上下文中指定日期列的最后日期
LASTNONBLANK函数	返回按当前上下文筛选的列column（其中表达式不为空白）中的最后一个值
NEXTDAY函数	返回一个表，该表包含的一列具有当前上下文中基于dates列中指定的第一个日期的下一天中的所有日期

（续表）

函数名称	功能描述
NEXTMONTH函数	返回一个表，该表包含的一列具有当前上下文中基于dates列中第一个日期的下一月中的所有日期
NEXTQUARTER函数	返回一个表，该表包含的一列具有当前上下文中基于dates列中指定的第一个日期的下一季度中的所有日期
NEXTYEAR函数	返回一个表，该表包含的一列具有当前上下文中基于dates列中第一个日期的下一年中的所有日期
OPENINGBALANCEMONTH函数	计算当前上下文中该月第一个日期的表达式
OPENINGBALANCEQUARTER函数	计算当前上下文中该季度第一个日期的表达式
OPENINGBALANCEYEAR函数	计算当前上下文中该年度第一个日期的表达式
PARALLELPERIOD函数	返回一个表，该表包含由日期构成的一列，这些日期表示与当前上下文中指定的dates列中的日期并行的期间，该列中具有在时间中前移或后移某个数目的间隔的日期
PREVIOUSDAY函数	返回一个表，该表包含的一列具有表示当前上下文的dates列中第一个日期之前那一天的所有日期
PREVIOUSMONTH函数	返回一个表，该表包含的一列具有当前上下文中基于dates列中第一个日期的上个月中的所有日期
PREVIOUSQUARTER函数	返回一个表，该表包含的一列具有当前上下文中基于dates列中第一个日期的上一季度中的所有日期
PREVIOUSYEAR函数	返回一个表，该表包含的一列具有当前上下文中来自上一年的所有日期，在dates列中给出最后日期
SAMEPERIODLASTYEAR函数	返回一个表，该表包含由日期构成的一列，这些日期是在时间上从当前上下文中指定的dates列中的日期移回一年的日期
STARTOFMONTH函数	返回当前上下文中指定日期列的相对应月份的第一个日期
STARTOFQUARTER函数	返回当前上下文中指定日期列的相对应季度的第一个日期
STARTOFYEAR函数	返回当前上下文中指定日期列的相对应年份的第一个日期
TOTALMTD函数	计算当前上下文中当月至今的表达式的值
TOTALQTD函数	计算当前上下文中当季度至今中日期的表达式的值
TOTALYTD函数	计算当前上下文中表达式的年初至今值

附录④ 常见疑难问题解决办法

01 刷新数据透视表后，计算字段显示为错误值

问题描述	在数据透视表中插入了一个计算字段，一直运行良好，但执行一次刷新后，该字段显示为#NAME?。 | | A | B | C | D | | 1 | 行标签 | 求和项:总成本 | 利润 | | | 2 | 包士昌 | 1040 | #NAME? | | | 3 | 褚振武 | 1080 | #NAME? | | | 4 | 高继峰 | 280 | #NAME? | | | 5 | 魏海洲 | 900 | #NAME? | | | 6 | 张万春 | 210 | #NAME? | | | 7 | 总计 | 3510 | #NAME? | |
原因分析	该问题是由于重命名或者删除了数据源的数据引起的。
解决方法	要解决该问题，只需要编辑计算字段来反映源数据的更改即可。

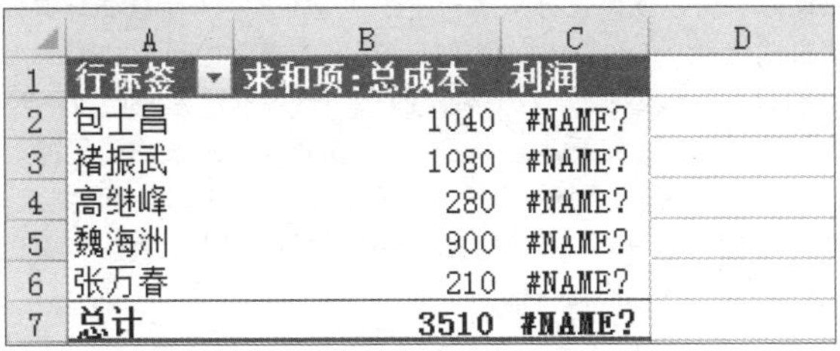

02 删除的数据项仍然显示在筛选区域中

问题描述	从数据源中删除了一些数据项，并刷新了数据透视表。但是该数据项仍然在数据透视表筛选器中显示。 | | A | B | | 3 | 城市 | 求和项:毛利润 | | 4 | 广州 | 405 | | 5 | 济南 | 315 | | 6 | 武汉 | 510 | | 7 | (空白) | | | 8 | 总计 | 1230 | 升序(S) 降序(O) 其他排序选项(M)... 从"城市"中清除筛选(C) 标签筛选(L) 值筛选(V) 搜索 ☑(全选) ☑成都 ☑广州 ☑哈尔滨 ☑海口 ☑济南 ☑武汉 ☑长沙 ☑(空白)
原因分析	在Excel中默认保留筛选字段中的数据项。这就确保了那些暂时被删除的数据不会离开筛选字段。例如，假设筛选字段有两个值W和N。有时数据集中并不包含值N的记录。但默认情况下，Excel将保留N值作为筛选字段的选项，等待N值的重新出现。
解决方法	要从数据透视表中清除这些数据项，必须从数据透视表中暂时删除这个字段，然后刷新数据透视表，再把该字段拖回它原来的位置。尽管这种做法在有些情况下很有用，但在大多数情况下并不需要这种功能。这里介绍一种让Excel禁用该行为的方法。右键单击数据透视表，然后选择“数据透视表选项”命令。在弹出的对话框中，打开“数据”选项卡。将“每个字段保留的项数”属性更改为“无”即可。

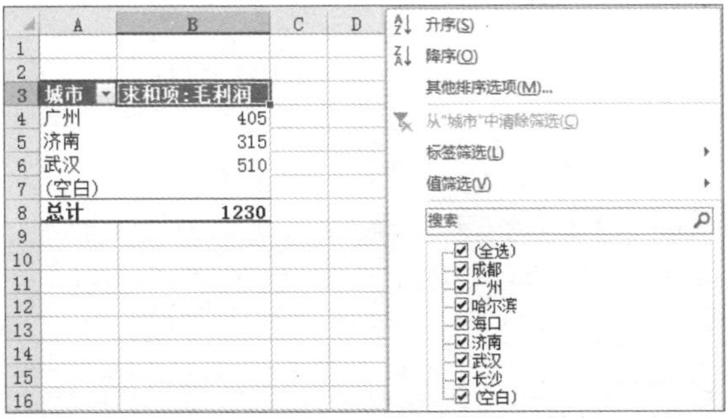

03 使用低版本的Excel无法正确打开数据透视表

问题描述

使用Excel 2013创建了一个数据透视表，结果现在每次使用以前版本的Excel时，所有的数据透视表功能都不存在了。

原因分析

该问题通常是由不同Excel版本间的兼容性问题导致的。Excel 2013在数据透视表处理数据的能力上有了一次飞跃。这就允许创建远远超出以前版本限制的数据透视表。因此，当用户使用以前版本的Excel打开Excel 2013创建的文件时，他就只能看到一些硬编码。也就是说，数据透视表中的值被转换为硬编码的数据，并且数据透视表的对象以及其格式也都会丢失。

解决方法

要解决该问题，可以使用兼容模式构建数据透视表。兼容模式允许以Excel 2003工作簿的方式使用Excel 2013。也就是说，它会遵守 Excel 2003的限制，避免了在无意中创建与以前Excel版本不兼容的数据透视表。可按照以下步骤创建兼容模式的数据透视表：首先新建一个工作簿，然后将空的工作簿另存为“Excel.97-2003工作簿(.xls)”格式，最后打开新创建的工作簿时，Excel会自动进入兼容模式。这样就可以按照Excel 2003的方式创建数据透视表。在兼容模式下，可以确保不会超出任何Excel 2003数据透视表的限制。

04 刷新数据透视表后某些数据消失了

问题描述

刷新数据透视表后，放入“值”区域的字段消失了，并且删除了数据透视表中的数据。

	A	B	C	D
1	行标签	求和项:销量	求和项:销售额	
2	东北	7	420	
3	华东	7	595	
4	华南	18	1845	
5	华中	16	2190	
6	西南	7	1575	
7	总计	55	6625	

	A	B	C
1	行标签	求和项:销售额	
2	东北	420	
3	华东	595	
4	华南	1845	
5	华中	2190	
6	西南	1575	
7	总计	6625	

原因分析

出现这种情况是因为更改了放入“值”区域的字段的名称。例如，创建一个数据透视表，将一个“工资”字段拖放到数据透视表的“值”区域。这时，如果在数据源中将工资列标题名称更改为“基本工资”，并刷新数据透视表，那么“值”区域的数据将消失。原因在于，在刷新时数据表将刷新数据源的缓存，若发现“工资”字段已经不存在了。那么在数据透视表中当然无法计算不存在的字段。

解决方法

打开数据透视表字段列表，将新字段重新拖入“值”区域中即可。

05 出现错误信息：数据透视表字段名无效

问题描述	在创建数据透视表时，出现以下错误信息：“数据透视表字段名无效，在创建透视表时，必须使用组合为带有标志列列表的数据。如果要更改数据透视表字段的名称，必须键入字段的新名称。” 
原因分析	该问题是由于数据源中的一个或多个列没有标题名称造成的。
解决方法	解决该问题需要找到用来创建数据透视表的数据源，确保所有列都有标题。

06 字段分组时弹出错误消息

问题描述	试图在数据透视表中给字段分组时，出现错误消息：“选定区域不能分组”。 
原因分析	以下情况之一将触发该错误消息： ● 试图分组的字段是一个文本字段； ● 试图分组的字段是一个数值字段，但它包含文本值； ● 试图分组的字段是一个数值字段，但Excel将其识别为文本格式； ● 试图分组的字段在数据透视表的“筛选器”区域。
解决方法	解决该问题的方法： ● 查找数据源，确保试图分组的字段都是数值格式，且不包含文本（删除该列中所有的文本，将单元格的格式设置为数值格式，使用0填充所有的空单元格）。 ● 选中数据源中试图分组的那个列，在功能区中打开“数据”选项卡，接着选择“分列”选项，这将激活“文本分列向导”，将数据更新为正确的形式（数值或者日期），返回到数据透视表，单击右键，选择“刷新”命令即可。 ● 如果试图分组的字段在数据透视表的“筛选器”区域中，可将该字段移动到“行”区域或“列”区域，然后再对字段中的数据项进行分组，当该字段分组以后，可以将其移回“筛选器”区域。

07 数据透视表汇总方式默认为“计数”

问题描述

在数据源中有一个包含数字的列，但试图将其添加到数据透视表时，Excel总是会自动对字段使用“计数”，而不是“求和”，只能手动将计算方法更改为“求和”。

	A	B	C
1	行标签	计数项:销售额	
2	包士昌	1	
3	褚振武	2	
4	高继峰	1	
5	魏海洲	2	
6	张万春	1	
7	总计	7	

原因分析

如果在数据源的列中存在任何文本值或空白单元格，Excel都会自动对该列的数据字段应用“计数”，而非“求和”。

解决方法

要解决该问题，只需从数据源列中删除文本值或空白单元格，然后刷新数据透视表即可。

08 筛选或刷新后数据透视表列的宽度自动改变

问题描述

刷新数据透视表或者筛选字段中的一个选项时，包含标题的列会自动调整为适合列标题的列宽，无法保留之前的列宽。

	A	B	C	D
1	大区	(全部)		
2				
3	销售员	城市	求和项:单价	求和项:销售额
4	⊟包士昌	成都	225	1575
5	⊟褚振武	武汉	165	990
6		长沙	120	1200
7	⊟高继峰	济南	85	595
8	⊟魏海洲	广州	85	765
9		海口	120	1080
10	⊟张万春	哈尔滨	60	420
11	总计		860	6625
12				

	A	B	C	D	E
1	大区	(多项)			
2					
3	销售员	城市	求和项:单价	求和项:销售额	
4	⊟褚振武	武汉	165	990	
5		长沙	120	1200	
6	⊟高继峰	济南	85	595	
7	⊟魏海洲	广州	85	765	
8		海口	120	1080	
9	⊟张万春	哈尔滨	60	420	
10	总计		635	5050	

原因分析

系统默认更新时自动调整列宽。

解决方法

右键单击数据透视表，选择“数据透视表选项”命令，然后在弹出的对话框中，打开“布局和格式”选项卡，取消选中“更新时自动调整列宽”选项即可。

09 数据透视表没有实现汇总

<table>
<tr><td>问题描述</td><td>数据透视表将同一个数据项显示两次，并将每个数据项当作一个单独的实体。比如数据透视表中员工“高继峰”出现了两次，他对应的数据并没有汇总，而是将他当成两个不同的员工对待，汇总出现错误。
<table>
<tr><th></th><th>A</th><th>B</th><th>C</th></tr>
<tr><td>1</td><td>行标签</td><td>求和项:销售额</td><td></td></tr>
<tr><td>2</td><td>包士昌</td><td>1800</td><td></td></tr>
<tr><td>3</td><td>褚振武</td><td>2190</td><td></td></tr>
<tr><td>4</td><td>高继峰</td><td>595</td><td></td></tr>
<tr><td>5</td><td>魏海洲</td><td>1845</td><td></td></tr>
<tr><td>6</td><td>张万春</td><td>420</td><td></td></tr>
<tr><td>7</td><td>高继峰</td><td>595</td><td></td></tr>
<tr><td>8</td><td>总计</td><td>7445</td><td></td></tr>
</table>
</td></tr>
<tr><td>原因分析</td><td>大多数情况下是数据输入的不规范造成的。</td></tr>
<tr><td>解决方法</td><td>查看数据源是否有不可见的字符或者空格，或者数据类型不统一，删除字符或空格，然后将其修改成统一的格式即可。</td></tr>
</table>

10 如何通过数据透视表查看明细数据

问题描述	创建数据透视表后，将数据源删除了，无法查看明细数据。
原因分析	数据源丢失。
解决方法	在想要查看明细数据的汇总单元格上双击，即可在另外一个工作表中生成明细数据。

11 提示“已有相同数据透视表字段名存在”

<table>
<tr><td>问题描述</td><td>对数据透视表字段进行重命名时，系统弹出提示“已经有相同数据透视表字段名存在”。
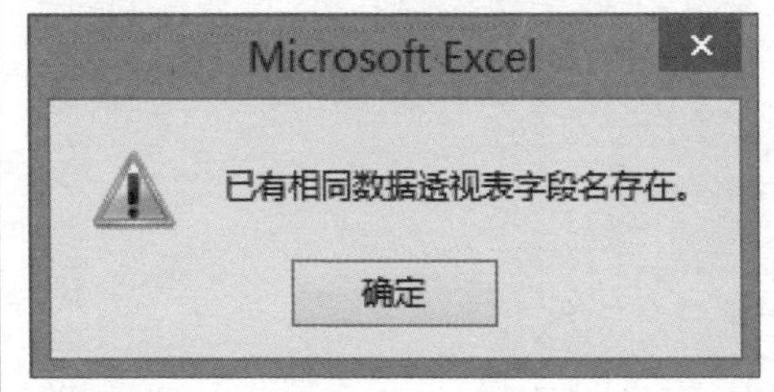

</td></tr>
<tr><td>原因分析</td><td>数据透视表中的每个字段的名称必须是惟一的，创建数据透视表中各个字段的名称不能相同，创建的数据透视表字段名称与数据源表头标题行的名称也不能相同，否则会提示错误信息。</td></tr>
<tr><td>解决方法</td><td>重新换一个相近的名称，或者在名字中添加空格或符号。</td></tr>
</table>

12 为数据透视表添加批注

问题描述	选中数据透视表，单击鼠标右键，在快捷菜单中没有“插入批注”命令，无法添加批注。
原因分析	数据透视表不支持通过鼠标右键快捷菜单方法对选中的单元格插入批注。
解决方法	单击数据透视表中要插入批注的单元格，在“审阅”选项卡下单击“新建批注”按钮即可添加批注。

13 数据表中的数据无法直接引用

问题描述

当用户使用数据透视表中的数据时，常会出现GETPIVOTDATA，下拉公式得到的结果也是相同的，无法直接引用数据透视表中的数据。

COS | =GETPIVOTDATA("求和项:单价",$A$3,"销售员","褚振武","城市","武汉")

	A	B	C	D	E	F	G	H	I	J	K
1	大区	(多项)									
2											
3	销售员	城市	求和项:单价	求和项:销售额							
4	⊟褚振武	武汉	165	990	=GETPIVOTDATA("求和项:单价",$A$3,"销售员","褚振武","城市","武汉")						
5		长沙	120	1200	6						
6	⊟高继峰	济南	85	595	6						
7	⊟魏海洲	广州	85	765	6						
8		海口	120	1080	6						
9	⊟张万春	哈尔滨	60	420	6						
10	总计		635	5050	6						
11											
12											
13											

原因分析

数据透视表函数在默认状态下是打开的。

解决方法

单击数据透视表任意单元格，在“数据透视表工具-分析”选项卡下单击“选项”下拉按钮，在弹出的列表中取消对“生成GetPivotDdata”选项的选择，关闭生成数据透视表函数GetPivotDdata，此时即可以直接引用数据透视表中的数据了。

14 数据透视表行字段中出现了空白的数据项

问题描述

创建新的数据透视表后，发现数据透视表行字段中出现空白的数据项。

	A	B	C	D
1	品牌	型号	求和项:数量	
2	⊟三星	110S1J-K02	30	
3		270E5J-X02	26	
4		275E5E-K02	40	
5		275E5E-K03	24	
6		455R4J-X02	35	
7		470R5E-X04	36	
8		905S3G-K04	25	
9		905S3G-K06	28	
10	⊟惠普	CQ14-a001TU	16	

原因分析

数据透视表行字段中出现的空白数据项是由于数据透视表的计算规则所致，相同数据项的数据在数据透视表中被汇总后只显示一个数据项名称。

解决方法

单击数据透视表任意单元格，在“数据透视表工具-设计”选项卡下单击“报表布局”按钮，选择“重复所有项目标签”选项即可。

15 数据堆放在一起怎么办?

问题描述

当用户向数据透视表“行”区域中添加多个数据项时，数据会堆放在一起，不方便查看。

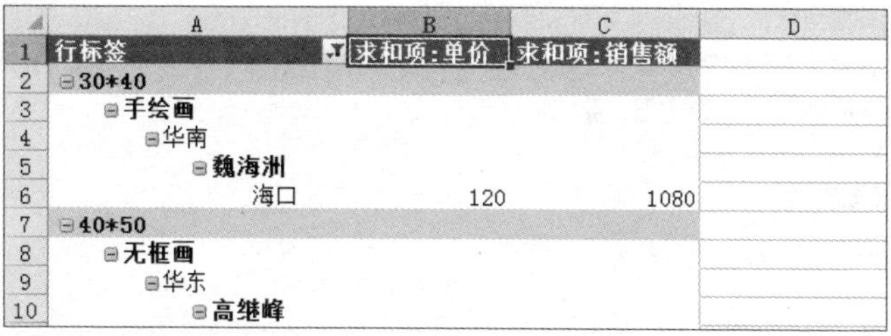

	A	B	C	D
1	行标签	求和项:单价	求和项:销售额	
2	⊟30*40			
3	⊟手绘画			
4	⊟华南			
5	⊟魏海洲			
6	海口	120	1080	
7	⊟40*50			
8	⊟无框画			
9	⊟华东			
10	⊟高继峰			

原因分析

新创建的数据透视表显示形式都是系统默认的“以压缩形式显示”。

解决方法

单击数据透视表中任意单元格，在“数据透视表工具-设计”选项卡下单击“报表布局”按钮，选择“以表格形式显示”选项即可。

16 下拉列表中“值筛选”选项消失了

问题描述

单击某个字段下拉按钮后，在列表框中“值筛选”项消失了，无法进行值筛选。

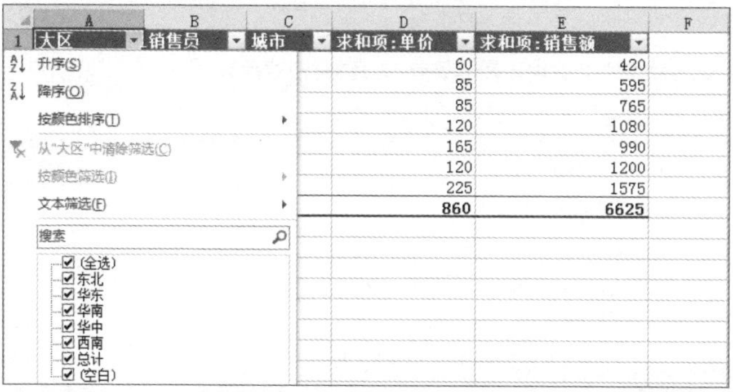

	A	B	C	D	E	F
1	大区	销售员	城市	求和项:单价	求和项:销售额	
				60	420	
				85	595	
				85	765	
				120	1080	
				165	990	
				120	1200	
				225	1575	
				860	6625	

升序(S)
降序(O)
按颜色排序(T)
从“大区”中清除筛选(C)
按颜色筛选(I)
文本筛选(F)
搜索
(全选)
东北
华东
华南
华中
西南
总计
(空白)

原因分析

“值筛选”选项之所以消失，是因为之前用户单击过“数据”选项卡下的“筛选”按钮。

解决方法

只要用户再点击一次“数据”选项卡下的“筛选”按钮，恢复数据筛选前的状态，“值筛选”选项即会出现。

17 如何自定义错误值显示方式

问题描述

如果不想使用默认的错误值信息，那该如何进行设置呢?

原因分析

当数据透视表中出现错误值时，系统会默认显示相应的错误标识。

解决方法

自定义错误值的显示方式很简单，只需要单击“数据透视表工具-分析”选项卡下的“选项”按钮，在弹出的对话框中勾选“对于错误值，显示：”选项，然后在后面的文本框中输入自定义的显示方式即可。

图书在版编目（CIP）数据

Excel 数据透视表实战技巧精粹辞典：2013 超值双色版 / 王国胜编著 .
一北京：中国青年出版社，2015.5
ISBN 978-7-5153-3157-7
I. ① E… II. ①王 … III. ①表处理软件 IV. ① TP391.13
中国版本图书馆 CIP 数据核字（2015）第 039274 号

Excel 数据透视表实战技巧精粹辞典：2013超值双色版

王国胜　编著

出版发行：中国青年出版社
地　　址：北京市东四十二条 21 号
邮政编码：100708
电　　话：（010）59521188 / 59521189
传　　真：（010）59521111
企　　划：北京中青雄狮数码传媒科技有限公司

策划编辑：张　鹏
责任编辑：刘冰冰
封面制作：六面体书籍设计　孙素锦

印　　刷：北京九天众诚印刷有限公司
开　　本：880 × 1230　1/32
印　　张：14.25
版　　次：2015 年 5 月北京第 1 版
印　　次：2015 年 5 月第 1 次印刷
书　　号：ISBN 978-7-5153-3157-7
定　　价：59.90 元（附赠 1 光盘，含语音视频教学 + 办公模板）

本书如有印装质量等问题，请与本社联系　　电话：（010）59521188 / 59521189
读者来信：reader@cypmedia.com　　投稿邮箱：author@cypmedia.com
如有其他问题请访问我们的网站：http://www.cypmedia.com